U0926512

中国社会科学年鉴

中国社会科学院

YEARBOOK OF CHINESE ACADEMY OF SOCIAL SCIENCES

中国社会科学出版社

图书在版编目（CIP）数据

中国社会科学院年鉴. 2016 / 方军主编. — 北京：中国社会科学出版社，2019.10

ISBN 978-7-5203-5547-6

Ⅰ.①中… Ⅱ.①方… Ⅲ.①中国社会科学院－2016－年鉴 Ⅳ.①G322.22-54

中国版本图书馆CIP数据核字（2019）第248265号

出 版 人　赵剑英
特约编辑　刘玉杰
图片设计　胡　斌
责任编辑　张靖晗
责任校对　林福国
责任印制　张雪娇

出　　版　中国社会科学出版社
社　　址　北京鼓楼西大街甲158号
邮　　编　100720
网　　址　http://www.csspw.cn
发 行 部　010－84083685
门 市 部　010－84029450
经　　销　新华书店及其他书店

印刷装订　三河市东方印刷有限公司
版　　次　2019年10月第1版
印　　次　2019年10月第1次印刷

开　　本　787×1092　1/16
印　　张　57.75
插　　页　20
字　　数　1344千字
定　　价　388.00元

编辑委员会

中国社会科学院年鉴（2016）

编辑说明

一、《中国社会科学院年鉴》（以下简称《院年鉴》）2016年卷较为全面系统地反映和记录了2015年中国社会科学院的以下几方面内容：重大科研、管理工作、重大学术活动和重大国际学术交流活动；学习贯彻党的十八大、十八届历次全会精神和习近平总书记系列重要讲话精神，办院方向进一步坚定；开展“三严三实”专题教育，积极配合顺利完成审计和巡视工作；全面从严从实治党治院、党风廉政建设取得新成效；抓好党的意识形态工作，马克思主义坚强阵地进一步巩固；实施创新工程，哲学社会科学创新体系建设再上新台阶；落实科研强院战略，最高殿堂的学术地位和社会影响力显著提升；突出重大理论和现实问题研究，中国特色新型智库建设有力推进；实施人才强院战略，全院领导班子和人才队伍建设展现新貌；推进报刊出版馆网库志和社会科学评价名优工程建设，理论学术传播能力得到增强；推进管理强院战略，服务科研能力和保障水平明显提高。该卷还收录了中国社会科学院2015年的机构设置、行政后勤工作、党务工作等方面的情况，是了解中国社会科学院2015年工作全貌的、内容比较翔实的资料性参考书。

二、《院年鉴》2016年卷共分为“综合”“组织机构”“2015专题”“工作概况和学术活动”“科研成果”“学术人物”“规章制度”“统计资料”和“大事记”等九编。其中，第一编“综合”收录了中国社会科学院领导的《深入学习贯彻习近平总书记系列重要讲话精神 努力把中国社会科学院建设成具有国际影响力的世界知名智库》《在“三严三实”专题教育暨创新工程制度建设专题工作会议上的动员讲话》《全面推进名优建设工程 巩固和扩大理论学术传播阵地——在2015年度中国社会科学院名优建设工程工作会议上的讲话》《在落实党风廉政建设“两个责任”和意识形态工作责任制座谈会上的讲话》《在2015年科研管理培训班上的讲话》《认清形势 聚焦主业 勇于担当 把党风廉政建设工作提高到新水平——在2015年度院工作会议暨党风廉政建设工作会议上的讲话》《在2015年图书出版业务培训班上的讲话》《营造风清气正的学术生态》等文章和中国社会科学院2015年度工作会议文件；第二编“组织机构”收录了中国社会科学院机构设置及负责人名单、中国社会科学院院级专业技术资格评审委员会名单、各研究所学术委员会及专业技术资格评审委员会名单；2016年卷新增的第三编“2015年度专题”收录了全院的创新工程工作情况、新型智库建设工作情况和专项巡视工作情况，刊载了《“十二五”时期中国社会科学院哲学社会科学创新工程发展报告》《中国社会科学院2015年度智库建设基本概况》等；第四编“工作概况和学术活动”收录了院属各单位的年度工作概况和主要学术活动，其中，科研机构的排序按文学哲学学部、历史学部、经济学部、社会政法学部、国际研究学部、马克思主义研究学部等六大学部的顺序排列；第五编“科研成果”收录了以科研机构为主的院属各单位的主要科研成果；第六编“学术人物”收录了“中国社会科学院博士学位研究生指导教师（2015～2016）”和“2015年度晋升正高级专业技术职务人员”情况；第七编“规章制度”收录了《关于深化我院专业技术职务评聘制度改革的方案》《中国社会科学院人才引进办法》《中国社会科学院新入院人员实践锻炼若干管理规定》《中国社会科学院横向课题管理暂行办法》《中国社会科学院关于中国特色新型智库的若干管理规定（暂行）》《中国社会科学院优秀科研成果奖励办法》《中国社会科学院研究所优秀科研成果评奖办法》等；第八编“统计资料”收录了2015年度的主要统计资料；第九编“大事记”收录了中国社会科学院2015年度的主要事件和活动。卷首图片主要反映了中国社会科学院2015年度的重大活动、重要学术会议等。

在封面装帧和版式设计上，《院年鉴》2016年卷继续将院属各单位的工作概况和学术活动与图片资料集中编排，以突出科研机构的工作动态。

三、《院年鉴》2016年卷的编辑工作是在中国社会科学院领导的关心下、在《院年鉴》编委会的指导下、在全院各单位的帮助下完成的，我们对各方面的大力支持和密切合作表示衷心的感谢。

《中国社会科学院年鉴》编辑部

二〇一七年十二月

↑ 2015 年 11 月，中华人民共和国总理李克强访问马来西亚期间，在两国总理的见证下，中国社会科学院副院长蔡昉与马来西亚战略与国际问题研究所所长拉斯塔姆签署双方合作交流谅解备忘录。

↑ 2015 年 11 月，纪念邓力群同志诞辰 100 周年座谈会在京举行。中共中央政治局常委、中央书记处书记刘云山，中共中央政治局委员、中央书记处书记、中宣部部长刘奇葆，中宣部常务副部长、中央文明办主任黄坤明，中共中央党史研究室主任曲青山，中国社会科学院院长王伟光出席座谈会。

↑ 2015 年 2 月 17 日，中共中央政治局委员、国务院副总理刘延东看望中国社会科学院老专家杨绛先生。

↑ 2015 年 7 月 14 日，中共中央政治局委员、中央书记处书记、中宣部部长刘奇葆到中国社会科学院调研。

↑ 2015 年 1 月，中国社会科学院召开 2015 年度工作会议暨党风廉政建设工作会议。

↑ 2015 年 5 月，中国社会科学院召开“三严三实”专题党课报告会暨专题教育动员部署会议。

↑ 2015 年 10 月，中央第一巡视组专项巡视中国社会科学院工作动员会在院部召开。

↑ 2015 年 7 月，中国社会科学院召开保密形势报告会暨保密、档案工作会议。

↑ 2015 年 7 月，中国社会科学院院长王伟光会见国际能源署候任署长法提赫·比罗尔。

↑ 2015 年 11 月，中国社会科学院院长王伟光会见伊朗驻华大使阿里·艾斯卡·哈吉。

↑ 2015 年 6 月，中国社会科学院副院长张江会见韩国经济人文社会研究会未来战略研究所所长高日东。

↑ 2015 年 3 月，中国社会科学院副院长李扬会见白俄罗斯科学院副院长 A. 苏卡洛。

↑ 2015 年 3 月，中国社会科学院副院长李培林会见广东省社会科学院院长王珺。

↑ 2015 年 12 月，中央纪委驻院纪检组组长张英伟参观中国社会科学院名优建设工程展。

↑ 2015 年 11 月，中国社会科学院副院长蔡昉与亚洲开发银行研究所所长吉野直行签署合作备忘录。

↑ 2015 年 5 月，中国社会科学院秘书长高翔会见青海省社会科学院院长、党组书记陈玮。

↑ 2015 年 1 月，厄瓜多尔总统科雷亚著作《厄瓜多尔：香蕉共和国的迷失》中文版首发式在北京举行。

↑ 2015 年 1 月，南南合作框架下的中拉关系新跨越国际研讨会在北京召开。

↑ 2015 年 1 月，“中国社会科学院考古学论坛·2014 年中国考古新发现”在北京召开。

↑ 2015 年 1 月，《中国大百科全书》第三版社会学学科第一次编委会会议在北京召开。

↑ 2015 年 2 月，斯洛伐克副总理兼外交与欧洲事务部长米罗斯拉夫·莱恰克演讲会在北京举行。

↑ 2015 年 2 月，《中国社会科学报》暨中国社会科学网编委会 2014 年全体会议在北京召开。

↑ 2015 年 3 月，欧洲议会议长马丁·舒尔茨阁下演讲会在北京举行。

↑ 2015 年 2 月，《中华思想通史》项目第八次工作会议在北京召开。

↑ 2015 年 3 月，2015 年中国社会科学院博士后管委会第一次工作会议在北京召开。

↑ 2015 年 3 月，“中国商务中心区发展高峰论坛暨《商务中心区蓝皮书 NO.1》发布会：CBD——打造国家经济战略转型的新引擎”在北京召开。

↑ 2015 年 3 月，水利部发展研究中心与深圳市罗湖区发展研究中心赴中国社会科学院调研座谈会在北京举行。

↑ 2015 年 3 月，中国社会科学院创新工程学术出版资助项目《世界能源中国展望（2014—2015）》发布会在北京举行。

↑ 2015 年 3 月，2015 春季创业投资峰会在北京举行。

↑ 2015 年 3 月，广东省社会科学院赴中国社会科学院调研座谈会在北京举行。

↑ 2015 年 3 月，中国地方志指导小组五届二次会议在北京召开。

↑ 2015 年 4 月，“‘一带一路’战略和新时期亚非合作——纪念万隆会议 60 周年高端研讨会”在江苏省连云港市召开。

↑ 2015 年 4 月，"当代西方文论的有效性"国际高层论坛在北京举行。

↑ 2015 年 5 月，"2015 年中国房地产高峰论坛暨《房地产蓝皮书》发布会——聚焦经济新常态下房地产市场发展"在北京举行。

↑ 2015 年 5 月，第五届 CAF-ILAS 研讨会“公共安全与社会治理：中国和拉丁美洲面临的挑战”在北京召开。

↑ 2015 年 6 月，中国社会科学院新型智库启动仪式在北京举行。

↑ 2015 年 6 月，《美国研究报告（2015）》发布式暨“美国亚太再平衡战略新挑战”研讨会在北京召开。

↑ 2015 年 6 月，健全城乡发展一体化体制机制专家座谈会在北京举行。

↑ 2015 年 6 月，中国社会科学院与上海市政府共建上海研究院签字仪式在上海举行。

↑ 2015 年 6 月，中国社会科学院举办第五、六期处室级干部学习习近平总书记系列重要讲话专题培训班。

← 2015 年 6 月，“第五届亚洲研究论坛‘一带一路’与亚洲共赢”在北京举行。

→ 2015 年 6 月，中国社会科学院经济政策研究中心学术委员会第二次会议在北京召开。

← 2015 年 6 月，中央宣传部纪检组赴中国社会科学院调研座谈会在北京举行。

→ 2015 年 6 月，“国家新战略・媒体新机遇：《中国新媒体发展报告》（2015）发布暨新媒体发展研讨会”在北京举行。

← 2015 年 6 月，中国社会科学院“一带一路”研究成果与专题数据库发布会在北京举行。

→ 2015 年 6 月，山西・陶寺遗址发掘成果新闻发布会在北京举行。

← 2015 年 7 月，“青年汉学家研修计划”2015 开班仪式在北京举行。

→ 2015 年 7 月，《中国经济学年鉴2013》出版暨《年鉴》发展战略研讨会在北京举行。

← 2015 年 7 月，中国社会科学院召开“三严三实”专题教育暨“创新工程制度建设”暑期专题工作会议。

→ 2015 年 8 月，纪念刘大年先生诞辰一百周年学术座谈会在院部举行。

← 2015 年 8 月，中国社会科学院召开 2015 年经费检查工作动员会。

→ 2015 年 8 月，民族地区经济社会协调发展与全面小康社会建设暨《中国民族地区经济社会调查报告》首批图书出版座谈会在北京举行。

← 2015 年 9 月，国际能源署署长比罗尔博士演讲会在北京举行。

→ 2015 年 9 月，“当代中国文学的现状与思潮”学术研讨会在北京召开。

← 2015 年 9 月，学习贯彻《全国地方志事业发展规划纲要（2015—2020）》会议在北京举行。

→ 2015 年 9 月，第九届社会科学前沿论坛“新型智库建设与哲学社会科学研究”在四川省成都市召开。

← 2015 年 9 月，中国社会科学院俄罗斯东欧中亚研究所成立五十周年学术报告会在北京举行。

→ 2015 年 9 月，中国社会科学论坛“协作 发展 共赢”三峡城市群 · 长江经济带国际研讨会在湖北省宜昌市召开。

← 2015 年 9 月，“第二届中拉政策与知识高端研讨会——公共部门高级管理者领导力与能力建设”在北京召开。

→ 2015 年 9 月，《中国梦与浙江实践》丛书首发式暨理论研讨会在浙江省杭州市举行。

← 2015 年 10 月，中蒙俄经济走廊龙江陆海丝绸之路经济带建设高层论坛在黑龙江省哈尔滨市召开。

→ 2015年10月，“一带一路”与“欧亚经济联盟”对接暨第二届中俄经济合作高层智库研讨会在黑龙江省哈尔滨市召开。

← 2015年10月，第二届“当代中国文论：反思与重建”高级学术研讨会在江苏省扬州市召开。

→ 2015年10月，第六届世界社会主义论坛“话语权与领导权——‘颜色革命’与文化霸权”在北京举行。

← 2015年10月，民族学人类学理论方法创新发展国际论坛暨纪念费孝通先生大瑶山调查80周年学术研讨会在北京召开。

→ 2015年10月，第二届中—昆亚太论坛在北京召开。

← 2015年10月，“首届中华思想通史高峰论坛：构建思想史研究的中国学派”在云南省昆明市召开。

→ 2015 年 10 月，“1985 ～ 2015 · 三十而立再出发”社科文献建社 30 周年暨致敬作者典礼在北京举行。

← 2015 年 10 月，2015“汉学与当代中国”座谈会在北京召开。

→ 2015 年 10 月，首届世界文化论坛“当代文化的先进性和多样化”在北京举行。

← 2015 年 11 月，中国社会科学院新媒体研究中心成立仪式在北京举行。

→ 2015 年 11 月，《东西德统一的历史经验研究丛书》成果发布会在北京举行。

← 2015 年 11 月，2015 中国新三板投资年度峰会在北京举行。

→ 2015 年 11 月，中国社会科学论坛（2015　国际关系）“习主席访美后的中美关系”在北京举行。

← 2015 年 12 月，全国地方志系统先进模范座谈会在北京举行。

→ 2015 年 12 月，第三届中国－中东欧国家高级别智库研讨会暨“中国—中东欧国家智库交流与合作网络”揭牌仪式在北京举行。

《中国社会科学院年鉴》（2016 年卷）
审稿人

刘跃进　巴莫曲布嫫　陈众议　刘丹青　谢地坤　郑筱筠
王　巍　卜宪群　赵笑洁　王建朗　张顺洪　李国强　周志怀
张　平　黄群慧　魏后凯　朱小慧　王国刚　李　平　张车伟
潘家华　莫纪宏　陈泽宪　房　宁　王延中　赵克斌　唐绪军
张　翼　姚枝仲　李永全　江时学　杨　光　袁东振　李向阳
孙海泉　高　洪　廖峥嵘　邓纯东　张星星　于俊霄　姜　辉
方　军　胥锦成　马　援　张冠梓　王　镭　曲永义　刘　红
崔建民　胡乐生　王　兵　邱伟立　王　岚　赵剑英　王利民
魏长宝　谢寿光　贺建忠　丁海川　荆林波　吴　敏　张世贤
冀祥德　金　碚

《中国社会科学院年鉴》（2016 年卷）
供稿人

曹维平　姚　慧　张文博　华　武　王　莹　陈粟裕　张　旭
博明妹　李　斌　柴怡赟　陆晓芳　刘　巍　刘　洋　程　红
尹茂祥　陆　桦　王　楠　张　斌　卢宪英　张方波　薛　波
韩胜军　戴丽萍　连鹏灵　薛苏鹏　张锦贵　廖　凡　孙南翔
张　宁　刘文远　王小霞　杨晶晶　张　逸　张晨曲　兰丽霞
郗艳菊　王晨星　蔡雅洁　史晓溪　刘东山　郭　靓　朴光姬
陈宪奎　周文婷　彭　华　刘　江　池重阳　卜岩枫　郭志法
王　影　高　军　朱　晨　陈于武　毕争妍　李　特　杨　原
于晓丹　曾　军　高中宁　冯秋颖　薛　刚　李　安　魏　进
陈　彪　侯丽敏　蔡继辉　柳　杨　李　春　李　欣　赵晓军
张青松　何　蒂　王　超　李慧霞

目 录

第一编 综合

第二编 组织机构

第三编　2015 年度专题

第四编　工作概况和学术活动

第五编　科研成果

第六编　学术人物

第七编　规章制度

第八编　统计资料

第九编　大事记

2016 YEARBOOK OF CHINESE ACADEMY OF SOCIAL SCIENCES

CONTENTS

CHAPTER ONE A COMPREHENSIVE SURVEY

CHAPTER TWO ORGANIZATIONAL COMPOSITION

CHAPTER THREE ANNUAL SPECIAL TOPIC (2015)

CHAPTER FOUR WORK AND ACADEMIC ACTIVITIES

CHAPTER FIVE SCIENTIFIC RESEARCH ACHIEVEMENTS

CHAPTER SIX ACADEMIC FIGURES

CHAPTER SEVEN RULES AND REGULATIONS

CHAPTER EIGHT STATISTICS DATA

CHAPTER NINE CHRONICLE

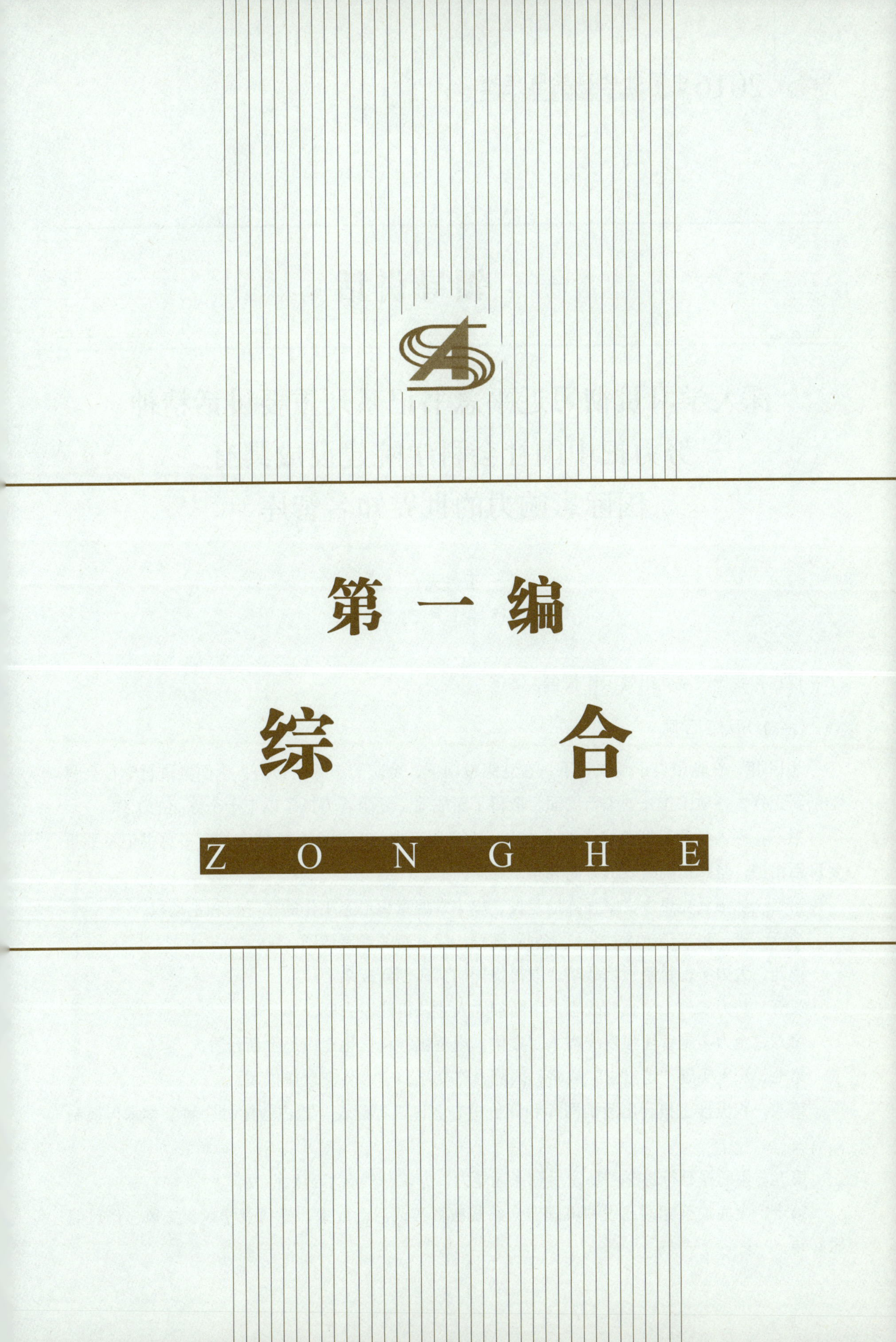

第一编

综合

ZONGHE

一　领导讲话

深入学习贯彻习近平总书记系列重要讲话精神 努力把中国社会科学院建设成具有国际影响力的世界知名智库

王伟光

（2015年1月28日）

现在，我代表院党组做工作报告。

（一）工作回顾

2014年，在党中央正确领导下，在党组带领下，全院同志共同努力，全面推进哲学社会科学创新工程，各项工作开创了新局面，取得了新成绩。党组着力抓了以下十个方面的工作：

第一，深入学习贯彻落实党的十八大、十八届三中、四中全会精神和习近平总书记系列重要讲话精神，坚持正确的政治方向和学术导向。

第二，加强马克思主义坚强阵地建设，牢牢掌握意识形态工作的领导权和主动权。

第三，进一步推进哲学社会科学创新工程，绘就新的发展蓝图。

第四，大力实施科研强院战略，取得优异的科研创新成果。

第五，努力实施人才强院战略，不断加大人才队伍建设力度。

第六，全力实施管理强院战略，制度化、规范化、科学化建设迈上新台阶。

第七，深入实施“走出去”战略，国际合作交流和学术外交愈益扩大。

第八，积极推进报刊出版馆网库和评价中心名优工程建设，抢占哲学社会科学学术传播制高点。

第九，不断提升行政财务基建后勤保障能力，办院条件有了突破性改善。

第十，全面加强党的建设和巩固群众路线教育实践活动成果，党风及学风、文风、作风明显好转。

2014年各项工作成绩的取得，是全院上下同心同德、不懈奋斗的结果。在此，我代表院党组，向广大科研人员、科辅人员、领导干部、行政管理人员、后勤服务人员和离退休老同志，向一年来在各个岗位上辛勤工作的全院同志表示衷心的感谢！

同时，还要清醒地认识到，中国社会科学院工作与中央要求相比还有较大距离，与新形势新任务的要求相比还存在许多不适应。主要是：树立良好学风、文风和作风，为人民做学问的意识，还需进一步筑牢；为党中央国务院科学民主依法决策服务，建设中国特色新型智库措施还不够有力，针对性、有效性还需进一步增强；为落实中央“四个全面”重大战略部署，适应经济发展新常态、把握社会发展新趋势、回应人民群众新要求还不够及时；全面实施创新工程的观念及体制机制障碍还未完全破除，重大创新成果、创新型人才较为缺乏的问题还未从根本上得到解决；群众路线教育实践活动成果尚待巩固，领导联系群众的机制还需健全和完善；贯彻全面深化改革、全面推进依法依规治院、全面从严治党还需更加坚决、更加自觉；改善办院条件、解决职工切身利益方面还有较大提升空间；等等。对于存在的不足和问题，将以改革的精神和创新的思路努力加以解决。

（二）面临的任务和亟待解决的问题

中国社会科学院工作总的指导思想是：高举中国特色社会主义伟大旗帜，以马克思列宁主义、毛泽东思想和中国特色社会主义理论体系为指导，深入贯彻落实党的十八大和十八届三中、四中全会精神和习近平总书记系列重要讲话精神，贯彻落实中央《关于加强中国特色新型智库建设的意见》精神，贯彻落实全国宣传部长会议精神，紧紧围绕中央“四个全面”战略部署，紧紧围绕“三个定位”目标要求，坚持中国社会科学院建设基本经验和工作总体思路，从根本上解决好政治方向和学术导向坚定正确的问题，解决好哲学社会科学研究为什么人的问题，大力实施哲学社会科学创新工程，加强制度化科学化规范化建设，努力发挥中国社会科学院阵地、智库、殿堂功能。

1. 深入学习习近平总书记系列重要讲话精神，指导哲学社会科学繁荣发展

习近平总书记系列重要讲话，是新的历史条件下党治国理政的行动纲领，是马克思主义中国化的最新成果，是运用马克思主义立场观点方法解决当代中国问题的光辉典范，是夺取中国特色社会主义新胜利、实现中华民族伟大复兴中国梦的强大思想武器。学习好贯彻好习近平总书记系列重要讲话精神，是全党的一项重大政治任务，也是中国社会科学院落实“三个定位”要求、推动各项工作健康发展的思想保证。在中国社会科学院，无论是做科研工作还是做管理工作和其他工作，都要把学习贯彻习近平总书记系列重要讲话精神放在极其重要的位置，作为每一位同志的必修课，切实抓紧抓好。党组、院属单位党委要健全学习制度，创新学习方法，在真学、真懂、真用上下功夫，充分发挥示范带动作用，推动对习近平总书记系列重要讲话精神的学习向广度深度发展。学习习近平总书记系列重要讲话精神，要把讲话精神作为科学体系，原原本本地学，融会贯通地学，注重把握讲话的内在联系，全面领会讲话的科学内涵和精神实质。最重要的是学习讲话中贯穿的科学的世界观和方法论，学会运用马克思主义立场观点方法观察、分析、认识、解决问题，提高全院人员首先是领导干部的政治素质和理论修养。

2. 切实加强意识形态工作，建设马克思主义坚强阵地

习近平总书记就加强党的宣传思想文化工作、加强党的意识形态工作发表了一系列重要讲话，作出了一系列重要指示，为做好新形势下的宣传思想工作和意识形态工作指明了方向。党领导的哲学社会科学工作者，必须学习贯彻落实习近平总书记关于意识形态工作的重要讲话和批示精神，努力成为党的意识形态战线的无畏战士。总体来说，中国社会科学院在党的意识形态工作方面是符合中央要求的。但是，也不能说没有问题，而且还会面对不少新情况。全院同志特别是各级领导班子要高度重视，切实加强意识形态工作。要增强政治意识、大局意识、责任意识和忧患意识，进一步增强做好意识形态工作的责任感和紧迫感，始终同以习近平同志为总书记的党中央保持高度一致，坚决贯彻中央的决策部署。要树立做好意识形态工作是全院责任的意识，切实做到守土有责、守土负责、守土尽责。加强党的意识形态工作，要经常讲、反复讲、持续讲；院领导要讲，各级领导干部要讲，知名学者要讲，普通学者也要讲；研究单位要讲，职能部门也要讲。要让正面的声音越来越洪亮，让正确的观点和主张深入人心。

要积极应对当前意识形态领域所面临的挑战，把思想统一到中央对意识形态工作的形势判断和工作措施上来。严格执行全院关于加强党的意识形态工作的制度规定，管好自己的人，看好自己的门，守住自己的阵地。绝不允许与中央唱反调，绝不允许出现噪音杂音。要弘扬主旋律，加强正面引导，用中国特色社会主义理论成果引导舆论，用社会主义核心价值观凝聚人心。对于错误思潮、错误言论和奇谈怪论，要旗帜鲜明地反驳，敢亮剑、敢碰硬，把好关、掌好度，主动发声，及时发声。要深入把握网络生态和运行规律，准确判断、科学分析网上舆论动态。要大力加强相关网站和栏目建设，加强对全院传播阵地的管理，加强对各类学术团体、研究中心、讲座论坛、报告会、研讨会等的管理，绝不给错误思想和言论提供传播空间和渠道。在创新工程考核评价体系中，要政治导向明确，加大对意识形态工作相关指标考核的分量。

加强马克思主义坚强阵地建设，是加强意识形态建设的基础工作。全院同志必须更加深刻地认识到，在“三个定位”要求中，马克思主义坚强阵地建设是党中央对中国社会科学院第一位的要求，是加强学术殿堂建设和高端智库建设的根本前提。也就是说，它是起关键作用和灵魂作用的，是决定学术殿堂建设和高端智库建设方向的。作为国家级最高哲学社会科学研究机构，中国社会科学院学者在自己的专业领域里都有相当的学术造诣，有相当的社会影响。但是，如果指导思想出了问题，政治方向不对头，学术方向错了，就会使学术研究误入歧途，就会给党和国家帮倒忙、拉倒车，那就更谈不上为中国特色社会主义事业发挥正能量了。所以院党组始终强调，要真正成为党中央国务院重要的思想库和智囊团，成为我国哲学社会科学研究的最高殿堂，首先要采取有力措施，努力把中国社会科学院建成为马克思主义的坚强阵地。

3. 坚持中国社会科学院建设基本经验和工作总体思路，进一步提升创新工程质量和水平

办好社科院，既有一个根本方向问题，在方向确定后，还有一个坚持什么样的科学思路和正确举措的问题。在去年暑期专题会议上，我曾经专门讲过近年来中国社会科学院积累的三条基本经验和“五个三、一个一”，简称“五三一”的工作思路。三条基本经验，一是坚持正确的政治方向和学术导向，解决好哲学社会科学研究为什么人这个根本问题；二是坚持科学的工作思路和举措，紧紧抓牢创新工程这一实践载体；三是坚持把科研人员和全院群众的工作和生活需要放在重要位置，办实事，办好事，办让大家满意的事。“五个三”，一是认真实现“三个定位”的目标要求；二是全力发挥“三大功能”，即阵地、智库、殿堂功能；三是积极实施“三大战略”，即科研强院、人才强院、管理强院战略；四是努力形成“三大风气”，即良好的学风、文风、作风；五是严格执行“三大纪律”，即政治纪律、组织纪律、财经纪律；“一个一”，是始终抓好哲学社会科学创新工程。实践证明，这三条基本经验和“五三一”的工作总体思路，符合哲学社会科学发展规律，符合中国社会科学院办院规律，符合哲学社会科学人才成长规律，是管用可行的，是全院宝贵的精神财富。在当前和今后一个时期，我们仍然要坚持这些基本经验和这个总体思路，继续深入探索和准确把握“三个规律”，把科学研究等各项工作做得更好。这里，我再强调两点：

第一，坚持正确的政治方向和学术导向，解决好哲学社会科学研究为什么人这个根本问题。方向问题是一个具有根本性的大问题。方向决定思路，思路决定事业。从事一项事业，坚持什么样的方向，决定着一项工作的政策取向，决定着一项事业的最终成败。对于中国社会科学院来说，坚持正确的政治方向和学术导向是办院的根本原则，是办院的生命线和政治保证。全院上下在这个根本原则问题上，认识必须高度一致，决不能有丝毫的含糊。要在涉及党的基本理论、基本纲领、基本路线和重大原则、重要方针政策问题上，立场坚定、观点鲜明、态度坚决。

始终坚持坚定正确的政治方向和学术导向，是由中国社会科学院的性质、地位、任务、作用所决定的。中国社会科学院是党中央直接领导的国家哲学社会科学研究机构，更是党的重要理论阵地和意识形态重镇，必须始终坚持党的领导，坚持党性原则，以党的旗帜为旗帜，以党的意志为意志。真正做到高举中国特色社会主义伟大旗帜，坚持中国特色社会主义道路、理论体系和制度，坚定地、不折不扣地、创造性地把党的理论和路线方针政策贯彻到全院工作的各个方面、各个环节。要把全院哲学社会科学研究事业作为整个党和人民事业的重要组成部分，把全院工作放到全党全国工作的大局中去认识、去把握、去部署，紧紧围绕党和国家的中心任务，紧紧联系改革开放和现代化建设的新形势新任务新要求，充分发挥全院作用。

坚持正确的政治方向和正确的学术导向密不可分，相辅相成。在中国社会科学院，学术研究是中心工作，坚持正确的政治方向要通过学术活动体现出来，坚持马克思主义的指导地位要通过学理研究体现出来。要把坚定正确的政治方向寓于学术研究之中，形成正确的学术导向。要把正确的政治方向和学术导向统一起来，寓马克思主义于学理之中，将把住政治方向贯穿于

一切科研活动的学术导向之中。

马克思曾经说过："理论只要说服人，就能掌握群众；而理论只要彻底，就能说服人。"在当代中国，如何以理论的彻底来坚定正确的政治方向和学术导向，最根本的办法就是加强理论武装，提高全院人员的理论素质，提高用马克思主义指导科研的能力。要做到这一点，就要联系党和国家面临的新形势新任务新问题的实际，紧紧围绕中国特色社会主义理论体系，紧紧围绕习近平总书记系列重要讲话精神，结合马克思主义经典著作，结合中央重要文献，结合党史、国史、中国近代史，认真学习马克思主义。党组要一如既往地办好主要领导干部马克思主义读书班，抓好处室以上干部马克思主义千人大培训，抓好全院的马克思主义教育工作。

要坚持正确的政治方向和学术导向，用马克思主义指导科研，就必须解决好哲学社会科学研究为什么人这个根本问题，即为什么人做学问的问题。是站在人民一边，还是站在与人民对立的一边，是关系哲学社会科学发展方向、前途命运的带根本性的首要问题，这实际上就是"为了谁、依靠谁、我是谁"的问题。习近平总书记指出，党性和人民性从来都是一致的、统一的，要树立以人民为中心的工作导向。这为解决哲学社会科学研究为什么人的问题指明了方向。如果不依靠人民群众，不为人民群众服务，不为人民群众鼓与呼，不为人民群众谋福祉，还要我们干什么？所有从事哲学社会科学研究的同志，都要首先解决好为什么人的问题。在今天，就是为中国特色社会主义服务，为实现中国梦的总目标服务。哲学社会科学工作者都要认真思考这个问题，下决心解决好这个问题。

第二，紧紧抓牢哲学社会科学创新工程这一实践载体。实施创新工程，是中国社会科学院发展史上具有里程碑意义的一件大事。它极大地激发了全院科研人员和工作人员的积极性、主动性和创造性，使全院面貌焕然一新，在学科建设、队伍建设、成果产出以及科研组织形式创新和管理体制改革等方面都取得了新的成绩。我们一定要紧紧抓住创新工程不放松，长久地抓下去，抓出制度机制来，抓出作风来，抓出人才来，抓出成果来。这是中国社会科学院的希望之所在，未来之所在，发展前景之所在。

今年是实施创新工程的第 5 个年头，是检验创新工程实际效果的一年，也是总结提高创新工程的一年。全院同志特别是院属单位领导班子一定要更加深刻地认识到，中央批准中国社会科学院率先实施创新工程，既是对中国社会科学院的充分信任，同时也对中国社会科学院寄予厚望。中国社会科学院在科学研究等各个方面对全国哲学社会科学界起着引领作用，在实施创新工程方面更要创造和积累成功经验，真正起到标杆和示范作用。这是我们应当承担的责任，也是我们应当肩负的使命。创新工程搞得怎样，不仅关系到全院事业未来的建设和发展，而且关系到中国社会科学院在全国哲学社会科学界的形象和给中央留下的印象。必须在总结经验的基础上，加倍努力地工作，把创新工程做成一个合格工程、优质工程、精品工程、廉洁工程，而不是平均主义工程、半拉子工程和豆腐渣工程。

科研是中国社会科学院的中心工作，是中国社会科学院的"主业"。衡量中国社会科学院实施创新工程的效果，检验中国社会科学院各项工作的成效，就是要看科研工作是否抓上去了，最终要看是否生产出了经得起实践和历史检验的科研成果，要看是否生产出了传世之作、精品之作，是否提出了对党和政府决策具有重要参考价值的对策建议，也就是说，要看我们的成果是否具有学术影响力、政策影响力、社会影响力。在科研成果问题上，既要讲数量，更要讲质量。数量是为质量服务的。对我们这样一个有着几千人队伍的国家级研究机构来说，如果没有足够数量的科研成果，那无论如何是立不住的，对谁都无法交代。但是，如果科研成果只有数量而没有质量，也就反映不出中国社会科学院作为哲学社会科学研究国家队的水平。全院上下一定要树立成果意识、精品意识，把科研这个“主业”做好、做大、做强，努力推出更多具有时代高度、代表国家水准的创新性科研成果，不辜负党中央的信任和全国哲学社会科学界的期望。

4. 进一步加强制度化、规范化建设，为中国社会科学院工作提供有力制度保障

邓小平同志曾经指出，“制度问题带有根本性、全局性、稳定性和长期性”。“制度好可以使坏人无法任意横行，制度不好可以使好人无法充分做好事，甚至会走向反面。”制度建设是全院的一项基础性工作，要坚持不懈地抓下去，抓常、抓细、抓实，建立能够促进科研生产力解放和发展的制度体系。

第一，加强党委集体领导下的所长负责制制度建设。加强党对哲学社会科学和意识形态工作的领导，加强党的建设，是中国社会科学院最重要的讲政治。党委集体领导下的所长负责制，是全院一项根本性的领导体制，是加强党的领导、加强党的建设的制度保障。它把党对哲学社会科学的领导和发挥专家治所的作用有机结合起来，能够保证院属研究单位始终坚持正确的政治方向和学术导向，能够体现中国社会科学院作为党领导的国家级学术机构和党的意识形态部门的政治属性，同时又能够充分体现中国社会科学院的学术特性，必须始终坚持这一制度，坚决执行这一制度，不断完善这一制度。

从总体上讲，院属研究单位执行党委集体领导下的所长负责制的情况是好的或比较好的，但在执行过程中还存在着一些比较突出的问题。一是个别单位没有完全处理好党委集体领导与所长负责之间的关系。个别单位党委会、所务会、所务扩大会、所长办公会等议事制度不健全、不规范，规则不明确，参会人员范围不明确，议事范围不确定，没有会议记录和会议纪要；党委会与所务会职能混淆，甚至以所务会代替党委会，造成管理上的混乱，党委没有完全负起党的领导职责，所长也没有完全履行好所长的责任，等等。二是个别单位没有完全处理好民主与集中的关系。搞“一言堂”，搞团团伙伙的有之；不严格按制度和程序办事，搞暗箱操作的有之；重大决策缺乏沟通协商的有之；所务公开制度不完善，公开程序不规范，公开内容不明确，公开时间不及时，群众应有的知情权、参与权和监督权得不到落实的有之；等等。三是个别单位没有完全处理好党委书记和所长的关系。极个别的党委书记和所长不团结，甚至影响全所团结；极个别的党委书记或所长不清楚自己的工作职责，越权越职，越俎代庖；极个别的党委书记或所长心思不在研究所的事业上，不集中精力管所治所。

贯彻落实好党委集体领导下的所长负责制，一要准确把握这项制度的本质。实行党委集体领导下的所长负责制，既不是书记个人说了算，也不是所长个人说了算，而是集中大多数群众正确意见的决定说了算，党委集体领导说了算。班子成员都是平等的，书记和所长都只有一票。党委书记是班长，通过党委会充分发扬民主，在民主的基础上集中集体智慧，统一思想，形成集体意志。党委书记是研究所党的工作的主要负责人，要抓党的建设，抓思想政治工作，抓意识形态工作，要管党、管干部、管思想。所长是研究所科研和所务工作的主要负责人，要专心治所，抓好科研，抓好管理，与党委书记团结一致、同心同德，共同把研究所管理好、治理好、建设好。二要规范研究所会议制度。要把党委管什么事、所务会和所长办公会管什么事规划好、分清楚。要有会议制度、会议议题、会议记录、会议纪要，有讨论，有落实。不能以所务会、所长办公会代替党委会，反之亦然。三要贯彻落实好民主集中制。在所里担任领导职务的同志，不要辜负了党组和干部群众的信任。要科学决策、民主决策、依法依规决策，相互提醒、相互监督、相互帮助，推动研究所的科学发展。四要严格遵照制度和程序管所治所。遵守制度程序是所务公开、所务透明的保障，是群众履行知情权、参与权和监督权的重要保证。只有严格执行制度程序，才能让已有的各项制度真正起到作用。当然，也要做好思想政治工作和群众工作。

第二，加强“三项纪律”制度建设。习近平总书记指出，“风清则气正，气正则心齐，心齐则事成”。严格遵守“三项纪律”是做好全院各项工作的基本前提，是全院事业健康发展的重要保证。抓“三项纪律”，重在制度建设。

一要严明政治纪律，抓好政治纪律制度建设。政治纪律是全党在政治方向、政治立场、政治言论、政治行动方面必须遵守的刚性约束。遵守政治纪律和政治规矩，必须维护党中央的权威，在任何时候任何情况下都必须在思想上政治上行动上同党中央保持高度一致；必须维护党的团结，坚持五湖四海；必须遵循组织程序，重大问题该请示的请示，该汇报的汇报，不允许超越权限办事；必须服从组织决定，决不允许搞非组织活动，不得违背组织决定；必须保持头脑清醒和理论自觉。领导干部要带头守纪律、讲规矩，发挥表率作用。要落实好中国社会科学院关于加强政治纪律建设的相关制度文件，为全院干部学者提供行为准则，让政治纪律在全院干部职工的思想上打下深刻烙印。各级党委要加强监督检查，对不守纪律的行为要严肃处理。

二要严明组织纪律，抓好组织纪律制度建设。强化党的意识和身份归属，是中国社会科学院发挥作用、履行职能的基本要求。严明组织纪律，必须严格执行党员个人服从党的组织，少数服从多数，下级组织服从上级组织，全党各个组织和全体党员服从党的全国代表大会和中央委员会的基本要求。严明组织纪律，必须在遵守组织制度上下功夫，严格执行民主集中制和“三会一课”制度，使组织生活长效化、制度化、规范化。必须在加强组织管理上下功夫，防止个人凌驾于组织之上。必须在执行组织纪律上下功夫，敢抓敢管，加强对组织纪律执行情况的监督检查，有纪必执、有违必查。杜绝不愿提醒、不敢批评、做老好人、怕得罪人等情况，使纪律真正成为带电的高压线。

三要严明财经纪律，抓好财经纪律制度建设。经过几年的严格检查和严格要求，全院经费管理总体是好的。但在去年的科研经费特别是横向课题经费检查中发现，一些单位在党组三令五申之后依然存在违纪违规的问题。这是一种危险的倾向，发展下去肯定要出大问题。全院同志特别是所局领导干部一定要严格执行财经纪律。要加强财经纪律制度建设，做好财经纪律的宣传工作，使全院干部学者既知其然又知其所以然。职能部门要经常监督检查，院属各单位要主动自查自纠，发现问题要立行改正。同志们一定要明白，党组一再强调要严格遵守财经纪律，是对同志们最大的负责和保护。现在，国家法律在财经方面有严格而明晰的规定，有个别违反财经纪律的行为已经超出了纪律范畴。希望同志们务必保持清醒头脑，避免造成无可挽回的遗憾。当然，也要积极向国家有关部门申明情况，尽可能地处理好科研经费报销等问题，方便科研人员，为科研人员服好务。

抓好“三项纪律”，加强制度建设，是一项长期而艰巨的任务。它是一项政治工程，又是一项法治工程，没有休止符，永远在路上；只有起点，永远没有终点；只有“进行时”，永远没有“完成时”。我们必须时刻警惕，持之以恒地抓下去，决不动摇，决不打折扣。

第三，加强创新工程制度建设。自启动实施创新工程以来，党组抓住制度建设和创新这个根本，制定和实施了报偿、准入、退出、配置、评价和资助等六个系列的管理制度，经过实践检验和不断完善，已经相对成熟，为全面推进创新工程提供了有力的制度保障。这六个系列的制度，是党组和院属单位在创新工程实践中不懈探索的结果，是全院实施创新工程4年来成功经验的积累，是全院同志集体智慧的结晶，必须长期坚持下去并不断充实和完善。今年要重点推进后期资助目标报偿制度，希望同志们认真地把这项制度落实下来。

制度建设的成绩有目共睹，但是存在的问题也不能回避。实施创新工程的初衷之一，就是要解决“大锅饭”问题，也就是干与不干一个样、干多干少一个样、干好干坏一个样的问题，真正形成有利于全院各项事业繁荣发展、有利于出精品成果和拔尖人才的竞争激励机制。从实施创新工程一开始，就实行严格的退出制度，规定进入创新工程人员不超过80%。实践证明，这样一个制度规定对于解决原来存在的“大锅饭”问题发挥了积极作用。但是，在进入创新工程的人员中又出现了新的“大锅饭”现象，如创新岗位层级相同，创新报偿和智力报偿一样，但付出的劳动和产出的成果不一样的问题，甚至下一个层级的创新岗位付出的劳动和产出的成果比上一个层级的创新岗位多，但得到的创新报偿和智力报偿却比上一个层级创新岗位少的问题；有的单位将创新报偿当成劳务费按人均发放，有的单位按个人职务高低配置创新岗位，体现不出差异，体现不出竞争，从效果上看，创新工程的“鲶鱼效应”还不明显，没有充分发挥出激励作用；特别是有的单位让极个别根本不干事，或起消极作用的人进入创新工程，产生了一定的负面效应，挫伤了积极干事同志的积极性；等等。出现问题的一个重要原因，从认识上讲，是有人依然没能真正领会创新工程的实质，认为创新工程就是提高待遇，搞平均主义。在实际运作上，有的执行制度不严，执行纪律不严，不愿得罪人，对存在的问题视而不见、听而不闻，或者在执行制度上搞例外、搞特殊化。

加强创新工程制度建设，关键要做好四点：一是在实践中健全完善已有制度，将制度固定化、配套化，最大限度地解放和发展科研生产力；二是要兼顾新旧制度的差异性，给出适当的空间和调整余地，但是决不能回到旧制度和老套路上去；三是要随着创新工程的深入，持续推进制度创新；四是让全院领导干部、科研人员、工作人员认真学习制度、真正熟悉制度、严格执行制度、自觉维护制度，使制度面前人人平等、制度面前没有特权、制度约束没有例外的观念深入人心，化为自觉行动，不折不扣地按制度办事。

靠制度管人，靠制度管事，靠制度办院，是管理强院战略的重要内容和必然要求。近年来，党组下大气力狠抓制度建设，使守纪律、讲规矩、重制度的意识内化于心、外化于行，较好地解决了"庸、懒、散、软"的问题，推进了全院工作作风的转变，为全院事业发展起到了重要的保障作用。党组在加强管理方面采取的一系列举措，赢得了全院绝大多数同志的积极拥护和大力支持。大家都能感觉到管理强院带来的积极变化和显著成效。

全面从严治党，必须全面加强党的建设。从管理上来看，必须从严要求，从严管理。"世间事，做于细，成于严。"要在"从严"二字上铆足劲，认真落实从严治院的领导职责，切实加强管理工作，坚决维护制度的严肃性和权威性，坚决纠正有令不行、有禁不止的行为。从严治党，从严管理，必须持之以恒、常抓不懈、久久为功，避免一阵风，时时放在心上、牢牢扛在肩上、紧紧抓在手上，努力在全院形成持续风清气正的良好的工作秩序。当然，我们也要努力营造全面贯彻"双百"方针的宽松学术氛围，形成"文武之道，一张一弛"的认真严肃、生动活泼的良好局面。

5. 着力加强智库建设，把中国社会科学院打造成具有国际影响力的世界知名智库

党的十八大以来，习近平总书记就加强中国特色新型智库建设多次作出重要论述。最近，中央又颁布了《关于加强中国特色新型智库建设的意见》，明确了中国特色新型智库建设的重大意义、指导思想、基本原则、总体目标和基本任务。《意见》明确提出，要"发挥中国社会科学院作为国家级综合性高端智库的优势，使其成为具有国际影响力的世界知名智库"，为中国社会科学院加强中国特色新型智库建设指明了目标方向，提供了基本遵循。一定要按照中央要求，努力建设成为最具国际影响力的世界知名智库，这是中国社会科学院当前及今后相当长一个时期的重要任务。中国社会科学院中国特色新型智库建设，要坚持党的领导，把握正确导向；坚持围绕大局，服务中心工作；坚持科学精神，鼓励大胆探索；坚持改革创新，规范有序发展。充分体现中国特色、中国风格、中国气派，充分体现中国社会科学院特点。

中国社会科学院中国特色新型智库建设的基本思路，是要以重大理论问题、战略问题、现实问题和对策问题研究为主要任务，以服务党和政府科学民主依法决策为宗旨，调整优化学科布局，加强资源统筹整合，重点围绕提高国家治理能力和经济社会发展中的重大现实问题开展国情调研和决策咨询研究，充分发挥中国社会科学院咨政建言、理论创新、舆论引导、社会服务、公共外交五个重要功能。不仅要为党和政府决策出主意、出好主意、出管用的主意，提供具有重要参考价值的对策建议，而且还要站在时代之巅，立足中国，放眼世界，出原创性、创新性的思想、理论、观点，不断丰富发展马克思主义和中国特色社会主义理论体系，不断丰富发展中国特色社会主义学术文化，以深厚扎实的基础研究、理论功底和学术涵养支撑经得起实践检验的理论性创新成果和战略性对策建议。要造就一支坚持正确政治方向、德才兼备、富于创新精神的战略问题研究和对策研究咨询队伍，重视学者型人才向智库型人才的转化。深化科研体制改革，以建设马克思主义坚强阵地为前提，坚持殿堂功能和智库功能并重并举，基础理论研究和应用对策研究并重并举，建立一套治理完善、充满活力、监管有力的智库管理体制和运行机制。

要把实施创新工程与推进中国特色新型智库有机结合起来，以实施创新工程为载体，以强化智库功能为方向，以改革现行体制机制为抓手，以推进研究方法、政策分析工具和技术手段创新为重点，构筑“院—所—专业”三级智库结构，建立具有中国特色和中国社会科学院特点的新型智库体系。第一个层次是全院层次。整个中国社会科学院是党中央、国务院的综合性智库，既要产生基于全院的智库成果，更要把中国社会科学院建成各类专业智库的“综合集成平台”，切实发挥“五大功能”。第二个层次是各研究所（院）。各研究所（院）统筹安排，根据本所（院）学科优势、研究专长、队伍构成及成果转化渠道的状况，加大研究所（院）级智库建设力度，形成具有各自特点的、发挥各自特长的所（院）级学科特色智库。第三个层次是在全面加强第一、二层次智库建设的基础上，先行重点建设 10 ～ 20 个具有代表性的专业智库。

根据全院中国特色新型智库建设的总体思路，党组已出台《中国社会科学院关于加强中国特色新型智库建设的若干意见》《中国社会科学院中国特色新型智库建设 2015 年先行试点方案》及《关于认真学习和贯彻落实〈关于加强中国特色新型智库建设的意见〉的通知》。院属各单位要根据上述三个文件的要求，形成各自的智库建设方案，加大全院中国特色新型智库建设的整体推进力度，争取在不长的时间内取得较大成效。

（三）工作部署

2015 年，要着力完成以下几个方面的工作：

1. 加强党组自身建设，打造让党和人民放心、让全院同志满意的过硬的领导班子

坚持党组中心组学习制度，认真学习辩证唯物主义和历史唯物主义原理，不断接受马克思主义哲学智慧的滋养，更加自觉地坚持和运用马克思主义世界观和方法论，提高指导工作的能力和水平。深入学习贯彻习近平总书记系列重要讲话精神，学习贯彻党的理论路线方针政策。带头宣讲中央精神，带头撰写理论宣传文章。加强民主集中制建设，落实院领导班子议事规则和会议制度，提高决策的科学化水平。遵守党的纪律，从严治院，从严管理。模范遵守中央“八项规定”和反对“四风”要求，进一步转变学风文风工作作风。坚持密切联系群众，虚心听取群众意见，及时改进工作。发扬艰苦奋斗精神，勤俭办一切事业。

2. 抓好党的意识形态工作，加强马克思主义坚强阵地建设

开展全院马克思主义教育活动，提高全院人员运用马克思主义指导科研、意识形态工作和开展舆论斗争的能力。落实意识形态工作“一把手”责任制。扎实推进马克思主义理论研究和建设工程，实施马克思主义理论学科建设与理论研究工作2015年度方案。加强对马克思主义基本原理、马克思主义经典作家论著、中国特色社会主义理论体系、社会主义核心价值观的深入研究宣传，加强中央精神和习近平总书记系列重要讲话精神的研究宣传。建设好马克思主义研究学部、马克思主义研究院、当代中国研究所、中国特色社会主义理论体系研究中心、马克思主义学院和世界社会主义研究中心六大马克思主义研究平台，建设好马克思主义理论类别研究室、研究中心、论坛和期刊。实施好“马克思主义理论骨干人才计划”。开展积极的舆论斗争，批驳各种错误思潮和观点。建设一支理论功底扎实、是非观念分明、善于斗争的马克思主义写作人才队伍。做好以中国特色社会主义理论体系研究中心名义发表理论文章的工作。加强院属媒体建设和管理，使之成为弘扬主旋律、凝聚正能量的重要宣传载体。举办所局主要领导干部马克思主义读书班、处室领导干部培训班和专题报告会。

3. 突出综合性、专业化，扎实推进新型智库建设

遵循中央关于中国特色新型智库建设的总体要求，体现中国特色，突出中国社会科学院特点，分层次、有针对性地建设具有综合性和专业特色的新型智库。院抓好院级综合性智库建设。研究所（院）提出本单位的智库建设方案，抓好所级学科特色智库建设。在充分发挥中国社会科学院国家级综合性高端智库和各研究所（院）所级学科特色智库优势的基础上，按照2015年先行试点方案要求，围绕马克思主义理论创新问题、党的意识形态问题、经济运行重大战略问题、重大金融问题、低碳排放和生态文明问题、重大社会政法问题、新疆问题、当代中国文化、文学理论和文学批评问题、国际战略和“一带一路”建设问题、党风廉政建设问题，重点打造11个专业智库组织。

加强信息报送平台、社会科学评价平台和院地合作智库建设。发挥学部作用。加大马克思主义理论学科和理论研究工程、马克思主义文学理论和文学批评工程、报刊出版馆网库和评价中心名优工程的建设力度。

强化智库建设责任制。党组对智库建设负总责，党组成员分工负责，各研究单位具体落实，职能部门和直属单位全力以赴支持智库建设。建立由院领导直接负责的督办协调会议制度，研究部署布置任务，督促检查落实进度，党组定期听取工作汇报，指导智库建设。

4. 坚持基础研究和对策研究并重并举，突出重大理论和现实问题研究

以马克思主义为指导，努力构建具有中国特色、中国风格、中国气派的哲学社会科学创新体系。始终坚持以重大理论和现实问题为科研主攻方向，紧紧围绕中央重大决策部署特别是习近平总书记系列重要讲话精神，加强对“四个全面”重大战略部署的研究，开展国家经济社会发展中的全局性、前瞻性、战略性、综合性问题的长期跟踪研究，扩展对国内外普遍关注的热点焦点难点问题的定向研究，推出一批系统性、有影响力的研究成果，提高综合研判和战略谋划能力，增强为党和政府决策服务的能力。抓好2015年度科研指南的落实。做好2016年科研指南编制工作。撰写《学科年度新进展综述》《学科前沿研究报告》，开展学科发展专项评估工作，强化学科建设。加强基础研究，抓好以《中华思想通史》为龙头的重大基础研究项目和一系列重点研究项目。认真实施学者资助计划，建立检查机制。推进期刊编审制度建设。建立和完善非实体研究中心评价与管理机制，召开非实体研究中心工作交流会议。完善社团资助方式，组织社团参加社会组织等级评估，探索社团管理新机制。加强院际科研合作管理。组织“纪念抗日战争胜利70周年”等系列重要学术活动。编制发布《中国社会科学院“十三五”发展规划纲要》。加强学部建设，完成学部换届工作，发挥学部作用。完善国情调研工作体系，探索国情调研新的组织方式，在国际学科片启动重大现实问题国情调研。提高科研质量，做好科研成果发布工作。做好国史研究和地方志工作。

5. 深入实施哲学社会科学创新工程，推出一批优秀成果和优秀人才

科研局（创新办）要认真履行创新工程综合协调职能。全面总结全院创新工程实践经验，开展创新工程阶段性评估，制定创新工程2015～2020年规划。巩固完善创新工程制度体系。开展专项检查，规范创新项目立项、结项、审核流程，确保创新项目结项质量，抓好创新方案和创新项目目标任务的落实。加强创新单位和创新岗位考核，严格准入和退出标准，建立能进能出、能上能下、竞争淘汰的创新机制。优化创新工程综合管理平台，完善绩效评价指标体系，全面考核科研成果学术影响力、政策影响力和社会影响力。做好绩效考核与报偿发放衔接工作，拉开目标报偿档次，防止新“平均主义”和“大锅饭”的产生。完善报偿和资助制度，调整智力报偿结构，加大后期资助目标报偿力度。完成传统科研经费和创新工程科研经费的并轨，完善经费配置制度，提高经费使用效率。启动创新工程管理岗位绩效考核试点工作，完善管理岗位工作绩效考核制度。通过创新工程，深化研究生教育培养体制改革，提高研究生培养质量，把研究生院办成哲学社会科学高端后备人才培养基地。

6. 积极推进哲学社会科学话语体系建设，加大“走出去”战略实施力度

积极发挥话语体系建设协调机制召集单位作用，完善全国哲学社会科学话语体系建设协调会议工作机制，办好《哲学社会科学话语体系研究动态》。开展哲学社会科学话语体系建设研究，推进话语体系创新。进一步完善中国社会科学评价体系，创办《中国社会科学评价》，抢占中国哲学社会科学评价研究制高点，完成全球核心智库评价项目，掌握哲学社会科学学术评价话语权，引领中国哲学社会科学的发展方向。进一步实施“走出去”战略，积极推进国际交流合作，认真组织实施各类涉外项目，实施对外学术翻译出版资助计划。发挥中国社会科学院独特优势，积极开展“学术外交”“学术外宣”项目和活动，为中国社会科学院成果和人才“走出去”提供平台、拓展渠道，大力推进国家学术外宣基地建设。继续办好中国社会科学论坛，积极搭建中国学研究国际学术交流平台。围绕中国特色社会主义道路、理论体系、制度、中国经验和中国梦等重大议题，讲好“中国故事”，提高在国际话语体系中的中国学术影响力。扩大与港澳台的学术交流。加强国际合作制度建设，提高对外学术交流水平。

7. 全面推进报刊出版馆网库和评价中心名优工程建设，占领哲学社会科学学术传播制高点

坚持党管媒体原则，坚持政治家和学问家携手办报、办刊、办出版社、办馆网库和开展学术评价。院属单位实行领导责任制，加强报刊出版馆网库和评价中心名优建设。着力办好以《中国社会科学》杂志、《中国社会科学报》、中国社会科学网为龙头的专业报纸、学术期刊和门户网站集群，增强中国学术的国际传播力。加快学术期刊数字化和刊网融合发展，推进期刊“五统一”改革，打造精品学术期刊群。加强信息化与数字出版工作，推进数字化转型和智慧型出版社建设。办好中国社会科学出版社、社会科学文献出版社，打造中国学术专业出版旗舰，带动当代中国出版社、方志出版社和经济管理出版社。推动图书馆的转型发展，完善全院图书馆的总馆—分馆—所馆（资料室）体制，完成经济学分馆建设，提高为科研服务、为读者服务水平。全面启动古籍保护开发工作，加快古籍善本数字化工作。制定网络信息安全管理制度，加强对信息化重大项目建设全过程的监管，加强信息管理制度建设。加快数字化建设进程，打造数字化社科院。按照“社科云”构架，建立全院统一的、海量的哲学社会科学大型信息数据库，建立全院统一的综合集成实验室平台。建设好国家哲学社会科学学术期刊数据库，形成中国规模最大、富有专业特色的哲学社会科学信息数据中心。办好中国社会科学评价中心。

8. 加强院属单位领导班子建设，建设一支德才兼备的干部人才队伍

加强所局领导班子调整补充和干部配备，加强院属单位领导班子建设。深化干部选拔任用制度改革。探索建立研究所所长任期制度和任期目标责任考核制度。扩大研究所所长遴选范围，试行在全国公开招聘研究所所长。继续做好五六级管理岗位人员公开竞聘选拔和干部岗位交流工作。加大青年干部培养力度，建立健全后备干部培养锻炼、适时使用、定期调整、有退有进工作机制。深化研究室主任聘期制改革，强化研究室主任目标管理，做好新任研究室主任培训工作。完善从严管理干部制度，加强干部选拔任用工作的经常性监督，严格执行干部选拔任用审批备案制度。统筹干部教育培训，办好干部教育培训班。召开人才工作会议。扩大选人用人视野，加强学术领军人才引进力度。适当提高优秀博士的引进比例。做好研究生教育和博士后培养工作。推进院属事业单位分类工作。积极稳妥推进专业技术职务评聘制度改革，建立符合中国社会科学院特点的新型评聘机制。推进绩效工资改革。

9. 实施管理强院战略，提高服务科研能力和保障水平

大力实施管理强院战略，提高综合协调管理能力，提高行政、后勤、财务、基建管理科学化、规范化、制度化水平。努力增强大局意识、服务意识和责任意识，以推动工作落实为重点，强化办公厅枢纽职能，履行沟通协调、审核把关、督促落实、运转保障职能，做好党组的参谋和助手，保障全院日常工作运转流畅。完善财务管理体制机制，提高预算执行力，做好全院经费保障工作。切实发挥结算中心作用，合理制定收入上解计划。加强会计事务中心和深化会计委派、会计代理制改革。严格执行经费管理各项规定，实行经费支出审核审批“一支笔”制度。大力推进重大基本建设项目和维修改造项目。进一步清理整顿职工单身宿舍，加强职工单身宿舍管理。加强房地产和国有资产管理，确保国有资产保值增值，提高院属企业经济效益。办好职工食堂，做好后勤服务工作。完成公车制度改革相关工作。开辟各种渠道，逐步解决全院职工特别是青年科研人员住房困难问题。进一步完善子女入学长效机制，落实中国社会科学院与东城区共建北京五中教育集团合作方案。

10. 全面从严治党和加强党风廉政建设，提高党建科学化水平

深入贯彻落实十八届四中全会和中纪委五次全会精神。加强党的建设，坚持严格党内生活，坚持“三会一课”等组织生活制度。开好年度院属单位领导班子民主生活会，开展严肃认真的批评和自我批评。完善制度保障，落实各项整改措施，巩固扩大党的群众路线教育实践活动成果。继续开展机关作风评议，做好2014年度“文明窗口”评选工作，推动形成作风建设新常态。加强党建工作制度建设，完善党建工作考核机制，加强对党委书记的考核。办好院党校，加强马克思主义干部教育。加强和改进党委集体领导下的所长负责制，完善党委议事制度和规则。举办党委集体领导下的所长负责制制度建设经验交流会。着力强化基层党支部建设，特别是研究单位的基层党支部建设。加强党建理论研究，探索中国社会科学院党建工作规律，推进党建工作科学化制度化规范化。做好院属单位党委和纪委换届选举工作。加强对科研骨干的理想信念和党性教育，做好在科研人员中发展党员工作。加强思想道德建设，树立社会主义核心价值观，弘扬优良学风文风作风，坚持理论联系实际、密切联系群众，努力攀登学术道德双高峰。深入开展宣传教育活动，定期召开全院培育和践行社会主义核心价值观经验交流会，继续办好道德论坛和巡回演讲活动。深入开展中央国家机关“全国精神文明单位”“首都文明单位”创建活动。落实《中共中国社会科学院党组关于落实党风廉政建设主体责任的实施意见》，建立和完善党风廉政建设责任制执行情况专题报告制度，持续推进“三项纪律”建设，切实抓出实效。高度重视和切实做好离退休干部工作。加强和改进统一战线工作以及工会、青年和妇女工作。

同志们，让我们紧密团结在以习近平同志为总书记的党中央周围，高举中国特色社会主义伟大旗帜，积极投身中国特色新型智库建设伟大实践，开拓进取，扎实工作，为把中国社会科学院建设成为具有国际影响力的世界知名智库而奋斗！

在“三严三实”专题教育暨创新工程制度建设专题工作会议上的动员讲话

王伟光

（2015 年 7 月 27 日）

根据大会安排，我代表党组讲几点意见，作为动员。

（一）会议主题和开法

这次会议的主题是：认真学习习近平总书记系列重要讲话，以深入推进“三严三实”专题教育为主要内容，把“三严三实”专题教育和“从严入手”“从实着力”解决实际问题结合起来，集中研究解决全院在加强党委集体领导下的所长负责制制度建设、创新工程制度建设、“三项纪律”建设和中国特色新型智库建设等工作中存在的主要问题，为全院事业发展提供强有力的制度保障，全面推进全院各项工作。

按照中央统一部署和要求，院党组决定，2015 年在全院处（室）级以上领导干部中开展“三严三实”专题教育。抓好“三严三实”专题教育，对于解决中国社会科学院存在的问题，推动各项事业健康发展，是非常必要的，具有极强的针对性。这些年来，党组狠抓制度建设不松劲，在党委集体领导下的所长负责制和创新工程等制度的执行上，在“三项纪律”建设等方面，党组几乎逢会必讲、违事必管、有案必办，相继出台了不少严格具体的规定，强化了刚性约束，而且还组织专门力量到一些单位进行了专项巡视，从严管理、从严治院取得很大进展，制度建设和“三项纪律”建设初见成效，全院同志按规矩办事、按制度用权意识显著增强，越界犯规行为大为减少。一些过去习以为常、司空见惯的“四风”问题得到有效遏制，一人说了就算、一拍脑袋就定、一拍胸脯就办基本行不通了，什么饭都敢吃、什么人都敢交、什么事都敢做的现象受到严格节制，大家头脑中的“紧箍咒”自觉勒紧了。

但是，就全院范围来说，还存在一些突出问题，即使这些问题是极其个别的：一是不讲政治，自行其是，有令不行，有禁不止；二是组织涣散，纪律松懈，我行我素，搞一言堂；三是团团伙伙，亲亲疏疏，形成小圈子；四是以权谋私，公器私用，违反财经纪律，等等。之所以还存在上述个别问题，主要是因为一些人特别是极少数领导干部马克思主义理论素质不高，思想认识不到位，理想信念不坚定；缺乏党的意识，缺乏党的集体领导意识，缺乏制度意识；政治纪律、组织纪律、廉洁纪律、财经纪律观念淡薄，不知什么是底线，甚至胆敢触碰红线，摸到高压线。当然，对这样一些个别问题的存在，党组要负一定的领导责任，作为党组书记，我要负主体领导责任。我们的主要责任就是对领导干部教育还不够，制度制定得不严不细，管理过宽，对存在问题处理得还过软过松，从严管理、从实着力还没完全到位。

当然，出现问题并不可怕，关键是要解决好问题，要从根本上解决问题。1948 年纠正土地改革中发生的偏向问题时，毛泽东同志曾经说过："领导者的责任，就是不但指出斗争的方向，规定斗争的任务，而且必须总结具体的经验，向群众迅速传播这些经验，使正确的获得推广，错误的不致重犯。"我们的事业，就是在不断总结经验，坚持正确的、纠正错误的过程中而不断向前发展的。党组下决心，在"从严""从实"方面下更大的功夫，付出更艰苦的努力，把思想教育摆得更重，把制度笼子扎得更紧，把纪律关口封得更严。

这次会议的开法，仍然是突出彻底查找问题，认真总结经验，深入剖析存在问题的原因，从而找到从根本上解决问题的办法，目的是达成高度共识，团结一致，全面推进全院各项工作。为了帮助大家进一步了解国家有关法律法规和政策规定，深刻认识在财经纪律和财务管理等方面存在的主要问题，更有针对性地做好工作，邀请了国家审计署科学技术审计局局长韩大川同志就充分认识审计工作的重要性作专题报告。会议安排两次大会交流，其中第一次大会交流安排五家单位围绕会议主题介绍先进经验和成功做法。安排了两次分组讨论，请同志们在小组会上围绕开展"三严三实"专题教育的重要性和必要性，加强党委集体领导下的所长负责制制度建设、创新工程制度建设、"三项纪律"建设、新型智库建设等工作展开讨论，分别介绍情况，一起查找存在的"不严""不实"的主要问题，以提高认识，统一思想。希望同志们真正吃透中央和院党组的精神，真正理解和把握好国家有关政策，从反面案例中汲取深刻教训，总结好、推广好先进经验和成功做法，进一步发现问题、解决问题。

查找问题，解决问题，找出问题背后的深层原因，寻找解决办法，目的在于推动工作，争取更大的进步。这里最重要的是要有一个正确认识问题、分析问题、看待问题的思想方法。也就是辩证地、全面地、历史地看问题。首先，分清成绩与缺点、主流与支流。明确成绩是主要的，问题是前进中的问题、发展中的问题，与成绩相比是支流，是次要的。刘奇葆同志 7 月 14 日到中国社会科学院考察工作，对中国社会科学院工作给予高度肯定，他说："总的感到社科院的各项工作都取得了新的进展、新的成果，许多工作都在上台阶、上水平，一些工作取得了新的突破，是一个好的工作状态。""近年来，社科院积极参加马克思主义理论研究和建设工程，成立马克思主义研究院、组建马克思主义学院，实施哲学社会科学创新工程，加强对重大理论和现实问题的研究，率先在全国招收马克思主义专业博士生，为加强党的思想理论建设、繁荣发展哲学社会科学作出了重要贡献。"一个"好的工作状态"，一个"作出了重要贡献"，这两句话是很高的评价，也是对中国社会科学院工作的高度肯定。所以同志们在查找问题的时候，首先要肯定我们取得的成绩。我们是在这个大前提下分析问题、查找问题的，目的是赢得更大的胜利。其次，气可鼓而不可泄。要树立信心，下定决心，一鼓作气，乘势而上。总结经验、汲取教训，是在肯定成绩基础上开展的。必须通过肯定成绩，看到大好形势，树立必胜信心，而不能因为存在某些问题，就丧失信心，甚至因为看到困难和问题而悲观失望，这不是对待问题与困难的正确态度。再次，有针对性地解决问题。查找问题不是目的，目的是解决问题。这次会议要求大家查摆“不严不实”的问题，并不说明我们过去管理不严格，而是要更严格，况且有些问题的解决，要有一个过程，冰冻三尺非一日之寒，解决问题总是需要时间的，有一个循序渐进的过程。今天与我们过去相比，已经取得了很大进步。我们的目的是在不断解决问题的过程中，发扬成绩，纠正错误，不断前进。最后，要努力达到更高的奋斗目标。既不能被问题吓住，被困难吓倒，更不能畏缩不前，不敢为、不敢闯、不敢干。刘奇葆同志要求，社科院要发挥好自身优势，积极推动“四大平台”建设，为全国做出示范，在马工程建设中发挥带动作用，在中国特色社会主义理论体系研究中心建设中发挥带动作用，在马克思主义学院建设中发挥带动作用，在报刊网络理论宣传阵地建设中发挥带动作用。这是中央对我们提出的新的更高的要求。我们一定要努力实现中央对中国社会科学院“三个定位”要求，发挥好“四大平台”建设方面的带动作用，这就是我们的目标，必须为实现这个目标而努力奋斗。

这次会议安排以学习研究、问题剖析、总结交流和研究讨论为主，要求大家发言紧扣主题，突出重点，找出问题，深挖根源。主题集中是开会的关键，一切发言和讨论都要围绕主题进行。毛泽东同志曾不止一次地强调：“一次会只能有一个中心，一个中心就好。”1960年，他在杭州召集华东、西南各省领导同志开会，除解除粮食困难这个议题外，又将搞小高炉、技术革新和技术革命、机械化等问题都插了进去，结果导致“一平二调”这个本来急需解决的问题没能够成为会议的中心，在会议上也没能集中精力进行讨论，最终没能提出妥善的解决办法。总结经验，吸取教训，需要把碰到的实际问题摆出来，深入分析，才能找到焦点问题和拿出有针对性的解决办法。如果只是抽象地泛泛而谈，或者东拉西扯、言不及义，只讲原则如何、基本上如何、大体上如何，而涉及具体问题时语焉不详，这样只能让听者如入云里雾里、莫名其妙，即使总结出一些具有共性的所谓经验来，即使不错，也不鲜明；虽然可能皆大欢喜，但却可能不痛不痒或浅尝辄止，最终不能从根本上解决问题。在对需要解决的问题形成共识之后，还需落实到提出解决问题的具体政策、具体措施和具体办法，并一一贯彻落实到工作中去。这样，总结经验、吸取教训才算是真正地全面地收到了实效。因此，这次会议一定要把目标聚焦在“三严”“三实”问题上，以领会吃透习近平总书记和中央精神以及党组要求为思想前提，聚焦在党委集体领导下的所长负责制制度建设、创新工程制度建设、“三项纪律”建设、新型智库建设这几个主要工作上，从“严”与“实”入手，集中查找“不严”“不实”的问题，提出措施，解决问题。小组讨论时，大家要踊跃发言，畅所欲言，但发言不能跑题，要有的放矢，有针对性。要围绕当前工作实际，就如何从严治院、从实着力交流思路和措施，探讨解决问题的有效方法，更好地完成今年各项任务，推进全院工作再上新台阶。

（二）几点要求

为了开好这次会议，我代表党组提四点要求。

第一，集中精力，认真开会。党组安排同志们集中几天时间，专题研究“三严三实”专题教育和创新工程、新型智库建设等几项主要工作，这是很不容易的。同志们平时工作任务繁重，这次暑期专题工作会议就是为大家在工作“热运行”中提供一个“冷思考”的机会，提供一个能静下心来“踱方步”的机会，一个能够进行面对面交流的机会，使大家有时间回顾和总结以往工作特别是上半年工作，从中汲取经验与教训，从而使自己的思想认识和工作谋略立于一个新的起点之上。希望大家安下心来，心无旁骛、专心致志地学习研读，分析问题，总结经验，交流做法，千万不要错过这次互相交流、共同提高的机会。当前全院创新工程正处于爬坡过坎的紧要关口，全院事业进入发展的关键时期。随着创新工程的深入推进，后面遇到的问题会更多，要解决的也都是牵一发而动全身的深层次问题，都是一些难啃的硬骨头。如果不能有效破解前进中的难题，创新工程就难以深入推进，全院工作就难以打开新的局面、迈上新的台阶。同志们要树立问题意识、坚持问题导向，从问题入手，抓住问题的关键，紧密联系当前工作实际，深刻认识存在问题的根源，进一步提高完善制度建设的思想自觉和行动自觉。会议期间，党组成员将分别参加各小组的讨论，认真听取大家的意见和建议。

第二，研读文件，吃透精神。这次会议为大家提供了一些文件，包括中央领导同志的重要讲话、中央有关文件、“三严三实”专题教育的相关学习资料，创新工程制度建设文件，新型智库建设文件和方案汇编；五位院领导的讲话；科研局、人事局分别就创新工程制度建设、选人用人进人制度等工作提交的说明材料；违规违纪案例材料；各单位交流发言材料等。虽然时间安排得很紧，但是大家一定要认认真真学习文件，领会吃透文件精神，准确把握中央和党组的精神，从而进一步明确下一步工作的方向，增强做好各方面工作的自觉性、主动性和创造性。党组要求同志们一定要把文件一字一句、完完整整地阅读一遍，习近平总书记的重要讲话和中央重要文件要反复研读。白天时间不够，要把晚上的时间也利用起来。

第三，加强交流，借鉴经验。孔子说：“三人行，必有我师焉，择其善者而从之，其不善者而改之”；“见贤思齐焉，见不贤而内自省也。”《礼记》中说：“独学而无友，则孤陋而寡闻。”诸葛亮说：“集众思，广忠益。”这样一些古语无非是告诉我们，人与人之间要交流思想、交流学识、交流经验，对交流的内容进行分析、比较和辨别，凡是好的就学习遵从，不好的就自省自戒，这样就可以达到相互学习、取长补短、共同提高的目的。在抓“三严三实”专题教育、加强党委集体领导下的所长负责制制度建设、“三项纪律”建设、创新工程制度建设和中国特色新型智库建设方面，一些单位取得了一些成功经验，形成了一些行之有效的做法，这是值得全院分享的宝贵财富，要坚持下去并发扬光大。安排做交流发言的5家单位，在这些方面都是做得比较好的，有各自的特点。他们的经验和做法对于所有单位，特别是对于还做得不够好的单位，都值得借鉴和应用。每个单位都要虚心学习其他单位的好经验、好做法，不断丰富和提高自己，进一步把本单位的工作做好。

第四，深入总结，吸取教训。善于对思想和工作情况进行总结，对一个领导干部增加工作的战略智慧和主动权很重要，同样，对一个单位不断进步和提高也是很重要的。大家平时工作忙，难得静下心来深入总结，也难得跟其他单位的同志聚在一起交流。希望这次会议有助于解决这个问题。通过认真总结和深入交流，在很多事情上会有豁然开朗的感觉。我们常说，“吃一堑，长一智”，“一智”是怎么长的？就是从教训中长的。这里所说的教训，既有自己的，也有别人的。通过总结，认识到“一堑”为何，从中吸取了教训、引为鉴戒，这样才会长“一智”，长若干个“一智”。也就是说，由“堑”到“智”的转化，是通过总结经验实现的，总结经验是这种转化的认识之桥，没有这座桥，“堑”就无法转化为“智”。1956年4～5月，毛泽东同志在中共中央政治局扩大会议和最高国务会议上作《论十大关系》报告时指出：“最近苏联方面暴露了他们在建设社会主义过程中的一些缺点和错误，他们走过的弯路你还想走？过去，我们就是鉴于他们的经验教训，少走了一些弯路，现在当然更要引以为戒。”不言而喻，工作中的经验是宝贵财富，工作中的教训也是宝贵财富，甚至是更宝贵的财富，关键在于是否善于总结。希望同志们注重把正反典型对照起来学，弄清先进典型先进在哪里、反面典型落后在哪里、错误在哪里，特别要从实际案例中认真汲取教训，从而不断校正自己，警醒自己，明确努力方向，使自己的思想认识和工作谋略立于新的起点之上，开辟新的局面，取得新的成绩。

同志们！

在建院30周年时，中央对中国社会科学院提出了“三个定位”的目标要求，去年中央颁布实施的《关于加强中国特色新型智库建设的意见》，对中国社会科学院职责定位作出了更加丰富的描述，刘奇葆同志7月14日来中国社会科学院调研，又对中国社会科学院提出新的要求。中国社会科学院作为哲学社会科学研究的“国家队”，在科学研究等各个方面都对全国哲学社会科学界起着引领作用，也要在加强中国特色新型智库建设、实施哲学社会科学创新工程方面创造和积累成功经验，真正起到标杆和示范作用。干在实处永无止境，走在前列要谋新篇。中国社会科学院应当承担起责任，肩负起使命。大家要坚持严律己、有底线、守法纪，有真真切切的情怀、老老实实的态度，把自己摆进去，更好改造主观世界，既要有直面问题的勇气，也要有解决问题的方法。希望大家把这次会议开成一次统一思想、提高认识的会议，开成一次查找问题、明确举措的会议，开成一次总结经验、吸取教训的会议，开成一次从严治院、从实创业的会议，切实提高全院各级领导干部的领导能力和工作水平。

我就先讲这些。谢谢大家。

全面推进名优建设工程
巩固和扩大理论学术传播阵地

——在2015年度中国社会科学院名优建设工程工作会议上的讲话

王伟光

（2015年12月22日）

在党的十八届五中全会、中央经济工作会议召开不久，中国社会科学院举办第六届名优建设工程工作会议，回顾过去，谋划远景，承前启后，继往开来，意义重大。这次会议的主题是深入贯彻党的十八大和十八届三中、四中、五中全会精神，总结“十二五”时期名优建设工程取得的成果和经验、存在的问题和不足，确定“十三五”时期全面推进名优建设工程的目标、任务和举措，切实加强理论学术传播阵地建设，努力开创全院报刊出版馆网库志和学术评价名优建设的新局面。

（一）历程与经验

早在2008年，中国社会科学院即启动名刊名社名馆名网建设工程。2009年10月21日，中国社会科学院召开了第一届名优建设工程工作会议，提出推进报刊、出版、图书和网络管理改革创新的任务和要求。2011年中国社会科学院开始实施哲学社会科学创新工程和“十二五”发展规划以来，在报刊出版馆网的基础上，陆续增加了数据库、学术评价和地方志的内容，形成了报刊出版馆网库志和学术评价名优建设“八位一体”的新格局。

2013年8月，院党组印发信息化体制机制改革方案，实行管建行分离，将计算机网络中心调整为信息化管理办公室，将中国社会科学网划拨到中国社会科学杂志社，将调查与数据中心与院图书馆整合，形成信息化名优建设整体格局。从2013年12月开始，又实行名优建设工程协调会议制度，由秘书长高翔同志主持，信息化管理办公室具体组织，召集相关单位和职能部门，研究名优建设工程的有关议题，部署各项工作。院党组还将协调会决定事项纳入职能部门和直属单位创新工程绩效考评体系，使协调会议制度成为推进名优建设工程的重要抓手。

《中国社会科学报》2009年创刊，2012年由周二刊改为周三刊，2015年又由周三刊改为周五刊，创办英文数字报在美国正式上线，加入世界两家最大的电子报刊数据库。该报已建成9家国内记者站和北美、欧洲报道中心，通讯人员已覆盖国内主要高校和科研单位以及五大洲30多个国家，并在北京、广州、南京、西安四地同步印刷，创造了学术报刊史上的“社科速度”

和“社科奇迹”。评论版刊发大量优秀文章，为国内外读者全面了解我国哲学社会科学打开了一个重要窗口。

院属期刊实行“统一管理、统一经费、统一印制、统一发行、统一入库”制度，办刊数量、质量和效益大幅提高，保持和扩大了中国社会科学院学术期刊的优势地位。“十二五”期间，中国社会科学院新办国内统一刊号的学术期刊《劳动经济研究》《中国社会科学评价》《中国文学批评》《财经智库》等8个，使中国社会科学院主办的中文学术期刊达到80种，外文学术期刊达到16种，学术年鉴达到4种。其中，44种被国内四大期刊评价机构共同认定为核心期刊，《中国社会科学》《考古》《历史研究》《社会学研究》《哲学研究》等10种期刊被国家新广总局评选为2015年“百强报刊”。多家期刊还改版升级，扩大容量和版面。

院属出版社坚持正确的出版方向，创新经营管理体制，图书数量和质量稳步提高。五年来，共出版图书2万多种，销售收入从2010年的2亿元增长到2015年的5亿多元；累计完成“十二五”国家重点图书项目、“三个一百”原创图书出版工程项目等1000余项，出版《新大众哲学》《居安思危》《理解中国》《中华人民共和国史编年》等大批精品图书，获得两届中国出版政府奖14项，国家和省部级以上优秀科研成果奖300多项；扩大中外文图书的交流，签约输出、引进版权1000多项，实现了社会效益和经济效益双丰收、国内影响和国际影响同提升。

院图书馆建立健全总馆—分馆—资料室三级管理服务体系，加大数字图书馆建设力度，在扩大数字资源引进，改造网络基础设施，启用远程访问系统，提高馆藏图书和信息资源服务等方面取得了较大进展。引进期刊、图书、数值数据等中外文数字资源130多个，涵盖哲学社会科学的各个领域。网络带宽大幅扩容，形成1000兆出口带宽和22条互联链路，上网速度明显加快；个人用户邮箱达2G，网盘空间500兆。创新工程综合管理平台建成使用，为实行科研动态管理提供保障。大力推进数字化服务，使全院学者在家即可查阅大量数字资源。

网站建设成效显著。中国社会科学网2011年1月1日成功上线，2014年1月1日闪亮改版，设立资讯、学科、综合和互动四大版块，共50多个频道，1300多个栏目。院属各单位网站和专业网站不断扩展，50多家子网迁移到新平台上。以中国社会科学网为龙头的网站集群发挥报刊网联动机制，实现平台、域名、风格统一，专题制作更加丰富，点击量大幅攀升，移动客户端稳步增长，成为全国7家理论传播重点网站之一。

数据库建设成果突出。馆藏文献数据库和社会调查数据库日益丰富，科研成果库建设顺利启动，中国人文社会科学引文数据库和论文摘转统计数据库也初步建成。国家哲学社会科学期刊数据库2013年7月上线运行，2014年改版升级，已收录主要学术期刊660种，论文300万篇，410种期刊回溯至创刊号，免费下载论文240万篇，成为国内大型的公益服务期刊数据库。在海量数据库建设的基础上，建成27个专项实验室，推出一批要报、论文等重大成果。

全国地方志工作掀起新高潮，上了一个新台阶。方志出版社打造“名镇”“名村”“名志”“名鉴”“名训”五大书系，不断推出精品力作。今年12月1月，中国地情网、中国方志网正式开通，实现国家、省、市、县四级地情网站全覆盖，建成全国地方志系统的信息发布、在线服务和互动交流平台，为名优建设工程增添了新亮点。

学术评价工作开局良好。中国社会科学评价中心2014年9月挂牌成立，11月22日召开首届全国人文社会科学评价高峰论坛，发布《中国人文社会科学期刊评价报告》。2015年又发布《马克思主义理论学科期刊报告》，举办第二届全国人文社会科学评价高峰论坛，发布《全球智库评价报告》。建构以吸引力、管理力和影响力为主要指标的哲学社会科学综合评价体系，简称AMI，克服以往哲学社会科学评价体系导向不明确、指标不全面、数据不透明等问题，受到国内外的广泛关注和认同，有利于占领哲学社会科学和全球智库评价制高点。

信息化建设全面推进。信管办成立两年来，履行全院信息化的建设规划和预算、项目评审和监督、信息安全及考核和组织名优建设协调会等职能，制定实施《院重大信息化项目管理办法》《院属单位信息化工作经费管理办法》等制度文件，加强科研信息化的考察、研讨和业务培训，推动与华为公司、中央网信办建立战略合作关系，加强对信息化重大项目的审批监管和名优建设工程项目的督办。截至今年12月15日，信管办共评审立项“海量数据库建设工程一期”“创新工程综合管理平台”“全院期刊统一采编系统”等35个，结项验收33个；共组织召开41次名优建设协调会，编发41期纪要，部署和督办360余项工作，每季度编发1期名优建设工程报告。信管办作为院职能部门，不仅在推动信息化工作的制度化、规范化和程序化，提高信息化经费使用效率方面，而且在联系名优建设单位形成合力，保证名优建设工程有序推进、加大信息化建设力度等方面，都发挥了重要作用。

“十二五”期间，名优建设工程从名刊名社名馆名网“四名”迅速扩展到报刊出版馆网库志和学术评价“八名”，范围越来越广，成果越来越多，影响越来越大。实践证明，院党组关于名优建设工程的一系列发展思路、工作部署和改革决策是正确的，报刊出版馆网库志和学术评价“八名”建设的主要工作及丰硕成果应该充分肯定。我代表院党组对名优建设工程中付出辛劳的同志们致以崇高的敬意和衷心的感谢。

名优建设工程取得的成果来之不易，积累的经验弥足珍贵：第一，以加强阵地建设为根本，坚持正确的政治方向和学术导向，关键时刻敢于发声，敢于亮剑，彰显马克思主义理论学术强大的生命力、感召力、创新力；第二，以质量建设为中心，严把政治、学术、文字关，遵守采编审核流程和规矩纪律约束，推进理论学术传播工作科学化、规范化和制度化；第三，以改革创新为动力，实施“引进来”和“走出去”战略，提高各类资源配置效率和信息化水平，促进各类媒体取长补短、融合发展；第四，以增强理论学术引领为目标，推动具有中国特色、中国风格、中国气派的哲学社会科学创新体系和话语体系的形成，占领哲学社会科学研究、传播、评价和管理的制高点。这些重要经验，体现了对信息化、全球化的时代背景下哲学社会科学理论研究及学术传播规律的认识，必须高度重视、倍加珍惜，并且作为加强和推进名优建设工程的基本原则长期坚持。

（二）形势与任务

党的十八大以来，改革进入攻坚期和深水区，国际形势复杂多变，我们面对的改革发展稳定任务之重前所未有、矛盾困难风险挑战之多前所未有，必须进行具有许多新的历史特点的伟大斗争。党的十八届五中全会分析了全面建成小康社会决胜阶段的形势和“十三五”时期我国发展环境的基本特征，确定了未来五年我国发展的指导思想、主要目标，提出了创新、协调、绿色、开放、共享的发展理念。从总体上看，中国社会科学院名优建设工程与党的十八大以来的形势任务是相适应的，与“十三五”时期我国发展的目标要求是相符合的。在充分肯定成绩的同时，也要清醒认识到，名优建设工作还存在许多不足和需要改进的地方，主要表现在：有的对名优建设工作不够重视，仅仅作为辅助性、边缘化的工作来对待，认识不到理论学术传播、图书资料和信息化建设的重要性和必要性，马克思主义、党的意识形态、哲学社会科学理论学术传播的阵地作用发挥不够；有的缺乏政治敏锐性和政治鉴别力，坚持以马克思主义为指导不够自觉，处理不好政治与学术的关系，甚至存在“去政治性”、搞“纯学术性”的个别倾向；理论学术传播阵地的领导班子和专业化骨干队伍建设明显滞后，亟需加强党的建设、思想道德建设、领导班子建设、人才队伍建设、业务建设、管理制度建设和党风廉政建设；信息网络基础设施还比较落后，数据信息资源使用效率还不高，数字化图书馆和海量数据库尚需加快建设，信息化管理体制机制还需进一步理顺，建设全院统一的信息化整体系统差距很大；等等。我们一定要站在党和国家事业发展全局和战略的高度，站在中国社会科学院定位和功能的高度，来认识和把握推进名优建设工程的重大意义和根本要求，增强做好名优建设工作的自觉性和主动性。

第一，推进名优建设工程，是大力发展21世纪中国马克思主义和加强党的意识形态工作的必要保障。

习近平总书记在主持中央政治局2015年第一次集体学习时明确提出：“要根据时代变化和实践发展，不断深化认识，不断总结经验，不断实现理论创新和实践创新良性互动，在这种统一和互动中发展21世纪中国的马克思主义。”他还指出：“我们党始终把思想建设放在党的建设第一位，强调‘革命理想高于天’，就是精神变物质、物质变精神的辩证法。我们必须毫不放松理想信念教育、思想道德建设、意识形态工作，大力培育和弘扬社会主义核心价值观，用富有时代气息的中国精神凝聚中国力量。”中国社会科学院作为党中央领导的意识形态的重要部门，要加强对马克思主义基本原理和基本观点的研究宣传，加强对中国特色社会主义理论体系的研究宣传，加强对习近平总书记系列重要讲话精神的研究宣传，为发展21世纪中国的马克思主义，加强党的意识形态工作作出应有的贡献。中国社会科学院的各类理论学术传播平台，要在深化拓展马克思主义理论研究和宣传教育方面发挥带动作用，在加强党的意识形态工作方面发挥带头作用，更好地引领理论学术研究，引导社会思想舆论。

建设马克思主义坚强阵地，加强党的意识形态工作，是中央对中国社会科学院“三个定位”

中第一位的要求。我们的名优建设工程，归根到底是要建设马克思主义和党的意识形态坚强阵地。离开这一点搞名优，就违背了党中央的要求和院党组的意图，偏离了正确的方向和轨道。中国社会科学院的报刊出版馆网库志和学术评价，处于国际国内思想理论斗争的前沿前线，必须坚持党对媒体的领导权、管理权和话语权，坚持为人民作学问的根本宗旨，坚持“二为”方向和“双百”方针，坚持党性和人民性的统一、科学性和意识形态性的统一，坚守和扩大马克思主义和党的意识形态的理论学术阵地。这是名优建设工程的首要任务。只有自觉同党中央保持高度一致，坚持以马克思主义指导理论学术研究和传播，坚持政治家和学问家办报刊出版社图书馆、办网库志和学术评价的原则，保证我们在同各种错误思潮和敌对势力的斗争中，打好主动仗、占领制高点，弘扬主旋律、传播正能量，中国社会科学院作为马克思主义和党的意识形态阵地的定位和功能才能巩固。

第二，推进名优建设工程，是实施哲学社会科学创新工程，建设哲学社会科学最高殿堂的重要举措。

党的十八大强调，要坚持走中国特色自主创新道路，实施创新驱动发展战略，建设哲学社会科学创新体系。中国社会科学院作为中央直接领导下的哲学社会科学国家级学术机构，理应在探索中国特色自主创新道路，建设哲学社会科学创新体系方面走在全国乃至世界的前列。中国社会科学院的名优工程早于创新工程启动，为创新工程作过先期探索和尝试。创新工程实施以后，名优工程不仅成为创新工程的重要组成部分，而且为创新工程提供理论学术信息资源、学术评价引领和成果发布平台，有助于创新工程稳步拓展和深化。只有推进名优建设工程，才能为实施哲学社会科学创新工程，建设哲学社会科学创新体系提供有效载体和传播平台。

建设哲学社会科学最高殿堂，要靠出类拔萃的学术领军人才，博大精深的科研创新成果和与时俱进的理论学术传播平台。中国社会科学院的报纸、期刊、出版社、图书馆、网络、数据库、地方志和学术评价中心，是全国哲学社会科学的重要资源和宝贵财富，是全院科研、传播、管理和服务工作的必备条件和根本保障。只有推进名优建设工程，打造与中国社会科学院学术地位相称的、体现我国哲学社会科学最高水平的报刊出版馆网库志和学术评价，才能引导人们全面客观地认识当代中国、看待外部世界，扩大中国哲学社会科学在国内外的影响力、吸引力和感召力，为发挥中国社会科学院殿堂功能提供有力的支撑保障，构建高端的传播平台。

第三，推进名优建设工程，是实施网络强国战略和国家大数据战略，建设具有国际影响力的世界知名智库的必然要求。

当今世界，以互联网、云计算、大数据等信息技术为核心的新科技革命，深刻改变着人们的生产方式和社会关系、思维方式和价值观念。党的十八届五中全会提出：实施网络强国战略，加强网上思想文化阵地建设；实施“互联网 +”行动计划，促进互联网和经济社会融合发展；实施国家大数据战略，推进数据资源开放共享。这一系列重大战略部署为推进名优建设工程，加快哲学社会科学信息化提出了新的目标和任务，指明了正确的方向和途径。在研究方面，要鼓励科研人员采用计算机、互联网、数据库等信息技术进行学术研究和社会调查，推动哲学社会科学的方法工具创新、学术观点创新、学科体系创新；在传播方面，要加强哲学社会科学专业学术网站网络建设，推动报刊出版社适应信息化趋势完成数字化转型，促进报刊出版社等传统媒体和网络、微博、微信等新兴媒体融合发展；在评价方面，要建立和使用哲学社会科学引文数据库、查新数据库，并通过各种数据分析和运算，排除恶意自引、互引和伪引等因素，实现对哲学社会科学成果的客观、公正的评价；在地方志工作方面，要加大信息化、数字化的建设力度，建设地方志数据库、网站、数字化办公系统；在管理方面，要建立和使用网上办公系统，打通各部门、各单位之间的信息传输障碍和信息资源壁垒，将科研、人事、财务、外事、所务等都整合到一个管理平台上，实现统一管理平台，集中访问、信息共享、科学决策，推动文档数字化、办公自动化和管理现代化。

中国社会科学院作为党中央国务院重要的思想库和智囊团，构建中国特色新型智库体系方面，承担着义不容辞的责任。2014 年中央专门出台《关于加强中国特色新型智库建设的意见》，要求中国社会科学院发挥国家级综合性高端智库的优势，成为具有国际影响力的世界知名智库。这就给全院推进名优建设工程既提供有利条件，也提出了新的更高的要求。在基础设施方面，要依托互联网、云计算、大数据等信息技术，为新型智库构建信息网络基础设施和电子数字资源，创造舒适、便捷、高效的科研条件和工作环境；在人员队伍方面，要按照统筹规划、精简集约、协同高效的原则，加强最新信息技术知识和技能培训，提高信息化人才数量和质量，鼓励哲学社会科学专家掌握和运用信息技术，形成一支政治强、总量足、素质高、结构优的智库型人才梯队；在组织机构方面，要建立以研究方向和项目为驱动、以社会网络为平台、以团队协作为主要方式的扁平化、网络化的组织架构和便于上下联动、横向联合的组织形式，以适应新型智库发展创新的需要。

（三）规划与举措

2015 年是“十二五”规划的收官之年，也是“十三五”规划的谋篇布局之年。名优建设有关单位要按照院党组的总体工作思路和全面深化改革的顶层设计，制定本单位的“十三五”发展规划和 2016 年工作方案，确定责任人、路线图、时间表和任务书。这里，我仅就名优建设“十三五”规划以及需采取的举措讲一些原则性的意见。

“十三五”时期中国社会科学院名优建设的指导思想是：以马克思列宁主义、毛泽东思想、邓小平理论、“三个代表”重要思想、科学发展观为指导，高举中国特色社会主义伟大旗帜，全面贯彻党的十八大和十八届三中、四中、五中全会精神，深入贯彻习近平总书记系列重要讲话精神，坚持全面建成小康社会、全面深化改革、全面依法治国、全面从严治党的战略布局，依据院党组三条基本经验、“五个三、一个一”总体工作思路和要求，全面推进报刊出版馆网库志和学术评价名优建设，为把中国社会科学院建设成具有国际影响力的世界知名智库，充分发挥马克思主义坚强阵地、哲学社会科学最高殿堂、专业化综合性高端智库功能，提供强有力的理论学术传播平台和设施资源信息技术保障。

《中国社会科学报》要按照“政治家办报”的要求，主动适应全球化、全媒体的发展趋势，抓好选题策划和热点报道，优化版面设计和出版周期，增加各地专刊和英文数字报内容，办成中国最具影响力、享誉海内外、反映我国哲学社会科学最新成果和前沿动态的大容量、多语种、综合性的哲学社会科学专业大报、马克思主义和党的意识形态的传播平台，使之成为以理论学术话语传播中国理论、中国道路、中国经验、中国精神，展示国家形象的重要窗口，与国际学术界平等对话的重要窗口。

院属学术期刊要坚持正确的政治方向和学术导向，加强数字化、网络化建设，探索刊网融合发展新途径，推广使用网上投稿采编系统，促进采编队伍建设和编校流程规范化，打造与我国马克思主义坚强阵地、哲学社会科学最高殿堂和世界知名智库相适应、在国内外学术界享有崇高声誉和公认度的学术期刊集群，占领理论学术传播制高点，引领理论学术发展潮流。

院属出版社要坚持正确的出版导向，适应数字化和现代化发展趋势，抓好主题出版重点选题，加强图书品牌、人才队伍和出版能力建设，完善出版传媒集团和各出版社的管理体制和运行机制，整合院内外、国内外学术出版资源，打造更多更好的学术出版名品精品，建成全国哲学社会科学出版传媒中心和国际知名的专业学术出版机构。

图书馆要坚持为科研服务的方针，按照数字化转型的要求，以满足科研、教学和办公需求为目的，系统整合开发全院图书信息资源，优化图书信息资源结构，加大数字资源的引进和自建力度，加快自动化系统升级，建设图书馆综合服务平台和智能化环境，建设数字化图书馆，更好地实现文献采编与借阅、信息咨询与定制服务、特色典籍保护与收藏、网络运维与管理、文献资源对外交流等功能，建成国内外知名的、高水准和现代化的“知识贮存的总库”“成果展示的总汇”和“学术辐射的中心”。

中国社会科学网要按照党管媒体的原则，适应“互联网＋哲学社会科学”、统一网络、移动互联的新要求，进行网络基础设施和环境的技术改造，优化子网站布局，加强学科频道建设，提高外文频道水平，建设囊括全院所（局）网站，涵盖哲学社会科学 10 大门类、50 多个一级学科，兼具学术思想性、理论权威性、知识趣味性的理论学术网站集群，实现全院“一网”，建成国内最大、世界一流的马克思主义理论宣传网，哲学社会科学优秀成果的高端发布平台，全球学术资讯的权威集散地，我国主流意识形态的传播阵地，中国理论学术走向世界的重要桥梁。

哲学社会科学综合集成海量数据库要按照“社科云”架构，大力推进哲学社会科学图书文献数据库、学术期刊数据库、社会调查数据库、科研成果数据库、古籍善本数据库、社会科学评价数据库、地方志数据库等建设，通过系统平台实现外购电子资源数据库、自建数据库等信息资源的全面整合、一站式发现与获取，建成标准统一、分别维护、分级准入、内容共享、安全可靠的云平台数据资源池，实现全院“一库”“一实验室平台”和“一管理系统”，即全院统一的海量的哲学社会科学专业数据库和综合集成实验室平台和全院统一兼容的管理系统，为支撑马克思主义研究和宣传，支撑党的意识形态舆论斗争，支撑哲学社会科学研究、传播、评价、管理及服务，支撑中国特色新型智库建设提供丰富的信息资源和雄厚的基础平台。

地方志要按照“互联网＋地方志”的要求，以实施全国数字方志建设工程为抓手，大力推进“三网一馆两平台”，即中国方志网、中国地情网、中国国情网、数字方志馆、地方志综合办公平台和地方志新媒体传播平台的建设，实现全国地方志系统的信息资源共建共用，促进中国方志报、中国地方志期刊、方志出版社、各级方志馆的数字化转型，推动方志系统的报刊出版馆网库融合发展，充分发挥地方志记录历史、传承文明、资政育人、服务社会的重要作用。

中国社会科学评价中心要加快组织管理制度和人才队伍建设，完善我国哲学社会科学期刊评价指标体系和全球智库评价指标体系，探索我国出版的英文期刊评价指标体系，推进对哲学社会科学期刊、图书、机构和全球核心智库全面客观的评价，建成我国乃至世界上公正权威、最具影响力和话语权的学术评价机构。

推进名优建设工程，必须采取切实有效的措施：

第一，牢固树立阵地意识，落实名优建设主体责任制。

哲学社会科学是党的意识形态工作的重要战线，是宣传思想文化工作的重要领域，中国社会科学院的报刊出版馆网库志和学术评价是党和国家重要的思想理论阵地和学术传播平台，是全院科研、管理工作的重要支撑和保障。“八名”建设在中国社会科学院工作全局中，具有十分重要的地位和作用。只有从党和国家工作大局出发，从社科院工作全局出发，找准自己的位置，做好自己的工作，才能做到守土有责、守土负责、守土尽责。

名优建设工程是“班子工程”和“一把手工程”。“十三五”时期能否推进名优建设工程，关键在各级领导班子，特别是主要负责同志是不是高度重视，能不能落实主体责任制。院属各单位都要重视和支持名优建设工程，时常专门开会研究，要有规划方案设计、有措施抓手落实、有专人负责推进、有定期检查督办。名优建设的各项工作，都要实行任务到岗、责任到人、奖惩到位，做到多方审核、全程监督、终生追责。有的领导抓名优工程，热衷于向上要经费、搞编制、买设备，但办事拖拉，不出成果，造成资源的闲置和浪费。有的主编和采编马马虎虎，不时出现常识性甚至政治性的错误。在国家社科基金资助期刊 2015 年度考核中，全院有 9 家期刊考核成绩不理想，其中 2 家没有按时提交材料，没有考核成绩，6 家基本合格，1 家不合格。这与中国社会科学院国家级学术期刊阵营的地位是很不相称的。今后要加大对名优建设工作的监督、考核和奖惩力度，凡是出现延误差错，特别是出了政治事故的、造成消极影响的单位领导及有关人员，都要受到相应处理。

推进名优建设工程还要增强信息安全和保密意识，形成各单位一把手负总责、专人管理和全员参与的信息安全和保密管理体制。要定期督促有关单位进行信息安全与保密检查，消除安全隐患，实行全方位、立体化的信息安全与保密责任制，以推动全院信息安全和保密体系建设。

第二，切实加强制度建设，推进名优建设规范化和程序化。

制度问题带有根本性、全局性、稳定性和长期性。各种规矩纪律、法律法规、规章制度等是搞好名优建设工程的重要保障。中国社会科学院的报刊出版馆网库志和学术评价，涉及政治方向和舆论导向，关系几百万、数千万、上亿资金和设施的安全使用，必须严格执行政治规矩和政治纪律、组织纪律和财经纪律，严格遵守法律法规。名优建设工程实施以来，在遵守规矩纪律、法律法规等方面总体上是好的，但也存在一些严重的问题。例如，有的不向上级领导请示报告，不经有关部门审计监督，提前拨付大额资金购买信息资源与设备；有的不守规矩和纪律，未经领导审阅批准，发布消息报道等等。

推进名优建设工程，要健全各项规章制度，执行严格、公开的编审流程，以确保学术出版的严肃性和公正性。各单位要从编辑制度化、正规化做起，推广使用网上投稿采编系统，实行交叉审稿、双向匿名审稿和回避制度，实行在阳光下采编，杜绝人情稿、关系稿。要狠抓编校质量，加大对报刊、图书的审读。图书馆、地方志和评价中心引入的资料，尤其是大型数据库，都要经过严格的学术评审和立项审批，防止泥沙俱下、鱼龙混杂。要严明赏罚，建立综合测评和责任追究制度。在编校质量上出现严重问题的要追究责任，对图书质量出现问题的，要采取必要的处罚措施。对院属网站每年都要进行质量评估，不达标者，下年度不予资助。

第三，不断加强作风建设，增强理论学术传播的权威性和影响力。

早在延安整风时期，毛泽东同志就指出："学风和文风也都是党的作风，都是党风。只要我们党的作风完全正派了，全国人民就会跟我们学……这样就会影响全民族。"在党的十八届二中全会上，习近平总书记要求全党进一步转变作风、端正学风、改进文风，也是把"三风"作为一个整体来强调的。中国社会科学院的报刊出版馆网库志和学术评价作为党的思想理论战线上重要阵地，必须加强包括学风、文风在内的作风建设，赋予名优工程鲜明的主题、不竭的源泉和强大的动力。

作风建设的根本在于树立正确的世界观、人生观和价值观，坚持马克思主义的立场、观点和方法，推进名优建设的各项工作。不论是报刊出版馆网库，还是地方志学术评价，都要从事繁杂、细致和艰苦的工作。必须发扬科学严谨、求真务实的作风，力戒形式主义、虚假浮夸，为人民群众提供优秀的理论成果和丰富的精神食粮。必须发扬马克思主义学风，以改革开放、现代化建设和我们正在做的事情为中心，着眼于马克思主义的运用，着眼于对现实问题的理论思考，着眼于新的实践和发展，反对脱离实际的本本主义、经验主义，反对"左"的和右的错误倾向，有理有利有节开展舆论斗争，帮助人们划清是否界限、澄清模糊认识。必须倡导马克思主义文风，加强话语体系建设，创造人民喜闻乐见、融汇古今中外的概念范畴和学术理论，讲好中国故事，传播中国声音，推进马克思主义中国化时代化大众化，增强中国特色社会主义的国际影响力。

第四，发扬改革创新精神，提高名优建设工作的科学性和实效性。

报刊出版馆网库志和学术评价有各自的特点和规律，政策性、学术性、技术性都很强。特别是云计算、互联网、大数据等现代信息技术的飞速发展和广泛运用，极大地改变了理论研究、学术传播和舆论扩散的方式、手段和途径，急需建立新的网络信息资源和媒体运营管理的体制机制。这就要求我们贯彻“科研强院、人才强院、管理强院”三大战略，实施科研创新、人才创新和管理创新，强力推进名优建设工程。

科研创新与名优工程紧密联系、相互促进。科研创新为名优工程提供优秀成果和发展动力，名优工程为科研创新提供宝贵资源和展示平台。巩固马克思主义思想阵地，提高理论学术传播能力，根本在于科研创新。不论报刊出版图书馆，还是网库志学术评价名优建设，都要以科研创新为基础，利用创新工程推出的优秀成果，抓好重大题材的遴选策划，搞好学术精品的出版传播。要大力研究和传播中国特色、中国风格、中国气派的哲学社会科学话语体系，更好地发挥认识世界、传承文明、创新理论、资政育人、服务社会的作用。

搞好名优建设工程，关键是要落实人才强院战略，坚持走人才创新的道路。要认真贯彻院“十三五”人才建设规划和信息化建设规划，对报刊出版、图书馆、计算机、互联网、数据库、地方志、学术评价的编辑和技术人员进行专门培训，全面提高思想政治素质、专业知识水平和实际工作能力，尽快造就一批高层次编辑、记者、计算机和网络工程师、数据分析师、项目管理者等专门人才。建立多渠道、网络化的培训体系，提高全院人员运用现代信息技术的能力，培养一批既掌握信息技术、又有学术造诣的创新型人才。要采取科学合理的政策措施，营造理论学术传播和信息化人才顺利成长、队伍迅速壮大的良好环境，吸引更多高层次人才进入中国社会科学院编辑出版、图资管理、网络运维、数据分析、学术评价和地方志等重要岗位，建设一支政治强、素质高、业务精、作风正、纪律严的名优建设队伍。为了开展思想舆论斗争，中国社会科学院必须尽快组建一支理论功底扎实、是非观念分明、敢于并善于斗争的马克思主义网络人才队伍，创作出政治立场坚定、理论水平高、人们喜闻乐见的学术成果占领网络阵地。

推进名优建设工程还要走管理创新的道路，处理好名优建设各单位、各项目之间以及信息化建设之中的各种关系，统筹网络信息数据资源，搭建高端理论学术传播平台。中国社会科学院名优建设工作要坚持“九统一”，即统一领导、统一管理、统一经费、统一网站、统一机房、统一数据库、统一数字化图书馆、统一综合集成实验室平台、统一综合管理平台的原则，以服务为中心，实行管理、建设、运营、服务四个职能相对分离，集中人力物力财力尽快建成数字化中国社会科学院。学术期刊坚决推行“五统一”改革，即统一管理、统一经费、统一印制、统一发行、统一入库。图书馆要继续推行“总馆—分馆—资料室”三级管理体制和图书信息资源采购总代理制，提高信息资源利用效率。要继续深入推进全院“一网一库两平台”，即社科网、海量数据库、综合集成实验室平台和统一的全院管理平台，整合全院网络资源。信管办和名优工程办公室要加强名优工程的制度建设，在预算编制、项目评审、经费拨付、考核验收、绩效评估、全程监管等方面发挥职能作用。要继续推进体制机制改革，既加强全院学术出版和网络信息资源的整合使用、统一管理，又充分调动各单位和个人的积极性、主动性、创造性，切实提高名优建设工程的质量水平和总体绩效。

规划蓝图指引前进方向，艰苦奋斗成就伟大事业。马克思在《哥达纲领批判》中指出：“一步实际行动比一打纲领更重要。”习近平总书记也强调：“空谈误国，实干兴邦”“人民创造历史，劳动开创未来”。实现名优建设“十三五”规划的奋斗目标，必须依靠全院同志辛勤劳动、攻坚克难，努力开创报刊出版馆网库志和学术评价工作的新局面。让我们紧密团结在以习近平同志为总书记的党中央周围，紧紧抓住实施哲学社会科学创新工程的契机，切实加强理论学术传播阵地建设，推动名优建设工程迈上一个新台阶，为繁荣发展哲学社会科学，实现“两个一百年”宏伟目标和中华民族伟大复兴的中国梦作出新的更大的贡献！

在落实党风廉政建设“两个责任”和意识形态工作责任制座谈会上的讲话

张　江

（2015 年 10 月 27 日）

为贯彻落实中央全面从严治党战略布局、落实党风廉政建设责任制“两个责任”、意识形态工作责任制要求和院党组的决策部署，根据党组关于党风廉政建设责任和意识形态工作责任制分工，今天把我分管和负责联系的 11 家单位的主要领导同志请来召开这个座谈会，主要是同大家交换一下意见，以进一步统一思想，提高认识，更好地推进各项工作。

下面，我讲三个问题。

（一）要高度重视落实党风廉政建设“两个责任”和意识形态工作责任制

十八届中央纪委三次全会明确提出，落实党风廉政建设责任制，党委负主体责任，纪委负监督责任，要制定实施切实可行的责任追究制度。应该讲，在座各单位落实“两个责任”是认真的、尽力的，应该给予肯定。但是，成绩不能掩盖问题，信任不能代替监督。在这里，我再次强调，党风廉政建设，党委和党总支要负主体责任。各单位党组织特别是主要负责人必须牢固树立不抓党风廉政建设就是严重失职的意识，解决好不想抓、不会抓、不敢抓的问题，切实担负起党风廉政建设的主体责任。在座的 11 家单位都设有纪委书记或纪检组长，目前还没有的，也已提上日程，马上配备到位。纪委作为党内监督的专门机关，对党风廉政建设责无旁贷，必须履行好监督责任。

当前落实“两个责任”，特别是落实主体责任方面存在哪些问题呢？我认为，落实主体责任方面存在的主要问题，一是主体责任意识存在误区。少数主要负责同志把党风廉政建设责任制的落实看成是纪委的具体业务工作，平时只是满足于完成“规定动作”，认为开开会、念念文件、讲讲话就是重视了。对党风廉政建设责任制有关要求学习不够重视，导致责任意识模糊、淡化。有的存在“只要本职工作搞上去了，党风廉政建设自然会好”的片面认识，没有把党风廉政建设归入工作“主业”。二是主体责任内容不科学。一些单位对落实党风廉政建设责任制责任分解不够明确，对领导班子和个人所承担的责任没有具体化，缺乏程序性、保障性、惩戒性。没有很好地与本单位的职能和工作实际相结合，缺乏针对性和可操作性。有的责任制落实途径被动单一，满足于年初开会部署、年中转文件、年终检查考核，有做表面文章和消极应付的问题。在落实监督责任方面也存在一些问题，如履行职能错位等等。

加强党的意识形态工作，落实意识形态工作责任制，对于我们中国社会科学院具有特殊重要性。因为中国社会科学院是党的意识形态重镇，是党在思想理论领域的重要战线。中央对中国社会科学院的“三个定位”要求和“三个功能”，第一个定位、第一个功能就是马克思主义坚强阵地定位和意识形态重镇功能。从苏东的历史教训来看，在意识形态建设方面，哲学社会科学举足轻重，中国社会科学院举足轻重，我们必须以对党和人民高度负责的态度重视和抓好意识形态工作。党组把在座的同志们放在院属单位主要领导的位置上，你们不能辜负党组和全院同志的信任，要主动肩负起意识形态工作的责任，做意识形态领域的战士，发挥好尖刀和利剑的作用。

因此，在座的各位同志都要很好地研究思考如何真正落实党风廉政建设“两个责任”和意识形态工作责任制问题，真正把责任落到实处。

（二）认真传达学习贯彻落实中央文件和习近平总书记关于推进党风廉政建设、反腐败斗争和加强意识形态工作重要讲话精神

党的十八大以来，习近平总书记就推进党风廉政建设和反腐败斗争、加强意识形态工作发表了一系列重要讲话，旗帜鲜明、振聋发聩，体现了崇高的党性品格、担当精神，对于我们坚守阵地、巩固成果、深化拓展，加强新形势下党的建设，不断把反腐败斗争引向深入、夺取反腐败斗争新胜利，做好意识形态工作具有十分重要的指导意义。

为什么要强调党委负党风廉政建设主体责任？习近平总书记在十八届中央纪委三次全会上指出，这“是因为党委能否落实好主体责任直接关系党风廉政建设成效。现在，有的党委对主体责任认识不清、落实不力，有的没有把党风廉政建设当作分内之事，每年开个会、讲个话，或签个责任书就万事大吉了；有的对错误思想和作风放弃了批评和斗争，搞无原则的一团和气，疏于教育，疏于管理和监督，放任一些党员、干部滑向腐败深渊；还有的领导干部只表态、不行动，说一套、做一套，甚至带头搞腐败，带坏了队伍，带坏了风气”。

落实好主体责任，必须弄清楚党委的主体责任的内涵。习近平总书记指出："党委的主体责任是什么？主要是加强领导，选好用好干部，防止出现选人用人上的不正之风和腐败问题；坚决纠正损害群众利益的行为；强化对权力运行的制约和监督，从源头上防治腐败；领导和支持执纪执法机关查处违纪违法问题；党委主要负责同志要管好班子，带好队伍，管好自己，当好廉洁从政的表率。各级党委特别是主要负责同志必须树立不抓党风廉政建设就是严重失职的意识，常研究、常部署，抓领导、领导抓，抓具体、具体抓，种好自己的责任田。"习近平总书记还强调，有权就有责，权责要对等。无论是党委还是纪委或其他相关职能部门，都要对承担的党风廉政建设责任进行签字背书，做到守土有责。出了问题，就要追究责任。决不允许出现底下问题成串、为官麻木不仁的现象！不能事不关己、高高挂起，更不能明哲保身。自己做了好人，但把党和人民事业放到什么位置上了？如果一个单位或部门出现严重腐败问题，有关责任人装糊涂、当好人，那就不是党和人民需要的好人！你在消极腐败现象面前当好人，在党和人民面前就当不成好人，二者不可兼得。

王岐山同志多次指出，各级党委和纪委要担负起党风廉政建设的主体责任和监督责任，坚持党要管党、从严治党，深入落实中央八项规定精神，坚决纠正"四风"，加大惩治腐败力度，坚决遏制腐败蔓延势头，坚定不移把党风廉政建设引向深入。

中共中央刚刚印发的《中国共产党纪律处分条例》，明确提出"党组织不履行全面从严治党主体责任或者履行全面从严治党主体责任不力，造成严重损害或者严重不良影响的，对直接责任者和领导责任者，给予警告或者严重警告处分；情节严重的，给予撤销党内职务或者留党察看处分"。《条例》把主体责任提升到全面从严治党的高度，把十八大以来党中央提出的相关要求进一步细化、具体化。

党的十八大以来，以习近平同志为总书记的党中央高度重视意识形态工作，对加强和改进新形势下意识形态工作作出一系列重大决策部署，开创了意识形态工作新局面。习近平总书记多次强调，意识形态工作是党的一项极端重要的工作，在集中精力进行经济建设的同时，一刻也不能放松和削弱意识形态工作。能否做好意识形态工作事关党的前途命运，事关国家长治久安，事关民族凝聚力和向心力；关乎旗帜，关乎道路，关乎国家政治安全。当前，意识形态领域与党和国家各项事业发展一样向上向好。但同时也要清醒看到意识形态工作面临的内外环境更趋复杂，境外敌对势力加大渗透力度，境内一些组织和个人不断变换手法，制造思想混乱，与我争夺人心，意识形态领域仍然处于问题易发、多发期。

院党组高度重视加强党风廉政建设、反腐败斗争和意识形态工作，总是在第一时间传达学习中央有关文件和习近平总书记、王岐山同志重要讲话精神，认真落实主体责任，研究部署相关工作。党组强调，要清醒认识形势，坚定必胜信心，在以习近平同志为总书记的党中央领导下，大力加强纪律建设，把守纪律讲规矩摆在更加重要的位置，牢记党风廉政建设和反腐败斗争永远在路上，持之以恒落实中央八项规定精神，坚持不懈反对不正之风尤其是"四风"。中央印发《党委（党组）意识形态工作责任制实施办法》后，党组马上研究贯彻落实意见，确立了党组成员意识形态工作责任制分工，设立了党组意识形态工作办公室；要求严格执行党委（党组）意识形态工作责任制，进一步把责任制完善化、制度化，把责任落到实处；全院意识形态工作责任制要实现全覆盖，做到不留死角、没有空白。

同志们，学习贯彻落实中央文件和习近平总书记关于推进党风廉政建设、反腐败斗争和意识形态工作重要讲话精神，必须落实党委的主体责任和纪委的监督责任、党委（党组）意识形态工作责任制，强化责任追究，不能让制度成为纸老虎、稻草人。党委、纪委或其他相关职能部门都要对承担的责任做到守土有责、守土负责、守土尽责。各项改革举措要同步考虑、同步部署、同步实施，堵塞一切可能出现的漏洞，保障全院各项工作顺利推进。

（三）提几点要求

第一，要牢固树立纪律和规矩意识，严守政治纪律和政治规矩，做到对党绝对忠诚。

院属单位和部门要坚持正确的政治方向和学术导向，始终与以习近平同志为总书记的党中央保持高度一致，维护党中央权威，维护党的团结统一。要严守党的政治纪律和政治规矩，做到“五个必须”：一是必须维护党中央权威，决不允许背离党中央要求另搞一套，必须在思想上政治上行动上同党中央保持高度一致，听从党中央指挥，不得阳奉阴违、自行其是，不得对党中央的大政方针说三道四，不得公开发表同中央精神相违背的言论。二是必须维护党的团结，决不允许在党内培植私人势力，要坚持五湖四海，团结一切忠实于党的同志，团结大多数，不得以人划线，不得搞任何形式的派别活动。三是必须遵循组织程序，决不允许擅作主张、我行我素，重大问题该请示的要请示，该汇报的要汇报，不允许超越权限办事，不能先斩后奏、边斩边奏。四是必须服从组织决定，决不允许搞非组织活动，不得跟组织讨价还价，不得违背组织决定，遇到问题要找组织、依靠组织，不得欺骗组织、对抗组织。五是必须管好亲属和身边工作人员，决不允许他们擅权干政、谋取私利，不得纵容他们影响政策制定和人事安排、干预日常工作运行，不得默许他们利用特殊身份谋取非法利益。

第二，要认真落实党委主体责任。各部门和单位的党委特别是主要负责同志要站在讲政治的高度，认真履行责任，把思想和行动统一到中央的新要求上来，牢固树立“不抓党风廉政建设就是失职、抓不好党风廉政建设就是渎职”的意识，把党风廉政建设和反腐败工作纳入党委总体工作，“既要挂帅更要出征”，把责任放在心上、抓在手上、扛在肩上、落实在行动上，真正把主体责任担起来，当好党风廉政建设的“明白人”“责任人”和“带头人”。大家不要错误地认为党风廉政建设不是主要工作，腐败距离自己很远，觉得自己所在的部门和单位是“清水衙门”，既不管钱，也不管物，更不管人，没什么权。这里我要告诉大家，没有真正意义上的“清水衙门”，如果不时刻绷紧廉洁这根弦，警钟长鸣，加强监管，稍有疏忽就会出问题。同志们一定要重视起来、紧张起来、严肃起来，千万麻痹不得！

我要求党委领导班子履行好“五项责任”。一是加强领导，选好、用好干部，坚决防止和纠正选人用人上的不正之风和腐败问题；二是坚决纠正损害群众利益的行为，做事要出于公心，本着对党和人民高度负责的态度，不要光想着自己的利益，维护小圈子的利益；三是强化对权力运行的制约和监督，坚持民主集中制，凡是重大决策必须上会，集体讨论决定，努力从源头上防治腐败；四是领导和支持纪委查处违纪违法问题，要多帮忙，少添乱，更不要乱干预；五是党委主要负责同志要管好班子，带好队伍，管好自己，当好廉洁从政的表率。其次，认真履行主要负责人的“第一责任”，要做到“四个亲自”：即重要工作亲自部署、重大问题亲自过问、重点环节亲自协调、重要案件亲自督办。最后，领导班子其他成员在管辖范围内履行“一岗双责”责任，并与各分管的业务工作紧密结合，包括明确分管责任、加强督促检查、防范廉政风险和自觉接受监督等。

第三，要认真落实意识形态工作责任制。院属各单位各部门主要负责同志为本单位本部门意识形态工作第一责任人，所长为科研领域意识形态工作直接责任人，各研究所（院）分管离退休干部工作的所（院）领导为该所（院）离退休干部意识形态工作第一责任人；研究生院党委书记为研究生意识形态工作第一责任人，院长为教学科研领域意识形态工作直接责任人；办公厅督查处负责意识形态工作的日常督办；各单位各部门纪委书记为本单位本部门意识形态工作监督第一责任人，负责监督检查本单位本部门意识形态工作。研究室主任为本室意识形态工作第一责任人。

各部门和单位的党委特别是主要负责同志要进一步增强做好意识形态工作的政治责任感和历史使命感，牢牢掌握意识形态工作的领导权、管理权和话语权，自觉维护国家意识形态安全，切实把意识形态责任制落到实处。各研究所（院）党委每年要向党组至少提交两次意识形态工作报告，每年至少要召开两次会议研究意识形态工作，要做好知识分子工作。要把中央和党组关于意识形态工作的决策部署贯穿到全院各个领域和各项工作中去，将意识形态工作情况作为干部考核评价奖惩的重要指标和创新工程准入的重要条件，凡是政治方向不正确、不敢与错误思潮作斗争的人员不得重用，对于意识形态工作出现问题的单位和个人，在创新工程准入考核时实行一票否决。

第四，继续抓好“三严三实”专题教育和“三项纪律”建设。开展“三严三实”专题教育，要深入学习贯彻习近平总书记系列重要讲话精神，坚持两手抓、两促进，把专题教育与科学研究、创新工程、智库建设等日常工作结合起来，取得实实在在的成果。同志们要在政治上严以修身、严以用权、严以律己，守住政治纪律和政治规矩的高压线。

要继续抓好“三项纪律”建设。首先要高度重视横向课题的虚假报销问题，抓紧管好不放松；财务基建计划局要协调配合有关部门尽快制定横向课题经费管理办法，相关经费主要用于后期资助。财务基建计划局要配合中央纪委驻院纪检组等单位重点围绕横向课题经费管理加强财经纪律建设，立行立改，发现问题及时配合纪检监察部门作出处理。其次要从南充拉票贿选案和衡阳破坏选举案中深刻汲取教训，以此为鉴、举一反三，坚决落实中央和院党组关于全面从严治党各项部署要求，扎实抓好领导班子和干部队伍建设；要把消除拉票现象、选人用人不正之风、搞团团伙伙拉帮结派作为全院“三项纪律”建设和专项巡查工作的重要内容；各部门和单位要配合中央纪委驻院纪检组集中处理近几年群众反映突出的问题线索；要继续采取有力举措正风肃纪，进一步构建风清气正、崇廉尚实、干事创业、遵纪守法的良好政治生态。

在2015年科研管理培训班上的讲话

李培林

（2015年6月9日）

2015年是中国社会科学院实施创新工程的一个重要节点，是创新工程实施五年的总结之年，我们要向党中央呈交一份总结，也是谋划创新工程下一个五年规划的发展之年，要对2016年至2020年的创新工程和科研工作制定一个很好的规划。2015年还是贯彻落实中央《关于加强中国特色新型智库建设的意见》精神，发挥中国社会科学院作为国家级综合性高端智库的优势，努力把中国社会科学院建设成为具有国际影响力的知名智库的开局之年。今天我们在这里举办全院科研管理培训班，主要任务是进一步贯彻落实院工作会议精神，深入推进中国社会科学院创新工程科研管理机制体制改革，部署落实全院学科发展规划、智库建设、项目管理、成果管理、年鉴集刊管理、学术社团管理、科研成果绩效考评等工作。今年的科研管理工作头绪多，时间紧，任务重。全院的科研管理工作者付出了大量劳动、心血和智慧，在此我代表院党组向你们表示感谢！

距2014年科研管理工作会议刚过去半年多时间，今年再次举办科研管理培训班，是因为当前形势发展很快，很多工作需要早布置、早准备。今天，我主要围绕2015年全院科研管理工作一些重要任务谈几点意见。

（一）把握大势，抢抓机遇，努力把中国社会科学院建设成为世界知名智库

为贯彻落实中央《关于加强中国特色新型智库建设的意见》和习近平总书记关于加强我国智库建设重要批示精神，发挥中国社会科学院作为国家级综合性高端智库的优势，努力把中国社会科学院建设成为具有国际影响力的知名智库，在2015年中国社会科学院年度工作会议上，院里印发了《中国社会科学院关于加强中国特色新型智库建设的若干意见》和《中国社会科学院中国特色新型智库建设2015年先行试点方案》，要求重点打造11家专业智库。经过近半年的酝酿和筹备，5月26日，11个专业智库正式挂牌成立。这11个智库分别是马克思主义理论

创新智库、意识形态研究智库、财经战略研究院、国家金融与发展实验室、生态文明研究智库、国家治理研究智库、新疆智库、中国文化研究中心、国家全球战略研究智库、世界经济与政治研究所、中国廉政研究中心。目前，各智库单位积极性很高，与智库建设相关的制度规定正相继出台。同时也要看到，智库建设是一个长期、艰苦的过程，如何把中国社会科学院建设成为党中央国务院信得过、用得上、靠得住、具有国际影响力的知名智库，需要全院每一位同志的努力和付出。

办好智库，要知天、接地、注重学理。所谓“知天”，就是要认真学习党中央的系列重要文件和习近平总书记的系列重要讲话精神，了解党中央关于经济社会发展的总体部署和战略重点，吃透党中央的政策需求。所谓“接地”，就是要“接地气”，深入开展调查研究，中国经济社会发展变化很快，要深入了解国情。不能一哄而起，搞形式主义。所谓注重学理，就是要注重智库产品的学术支撑。我们要发挥社科院较之政策研究室和高校的优势，努力克服我们的短板。社科院在基础学科领域有深厚的研究功底和优势，这不是哪一家单位临时抱佛脚就能做到的。因此，我们在智库建设中更应该两手抓两手硬，重视学理研究，注重调查研究。

（二）统一思想，加大力度，扎实推进科研成果质量的提高

2014年以来，王伟光院长和院党组多次就加强创新工程评价考核、开展后期资助目标报偿改革作出批示，院务会议进行过多次讨论，最终审议通过了《中国社会科学院科研岗位、采编岗位、管理岗位绩效考核和后期资助目标报偿实施办法》，下一步院里将针对试运行阶段反映的问题，进一步修改完善，今年正式施行。

加强创新工程科研成果绩效考评，是创新工程实践发展提出的新要求。随着创新工程的深入推进，对如何进一步强化绩效考核、奖优汰劣、奖勤罚懒，真正实现创新工程的“指挥棒”“导向标”作用，提出了新的要求。一是要更加突出地抓好提高科研成果质量的工作。抓科研成果数量很重要，2014年全院的科研成果在数量上实现大幅度增长，但我们最终目的是要在此基础上提高成果质量，研究所所长要亲自抓，有重点地抓，各研究所要按照党中央认可、学界认同、社会反响好的标准，自我衡量今年能否拿出在院创新工程重大科研成果发布平台上发布的重大成果。二是进一步解决有效激励问题，防止出现新的“大锅饭”。随着创新单位大多数人员进入创新岗位，一些单位形成了新的“大锅饭”问题，在某种程度上又出现了“干与不干一个样，干好干坏一个样”的情况，报偿制度的激励导向作用受到抑制。为此，我们准备实行新的激励措施，要三管齐下，包括大幅度提高优秀成果的奖励标准，实施科研成果的后期资助，进行后期资助目标报偿改革。希望各位同志能够认真传达、贯彻落实好院党组指示，做好思想动员，把思想和行动都统一到党组的决策部署上来，各单位领导要亲自挂帅，科研管理部门的同志要切实负责，扎实做好创新工程科研成果绩效考评工作。

（三）做好学科现状调研，科学编制学科规划，努力推动学科建设创新发展

学科建设是研究所建设的基础性工作，是研究所夯实发展基础、提升创新能力的基本建设。做好学科发展规划，推动学科建设，对于巩固中国社会科学院国家级研究机构的学术地位，充分发挥中国社会科学院“三个定位”功能，持续推动哲学社会科学创新工程，具有非常重要的意义，院所两级必须常抓不懈。

从学科建设的内容和作用来看，主要抓好四个方面工作：一是要摸清全院各学科的设置布局、发展水平以及学科骨干的基本情况，了解研究所学科设置和调整的需求。二是要坚持基础学科与应用学科并重，分类管理。要巩固和加强优势学科，保持并强化其优势地位；推动经济社会发展急需的重要新兴学科、交叉学科建设；保护和扶持若干具有重大学术文化价值的“绝学”“濒危学科”。三是要根据学科发展和社会需要，动态调整。整合部分二三级学科、新设若干学科，始终保持学科建设的学术敏感度和现实敏感度，跟踪学科前沿动态，新设若干学科。四是要建立有利于学科骨干成长和学科队伍建设的人才培养机制。要处理好项目研究资助与学者研究资助的关系，统筹好研究室建设和学科建设，注重学科队伍的梯队建设。

2015 年要成为全院的科研调研年，重点是开展学科发展状况调研。要编制好学科发展规划，为启动新一轮学科建设项目作好前期准备。5 月初，科研局印发了《关于开展全院学科发展状况调研的通知》，对相关工作作了部署，其目的是为减少研究所的工作量。这次调研将重点学科建设项目的结项、学科发展规划和下一轮学科资助计划的摸底等工作一并进行，各单位要按照通知要求，认真组织落实好总结规划工作，及时向院里提交报告。科研局也将组建若干个调研组，到研究所了解情况，推动此项工作。

（四）高标准，严要求，扎实做好研究所优秀科研成果评奖工作

2015 年是第九届优秀科研成果评奖工作的启动年，下半年先进行研究所优秀科研成果评奖。研究所优秀科研成果奖是院优秀科研成果奖的组成部分。只有获得所级一等奖或相当于所级一等奖的成果，才具有被推荐为院优秀科研成果奖请奖项目的资格。做好研究所优秀科研成果评奖工作是遴选院优秀科研成果的重要基础。

一是要坚持正确的评奖导向。坚持政治倾向问题、学风问题和知识产权争议问题一票否决制；坚持科研成果为人民服务，为社会主义服务的方向；坚持百花齐放，百家争鸣的方针；坚持基础学科与应用学科成果并举并重，注重遴选重大理论和现实问题的优秀研究成果。

二是要严格执行回避制度。这次新修订的《院奖励办法》和《所评奖办法》，规定了严格的回避制度。总的原则是，建立外部评审专家库，参评成果的利益相关人在推荐环节、评审环节都要全程回避，保证评奖工作的公平公正。

三是要坚持高质量的学术标准。要把研究所一等奖的标杆瞄向具有重大理论创新、能够引领学术方向、代表国家水准、经得起历史和人民检验的标志性成果。要有学术良知和勇气，宁

缺毋滥。

四是要秉公评选，一视同仁。与往届一样，院职能部门、研究生院、出版社、杂志社等单位不单独进行评奖。有关人员可向所在单位提出申请，委托相应的研究所评奖，获奖奖项和请奖项目均不占研究所指标。各研究所不能因为不是本单位的人，就忽视参评成果；也不能因为不占名额，就放松评奖标准。

（五）创新形式，拓宽渠道，积极宣传推介创新工程重大科研成果

从2014年开始，院对创新工程重大科研成果发布工作进行了改革创新，举办了2场综合性发布会和5场专题发布会，对39项重大科研成果进行系列发布。中央电视台、北京电视台、凤凰卫视等5家电视台的12个频道进行播报，《光明日报》《经济日报》、院报等纸质媒体进行专版报道，中国网进行现场文字直播，300多家网站发消息近3万条，社会反响热烈，发布会的宣传报道达到了预期目标。今年，除了继续办好院级重大科研成果发布会外，各研究所在向院推荐的重大科研成果的同时，也要认真思考如何做好科研成果发布工作。

中国社会科学院过去在“实践是检验真理的唯一标准”、建立社会主义市场经济体制、实行依法治国重大战略、构建社会主义和谐社会等一系列重大理论创新方面，都作出过重要贡献，要认真加以总结。

一是要思考发布什么样的成果。发布的成果要突出重大理论创新意义和现实应用价值，能够反映党的路线方针政策和国家改革发展方向，及时回应社会广泛关注、人民普遍关心的问题。

二是要思考如何与新闻媒体打交道。各研究所掌握的新闻媒体资源不多，可以向院属出版社求助，与他们合作举办发布会。发布会召开前，有必要召开媒体记者通气会，把新闻报道要点和新闻通稿提供给记者，把握正确的宣传方向，统一宣传口径。

三是要思考以什么样的形式发布。以往的发布会往往把发布会和学术研讨会合并召开，记者没有耐心听，媒体关注度不高。要改变这种发布形式，发布会由项目负责人作主题发布，安排媒体记者对专家进行采访和提问，去掉研讨和点评环节，发布会时间不宜太长，总体掌握在一个小时之内。要善于运用互联网、微博、微信等新媒体，扩大宣传效果。

（六）严守纪律，改进作风，切实提高科研管理工作水平

当前，全院上下正在按照中央的要求开展“三严三实”专题教育，我们要以此为契机，自觉对照“严以修身、严以用权、严以律己，谋事要实、创业要实、做人要实”的要求，聚焦对党忠诚、个人干净、敢于担当，改进工作作风，着力解决好工作中“不严不实”的问题。要建设一支懂科研、擅管理、高效率的科研管理队伍，努力使科研管理工作水平再上一个新台阶。

一是要讲规矩，守纪律。要严格按照中央八项规定和“纠四风”的要求，加强学术会议、国情调研、课题经费的管理，保证政治纪律、组织纪律和财经纪律不出问题，这是底线红线，坚决不能触碰。

二是要敢担当，重实干。科研处是连接研究所与职能局的桥梁，也是连接研究所领导与一线科研人员的桥梁。科研处人手不多，各有分工，在目前改革创新任务繁重的情况下，科研处的同志要担当起桥梁的责任，诚实做人，踏实干事，自觉发挥好纽带作用。

三是要勤思考，善学习。这次培训班，科研局精心组织了若干个讲座，都是与科研管理工作紧密相关的，希望大家认真听，用心记，多思考，要利用好小组讨论的机会，虚心向兄弟单位学习智库建设、学科建设等工作经验，把问题留下来，把经验带回去。

四是要重一线，抓调研。要始终植根科研一线，立足科研一线，自觉向科研人员学习，向能者求教，向智者问策。我去年在科研局年终总结会上讲过，2015 年是调研年，科研局要专门拿出时间到研究所调研，现场办公。今年我定下每月带领科研局同志到一个研究院所作一次调研，解决一些问题，目前已先后到语言所、考古所、财经战略研究院等单位进行了调研，后面我们还将深入研究所继续开展调研。

同志们，2015 年已过去了近一半的时间，希望全院的科研管理工作者能够继续以时不我待的紧迫感，以锐意进取的精神面貌，以认真负责的工作态度，把 2015 年的科研管理工作任务完成好，向院党组、向全院的科研工作者交一份合格的成绩单！

认清形势　聚焦主业　勇于担当
把党风廉政建设工作提高到新水平

——在 2015 年度院工作会议暨党风廉政建设工作会议上的讲话

张英伟

（2015 年 1 月 28 日）

今天会议的一项重要任务是：落实中央对党风廉政建设和反腐败工作提出的新要求，贯彻十八届中央纪委五次全会精神，部署 2015 年中国社会科学院党风廉政建设工作。刚才，伟光同志对全院工作作出全面部署，强调要高度重视、切实加强党风廉政建设和反腐败工作。伟光同志的讲话，充分体现了中央纪委五次全会上习近平总书记的重要讲话精神和王岐山同志工作报告的要求部署，我们要认真学习，深刻领会，全面落实。下面，我就党风廉政建设工作谈三点想法，与大家交流。

（一）形势

分析把握形势是谋划工作的基本前提，是决策之基、谋事之道、致胜之本。《三国志·魏书》讲："成败，形也，安危，势也。形势，御众之要，不可不审。"《孙子兵法》说："善战者，求之于势，不责于人，故能择人而任势。"分析形势、把握大局，历来是我们党的优良传统。我们党每当面临重要历史关头，作出重大决策之时，都非常重视在研判形势基础上的思想统一和行动一致。只有审时度势，才能准确把握当前党风廉政建设和反腐败斗争所面临的严峻复杂的形势和艰巨繁重的任务，因势而谋、应势而动、顺势而为、乘势而上，扎扎实实做好党风廉政建设工作。

第一，放眼国际。当前，世界各国对腐败的认识逐步加深。普遍认为，腐败是人类社会的公敌，腐败是"政治之癌"，腐败是必须治理的社会"毒瘤"，腐败破坏社会公平正义，损害政府形象和公信力，阻碍经济健康发展，威胁社会稳定和国家安全。基于这样的共识，世界各国纷纷采取措施治理腐败，遏制腐败蔓延。概括起来，主要有以下四个特点：

一是战略化布局。把治理腐败上升到国家发展战略和发展道路的高度，顶层设计，统筹推进，融入国家治理体系的各个方面、各个环节。

二是法治化推进。强化法治反腐，构建系统性、专门化的反腐败法律。

三是科学化惩治。构建职责明晰、分工合作的反腐败组织框架，赋予反腐败调查机构权威地位和专门职权，配置多领域专业人员，充分依靠审计、金融、税务、警务、媒体、现代信息技术等发现腐败，综合运用刑事、行政和经济处罚等手段惩治腐败。

四是多边化合作。在《联合国反腐败公约》和《联合国打击跨国有组织犯罪公约》等合作框架下，世界各国加强合作，共同推进反腐败的态势初步形成。

第二，纵观国内。党的十八大以来，以习近平同志为总书记的党中央高度重视党风廉政建设和反腐败斗争，把这项工作与全面建成小康社会、实现中华民族伟大复兴"中国梦"的奋斗目标紧密联系在一起，与推进国家治理体系和治理能力现代化的时代要求紧密联系在一起，与全面深化改革和全面推进依法治国的战略部署紧密联系在一起，与全面从严治党特别是坚持思想建党和制度治党的迫切要求紧密联系在一起，作出重大部署，采取有力措施，取得明显成效。概括起来，主要有以下八个特点：

一是上率下。习近平总书记和中央领导同志率先垂范、以身作则，讲规矩、明法纪，抓党风、转作风，立信仰、定坐标，划红线、破特权，扶正祛邪、激浊扬清，形成强大的示范效应和推动力量。

二是正作风。严格落实八项规定，坚决纠正"四风"，正风肃纪，以党风促政风带民风，为社会注入新风正气。据统计，2014 年，全国查处违反中央八项规定精神的问题共计 53085 起，处理 71748 人。

三是勇担当。各级党委（党组）认真落实党风廉政建设主体责任，完善制度，分解任务，抓好落实，强化追究。

四是零容忍。查处腐败无禁区，打虎拍蝇不手软。先后查处周永康、徐才厚、令计划、苏荣等“大老虎”，查处涉嫌违纪的中管干部 71 人。重点查处发生在群众身边的腐败案件，集中查处一批“小官大贪”“小官巨贪”。

五是全覆盖。完善派驻机构和巡视制度，实现监督无死角，防控无盲区，对 31 个省（区、市）实现巡视全覆盖，对 19 个部门和中央企事业单位开展专项巡视。

六是重法治。十八届四中全会对全面推进依法治国作出战略部署，依纪依法惩贪肃腐思路清晰，步伐加快。加强党内法规制度建设，依纪依规治党，党纪国法紧密对接，纪检司法相互配合、良性互动，反腐败纪律法规不断完善。

七是促改革。改革行政审批制度，推行权力清单制度，从源头上防治腐败。《党的纪律检查体制改革实施方案》明确了改革方向、目标、思路、任务和要求。出台《关于加强中央纪委派驻机构建设的意见》，发挥“派”的权威与“驻”的优势。各级纪检监察机关认真落实“三转”，立改立行，强化监督执纪问责。

八是抓追逃。我国已对外缔结 39 项引渡条约、52 项刑事司法协助条约，与美国、加拿大、澳大利亚等国建立反腐败执法合作机制，“猎狐 2014”专项行动追逃 500 多人，追赃 30 多亿元。

总之，十八大以来反腐败取得的明显成效，突显了我国的政治优势和制度优势，提升了党和国家的形象，受到人民群众的衷心拥护、社会各界的普遍赞誉。同时，中国反腐败工作在国际反腐败大格局中，实现了从主动到主导，从参与到引领，国际影响力逐步显现。世界各国充分认可中国在反腐败方面做出的努力和取得的成效，积极评价反腐败给中国经济社会转型发展带来的正效应。

第三，审视全院。在院党组的指导支持下，在全院干部学者参与帮助和纪检监察干部积极努力下，全院党风廉政建设工作呈现出在探索中不断深化、在改革中稳步提升、在创新中逐步拓展的态势。概括起来，主要有以下六个特点：

一是主体责任逐步落实。制定《关于落实党风廉政建设主体责任的实施意见》，明确规定院党组、所党委 5 个方面 15 项 46 条主体责任。2014 年，院党组共 6 次专题学习中央、中央纪委党风廉政建设决策部署和习近平总书记系列重要讲话精神，召开包含党风廉政建设议题的党组会 28 次，研究和落实有关问题 60 项。院党组成员分别对院属单位党风廉政建设责任制执行情况进行检查，督促落实主体责任。

二是优良作风逐步形成。按照中央持续纠正“四风”的要求，着力转作风、正学风、改文风。院属各单位结合群众路线教育实践活动，重点整治学术不端、文风不正、作风不良等问题，通过宣传教育、完善制度等举措促进作风学风文风建设。

三是纪律建设逐步加强。分别组织开展政治纪律、组织纪律专项调研，形成调研报告。修订《关于加强政治纪律建设的决定》《关于加强党委集体领导下的所长负责制的意见》，制定《网上不良行为处理办法》《研究所领导干部坐班暂行规定》等。举办组织纪律、财经纪律专题培训班。开展四项经费检查，编印《财经纪律应知应会手册》，形成以政治纪律建设为重点的纪律建设新格局。

四是综合监督逐步强化。在4个院属单位开展专项巡查试点，第一轮巡查发现相关问题60余条。修订《领导干部经济责任审计规定》，完成对有关单位财务收支审计和有关局级领导干部经济责任审计。制定《关于加强招标监督的实施意见》，聘请专业审计公司和特约监督员，对25个项目招标实施专业监督，审减拦标控制价1300余万元。制定《新任局处级干部廉政谈话办法》，与27名新任局级领导干部进行集体廉政谈话，监督工作不断拓展深化。

五是信访数量逐步下降。对近5年信访举报进行分析，2010～2013年，全院信访举报数量呈下降态势，年均信访量为68.25件。2014年共收到群众来信来访63件（次），全年信访总量比前四年平均值有小幅下降。

六是廉政研究逐步深入。积极为党和国家反腐败工作建言献策，报送《要报》17篇，习近平总书记在中央纪委三次、五次全会重要讲话中分别引用2013、2014年度问卷调查数据。发布2014年度《反腐倡廉蓝皮书》，举办第八届廉政研究论坛，在各类报刊发表文章130余篇，接受媒体专访和访谈近100次，廉政研究的智库作用得到很好体现。

（二）问题

一提到问题，不少人脑海里浮现的是“负面清单”，认为多提问题不如多说成绩。其实，我理解，问题并不都是负面的，大部分是中性的。《说文解字》就把“问”解释为“讯问”；“题”可引申为“居前之物”。“问题”一词可理解为“亟需解答的首要之事”，并无贬义。事实上，问题是普遍存在的，不依人的意志为转移。习近平总书记强调，“问题是时代的声音。反腐倡廉建章立制就要有什么问题解决什么问题”。刘云山同志指出，“领导干部必须有发现问题的敏锐、正视问题的清醒、解决问题的自觉”。中国社会科学院党风廉政建设工作也要切实增强问题意识、问题导向，认认真真发现问题、扎扎实实解决问题，不断增强工作的针对性和实效性。

第一，准确把握关系全院党风廉政建设持续发展的重大问题，切实为社科院的健康发展提供有力保障。社科院的功能定位、学术研究的意识形态属性、人才学科优势及管理方式等有着自身鲜明的特点。因此，全院的党风廉政建设要围绕全院科研、管理、人才培养等中心工作，充分发挥监督、服务、保障作用。当前，应着力解决三方面的问题：

一是如何进一步提高思想认识、强化自觉。总的看，全院各单位和干部学者对党风廉政建设工作的认识不断深化，工作的积极性、主动性逐步增强，取得的成效也愈来愈明显。但也要看到，我院有些干部学者对党风廉政建设重要性认识不足，有的认为党风廉政建设工作无足轻重，可有可无。有的认为腐败问题主要集中在手握实权的部门、行业和领域，中国社会科学院是“清水衙门”，没有多少实质性问题需要解决。还有的认为，中国社会科学院的党风廉政建设多做事不如少做事。在有的院属单位，党风廉政建设还没有摆上重要议事日程，“说起来重要，做起来次要，忙起来不要”，有的对党风廉政建设消极应付，有的持“看客”心态，有的院所的廉政工作难以有效推进，等等。因此，我们必须进一步提高对党风廉政建设重要性、紧迫性、长期性的认识，积极主动自觉做好党风廉政建设工作。

二是如何进一步找准定位、明确方向。近年来，院党组结合全院实际，遵循科研发展的规律，按照中央和中央纪委的要求，对做好全院党风廉政建设进行了积极探索，形成了一些卓有成效的方法途径。但也要看到，有的院属单位党风廉政建设的定位还比较模糊、方向还不明确，对院里确定的方向目标把握得还不到位，在执行中还存在一些偏差，有的纪检监察干部对党风廉政建设的一些要求举措还没有完全理解，感到不适应。因此，我们必须找准工作定位，明确前进方向，使全院纪检监察工作立足主责主业做好监督，做到到位而不越位错位、严格而有分寸、适度而不过分，扎实有力地推进党风廉政建设深入发展。

三是如何推进制度机制建设、固本强基。近年来，中国社会科学院的党风廉政建设在治标的同时，加大了治本力度，出台了一系列行之有效的制度机制，为党风廉政建设提供了保障。但也要看到，在制度建立上，有些领域还存在空缺盲点，在制度执行上，有的可操作性不够强，有的相对繁琐复杂，在制度完善上，有的缺乏相关的配套制度，等等。因此，我们必须进一步建章立制，细化、规范、完善规章制度和监督机制，并保证这些制度机制有效执行。

第二，清醒认识影响中国社会科学院三项纪律建设深入推进的突出问题，夯实依法治院、从严治院的纪律法规基础。去年，院党组以政治纪律建设为重点，把三项纪律建设作为全院党风廉政建设的工作重心。为推进三项纪律建设，院纪检监察机关、直属机关党委、财计局等部门先后组织开展了政治纪律、组织纪律专项调研和问卷调查，走访了解财经纪律执行特别是“三项经费”整改情况。通过调研走访发现，当前应着力解决三方面的问题：

一是如何始终坚持正确的政治方向和学术导向。总体来说，中国社会科学院遵守执行政治纪律的情况是好的，绝大多数干部学者能够自觉维护和执行政治纪律，受到中央领导同志和有关部门肯定。但也要看到，在政治纪律方面还存在一些不容忽视的问题。在思想认识上，有的干部学者对政治纪律建设重视不够，有的领导干部存在重科研轻政治的倾向；有的科研人员缺乏政治意识，有时忽视哲学社会科学研究的意识形态属性。在遵守政治纪律上，有的干部学者遵守政治纪律和政治规矩不够严格，有的干部学者不能妥善处理独立思考与拥护执行之间的关系，公开发表与中央不一致的言论；有的忽视保密纪律，在接受国家有关部委交办的课题时，擅自发布不宜公开的研究成果。在政治纪律执行上，有的院属单位存在关口失守、监督不力、执纪不严等问题。因此，我们必须进一步强化纪律和规矩意识，加强对执行政治纪律情况的监督，切实在政治上保护干部学者，确保科研工作沿着正确的方向深入发展。

二是如何切实做到守纪律讲规矩。问卷调查显示，80% 以上的干部学者认为全院组织纪律总体情况好或较好，90%以上的认为所在单位加强组织纪律建设的措施非常有效或有效。但也要看到，在组织纪律方面还存在一些不容忽视的问题。在服从意识上，有的贯彻落实上级组织决定不够有力，贯彻落实院党组决策部署主动性不强。在遵守纪律上，有的干部学者有令不行、有禁不止，存在“自由主义”倾向，组织纪律性不强；有的院属单位的领导班子不团结，个别领导干部搞“一言堂”，有的班子成员热衷于小圈子，搞团团伙伙，存在小团体主义，缺乏大局观念。在制度建设上，一些组织纪律的配套制度不健全，缺乏可操作性。在监督执行上，有的干部学者违反组织纪律的行为没有得到及时制止，也没有得到应有处理。因此，我们必须进一步严明组织纪律，加强对组织纪律执行情况的监督检查，提高组织纪律的刚性约束。

三是如何有效保证经费支出真实合规。王岐山同志明确指出，科研院所党风廉政建设要“着力解决学术诚信、基建工程、科研经费等方面存在的突出问题”。近年来，院党组加强学术诚信、基建工程、科研经费等方面的监督检查，取得明显实效。但也要看到，在财经纪律方面还存在一些问题。在思想观念上，有的干部学者对现行要求严格的科研经费使用管理规定持抵触心理。在遵守纪律上，院党组在以往开展“小金库”检查的基础上，去年又开展了“四项经费”检查，但有的单位并未按照要求认真自查自纠，对有关财经纪律和经费管理制度执行不力，又有新的“小金库”被发现。在经费管理上，一些单位存在报销材料不齐，虚冒套领经费，经费支出缺少审批，超出规定标准、范围发放津补贴等现象。因此，我们必须进一步建立健全财经管理制度，强化财经纪律建设，更好地为创新工程提供有力保障。

第三，有效解决制约全院纪检监察机关和队伍建设存在的现实问题，不断提升党风廉政建设和反腐败工作水平。王岐山同志在中央纪委三次全会上指出，纪检监察机关要转职能、转方式、转作风，要聚焦中心任务，强化监督执纪问责。在中央纪委四次全会上强调，要用铁的纪律建设全党信任、人民信赖的纪检监察干部队伍，打造一支忠诚、干净、担当的纪检监察干部队伍。当前，应着力解决三方面的问题：

一是如何进一步强化监督执纪问责。监督执纪问责是纪检监察组织的主责主业，一年来，全院各级纪检监察组织围绕实施创新工程这个中心任务，以三项纪律建设为重点强化监督执纪问责，发挥了很好的保障作用。但也要看到，监督执纪问责还有进一步提升的空间，还亟待深化拓展。譬如，对党组、院属单位党委落实主体责任的监督问责需进一步落实，对政治纪律、组织纪律、财经纪律执行情况的监督需进一步加强，对重点人群、重点领域、重要环节的监督还需进一步深化，财务管理制度执行不到位的问题不容忽视，个别人员违纪违规问题还时有发生，等等。因此，我们必须进一步聚焦中心任务，强化责任担当，真正把主责主业聚焦到监督执纪问责上来，实现监督执纪问责常态化、制度化、规范化。

二是如何进一步推进纪律检查体制机制改革。去年，中央下发了《党的纪律检查体制改革实施方案》。院党组高度重视，伟光、胜轩同志对深入推进全院纪检体制机制改革提出明确要求，但制约纪检监察工作顺利开展的体制机制问题依然存在。主要表现是：聚焦主业难，院属单位纪检监察干部全部为兼职，这些同志在纪检监察工作以外承担着大量的科研和管理任务，再加上科研人员不坐班，投入纪检监察工作的时间和精力很有限。形成合力难，由于体制机制存在的问题，全院专职纪检监察队伍与兼职纪检监察队伍之间难以形成合力。有效履职难，目前，院里还有少数单位党政“一把手”兼任纪委书记，有的单位的纪委书记空缺，这些都不利于开展有效的监督。因此，我们必须逐步理顺党风廉政建设领导体制和工作机制，健全充实纪检干部队伍，使院属单位纪检监察干部真正聚焦主业，切实担当起对所在单位党风廉政建设的监督责任。

三是如何进一步加强纪检监察干部队伍建设。目前，全院纪检监察干部整体履职能力亟待提高。主要表现是：专业素养有待提高。院属各单位纪检干部全部由社科领域相关学科及专业的研究骨干或专家兼任，对纪检监察工作研究较少，对相关的理论、政策和业务不够熟悉。年龄相对偏大。院属单位纪检监察干部56岁以上的占1/3（占33%），半数以上超过50岁（51岁以上的占52.6%），40岁以下的仅占8.4%，这种情况影响纪检监察干部梯队建设。办案人手不足。院纪检监察机关年轻人居多，接触参与信访案件办理较少，专业技能和水平欠缺。因此，我们必须进一步加强纪检监察队伍建设，优化院属单位纪检干部结构，努力提高纪检监察干部的履职能力和水平。

（三）任务

根据《辞源》的解释，“官所守之职曰任”，人们常说，某某同志到哪儿任职，任什么职务，说的就是“任务”。我理解，任务就是职守，就是一个党员领导干部的担当。目前，全院党风廉政建设的方向已经明确，道路已经开通，问题已经清晰，现在关键就是要按照中央、中央纪委和院党组的部署要求，把各项任务真正落到实处。

第一，把中央的精神贯彻好。做好全院党风廉政建设工作，第一位的任务就是要学习好、贯彻好、落实好中央对党风廉政建设的新要求新部署，并贯穿体现融入全院党风廉政建设各项工作的全过程和各个方面。

一是把守纪律讲规矩摆在重要位置。党的十八大以来，以习近平同志为总书记的党中央始终坚持党要管党、从严治党，在中央纪委二次全会上，总书记提出了严明政治纪律，在三次全会上提出了严明组织纪律，在前不久召开的五次全会上突出强调严明政治纪律和政治规矩、加强纪律建设，指出“各级党组织要把严守纪律、严明规矩放到重要位置来抓，努力在全党营造守纪律讲规矩的氛围”。加强纪律建设、严明政治纪律和政治规矩已成为全面从严治党的重要着力点，成为纪检监察机关的首要职责。因此，全院的党风廉政建设要牢牢把纪律建设抓在手上，特别要抓好以政治纪律建设为重点的三项纪律建设，在严明政治纪律和政治规矩上下功夫，在营造守纪律、讲规矩的氛围上求实效。

二是深化体制机制改革。十八届三中全会对加强反腐败体制机制创新和制度保障、健全改进作风建设常态化制度提出明确要求，对改革党的纪律检查体制，落实党风廉政建设责任制，推进党的纪律检查工作双重领导体制，实行派驻纪检机构统一管理等作出了明确规定。十八届四中全会对加强党内法规制度建设，形成依规依纪反对和克服“四风”的长效机制、整治特权行为、依规管党治党建设党等作出了明确规定。习近平总书记在中央纪委五次全会上提出了坚持“制度治党”，并强调着力抓好4个方面的制度建设。全院的党风廉政建设要认真落实中央精神，切实把纪检体制改革的要求落到实处，特别是要做好机构改革和人员调整等相关工作，建立完善各项规章制度，把体制机制改革的成果通过制度固定下来。

三是深入落实主体责任。十八届三中全会进一步明确了“落实党风廉政建设责任制，党委负主体责任，纪委负监督责任”。习近平总书记在中央纪委三次全会上强调，“要落实党委的主体责任和纪委的监督责任，强化责任追究，不能让制度成为纸老虎、稻草人”。在中央纪委五次全会上又强调，“党委书记作为第一责任人，既要挂帅又要出征，对重要工作亲自部署、重大问题亲自过问、重要环节亲自协调、重要案件亲自督办”。总书记和中央着力强调“责任追究”，目的就是强化主体责任的落实。2015年，全院落实主体责任的重要任务，就是把《关于落实党风廉政建设主体责任的实施意见》确定的各项要求落到实处。院属各单位党委要健全制度、明确责任、细化分工，使每一项工作都有人抓，抓出成效。

第二，把中央纪委的部署贯彻好。在中央纪委五次全会上，王岐山同志对做好2015年的工作提出了明确要求，全院纪检监察机关要切实发挥“施工队”的作用，以扎实有效的工作，推动全年各项任务完成。

一是抓监督。监督是纪检监察机关的主责。院属单位纪检监察组织要进一步健全党内监督制度，强化党内监督，提高监督效能。要瞄准监督对象，重点加强对各级领导班子和领导干部行使权力的监督。要把握监督重点，加强对领导班子和领导干部遵守政治纪律和政治规矩的监督，特别是贯彻执行方针政策、履行职责、遵守三项纪律情况的监督；加强对八项规定执行情况和“四风”问题的监督；加强对学术诚信、创新工程准入和评价、经费管理使用、选人用人、职称评审等重点领域和环节的监督。要创新监督方式，综合利用三项纪律建设专项巡查、内审监督、第三方监督、约谈监督等方式，加强群众监督，做好群众来访信访。要加强对监督结果的运用，不断完善监督工作的制度机制，努力提高监督质量。

二是抓执纪。纪律，就是尺子、准绳和规矩。纪检监察机关要把全面从严治党的要求落实到执纪上。要始终把维护政治纪律和政治规矩作为第一任务，坚决制止违反政治纪律和政治规矩的行为，特别是要尽最大努力帮助干部学者在执行政治纪律方面不出现问题。要着力查处在组织纪律方面存在的突出问题，增强组织观念，养成按组织程序、规矩办事的习惯，杜绝组织纪律涣散、我行我素等自由主义、个人主义的倾向，杜绝团团伙伙、拉帮结派等不良习气，形成良好的作风学风文风。要把执行财经纪律方面存在的问题作为工作的重点，加强对财经纪律执行情况的检查，查堵漏洞，不断完善相关制度。要坚持原则，明确标准和程序，以事实为依据、党纪党规为准绳、法律法规为底线，做到按规矩和法纪办事、安全文明执纪，依纪依法办理信访举报，建立健全信访办案常态化机制和内部自我约束监督机制。要围绕执纪做好相关纪律规定的普及宣传，抓早抓小，对反映干部学者违法违纪的苗头性、倾向性问题，及时提醒、诫勉、函询，防止小问题发展为大问题。

三是抓问责。严格落实中央纪委五次全会提出的“严肃责任追究”的要求，真正把党风廉政建设责任制落到实处。要牢牢抓住问责的对象，重点是推动党委落实主体责任，推动纪委落实监督责任，推动领导干部落实领导责任。要明确问责的途径，实施一案双查，对违纪案件不仅要追究当事人的责任，还要追究相关领导的责任。要明确问责的重点，特别是针对今年党风廉政建设检查、三项纪律专项巡查、群众举报和来访来信反映出来的严重违规违纪问题等进行问责，对院属单位违反三项纪律的行为不抓不管、对违反八项规定精神不闻不问的党委书记和纪委书记进行追责。

第三，把院党组的要求贯彻好。这次会议对全院2015年的党风廉政建设作出了全面部署，提出了明确要求。纪检监察机关和院属各单位要立即行动，全力抓好贯彻落实。

一是加强学习、提高本领。邓小平同志讲：“无论在什么岗位上，都要有一定的专业知识和专业能力，没有的要学，有的要继续学。”搞好党风廉政建设和反腐败工作，不能仅凭一腔热忱，必须刻苦学习、躬身实践。各单位的领导班子成员，特别是主要负责同志，要认真学习党的十八大以来中央和中央纪委历次全会文件，悉心研读习近平总书记关于党风廉政建设的一系列重要论述，特别是要认真组织学习《习近平关于党风廉政建设和反腐败斗争论述摘编》，花心思琢磨在本单位落实院党组要求的具体路径、方法和举措，不断提高抓好党风廉政建设的本领。纪检监察工作的专业性很强，纪检监察干部要勤奋学习，努力提高自身业务能力和水平。

二是勇于担当、守土有责。各单位要着力加强班子建设，担当起党风廉政建设的责任，同时要按照党组的部署和要求把任务分解到每一个党委成员，形成分工合作抓落实的格局。各单位党委要定期研究、分析本单位党风廉政建设情况，认真解决存在的突出问题，决不能把问题和矛盾上交。有人形象地把2015年称作“问责元年”，希望大家认真履责，而不是被问责。院属各单位的纪检监察干部要增强身份意识和责任意识，敢于担当，敢于负责，严格排查管控好风险点，认真履行职责。

三是严于律己、正己正人。习近平总书记强调，打铁还须自身硬。所局级领导干部和处室主任大多是科研和管理骨干，一些同志在自己从事的学术研究领域处于领军地位，大家的言行对于身边的同志都具有重要的影响力。需要引起警醒的是，全院最近3年受理的反映局处两级问题的群众来信占所有来信的比例逐步攀升：2012年占71%，2013年占86%，2014年占87%。这说明，群众对于领导干部的言行持续密切关注。领导干部时刻不能忘记自己应该发挥的表率作用，要严于律己、严于修身，坚持“三严三实”，在廉洁奉公和党风廉政建设中起示范带动作用。纪检部门作为党内监督专门机关，肩负着保障全院事业健康发展的重要职责，责任重大、使命光荣，纪检监察干部要按照纪律更严、标准更高的要求严于律己，带头遵纪守法，做忠诚、干净、担当的纪检监察干部。

春节将至，请允许我代表中央纪委驻院纪检组和全体同志，向在座的各位领导，向全院干部学者，致以节日问候。祝大家身体健康、生活愉快、阖家幸福、事业有成！

在2015年图书出版业务培训班上的讲话

蔡 昉

(2015年7月20日)

2015年是国家“十二五”规划的收官之年，也是“十三五”规划的布局之年。我们今天在这里举办图书出版业务培训班，主要任务是贯彻落实2015年新闻出版工作会议精神，总结“十二五”出版社取得的成绩与经验，谋划“十三五”出版社发展规划，加强图书出版质量管理，提高出版管理水平，推进学术出版名社工程建设。参加此次培训的同志都是各出版社编辑室的业务骨干和新生力量，为更好地让大家理解把握出版业务政策，我们请到了国家新闻出版广电总局出版管理司图书处处长杨芳同志为我们作出版改革和管理政策解读。我们还邀请了中华书局总经理徐俊、商务印书馆总经理于殿利、人民出版社编辑部主任张振明，就图书选题、图书发行和营销、编辑工作职责和要求作辅导报告。此外，中国社会科学院资深审读专家张景增老先生也将就创新工程学术出版资助图书在编审中需要重点把握和注意的问题，为我们年轻的编辑传道授业。在此，我代表中国社会科学院向莅临培训会议的各位领导和专家表示热烈欢迎！向长期在图书编辑岗位辛勤工作的各出版社全体员工表示衷心感谢！

中国社会科学院实施创新工程已经五年，距上一次图书出版业务培训也已五年了。在这五年里，院属五家出版社始终把握正确的出版方向，坚持以学术出版为主业，大胆创新管理体制，积极开拓市场，努力提升品牌，取得了令人欣喜的成绩。院属五家出版社出版图书品种从2010年的2506种增加到2014年的4142种，年均增长13%，销售收入从2010年的2.07亿元增加到2014年的4.57亿元，年均增长22%，实现了出版规模与销售收入双增长。税后净利润由2010年的1379万元，增加到2014年的5175万元，五年累计完成“十二五”国家重点图书项目、国家出版基金项目、“三个一百”原创图书出版工程项目等重点图书出版项目千余项，累计对外捐助、赠书300多万册，码洋近两亿元，实现了社会效益、经济效益的统一与双赢。五年共获得两届中国出版政府奖14项，出版《新大众哲学》《简明中国历史读本》《商代史》《中华人民共和国历史地图集》《居安思危》《二十世纪中华史纲》《中国海关通志》《超越人口红利》《中国特色社会主义经济发展道路》等一大批优秀读物，实现了精品图书和出版品牌双丰收。根据

《2013 年中国图书世界馆藏影响力报告》，中国社会科学出版社出版图书的世界影响在全国 588 家出版社中位居第六，社会科学文献出版社与美国、英国、法国、荷兰等国的 20 余家学术出版机构建立了外文版图书合作关系，五家出版社五年累计签约输出、引进版权 1000 多项，实现了国内和国际学术影响力双提升。

同时，我们还应清醒地认识到，院属出版社的出版管理工作与院党组的要求还有一定距离，与新形势下出版市场的发展态势还存在许多不适应。主要是：重大选题的分级把关需要进一步加强，图书出版质量亟待提升，编辑队伍的素质和能力需要全面提高，学术出版品牌的知名度和美誉度还不够高，精品图书还不够多，国内国际的学术影响力需要进一步扩大。对于这些不足和问题，我们要以改革创新的精神努力加以解决。

下面，我就加强出版管理工作讲六点意见。

（一）坚持正确的出版导向，牢固树立政治意识与阵地意识，促进学术出版事业健康发展

中国社会科学院是我国意识形态领域的重要机构，是马克思主义理论的坚强阵地，院属五家出版社作为精神文化产品出版单位，是党和国家宣传思想领域的重要阵地，是哲学社会科学知识传播的重要平台，出版社的发展必须服从和服务于这个定位要求，做到守土有责、守土负责、守土尽责。

一是要严把出版方向关。要始终坚持马克思主义的指导地位，牢固树立政治意识、大局意识和责任意识，牢牢掌握学术出版的领导权、管理权和话语权，严把学术出版的政治关和导向关，坚持为人民服务和社会主义服务的出版方向，把弘扬社会主义核心价值观和繁荣发展新时期我国哲学社会科学事业作为重要使命，努力成为心中有方向、行为负责任、品格敢担当的学术出版名社。

二是要认真策划组织主题出版重点选题。主题出版重点选题是落实中央精神、弘扬主旋律、传播正能量的重要载体。要增强服务大局的主动性和责任感，紧密围绕党中央国务院的要求和重大纪念活动主题，策划组织主题鲜明、导向正确的系列重点选题，如期推出一批精品力作，服务党和国家工作大局，满足人民群众阅读需求。2015 年要重点做好纪念中国人民抗日战争暨世界反法西斯战争胜利 70 周年重点选题，落实好“百种经典抗战图书”重印再版计划等。

三是要严格执行重大出版选题备案制度。要牢牢把握正确的出版导向，认真贯彻新闻出版广电总局的管理要求，自觉执行《出版管理条例》和《图书、期刊、音像制品、电子出版物重大选题备案办法》的有关规定，凡属于重大选题范畴的，不折不扣地履行重大出版选题备案程序，对政治倾向有问题、思想观点存在错误、内容平庸、低俗或重复的选题和书稿，要坚决予以撤销。

（二）加强学术出版品牌建设，打造学术出版名品精品，促进学术出版事业持续发展

品牌是出版社重要的无形资产，特别是对于以学术出版为主业的出版机构，出版品牌更是出版社立足市场的基石。多年来，院属出版社在各自专长的学科领域，初步建立起在国内甚至国际具有影响力的出版品牌。比如，中国社会科学出版社的“中国哲学社会科学学科发展报告”“剑桥系列史”和《理解中国》丛书，社会科学文献出版社的“皮书”、《西南边疆历史与现状综合研究项目丛书》《列国志》，经济管理出版社的《经济管理前沿理论研究报告系列丛书》《中国国有企业改革与发展丛书》，方志出版社的“中国名镇志文化工程”和《汶川特大地震抗震救灾志》，当代中国出版社的《中华人民共和国史编年》。同时，我们也应看到，在传统出版业受到数字化冲击的当下，进一步加强出版品牌建设是学术出版社保持竞争力的主要途径之一。

一是要积极参与国家级重点出版项目，打造精品图书。要整合全社的优质资源，科学论证，组织申报“国家出版基金项目”“国家古籍整理出版资助项目”《国家哲学社会科学成果文库》“国家社科基金后期资助项目”等国家级项目，充分发挥中国社会科学院学术出版社在人文社会科学研究领域的出版主力军作用。

二是要认真完成院创新工程学术出版重大项目，打造专业学术品牌。要完善激励机制，鼓励承担“中国社会科学院文库”“大型学术出版后期资助项目”“国情调研丛书”“中国社会科学博士后文库”“皮书资助项目”“学术年鉴项目”等院级重点项目，以创新工程项目带动学术出版品牌建设。

三是要精心策划本社的重大出版项目，打造名社品牌。要打通选题论证、作者遴选、市场对接、产品增值等环节，寓图书品牌于企业品牌建设之中，真正体现中国社会科学院学术出版的风格和特色，通过系列品牌图书，提高出版社的声誉和竞争力。

（三）狠抓出版质量管理，努力提升出版质量，促进学术出版事业稳步发展

2010 年以来，五家出版社出版图书 2 万多种，图书品种、出版码洋、销售收入年均保持较快增长，这些成绩是在国家各部门（包括中国社会科学院、国家新闻出版广电总局、全国社科规划办、北京市新闻出版广电局）出版资助基金大幅度增加的背景下取得的，对此我们应有清醒认识。与出版规模大幅度增长不相适应的是，有的出版社图书出版质量近几年出现下滑态势，连续多年质检合格的记录被打破，连续几年出现不合格图书，这应当引起我们高度重视。

出版质量是出版社的立社之本，是建设名优出版社的根本保证，加强出版质量管理是院、社两级部门近期最为紧要的任务。

一是要严格执行出版质量管理制度。为进一步加强图书出版质量管理，中国社会科学院 2013 年以来先后制定了《中国社会科学院图书质量管理办法》和《关于对不合格图书出版单位

予以处罚的意见》，院主管部门要严格执行管理规定，该通报的通报，该处罚的处罚。2015年，院依据有关规定对不合格图书的出版单位进行了处罚，处罚的目的就是要督促出版单位加强质量管理，希望院属出版社都要以此为警醒，提前把关，防患未然。

二是要加强出版质量检查。各出版社要进一步加强内部质量管理，完善书稿三审制度、样书检查制度和绩效考核制度。院主管部门要建立质量不合格图书名录，对不合格图书的责任编辑要重点检查其编校的图书，做到重点检查与比例抽查相结合。

三是要充实审读专家队伍。院审读专家队伍目前以60岁以上退休的老专家为主，他们严谨细致，兢兢业业，为全院的学术出版事业继续努力奉献。要注重聘请年轻的审读专家和院外高水平专家，以老带新，以强补弱，不断提升图书质量审读水平和能力。

四是要制定并推行学术出版规范标准。建立学术出版规范标准是专业学术出版名社的重要标志。目前，全国新闻出版标准化技术委员会已制定了《学术出版规范》系列行业标准，各出版社要在新闻出版广电总局的统一领导下，研究制定并推行适合本社图书特点的学术出版规范，形成具有中国学术研究特点的“芝加哥手册”。事实上，院属五家出版社多数已经制定了学术出版规范标准并已开始推行，希望没有制定的单位要抓紧研究制定。

（四）大力加强编辑队伍建设，全面提升编辑的素质和能力，促进学术出版事业蓬勃发展

编辑是出版社的主力军，是核心竞争力。作为中国社会科学院主管的专业学术出版社，我们有人文社会科学研究领域一流的作者队伍作支撑，同样也需要一流的编辑队伍作保障。近几年，随着各社出版规模的快速扩张和市场竞争压力的不断加大，出版社面临着编辑队伍不适应学术出版发展要求的局面，需要我们进一步加强编辑人才队伍建设。

一是要重视编辑队伍的梯队建设。编辑是一项实践性、经验性很强的工作，需要传承和创新。新编辑多是年轻的博士、硕士，思维活跃，要鼓励他们虚心学习，加强修养，开拓创新，要注意在他们中间发现优秀编辑人才，提拔担任编辑室领导，培养后备干部；资深编辑视野开阔，理论功底深厚，要聘请他们把握方向，把好关口，做好“传、帮、带”。

二是要着力提升青年编辑的业务素质和能力。要用马克思主义的立场观点培养青年编辑，要使他们熟知新闻出版广电总局关于重大选题管理的最新政策和规定，掌握限制使用的用词、用语和提法，培养其职业敏感性。要倡导导师培养制，以高素质的老编辑带新入社的青年编辑，促使青年人才快速成长。要有针对性地开展业务培训，使青年编辑尽快掌握编辑基本功，熟悉编校业务。

三是要注重培养企业文化。院属各出版社都有较长的发展历史，最早的是中国社会科学出版社1978年成立，最晚的是方志出版社1995年成立。各出版社依托中国社会科学院等学术研究机构，在几十年的发展中形成了比较深厚的历史积淀和丰富的文化内涵。五家出版社在市场

经济中不能迷失发展方向，要传承发展本社优秀的文化传统和价值理念。要倡导出好书、出精品的编辑职业精神。要给予员工充分的人文关怀，使他们有归属感，逐步形成积极向上、团结协作、和谐包容、以社为家的良好工作氛围，把出版社建成全体员工实现自我价值的平台。

（五）推进“走出去”战略，努力掌握国际学术话语权，促进学术出版事业均衡发展

为进一步参与国际竞争与合作，推动中国出版物“走出去”，近年来，出版社不断探索出版物“走出去”的方式和方法，逐渐走出了一条适宜中国社会科学院出版特点的版权输出新路。“十二五”以来，中国社会科学院出版社共输出版权图书373种，遍及欧洲、美洲、亚洲、非洲几十个国家和地区。此外，在国际各类书展上多次成功举办学术图书发布会，并组织学者作主题演讲，为中外学者搭建了国际学术推广交流的平台。比如，在2015年美国书展上，中国社会科学出版社的《理解中国》丛书获得了国家新闻出版广电总局、国务院新闻办公室等中央有关部门的支持和推广；2014年北京国际书展上，社会科学文献出版社与德国施普林格出版集团共同主办了“中国梦与中国发展道路研究丛书”（英文版）的新书发布会。这些推介活动进一步扩大了我国专家学者及学术成果的国际话语权和影响力。

应该看到，在当今世界和平发展合作共赢的主题下，中国改革开放三十多年取得的巨大成就为学术出版“走出去”提供了广泛的需求和丰富的题材，世界关注中国，中国更需要世界理解。要抓住这个历史机遇，继续坚定不移地推进“走出去”战略，要紧紧围绕“四个全面”战略布局，围绕“两个一百年”奋斗目标和中华民族伟大复兴的中国梦，遴选原创高水平学术精品向世界推介；要充分利用好“经典中国国际出版工程”“中国图书对外推广计划和中国文化著作翻译出版工程”“国家社科基金中华学术外译项目”和“院创新工程‘走出去’项目”等各类国家资助渠道，按照国际出版规律和学术出版规范，打造一批观察中国、理解中国、解读中国的系列出版品牌，逐步建立起世界都能够理解、能够接受的中国学术话语体系。

（六）把握数字化方向，谋划数字出版布局，促进学术出版事业跨越发展

数字出版转型已成为出版行业的共识，信息技术、数字技术与网络技术的高速发展，促使传统的纸质阅读主导格局朝数字化阅读主导格局转型。相比报纸期刊，数字化和全媒体对学术出版的冲击较小，但这已是大势所趋，不容回避。

要有问题倒逼的紧迫意识。就目前而言，学术出版的盈利模式主要是靠品种规模的外延式扩张带动收入增长，这种模式的前提是国家对学术出版资助大幅度增长。比如，2015年国家出版基金规模增至5.5亿元，比2014年提高22%。但这种模式是否可持续？是否能够抵挡住数字化对学术出版业的冲击？是否能够为我们数字出版转型赢得足够的时间？答案当然是否定的。出版社特别是领导管理层要有问题紧迫感，以“十三五”规划为契机，及早谋划学术出版转型布局。

要有角色转换的创新思维。随着移动互联网、电子商务、移动媒体的快速发展，出版社面临数据呈现指数级增长的变化，基于大数据、云计算技术的服务市场，为消费者实现个性化、定制化、数字化解决方案提供了可能。因此，在大数据背景下，专业出版社不仅是知识内容和数据资源的提供者，更是融传统纸质出版、APP 产品、线下活动及资源开发产品，以及微信、微博社交媒体于一身的资源整合型全媒体产品方案的解决者和服务者。学术出版社要从传统的内容提供商角色解脱出来，以创新思维做好数字出版的服务商。

要有融合发展的经营理念。中国传媒大学媒介与女性研究中心近日发布的《大学生的媒介接触以及性别文化认同调查》显示，74.3% 的大学生每天不接触纸质报纸，51.9% 的大学生每天 2 至 5 个小时接触手机，以手机为代表的屏阅读似乎正在成为这一代知识分子阅读的新生力量。但应该看到，屏阅读具有碎片化、浅阅读的特点，对于学术出版而言，屏阅读还不能完全取代传统的纸质阅读，在数字化进程中，要做好数字出版与纸质出版两者兼顾，融合发展。

同志们，出版行业形势日新月异，市场竞争愈发激烈，但要牢记一条，我们的出版社是以学术出版为主业，只有依托中国社会科学院的学术优势，以过硬的政治素质、高质量的出版作品和优秀的学术出版品牌才能立足市场。希望参加培训的同志能够利用好这次学习机会，了解出版工作形势，交流工作经验，提高业务能力，为深入推进中国社会科学院的学术出版名社建设作出自己的贡献！预祝本次培训班圆满成功！

营造风清气正的学术生态

高　翔

（2015 年 7 月 14 日）

我国哲学社会科学，是党的思想理论战线和科学文化事业的重要组成部分，始终受到党和国家的高度重视。党的十八大以来，习近平总书记和党中央对哲学社会科学做出一系列重要指示，采取有力措施，加强对学术发展的引领和推动。当前，哲学社会科学界方向正确，主旋律高扬，充满生机与活力，一大批新领域被开辟，新方法被使用，新成果被推出，形成了历史上少有的繁荣发展的新局面。

与此同时，我们也看到，学术界在学风方面还存在一些问题，学术生态亟需净化。学风是学者世界观、人生观、价值观的反映，是治学精神、治学态度和治学方法的集中体现。学风贯穿于科研活动的始终，直接关系到哲学社会科学的前途与命运。没有良好的学风，中国学术就不可能有一个辉煌的未来。当前，不良学风主要通过以下几个方面表现出来。

第一，错误思潮败坏学风。马克思主义学术讲的是科学性与阶级性的有机统一，恩格斯说："科学越是毫无顾忌和大公无私，它就越符合工人的利益和愿望。"（《路德维希·费尔巴哈和德国古典哲学的终结》）正因为如此，真正的马克思主义学术大家，都是严谨治学的典范。而最近几十年，随着中外思想文化的激荡，一些错误思潮的鼓吹者，出于自己的政治目的，置学术规范于不顾，颠倒黑白，歪曲事实，对学风、文风造成很大危害。比较典型的，如历史虚无主义不顾最起码的历史常识，无视历史的主流与大局，用精心挑选的历史碎片歪曲和篡改历史，试图以此否定党史、革命史和新中国的历史。要从根本上解决学风问题，首先要解决政治方向、理论方向问题，解决为谁做学问的问题，解决世界观和方法论的问题。

第二，理论脱离实际。马克思曾说，问题是时代的格言。（《集权问题》）马克思主义的学风，归根到底就是理论联系实际，从实践中来，到实践中去，为实践服务。理论联系实际体现了学者对时代的担当，对国家、民族的关切，也是对经世致用这一优秀学术传统的继承和发扬。然而，近年来，一些学者刻意回避现实问题，将学术研究和服务现实对立起来，躲在象牙塔里不遗余力地构建精致的空中楼阁，对现实生活不闻不问，对服务现实的成果漠然视之，甚至冷嘲热讽。其实，真正的科学活动，讲的是理论与实践的统一，理性与激情的统一，将学术活动变成缺乏人文关怀的冰冷过程，本身就是对科学精神的亵渎。

第三，忽视规律与本质。人文社会科学研究的目的，是通过探索自然与社会的规律，为文明的提升提供智力支持。中国学术具有探索规律、重视理论建构的悠久传统，司马迁所说的"究天人之际，通古今之变，成一家之言"，讲的就是要通过发现人与自然相互关系的规律、社会变迁的内在逻辑与规律，形成自己的理论体系。最近几十年，一些学者对理论探索不感兴趣，热衷于用局部的认知代替对全局的辨析，用个案的演绎代替对规律的探寻，用表象的描述代替对本质的分析。这类情况在人文学科，往往体现为碎片化，用一鳞半爪的资料碎片代替对全局与规律的把握；在社会经济研究领域，往往表现为过度量化，用数学模型或局部的调研数据代替对总体与本质的分析。事实上，如果我们在研究中缺乏全局的眼光、长时段的眼光，缺乏对本质与规律的追求，缺乏理论概括与提升的能力，我们用力越多，离科学研究的目标就越远。道理很简单，细致入微的盲人摸象，不可能发现大象的本质和内在规定性。

第四，学术批评欠缺。真诚、平等、直截了当的学术批评，从来都是实现学术进步的基本途径。当前，学术批评之声渐弱，坚持真理的品格不彰。一些所谓的学术批评，对问题避重就轻，对成绩肆意吹捧。而有的学者，对自己的研究成果自信有余，胸怀不足，稍被批评，就恼羞成怒，恶言相向。没有学术讨论，没有切磋砥砺，何来学术进步！学术批评的式微与萎靡，败坏了学术的声誉，制约着学术研究的深入。

第五，抄袭、剽窃、低层次重复现象严重。马克思曾经说过，"在科学的入口处，正像在地狱的入口处一样"（《〈政治经济学批判〉序言》）。学术研究是艰苦的探索过程，好逸恶劳者不可能走得很远。我国每年的社会科学成果很多，但是，真正"十年磨一剑"、经过深思熟虑的原创性成果并不多见。一些所谓的学术工程，声势浩大，成果寥寥，质量平平，浪费国家大量财力、物力；一些所谓的学术论著，貌似创新，实则陈旧，“注水”现象严重；还有人放弃独立思考，醉心于模仿和照搬西方理论与方法，试图用西方标准剪裁中国实践，削足适履。更有甚者，无视基本的学术规范，抄袭剽窃，将他人的成果改头换面，据为己有。

以上列举的只是学风问题的一些表现。学风是社会环境的产物。当前，各种学术思潮相互激荡，各种学术流派相互竞争，各种利益诉求相互角逐，面对这种异常复杂的状况，学者们面临着来自方方面面的诱惑。从这一意义上说，学风问题的出现，有其必然性。

我国哲学社会科学领导和管理部门，高度重视学风建设。习近平总书记、云山同志和奇葆同志，多次强调学风的极端重要性，对改进学风做出重要指示。全国哲学社会科学规划办公室、教育部和中国社会科学院出台了一系列加强学风建设的举措。例如，全国社科规划办终止存在学术不规范问题的国家社科基金项目，并公开通报，在学术界产生了良好反响。中国社会科学院党组多次开会专题研究，提出要抓好“三大风气”建设，其中学风是核心。2013 年中国社会科学院发布了《中国社会科学院关于加强科研学风、文风、作风建设的若干要求》，就政治纪律、科研导向、联系基层、深入群众、学术道德等问题做了严格规定，收到了明显成效。

为进一步解决不良学风问题，营造风清气正、“山清水秀”的学术生态，我这里提五点建议，供各位领导参考：

第一，加强对学术界尤其是对青年学者的政治方向、职业道德、科学规范、学术操守教育。学风建设，必须从青年抓起。建议中央有关部门牵头组织编写《哲学社会科学研究通论》，对哲学社会科学的渊源流变、基本理论与方法、职业道德与操守、学术规范（包括版本、目录学常识）、如何开展学术批评以及如何对待学术批评等，进行系统介绍，讲常识、明底线、定规矩，为青年学者步入学术殿堂、从事学术研究提供基本指南与遵循。建议高校和科研机构，对新入职的青年学者，普遍实行导师制，选择能坚持正确政治导向、职业道德良好、学术功底深厚的资深专家，担任导师，帮助他们走好学术人生的第一步。

第二，推动青年学者到基层挂职，深入群众，认识一个真实的中国。调查研究是我们党的传家宝，也是推动理论创新、学术进步的不二法门。建议中央有关部门指导各高校和科研机构，用制度化的方式，推动青年学者到基层挂职，不要浮光掠影，不要蜻蜓点水，要真正深入下去，在基层干实事，掌握第一手资料，认识我们这个时代，认识中国国情，明白使命与担当，从人民群众创造历史的实践中，汲取理论创新的智慧和源泉。

第三，改革和完善现有社会科学资助体系，将以前期资助为主改变为以后期资助为主，严格评审，严进严出。建议除了少数确实需要前期投入的科研项目外，其余课题，尽可能实行后期资助。要严格成果质量鉴定程序，根据成果质量，分别档次，予以奖惩。改革现有课题经费管理办法，对后期资助成果，凡是验收合格者，要对科研人员的前期智力付出和劳动投入进行足够的补偿。通过改进课题资助体系，推动社科界正学风、出精品、出人才。

第四，进一步完善学术评价制度，构建具有鲜明中国特色的哲学社会科学评价体系。建议中央有关部门进一步采取措施，将社会科学评价权掌握在我们自己手中，用中国的标准评价中国的学术，这是改良学风、净化学术生态的重要前提。在学术评价中，要正确处理理论引领与学术本位的关系，立足中国与面向世界的关系，定量评价与定性评价的关系，坚持以理论方向和学术质量为导向，对学术水平、发展现状进行正确估量。要努力推广第三方评价，完善学术评价回避制度。与此同时，要建立起学术评价申诉和责任追究制度，对评审中的权钱交易、拉帮结派、营私舞弊等学术不端行为实行零容忍。

第五，建立覆盖全国的学术信用档案，将违反学术规范、缺乏学术操守、败坏学风的机构、个人、团体，记录在案。学术信用档案，应由权威机构建立，具有较强公信力，资料应翔实可靠，允许查阅。在学者职级晋升、评奖、课题立项等方面，各单位应调阅学术信用档案，凡有学术不端行为者，应一票否决。要通过学术信用档案制度的建立，增强学者对职业道德与规范的敬畏，重塑公众对人文社会科学研究的信心。

“礼乐百年而后兴”。营造良好的学术生态，非一朝一夕之功。学术探索没有止境，学风建设就永远在路上。中国特色哲学社会科学的繁荣发展，需要一个良好的学术生态。建议社科界各级党组织充分利用“三严三实”专题教育这一宝贵契机，以党风建设引领和推动学风建设，领导干部率先垂范，为端正学风提供坚强的思想保障和组织保障。作为学者，必须坚守科学精神、坚守职业道德、坚守学术规矩；必须坚持做人、做事、做学问相统一，老老实实做人，踏踏实实做事，扎扎实实做学问；必须将科学研究作为千秋之事，敬之慎之，不为虚名所惑，不为近利所诱，脚踏实地，厚积薄发，使我们的研究成果真正经得起实践的检验，经得起人民的评说，经得起历史的考验，使我们的学术界有品位、有尊严，风清气正，一归于淳朴正直之道，成为让党和人民放心的净土。

二 中国社会科学院 2015 年度工作会议文件

中国社会科学院 2014 年工作总结

2014 年，是中国社会科学院哲学社会科学创新工程承上启下、爬坡攻坚的关键一年。在党中央国务院正确领导下，在院党组和各级领导班子带领下，全院同志高举中国特色社会主义伟大旗帜，以马克思列宁主义、毛泽东思想和中国特色社会主义理论体系为指导，贯彻落实党的十八大和十八届三中、四中全会精神，贯彻落实习近平总书记系列重要讲话精神，以及全国宣传思想工作会议精神，巩固扩大群众路线教育实践活动成果，全面推进哲学社会科学创新工程。经过全院同志共同努力，各项工作打开了新局面，取得了新成绩。

（一）深入学习贯彻落实党的十八大、十八届三中、四中全会精神和习近平总书记系列重要讲话精神，坚持正确的政治方向和学术导向

党组高度重视全面贯彻落实中央精神，制定学习计划，确定学习主题，组织编写《全面建成小康社会与中国梦》，获得中央有关部门好评。举办所局级和处级领导干部学习贯彻习近平总书记系列重要讲话精神培训班，覆盖全院 200 多名所局级、1000 多名处室级领导干部，党组成员为每期培训班做动员讲话和辅导报告。组织精干力量成立宣讲团，深入全院各单位宣讲，掀起学习宣传党的十八届三中、四中全会精神的热潮。召开落实习近平总书记关于加强意识形态工作重要批示精神座谈会和落实习近平总书记关于从严治党要求的座谈会，将中央精神贯彻到全院各级领导干部和各项工作中去。开展学习习近平总书记系列重要讲话精神征文活动，推动学习讲话精神向纵深发展。围绕十八届三中、四中全会和习近平总书记系列重要讲话提出的一系列新思想、新观点、新论断，组织专家学者深入研究，推出一批高质量研究成果。把深入学习领会中央精神和习近平总书记系列重要讲话精神与创新工程结合起来，推动全院各项事业迈上了新台阶。

（二）加强马克思主义坚强阵地建设，牢牢掌握意识形态工作领导权和主动权

1．抓好理论武装工作，凝聚思想理论建设正能量。党组带头深入学习领会中央精神和决定，坚决贯彻中央决策部署，始终在思想上政治上行动上同以习近平同志为总书记的党中央保持高度一致。积极应对当前意识形态领域所面临的挑战，始终不渝地坚持和巩固马克思主义在意识形态领域的指导地位，坚持正确的政治方向，做到守土有责、守土负责、守土尽责，把思想统一到中央对意识形态工作的形势判断和工作措施上来。党组认真组织好全院的理论学习，为思想理论建设注入强大正能量。党组成员带头发表理论文章，对于错误思潮、错误言论和奇谈怪论，敢于亮剑、敢于碰硬，主动发声，旗帜鲜明地反驳，推出重要理论成果，产生良好社会影响。举办所局主要领导干部马克思主义经典著作读书班、青年马克思主义经典著作读书班、《新大众哲学》座谈会等，增强全院干部职工的政治敏锐性和政治鉴别力。制定《中国社会科学院加强党的意识形态工作，建设马克思主义坚强阵地的意见》及其实施方案，纳入创新工程考核准入条件。组织观看电影《焦裕禄》《郭明义》《天上的菊美》，在全院形成信仰、学习、坚持马克思主义的良好氛围。深入把握网络生态和运行规律，准确判断、科学分析网上舆论动态，管好院属论坛、报纸、刊物、出版社、网站、报告会、研讨会等意识形态阵地，不给错误思想和言论提供传播空间和渠道，牢牢掌握巩固意识形态工作领导权和话语权。

2．积极阐释宣传中国特色社会主义理论体系及党和国家大政方针。举办纪念邓小平同志诞辰 110 周年座谈会。编辑出版 2013 年度“中国特色社会主义理论研究前沿报告”。以院中国特色社会主义理论体系研究中心名义在中央“三报一刊”发表宣传理论文章 36 篇。

3．加强马克思主义理论研究和学科建设。继续完成好中国社会科学院承担的中央马克思主义理论研究和建设工程任务，实施《中国社会科学院马克思主义理论学科建设与理论研究工作实施方案（2009 ~ 2014）》。组织 6 个“马工程”论坛、12 个国内“马克思主义及其中国化系列论坛”、3 个“中国道路”国际论坛。加强马克思主义理论骨干人才培养基地建设，继续实施“马克思主义理论骨干人才计划”，马克思主义学院招生录取工作进展顺利，初步建立起一支理论水平高、结构合理的中青年教师队伍。编写马克思主义博士研究生教育精品教材，《马克思主义专业理论学习导论》已形成初稿；建立科学合理的教学评估体系。筹备中国社会科学院马克思主义学院博士高峰论坛。

4．积极构建当代中国哲学社会科学话语体系。制定并向各协调会议成员单位印发《全国哲学社会科学话语体系建设协调会议制度工作方案》。筹办全国哲学社会科学话语体系建设协调会议成员单位第一次工作会议。联合有关单位举办“中国实践与中国话语”理论研讨会、“对外话语体系建设研究协调机制座谈会”“《习近平关于实现中华民族伟大复兴的中国梦论述摘编》多语种外语翻译出版座谈会暨‘对外话语体系建设中的中央文献翻译’研讨会”“全国哲学社会

科学话语体系建设理论研讨会”。编辑刊发《哲学社会科学话语体系建设研究动态》共29期。

（三）进一步推进哲学社会科学创新工程，绘就新的发展蓝图

1. 进一步完善创新工程体制机制，提高创新工程管理科学化水平。编印新版《中国社会科学院哲学社会科学创新工程文件汇编》，完善创新工程制度框架和文件体系。实施以绩效考核为重点的创新工程评价体系，实施创新岗位绩效考核试点打分，探索建立科研、采编、管理等岗位序列的后期资助目标报偿制度。推进2014年度创新单位和岗位试点相关工作，开展“三项纪律”检查等多项专项检查。推进创新工程综合管理平台二期建设，进一步提升创新工程管理科学化水平。举行创新工程业务知识考试。

2. 编制全院“十三五”事业发展规划，绘就创新工程新的发展蓝图。编制全院“十三五”规划纲要。将“中国社会科学院创新工程纳入国家十三五规划《基本思路》重点内容的建议”“中国社会科学院创新工程纳入国家‘十三五’规划的重大项目、重大工程和重大政策的建议”报送国家有关部门。

（四）大力实施科研强院战略，取得优异的科研创新成果

1. 充分发挥国家综合性高端智库功能，高质量完成各项交办任务。完成交办委托课题结项14项，受理应急交办研究任务成果后期资助2项，落实2014年度院创新工程重大研究项目11项立项工作。组织研究习近平总书记访欧期间宣示的重要外交理念，梳理相关研究成果29项，制定《关于组织研究宣传习近平主席访欧期间宣示的重要外交理念的工作计划》。制定宣传报道习近平总书记在亚信峰会上重要讲话工作方案。协助组织落实十八届三中全会经济体制和生态文明体制改革第三方评估工作。报送中国社会科学院关于落实推进“中国道路、中国话语”研究报告。组织协调召开“吉林省档案馆馆藏日本侵华档案”国际学术研讨会。报送《关于对拟订国家安全战略的几点建议》。参与关于设立国家哲学社会科学奖调研，撰写调研报告。完成“周边国家宗教发展态势及其对我国社会稳定、文化安全的影响”课题的申报立项工作。落实23项新疆问题研究课题，撰写《落实中央新疆工作会议精神，发挥新疆问题研究国家智库作用工作方案》。以院重大问题综合研究中心为平台，充分发挥中国社会科学院优势，对重大理论和现实问题、热点和难点问题开展跨所、跨学科综合研究。《中国社会科学院经济体制和生态文明体制改革第三方评估报告》《关键领域改革总体方案》《今年以来改革形势总体评估》等获得中央领导和有关部门的高度评价。稳步推进贯彻落实十八届三中全会决定院直管研究选题。“经济发展新阶段宏观调控体制机制研究”课题组已经推出月度分析报告11期，季度宏观分析报告3期，年度宏观经济报告3部，工作论文4篇，为国务院提供宏观经济监测报告50余篇。

2.《要报》系列稿件数量质量全面提升。通过《要报》等渠道，向中央有关部门报送信息1825篇，获采用近350篇、批示79篇。其中，《我国成为世界第一货物贸易大国后的发展思路》

《当前意识形态领域新情况和做好下一步工作的建议》《我国外贸总额达到世界第一之后的发展思路》《政府在市场在资源配置中的作用》《当前互联网金融的实质及政策建议》等获得中央主要领导同志批示。

3．推出一批科研成果。完成专著 360 多部，论文 4000 多篇，研究报告 2000 多份，学术资料、古籍整理、译著、普及读物、教材等 1000 余种。从数千项成果中遴选 39 项，举办 2014 年中国社会科学院创新工程重大科研成果系列发布会，产生较大社会影响。国家社科基金项目结项 89 项，其中 65 项为良好以上等级，优良率达 73%，入选《社科基金成果要报》12 篇。在《人民日报》推出“文学观象”24 期，社会反响强烈，受到中央领导同志的好评。

4．国情调研工作稳步开展。制定《关于加强和改进国情调研工作的若干意见》，完善院国情调研体制机制；召开院国情调研工作会议，进行全面部署。制定《中国社会科学院国情调研经费使用管理办法》和《中国社会科学院创新工程国情调研重大项目招标投标管理办法》。评审立项国情调研项目 78 项，其中包括国情调研重大项目 17 项，院级国情调研基地项目 6 项，按系统组织考察项目 11 项，所级国情调研基地项目 44 项。立项国情调研交办项目 2 项。加强国情调研基地建设，做好 7 个院级国情调研基地日常管理工作，设立首批 44 个研究所国情调研基地，形成院所两级国情调研基地体制。

5．学部工作持续推进。完成学部委员增选工作，4 名学者增选为学部委员。学部开展多层次、跨学科学术活动，对重大理论和现实问题进行重点研究，为党和国家理论创新和重大决策提供强有力的智力支持。出版学部委员文集 9 部。

6．国史研究和地方志工作取得新进展。《中华人民共和国政治史》等专门史项目结项，《中华人民共和国史编年》出版发行，《国史稿》简明读本送审。《中华人民共和国史稿》第五至七卷作为重大创新项目获得立项。召开第五次全国地方志工作会议；完成《汶川特大地震抗震救灾志》的编纂、审校及出版前的报批工作；制定并报送《全国地方志事业发展规划纲要(2015 ~ 2020)》；完成“西部地区志书出版资助工程”“《中国名镇志》丛书编修出版工程”立项工作；开展地方志工作调查研究，协调推进全国地方志工作。

7．院地科研合作进一步加强。与上海、广东、浙江、湖北、黑龙江、西藏等省市自治区合作开展大型项目研究，完成“中国梦与浙江实践”等 4 项重大课题。合办中俄经济高层智库论坛、后发赶超论坛、长白山国际生态论坛、中国—东盟智库战略对话论坛、广州论坛等共 9 场学术论坛及会议。大力推动合作共建机构建设。推进上海研究院、中国社会科学院可持续发展研究中心内蒙古气候政策研究院、中国特色社会主义经济建设协同创新中心的筹建工作。建立中国社会科学院学部委员贵州、厦门工作站。推荐中国社会科学院 41 名学者为新华社第三届特约观察员。加大与江西、河南、海南等省市的社科院、高校的合作交流力度，与厦门市人民政府签订战略合作框架协议，为地方经济社会文化发展提供智力支持和人才服务。

（五）努力实施人才强院战略，不断加大人才队伍建设力度

1．加强领导班子和干部队伍建设。借助职能部门管理信息平台，对领导干部思想和工作情况实施动态管理、全程纪实，实现干部平时考核、年度考核和换届考察、任职考察有机结合，形成多渠道、多层次、多侧面、多时段的干部考察机制。加大研究单位和职能部门、直属单位之间的干部交流力度，切实推进管理岗位特别是关键岗位的干部交流。完成中央分配给中国社会科学院的干部挂职锻炼任务，选派援疆干部 2 人、博士服务团成员 2 人、到国家信访局锻炼 1 人。为干部健康成长搭建宽领域、全方位的培养锻炼平台。落实首批干部实践锻炼任务，开展与甘肃省干部学者双向挂职工作。21 名干部学者赴甘肃省酒泉市、嘉峪关市等地党政机关、基层乡镇挂职，接收甘肃省宣传思想文化系统 8 名领导干部和专业技术人员到相关研究院所挂职或研修。安排 14 名中青年干部学者到本院职能部门、研究生院开展实践锻炼。全面推进研究室主任聘期制改革。出台《研究室主任聘任管理办法》，优化研究室主任队伍结构，打破“终任制”“铁交椅”现象，建立激励约束机制。加强后备干部队伍建设，多渠道培养后备干部，在干部经常性考察中同步进行后备干部推荐工作。突出抓好严禁超编制、超职数、超规格配备机构干部的自查和普查，清理、规范领导干部在企业兼职（任职）或领取报酬，领导干部个人重大事项报告抽查核实等三项重点工作。规范所局领导干部到龄免职、退休等制度。建立所局领导干部坐班制，按月公示坐班情况。严格执行处室干部选拔任用报告备案制度。严格执行领导干部出国（境）审批备案制度，切实加强领导干部出国（境）证件管理。规范所局级管理岗位非领导职务管理。制定《关于严格落实组织工作重要事项请示报告制度的通知》，进一步强化党员干部的纪律观念和组织意识。从严管理干部档案，建立干部档案任前审核制度和干部档案查借阅等日常管理制度。加强机关工作人员考勤管理。

2．构建创新工程人才建设体系。加大学术领军人才引进力度，面向海内外发布引才公告，在全球范围内引进国内外知名学者和高层次人才；推荐选拔各类高层次人才，做好国家重大人才工程人选申报、评审推荐工作。组织“全国杰出专业技术人才”和“专业技术人才先进集体”表彰推荐工作。加强干部学者培训研修；落实“西部之光”人才培养任务。

3．加快人事人才体制机制改革。完善人才引进机制，完善以引进成熟型人才为首选和主渠道、适当引进应届毕业生的新的进人制度，对中国社会科学院应届毕业生留院作出更为严格的限制。细化管理、财会、企业人员的引进办法和管理规定。设计人才引进公开招聘平台并将投入使用。积极推进专业技术职务评聘制度改革。制定《出版编辑系列高级专业技术职务任职资格申报标准》，分类分层作出制度安排。

4．推进事业单位改革和机构编制调整。积极稳妥做好事业单位人事制度改革，全面推行岗位聘用和公开招聘制度，积极探索建立人员退出机制。盘活岗位资源，积极向人社部申请岗位设置调整和一定数量的特设岗位，为引进高层次人才预留空间。加强院属事业单位机构编制管

理。深入开展事业单位机构编制和人员核查工作，基本实现机构清、编制清、岗位清、领导职数清、实有人员清。优化四个新型战略研究院的编制资源配置。做好机构设置调整工作，将中国边疆史地研究中心更名为中国边疆史地研究所；组建中国社会科学评价中心；将创新办机构及职能并入科研局（学部工作局），人才中心职能并入评价中心；在信息情报研究院设立世界社会主义研究室，将世界社会主义研究中心交由信息情报研究院代管，依托该研究室开展工作。

5．提升研究生院和博士后工作水平。提高博士后培养质量。落实《博士后工作总体建设规划（2013～2015）》，进一步巩固中国社会科学院在全国哲学社会科学博士后领域的领军地位。推出第三批《中国社会科学博士后文库》。提高中国博士后科学基金申获率。落实全国博士后管委会博士后国际交流计划引进、派出和学术交流项目，努力提高中国社会科学院博士后国际化水平。健全博士后工作管理体制，为博士后科研工作提供有力保障。

（六）全力实施管理强院战略，制度化、规范化、科学化建设迈上新台阶

党组高度重视管理强院问题，下大气力狠抓制度建设，取得重大突破。坚持靠制度管人、靠制度管事、靠制度办院，使守纪律、讲规矩、按制度办事的意识内化于心，外化于行。全院对党委集体领导下的所长负责制的制度建设认识更加深刻，执行更加自觉，效果更加彰显。领导干部对党风廉政建设和反腐败斗争严峻复杂的形势更加清晰，对“三项纪律”制度建设主体责任更加明确，对管理强院、从严治院的感受更为深切，严格遵守“三项纪律”，在守住底线、不越红线、不碰高压线问题上形成高度共识。创新工程以制度建设和创新为核心，报偿制度、准入制度、退出制度、配置制度、评价制度和资助制度等六大制度不断完善逐步定型，后期资助目标报偿制度实现运转，为全面推进创新工程提供了有力的制度保障。

（七）深入实施“走出去”战略，国际合作交流和学术外交领域日益扩大

1．积极参与学术外交、学术外宣。配合国家总体外交，开展人文学术交流。与匈牙利科学院签署新的科学合作协议。与泛美开发银行、秘鲁住房建设和卫生部共同主办第一届“中拉政策与知识高端研讨会”。与韩国经济人文社会研究会共同举办的“中韩人文交流政策论坛”列入《2014年中韩人文交流共同委员会交流合作项目名录》。成功组织对外舆论宣传专题国际研讨会，包括“一战和二战历史回顾：教训和启示”国际学术研讨会、“吉林省档案馆馆藏日本侵华档案”国际学术研讨会、“甲午战争与东亚历史进程”国际学术研讨会、“依法治国与法治中国”国际研讨会等，取得重要外宣工作成效。组织召开以丝绸之路经济带、21世纪海上丝绸之路、中国学研究等为主题的国际研讨会。开展海外汉学家交流项目。举办两期青年汉学家研修班。举办2014“汉学与当代中国”座谈会。向西班牙马德里中国文化中心、法国波尔多政治学院等赠送图书以及电子出版物。

2．加强重要互访交流。院领导分别率团出访德国、英国、俄罗斯等17个国家，推动中

国社会科学院与各国高端科研机构、高教组织及知名智库等的交流合作。接待匈牙利总理欧尔班、印度副总统安萨里、红十字国际委员会主席彼得·莫雷尔、世界经济论坛主席施瓦布等国家和国际组织领导人来访。新签、续签18个协议、备忘录。与国外科学院、智库、国际组织、高教机构等签署150多个交流协议、合作备忘录。多渠道派遣中国社会科学院科研人员长期出访研修。

3．举办国际学术会议。举办“中国社会科学论坛”及系列国际研讨会31场，国际知名度和品牌效应进一步增强。全院共立项举办国际会议120余个。

4．密切和深化智库交流。举办“中国与邻国：推动共同繁荣发展”国际学术研讨会。推进创新工程“与国际知名智库交流平台项目”，选派8位学者赴国外智库开展调研访问。

5．加大对外学术翻译出版资助力度。开展两轮对外学术翻译出版资助工作。资助《中国与世界经济》《中国经济学人》《中国考古学》等13种外文期刊，总计290余万元。资助翻译出版学术著作53部，总计610多万元。

6．扎实推进国际合作研究项目。启动“2014～2020年中国潜在经济增长率预测分析”“中澳碳交易的市场体制、政策建议及区域合作研究”“中国梦与俄国梦比较研究”“上海合作组织框架下的中俄合作”等国际合作研究项目。开展国外专项调研，近代史所、世经政所、俄欧亚所分别派团赴相关国家调研，为党和国家有关部门提供政策建议。

（八）积极推进报刊出版馆网库和评价中心名优工程建设，抢占哲学社会科学学术传播制高点

1．《中国社会科学报》打造特色版面，影响力进一步扩大。《中国社会科学报》培育了一批享誉学界的特色版面，数字报正式上线；继建立美国记者站后，向欧洲派驻记者。社科网内容日趋丰富，影响力不断扩大。社科杂志社两次为国务院办公厅介绍英文网建设经验，并为中国政府网英文版改版提出建议。

2．学术名刊建设进展显著。全院近70家学术期刊申报进入创新工程、落实创新任务。加强创新工程期刊经费管理，对全院期刊实行国家社科基金资助基础上的分类全额资助。完善期刊“五统一”管理，全院期刊质量继续提升，在全国学术界保持领先地位。开展院属学术期刊认定及清理工作。参与全国社会科学期刊审核认定工作。加强外文期刊管理，开展规范英文表述的自查和检查工作。创办《中国社会科学评价》《中国文学批评》期刊。加强和改进期刊审读工作，督促院属期刊提高办刊质量。举办全院期刊编辑人员培训班，提高编辑人员的政治素质和业务能力。进一步改善编辑工作条件。开展期刊管理工作调研，撰写有关调研报告。起草并印发《关于加强学术期刊“名优”建设的若干办法》，优化创新工程期刊管理。推进刊网融合发展，支持院属期刊发展互联网业务。做好学术年鉴和学术集刊管理工作，整合学科年度综述、学科前沿报告和学科年鉴，全年资助出版年鉴16部、学术集刊8部。

3．提升学术出版影响力和效益。院属出版社牢固树立大局意识、责任意识和阵地意识，坚持为人民和社会主义服务的出版方向，把弘扬社会主义核心价值和繁荣发展新时期我国哲学社会科学事业作为重要使命。出版图书4000多部，实现社会效益和经济效益共同提高。加大对出版图书的检查力度，严把政治方向关、学术水平关和学术规范关。

4．全力建设“国家哲学社会科学数字图书馆”。制定《图书馆战略转型三年规划(2014～2016)》，深入推进图书馆数字化转型。认真实施“三线典藏计划”，完成典藏布局调整，馆藏布局趋于合理，为贯彻“零增长”奠定了坚实的基础。加大商业数字资源的引进和试用，为海量数据库提供源源不断的支持。续订外文数据库41个、中文数据库17个，新增中外文数据库31个。

5．网络信息化建设取得新突破。中国社会科学网“学术要闻”客户端正式上线，社科网的影响力、辐射力大大增强。完成“中国社科网子网站迁移”“域外汉籍电子文库”“中国社会状况综合调查”“创新工程综合管理平台（二期）”等25个院重大信息化项目的立项专家评审，有9个信息化项目结项。完成对全院所有在用信息系统的梳理工作。进行院内网络安全年度检查，协助上级有关部门完成院内信息安全事件的协查和处置工作。完成院内漏洞算法应用风险检查、商用密码检查、重要时期网络及网站信息安全部署等工作。完成互联网出口带宽和邮箱容量扩容工作。

6．全力推进“社科云”建设规划，海量数据库建设取得突破性进展。完成《中国社会科学院海量数据库建设工程（一期）项目》方案，为全院信息化建设思路提出新诠释，实现“烟囱式”建设向“云平台”统一的方式转变。国家哲学社会科学学术期刊数据库建设取得突破性进展，上线论文达到260万篇，成为世界上最大的开放获取期刊数据库，国家图书馆、美国国会图书馆、香港大学、密歇根大学等机构已将国家期刊库作为推荐资源。科研成果数据库完成前期调研和数据收集任务，正在推进科研成果知识门户建设。古籍善本数据库建设已做好前期准备工作，完成了超星系统140万种图书和2050万篇期刊数据的恢复工作，正式对外发布。

7．中国社会科学评价中心影响力彰显。中国社会科学评价中心完成全国期刊AMI评价指标体系构建，完成《中国人文社会科学期刊评价报告（2014年）》。撰写历史、文学、法律、国际经济与政治、中国经济、金融等分学科报告。开展全球核心智库评价工作，建立智库信息数据库。召开首届全国人文社会科学评价高峰论坛，发布“中国人文社会科学期刊评价报告”。建设中国人文社会科学引文数据库和论文摘转统计数据库，完成“中国人文社会科学引文数据库（CHSSCD）”建设项目。

（九）不断提高行政财务基建后勤保障能力建设，办院条件有了突破性改善

1．行政管理规范化水平进一步提高。深入贯彻中央“八项规定”，不断改进工作作风。认

真落实“马上就办、努力办好”要求，严格首问负责制，提高机关工作的质量和效率。按照“准确、负责、高效、规范”的要求，做好“三会”的组织筹办工作。全年召开党组会41次，院务会36次，院长办公会5次，专题会议5次。完善督办制度，制定《督查工作管理办法实施细则》《督办联络员制度》，举办督办联络员培训班。加大督办工作力度，适时向全院通报各项任务完成情况。创新督办方式，提高工作效率。文稿起草水平显著提高。全年共办理院内外文件近5000件，较2014年增加了50%。档案管理规范化工作取得进展，保密管理机制进一步完善。联络接待、新闻宣传发挥了积极作用。圆满完成院年鉴编辑、安全保卫、消防、信访维稳、计划生育、献血等工作。

2. 加强财务和资产管理。加强资产动态管理，充分发挥国有资产使用效益。完善文物管理平台，加强文物管理。规范政府采购行为。完善财务监管制度，确保财政资金安全。稳步扩大会计委派和会计代理范围。充分发挥结算中心监管作用，提高资金使用效益。有3个账户新纳入网银系统。严格预决算编制，加强预算执行管理，严格审核机关各项收支。

3. 重大基本建设工程总体进展顺利。科研与学术交流大楼项目拆迁工作获得拆迁安置房支持；完成东坝职工住宅项目土地使用权证办理工作；中心档案馆及科研附属用房翻改建项目进驻使用；史学部科研技术业务用房翻扩建项目迈出前期筹备工作的重要一步；科研大楼维修工程完成东段装修；经济学片办公楼改造及外环境整治项目有序推进；研究生院单身宿舍竣工；圆满完成研究生院扩建研究生宿舍项目前期手续办理工作、考古所琉璃河工作站围墙整修工程、法学所维修工程、国际片开设东侧门、中冶大厦房屋改造工作等5项临时基建任务；完成研究生院校园绿化任务。

4. 想方设法解决职工切身利益问题。根据《社科院职工住宅配售办法》及工作计划，完成两批职工住宅配售工作。积极争取房源，为2名援藏干部解决住房困难。完成2014年度院职工申请住房补贴审核预发放工作。完成全院单身宿舍、人才房和博士后公寓管理工作。

（十）全面加强党的建设和巩固群众路线教育实践活动成果，党风及学风、文风、作风明显好转

1. 巩固扩大群众路线教育实践活动成果。深入总结全院群众路线教育实践活动建设成果，将党组关于党的群众路线教育实践活动制度纳入创新工程文件体系。全面贯彻落实习近平总书记在党的群众路线教育实践活动总结大会上的重要讲话精神，制定《中国社会科学院进一步深化党的群众路线教育实践活动实施方案》《中国社会科学院党的群众路线教育实践活动整改落实方案》，构建党的群众路线教育实践活动长效机制。

2. 加强组织制度建设。完善民主集中制、党委集体领导下的所长负责制。考核党委班子议事制度执行情况和党委中心组学习情况，考察党委班子召开民主生活会情况。制定《关于强调我院所局现职领导干部离京、出国（境）应提前报批备案的通知》，严肃组织纪律。

3. 加强基层党支部建设。建立完善党委委员联系党支部制度。制定党支部书记培训工作意见，举办新任党支部书记培训班。做好党员发展和党员管理工作。做好慰问老党员和生活困难党员工作。制定《中国社会科学院贯彻落实〈2014 ~ 2018 年全国党员教育培训工作规划〉的方案》。

4. 深入开展反腐倡廉建设。狠抓“三项纪律”建设，将“三项纪律”要求内化于科研管理、干部人事、合作交流、行政党务、期刊出版等管理制度中，持续发挥保障作用。加强对纪律执行情况的监督检查。开展“四项经费”大检查。举办“加强组织纪律建设专题学习研讨班”和“财经纪律培训班”。制定《中国社会科学院中国经营出版传媒集团管理委员会关于重大及敏感性报道的管理意见》，引导《中国经营报》健康发展。制定《关于落实党风廉政建设主体责任的实施意见》，推进主体责任制度化、规范化。“一对一”约谈 23 个院属单位纪委负责人，督促院属单位纪委落实监督责任。坚持执行“三谈两述一报告”制度，与 19 名新任局级干部进行集体廉政谈话。修订《新任局处级干部廉政谈话办法》，将廉政谈话的范围由局级干部扩大至处级干部。加强中国廉政研究中心建设，围绕十八大以来中央反腐倡廉建设重大理论和实践问题，组织力量开展深入研究。举办“反腐倡廉话甲申”主题展览。继续开展机关作风评议活动。组织新入院人员进行“学术道德宣誓”。坚持密切联系群众，畅通群众表达意愿诉求渠道，广泛听取各方意见建议。

5. 做好离退休干部及工会、青年、妇女和统战工作。加强离退休干部政治思想建设和党支部建设。关心离退休干部生活，做好特困老同志的帮扶工作。做好老年科研管理服务工作，充分发挥离退休学者的积极作用。继续开展青年学者国情考察活动。举办第三届“中德未来之桥”青年领导人交流等活动，推动青年学术外交。加强团组织自身建设，完成基层团组织换届工作。积极开展适合妇女特点的活动，加强妇女理论研究，举办相关学术论坛；组织女学者开展国情考察；继续做好女职工秋季专项体检。加强统一战线工作。建立与地方和基层的“联学共建”合作机制。充实完善和动态更新中国社会科学院统战对象数据库，编印《统战活页》。举办中国社会科学院全国人大代表、政协委员座谈会；组织党外专家学者赴西藏等地开展国情考察。

中国社会科学院 2015 年工作要点

2015 年中国社会科学院工作总的指导思想是：高举中国特色社会主义伟大旗帜，以马克思列宁主义、毛泽东思想和中国特色社会主义理论体系为指导，深入贯彻落实党的十八大、十八届三中、四中全会精神和习近平总书记系列重要讲话精神，贯彻落实中央《关于加强中国特色新型智库建设的意见》精神，贯彻落实全国宣传部长会议精神，紧紧围绕中央“四个全面”战略部署，紧紧围绕“三个定位”目标要求，坚持中国社会科学院建设基本经验和工作总体思路，从根本上解决好政治方向和学术导向坚定正确的问题，解决好哲学社会科学研究为什么人的问题，大力实施哲学社会科学创新工程，加强制度化科学化规范化建设，努力发挥中国社会科学院阵地、智库、殿堂功能。

（一）加强党组自身建设，打造让党和人民放心、让全院同志满意的过硬的领导班子

1．加强党组班子思想政治建设，始终坚持正确的政治方向和办院方向。坚持党组中心组学习制度，原原本本学习和研读马克思主义经典著作，掌握辩证唯物主义、历史唯物主义基本原理和方法论，不断接受马克思主义哲学智慧的滋养，增强辩证思维、战略思维、综合决策、驾驭全局能力，提高运用马克思主义立场观点方法指导工作的水平。深入学习贯彻党的十八大、十八届三中、四中全会精神和习近平总书记系列重要讲话精神，学习贯彻党的理论路线和方针政策，始终坚持正确的政治方向和学术导向，与以习近平同志为总书记的党中央保持高度一致。带头宣讲中央精神，带头撰写理论宣传文章。实施中国社会科学院落实《中央党的建设工作领导小组2015年工作要点》任务分工方案，向中央党建工作领导小组报送任务落实情况工作报告。

2．加强民主集中制建设，落实院领导班子议事规则和会议制度。坚持集体领导与个人分工相结合，健全党组会议、院务会议、院长办公会议和民主生活会制度，完善集体议事程序，提高决策的科学化、民主化水平。珍惜和维护班子团结，积极开展批评和自我批评，自觉提高党性修养。严格遵守党的纪律，坚守岗位，恪尽职守，从严治院，从严管理，坚决贯彻执行中央决策部署和党组会议、院务会议、院长办公会议重要决定决议。

3．模范遵守中央“八项规定”和反对“四风”要求，进一步转变学风文风工作作风。大力弘扬理论联系实际的优良作风，深入实际调查研究。带头写短文、讲短话、开短会。严格控制会议规格、规模，精简会议、机构、检查评比、文件简报，简化院领导活动新闻报道。

4．坚持密切联系群众，虚心听取群众意见。巩固扩大党的群众路线教育实践活动成果，建立密切联系群众长效机制。经常深入院属单位，深入科研和管理一线，深入群众，广泛听取意见，集中群众智慧，及时改进工作。

5．厉行节约，勤俭办一切事业。发扬艰苦奋斗精神，坚决反对铺张浪费。严格执行《党政机关厉行节约反对浪费条例》和《党政机关国内公务接待管理规定》及中国社会科学院实施细则。严格控制“三公”经费支出，严格执行出差出访规定。

（二）抓好党的意识形态工作，加强马克思主义坚强阵地建设

1．强化和落实意识形态工作领导责任。坚持党管意识形态，切实掌握工作的领导权和主

导权。院党组对全院意识形态工作负总责，院属单位党委对所在单位意识形态工作负总责，履行好把握正确方向、部署指导工作、加强督促检查、抓好队伍建设等责任。在全院广泛开展马克思主义教育活动，提高运用马克思主义指导科研工作、意识形态工作和开展舆论斗争的能力。严格执行中国社会科学院关于加强党的意识形态工作的制度规定，落实意识形态工作“一把手”责任制，党委书记要承担起第一责任人的责任，各单位党委把意识形态工作列入重要工作日程，定期召开党委会，专题研究部署意识形态工作并向院党组提交报告。加强对院属单位领导班子和主要负责人履行政治责任情况的督促检查，增强对院属单位人员思想和理论倾向的监督教育工作。

2．扎实推进马克思主义理论研究和建设工程。完成好中央马克思主义理论研究和建设工程各项任务，制定和实施全院下一阶段马克思主义理论学科建设与理论研究工作实施方案。加强对马克思主义基本原理、马克思主义经典作家论著、中国特色社会主义理论体系、社会主义核心价值观的深入研究和宣传，加强中央精神和习近平总书记系列重要讲话精神的研究和宣传。加强马克思主义学科建设，建设好马克思主义研究学部、马克思主义研究院、当代中国研究所、中国特色社会主义理论体系研究中心、马克思主义学院和世界社会主义研究中心六大马克思主义研究平台，建设好马克思主义理论类别研究室、研究中心、论坛和期刊，构建中国社会科学院马克思主义研究机构立体格局和理论学科群。加强马克思主义人才队伍建设。实施好“马克思主义理论骨干人才计划”，开展中期考核和第二学期专项教学评估；加强师资队伍建设、教材建设和管理工作，推进教学改革，调整培养方案，启动2015级马克思主义专业博士招录及教学培养工作。组织编写马克思主义理论普及性、通俗性读本，编辑出版“中国特色社会主义理论研究前沿报告”，启动编写中国特色社会主义发展史。举办全国社科院系统中国特色社会主义理论体系研究中心年会。办好各相关学科马克思主义论坛。办好首届“中国社会科学院马克思主义学院博士生高峰论坛”。

3．开展积极的舆论斗争，批驳各种错误思潮和观点。利用舆情监测系统，对舆情进行实时监测与对策研究，主动跟踪分析重要舆情信息、重大时政热点和思想理论动态。组织好对西方所谓的“宪政民主”“普世价值”“公民社会”“司法独立”“新闻自由”、新自由主义、历史虚无主义、民主社会主义及否定马克思主义国家学说等错误思潮和观点的研究和批驳。积极推进马克思主义文艺理论与文学批评工程，加强用马克思主义引领多样化思潮的能力。建设一支理论功底扎实、是非观念分明、善于斗争的马克思主义写作人才队伍。加强以中国特色社会主义理论体系研究中心名义发表理论文章的工作。建立一支反应迅速、观点鲜明、具有说服力、能够有效引导舆论的网络人才队伍。建设以马克思主义为指导、政治上可靠的编辑记者队伍和学术评论队伍。

4．加强院属媒体建设和管理，使之成为弘扬主旋律、凝聚正能量的重要宣传载体。坚持运用马克思主义立场观点方法指导院属媒体建设，全方位、多视角对党的方针政策进行深入解读和分析，以学术的方式宣传阐释马克思主义，展现马克思主义的生命力和影响力。认真落实中央和院党组关于加强媒体管理的有关要求，加强监督和联络协调工作，加强对政治方向、理论倾向、学术质量的把关审核，建立对热点问题、敏感问题多级论证制度。运用新技术占领网络信息传播制高点，完善报刊网联动机制，发挥院属媒体生成舆论、影响舆论、占领主战场、夺取话语权的功能。及时掌握网络舆情，发出正面声音。加强对中经出版传媒集团的管理，促进其健康发展。

（三）突出专业化、综合性，扎实推进新型智库建设

1．明确目标定位，突出中国特色和中国社会科学院特点。贯彻落实中央《关于加强中国特色新型智库建设的意见》和习近平总书记关于加强我国智库建设重要批示精神，发挥中国社会科学院作为国家级综合性高端智库的优势，努力把中国社会科学院建设成为具有国际影响力的世界知名智库。突出中国特色，始终坚持正确的政治方向和学术导向，坚持以马克思主义立场观点方法指导智库研究。突出中国社会科学院特点，以深入扎实的学术研究为基础，依托学科门类齐全、高端人才荟萃、综合研究实力强等优势，开展全局性、战略性、前瞻性、储备性学术研究和政策研究，提高综合研判和战略谋划能力，推出现实性强、公信度高、影响力大的创新性理论观点和对策研究成果，充分发挥理论创新、咨政建言、舆论引导、社会服务、公共外交等重要功能。实施《中国社会科学院关于加强中国特色新型智库建设的若干意见》《中国社会科学院中国特色新型智库建设 2015 年先行试点方案》。各单位根据《意见》和《方案》制定具体实施方案，全面推进中国社会科学院新型智库建设。

2．重点打造 11 个专业智库。以马克思主义研究院为责任单位，依托马克思主义研究院马克思主义中国化研究部，调动马克思主义研究学部、中国特色社会主义理论体系研究中心、当代中国研究所、马克思主义学院的资源，重点研究马克思主义理论创新问题。以信息情报研究院为责任单位，依托世界社会主义研究中心（室），调动中国社会科学杂志社的资源，重点研究党的意识形态问题。以财经战略研究院为责任单位，依托财经战略研究院综合研究部，调动经济学部、经济各研究所（院）的资源，重点研究宏观经济运行重大战略问题。以金融研究所为责任单位，依托金融研究所金融实验室，重点研究重大金融问题。以城市发展与环境研究所为责任单位，依托城市发展与环境研究所低碳排放气候实验室，重点研究低碳排放和生态文明问题。以社会发展战略研究院为责任单位，依托社会发展战略研究院综合研究部，调动社会学研究所、法学研究所、国际法研究所、政治学研究所的资源，重点研究重大社会政法问题。以中国边疆研究所为责任单位，依托中国边疆研究所新疆研究室，调动民族学与人类学研究所的资源，加强新疆智库建设，重点研究新疆问题。以哲学研究所为责任单位，依托文化研究中心，调动文学研究所、民族文学研究所、外国文学研究所资源，重点研究当代中国文化、文学理论和文学批评问题。以亚太与全球战略研究院为责任单位，依托亚太与全球战略研究院全球战略

研究部，调动国际问题研究学部和各研究所（院）资源，重点研究国际战略和“一带一路”建设问题。以世界经济与政治研究所为责任单位，依托世界经济与政治研究所世界经济研究室，重点研究世界经济问题。以社会学研究所为责任单位，依托社会学研究所中国廉政研究中心(室)，调动政治学研究所及全院相关研究资源，重点研究党风廉政建设问题。

3．重点打造两大平台。以信息情报研究院为责任单位，重点建设信息汇总与报送平台。以中国社会科学评价中心为责任单位，重点建设社会科学评价平台。

4．重点建设两大合作型智库。以上海研究院、陆家嘴金融研究中心为责任单位，重点建设院地合作智库。

5．加强智库型人才队伍建设。制定和实施智库型人才培养规划，加大人才发现、引进、使用、培养力度，建设一支高素质的智库型人才队伍。

6．加强学部作用。加强学部在全院中国特色新型智库建设中的参与、协调、咨询、评价作用。

7．加强统筹协调和督办检查。建立督办协调会议制度。每两个月召开一次会议，研究部署重大研究攻关课题，布置任务、督促落实。加强协调管理和督办检查，做好课题设置、科研组织、经费保障工作。

（四）坚持基础研究和对策研究并重并举，突出重大理论和现实问题研究

1．坚持围绕中心、服务大局，以重大理论和现实问题为主攻方向。围绕贯彻落实中央重大决策，特别是习近平总书记系列重要讲话精神，加强对全面建成小康社会、全面深化改革、全面推进依法治国、全面从严治党重大战略部署的研究；加强对国家经济社会发展中的全局性、前瞻性、战略性、综合性问题的长期跟踪研究；加强对国内外普遍关注的热点焦点难点问题的定向研究；设立若干重点研究方向和重大研究项目，组织优势科研力量，进行跨学科集体攻关，推出一批系统性、有影响力的研究成果，增强为党和政府决策服务的能力。

2．坚持科学精神、鼓励大胆探索，推动基础学科和应用学科共同发展。坚持基础学科与应用学科并重、基础理论研究与应用对策研究并举方针，鼓励大胆探索创新。加强基础理论研究、基本问题研究，加强中国特色社会主义理论体系、道路、制度研究，提出有客观依据、经得起实践和历史检验的原创性思想理论和学术观点，推出具有时代思想高度、代表国家学术水准的精品成果。瞄准世界学术发展前沿，立足当代中国学术实际，大力加强学科建设，形成具有支撑作用的基础学科，具有较强优势的重点学科，具有重要现实意义和良好发展前景的新兴学科、交叉学科，有利于发挥高端智库功能的应用学科，扶持具有重要文化价值的“绝学”和濒危学科，构建展现国际学术前沿、符合学术发展规律、适应国家经济社会发展需要的学科体系。制定全院学科发展规划，开展学科发展专项评估，推进学科建设前期资助项目结项。撰写 2015 年《学科年度新进展综述》，出版 2013 ～ 2015 年《学科前沿研究报告》。

3．做好科研规划和科研成果发布工作。编制发布《中国社会科学院“十三五”发展规划纲要》。开展“十三五”时期国家经济社会发展重大项目论证。加强科研选题规划，完善“指令性计划”“指导性计划”“自主选择性计划”体系，增强科学研究的针对性、连续性。完善科研领域年度研究指南编制规程，抓好2015年度研究指南的落实，编制2016年研究指南。完善创新工程重大科研成果发表发布及宣传机制，提高重大理论和现实问题类研究成果获奖比重，增强学术成果的决策服务力和社会影响力。

4．加强学部建设，做好学部工作。加强学部主席团工作，修订《中国社会科学院学部章程》，探索建立学部委员退出机制，做好学部领导机构改选工作。探索完善新形势下各学部及学部办公室工作机制，做好各学部相关学术研究、学术会议、调研考察等工作。

5．完善科研管理体制机制和科研组织形式。加强期刊编审制度建设，改进期刊审读工作，完成审读专家换届，规范审读方式和内容，改进审读结果的通报和应用。扩大学术年鉴规模，做好学术集刊管理工作。加强院际科研合作和共建机构管理，完善院际科研合作管理规范，探索院省、院部、院校合作新机制，推进上海研究院建设和科研管理。规范学术社团和非实体研究中心管理，完善社团资助方式，实施社团学术年会资助新机制；建立非实体研究中心评价、管理、淘汰机制，做好非实体研究中心创新单位准入资格审核。加强科研局服务科研能力建设，充分发挥作为院党组科研工作的参谋助手功能。

6．加强国情调研工作。完善国情调研工作体系，认真实施《关于加强和改进国情调研工作的若干意见》，做好国情调研年度规划，完善国情调研重大项目、基地项目、专项考察项目体系，加强对各类项目的跟踪检查、考核评价和结项管理。探索国情调研新的组织方式，设立特大型国情调研项目。在国际学科片启动重大现实问题国情调研。

7．办好各类学术会议和学术活动。组织好“纪念抗日战争胜利70周年”等系列重要学术活动。办好各类学术会议，提高各类学术会议质量。

8．做好国史研究和地方志工作。全面启动《中华人民共和国史稿》五至七卷编撰工作；编辑出版《中华人民共和国史编年》；围绕《中华人民共和国史稿》编撰，做好学术交流、档案资料收集、信息化建设及其他科研辅助工作。办好“纪念陈云同志诞辰110周年”系列学术活动。组织召开全国省级方志工作机构主任会议；完成中国地方志学会换届；组织开展全国地方志系统表彰先进活动；制定《全国地方志事业发展规划纲要（2015～2020）》；推进国家方志馆建设。

（五）深入实施哲学社会科学创新工程，推出一批优秀成果和优秀人才

1．全面提高创新工程管理水平。认真总结创新工程实践经验，开展创新单位阶段性评估，研究制定创新工程2015～2020年规划。规范创新项目立项、结项、审核流程，加强与创新单位和创新岗位考核衔接。加强创新工程综合协调机制建设，优化创新工程综合管理平台。完善创新工程项目及社科基金项目管理机制，加强各类项目的综合管理。制定上级部门和院党组交

办重大专项科研项目管理办法，规范跨院、跨所、跨学科重大课题的组织管理。

2．完善准入和退出制度。加强创新工程准入和退出管理，严格准入和退出标准，推动全院各部门创新用人机制，建立能进能出、能上能下、竞争淘汰的创新机制。

3．完善考核评价制度。完善科研绩效评价指标体系，激发研究人员科研热情和积极性。以出优秀成果、优秀人才为导向，健全单位考核和人员考核指标体系，全面考核科研成果学术影响力、政策影响力和社会影响力。细化学科分类管理制度，健全完善符合哲学社会科学各学科发展规律的考评办法。修改完善科研、采编岗位绩效考核办法，制定管理、教学、图资、技术工勤岗位考核办法。推进创新单位和创新岗位的年度和阶段性考核工作，组织好创新工程专项检查，简化考核流程。抓好创新方案和创新项目目标任务落实，规范创新项目结项程序，确保创新项目结项质量。做好创新工程准入与考核的衔接工作。

4．完善报偿和资助制度。调整智力报偿结构，加大后期资助目标报偿力度，把奖励目标放到最终成果质量上。做好绩效考核与报偿发放衔接工作，拉开目标报偿档次，防止新“平均主义”和“大锅饭”。完善学者资助计划和学部委员资助计划管理。健全学术出版后期资助制度，完善学术出版资助项目评审机制。

5．完善经费配置制度。完善创新工程经费配置制度，实行年度经费总额拨付，完成创新工程学术出版经费、学者资助经费、社团资助经费、学部经费、国际合作交流经费和学会经费等专项科研业务经费与创新工程研究经费管理并轨审批和划拨，提高经费使用效益。控制前期经费投入，加大后期资助力度。做好绩效考评项目的组织工作，完善项目管理，发挥资金效益。完善适应创新工程开展的财务管理体制机制。严格财经纪律，加强创新工程经费使用和支出管理，加大“三项经费”和横向课题经费审计检查力度，严格执行防治“小金库”管理规定，对违反财经纪律的实行“一票否决”。健全规范使用财政资金的长效监督管理机制，完善专项经费使用绩效考评办法。创新审计组织方式，加强对重大科研项目、重点工程项目等的专项审计。

（六）推进哲学社会科学话语体系建设，加大“走出去”战略实施力度

1．推动话语体系建设工作。完善全国哲学社会科学话语体系建设协调会议工作机制，开展哲学社会科学重要学科领域话语体系建设研究，推进学术话语体系创新。办好《哲学社会科学话语体系研究动态》，积极发挥话语体系建设协调机制召集单位作用。进一步完善中国社会科学评价体系，办好中国社会科学评价中心和《中国社会科学评价》，抢占中国哲学社会科学评价研究制高点，完成全球核心智库评价项目，掌握哲学社会科学学术评价话语权，引领中国哲学社会科学发展方向。完成全球核心智库评价项目，掌握哲学社会科学学术评价话语权，引领中国哲学社会科学发展方向。

2．建立中国特色话语体系和话语范式。高度重视对中国优秀传统文化的挖掘，汲取中华优秀传统文化精华，从中总结、凝练、提升出符合中国实际的话语体系，建立有中国特色的话语

范式。推进《中华思想通史》研究和撰写工作，抓好以《中华思想通史》为龙头的系列重大研究项目，打造融通古今、贯穿中西的科学话语体系。

3．认真研究西方话语体系。认真研究西方资本主义国家学术发展历史、渊源流变、思想分野，认清其阶级本质和时代局限，以批判的态度，吸收其有益成分，以我为主，为我所用。

4．大力开展学术外交、学术外宣活动。配合国家外交战略，积极开展学术外交、学术外宣项目和活动。接待国外政要、政府代表团、国际组织、高端智库代表团、知名学者以及重要科研机构的来访。配合国家对外工作大局，在国内组织举办和派出中国社会科学院代表团出席高端双边、多边论坛研讨活动。安排专家学者出访参与各领域的国际对话。建立更多对外交流合作联系和渠道。加强与党和国家有关部门合作，为中国社会科学院成果和人才“走出去”提供平台、拓展渠道。积极搭建中国学研究国际学术交流平台，开展“中国梦”外宣工作，促进中国学研究学科发展。

5．加强国际学术交流与合作。进一步拓展院级协议交流网络，为全院研究机构和科研人员提供与国外开展学术交流的畅通渠道和高层平台。积极推进国际合作研究项目，深化对外学术交流，增强中国学术在国际上的影响力。加强与重要国际组织的合作，支持中国社会科学院在国际组织任职专家学者履职。加强与台港澳地区的学术联系，拓展合作渠道，开展论坛、讲座、访学、合作研究等多种形式的交流，积极推进两岸四地青年学者交流。组织精干力量，开展港澳地区经济、社会、法制、舆情等方面调研工作。实施周边与发展中国家青年学者培训项目，扩展培训参与范围，丰富研修课程设置，建立中国社会科学院与周边和发展中国家交流青年学者人才库，构建合作网络。承办国家部委组织的高级研讨班和研究班。继续办好中国社会科学论坛，与国外重要科研机构、高端智库及重要国际组织合作举办论坛会议，提升论坛效果和影响力。实施对外学术翻译出版资助计划，支持研究所出版外文学术刊物，向外推出学术精品，扩大中国学术的国际影响力和话语权。

（七）全面推进报刊出版馆网库和评价中心名优工程建设，占领哲学社会科学学术传播制高点

1．坚持党管媒体原则，牢牢把握报刊出版馆网库和评价中心的领导权管理权话语权。院属单位实行领导责任制，加强对院属媒体的管理，加强报刊出版馆网库和评价中心名优工程建设。坚持正确的政治方向和学术导向，自觉服从、服务于党和国家工作大局。用马克思主义指导理论研究和学术传播，坚持政治家和学问家携手办报、办刊、办出版社、办馆网库和开展学术评价的原则，坚定宣传党的理论方针政策，积极同各种错误思潮和错误观点作斗争，弘扬主旋律、传播正能量。

2．加强理论学术传播信息化建设，加快建设数字化社科院。着力办好以《中国社会科学》杂志、《中国社会科学报》、中国社会科学网为龙头的专业报纸、学术期刊和门户网站集群，增

强中国学术的国际传播力。组织《中国社会科学》创刊35周年系列纪念活动。加快学术期刊数字化和刊网融合发展，推进期刊“五统一”改革，打造精品学术期刊群；加强全院学术期刊采编系统建设，推进期刊编辑流程和编辑部管理信息化，提高期刊编辑的工作效率和学术质量。加强信息化与数字出版工作，推进数字化转型和智慧型出版社建设。办好中国社会科学出版社、社会科学文献出版社，打造中国学术专业出版旗舰，带动当代中国出版社、方志出版社和经济管理出版社。加快全院图书信息资源整合，推动图书馆转型发展；完善全院图书馆总馆—分馆—所馆（资料室）体制，完成经济学分馆建设，提高为科研服务、为读者服务水平；全面启动古籍保护开发工作，加快古籍善本数字化工作。办好学术网络集群，把社科网打造成世界知名哲学社会科学门户网站。加强网络运行维护平台建设，建立健全网络安全保障模式和沟通协调机制。加快数字化建设进程，打造数字化社科院，按照“社科云”构架，建立全院统一的、海量的哲学社会科学大型信息数据库，建立全院统一的综合集成实验室平台。建设好国家哲学社会科学学术期刊数据库，形成中国规模最大、富有专业特色的哲学社会科学信息数据中心。加快中国社会科学评价中心管理制度和人才队伍建设。

3．加强管理，严把报刊出版馆网库评价中心建设质量关。切实加强出版物质量管理，严格执行三审三校制度，推广期刊双向匿名评审、集体定稿制度，加大图书期刊审读力度。加强和改进学术出版图书期刊审读工作，充实中国社会科学院图书审读专家队伍，扩大院外审读专家比例，规范审读方式和内容，改进审读结果的通报和应用，完善不合格图书处罚制度，提高出版物质量。加强具有中国社会科学院特色的学术期刊编校流程建设，建立全院学术期刊相对统一的编校体制，实现期刊编校体例规范化、系统化。推进编辑部管理正规化、信息化建设，提高期刊编辑的工作效率和学术质量。扩大学术年鉴规模，加强学术集刊管理。增加编辑力量投入，加大出版编辑人员业务培训力度，加强审读专家业务培训。适时组织期刊编辑负责人出国出境培训交流。加强对信息化重大项目建设全过程的监管，强化信息化建设的质量意识、责任意识和效益意识，开展重大项目绩效评估。

4．积极探索，推进报刊出版馆网库和评价中心建设创新。加强信息化建设成果的应用推广，重视信息化建设中理论与技术研究的基础性作用。制定院内学术期刊自动纳入机制，搭建学术期刊专业服务平台，进一步提升服务质量。加强学术传播和信息化专门人才队伍建设，制定全院信息化人才队伍规划，引进信息化专业技术人才，加强思想境界、政治素质、学术水平和专业技术培训。抓好信息化管理的制度建设，制定网络信息安全管理和信息化项目日常监管方面的管理制度，改革信息化经费拨付办法。

5．加强领导，全面提升报刊出版馆网库评价中心建设水平。把报刊出版馆网库和评价中心名优建设工程作为“班子工程”和“一把手工程”，做到有规划方案设计、有措施抓手落实、有专人负责推进、有定期检查督办，加强信息化管理的多方审核和全程监督。建立纪检监察对信息化建设等全覆盖和全程监管制度。

（八）加强院属单位领导班子建设，建设一支德才兼备的干部人才队伍

1．提高领导干部政治素质和理论水平。组织召开学习党的十八届四中全会精神专题报告会、座谈会。深入学习习近平总书记系列重要讲话精神，举办所局主要领导干部读书班、全院处室领导干部培训班、“才思讲坛”和专题报告会。组织新提拔所局干部任职前学习马克思主义经典著作。加强对处室干部和科研骨干进行马克思主义理论培训。

2．完善干部管理机制。深化干部选拔任用制度改革，注重发挥党组织的领导和把关作用。探索建立研究所所长任期制度和任期目标责任考核制度。扩大研究所所长遴选范围，探索在全国公开招聘研究所所长。研究制定《所（局）长助理选拔任用办法》。继续做好五六级管理岗位人员公开竞聘选拔和干部岗位交流工作。严格执行《关于加强院属单位领导班子建设的若干规定》和《关于加强所局领导班子建设和领导干部培养使用的若干意见》，完善领导班子建设制度，加强所局领导班子调整补充和干部配备；完善干部经常性考察制度，加强对所局领导班子日常运行情况的了解和建设情况的分析。建立干部信息台账管理系统。加强所局领导班子后备干部队伍建设，做好后备干部推荐考察。建立健全后备干部培养锻炼、适时使用、定期调整、有退有进的工作机制，把后备干部培养与援疆援藏、挂职锻炼、干部交流等紧密结合起来。推进干部实践锻炼工作，做好首批干部学者实践锻炼的组织协调和总结考核工作。继续选派中青年干部学者和应届毕业生，到基层挂职锻炼。深化研究室主任聘期制改革，强化研究室主任目标管理，坚持定性与定量考核相结合，做好新任研究室主任培训工作。积极创造条件，发挥好因聘期届满退出室主任岗位的学术骨干作用。

3．严格管理领导干部。完善从严管理干部制度，加强干部选拔任用工作的经常性监督，严格执行干部选拔任用审批备案制度。严格执行领导干部出国（境）审批制度。加强干部兼职管理，实行社会兼职审批和公示制度。严格执行干部到龄免职、退休、工资关系接转等制度规定。做好领导干部个人有关事项填报、汇总、抽查核实工作。按照创新工程要求，完善干部考核评价制度，修订中国社会科学院工作人员考核办法。

4．提高干部教育培训质量。贯彻落实《2013～2017年全国干部教育培训规划》，落实2015年度中央调训和中央选学任务，办好干部教育培训班。加强干部教育培训统筹，实施统一培训班次计划。贯彻落实全国留学工作会议精神，抓好公派留学人员管理服务工作。办好新入院人员培训班，编印中国社会科学院《工作人员手册》。

5．加强人才队伍建设。贯彻落实全国第三次人才工作会议精神，召开院人才工作会议，部署“十三五”时期人才工作。做好“四个一批”“万人计划”“千人计划”、百千万工程领军人才推荐、青年拔尖人才工作。进一步落实人才强院战略，全面提升专业人才队伍整体创新能力和对外竞争力，完善与国家重大人才工程相对接的高层次人才遴选机制。落实“西部之光”人才培养计划、专业技术人才知识更新工程相关工作任务。坚持培养人才与吸引人才相结合，进

一步扩大选人用人视野，加强学术领军人才引进力度。继续完善人才引进制度，适当提高具有发展潜力和培养前途的优秀博士的引进比例。全面启用人才引进公开招聘平台。做好高层次人才的表彰工作，逐步建立荣誉表彰制度。加强人才队伍管理，对全院科研管理人员年龄结构摸底调查，分析全院人才队伍建设情况和问题，研究解决人才队伍断层断代问题。做好人才问题研究工作，办好中国社会科学人才网。

6．做好研究生教育和博士后培养工作。加强研究生教育，把研究生院办成哲学社会科学高端后备人才培养基地；优化课程体系，推进教材建设。完善博士后管理规章制度，加强博士后学术交流。

7．推进人事人才体制机制改革。推进院属事业单位分类工作，加强机构编制管理和分类改革后续管理。完善聘用制相关政策和人事信息系统，对岗位实行动态管理。积极稳妥推进专业技术职务评聘制度改革，建立符合中国社会科学院特点的新型评聘机制。推动评聘工作制度化、常态化，组织开展全院专业技术职务评聘工作。制定《中国社会科学院专业技术职务任职资格评审工作管理办法》，编印《职称工作指南》，进一步规范职称评审工作。加强薪酬与社会保障管理，制定全院绩效工资实施方案，推进绩效工资改革，制定《院属企业薪酬管理办法》。做好干部职工医疗待遇保障工作，完善办理退休手续有关政策。加快人事人才综合管理信息系统建设，推进人事人才政策文件数字化，改进人事人才统计工作。

（九）实施管理强院战略，提高服务科研能力和保障水平

1．创新行政管理体制。贯彻落实习近平总书记系列重要讲话特别是在中办调研时的讲话精神，努力增强大局意识、服务意识和责任意识，以推动工作落实为重点，强化办公厅枢纽职能，履行沟通协调、审核把关、督促落实、运转保障职责，做好院党组、院领导的参谋和助手，保障全院日常工作运转流畅。完善制度化定期联系制度，及时准确传达院党组部署。按照务实、从简、节约原则，进一步完善会议组织机制，办好院年度工作会议暨反腐倡廉建设工作会议、暑期专题工作会议、报刊出版馆网库和评价中心名优建设工程工作会议等全院性重要会议，完善党组会、院务会、院长办公会、改革创新例会、督办工作例会制度，做好会议纪要及简报的编发，提高会议质量和效率。继续加大督查力度，制定《督查工作管理办法实施细则》和《督办联络员制度》，提高全院督查工作规范化水平。启动创新工程管理岗位绩效考核试点工作，完善管理岗位工作绩效考核制度。加强院写作班子建设，提升写作能力和水平。升级全院公文自动分发管理系统和机要信件收发管理系统，保证文件的有序、高效、规范流转。加强信息技术应用，优化视频会议直播技术，精简会议费用。实施院档案馆硬件、科研档案、专题档案、音像档案、档案数字化五大建设，全面推进档案管理规范化、科学化。开展保密宣传教育和培训工作，提高全院人员的保密意识，提升全院保密管理水平。做好院重大科研成果、重大活动宣传推广工作。办好《中国社会科学院年鉴》，做好院史编撰出版工作。做好值班工作和检查，

落实《所局现职领导干部离京审批备案》制度。加强院部安全防范工作和保卫任务，巩固院部环境治理成果，加强对院内机动车辆停放管理。加强初信初访办理工作，落实规范信访事项受理程序。继续做好计划生育、献血、爱国卫生等工作。

2．优化财务管理体制。积极争取财政资金，加强预决算管理，做好全院经费保障工作，确保全院各项事业顺利开展。完善财务管理体制机制，做好预算指标分配和用款计划编报；扎实做好预算执行工作，规范预算申报，完善决算分析，加强会计核算；加强财政预算管理基础数据建设；规划组织各单位修缮购置专项资金调整申报工作。继续发挥结算中心的作用，将全部账户纳入结算中心管理系统；合理制定收入上解计划，积极筹措资金；加强会计事务中心和院属各单位的会计委派和会计代理工作。开展财务内部审计工作，强化制度建设、预算编制、收支核算等专项检查和日常检查，使财务检查监督工作经常化、制度化。实行经费支出审核审批“一支笔”制度，严格执行经费管理各项规定，严格按照规定使用创新工程经费。做好会计人员业务培训，提高财务人员特别是新进人员的综合素质。做好全院对外培训的组织协调工作。

3．推进重大工程项目建设。落实科研与学术交流大楼追加拆迁投资，在东城区提供的安置房房源可配置状态下，全面启动拆迁工作，争取最后一次性完成拆迁。完成东坝职工住房项目征地审批工作，争取完成土地划拨等前期手续，尽快使项目达到可建设状态，争取2015年年内开工建设。争取完成史学部房屋综合翻改建项目、研究生宿舍扩建项目的前期手续办理。研究生院博士生楼、党校楼和第二食堂暨综合服务楼开工建设。力争于6月底前完成科研大楼维修中段施工，9月底前完成西段施工。争取完成经济学片办公楼改造、外环境整治项目及抗震加固工作，完成国家方志馆地下室装修改造并交付使用。完成燕郊“中国学者之家”等项目阶段性建设目标。启动“中国考古基地”项目。完善图书采购总代理制度。推进信息化项目经费使用的改革创新。完成研究生院绿化任务。

4．加强房产和国有资产管理。加强院办公用房和职工住宅信息化管理，完善全院办公用房管理和职工住宅动态管理信息系统。做好办公用房的调整工作，加大单身宿舍调整清理力度，实现单身宿舍规范化、科学化、制度化管理，做好固定资产存量调剂工作。加强政府采购指导，进一步规范招投标工作。加强国有资产管理，确保国有资产保值增值。完善《中国社会科学院企业绩效考核暂行办法》，完成对院属企业的财务检查，加强房产有偿利用。加强对院属企业经营管理和绩效考核，提高经营性资产利用率和经济效益。做好人防资产管理工作，健全地下空间管理使用各项管理制度，建立动态监管机制。办好人文公司。

5．做好后勤服务工作。加强科研后勤管理、服务、保障，做好物业、交通、餐饮、会议、医疗、文印等各项服务工作。完成公车制度改革相关工作。加强办公区、宿舍小区的物业管理。办好职工食堂。做好医务室改造升级工作。

6．积极为职工排忧解难。采取有效措施，开辟各种渠道，做好职工申请北京市政策性住房的相关工作。做好职工住房的增量分配和存量调剂工作，逐步解决职工特别是青年科研人员住房困难问题。制定单身宿舍管理办法，做好新建单身宿舍的分配、使用管理工作。完成职工住宅区物业管理和供热采暖货币化改革。做好老旧住宅小区节能综合整治。加强节能工作管理，提高节能工作水平。进一步完善职工子女入学长效机制，落实与东城区共建北京五中教育集团合作方案。

（十）加强全面从严治党和党风廉政建设，提高党建科学化水平

1．巩固和扩大党的群众路线教育实践活动成果，继续改进学风文风作风。加强政治思想建设，完善制度保障，巩固党的群众路线教育实践活动成果，落实各项整改措施。认真落实中央关于深化作风建设的指导意见，制定实施中国社会科学院《关于深化“四风”整治、巩固和拓展党的群众路线教育实践活动成果的实施意见》，推进整改落实“七项制度”建设。加强机关干部的政治学习和业务学习，通过集中培训、国情考察、工作锻炼等途径，进一步提升机关工作人员的政治素质、理论水平和业务能力。继续开展机关作风评议，做好2014年度“文明窗口”评选工作，推动形成作风建设新常态。

2．加强党的建设，推进抓基层、打基础工作。按照全面从严治党要求，加强党建工作制度建设，完善党建工作考核机制，加强对党委书记的考核。加强和改进党委集体领导下的所长负责制，完善党委议事制度和规则。严格按照《所党委工作条例》和《所长工作条例》要求，建立健全党委会、所（局）务会、所（局）长办公会、全所（局）大会等会议制度，重大问题集体讨论、集体决策，坚持“三重一大”事项集体决策。加强对院属单位领导班子贯彻执行民主集中制情况的经常分析和考核评估，检查班子日常运转和决策执行情况。坚持严格党内生活，坚持“三会一课”等组织生活制度。开好年度院属单位领导班子民主生活会，开展严肃认真的批评和自我批评。坚决反对党内生活随意化、庸俗化倾向，坚决反对党内生活中的自由主义、好人主义。加强对基层党建工作落实情况的调研，确保基层党建任务落到实处。着力强化基层党支部建设，办好新任党支部书记培训，制定党总支、党支部全年工作计划，发挥党总支的战斗堡垒和党员先锋模范作用，增强党组织的战斗力、凝聚力。积极开展内容丰富、形式多样的学习活动，开展主题党日活动，提高党员和干部思想认识水平。定期开展干部职工思想动态和状况的调研，逐步建立网络等新媒体思想政治工作新平台，优化工作机制，提高思想政治工作的针对性和实效性。加强党建理论研究，探索中国社会科学院党建工作规律，推进党建工作规范化制度化科学化，做好党委和纪委换届选举工作。加强对科研骨干的理想信念和党性教育，重视做好在科研人员中发展党员工作。

3．加强思想政治工作，提高哲学社会科学工作者的思想境界和道德修养。加强思想道德建设，推动实施院党组关于培育和践行社会主义核心价值观的工作方案，以及在领导干部、科研人员、离退休人员、在校学生中培育和践行社会主义核心价值观的具体实施方案。举办专题报告会、座谈会，深入开展宣传教育活动，定期召开全院培育和践行社会主义核心价值观经验交

流会，继续办好道德论坛和巡回演讲活动，深入开展道德实践活动，形成工作机制，落实工作责任。深入开展中央国家机关“全国精神文明单位”“首都文明单位”创建活动，提高全院精神文明建设水平。

4. 加强党风廉政建设，打造风清气正科研环境。建立党风廉政建设主体责任工作机制，把党风廉政建设主体责任落实到基层组织建设中。贯彻落实四中全会精神，切实抓好依法治国、党风廉政建设教育工作。继续开展“法规纪律应知应记”教育，引导干部学者熟知熟用和自觉遵守党规党纪、法律法规、院规院纪，加强对执行情况的监督检查。组织开展新任局处级干部任前廉政法纪知识考试。培育遵纪守规的行为习惯和组织文化，推进相关单位完善“三大风气”建设规章制度，形成长效机制。梳理公示岗位权力清单，规范权力运行流程，开展廉政风险防控，促使领导干部规范用权、合规办事。加强对领导班子民主决策的监督检查，健全党内监督制度和民主集中制监督机制，加强廉政谈话、诫勉提醒、述职述廉述纪、约谈函询制度建设。健全对干部选任、资源配置、工程建设等领域权力运行监督机制，完善综合监督信息管理平台，实现外部审计常态化、现场监督专业化，加大领导干部任中和离任经济责任审计力度。畅通信访举报渠道，完善信访举报线索管理和分析排查制度，加大信访举报核查力度。建立和完善党风廉政建设责任制执行情况专题报告制度，将院属单位领导班子落实主体责任的情况作为考核评价的重要指标。加强院属各单位纪检监察组织建设，提高纪检监察干部的理论水平和业务素质。发挥党风廉政智库功能，办好中国廉政研究中心，举办第九届廉政研究论坛，提升廉政研究的社会影响力。

5. 加强“三项纪律”建设。把“三项纪律”作为一项基础性工作，健全“三项纪律”建设督查督办机制，完善“三项纪律”专项巡查机制，坚决查处违反政治纪律的行为。按照《关于进一步加强政治纪律建设的决定》要求，把坚持正确的政治方向和学术导向贯穿于科研管理、学术交流、接受采访、专家评审、书刊出版、网站管理等各项制度之中，严密排查违反政治纪律风险点，预防政治违纪问题。继续办好“三项纪律”建设手机报，使“三项纪律”建设逐步深入人心。加强组织纪律教育和组织管理，引导党员干部增强党员意识、服从意识、责任意识、底线意识。

6. 高度重视和切实做好离退休干部工作。按照“四个一样”“四个一流”的工作要求，加强离退休干部“两项建设”，落实离退休干部政治待遇和生活待遇，做好老同志服务管理工作。完善老同志生活困难和医疗困难帮扶机制，建立空巢、独居、失能、高龄老同志的电话问候制度，加大对特别困难老同志的帮扶力度。完善“四就近”平台，使老同志享受到更多、更优质、更便利的服务。充分发挥老年学术社团和文体协会的作用，进一步办好宿舍区离退休干部活动站。完善规章制度，健全老年科研基金、出版资助管理制度，调动离退休人员的科研积极性。加强老干部工作人员队伍建设，发挥离退休干部联系小组的作用，不断提高老干部工作的满意度。

7．做好统战和工青妇工作。加强统一战线工作，建立与地方和基层的“联学共建”合作机制。加强和改进院工会工作，举办工会干部培训班。开展形式多样的文体活动，举办全院第六届职工运动会。组织开展第七届胡绳青年学术奖评奖活动。成立院青年志愿者协会。发挥微信群等新媒体交流平台作用，加强正确引导，传播正能量。加强和改进妇女工作。组织中国社会科学院全国人大代表、政协委员和女干部、女学者开展专题国情考察活动。

第二编

组织机构

ZUZHIJIGOU

一　中国社会科学院机构设置

中国社会科学院领导及其分工

（2015.1～2015.12）

院党组书记、副书记、成员

党组书记　王伟光

党组成员　张　江　李培林　张英伟　蔡　昉　高　翔

院长、副院长

院　长　王伟光　主持全院全面工作；兼任第五届中国地方志指导小组组长、学部主席团主席、马克思主义学院院长；主持党组会议、院务会议、院长办公会议。

副院长

张　江　负责行政后勤工作、文学学科建设、马克思主义文学理论和文艺批评工程、博士后工作；分管办公厅、财务基建计划局、基建工作办公室、研究生院、服务中心、中国人文科学发展公司；郭沫若纪念馆、马克思主义学院；联系、协调文化研究中心；与李培林共同负责科研成果出版资助工作；兼任马克思主义学院常务副院长；主持督办例会。

李培林　负责科研、学部、国情调研、国内科研合作和与上海合作工作；分管科研局/学部工作局、中国地方志指导小组办公室、话语体系建设办公室；联系、协调院重大问题综合研究中心、国家治理研究智库；联系地方社科院；兼任中国地方志指导小组常务副组长、上海研究院院长。

蔡　昉　负责对外学术合作、报刊出版社改制、智库建设工作；分管国际合作局、离退休干部工作局、中国社会科学出版社、社会科学文献出版社、中国经营出版传媒集团；联系、协调财经战略研究院、国家金融与发展实验室、生态文明研究智库、世界经济与政治研究所、国家全球战略研究智库；联系台湾研究所、和平发展研究所。

中央纪委驻院纪检组

纪检组长	张英伟	负责党风廉政建设、“三项纪律”建设、社会主义核心价值观建设工作；分管驻院纪检组、审计室；联系、协调中国廉政研究中心。
秘书长	高　翔	负责院日常运转的综合协调工作、媒体工作和网络安全、报刊出版馆网库志和评价中心建设、图书资料和信息化建设；协助分管办公厅；分管中国社会科学杂志社（中国社会科学报、中国社会科学网）、图书馆（调查与数据信息中心）、信息化管理办公室、中国社会科学评价中心；兼任中国社会科学杂志社总编辑、中国社会科学院新闻发言人、马克思主义学院副院长。

院长助理　郝时远

副秘书长　谭家林　晋保平

备注：院领导分工以“中共中国社会科学院党组会议纪要”2015 年第 20 号（2015 年 5 月 21 日）文为依据。

中国社会科学院职能部门

办公厅

主　　任　　施鹤安
副 主 任　　王卫东　胥锦成
副 局 级　　闫国飞

科研局／学部工作局

局　　长　　马　援
副 局 长　　张国春　陈文学

人事教育局

局　　长　　张冠梓
副 局 长　　高京斋　刘晖春
副 局 级　　赵玉英

国际合作局

局　　长　　王　镭
副 局 长　　周云帆　王宣敬

财务基建计划局

局　　长　　段小燕
副 局 长　　曲永义　何敬中
副 局 级　　管明军

离退休干部工作局

局　　长　　刘　红
副 局 长　　崔向阳

直属机关党委

党委常务副书记　　崔建民
党 委 副 书 记　　孙伟平

监察局

局　　长　　胡乐生（中央纪委驻中国社会科学院纪检组副组长）

直属机关纪委

书　　记　　王晓霞
副 书 记　　公茂虹

信息化管理办公室

主　　任　　杨沛超
副 主 任　　匡卫群　罗文东

中国社会科学院科研机构

文学哲学学部

文学研究所

党委书记　刘跃进
所　　长　陆建德
副 所 长　刘跃进　高建平　杨　槐

民族文学研究所

党委书记　朝　克
所　　长　朝戈金
副 所 长　朝　克

外国文学研究所

党委书记　党圣元
所　　长　陈众议
副 所 长　党圣元　吴晓都

语言研究所

党委书记　蔡文兰
所　　长　刘丹青
副 所 长　蔡文兰　张伯江

哲学研究所

所　　长　谢地坤
副 所 长　崔唯航

世界宗教研究所

党委书记　曹中建
所　　长　卓新平
副 所 长　曹中建　郑筱筠

历史学部

考古研究所

党委书记　刘　政
所　　长　王　巍
副 所 长　刘　政　白云翔　陈星灿

历史研究所

党委书记　闫　坤
所　　长　卜宪群
副 所 长　闫　坤　王震中　杨　珍

近代史研究所

党委书记　周溯源
所　　长　王建朗
副 所 长　汪朝光　金以林

世界历史研究所

党委书记　赵文洪
所　　长　张顺洪
副 所 长　赵文洪　饶望京

中国边疆研究所

党委书记　李国强
所　　长　邢广程
副 所 长　李国强　李大路

台湾所

党委书记　周志怀
所　　长　周志怀
副 所 长　朱卫东　张冠华

经 济 学 部

经济研究所

党委书记　裴长洪
所　　长　裴长洪
副 所 长　张　平　杨春学　朱恒鹏

工业经济研究所

党委书记　史　丹
所　　长　黄群慧
副 所 长　史　丹　黄速建　李维民

农村发展研究所

党委书记　潘晨光
所　　长　李　周
副 所 长　潘晨光　杜志雄　王　岚

财经战略研究院

党委书记　高培勇
院　　长　高培勇
副 院 长　林　旗　陈冬红　夏杰长

金融研究所

党委书记　何德旭
所　　长　王国刚
副 所 长　何德旭　殷剑峰　胡　滨

数量经济与技术经济研究所

党委书记　李富强
所　　长　李　平
副 所 长　李富强　齐建国　李雪松

人口与劳动经济研究所

党委书记　钱　伟
所　　长　张车伟
副 所 长　钱　伟　汪正鸣

城市发展与环境研究所

党委书记　赵燕平
所　　长　潘家华
副 所 长　赵燕平　魏后凯

社会政法学部

法学研究所

联合党委书记　陈　甦
所　　　　长　李　林
副　所　　长　陈　甦　穆林霞　莫纪宏

国际法研究所

联合党委书记　陈　甦
所　　　长　陈泽宪

政治学研究所

党委书记　赵岳红
所　　长　房　宁
副 所 长　赵岳红　杨海蛟

民族学与人类学研究所

党委书记　方　勇
所　　长　王延中
副 所 长　方　勇　尹虎彬

社会学研究所

党 委 书 记　孙壮志
所　　　长　陈光金
党委副书记　张　翼
副　所　长　孙壮志　张　翼　赵克斌

社会发展战略研究院

党委书记　王苏粤
院　　长　李汉林
副 院 长　王苏粤
副 局 级　刘白驹

新闻与传播研究所

党委书记　赵天晓
所　　长　唐绪军
副 所 长　赵天晓

国际研究学部

世界经济与政治研究所

党委书记　陈国平
所　　长　张宇燕
副 所 长　陈国平　王德迅　姚枝仲

俄罗斯东欧中亚研究所

党委书记　李进峰
所　　长　李永全
副 所 长　李进峰　孙　力

欧洲研究所

党委书记　罗京辉
所　　长　黄　平
副 所 长　罗京辉　江时学　程卫东

西亚非洲研究所

党委书记　王　正
所　　长　杨　光
副 所 长　王　正　张宏明

拉丁美洲研究所

党委书记　王立峰
所　　长　吴白乙
副 所 长　王立峰

亚太与全球战略研究院

党 委 书 记　王灵桂

院　　长　李向阳
党委副书记　韩　锋
副 院 长　王灵桂　韩　锋　李　文

美国研究所

党委书记　孙海泉
所　　长　郑秉文
副 所 长　孙海泉　倪　峰　刘　尊
副 局 级　钟湘农

日本研究所

党委书记　高　洪
所　　长　李　薇
副 所 长　高　洪　王晓峰　杨伯江

马克思主义研究学部

马克思主义研究院

党委书记　邓纯东
院　　长　邓纯东
副 院 长　樊建新　胡乐明（国际合作局副局长（挂职））　贾朝宁

当代中国研究所

副 所 长　张星星　武　力
副 局 级　刘志男

信息情报研究院

党委书记　姜　辉
院　　长　张树华
副 院 长　姜　辉　孙建廷

中国社会科学院直属单位

研究生院

党委书记　张政文
院　　长　黄晓勇
副 院 长　文学国　王　兵　马跃华　俞燕民

图书馆

党委书记　庄前生
党委副书记　李春华
常务副馆长　何　涛
副 馆 长　庄前生　李春华　周世禄　蒋　颖
副 局 级　赵胄豪

中国社会科学杂志社

常务副总编辑　王利民
副 总 编 辑　余新华　李红岩　孙　辉　李新烽

服务中心

主　　任　　刘福庆
副 主 任　　冯　林　蔡　林

郭沫若纪念馆

馆　　长　　崔民选
副 馆 长　　赵笑洁

中国社会科学评价中心

副 主 任　　荆林波　吴　敏　姜庆国

中国社会科学院直属企业

中国社会科学出版社

社　　长　　赵剑英
总 编 辑　　赵剑英
副总编辑　　曹宏举
总 编 辑　　杨　群
副 社 长　　胡鹏光

社会科学文献出版社

社　　长　　谢寿光

中国人文科学发展公司

总 经 理　　李传章
党总支书记　　何燕生

中国社会科学院代管单位

中国地方志指导小组办公室

党组书记　　赵　芮
副秘书长　　冀祥德
副 主 任　　冀祥德　刘玉宏　邱新立

二 中国社会科学院学部

（主席团成员按姓氏笔画排列）

主 席 团

主 席 王伟光

成 员 王伟光 刘庆柱 江蓝生 李 扬 李培林 程恩富 蔡 昉 张蕴岭 卓新平 郝时远

文学哲学学部

主 任 江蓝生

副主任 李景源

历史学部

主 任 刘庆柱

经济学部

主 任 李 扬

副主任 刘树成 吕 政

社会政法学部

主 任 郝时远

副主任 景天魁

国际研究学部

主 任 张蕴岭

副主任 周 弘

马克思主义研究学部

主 任 程恩富

三　中国社会科学院第九届院级专业技术资格评审委员会

（按姓氏笔画排列）

研究系列正高级专业技术资格评审委员会

文学哲学学部文学研究系列正高级评审委员会

主　　任　张　江

副 主 任　沈家煊

委　　员　文日焕　尹虎彬　刘丹青　刘跃进　张伯江

张政文　陆建德　陈众议　周启超　孟蓬生

党圣元　高建平　蒋　寅　朝戈金　朝　克

程光炜

文学哲学学部哲学研究系列正高级评审委员会

副 主 任　李景源

委　　员　甘绍平　卢国龙　任定成　李　河　张志刚

卓新平　金　泽　谢地坤　魏道儒

历史学部研究系列正高级评审委员会

主　　任　高　翔

副 主 任　王　巍

委　　员　卜宪群　王奇生　王建朗　王震中　白云翔

邢广程　杜金鹏　李国强　汪朝光　宋镇豪

张顺洪　陈星灿　赵文洪　郝春文　俞金尧

崔志海

经济学部研究系列正高级评审委员会

主　　任　李　扬

副主任　蔡　昉

委　　员　王国刚　龙登高　史　丹　李　平　李　周
李万甫　李雪松　杨春学　何德旭　张　平
张车伟　金　碚　夏杰长　高培勇　黄群慧
裴长洪　潘家华　潘晨光　魏后凯

社会政法学部研究系列正高级评审委员会

主　　任　李培林

副主任　郝时远

委　　员　卜　卫　王延中　方　勇　孙宪忠　李　林
李汉林　杨宜音　杨海蛟　何星亮　张　翼
张桂琳　陈　甦　陈光金　陈泽宪　房　宁
胡建淼　唐绪军　渠敬东

国际研究学部研究系列正高级评审委员会

副主任　张蕴岭

委　　员　丁一凡　朱晓中　江时学　杨　光　李　薇
李永全　李向阳　吴白乙　余永定　宋　泓
张宇燕　张宏明　季志业　周　弘　郑　羽
郑秉文　赵江林　倪　峰　高　洪　黄　平

马克思主义研究学部研究系列正高级评审委员会

副主任　程恩富

委　　员　丰子义　尹韵公　曲永义　辛向阳　张树华
郑有贵　胡乐明　柳建辉　姜　辉　黄晓勇
樊建新

当代中国研究系列正高级评审委员会

副主任　　朱　玲

委　员　　王灵桂　吕薇洲　孙伟平　李　文　杨胜群

　　　　　张星星　陈新明　武　力　金以林　金民卿

出版编辑系列正高级专业技术资格评审委员会

主　　任　　蔡　昉

副 主 任　　赵剑英

出版组组长　　谢寿光

出版组委员　　王　浩　李富强　杨　群　张世贤　张　永

　　　　　　　周　丽　曹宏举　冀祥德

期刊组组长　　王利民

期刊组委员　　王　诚　邓纯东　冯　时　刘世哲　刘作翔

　　　　　　　汤晓青　孙　杰　李金华　余新华　郑筱筠

　　　　　　　徐秀丽　彭　卫　程　巍

翻译系列正高级专业技术资格评审委员会

主　　任　　李　扬

委　　员　　王柯平　朴键一　吕大年　孙　力　孙　歌

　　　　　　李永平　肖俊明　张季风　袁东振

图书资料系列正高级专业技术资格评审委员会

主　　任　　高　翔

委　　员　　王砚峰　邓子滨　朱乃诚　闫　坤　张　静

　　　　　　陈　力　孟庆龙　赵嘉朱　蒋　颖　曾建勋

　　　　　　蔡曙光

四　中国社会科学院院属各单位学术委员会及专业技术资格评审委员会

文学哲学学部

文学研究所

（一）学术委员会

主　　任　陆建德
委　　员　陆建德　刘跃进　高建平
蒋　寅　黎湘萍　赵京华
赵稀方　金惠敏　安德明
李洁非　王达敏
巴莫曲布嫫　刘勇强

（二）专业技术资格评审委员会

主　　任　陆建德
委　　员　陆建德　刘跃进　高建平
蒋　寅　赵稀方　黎湘萍
赵京华　孙　歌　安德明
王达敏　郑永晓　程光炜
叶　隽

民族文学研究所

（一）学术委员会

主　　任　朝戈金
委　　员　朝戈金　尹虎彬　汤晓青
斯钦孟和　巴莫曲布嫫
阿地里·居玛吐尔地
刘亚虎　丹　曲　吴晓东

（二）专业技术资格评审委员会

主　　任　朝戈金
委　　员　阿地里·居玛吐尔地
巴莫曲布嫫　朝戈金
斯钦巴图　汤晓青
尹虎彬　党圣元　陈泳超
文日焕

外国文学研究所

（一）学术委员会

主　　任　陈众议
委　　员　陈众议　党圣元　吴晓都
程　巍　刘文飞　黄　梅
李永平　周启超　高　兴
涂卫群　穆宏燕

（二）专业技术资格评审委员会

主　　任　陈众议

委　　员　陈众议　党圣元　吴晓都　程　巍　刘文飞　李永平　周启超　傅　浩　高　兴　穆宏燕　叶　隽　邱运华　刘　锋

语言研究所

（一）学术委员会

主　　任　刘丹青

委　　员　方　梅　顾曰国　胡建华　李　蓝　李爱军　刘丹青　孟蓬生　沈家煊　谭景春　吴福祥　张伯江　郭　锐　李运富

（二）专业技术资格评审委员会

主　　任　刘丹青

委　　员　蔡文兰　方　梅　顾曰国　郭　锐　李爱军　李　蓝　李运富　刘丹青　孟蓬生　沈家煊　谭景春　吴福祥　张伯江

哲学研究所

（一）学术委员会

主　　任　谢地坤

副 主 任　甘绍平　崔唯航

委　　员　王柯平　甘绍平　任定成　孙伟平　成建华　张志强　李景源　杜国平　单继刚　尚　杰　欧阳英　段伟文　赵汀阳　崔唯航　谢地坤

（二）专业技术资格评审委员会

主　　任　谢地坤

委　　员　丰子义　王柯平　甘绍平　任定成　孙伟平　杜国平　李　河　李俊文　李景源　张志强　尚　杰　谢地坤　鉴传今

世界宗教研究所

（一）学术委员会

主　　任　卓新平

副 主 任　郑筱筠

委　　员　卓新平　郑筱筠　金　泽　魏道儒　王　卡　卢国龙　何劲松　邱永辉　曾传辉　陈进国　唐晓峰　张志刚　杨桂萍

（二）专业技术资格评审委员会

主　　任　卓新平

副 主 任　郑筱筠　金　泽

委　　员　卓新平　郑筱筠　金　泽　魏道儒　王　卡　卢国龙　邱永辉　何劲松　尕藏加　王美秀　曾传辉

历史学部

考古研究所

（一）学术委员会

主　　任　　王　巍
副 主 任　　陈星灿
委　　员　　白云翔　傅宪国　袁　靖
　　　　　　冯　时　许　宏　赵志军
　　　　　　李裕群　朱岩石　施劲松
　　　　　　杜金鹏　赵　辉　齐东方
　　　　　　王震中

（二）专业技术资格评审委员会

主　　任　　王　巍
副 主 任　　白云翔　陈星灿
委　　员　　傅宪国　杜金鹏　冯　时
　　　　　　许　宏　朱岩石　赵志军
　　　　　　刘国祥　施劲松　王震中
　　　　　　齐东方

历史研究所

（一）学术委员会

主　　任　　卜宪群
副 主 任　　王震中
委　　员　　高　翔　闫　坤　卜宪群
　　　　　　王震中　杨　珍　彭　卫
　　　　　　宋镇豪　杨振红　雷　闻
　　　　　　刘　晓　张兆裕　王启发
　　　　　　李锦绣　孙　晓　阿　风

（二）专业技术资格评审委员会

主　　任　　卜宪群
副 主 任　　王震中
委　　员　　高　翔　闫　坤　卜宪群
　　　　　　王震中　杨　珍　彭　卫
　　　　　　宋镇豪　楼　劲　刘　晓
　　　　　　李锦绣　孙　晓　杨艳秋
　　　　　　郝春文

近代史研究所

（一）学术委员会

主　　任　　王建朗
委　　员　　于化民　王奇生　王建朗
　　　　　　左玉河　李长莉　李学通
　　　　　　李细珠　汪朝光　金以林
　　　　　　周溯源　郑大发　徐秀丽
　　　　　　黄道炫　崔志海　章百家

（二）专业技术资格评审委员会

主　　任　　王建朗
委　　员　　于化民　王奇生　王建朗
　　　　　　左玉河　李长利　李细珠
　　　　　　汪朝光　金以林　周溯源
　　　　　　郑大发　徐秀丽　黄兴涛
　　　　　　崔志海

世界历史研究所

(一) 学术委员会

主　　任　张顺洪
副主任　李世安
委　　员　张顺洪　赵文洪　俞金尧
　　　　　毕健康　李世安　王红生
　　　　　王晓菊　刘　健　吴　英
　　　　　孟庆龙　易建平　姜　南
　　　　　徐再荣　高国荣

(二) 专业技术资格评审委员会

主　　任　张顺洪
副主任　赵文洪
委　　员　张顺洪　赵文洪　杨共乐
　　　　　梁占军　俞金尧　易建平
　　　　　景德祥　毕健康　王晓菊
　　　　　刘　军　孟庆龙　刘　健
　　　　　张经纬

中国边疆研究所

(一) 学术委员会

主　　任　邢广程
副主任　李国强
委　　员　邢广程　李国强　李大龙
　　　　　许建英　孙宏年
　　　　　阿拉腾奥其尔　毕奥南
　　　　　吴楚克　金以林

(二) 专业技术资格评审委员会

主　　任　邢广程
副主任　李国强
委　　员　邢广程　李国强　金以林
　　　　　吴楚克　李　方　许建英
　　　　　李大龙　孙宏年　毕奥南

台湾研究所

(一) 学术委员会

主　　任　周志怀
委　　员　周志怀　朱卫东　张冠华
　　　　　彭维学

(二) 专业技术资格评审委员会

主　　任　周志怀
委　　员　周志怀　朱卫东　张冠华
　　　　　肖　磊　彭维学

经济学部

经济研究所

(一) 学术委员会

主　　任　裴长洪
委　　员　裴长洪　刘树成　朱　玲
　　　　　张　平　杨春学　朱恒鹏
　　　　　胡家勇　王　诚　魏　众
　　　　　常　欣　刘霞辉　徐建生
　　　　　赵学军　龙登高　陈彦斌

(二) 专业技术资格评审委员会

主　　任　裴长洪
委　　员　朱　玲　张　平　刘兰兮
　　　　　杨春学　胡家勇　魏　众
　　　　　张晓晶　刘霞辉　朱恒鹏
　　　　　赵学军　龙登高　陈彦斌

工业经济研究所

（一）学术委员会

主　　任　　黄群慧
副 主 任　　史　丹
委　　员　　黄群慧　史　丹　李海舰　吕　政　金　碚　黄速建　张其仔　吕　铁　陈　耀　杜莹芬　刘戒骄　刘世锦　魏后凯

（二）专业技术资格评审委员会

主　　任　　黄群慧
副 主 任　　史　丹
委　　员　　黄群慧　史　丹　金　碚　李海舰　张其仔　吕　铁　杨丹辉　余　菁　刘戒骄　刘元春　戚聿东　张明玉　贾俊雪　王永贵　贺灿飞

农村发展研究所

（一）学术委员会

主　　任　　魏后凯
副 主 任　　杜志雄
委　　员　　魏后凯　潘晨光　杜志雄　朱　钢　苑　鹏　吴国宝　谭秋成　任常青　张元红　陈劲松　孙若梅　李国祥　唐　忠　秦　富

（二）专业技术资格评审委员会

主　　任　　魏后凯
委　　员　　魏后凯　潘晨光　杜志雄　李　周　朱　钢　吴国宝　苑　鹏　张元红　任常青　李　静　于法稳　谭秋成　黄季焜　林万龙

财经战略研究院

（一）学术委员会

主　　任　　高培勇
副 主 任　　夏杰长
委　　员　　倪鹏飞　杨志勇　张群群　张　斌　赵　瑾　汪德华　依绍华　张晓晶　钟春平　戴学锋　郭克莎　张晓晶

（二）专业技术资格评审委员会

主　　任　　高培勇
委　　员　　夏杰长　倪鹏飞　杨志勇　马　　　赵　瑾　张群群　王诚庆　夏先良　钟春平　王晓东　李万甫　来有为

金融研究所

（一）学术委员会

主　　任　　何德旭
委　　员　　王国刚　殷剑峰　胡　滨　郭金龙　李　扬　张晓晶

（二）专业技术资格评审委员会

主　　任　　王国刚
委　　员　　殷剑峰　胡　滨　杨　涛

董裕平　彭兴韵　张晓晶

李　扬　张　杰

数量经济与技术经济研究所

（一）学术委员会

主　　任　李　平

副 主 任　何德旭　汪向东

委　　员　汪同三　何德旭　齐建国

李雪松　郑玉歆　李　军

李　平　张　晓　樊明太

赵京兴　汪向东　张昕竹

李金华　张　涛　王宏伟

（二）专业技术资格评审委员会

主　　任　李　平

副 主 任　李富强

委　　员　李　平　李富强　齐建国

李雪松　李　军　李金华

樊明太　王宏伟　张　涛

王奋宇　文兼武　李志军

蒿新权

人口与劳动经济研究所

（一）学术委员会

主　　任　张车伟

副 主 任　王跃生

委　　员　蔡　昉　张　翼　都　阳

张展新　王广州　吴要武

王美艳　高文书

（二）专业技术资格评审委员会

主　　任　蔡　昉

副 主 任　张车伟

委　　员　蔡　昉　张车伟　郑真真

王跃生　张展新　都　阳

王广州　王美艳　李雪松

胡　滨　辛　贤

城市发展与环境研究所

（一）学术委员会

主　　任　潘家华

副 主 任　李春华　魏后凯

委　　员　潘家华　李春华　魏后凯

宋迎昌　刘治彦　庄贵阳

陈　迎　陈洪波　李恩平

单菁菁　张车伟　倪鹏飞

（二）专业技术资格评审委员会

主　　任　潘家华

委　　员　潘家华　魏后凯　宋迎昌

刘治彦　李国庆　陈　迎

庄贵阳　梁本凡　张车伟

李　周　高国力

社会政法学部

法学研究所、国际法研究所

（一）学术委员会

主　任　李　林

副主任　陈泽宪

委　员　陈　甦　陈泽宪　黄　进　李　林　李明德　柳华文　刘仁文　刘作翔　莫纪宏　沈　涓　孙宪忠　田　禾　王敏远　熊秋红　薛宁兰　赵建文　张守文　周汉华　邹海林

（二）专业技术资格评审委员会

主　任　陈　甦

委　员　陈　甦　陈泽宪　胡建淼　李　林　李明德　柳华文　刘凯湘　刘仁文　刘作翔　莫纪宏　沈　涓　孙宪忠　田　禾　熊秋红　薛宁兰　周汉华　邹海林

政治学研究所

（一）学术委员会

主　任　房　宁

副主任　杨海蛟

委　员　房　宁　杨海蛟　史卫民　陈红太　周少来　张明澍　贠　杰　赵秀玲　李良栋

（二）专业技术资格评审委员会

主　任　房　宁

副主任　杨海蛟

委　员　房　宁　杨海蛟　史卫民　陈红太　赵秀玲　周庆智　张树华　王浦劬　韩冬雪

民族学与人类学研究所

（一）学术委员会

主　任　何星亮

副主任　尹虎彬

委　员　方　勇　王延中　刘丹青　刘世哲　刘正寅　刘　泓　色　音　李云兵　陈建樾　呼　和　青　觉　曾少聪　管彦波

（二）专业技术资格评审委员会

主　任　王延中

委　员　方　勇　色　音　何星亮　刘正寅　管彦波　刘世哲　李云兵　刘　泓　张继焦　丁　宏　郑　堆　高丙中

社会学研究所

（一）学术委员会

主　任　陈光金

副主任　孙壮志

委　　员　陈光金　孙壮志　李培林
　　　　　王延中　张　翼　李春玲
　　　　　王俊秀　罗红光　王春光
　　　　　王晓毅　吴小英　夏传玲
　　　　　张旅平

（二）专业技术资格评审委员会

主　　任　李培林
副 主 任　陈光金
委　　员　李培林　陈光金　张　翼
　　　　　王春光　杨宜音　罗红光
　　　　　王　颖　王晓毅　李春玲
　　　　　夏传玲　吴小英　王天夫
　　　　　赵延东

社会发展战略研究院

（一）学术委员会

主　　任　李汉林
委　　员　刘白驹　沈　红　葛道顺
　　　　　渠敬东　李路路　夏传玲

（二）专业技术资格评审委员会

主　　任　李汉林
委　　员　渠敬东　刘白驹　沈　红
　　　　　黄群慧　王　颖　夏传玲
　　　　　郭于华　李路路

新闻与传播研究所

（一）学术委员会

主　　任　唐绪军
副 主 任　宋小卫
委　　员　唐绪军　宋小卫　卜　卫
　　　　　王怡红　时统宇　刘晓红
　　　　　姜　飞　崔保国　陈卫星

（二）专业技术资格评审委员会

主　　任　唐绪军
副 主 任　宋小卫
委　　员　唐绪军　宋小卫　卜　卫
　　　　　时统宇　钱莲生　王怡红
　　　　　姜　飞　渠敬东　段　鹏

国际研究学部

世界经济与政治研究所

（一）学术委员会

主　　任　张宇燕
副 主 任　姚枝仲　孙　杰
委　　员　丁一凡　王德迅　孙　杰
　　　　　李东燕　何新华　余永定
　　　　　宋　泓　张宇燕　张　明
　　　　　张　斌　姚枝仲　贺力平
　　　　　袁正清　高海红　鲁　桐

（二）专业技术资格评审委员会

主　　任　张宇燕
委　　员　孙　杰　李　文　李东燕
　　　　　何　帆　余永定　宋　泓
　　　　　张宇燕　张　斌　姚枝仲
　　　　　贺力平　袁正清　高海红
　　　　　鲁　桐

俄罗斯东欧中亚研究所

（一）学术委员会

主　　任　　李永全
副主任　　朱晓中
委　　员　　孙　力　张盛发　常　玢　郑　羽　薛福岐　程亦军　庞大鹏　冯玉军　吴大辉　吴宏伟　冯育民

（二）专业技术资格评审委员会

主　　任　　李永全
委　　员　　郑　羽　孙　力　朱晓中　常　玢　张盛发　程亦军　吴宏伟　李中海　柳丰华　陈玉荣　陈新明　冯玉军

欧洲研究所

（一）学术委员会

主　　任　　黄　平
副主任　　江时学
委　　员　　黄　平　江时学　周　弘　程卫东　田德文　孔田平　张　敏　陈　新　李靖堃　丁一凡　崔洪建

（二）专业技术资格评审委员会

主　　任　　黄　平
副主任　　江时学
委　　员　　程卫东　周　弘　孔田平　田德文　张　敏　冯仲平　崔洪建

西亚非洲研究所

（一）学术委员会

主　　任　　杨　光
副主任　　张宏明
委　　员　　杨　光　张宏明　王　正　王林聪　贺文萍　李智彪　唐志超　姚桂梅　安春英　李安山　李绍先

（二）专业技术资格评审委员会

主　　任　　杨　光
副主任　　张宏明
委　　员　　杨　光　张宏明　王　正　王林聪　贺文萍　李智彪　姚桂梅　安春英　李新烽　牛新春　薛庆国

拉丁美洲研究所

（一）学术委员会

主　　任　　吴白乙
委　　员　　吴白乙　柴　瑜　袁东振　刘维广　张　凡　杨志敏　岳云霞　房连泉　姚枝仲　贺双荣　董经胜

（二）专业技术资格评审委员会

主　　任　　吴白乙
委　　员　　吴白乙　郑秉文　柴　瑜　贺双荣　袁东振　张　凡　刘维广　姚枝仲　王义桅

亚太与全球战略研究院

（一）学术委员会

主　　任　李向阳
委　　员　王玉主　王灵桂　朴键一
　　　　　许利平　李向阳　张礼卿
　　　　　张蕴岭　赵江林　袁　鹏
　　　　　董向荣

（二）专业技术资格评审委员会

主　　任　李向阳
委　　员　王玉主　朴光姬　朴键一
　　　　　许利平　李向阳　李　文
　　　　　张　斌　张蕴岭　赵江林
　　　　　唐永胜

美国研究所

（一）学术委员会

主　　任　郑秉文
委　　员　郑秉文　倪　峰　王荣军
　　　　　王　欢　王孜弘　袁　征
　　　　　姬　虹　樊吉社　赵　梅
　　　　　黄　平　贺力平

（二）专业技术资格评审委员会

主　　任　郑秉文
委　　员　郑秉文　黄　平　赵　梅
　　　　　潘小松　倪　峰　王孜弘
　　　　　姬　红　袁　征　樊吉社
　　　　　王荣军　达　巍　高祖贵

日本研究所

（一）学术委员会

主　　任　李　薇
副 主 任　高　洪
委　　员　李　薇　高　洪　王　伟
　　　　　崔世广　张季凤　吕耀东
　　　　　杨伯江　徐　梅　吴怀中
　　　　　江瑞平　王新生

（二）专业技术资格评审委员会

主　　任　李　薇
委　　员　高　洪　张季凤　崔世广
　　　　　王　伟　杨伯江　吕耀东
　　　　　徐　梅　尚会鹏　赵晋平
　　　　　黄大慧

马克思主义研究学部

马克思主义研究院

（一）学术委员会

主　　任　邓纯东
副 主 任　樊建新
委　　员　邓纯东　樊建新　程恩富
　　　　　胡乐明　金民卿　辛向阳
　　　　　吕薇洲　冯颜利　翟胜明
　　　　　余　斌　郑一明　尹韵公
　　　　　杨凤城

（二）专业技术资格评审委员会

主　　任　邓纯东
委　　员　邓纯东　樊建新　胡乐明

辛向阳　程恩富　吕薇洲
金民卿　冯颜利　韦莉莉
姜　辉　武　力

当代中国研究所

（一）学术委员会

副主任　张星星
委　员　李　文　李正华　杨胜群
宋月红　武　力　欧阳雪梅
郑有贵　柳建辉　黄　庆

（二）专业技术资格评审委员会

主　任　张星星
委　员　王瑞芳　李　文　李正华
杨胜群　宋月红　张金才
张星星　武　力　欧阳雪梅
郑有贵　柳建辉　黄　庆

信息情报研究院

（一）学术委员会

主　任　张树华
委　员　姜　辉　张树华　曲永义
肖俊明　刘　霓　张　静
辛向阳　王　镭　孙壮志

（二）专业技术资格评审委员会

主　任　姜　辉
委　员　姜　辉　张树华　曲永义
肖俊明　刘　霓　梁俊兰
杨　丹　张冠梓　闫　坤
侯惠勤　何秉孟

中国社会科学院直属单位

中国社会科学院图书馆（调查与数据信息中心）

学术委员会

主　任　庄前生
副主任　蒋　颖
委　员　任全娥　刘振喜　庄前生
何　涛　张树华　李春华
杨　齐　周世禄　罗文东
赵嘉朱　赵　慧　黄长著
蒋　颖

中国社会科学出版社

（一）学术委员会

主　任　赵剑英
委　员　赵剑英　曹宏举　王　浩
郭沂纹　陈　彪　卢小生
郭晓鸿　王　茵　黄　平
刘跃进　张政文

（二）专业技术资格评审委员会

主　任　赵剑英
委　员　赵剑英　曹宏举　王　浩
陈　彪　冯春凤　郭沂纹

任　明　卢小生　路育松
陈众议　仰海峰

委　员　王利民　余新华　李红岩
孙　辉　李新烽　柯锦华
王兆胜　赵剑英　周溯源

中国社会科学杂志社

学术委员会

主　任　王利民

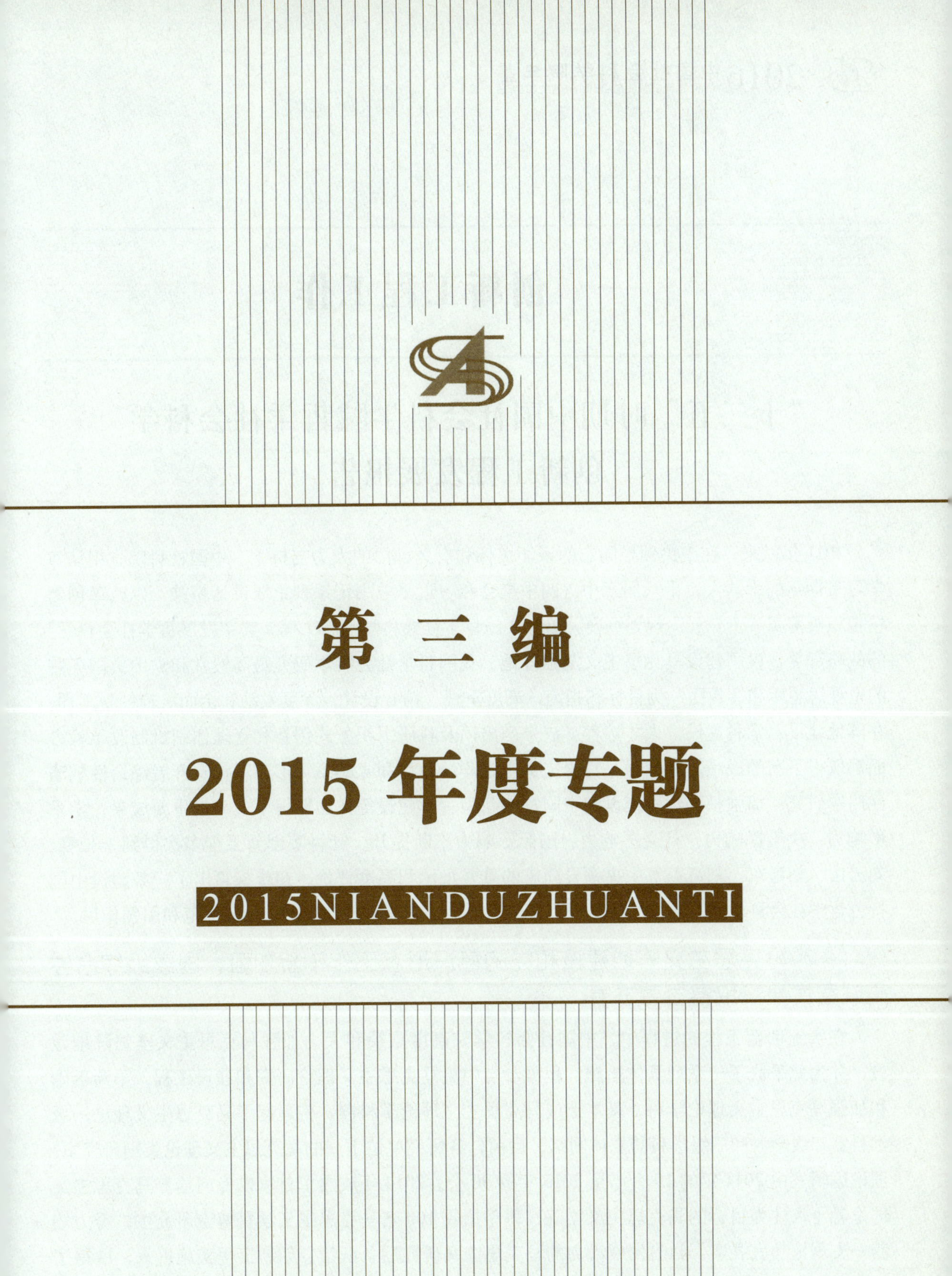

第 三 编

2015 年度专题

2015NIANDUZHUANTI

一　创新工程工作

“十二五”时期中国社会科学院哲学社会科学创新工程发展报告

2011年以来，在中央领导同志的亲切关怀和有关部门的大力支持下，中国社科院党组认真学习贯彻党的十八大、十八届三中、四中全会和习近平总书记系列重要讲话精神，以改革创新精神积极落实“十二五”规划纲要关于“实施哲学社会科学创新工程、繁荣发展哲学社会科学”的战略部署，以“建设马克思主义坚强阵地、我国哲学社会科学研究最高殿堂和党中央国务院的重要思想库和智囊团”为目标和指南，高度重视、精心设计，深度发动和全面实施创新工程，在阵地建设、学科建设、人才培养、成果产出以及科研组织方式创新和管理体制机制改革等方面都取得了新的成绩，在加强马克思主义坚强阵地建设和党的意识形态工作、开展综合性战略性问题研究、加强基础学科建设和中国特色新型智库建设等方面取得了一大批重要成果，学术影响力、决策影响力、社会影响力、国际影响力不断提升。社科院创新工程多次得到李长春、刘云山、刘延东、刘奇葆等中央领导同志的重要批示和高度评价，初步探索出了一条建设中国特色哲学社会科学创新体系的新路子，在全国哲学社会科学界发挥了重要的示范和引领作用。

（一）马克思主义阵地建设和党的意识形态工作不断加强，国家级综合性高端智库建设取得显著进展

在实施创新工程的过程中，中国社会科学院高度重视和大力加强马克思主义坚强阵地建设，并为此采取了一系列具体措施。积极参与中央马克思主义理论研究和建设工程，不断巩固和加强马克思主义理论学科，基本形成马克思主义理论学科群，构建起了马克思主义理论一级学科、二级学科和三级学科的立体网络。目前，各研究单位下属的马克思主义理论类别研究室、理论编辑室由2011年的19个增至2015年的36个。2014年成立了首家以专门培养马克思主义理论骨干人才为目标的马克思主义学院，每年招收100名马克思主义学科博士研究生，努力培养一支理论功底扎实、具有发展潜力的马克思主义研究后备队伍。创新工程实施以来，取得了一批有影响的马克思主义理论创新成果，如，国家社科基金特别委托项目的最终成果《新大众哲学》，以马克思主义时代化、中国化和大众化为使命，努力探索哲学与大众的结合，在充分

反映马克思主义哲学基本理论的同时，在理论观点、表述方式等诸多方面尝试做出创新，是继艾思奇《大众哲学》和韩树英《通俗哲学》之后马克思主义哲学大众化的又一力作；自2014年起，中国社会科学院与《人民日报》共同开设“文学观象”栏目，团结国内文学研究和创作领域的众多知名专家学者，围绕当前文学发展中的重大理论问题及热点、焦点问题，进行有说服力的辨析和评论，当年共发表评论22期，在我国文学界和社会各界产生热烈反响，受到中央主要领导同志的肯定；中国社会科学院世界社会主义研究中心制作的6集党员教育专题片《苏联亡党亡国20年祭——俄罗斯人在诉说》受到广泛好评，获得中央主要领导同志批示，成为全党群众路线教育实践活动教材。据统计，2012年以来，中国社会科学院共设立马工程方面的各类项目206项。其中，马克思主义基础理论重大项目6个，马克思主义专题研究项目37个，马克思主义经典作家专题摘编项目36个，马克思主义专题文丛项目44个，马克思主义文集项目4个，马克思主义基础理论和应用研究项目58个；举办马克思主义论坛20次，撰写马克思主义理论前沿报告3个，编报各类简报33余期，出版著作32本，论文集34本。

中国社科院是党中央直接领导的国家哲学社会科学研究机构，同时具有鲜明的意识形态属性，是党的意识形态重镇，是党在思想理论领域的重要战线。近年来，院党组高度重视意识形态工作，采取一系列措施抓好意识形态工作。一是强化意识形态工作领导责任制，党委履行意识形态工作主体责任，党委书记为第一责任人，各研究所（院）党委每年向院党组提交一份意识形态工作报告。二是实行意识形态工作情况一票否决制，由于领导责任而发生严重意识形态事件的，单位取消进入创新工程资格。三是建立意识形态工作协调会议制度，由院党组书记主持，党组有关成员和各有关单位领导参加，每季度至少召开一次意识形态工作协调会议，研究协调中国社会科学院意识形态工作。四是实施马克思主义理论学科建设和理论研究工程、马克思主义文学理论和文学批评工程。每年制定年度工作规划，完成年度工作任务。五是组建马克思主义学术网军和理论写作组。目前，学术网军已达300余位专家学者规模，在中国社会科学网、新浪、凤凰、腾讯等网络平台上开通了“中国学术评论”“社科评论”“学海观潮”等一系列博客、微博和微信公众号，相关作品获得各大网站转载、跟帖、评论，产生了较好的宣传效果。马克思主义理论写作组撰写理论宣传文章40余篇，多篇已在《马克思主义研究》《红旗文稿》《光明日报》《中国社会科学报》等媒体上发表。六是成立马克思主义理论创新智库和意识形态研究智库，大力推进马克思主义理论创新研究和意识形态问题研究。七是加强马克思主义研究学部、马克思主义研究院、马克思主义学院、当代中国研究所、中国特色社会主义理论体系研究中心、世界社会主义研究中心六大马克思主义研究平台建设。八是每年举办所局主要负责人马克思主义读书班，开展处室干部千人马克思主义大培训，提高领导干部马克思主义理论素养，提高用马克思主义指导科研工作的能力。九是重视马克思主义理论队伍建设，努力培养年轻一代马克思主义理论人才。十是推动报刊出版馆网库志名优工程建设，强化理论学术传播阵地建设。

中国社会科学院积极发挥国家级综合性高端智库优势，大力加强中国特色新型智库建设，目前已构建起院级、所级、专业化智库三个层次的智库建设工作格局。研究制定和组织实施 11 家专业化智库建设方案，两家专业化智库纳入中宣部首批重点扶持的国家级新型智库。创新工程实施以来，中国社会科学院围绕国家经济社会发展中的全局性、前瞻性、战略性、综合性问题，积极开展对策研究，承担了中办、中央深改办、中央国安办、国办委托的多项研究任务，推出了一批质量高、影响大的智库成果，在党和国家重大决策过程中发挥了重要作用。《中国社会科学院经济体制改革系列研究报告》《全面深化改革二十论》《破解中国经济发展之谜》《财税体制改革和国家治理现代化》、“皮书系列”“智库成果系列”等一批应用研究成果也产生了重要的学术影响和社会影响。

（二）重大科研成果不断涌现，体现国家哲学社会科学研究水平的殿堂根基更加厚实

创新工程极大地调动了科研人员的积极性，创造了巨大的改革红利，使中国社会科学院科研产出面貌焕然一新。从科研成果看，中国社会科学院科研人员在 2014 年共完成专著 469 部，学术论文 4822 篇，研究报告、论文集 596 部，译著（文）280 部（篇），学术资料、古籍整理 80 种（部），理论文章 205 篇，除专著外其他各类形式的科研成果数量较 2013 年均有较大幅度的增长。2014 年科研成果总数比 2013 年增长 60.8%，其中，学术论文增长 67.4%，理论文章增长 51.9%，研究报告、论文集增长 167.3%，学术资料、古籍整理增长 4.5%，译著（文）增长 52.2%。

数量增长的同时，中国社会科学院高质量的重大科研成果也不断涌现。创新工程实施以来，全院共发布重大科研成果 232 项，其中，重大人文基础研究类成果 64 项，全面深化改革及社会发展类成果 85 项，重大经济问题研究类成果 39 项，依法治国类成果 17 项，国际关系研究类成果 27 项。比如，《简明世界历史读本》《梵语佛经读本》《中华人民共和国史编年（1949 ~ 1963）》《中国考古学大辞典》等一批优秀学术成果的推出，在引领学术方向、普及社科知识等方面发挥了积极作用，收到了良好的反响。最新发布的《中国民族地区经济社会调查报告》首批图书，对我国 60 余年来民族政策、民族工作进行全面评介，了解民族地区现代化进程中面临的突出矛盾、突出问题及经验教训，为民族地区的经济社会发展提供理论和现实借鉴。当前，中国社会科学院正在实施《中华思想通史》大型工程，以马克思主义世界观和方法论为指导，以人民的思想史视角来观察、研究思想史，力争拿出一部能够代表中国社会科学院基础学科水平、反映中国哲学社会科学水平的鸿篇巨著。

从通过竞争方式获得的院外国家级科研项目看，全院科研人员取得的国家社科基金项目资助经费呈现明显上升的态势。

创新工程的实施还给以学部制度为依托的学术大师孕育机制注入了新的活力。依据《中国

社会科学院学部章程》和《中国社会科学院学部委员增选工作实施细则》等规定，经过严格的提名、审核、候选人评审、正式候选人公示、院外同行专家学术评鉴、学部委员大会审议和投票选举，中国社会科学院于2011年和2014年对学部委员和荣誉学部委员进行了增选。目前，全院共有学部委员58位，荣誉学部委员99位。学部委员、民族文学所所长朝戈金当选国际哲学与人文科学理事会主席，成为第一位在该国际学术组织中当选首席领导职务的中国学者。这些专家以精湛的学术水平、严谨的治学态度、深厚的学术造诣为全院科研事业的发展做出了杰出贡献，也进一步增加了中国社会科学院作为国家哲学社会科学研究最高殿堂的含金量。

（三）理论学术传播水平大幅提高，成功打造了一批中国特色社会主义理论学术传播名优平台

中国社会科学院积极实施理论学术传播名优工程，广泛传播优秀学术成果和主流意识形态，成功打造了一批中国特色社会主义理论学术传播名优平台。

一是学术名刊建设成绩显著。院属学术期刊2014年整体进入创新工程，实行“五统一”制度，即“统一管理、统一经费、统一印制、统一发行、统一入库”，办刊质量稳步提升，保持和扩大了学术名刊优势。全院现有持有国内统一刊号（CN号）的中英文学术期刊84种，其中中文学术期刊75种、英文学术期刊5种、学术年鉴4种（有65种学术期刊实行“五统一”），是全国规模最大的哲学社会科学学术期刊群，其中绝大多数是我国哲学社会科学各专业领域的权威期刊，在学术界具有重要地位和影响力。根据《中国人文社会科学期刊评价报告（2014）》，中国社会科学院主办的61种期刊进入该评价指标体系，其中顶级期刊11种，占全部人文社会科学顶级学术期刊（17种）的64.71%；权威期刊12种，约占全部权威期刊（40种）的30%；核心期刊36种，占全部核心期刊（430种）的8.37%；核心及以上级别的期刊共59种，占全院中文学术期刊（75种）的78.67%。

二是社科报和社科网发展迅速。中国社会科学杂志社通过报刊网一体化实现了传统媒体和新兴媒体的融合发展，已经形成了“一报、八刊、一网”的全媒体格局。2012年，《中国社会科学报》在创刊仅3年后，就创办英文版电子报，到2013年已建成10家国内记者站和1家海外报道中心，在北京、广州、南京和西安四地同步印刷，创造了学术报刊史的“社科速度”。《中国社会科学报》已成为具有重要学术影响的哲学社会科学专业大报。中国社会科学网2011年1月成功上线，2014年1月改版，点击量屡创新高，最高日点击量超百万，目前已成为全球最大学术门户网站。

三是建设名优出版社，大力提升学术出版水平。全院围绕立足学术、多出精品的战略构想，不断提倡科学的工作方法，积极开展成果出版工作，得到了国际、国内同行的认同，影响力显著提升。创新工程实施以来，图书总量稳步增长，共出版图书18306种，其中，新版图书15574种，重版图书1708种，引进版权图书651种，输出版权图书373种。中国社会科学院出

版图书在2011年第二届中国出版政府（提名）奖的所获奖项为11项，2014年第三届中国出版政府（提名）奖的所获奖项为19项，增长72.7%。

四是数字图书馆和海量数据库建设取得突破性进展。在创新工程期间，中国社会科学院制定《图书馆战略转型三年规划（2014～2016）》，深入推进图书馆数字化转型，不断加大商业数字资源的引进和试用，为海量数据库提供源源不断的支持。随着《海量数据库建设工程（一期）项目》方案的完成，中国社会科学院对信息化建设思路有了新的诠释，实现了“烟囱式”建设向“云平台”统一的方式转变。这一转变使得国家哲学社会科学学术期刊数据库建设取得重大进展。目前，已上线论文达到260万余篇，日最高点击88万余次，成为世界上最大的开放获取期刊数据库。国家图书馆、美国国会图书馆、香港大学、密歇根大学等机构已将国家期刊库作为推荐资源。同时，古籍善本数据库建设也在创新工程期间完成了超星系统140万余种图书和2050万余篇期刊数据的恢复工作，目前已经正式对外发布。

五是成立中国社会科学评价中心，抢占中国哲学社会科学学术评价研究制高点。中国社会科学评价中心2013年下半年筹建，2014年9月挂牌成立，在12月就迅速完成全国期刊AMI评价指标体系构建，召开首届全国人文社会科学评价高峰论坛，发布了《中国人文社会科学期刊评价报告（2014）》，受到学术界的广泛关注和好评。评价中心还建立了智库信息数据库，收集了全球2000家著名智库基本信息，为发布全球核心智库评价报告奠定了良好基础。

六是重要历史和学术文献资料存储、展示和传播能力明显增强。考古所将考古资料的存储、出版和宣传作为重要创新领域，中华数字考古博物馆、实验室考古国家中心和馆藏文物保护等多个项目的建设工作稳步推进。近代史所启动了“海外近代中国珍稀文献搜集、整理与研究”项目，成立了“中国近代史档案馆”，收藏民国文献数目位居大陆地区第二位。

（四）科研组织方式和手段创新进展顺利，科研服务保障水平进一步提高

中国社会科学院积极探索科研组织方式方法创新，着力加强科研服务保障能力，为哲学社会科学发展夯实技术基础和提供条件保障。

一是创新型跨学科研究院建设卓有成效。紧紧围绕党和国家工作大局需要，开展跨学科、跨领域综合研究，汇聚国内外相关力量，分步组建了财经战略研究院、亚太与全球战略研究院、社会发展战略研究院、信息情报研究院4家创新型研究院。财经战略研究院依托经济学部及相关研究所的研究力量，着力研究国家改革发展的宏观性、战略性、全局性、前瞻性、现实性、综合性、长期性问题，为国家发展和政策制定提供战略咨询和对策建议。亚太与全球战略研究院依托国际研究学部及相关研究所的研究力量，着力研究世界经济发展、全球治理机制及我国国际战略中的全局性、综合性、趋势性和长期性问题。社会发展战略研究院依托社会政法学部及相关研究所的研究力量，着力研究人与自然、经济与社会协调发展以及民生等问题。信息情报研究院整合现有信息报送资源，汇集、研究、分析、编辑、报送国际国内重要思想理论动态，

重要战略资讯及重大动向，重要事件、重大活动及热点、焦点问题信息，提出对策建议，为党中央国务院的决策服务。

二是重点实验室建设成绩斐然。大力支持科技考古研究室建设，积极改善工作条件、装备和技术手段，启动了“广西临桂大岩、螺蛳岩遗址的发掘”“海南陵水桥山遗址的发掘”“福建明溪南山遗址的发掘”“贵州平坝牛坡洞遗址的发掘”“安徽双墩遗址”和“湖北沙洋城河城址”等一系列新的发掘项目。目前，考古学部分二、三级学科研究实力已处于国际先进水平。积极推进语音与语言科学重点实验室建设，实施消音室改扩建工程，先后改扩建了60平方米录音消音室，购置了一批进口先进发音生理测量设备和心理实验研究设备，极大地改善了科研条件。在各类研究经费的支持下，进一步扩大了发音生理和声学数据的采集规模，建成了国内最大的多模态儿童语音库、汉语方言区英语学习者语音库、普通话发音参数库，专门开发了针对汉语方言语音与语言资源的共建与共享平台。

三是创新工程科研管理系统上线运行。创新工程科研管理系统是为适应创新工程深入实施的需要而开发建设的科研管理信息化平台。该系统面向全院广大科研和管理人员，主要功能包括科研和管理信息的填报、审核、统计、查询以及对数据的其他应用，是科研人员的个人信息库和科研助手，院所领导决策的信息支持系统，职能部门进行科研管理的信息化平台。目前，系统的使用单位有56家，有效注册用户3400余人，各研究单位通过系统填报的2014年科研成果等各类数据共7806条，院职能部门审核通过6355条，比2013年均大幅增加。

四是科研基础设施明显改善。中国社会科学院稳步推进重大基本建设项目和维修改造项目。院部中心档案馆及科研附属用房翻改建项目进驻使用；研究生院单身宿舍竣工，顺利完成校园绿化任务；改造扩建后的密云绿化基地可充分保障院各种培训和科研需要。

（五）国情调研更接地气，科研合作不断开创新局面

中国社会科学院国情调研和科研合作发挥了深入基层、结合实际的实践作用，培养了一批了解国情、“接地气”的高素质人才队伍，提高了科研成果服务中央决策、服务社会发展的水平。

一是建立了以重大问题为导向以及鼓励数据采集和蹲点式等更加贴近实际的全新国情调研项目体系。全院改革了国情调研项目体系，形成了国情调研重大项目、调研基地项目（包括院级国情调研基地项目和所级国情调研基地项目）、国情考察项目（包括青年国情考察项目和按系统组织的国情考察项目）覆盖三个方面五种类型的国情调研项目体系。国情调研项目立项紧密围绕党和人民关注的重大问题，重点鼓励和扶持连续性、基础性数据的采集、整理工作，大力支持蹲点式国情调研。全面启动国情调研工作以来，总计确立各类项目854项，资助经费10119万元。

二是国情调研院所两级基地建设逐渐成型。中国社会科学院已与湖南、甘肃、河南、内蒙古、江西、黑龙江、宁波等7个省市自治区联合建立7个院级国情调研基地，设立44个所级国

情调研基地。部分国情调研基地建设初见成效。2014 年，国务院办公厅信息公开办公室将政府信息公开第三方测评委托法治国情调研基地项目组实施。2015 年，法治国情调研基地项目组发布《中国高等教育透明度指数报告（2014）》，通过中国社会科学出版社“国家智库报告”成果发布平台对外正式发布，引起巨大反响。

三是国情调研成果不断涌现并得到有效转化。中国社会科学院国情调研形成了自成体系的成果发布机制，出版了《国情调研丛书》《中国国情报告》和《国情调研报告汇编》等成果，还通过《要报》等渠道报送了一大批专题对策建议报告。2012 年以来，每年以《要报·国情调研系列》形式向中央领导报送最新成果。据不完全统计，2012 年向中央有关部门报送调研报告 33 篇，2013 年报送 23 篇，2014 年报送 29 篇。

四是科研合作水平进一步提高。中国社会科学院近年来积极开展对外战略合作，科研合作十分活跃，科研合作工作踏上新台阶。2011 ~ 2014 年，全院科研合作项目总数 90 个，是 2005 ~ 2010 年科研合作项目总数的 4.7 倍，共建合作中心（基地、研究院）12 个，举办学术会议或论坛 25 个。2015 年 6 月，中国社会科学院与上海市政府正式签约成立上海研究院，旨在充分发挥中国社科院作为国家级智库和上海作为中国改革开放前沿阵地的双重优势，建设高水平、国际化的中国特色新型智库。中国社会科学院与浙江省开展的省院合作项目“浙江经验与中国发展”，中央领导同志先后 6 次作出重要指示，评价这项研究是“迄今为止在浙江进行的最具理论权威性、规模最大、最为系统的一次对浙江精神的全面总结”。合作成果《浙江经验与中国发展》丛书作为党的十七大和浙江省委十二次党代会献礼图书，在 2014 年获得院第八届优秀科研成果奖特别奖。

（六）人才队伍建设取得新成效，培养形成了一支极具创新活力的哲学社会科学研究队伍

经过 5 年创新工程的探索与实践，中国社会科学院有针对性地建立了能进能出、能上能下、竞争择优、灵活高效的体制机制，凝聚造就了一批具有国际视野和战略思维的领军人才，培养了一批高素质、富有活力的青年人才，形成了一支富有竞争力的人才队伍。

一是学术领军人才不断涌现。全院共有全国杰出专业技术人才 4 人，享受政府特殊津贴专家 1746 人，国家有突出贡献中青年专家 86 人，国家“百千万人才工程”人选 45 人，“万人计划”人才 15 人，全国新闻出版行业领军人才 14 人，有 470 名专家担纲主持国家社科基金项目，11 位学者担任国家哲学社会科学研究专家咨询委员会委员。2011 年以来，社科院高级研究人员入选国家专家选拔体系和重大人才工程的比率不断提高，与其他同类单位相比，在一定程度上已显现出相对优势。此外，近年来社科院蔡昉、卜宪群、房宁、金碚、高培勇等 5 位学者为中央政治局集体学习进行过讲解。

二是人才队伍结构不断优化。全院人才老化和青黄不接的问题得到明显改善，人才队伍呈

现专业化、年轻化的良好发展趋势。目前，院里引进的人才与之前几年相比整体向好：第一，成熟型人才比重显著加大。2011 年至 2014 年年均引进成熟型人才占引进人才总量约 57%，远远高于 2010 年的 38% 和 2009 年的 32%。第二，引进人才的学历层次大幅提高。2011 年至 2014 年年均引进博士占引进人才比重的 74.8%，相比较 2010 年的 54%、2009 年的 52%，有了进一步提升。第三，青年人才成长速度不断加快。在科研人员中，45 岁及其以下人员所占比例保持在 55% 左右；具有博士学位人员占 75%，与 2010 年相比，增加了 13%；具有高级职称人员占 69%，与 2010 年相比，提高了 3%；专业人才的后续力量较为充足，专业人员的整体素质持续提升，专业人才队伍可持续发展的能力逐步提高。第四，人才回流趋势明显。一方面部分有调出意向的学术骨干纷纷逐步放弃原有想法；另一方面人才呈现回流趋势，实施创新工程以来，有 20 名原社科院职工或者本院毕业生，在外工作多年后申请调回社科院。

三是研究室主任聘任制改革取得重要进展。中国社会科学院研究出台了《研究室主任聘任管理办法》及相关政策说明，组织开展研究室主任聘期制改革，研究室、编辑部正副主任每个聘期 5 年，在同一岗位连任不得超过两届。建立健全研究室主任聘期目标责任制，强化目标管理，严格聘期考核，加大问责力度，打破“终任制”“铁交椅”现象，建立奖勤罚懒、优胜劣汰、严进严出、能上能下的激励约束机制。一批年富力强的中青年学术骨干接任研究室主任。

四是干部实践锻炼工作成效显著。加强了干部学者实践锻炼工作的统筹规划，将此前已有的、各种零散的、随机的挂职锻炼形式进行通盘考虑和重新整合，研究出台《关于加强干部实践锻炼的工作方案》《关于选派年轻干部参加实践锻炼的实施方案（2014 ~ 2015 年）》等文件。开展与甘肃省干部学者双向挂职工作，21 名干部学者赴甘肃省酒泉市、嘉峪关市等地党政机关、基层乡镇挂职，接收甘肃省宣传思想文化系统 8 名领导干部和专业技术人员到相关研究院所挂职或研修；安排 14 名中青年干部学者到本院的职能部门、研究生院开展实践锻炼。通过安排多层面、多渠道的干部实践锻炼项目，为干部学者健康成长搭建宽领域、全方位的培养锻炼平台，使科研工作更接地气。

五是博士后培养水平进一步提高。院里注重提高博士后培养质量，积极做好博士后设站、进站和出站审核工作，在民文所和美国所分别增设社会学、理论经济学一级学科博士后科研流动站。2014 年招收进站博士后 311 人，是 2013 年的 1.5 倍。2011 年以来，全院博士后人员申请中国博士后科学基金的中标率逐年提高。2014 年，共有 145 人申请获得基金资助，资助总额达 108.5 万元，平均申获率高达 40%，其中，法学、应用经济学、理论经济学、社会学、中国语言文学、民族学 6 个学科的申获人数均名列全国第一，社会学和民族学的申获人数占全国的一半以上。

六是研究生培养能力稳步加强。2014 年，研究生院共录取 738 名硕士研究生（其中学术型硕士生 180 人，专业学位硕士生 558 人），335 名博士研究生及 100 名马克思主义理论骨干人才博士研究生。总录取人数达到 1173 人，招生人数再创历史新高。2014 年，研究生院共有 1019

名毕业生，一次就业率达到 81.2%。

（七）对外交流合作取得重要突破，“走出去”战略的学术窗口作用大幅增强

依托创新工程，中国社会科学院推进了外事管理体制机制改革，创设了智库交流平台、经济发展问题国际青年学者研修班等品牌项目，重新整合了原有对外交流网络，打造了国际合作的高端平台，提升了中国社会科学院国际影响力，并为提升我国在国际社会各个领域的参与度和融入感发挥了积极作用。2011 ~ 2014 年，国际学术交流总量为 5203 批，10975 人次，其中，共接待重要国外领导人访问 35 次，派遣长期出访研修项目 219 人次，新签、续签 53 个对外交流合作协议和备忘录，与国外的联系交流日益增多。

一是“学术外交”和“学术外宣”工作成绩显著。2012 ~ 2014 年，中国社会科学院接待了德国总理默克尔、匈牙利总理欧尔班、欧洲议会议长马丁·舒尔茨和约旦国王阿卜杜拉等多位重要国外领导人，覆盖了美国、德国、印度等国家以及联合国、欧盟、国际红十字会等国际组织。2014 年以来，中国社会科学院配合中宣部、国务院新闻办等主办、承办了“一战和二战历史回顾：教训和启示”“甲午战争与东亚历史进程”等国际学术研讨会。中国社会科学院还积极组织专家学者参与全国人大、全国政协、中央外宣办、外交部、中联部、发改委、文化部、财政部等部门组团出访，为完成出访任务提供智力支持，为国家外交贡献力量。

二是对外学术翻译出版资助成果大幅增加。2013 ~ 2014 年，中国社会科学院每年开展两轮对外学术翻译出版资助项目的申报和评审工作。2013 年，学术著作翻译出版资助共 25 部；2014 年，学术著作翻译出版资助 53 部。

三是打造了对外交流合作知名品牌。2012 年，创设了“与国际知名智库交流平台项目”，经过严格筛选，选拔优秀年轻学者派往国外高端智库开展调研工作。该项目成为中国社会科学院及时、准确了解世情，更好发挥思想库、智囊团作用的新的有效途径。2012 年，中国社会科学院研究生院与国际合作局在创新工程支持下，成功举办了第一届经济发展问题国际青年学者研修班。当前已经举办 3 届，共有近 90 名来自周边和拉美地区 22 个国家的青年学者参加了研修，在与中国社会科学院有学术交流关系的各周边国家研究机构和大学中，经济发展问题国际青年学者研修班已经形成品牌，逐渐显现出较强的号召力和影响力。

四是学术期刊“走出去”取得重要进展。在办好原有外文期刊的基础上，中国社会科学院创办了一批新的外文期刊，当前全院外文学术期刊数量达到 14 种。2013 年，11 种外文学术期刊得到创新工程资助；2014 年，13 种外文期刊得到创新工程资助。以《中国与世界经济》（*China & World Economy*）为代表的部分期刊，适应学术传播全球化趋势，不断探索网络化时代与世界融合的办刊、出版、发行模式。通过与国际学术出版商 WILEY 合作，由其负责期刊的海外与网络发行，2013 年全球有 3626 个机构通过 WILEY 征订《中国与世界经济》，续订率达

119%。《中国与世界经济》已成为在亚洲同类期刊中名列前茅的学术刊物。

五是“中国社会科学论坛”影响日益扩大。作为哲学社会科学“走出去”战略的一项重要举措，2011～2014年共举办“社科论坛”119个，分别在俄罗斯、美国、澳大利亚、德国和加拿大等国家成功举办“社科论坛”。“社科论坛”紧扣时代发展脉搏，聚焦国内外关注热点，为开展高层次学术对话交流提供了重要平台，进一步增强了中国社会科学院国际知名度。

（八）体制机制改革稳步推进，极大地释放了科研创造活力

中国社会科学院以“创新”为核心，建立符合哲学社会科学发展规律的科研管理体制机制和制度体系，初步形成了以“报偿制度、准入制度、退出制度、配置制度、评价制度和资助制度”六大制度为核心的创新工程制度体系，为创新工程有序推进、扎实开展提供了有力的制度保障，为我国哲学社会科学创新体系建设闯出了一条新路，积累了宝贵经验。

一是建立了竞争择优、灵活高效的创新岗位管理制度。全院各单位根据创新任务和需要设置了创新岗位，不同层级的创新岗位享受不同层级的报偿。创新岗位人员必须以公开竞聘的方式产生，并且是差额进入，在符合岗位条件的情况下允许高职低聘和低职高聘。创新单位对创新岗位人员实行严格考核，建立了准入和退出机制。创新岗位与报偿相结合的制度创新打破了原有人事制度弊端，形成了较强的竞争氛围，有效地调动了全院人员的工作积极性。

二是科研规划、资源配置和经费管理衔接与匹配更加协调。一方面实行研究经费总额拨付制度，将相当比例的研究经费按年度总额拨付到进入创新工程的研究单位，扩大了研究所的经费自主权；另一方面，发布了创新工程研究领域指南，对不同类型研究单位分别提出加强重大理论和现实问题研究的强制性资源配置要求。在资源配置权下放的同时，探索建立了创新经费检查常态化、制度化机制，对“三项经费”检查发现问题的整改落实情况进行审计抽查。除此之外，院对一些重大研究任务进行单独资源配置，比如，设置了跨学科研究中心和重大研究项目，另外，对研究单位的特殊需求进行补充配置，实行“一事一议”制度，对一些确有特殊需要的单位进行支持。新制度既突出了对重点研究和优秀单位的资源配置导向，又加大了研究所对经费的支配权和自主权，也加强了经费合规性检查力度，在资源配置的有效性、高效率和合规性等方面都有所提高。

三是建立了全新的绩效评价和后期资助紧密链接的制度。科研评价制度的主要创新点在于建立了针对最终科研成果、工作绩效的注重结果的评价指标体系。科研评价指标体系以学术影响力、决策影响力、社会影响力、国际影响力为架构，确定了28大类研究成果作为评价对象，尽可能地涵盖全院各种形式的研究成果，努力体现中国社会科学院“阵地”“殿堂”“思想库和智囊团”的功能定位。与此同时，院里扩大了后期资助成果方式，向优秀研究成果倾斜，即对好的绩效、成果采取后期购买的方式，提高了资金使用的有效性，逐步形成了对资源使用主体的有效激励约束机制。

四是领导班子和干部队伍建设进一步加强。认真开展党的群众路线教育实践活动，深入推

进“三项纪律”建设，积极践行“三严三实”，不断改进党委集体领导下的所长负责制，深化干部选拔任用制度改革，着力加强优良学风建设，全面从严治党和加强党风廉政建设，为实施创新工程提供了有力的组织保障。

实施创新工程以来，中国社会科学院在规划设计、机制建立、资源配置方面做了大量工作，在马克思主义研究、综合性战略性问题研究、人文基础学科创新以及新型传播平台建设上取得了一大批重要成果。中央领导同志多次就中国社会科学院创新工程作出批示：“社科院认真贯彻中央政治局常委会指示精神，创新体系建设取得明显成效，为中央决策发挥了重要作用，为繁荣哲学社会科学作出突出贡献”“社科院近年来在哲学社会科学创新、中外学术交流、增强学术传播能力和影响力方面做了许多工作，取得可喜成绩”。中宣部、发改委、财政部、审计署等有关部门也对中国社会科学院创新工程给予了肯定与支持。中国社会科学院对哲学社会科学创新事业的积极探索，受到全国学术界和兄弟单位的高度关注，在哲学社会科学创新体系建设领域产生了良好示范效应。中央党校、国家行政学院、国务院发展研究中心、教育部、安全部和水利部等部委的相关高校和研究单位，以及全国 20 多个地方社科院多次到中国社会科学院就实施创新工程进行交流讨论，对中国社会科学院的改革创新举措给予高度评价。

下一步，中国社会科学院将认真总结 5 年来创新工程的实施经验，根据“十三五”时期国家发展战略需要和中国特色新型智库建设战略部署，继续实施哲学社会科学创新工程，进一步推进学科体系、理论与学术观点、科研方法与手段、科研组织与管理创新，繁荣发展哲学社会科学，推动我国哲学社会科学创新体系建设，按照中央“三个定位”要求，努力把中国社会科学院建成哲学社会科学领域的国家强院和居于高端水平的世界名院。

科研机构创新工程工作情况

文学哲学学部

文学研究所

（一）创新工程项目的名称及其首席研究员

2015 年，文学研究所创新工程的首席管理为陆建德、刘跃进；该所共有创新工程项目 16 项：(1)“辽金元文艺思想与文献研究”（首席研究员为郑永晓）；(2)“先唐文学经典研究与当代解读”（首席研究员为范子烨）；(3)“隋唐文艺思想与唐宋文学转型”（首席研究员为吴光兴）；(4)“元明清戏曲小说及说唱文学研究”（首席研究员为李玫）；(5)“全球化视野下的中西美学比较研究”（首席研究员为高建平）；(6)“文化理论与文学理论：西方与中国”（首席研究员为金惠敏）；(7)“当代马克思主义文学理论与文学批评研究”（首席研究员为丁国旗）；(8)“‘创新能力’与中国当代文艺”（首席研究员为李洁非）；(9)“五四与左翼文学研究”（首席研究员为赵京华）；(10)“本土经验与空间互动”（首席研究员为赵稀方）；(11)“中国文学的多元经验与现代形态研究”（首席研究员为董炳月）；(12)“‘中国大文学’的当代建构”（首席研究员为李建军）；(13)“中国文学事业与文化战略研究”（首席研究员为刘方喜）；(14)“汉唐文学思想与儒道演变”（首席研究员为刘宁）；(15)“民间视角与经验研究”（首席研究员为安德明）；(16)“网络文学现状调查与价值导向研究”（首席研究员为陈定家）。

（二）在创新工程工作方面实施的新机制、新举措

2015年，随着文学所创新工程的全面深化，全所新增了多位首席研究员和更多的创新团队，所内原有各学科片的研究领域与研究梯队得到了较大幅度的重新规划和整合，这也为许多科研人员带来了研究视角与研究对象等多方面的激励。全体科研人员在保持优良学风和严谨治学态度的同时，更加注重立足国情，立足当代，积极寻求打破固有学科壁垒，探索具有重要理论价值和重大现实意义的课题，取得了突出的成绩。

民族文学研究所

（一）创新工程项目的名称及其首席研究员

2015年，民族文学研究所创新工程的首席管理为朝戈金、朝克；该所共有创新工程项目5个：(1)“中国少数民族口头传统音影图文档案库”（首席研究员为王宪昭）；(2)“少数民族作家文学与口头传统”（首席研究员为阿地里·居玛吐尔地）；(3)“中国史诗学”（首席研究员为巴莫曲布嫫）；(4)“民族文学资料学建设（田野调查）”（首席研究员为吴晓东）；(5)“《格萨（斯）尔》抢救、保护与研究”（首席研究员为诺布旺丹）。

（二）在创新工程工作方面实施的新机制、新举措

2015年，民族文学研究所紧紧围绕中国社会科学院提出的发展战略，以全力打造中国少数民族文化建设的思想库和智囊团为重点，在学科体系、学术团队、科研方法及科研组织管理等方面进行有步骤的改革与创新。一是确立创新重点，进一步规范和完善学科体系；二是加强人才管理的中长期规划，进一步强化定编定岗岗位责任制；三是建立学术交流机制，进一步创新科研方法；四是以绩效考核为抓手，进一步强化学术激励机制。

针对中国少数民族文学涉及民族多、文学丰富、语种复杂，而岗位编制相对较少的情况，

要在创新工程中充分发挥全体人员的主动性与跨学科协作，在严格执行创新工程各项管理规定的前提下，积极利用社会资源，最大程度地提高产出。同时，在成果量化考核中，根据少数民族语言的特点，对一些成果评价体系中难以定位的用民族语发表的成果，采取严格的学术评议程序，合理解决创新工作中遇到的问题。

（三）在创新工程工作方面取得的新成果

1．“中国少数民族口头传统音影图文档案库”创新成果

实体库信息采集整理方面，完成了国内外民族文学资料数字化、转写等超过 300 万字，对各类信息的采集与编辑超过 2 万多条；音影图文数据采集方面，王宪昭、吴英、郭翠潇赴新疆阿拉善地区收集了珍贵的新疆图瓦人音影图文资料，录音影像 20 多小时，图片 200 余幅；李斯颖的台语民族跨境族源神话调查采集音像资料 5 小时，图片资料 80 张。科研成果方面，出版专著 2 种，王宪昭的《中国各民族创世神话基本母题索引》，是一部关于中国少数民族神话数字化数据的著作；发表论文 20 余篇，其中李斯颖的《从“山”到“海”：从口头传承变迁看京族文化特性的渐变》《侗族大歌传承机制及其青年传承人群体考察》等 8 篇论文均与口头传统档案库建设密切相关。宋颖的《乡愁情怀的多诉求视听语言表达》《景颇族〈目瑙斋瓦〉的民族记忆与“目瑙纵歌”节的现代建构》等是对民族文学音影图文档案建设方面的积极探索。专题数据库建设方面，一是完成了“中国神话母题 W 编目数据库”（民语文中心少数民族语言与文化研究项目·资料学建设课题）建设工作。该数据库包含从中国各民族 12600 篇神话中提取的 33469 个母题，将这些母题分十大类型、三个母题层级，通过图表形式呈现，系统展现了中国各民族神话共性与个性、传承和研究全貌，具有专业性、互通性、可扩展性、开放性等特点。二是继续完善“蒙古英雄史诗大系数据集”（民语文中心少数民族语言与文化研究项目·资料学建设课题），一则以电子书（eEdition）的方式呈现该大系所汇集的 196 种史诗文本；二则在资料学建设框架中集成史诗文本数据集，读者可按传承圈、演述人、主题、人物、情节、结构和采集地、采集时间，以及参与其间的中外史诗学者等多重维度进行浏览或检索。三是初步完成了《中国少数民族史诗研究成果的数字化建档》，该专题成果以民族文学所在中国史诗学的学科优势为前提，全面整理该所建所以来的史诗研究专题成果，并扩展到学界相关史诗研究，初步形成了数据库、电子书、数字辞典系列化的数字呈现模式。

2．“少数民族作家文学与口头传统”创新成果

2015 年，该项目出版与发表成果共 8 种，75.65 万字。其中，出版专著 1 种，16 万字；发表学术论文 5 篇，6.65 万字，其中核心期刊 3 篇，3.05 万字；工具书 1 种，25 万字；论文集 1 种，25 万字。代表性成果有：阿地里·居玛吐尔地的《走近中国少数民族丛书：柯尔克孜族》（专著）和《中国非物质文化遗产百科全书：史诗卷》（工具书）、杨霞的《嘉绒藏区自然地理与阿来文学创作》（论文）。

3."中国史诗学"创新成果

2015年，该项目出版与发表成果共14种，65.18万字。其中，出版专著1种，33.8万字；发表学术论文10篇，11.58万字，其中核心期刊7篇，8.22万字；工具书1种，承担工作量19万字；第二主编1种，38.5万字。代表性成果有：巴莫曲布嫫的《从语词层面理解非物质文化遗产——基于〈公约〉"两个中文本"的分析》（论文），朱刚的《作为交流的口头艺术实践——剑川白族石宝山歌会研究》（专著），斯钦巴图的《论史诗的核心信息与附加信息》（论文），高荷红的《国家话语与代表性传承人的认定——以满族说部为例》（论文），巴莫曲布嫫、朝戈金、毕传龙、李刚的《蒙古英雄史诗的数字化建档实践》（论文）等。

4."民族文学资料学建设（田野调查）"创新成果

该项目主要采取田野作业的方式，直接去民间艺人所在地进行搜集。由该项目成员组成的工作团队协助完成了以下任务：乌恰县史诗歌手曼拜特·曼拜特阿勒的资料搜集与调查；维吾尔族民间达斯坦艺人的资料搜集与调查；新疆塔城地区布尔津县、阿勒泰地区青河县的蒙古族口头传统资料搜集与调查；满族说部第三批文本和传承情况的调查。项目共搜集影像资料160小时、音频资料93小时、图片资料3108幅，完成研究报告8.1万字。其中采集的毛南族、仫佬族、布朗族、基诺族、畲族口头传统资料，都是中国社会科学院民族文学研究所资料库以前所缺失的资料，具有补白的意义。每个民族的资料采集，都注重其全面性，以及流传度的广泛性。这些资料的采集，为以后的研究打下了基础。

5."《格萨（斯）尔》抢救、保护与研究"创新成果

2015年，该项目出版与发表成果共3种，117.7万字。其中，发表学术论文3篇，3.7万字；核心期刊论文3篇，3.7万字；工具书1种，28万字；编著成果4种，86万字。代表性成果有：诺布旺丹的《叙事与话语建构：格萨尔史诗的文本化路径阐释》（论文）和《中国非物质文化遗产百科全书：史诗卷》（工具书）、乌·纳钦的《宏大抒情表层下的隐喻仪式现场》（论文）、李连荣的《安多地区〈格萨尔〉史诗传承的类型特点》（论文）等。

外国文学研究所

（一）创新工程项目的名称及其首席研究员

2015年，外国文学研究所创新工程的首席管理为堂圣元、陈众议；该所创新工程项目的名称及其首席研究员为：（1）"马克思主义文艺理论与外国文学批评：文学史体现的资本语境与诗性资源"（首席研究员为叶隽）；（2）"跨国资本主义时代的外国文学与国家认同：1898～1930的西方文学译介与'世界主义'的兴衰"（首席研究员为程巍）；（3）"跨国资本主义时代的东方遭遇：资本驱动与异文化互动"（首席研究员为穆宏燕）；（4）"外国文学学术史研究工程·经典作家学术史研究”（首席研究员为涂卫群）；（5）“外国文学与批评：现状与发展趋势研究”（首席研究员为余中先）；（6）“梵文学科”（首席研究员为黄宝生）；（7）“外国文学重要思潮研究”（首席研究员为周启超）；（8）“文学与大国兴衰：俄罗斯经验与教训”（首席研究员为吴晓都）；（9）“跨国资本主义时代与现代性反思”（首席研究员为李永平）。

（二）在创新工程工作方面实施的新机制、新举措

在创新工程申报工作中，外国文学研究所按照院创新工程相关原则、标准和程序进行操作：在符合科研局创新指南及该所创新工程框架下由项目组进行课题论证，公平竞争后提交所长办公会及所学术委员会讨论审定，通过的项目即确定为该所创新工程项目，再由已确定的首席研究员审校拟聘成员及其层级报所党委讨论决定。创新项目及创新岗位人员经院审核批准后，公示一周。

语言研究所

2015 年，语言研究所有 61 人进入创新岗位，占在职人员比例的 78%。

（一）创新工程项目的名称及其首席研究员

2015 年，语言研究所创新工程的首席管理为刘晖春、刘丹青；该所共有 10 个创新项目：（1）“语音与言语科学重点实验室”（业务主管为李爱军，首席研究员为熊子瑜、胡方）；（2）“汉语句法语义研究的理论与实践”（首席研究员为张伯江）；（3）“汉语语法史研究”（首席研究员为曹广顺）；（4）“上古汉语语法、训诂、音韵、文字及文献的综合研究”（首席研究员为孟蓬生）；（5）“中国重点方言区域示范性调查研究”（首席研究员为李蓝）；（6）“辞书编纂的理论与实践”（首席研究员为谭景春）；（7）“汉语语言资源数据库”（首席研究员为顾曰国）；（8）“汉语口语的跨方言调查与理论分析”（首席研究员为刘丹青）；（9）“基于语法化和语言接触的汉语句法、语义演变研究”（首席研究员为吴福祥）；（10）“《现代汉语大词典》二期工程及相关问题研究”（首席研究员为程荣）。

（二）在创新工程工作方面实施的新机制、新举措

2015 年，语言研究所继续以创新工程项目为主体，同时利用多方资源，承担更多重要课题，全面推进研究所的科研工作，科研工作取得显著成绩和进步。

（1）创新岗位准入制度发挥作用，核心期刊科研成果大幅提升。院里实行更严格的核心期刊准入制度后，语言研究所针对现状着重抓了核心期刊发表问题，要求科研人员摆正长期研究与阶段性成果的关系，鼓励及时在核心期刊发表成熟的学术成果。2015 年，科研人员科研产出明显增加，尤其是核心期刊发表量和发表人两个数字都有显著增加，在核心以上期刊发表量，是 2014 年的 2 倍，在核心以上期刊发表论文的人数是 2014 年的 1.9 倍，显示了创新岗位准入

制度的相关要求对学术创新和学术成果产出发挥了积极的作用。

（2）在国际场合，英文论文发表数量进一步增加，语言研究所的国际学术影响力得以加深、扩大。2015 年，以语音实验室团队为主的研究人员在国际场合发表英文论文 17 篇，其中发表于 SCI（科学引文索引）期刊或被 EI（国际工程检索）收录的论文 7 篇，这都是创新项目的成果。李爱军研究员在德国著名的斯普林格出版社出版了英文专著。这些都进一步加强了语言研究所与国际学术界的交流和合作，提升了科研成果的国际影响力。

（3）面向社会语言生活的应用性研究进一步增强。语言研究所继承发扬本体研究和应用研究并重的优良传统，保持对应用性研究的支持力度，注重直接服务于社会文化教育事业的研究课题。

由学部委员江蓝生主编的语言研究所词典室重点项目《现代汉语大词典》，作为第一本权威的现代汉语大型工具书，2015 年底实现项目"合龙"，初稿完成。

由所长刘丹青研究员主持的国家语委审音课题组，负责 30 年来国家的第一次普通话审音工作，在 2014 年底基本完成《异读字审音表》（1985 年）修订稿之后，2015 年，在国家语委组织下，课题组以由内向外的模式，分别听取了语委审音委员会、北京地区各相关领域专家和南方地区各界专家的意见，召开了多个征求意见会。每一次意见征求之后，都由课题组对审音表修订稿进一步修改完善。审音工作得到了语委的肯定。

2015 年，广受好评的《央视汉字听写大会》，继续在语言研究所协办下，举行了第四届大会，语言研究所正副所长和几位研究员继续担任裁判长和裁判。

（4）国务院持续支持的国家级大型出版项目《中国大百科全书》第三版纳入院创新工程项目。语言研究所所长刘丹青任"语言文字卷"主编，下设 16 个分支学科，其中 7 个分支由语言研究所研究人员主持。

哲学研究所

2015 年，哲学研究所全部 9 个学科、《哲学研究》《哲学动态》《世界哲学》编辑部图资室进入创新工程。共有 93 人进入创新工程，进岗比例为 73%。专业人员中有 86 人进入创新工程，管理人员中有 14 人进入创新工程。首席管理为谢地坤，首席研究员 17 人，总编辑 2 人，长城学者 2 人，基础学者 1 人，青年学者 1 人。同时，核发了 120 人的智力报偿和创新报偿。根据创新工程岗位准入条件及报偿发放的有关规定，结合人员考勤情况，及时调整创新岗位及其报偿发放，坚持完善竞争激励机制和退出机制。2015 年下半年，研究制定了研究系列、采编系列、管理系列创新工程后期资助目标报偿实施细则，认真组织开展了成果和实绩的统计总结及打分和分档工作，坚持完善了竞争激励机制和退出机制。

（一）创新工程项目的名称及其首席研究员

2015年，哲学研究所共有创新工程项目17项：(1)“马克思主义哲学中国化、时代化、大众化文本研究与历史研究”（首席研究员为李景源）；(2)“创建马克思主义哲学中国化新形态”（首席研究员为崔唯航）；(3)“新大众哲学”（首席研究员为孙伟平）；(4)“马克思主义哲学思想的源头活水——《马恩全集》历史考证版（MEGA2）研究和国外马克思主义哲学研究”（首席研究员为魏小萍）；(5)“马克思主义哲学中国化与西方哲学中国化的比较研究”（首席研究员为李俊文）；(6)“当代伦理学前沿问题研究”（首席研究员为孙春晨）；(7)“全球化视野下的东方哲学研究”（首席研究员为孙晶）；(8)“中国语境中的西方哲学基础理论研究”（首席研究员为叶秀山）；(9)“西方哲学经典著作翻译”（首席研究员为张慎）；(10)“学术交流‘走出去’战略启动和扩展”（首席研究员为尚杰）；(11)“跨文化视野下的美学与美育研究”（首席研究员为王柯平）；(12)“逻辑学当代发展的创新研究”（首席研究员为刘新文）；(13)“中国哲学的近现代转型”（首席研究员为李存山）；(14)“儒释道三教关系研究”（首席研究员为张志强）；(15)“中国哲学史资料选辑新编”（首席研究员为陈静）；(16)“当代哲学背景下的科技哲学理论创新与实践”（首席研究员为段伟文）；(17)“文化产业政策与法律”（首席研究员为贾旭东）。

2015年，哲学研究所共有8种成果获得院创新工程出版资助：(1)孙伟平的《马克思主义哲学的当代中国学术形态》；(2)吴元梁等的《马克思主义哲学中国化的历史形态与借鉴》；(3)欧阳英的《马克思之后的政治哲学——从恩格斯到当代“后马克思主义”》；(4)孙伟平等的《创建“中国价值”——社会主义核心价值体系研究》；(5)尚杰的《图像暨影像哲学研究》；(6)刘丰的《北宋礼学研究》；(7)姜守诚的《出土文献与早期道教》；(8)陈明的《王船山的德性论与治道思想》。

（二）在创新工程工作方面实施的新机制、新举措

(1)哲学研究所在对全所近十年来队伍状况进行分析的基础上，充分利用实施创新工程对人才的吸引力，积极引进各类优秀人才，充实增强各学科的研究力量及科研辅助和管理队伍力量。通过院人才引进办法，引进了具有副高级职称人才2人，优秀博士后出站人才1人，具有较大发展潜力的应届博士生2人，分别充实到伦理学研究室、科技哲学研究室、马克思主义哲学原理研究室、逻辑学研究室和《哲学动态》与《中国哲学年鉴》编辑部。引进1名海外留学回国人才，充实到现代外国哲学研究室；引进了1名管理干部，充实到所办公室；从院图书馆交流了2名图书管理方面的专业人才到所图资室。同时，选派4人出国访学1年，扩展学术视野，提高学术水平。

(2)严格执行到龄退休和返聘制度。2015年，哲学研究所通过缓退博士生导师和返聘学科带头人，继续发挥其作用和稳定科研队伍。

(3)在严格自查自纠的基础上，加强财务制度建设。增加研究室建设经费，对未进入创

新工程的人员也给予一定的科研资助；优化项目预算编制，严把预算执行关口，确保经费支出与预算相符；全面实施公务卡支付结算业务；细化账务处理，严格使用控制类科目，对“小三票”“劳务费”支出进行实时监督，避免超比例虚假支出；完善财务档案管理制度，保证各类财务档案的完整性、真实性，清晰地反映各类经济业务发生始末。

世界宗教研究所

2015年，世界宗教研究所全部研究室及编辑部（佛教研究室、宗教学理论研究室、当代宗教研究室、宗教文化与艺术研究室、儒教研究室、基督教研究室、道教与民间宗教研究室、马克思主义宗教观研究室、伊斯兰教研究室、《世界宗教研究》编辑部、《世界宗教文化》编辑部）进入创新工程，全所参加创新工程总人数为60人。

（一）创新工程项目的名称及其首席研究员

2015年，世界宗教研究所创新工程首席管理为曹中建、卓新平；该所共有创新工程项目10项：(1)“中国传统宗教与当代文化发展研究”（首席研究员为卢国龙）；(2)“当代宗教发展态势研究”（首席研究员为邱永辉）；(3)“中国特色社会主义宗教理论创新研究”（首席研究员为曾传辉）；(4)“宗教学理论创新研究”（首席研究员为赵广明）；(5)“中华封建社会宗教思想通史研究”（首席研究员为魏道儒）；(6)“基督宗教与近现代中国研究”（首席研究员为王美秀）；(7)“中国宗教艺术现状研究”（首席研究员为何劲松）；(8)“新时期的道教与民间宗教研究”（首席研究员为戈国龙）；(9)“当代伊斯兰教热点问题研究”（首席研究员为卓新平）；(10)“东南亚宗教研究”（首席研究员为郑筱筠）。

（二）在创新工程工作方面实施的新机制、新举措

2015年，世界宗教研究所根据中国社会科学院《中国社会科学院创新工程研究领域指南》等系列文件要求，在马克思主义宗教观理论的指导下，结合该所的学术定位、研究职能和发展优势，制定和实施创新工程方案，积极构建新的学术管理平台和用人机制，推动体系创新和学科发展。

首先，在用人机制方面，围绕创新工程申报项目，积极聘用各类相关学者和人才，发挥人才优势，增强创新的力量。

其次，在管理层面，该所执行首席研究员对各项目负责、首席管理对全所创新工程负总责制，层层管理，落实到位，使得全所创新工程得以有效地开展。

在创新项目研究方面，全所紧紧围绕创新工程大项目，以研究室为单位，开展各项目研究。

历史学部

考古研究所

（一）创新工程项目的名称及其首席研究员

2015 年，考古研究所创新工程的首席管理为王巍、刘政；该所的创新工程项目共 50 项：(1)“中国农业的起源和早期发展——栽培大豆的起源和早期耕作技术研究”（首席研究员为赵志军）；(2)“中国动物考古学的区系类型研究”（首席研究员为袁靖）；(3)“黄河中游地区旧石器时代向新石器时代过渡的考古学研究”（执行研究员为王小庆）；(4)“长江中游地区史前城址的发掘与研究”（执行研究员为黄卫东）；(5)“西北地区史前聚落调查和发掘”（首席研究员为李新伟）；(6)“成都平原北东区域史前考古调查”（执行研究员为叶茂林）；(7)“新砦聚落研究”（首席研究员为赵春青）；(8)“黄淮中下游地区史前城址与聚落的考古发掘与研究”（首席研究员为梁中合）；(9)“辽东半岛积石冢考古发掘与研究”（执行研究员为贾笑冰）；(10)“华南地区史前考古学文化谱系研究”（首席研究员为傅宪国）；(11)“二里头遗址的勘探、发掘与研究”（首席研究员为许宏）；(12)“陶寺遗址发掘与研究”（首席研究员为何努）；(13)“殷墟综合研究”（首席研究员为唐际根）；(14)“偃师商城宫城遗址资料整理与报告编写”（首席研究员为谷飞）；(15)“丰镐遗址考古勘探与试掘”（首席研究员为徐良高）；(16)“汉长安城遗址考古发掘与研究”（首席研究员为刘振东）；(17)“唐长安城遗址考古发掘与研究”（首席研究员为龚国强）；(18)“洛阳汉魏城遗址考古发掘与研究”（首席研究员为钱国祥）；(19)“洛阳唐城遗址的考古发掘与研究”（执行研究员为石自社）；(20)“河北邺城遗址考古发掘与研究”（首席研究员为朱岩石）；(21)“辽上京城考古发掘和研究”（首席研究员为董新林）；(22)“西安秦汉上林苑的考古与研究”（执行研究员为刘瑞）；(23)“苏州木渎古城的发掘与研究”（执行研究员为唐锦琼）；(24)“唐宋扬州城遗址考古发掘与研究”（执行研究员为汪勃）；(25)“北朝石窟寺调查与研究（童子寺佛寺遗址发掘）”（首席研究员为李裕群）；(26)“古文字研究”（首席研究员为冯时）；(27)“巴蜀符号研究”（执行研究员为严志斌）；(28)“中亚考古”（首席研究员为王巍、朱岩石）；(29)“北庭古城综合考古研究”（首席研究员为巫新华）；(30)“新疆博尔塔拉河流域青铜文化研究——博尔塔拉河流域考古调查与发掘”（首席研究员为丛德新）；(31)“秦汉时期西南夷地区考古发掘与研究”（执行研究员为杨勇）；(32)“西藏阿里象泉河上游象雄时期墓地测绘与发掘”（执行研究员为仝涛）；(33)“蒙古族源考古研究”（首席研究员为刘国祥）；(34)“三海子遗址群考古研究”（执行研究员为郭物）；(35)“碳十四年代学研究和古人类食物状况研究”（首席研究员为张雪莲）；(36)“现代分析测试技术在考古学研究中的应用”（执行研究员为赵春燕）；(37)“考古遥感与地理信息系统研究”（首席研究员为刘建国）；(38)“2015 年重要遗址考古发掘资料与口述考古史”（首席研究员为陈星灿，执行研究员为巩文）；(39)“青铜器陶范铸造技术的发展与演变”（执行研究员为刘煜）；(40)“临淄齐故城冶铸遗址调查研究”（首席研究员为白云翔）；(41)“龙山时代到商代中原地区生态环境及植物利用——应用木炭分析方法”（执行研究员为王树芝）；(42)“考古遗址古环境重建及人地关系研究”（执行研究员为齐乌云）；(43)“古 DNA 技术的应用和人骨的综合研究”（执行研究员为王明辉）；(44)“中国文化遗产科学体系创新研究”（首席研究员为杜金鹏）；(45)“考古遗产空间资源结构性维系及价值挖掘研究”（首席研究员为王学荣）；(46)“实验室考古创新研究”（执行研究员为李存信）；(47)“文物修复技术研究”（执行研究员为王浩天）；(48)“中国文化遗产纺织考古科学体系创新研究——江西靖安李洲坳东周墓葬出土纺织品文物”（执行研究员为王亚蓉）；(49)“泥河湾盆地旧石器考古学研究”（首席研究员为傅宪国）；(50)“洪都拉斯玛雅文明中心——科潘遗址考古发掘”（首席研究员为王巍、李新伟）。

（二）在创新工程工作方面实施的新机制、新举措

2015 年，考古研究所在院党组的正确领导下，坚持正确的政治方向和学术导向，坚持科学的工作思路和举措，其田野考古和研究为构建中国考古学学科体系发挥了重要作用，是国内中国考古学学科研究的重地和开展国际交流的中心。

1. 构建学科新体系，建设国际一流研究所

考古研究所提出创新领域、创新方向和创新项目三级学术创新架构，并以此作为考古研究所创新工作的指南性纲领。创新领域是最宏观的创新主题。考古研究所确定的九大创新领域是中国考古学研究及学科建设面临的最重大问题，是最需要开拓创新、取得突破性进展的领域。创新方向是各创新领域内最有可能获得创新发现的研究方向。考古研究所在 50 个创新方向中选择重点，优先设计创新课题展开研究，既保持均衡发展，又寻求重点突破；并在创新研究过程中根据学科发展情况，随时调整重点，坚守学科制高点和前沿。自 2011 年进入创新工程以来，该所在中华文明探源及中国上古史的重建、中国古代城市的考古学研究、中外文化交流的考古学研究、多民族统一国家的形成、多学科结合的创新型考古学研究、文化遗产保护科学创新、考古资料的存储、展示、出版及宣传九大领域同时开展创新工作，并根据学科发展情况，随时调整重点，掌控学科制高点和前沿。

2. 启动田野考古发掘新项目，扩大田野考古工作覆盖面

在新的创新框架下，考古研究所在巩固传统田野考古优势、深化相关研究的基础上，启动了一系列新的发掘项目，在华南地区启动了广西“临桂大岩、螺蛳岩遗址的发掘”，海南“陵水桥山遗址的发掘”，福建“明溪南山遗址的发掘”“将乐岩仔洞遗址的发掘”，贵州“平坝牛坡洞

遗址的发掘”，在安徽启动了“安徽双墩遗址的发掘”，在湖北启动了“湖北沙洋城河城址”，在甘肃启动了“甘肃马家窑遗址的发掘”，在陕西启动了“汉唐昆明池的考古勘探与发掘”“秦汉栎阳城遗址的考古勘探与发掘”“西安北郊渭桥遗址的发掘”，在山东启动了“临淄齐故城阚家寨冶铸遗址发掘”，在云南启动了“陆良薛官堡墓地发掘”，在新疆启动了“温泉县阿敦乔鲁遗址和墓地的调查与发掘”“木垒县平顶山墓葬考古发掘”“清河县三海子遗址考古发掘”“吐鲁番吐峪沟石窟沟西区中部遗址的发掘”，在内蒙古启动了“谢尔塔拉墓地与岗嘎墓地发掘”“陈巴尔虎旗岗嘎墓地的发掘”，在辽宁启动了盖州的“高句丽山城遗址的调查与发掘”、大连的“鞍子山积石冢遗址的发掘”，在西藏启动了“阿里故如甲木墓地和曲踏墓地的发掘”，在河北启动了“泥河湾盆地旧石器考古学研究”，以及在乌兹别克斯坦启动了“乌兹别克斯坦明哥佩城址勘探发掘”，在洪都拉斯启动了“玛雅文明中心——科潘遗址考古及中美洲文明研究”等项目。

3．开拓研究新领域，完善学科布局

考古研究所围绕国际学术热点开展专题和综合研究，重点开展农业起源与发展、古代城市化进程、文化交流与互鉴、中华文化多样性及其多元一体中华文明和国家的形成与发展、南岛语族起源、玛雅文明中心——科潘遗址考古及中美洲文明研究等，争取掌握国际话语权。在创新工程支持下，该所在对传统优势领域工作高度重视的同时，特别加强了之前没有开展过或很少开展过考古工作的边疆区域，加强边疆地区考古、填补空白研究领域和区域。把目光聚焦到以前田野考古工作薄弱的广西、福建、海南、新疆、西藏等地。按照创新设计，有计划、有重点地推进，经过近几年的工作，新区域新领域的工作取得可喜成效。

4．探索科研组织管理新机制，激发科研积极性

（1）发挥重点研究室的核心作用。研究室是社科院组织科研的基层组织，重点研究室成为考古研究所的核心创新力量，在研究所工作的整体布局下，确定该研究室研究领域内的创新方向；组织该研究室科研人员在相关创新方向下提出创新课题；对该研究室人员创新课题的实施进行监督和管理；完成该研究室研究领域内创新方向年度和阶段性创新报告。组织该研究室研究领域内创新工作的实施。

（2）以创新项目为具体的创新工作方式。按照院要求，符合条件的科研人员均可在相关创新方向下申请创新课题，创新课题组成员包括课题负责人 1 人和课题参加者若干人，实行创新课题负责人责任制，课题负责人全面负责本课题科研工作的进行，课题经费的管理，与课题相关的人员的聘用和课题结项等各项工作。

（3）与地方政府和科研机构联合设立考古研究基地，修缮改造老旧考古工作站。考古研究所根据学科创新和发展的需要，充分整合各方面资源，与地方政府和地方科研机构联合，在各地设立了 10 多个考古研究基地。该所向基地提供创新经费和现有人员及办公家具和设备，由地方单位提供工作场地、补充研究设备和配置研究人员。以灵活的机制开展研究工作。几年来，该所分别与地方政府和有关单位合作建立了“东南考古研究基地”（福建）、“桂林洞穴遗址考古研究中心”（广西）、“蚌埠淮河文化研究基地”（安徽）、“辽东岛屿考古研究基地”（辽宁）、“中国亚欧草原文化研究中心新疆博州工作站”（新疆），“二里头考古研究基地”（河南）、“鲁东南古文化研究基地”（山东）、“赤峰红山文化研究基地”（内蒙古）、“呼伦贝尔蒙古族源研究基地”（内蒙古）、“辽上京辽文化研究基地”（内蒙古）、“丝绸之路研究基地”（新疆，与新疆大学共建）、“中国社会科学院考古研究所山西考古基地”暨“陶寺文化国际研究中心”（山西）、文化遗产保护洛阳龙门基地、文化遗产保护安阳基地以及正在建设的“海南海疆考古研究基地”（海南）、“三门峡仰韶文化研究基地”（河南）等。该所还修缮一些老旧考古工作站，对站内陈旧的设备进行更新，有效地改善站内文物的储藏和展示环境，如山东队曲阜工作站。

（4）评价机制的建立与创新。科研体制创新是考古研究所自2011年整体进入创新工程以来的着力点之一。该所以学术创新架构为依托，积极开展科研运作机制、岗位设置和用人机制的改革创新，明确各部门在创新架构中的位置和责任，紧密结合已经开展的重点研究室建设，努力探索新的科研运作模式，制订了“考古研究所科研岗位工作业绩量化考核办法”量化指标，与综合考评相结合形成了与薪酬待遇挂钩的评价体系，以创新工程为契机，建立了充满活力、激发科研人员创造力的科研新体制，在实施过程中我们不断修改，逐年完善。

历史研究所

（一）创新工程项目的名称及其首席研究员

2015年，历史研究所创新工程的首席管理为闫坤、卜宪群；该所共有创新工程项目22项：(1)“管理体制机制的改革创新”（首席研究员为闫坤、卜宪群）；(2)“唯物史观的传播与中国马克思主义史学理论的构建”（首席研究员为林甘泉）；(3)“中国早期区域文明与夏商周政治文化”（首席研究员为王震中）；(4)“专制主义中央集权官僚制的形成及其在汉魏六朝的发展”（首席研究员为杨振红）；(5)“《天圣令》及唐宋法律与社会研究”（首席研究员为黄正建）；(6)“中国古代的社会转型与文化融合”（首席研究员为陈高华）；(7)“明代官私文书：国家与社会的互动”（首席研究员为张兆裕）；(8)“清前期政治与文化变迁研究”（首席研究员为杨珍）；(9)“中国古代契约社会研究”（首席研究员为阿风）；(10)“儒学演变与社会变迁”（首席研究员为张海燕）；(11)“历代史论与思想史”（首席研究员为王启发）；(12)“古代内陆欧亚史研究”（首席研究员为李锦绣）；(13)“中国古代区域军政与民族问题研究”（首席研究员为刘晓）；(14)“历史所藏甲骨墨拓珍本的整理与研究”（首席研究员为宋镇豪）；(15)“传统文献与出土文献研究性整理的新探索”（首席研究员为陈祖武）；(16)“隋唐西北边疆汉文史料的研究和再整理”（首席研究员为吴玉贵）；(17)“日本、越南、韩国、朝鲜汉文正史丛编”（首席研究员为孙晓）；(18)“中国古代史学科前沿的追踪与分析”（首席研究员为徐义华）；

(19)“北魏开国史研究”(首席研究员为楼劲);(20)“中国史研究”(首席研究员为彭卫);(21)“《中国史研究动态》”(主编为刘洪波);(22)“图书馆特藏文献目录提要”(首席研究员为袁立泽)。

(二)在创新工程工作方面实施的新机制、新举措

2015 年,为配合院创新工程重大项目“中华思想通史”(王伟光主持)的实施,历史研究所新设“中华思想通史·夏商西周卷”“中华思想通史·隋唐五代卷”“中华思想通史·明代卷”“中华思想通史·清代卷”等项目首席岗 4 人。

为推动成果产出和人才培养,历史研究所高度重视创新工程项目的过程管理,分别于 2015 年 6 月和 12 月进行了首席项目的中期和年终考核。通过首席研究员的述职、考核委员会考评计分的形式,重点考核各首席项目的科研任务、核心期刊任务、组织管理、团队建设、人才培养、经费使用等情况。从而,适时把握研究项目的进展情况,为创新工程项目的最终完成奠定坚实基础。

按照院创新办要求,历史研究所积极组织科研人员填报“中国社会科学院创新工程综合管理平台”,组织填报各类科研成果数据 370 余条。严格按照《中国社会科学院创新工程科研岗位绩效考核和后期资助目标报偿实施办法》《中国社会科学院创新工程采编岗位绩效考核和后期资助目标报偿实施办法》《中国社会科学院创新工程管理岗位绩效考核和后期资助目标报偿实施办法》和《关于开展 2015 年度创新工程绩效考核计分分档工作的通知》要求,制定《历史研究所 2015 年度创新工程绩效考核计分分档工作方案》,成立了以党委书记闫坤研究员、所长卜宪群研究员为组长,副所长王震中研究员、党委委员杨艳秋研究员为副组长,职能部门负责人为组员的考核领导小组。通过对科研、采编、管理、图资 4 大序列工作量的统计、分数换算,充分做好后期资助分配工作。历史研究所实施的后期资助制度,打破了原有的“大锅饭”体制,无论是否进入创新工程,均按照“多劳多得、少劳少得、不劳不得”的原则,从而调动了科研人员和管理工作者的积极性,促进了科研生产力的发展。

世界历史研究所

(一)创新工程项目的名称及其首席研究员

2015 年,世界历史研究所创新工程的首席管理为张顺洪、赵文洪;该所新增加的创新工程项目为:“18 ~ 19 世纪俄日两国岛屿问题的历史研究”(邢媛媛主持),“日本马克思主义史学研究”(张经纬主持),“巴西的日本移民和中国移民比较研究”(杜娟主持)。该所共有 62 人进入创新工程。

（二）在创新工程工作方面实施的新机制、新举措

1. 实施人才培养

世界历史研究所着力实施哲学社会科学创新工程，把现有人才的培养与引进优秀人才结合起来，努力培养政治素质好、业务水平高、服务意识强、外文基础夯实并在国内外世界历史学界具有影响力的复合型领军人才；努力优化学科布局，造就若干学术领军人才；培养一大批理论素养高、史学功底扎实、外文基础好的学科带头人和科研骨干。

在人才引进和培养方面，该所进行有力探索和尝试，取得了很好的效果。主要做法和经验是：第一，领导班子加强了优秀人才引进意识和培养的意识。第二，认真实行院里的人才引进各项规定，为院里把好人才第一道关。第三，完善了人才引进机制，力争每年能够把来所求职人员中最合适的人才引进来。第四，注重特殊语种人才的引进和增益，取得明显成绩。第五，在研究所科研项目的设立上，注重向青年科研人员的倾斜，为青年科研人才成长提供经费保障。第六，积极鼓励青年科研人员申请国家社科基金项目，取得了好成绩。第七，尽力提供机会，让青年科研人员在国内外学术舞台展示学术风貌。第八，努力创造公平竞争环境，促进科研人才的成长。

这五年，该所引进青年科研人员 15 位，均有博士学位，部分是博士后出站人员和留学回国人员，已很大程度上改善了该所科研队伍状况，增强了该所科研活力。

2. 实施长远发展目标

世界历史研究所的长远发展目标是：建立国际一流的科研管理体制，创造国际一流的科研环境，培养国际一流的人才，推出国际一流的成果，高标准地实现中央对中国社会科学院“三个定位”的要求。该所严格执行院里各项加强科研管理的新举措，并根据该所具体实际制定一些相应规定，如推进科研人员“走出去”的办法、加强编辑工作的若干新规定、着力培养中英文刊物兼职编辑的举措等。

3. 实施管理强院战略

严格实行院里各项管理规定。大力推进所务公开。通过印发党委会、所长办公会等会议纪要和张榜公布的方式，很好地做到了所务公开。制定和不断完善所里规章制度，特别是外事工作管理制度，使所里各项管理工作井然有序。同时，加强了管理人员的引进和培养锻炼，全所管理队伍力量有了增强。

4. “名优工程”建设

（1）两大中文刊物建设工作得到加强。《世界历史》和《史学理论研究》两个杂志都扩大了编委，使编委队伍在全国学术界更加具有代表性。《史学理论研究》杂志还设立了学术顾问小组，由全国几位史学大家组成。《世界历史》很好地执行了匿名审稿制度，收到非常好的效果；《史学理论研究》已从 2015 年全面执行匿名审稿制度。两个杂志均加强和完善了审校程序，加强了审校工作，提高了刊物质量；编辑队伍总体力量得到加强。《世界历史》进入国家社科基金

优秀期刊第一批资助期刊行列，并且受到好评。

（2）创建全国世界历史学科首份学科性英文刊物 *World History Studies*（《世界史研究》）。完成了系列期刊创建的相关工作，如筹建了由国内外著名世界史专家组成的编委会，由世界历史研究所青年专家为主组成的兼职编辑队伍，初步形成严密的匿名审稿制度、审稿制度和英文润色审校制度。

2015 年，该所重点学科建设卓有成效，濒危学科建设已初具规模，各学科研究领域不断开辟新的方向，一些新兴学科研究在国内具有一定的优势。

中国边疆研究所

2015 年，中国边疆研究所参加创新工程的人数为 25 人，占在职人员总数的 75.8%。

（一）创新工程项目的名称及其首席研究员

2015 年，中国边疆研究所的首席管理为李国强、刑广程；创新工程项目的名称及其首席研究员为：(1)“中国边疆学学科构建”（首席研究员为邢广程）；(2)“中国南海历史性权利研究”（首席研究员为李国强）；(3)“近代西藏治理研究”（首席研究员为孙宏年）；(4)“新疆治理研究”（首席研究员为许建英）；(5)“新疆生产建设兵团体制与新疆长治久安”（首席研究员为王义康）；(6)“东北及北部边疆与周边关系研究”（首席研究员为阿拉腾奥其尔）。

（二）在创新工程工作方面实施的新机制、新举措

2015 年，中国边疆研究所继续以党和国家关注的重大理论和现实问题为科研主攻方向，以中国社会科学院发布的 2015 年度创新工程研究领域指南为引领，严格执行创新工程准入条件，开展创新岗位竞聘上岗，优中选优，从源头保障创新工程的顺利实施；对创新项目进行全程监督、考核，督导各首席研究员保质保量完成预期目标。

经济学部

经济研究所

（一）创新工程项目的名称及其首席研究员

2015 年，经济研究所创新工程的首席管理为裴长洪；该所新设立创新工程项目为“中国宏观经济形势分析与风险预警”（首席研究员为常欣）。

（二）在创新工程工作方面实施的新机制、新举措

经过4年多的努力，经济研究所初步完成了与创新工程相匹配的人才配置、机构建制、制度建设等基础工作，搭建起了经济研究所研究交流平台，确定了各研究领域的学科带头人及青年后备力量，按时且较高质量完成了规定的各项任务。

在总结创新工程经验方面，经济研究所通过建章立制，对创新项目的研究跟踪管理有一定的效果。为此制定了《经济研究所创新项目月度进展情况调查表》《经济研究所创新项目月度进展情况统计表》《经济研究所公务出差审批表》《经济研究所学术会议审批表》和《经济研究所财务管理规定》等，并通过创办《科研与管理简报》和《所内工作通讯》，及时、全面地反映全所各项工作的进展情况，在很大程度上推动了全所创新工程的合理有序推进。

农村发展研究所

2015年，农村发展研究所创新工程的首席管理为潘晨光、李周、魏后凯；该所共有创新工程项目8项：(1)“中国城乡关系研究（2015）”（首席研究员为朱钢）；(2)“农业资源与农村生态保护研究（2015）”（首席研究员为孙若梅）；(3)“农产品市场和农村要素市场研究(2015)”（首席研究员为李国祥）；(4)“中国农村组织研究（2015）”（首席研究员为苑鹏）；(5)“中国农产品安全战略研究（2015）”（首席研究员为张元红）；(6)“中国农民福祉研究(2015)”（首席研究员为吴国宝）；(7)“社会转型背景下农村公共服务研究（2015）”（首席研究员为党国英）；(8)“中国农村经济形势分析实验室（2015）”（首席研究员为于法稳）。

财经战略研究院

2015年，财经战略研究院根据项目目标计划，实行创新岗位梯级设置，共设置56个创新岗位。其中，首席管理为高培勇，首席研究员11人（含获得学者资助计划的学部委员1人），业务主管（一档）2人。根据项目具体情况，设置执行研究员20人（含获得学者资助计划的基础学者3人），研究助理10人（含学者资助计划的青年学者1人），责任编辑3人、编辑助理2人，业务主管（二档）3人、业务主办（一档）1人、业务主办（二档）2人、业务协办（一档）2人。

2015年，财经战略研究院设有创新工程项目9项：(1)“中国财税价格体制改革研究”（首席研究员为杨志勇）；(2)“国家治理现代化进程中的税制改革研究”（首席研究员为张斌）；(3)“中国服务业发展趋势与战略思路研究”（首席研究员为夏杰长）；(4)“城镇化、工业化与住房发展模式”（首席研究员为倪鹏飞）；(5)“共建‘一带一路’的对外投资战略研究”

（首席研究员为夏先良）；(6)“国际服务贸易：理论与中国的战略”（首席研究员为赵瑾）；(7)“物流业与经济发展‘新常态’关系研究”（首席研究员为依绍华）；(8)“大陆台湾经济一体化研究”（首席研究员为汪红驹）；(9)“利益格局与收入分配：决定因素及改革战略研究”（首席研究员为钟春平）。创新工程应急项目 4 项：(1)“互联互通是‘一带一路’建设的重要保障”（汪红驹主持）；(2)“旅游业：‘一带一路’建设的突破口”（宋瑞主持）；(3)“我国经济中期走势及政策取向研究”（冯明主持）；(4)“2015 年如何实现 7% 左右经济增长预期目标”（付敏杰主持）。

金融研究所

（一）创新工程项目的名称及其首席研究员

2015 年，金融研究所创新工程的首席管理为何德旭、王国刚；该所共有 8 项创新工程项目：(1)“中国经济新常态与货币政策研究”（首席研究员为彭兴韵）；(2)“系统性风险与金融监管协调研究”（首席研究员为胡滨）；(3)“保险理论创新与金融市场发展研究”（首席研究员为郭金龙）；(4)“财富管理业的宏观框架和微观机理研究”（首席研究员为殷剑峰）；(5)“互联网金融理论、实践与政策研究”（首席研究员为杨涛）；(6)“解决融资难、融资贵问题的政策建议研究”（首席研究员为曾刚）；(7)“大规模外汇储备的币种结构管理研究”（首席研究员为余维彬）；(8)“经济新常态下我国上市公司股权融资决策研究”（首席研究员为张跃文）。

（二）在创新工程工作方面实施的新机制、新举措

2015 年，金融研究所为配合创新工程的实施，先后修订、完善了相关规章制度，包括《金融研究所导向性刊物目录》《金融研究所科研人员考核办法》《金融研究所考勤管理规定》《金融研究所财务管理规定》《金融研究所总额拨付研究经费使用细则》等。

数量经济与技术经济研究所

2015 年，数量经济与技术经济研究所有 46 人进入创新岗位，其中创新项目研究岗位 26 人。

（一）创新工程项目的名称及其首席研究员

2015 年，数量经济与技术经济研究所创新工程的首席管理为李富强、李平；该所共设有创新工程项目 8 项：(1)“能源安全与新能源技术经济研究”（首席研究员为李平）（兼）；(2)“循环经济发展评价的理论与方法创新研究”（首席研究员为齐建国）；(3)“经济预测与经济政策

评价”（首席研究员为李雪松）；(4)“人口老龄化经济增长效应理论与实证研究”（首席研究员为李军）；(5)“宏观调控政策效应模拟与评价——基于宏微观一体化建模框架”（首席研究员为张涛）；(6)“促进生态文明建设的绿色发展战略与政策模拟研究”（首席研究员为张友国）；(7)“科技战略与科技政策研究和评价”（首席研究员为王宏伟）；(8)“信息化测评体系创新研究和应用”（首席研究员为姜奇平）。

（二）在创新工程工作方面实施的新机制、新举措

2015年，数量经济与技术经济研究所实施研究所创新工程绩效考核后期激励办法，同时根据院里规定，申请创新工程总额拨付用于国际交流项目获得批准。

人口与劳动经济研究所

2015年，人口与劳动经济研究所创新工程的首席管理为张车伟、钱伟；该所进入创新工程岗位的人数为33人，设立创新工程项目6项，(1)“中等收入阶段劳动力市场政策研究”（首席研究员为都阳）；(2)“中国快速人口老龄化的原因、后果及应对策略”（首席研究员为郑真真）；(3)“人口管理创新与社会保障包容：地方经验考察和总体设计研究”（首席研究员为张展新）；(4)“城乡劳动力流动、基本公共服务均等化与新型城市化”（首席研究员为高文书）；(5)“社会转型时期中国家庭人口变动、问题和对策”（首席研究员为王跃生）；(6)“‘单独二孩’生育政策及其影响研究”（首席研究员为王广州）。

城市发展与环境研究所

2015年，城市发展与环境研究所有34人进入创新岗位，首席管理为潘家华、赵燕平。

（一）创新工程项目的名称及其首席研究员

2015年，城市发展与环境研究所共有创新工程项目7项：(1)“基于智慧城市的城市经济转型发展研究”（首席研究员为刘治彦）；(2)“与新型城镇化工业化相协调的住房发展模式选择”（首席研究员为李景国）；(3)“特大城市治理与城市群协同发展”（首席研究员为宋迎昌）；(4)“联合国后千年可持续发展目标研究”（首席研究员为陈迎）；(5)“推进中国特色生态文明建设的思路与对策研究”（首席研究员为陈洪波）；(6)“推动低碳绿色经济发展的体制机制研究”（首席研究员为庄贵阳）；(7)“城市安全与风险评估研究”（首席研究员为李红玉）。

（二）在创新工程工作方面实施的新机制、新举措

(1) 统筹安排创新经费，重点支持相关工作。根据院创新工程经费院里总额拨付、研究所自主安排使用的制度设计，研究所立足自身发展情况，对期刊建设、研究室建设、学科建设、对外学术交流等急需加强的工作给予适度经费倾斜，逐步解决限制研究所发展的瓶颈性问题。

(2) 继续加强科研平台建设。2015 年，城市发展与环境研究所通过经费倾斜、人员安排等多种方式，继续加强《城市与环境研究》（中文刊）、*Chinese Journal of Urban and Environmental Studies*（英文刊）、中国城市经济学会、研究所网站等科研平台建设。

（三）创新工程新成果

2015 年，城市发展与环境研究所深入推进创新工程工作，取得了丰硕成果。

(1) 制度建设取得新进展。该所根据全院在科研、人事、财务等管理工作方面的新部署和新要求，修订和完善了勤绩考察制度、横向课题管理办法、对外学术交流管理规定、财务报销规定等系列管理制度，提升了研究所整体管理工作的规范化、精细化、科学化。

(2) 科研成果取得新成绩。《中国城市发展报告》《中国房地产发展报告》《应对气候变化报告》三本皮书的学术质量和社会影响力进一步提升。产出了《中国的环境治理与生态建设》（专著，潘家华）、《中国梦与浙江实践（生态卷）》（研究报告，潘家华等）、《中国城市低碳发展蓝图：集成、创新与应用》（专著，庄贵阳等）、《生态文明的发展模式》（专著，侯京林）、《100% 新能源与可再生能源城市》（专著，娄伟）等一大批优秀的学术成果。在《人民日报》《光明日报》等中央媒体平台发表了《可持续发展经济学再思考》《以资源节约高效利用推动绿色发展》《在可持续发展框架下应对经济新常态》等多篇理论文章，产生了广泛社会影响。

社会政法学部

法学研究所

2015 年 1 月 14 日，法学研究所与院签订创新单位责任协议书，正式进入 2015 年度院创新工程行列。

（一）创新工程项目的名称及其首席研究员

2015 年，法学研究所参加创新工程共 80 人，占全所在编人员的比例为 77.7%。其中，研究岗位 48 个（编制外人员 5 个，退休人员 1 个），编辑岗位 9 个，图资岗位 7 个，管理岗位 16 个。共设立 10 个创新工程研究所项目，2 个期刊创新项目，1 个图书馆创新项目。这些创新项目分别是："法治中国建设与宪法完善研究"（首席研究员为莫纪宏），"中华人民共和国民法典

编纂研究”（首席研究员为谢鸿飞），“知识产权战略的法治机制研究”（首席研究员为李明德），“深化经济体制改革中的行政法治问题研究”（首席研究员为周汉华），“刑法完善与司法人权保障研究”（首席研究员为刘仁文），“中国国家法治指数研究”（首席研究员为田禾），“中国传统法文化与程序法治问题研究”（首席研究员为王敏远），“司法体制改革重大理论与实践问题研究”（首席研究员为熊秋红），“社会法重大理论与实践问题研究”（首席研究员为薛宁兰），“深化经济体制改革与我国商事法律制度完善”（首席研究员为陈洁），“《法学研究》期刊创新项目”（总编辑为张广兴），“《环球法律评论》期刊创新项目”（总编辑为刘作翔），“图书馆创新项目组”（主任馆员为邓子滨）。另外还有荣誉学部委员创新岗位 1 人（杨一凡），长城学者 1 人（孙宪忠），基础研究学者 3 人（胡水君、席月民、谢增毅），青年学者 1 人（冉昊）。管理岗位中，首席管理为党委书记陈甦、所长李林，还有业务主管 3 人、业务主办 6 人、财务协办 1 人、业务协办 4 人。

（二）在创新工程工作方面实施的新机制、新举措

（1）以加强和改进非实体研究中心的管理为抓手，落实各项单位准入条件。8 月，组织各研究中心开展近三年工作总结，并根据该所制定的考核指标进行打分。10 月根据科研局要求开展了研究中心专项整顿，对研究中心现状进行摸底，对存在的主要问题进行整改。

（2）加强对创新工程各项目组的督促检查。分别于 7 月、10 月召开了两次项目进展专题汇报会，督促各项目组推进各项创新任务。

（3）根据 2012 年创新工程实施以来的经验，对已经制定的各项规章制度作了进一步修订，使之更加符合实际情况。

国际法研究所

2015 年，国际法研究所创新工程首席管理为陈泽宪；该所共有 19 人进入创新工程，其中 13 人为研究人员，3 人为研究人员兼任编辑工作，3 人为管理人员。

国际法研究所创新项目有以下 5 项：（1）“构建开放型经济新体制的国际法律问题研究”（首席研究员为廖凡）；（2）“国际条约法律框架下中国权益保护之对策研究”（首席研究员为蒋小红）；（3）“‘一带一路’法治化问题研究”（首席研究员为刘敬东）；（4）“借鉴经社文权利保障国际经验促进小康社会建设研究”（首席研究员为赵建文）；（5）“《国际法研究》期刊创新”（总编辑为柳华文）。

政治学研究所

2015年，政治学研究所创新工程的首席管理为房宁、赵岳红，全所进岗人数为31人。该所设立了5个创新项目、1个期刊项目，分别为：(1)“国家治理与民主理论研究”（首席研究员为张明澍）；(2)“地方政府治理与社会治理现代化研究”（首席研究员为周庆智）；(3)“国外国家治理与民主建设比较研究”（首席研究员为周少来）；(4)“基层社会治理与民主建设研究”（首席研究员为赵秀玲）；(5)“行政管理体制改革与地方政府绩效评估研究”（首席研究员为贠杰）。《政治学研究》学术期刊创新项目（总编辑为杨海蛟）。

国际研究学部

世界经济与政治研究所

2015年，世界经济与政治研究所共设创新项目10个，创新岗位83个。其中，首席管理2人，首席研究员10人，学部委员1人，长城学者1人，基础研究学者2人。所长张宇燕、党委书记陈国平为首席管理，孙杰研究员为长城学者，余永定研究员为学部委员，欧阳向英研究员、李国学副研究员为基础研究学者项目负责人。10个创新工程项目分别是：(1)“公司治理国际比较研究”（首席研究员为鲁桐）；(2)“中国能源安全的国际地缘战略研究”（首席研究员为徐小杰）；(3)“包容型增长与结构转型——新兴经济体的政策选择”（首席研究员为涂勤，后变更为李毅）；(4)“全球政治与安全领域的热点问题与中国的战略选择”（首席研究员为邵峰）；(5)“国际力量格局变化及我国对外战略研究”（首席研究员为张宇燕）；(6)“中国参与国际安全合作与治理的战略研究”（首席研究员为李东燕）；(7)“世界经济预测与政策模拟研究”（首席研究员为张斌）；(8)“中国参与国际金融体系重建研究”（首席研究员为高海红）；(9)“全球价值链背景下中国对外贸易战略研究”（首席研究员为宋泓）；(10)“中国海外资产安全问题研究”（首席研究员为姚枝仲）。

欧洲研究所

2015年，欧洲研究所参加创新工程的人数为36人。首席管理为罗京辉、黄平。欧洲研究所创新工程项目及其首席研究员分别为：(1)“欧洲经济竞争力研究”（首席研究员为陈新）；(2)“欧洲社会治理转型及其启示”（首席研究员为田德文）；(3)“欧盟法治的观念、演进与影响”（首席研究员为程卫东）；(4)“欧洲科技一体化与欧洲绿色节能产业的创新政策”（首席研究员为张敏)；(5)“安全视角下的欧洲气候政治”(首席研究员为李靖堃)；(6)“欧洲秩序变动中的中东欧与中国中东欧合作”(首席研究员为孔田平)；(7)“欧洲国家转型的理论与实践”(首席研究员为周弘)；(8)“欧洲形势跟踪研究”(首席研究员为纪时学)。

拉丁美洲研究所

(一)创新工程项目的名称及其首席管理、首席研究员

2015年，拉丁美洲研究所进入创新岗位人员共47人，其中，聘用编制内人员41人，聘用编制外人员6人。在聘用编制内的41人中，有3人为编辑系列，1人为学部委员资助计划系列。首席管理为吴白乙、王立峰。

2015年，拉丁美洲研究所共有创新工程项目6个、学部委员资助项目1个和《拉丁美洲研究》创新工程学术期刊项目1个。分别是：(1)“中拉整体合作研究”(首席研究员为吴白乙)；(2)“中拉关系及对拉战略研究”(首席研究员为贺双荣)；(3)“拉美产业发展研究”(首席研究员为柴瑜)；(4)“拉美政治发展、改革与治理研究”(首席研究员为袁东振)；(5)“拉美社会治理的经验与教训”(首席研究员为房连泉)；(6)“拉美区域合作与一体化研究”(首席研究员为张凡)。学部委员资助项目由学部委员苏振兴主持。《拉丁美洲研究》创新工程学术期刊项目，总编辑刘维广。

(二)在创新工程工作方面实施的新机制、新举措

(1)建立健全制度机制和规章制度。加强研究所的统一领导，加强首席研究员负责制，健全规章制度和规则。以制度为依据，加强项目实施环节的组织、衔接和管理。完善和严格执行各项管理办法、工作条例和实施细则，严格事前审核、事中监督和事后复核的管理机制。研究制定各环节的标准规范，积极推进工程的建设和应用。

(2)完善学科布局。通过推进跨学科交叉研究，进一步统合研究所各学科力量，实现政治、经济、社会文化和对外关系四大学科全面均衡发展。

(3)加强学科发展规划。研究制定各学科中长期发展规划，拓宽研究领域，加大重大现实问题研究力度；从宏观战略、中观结构和政策、拉美地区具体现实等各个层面，做好研究规划设计。

(4)提高学术影响力。加强研究课题的设计规划、指导、监督，兼顾重大现实问题和基础理论研究两方面需求，务求研究业务发展的协调、连贯及可持续；改进科研内生机制，提高研究质量；促进合作研究和对外学术交往的机制化，提高学术影响力。

(5)加强研究室/中心建设。将年轻学者选拔到研究室和研究中心领导岗位；在学科规划、

人才培养、对外学术交流方面，赋予研究室更多职能；在研究室内部、各研究室及研究中心之间形成良性竞争局面，鼓励青年学者脱颖而出，促进学科水平全面提升；实现创新项目与学科、研究室建设的良性互动。

（6）加强人才队伍建设。①建设学习型科研团队。采用专家讲授、座谈会、研讨会，对各类专业人员进行学术与技术的双向培训；鼓励青年学者自主建立创新工作团队，培养一批既懂专业又掌握成果发布和应用技术的综合型人才。②培养外语应用和研究能力强的复合型人才队伍。针对现有研究队伍中精通西葡语人才相对短缺问题，加强中青年科研人员外语应用能力培养；注重提高西葡语专业背景研究人员的研究水平和能力；有计划地派出研究人员到拉美实地调研，进一步提高其学术研究国际化和外语应用能力。③促进年轻科研人员学术进步。进一步落实“导师制度”，帮助青年科研人员制定专业规划；鼓励其“走出去”，为其提供更多语言培训、国情调研、对外访学机会；为青年学者加大科研产出提供保障，在申请课题、科研经费方面向其倾斜，尽快培养出具有影响力的新一代学术带头人；加强后备人才培养，把研究生培养与创新工程结合起来。

亚太与全球战略研究院

2015 年 1 月，亚太与全球战略研究院再次签约创新工程，参加创新工程的总人数为 42 人，创新工程项目的名称及其首席研究员分别为：(1)“美国再平衡战略研究”（首席研究员为李向阳）；(2)“‘一带一路’研究”（首席研究员为赵江林）；(3)“区域合作与大国关系研究”（首席研究员为王玉主）；(4)“亚太政治与政局”（首席研究员为李文）；(5)“周边命运共同体与周边战略研究”（首席研究员为许利平）；(6)“周边外交与安全研究”（首席研究员为朴键一）；(7)“周边地区网络研究”（首席研究员为韩锋）；(8)“科研行政管理项目”（首席研究员为朴光姬）。

2015 年，亚太与全球战略研究院在创新工程方面实施的新机制如下：在全面落实中国社会科学院哲学社会科学创新工程各项举措的基础上，遵照中国社会科学院党组的指示，以亚太与全球战略研究院为依托单位，组建独立的中国社会科学院国家全球战略研究中心。该中心的定位是服务于党中央与国务院的学术性高端智库。

美国研究所

2015 年，美国研究所的创新岗位为 43 个，首席管理为孙海泉、郑秉文，有创新项目 7 项：(1)“美国全球战略的基本逻辑”（首席研究员为周琪）；(2)“美国全球战略的调整及走向”（首席研究员为倪峰）；(3)“中国对外直接投资涉美政治风险”（首席研究员为王孜弘）；(4)“美国综合国力变化与国际比较”（首席研究员为袁征）；(5)“美国对华战略发展趋势研究”（首席研究员为王荣军）；(6)“美国实力变化的社会文化因素”（首席研究员为姬虹）；(7)《美国研究》（总编辑为赵梅）。

2015年，美国研究所以创新工程为中心，积极贯彻院党组、院领导有关指示精神和创新工程战略部署，具体举措如下：(1) 促进科研管理改革，带动全所进入创新工程状态。(2) 坚持制度创新，建立激励机制。(3) 加强科研队伍建设，大力培养青年科研人才。(4) 建立以美国研究所为主导的美国研究平台。(5) 强化财务报销审批制度，严格管理科研经费支出。

日本研究所

2015年，日本研究所参加创新工程的人数为33人；创新工程项目总名称是：“日本的国家战略研究”，首席管理为李薇、高洪。具体的创新工程项目有6项：(1)“日本海洋战略研究”（首席研究员为吕耀东）；(2)“日本国家能源战略研究”（首席研究员为张季风）；(3)“日本的文化软实力战略研究”（首席研究员为崔世广）；(4)“日本老龄化社会应对战略研究”（首席研究员为王伟）；(5)“中国对日战略研究”（首席研究员为杨伯江）；(6)“日本国家安全战略研究”（首席研究员为吴怀中）。

创新工程开展以来，日本研究所充分发掘和利用现有人才资源，努力提高研究人员的整体素质和水平，积极扶植青年科研骨干的成长，力争打造成高素质的科研团队。该所还不定期地召开学术会议，就一些学术问题和热点问题展开讨论，科研人员们通过沟通交流开拓了视野，在和谐的氛围中力争出更多的科研成果。

马克思主义研究学部

马克思主义研究院

（一）创新工程项目的名称及其首席研究员

2015年，马克思主义研究院创新工程首席管理为邓纯东（院长、党委书记）。全院共有创新工程研究项目22项：(1)“社会主义国家主流意识形态建设与我国意识形态安全研究”；(2)“马克思主义中国化思想通史研究”（首席研究员为金民卿）；(3)“社会主义核心价值体系引领社会思潮研究”（首席研究员为赵智奎）；(4)“马克思主义历史发展与社会主义文明建设研究”（首席研究员为杨斌）；(5)“国外马克思主义研究的若干前沿问题”（首席研究员为冯颜利）；(6)“国外对中国特色社会主义的研究及其启示”（首席研究员为郑一明）；(7)“金融危机背景下资本主义的变化与马克思主义时代化”（首席研究员为吕薇洲）；(8)“马克思主义本土化的国际经验与启示”（首席研究员为潘金娥）；(9)“中国特色社会主义基本理论、基本路线、基本纲领、基本经验、基本要求研究”（首席研究员为辛向阳）；(10)“坚持改革的社会主义方向研究”（首席研究员为龚云）；(11)“十八大后习近平同志党的建设思想创新研究”（首席研究员为陈志刚）；(12)“贯彻落实习近平总书记‘8·19’重要讲话精神的对策研究”（首席研究员为李春华）；(13)“马克思主义（中国特色社会主义理论）发展史研究”（首席研究员为桁林）；(14)“习近平总书记系列重要讲话精神研究”（首席研究员为邓纯东（兼））；(15)“当代资本主义与世界金融危机研究”（首席研究员为胡乐明）；(16)“当代中国特色社会主义与市场经济研究”（首席研究员为余斌）；(17)“当前意识形态形势与对策研究”（首席研究员为李瑞琴）；(18)“社会主义价值体系构建研究”（首席研究员为张建云）；(19)“中国传统文化扬弃研究”（首席研究员为张小平）；(20)“中国道路与中国梦研究”（首席研究员为刘志明）；(21)“国际关系民主化研究”（首席研究员为程恩富）；(22)“资本主义经济金融化与世界金融危机研究”（首席研究员为栾文莲）。

（二）在创新工程工作方面实施的新机制、新举措

马克思主义研究院自觉地将创新项目作为带动整个业务工作的抓手，坚持以创新工程为统领规划和开展科研工作。

(1) 始终注意项目的过程管理。第一，不定期召开创新项目进展汇报会。第二，要求创新项目提交阶段性工作简报。第三，严格项目年度考核和结项。根据马克思主义研究院学科特点，制定了《马研院创新工程项目年度报告书》《马研院创新工程学术期刊年度报告书》《马研院创新工程研究项目结项程序》《马研院创新工程研究项目结项书》，要求所有延续研究项目和期刊认真填写年度报告书，严格进行年度考核；结项项目严格按结项程序进行结项。改变了过去过程管理不够、结项程序不规范的问题，提高了项目研究质量和成果质量。

(2) 抓好年度间的项目衔接工作。马克思主义研究院要求各研究部、研究室及科研人员课题研究不能散漫拖拉，创新项目要按时保质结项，甚至要求个别项目克服困难，根据需要对原设研究周期进行调整，加快研究进度，提前结项，腾出力量承担上级交办的任务。在大部分项目尚未结项的基础上，2015 年马克思主义研究院新设研究项目 8 个，其中 7 个为根据形势需要贯彻领导指示设立的为党和国家大局服务的现实应用类项目，项目组成员克服困难，保证了项目的顺利实施。同时为更好地完成项目任务，2015 年马克思主义研究院有 14 个项目在保证质量的情况下全部按期结项，其中 1 项为根据需要加快了研究进度提前完成结项。

当代中国研究所

2015 年，当代中国研究所聘任创新岗位人员的总数为 68 人，聘用编制外人员 3 人，首席管理为张星星（兼）。

（一）创新工程项目的名称及其首席研究员

2015 年，当代中国研究所创新工程项目的名称及其首席研究员分别为：(1)“中华人民共和国史稿第 5 卷（1984 ~ 1991）”（首席研究员为宋月红）；(2)“中华人民共和国史稿第 6 卷（1992 ~ 2002）”（首席研究员为荆惠民）；(3)“中华人民共和国史稿第 7 卷（2003 ~ 2012）”（首席研究员为郑有贵）；(4)“中华思想通史第 14 卷”（首席研究员为李文）；(5)“中华思想通史第 15 卷”（首席研究员为欧阳雪梅）；(6)“中华人民共和国史编年”（首席研究员为武力）；(7)“中华人民共和国史宣传与传播”（首席研究员为张星星）。

（二）在创新工程工作方面实施的新机制、新举措

2015 年，当代中国研究所研究制定了《当代中国研究所管理人员创新岗位准入与考核“硬约束”条件》。

院直属单位创新工程工作情况

中国社会科学院研究生院

（一）创新工程项目的名称及其首席管理、首席教授等

2015 年，中国社会科学院研究生院的创新工程项目名称为“研究生院哲学社会科学创新工程”；首席管理为张政文、黄晓勇；首席教授为吕静、张波；总编辑为赵俊。

（二）在创新工程工作方面实施的新机制、新举措

研究生院作为中国社会科学院的研究生培养基地，担负着繁荣发展哲学社会科学，坚持和巩固马克思主义在意识形态领域的指导地位、培养德智体美全面发展的社会主义建设者和接班人、提高全民族思想道德素质和科学文化素质、推动社会主义文化大发展大繁荣的光荣任务。创新工程的重点在于：研究生教学培养与学生管理创新、中国发展道路理论的实践与传播——国际人才教育与实践型人才培养的创新、行政支持与后勤保障系统创新、财务与基本建设创新等几个方面。

（1）研究生教学培养与学生管理创新总体目标：本着“统筹规划，坚持标准，逐步推进，分段实施，打造品牌”的建设理念，深入研究和改造现有研究生课程体系，更新教学内容，完善教学评估体系，进一步加强学科建设与防范学术不端，建立健全研究生管理工作队伍，不断提高研究生思想政治教育、行为规范管理、成长成才服务等各项工作水平，做好师资、科研的创新管理工作，进一步加强和改进研究生管理，以全面提高研究生培养质量，把研究生院打造成为我国一流的哲学社会科学高端专门人才培养基地。

（2）“中国发展道路理论的实践与传播”创新目标是充分发挥自身作为高层次人才教育机构的优势，通过推进“国际人才教育”和“实践型人才培养”创新工作，在发展中和周边国家青年官员、学者中培养一批理解中国发展道路理论、了解中国经济、社会发展的国际“知华”“友华”精英人士；同时培养一批具有较强实践能力、熟悉国际交流规则和实务实践型人才。以国际人才和实践型人才作为实践和传播中国发展道路理论的载体，完成“增强中国在国际国内哲学社会科学领域的话语权和影响力”和哲学社会科学优秀人才和精品成果“走出去”战略的政治任务。

（3）行政支持与后勤保障系统创新以创新机制、提供保障、服务发展为指导方针，紧紧围绕《中国社会科学院哲学社会科学创新工程实施意见》提出的“加强管理，提高教学质量，努力把研究生院建设成为一流的哲学社会科学后备人才培养基地”的创新任务，落实社科院领导“建设、管理、经营好研究生院”的总体要求，促进保障持续创新能力的科研支撑系统和后勤保障体系更加完善，为研究生院的可持续发展和创新工程总体目标的实施提供有力的人才支撑、行政服务和后勤保障。

（4）财务与基本建设创新按照院党组提出的“努力建成国内一流的哲学社会科学后备人才培养基地”的要求，建立一套适用于研究生院基本建设工作的管理机制、队伍建设机制和科学的工程管理机制。并通过创新实践以物质基础和现代化的教学科研条件，承载院党组提出的六项主要任务的实施、运作和创新。

中国社会科学院图书馆（调查与数据信息中心）

2015 年，院图书馆整体进入创新工程，共有 73 人进入创新岗位。

（一）创新工程项目的名称及其首席管理、首席研究员

2015 年，图书馆党委书记、副馆长庄前生和馆长王岚被聘为创新工程首席管理。图书馆对创新项目进行了适当调整，确立了“9+1”创新工程项目设计，即 9 个创新项目和 1 项全院网络运维服务工作。分别是：“图书馆管理创新”（主任馆员刘振喜），“图书馆服务创新”（主任馆员王玉巧），“中国社会科学院近代中文报刊（1894 ~ 1949）普查登记与整理保护”（主任馆员

张杰），“中国社会科学院近代平装书（1840～1949）普查登记与整理保护”（主任馆员蒋颖），“中国社会科学院近代外文图书（1549～1949）普查登记与整理保护”（主任馆员黄长著），“馆藏中国社会科学院发展历程音像资料数字化”（主任馆员王爱群），“文献信息研究与知识定制服务”（首席研究员李春华），“中国社会科学院古籍整理保护暨数字化”，“‘社科云’——海量数据库建设”，“网络系统运维、管理与平台建设”。

（二）在创新工程工作方面实施的新机制、新举措

图书馆管理创新项目：科学设置全馆工作岗位，加强岗位管理与职责考核；完善图书馆各项管理制度，保障图书馆资产的安全，提高图书馆运转的效能；以典藏流通部为主体，组织全馆力量参与，继续合理调整馆藏“三线”布局，提高馆舍空间利用率；推动图书智能化管理项目（RFID）与综合信息服务平台建设，实现管理现代化。

图书馆服务创新项目：深入院所，贴近科研，服务到家，打造服务品牌；面向全院科研人员按月编制邮件发送《院图书馆新书目录》，定期邮件转发《外文新刊中国研究篇目汉译目录》（月刊）、《海外中国问题研究资料中心文献资讯》（月刊）和《海外中国问题研究资料中心通讯》（半月刊）。以主动服务、延伸服务和特色服务，打造图书馆全新的服务格局。

中国社会科学院近代中文报刊（1894～1949）普查登记与整理保护项目：主要工作内容是清理新闻所移交的中外文期刊、报纸，提取民国报刊，并进行普查登记工作；完成近代中文期刊普查登记及数据校验（对照期刊实物）《白话》等248种5978期；新发现的近代中文期刊《法令全书》等5种1594期。完成近代中文报纸普查登记及数据校验（对照报纸实物）《新蜀报》等103种20451期。对院馆没有收藏的过期期刊进行编目，补充馆藏，上架提供阅览。

中国社会科学院近代平装书（1840～1949）普查登记与整理保护项目：对收藏的近代中文和少数民族语文平装书进行抢救性普查登记与整理保护，形成《中国社会科学院近代平装书（1840～1949）普查登记档案手册》《中国社会科学院图书馆系统馆藏近代平装书总目》《中国社会科学院馆藏珍稀近代平装书目录》等系列目录和数据库，提出文献保护方案和数字化方案，适时启动数字化工作，既保存历史记忆，又方便研究使用。

中国社会科学院近代外文图书（1549～1949）普查登记与整理保护项目：对收藏的1949年以前出版的外文图书进行抢救性普查登记与整理保护，形成《中国社会科学院外文图书（1549～1949）普查登记档案手册》和《中国社会科学院外文图书（1549～1949）联合目录》，提出原生性保护和数字化工作方案，适时启动数字化工作，填补整理保护外文老藏书的空白。

馆藏中国社会科学院发展历程音像资料数字化项目：对自20世纪80年代以来的全院各项重大活动的摄影、摄像、录音工作的一大批宝贵音像和图片资料进行保护性整理，分专题汇编，并进行数字化加工制作，以保存中国社会科学院发展历程的珍贵记忆，作为院史的一项重要补充。

文献信息研究与知识定制服务项目：通过跟踪国内外相关理论前沿与实践进展，探索文献信息分布规律、用户情报需求特点与知识定制策略等，为用户提供高知识含量的知识定制产品与服务项目，发布文献信息统计分析与成果测评报告，从而整合各类型文献信息，盘活数据资源，从整体上拉动、拓宽院图书馆的文献信息业务与发展空间。

中国社会科学院古籍整理保护暨数字化项目：开展全院古籍普查登记工作，核查修正古籍2800余种有关数据，形成国家登录在册，又具有唯一身份号的《国家古籍普查登记文档》和《中国社会科学院古籍普查登记文档》，编纂以《中华古籍总目·社科院卷》为代表的系列古籍目录，已完成《中国社会科学院古籍总目·近代史卷·民族所卷·杂志社卷·边疆史地中心·宗教所卷·语言所卷》终审稿共300余万字。通过搭建古籍数字加工平台和检索平台，完善古籍善本数字化加工流程，实现古籍数据的目录、图片和全文检索。

“社科云”——海量数据库建设项目：初步构建融合系统的云平台，为未来新系统的搭建提供IT基础设施保障，为现有系统向云平台迁移提供足够的计算资源和存储资源；建立完善网管运维平台，为将来建设更大规模系统和网络提供高效的运维保障。实现“数字社科院”战略布局中五大核心数据库（精品期刊数据库、古籍善本数据库、科研成果数据库、馆藏文献数据库和社会调查数据库）的基础建设，逐步打造国内第一、国际一流的哲学社会科学海量数据库，完成综合集成实验平台建设，全面支持在此基础之上进行模拟量化实验。全面推进安全保障和网络带宽等基础设施建设项目。

网络系统运维、管理与平台建设：着力完成基础设施项目建设，继续加强院公共平台的管理。加强网络、网站、邮件等公共平台的安全保障，进一步提高服务质量，为全院提供畅通、稳定、安全的运行环境。继续做好社科网的技术支撑工作，协调好各方面关系，为不断提升社科网社会影响力提供有力保障。

中国社会科学杂志社

（一）进入创新工程的人员和项目

2015年，经院批准，中国社会科学杂志社编制内46人进入创新工程（占编制内人员总数的79.31%），创新工程聘用编制外人员191人。创新工程项目名称：“进一步办好《中国社会科学报》《中国社会科学》、中国社会科学网”。首席管理为王利民。

（二）在创新工程工作方面实施的新机制、新举措

（1）体制机制创新。启动机构调整和改革，以建立专业化的“大部制”为主线，将各编辑室和编辑部，按照业务功能进行重新整合。调整后的采编业务部门划分为马克思主义部、哲学

社会科学部、史学部、文学部、国际一部、国际二部、综合编辑部、编辑中心、新闻中心和研究室等十个“大部”。各大部下辖数个学科编辑室，承担“一报八刊一网”相关学科的建设及相应学科的组稿编辑任务等。新闻中心、编辑中心主要承担报纸资讯版的采写、编辑工作。研究室主要承担社重要文件起草及院、社交办的课题研究。职能管理部门和营销部门，如总编室、办公室、人事处（党办）、财务资产部、战略合作部、网络舆情部、创新工程办公室、事业发展中心等也按大部制的要求进行了相应调整。中国社会科学网主要负责信息的更新及网站的维护，学科频道及子网建设，并对院属网站建设进行招标、指导、监督和考核，网站内容建设经费的管理。为适应社科网改版工作需要，对相关业务工作及管理工作，进行了相应调整，保障了社科网改版工作的顺利进行。

（2）推行以编制内外一体化和量化考核、优胜劣汰为基础的用人机制改革，建立能上能下、能进能出的人才管理体制，调动采编人员的积极性和主动性。充分利用全院聘用制改革的契机，逐步实现聘用制人员与编制内人员在职称评定、职务晋升、工资福利（包括住房公积金）等方面的同等对待，解决聘用制人员的后顾之忧。为调动采编人员编发稿件的积极性，实行竞争上稿、竞争上网制度。并在全社业务人员中推行量化考核制度，根据每个编辑和记者的工作实际，制定科学合理的考核标准，每半年进行考核，量化分值低于150分的就退出创新工程。加强人才队伍建设，加大采编人员队伍补充和培养工作的力度。通过多种方式和途径补充编辑人员，努力覆盖各学科门类；调整年龄结构和学历层次，保证学科编辑力量的可持续发展；实施对新入社业务人员的编辑资格培训，设立报刊网编辑资格的准入制度，首倡入社宣誓活动。

（3）实施以报、刊、网编辑一体化、编辑工作网络化为中心的编辑体制改革，全社学术编辑以学科为单位，实行一体化管理，统一调度，在学科带头人的业务指导下，既为期刊编稿，也为报纸编稿，还为网站编稿，形成了一支学科齐全、结构合理的编辑梯队。全社新闻记者，包括国内外12个记者站，既为报纸采访，又为网站报道；既采写文字资讯，又拍摄影像视频。实现了从“码字匠”到“全媒体人”的转变。在原有报刊一体化的基础上，推行报、刊、网编辑一体化的体制。充分利用“八刊”在学术界的广泛影响和深厚人脉资源，提升“一报一网”的学术品位和理论水平；扩展“一刊一网”的学界地位；提升“一报一刊”的学术影响和社会效益。最终形成办报、办刊、办网工作相互促进、相得益彰的良好局面。继续修订和完善各项业务管理规范，尤其是加大对报纸采编规范和采编流程的检查和监督，用制度和人才确保报刊网的采编质量。

二　新型智库建设工作

中国社会科学院2015年智库建设基本概况

为深入贯彻落实中央《关于加强中国特色新型智库建设的意见》精神，院党组审议通过并印发了《中国社会科学院关于加强中国特色新型智库建设的若干意见》（以下简称《意见》）及《中国社会科学院中国特色新型智库建设2015年先行试点方案》（以下简称《2015年先行试点方案》），全面加强中国社会科学院中国特色新型智库建设。一年来，在中国社会科学院党组的领导和责任院领导的指导下，科研局作为智库建设总协调单位，认真履行工作职责，积极协调院各家专业化智库责任单位，全面贯彻落实《意见》及《2015年先行试点方案》，较好地完成了方案要求的相关工作任务。

（一）中国社会科学院专业化智库与国家高端智库建设相结合，中国社会科学院智库建设三级格局不断完善

1. 跻身国家高端智库行列，中国社会科学院综合性高端智库建设工作全面展开

中国社会科学院中国特色新型智库建设第一个层次是院级。一年来，中国社会科学院充分发挥作为党中央国务院重要智库的综合性作用，努力建成新型智库研究的“综合集成平台”，生产基于全院的智库成果，真正把中国社会科学院打造成国家级综合性高端智库，切实发挥咨政建言、理论创新、舆论引导、社会服务、公共外交五大功能。11月9日，中央深改组通过了中宣部起草的《高端智库试点工作方案》，全国有25家智库入选试点名单。其中，中国社会科学院占3席，即中国社会科学院、国家金融与发展实验室、国家全球战略智库。中国社会科学院作为综合性高端智库进入国家高端智库资助行列。

中国社会科学院已跻身国家高端智库行列，并得到国家在项目管理、成果转化、人才引聘、经费使用等方面提供的全方位、大力度的支持。院综合性高端智库建设工作正在筹备和启动阶段。

2. 专业性与综合性相结合，具有学科学术特色的智库功能充分发挥

中国社会科学院中国特色新型智库建设第二个层次是各研究所（院）。各研究所（院）根据本所（院）学科优势、研究专长、队伍构成、科研资源及成果转化渠道的状况，充分发挥具有学科学术特色的智库功能，在完成智库研究任务、各级应急交办任务、参与院专业化智库研究工作

中发挥了重要的作用，产生了一批重要的智库成果，并通过院《要报》及原有渠道报送有关部门，培养和锻炼了一批在应用对策研究、政策解读建议、热点难点攻关等方面突出的智库学者。

3. 院专业化智库建设深入推进，院综合性智库集成平台搭建初具规模

中国社会科学院中国特色新型智库建设第三个层次是专业化新型智库。2015 年 5 月，中国社会科学院正式挂牌成立 11 家院专业化智库，即马克思主义理论创新智库、意识形态研究智库、财经战略研究院、国家金融与发展实验室、生态文明研究智库、国家治理研究智库、新疆智库、中国文化研究中心、国家全球战略研究智库、世界经济与政治研究所、中国廉政研究中心。2015 年 12 月，又成立了 4 家院专业化智库，即马克思主义政治经济学创新智库、西藏智库、京津冀协同发展智库和“中国—中东欧国家智库交流与合作网络”。目前，院专业化智库数量已达到 15 家，涵盖中国社会科学院基础理论和应用对策研究的众多领域，中国社会科学院智库建设规模日渐扩大，涉及领域不断发展，吸引和激励了越来越多的院内外专家学者参与到智库任务的研究中。

目前，15 家院专业化智库都制定了具体的工作方案，包括组织架构、研究领域、依托机构、管理办法等，研究工作正在有序推进，已经推出了一批质量高、影响大的智库成果。

（二）坚持研以致用，积极服务决策，推出优秀智库成果

一年来，中国社会科学院中国特色新型智库建设坚持围绕党和国家面临的一系列亟待回答和解决的重大理论和现实问题，围绕国家经济社会发展中的全局性、前瞻性、战略性、综合性问题，围绕国内外普遍关注的热点、焦点、难点问题，围绕全面建成小康社会、全面深化改革、全面推进依法治国、全面从严治党的重大问题，凝聚专业特色，设计落实了一批智库选题；成立项目组，开展了具有前瞻性、针对性、储备性的政策研究，提高了综合研判和战略谋划能力；陆续推出了一批质量高、影响大的智库成果。

马克思主义理论创新智库撰写出版马克思主义中国化理论创新论著、中国特色社会主义理论研究“中国”系列丛书，发表多篇具有较大影响力的理论研究和宣传文章，并通过《要报》报送多篇研究报告，其中有的已经获得政治局委员批示。意识形态研究智库筹办《要报·参考舆情动态》内部刊物，已报送稿件 200 余篇，已经形成半年报告 2 万余字的阶段性研究成果。财经战略研究院报送《要报》《专供信息》20 余篇，部分已获中央领导批示；与新华社《经济参考报》合作召开两次宏观经济形势季度分析会；出版财经智库报告《NAES 宏观经济形势分析》，并每月推出 NAES 月报。国家金融与发展实验室跻身首批国家高端智库行列，在中国资本市场重构、金融监管体系改革、国家资产负债表编制、国内外经济和金融形势分析、基础设施投融资体制改革、国际和国内廉洁指数编制等方面开展深入研究。生态文明研究智库在《人民日报》、人民网、中央电视台、BBC、《贵州新闻联播》等媒体进行生态文明理论与实践宣传；通过《要报》等渠道向党和国家上报多篇对策建议；举办中国社会科学院生态文明研究智库系列

成果发布暨学术研讨会。国家治理研究智库积极开展智库研究工作，七个研究部在研智库类研究项目超过40个，已经编辑印刷《国家治理研究》内刊。新疆智库立项课题涵盖了新疆治理等8个研究领域；落实中央、新疆自治区党委和院领导等交办的多项任务；在《要报》开辟了“新疆智库”通道，部分已获中央关注。中国文化研究中心承担文化部和财政部多项部委委托研究项目，积极通过《要报》传达智库成果；与全国人大教科文卫委员会文化室联合设立文化法制研究室。国家全球战略智库跻身首批国家高端智库行列，围绕“一带一路”研究，出版多部专著、“智库研究报告”，发表多篇核心期刊学术论文，在《要报》正刊报送多篇稿件；担任国家“10+3”互联互通总体规划牵头单位；组织和参加了多场“一带一路”国际研讨会和宣传活动；与多家大学签署了智库合作协议。世界经济与政治研究所与国际合作局共同承办了亚洲研究论坛和社科论坛；与国内外多所大学合作举办了研讨会；与上海国际问题研究院和人大重阳研究院合办了G20智库峰会；与宁夏社科院和中国社科院西亚非洲研究所共同主办了中阿论坛。中国廉政研究中心举办了“2015年社会学年会·廉政建设与社会评价论坛”；举办了首届“中欧廉政智库高端论坛”。

（三）加强组织领导，完善制度建设，办事高效、运转协调、管理科学的智库协调管理体系初步形成

1. 加强组织协调，建立督办协调会议制度，成立智库协调办公室

在责任院领导的工作部署下，科研局每季度组织召开一次智库建设协调会议。各家院专业化智库责任单位和部分职能局在会上研究部署重大研究攻关课题，布置智库研究任务，督促智库建设任务落实情况，交流智库建设工作中的经验和做法。科研局每季度向院党组汇报智库建设工作情况。

11月13日，副院长蔡昉主持召开智库专题会。会议通报了中国社会科学院入选国家高端智库试点单位名单，并部署了入选单位起草2016年工作计划和经费预算的有关工作。随即，院在科研局设立智库协调办公室。院高端智库建设由院党组领导，由分管智库工作的副院长牵头，科研局负责组织实施，智库协调办公室负责日常协调联系。

2. 完善制度建设，建立健全智库建设管理办法

为了建立健全智库建设管理机制，科研局制定并印发了《中国社会科学院关于中国特色新型智库的若干管理规定（暂行）》。文件从“专业化智库的组织协调机制、项目管理、经费使用、成果资助及智库学者的待遇考评问题”五个方面做出明确规定，实现智库建设与创新工程相互促进、有序发展。根据智库成果的特点，科研局在整合以往成果资助体系和标准的基础上，制定并印发了《中国社会科学院创新工程科研成果后期资助实施办法（试行）》。

为加强中国社会科学院综合性高端智库建设，规范国家高端智库专项经费管理，根据《国家高端智库管理办法（试行）》和《国家高端智库专项经费管理办法（试行）》，科研局于12月

初起草了《中国社会科学院国家高端智库管理细则（试行）》（草案）和《中国社会科学院国家高端智库专项经费管理细则（试行）》（草案）。两个管理细则就中国社会科学院综合性高端智库建设的项目管理、成果报送、资助奖励、经费保障、人员聘用、报偿分配、国际交流、考核评估等问题进行了规定。

3. 拓宽资助渠道，优化经费配置和使用

根据《智库若干管理规定（暂行）》和院领导批示精神，科研局制定《2015年度智库建设经费预算报告》，并在专业化智库挂牌后立即启动经费拨款工作，对没有得到国家财政专项经费或院外横向课题专项经费资助的专业化新型智库，按年拨付50万元创新工程智库建设专项经费。针对经费使用中可能遇到的问题，科研局组织召开智库经费管理使用专题会议，就经费划拨单位、使用范围、出国经费和后期资助比例等问题达成统一意见，并印发智库单位执行。

中国社会科学院跻身国家高端智库行列后，已得到中宣部规划办提供的第一年一次性拨付的智库建设经费。目前，中国社会科学院高端智库建设经费来源渠道分为：国家高端智库专项经费、其他渠道的国家财政专项经费、院创新工程智库建设配套经费和院外横向课题专项经费。至此，中国社会科学院智库建设资金形成了多渠道、大力度、全方位的资助体系。

4. 科学编制规划，启动院2016年智库建设方案及计划的编制工作

2015年12月，根据院领导指示，科研局组织召开了中国社会科学院智库工作部署动员会，会议主要传达了国家高端智库建设工作会议精神，部署落实中国社会科学院智库建设方案。随即，科研局启动院2016年智库建设方案及计划的编制工作，起草了《中国社会科学院国家高端智库建设试点工作方案》《中国社会科学院国家高端智库建设2016年度工作计划》。根据中宣部要求，已将《中国社会科学院国家高端智库建设试点工作方案》《中国社会科学院国家高端智库建设2016年度工作计划》《中国社会科学院国家高端智库管理细则（试行）》（草案）及《中国社会科学院国家高端智库专项经费管理细则（试行）》（草案）及时报送给规划办。

科研机构新型智库建设情况

文学哲学学部

民族文学研究所

2015年，民族文学研究所朝戈金、巴莫曲布嫫和朱刚以专家身份进入中国民俗学会联合国非物质文化遗产项目评审工作组（朝戈金为组长，巴莫曲布嫫为副组长），深度参与了联合国教科文组织保护非物质文化遗产政府间委员会审查机构的年度评审工作，分别承担项目评审工作培训、评审报告撰写，以及45个项目报告的审定和在线上传工作；朝戈金和朱刚作为中国民俗学会的辩论代表前后三度参加《公约》秘书处在巴黎召开的审查机构工作会议；巴莫曲布嫫作为中国民俗学会代表团团长和朱刚一道参加了教科文组织保护非物质文化遗产政府间委员会在纳米比亚召开的第十届常会，完成了会议纪要和年度工作报告。

2015年1～3月，巴莫曲布嫫参与了中国非物质文化遗产保护中心（国家中心）组织的“二十四节气”列入教科文组织“人类非物质文化遗产代表作名录”的申报材料修改和中英文审定工作，并主笔申报片解说词的撰稿；朱刚参与了申报片英文字幕的上屏与配音对接工作。

2015年9月，巴莫曲布嫫应联合国教科文组织亚太地区非物质文化遗产国际培训中心的邀请，主持其委托课题“从联合国教科文组织非物质文化遗产‘名录’和‘名册’项目申报表格的变化看评审工作趋势”。

2015年9月11～12日，由文化部、四川省人民政府、联合国教科文组织、中国联合国教科文组织全国委员会主办的“第五届中国成都国际非物质文化遗产论坛”在四川省成都市举行。应文化部邀请，朝戈金担任论坛主席并致词，巴莫曲布嫫发表了主旨报告。

2015年，朝戈金和巴莫曲布嫫还在内蒙古、青海、四川、山东、广西等省、自治区为文化系统和省级非遗保护中心开设了多场非遗专题讲座。

2015年，口传中心继续参与国家社科基金重大委托项目“中国史诗百部工程”（文化部民族民间文艺发展中心和民文所共同实施）的《项目实施规范》的编制和立项、结项及中期评审，以及项目人员的培训工作，主持召开彝族史诗专项工作会议。

哲学研究所

中国社会科学院中国文化研究中心，前身是2000年成立的中国社会科学院文化研究中心。根据中央关于加强中国特色新型智库建设意见精神和中国社会科学院关于加强中国特色新型智库建设实施方案，在2015年5月26日举行的新型智库启动仪式上，作为中国社会科学院率先启动建设的首批专业智库，文化研究中心更名为中国文化研究中心。中心主任由院哲学研究所所长谢地坤兼任。

2015年，中国文化研究中心贯彻落实中央精神和院党组部署，在深入总结中心成立以来成绩与经验基础上，按照中国特色新型智库建设总体要求，重视加强学科建设、队伍建设，坚持基础理论研究和应用对策研究并重并举，不断提升为党和国家决策服务的能力和水平，取得了一系列具有重要学术价值和实践价值的研究成果。

2015年，中国文化研究中心规划和实施了“习近平文化观研究”“中国对外文化发展战略研究”“电影产业创新发展路线图研究”等研究项目；承担文化部、财政部“拉动城乡居民文化消费试点项目（2015）”政策和方案设计统筹、效果评估，参与西部试点的实施与指导；承担文化产业促进法立法研究项目，编辑整理《文化产业促进法立法参阅资料》共4卷；参与《文化产业促进法（草案）》和《公共文化服务保障法》修改工作，提出意见和建议；参加全国人大教科文卫委员会、文化部、北京市、国家林业局等机构部门的决策咨询和合作研究；编辑出版《文化发展研究》《文化蓝皮书：少数民族文化发展报告（2014～2015）》《文化建设报告》《“一带一路”文化产业融合杜仲橡胶产业研究》等多部研究报告；撰写发表《文化产业促进法立法的必要性和可行性》等多篇学术论文；筹建文化政策数据中心和文化政策创新联合实验室；与上海研究院共同举办“第四届中国博士后文化发展论坛”及“首届文化政策中日韩智库间战略对话”等；完成院有关部门委托的外事接待工作；组团出访俄罗斯，进行文化问题专题调研。

历史学部

中国边疆研究所

“新疆智库”由中央新疆工作协调小组办公室、中国社会科学院和新疆维吾尔自治区党委联合组建，于2015年2月9日成立。

专家委员会和常务委员会主任由中国社会科学院副院长王京清担任，副主任由国家民委副主任李昭和新疆维吾尔自治区党委常委李学军担任。办公室主任由邢广程担任。

新疆智库依托中国边疆研究所组建实体研究机构，按照“不求所有、但求所用”的原则，搭建全国涉疆研究的学术交流平台，整合全国研究资源。新疆智库作为一种全新的科研组织形式，与中国边疆研究所在长期的科研实践中积累形成的协调全国边疆研究力量的职能高度契合，在加强涉疆研究，优化边疆研究整体布局，促进新疆社会经济稳定、发展等方面已经发挥了重要作用。

经济学部

经济研究所

2015年，经院党组决定，依托经济研究所学科优势，创立“当代中国马克思主义政治经济学创新智库”。该智库的成立，是深入贯彻落实中央《关于加强中国特色新型智库建设的意见》

《中国社会科学院关于加强中国特色新型智库建设的若干意见》的具体举措，也是坚持社会主义市场经济改革方向，要立足我国国情和我国发展实践，揭示新特点新规律，提炼和总结我国经济发展实践的规律性成果，把实践经验上升为系统化的经济学说，不断开拓当代中国马克思主义政治经济学新境界的现实需求。

"当代中国马克思主义政治经济学创新智库"遵循中国社会科学院高端智库建设五大原则：坚持正确方向，体现中国特色；坚持高端定位，积极服务决策；坚持研以致用，专业性和综合性相结合；坚持改革创新，建议灵活高效的运行机制；坚持人才为先，凝聚一流研究队伍。切实发挥咨政建言、理论创新、舆论引导、社会服务、公共外交五大功能。以院整体智库为统领，构建院级、所级、专业化智库"三位一体"的智库建设格局。以创新工程统筹布局，实现智库建设与创新工程相互促进、协调发展。

主要负责人是：经济研究所党委书记王立胜，经济研究所所长裴长洪。

金融研究所

2015年，为了适应日趋复杂的经济、金融形势，顺应社会科学和自然科学深度融合的历史趋势，回应金融日趋工程化、全球化的新挑战，金融研究所发起设立"中国社会科学院金融实验室"，这是中国国内社会科学界第一个兼跨社会科学和自然科学两界的国家级实验室。其后，中国社科院又依托金融所和经济学部陆续设立了10余家以政策研究为导向的智库型研究机构，主要包括："财富管理研究中心"（2005）、"支付清算研究中心"（2005）、"金融法律与金融监管研究基地"（2005）、"中国金融政策研究中心"（2009）、"产业金融研究基地"（2010）、"融资租赁研究基地"（2010）、"中小银行研究基地"（2010）、"中国宏观经济运行监测与政策模拟实验室"（2010）、"国家资产负债表研究中心"（2011）、"投融资研究中心"（2011）等。2015年6月，院务会批准上述11家新型智库型研究机构整合为"国家金融与发展实验室"。2015年11月10日，国家金融与发展实验室被中央全面深化改革领导小组第十八次会议确定为首批25家国家高端智库之一。中国社会科学院学部委员、原副院长李扬教授被任命为国家金融与发展实验室理事长兼首席专家。

根据中央精神，2015年，国家金融与发展实验室的主要工作集中于建立现代智库的体制机制，建立实验室工作机制、整章建制、按新标准重新确认所属研究机构、安排研究项目和课题，是2015年下半年和2016年上半年的主要任务。

在建立工作机制方面，国家金融与发展实验室整合建立了科研管理、国际合作管理、数据库管理、智库讲坛和国际论坛管理、办公室管理、财务管理和媒体联系制度。

在整章建制方面，先后拟定并通过了国家金融与发展实验室章程、管理细则、经费管理细则，并确定了处理与金融所各方面关系的原则。

在确认和建立研究机构方面，国家金融与发展实验室根据“逐个整合、成熟一个确立一个”的原则，先后确认了“中国债券论坛”“宏观金融研究中心”“金融法律与金融监管研究基地”“银行研究中心”“支付清算研究中心”“国家资产负债表研究中心”“资本市场和上市公司研究中心”“财富管理研究中心”“全球经济与金融研究中心”等9个研究机构，另有“投资融资研究中心”“经济增长与金融发展实验中心”“科技与金融研究中心”“保险与发展研究中心”等正在重新确认过程中。

关于课题和研究项目，国家金融与发展实验室在2015年先后召开2次会议，对承接的中央部门、上海市和其他来源课题计30余项，进行了统一安排，进一步明确了课题负责人和完成时间。

数量经济与技术经济研究所

(一) 智库项目：2015年，数量经济与技术经济研究筹备创新驱动发展战略智库，以创新驱动发展战略、科技创新、产业结构转型升级等为主要内容，负责人为所长李平。

(二) 智库成果：国家智库报告系列成果《“一带一路”战略：互联互通、共同发展——能源基础设施建设与亚太区域能源市场一体化》；院党组交办“创新驱动发展战略”项目；贵州省“十三五规划”咨询工作等。

城市发展与环境研究所

2015年5月26日，生态文明研究智库成立，在全院智库工作的统一部署和安排下，开展了理事会建设、研究项目招标、对策建议组织上报等系列工作，取得了明显成效。

(一) 智库研究项目

2015年，生态文明研究智库通过公开招标和定向委托方式新立项研究项目14项：(1)“将长江中游城市群打造成生态文明示范区研究”；(2)“水、粮食和矿产的安全纽带与生态文明外交建设”；(3)“环境风险治理中政府监管、企业责任与公众参与的三方博弈”；(4)“支撑我国生态文明建设标准体系的研究”；(5)“全球可持续发展目标与我国‘十三五’规划目标的融合研究”；(6)“民族地区农村绿色发展的非技术创新系统研究”；(7)“中欧电力安全合作路径”；(8)“建筑领域应对气候变化的策略选择研究”；(9)“完善重点生态功能区市场化生态补偿机制研究”；(10)“我国旅游生态文明建设的量表开发及路径选择”；(11)“长江三峡地区农村生态文明建设研究”；(12)“我国参与国际气候谈判重要问题跟踪研究”；(13)“环境污染对城市网络结构的影响研究”；(14)“大都市区服务业能耗碳排放及其影响因素研究”。

（二）创新智库建设方式

（1）构建多层面的智库工作平台。生态文明研究智库以城市发展与环境研究所为依托，实施一套班子两块牌子，研究所领导为智库主要负责人，研究所学术委员会对智库重大的学术科研活动进行审议，同时设立秘书处负责智库日常工作。智库以研究所现有7个研究室为基础，组建生态文明经济学理论、全球气候治理、低碳发展、生态环境建设、区域环境治理、绿色智慧城市发展等8个研究部。智库的科研项目、活动宣传也将充分利用研究所现有气候变化经济学模拟联合实验室、可持续发展研究中心、中国城市经济学会等特色平台。

（2）以理事、特聘研究员等模式，形成流动开放的专家人才集聚机制。为打造一个更开放的智库交流平台，充分利用国内外相关学术领域的专家资源，2015年生态文明研究智库一经成立，就开始了理事会的筹备工作。目前，理事会组织架构和成员队伍已基本形成。2015年12月21日，中国社会科学院生态文明研究智库第一届理事会成立大会暨生态文明研究智库高峰论坛在北京举行。

（3）以项目招标方式，利用社会力量进行重点、难点问题攻关。生态文明研究智库致力于打造一个生态文明研究领域开放式的研究平台，在更广阔的领域凝聚生态文明研究智慧，向党和国家提供高水平对策建议。为此，智库在经费使用和配置上，不局限于城市发展与环境研究所，也不限于智库内部，而是努力通过社会公开征集优秀研究项目、定向委托权威专家研究等多种形式，以后期资助的方式支持生态文明研究领域的学术领军者和优秀项目。

（三）2015年智库建设的新成果

（1）优秀学术论著不断推出。2015年，生态文明研究智库已经完成并公开出版了《中国的环境治理与生态建设》《生态引领 绿色赶超——新常态下加快转型与跨越发展的贵州案例研究》《中国城市低碳发展蓝图：集成、创新与应用》《生态文明的发展模式》《中国梦与浙江实践（生态卷）》《中国城市发展报告NO.8——创新驱动中国城市全面转型》《应对气候变化报告（2015）——巴黎的新起点和新希望》《中国商务中心区发展报告》《中国企业绿色发展报告（2015）》、*World Scientific Reference on Asia and The World Economy*、*China's Environmental Governing and Ecological Civilization*、*Reconstruction of China's Low-Carbon City Evaluation Indicator System*等10余部著作，在*Nature Climate Change*、*Sustainable Development*、《中国人口·资源与环境》《生态经济》等国内外学术期刊上发表学术论文50余篇。其中，尤以《中国的环境治理与生态建设》和《中国城市低碳发展蓝图：集成、创新与应用》在生态文明建设的理论创新和实践意义上的价值最为突出。

（2）战略性对策建言批量报送。生态文明研究智库在进行生态文明理论创新研究的同时，积极围绕国家经济社会发展的重大现实问题，向党中央和国务院上报优秀的对策建议。2015年，生态文明研究智库围绕生态文明体制机制改革、生态补偿、自然资源资产价值、碳排放指标分配、京津冀环境协同治理、长江中游城市群建设、应对气候变化、“一带一路”、国际可持续发展议程等多个主题，通过中国社会科学院、国家发展和改革委员会、国家外交部和中国气象局等单位的信息渠道，向党中央和国务院上报优秀对策建议 40 余篇，多篇报告获得了中央领导的批示或被相关部委采用。

（3）在高端媒体宣传话语权明显提升。生态文明研究智库在完成学术著作和上报对策建议的同时，还注重利用高端媒体平台，进行生态文明理论和实践宣传，引领生态文明的学术话语。2015 年，生态文明研究智库通过《人民日报》《光明日报》《经济日报》、中央电视台、中央人民广播电台、人民网、新华网、中国网等高端媒体平台，发表了《中国正在迈向生态文明新时代》《以生态文明建设推动发展转型》《中国土壤污染与治理》《可持续发展经济学再思考》《中国可持续发展与污染控制》《推进"绿色化"谋划新格局》《以生态文明建设守住"发展和生态两条底线"》等数十篇理论和评论文章，在学界和社会上产生了影响。

（4）成功组织系列成果发布活动。生态文明研究智库凭借自身专家资源优势，以及与国家部委、优秀出版机构和高端媒体平台良好的合作基础，积极组织优秀成果发布活动。2015 年，生态文明研究智库组织了《中国的环境治理与生态建设》《内蒙古发展定位研究》《内蒙古草原可持续发展与生态文明制度建设研究》等各类成果发布活动 6 次，及时将最新的研究成果向社会公开发布。

（5）学术交流活动丰富。生态文明研究智库通过举办学术研讨会、组织人员出访、邀请外宾来访、参加主题论坛等多种方式，开展了以生态文明为主题的丰富的学术交流活动。例如，2015 年 9 月，联合 OECD（经济合作与发展组织）等组织和机构，在湖北省宜昌市召开了"三峡城市群 · 长江经济带"国际研讨会；2015 年 10 月，组织参加世界经济论坛在迪拜举办的世界议程理事会，与美国外交关系理事会理事、加州大学教授 David Victor 共同提议巴黎协议关键问题、联合国 2030 可持续发展议程跟踪审评等事项；2015 年 10 月，组织人员参加在德国柏林召开的国际气候俱乐部会议；2015 年 12 月，组织人员参加巴黎气候变化大会。此外，还组织召开了"2015 年后发展议程"研讨会；组织人员赴荷兰瓦赫宁根大学进行建筑节能和智慧城市建设交流；与荷兰环境评估署（PBL）署长哈耶尔教授（Professor Maarten Hajer）一行交流可持续城镇化和联合国后 2015 发展议程等问题；美国进步中心代表团到访，并就韧性城市、气候变化政策等问题进行了交流。

社会政法学部

法学研究所

2015 年，法学研究所在智库建设方面采取了一些新机制、新举措，主要有以下几方面：

（1）成立了专门的智库建设管理机构：法学研究所国际法研究所法治发展战略研究部。为落实中央和院党组战略部署，法学所、国际法所于2015年3月成立了法治发展战略研究部，作为专门的智库建设管理机构，并配备了专门研究人员，具体负责推进两所智库建设工作。研究部成立以后，在运行机制、经费保障、研究项目、人员配备等方面进行了统筹谋划，有条不紊地开展各项工作。但所里在各种场合多次强调，研究部只是一个平台，不意味这个部门的人才从事智库工作，两所全体研究人员都是智库工作的参与者、支持者。

（2）加强与原有法治国情调研室的协调。所里明确，成立新的工作部门，不是对原有部门的削弱，而是对智库工作、对策性研究工作的加强。两个部门要加强协调，各有侧重，共同推动对策研究工作，更好发挥智囊团作用。

（3）加强与有关地方和部门的交流和合作。该所继续推进法治国情调研基地建设，在江苏江阴、浙江余杭、广东珠海新建三个国情调研基地。加强与地方政府和有关部门的合作，与珠海市政府、深圳市广播电影电视集团签订了合作协议。以单位会员身份加入中国法学会，与最高人民法院合作建设“一带一路”司法研究基地。

（4）组织开展如何写好内部研究报告的培训，提高研究人员撰写内部研究报告的能力和水平。

国际研究学部

世界经济与政治研究所

2015年5月26日，中国社会科学院为加强中国特色新型智库建设而整合打造的11个专业化新型智库正式揭牌，启动了试点建设工作。世界经济与政治研究所作为其中一家智库单位，致力于建设成为全球宏观经济和国际经济政策研究领域的世界一流专业智库。该智库主要研究领域为全球宏观经济、国际金融、国际贸易、国际投资、全球经济治理、国际政治与国际战略。张宇燕为该智库理事长兼执行委员会主任。

2015年，根据中央《关于加强中国特色新型智库建设的意见》和院里的统一部署，该智库制定了《中国社会科学院世界经济与政治研究所智库建设试点工作方案》，确定了智库名称、智库治理结构、智库理事会及理事会章程、智库依托研究中心、智库研究方向和主要研究人员。在智库建设实施方面，该智库迅速建立了智库研究机制，不仅承担了多项智库研究项目，而且取得了一系列智库成果。

2015年，该智库共发布智库系列报告379份。其中，外部经济环境监测报告114份（包括《一周财经要闻》46份，《全球智库半月谈》24份，《全球宏观经济季度报告》4份，《中国外部经济月度报告》12 份，评论和论文 28 份)；国际金融系列报告 61 份；国际贸易系列报告 58 份；国际投资系列报告 38 份；国际战略研究报告 15 份；国际政治经济学研究系列报告 27 份；全球发展展望报告 66 份。

发布国家智库报告 5 部，分别是：《中国海外投资国家风险评级报告（2015）》，《中国对外投资季度报告（2015 年第 1、2、3 季度）》，《中国 2030：能源转型的八大趋势和政策建议》。

举办了 3 场成果发布会：分别是：2015 年 3 月 25 日发布《世界能源中国展望》；2015 年 6 月 5 日发布《中国海外投资国家风险评级报告》和《中国对外投资季度报告（2015 年第 1 季度）》；2015 年 12 月 23 日发布《世界经济黄皮书》。

拉丁美洲研究所

（一）智库建设项目名称及其主要责任人

在智库建设方面，拉丁美洲研究所认真做好党和国家部门的交办任务和决策咨询研究，不断提高研究理论、方法和分析工具的创新水平，重视在研究中使用前沿的学术理论与方法，实现基础学术研究与智库研究相互促进，同时提高从实践上升到理论的能力，增强学科话语权，提高综合研判和战略谋划能力。

2015 年，拉丁美洲研究所承担的上级部门交办任务和决策咨询研究项目有：商务部委托课题“中国—哥伦比亚自由贸易区联合可行性研究”（柴瑜主持），国家开发银行规划局委托课题“拉美竞争政策研究”（柴瑜主持），农业部委托课题“农业法制建设与政策调研”（柴瑜主持），国家开发银行委托课题“乌拉圭国家经济社会综合领域规划合作咨询研究”（吴白乙主持），科技部委托课题“气候变化与国家安全战略的关键技术研究：巴西、墨西哥等拉美国家应对气候变化的国内政策和立法、决策及国际策略深度分析”（贺双荣主持），国家开发银行委托课题“哥斯达黎加经济特区研究”（柴瑜主持），国家开发银行委托课题“格林纳达国家发展战略及总体设计——格林纳达经济发展战略及中格合作研究”（柴瑜主持），科技部委托课题“拉美三国国别环境研究”（柴瑜主持），北京大学法学院委托课题“网络空间的软法治理”（谭道明主持），中共中央对外联络部委托课题“拉美 21 世纪社会主义探索和前景”（袁东振主持）。

（二）2015 年在智库建设方面的新机制、新举措等

加大对媒体的引导。提高在中央媒体出镜和发声重要性的认识；加大对新媒体的使用力度；保持与国内主流媒体的良好合作关系；发挥所网站的阵地作用，保证信息的快、全、准。

拓展社会服务新领域。建立及时、高效的成果发布机制；建立与国内外各类拉美研究机构、知名智库的合作研究、协作教学网络；结合咨政建言功能和建设所调研基地的契机，与地方政

府、"走出去"企业建立调研、咨询平台；利用中国拉丁美洲研究网扩大知识普及面；进一步充实图书馆的书籍种类和数据库，在数据库建设上加大力度，形成中国拉美研究专业系列资料库。

保持和夯实现有多层次的国际学术交流平台。加强与国际高端智库（如美国美洲协会、巴西瓦加斯基基金会等）的交流合作机制建设；并配合中拉整体合作，继续加强与拉美政府间机构的合作，包括联合国拉美经委会、拉美开发银行（CAF）、美洲开发银行等机构；在目前与OECD合作的基础上，开拓更多与国际多边机构智库合作的渠道。

加强人才队伍建设。造就一支坚持正确政治方向、德才兼备、富于创新精神的公共政策研究咨询队伍，重视学者型人才向智库型人才的转化。为新型智库人才的培养创造激励得力、保障有效的成长环境。

马克思主义研究学部

马克思主义研究院

（一）智库建设项目名称及其主要内容

2015年马克思主义研究院的智库主要是马克思主义理论创新智库。

马克思主义理论创新智库，立足于学术基础理论研究，加强对策建议性研究，在两者结合中推进马克思主义理论创新。围绕这一目标，确定了以下相对稳定的几个重要研究领域：中国特色社会主义重大实践和理论创新研究；中国马克思主义最新理论创新成果研究（习近平总书记系列重要讲话精神、21世纪中国的马克思主义）；中国传统文化扬弃研究；社会主义价值体系构建研究；当代中国马克思主义政治经济学研究；马克思主义理论人才培养研究；思想理论领域热点问题研究；当前意识形态形势与对策研究；建构当代中国马克思主义话语权研究（对引进的话语体系进行分析比较研究）；马克思主义中国化基础理论研究（思想通史和创新机制研究）。

（二）马克思主义理论创新智库建设新机制、新举措、新成果

为深入贯彻中央《关于加强中国特色新型智库建设的意见》，根据《中国社会科学院关于加强中国特色新型智库建设的若干意见》和《中国社会科学院中国特色新型智库建设2015年先行试点方案》，按照把中国社会科学院建设成为马克思主义理论创新中心的总体要求，特别是对马克思主义理论创新专业化新型智库试点建设的具体要求，为进一步提升中国社会科学院在马克思主义理论研究领域的能力水平，充分发挥理论创新、咨政建言、舆论引导、社会服务、公共外交的重要功能，推动全国马克思主义理论创新研究，更好地服务于中国特色社会主义事

业和中华民族伟大复兴中国梦的实现，马克思主义研究院在年初制定《马克思主义理论创新智库建设实施方案》并获得院党组的批准，上半年正式挂牌成立了马克思主义理论创新智库。智库成立以来，在院党组的统一领导下，开展了一系列积极有效的工作，正在顺利向前推进。

(1) 提高思想认识，明确指导思想、发展方向，形成合理的组织架构和发展机制。“马克思主义理论创新智库”以马克思主义研究院为责任单位，依托马克思主义研究院马克思主义中国化研究部，调动马克思主义研究学部、当代中国研究所、中国特色社会主义理论体系研究中心、马克思主义学院的资源。该智库在院党组领导下，按照《中国社会科学院关于加强中国特色新型智库建设的若干意见》要求和框架结构开展工作。

智库成立后，组织智库参与人员，多次认真学习中央《关于加强中国特色新型智库建设的意见》《中国社会科学院关于加强中国特色新型智库建设的若干意见》《中国社会科学院中国特色新型智库建设2015年先行试点方案》以及《马克思主义理论创新智库建设实施方案》《马克思主义理论创新智库理事会章程》，提高思想认识，把精力集中到智库建设上来。

因为该智库涉及单位和机构比较多，为推进智库建设的顺利进行，该智库在组织制度和发展机制上进行探索。一是成立智库理事会。二是建立智库建设单位联席会议制度，在智库责任领导的统一领导下，由智库建设责任单位和依托机构牵头，组成由各参与单位主要领导构成的智库建设单位联席会议，定期召开联席会议，对智库建设重大问题作出决议，形成智库建设的集体合力。智库成立后，多次同智库联系单位沟通联系。三是成立了智库建设协调办公室（秘书处），办公室设在马克思主义研究院马克思主义中国化研究部，在责任领导的领导下，负责编制智库建设中长期规划和年度工作计划，承担对智库参与实体单位的协调工作，组织召开智库建设单位联席会议，具体落实智库联席会议决策，编写智库建设简报，负责向智库建设单位传达相关文件，管理智库建设的日常事务。

(2) 按照智库建设的目标定位，扎实开展各项工作

智库建设方案对马克思主义理论创新智库建设做出了如下的目标定位：力争把智库建设成为中国马克思主义理论创新中心，中国马克思主义理论咨政服务平台，社会舆论和民意的引导者、改革发展决策的建言者，用中国马克思主义话语体系讲好中国故事的有效载体和平台，马克思主义理论高端研究型和应用型人才的集聚高地和培养基地，中国马克思主义理论研究创新成果的评价平台。真正有效地发挥理论创新、咨政建言、舆论引导、服务社会和公共外交的功能和作用。

①围绕打造具有中国特色、中国气派、中国风格的马克思主义话语体系，把智库建设成为中国马克思主义理论创新中心，设计系列研究课题，出版系列有影响力的论著。

②围绕把智库建设成为中国马克思主义理论咨政服务平台，社会舆论和民意的引导者、改革发展决策的建言者，深入中国特色社会主义实践，开展国情调研，形成一系列具有理论深度、现实针对性、能够解决问题的可操作性的对策建议。

③围绕利用学术影响国内外思想舆论，积极组织国内国际学术论坛，把智库建设成为用中国马克思主义话语体系传播正能量与讲好中国故事的有效载体和平台。

④围绕把智库建设成为马克思主义理论高端研究型和应用型人才的集聚高地和培养基地，加大马克思主义理论研究和创新高端人才培育力度，研究培育方法与规律。此项工作承担者是马克思主义学院，2015 年 100 名博士已经入学。马克思主义学院还将组织研究力量，开展“马克思主义理论人才培养的经验及其规律”课题研究，为理论研究和创新高端人才培养提供指导。

⑤围绕积极建构、推进和引领马克思主义理论创新的学术规范，提高理论引导、舆论引导能力，办好系列刊物、网站，逐渐形成一套能够被广泛认同的中国马克思主义理论创新成果的评价标准，力争把智库建设成为中国马克思主义理论研究创新成果的评价平台。

院直属单位新型智库建设情况

中国社会科学出版社

2015 年，中国社会科学出版社成立专门机构，精心策划，主动与各院所和其他智库机构联系。出版过程中，编辑、审稿、校对、质检、出版都规范高效，短时间内完成了报告的出版。由社长挂帅，在重大项目出版中心的基础上设立中国社会科学智库成果出版中心，抽调专门人员，研究策划、出版推广智库图书系列，着力打造国家智库报告品牌。

2015 年，中国社会科学出版社与院内近 30 家研究所签订了框架协议，与中国人民大学国家战略发展研究院、中央党校等院外高端智库以及地方智库共计 40 余家单位建立了联系。全年推出 31 种国家智库报告，5 种地方智库报告，7 种智库丛书；向中央机关、国家部委和各省（市）自治区，点对点免费赠阅图书近 5000 册；在推广上，与《人民日报》《光明日报》等 20 多家国家主流媒体、100 多家网络媒体沟通，逐渐建立中国社会科学出版社的媒体群，全年发布和转载各类稿件近 2 万篇，报告内容被数百万读者阅读，提升了中国社会科学院专家和中国社会科学出版社的知名度。

智库图书系列的出版“开创了一种新的出版业态”，这些图书及时传播信息和观念，有的引起高层重视，真正起到“智库”作用。《中国国家资产负债表》有关观点被财政部、中国人民银行等采用，被中央电视台、新华社等媒体报道。《中国高等教育透明度指数报告（2014）》《中国政府信息公开第三方评估报告（2014）》等引起中办、国办、教育部等关注。《NAES 宏观经济形势分析（2015 年第 1 季度—第 3 季度）》《中国海外投资国家风险评级报告（2015）》《中国对外投资季度报告（2015 年第 1 季度—第 3 季度）》等成为中国企业海外投资的指南，其成果引起委内瑞拉驻华大使和法国公使的关注并专程来访智库单位，寻求沟通，争取提升排名。《内蒙古草原可持续发展与生态文明制度建设研究》《内蒙古发展定位研究——京津冀大气污染联防联控》《内蒙古草原碳储量及其增汇潜力分析》在内蒙古自治区发布，中国社会科学院院长王伟光和自治区领导出席发布暨研讨会，成为展示中国社会科学院生态文明建设智库的首批发布成果。《中国的民主道路》系列丛书被全国人大、全国政协等代表委员关注。

积极探索智库成果的纸电同步出版。在图书出版的基础上，尝试通过互联网传播智库成果，目前正在开发制作“国家智库成果专题数据库”；与百度文库、亚马逊、中国移动等网络平台开展合作，建立智库成果专题发布频道，利用这些平台数以亿计的用户群，扩大智库成果的传播力和影响力。

三　专项巡视工作

中央第一巡视组专项巡视中国社会科学院工作动员会

根据中央统一部署，中央第一巡视组近日进驻中国社会科学院开展专项巡视工作。2015年10月31日，中央第一巡视组巡视中国社会科学院工作动员会召开。中国社会科学院党组书记王伟光主持会议并作动员讲话，中央第一巡视组组长王怀臣就即将开展的专项巡视工作作了讲话。中央巡视工作领导小组办公室有关负责同志就配合做好巡视工作提出要求。

中央第一巡视组副组长彭文耀、赵春光、黄建平及巡视组全体成员，被巡视单位党组成员、副秘书长、退出领导岗位的老领导出席会议，在职正处级以上党员领导干部、在职正高级职称党员、离退休干部代表等列席会议。

王怀臣指出，巡视是党章赋予的重要职责，是党内监督的战略性制度安排，是全面从严治党的重要手段。党的十八大以来，党中央高度重视巡视工作，中央政治局常委会听取每轮巡视情况汇报，习近平总书记每次都发表重要讲话，对加强和改进巡视工作作出系列重大决策部署，确立了中央巡视工作方针，颁布实施新修订的巡视工作条例，为巡视工作深入开展指明了方向。中央巡视工作领导小组坚决贯彻中央部署，不断创新组织机制和工作方式，狠抓工作落实。巡视工作不断深化，取得明显成效。实践证明，中央巡视工作方针完全正确，巡视工作顺党心、合民意，是推进党风廉政建设和反腐败斗争的重要平台，是党内监督与群众监督相结合的重要方式，是上级党组织对下级党组织监督的重要抓手，为全面从严治党提供了有力支撑。

王怀臣指出，全面从严治党是实现党的历史使命的必然要求，核心就是加强党的领导。全党只有一部党章，对全体党员和所有党组织都有效管用，坚持党的领导没有例外、没有特殊。只要是党的组织、党员和党的干部，就要按党章和党的规则办事，中央制定的路线方针政策都要贯彻，从严治党要求都要落实，党的纪律和规矩都必须遵守。中国社会科学院党组和各级党员领导干部，要在思想认识、责任担当、方法措施上跟上中央要求，认真落实全面从严治党主体责任。领导干部要发挥表率作用，带头维护党规党纪的严肃性和权威性，敢于担当、敢于较真、敢于斗争，坚决把责任扛起来、立场硬起来、纪律严起来，唤醒党章意识、纪律意识、规矩意识和组织意识，切实解决管党治党失之于宽、失之于松、失之于软和主体责任缺位、监督责任缺失等问题，确保党始终成为中国特色社会主义事业坚强领导核心。

王怀臣强调，巡视组将全面履行党章赋予的职责，认真贯彻巡视工作条例，聚焦全面从严治党，紧扣党的政治纪律、廉洁纪律、组织纪律、群众纪律、工作纪律和生活纪律，深化“四个着力”，发现问题、形成震慑。工作中，将紧紧围绕坚持党的领导这个根本，重点检查被巡视党组织和党员领导干部是否认真学习、遵守、贯彻、维护党章，严格按党章规定办事；是否坚持理想信念宗旨，牢固树立“三个自信”；是否用实际行动贯彻落实党的路线方针政策，贯彻落实党的十八大和十八届中央历次全会精神，同党中央保持高度一致，确保中央政令畅通、维护党的集中统一；是否落实全面从严治党主体责任和监督责任，始终把加强党的建设摆在突出位置，发挥党的领导核心作用。巡视组将紧密联系被巡视单位实际，突出专项重点，紧盯重点人、重点事和重点问题。对共性问题，透过现象看本质，挖出深层原因，提出对策建议，为全面深化改革提供问题导向参考。

中央巡视工作领导小组办公室有关负责同志强调，全面从严治党靠全党、管全党、治全党，纪律建设是全面从严治党的治本之策。在党中央坚强领导下，中央巡视组已开展7轮巡视，共巡视118个地方、部门和单位，实现了对31个省区市和新疆生产建设兵团、55家中管国有重要骨干企业全覆盖，发挥了全面从严治党利剑作用。中国社会科学院各级党组织和党员领导干部，要从全面从严治党的战略高度深入学习领会中央关于巡视工作的新要求，尊崇党章、敬畏党纪，凝聚全面从严治党强大思想动力，落实全面从严治党各项要求，坚决贯彻中央巡视工作方针，为扎实推进巡视全覆盖，促进建立不敢腐、不能腐、不想腐的有效机制，协调推进“四个全面”战略布局提供坚强保证。中央巡视组受中央委派，肩负中央的权威和信用。中国社会科学院各级党员领导干部要从讲政治的高度正确认识和对待巡视监督，认真学习贯彻巡视工作条例，切实增强接受监督的自觉性和坚定性，严明纪律要求，敢于直面问题，实事求是、客观公正地反映情况和问题，充分信任、坚决支持、积极配合、同步监督中央巡视组工作，全力确保中央交给的巡视任务圆满完成。

王伟光强调，中央巡视组到中国社会科学院开展专项巡视，是贯彻落实全面从严治党的重大举措，是中央交给院党组和全院各级党组织的一项重大政治任务，既是中央对中国社会科学院的重视和支持，也是对中国社会科学院的信任和考验，对于促进中国社会科学院事业持续健康稳定发展具有重要意义和深远影响。中国社会科学院要把专项巡视作为从严加强党的建设，从严管院治院、推进纪律建设、健全完善制度、促进长远发展的重要契机，作为检验落实中央“三个定位”目标要求成效的重要机遇，作为推动创新工程和科研工作跨越式发展、加快建设马克思主义坚强阵地、党的意识形态的重镇、哲学社会科学的殿堂、中国特色新型智库的重要动力。

王伟光强调，全院各级领导班子成员，特别是主要领导干部要讲政治、讲大局、讲规矩，认真负责、积极努力、全力以赴做好工作，以饱满热情欢迎巡视监督。要把接受监督的过程作为加强和改进工作的过程，正确对待和自觉接受巡视组和干部群众的监督，深入查找自身存在的问题，找差距、改不足、抓整改、谋发展，确保专项巡视工作取得实实在在的成效，推动中国社会科学院党风廉政建设和反腐败工作再上新台阶，为实施哲学社会科学创新工程提供强大助力，为繁荣发展哲学社会科学营造风清气正的良好环境。

王伟光指出，2015 年，中国社会科学院改革发展任务繁重。全院各级领导干部必须深刻认识到，专项巡视工作与科研工作是互相促进、相辅相成的。在积极配合巡视工作的同时，要切实抓好创新工程、科研工作和各项工作，深入推进党风廉政建设和反腐败斗争，深化纪律建设，倒逼改革工作进一步深化，确保科研等各项任务的全面完成，确保创新工程等各项工作持续健康发展。

第四编

工作概况和学术活动

GONGZUOGAIKUANG HEXUESHUHUODONG

一　研究机构工作

文学哲学学部

文学研究所

（一）人员、机构等基本情况

1. 人员

截至2015年底，文学研究所共有在职人员111人。其中，正高级职称人员35人，副高级职称人员34人，中级职称人员27人；高、中级职称人员占全体在职人员总数的86%。

2. 机构

文学研究所设有古代文学研究室、近代文学研究室、现代文学研究室、当代文学研究室、文艺理论研究室、马克思主义文学理论与文学批评研究室、民间文学研究室、比较文学研究室、台港澳文学与文化研究室、古典文献研究室、数字信息研究室、《文学评论》编辑部、《文学遗产》编辑部、《中国文学年鉴》编辑部、图书馆、办公室、科研处、人事处。

3. 科研中心

文学研究所所属科研中心有：世界华文文学研究中心、中国民俗文化研究中心、比较文学研究中心、马克思主义文艺与文化批评研究中心。

（二）科研工作

1. 科研成果统计

2015年，文学研究所共完成专著25种，804.8万字；外文专著2种，23.4万字；论文351篇，366.2万字；研究报告1篇，2.6万字；译著4种，53.5万字；论文集3种，106.5万字；古籍整理9种，831.9万字；普及读物2种，29.7万字；学术资料1种，270万字；教材1种，36万字。

2. 科研课题

（1）新立项课题。2015年，文学研究所共有新立项课题6项，即国家社会科学基金课题：

“香港报刊文学史”（赵稀方主持），“中国小说史”（石昌渝主持），“习近平总书记文艺工作座谈会讲话的理论突破研究”（丁国旗主持），“台湾左翼文艺研究”（李娜主持），“元代笔记丛刊”（杨镰主持），“欧阳予倩研究”（陈建军主持）。

（2）结项课题。2015 年，文学研究所共有结项课题 14 项。其中，国家社会科学基金课题 1 项：“日常生活理论与当代审美意识形态研究”（金惠敏主持）；国家社会科学基金后期资助课题 2 项：“《论语》还原”（杨义主持），“《红楼梦》一百二十回抄本初探”（夏薇主持）；院重点课题 1 项：“现代日本与西域文化”（董炳月主持）；所重点课题 10 项：“文学与认同——蒙元西游、北游文学与蒙元王朝认同建构研究”（王筱芸主持），“《艳史》《隋史遗文》《隋唐演义》——明清易代之际对隋唐历史的文学解读”（石雷主持），“论戴震与纪昀”（杨子彦主持），“光影时代——当代台湾纪录片史论”（李晨主持），“童话形态学研究”（杨鹏主持），“中国民营话剧研究”（刘平主持），“毛泽东《在延安文艺座谈会上的讲话》文艺思想研究”（丁国旗主持），“温克尔曼的希腊艺术图景”（高艳萍主持），“中国古代金银首饰”（扬之水主持），“文学史微观察”（李洁非主持）。

（3）延续在研课题。2015 年，文学研究所共有延续在研课题 35 项。其中，国家社会科学基金课题 28 项：“莲池派与晚清民国政治”（王达敏主持），“清代文人官年与实年丛考研究”（张剑主持），“中唐古文与儒学转型研究”（刘宁主持），“日常生活理论与当代审美意识形态研究”（金惠敏主持），“中国文学人类学理论与方法研究”（叶舒宪主持），“重回文学的历史现场：社会调查、文本细读与现当代文学中的农村视野”（何吉贤主持），“外交事件和中国现代文学民族话语的发生研究（1919—1932）”（冷川主持），“中国文学近代化转型史论”（王飚主持），“汉魏六朝集部文献集成研究”（刘跃进主持），“秦汉文学史”（刘跃进主持），“托·斯·艾略特戏剧创作研究”（陆建德主持），“家乡民俗学的理论与实践研究”（安德明主持），“宋代文学地图数字分析平台研究”（刘京臣主持），“《五经正义》文学思想研究”（王秀臣主持），“法国吉美博物馆所藏伯希和档案整理与研究”（王楠主持），“民营戏剧文学创作现状之研究”（刘平主持），“唐宋诗词中的生态审美与中国文化精神”（王莹主持）；“鲁迅仙台医学笔记研究”（董炳月主持），“中华古今骈文通史”（谭家健主持），“晚唐齐梁诗风研究”（张一南主持），“三家《诗》辑佚史研究”（马昕主持），“陶渊明作品互文性研究”（范子烨主持）；“香港报刊文学史”（赵稀方主持），“中国小说史”（石昌渝主持），“习近平总书记文艺工作座谈会讲话的理论突破研究”（丁国旗主持），“台湾左翼文艺研究”（李娜主持），“元代笔记丛刊”（杨镰主持），“欧阳予倩研究”（陈建军主持）；院重点课题 1 项：“中华思想通史（现代文艺卷）”（程凯主持）；所重点课题 6 项：“中国文学体系的近代化转型”（王飚主持），“左翼文学与文学史叙述”（萨支山主持），“北平指南：张恨水的城市体验与书写”（杨早主持），“晚唐齐梁诗风研究”（张一南主持），“《说文》段注经学研究成果辑评”（郜同麟主持），“访谈录：文学研究所的历史记忆”（黎湘萍主持）。

3．获奖优秀科研成果

2015 年，文学研究所共评出文学研究所优秀科研成果奖专著类一等奖 11 项：陈君的《东汉社会变迁与文学研究》，丁国旗的《马尔库塞美学思想研究》，董炳月的《“同文”的现代转换——日语借词中的思想与文学》，户晓辉的《返回爱与自由的生活世界——纯粹民间文学关键词的哲学阐释》，蒋寅的《清代诗学史（第一卷）》，李洁非的《典型文案》，刘宁的《汉语思想的文体形式》，施爱东的《倡立一门新学科——中国现代民俗学的鼓吹、经营与中落》，孙歌的《我们为什么要谈东亚》，谭佳的《断裂中的神圣重构——〈春秋〉的神话隐喻》，赵京华的《周氏兄弟与日本》；评出文学研究所优秀科研成果奖论文类一等奖 10 项：安德明的《1970 年代末以来的中国民俗学：成就、困境与挑战》，陈才智的《元人王恽对白居易的接受》，段美乔的《论社会文化语境的转换与中国文坛对意识流文学的译介与接受》，贺照田的《当信仰遭遇危机……——陈映真 20 世纪 80 年代的思想涌流析论》，李玫的《明清戏曲中的“小戏”和“大戏”概念刍议》，刘方喜的《“符号经济”论：新艺术政治经济学批判》，吴光兴的《〈河岳英灵集〉的地域性、派别性问题——兼及“开元十五年”新解》，许继起的《论〈汉书·艺文志〉所载汉代歌诗的渊源》，张重岗的《“心的文学”之归位：徐复观与钱穆文艺思想比较研究》，程方勇的《抗日战争中的古典文学研究》；评出文学研究所优秀科研成果奖学术资料类一等奖 1 项：刘福春的《曹辛之集》；评出文学研究所优秀科研成果奖古籍整理类一等奖 1 项：张剑的《翁心存日记》；评出文学研究所优秀科研成果奖专著类优秀奖 4 项：杜书瀛的《新时期文艺学扫描》，谭家健的《中国文化史概要》（增订二版），么书仪的《晚清戏曲的变革》（修订版），张炯的《中国文学通史》（12 卷）；评出文学研究所优秀科研成果奖论文类优秀奖 4 项：蒋守谦的《〈李自成〉与〈永昌演义〉互见录》，钱中文的《新中国文学理论六十年》，徐公持的《论秦汉制式文章的发展及其文学史意义》，刘世德的《〈三国志演义〉朝鲜翻刻本试论》；评出文学研究所优秀科研成果奖古籍校注类优秀奖 1 项：吕薇芬的《张可久集校注》；获得教育部第七届高等学校科学研究优秀成果奖著作类三等奖 1 项：金惠敏的 *Active Audience: A New Materialistic Interpretation of a Key Concept of Cultural Studies*；获得 2014 年度中国作家出版集团奖·优秀作家贡献奖 1 项：李洁非的《天崩地解：黄宗羲传》；获得华东地区古籍优秀图书一等奖 1 项：蒋寅的专著《〈原诗〉笺注》；获河南省优秀图书奖二等奖 1 项：王莹的专著《唐宋国花与中国文化》；获得江苏省科技厅“五个一”工程奖 1 项：杨鹏的《周处》（1—4）；获得 2015 年度“钟山文艺论坛”优秀论文奖 1 项：丁国旗的《论“文学批评三性”——文学批评客观性、倾向性、多维性探讨》；获得“百盛—清华学报优秀论文”奖 2 项：施爱东的《韩寒神话的史诗母题》，杜书瀛的《先秦审美文化和审美心理结构之雏形》。

（三）学术交流活动

1．学术活动

2015 年，文学研究所主办的学术会议有：

(1) 2015 年 4 月 17 ~ 18 日，由中国文学批评研究会、中国社会科学院文学研究所、外国文学研究所和中国社会科学出版社共同主办的“当代西方文论的有效性”国际高层论坛在北京举行。会议的主题是“当代西方文论的有效性”，研讨的主要问题有“当代西方文论的强制阐释倾向”“文学研究中的话语理论”“文学理论与世界主义”。

(2) 2015 年 6 月 27 ~ 28 日，由文学研究所、重庆师范大学、重庆市社会科学界联合会联合主办的“抗战文化与文学研究”学术研讨会在重庆举行。会议的主题是“抗战文化与文学研究”，研讨的主要问题有“抗战文学及其研究的总体评价”“抗战文学研究的回顾与展望”“抗战文学研究的深化与细化”“抗战文学研究的突破与创新”“抗战时期的戏剧、电影及抗战题材的影视剧”。

(3) 2015 年 8 月 7 ~ 9 日，由文学研究所和黑龙江大学文学院共同主办的中国社会科学论坛（2015 文学）“语言的共同体——当代世界华文文学高层论坛”在黑龙江省哈尔滨市举行。会议的主题是“世界华文文学”，研讨的主要问题有“台湾文学、香港文学及北美华文文学的文学史价值”“对‘世界华文文学’、‘汉语新文学’、‘华语语系文学’的理论定位”“‘语言共同体’的展望”。

(4) 2015 年 8 月 20 ~ 22 日，由文学研究所与新疆维吾尔自治区人民政府哈密地区行政公署共同主办的“丝绸之路与中国文学”学术研讨会在新疆维吾尔自治区哈密市举行。会议的主题是“丝绸之路与中国文学”，研讨的主要问题有“历史上西北文学的发展、繁荣”“西域多民族文化的交融、变迁”“哈密地区传统文化资源的发掘和认识”“‘一带一路’发展战略下中国文学的新契机”“文化先行对共建丝绸之路经济带的意义”。

(5) 2015 年 9 月 11 ~ 13 日，由文学研究所主办的“多元‘五四’传统——纪念《新青年》创刊 100 周年学术研讨会”在北京举行。会议的主题是“五四传统的回顾、反思，发掘五四传统的历史影响和思想资源”，研讨的主要问题有“五四新文化内在理论研究”“‘新文化运动’与‘新文学’内在关系”“五四人物与新文学发展”“文化史视野下的《新青年》”。

(6) 2015 年 11 月 5 ~ 6 日，由中国社会科学院党组委托中国社会科学院文学研究所主办的“贯彻‘中共中央关于繁荣发展社会主义文艺的意见’培训班”在北京举行。会议的主题是“认真学习习近平总书记在文艺工作座谈会上的重要讲话精神，学习‘中共中央关于繁荣发展社会主义文艺的意见’，集中研究如何贯彻落实。大力推进马克思主义文艺理论和文艺批评工程，推进中国社科院文学学科建设”。

2．国际学术交流和合作

2015年，文学研究所共派遣出访29批46人次，接待来访16批50人次（其中，中国社会科学院邀请来访4批4人次）。与文学研究所开展学术交流的国家有：美国、加拿大、俄罗斯、法国、德国、意大利、荷兰、斯洛伐克、塞尔维亚、葡萄牙、澳大利亚、纳米比亚、印度、日本、韩国、泰国等。

（1）2015年9月22日，日本三重大学教授尾西康充在文学研究所作题为“战后七十年：文学研究促进和解”的报告。

（2）2015年11月10日，韩国学术院教授Kim Yong Jik在文学研究所作题为“中国诗歌对韩国现当代诗歌的影响及其联系”的报告。

（3）2015年1月6日，文学研究所研究员靳大成在文学研究所作题为“‘壬辰倭乱’中的李舜臣与中日韩三国历史关系”的报告。

（4）2015年8月11日，南京大学教授钱南秀在文学研究所作题为“薛绍徽及其戊戌诗史”的报告。

（5）2015年9月29日，故宫博物院副研究馆员张震在文学研究所作题为“石渠宝笈与乾隆内府书画收藏”的报告。

3．与中国香港、澳门特别行政区和中国台湾开展的学术交流

2015年3月24日，文学研究所举办“学术论坛”讲座，邀请香港理工大学教授潘毅在文学研究所作题为“中国新工人阶级再探讨”的报告。

（四）学术社团、期刊

1．社团

（1）中国文学批评研究会，会长张江。

2015年10月13～14日，中国文学批评研究会、中国社会科学杂志社在江苏省扬州市主办第二届“当代中国文论：反思与重构”高级学术研讨会。会议的主题是“中国文论的反思与重构”，研讨的主要问题有“国外文论的中国旅行”“文论的中外交流”“文学批评建设”“文学批评中的问题反思”“当代美学与文论话语建设”“文艺政策与当代文艺批评”。与会专家学者60余人。

（2）中国中外文艺理论学会，会长高建平。

2015年10月24～25日，中国中外文艺理论学会在湖北省武汉市主办中国中外文艺理论学会第十二届年会。会议的主题是“当代中国文论的话语体系建构”，研讨的主要问题有“文学理论、文学批评的传承与创新”“西方话语与中国话语建构”“马克思主义文论建设”。与会专家学者300余人。

(3) 中华文学史料学学会，会长刘跃进。

2015 年 7 月 12 ~ 15 日，文学研究所、文学遗产杂志社在甘肃省张掖市主办中华文学史料学学会 2015 年年会暨丝绸之路文学研究学术研讨会。会议的主题是“抓住‘一带一路’战略构想契机，推动丝绸之路文化与文学研究”，研讨的主要问题有“中国文学（含现代文学）史料研究”“丝绸之路文学研究”“敦煌文学与河西文学研究”“考古资料、出土文物、寺窟壁画、图像及非物质文化遗产与文学关系研究”。与会专家学者 80 余人。

(4) 中国近代文学学会，会长关爱和。

2015 年 11 月 7 ~ 8 日，中国近代文学学会、中国近代文学学会小说分会在广州市主办“近代小说与中外文化学术研讨会暨中国近代文学学会小说分会第五届年会”。会议的主题是“近代小说与中外文化”，研讨的主要问题有“近代小说作家及作品文学史价值与地位的再认识”“近代报刊与小说关系的梳理与辨析”“传教士与新文学的发生”“近代小说与戏曲的相互影响”“近代女性写作的探究”。与会专家学者 80 余人。

(5) 中国现代文学研究会，会长丁帆。

(6) 中国鲁迅研究会，会长杨义。

2015 年 11 月 7 ~ 9 日，中国鲁迅研究会、中国鲁迅文化基金会在绍兴主办“文化引擎与城市发展”鲁迅文化论坛暨“当代文化语境中的鲁迅”学术研讨会。会议的主题是“鲁迅与城市文化”，研讨的主要问题有“鲁迅与城市文化发展”“鲁迅在当代的价值意义”。与会专家学者 100 余人。

(7) 中国当代文学研究会，会长白烨。

2015 年 11 月 14 日，中国当代文学研究会女性文学委员会在上海主办“2015 年女性文学研究青年论坛：跨媒体视野中的新世纪女性文学”学术研讨会。会议的主题是“女性文学与新媒体”，研讨的主要问题有“宏观视野中的女性文学”“代际意识与性别书写”“媒介转型与女性写作新变”“跨媒体时代的性别文化生产”。与会专家学者 40 余人。

2．期刊

(1)《文学评论》(双月刊)，主编陆建德。

2015 年，《文学评论》共出版 6 期，共计 240 万字。该刊全年刊载的有代表性的文章有：韩清玉的《马克思主义文学批评视域中自律与他律的辩证法》，张冰的《消费时代文学的生产与危机——兼论马克思主义艺术生产观的当代启示》，杨向荣的《复调语境中的〈在延安文艺座谈会上的讲话〉》，段吉方的《重建“对话”思维——形式主义与马克思主义的理论对话及其意义》，谭桂林的《“以自己的沉没，证明着革命的前行”——“诗人之死”与鲁迅信仰转换中的命运认知》，董炳月的《“文章为美术之一”——鲁迅早年的美术观与相关问题》，高旭东的《鲁迅：从〈斯巴达之魂〉到民族魂——〈斯巴达之魂〉的命意、文体及注释研究》，袁一丹的《易代同时与遗民拟态——北平沦陷时期知识人的伦理境遇（1937 ~ 1945）》，王爱松的

《论抗战时期国共两党文艺政策的分与合》，裴春芳的《质朴刚健或渊雅精深：抗战区“小品散文”的分流》，熊鹰的《反法西斯战争中的“隐蔽力量”：以丁玲〈我在霞村的时候〉及其翻译为例》，何浩的《历史如何进入文学？——以〈保卫延安〉前史的〈战争日记〉为例》，李杨的《“赵树理方向”与〈讲话〉的历史辩证法》，文学武的《红色文艺光环下的丁玲解读——以钱杏邨、冯雪峰、茅盾的评论为中心》，黄科安的《标准与尺度：论朱自清现代散文理论之构建》，冯学勤的《梁启超“趣味主义”的心性之学渊源》，孙洛丹的《汉文圈的多重脉络与黄遵宪的“言文合一”论》，季剑青的《什么是“现代文学”的“现代”？——中国现代文学起点问题的历史考察和再思考》，龙其林的《从“插图”到“图志”——中国现当代文学史著中的图文互文类型、时空建构及问题》，刘卓的《现当代文学研究中的“历史化”》。

（2）《文学遗产》（双月刊），主编刘跃进。

2015年，《文学遗产》共出版6期，共计168万字。该刊全年刊载的代表性的文章有：杜晓琴的《〈秦中吟〉非“新乐府”考论——兼论白居易新乐府诗的体式特征及后人之误解》，黎国韬的《历代教坊制度沿革考——兼论其对戏剧之影响》，彭玉平的《晚清“庄学”新变与王国维文艺观之关系》，陈大康的《论近代小说传播中的盗版问题》，李小荣的《唐代译场与文士：参预与影响》，潘建国的《明说唱词话〈新刊宋朝故事五鼠大闹东京记〉考——再论“五鼠闹东京”之故事流变及其学术意义》，姜荣刚的《留学生与晚清小说关系考论》，黄霖的《关于〈金瓶梅〉词话本的几个问题》，郑志良的《〈儒林外史〉新证——宁楷的〈儒林外史·题辞〉及其意义》，葛晓音的《杜甫五律的“独造”和“胜场”》，何诗海的《〈弇州四部稿〉“说部”发微》，叶楚炎的《〈修洁堂初稿〉及〈儒林外史·题辞〉考论》，王昕的《〈聊斋志异〉研究三百年——以方法论的线索与转向为中心》，何宗美的《〈四库全书总目〉王士禛批评舛误辨证——兼析馆臣提要撰写体例及主观缺失》，叶晔的《关于明词研究新体系之建构前提的思考》，刘京臣的《大数据时代的古典文学研究——以数据分析、数据挖掘与图像检索为中心》。

（五）会议综述

“当代西方文论的有效性”国际高层论坛

2015年4月17～18日，由中国文学批评研究会、中国社会科学院文学研究所、中国社会科学院外国文学研究所和中国社会科学出版社共同主办的“当代西方文论的有效性”国际高层论坛在北京举行。来自中国、美国、英国、俄罗斯的20多位专家学者参加会议。中国社会科学院副院长张江主持会议并作主旨发言。学者们围绕“当代西方文论的有效性”这一主题，就当代西方文论的强制阐释倾向、文学研究中的话语理论、文学理论与世界主义等重要问题展开了深入而富有成效的讨论。

新时期以来，当代西方文论的众多流派进入中国，给国内学界带来新思想、新观念、新方法，极大地推动了中国文论的发展。但是，当代西方文论在有其积极影响的同时也给中国文论的建设带来诸多问题。因此，反思当代西方文论所存在的局限，探讨文论建构的新视角，成为中国文论界所面临的迫切任务。张江在发言中认为，当代西方文论引入中国，打破了过去少数观点占据独霸地位的研究格局，以极大的推动力，与中国改革开放的历程一起，为进一步发展创造了很好的条件，使我们有更加开放的心态。但是，在西方语境中产生的当代西方文论是否适用于中国的文学实践，这是我们需要考虑的重要问题。张江指出，当代西方文论存在一个基本特征和根本缺陷——强制阐释，即背离文本话语，消解文学指征，以前置立场、前置模式，对文学和文本作符合论者主观意图和结论的阐释。在指出西方文论强制阐释症结的同时，张江又强调，一方面，从文学的意义上，强制阐释有其严重问题，但另一方面，强制阐释也有其不可避免性。他提出进一步的新思考，即“强制”有可能是一种阐释学中的现象，而不只是西方当代文论中存在的现象。

俄罗斯科学院俄国文学研究所所长、院士弗谢沃洛德·巴格诺对一种统一的文论持怀疑态度，认为它需要统一的经验和逻辑。苏联时期强制给学界一种唯一的文论，此后又有一种新的强制，即强调西方理论的绝对优势。他反对任何理论上的强制，主张世界是多样化的，不存在绝对的、不可置疑的权威，文学艺术也是如此，我们可以自由选择，并充分意识到各种流派、各种观点之间的平等对话和相互补充。中国人民大学教授程光炜以问题性研究而非历史性、实证性研究的方式，着重探讨了韦勒克、沃伦的《文学理论》对中国现当代文学研究的影响，并以《文学理论》的学术视野来反观中国现当代文学研究存在的问题。南京大学教授周宪对文学理论中的话语理论进行了深入的分析。他认为，福柯的话语理论探究话语形成的种种机制，关注话语知识与权力隐秘的共生关系，同时，强调话语实践对主体及其世界的建构。话语理论的内核是一种建构主义认识论，强调话语对知识的建构作用。英国桑德兰大学教授约翰·斯托里运用阿尔都塞的“问题域”概念，以及阿尔都塞和马歇雷所发展出的“症候性阅读”方法，对康拉德的小说《黑暗之心》作了批判性分析。他认为，《黑暗之心》的“意识形态计划”，是要说出这样一个真相，即过去对非洲的所谓“探索的荣光”，常常揭示出人性内在的弱点：黑暗不仅存在于时空之中，而且存在于人的内心。中国社会科学院研究员陆建德对改革开放以来国内学界文论研究的状况有所反思。多年来学界对文学理论特别偏爱，研究机构或大学有一些学者专门做理论，这是中国的特点。国外理论家的研究都有具体的对象，如福柯是史学家，研究的对象很具体，使用大量史料，从对史料的研究中发展出其话语理论。但国内学界关注的往往不是其史学研究，而是对其抽象意义上的理论进行讨论。我们一般也很少与德里达讨论其具体的研究对象，如他对黑格尔某一段的解读，而是将其理论抽象出来。如此一来，西方理论介绍进来后，血和肉少了，往往只剩下骨架子。中国社会科学院研究员高建平探讨了复数的世界文学理论。他认为，文学理论是通过观看、思考文学现象产生的，因此有什么样的文学就有什么样的文学理论。由于不同国家、民族和语言的文学各有自身有机生长的历史，文学是复数的，文学理论的复数性即根源于文学的复数性。美国哥伦比亚大学教授布鲁斯·罗宾斯思考世界主义的话题。他提到，世界主义最初兴起时，显示出两种冲动：一种是消极的，主张个人疏离自己的出生地，拒绝其传统、偏见、义务；另一种是积极的，主张个人归属于一个更高、更强的共同体。在这两种冲动之间有内在的联系，因为如果认为个体归属于更高的共同体，则有可能导致对自己民族、国家的疏离。中国社会科学院研究员朝戈金主张当代批评在关注书面文学的同时，也应关注口头文学传统。他强调文学活动和文学产品的存在形式十分复杂，谱系宽广，在我们所熟悉的书面文学之外，大量的文学活动是以口头传承的方式进行的，而对书面文学批评有效的法则和工具，可能并不适用于口头文学。基于民俗学经验产生的口头诗学，便是针对口头文学的阐释模型和方法。清华大学教授王宁关注“后理论时代”文学理论的出路问题。在他看来，文学理论具有一定的相对性，有其适用范围，超出其适用范围，就有可能丧失其有效性。文学理论在西方衰落的一个重要原因是，理论的重要性被高估，文学理论越出了其适用范围，被不恰当地运用于文学现象之外。

（何兰芳）

“抗战文化与文学研究”学术研讨会

2015年6月27～28日，由中国社会科学院文学研究所、重庆师范大学、重庆市社会科学界联合会联合主办的“抗战文化与文学研究”学术研讨会在重庆举行。会议开幕式由重庆师范大学校领导、“两江学者”周晓风教授主持。重庆师范大学副校长杨新民教授、中国社会科学院文学研究所所长陆建德研究员、重庆市社会科学界联合会副主席潘勇、重庆师范大学文学院院长张全之教授出席会议并讲话。来自国内高校、科研机构及日本的专家学者共90余人参加了研讨会。

（1）抗战文学及其研究的总体评价。战争虽然摧毁了已有的文化出版业，却借由迁徙开拓出新的空间，文学精神也因战争的洗礼而获得新的品格；战争时期形成了中国文学的多重时空内涵，并开拓和深化了一系列文学固有的主题。

（2）抗战文学研究的回顾与展望。包括新世纪以来抗战文学史料；抗战文学视野新扩展；新世纪以来的抗战文学话语；新世纪以来的抗战文学成果。其中新世纪以来抗战文学视野的新拓展，主要体现在三个方面：抗日战争正面战场与抗战文学；世界反法西斯战争与中国抗日战争；抗日战争时期的区域文学研究。

（3）抗战文学研究的深化与细化。这部分细分为抗战叙事与性别；抗战文学与历史；抗战文学与副刊；文学论争；作家群体研究；作家个体研究；抗战文学的比较研究。

（4）抗战文学研究的突破与布新。这部分分为抗战文学的区域性研究；旧体文学研究；独树一帜的佛教界抗战文学；史料发掘与佚作、被淹没作家的发现。

（科研处）

中国社会科学论坛（2015・文学）"语言的共同体——当代世界华文文学高层论坛"

2015年8月7～9日，由中国社会科学院文学研究所和黑龙江大学文学院共同主办的中国社会科学论坛（2015・文学）"语言的共同体——当代世界华文文学高层论坛"在黑龙江省哈尔滨市举行。黑龙江大学校长何颖、中国社会科学院文学研究所所长陆建德在开幕式上致辞。来自中国、美国、韩国、马来西亚等国家的学者70余人参加了会议。

2015年8月中国社会科学论坛（2015・文学）"语言的共同体——当代世界华文文学高层论坛"在黑龙江哈尔滨举行。

对于文学研究者而言，世界华文文学是一种崭新的文化视野。将学术视野扩展到中国大陆之外，能看到很多以前在文学史上看不到的东西。诸如梁实秋新人文主义在战后台湾主流意识形态构建中的作用；20世纪40年代张爱玲小说的非政治化和非程式化；刘呐鸥人生轨迹的改变原因何在——萧红《生死场》的"生与死"主题。关于台湾文学——与"五四"论述的关系、族群书写、现代诗歌、客家文学、当代创作；关于香港文学——文学史料、香港小说；还有北美华文文学、东南亚华文文学、韩国华文文学等。缺少了台港澳地区文学及海外华文文学，汉语文学不完整，缺少了中国大陆之外的文学维度，我们的文学史叙述存在局限性。汉语创作是海外华人作家获得文化归属感的手段，差异是存在的，但语言及其所代表的文化却是共同的基础，不同区域的华文文学都是"语言共同体"异质互补的成员。

（伊　吾）

多元"五四"传统——纪念《新青年》创刊100周年学术研讨会

2015年9月11～13日，中国社会科学院文学研究所主办的"多元'五四'传统——纪念《新青年》创刊100周年学术研讨会"在北京举行。来自全国各地的中国现代文学研究的专家学者80余人参加了会议。

在中国近现代历史进程中，《新青年》这份刊物所占的地位是举足轻重的。1915年，《新青年》的前身《青年杂志》在上海创刊，主编陈独秀逐渐把视野从政治转向文化，甚至对友人表示："让我办十年杂志，全国思想都全改观。"这种在当时看来可能有些"武断"和"霸气"的说法，在100年后的今天却成了伟大的历史预言。确实，在《青年杂志》改名为《新青年》后，陈独秀和他的同志先后发起了"批孔""文学革命"，最终在"五四"以后形成了声势浩大的"新文化运动"，深度改变了中国历史进程，也大大促进了中国文学范式的转型。学者们在会上进行了充分的讨论和交流，提出了许多新见解、新想法。

第一是对"五四新文化"内在理论的研究。在掌握最新历史材料的基础上，沿用思想史与社会史结合的研究方法，对"新文学"发生及"新文化运动"开展这一历史过程进行了颇具新意的叙述，从而对"五四"时期整体的思想理论予以了深层的把握。

第二是对"新文化运动"与"新文学"发生机制内在关系的探讨。"五四"包含着多元的传统，它跨越古今中西，也勾连着文学、政治和日常生活，多篇论文对《新青年》从大众传播、语体变革、社会转型等多个方面予以探讨，大大丰富了我们对历史的认知。其中，王中忱的《透视法、"写实精神"与视觉装置的再构筑——"美术革命"与"文学革命"的交集及其意义》一文极具新意，他通过对《新青年》中一则不起眼的"美术通信"的关注，挖掘出当时与"文学革命"相呼应的"美术革命"，并以此为基点，梳理了晚清以迄民初"美术"的变革历史，进而突破了思想研究的框架，进入了"视觉装置的再构筑"这一复杂幽微的心理层面。就对思想史研究范式的突破而言，谭桂林的发言同样具有重要意义，他的《〈新青年〉的信仰观念与五四新文学传统建构》是从"信仰观念"出发，把宏大的社会思潮与个人的内在心理相互结合，以此为基础对"新文学"传统建构的考察别具新意。

第三是对"五四"人物与新文学发展的讨论。文章中对胡适思想遗产的阐发、对吴稚晖及无政府主义思潮的钩沉、对鲁迅与尼采思想关联的描述都颇具新意，从而使得"五四"思想史的人物群像更加丰富、立体和生动。

第四是对《新青年》这一刊物文化史视野下的观照。这其中包括翻译问题、语言问题、创作与议论关系问题，《新青年》作为刊物的封面设计、插图广告及性别启蒙等问题。

第五是对各个历史时期人们如何回望和重塑"五四"传统的探究。这也是这次研讨会的一个亮点，它超越了作为历史现场的"五四"，而探讨在20世纪历史中人们对"五四"的回顾、反思和征用，充分发掘了"五四"作为历史影响和思想资源的重要意义。

《新青年》所开启的"五四"传统，"五四"传统所标举的民主自由/科学理性的远大理想和目标还没有彻底建构完成，新文学也在发展之中，而且正在面临着新一轮的社会转型和各种新媒介的冲击，这都需要我们不断地向历史的源头追溯过去。对"五四"传统的阐扬和重构不会一次完成，而是要以当下的危机意识去强有力地激活历史源头，以获得新的启迪。

（社科）

民族文学研究所

（一）人员、研究机构等基本情况

1. 人员

截至 2015 年底，民族文学研究所共有在职人员 43 人。其中，正高级职称人员 11 人，副高级职称人员 11 人，中级职称人员 16 人；高、中级职称人员占全体在职人员总数的 88%。

2. 机构

民族文学研究所设有：南方民族文学研究室、北方民族文学研究室、蒙古族文学研究室、藏族文学研究室、民族文学理论与当代文学批评研究室、中国少数民族文学资料中心、《民族文学研究》编辑部、图书资料室、办公室（含人事、科研管理、外事管理、财务）。

3. 科研中心

民族文学研究所所属科研中心有：《格萨（斯）尔》研究中心，口头传统研究中心，中国社会科学院少数民族文化与语言文字研究中心。

（二）科研工作

1. 科研成果统计

2015 年，民族文学研究所共完成专著 5 种，306.2 万字；论文 104 篇，212 万字；学术资料 1 种，40 万字；译文 1 篇，1.5 万字；学术普及读物 4 种，23.5 万字；工具书 1 种，74 万字；论文集 2 种，59 万字；影视资料撰稿 1 种，7.2 万字。

2. 科研课题

（1）新立项课题。2015 年，民族文学研究所共有新立项课题 2 项。其中，国家社会科学基金课题 2 项：“《蒙古源流》叙事研究”（孟根娜布其主持），“新疆乌恰县史诗歌手调查研究”（巴合多来提 · 木那孜力主持）。

（2）结项课题。2015 年，民族文学研究所共有结项课题 2 项：国家社会科学基金一般课题 2 项：“卡尔梅克民间故事及比较研究”（旦布尔加甫主持），“籍载与口传南方民族四大族源神话研究”（刘亚虎主持）。

（3）延续在研课题。2015 年，民族文学研究所共有延续在研课题 8 项。其中，国家社会科学基金重大委托课题 4 项：“中国少数民族语言与文化研究”（朝戈金主持），“《格萨（斯）尔》抢救、保护与研究”（朝戈金主持），“鄂温克族濒危语言文化抢救性研究”（朝克主持），“柯尔克孜百科全书《玛纳斯》综合研究”（阿地里 · 居玛吐尔地主持）；国家社会科学基金一般课题 1 项：“蒙古族佛经文学口头传统研究”（斯钦巴图主持）；国家社会科学基金青年课题 2 项：

"晚清民国旗人书面文学现代演变研究：1840 ~ 1949"（刘大先主持），"国家话语与民间文学的理论建构（1949 ~ 1966）"（毛巧晖主持）。

3．获奖优秀科研成果

2015 年，民族文学研究所获得首届"檀君文学奖"评论奖 1 项：张春植的专著《日据时期朝鲜族移民作家研究》；评出"民族文学研究所 2015 年度优秀科研成果奖"专著类一等奖 3 项：朝克的专著《北方民族语言变迁研究》，王宪昭的专著《中国少数民族人类起源神话研究》，毛巧晖的专著《20 世纪下半叶中国民间文艺学思想史论》；译著类一等奖 1 项：阿地里·居玛吐尔地的译著《突厥语民族口头史诗：传统、形式和诗歌结构》；论文类一等奖 1 项：吴晓东的论文《蝴蝶与蚩尤——苗族神话的新建构及反思》；专著类优秀奖 1 项：高荷红的专著《满族说部传承研究》；论文类优秀奖 1 项：黄群的论文《谁是智慧的引路人——柏拉图〈吕西斯〉引荷马史诗》。

（三）学术交流活动

1．学术活动

2015 年，民族文学研究所主办和承办的学术会议有：

（1）2015 年 8 月 10 ~ 11 日，由民族文学研究所、中国社会科学院少数民族文化与语言文字研究中心联合主办，呼伦贝尔学院、呼伦贝尔历史文化研究院协办的"第三届通古斯语言文化国际学术研讨会暨通古斯一带一路国际研讨会"在内蒙古自治区呼伦贝尔市召开。会议围绕中国境内的满族、锡伯族、鄂温克族、鄂伦春族、赫哲族，俄罗斯远东和西伯利亚地区、日本的乌依拉特人、蒙古国的察坦人等通古斯诸民族的语言文学、历史文化、宗教信仰、社会经济、民俗艺术等议题展开讨论。

（2）2015 年 9 月 12 日，由四川省文化厅、四川省甘孜州人民政府和全国格萨（斯）尔工作领导小组办公室主办，四川省非物质文化遗产保护中心、康巴卫视、四川州委宣传部和四川省甘孜州文体广电新闻出版局承办的"第七届格萨尔国际学术研讨会"在四川省成都市召开。会议研讨的主要问题有"关注学科史和学科建设的反思""将活态格萨尔史诗作为一个整体的生态系统进行互渗性和并联性的认知和理解""加强格萨尔史诗的非物质文化遗产保护，在民间、学界和政府三者之间探索新的联动和协作机制"等。

（3）2015 年 10 月 10 日，由中国社会科学院主办，民族文学研究所和芬兰文学学会民俗档案馆共同承办的"中国社会科学论坛（2015·文学）——口头传统的数字化：策略、实践与合作"在北京召开。会议研讨的主要问题有"数字化、信息获取及方法论""元数据标准与应用""资源共享、'互联网 +'策略与合作""发展共同工作模型及其语言、平台和可能性"。

（4）2015 年 10 月 19 ~ 20 日，由民族文学研究所和新疆维吾尔自治区文学艺术界联合会联合主办、新疆维吾尔自治区民间文艺家协会承办的"首届中国维吾尔族民间达斯坦国际学术研讨会"在北京召开。会议研讨的主要问题有"突厥语民族达斯坦不同变体之间的对比研究”“前沿性理论研究”“达斯坦研究综述”“达斯坦个案研究”“达斯坦民间传承现状与保护措施、数字化”等。

(5) 2015 年 11 月 6 ～ 7 日，由西南民族大学与民族文学研究所联合主办，藏学学院、民族文学研究所藏族文学研究室、全国格萨尔工作领导小组办公室共同承办的“藏族文学与格萨尔学学科建设研讨会”在西南民族大学举行。会议研讨的主要问题有“现代背景下的藏族文学现状与反思”“藏族文学理论思索与建设问题”“藏族文学中的多元文化与批评研究”“格萨尔学现状与反思”“有关格萨尔学学科建设与发展问题”“藏族文学与格萨尔学学科建设互动”“网络视野中的藏族文学概述”等。

(6) 2015 年 12 月 7 ～ 9 日，由国际哲学与人文科学理事会主办，民族文学研究所、中国科学院大学人文学院和中国科学技术史学会共同承办的“国际哲学与人文科学理事会第 32 届大会”在北京召开。会议研讨的主要问题有：探讨人类社会当下面临的诸多困难和挑战，给出症结的诊断和发展的思路；国际哲学和人文科学理事会如何集结并带动众多的国际组织，通过哲学与人文科学的独特视角关注、思考并应对人类未来可持续发展等问题。

2．国际学术交流与合作

2015 年，民族文学研究所共派遣出访 18 批 26 人次，接待来访 2 批 2 人次。与民族文学研究所开展学术交流的国家和地区有法国、俄罗斯、比利时、德国、西班牙、印度、匈牙利、澳大利亚、纳米比亚、南非、匈牙利、泰国、吉尔吉斯斯坦、芬兰、越南等。

(1) 2015 年 3 月 2 ～ 7 日，民族文学研究所所长朝戈金出席在巴黎召开的联合国教科文组织保护非物质文化遗产政府间委员会审查机构第一次工作会议，就 2015 年评审周期的非物质文化遗产项目申报工作和评审工作中的相关问题与审查机构的其他成员进行了学术交流，并提出了具体建议。

(2) 2015 年 3 月 20 ～ 29 日，民族文学研究所所长朝戈金陪同院秘书长、党组成员高翔分别与南非人文科学理事会、西班牙国家研究理事会和葡萄牙托马尔理工学院的奥莉弗·希萨纳、阿玛雅·佩拉约、沙维尔分别在开普敦、马德里、里斯本就加强双边学术交流与合作研究问题进行了学术交流。

(3) 2015 年 4 月 30 日至 5 月 17 日，民族文学研究所李斯颖、屈永仙与泰国法政大学的丹·龙蓬等学者在曼谷就在泰国开展田野调查问题进行了学术交流。

(4) 2015 年 5 月 28 日至 6 月 3 日，民族文学研究所阿地里·居玛吐尔地赴吉尔吉斯斯坦参加“中国的杰出《玛纳斯》演唱大师居素普·玛玛依国际学术研讨会”。

(5) 2015 年 6 月 10 ～ 19 日，民族文学研究所博士后研究者毕传龙赴芬兰图尔库大学参加第九届“国际民俗学者暑期学校”的专业培训。

(6) 2015 年 6 月 17 ～ 20 日，民族文学研究所所长朝戈金等赴俄罗斯雅库特自治共和国参加“世界人民的史诗：比较研究中的问题与展望”国际学术研讨会。

（7）2015年6月21～25日，民族文学研究所所长朝戈金代表国际哲学与人文科学理事会赴比利时参加“2017年世界人文学术大会”的筹备会议，与比利时列日省省长和相关学者进行了工作会谈。

（8）2015年7月15～20日，民族文学研究所李斯颖在越南莱州省河内国家大学进行学术访问，与阮文庆校长等人就当地民族神话的保存及传承现状问题进行了学术交流。

（9）2015年8月18日至10月16日，民族文学研究所热依汗·卡德尔前往德国柏林洪堡大学中亚与非洲文化研究所访学，与茵葛博格·巴勒道夫教授等学者就艾力希尔·纳沃依研究问题进行了学术交流。

（10）2015年9月1日至11月27日，民族文学研究所包秀兰以美国密苏里大学口头传统研究中心2015年度的艾伯特·洛德口头传统研究奖学金访问学者的身份到该中心访学。

（11）2015年9月28日至10月2日，民族文学研究所郭翠潇、王宪昭等出席了在西班牙格拉纳达召开的“2015年数字遗产国际大会”。

（12）2015年10月13～19日，民族文学研究所朝戈金和纳钦在美国加州长滩市出席美国民俗学会2015年年会，其间与美国民俗学会执行理事长蒂姆·罗伊德等学者就在中国联合举办民俗学暑期学校的工作计划和在美国出版中国民俗学百年代表性成果的辑选问题进行了磋商。

（13）2015年10月14日至11月12日，民族文学研究所吴晓东在印度新德里尼赫鲁大学语言文学学院进行学术访问。

（14）2015年10月21～25日，民族文学研究所黄中祥在哈萨克斯坦阿拉木图市出席“‘演唱大师——苏音拜’国际学术研讨会”，就哈萨克族史诗的演述人称问题与参会学者进行了学术交流。

（15）2015年11月11～17日，民族文学研究所斯钦巴图、吴英前往匈牙利布达佩斯进行学术访问，与匈牙利科学院人文中心的希拉奇、兹洛特等学者就合作办刊与出版资料集等问题进行协商。

（16）2015年11月29日至12月3日，民族文学研究所意娜在澳大利亚珀斯参加“文化+：数字的力量”中澳对话研讨会，就数字科技与文化融合发展的热点问题同与会学者进行了学术交流。

（17）2015年11月30日至12月4日，民族文学研究所巴莫曲布嫫、朱刚出席在纳米比亚温德和克先后召开的“非物质文化遗产非政府组织论坛”和“联合国教科文组织保护非物质文化遗产政府间委员会（IGC）第十届常会（10COM）”，就保护非物质文化遗产的伦理原则、国际合作机制等问题与各国专家学者、相关政府代表团成员进行了学术交流。

3．与中国香港、澳门特别行政区和中国台湾开展的学术交流

2015年11月10～14日，民族文学研究所意娜赴台北参加“两岸文化研讨会”，其间与参会学者就寻求加强两岸文化深耕与发展之道的相关问题进行了学术交流。

（四）学术社团、期刊

1．社团

（1）中国《江格尔》研究会，会长朝戈金。

2015 年 5 月 9 ~ 10 日，中国《江格尔》研究会在北京市举行“《江格尔》学术交流暨仁钦道尔吉史诗研究讨论会”。会议围绕仁钦道尔吉对《江格尔》史诗和蒙古英雄史诗研究做出的学术贡献进行研讨，同时交流了《江格尔》研究的前沿学术动态。与会专家学者 40 余人。

（2）中国少数民族文学学会，会长朝戈金。

2015 年 9 月 20 ~ 21 日，由中国少数民族文学学会、北方民族大学主办，北方民族大学文史学院承办，宁夏大学人文学院协办的中国少数民族文学学会第八届代表大会暨 2015 年学术研讨会在宁夏回族自治区银川市举行。来自全国各高校和科研院所的 158 名代表参加会议。会议研讨的主要问题有“民族文学与非物质文化遗产”“民族文学理论建设”“民族文学的跨学科研究”“民族文学个案研究”“少数民族文学相关研究”。

（3）中国维吾尔历史文化研究会，会长吐鲁甫·巴拉提。

2015 年 10 月 17 ~ 18 日，中国维吾尔历史文化研究会第 7 届学术研讨会在西北民族大学召开。会议由中国维吾尔历史文化研究会和西北民族大学联合主办。来自新疆维吾尔自治区、北京、甘肃、湖南等地的 100 多位专家学者参加会议。会议的主题是“丝绸之路历史文化研究”。

（4）中国蒙古文学学会，会长吴团英。

2015 年 8 月 23 ~ 24 日，由中国蒙古文学学会和民族文学研究所主办、内蒙古自治区巴林右旗人民政府协办、内蒙古自治区巴林右旗文联承办的“中国蒙古文学研究与翻译研讨会”在内蒙古自治区巴林右旗召开。50 多位蒙古文学翻译家和学者参加了会议。

2．期刊

《民族文学研究》（双月刊），主编汤晓青（第 1—5 期）、朝戈金（第 6 期）。

2015 年，《民族文学研究》共出版 6 期，共计 124 万字。该刊全年刊载的有代表性的文章有：汪荣的《“跨民族连带”：作为比较文学的少数民族文学》，房伟的《“新民族文化史诗”的空间意识呈现——〈尘埃落定〉重读》，于翠玲、刘冰欣的《康熙帝推崇唐诗的“文治”象征意义》，以及邱瑰华、涂小丽的《中唐前后胡人形象的抒写转变》等。

（五）会议综述

第三届通古斯语言文化国际学术研讨会暨通古斯一带一路国际研讨会

2015 年 8 月 10 ~ 11 日，由中国社会科学院民族文学研究所、中国社会科学院少数民族文化与语言文字研究中心联合主办，呼伦贝尔学院、呼伦贝尔历史文化研究院协办的“第三届通古斯语言文化国际学术研讨会暨通古斯一带一路国际研讨会”在内蒙古自治区呼伦贝尔市召开。

会议由中国社会科学院学部委员、民族文学研究所朝戈金主持。中国社会科学院民族文学研究所党委书记朝克，呼伦贝尔市委常委、统战部部长、呼伦贝尔民族历史文化研究中心主任孟松林，呼伦贝尔学院副院长张德柱，中国社会科学院研究生院院长黄晓勇等分别作大会发言。来自中国、美国、法国、俄罗斯、日本、韩国、爱沙尼亚、蒙古国等国的两百余名学者，围绕中国境内的满族、锡伯族、鄂温克族、鄂伦春族、赫哲族，俄罗斯远东和西伯利亚地区、日本的乌依拉特人、蒙古国的察坦人等通古斯诸民族的语言文学、历史文化、宗教信仰、社会经济、民俗艺术等专题进行了学术讨论。

学者们主要讨论了以下几方面内容：(1) 探讨通古斯诸民族及其相关民族在白令海峡、萨哈林地区、沿海各国间的丝绸、陶器交流等与“一带一路”国际交流和经济带建设的关联，努力提升东北亚地区及其沿海地区与通古斯学研究的学术价值和意义，尤其对“一带一路”倡议背景下跨境民族非物质文化遗产的保护问题。(2) 通古斯语言语音对应规律等语言学问题。(3) 通古斯语各民族工具名称及其分布比较分析等词汇学研究。(4) 满通古斯语族各民族族源神话及其研究价值。(5) 影视人类学视野下的满通古斯学研究。(6) 从非遗保护的角度讨论通古斯诸民族优秀传统文化的抢救与保护，特别是处于濒危状态的人口较少民族语言文学抢救保护的重要性以及濒危民族文化保护与中华传统文化复兴的几个维度的把握。(7) 通古斯诸民族萨满信仰的现状与变迁研究等。

（科研处）

中国社会科学论坛（2015·文学）
——口头传统数字化：策略、实践与合作

2015 年 10 月 10 日，由中国社会科学院主办、中国社会科学院民族文学研究所和芬兰文学学会民俗档案馆共同承办的“中国社会科学论坛（2015·文学）——数字化的口头传统：策略、实践与合作”在北京召开。

论坛邀请了来自芬兰、美国、德国、日本、蒙古国、中国六个国家的十余位知名专家，主要围绕五个议题展开讨论：(1) 数字化、信息获取及方法论；(2) 元数据标准与应用；(3) 资源共享、“互联网 +”策略与合作；(4) 发展共同工作模型及其语言、平台和可能性；(5) 数字化实践的个案研究与在建项目的样本分析。

论坛期间，芬兰文学学会民俗档案室主任劳里·哈维拉赫提、中国社会科学院学部委员朝戈金、文化部民族民间文艺发展中心主任李松、印第安纳大学“传统音乐档案库”及“EVIA 数字档案项目”主管阿兰·伯德特、威斯康星大学麦迪逊分校传媒艺术系教授、比较文学和民俗学系主任和数字化研究项目主任罗伯特·格伦·霍华德、德国罗斯托克大学民俗学研究所

沃斯迪亚项目负责人克里斯托弗·施密特、日本专修大学文学部教授和东亚民俗数据库委员会主席樋口淳、中国民间文艺家协会研究部主任侯仰军、西北民族大学蒙古语言文化学院教授斯琴孟和、中国国家图书馆中国记忆项目中心负责人田苗、内蒙古大学蒙古学学院教授那顺乌日图、浙江大学图书馆资源建设部主任孙晓菲、中国标准化研究院高新技术与信息标准化研究所岳高峰以及来自中国社会科学院民族文学研究所的数据工作团队成员应邀参加会议，并就口头传统研究的数字化建档、信息化建设和国际合作进行了交流与分享。

2015年10月，中国社会科学论坛（2015·文学）“口头传统数字化：策略、实践与合作”在北京举行。

数字技术在文化遗产建档和保存方面的应用与发展，已成为对人类社会具有重大意义的核心议题之一。近年来，中国社会科学院民族文学研究所力主围绕数字化话题，积极推进建设以“中国少数民族文学音影图文资料库”为资源库依托，以“口头传统田野研究基地”为信息增长点，以“中国民族文学网”（中英文）为传播交流平台的多重数据库系统，构建国内中国民族文学研究动态的专业门户和国际相关平行学科信息交流的重要窗口。

该届论坛促进了口头传统数字化建档问题的讨论，推动了数字化建档在工作模型与技术标准方面的需求调研，有利于建立具有国际标准的实践模型，可以为邻近国家及其口头传统数字档案的发展提供参考样本，并为田野工作和民俗学研究贡献新的研究方法。

（王　静）

国际哲学与人文科学理事会第32届代表大会

2015年12月7～9日，由国际哲学与人文科学理事会主办，中国社会科学院民族文学研究所、中国科学院大学人文学院和中国科学技术史学会共同承办的“国际哲学与人文科学理事会第32届大会”在北京举行。

开幕式上，国际哲学与人文科学理事会现任主席、中国社会科学院学部委员、中国社会科学院民族文学研究所所长朝戈金，中国科协党组副书记、副主席、书记处书记张勤，中国社会科学院副院长、党组成员、学部委员蔡昉，国际哲学与人文科学理事会执委孙小淳，联合国教科文组织社会与人文科学部助理干事长阿勒-纳西夫·纳达先后致辞。开幕式后，蔡昉会见了纳达，双方就中国社会科学院与联合国教科文组织相关合作倡议进行了会谈。

来自亚州、非州、美州、欧洲的代表们共同探讨人类社会当下面临的诸多困难和挑战，给出症结的诊断和发展的思路，并为今后如何在风云变幻的局势下，推动国际社会继承优秀传统、开拓创新，以智慧应对各类威胁，让专注于哲学和人文科学的理事会，集结并带动众多国际组织，以哲学与人文科学的独特视角关注、思考并应对人类未来可持续发展等重大问题。

联合国教科文组织社会与人文科学部助理干事长阿勒-纳西夫·纳达对社会转型与人文学科的关系进行了重要阐述。她指出，“人文学科与社会转型有着非常密切的联系，而人文学科却在当下的转型中缺席或偶然存在……人文学科在公众讨论中需要扮演这样的角色：富有启发但又不颐指气使，严谨细致但又不超然物外，密切相关但又不刻意迎合。”纳达强调，“我们完全可以希冀人文学科在对社会转型的理解方面做出贡献，从而使人文学科在提高解决社会转型问题的应对能力方面为社会各界贡献智慧。”

（科研处）

外国文学研究所

（一）人员、机构等基本情况

1. 人员

截至2015年底，外国文学研究所共有在职人员79人。其中，正高级职称人员22人，副高级职称人员23人，中级职称人员22人；高、中级职称人员占全体在职人员总数的85%。

2. 机构

外国文学研究所设有：英美文学研究室、俄罗斯文学研究室、东南欧拉美文学研究室、中北欧文学研究室、东方文学研究室、文学理论研究室、《世界文学》编辑部、《外国文学评论》编辑部、科研处、办公室、网络数字资料室。

3. 科研中心

外国文学研究所所属学术研究中心有：文学理论研究中心、马克思主义文艺思想研究中心。

（二）科研工作

1. 科研成果统计

2015年，外国文学研究所共完成专著5种，约200万字；论文83篇，约82万字；译著7种，约320万字；译文30余篇，约40万字；论文集4种，约150万字。

2．科研课题

(1) 新立项课题。2015年，外国文学研究所参与了国家社会科学基金重大课题“《中国精神文明大典》的翻译”工作，承担了《中国大百科外国文学》的牵头和撰写工作。

(2) 结项课题。2015年，外国文学研究所共有结项课题2项。其中，国家社会科学基金课题1项：“十九世纪英国文人的词语焦虑与道德重构”（乔修峰主持）；荣誉学部委员资助计划课题1项：“《基督教真谛》翻译与研究”（郭宏安主持）。

(3) 延续在研课题。2015年，外国文学研究所共有延续在研课题20项。其中，国家社会科学基金重大委托课题1项：“梵文研究”（黄宝生主持）；国家社会科学基金重大课题1项：“经典法国文学史翻译工程”（史忠义主持）；国家社会科学基金重点课题1项：“现代斯拉夫文论：轴心学说及其世界影响”（周启超主持）；国家社会科学基金一般课题1项：“日本私小说批评史研究”（魏大海主持）；国家社会科学基金后期资助课题1项：“人在旅途：奈保尔研究”（石海军主持）。研究室建设课题6项（分别由刘文飞、傅浩、周启超、李永平、陈中梅、穆宏燕主持）；重点学科研究课题2项：“外国文艺理论学科”（周启超主持），“东方文学学科”（钟志清主持）；“外国文学经典作家作品学术史研究”课题1项：“外国文学学术史研究工程·经典作家作品学术史研究”（涂卫群主持）；“外国文学重要思潮研究”课题1项：“外国文学重要思潮研究”（周启超主持）；“外国文学批评研究”课题5项：“马克思主义文艺理论与外国文学批评：文学史体现的资本语境与诗性资源”（叶隽主持），“跨国资本主义时代的外国文学与国家认同：1898～1930的西方文学译介与‘世界主义’的兴衰”（程巍主持），“跨国资本主义的东方遭遇——资本驱动与异文化互动”（穆宏燕主持），“文学与大国兴衰之俄罗斯经验与教训”（吴晓都主持），“文学与大国兴衰之日耳曼现代性反思”（李永平主持）。

（三）学术交流活动

1．学术活动

2015年，外国文学研究所及各研究室、各创新工程项目组主办的各类学术讲座、座谈及研讨会逾20次，其中规模较大的国际研讨会1次：

2015年10月28～30日，外国文学研究所与香港浸会大学联合主办了“文学与地域：贾平凹文学作品国际研讨会”。

2．国际学术交流与合作

2015年，外国文学研究所共派遣出访14批16人次。与外国文学研究所开展学术交流的国家有美国、英国、俄罗斯、希腊、法国、泰国、意大利、捷克、德国、印度等。

(1) 2015年4月14日至6月21日，外国文学研究所助理研究员张远应美国纽约新校大学和哈佛大学邀请，赴美国参加国际学术研讨会。

(2) 2015年4月24～28日，外国文学研究所编审秦岚应日本鹿儿岛国际大学邀请，赴日本进行学术访问。

（3）2015 年 5 月 14 ～ 24 日，外国文学研究所研究员周启超应英国谢菲尔德大学语言与文化学院俄罗斯与斯拉夫研究系与英国伦敦大学玛丽皇后学院比较文学系的邀请，出席了“俄罗斯形式主义与中东欧文学理论：百年回顾”国际学术研讨会。

（4）2015 年 6 月 11 ～ 26 日，外国文学研究所研究员穆宏燕应土耳其耶尔德兹技术大学之邀，赴土耳其进行学术访问，为创新工程项目“跨国资本主义的东方遭遇 —— 资本驱动与异文化互动”收集资料。

（5）2015 年 6 月 27 日至 7 月 3 日，外国文学研究所助理研究员张远应泰国曼谷斯巴孔大学梵学中心的邀请，赴泰国参加第 16 届世界梵学大会。

（6）2015 年 7 月 9 ～ 14 日，外国文学研究所助理研究员庄焰应日本东京大学邀请，赴日本参加东京大学综合文化研究科与清华大学人文学院中国语言文学系共同举办的“东亚 · 想象 · 政治”学术会议。

（7）2015 年 8 月 25 ～ 29 日，外国文学研究所副研究员姜南参加了由韩国首尔汉阳大学举办的第 23 届国际中国语言学会暨第 1 届韩汉语言学国际会议。

（8）2015 年 9 月 15 ～ 27 日，外国文学研究所研究员钟志清应美国布兰迪斯大学、哈佛大学的邀请，前去美国波士顿进行学术访问。

（9）2015 年 9 月 26 ～ 30 日，外国文学研究所研究员侯玮红、副研究员徐乐等人应俄罗斯科学院远东研究所的邀请，赴莫斯科进行学术访问，就远东研究所出版的《中国精神文化大典》汉译工作中出现的问题进行讨论交流。

（10）2015 年 11 月 23 ～ 30 日，外国文学研究所副研究员陈树才应意大利但丁学院、捷克布拉格维区出版公司的邀请，前往意大利但丁学院和捷克布拉格进行学术访问。

3. 与中国香港特别行政区和中国台湾地区开展的学术交流

（1）2015 年 5 月 29 日至 6 月 1 日，外国文学研究所研究员叶隽应台湾大学哲学系的邀请，出席了“新文化运动百年反思 —— 中国新思想：历史与方法研讨会”。

（2）2015 年 12 月 16 ～ 19 日，外国文学研究所研究员叶隽应香港中文大学翻译研究中心的邀请，出席了“中国翻译史进程中的译者 —— 第一届中国翻译史”国际学术研讨会。

（四）学术社团、期刊

1. 社团

中国外国文学学会，会长陈众议。

2. 期刊

（1）《外国文学评论》（季刊），主编陈众议。

2015 年，《外国文学评论》共出版 4 期，共计 70 万字。该刊全年刊载的有代表性的文章有：梁展的《帝国的想象——卡夫卡〈中国长城修建时〉中的政治话语》，陈雷的《“人为信条”与荒谬感——谈辛格的宗教观》，李炜的《寻找“弃作”中的“记忆”——以森三千代的〈曙街〉为中心》，程巍的《夏洛特·勃朗特：鸦片、“东方”与1851年伦敦博览会》，刘超的《“近代的超克”思想谱系中的“满洲浪曼派”》，周皓的《蒙田：随笔的起源与“怪诞的边饰”》，郭晓霞的《英国中世纪连环剧的经济因素》等。

(2)《世界文学》(双月刊)，主编高兴。

2015年，《世界文学》共出版6期，共计150万字。该刊全年刊载的有代表性的文章有：洛朗·高德的《尼格斯的橄榄树》《巴勒莫的坟墓》《终于大地》，约·布罗茨基的《九十年之后》，帕·莫迪亚诺的《时光》《家谱》，英·巴赫曼的《城市系列散文选》，耶·阿米亥的《耶胡达·阿米亥诗新译十七首》，萨·利比莱赫特的《瓦伦蒂娜的母亲》《草莓女孩》，露·阿尔莫格的《睡衣上的小矮人》，格·伊万诺夫的《原子的裂变》，程巍的《卡罗威的“盖茨比”》，袁伟的《文学翻译文学吗？》，梁展的《卡夫卡的村庄》，刘文飞的《日瓦戈医生何许人也》，周颖的《淑女和野心家：两个夏洛蒂·勃朗特？》，涂卫群的《瞬间永恒——普鲁斯特小说研究中缺失的一页》，汗漫的《汉英之间：在野外》，孙小宁的《清寒与丰饶——一种感官开启的日本文学阅读》等。

(3)《外国文学动态研究》(双月刊)，主编苏玲。

2015年，《外国文学动态研究》共出版6期，共计62万字。该刊全年刊载的有代表性的文章有：陈众议的《当前外国文学的若干问题》，但汉松的《西方“9·11文学”研究：方法、争鸣与反思》，刘露的《战争语境下的成长小说——评2015年普利策获奖小说〈看不到的光明〉》，张虎的《“未来如肮脏的枯叶”——〈逃离〉中的“一瞬间”与存在主义》，李道全的《鸦片战争里的印度身影——评阿米塔夫·高什新作〈战火洪流〉》，田洪敏的《倾听心灵的声音——斯·阿列克西耶维奇的非虚构文学》，范莎的《实践巴赫金的文学理论——大卫·洛奇〈追随巴赫金〉评介》，钟志清的《新世纪女性主义圣经研究的新趋向》等。

（五）会议综述

中国外国文学学会第十三届年会暨“外国文学与国家认同”学术研讨会

2015年5月30～31日，由中国外国文学学会主办，四川大学外国语学院、当代俄罗斯研究中心承办的中国外国文学学会第十三届年会暨“外国文学与国家认同”学术研讨会在四川大学举行。来自全国60余家社科研究机构和高等院校的150余位学者参加了年会。会议共收到论文130余篇。

大会开幕式由四川大学外国语学院院长段峰主持。四川大学党委书记杨泉明致欢迎词。中国外国文学学会会长陈众议致开幕词。出席开幕式的还有中国外国文学学会副会长申丹、王守仁、聂珍钊、郑体武和秘书长吴晓都等。大会设两项议题：进行中国外国文学学会换届选举及学术研讨会。大会以无记名投票方式选出了新一届理事及领导班子。研讨会分为主题发言、大会报告与分组讨论三部分。主题发言与大会报告的主要内容如下：

（1）“外国文学与国家认同”，这是年会的中心主题。正如陈众议会长在开幕式中所阐释的，这一主题至少有两层含义：一、外国文学作为本体在各民族国家的产生、兴衰中起着重要作用；二、外国文学作为客体在丰富和强化中华文化母体，助推和升华中华民族国家认同中具有重要意义，二者相辅相成，但我们应更重视后者。随着全球化及跨国资本的发展，不仅我国的民族文化传统，就连中文也面临着冲击，传统的民族意识正在消亡。他呼吁，我们应在这股潮流中保持清醒的头脑，绝不能放弃自己的民族认同。众多学者回应了这一主题。南京大学江宁康认为，西方现代国家认同是启蒙运动的产物，启蒙文学在复兴民族语言、文化、民众形象及民众俗语的过程中承载了启蒙主义思想。北京师范大学李正荣揭示出普京将莱蒙托夫定性为“爱国者”之背后的潜台词并对此提出修正。河南大学梁工分析了希伯来文学中的民族主义与世界主义。

（2）文学理论新话语。首先是叙事学与符号学。北京大学申丹揭示了叙事作品中存在的双向叙事运动，并为文学翻译面临的这一挑战提出应对措施；四川大学王安用黑格尔辩证法阐释纳博科夫《微暗的火》中的虚构作者。其次是文学伦理学。华中师范大学聂珍钊梳理了其构建的新批评话语的理论构架及相关术语。

（3）作家作品研究。①概述某个研究课题。南京师范大学汪介之以目前学界对高尔基的评价为例指出重新审视 20 世纪俄罗斯文学的某些误区。湘潭大学何云波探讨了肖洛霍夫接受史；四川大学刘亚丁梳理了近十年来俄罗斯肖洛霍夫研究的新进展。②具体作家作品论。东北师范大学刘建军解析了拜占庭史诗《狄吉尼斯·阿克里特：混血的边境之王》。北京大学出版社张冰解读了莱蒙托夫的诗篇《我独自一人出门启程……》。哈尔滨师范大学赵晓彬分析了什克洛夫斯基的《动物园》。四川大学叶英从文化视角分析了《觉醒》中的单身女人赖茨的生存方式。

（4）文学比较研究。河南大学李伟昉针对东方文学研究的滞后现状提出建议。中国社会科学院穆宏燕以李珣诗词揭示唐代文化对中亚民族的影响。南京大学董晓以肖洛霍夫为例谈外国文学接受中存在的误区。中山大学邱雅芬分析了老庄思想对明治维新文学的影响。

（5）文学译介与传播研究。浙江大学吴笛认为，新时期文学翻译的重要使命是传承文化，应将文学翻译研究从词语对应中解救出来，并关注通过翻译引发的文学变革。上海大学朱振武以葛浩文成功英译莫言作品为例，认为今后中国文学应采用异化为主的策略。天津师范大学曾思艺梳理了新时期俄苏文学翻译情况。北京语言大学宁一中用周恩来的故事引出文化传播之“置换—平移—接受”策略，并以中西方具体事例说明如何运用该策略促进中国文学的海外传播。

（6）学科理论及其他研究。四川大学王晓路分析了在全球化语境下人文学术的现代性问题，对此概念在引介时的简化现象提出质疑。北京大学程朝翔探讨了西方大屠杀研究中“再现”禁令之必要性及可能性并反思亚洲人文学术的发展。四川大学王欣则论及创伤叙事的形成、传递及其意义。

在小组讨论中，学者们还广泛涉及后现代、后殖民、生态批评、女性主义、民间文学、大众文学、外国文学教育、外国文学出版态势等话题。

大会闭幕式由四川大学外国语学院副院长、当代俄罗斯研究中心主任李志强主持。中国外国文学学会副会长郑体武致闭幕词。

（科研处）

“文学世界与资本语境中的侨易现象”学术研讨会

2015年8月21～23日，由中国社会科学院外国文学研究所创新工程资本语境项目组主办的“文学世界与资本语境中的侨易现象”学术研讨会在北京召开。来自全国多所高校与研究机构的30余名学者围绕“侨易学与文学研究”“侨易个体与文学创作”“语际内外的概念迁变”“中外交流与经典流转”“资本语境中物象之符的侨易内涵”“观念旅行与学科、制度的侨易”“跨学科的侨易视域”等主题进行了研讨。

2015年8月，“文学世界与资本语境中的侨易现象”学术研讨会在北京召开。

会议从侨易学的理论、概念到文本，从侨易个体到侨易载体，都有比较细致的论述，既涉及侨易与具体学科的关系，如比较文学、教育学、国际关系等；也涉及不同人物的类型，比如作家、学者、外交官等，还有很多个案；更涉及包括语言的迁变、经典的流转、中外的交流、日常生活、女性经验、资本语境等多种多样的主题；结合具体的个案分析提出了一些新概念，包括相对位移、移常概念的细分、侨易语境、侨易度、侨易载体、侨易性、渐逝、渐易、正向和反向的侨易过程、主体渐成、侨之易、双向制度侨易等，这些概念开辟了很多新的向度。

（科研处）

语言研究所

（一）人员、机构等基本情况

1. 人员

截至2015年底，语言研究所共有在职人员78人。其中，正高级职称人员22人，副高级职称人员26人，中级职称人员16人；高、中级职称人员占全体在职人员总数的82%。

2. 机构

语言研究所设有：句法语义研究室、历史语言学研究一室、历史语言学研究二室、汉语方言研究室、语音研究室、应用语言学研究室、词典编辑室、当代语言学研究室、《中国语文》编辑部、科研处、办公室（人事处）。

（二）科研工作

1. 科研成果统计

2015年，语言研究所共完成专著2种，39万字；论文集2种，80万字；教材4种，87.7万字；工具书2种，140万字；学术资料1种，25万字；论文101篇（包括17篇英文论文），135.9万字。

2. 科研课题

新立项课题。2015年，语言研究所共有新立项课题11项。其中，国家社会科学基金重大课题2项："中国方言区英语学习者语音习得机制的跨学科研究"（李爱军主持），"方志中方言材料的辑录、整理与数字化工程"（李蓝主持）；国家社会科学基金一般课题2项："中外法庭辩论的语音特征、策略及对判决的影响力研究"（殷治刚主持），"汉语方言研究的实验语音学理论与方法"（胡方主持）；所级课题7项："安庆话给予义动词'把'及处置式的功能"（项开喜主持），"《汉语大词典》心部书证失当例研究"（肖晓晖主持），"清代与语言接触相关的语法现象专题研究"（陈丹丹主持），"通用规范汉字缺字编码、录入与显示研究"（张永伟主持），"当代汉语新词、新义、新用的追踪、整理和研究（2015年）"（郭小武主持），"论语文词典单一动词对释式的使用"（付娜主持），"离合词语素义关系探析"（刘靖主持）。

3. 获奖优秀科研成果

2015年，语言研究所共评出优秀科研成果奖一等奖8名，二等奖3名，三等奖3名。

2015年，语言研究所新设立了"青年优秀成果奖"，该奖与所优秀成果奖同步评审，候选者参评代表作发表时的年龄应不超过45周岁，经所评奖委员会审议，共评出一、二、三等奖各2名。

（三）学术交流活动

1. 学术活动

2015年，语言研究所主办或联合主办的学术会议有：

(1) 2015年6月5～8日，由语言研究所历史语言学二室与广西师范学院文学院联合主办、广西师范学院文学院承办的“汉语语法史研究高端论坛”在广西壮族自治区北海市召开。来自中国、法国的16位学者参加了论坛。

(2) 2015年7月18～19日，由语言研究所《方言》编辑部和湖南大学文学院联合主办的“汉语方言类型研讨会”在湖南大学召开。会议的主题是“汉语方言的元音类型”。来自全国各地的30余名学者参加了会议。

(3) 2015年8月4～7日，由全国汉语方言学会主办，兰州城市学院承办的“全国汉语方言学会第十八届年会暨国际学术研讨会”在兰州城市学院召开。来自中国、法国、日本和新加坡的专家学者近140人参加了会议。

(4) 2015年8月25～28日，由语言研究所词典编辑室主办，贵州师范大学、人民教育出版社承办的“第十届全国语文辞书学术研讨会”在贵阳师范大学召开。会议研讨的主要问题有“语文辞书与《通用规范汉字表》”“语文辞书与语文学习”“语文辞书编纂与汉语言文字学研究”“语文辞书编纂与词汇语义学理论”“海峡两岸辞书研究”等。有70名专家学者参加了会议。

(5) 2015年9月19～20日，由语言研究所《方言》编辑部、全国汉语方言学会和四川大学文学与新闻学院联合主办，四川师范大学文学院协办的“汉语方言中青年国际高端论坛”在四川省成都市召开。来自中国和日本的40多位中青年学者参加了论坛。

(6) 2015年10月17～19日，由语言研究所《中国语文》编辑部、南昌大学语言类型学研究所和上海外国语大学语言研究院联合主办的“语言类型学国际学术研讨会暨2015中国社会科学院社会科学论坛”在南昌大学召开。会议的主题是“中国境内及其周边语言的类型学研究”。来自中国、美国、英国、法国、日本、韩国、德国等国的107位学者参加了会议。

(7) 2015年10月31日至11月2日，由语言研究所和中国人民大学文学院联合举办，商务印书馆协办的“第八届汉语语法化问题国际学术讨论会”在北京召开。来自中国、美国、日本、新加坡等国的百余位学者参加了会议。

(8) 2015年11月6～8日，由语言研究所当代语言学研究室主办，苏州大学外国语学院承办的“第6届当代语言学国际圆桌会议”在苏州大学召开。会议的主题是“当代语言学的一些热点问题”。有约50位专家学者参加了会议。

(9) 2015年11月20～22日，由语言研究所《方言》编辑部和广西科技师范学院联合主办的“南方官话国际学术研讨会”在广西壮族自治区来宾市召开。来自全国各地高校的45名专家学者参加了会议。

（10）2015 年 11 月 21 ~ 22 日，由语言研究所历史语言学研究一室与首都师范大学甲骨文研究中心联合主办的“出土文献与上古汉语研讨会”在北京召开。来自中国社会科学院语言研究所、首都师范大学、清华大学、南开大学等高校和科研机构的 20 余名学者参加了会议。

（11）2015 年 12 月 5 ~ 6 日，由语言研究所当代语言学研究室主办的“2015 当代语言学前沿论坛”在北京召开。来自全国各地的近 30 位学者参加会议。会议的主题是“国际语言学前沿领域的热点问题”，研讨的主要问题有“语言的当下认知研究”“生物语言学研究”“优选论中的韵律研究以及和谐串行理论研究”“社会语音学”“语段理论”“语言学实验研究”“浸入式田野调查研究”等。

2. 国际学术交流与合作

2015 年，语言研究所共审批办理因公出访手续 19 批次，实际出访 37 人次（有 2 人次因故未能出访），其中所领导出访 3 批 3 人次，45 岁以下青年科研人员 10 人。出访目的以参加国际学术会议为主（33 人次），其他还有学术访问或讲学（2 人次，其中随院领导出访 1 人次），合作研究（1 人次）。出访国家和地区包括美国、英国、法国、苏格兰、日本、俄罗斯、韩国、朝鲜等。

（四）学术社团、期刊

1. 社团

（1）中国语言学会，会长沈家煊。

（2）全国汉语方言学会，会长刘丹青。

2015 年 8 月 4 ~ 7 日，由全国汉语方言学会主办，兰州城市学院承办的“全国汉语方言学会第十八届年会暨国际学术研讨会”在兰州城市学院召开。

2. 期刊

（1）《中国语文》（双月刊），主编沈家煊。

2015 年，《中国语文》共出版 6 期，共计 120 万字。该刊全年刊载的有代表性的文章有：沈家煊的《走出“都”的量化迷途：向右不向左》，杉树博文的《论终端凸显式系列动作整合》，方一新、刘哲的《近二十年的古汉语词汇研究》，李亚非的《也谈汉语名词短语的内部结构》，沈阳的《现代汉语“V+ 到 / 在 NPL”结构的句法构造及相关问题》，陆丙甫、应学凤、张国华的《状态补语是汉语的显赫句法成分》，盛益民、陶寰、金春华的《脱落否定成分：复杂否定词的一种演变方式》，孟蓬生的《副词“颇”的来源及其发展》，邢向东的《陕北、内蒙古晋语中“来”表商请语气的用法及其源流》，意西微萨·阿错、向洵的《五屯话的声调》，覃凤余的《壮语分类词的类型学性质》等。

（2）《方言》（季刊），主编麦耘。

2015 年，《方言》共出版 4 期，共约 60 万字。该刊全年刊载的有代表性的文章有：沈明的

《安徽宣城（雁翅）方言音系》，刘祥柏、陈丽的《安徽泾县查济方言同音字汇》，陈瑶的《安徽黄山祁门大坦话同音字汇》，钟梓强的《广西苍梧本地话音系》，李蓝的《广西阳朔城关土话音韵研究》，李星辉的《湖南江华平地瑶七都话音系》，金有景的《义乌方言两字组的连读变调（一）（二）（三）》，徐荣的《广西北流市六麻方言的连读变调》，林华勇、吴雪钰的《广东廉江粤语句末疑问语调与语气助词的叠加关系》，谢留文的《从徽语看"埸"字的音》，徐睿渊的《闽浙四个地名用字的读音》，邹晓玲的《乡话古全浊声母今读的类型和层次》，袁丹、郑伟、徐小燕的《淳安威坪方言古全清平声字的声母浊化》，凌锋的《汉语单元音和复元音变化度计算研究》，刘丹青的《吴语和西北方言受事前置语序的类型比较》等。

(3)《当代语言学》（季刊），主编沈家煊、胡建华。

2015 年，《当代语言学》共出版 4 期，共约 62 万字。该刊全年刊载的有代表性的文章有：朱佳蕾、胡建华的《概念—句法接口处的题元系统》，解志国的《隐性疑问句的属性和语义分析》，贺川生的《自然语言数词系统句法语义接口理论的最新研究进展》，顾曰国的《多模态感官系统与语言研究》，沈园的《形式语义学领域的语境研究》，沈家煊的《词类的类型学和汉语的词类》，潘海华、叶狂的《离合词和同源宾语结构》，伊藤智美的《被字句的状语指向》，胡建华、杨萌萌的《"致使—被动"结构的句法》，郑明中的《客家话成人语与儿向语擦音对比研究》等。

（五）会议综述

全国汉语方言学会第十八届年会暨国际学术研讨会

2015 年 8 月 4 ～ 7 日，全国汉语方言学会第十八届年会暨国际学术研讨会在甘肃省兰州市召开。年会由全国汉语方言学会主办，兰州城市学院承办。来自中国、法国、日本和新加坡的近 140 名专家学者出席了年会。

开幕式由兰州城市学院副校长莫超教授主持。兰州城市学院党委书记阎晓辉，全国汉语方言学会会长、中国社会科学院语言研究所所长、《中国语文》副主编刘丹青研究员，甘肃省教育厅副巡视员丁光明分别在开幕式上致辞。

开幕式上还举行了"中国微乡音"汉语方言大赛启动仪式。大赛由中央新闻纪录电影制片集团和中国社会科学院语言研究所联合举办，全国汉语方言学会为顾问单位。大赛旨在落实国家领导人关于"中国语言资源保护"的指示精神，更有效地保护汉语方言这份珍贵的非物质文化遗产。

会议期间召开了理事会。经过充分讨论，一致同意吸收 15 名中青年学者成为全国汉语方言学会会员，并决定全国汉语方言学会第十九届年会于 2017 年由南昌大学承办。

会议共收到论文 153 篇。从方言分区来看，涉及十大方言区；从内容来看，涉及方言研究方法、方言语音、方言词汇、方言语法和语用、方言文化及方言数据库。其中语音和语法方面的研究较为集中；从研究方法来看，既运用了成熟的汉语方言学的传统方法，也从不同角度运用新的理论方法。

（全国汉语方言学会秘书处）

第二届语言类型学国际学术研讨会暨2015中国社会科学院社会科学论坛

2015年10月17～19日，第二届语言类型学国际学术研讨会暨2015中国社会科学院社会科学论坛在南昌大学举行。会议的主题是“中国境内及其周边语言的类型学研究”。

中国社会科学院语言研究所所长刘丹青和南昌大学校领导黄细嘉在开幕式上分别代表主办方和承办方致辞。

中国社会科学院语言研究所研究员刘丹青、方梅、吴福祥和胡建华分别作了题为“先秦汉语的话题标记和主语—话题之别”“从北京话的规约化反问式看韵律特征在官话中的语法价值”“从WALS看汉语语法的类型特点”“怎么区分受事主语句与受事话题句？”的主题报告。大会主题报告还有中国社会科学院民族学与人类学研究所研究员黄成龙的“藏缅语的并列结构”、南昌大学语言类型学研究所教授陆丙甫的“汉语语序研究与语言类型学研究方法”、上海外国语大学语言研究院教授金立鑫的“界限体和进程体的类型学分析”、北京大学中文系教授郭锐的“从语义地图模型视角看量词功能的扩张”、南京大学中文系教授沈阳的“动宾结构的特殊实现形式和汉语综合性句法类型回归”、中央民族大学中国少数民族语言与古籍研究所教授胡素华的“语法结构与语法功能编码特征的相互关系”；法国高等社会科学院东亚语言研究所教授曹茜蕾、韩国首尔大学中文系教授朴正九、日本大阪大学教授杉村博文分别作了题为“汉语方言中分析型使动及被动式的重新分析机制”“从类型学角度看汉语形容词谓语句的信息结构”“不同类型语言‘昨天大阪下了一场大雨’表达方式调查报告”的主题报告。来自中国内地、中国香港以及美国、英国、法国、日本、韩国、德国等国家和地区的107位学者参加了会议。

（《中国语文》编辑部）

2015当代语言学前沿论坛

2015年12月5～6日，中国社会科学院语言研究所《当代语言学》主办的“2015当代语言学前沿论坛”在北京理工大学召开。“当代语言学前沿论坛”是《当代语言学》主办的小范围高层次语言学研讨会，通过引介国外语言学领域的最新进展，报告国内语言学研究的最新成果，为国内语言学发展提供前瞻性指导。来自中国社会科学院、复旦大学、南开大学、中山大学、北京师范大学、浙江大学、中国人民大学、同济大学、厦门大学、四川大学、湖南大学、北京理工大学、陕西师范大学、上海外国语大学、北京第二外国语学院、天津师范大学、曲阜师范大学的近30位学者参加了论坛。

讨论的话题包括语言的当下认知研究、生物语言学研究、优选论中的韵律研究以及和谐串行理论研究、社会语音学、语段理论、语言学实验研究、浸入式田野调查研究、跨语言反身现象研究、并列结构的语言类型研究、命题态度的语言哲学研究、时态和格在汉语中的句法地位、语篇视角下的作格系统研究等一系列当代语言学前沿问题。

《当代语言学》主编胡建华教授在会议总结时说，我们的语言学研究要有世界眼光，本土立场，只有如此，我们的研究才能步入国际语言学研究前沿。我们要看到，国际理论语言学未来的发展必将更加注重一般理论与具体语言事实的结合，因此汉语研究也必将为普通语言学理论研究做出重要的贡献。

（《当代语言学》编辑部）

哲学研究所

（一）人员、研究机构等基本情况

1. 人员

截至 2015 年底，哲学研究所共有在职人员 127 人。其中，正高级职称人员 34 人，副高级职称人员 44 人，中级职称人员 28 人；高、中级职称人员占全体在职人员总数的 83%。

2. 机构

哲学研究所设有：马克思主义哲学原理研究室、马克思主义哲学史研究室、马克思主义哲学中国化研究室、中国哲学研究室、西方哲学史研究室、现代外国哲学研究室、科学技术哲学研究室、伦理学研究室、逻辑学研究室、东方哲学研究室、哲学与文化研究室、美学研究室、《哲学研究》编辑部、《哲学动态》与《中国哲学年鉴》编辑部、《世界哲学》编辑部、图书资料室、办公室、科研处、人事处、老干部办公室。

3. 科研中心

哲学研究所院属科研中心有：中国社会科学院社会发展研究中心、中国社会科学院东方文化研究中心、中国社会科学院应用伦理研究中心、中国社会科学院科学技术和社会研究中心、中国社会科学院世界文明比较研究中心、中国社会科学院文化研究中心。

（二）科研工作

1. 科研成果统计

2015 年，哲学研究所共完成专著 17 种，540.9 万字；论文 191 篇，198.49 万字；研究报告 3 种，106 万字；论文集 5 种，115.6 万字；译著 9 种，200.5 万字；译文 4 篇，5.4 万字；古籍整理 1 种，351 万字；皮书 4 种，171.2 万字；普及读物 2 种共 16 本，192 万字。

2. 科研课题

（1）新立项课题。2015 年，哲学研究所共有新立项课题 9 项。其中，国家社会科学基金重大招标课题 1 项："《剑桥文学批评史》（九卷本）翻译与研究"（王柯平主持）；国家社会科学基金一般课题 2 项："科技时代的科学'无知'的哲学研究"（段伟文主持），"经验、信念与知识"（唐热风主持）；国家社会科学基金青年课题 1 项："亚里士多德《修辞术》的哲学研究"（何博超主持）；国家社会科学基金后期资助课题 1 项："当代西方政治哲学研究"（周穗明主持）；中华学术外译课题 1 项："回归原创之思——'象思维'视野下的中国智慧（英文版）"（王树人主持）；国情调研课题 1 项："马克思主义哲学中国化研究——对天津静海县的调研"（王立民主持）；"马克思主义理论研究和建设"工程课题 1 项："关于改革开放以来引进的若干西方话语概念的马克思主义研究"（毕芙蓉主持）；院青年中心国情调研课题 1 项："我国知识分子队伍发展状况研究：以北京市和济南市为例"（马新晶主持）。

（2）结项课题。2015 年，哲学研究所共有结项课题 12 项。其中，国家社会科学基金课题 7 项："注释、诠释与建构——四书学与宋明理学的发展"（陈静主持），"自由与希望：对康德实践哲学与美学的存在论阐释"（黄裕生主持），"科学知识社会学及其近期发展"（刘文旋主持），"欧洲哲学的历史发展与中国哲学的机遇研究"（叶秀山主持），"1868 ～ 1945 年日本伦理学史"（龚颖主持），"可能世界的名字"（刘新文主持），"现象学事业中的科学——一种对自然主义的超越"（张昌盛）；院重大课题 1 项："经济伦理与社会发展"（孙春晨主持）；院重点课题 2 项："可能世界的名字"（刘新文主持），"20 世纪中国哲学概览"（冯瑞梅主持）；国情调研课题 1 项："马克思主义哲学中国化研究——对天津静海县的调研"（王立民主持）；院青年中心国情调研课题 1 项："我国知识分子队伍发展状况研究：以北京市和济南市为例"（马新晶主持）。

（3）延续在研课题。2015 年，哲学研究所共有延续在研课题 48 项。其中，国家社会科学基金课题 28 项："一阶逻辑片段研究"（夏素敏主持），"马克思哲学：当代的挑战与回应"（鉴传今主持），"柏拉图的知识论研究"（詹文杰主持），"自然语言信息处理的逻辑语义学研究"（邹崇理主持），"三论宗哲学研究"（成建华主持），"后社会建构论与存在论转向研究"（孟强主持），"中国近世儒学民间化转向的理论与实践研究"（马晓英主持），"世界文化多样性与构建和谐世界研究"（李河主持），"梵本《月喜疏》与早期胜论思想研究"（何欢欢主持），"建国以来西方哲学中国化的重要问题及其影响"（谢地坤主持），"百年中国因明研究"（刘培育主持），"社会主义核心价值观研究"（孙伟平主持），"《道藏源流考》（再增订版）整理出版"（胡孚琛主持），"提高国民逻辑素质的理论与实践探索研究"（杜国平主持），"马克思辩证法的历史语境与当代视域"（李西祥主持）；委托课题"大数据时代的哲学理论与社会发展"（谢地坤主持），重大课题"《古象雄大藏经》汉译与研究"（李景源主持），重大课题"应用逻辑与逻辑应用研究"（杜国平主持），重点课题"时间哲学研究"（尚杰主持），重点课题"生态学整体论—还原论争论及其解决路径研究"（肖显静主持），青年课题"两汉经学的演变逻辑研究”（任蜜林主持），后期资助课题“中国近世道教送瘟仪式研究”（姜守诚主持），重大招标课题“《剑桥文学批评史》（九卷本）翻译与研究”（王柯平主持），一般课题“科技时代的科学‘无知’的哲学研究”（段伟文主持），一般课题“经验、信念与知识”（唐热风主持），青年项目“亚里士多德《修辞术》的哲学研究”（何博超主持）；后期资助课题“当代西方政治哲学研究”（周穗明主持），中华学术外译项目“回归原创之思——‘象思维’视野下的中国智慧（英文版）”（王树人主持）；院重大课题 2 项：“社会伦理与社会发展”（余涌主持），“印度佛教哲学史”（周贵华主持）。

马工程课题 6 项：“中国特色社会主义核心价值观研究”（崔唯航主持），“社会主义市场经济中所有制与分配制度改革的理论与实践”（魏小萍主持），“中国特色社会主义都市社会研究”（强乃社主持），“中国道路：马克思主义哲学中国化的理论自觉与实践自觉”（李俊文主持），“从政治哲学看国家治理能力与体系建设”（欧阳英主持），“关于改革开放以来引进的若干西方话语概念的马克思主义研究”（毕芙蓉主持）。

3. 获奖优秀科研成果

2015 年，哲学研究所共评出“2015 年哲学研究所优秀科研成果奖”专著类一等奖 5 项：吴元梁主编的专著《马克思主义哲学形态的演变》，王齐的专著《生命与信仰——克尔凯郭尔假名写作时期基督教哲学思想研究》，孙伟平的《信息时代的社会历史观》，鲁旭东的《科学史》前两卷《希腊黄金时代的古代科学》《希腊化时代的科学与文化》，王柯平的专著 *The Classic of the Dao: A New Investigation*（《老子思想新释》）；评出“2015 年哲学研究所优秀科研成果奖”专著类优秀奖 5 项：魏小萍的专著《探求马克思——〈德意志形态〉原文本的解读与分析》，成建华的专著《佛学义理研究》，刘新文的专著《谢弗函数研究》，陈筠泉的专著《世界文明通论 · 文明发展战略》，冯国超的工具书《中华大字典》；评出“2015 年哲学研究所优秀科研成果奖”论文类一等奖 5 项：张志强的论文《“操齐物以解纷，明天倪以为量”：论章太炎齐物哲学的形成及其意趣》，谢地坤的论文《文化保守主义抑或文化批判主义——对当前“国学热”的哲学思考》，叶秀山的论文《试析康德“自然目的论”之意义》，甘绍平的论文《道德冲突与伦理应用》，赵汀阳的论文《作为创世论的存在论》；评出“2015 年哲学研究所优秀科研成果奖”论文类优秀奖 7 项：欧阳英的论文《国家 · 阶级 · 和谐社会——重读马克思国家学说》，陈霞的论文《试论“道”的原始二重性——“无”和“有”》，刘丰的论文《叶时〈礼经会元〉与宋代儒学的发展》，蒉益民的论文《二维语义学与反物理主义》，段伟文的论文《自然主义视野中的科学与形而上学》，杜国平的论文《罗素悖论研究进展》，张建军的论文《中国画的“逸品”问题》。

（三）学术交流活动

1. 学术活动

2015 年，哲学研究所主办和承办的学术会议有：

（1）2015 年 5 月 5 日，哲学研究所和天津静海县委主办的“马克思主义哲学创新与地方经济社会发展”理论研讨会在天津市静海县举办。会议讨论的主题是“依托国情调研基地，研究区域地方发展经验，推动我国马克思主义哲学中国化时代化大众化”。

（2）2015 年 7 月 20 日至 8 月 9 日，哲学研究所与英国皇家科学院哲学所共同举办的中英美暑期班在华侨大学举办。研讨班的主题是“科学哲学”，研讨的主要内容有“科学建模中的哲学问题”“维特根斯坦和自然哲学”“证据哲学和概率哲学”等。

（3）2015 年 9 月 17 ～ 18 日，哲学研究所和天津社会科学院哲学所、天津社会科学院社会主义核心价值观研究中心联合主办的第二十六届全国社科哲学大会暨中华文化与社会主义核心价值观高端论坛在天津召开。会议的主题是“中华文化与社会主义核心价值观”，研讨的主要问题有“中华文化与社会主义核心价值观的融合、社会主义核心价值观的践行、社会主义核心价值观的生活价值以及对社会发展的推动力”。与会专家学者 120 余人。

（4）2015 年 9 月 27 ～ 28 日，哲学研究所和中共衢州市委、市政府共同主办的“儒学与中华文化复兴”理论研讨会在浙江省衢州市举行。会议的主题是“南孔文化的挖掘、传承与弘扬”。

（5）2015 年 11 月 12 ～ 16 日，中国社会科学院、全国博士后管理委员会、中国博士后科学基金会主办，中国社会科学院博士后管理委员会，中国社会科学院—上海市人民政府上海研究院、中国社会科学院哲学研究所博士后流动站、中国文化研究中心合作承办及上海大学社会科学学院协办的“首届文化政策中日韩智库间战略对话暨第四届中国博士后文化发展论坛”在上海大学举行。论坛的主题是“经济新常态下的文化发展”，讨论的主要问题有“‘东亚文化之都’构想的价值、实践问题及政策走向”等。

（6）2015 年 12 月 23 日，哲学研究所主办的“‘爱智求真’的时代探寻暨哲学所建所六十周年学术研讨会”在哲学研究所举办。研讨会总结了哲学研究所建所以来在学科建设、人才培养、科研成果等方面取得的成就、建所经验、治学规律，并对未来我国哲学学科的建设和哲学所的发展进行展望和规划。

2. 国际学术交流与合作

2015 年，哲学研究所对外学术交流总量为 26 批 36 人次。其中，出访 21 批 31 人次；来访 5 批 5 人次。与哲学研究所开展学术交流的国家有俄罗斯、美国、英国、法国、德国、捷克、澳大利亚、韩国、日本、巴西等。

（1）2015 年 3 月 25 ～ 30 日，哲学研究所所长谢地坤作为国际哲学联合会执委会理事受邀参加国际哲学联合会在泰国朱拉隆功大学举办的主题为“对话中的哲学”学术研讨会和工作会议。会议研讨的主要问题有“就中国哲学界的现状”“2018 年国际哲学大会筹备情况”等。

（2）2015 年 6 月 3 ～ 8 日，哲学研究所美学研究室副研究员刘悦笛应邀参加第八届国际生态论坛。

（3）2015 年 6 月 13 日，哲学研究所东方哲学研究室研究员王青应邀赴日本参加在东洋大学举行的“日本比较思想学会 2015 年会”，并作题为“西方哲学在近代中国的接受与变形”的学术报告。

(4) 2015 年 7 月 3 ~ 7 日，哲学研究所所长谢地坤，研究员王柯平、张志强等赴澳大利亚人文学院参加“哲学的新方向：中国视角及对中国视角的看法”中澳哲学会议。

(5) 2015 年 7 月 13 ~ 18 日，哲学研究所马克思主义哲学史研究室研究员魏小萍赴巴西参加巴西 CAMPINAS 国立大学哲学和人类学系马克思主义研究中心主办的“第八届国际马克思和恩格斯论坛”，并作题为“马克思是否有一种分配正义的原则”的报告。

(6) 2015 年 7 月 19 ~ 24 日，哲学研究所现代外国哲学研究室助理研究员汪炜赴英国格拉斯哥大学参加由国际亚当·斯密学会与国际卢梭学会联合召开的“Themes from Smith and Rousseau”国际学术研讨会。

(7) 2015 年 7 月 27 ~ 31 日，哲学研究所伦理学研究室研究员甘绍平应胡根杜贝尔图书公司总部瓦格邀请赴德国慕尼黑访问。

(8) 2015 年 7 月 30 日至 8 月 3 日，哲学研究所中国哲学研究室研究员张志强应邀赴日本参加由日本一桥大学大学院言语社会研究科主办的“国民文学、冲绳文学、在日朝鲜人文学”国际研讨会。

(9) 2015 年 8 月 25 ~ 29 日，哲学研究所中国哲学研究室研究员陈静应邀赴美国夏威夷参加在夏威夷大学举办的《恒先》文本研读工作坊以及“出土文献《恒先》及其重要性之探讨”学术研讨会，并作题为“《恒先》的文本研究和思想解释”的报告。

(10) 2015 年 9 月 1 日，哲学研究所伦理学研究室研究员龚颖应邀赴日本文化研究中心访问一年，访问课题为“中国近代学术的形成与中日思想交流——以伦理学为例”。

(11) 2015 年 9 月 4 日，哲学研究所副所长崔唯航参加在北京举办的主题为“中国与白俄罗斯在世界反法西斯战争中的作用和贡献”的中白学术论坛，并作题为“文明对话与中国话语体系的建构”的报告。

(12) 2015 年 9 月 16 日，奥地利维也纳大学教授 Herta Nagl-Docekal 来哲学研究所就“卢梭论非异化的生活方式”问题进行学术交流。

(13) 2015 年 9 月 24 日，希腊学者 Lilian Karali 教授与哲学研究所美学研究室开展学术交流。

(14) 2015 年 10 月 1 日，《世界哲学》编辑部副编审王喆赴法国巴黎第十大学访问。

(15) 2016 年 10 月 1 ~ 31 日，哲学研究所马克思主义哲学史研究室研究员单继刚赴美国密苏里大学访问。

(16) 2015 年 10 月 2 ~ 12 日，哲学研究所文化中心研究员贾旭东、李河等应俄联邦中央财经大学的邀请，赴俄罗斯参加第七届俄罗斯哲学大会的“后苏联时期俄罗斯文化政策国际视角”论坛。

(17) 2015 年 10 月 8 ~ 11 日，哲学研究所美学研究室研究员王柯平应邀赴美国夏威夷大学东西方研究中心参加世界儒学研究联合会，会议的主题是“李泽厚与儒家哲学”，并在会上作题为“李泽厚的实用理性观重估”的发言。

（18）2015年10月30～31日，哲学研究所所长谢地坤、研究员李存山等赴韩国参加首届中韩人文论坛哲学分会。

（19）2015年11月11日，西班牙哲学家Andoni Ibarra来哲学研究所访问，与科技哲学研究室研究人员进行学术交流。

（20）2015年11月16日，哲学研究所美学研究室副研究员张建军赴英国剑桥大学访问。

（21）2015年12月2日，捷克科学院全球化研究中心主任胡鲁贝克·马瑞克博士应邀来哲学研究所作题为“政治绩效选拔制——中西哲学之比较”的报告。

（22）2015年12月2～4日，哲学研究所美学研究室研究员章建刚、现代外国哲学研究室研究员李河应中国国际问题研究院邀请，参加在韩国首尔举办的第三届中韩国家政策研究机构联合战略对话。

3. 与中国香港、澳门特别行政区和中国台湾开展的学术交流

（1）2015年5月22～24日，哲学研究所西方哲学史研究室副研究员詹文杰应邀赴台湾参加由辅仁大学外语学院西洋古典暨中世纪文化学程主办的“2015年西洋古典暨中世纪学术研讨会”，并在会上作题为“究竟苏格拉底有没有知识？”的发言。

（2）2015年12月9～12日，哲学研究所中国哲学研究室研究员张志强应台湾圣严基金会的邀请，赴台北参加“第五届圣严思想国际学术研讨会：圣严思想与当代汉传佛教的传承与实践”会议，并作题为“近代佛学与今文经学”的发言。

（四）学术社团、期刊

1. 社团

（1）中国辩证唯物主义研究会，会长王伟光。

① 2015年7月17～18日，中国辩证唯物主义研究会在云南省腾冲市举办“马克思主义哲学中国化时代化大众化理论研讨会暨《新大众哲学》出版发布会”。会议的主题是“深入学习贯彻习近平总书记系列重要讲话精神，学习贯彻中央关于坚持运用辩证唯物主义、历史唯物主义世界观和方法论的要求，深入探讨新形势下推进马克思主义哲学中国化时代化大众化的重大意义、具体内涵、主要任务、路径举措，在全社会营造学哲学用哲学的良好氛围，增强辩证思维能力和战略思维能力，提高解决改革发展基本问题的本领”。与会专家学者70余人。

② 2015年8月7日，中国辩证唯物主义研究会在吉林省举办“辩证唯物主义与‘四个全面’战略布局理论研讨会”。会议的主题是“辩证唯物主义与‘四个全面’战略布局”，研讨的主要内容有“深入探讨‘四个全面’战略布局，从马克思主义世界观和方法论的高度，研究、概括、总结协调推进‘四个全面’战略布局进程中出现的新情况、新问题和新经验”。与会专

家学者近 100 人。

③ 2015 年 11 月 28 日，中国辩证唯物主义研究会在广东省深圳市召开"'十三五'发展战略与马克思主义哲学中国化理论研讨会暨第三届马克思主义哲学中国化·深圳论坛"。会议的主题是"深入学习贯彻党的十八届五中全会精神，研究'十三五'经济社会发展的重大理论现实问题，推进中国特色社会主义事业发展和马克思主义哲学中国化"。与会专家学者约 50 人。

（2）中国马克思主义哲学史学会，会长梁树发。

2015 年 7 月 4 ~ 6 日，中国马克思主义哲学史学会在安徽省合肥市举办"马克思主义研究：经典与现实"理论研讨会暨中国马克思主义哲学史学会 2015 年年会。会议的主题是"马克思主义研究：经典与现实"，研讨的主要内容有"马克思主义经典著作的现实性问题""马克思主义整体性问题""当代中国重大现实问题的哲学思考""全面深化改革与当代中国马克思主义及其哲学的创新研究"等。与会专家学者 150 余人。

（3）中国哲学史学会，会长陈来。

2015 年 8 月 20 ~ 22 日，中国哲学史学会在浙江省杭州市举办"中国道路与中国精神"学术研讨会暨 2015 年中国哲学史学会年会。会议的主题是"中国道路与中国精神"，研讨的主要内容有"中国哲学之精神与价值、中国哲学之问题与路径、儒学培育践行核心价值观的历史经验、中国传统知识谱系中的知识观念、中国传统哲学体系结构的多维审视"等。与会专家学者 80 余人。

（4）中华全国外国哲学史学会，会长谢地坤。

2015 年 10 月 30 日至 11 月 1 日，中华全国外国哲学史学会和中国现代外国哲学学会在湖北省武汉市召开"德国古典哲学与当代哲学"学术研讨会。会议的主题是"德国古典哲学与当代哲学"，研讨的主要问题有"西方哲学史""德国古典哲学""当代西方哲学"等。与会专家学者 90 人。

（5）中国现代外国哲学学会，会长江怡。

2015 年 4 月 25 ~ 26 日，中国现代外国哲学学会在山东省济南市举办"经典与东西方解经传统"学术研讨会。会议的主题是"经典与东西方解经传统"，研讨的主要问题有"文本、经典与经典诠释""诠释学与儒家经典诠释""诠释学理论及其当代发展""诠释学与中国经典诠释传统的现代化""诠释学与东亚儒学""诠释学与实践哲学""宗教经典与诠释""走向世界的中国哲学方法论"等。与会专家学者 80 余人。

（6）中国逻辑学会，会长邹崇理。

2015 年 12 月 5 ~ 6 日，中国逻辑学会在北京召开"法律逻辑学术年会"。会议的主题是"依法治国与法律逻辑"，研讨的主要问题有"依法治国视野下的法律逻辑、法学方法""法律逻辑与法律论证""法律逻辑教学""法律推理与法律适用"等。与会学者 60 余人。

（7）中国伦理学会，会长万俊人。

2015 年 12 月 5 ~ 6 日，中国伦理学会在北京举办中国伦理学会 2015 年会。会议的主题是

"伦理学与中国发展"，研讨的主要问题有"伦理学与中国发展中的道德建设""改善社会道德风尚""培育和践行社会主义核心价值观"等。与会专家学者500余人。

（8）中华美学学会，会长汝信。

2015年5月9～10日，中华美学学会在四川省成都市召开第八届全国美学大会暨"美学：传统与未来"学术研讨会。会议的主题是"美学：传统与未来"，研讨的主要问题有"传统美学的现代转型及反思""美学基本理论的进展与反思（中国现代美学、马克思主义）""美学的文艺空间（文学理论、艺术理论、德国美学、门类艺术）""比较视域下的美学""新媒介与后现代美学形态（大众文化、文化产业）"。与会专家学者90人。

（9）国际易学联合会，会长董光璧。

2015年8月21～22日，国际易学联合会在吉林省长春市举办"首届海峡两岸国学智慧交流研讨会"。会议的主题是"海峡两岸国学智慧交流"，研讨的主要问题有"解读易学文化、佛教文化、道家养生文化""传递孝亲、尊师、知足、感恩等价值观""推动两岸华人对根源性经典的研习"。与会专家学者200余人。

2. 期刊

（1）《哲学研究》（月刊），主编谢地坤。

2015年，《哲学研究》共出版12期，共计252万字。该刊全年刊载的有代表性的文章有：程广云的《从名词体系到动名词体系》，刘森林的《历史虚无主义的三重动因》，张汝伦的《如何理解"哲学史"？》，郭齐勇、李兰兰的《安乐哲"儒家角色伦理"学说析评》，周振权的《自由的可能性问题：从康德到胡塞尔》，聂敏里的《亚里士多德与海德格尔：一个存在论的比较研究》，费多益的《他心感知如何可能？》，尹树广的《马克思与现代政治》，臧峰宇的《青年马克思政治哲学研究的经济学语境》，白奚的《西汉竹简本〈老子〉首章"下德为之而无以为"考释》，朱晓鹏的《从朱熹到王阳明：宋明儒学本体论的转向及其基本路径》，卢春红的《由"反思"到"反思性的判断力"》，郁欣的《我们如何通达他人的意识？》，孙正聿的《毛泽东的"实践智慧"的辩证法》，陈学明、姜国敏的《何为马克思主义的"本体论"？》，董平的《"差等之爱"与"博爱"》，吴根友的《先秦儒道两家论"人之为人"与"做人起点"的不同进路》，王齐的《看、听和信》，吴学国、徐长波的《奥古斯丁与西方激情理论的分化》，陈真的《凡是现实的就是合理的吗？》，谌林的《两种自由的定义》，田冠浩的《从德国观念论到〈资本论〉》，黄克剑的《先秦"形而上"之思探要》，杨国荣的《你的权利，我的义务》，莫伟民的《"人之死"》，郑伟平的《论信念的知识规范》，何萍的《阿多尔诺与马克思的批判的历史哲学传统》，汪行福的《意识形态辩证法的后阿尔都塞重构》，宋洪兵的《论先秦儒家与法家的成德路径》，罗家祥的《儒家"诚""敬"理论的宋代开展及其实践意义》，陈群志的《麦克塔加与分析哲学学派的时间理论之争》，赵汀阳的《有轨电车的道德分叉》，王柯平的《活力因相说》，王伟光的《马克思主义的世界历史理论与中国特色社会主义道路》，李亚彬的《马克思主义中国化中的话语和话语权问题》，姜广辉、舒科的《〈易经〉前史考略》，王威威的《富民与教民之关系》，赵敦华的《黑格尔的法权哲学和马克思的批判》，段忠桥的《历史唯物主义与马克思的正义观念》，刘文旋的《论作为哲学的西方马克思主义》，罗安宪的《“有用之用”“无用之用”以及“无用”》，王雨辰的《论生态学马克思主义对历史唯物主义理论的辩护》，胡永辉、洪修平的《仁义的道德价值与工具价值》，詹文杰的《论苏格拉底的无知与有知》，石佑启、李锦辉的《法治指数背后的价值哲学之争》，崔伟奇的《库恩哲学是后现代的吗？》，王伟光的《深入学习习近平总书记系列重要讲话，不懈探索马克思主义哲学中国化、时代化、大众化》，程雅君、程雅群的《〈本草纲目〉药理学的哲学渊源》，韩星的《董仲舒天人关系的三维向度及其思想定位》，陆杰荣、张佳琳的《论俄罗斯形而上学中的“精神性”之规定》，叶险明的《“中国道路”的前提性批判》，李佃来的《理解马克思实践概念的政治哲学向度》，胡潇的《社会形态的空间界画》，孙劲松的《唯识学本体论问题辨析》，陈壁生的《朱子〈孝经〉学评议》，姚大志的《论消极的平等主义》，高兆明的《历史视野中的道德：马恩道德哲学思想解读》，赵广明的《康德政治哲学的双重根基》，王立民的《抗战精神与唯物史观》，陶悦的《从“齐物”与“物物”的矛盾化解看庄子哲学的主体性思想》。

(2)《哲学动态》(月刊)，主编崔唯航。

2015 年，《哲学动态》共出版 12 期，共计 240 万字。该刊全年刊载的有代表性的文章有：本刊特约记者的访谈《给我一个支点：第一哲学转向：访赵汀阳研究员》《人文化成与东学西传：访王柯平研究员》《历史唯物主义的学术魅力与我们的理论责任：访唐正东教授》，张文喜的《论马克思与以国家理性为依据的治理问题》，周可真的《中国传统国家治理思想的三种基本类型》，刘敬鲁的《当代西方国家治理研究的两种价值取向及其意义》，李兰芬的《国家治理现代化的伦理秩序建构》，樊浩的《“精神”，如何与“文明”在一起？》，韩庆祥的《哲学发展：“经典文本”与“现实逻辑”：回归马克思主义哲学的本质》，洛克莫尔的《马克思的哲学贡献以及与恩格斯的思想差异：以卢卡奇的批判为视角的一种考察》，张志强的《一种伦理民族主义是否可能：论章太炎的民族主义》，杨立华、赵金刚的《中国哲学再建构的当代路径——由〈仁学本体论〉展开的对话》，叶秀山的《论“瞬间”的哲学意义》，甘绍平的《伦理学中人的镜像》，尚杰的《德里达的信仰》，张一兵的《文本的阅读复权：从福柯文本的词频统计复归其原初思想构境》，安启念的《俄罗斯哲学界关于苏联哲学的激烈争论》，倪梁康的《胡塞尔与舍勒：人格现象学的两种可能性》，聂敏里的《分析哲学与古希腊哲学：以斯特劳森的〈个体〉为例》，姚大志的《麦金太尔的共同体：一种批评》，刘奋荣的《社会网络中信念修正的几个问题》，齐磊磊的《大数据经验主义——如何看待理论、因果与规律》，黄欣荣的《大数据哲学研究的背景、现状与路径》等。

(3)《世界哲学》(双月刊)，主编孙伟平。

2015 年《世界哲学》共出版 6 期，共计 150 万字。该刊全年刊载的有代表性的文章有：

［美］P. 麦迪的《自然主义视角下的逻辑》，欧东明的《宗教哲学的任务和对象》，张任之的《论胡塞尔现象学中自身意识的反思模式》，聂敏里的《亚里士多德论理智德性》，姜宇辉的《“未完成”的节奏——卢梭与启蒙理想的音乐性》，叶秀山的《“否定”的意义——研读黑格尔〈精神现象学〉的一点体会》，先刚的《谢林是一个浪漫主义者吗？》，贺念的《对海德格尔政治迷途的当代反思——阅读海氏“黑色笔记本”》，［德］A.F. 科赫的《形而上学及其当代命运——A.F. 科赫教授访谈》，［法］P. 塞维拉克的《斯宾诺莎的“自然”之胡塞尔与观念论问题惊奇——一个“生活意义”问题的评论》，［美］S.A. 克里普克的《信念之谜（上）》，陈磊的《胡塞尔与观念论问题》，［英］H.P. 斯特劳森的《为一个教条辩护》，徐长福的《实践之“我”与理论之“我”——笛卡尔之“我”的语用调查》，安启念的《俄罗斯六十年代人哲学的人道主义背景》，［日］市来津由彦的《儒学言说在明治时期变化》，［美］A. 麦金太尔的《论二十世纪学院派道德哲学之困局》，［英］T. 威廉姆斯的《近 40 年来分析哲学的转变》，程炼的《亨普尔两难》，朱刚的《通往自身意识的伦理之路——列维纳斯自身意识思想研究》，郑宇健的《规范性的三元结构》，卫斯洁的《霍耐特规范性承认理论的局限》，姚云帆的《主权权力的悬置和复归——论福柯和阿甘本对霍布斯“利维坦”概念的分析》，［芬兰］J. 欣提卡的《维特根斯坦论存在与时间》，李菁的《另一种集合论悖论 WSP——〈逻辑哲学论〉之世界 - 语言悖论》，蒉益民的《心灵因果性的附随现象论与意识的特性二元论》，［英］K. 弗里克舒的《康德的目的王国：形而上学的，而非政治的》，董尚文、程寿庆的《论自然原理》，江璐的《奥卡姆的模态三段论——其对亚里士多德模态逻辑的发展与转化》。

（4）《中国哲学史》（季刊），主编李存山。

2015 年，《中国哲学史》共出版 4 期，共计 100 万字。该刊全年刊载的有代表性的文章有：翟奎凤的《“存神过化”与儒道“存神”工夫考论》，张捷的《简析山鹿素行的格物致知论》，梁涛的《郭象玄学化的“内圣外王”观》，陈壁生的《经义与政教——以〈孝经〉“天地之性人为贵”为例》，肖永明、陈峰的《向往在乾嘉之间——叶德辉〈经学通诰〉析论》，谢晓东的《人心道心相为始终说是李栗谷的最终定论吗？》，龚隽的《近代中国佛教经学研究：以内学院与武昌佛学院为例》，圣凯的《北朝佛教地论学派“变疏为论”现象探析》，高海波的《〈老子〉“道可道”的一种新的可能诠释》，蒋丽梅的《物我感通，无为任化——庄子“物化”思想研究》，陈睿超的《胡瑗〈周易口义〉在释卦体例上的创新》，安文研的《〈苏氏易传〉中的形而上学思想》，王文娟的《从三个重要主张的阐释看湛若水对师说的继承与发展》，王博的《思想史视野中的〈老子〉文本变迁》，王玉彬的《〈庄子·齐物论〉“十日并出”章辨正》，刘黛的《〈齐物论〉中圣人使用语言的层次》，罗祥相的《从“大命”“小命”之分看庄子“去智任性”的思想》，方旭东的《无思有觉、圣凡体别——朝鲜儒者李珥的“未发”说》，朱汉民、王琦的《“宋学”的历史考察与学术分疏》，王磊的《“律分五部”与中古佛教对戒律史的知识史建构》，杨杰的《论藏传佛教四续部分类之形成及其印度源流》。

（五）会议综述

“马克思主义哲学创新与地方经济社会发展”理论研讨会

2015 年 5 月 5 日，哲学研究所和天津静海县委主办的“马克思主义哲学创新与地方经济社会发展”理论研讨会在天津静海县举办。中国社会科学院院长、党组书记王伟光出席了会议。天津市委常委朱丽萍、天津市委宣传部常务副部长王贺胜等出席了会议。会议由天津静海县县长蔺雪峰主持。中国社会科学院哲学研究所党委书记王立民和静海县委书记冀国强分别讲话。中国社会科学院哲学研究所所长谢地坤作会议总结。

王立民指出，借助中国社会科学院哲学研究所强大的研究实力，依托天津静海丰富的经济社会文化生态资源，建立“中国社会科学院哲学研究所调研静海基地”具有三方面的重要意义。建立静海国情调研基地，有利于哲学研究所接地气，从理论走向实践，提升科研能力，发挥智库功能；有利于获得可复制可推广的区域地方发展经验；有利于推动我国马克思主义哲学中国化时代化大众化。

冀国强指出，近年来，静海县坚持“绿色、循环、低碳、健康”的发展理念，围绕建设国家级循环经济区、区域物流中心、健康产业基地、生态宜居城市四大功能定位，大力推进经济社会发展，各项工作呈现出快速健康发展的良好态势。作为国家意识形态的重要机构，中国社会科学院哲学研究所在静海建立国情调研基地，是提升静海发展的一个良好契机，将对静海的各项事业发展起到积极的促进作用。基地成立后，合作双方将集中精干力量齐心协力，共同奋斗，争取形成一批马克思主义哲学理论和实践研究的重要成果。

会议期间，王立民和冀国强又共同为静海调研基地的建立举行了启动仪式。来自中国社会科学院哲学研究所和天津社会科学院的专家学者围绕“马克思主义哲学创新与地方经济社会发展”的主题作了大会发言。

谢地坤作了会议总结。他指出，调研基地的建立不仅为京津两地的学者提供了一个合作交流的重要平台，也将为推动地方经济发展提供理论支撑，为未来中国发展探索一个理论与实践相结合的地方经验。基地的建立也为学者深入基层、了解社会提供了良好条件。基地建立后，哲学研究所的研究人员要责无旁贷，义无反顾地把这项具有历史和现实意义的工作开展下去。

（科研处）

第二十六届全国社科哲学大会暨中华文化与社会主义核心价值观高端论坛

2015 年 9 月 17 ~ 18 日，由中国社会科学院哲学研究所、天津社会科学院哲学研究所和天津社会科学院社会主义核心价值观研究中心联合主办的“第二十六届全国社科哲学大会暨中华文化与社会主义核心价值观高端论坛”在天津召开。

来自中国社会科学院和全国29家省、自治区、直辖市的地方社会科学院代表，高校、党校和部队院校的领导及专家学者代表共计120余人出席了会议。中国社会科学院哲学研究所所长谢地坤研究员、天津社会科学院名誉院长李锦坤教授、南开大学党委宣传部部长王新生教授在大会上先后致辞。大会由天津社会科学院党组成员、副院长王立国研究员主持。

会议的主题为"中华文化与社会主义核心价值观"，与会学者围绕着中华文化与社会主义核心价值观的融合、社会主义核心价值观的践行、社会主义核心价值观的生活价值以及对社会发展的推动力展开了广泛而深入的研讨，取得了丰硕的成果。大家认为，中华文化是社会主义核心价值观的精神来源，是中华民族的突出优势，正如习近平总书记指出的那样，中华民族的伟大复兴需要以中华文化发展繁荣为条件，中华传统文化是我们民族的"根"和"魂"，不忘本才能开辟未来，善于继承才能更好创新。通过研讨，与会学者更加深入领会了习近平总书记关于中华传统文化的重要讲话精神，对如何开展中华传统文化研究路径有了更加清晰和深入的认识。

社科哲学大会作为全国社会科学院系统的一次哲学盛会，被誉为"社科界的哲学奥运会"，迄今已举办了26年，在国内外学界产生了重要影响，也成为一个著名的学术品牌。

（科研处）

"爱智求真的时代探寻"暨哲学研究所建所六十周年学术研讨会

2015年12月23日，中国社会科学院哲学研究所主办的"'爱智求真的时代探寻'暨哲学研究所建所六十周年学术研讨会"在中国社会科学院哲学研究所召开。中国社会科学院党组书记、院长王伟光，中国社会科学院原副院长、学部委员汝信，中国社会科学院文哲学部副主任、哲学研究所原所长李景源，哲学研究所所长谢地坤，哲学研究所历任老领导，现任处（室）以上干部约50人参加了研讨会。

院长王伟光作了重要讲话。他回顾了60年来党中央对哲学研究所发展的亲切关怀和高度重视，认为哲学研究所始终坚持正确的政治方向和学术导向，充分发挥基础理论研究的优势，以基础理论研究支撑和带动应用对策研究，以应用对策研究促进和反哺基础理论研究的办所宗旨，并对哲学所在学术创新、科研成果、人才培养等方面取得的成就表示高度肯定。王伟光提出三点希望：第一，努力建设马克思主义哲学的坚强阵地、哲学学科的重要殿堂和中国文化与社会思潮研究的高端智库。第二，以创新工程为实践载体，大力实施科研强所、人才强所、管理强所战略。第三，加强党委集体领导下的所长负责制制度建设，建设坚强的领导干部队伍、科研骨干队伍和管理人员队伍。

李景源作了题为"以学术研究助力中华民族伟大复兴"的主题发言。他回顾了哲学研究所马哲学科为中国改革开放作出的贡献，总结了马哲学科的主要研究领域、研究方法和特点，指

2015年12月，“爱智求真的时代探寻”学术研讨会在北京召开。

出马哲学科是以现实问题为研究中心的学科，时代化、民族化、大众化是它存在和发展需要面对的问题，未来马哲学科的发展关键在于深化这一方针，赋予它以新的生命。中国进入了一个与西方价值观对话的新时期，我们需要从哲学层面向世界说明中国，要让哲学带有中国性。对此，马哲学科需要捕捉时代声音、学会凝聚问题，以自己的方式提出并参与当代核心思想论争，锻造当代中国思想的独特品格。

与会领导和专家学者围绕哲学研究所六十年来的学术成就、治学经验、学科和人才队伍建设、面临的问题及未来的发展等内容进行了研讨。

谢地坤作了总结发言。他回顾了最近十年来哲学所取得的重要成就，指出了目前存在的问题。谢地坤提出三点希望。第一，我们要继续坚持正确的办所方向。要加强马克思主义哲学研究，把哲学所办成马克思主义的坚强阵地。第二，坚持基础理论研究和应用研究并重的发展思路。第三，要重视智库的建设。

（科研处）

世界宗教研究所

（一）人员、机构等基本情况

1. 人员

截至 2015 年底，世界宗教研究所共有在职人员 78 人。其中，正高级职称人员 21 人，副高级职称人员 22 人，中级职称人员 25 人；高、中级职称人员占全体在职人员总数的 87%。

2. 机构

世界宗教研究所设有：马克思主义宗教观研究室、宗教学理论研究室、佛教研究室、伊斯兰教研究室、道教与中国民间宗教研究室、基督教研究室、当代宗教研究室、儒教研究室、宗教文化艺术研究室、世界宗教研究编辑部、世界宗教文化编辑部、资料室、办公室、科研处。

3．科研中心

世界宗教研究所院属科研中心有：中国社会科学院基督教研究中心、中国社会科学院佛教研究中心、中国社会科学院道家与道教研究中心；所属科研中心有：儒教研究中心、巴哈伊教研究中心、反邪教研究中心。

（二）科研工作

1．科研成果统计

2015年，世界宗教研究所共完成专著26种，1055.5万字；论文105篇，144.2万字；研究报告1篇，1.5万字；学术资料5种，194.6万字；译著1种，42万字；译文1篇，2万字；论文集9种，313.8万字；教材1种，5万字。

2．科研课题

（1）新立项课题。2015年，世界宗教研究所共有新立项课题8项。其中，国家社会科学基金一般课题1项："民国时期伊斯兰教报刊研究"（马景主持）；国家社会科学基金青年课题1项："清代档案道教文献研究"（林巧薇主持）；院国情调研基地课题1项："孟中印缅经济走廊之南传佛教情势分析研究——以云南德宏为例"（郑筱筠主持）；委托课题3项："新疆宗教与丝绸之路（卓新平、曹中建主持），"新疆宗教现状调研"（卓新平、曹中建主持），"宗教对我国及周边国家关系的影响研究"（卓新平、金泽主持）；财政部委托课题2项："中国宗教经济研究"（郑筱筠主持），"国外宗教经济研究"（郑筱筠主持）。

（2）结项课题。2015年，世界宗教研究所共有结项课题3项。其中，国家社会科学基金青年课题1项："闽西罗祖教调查研究"（李志鸿主持）；委托课题2项："新疆宗教与丝绸之路"（卓新平、曹中建主持），"新疆宗教现状调研"（卓新平、曹中建主持）。

（3）延续在研课题。2015年，世界宗教研究所共有延续在研课题8项。其中，国家社会科学基金重大课题1项："《剑桥基督教史》（九卷本）翻译"（卓新平主持）；国家社会科学基金重点课题1项："梵蒂冈原传信部所藏中国天主教会档案文献编目（1622年～1939年）"（刘国鹏主持）；国家社会科学基金一般课题3项："敦煌道教文献图录编"（王卡主持），"犹太教通史"（黄陵渝主持），"东北道教史"（汪桂平主持）；国家社会科学基金青年课题1项："西方宗教心理学最新进展"（梁恒豪主持）；院重大课题1项："马克思主义宗教观基本理论研究"（曾传辉主持）；中共广州市委宣传部委托课题1项："太平天国与启示录"（周伟驰主持）。

3．获奖优秀科研成果

2015年，世界宗教研究所共评出"2015年度中国社会科学院世界宗教研究所优秀科研成果奖"专著类一等奖5项：郑筱筠的《中国南传佛教研究》，邱永辉的《印度教概论》，李林的《信仰的内在超越与多元统一——史密斯宗教学思想研究》，李志鸿的《道教天心正法研究》，尕藏加的《藏区宗教文化生态》；古籍整理类一等奖1项：李建欣的《印度佛教汉文资料选编》；

译著类一等奖1项：董江阳的《复兴神学家爱德华兹》；论文类一等奖4项：汪桂平的《北京天后宫考述》，梁恒豪的《荣格和中国宗教：以佛教和道教为例》，张小燕的《彩绘唐卡与汉地传统工笔重彩的差异》，嘉木扬·凯朝的《彩绘唐卡与汉地传统工笔重彩的差异》等。

（三）学术交流活动

1. 学术活动

2015年，世界宗教研究所共主办的学术会议有：

(1) 2015年1月5日，“宗教艺术与当代文化建设——以禅意书画为中心”学术论坛在中国社会科学院举办。论坛由世界宗教研究所、中国社会科学院工会、中国社会科学院书画家协会主办，由广东观音山森林公园协办。

(2) 2015年1月8日，《世界宗教研究》编辑部在世界宗教研究所举办“进一步办好《世界宗教研究》座谈会”，就如何进一步办好刊物进行讨论。

(3) 2015年1月18～19日，由世界宗教研究所主办的“宗教蓝皮书2014定稿会和2015组稿会”在北京召开。

(4) 2015年4月28日，世界宗教研究所道教与中国民间宗教研究室、中国社会科学院道家与道教文化研究中心在北京师范大学举办第六期“道教学术研究沙龙”活动。活动的主题是“道教仪式与图像研究”。

(5) 2015年5月24日，世界宗教研究所道教与中国民间宗教研究室、中国社会科学院道家与道教文化研究中心在世界宗教研究所举办第七期“道教学术研究沙龙”活动。学者们从语言学、文献学、历史学以及宗教学等多种学科入手，针对密教与道教的众多话题进行讨论。

(6) 2015年5月27～28日，世界宗教研究所主办，国务院发展研究中心民族发展研究所、河北省信德文化研究所协办的“当代中国天主教发展研讨会”在北京举行。会议就世界宗教研究所基督教研究室首席研究员王美秀主持的国家社会科学基金重点课题“梵蒂冈和世界天主教最新发展及对我国的影响研究”进行阶段性研讨。

(7) 2015年5月30～31日，世界宗教研究所与中国宗教学会共同主办的马克思主义宗教观研讨会（2015）在北京召开。会议的主题是“事实与价值：新常态视野中的马克思主义宗教观”，研讨的主要问题有“宗教研究中的事实判断和价值判断”“资本运动视域中的宗教图景”“全球信教人口统计分析”“宗教事务法治化管理”“宗教公益慈善”“新疆伊斯兰教地域化现状及对策”“基督教中国化”等。

(8) 2015年6月5～6日，“首届蒙山文化艺术与净土思想研讨会”在山西省太原市举行。会议由世界宗教研究所、中国宗教学会、三晋文化研究会、山西省社会科学院主办，中国社会科学院书画协会、日本同朋大学协办，太原蒙山大佛风景管理中心、《三晋都市报》、晋祠宾馆、三晋国际饭店承办。

(9) 2015年6月6～7日，由世界宗教研究所主办的“宗教心理学理论、方法、应用探新”研讨会在北京召开。会议研讨的主要问题有“从心理学视角阐释中国传统宗教和文化”“在中国进行宗教心理研究可运用的研究方法”等。

(10) 2015年6月20～21日，“首届中国宗教人类学工作坊：世俗时代的修行”在海南省定安县举行。来自中国、美国、芬兰的宗教人类学专家学者参加会议。活动由世界宗教研究所主办，南京大学社会学院人类学研究所、华东师范大学人类学研究所协办，海南省道教协会、海南文笔峰盘古文化旅游区承办。会议研讨的主要问题有“修行与灵性教育”“修行与身心实践”“修行与信仰戒律”“个体与集体的修行”“修行的语义学分析”等。

(11) 2015年6月26日，中原大地传媒股份有限公司、中州古籍出版社与中国社会科学院道家与道教研究中心在北京召开“华夏文库·道教与民间宗教”书系编撰研讨会。

(12) 2015年6月27日，首届“中国的东正教研究及东正教群体”学术研讨会在世界宗教研究所召开。研讨会由中国宗教学会、中国社会科学院基督教研究中心举办。

(13) 2015年7月11日，由世界宗教研究所、中国宗教学会、北京东岳庙、中央民族大学哲学与宗教学学院、中国社会科学院巴哈伊研究中心联合举办的“首届北京宗教研究高端论坛”在北京召开。论坛的主题是“北京的多元宗教与和谐社会建设”，研讨的主要问题有“北京宗教的历史与现状”“北京宗教文化遗产的传承与保护”“北京宗教与国际文化交流”“宗教在北京和谐社会建设中的积极作用”等。

(14) 2015年7月23日，宗教研究所在中国社会科学院北戴河培训中心召开“道家学术思想”研讨会。世界宗教研究所王卡研究员作了专题报告。

(15) 2015年7月31日，世界宗教研究所道教与中国民间宗教研究室在世界宗教研究所举办第八期“道教学术研究沙龙”活动。活动的主题是“道教灵宝研究”。

(16) 2015年8月6～10日，由世界宗教研究所宗教学理论研究室、世界宗教研究所儒教研究中心与中国人民大学国学院联合举办的第四届宗教哲学论坛“古今之辨：哲学、宗教、政治——宗教哲学2015青岛论坛暨《宋儒微言》研讨会”在北京举行。

(17) 2015年9月8～11日，“茶马古道上的文明与宗教——第四届中国宗教人类学论坛”在湖南湘西土家族苗族自治州吉首大学召开。会议研讨的主要问题有“‘一带一路’建设与多元宗教生态”“茶马古道上的多元宗教融合与族群认同”“茶马古道上的多元宗教传播与文化交流”“茶马古道上的地域崇拜与民俗宗教”“茶马古道上的苯教与佛教信仰”“‘一带一路’的宗教人类学研究”等。论坛由世界宗教研究所、中国宗教学会、吉首大学哲学研究所、吉首大学民族学研究所共同举办。

(18) 2015年9月9～10日，“伊斯兰教与新疆社会发展”学术研讨会在北京召开。会议由世界宗教研究所、中国宗教学会主办，世界宗教研究所伊斯兰教研究室承办。

(19) 2015年9月21～22日，由中国社会科学院、全国博士后管理委员会、中国博士后科学基金会主办，中国社会科学院博士后管理委员会、世界宗教研究所承办的首届全国宗教学博士后论坛在中国社会科学院举行。论坛的主题是“宗教学与中华文化复兴”，研讨的主要问题有“我国宗教现状及对策”“佛教文化历史研究”“儒教的发展及未来”“佛道研究”“宗教的文化意义”“多元宗教研究”。共有近80人参加了论坛。

(20) 2015年10月16日，中国基督宗教史专题学术研讨会在河南省安阳师范学院举行。会议的主题是“挖掘和回溯中国基督宗教历史，探讨基督宗教与中华文化共生共融的途径”。会议由世界宗教研究所基督教研究中心、安阳师范学院联合主办。50余名专家学者、基督宗教界人士参加了会议。

(21) 2015年10月27～29日，“伊斯兰教与中国社会”全国伊斯兰教学术研讨会在北京召开。会议由世界宗教研究所、中国宗教学会主办，世界宗教研究所伊斯兰教研究室承办。会议研讨的主要问题有“伊斯兰教与中国化”“伊斯兰教与本土化”“中国伊斯兰教与对外交流”“伊斯兰教与当代中国社会”“伊斯兰教与中国地方社会”“伊斯兰教与地方知识”“伊斯兰教与中国文化”“伊斯兰思想与文化”等。

(22) 2015年10月31日至11月1日，由世界宗教研究所和“中国社会学会宗教社会学分论坛（筹）”联合举办的“宗教社会学2015北京论坛”在北京召开。论坛的主题是“宗教的功能与公共性”。

(23) 2015年11月13～15日，由世界宗教研究所儒教研究中心、国际儒联普及委员会、尼山圣源书院与武汉云深书院、中国宗教学会联合主办的“乡村儒学与乡土文明学术研讨会”在北京召开。会议研讨的主要问题有“乡村儒学”“重建乡土文明”“普及乡村儒学”等。

(24) 2015年11月17日，英文学术季刊《中国宗教研究》创刊号发布会在北京举行。英文学术季刊《中国宗教研究》由世界宗教研究所与英国Taylor & Francis Group共同创办，是中国社会科学院外文学术期刊资助计划的重要成果之一。

(25) 2015年11月28日，世界宗教研究所道教与中国民间宗教研究室、中国社会科学院道家与道教文化研究中心、C-Saloon、中国道教协会道教文化研究所，在北京市西城区白云观举办第九期“道教学术研究沙龙”活动。活动的主题是“山海洞天：建筑·仪式·图像”。

(26) 2015年11月28日，由世界宗教研究所和中共龙岩市委统战部联合主办、新罗区政府承办的“法眼宗思想传承与当代文化建设”学术研讨会在福建省龙岩市举行。会议研讨的主要问题有“法眼宗的历史与禅法特点”“法眼宗的历史人物及其思想”“福建和龙岩在法眼宗传承发展中的地位作用”“法眼宗思想对促进当代文化建设的意义”等。

(27) 2015年12月10～12日，由世界宗教研究所、中国宗教学会、中国反邪教研究中心、云南省社会科学院合作主办，《世界宗教文化》编辑部和世界宗教研究所国情调研基地共同承办的“首届宗教与民族热点问题高端论坛——全球化时代宗教与民族的热点问题”在云南省德宏州召开。来自中国社会科学院、云南省社会科学院、清华大学、北京大学、中央民族大学、中国政法大学、四川大学、四川民族大学、云南大学、云南民族大学、兰州大学、新疆师范大学等研究机构和大学的学者近 80 人参加了会议。

2. 国际学术交流与合作

2015 年，世界宗教研究所共出访 14 批 30 人次，出访地为美国、印度、德国、日本、意大利等。

（1）2015 年 1 月 1 日，应中华华夏文化交流协会的邀请，世界宗教研究所曹中建、郑筱筠等赴澳大利亚参加“海外华人民间信仰研讨会”。

（2）2015 年 1 月 22 ~ 28 日，应以色列巴哈伊世界正义院邀请，世界宗教研究所卓新平、邱永辉等赴以色列参加在以色列海法举办的学术论坛。

（3）2015 年 3 月 26 ~ 27 日，应尼赫鲁大学中国与东南亚研究中心的邀请，世界宗教研究所研究员邱永辉赴印度参加“丝绸之路经济带与 21 世纪的海上丝绸之路”国际会议。

（4）2015 年 5 月 13 日至 7 月 20 日，应罗马第三大学哲学、交流、戏剧系历史研究专业负责人和当代历史学教授 Adriano Roccucci 的邀请，世界宗教研究所刘国鹏进行学术访问。

（5）2015 年 8 月 23 ~ 29 日，世界宗教研究所副所长郑筱筠、研究员魏道儒等赴德国参加“第 21 届国际宗教史学会年会”。

（6）2015 年 9 月 1 日，应英国剑桥大学廷代尔图书馆的邀请，世界宗教研究所王梓赴英国剑桥大学廷代尔图书馆进行资料的收集以及圣经文本的研究工作。

（7）2015 年 9 月 16 ~ 20 日，应国际儒学联合会与意大利威尼斯大学、北京外国语大学的邀请，世界宗教研究所所长卓新平赴意大利威尼斯大学参加“国际儒学论坛——威尼斯学术会议”。

（8）2015 年 9 月 18 ~ 20 日，由世界宗教研究所、国家宗教事务局外事司、中国宗教学会主办的中国社会科学论坛（2015·宗教学）在北京召开。论坛的主题是“‘一带一路’与宗教对外交流”，研讨的主要问题有“‘一带一路’宗教文化战略”“宗教在‘一带一路’国家战略中的地位及作用”“‘一带一路’的宗教外交及宗教文化交流”“伊斯兰教与‘一带一路’战略”等。百余位专家学者、政界人士、宗教界人士出席论坛。

（9）2015 年 10 月 24 ~ 25 日，由世界宗教研究所、中国宗教学会主办的第四届东南亚宗教研究高端论坛在北京召开。论坛的主题是“东南亚宗教的转型与创新”，研讨的主要问题有“东南亚天主教研究”“南亚、东南亚佛教研究”“东南亚伊斯兰教研究”“跨境民族与宗教研究”“东南亚儒学研究”“‘一带一路’与中国佛教研究”。来自中国社会科学院、北京大学、斯里兰卡凯拉尼亚大学、马来西亚南方大学等单位的代表近 80 人参加了论坛。

（10）2015 年 11 月 14 ~ 15 日，由中国社会科学院世界宗教研究所巴哈伊研究中心、上海社会科学院宗教研究所和全球文明研究中心联合主办的“巴哈伊教关于世界和平与社会发展的原则、话语和实践国际学术研讨会”在上海召开。会议研讨的主要问题有“宗教与和平建设”“巴哈伊和平建设与社会发展的联系和互动”“巴哈伊社会发展的观念”“范畴和历史演变”“巴哈伊与法律”“科学和管理”“巴哈伊社会发展项目的中国实践”。

(11) 2015 年 11 月 15 ~ 18 日，世界宗教研究所副所长郑筱筠、伊斯兰教研究室主任李林赴土耳其参加跨信仰峰会。

(12) 2015 年 11 月 20 日，由世界宗教研究所、中国宗教学会、北京基督教“两会”、中国社会科学院基督教研究中心主办的“基督教中国化之路”国际学术研讨会在北京举行。会议的主题是“基督教中国化的历史、现状、理论、实践”。

3. 与中国香港、澳门特别行政区和中国台湾开展的学术交流

(1) 2015 年 1 月 8 日，应“中华宗教哲学研究社”的邀请，世界宗教研究所戈国龙等赴台湾参加第二届“中华文化与天人合一”学术研讨会。会议的主题是“中华文化与天人合一”。

(2) 2015 年 11 月 6 日，世界宗教研究所陈进国、王志跃等赴台湾进行学术交流。

（四）学术社团、期刊

1. 社团

中国宗教学会，会长卓新平。

2015 年 6 月 12 ~ 14 日，由中国宗教学会、中国社会科学院世界宗教研究所、大理大学、云南民族大学联合主办的“宗教与中国当代文化建设”高层论坛暨 2015 年中国宗教学会年会在大理大学召开。来自中国社会科学院、北京大学、复旦大学、山东大学、上海师范大学的近百名学者参加了会议。会议研讨的主要问题有“当代宗教状况与文化战略”“当代宗教现状与文化发展”“当代宗教文化与思考”“宗教理论与文化发展”“区域性宗教与当代文化建设”“云南宗教状况与研究”“佛教发展与当代中国文化”“儒道理论与当代文化”“西南民族宗教与文化”“基督教与当代文化”“伊斯兰教与中国当代文化”“云南民间信仰与文化建设”等。

2. 期刊

(1)《世界宗教研究》(双月刊)，主编卓新平。

2015 年《世界宗教研究》共出版 6 期，共计 180 万字。该刊全年刊载的有代表性的文章有：王伟光的《在世界宗教研究所建所 50 周年座谈会上的讲话》，方广锠的《第三种辽藏探幽》，郑筱筠的《“成长的烦恼”——转型时期中国南传佛教管理之困境》，孙尚扬的《科学主义、文化民族主义与民众对佛道耶之信任：以长三角数据为例》，叶秀山的《佛家思想的哲学理路——学习佛经的一些体会》，张志刚的《中国宗教研究的几个关键问题》，史金波的《西夏文〈大白伞盖陀罗尼经〉及发愿文考释》，朱东润的《〈续高僧传〉所见隋代佛教与政治》，邵铁峰的《客观宗教与生命宗教：西美尔的宗教理论刍议》，王启元的《紫柏大师晚节与万历间佛教的生存空间》，吕博的《明堂建设与武周的皇帝像——从“圣母神皇”到“转轮王”》，王福梅、盖建民的《民间散佚〈灵济宫神文志〉与明代灵济道派考论》，罗莹的《第一位中国籍耶稣会神父澳门人郑维信生平考略》，李丙权的《宗教对话和公共空间》，张鹏的《宗教非政府组织参与欧盟人道主义援助初探——以基督教非政府组织援助柬埔寨为个案》，何欢欢的《中观空性的因明论证——"掌珍比量"辨析》，姚文永的《浅析马注在〈清真指南〉中对儒家的看法》，李峰的《现代社会中的意义共契与公民宗教问题——兼论儒教可否建构为中国的公民宗教》，高奇琦的《世俗化的弥赛亚精神：阿甘本的宗教哲学思想》，王岗的《余国藩（1938～2015）先生的学术成就与学术理念》。

（2）《世界宗教文化》（双月刊），主编郑筱筠。

2014年，《世界宗教文化》共出版6期，共计136多万字。该刊全年刊载的有代表性的文章有：卓新平的《丝绸之路的宗教之魂》，郑筱筠的《试论福建民间信仰的组织管理模式对基层妇女的影响》，魏道儒的《浙江义乌双林文化的结构、内涵与价值》，刘一的《"和而不同，和中共进"：伊斯兰宗教文化在中国本土的生存与发展》，马丽蓉的《中国"丝路战略"与伊斯兰教丝路人文交流的比较优势》，陈进国的《南海诸岛庙宇史迹及其变迁辨析》，邹磊的《新丝绸之路上宗教与贸易的互动：以义乌、宁夏为例》，李刚的《道教神仙鬼怪所激发的中国人的想象力和创造力》，洪修平的《赵朴初的人间佛教思想及其现实意义》，韩星的《上帝回归乎？——儒家上帝观的历史演变及对儒教复兴的启示》，吴云贵的《试析伊斯兰极端主义形成的社会思想根源》，程恭让、李彬的《星云大师对佛教的十大贡献》，刘阳阳的《从基督教传统看奥古斯丁战争法理论的功与过》，杨兰的《西方宗教教育与政治社会化》，王坤的《朝鲜东学创教与思想体系考》，张咏的《宗教的社会科学研究与社会统计学的关系刍议——从社会统计学的甄别能力谈起》，范丽珠、陈纳的《"以神道设教"的政治伦理信仰与民间儒教》。

（五）会议综述

"宗教与中国当代文化建设"高层论坛暨2015年宗教学会年会

2015年6月12～14日，由中国宗教学会、中国社会科学院世界宗教研究所、大理大学、云南民族大学联合主办的"宗教与中国当代文化建设"高层论坛暨2015中国宗教学年会在大理大学召开。会议共收到学术论文60余篇。来自中国社会科学院世界宗教研究所、北京大学、复旦大学、四川大学、兰州大学、中央民族大学、中南大学、上海大学、宁夏大学、华侨大学、上海师范大学、首都师范大学、河南大学、内蒙古师范大学、大连民族大学、云南大学、云南民族大学、云南师范大学、大理大学、湖南第一师范学院、贵州师范学院、上海社会科学院、云南省社会科学院以及政府管理部门、宗教界的近百位专家学者参加会议。会议研讨的主要问题有"宗教状况与文化战略""宗教理论与文化发展""儒释道与当代中国文化""基督教与当代中国文化""伊斯兰教与当代中国文化""民族民间宗教与当代中国文化”“云南宗教信仰与文化建设”等。

2015年6月，“宗教与中国当代文化建设”高层论坛暨2015年中国宗教学会年会在云南大理召开。

中国社会科学院世界宗教研究所党委书记曹中建主持开幕式。中国社会科学院学部委员、全国人大常委、中国宗教学会会长、世界宗教研究所所长卓新平致辞，他深刻分析了在快速转型的当代中国社会，如何正确认识、理解、研究和开发博大精深的中国宗教文化资源，推动当代中国文化建设，做好新时期的宗教工作，积极引导宗教与社会主义社会相适应。大理白族自治州副州长洪云龙，中国宗教学会副会长、大理大学校长张桥贵先后致辞，欢迎全国各地的学术同人。在随后的主题发言中，张桥贵教授基于云南大理白族地区基督教本土化发展的调研资料，对云南少数民族基督教本土化的概念内涵、命题体系、历史阶段和发展路径进行理论思考，认为党的宗教信仰自由政策为基督教的本土化传播提供了根本保障，应进一步加强学术研究，培养少数民族基督教新生人才，建设民族特色神学理论，推动基督教融入少数民族传统文化脉络与多元宗教生态。中国社会科学院世界宗教研究所副所长金泽研究员指出，宗教在中国当代文化建设中应该有所作为，政府和社会各界应该为宗教发挥正能量营造良好氛围。北京大学宗教文化研究院院长张志刚教授考察了“宗教概念”的演变史，认为欧美学者在西方宗教和文化背景下提出来的宗教学概念、理论和方法不足以解释中国宗教传统及其现状，并对中国宗教的整体特征与研究思路提出看法，呼吁学术界重新建构“中国宗教概念暨中国宗教观”。云南省民族宗教事务委员会副巡视员王爱国研究员认为，宗教在中国当代文化建设和“一带一路”倡议中具有不可替代的积极作用，不仅可以为经济建设和国家战略服务，也可为世界文明进步做出贡献。大理大学研究员张锡禄基于深厚的田野调研和文献资料，阐述了白族多元一体、和谐共生的宗教信仰。

学者们还围绕“当代宗教状况与文化战略”“当代宗教现状与文化发展”“当代宗教文化与思考”“宗教理论与文化发展”“区域性宗教与当代文化建设”“云南宗教状况与研究”“佛教发

展与当代中国文化”“儒道理论与当代文化”“西南民族宗教与文化”“基督教与当代文化”“伊斯兰教与中国当代文化”“云南民间信仰与文化建设”等议题，举行了12场学术讨论。

会议期间，还召开了中国宗教学会2015年理事工作会议，会长卓新平介绍了中国宗教学会一年来的基本工作情况，确定了学会近期工作的重点，最后投票表决增补了新理事。

（孙浩然）

首届北京宗教研究高端论坛

2015年7月11日，由中国社会科学院世界宗教研究所、中国宗教学会、北京东岳庙、中央民族大学哲学与宗教学学院、中国社会科学院巴哈伊教研究中心联合举办的“首届北京宗教研究高端论坛”在北京举行。

论坛的主题是“北京的多元宗教与和谐社会建设”。论坛围绕“北京宗教的历史与现状”“北京宗教文化遗产的传承与保护”“北京宗教与国际文化交流”“宗教在北京和谐社会建设中的积极作用”等议题展开探讨。

出席论坛的中国社会科学院世界宗教研究所专家学者有：全国人大常委会委员、世界宗教研究所所长卓新平，世界宗教研究所党委书记曹中建，世界宗教研究所原副所长金泽，世界宗教研究所副所长郑筱筠。出席论坛的中央和国家机关以及北京市委和市政府主要领导有：国家宗教事务局副局长蒋坚永，中央统战部二局处长倪智权，国家宗教事务局宗教研究中心科研管理部主任曾强，北京市委统战部综合处处长周景晓、副处长张猛，北京市民委宗教局副局长刘先传。

参加论坛的学者分别来自：中国社会科学院世界宗教研究所、马克思主义研究院、哲学研究所、近代史研究所、中国社会科学出版社，中央民族大学，北京市社会科学院，北京大学，中国人民大学，北京师范大学，华中师范大学。

论坛开幕式由中国社会科学院世界宗教研究所党委书记曹中建主持。世界宗教研究所所长卓新平在致辞中指出：“在前不久召开的中央统战工作会议上，习主席重申了要全面贯彻党的宗教信仰自由政策，依法管理宗教事务，坚持独立自主自办原则，积极引导宗教与社会主义社会相适应这一党的宗教工作的基本方针；并特别强调要积极引导宗教与社会主义社会相适应，就应该做好四个‘必须’，这就是必须坚持中国化方向，必须提高宗教工作法治化水平，必须辩证看待宗教的社会作用，必须重视发挥宗教界人士作用，引导宗教努力为促进经济发展、社会和谐、文化繁荣、民族团结、祖国统一服务；为我们科学研究宗教、推动中国宗教学的正确发展提供了重要指南和理论方向”，“我们学者一定要坚持我们的学术良心和科学研究的精神，冷静、客观地观察社会变化、发展，审时度势地分析、研究宗教在当代中国的现状、性质，严肃、科学地对待我们的相关研究，不能搞因循守旧、不能形而上学、不能固步自封。我们应将做好四个‘必须’作为我们‘多元宗教与和谐社会建设’研讨中的一个重大课题，作为我们当前宗教研究的一项必要任务。”

参会学者围绕“北京的多元宗教与和谐社会建设”“北京宗教的多元通和：儒教信仰、巴哈伊信仰、佛教”“北京道教的社会历史变迁”“北京基督教历史与基督教中国化”“北京乡土宗教的历史脉络”“北京伊斯兰教、天主教的社会文化作用”等专题进行了深入讨论。

最后，世界宗教研究所当代宗教研究室主任陈进国对论坛进行了学术总结。

（王潇楠）

中国社会科学论坛（2015 年·宗教学）——“一带一路”与宗教对外交流

2015 年 9 月 18 ~ 20 日，由中国社会科学院世界宗教研究所、国家宗教事务局外事司、中国宗教学会主办的“中国社会科学论坛（2015 年·宗教学）——‘一带一路’与宗教对外交流”在北京召开。开幕式上，国家宗教事务局副局长陈宗荣，中国社会科学院世界宗教研究所党委书记曹中建分别致辞。来自有关部门的代表约 100 人参加会议，会议共收到论文约 50 篇。

关于宗教在“一带一路”倡议中的重要地位和影响，是参会学者最为重视的议题。中国社会科学院世界宗教研究所副所长郑筱筠的《关于“一带一路”战略中宗教因素的几点思考》一文认为，宗教与“一带一路”倡议实施之间存在密切关系，这可以成为我国战略体系的一个战略支点。发挥宗教的战略支点作用需要：第一，在观念层面，正视地缘文化一体化效应的存在，正确对待并因势利导；第二，建立地缘—跨地缘的宗教文化交流平台，加强对话、沟通和交流，正确宣传我国的各项方针政策，让世界了解中国，让中国更好地与世界对话；第三，转换思路，将中国南传佛教的区位劣势转换为我国全局性发展战略的区位优势；第四，以宗教力的区位优势来建立文化一体化效应，与经济区位边境一体化效应相辅相成，共同为“一带一路”各国经济的发展做出贡献；第五，积极挖掘资源，以地缘主体为基础，积极建设对话、沟通和交流平台，开拓多渠道的宗教外交。中国宗教杂志社副社长刘金光的《发挥宗教在“新丝绸之路经济带建设”大战略中的积极作用》一文从六个方面分析了宗教在“新丝绸之路经济带”大战略中可以发挥的积极作用：第一，宗教要形成自身的软实力；第二，丝绸之路战略实施中既要注重物质桥头堡、关节点的建设，也要注重精神桥头堡、关节点的建设；第三，丝绸之路上的宗教形态要多元化布局；第四，构筑抵御渗透和反对极端主义的防线；第五，要发挥好宗教在公共外交中的作用；第六，宗教工作要服从和服务于“新丝绸之路经济带”稳定发展的大局。

宗教在公共外交中的作用、从“文明互鉴”和“民心相通”的角度挖掘“一带一路”的宗教文化内涵、如何推进“一带一路”上的宗教文化建设、海上丝绸之路的作用与意义、亚洲宗教的特点及其对文化交流的影响、五大宗教与“一带一路”的关系、关于基督教与“一带一路”、天主教与“一带一路”、伊斯兰教与“一带一路”倡议、道教在“一带一路”倡议中发挥的作用等议题受到学者们的重视。围绕这些题目，学者们进行了深入讨论。

（王鹤琴）

第四届东南亚宗教研究高端论坛

2015 年 10 月 24 ～ 25 日，由中国社会科学院世界宗教研究所、中国宗教学会主办的第四届东南亚宗教研究高端论坛在北京召开。

论坛的主题是“东南亚宗教的转型与创新”。来自中国社会科学院、北京大学、斯里兰卡凯拉尼亚大学、马来西亚南方大学、马来西亚拉曼大学、香港教育学院、中国政法大学、北京外国语大学、厦门大学、中山大学、暨南大学、华侨大学、云南大学、云南师范大学、云南民族大学、云南省社会科学院、宁夏大学、深圳大学等高校和研究机构的学者及来自中国佛学院、云南省西双版纳州勐海县佛教协会等机构的宗教界人士共计近 80 人参加了论坛。

论坛开幕式由中国社会科学院世界宗教研究所副所长郑筱筠主持。中国社会科学院世界宗教研究所党委书记曹中建与国务院发展研究中心民族研究所副所长王虹分别致辞。曹中建认为，东南亚地区是我国“一带一路”倡议布局的重心之一，我国提出的“一带一路”倡议为中国与东南亚区域合作提供了新的模式，为实现亚洲整体振兴和各国共同繁荣带来了新的机遇。此次论坛有着积极又深远的意义，认清东南亚宗教在现代社会的转型与变迁过程，对与我们更好地处理我国的宗教问题有一定的借鉴意义。王虹强调了宗教在东南亚传统文化中的重要性，在全球化浪潮的推动下，东南亚和中国在宗教文化方面的互动也逐步加强。因此，关注东南亚社会的宗教问题，不仅有助于拉近我们与东南亚之间的文化联系，并且有助于我们更好地处理我们与东南亚社会之间的关系。

论坛学者发言分为七场，分别为“主旨发言”“东南亚天主教研究”“南亚、东南亚佛教研究”“东南亚伊斯兰教研究”“跨境民族与宗教研究”“东南亚儒学研究”“‘一带一路’与中国佛教研究”。内容以东南亚地区的天主教、佛教、伊斯兰教三教为主，兼有儒学、民族学、宗教外交等其他方面的研究。与会学者围绕东南亚宗教的现状与处境进行讨论，在回溯历史、阐述现实的同时进行反思。

云南省社会科学院原院长贺圣达、中国社会科学院世界宗教研究所副所长郑筱筠、云南省社会科学院东南亚研究所研究员朱振明、马来西亚南方大学教授林纬毅这四位学者就东南亚宗教的转型与创新这一主题进行主旨发言，深入阐释东南亚宗教在数千年的发展历程中经历的复杂演变和多次转型。

（司　聃　王　伟）

历史学部

考古研究所

（一）人员、机构等基本情况

1．人员

截至2015年底，考古研究所共有人员152人，其中，正高级职称人员40人，副高级职称人员39人，中级职称人员51人；高、中级职称人员占全体在职人员总数的86%。

2．机构

考古研究所设有：史前考古研究室、夏商周考古研究室、汉唐考古研究室、边疆民族考古研究室、科技考古中心、文化遗产保护研究中心、考古资料信息中心、考古杂志社、办公室、科研处、人事处，另在西安设有研究室，在洛阳和安阳设有工作站。

3．科研中心

考古研究所主管的非实体研究中心有：中国社会科学院古代文明研究中心、边疆考古研究中心、外国考古研究中心、公共考古中心，蒙古族源研究中心等，挂靠的学术团体有中国考古学会。

（二）科研工作

1．科研成果统计

2015年，考古研究所共完成专著5种，386万字；论文155篇，253.3万字；田野考古报告3种，319.6万字；研究报告1种，43.9万字；译著1种，30万字；学术资料7种，183.4万字；论文集6种，298万字。

2．科研课题

（1）新立项课题。2015年，考古研究所共有新立项课题6项。其中，国家社会科学基金一般课题1项："先秦时期海岱地区考古学文化的互动与族群变迁"（庞晓霞主持）；国家社会科学基金青年课题2项："福建地区旧、新石器时代过渡遗存综合研究"（周振宇主持），"中原地区先秦时期家养黄牛的分子考古学研究"（赵欣主持）；国家自然科学基金课题1项："陶寺遗址的石器生产技术和石料资源利用：早期城市出现的经济支撑"（翟少冬主持）；国家社会科学基金后期资助课题2项："上古的天文、思想与制度"（冯时主持），"礼仪神器与欧亚草原社会世俗生活"（郭物主持）。

（2）结项课题。2015年，考古研究所共有结项课题2项，即国家社会科学基金一般课题："吸纳与整合：殷墟外来文化研究"（何毓灵主持），"宜川龙王辿——旧石器时代晚期遗址发掘报告”（王小庆主持）。

（3）延续在研课题。2015 年，考古研究所共有延续在研课题 14 项。其中，国家社会科学基金重大委托课题 1 项：“蒙古族源与元朝帝陵综合研究”（王巍、孟松林主持）；国家社会科学基金重大课题 2 项：“河南灵宝西坡遗址综合研究”（李新伟主持），“汉魏洛阳城宫城南区考古发掘报告”（钱国祥主持）；国家社会科学基金一般课题 5 项：“河南淅川下王岗 2008 ～ 2010 考古发掘研究报告”（高江涛主持），“唐大明宫太液池遗址考古发掘报告”（龚国强主持），“秦封泥分期与秦职官郡县重构研究”（刘瑞主持），“汉唐时期青藏高原丝绸之路的考古学研究”（仝涛主持），“山西翼城大河口墓地出土容器内存积土的分析与研究”（赵春燕主持）；国家社会科学基金青年课题 3 项：“殷墟遗址的动物考古学研究”（李志鹏主持），“广鹿岛贝丘遗址的动物考古学研究”（吕鹏主持），“夏商时期晋陕冀地区的生业与社会”（常怀颖主持）；国家自然科学基金青年课题 1 项：“中国新石器时期玉器砂绳切割技术研究”（叶晓红主持）。

（三）学术交流活动

1．学术活动

2015 年，考古研究所组织的各种类型的大中型学术会议主要有：

（1）2015 年 1 月 9 日，由中国社会科学院主办，考古研究所、考古杂志社承办的“中国社会科学院考古学论坛·2014 年中国考古新发现”在北京举行。论坛上正式推出了 2014 年中国六项重大考古发现。

（2）2015 年 2 月 4 日，2015 年度中国社会科学院考古研究所高研论坛在考古研究所举行。共有徐良高、朱乃诚、赵春燕、何努四位研究员发表了学术报告。

（3）2015 年 2 月 5 日，2015 年度中国社会科学院考古研究所青年论坛在考古研究所举行。共有吕鹏、王鹏、王子奇、王飞峰四位青年学者作了学术报告。

（4）2015 年 4 月 29 日，“蒙古族源与元朝帝陵综合研究”2015 年度学术成果发布会在北京举行。

（5）2015 年 6 月 18 日，中国社会科学院在北京国务院新闻中心举行“山西·陶寺遗址考古成果新闻发布会”，向社会公众介绍了山西省临汾市襄汾县陶寺遗址考古的重大收获，目的在于展示近年来陶寺遗址的发掘和研究成果。

（6）2015 年 7 月 1 日，国家社会科学基金重大委托项目“蒙古族源与元朝帝陵综合研究”“蒙古族源问题的体质人类学与分子考古学研究”子课题学术研讨会在吉林大学召开。来自中国社会科学院考古研究所、吉林大学边疆考古研究中心、北京大学考古文博学院、内蒙古自治区文物局、吉林省文物局、呼伦贝尔民族博物院等单位的 30 余位专家、学者及媒体记者参加会议。会议的主题是“蒙古族源”。

（7）2015 年 8 月 18 日，《中国大百科全书》第三版考古文物学科编委会第一次扩大会议在中国社会科学院考古研究所召开。来自中国社会科学院、全国高校相关专业以及相关单位的近40位专家学者出席了会议。

(8) 2015年9月17～18日，由中国社会科学院考古研究所、中国农业大学新农村发展研究所、中国作物学会粟类作物专业委员会、中国农学会农业文化遗产分会、内蒙古敖汉旗人民政府联合主办的“第二届世界小米起源与发展会议暨内蒙古谷子（小米）产业技术创新战略联盟成立会”在敖汉旗召开。来自北京、上海、新疆、辽宁、南京等全国各地的专家学者240余人参加了会议。会议研讨的主要问题有“旱作农业与玉龙起源”“弘扬小米文化”“中国谷子产业发展及未来”等。

(9) 2015年10月25～26日，由中国社会科学院考古研究所和首都师范大学主办，中国社会科学院考古研究所公共考古研究中心、中国考古网、首都师范大学历史学院和首都师范大学公众考古学中心承办的第三届“中国公共考古——首师论坛”在首都师范大学召开。来自全国各文博单位和高校的代表、学生代表、文化行业代表和媒体记者以及前来旁听的社会人士200余人参加了论坛。

(10) 2015年10月28日，国家社会科学基金重大委托课题“蒙古族源与元朝帝陵综合研究”子课题“蒙古族源的历史文献学研究学术研讨会”在内蒙古大学召开。研讨会由中国社会科学院考古研究所、内蒙古自治区文物局、呼伦贝尔市人民政府主办，“蒙古族源与元朝帝陵综合研究”项目办公室、中国社会科学院蒙古族源研究中心、内蒙古大学历史与旅游文化学院承办。

(11) 2015年11月5日，“科技人，考古梦——中国社会科学院考古研究所科技考古中心成立20周年大会”在北京召开。中国社会科学院考古研究所、中国科学院古脊椎动物与古人类研究所、中国科学院自然科学史研究所、中国文化遗产研究院国家水下文化遗产保护中心、北京市文物研究所、中国科学院大学、北京大学、中国人民大学等研究院所、文博机构和高校的专家学者出席了大会。

(12) 2015年12月12日，《襄汾陶寺——1978～1985年发掘报告》出版暨陶寺遗址与陶寺文化学术研讨会在中国社会科学院考古研究所举行。由中国社会科学院考古研究所、山西省临汾市文物局编著，文物出版社出版的《襄汾陶寺——1978～1985年发掘报告》正式出版发行。

(13) 2015年12月13日，“青年动物考古学者论坛——动物考古学的教学与科研经验交流会”在首都师范大学召开。

(14) 2015年12月13～18日，第二届“世界考古论坛·上海”在上海召开。论坛由中国社会科学院、上海市人民政府联合主办，中国社会科学院—上海市人民政府上海研究院、中国社会科学院考古研究所、上海市文物局、上海大学承办。论坛的主题是“文化交流与文化多样性的考古学研究”。

2．国际学术交流与合作

2015年，考古研究所共派遣出访53批89人次，邀请来访9批16人次。与考古研究所开展学术交流的国家有美国、英国、俄罗斯、德国、日本、韩国、乌兹别克斯坦、洪都拉斯等。

（1）2015年1月14～18日，考古研究所陈星灿与德国海德堡大学的学者在德国就“公元前三千纪到公元前二千纪的东西方文化交流：考古学的证据”专题开展学术交流活动。

2015年12月，第二届“世界考古论坛·上海”在上海召开。

（2）2015年2月20～26日，考古研究所龚国强与阿曼苏丹国ICOMOS委员会有关人员在阿曼就“大明宫国家遗址公园——中国遗址保护的奇迹”专题开展学术交流活动。

（3）2015年3月19～22日，考古研究所赵志军与德国考古研究院的学者在德国就“小麦东传”专题开展学术交流活动。

（4）2015年4月13～16日，考古研究所董新林与俄罗斯科学院远东分院历史、考古和民族研究所的学者在俄罗斯就“辽上京考古新发现和研究”专题开展学术交流活动。

（5）2015年4月19～24日，考古研究所何努与美国斯坦福大学的斯坦福考古中心的学者在美国就“陶寺：史前中国政治中心型城市化的一个考古例证”专题开展学术交流活动。

（6）2015年4月19日至5月3日，考古研究所陈星灿与美国斯坦福大学东亚系及斯坦福考古中心的学者在美国就“二里头：华北城市的兴起”专题开展学术交流活动。

（7）2015年5月8～11日，考古研究所白云翔与韩国蔚山铁器文化促进委员会在韩国就“中国隋唐时期的铁器文化”专题开展学术交流活动。

（8）2015年5月17～24日，考古研究所王巍、陈星灿等与土耳其伊斯坦布尔大学和希腊爱琴大学的学者在土耳其和希腊就“古代地中海及小亚细亚地区文明演进”专题开展学术交流活动。

（9）2015年5月24～28日，考古研究所陈星灿与国际科学院联盟的有关人员在比利时就“国际科学院联盟第88次会议”专题开展学术交流活动。

（10）2015年6月23～25日，考古研究所王巍与俄罗斯科学院西伯利亚分院考古与民族学研究所学者在俄罗斯就“考古学多学科综合研究方法：最新发展及前瞻”专题开展学术交流活动。

（11）2015年7月5～9日，考古研究所陈星灿和翟少冬与以色列海法大学Zinman考古研究所的学者在以色列就“2015 年国际磨制石器协会会议”专题开展学术交流活动。

(12) 2015 年 8 月 12 日至 11 月 4 日，考古研究所贾笑冰、付永旭与洪都拉斯人类学与历史研究所的学者在洪都拉斯就“科潘遗址考古及中美洲文明研究”专题开展学术交流活动。

(13) 2015 年 8 月 15 日至 11 月 14 日，考古研究所李新伟、彭小军与美国哈佛大学人类学系和洪都拉斯人类学与历史研究所的学者在美国和洪都拉斯就“科潘遗址考古及中美洲文明研究”专题开展学术交流活动。

(14) 2015 年 8 月 30 日至 9 月 8 日，考古研究所辛爱罡、张建锋、罗明与韩国汉城百济博物馆的学者在韩国就“《中国古代都城展——汉魏晋南北朝》文物展览的布展工作”开展学术交流活动。

(15) 2015 年 8 月 31 日至 10 月 24 日，考古研究所朱岩石等 9 人与乌兹别克斯坦科学院考古研究所的学者在乌兹别克斯坦就“中乌合作开展考古发掘与研究工作”专题开展学术交流活动。

(16) 2015 年 9 月 7 ~ 11 日，考古研究所王巍、梁中合与韩国汉城百济博物馆在韩国就“《中国古代都城展——汉魏晋南北朝》文物展览开幕式”专题开展学术交流活动。

(17) 2015 年 9 月 7 ~ 11 日，考古研究所赵志军、翟少冬与采集狩猎协会第 11 次学术会议筹备委员会有关人员在奥地利就“国际采集狩猎协会第 11 次会议”专题开展学术交流活动。

(18) 2015 年 9 月 10 ~ 14 日，考古研究所陈星灿、郭物、仝涛与瑞典国立世界文化博物馆的学者在瑞典就“丝绸之路上的国际大都市——中国唐代的洛阳”大型展览开幕式及“亚洲与斯堪的纳维亚：早期中世纪丝绸之路的新展望”国际学术研讨会相关事宜开展学术交流活动。

(19) 2015 年 10 月 1 ~ 5 日，考古研究所陈星灿与美国哥伦比亚大学东亚语言与文化系的学者在美国就“唐氏早期中国研究中心的开幕仪式及第一次唐氏早期中国年度考古学讲座”专题开展学术交流活动。

(20) 2015 年 10 月 11 ~ 19 日，考古研究所白云翔与美国哈佛大学和洪都拉斯人类学与历史研究所的学者在美国和洪都拉斯就“科潘遗址考古及中美洲文明研究”专题开展学术交流活动。

(21) 2015 年 10 月 19 ~ 23 日，考古研究所刘政、龚国强、王辉与乌兹别克斯坦科学院考古研究所的学者在乌兹别克斯坦就“中乌合作开展考古发掘与研究工作”专题开展学术交流活动。

(22) 2015 年 11 月 4 ~ 8 日，考古研究所陈星灿、唐际根、李存信与英国学术院的学者在英国就“物质文化遗产：新方法与新途径学术研讨会”相关事宜开展学术交流活动。

(23) 2015 年 12 月 1 ~ 4 日，考古研究所龚国强与韩国国立庆州文化财研究所的学者在韩国就“中国大明宫遗址发掘和保护的展开”专题开展学术交流活动。

(24) 2015 年 12 月 6 ~ 10 日，考古研究所李裕群、朱岩石与印度佛教美术考古学会和印度岩石美术学会的学者在印度就“南亚及中国佛教寺院国际研讨会”相关事宜开展学术交流活动。

（25）2015年12月6～13日，考古研究所巩文、金英熙、赵明辉与韩国汉城百济博物馆的学者在韩国就“《中国古代都城展——汉魏晋南北朝》文物展览的撤展工作”开展学术交流活动。

（26）2015年12月23～27日，考古研究所朱岩石与日本国立历史民俗博物馆的学者在日本就“东亚5、6世纪都城考古学研究”专题开展学术交流活动。

3. 与中国香港、澳门特别行政区和中国台湾开展的学术交流

（1）2015年6月7～13日，考古研究所张文辉与台北“中研院”历史语言研究所傅斯年图书馆的学者在台湾就“傅斯年图书馆藏书概况和业务组织等”专题开展学术交流活动。

（2）2015年8月29日至9月9日，考古研究所齐乌云与台湾大学地理系的学者在台湾就“渤海湾西岸平原全新世以来气候及植被变化”“居延地区历史时期人地关系研究”等专题开展学术交流活动。

（3）2015年9月13日至10月22日，考古研究所傅宪国与台湾“中研院”历史语言研究所的学者在台湾就“海南、广西地区的史前考古新发现”专题开展学术交流活动。

（4）2015年9月18～21日，考古研究所朱岩石与香港历史博物馆的学者在香港就“《汉武盛世》展览会”专题开展学术交流活动。

（5）2015年9月26～30日，考古研究所刘建国与台湾“中研院”资讯服务处的学者在澳门就“三维重建与文物考古研究”专题开展学术交流活动。

（6）2015年11月22～26日，考古研究所朱岩石、刘建国、沈丽华与澳门特别行政区文化局相关人员在澳门就“圣保禄学院遗址考古调查及发掘报告的撰写工作”开展学术交流活动。

4. 国际合作研究项目

2015年，考古研究所新签订的国际合作研究项目有2项，分别是：“考古所与洪都拉斯人类学和历史研究所关于科潘遗址考古发掘和研究的合作和互助协议项目”“考古所与俄罗斯科学院新西伯利亚分院考古研究所合作框架协议项目”。取得阶段性成果的国际合作研究项目有10项，分别是：“考古所与墨西哥国立人类学与历史学研究所学术交流协议项目”“考古所与乌兹别克斯坦科学院考古研究所合作考古调查与发掘项目”“考古所与俄罗斯科学院新西伯利亚分院考古研究所合作框架协议项目”“考古所与日本奈良县立橿原考古学研究所友好交流协议项目”“考古所与俄罗斯科学院考古研究所学术交流协议项目”“考古所与加拿大西蒙弗雷泽大学环境学院合作协议项目”“考古所与日本国立历史民俗博物馆学术交流协议项目”“考古所与英国阿伯丁大学学术交流协议项目”“考古所与加拿大不列颠哥伦比亚大学文学院合作研究、学术交流协议项目”“考古所与韩国汉城百济博物馆学术交流协议项目”。

（四）学术社团、期刊

1. 社团

中国考古学会，理事长王巍。

(1) 2015 年 1 月 27 日，中国考古学会第六届常务理事会召开第四次会议。秘书处向常务理事会通报了 2014 年成立的各专业委员会的情况，审议了西南考古协作会预备会议纪要，讨论了中国考古学研究中日论坛计划以及 2016 年拟在郑州举行的中国考古学大会的相关事宜。会议审议通过了 16 人加入中国考古学会。

(2) 2015 年 2 月 28 日，中国社会科学院考古研究所与河北省文物保护中心联合邀请部分考古专家和文保专家，赴河北省献县现场考察汉墓群遗址保护现状并召开现场座谈会，就该墓群的保护和考古工作进行了讨论。

(3) 2015 年 3 月 24 ~ 25 日，“陕西唐韩休墓及富平桑园窑址考古发现学术研讨会暨中国考古学会三国至隋唐考古专业委员会成立会议”在陕西省西安市召开。会议由中国考古学会主办，陕西省考古学会、陕西省考古研究院承办。来自全国各考古研究机构、大学、博物馆等单位三国至隋唐考古学研究方面的 50 余位专家学者参加了会议。

(4) 2015 年 3 月 28 ~ 29 日，中国考古学研究中日论坛在北京大学召开。论坛由中国考古学会和日本中国考古学会主办，北京大学考古文博学院和北京大学中国考古学研究中心承办。

(5) 2015 年 9 月 15 日，中国考古学会第六届理事会第五次常务理事会在北京召开，会议讨论有关 2016 年中国考古学大会（郑州）的相关事宜。

(6) 2015 年 10 月 22 日，“中国考古学会宋辽金元明清考古专业委员会成立会议”在江苏省扬州市召开。会议由中国考古学会主办，扬州唐城考古工作队、扬州博物馆、扬州市文物考古研究所承办。来自中国社会科学院考古研究所等全国多家考古文博机构、北京大学等全国多所高校的 30 余位专家学者参加了会议。

(7) 2015 年 11 月 29 日，“中国考古学会夏商考古专业指导委员会 2015 年年会暨考古视野中的早商文化与先商文化论坛”在河南大学召开。论坛由中国考古学会夏商考古专业指导委员会、河南大学历史文化学院主办，河南大学考古文博系、黄河文明传承与现代文明建设协同创新中心承办。全国 20 余所高校和科研机构的 40 余位学者参加论坛。

(8) 2015 年 12 月 19 ~ 20 日，纪念石家河遗址考古 60 年学术研讨会暨中国考古学会新石器时代考古专业委员会成立大会在湖北省天门市举行。该专业委员会的宗旨是：团结国内外从事新石器时代考古研究的学人，引领学科发展，深化重大前沿课题研究，加强学术交流，促进理论创新，普及研究成果，推动人才培养。

2. 期刊

(1)《考古》(月刊)，主编王巍。

2015 年，《考古》全年共出版 12 期，共计 180 万字。

（2）《考古学报》（季刊），主编刘庆柱。

2015 年，《考古学报》全年共出版 4 期，刊发发掘报告 6 篇、论文 12 篇，共计 82 万字。该刊全年刊载的有代表性的文章有：胡颖芳等的《张家港东山村新石器时代遗址发掘报告》，巫新华等的《新疆塔什库尔干吉尔赞喀勒墓地发掘报告》，何毓灵等的《河南安阳刘家庄北地唐宋墓发掘报告》，于志勇等的《新疆库车友谊路魏晋十六国墓葬 2010 年发掘报告》，叶植的《河南淅川李沟汉墓发掘报告》，冯时的《〈保训〉故事与地中之变迁》，凌文超的《走马楼吴简库钱账薄体系复原整理与研究》，唐友波的《上海博物馆藏盂鼎旧拓五种及讨论》，单月英的《东周秦代中国北方地区考古学文化格局——兼论戎、狄、胡与华夏之间的互动》等。

（五）会议综述

《良渚玉工》学术成果发布会暨良渚文化玉器与中国古代玉器工艺学术座谈会

2015 年 10 月 9 日，由浙江省文物考古研究所、香港中文大学中国考古艺术研究中心和中国社会科学院考古研究所联合主办，中国社会科学院古代文明研究中心、中国社会科学院—香港中文大学中国考古联合研究基地和中国社会科学院考古研究所公共考古中心承办的“《良渚玉工》学术成果发布会暨良渚文化玉器与中国古代玉器工艺学术座谈会”在北京召开。来自中国社会科学院考古研究所和历史研究所、故宫博物院、浙江省文物考古研究所、辽宁省文物考古研究所、陕西省考古研究院、湖南省文物考古研究所、内蒙古自治区文物考古研究所、安徽省文物考古研究所、良渚博物院、金沙遗址博物馆、北京大学、香港中文大学、中国人民大学、中国地质大学、山东大学、首都师范大学及在京媒体代表，共 60 余人参加了座谈会。

座谈会由中国社会科学院学部委员、考古研究所所长王巍研究员主持，他在开幕致辞中介绍了与会嘉宾和此次座谈会的缘起，并提到古代手工业的研究是中国考古学研究中非常重要的组成部分。目前对于手工业的考古学研究尤其是古代工艺技术的研究在中国考古学研究中相对薄弱，我们需要加强这方面的研究；对于古代工艺本身的研究，不仅仅体现了先民的发明创造，同时也是中华文明内涵的一部分，且在中华文明形成和发展过程中，高等级的手工业制作、使用和分配与国家王权紧密相连，与精神层面的发展相互联系。《良渚玉工》将人类文化中最重要的技术、社会、精神文明三个方面，以玉器研究串联起来，为中国玉器研究开辟了一片新的天地。作为《良渚玉工》主编之一的香港中文大学教授邓聪介绍了该书的几点创新之处：将微刻技术与王权紧密相连，提出微刻技术应当代表了良渚文化中的王权，为当时的王者或贵族阶层所垄断；提出良渚玉器在生产上可能存在不同阶层的玉工；提出良渚文化个体玉工存在风格差异；提出良渚玉器价值等级递变的概念；将良渚玉器放置于整个中国乃至东亚的范围内，对其源流、地位作出了阐释。

（科研处）

国家社会科学基金重大委托项目“蒙古族源与元朝帝陵综合研究”子课题“蒙古族源的历史文献学研究学术研讨会”

2015 年 10 月 28 日，国家社会科学基金重大委托课题“蒙古族源与元朝帝陵综合研究”子课题“蒙古族源的历史文献学研究学术研讨会”在内蒙古大学召开。内蒙古大学副校长额尔很巴雅尔，内蒙古自治区文化厅巡视员、项目组专家安泳锝，中国考古学会理事长、中国社会科学院学部委员、考古研究所所长、项目首席专家王巍，全国哲学社会科学规划办公室规划处副处长孙璐在开幕式上分别致辞。内蒙古大学党委书记朱炳文出席会议并为王巍研究员颁发内蒙古大学客座教授聘书。项目首席专家王巍与内蒙古蒙古族源博物馆馆长、项目首席专家孟松林代表项目组向内蒙古大学赠送 2014、2015 年度出版的项目研究成果。开幕式由项目组专家、北京项目办公室主任、中国社会科学院考古研究所边疆考古研究中心副主任刘国祥主持。项目组专家、中国社会科学院科研局领导、自治区哲学社会科学规划办公室领导、内蒙古自治区的历史和文博专家、内蒙古大学社科处负责人参加了开幕式。内蒙古大学历史与旅游文化学院院长、项目组专家张久和作了题为“蒙古族源的历史文献研究 ——室韦史料汇注”的报告。项目组专家、呼伦贝尔项目办公室主任、呼伦贝尔民族博物院院长白劲松主持研讨会。

研讨会由中国社会科学院考古研究所、内蒙古自治区文物局、呼伦贝尔市人民政府主办，“蒙古族源与元朝帝陵综合研究”项目办公室、中国社会科学院蒙古族源研究中心、内蒙古大学历史与旅游文化学院承办。

（科研处）

“陶寺遗址与陶寺文化”暨《襄汾陶寺 ——1978 ~ 1985 年发掘报告》出版研讨会

2015 年 12 月 12 日，由中国社会科学院考古研究所和山西省文物局等联合主办的“陶寺遗址与陶寺文化”暨《襄汾陶寺 ——1978 ~ 1985 年发掘报告》出版研讨会在北京举行。专家和学者认为，陶寺遗址与文献记载的尧都有相当高的契合度，陶寺遗址及陶寺文化，从物质文明、精神文明到制度文明，是生生不息的中华文明核心的主要源头之一。

陶寺遗址位于山西南部临汾市襄汾县城东北约 7 千米的陶寺镇，遗址面积 300 万平方米以上。1978 ~ 1985 年，中国社会科学院考古研究所山西队与山西原临汾行署文化局合作，对陶寺遗址做了大规模发掘，获得陶器、石器、礼乐器、装饰品等数量繁多的精美文物，揭开陶寺遗址的神秘面纱。特别是红铜铸造铜铃与类似文字符号的发现，引起海内外关注，也为中华文明的起源与礼制研究，提供了珍贵的重要材料。

1999 年开始，中国社会科学院考古研究所山西队与山西省考古研究所、临汾市文物局合作，对陶寺遗址开始了新一轮考古发掘与研究工作。2002 年起，陶寺遗址考古工作被纳入国家科技支撑项目“中华文明探源工程”。

中国社会科学院考古研究所研究员、山西队领队何驽说，经过37年来两大阶段的陶寺遗址考古发掘，已经能够提出一条比较完整的系列证据链，表明陶寺遗址在年代、地理位置、都城内涵、规模和等级以及它所反映的文明程度等方面，均与文献记载的尧都有相当高的契合度。中国社会科学院副院长李培林说，陶寺遗址的一系列新发现证明，黄河中游地区在尧时期业已进入早期文明社会，是生生不息的中华文明核心的主要源头之一。

北京大学考古文博学院教授李伯谦指出，陶寺遗址是中原地区最早进入王国阶段的代表性遗址。但他同时认为，还有很多问题，比如陶寺文化的源头、灭亡的原因等，尚待进一步研究。

中国社会科学院考古研究所副所长白云翔说，根据文献提供的线索和现阶段考古成果，绝大多数专家认为，陶寺遗址是目前所发现的最早的国都。

“陶寺遗址的发掘是中国考古学和中华文明探源工程发展历程的一个缩影和里程碑，为中原地区文明进程的研究提供了一个重要支点。”中国社会科学院考古研究所所长王巍说。

国家文物局副局长宋新潮介绍，下一步，在做好研究的基础上，还需要不断完善遗址保护展示研究功能，并且探索带动当地经济文化繁荣，让更多人分享到考古成果。

（科研处）

第二届“世界考古论坛·上海”

2015年12月13～18日，第二届“世界考古论坛·上海”在上海召开。论坛由中国社会科学院、上海市人民政府联合主办，中国社会科学院—上海市人民政府上海研究院、中国社会科学院考古研究所、上海市文物局、上海大学承办。论坛的主题是“文化交流与文化多样性的考古学研究”。上海市市长杨雄、中国社会科学院院长王伟光、中国社会科学院副院长李培林、国家文物局局长刘玉珠等出席开幕式。

英国剑桥大学考古学教授伦福儒勋爵被授予世界考古论坛终身成就奖。论坛由世界范围内遴选出的150位著名学者构成的咨询委员会推荐入选项目，20位权威专家构成的评委会经投票评选出10项世界重大田野考古发现和11项重大考古研究成果。我国贵州、湖南、湖北学者的“中国西南土司遗址考古调查和发掘：帝国扩张及其与边疆的动态关系”、我国台湾学者的“抢救考古揭示台湾5000年的历史”入选10项世界重大田野考古发现，中国社会科学院考古研究所赵志军研究员和英美学者合作的“黍和粟的起源与传播”入选11项重大考古研究成果。中国社会科学院考古研究所所长王巍在论坛上介绍了各项入选的考古发现和研究成果及其评选过程。在以“文化交流与文化多样性的考古学探索”为主题的论坛上，11名国际知名的文化交流考古研究专家，探讨适用于文化交流与文化多样性考古学研究的方法。论坛还邀请了世界著名学者进行公共考古的讲座，通过公众考古讲座，宣传日益增多的考古发现和研究成果，促进公众对其重要性的重视，引导人们欣赏与保护文化多样性，培养多元化的社会环境，守卫在全球化进程中逐渐消失的文化遗产。

论坛受到各国考古学家的高度关注和支持。近百位考古学者从海外赶来，与近百位国内的知名考古学家一道参加了论坛。

（科研处）

历史研究所

（一）人员、机构等基本情况

1. 人员

截至 2015 年底，历史研究所共有在职人员 131 人。其中，正高级职称人员 36 人，副高级职称人员 39 人，中级职称人员 46 人；高、中级职称人员占全体在职人员总数的 92%。

2. 机构

历史研究所设有：先秦史研究室、战国秦汉史研究室、魏晋南北朝隋唐史研究室、宋辽金元史研究室、明史研究室、清史研究室、中国思想史研究室、历史地理研究室、中外关系史研究室、文化史研究室、社会史研究室、马克思主义史学理论与史学史研究室、《中国史研究》编辑部、图书馆、人事处、办公室、科研处。

3. 科研中心

历史研究所设有 5 个院级非实体研究中心：中国社会科学院甲骨文殷商史研究中心、中国社会科学院简帛研究中心、中国社会科学院徽学研究中心、中国社会科学院敦煌学研究中心、中国社会科学院中国思想史研究中心；1 个所级非实体研究中心：中国社会科学院历史研究所内陆欧亚学研究中心。

（二）科研工作

1. 科研成果

2015 年，历史研究所共完成专著 11 种，447 万字；论文集、集刊 17 种，705.2 万字；学术资料 1 种，78.8 万字；古籍整理 7 种，641.2 万字；科普著作、教材等 3 种，52 万字；译著 2.4 万字；论文 324 篇，350.2 万字（其中，权威期刊论文 10 篇、核心期刊论文 125 篇）；研究报告 9 篇，8.3 万字；研究综述 20 篇，9 万字；译文 14 篇，12.6 万字。

2. 科研课题

（1）新立项课题。2015 年，历史研究所共有新立项课题 9 项。其中，国家社会科学基金课题 4 项：“《大唐开元礼》校勘整理与研究”（吴丽娱主持），“东林党、复社研究”（张宪博主持)，“锦衣卫‘体外监察’与明代社会演进研究”(张金奎主持)，“17～20世纪华北地区旗人及其后裔群体研究”(邱源媛主持)；国家社会科学基金后期资助课题1项：“天长纪庄汉墓木牍整理与研究”(杨振红主持)；国家社会科学基金出版文库课题1项：“明清徽州诉讼文书研究”(阿风主持)；创新工程出版资助2项：“重庆三峡博物馆所藏甲骨”(宋镇豪主持)，“《清儒学案书札》整理”(李立民主持)；老年科研基金课题1项：“简牍时代的书写”(马怡主持)。

(2) 结项课题。2015年，历史研究所共有结项课题，即国家社会科学基金课题3项：“北族政权研究再思考”(林鹄主持)，“中国上古的帝系构造”(吴锐主持)，“中国传统舆图绘制研究”(成一农主持)。

(3) 延续在研课题。2015年，历史研究所共有延续在研课题，即国家社会科学基金课题18项：“甲骨文合集三编”(宋镇豪主持)，“黑水城出土元代财政经济文书研究”(张国旺主持)，“中国土司制度史料编纂整理与研究”(李世愉主持)，“魏晋南北朝谥法制度研究”(戴卫红主持)，“明清沿海地图研究”(孙靖国主持)，“因俗而治：辽代五京体制研究”(康鹏主持)，“海岱早期文明的演进及其与中原的互动研究”(王震中主持)，“中国礼学思想发展史研究”(王启发主持)，“明代服饰研究”(赵连赏主持)，“战国长城研究”(任会斌主持)，“明代科举体制下的经学与地域研究”(陈时龙主持)，“《宋会要》的复原、校勘与研究”(陈智超主持)，“山东博物馆珍藏甲骨文的整理与研究”(宋镇豪主持)，“《地图学史》翻译工程”(卜宪群主持)，“中国古文书学研究”(黄正建主持)，“元代江南镇戍体系研究”(刘晓主持)，“新视域中的唐代社会经济研究”(牛来颖主持)，“蒙元时期的海上‘丝绸之路’研究”(李鸣飞主持)。

3. 获奖优秀科研成果

2015年，历史研究所获教育部“第七届高等学校科学研究优秀成果奖”著作奖二等奖1项：陈高华、张帆、刘晓、党宝海的专著《元典章》(全四册)；评出“第九届历史研究所优秀科研成果奖”专著类一等奖2项：吴丽娱的专著《终极之典：中古丧葬制度研究》，宋镇豪、赵鹏、马季凡的专著《中国社会科学院历史研究所藏甲骨集》；评出专著类二等奖2项：赵现海的专著《明代九边长城军镇史——中国边疆假说视野下的长城制度史研究》(上、下)，解扬的专著《治政与事君：吕坤〈实政录〉及其经世思想研究》；评出专著类三等奖8项：冯佐哲的专著《和珅评传》，刘琴丽的专著《唐代举子科考生活研究》，李花子的专著《明清时期中朝边界史研究》，邱源媛的专著《清前期宫廷礼乐研究》，汪学群的专著《明代遗民思想研究》，张翀的专著《商周时期青铜豆整理与研究》，郑任钊的专著《春秋公羊经何氏释例》(古籍整理)，黄正建、宋家玉、李锦绣、牛来颖、孟彦弘的专著《〈天圣令〉与唐宋制度研究》；评出论文类一等奖4项：王震中的论文《论商代的复合制国家结构》，刘晓的论文《金元北方云门宗初探》，闫坤的论文《“以县为主”教育管理体制下农村义务教育非均衡发展的测算——基于历年省级数据的实证分析》，杨振红的论文《从出土秦汉律看中国古代的“礼”、“法”观念及其法律体现——中国古代法律之儒家化说商兑》；评出论文类二等奖4项：成一农的论文《中国古代城市选址研究方法的反思》，朱昌荣的论文《清入关前政权儒学化再思考》，邬文玲的论文《“合檄”试探》，雷闻的论文《唐代帖文的形态与运作》；评出论文三等奖9项：王启发的论文《略论方孝孺的历史意识及相关思想》，杨宝玉的论文《清泰元年曹氏归义军入奏活动考索》，张宪博的论文《顾宪成赠谥、从祀文庙成败探》，阿风的论文《明代徽州宗族墓地与祠庙之诉讼探析》，陈时龙的论文《万历张府抄家事述微——以丘橓〈望京楼遗稿〉为主要史料》，赵凯的论文《〈汉书·文帝纪〉“养老令”新考》，赵连赏的论文《明代赐赴琉球册封使及赐琉球国王礼服辨略》，栾成显的论文《明清徽州土地佥业考释》，曹江红的论文《惠栋与卢见曾幕府研究》。

（三）学术交流活动

1．学术活动

2015年，历史研究所主办和承办的重要学术会议有：

(1) 2015年4月17～18日，由历史研究所、韩国成均馆大学东亚学术院联合主办，安徽师范大学历史与社会学院、中国区域文化研究院承办的“第五届中韩学术年会”在安徽省芜湖市召开。会议的主题是“儒法思想与东亚区域社会”。中韩两国学者40余人参加了年会。

(2) 2015年7月30日至8月1日，由历史研究所、贵州省文物局、遵义师范学院等单位共同主办的“第五届中国土司制度与土司文化国际学术研讨会”在贵州省遵义市召开。会议研讨的主要问题有“土司问题研究的深化”“土司制度与国家认同”“播州土司历史与文化价值”“土司遗址申遗与保护”。来自国内外的110余位学者参加了研讨会。

(3) 2015年8月16～17日，由历史研究所、浙江省图书馆共同主办的“艺术与文献国际学术研讨会暨张宗祥先生逝世五十周年纪念会”在浙江省杭州市召开。研讨会的主题是“文献、艺术与张宗祥研究”。来自国内外的60余位学者参加了研讨会。

(4) 2015年8月17～18日，由历史研究所与日本东方学会共同主办、首都师范大学历史学院承办的“第七届中日学者中国古代史论坛”在北京召开。论坛的主题是“中国古代的科学技术与社会——从文学、历史和科技角度展开的中国古代史研究”。来自中国、日本、韩国的50余位学者参加了论坛。

(5) 2015年10月17～18日，由历史研究所、北京师范大学古籍与传统文化研究院、香港理工大学中国文化学系共同主办，陕西师范大学历史文化学院、古籍整理研究所承办的“第六届中国古文献与传统文化暨纪念黄永年先生九十诞辰国际学术研讨会”在陕西省西安市召开。会议研讨的主要问题有“传世文献与出土文献研究”“中华传统文化各领域研究”“古文献学理论与古文献学史研究”“黄永年先生与古文献研究、与中古史研究、与中国古代文学研究”。来自国内外的70余位学者参加了研讨会。

2015年8月16日，由历史研究所与浙江省图书馆共同主办的“艺术与文献国际学术研讨会暨张宗祥先生逝世五十周年纪念会”在浙江杭州召开。

（6）2015年10月31日至11月2日，由历史研究所、莆田学院、福建省妈祖文化传承与发展协同创新中心等单位联合主办，中华全国台湾同胞联谊会、中华妈祖文化交流协会、福建省妈祖文化研究会等单位共同协办的“首届妈祖文化高峰论坛——2015年国际妈祖文化学术研讨会”在福建省莆田市召开。会议研讨的主要问题有“妈祖文化与海上丝绸之路”“妈祖文化传播与妈祖文化产业”“妈祖文化的地域特色”“妈祖文化与社会教化及国家治理”。来自国内外的100余位学者参加了研讨会。

（7）2015年11月5～6日，由中国社会科学院学部主席团主办、历史研究所承办的“2015年中国社会科学论坛：中国古代社会变化与思想变迁国际学术研讨会”在北京召开。论坛的主题是“探讨中国古代的社会变化与思想变迁之间的关系，分析社会实践对于思想的影响，从社会史的角度来观察、研究思想史”。来自国内外的80余位学者参加了论坛。

2. 国际学术交流与合作

2015年，历史研究所共派遣出访36批58人次（其中，中国社会科学院交流协议出访4批7人次），接待来访13批42人次（其中，中国社会科学院邀请来访3批8人次）。与历史研究所开展学术交流的国家有日本、韩国、美国、英国、加拿大、意大利、德国、法国、瑞典、荷兰、土耳其、俄罗斯、阿塞拜疆、波兰、捷克、斯洛伐克等。

（1）2015年1月4日，由历史研究所与韩国成均馆大学东亚学术院联合举办的“2015年度硕博研修班”在历史研究所正式开课。来自成均馆大学东亚学术院的15名硕士、博士研究生围绕中国历史的政治、思想、文化等进行了系统学习，为期20天。

（2）2015年1月27日，历史研究所所长卜宪群研究员会见日本大谷大学副校长松川节教授、教育研究支援部事务部长滝川义弘、真宗综合研究所准教授松浦典弘、龙谷大学文学部教授村冈伦等，并与松川节副校长共同签署了新一轮为期5年的“历史研究所与日本大谷大学真宗综合研究所学术交流协议”。会见结束后，历史研究所举办讲座，邀请松川节教授、松浦典弘准教授、村冈伦教授分别发表题为“蒙古佛典研究的现状”“关于新出土唐代尼僧墓志”“从大谷探险队的记录看20世纪初的额尔迭尼召僧院”的学术演讲。

(3) 2015年2月2日，历史研究所中外关系史研究室主任李锦绣研究员应邀赴土耳其，参加由中国社会科学院与伊斯兰合作组织伊斯兰历史文化艺术中心共同举办的“第二届中国与伊斯兰文明国际研讨会”。

(4) 2015年2月26日，历史研究所魏晋南北朝隋唐史研究室研究员黄正建应邀赴日本参加由明治大学主办的“第五届‘交响的古代’——日本古代学研究国际学术研讨会”，并发表论文《唐代诉讼文书研究》。

(5) 2015年3月15日，韩国庆北大学人文学院历史系教授李玠奭到历史研究所进行学术访问，并围绕“1330年代大元的政局变动与元末法制改革”这一主题进行专题研究。

(6) 2015年5月17日，根据历史研究所与日本大东文化大学签署的所级交流协议，马克思主义史学理论与史学史研究室主任杨艳秋研究员、吴玉贵研究员、孟彦弘研究员应邀赴日本，对大东文化大学进行学术访问。

(7) 2015年6月2日，历史研究所举办讲座，邀请韩国庆北大学李玠奭教授作题为“元末政治权力之趋移与新法典编纂”的学术演讲。

(8) 2015年7月4日，历史研究所魏晋南北朝隋唐史研究室研究员牛来颖赴英国大英博物馆、大英图书馆查阅敦煌文献资料。

(9) 2015年7月6日，根据历史研究所与大谷大学真宗综合研究所签署的所级交流协议，历史研究所副所长王震中研究员、先秦史研究室主任徐义华研究员、宋辽金元史研究室副主任张国旺副研究员应邀赴日本，对大谷大学进行学术访问。

(10) 2015年7月9日，根据中国社会科学院与文化部共同开展的海外青年汉学家项目，荷兰的BarendNoordam、土耳其的NurcanTurker、埃及的Mai Ashour、瑞典的Daniel Eriksson等四位青年汉学家到历史研究所研修。

(11) 2015年7月14日，历史研究所清史研究室研究员杨海英应邀赴加拿大，参加由加拿大（英属）哥伦比亚大学东亚研究中心举办的“1592～1598：前近代的中朝关系国际学术研讨会”，并发表论文《万历援朝战争中的南兵》。

(12) 2015年7月28日，历史研究所文化史研究室副研究员赵连赏应邀赴韩国，在成均馆大学作题为“明赐服研究”及“明代殿试考官与考生服饰研究”的学术演讲。

(13) 2015年8月24日，历史研究所战国秦汉史研究室助理研究员曾磊接受韩国高等教育财团项目资助，赴韩国首尔大学进行访学。

(14) 2015年9月8日，历史研究所所长卜宪群研究员会见大谷大学校长草野显之教授一行。

(15) 2015年9月10日，历史研究所中外关系史研究室主任李锦绣研究员应邀赴瑞典，参加由瑞典世界文化国家博物馆举办的“亚洲和斯堪的纳维亚：古代和中世纪丝绸之路的新探索国际学术研讨会”，并发表论文《安金藏：一个安国首领后裔在唐朝》。

（16）2015年9月18日，历史研究所战国秦汉史研究室助理研究员凌文超应邀赴日本，参加在东京大学召开的“2015年度魏晋南北朝史研究会大会暨后汉、魏晋简牍研究的现状国际学术研讨会”。

（17）2015年9月20日，根据院级交流协议，历史研究所宋辽金元史研究室主任刘晓研究员、明史研究室副主任陈时龙副研究员赴韩国，对庆北大学校进行学术访问。

（18）2015年9月20日，历史研究所宋辽金元史研究室副主任张国旺副研究员应邀赴蒙古国，参加由蒙古国科学院历史与考古研究所主办的“忽必烈汗与蒙元帝国国际研讨会”，并发表论文《元代张弘略事迹考》。

（19）2015年10月1日，根据院级协议，历史研究所所长卜宪群研究员等对波兰科学院考古研究所和斯洛伐克科学院考古研究所进行学术访问。

（20）2015年10月12日，根据院级协议，波兰科学院考古与人类研究所哈琳娜教授一行访问历史研究所。历史研究所所长卜宪群研究员会见波兰学者。

（21）2015年10月13日，历史研究所《中国史研究》编辑部主任邵蓓副编审随院科研局组织的期刊编辑人员欧洲考察团，赴德国、法国、荷兰等三国进行学术期刊考察。

（22）2015年10月26日，历史研究所中国思想史研究室研究员吴锐应邀赴韩国，参加由庆尚大学举办的“人间·文化·疏通学术研讨会”。

（23）2015年10月29日，历史研究所所长卜宪群研究员等应邀赴韩国，参加由中国社会科学院与韩国研究财团共同主办的“2015年中韩人文学论坛”。

（24）2015年11月2日，根据历史研究所与日本大东文化大学签署的所级交流协议，大东文化大学讲师小尾孝夫应邀访问历史研究所，并作题为“六朝建康的都市空间与墓地”的学术报告。

（25）2015年12月1日，历史研究所文化史研究室主任孙晓研究员、社会史研究室副主任赵凯副研究员应邀赴波兰、捷克，对波兰、捷克两国所藏汉籍的数量、版本等进行考察，并与两国学者进行学术交流。

（26）2015年12月8日，根据院级交流协议，意大利那不勒斯东方大学亚洲研究系教授白蒂访问历史研究所，并作题为“郑成功与意大利李科罗：李科罗未公开发表的手稿”的学术报告。

（27）2015年12月16日，历史研究所所长卜宪群研究员会见阿塞拜疆科学院副院长伊博拉吉姆·古利耶夫院士一行，历史研究所相关处室负责人参加会见。

（28）2015年12月18日，历史研究所魏晋南北朝隋唐史研究室主任雷闻研究员等应邀赴日本，参加由大谷大学主办的“中国古代史及敦煌、吐鲁番文书研究国际研讨会”，并分别发表学术论文。

3. 与中国香港、澳门特别行政区和中国台湾开展的学术交流

(1) 2015 年 5 月 16 日，历史研究所先秦史研究室副研究员孙亚冰应邀赴台湾，参加由台湾政治大学主办的“近现代出土文献研究视野与方法国际学术研讨会”，并发表论文《谈谈甲骨文“衔”字的另一种写法》。

(2) 2015 年 11 月 3 日，应历史研究所邀请，台湾“中研院”史语所所长黄进兴院士访问历史研究所，并作题为“历史的转向——二十世纪晚期人文科学历史意识的再兴”的学术报告。

(3) 2015 年 11 月 30 日，香港中文大学历史系主任蒲慕州教授应邀访问历史研究所，并作题为“鬼的跨文化比较研究”的学术报告。

(4) 2015 年 12 月 4 日，历史研究所魏晋南北朝隋唐史研究室陈丽萍副研究员应邀赴香港，参加由香港大学主办的“饶宗颐教授百岁华诞国际学术研讨会”，并发表论文《中国国家图书馆藏敦煌契约文书汇录》。

(四) 学术社团、期刊

1. 社团

(1) 中国殷商文化学会，会长王震中。

2015 年 8 月 27 ~ 29 日，由中国历史学会主办，中国殷商文化学会、山东大学、淄博市人民政府承办的“第 22 届国际历史科学大会淄博卫星会议”在山东省临淄市召开。会议的主题是“蹴鞠与齐文化”。来自国内外的学者 60 余人参加会议。

(2) 中国先秦史学会，会长宋镇豪。

2015 年 7 月 25 ~ 26 日，由中国先秦史学会、陕西师范大学历史文化学院共同主办的“西周金文与西周史学术研讨会暨中国先秦史学会 2015 年年会”在陕西省西安市召开。会议研讨的主要问题有“西周甲骨金文研究”“出土考古资料与西周历史研究”“西周制度文化史研究以及其他先秦史研究”。来自国内高校和研究机构的专家学者 120 余人参加研讨会。

(3) 中国秦汉史研究会，会长卜宪群。

2015 年 11 月 10 ~ 11 日，由中国秦汉史研究会、广州大学档案馆共同主办的“秦汉史研究动态暨档案文书学术研讨会”在广东省广州市召开。研讨会的主题是“近年秦汉研究领域中的环境史、社会史、简牍学、制度史、史料数字化以及地域文化史、档案学”。来自国内高校和研究机构的 60 余位专家学者参加研讨会。

(4) 中国魏晋南北朝史学会，会长楼劲。

2015 年 9 月 19 ~ 21 日，由中国魏晋南北朝史学会，大同大学共同主办，大同大学云冈文化研究中心承办的“北朝文化研究学术研讨会暨第三届云冈文化论坛”在山西省大同市召开。论坛的主题是“北朝政治文化与民族关系”。来自中国、日本的 60 余位专家学者参加研讨会。

（5）中国明史学会，会长商传。

2015 年 7 月 8 ~ 9 日，由中国明史学会、贵州省文史研究馆、贵州省安龙县历史文化研究会联合主办的“南明史国际学术研讨会”在贵州省安龙县召开。研讨会的主题是“南明时期的政治、军事、经济、思想、文化和对外关系”。来自国内外的学者 70 余人参加研讨会。

（6）中国中外关系史学会，会长丘进。

2015 年 10 月 17 ~ 18 日，由国务院侨务办公室政策法规司、中国中外关系史学会、北京华文学院联合主办的“华侨与中外关系史国际学术研讨会暨 2015 年中国中外关系史学会年会”在北京召开。会议研讨的主要问题有“一带一路的历史思考”“住蕃华人与中西交通”“中国历代对来华移民之管理”“华侨与中华文化对海外的传播”。来自全国各大高校、研究机构的专家学者约 70 人参加了研讨会。

2. 期刊

（1）《中国史研究》（季刊），主编彭卫。

2015 年共出版 4 期，共计 120 万字。该刊全年刊载的有代表性的文章有：龚延明的《南宋文官徐谓礼仕履系年考释》，郭善兵的《魏晋南北朝皇家宗庙礼制若干问题考辨——兼与梁满仓先生商榷》，梁满仓的《曹操“春祠令”辨析——初答郭善兵先生》，张欣的《汉代公府掾史秩级问题考辨》，陈其泰的《〈国语〉的史学价值和历史地位》，黎阳的《根据〈五藏山经·北次三经〉再现上古太行山川道里图——〈五藏山经〉地理解析新思路》，韩东育的《朱舜水“拜官不就”与“明征君”称号——兼涉“甲午战争”前后的“复明”舆论》，邱源媛的《口述与文献双重视野下“燕王扫北”的记忆构建——兼论华北区域史研究中旗人群体的“整体缺失”》，张峰的《张政烺的学术道路与治史风格》，聂溦萌的《从丙部到史部——汉唐之间目录学史部的形成》。

（2）《中国史研究动态》（双月刊），主编刘洪波。

2015 年共出版 6 期，共计 90 万字。

（五）会议综述

“第五届中韩学术年会：儒法思想与东亚区域社会”国际学术研讨会

2015 年 4 月 17 ~ 20 日，由中国社会科学院历史研究所、韩国成均馆大学东亚学术院联合主办，安徽师范大学历史与社会学院、中国区域文化研究院承办的“第五届中韩学术年会：儒法思想与东亚区域社会”国际学术研讨会在安徽省芜湖市召开。来自海内外的 40 余名学者参加了研讨会。参会论文涉及政治、哲学、社会、历史、文化等多个方面。

研讨会就以下议题进行了深入探讨。

(1) 东亚区域文化的交流互动。研究古代东亚国家的区域治理思想离不开汉字文献。中国社会科学院历史研究所研究员卜宪群、孙晓的论文系统梳理了汉字文献在东亚各国的流传历史及现状，总结了其对东亚历史文化的重要影响。成均馆大学教授裴亢燮的论文通过中日韩三国的比较，考察朝鲜时代的直诉与儒家政治文化的关联。

(2) 儒学义理的探讨。中国社会科学院历史研究所研究员王启发的论文分析了道家、法家的道统说如何与儒家学说相伴而存，总结了儒家道统说的历史演变与终结的历史原因。成均馆大学东亚学术院教授河永辉的论文指出，丙子胡乱后"春秋"逐渐从一门学问转变为一种"春秋大义"，并以李氏朝鲜时期学者柳重教为考察对象，着重对其在国家遭受侵略的背景下提出的"卫正斥邪"理论进行了分析阐述。

(3) 儒法思想与政治。中国社会科学院历史研究所助理研究员庄小霞的论文指出，黄老之治的兴衰与汉初君臣格局变化息息相关，汉初黄老与儒家之争也属于儒法之争的重要形式。中国社会科学院历史研究所助理研究员王博的论文对学界关注较少的唐代"皇帝讲武"的实施背景进行了梳理，指出"皇帝讲武"仪式伴随着皇权的衰落，由唐前期的主动实施转入后期的被动实施，其军事、政治功能也丧失殆尽。

(4) 儒法思想与法律及社会。成均馆大学教授金庆浩的论文分析了秦及汉初伴随社会变化所引起的法律制定背景的变化，指出当时的法律条文具有儒家化性质，并提出汉初法令的轻刑化和宽刑化是受到了黄老思想的影响。中国社会科学院历史研究所研究员汪学群的论文指出，王阳明制定的十家牌法是对此前保甲制度的继承与完善，同时也开启了明清以下的保甲制，具有重要的历史地位。

与会学者还围绕"儒法思想与文化""徽州区域文化"等议题展开了讨论。安徽师范大学教授徐彬的论文指出，明清徽州家谱是徽州宗族形成、发展的重要因素之一，对徽州社会中的"礼让"、重血缘、重婚姻的社会风俗以及徽州的教育都有重要影响。

（安子毓　朱昌荣）

第七届中日学者中国古代史论坛

2015 年 8 月 17 ~ 18 日，由中国社会科学院历史研究所、日本东方学会共同主办，首都师范大学历史学院承办的"第七届中日学者中国古代史论坛"在北京召开。中国社会科学院历史研究所所长卜宪群、日本东方学会理事长池田知久、首都师范大学历史学院院长郝春文分别致辞。来自中国、日本、韩国的 50 多位学者围绕"中国古代的科学技术与社会——从文学、历史和科技角度展开的中国古代史研究"这一主题进行了讨论，内容涉及科学技术与思想、社会、民族、文学、政治与军事等多个方面。

玉器、铁器与火器历来是科技史的研究热点。中国社会科学院考古研究所研究员白云翔的论文探讨了先秦时期技术革命与社会发展的联动关系，指出钢铁技术的进步、铁器工业的发展与社会历史的变革三者相互影响及互动关系。东京大学教授川原秀城的论文概括整理了17世纪、18世纪东亚吸收西方科学的历史，分析了在这一过程中梅文鼎科学思想的意义。

舆图是科学史研究的基本史料。澳门大学教授汤开建的论文对利玛窦于肇庆绘制的首幅世界地图的名称、赵可怀《山海舆地图》序言的发现及其价值、吴中明刊刻《山海舆地全图》的时间及两幅小型世界地图的刊刻者身份等进行了细致考证。中国社会科学院历史研究所研究员成一农的论文指出，中国传统舆图的主流是“非科学”的，而以往对中国传统舆图绘制方法的研究多集中于分析其中所蕴含的“科学”，这是一种误读。

医学领域引发了与会学者的热烈讨论。郑州大学教授高凯的论文采用历史医学地理学的方法，分析西汉武帝朝至东汉前期，西北边塞多发伤寒病的深层原因及其传播至中原地区的过程。横滨国立大学准教授长谷部英一的论文对中国胎教思想变迁加以考察，认为胎教思想发端自秦汉时代医学思想，在中国古代社会一直受到重视，并对儒家产生影响。

利用新发现史料或对旧史料进行新解读是此次论坛的一大特色。湖南大学教授陈松长的论文通过对岳麓秦简中的“金布律”律文的解读，确证了秦代“户赋”的情况。西北大学教授陈峰的论文指出，南宋都城临安的市井乱象与其市场经济发达、人口数量庞大与结构复杂、统治者宽松的实用主义政策、拜金意识对正统观念的冲击等因素密切相关。

二松学舍大学教授牧角悦子的论文指出，古代的“文”与近代的“文学”间的性质差异，并将“文”的概念发生质变这一特征作为重新认识六朝时期和近代的重要标志。河南大学教授程民生的论文认为，汴京特殊的环境推动并改变了宋词的意境、形式和方向，奠定了宋词发展的基础。

东北师范大学教授王彦辉的论文对秦汉兵役徭役制度中悬而未决的一些基本问题进行翔实探讨。早稻田大学教授渡边义浩的论文从郑玄经学的视角，探讨西高穴一、二号墓，认为西高穴一号墓是依据东汉礼制为卞后建造的异穴合葬墓，但由于魏明帝采纳郑玄之说而废弃未用，而二号墓是曹操高陵的可能性较大。中国社会科学院历史研究所研究员阿风的论文考察了宋代“官印契书”、明代“户部契纸”、清代“契纸”与“契根”等中国历代“官契”的特点与实施情况。

（王　博）

“第六届中国古文献与传统文化暨纪念黄永年先生九十诞辰”国际学术研讨会

2015年10月17～19日，由中国社会科学院历史研究所、北京师范大学古籍与传统文化研究院、香港理工大学中国文化学系联合主办，陕西师范大学历史文化学院、古籍整理研究所承办的“第六届中国古文献与传统文化暨纪念黄永年先生九十诞辰”国际学术研讨会在陕西省西安市召开。来自国内外的研究机构、高等院校、出版机构、杂志社等的70余位专家学者参加了研讨会。

2015年10月17日，由中国社会科学院历史研究所、香港理工大学、北京师范大学共同主办的“第六届中国古文献与传统文化暨纪念黄永年先生九十诞辰国际学术研讨会”在陕西西安召开。

围绕“中国古文献与传统文化”这一主题，中国社会科学院历史研究所研究员刘源提出，研究殷商史、西周史、春秋战国史乃至秦汉史，金文都是不可或缺的史料；台湾辅仁大学教授戴晋新则通过探讨《文心雕龙·史传》中的相关论述，说明刘勰史传论述中的史学史观点及其蕴含的问题意识，从而解读中国古代史学意识的发展与演变；中国社会科学院历史研究所副研究员郑任钊认为，《春秋繁露》是公羊学的开山之作，在《春秋繁露》中，董仲舒将《公羊传》的义理加以深化和改造，从而奠定了公羊学的基本框架和理论基础；韩国成均馆大学教授李裕杓通过陕西博物馆藏多友鼎铭文，分析探讨了周王、武公、多友之间的关系；中国社会科学院历史研究所副研究员陈时龙通过明人蒋德璟《礼闱小记》中对会试的记载，再现了崇祯元年禁卫森严的会试生活情状。与会学者的研究议题时间跨度长、范围广，宏观微观兼备，具有很强的问题意识。

围绕“纪念黄永年先生九十诞辰”这一主题，与会学者从黄永年先生的人格、学术观点、研究的版本、墓志、文学等方面，进行了探讨。华南师范大学教授曹旅宁通过读黄永年先生的《说陶渊明的爱酒》，来追思先生的治学精神；西北大学教授郝润华总结黄永年先生的学术品格为：视学术为生命以及勤勉、严谨的治学态度；此外，与会学者对黄永年先生一生在史学研究、古典文学、目录学、版本学、书法篆刻、诸子百家等领域的卓著成就给予了充分肯定。

由中国社会科学院历史研究所、北京师范大学古籍与传统文化研究院、香港理工大学中国文化学系共同主办的以“中国古文献与传统文化”为主题的国际学术研讨会，每年举办一次，目前已成功举办了六届，在海内外史学研究领域产生了较大影响。

（博明妹）

2015年中国社会科学论坛：中国古代社会变化与思想变迁国际学术研讨会

2015年11月5～6日，由中国社会科学院学部主席团主办、中国社会科学院历史研究所承办的“2015年中国社会科学论坛：中国古代社会变化与思想变迁国际学术研讨会”在北京举行。此次论坛旨在探讨中国古代的社会变化与思想变迁之间的关系，分析社会实践对于思想的影响，从社会史的角度来观察、研究思想史。中国社会科学院历史研究所党委书记闫坤研究员出席开幕式并致辞。台湾“中研院”历史语言研究所所长黄进兴、湖南大学教授姜广辉、中国社会科学院历史研究所研究员胡宝国等先后做主旨发言。来自海内外的专家学者80余人出席论坛。

此次论坛的论文内容涵盖了从先秦到明清各个断代的社会史与思想史的前沿问题，既有理论探讨，也有个案分析。主要观点如下：

（1）重视社会实践对思想的影响。台湾“中研院”历史语言研究所所长黄进兴认为，近来越来越多的学者希望思想史研究能够落到人间，关注社会政治的一些问题，这就使思想史变成了一个有血有肉的学问；上海交通大学副教授章毅认为，社会史与思想史研究可以在地域框架下相结合，近年来社会变迁中的思想因素已得到越来越多的学者关注。他还指出，思想资源一般通过具体人物或人群发挥社会效用，可以致力于一些特定的人物或群体展开具体研究。

（2）新材料为社会史研究提供便利。墓志、碑刻、族谱、田野资料等新文献与传世文献相互补充，为一些重要历史问题的研究提供了新视角。中国社会科学院历史研究所研究员陈爽利用南北朝墓志所见谱牒中的嫡庶书法，重新审视了南北朝的嫡庶问题。他认为，北朝区别于南朝的主要社会问题是由于制度与习俗导致的频繁后娶，从而导致了嫡庶界限的模糊。复旦大学副研究员张佳则将视线聚焦于壁画墓的兴衰，认为明初严格的礼制规范与社会监控，是导致墓室壁画传统衰落的直接原因。

在分析明清至近现代社会区域问题时，口述史料日益进入研究者视野。中国社会科学院历史研究所副研究员邱源媛以“燕王扫北”等传说为切入点，对旗人群体在华北区域史中的“整体缺失”做了反思；日本一桥大学教授佐藤仁史致力于研究明清到近现代以来在钱塘江流域从事航运业的九姓渔户，他运用口述调查的方式，挖掘他们的生活史以及生产实际状况，为山区社会的分析提供了宝贵资料。

（3）体现了社会史史料多样性的特点。中国社会科学院历史研究所研究员刘晓用塔铭考证了燕京荐福寺与木庵性英等关系；华中师范大学副教授冯玉荣以诗歌为史料研究了徐孚远与南明政权；复旦大学副研究员张佳从墓室壁画看明初礼制；中国社会科学院历史研究所副研究员邱源媛用口述史料研究清代北方社会。

（4）研究视角显示了社会史近十年的趋势及特色。将区域史、地域社会与政治大事件以及制度史相结合展开探讨。如，上海交通大学副教授章毅的徽州地方民间信仰研究、中国社会科学院历史研究所副研究员赵现海的明朝地域政治研究、日本学者井上彻的广州州县管理等。以往的科举制度研究，在北京行政管理学院教授高寿仙的笔下是地缘亲缘的交互影响；中国社会科学院历史研究所副研究员陈时龙也研究了地域大族与科举项目的关系；中国社会科学院历史研究所彭卫的卫所制度研究，也着重地域与边疆社会关系的研究。

（5）体现出社会史研究更多地使用文化思想史的方法与视角。在社会史的视角下，对以往的学术概念重新思考，如在家族概念下的女性身份问题、公与私的概念问题等。同时，社会史研究也开始涉及不同社会阶层的精神世界、信仰和文化建构等思想文化内容。近十余年来，社会史受后现代思潮的影响，也开始注重历史书写的方法，这必然延伸到家族、性别、边疆政治等史料背后的建构过程。此次论坛中有数篇论文直接讨论了史料建构的思想背景。

总之，此次论坛中的社会史研究展现了当前在史料与研究视野方面的前沿趋势，社会史与思想史相结合的研究方法得到了普遍认同。

（阿　风）

近代史研究所

（一）人员、机构等基本情况

1. 人员

截至 2015 年底，近代史研究所共有在职人员 123 人。其中，正高级职称人员 31 人，副高级职称人员 35 人，中级职称人员 36 人；高、中级职称人员占全体在职人员总数的 83%。

2. 机构

近代史研究所设有：政治史研究室、经济史研究室、思想史研究室、社会史研究室、马克思主义史学理论与文化史研究室、中外关系史研究室、革命史研究室、民国史研究室、台湾史研究室、《近代史资料》编译室、《近代史研究》编辑部、《抗日战争研究》编辑部、*Journal of Modern Chinese History* 编辑部、图书馆、中国近代史档案馆、信息化建设办公室以及科研处、人事处（内设离退休人员管理办公室）、办公室。

（二）科研工作

1. 科研成果统计

2015 年，近代史研究所共完成专著 32 种，763 万字；论文 160 篇，285 万字；论文集 10 种，280 万字；学术资料 20 种，4095 万字；学术普及读物 4 种，95 万字。

2. 科研课题

（1）新立项课题。2015 年，近代史研究所共有新立项课题 9 项。其中，国家社会科学基金课题2项："抗战时期国共两党司法比较研究"（胡永恒主持），"台湾统派舆论重阵《海峡评论》研究"（郝幸艳主持）；院国情调研课题2项："涞源基地项目"（杜继东主持），"台儿庄基地项目"（杜继东主持）；创新工程研究所一般项目5项："近代华北的泰山信仰礼俗与社会治理"（李俊领主持），"从中立到参战：中国一战外交再研究"（侯中军主持），"《华学澜日记》整理"（马忠文主持），"赫德与晚清外交"（张志勇主持），"奕劻与宣统政局"（马平安主持）。

（2）结项课题。2015年，近代史研究所共有结项课题19项。其中，国家社会科学基金课题3项："中华民国外交史1911～1949"（王建朗主持），"传统农村社会文化的近代变迁"（李长莉主持），"域外资源与晚清语言运动：以圣经中译本为中心"（赵晓阳主持）；院A类重大课题1项："中华民国外交史"（王建朗主持）；院国情调研课题2项："涞源基地项目"（杜继东主持），"台儿庄基地项目"（杜继东主持）；所重点课题3项："咸同时期之榷关与财政"（任智勇主持），"1945年至1950年中国大陆文化在台湾传播研究"（褚静涛主持），"康党与戊戌时期的学术、政治纷争"（贾小叶主持）；创新工程研究所一般项目10项："清末十年新政改革研究"（崔志海主持），"社会文化史新兴学科与近代社会文化研究"（李长莉主持），"1840～1950：中国近代国家观念演变与社会变迁互动"（雷颐主持），"抗战建国与民族复兴：20世纪30～40年代中国思想界研究"（郑大华主持），"民国时期中共党史资料的收集整理与研究"（金以林主持），"中共建国方略的形成与实践研究"（于化民主持），"中国政府光复台湾史料汇编"（张海鹏主持），"台湾历史与现状研究"（李细珠主持），"近代影像史料整理与研究"（李学通主持），"中国现代化史"（马勇主持）。

（3）延续在研课题。2015年，近代史研究所共有延续在研课题34项。其中，国家社会科学基金课题13项："中国古代政治文化中的民主性因素及其现代价值研究"（耿云志主持），"近代中国社会结构研究"（姜涛主持），"清代满汉关系史"（刘小萌主持），"资产阶级与中国近代社会"（虞和平主持），"20世纪中国近代史研究的走向"（张海鹏主持），"近代国家与农民关系研究"（郑起东主持），"国民党党史馆藏中共党史资料的收集整理与研究"（金以林主持），"台湾中共地下党研究（1946～1957）"（杜继东主持），"近代中国准条约问题研究"（侯中军主持），"18～19世纪学术家族之研究"（罗检秋主持），"中科院近代史研究所与马克思主义史学发展（1949～1966）"（赵庆云主持），"中国近代'国学'构想的建立：章太炎与明治日本"（彭春凌主持），"近代日本政府的中国留日学生政策"（徐志民主持）；院A类重大课题2项："中国近代思想通史"（耿云志主持），"英藏赫德档案的整理与研究"（王建朗主持）；所重点课题9项："中国近代公民教育研究"（毕苑主持），"晚清妇女'守节'与'失节'现象研究"（刘佳主持），"传教士与中国近代'三农'"（赵晓阳主持），"中国近代思想史上的学衡派"（宋广波主持），"奇崛与寻常：章乃器传论"（李玉刚主持），"清水安三的中国观察"（闻黎明主持），"抗战时期名人报刊题词的搜辑与研究"（卞修跃主持），"近代同乡群体与同乡观念"（唐仕春主持），"台湾政治转型研究（1986～2000）"（汪小平主持）；创新工程研究所一般项目10项："辛亥革命前后的满汉关系"（刘小萌主持），"新文化运动研究"（耿云志主持），"口述历史理论研究与口述访谈"（左玉河主持），"传教·边疆·战争：晚清中法关系再研究"（葛夫平主持），"抗战时期中共的发展与壮大"（黄道炫主持），"基督宗教与近代中国经济——以基督新教传教士和机构为重点"（赵晓阳主持），"清末民初思想研究（1900～1915年）"（邹小站主持），"社会震荡中的学术家族——家族文化视野中清末民初的学术传承与创新"（罗检秋主持），"抗战时期名人报刊题词的搜辑与研究"（卞修跃主持），"台湾政治转型研究（1986～2000）"（汪小平主持）。

3．获奖优秀科研成果

2015年，近代史研究所获中国宋庆龄基金会颁发的第七届"孙平化日本学学术奖励基金"专著类二等奖1项：戴东阳的《晚清驻日使团与甲午战前的中日关系（1876～1894）》。

（三）学术交流活动

1．学术活动

2015年，近代史研究所参与组织、主办的学术会议有：

（1）2015年1月9～11日，由近代史研究所《近代史研究》编辑部和上海大学历史系主办的"抗日战争时期的社会生活"学术研讨会在上海大学召开。60位学者参加会议。会议的主题是"抗日战争时期的社会生活"。

（2）2015年3月21～22日，由近代史研究所《抗日战争研究》编辑部、中国抗日战争史学会、西南大学、国家图书馆出版社、社会科学文献出版社共同主办，重庆中国抗战大后方研究协同创新中心承办的"第二届抗日战争史青年学者研讨会"在西南大学举行。

（3）2015年5月30日，由中国社会科学院近代史研究所、中国船舶工业集团公司办公厅主办，南开大学历史学院、上海社会科学院历史研究所协办的"中国近代民族工业起步与发展——纪念江南造船建厂150周年学术研讨会"在上海举行。来自海内外的50余位专家学者出席会议。会议研讨的主要问题有"江南制造局的创办起因、发展历程、作用与意义""企业管理和技术能力"等。

（4）2015年6月27～28日，由河北大学历史学院、《抗日战争研究》编辑部、保定抗战历史研究会主办的"二十世纪三四十年代的华北"国际学术研讨会在河北省保定市举行。60余位专家学者参加了会议。会议研讨的主要问题有"抗日战争时期的政治、经济、军事、社会、思想、文化""抗日战争史研究的视野拓展"等。

（5）2015年7月10～12日，由近代史研究所与美国西雅图华盛顿大学中国研究中心联合举办的"二十世纪中国的战争、社会与人"学术工作坊在北京召开。会议研讨的主要问题有"战争的知识""战争宣传""战争记忆""战时的中国边疆问题""战争中的日常生活""战争中的女性与孤儿抚恤问题""战争中的国民党女党员""战争与地方社会的形塑""抗属的婚姻问题”“俘虏与战争中变化的身份认同”“抗战期间的国际主义”“民间外交与社会动员”等。

（6）2015 年 8 月 3 日，由中国社会科学院学部主席团、中国社会科学院历史学部、中国社会科学院近代史研究所、湖北人民出版社主办的纪念刘大年先生诞辰 100 周年学术座谈会在北京举行。60 位专家学者及刘大年先生的家属出席会议。

（7）2015 年 9 月 2 日，由中共中央党史研究室、中国社会科学院、中国人民解放军军事科学院联合主办，近代史研究所等单位承办的“纪念中国人民抗日战争暨世界反法西斯战争胜利 70 周年国际学术研讨会”在北京举行。近 80 名国内外专家学者参加会议。会议的主题是“铭记历史、缅怀先烈、珍爱和平、开创未来”。

（8）2015 年 9 月 19 日，由近代史研究所与河北大学共同主办的第六届中国近代社会史国际学术研讨会在河北省保定市召开。会议的主题是“华北城乡与近代区域社会”。

（9）2015 年 10 月 25 ～ 26 日，由中国社会科学院、台湾民主自治同盟中央委员会、中华全国台湾同胞联谊会、中山大学主办，中国社会科学院近代史研究所、中国社会科学院台湾史研究中心、中山大学历史学系、广东嘉应学院承办的“纪念抗战胜利与台湾光复 70 周年学术研讨会”在广东省广州市召开。来自国内外的 130 余位专家学者参加会议。会议研讨的主要问题有“日本侵台与国人反抗”“日本殖民台湾史”“台湾光复与重建”“台湾光复的法律问题与历史记忆”。

（10）2015 年 11 月 2 ～ 3 日，由中国社会科学院国际合作局、日本明治大学主办，近代史研究所承办的第五届“中日交流与中日关系的历史考察”学术研讨会在中国社会科学院近代史研究所举行。会议研讨的主要问题有“古代中国、日本与中日关系”“近代中国、日本与中日关系”等。

（11）2015 年 11 月 7 日，由近代史研究所、广州市社会科学院主办，广州市社会科学院历史研究所承办，《开放时代》杂志协办的“近代中国城市社会生活及开放性特征学术研讨会”在广东省广州市召开。来自国内各大学的 30 余位学者参加会议。会议的主题是“近代中国城市社会生活及开放性特征”。

（12）2015 年 11 月 9 ～ 11 日，近代史研究所与湖北省社会科学联合会主办的“近代中国社会的发展与演进”学术研讨会在湖北省武汉市举行。来自国内的 80 余位市青年学者参加会议。会议的主题是“近代中国社会的发展与演进”。

（13）2015 年 11 月 22 ～ 23 日，由近代史研究所中外关系史研究室、北京大学历史系联合主办的“战争与外交：第五届近代中外关系史国际学术讨论会”在北京举行。来自国内外的近 70 名学者参加会议。会议围绕“战争与外交”的主题，对两次鸦片战争、甲午战争、第一次世界大战、抗日战争和解放战争等不同时段的中外关系展开讨论。

（14）2015 年 12 月 26 ～ 27 日，由近代史研究所民国史研究室主办“第三届中华民国史高峰论坛”在北京举行。来自中国和日本的民国史学者 50 余人参加了论坛。论坛的主题是“民国史研究的新史料与新叙事”。

2．国际学术交流与合作

2015 年，近代史研究所共派遣出访 37 批 66 人次，接待来访 30 批 36 人次。与近代史研究所开展学术交流的国家有美国、澳大利亚、新西兰、俄罗斯、捷克、日本、韩国等。

（1）2015 年 3 月 20 ～ 23 日，为发行英文版的《新编东亚近现代史》，中日韩三国共同历史编撰委员会代表会议在日本东京举行，近代史研究所贾亚娟应邀参加会议。

（2）2015 年 4 月 3 日，近代史研究所邀请剑桥大学教授方德万作题为“二战研究的若干问题”的学术报告。

（3）2015 年 4 月 14 日，近代史研究所邀请俄罗斯科学院民族与人类学研究所教授刘克甫作题为“重评中国史学界关于苏俄早期对华政策的若干论点”的学术报告。

（4）2015 年 4 月 27 日，近代史研究所思想史研究室邀请英国萨塞克斯大学教授 Rob Iliffe 作题为“近代早期的科学与宗教：两条道路”的学术报告。

（5）2015 年 6 月 15 日至 9 月 15 日，近代史研究所研究员李长利赴美国斯坦福大学胡佛研究所进行访问研究。

（6）2015 年 6 月 23 日，近代史研究所邀请韩国延世大学历史学系教授白永瑞作题为“共感与批评的历史学：为东亚历史和解的建议”的学术报告。

（7）2015 年 6 月 24 ～ 29 日，近代史研究所副所长汪朝光应邀赴俄罗斯参加中共中央编译局与俄罗斯圣彼得堡国立大学联合举办国际学术研讨会。会议的主题是“中俄两国在世界反法西斯战争中的作用”。

（8）2015 年 7 月 7 日，近代史研究所思想史研究室邀请俄罗斯科学院远东研究所首席研究员罗曼诺夫作题为“苏联解体后俄罗斯汉学界的中国近代史研究”的学术讲座。

（9）2015 年 7 月 16 日，近代史研究所邀请美国加州大学伯克利分校教授叶文心作题为“抗战文本阅读——在思想与文化之间”的学术报告。同日，近代史研究所邀请澳大利亚昆士兰大学教授黎志刚作题为“澳洲华人研究的资料和进展”的学术报告。

（10）2015 年 7 月 28 日，近代史研究所邀请美国休斯顿大学历史系教授丛小平作题为“从‘自由’到‘自主’：1940 年代陕甘宁边区婚姻的重塑”的学术报告。

（11）2015 年 8 月 28 ～ 31 日，中国社会科学院中日历史研究中心邀请近代史研究所前所长、中日关系史专家步平研究员参加朝鲜社会科学院在平壤举办的“第一届日本歪曲侵略历史国际学术讨论会”。会议旨在揭露和批判日本歪曲侵略历史真实的言论。

（12）2015 年 9 月 1 日，近代史研究所邀请日本中央大学教授深町英夫和日本东京大学讲师张玉萍作题为“1949 年前后北京满族的政治参与”的学术报告。

（13）2015 年 9 月 15 日，近代史研究所邀请日本立命馆大学经济学部教授金丸裕一作题为“抗日战争研究与日文资料”的学术报告。

（14）2015 年 9 月 22 日，近代史研究所邀请日本广岛大学综合科学部教授丸田孝志作题为“日本的中共党史研究——以抗战·内战时期为中心”的学术报告。

（15）2015 年 9 月 30 日至 10 月 9 日，近代史研究所新西兰华侨华人史项目组杜继东、赵晓阳、张丽赴澳大利亚查找资料，并进行学术交流。

（16）2015 年 10 月 16 日至 11 月 9 日，捷克学者 Jarmila Ptackova 通过中国社会科学院与捷克科学院学者交流项目到中国进行学术访问。该学者关注青海藏区的游牧业发展问题，因阅读过近代史研究所研究员扎洛的相关论文，到近代史研究所与扎洛进行交流。

（17）2015 年 10 月 20 日，近代史研究所邀请澳洲研究委员会研究员郭美芬作题为“清末民初海外华文报刊、华商网络与政治结社：一个社会生活史的分析”的学术报告。

（18）2015 年 10 月 23 日，近代史研究所邀请美国加州大学洛杉矶分校政治系教授汤维强作题为“2012 年中国各城市反日示威分析”的学术报告。

（19）2015 年 12 月 21 ~ 31 日，美国波士顿大学教授叶凯蒂根据院级协议来访，同时，德国海德堡大学教授瓦格纳应近代史研究所邀请同行来访。叶凯蒂在近代史研究所作题为“对现代生活方式的想象：商务印书馆 1919 年出版的《日用百科全书》”的学术报告，瓦格纳作题为“清末新知识的类书”的学术报告。

（20）2015 年 12 月 22 日，近代史研究所邀请韩国首尔大学东洋史学系教授金衡锺作题为“袁世凯与金允植：朝鲜时代袁世凯与‘借地安置论’”的学术报告。

3. 与中国香港、澳门特别行政区和中国台湾开展的学术交流

（1）2015 年 1 月 1 日至 2 月 28 日，近代史研究所经济史研究室蒋清宏等赴台湾进行学术交流。

（2）2015 年 2 月 1 ~ 28 日，近代史研究所经济史研究室副研究员吴敏超赴台湾进行学术交流。

（3）2015 年 3 月 1 日至 4 月 30 日，近代史研究所民国史研究室研究员贺渊等人赴台湾进行学术交流。

（4）2015 年 3 月 6 ~ 12 日，台湾中山学术文化基金会与宋庆龄基金会在台北举行“国父孙中山先生逝世 90 周年纪念特展”，同时举行“孙中山与宋庆龄”学术演讲会等系列活动，特邀近代史研究所所长王建朗承担学术演讲会总评。

（5）2015 年 4 月 1 ~ 30 日，近代史研究所台湾史研究室副研究员程朝云赴台湾进行学术交流。

（6）2015 年 5 月 1 ~ 31 日，近代史研究所中外史研究室副主任侯中军副研究员赴台湾进行学术访问。

（7）2015 年 5 月 26 ~ 30 日，近代史研究所新西兰华侨华人史项目组杜继东、赵晓阳、张丽等 6 人赴香港大学图书馆和香港中文大学图书馆查找新西兰华侨华人史相关资料，并与香港大学的华侨华人史研究专家、香港史研究专家就新西兰华侨华人史资料线索、研究方法等进行学术交流。

(8) 2015年7月7日，近代史研究所邀请台湾东海大学历史系教授丘为君作题为“欧战与青岛沦陷：德国与日本的角力”的学术讲座。

(9) 2015年7月1日至8月31日，近代史研究所经济史研究室副主任周祖文副研究员、史学理论研究室副研究员赵庆云等人赴台湾进行学术交流。

(10) 2015年9月1日，近代史研究所邀请台湾“中央大学”历史学研究所教授郑政诚作题为“台湾学界的台湾史研究动态”的学术报告。

(11) 2015年9月15日至10月15日，近代史研究所《近代史资料》编译室研究员扎洛赴台湾“中央大学”进行学术交流。

(12) 2015年11月1日至12月31日，近代史研究所《近代史资料》编译室编审李学通赴台湾进行学术交流。

(13) 2015年11月1～30日，近代史研究所《近代史资料》编译室主任刘萍研究员赴台湾进行学术交流。

(14) 2015年11月13日，近代史研究所邀请台湾“中研院”近代史研究所研究员黄克武作题为“顾孟余的曲折人生：兼论二十世纪中国的知识分子与政治权威”的学术报告。

(15) 2015年12月1日，近代史研究所邀请台湾“国史馆”纂修侯坤宏作题为“走在一条研究近代史的道路上——关于学思历程的若干反思”的学术报告。

(16) 2015年12月9日，近代史研究所邀请台湾“中研院”近代史研究所院士陈永发作题为“关键的一年：蒋中正与豫湘桂战役”的学术报告；同时，邀请台湾“中研院”近代史研究所研究员余敏玲作题为“从无知到有感：程砚秋与中国共产党”的学术报告。

（四）学术社团、期刊

1．社团

(1) 中国现代文化学会，会长耿云志。

2015年5月26日，中国现代文化学会在中国社会科学院近代史研究所召开会长会议。会议讨论通过了孙伟平提议增设中国文化建设与评估专业委员会、金以林提议增加聘任郭始顺担任学会副秘书长两项议案，并通报了2015年9月与复旦大学历史系联合举办“纪念《新青年》创刊一百周年”国际学术研讨会的筹备情况。

(2) 中国中俄关系史研究会，会长李静杰。

2015年12月5～6日，中国中俄关系史研究会第五届理事代表大会在北京召开。来自全国各地的40余名理事代表出席会议。会议选举产生了新一届领导成员，并选举通过了名誉理事、副秘书长以及常务理事名单，讨论并通过了研究会新章程。

（3）中国孙中山研究会，会长张海鹏。

（4）中国抗日战争史学会，会长步平。

2015 年 5 月 23 ~ 24 日，为纪念中国人民抗日战争暨世界反法西斯战争胜利 70 周年，由中国抗日战争史学会、湖北省政协文史和学习委员会、宜昌市政协联合主办的“抗日战争与中国社会”国际学术研讨会在湖北省宜昌市举行。来自海内外的百余位专家学者出席会议。

（5）中国史学会，会长张海鹏。

2015 年 5 月 5 ~ 6 日，由俄罗斯历史学会和中国史学会联合主办的“苏联及中国在反法西斯反日本军国主义的第二次世界大战胜利中的作用”国际学术会议在俄罗斯科学院远东研究所及俄中友协举行。2015 年 5 月 6 ~ 8 日，在俄罗斯科学院俄罗斯历史研究所举行纪念伟大卫国战争胜利七十周年国际学术会议。中国史学会派以张海鹏为团长的代表团赴俄罗斯参加会议。

2015 年 8 月 23 ~ 29 日，由国际历史学会主办，中国史学会和山东大学共同承办的第 22 届国际历史科学大会在山东省济南市举行。中国国家主席习近平发来贺信，祝贺第 22 届国际历史科学大会开幕。中共中央政治局委员、国务院副总理刘延东宣读贺信并讲话，国际历史学会主席玛丽亚塔·希耶塔拉致辞。中国社会科学院院长王伟光，山东省委书记姜异康，省委副书记、省长郭树清等出席开幕式。这是国际历史科学大会首次在亚洲国家举办。大会的主题是“历史：我们共同的过去和未来”。

2015 年 9 月 5 ~ 6 日，由中国史学会与俄罗斯历史学会主办，中国社会科学院近代史研究所、西南大学、中国抗战大后方研究协同创新中心、中国中俄关系史研究会、重庆中国三峡博物馆、重庆红岩联线文化发展管理中心承办，《抗日战争研究》编辑部、重庆市档案馆、重庆图书馆、重庆市地方史研究会、重庆市抗战大后方历史文化研究会协办的“中俄 纪念抗日战争与世界反法西斯战争胜利 70 周年”国际学术研讨会在重庆举行。来自俄罗斯、美国、日本、韩国、荷兰、澳大利亚、丹麦、新加坡，以及中国大陆、台湾和香港地区的 100 余位专家学者参加会议。会议的主题是“中国人民抗日战争胜利的国际因素”。

（6）中国社会科学院台湾史研究中心，理事长朱佳木，主任张海鹏。

2015 年 10 月 27 日，由中国社会科学院台湾史研究中心与嘉应学院客家研究院、中山大学历史系主办，嘉应学院客家研究院、嘉应学院粤台客家文化传承与发展协同创新中心承办的“客家人与抗战”学术论坛在广东省梅州市举行。来自中国大陆、台湾以及加拿大、日本的 90 余位专家学者参加会议。会议的主题是“客家人与抗战”。

（7）近代史研究所“社会史研究中心”，理事长虞和平，主任李长莉。

（8）近代史研究所中国近代思想研究中心，理事长耿云志，主任郑大华。

2．期刊

（1）《近代史研究》（双月刊），主编徐秀丽。

2015 年，《近代史研究》刊载的有代表性的文章有：张海鹏等的《纪念马克思列宁主义史学家刘大年先生诞辰一百周年》（笔谈），杨天宏的《“清室优待条件”的法律性质与违约责任》，李平秀的《清末革命团体与秘密会党：以同盟会武装起义为主》，桑兵的《辛亥国事共济会与国民会议》，李花子的《珍珠港事变前夜的中美交涉》，黄道炫的《敌意——抗战时期冀中地区的地道和地道斗争》，王宏斌的《清代内外洋划分及其管辖问题研究——兼与西方领海观念比较》，沈志华的《试论八十八旅与中苏朝三角关系——抗日战争期间国际反法西斯联盟一瞥》，李育民的《第一次国共合作时期中国共产党反帝主张的变化及其影响》，罗志田的《地方的近代史：“郡县空虚”时代的礼下庶人与乡里社会》，吴景平的《国民革命时期宋子文与孙中山、蒋介石关系之比较研究》，杨奎松的《抗战初期中共军事发展方针变动的史实考析——兼谈所谓“七分发展，二分应付，一分抗日”方针的真实性问题》，李文杰的《光绪帝亲政前的习批奏折探析》，王汎森的《“儒家文化的不安定层”——对“地方的近代史”的若干思考》。

（2）《抗日战争研究》（季刊），主编高士华。

2015年，《抗日战争研究》刊载的有代表性的文章有：杨奎松的《阎锡山与共产党在山西农村的较力——侧重于抗战爆发前后双方在晋东南关系变动的考察》，何铭生的《并不“一切如常”：抗战时期丹麦和瑞典对华外交政策的比较研究》，黄道炫的《中共抗战持久的“三驾马车”：游击战、根据地、正规军》，金以林的《流产的毛蒋会晤：1942～1943年国共关系再考察》，鹿锡骏的《蒋介石的对苏纠结与抗日决断（1936～1937）》，段瑞聪的《战后初期国民政府对日讲和构想——以对日和约审议委员会为中心》，周祖文的《动员、民主与累进税：陕甘宁边区救国公粮之征收实态与逻辑》，傅亮的《混乱的秩序：珍珠港事变后海关总税务司的人事更迭》等。

（3）*Journal of Modern Chinese History*（《中国近代史》）（半年刊），主编汪朝光、徐秀丽。

2015年，《中国近代史》（*Journal of Modern Chinese History*）刊载的有代表性的文章有：沈志华的“On the Eighty-Eighth Brigade and the Sino–Soviet–Korean Triangular Relationship-A glimpse at the International Antifascist United front during the War of Resistance Against Japan”（《试论八十八旅与中苏朝三角关系——抗日战争期间国际反法西斯联盟一瞥》），罗敏的“Chiang Kai-shek and Vietnam's Post-World War II Status”（《蒋介石与战后越南问题》），宋微的“Seeking New Allies in Africa: China's Policy towards Africa during the Cold War as Reflected in the Construction of the Tanzania–Zambia Railway”（《在非洲寻找新盟友——从中国援建坦赞铁路看冷战期间的中国对非政策》），笹川裕史的“Characteristics of and Changes in Wartime Mobilization in China: A Comparison of the Second Sino–Japanese War and the Chinese Civil War”（《中国战时动员的特征和变迁——以中日战争时期与战后内战时期的比较为中心》），李里峰的“Rural Mobilization in the Chinese Communist Revolution: From the Anti-Japanese War to the Chinese Civil War”（《中国共产革命中的乡村动员：从抗战到内战》），步平的“Dialogues on Historical Issues Concerning East Asia”（《东亚地区关于历史问题的对话》），高莹莹的“A Survey of Twenty-First-

Century Studies of the Japanese-Occupied areas in China”(《21世纪以来的沦陷区研究综述》)，陈时伟的“Intellectual Preparedness: Dr. Hu Shih, Lake Forest College, and Chinese Diplomacy during World War II”(《知识的准备——胡适、森林湖学院与二战期间的中国外交》)，陈丹丹的“The State in the Shadow of War: Reexamining Zhang Junmai's Thoughts on Democratic Politics and State Building”(《笼罩在战争阴影中的国家——张君劢的宪政和国家建设思想再考量》)，吴翎君的“Partnership Across the Pacific: Sino-American Collaboration in Maritime Transportation during World War I”(《一次大战期间中美海运事业的合作》)，成亦薇的“Coping with Parallel Authorities: The Early Diplomatic Negotiations of Soviet Russia and China on the Chinese Eastern Railway, 1917～1925”(《应对平行当局——1917至1925年中苏关于中东铁路问题的外交谈判》)，沈志华、刘文楠的“Historical Research is Like Retrying an Old Case: An Interview with Shen Zhihua”(《历史研究犹如审理旧案——沈志华访谈录》)，左玉河的“Oral history Studies in Contemporary China”(《当代中国的口述历史研究》)。

（五）会议综述

中国近代民族工业起步与发展——纪念江南造船建厂150周年学术研讨会

2015年5月30日，由中国社会科学院近代史研究所、中国船舶工业集团公司办公厅主办，南开大学历史学院、上海社会科学院历史研究所协办的“中国近代民族工业起步与发展——纪念江南造船建厂150周年学术研讨会”在上海举行。来自海内外的50余位专家学者出席会议。会议共收到论文38篇。

开幕式上，中国社会科学院近代史研究所所长王建朗致辞，他分别从不同角度指出，江南造船厂是近代中国强国之梦、海洋之梦的开始，是中国近代工业的起点，江南造船厂走过的一个半世纪的历程，不仅是中国民族工业起步与发展的缩影，也是中国崛起的一个缩影，值得深入研究。

中国社会科学院当代中国研究所研究员武力、香港大学教授李培德、台湾东华大学教授吴翎君以及澳大利亚昆士兰大学教授黎志刚分别作主题报告。武力在《从“机船路矿”到“重化工业重启”——后发大国视角下的中国工业化规律探析》一文中提出，从“机船路矿”到“重化工业重启”是作为后发大国中国的工业化规律，江南造船厂是其中的一个重要承载体；李培德的《论江南制造局“局坞分家”的历史意义》一文，从经营史视角重新评价了江南制造局“局坞分家”的历史意义；吴翎君的《一次大战期间中美海运事业的合作——兼论“江南造船所”承造美国轮船案》一文，从全球史的视角考察了一次大战给中国和江南造船厂提供的新的历史机遇；黎志刚的《江南制造局创办前的新环境：外国竞争和经济民族主义的兴起》一文认为，外国竞争和经济民族主义的兴起是江南制造局创办前夕中国经济面临的新环境。

在分组讨论中，与会学者围绕江南制造局的创办起因、发展历程、作用与意义，以及企业管理和技术能力等议题展开了深入的探讨。

此次会议邀请了一批目前活跃于国内外企业史研究的学者参会，其中虞和平、朱荫贵、武力、陈争平、张忠民等学者 20 年前曾经参加过江南造船厂 130 周年的学术研讨会。同时，会议也邀请了几位台湾学者，在他们提交的论文中，有的探讨了江南造船厂在 1949 年迁台人员与台湾海事产业的发展，从而将江南造船厂在海峡两岸的发展历程勾连起来，在新的时空范围内拓展了江南造船厂的研究空间。

（柴怡赟）

纪念中国人民抗日战争暨世界反法西斯战争胜利 70 周年国际学术研讨会

2015 年 9 月 2 日，由中共中央党史研究室、中国社会科学院、中国人民解放军军事科学院联合主办，近代史研究所等单位承办的“纪念中国人民抗日战争暨世界反法西斯战争胜利 70 周年国际学术研讨会”在北京举行。这次研讨会以“铭记历史、缅怀先烈、珍爱和平、开创未来”为主题，围绕中国人民抗日战争的伟大意义、中国人民抗日战争在世界反法西斯战争中的重要地位、中国共产党在抗日战争中的中流砥柱作用、中国国民党及其领导的正面战场的地位和作用、日本军国主义的侵华罪行及给中华民族带来的沉重灾难等问题进行了深入研讨。

中共中央党史研究室主任曲青山、中国社会科学院院长王伟光、中国人民解放军军事科学院院长高津分别作题为“论中国共产党在抗日战争中的历史地位和作用”“抗日战争与中华民族伟大复兴”“中国人民抗日战争中的人民军队”的主旨发言。全国人大常委会委员、中国中共党史学会、中国中共党史人物研究会会长欧阳淞，中共中央文献研究室副主任张宏志，中共中央党校原副校长李君如，国防大学教授薛国安，武汉大学教授胡德坤，俄罗斯莫斯科大学副校长谢尔盖·沙赫莱，英国牛津大学教授拉纳·米德，印度尼赫鲁大学教授谢刚等人作大会发言。

与会专家学者百余人。专家们在讨论中指出，中国人民抗日战争具有伟大的意义。中国人民抗日战争是近代以来中国反抗外敌入侵第一次取得完全胜利的民族解放战争；是中华民族与日本法西斯进行的一场正义与邪恶、光明与黑暗、进步与反动、文明与野蛮的战争；是世界反法西斯战争的重要组成部分。中国人民抗日战争的胜利，为中华民族从近代以来陷入深重危机到走向伟大复兴确立了历史转折点；这一伟大胜利，将永载中华民族史册，永载人类和平史册，并为被压迫民族争独立、求解放的斗争提供了一个范例。中国人民抗日战争为世界反法西斯战争的胜利，作出了彪炳史册的贡献。在世界反法西斯战争中，中国人民抗日战争开始时间最早，持续时间最长，条件最艰苦，付出的牺牲最惨重，开辟了东方主战场。中国持久抗战，始终抗击着日本陆军主力，遏止了日本侵犯西伯利亚的北进计划，牵制和推迟了日军的南进步伐，在战略和战役上支援和配合了盟军的作战行动，对日本侵略者的彻底覆灭起到了决定性作用。中国积极倡导和推动世界反法西斯统一战线的建立，参与了联合国的创建，为夺取世界反法西斯战争胜利，为争取世界和平的伟大事业，作出了巨大贡献。中国共产党在中国人民抗日战争中发挥了中流砥柱的作用。中国共产党是中国人民奋起抵抗日本帝国主义侵略的最早宣传者、动员者和最坚决的抗击者；是团结凝聚全民族抗战力量的杰出组织者、鼓舞者和坚强的政治领导核心；是中国抗日战争正确战略的提出者、指导者和引领者；领导开辟了广大敌后战场和建立了抗日民主根据地，党领导的人民武装逐步成为整个抗战的有生力量、中坚力量和主力；领导中国人民同仇敌忾、共赴国难，弘扬和铸就了伟大的抗战精神，为抗日战争的胜利付出了巨大牺牲、作出了重大贡献。

与会专家学者研讨了中国国民党及其政府领导的军队在抗战中所起的作用。在中国人民抗日战争中，全体中华儿女不分党派、民族、阶级、地域，众志成城，同仇敌忾，用鲜血和生命捍卫国家主权和民族尊严。正面战场在抗战中，涌现出一批抗日将领和英雄群体，正面战场在较长的历史时期，特别是战略防御阶段起着主战场的作用。抗日战争进入战略相持阶段和战略反攻阶段后，正面战场的地位和作用逐渐下降到次要地位。评价国民党在抗日战争中的作用，不能用牺牲将领数字等作为唯一尺度，关键是看在推动持久抗战中发挥的作用，关键是看牵制和消耗日军的数量、时间和规模。

与会专家学者用新发掘的资料，深刻揭露了日本军国主义的侵华罪行及给中华民族带来的深重灾难。抗日战争期间，在日本法西斯铁蹄下，中华大地到处是人间地狱，中国军民伤亡达3500万人。日军对城乡实行残忍无差别的狂轰滥炸；在部队中推行军事性奴隶的“慰安妇”制度，在中国各地约有20万妇女惨遭蹂躏；日军在中国各地制造无数惨绝人寰的集体屠杀，仅南京大屠杀就有30万生灵惨遭杀戮。日本侵略军对中国各地发动了令人发指的细菌战、化学战，进行了惨无人道的人体活体试验，当年日军遗弃的化学武器至今贻害无穷。日本军国主义发动战争造成的破坏及其对中国资源和财富的大肆掠夺，按照1937年的比价，造成中国直接经济损失1000亿美元，间接经济损失5000亿美元。日本军国主义犯下的侵略罪行铁证如山、不容掩盖，历史真相不容歪曲。

这次学术研讨会还从新颖、宽广、多维的视角，研讨了一些具体问题。有的学者对1942—1943年的国共关系、毛泽东和蒋介石在抗战胜利前后对形势的判断与抉择及对战后局势发展的影响等问题进行了探讨；对中国共产党在抗战中开展的各种宣传活动、人民军队组织体制建设、人民军队的友军工作、晋察冀根据地的军粮供应系统、抗日根据地的军事工业等问题进行了深入研究；对淞沪会战、南京保卫战中的镇江保卫战、抗战初期中日空战态势、抗战期间国民党政府的法律表达和司法实践等问题进行了新的研究。

来自全国党史系统、党校系统、社科院系统、高校系统、军队系统的50余位专家学者和来自俄罗斯、美国、英国、法国、奥地利、澳大利亚、印度、韩国、新加坡、菲律宾、缅甸、马来西亚、印度尼西亚、日本等国家以及中国港澳台地区的28位专家学者参加研讨会。

（柴怡赟）

“中俄纪念抗日战争与世界反法西斯战争胜利70周年”国际学术研讨会

2015年9月5～6日，由中国史学会与俄罗斯历史学会主办，中国社会科学院近代史研究所、西南大学、中国抗战大后方研究协同创新中心、中国中俄关系史研究会、重庆中国三峡博物馆、重庆红岩联线文化发展管理中心承办，《抗日战争研究》编辑部、重庆市档案馆、重庆图书馆、重庆市地方史研究会、重庆市抗战大后方历史文化研究会协办的“中俄纪念抗日战争与世界反法西斯战争胜利70周年”国际学术研讨会在重庆举行。来自俄罗斯、美国、日本、韩国、荷兰、澳大利亚、丹麦、新加坡，以及中国大陆、台湾和香港地区的100余位专家学者参加会议。会议以中国人民抗日战争胜利的国际因素为主题，进行了学术交流与讨论，共同纪念中国人民抗日战争暨世界反法西斯战争胜利70周年。会议收到论文上百篇，最终遴选参会论文64篇。

出席开幕式的嘉宾有中国史学会会长、中国社会科学院学部委员、近代史研究所研究员张海鹏，俄罗斯历史学会秘书长、国家杜马分析局局长彼得罗夫，西南大学副校长靳玉乐教授，重庆市委抗战工程办公室主任、中国抗战大后方研究协同创新中心主任周勇教授，台湾“中国文化大学”教授陈鹏仁，韩国新罗大学教授裴京汉，重庆红岩联线文化发展管理中心副主任雷莹。开幕式由中国社会科学院近代史研究所副所长汪朝光研究员主持。

在主题报告中，张海鹏对第二次世界大战的历史进行宏观反思，强调要明确一个基本认识，即第二次世界大战有两个爆发点或起点，这是由两个战争策源地决定的。只有确立这个认识，我们才能看到中国战场在第二次世界大战中的战略地位和中国人民对战胜法西斯、军国主义所作出的重大牺牲和为世界和平所作出的重大贡献。俄罗斯人文大学校长比沃瓦尔教授指出，现在是和平时代，但也需要我们铭记历史真相，历史真相就是中国极大地抗击了日本侵略者，保证了日军无法入侵苏联。苏联是大国中第一个对中国进行援助的国家，中苏两国共同抗日，这是历史事实，俄罗斯政府也非常重视这段历史。台湾“中研院”近代史研究所研究员黄克武认为，20世纪三四十年代，中国民族主义的形成与日本的入侵有密切的联系，正是中华民族观念所造成之凝聚性，在某种程度上有效地团结了人心。周勇教授指出，“大后方”既是抗战时期中国各派政治势力普遍使用的概念，也是中国共产党话语体系中的基本概念。

在15场分组讨论会中，与会专家学者就抗战时期的政治、军事、经济、外交、社会、思想文化，以及中国抗日战争在世界反法西斯战争中的地位与作用等问题进行了广泛而深入的研讨，对深化抗战史研究具有重要意义。吉田丰子、郑炯儿、陈开科、穆欣、鹿锡俊、杨卫华、马斯洛夫、比沃瓦尔等学者，从苏联大使馆、苏联空军援华志愿队、军事合作、战略关系等多个方面进行了较为深入的讨论。台湾“中国文化大学”教授陈鹏仁在《抗战时期日军对中国赝币作战》一文中指出，抗战期间，日本伪造了大约40亿法币，其中25亿元实际流通于中国，这些伪钞相当于中国抗战初期两三年的战费，收购了当时价值五六十亿元的物资，由此可知日本之伪造法币对中国经济、金融危害之大。香港中文大学教授郑会欣认为，中国的国际地位上升是不争的事实，虽然中国已经成为一个大国，但是并非强国。台湾暨南国际大学历史学系教授李盈慧认为，抗战八年期间，华侨捐给国民政府的全部款项高达13亿元，这还不包括直接汇给各部队、红十字会、侨务委员会等机构的捐款。中国社会科学院近代史研究所研究员郑大华指出，抗战胜利让“中华民族”观念深入民心。

（柴怡赟）

纪念抗战胜利与台湾光复70周年学术研讨会

2015年10月25～26日，由中国社会科学院、台湾民主自治同盟中央委员会、中华全国台湾同胞联谊会、中山大学主办，中国社会科学院近代史研究所、中国社会科学院台湾史研究中心、中山大学历史学系、广东嘉应学院承办的“纪念抗战胜利与台湾光复70周年学术研讨会”在广东省广州市召开。来自中国大陆、台湾，以及加拿大、日本和韩国的130余位专家学者及新闻出版界人士参加会议。会议共收到论文85篇。

在开幕式上，中国社会科学院台港澳事务办公室主任王镭宣读了中国社会科学院院长王伟光的致辞。台湾民主自治同盟中央委员会副主席陈蔚文，中华全国台湾同胞联谊会党组书记、副会长梁国扬，中山大学党委书记陈春声，台湾日本综合研究所所长许介鳞，中国史学会会长张海鹏分别致辞。开幕式由中国社会科学院近代史研究所所长王建朗主持。

王伟光在致辞中指出，有一种论调认为，是日本开启了台湾的现代化。这是一种脱离历史事实的观点。日本在台湾50年的殖民统治，是对台湾奴役掠夺的50年。在政治上，日本在台湾建立残暴的专制独裁统治，通过严密的警察网络和保甲制度，对台湾人民实行民族压迫和歧视政策，使台湾人处于二等公民地位。在经济上，实行所谓“工业日本，农业台湾”政策，使台湾成为日本重要的农产品和工业原料基地，形成畸形发展的殖民地经济和日本的附庸经济，以利于日本的对外扩张。在文化上，强制推行日本殖民文化教育，强迫台湾人学习日语、日文，刻意培养“台奴”“台奸”，割断台湾与中国文化的联系，企图长久维持其对台湾的殖民统治。日本在台湾进行的基础设施和社会治理等所谓“现代化”建设，不是给台湾人民谋福祉，而是为了更加有效地掠夺台湾的资源，以滋补殖民母国的肌体。那种无视日本殖民侵略的掠夺性，而一味片面美化所谓“殖民地现代性”的观点，完全是非历史主义的无稽之谈。

陈蔚文在致辞中说，今天海峡两岸专家学者齐聚一堂，纪念抗战胜利与台湾光复70周年，这是对包括台湾在内的中国人民经过长期反抗使台湾重新回到祖国怀抱这一共同历史的隆重纪念，是对70年前台湾回归祖国的重大历史史实的重申与肯定，是对台湾同胞在回归祖国怀抱时强烈的民族认同与爱国爱乡情怀的重放，同时也是对企图否认台湾自古属于中国的台独分子的郑重警告。习近平总书记强调，要推动海峡两岸史学界共享史料、共写史书，共同捍卫民族尊严和荣誉。这一论述有着强烈现实关怀与深远影响。两岸共同书写抗战史有利于还原历史真相和丰富历史史料，更好地再现中华民族抗战的光辉历程，增进两岸同胞的民族认同和文化认同。

张海鹏在致辞中指出，抗战胜利和台湾光复是中华民族从近代以来的低谷走向上升的枢纽和转折点，是中华民族走向复兴的起点。从国际视野来看抗日战争，日本和德国分别是亚洲和欧洲的战争策源地，抗日战争是世界反法西斯战争的东方主战场。正是因为中国人民抗战到底，美英中三国首脑在开罗做出了惩罚日本以及中国政府收回台湾和澎湖列岛的决定。

开幕式后，四位学者作了大会主题发言，分别为：厦门大学台湾研究院教授陈小冲，题目是《试论台湾光复与台湾民意》；香港中文大学亚太研究中心主任郑海麟教授，题目是《从〈条约法〉看战后对台湾及南海诸岛的处置——纪念抗日战争胜利 70 周年》；台湾世新大学教授王晓波，题目是《马关条约和乙未之役双甲子纪念——台湾先烈抗日的历史不容抹煞》；中国社会科学院近代史研究所研究员李细珠，题目是《台湾光复初期许寿裳若干史实考释》。

在分组讨论中，与会学者围绕"日本侵台与国人反抗""日本殖民台湾史""台湾光复与重建"和"台湾光复的法律问题与历史记忆"四个主题进行深入研讨。

（柴怡赟）

世界历史研究所

（一）人员、机构等基本情况

1. 人员

截至 2015 年底，世界历史研究所共有在职人员 79 人。其中，正高级职称人员 17 人（含资格 4 人），副高级职称人员 21 人（含资格 4 人），中级职称人员 26 人；高、中级职称人员占全体在职人员总数的 81%。

2. 机构

世界历史研究所设有：唯物史观与外国史学理论研究室 /《史学理论研究》编辑部、世界古代中世纪史研究室、西欧北美史研究室、俄罗斯东欧史研究室、亚非拉美史研究室、世界史跨学科研究室、《世界历史》编辑部、图书资料室 / 世界历史数字化研究部；科研组织处、行政综合办公室。

3. 科研中心

世界历史研究所院属研究中心有：中国社会科学院加拿大研究中心、中国社会科学院史学理论研究中心；所属研究中心有：日本历史与文化研究中心。

（二）科研工作

1．科研成果统计

2015年，世界历史研究所共完成专著5种，177.7万字；论文67篇，84.19万字；研究报告4篇，1.36万字；译著11种，193.5万字；译文3篇，1.8万字；论文集1种，34.1万字；文章24篇，18.26万字。

2．科研课题

（1）新立项课题。2015年，世界历史研究所共有新立项课题13项。其中，国家社会科学基金课题3项："古代两河流域的社会公正思想研究"（国洪更主持），"古希腊史学中帝国形象的演变研究"（吕厚量主持），"战后英国英属撒哈拉以南非洲政策研究（1945～1980）"（杭聪主持）；院国情考察课题1项："现代化进程中传统文化、现代文化的基本状况——对甘肃文县的调研"（赵文洪主持）；所课题5项："《失败者的历史》论文集"（张文涛主持），"19世纪巴尔干地区外交与宗教的相互影响"（鲍宏铮主持），"古希腊奥林匹亚文化地方性探析"（吕厚量主持），"试析中西科技发展的差异及成因（1500～1900年）"（张瑾主持），"17世纪英国对亚洲的殖民贸易及其影响"（宁凡主持）；所交办课题4项："翻译《血的谎言》"（李锐主持），"中国世界史研究网英文网页的设计制作"（陈蓉主持），"科研管理制度建设"（王宇主持），"党务管理、行政管理、人事管理制度建设"（孔银花）。

（2）结项课题。2015年，世界历史研究所共有结项课题15项。其中，国家社会科学基金课题4项："瑞典充分就业的历史考察（20世纪30年代至90年代）"（张晓华主持），"巴尔干近现代史"（马细谱主持），"古代中朝移民史研究"（孙泓主持），"20世纪巴勒斯坦民族国家构建研究"（姚惠娜主持）；国家社会科学基金后期资助课题2项："苏联城市住房史（1917～1937）"（张丹主持），"法国旧制度末期的税收、特权和政治"（黄艳红主持）；院国情考察课题2项："国际视野下的我国民族区域自治与国家认同：问卷调研与对策选择"（赵文洪主持），"现代化进程中传统文化、现代文化的基本状况——对甘肃文县的调研"（赵文洪主持）；所重点课题2项："伊藤博文的政治思想及历史影响研究"（陈伟主持），"从好奇到冲突：1701～1905年俄日两国的国民交往和国家关系"（邢媛媛主持）；所一般课题2项："古希腊奥林匹亚文化地方性探析"（吕厚量主持），"试析中西科技发展的差异及成因（1500～1900年）"（张瑾主持）；所交办课题3项："中国世界史研究网英文网页的设计制作"（饶望京主持），"科研管理制度建设"（王宇主持），"党务管理、行政管理、人事管理制度建设"（孔银花主持）。

（3）延续在研课题。2015年，世界历史研究所共有延续在研课题36项。其中，国家社会科学基金重大课题2项；国家社会科学基金一般课题5项；国家社会科学基金青年课题4项；院重点课题1项；所重点课题11项；所一般课题13项。

（三）学术交流活动

1．学术活动

2015 年，世界历史研究所主办和承办的主要学术会议有：

（1）2015 年 4 月 21 日，世界历史研究所主办的“马克思主义与世界历史研究研讨会：历史与现实中的阶级和国家”在北京举行。会议研讨的主要问题有“中国史学上的五次反思和中国史学当前的任务”“认识阶级和阶级斗争的难点在哪里”“对马克思阶级和国家理论的几点思考”等。

（2）2015 年 5 月 7 日，世界历史研究所与广东省社会科学院联合主办，广东海洋史研究中心承办的“第五届全国社会科学院世界历史研究联席研讨会”在广东省广州市召开。会议的主题是“将中国周边国家历史与现实问题研究引向深入，促进‘一带一路’建设”。

（3）2015 年 6 月 13 ～ 14 日，世界历史研究所与南开大学世界近现代史研究中心共同主办的“战争与和平：二战及战后世界的变动”高端论坛在南开大学召开。会议的主题是“分析二战的缘起及二战后世界格局的变动，总结经验教训，更好地认识和理解二战及战后世界格局的演变”，研讨的主要问题有“世界大格局中的二战东方战场”“二战后的国际秩序与中国”“二战对战后世界的深远影响”“自由国际主义与美国对二战后国际秩序的构建”等。

（4）2015 年 7 月 4 日，世界历史研究所主办的“干旱地区土地利用：环境与历史”学术研讨会在北京召开。会议的主题是“1930 年代以来美国大平原草地退化及其治理研究”。

（5）2015 年 9 月 12 日，世界历史研究所《世界历史》编辑部与哈尔滨师范大学历史文化学院联合主办的“第四届世界史研究前沿论坛暨《世界历史》编委会扩大会议”在哈尔滨师范大学举行。会议的主题是“世界史学科正面临大发展的历史机遇，提高我国世界历史学研究水平有利于促进整个哲学社会科学研究水平的提高”。

（6）2015 年 9 月 18 日，中国社会科学院历史学部、马克思主义研究学部联合主办，中国社会科学院世界历史研究所承办，中国社会科学院人文公司协办的“中国社会科学院首届唯物史观与马克思主义史学理论论坛”在北京举行。会议研讨的主要问题有“当今历史虚无主义及其危害性”“阶级和阶级斗争再认识：历史与现实”“唯物史观在中国的传播和发展”“社会形态演进的多样性和统一性”等。

（7）2015 年 9 月 26 日，世界历史研究所主办的“2015 年世界历史所伊朗历史与现实研讨小组年会”在北京召开。会议研讨的主要问题有“‘一带一路’战略与中伊合作”“伊朗历史与文化”“‘伊斯兰国’组织与反恐问题”“‘后伊核协议时期’的中东格局”等。

（8）2015 年 11 月 14 日，“世界历史研究所亚非拉论坛（2015）”在北京举行。论坛研讨的主要问题有“从历史角度看秘鲁和拉美的发展问题”“中东问题研究”“日本历史研究”等。

2015 年，世界历史研究所还举办了包括全所性、研究室和学科在内的 30 余期学术报告会，内容涉及“近代以来世界各国社会变革与社会稳定问题研究”“中国世界古代中世纪史研究中出现的热点问题、焦点问题和现实问题”“数学与历史的进步”“浅谈德国社会保障制度与社会稳定——以德意志第二帝国和魏玛共和国为例”“土耳其印象与土耳其梦”“非西洋国家的近代化与传统文化——以清末民初中国和幕末明治日本为例”“上古文明论坛”“人类从分散到整体的历史进程中的若干问题研究”“1933～1945年苏联与欧洲大国关系”“历史研究与现实——参政议政的有关体会”“世界历史上的三次海洋经济浪潮及其对中国的启示”“20世纪下半叶美国黑人民权运动”“保加利亚史学发展”“中东欧俄罗斯中亚转型历史与现实研究”“印度古代史”“西方马克思主义史学”“信息史学：一种思维与表达的跨学科突破——兼谈‘数学’+与历史学之关系”“国外对中国抗日战争在二战中作用的看法”“《查理周刊》事件在美国的反应”“古代文字起源与文明”“保加利亚转型问题”“中印边界问题档案文献资料整理与研究”“俄罗斯与中东欧国家历史与现实”“波兰学者对中国的研究状况”“2015年国内英国史研究综述”“2015年国内德国史、南欧史研究状况”“拉丁美洲独立以来的政治变革”“阿富汗问题与中亚安全”“中亚国家与外部世界”等。

2．国际学术交流与合作

2015年，世界历史研究所共派遣出访25批18人次，接待来访10批17人次（其中，中国社会科学院邀请来访5批8人次）。与世界历史研究所开展学术交流的国家有美国、俄罗斯、捷克、匈牙利、英国、日本、韩国、保加利亚、比利时、乌兹别克斯坦、波兰、德国、澳大利亚、哈萨克斯坦、新加坡、土耳其等。

（1）2015年3月10日，世界历史研究所所长张顺洪和党委书记赵文洪等与英国布里斯托大学历史系教授罗伯特·毕可思在北京就“中英关系和中国近代史上的老照片”题目进行学术交流。

（2）2015年3月18日，世界历史研究所俄罗斯东欧史研究室王晓菊等与白俄罗斯科学院副院长苏卡洛院士一行在北京就学术合作事宜进行交流。

（3）2015年3月23日，世界历史研究所所长张顺洪和党委书记赵文洪等与英国埃克塞特大学副校长尼克教授一行在北京就双方建立长期学术合作关系问题进行交流。

（4）2015年3月31日，世界历史研究所俄罗斯东欧史研究室王晓菊等与俄罗斯科学院社会学研究所所长戈尔什科夫院士、副所长戈林高娃教授在北京就“俄罗斯大众社会学和中产阶级”等问题进行了深入交流。

（5）2015年4月14日，世界历史研究所所长张顺洪等与美国特拉华州立大学教授欧赛在北京就“恩克鲁玛与非洲社会主义”题目进行学术交流。

（6）2015年5月14日，世界历史研究所唯物史观与外国理论研究室吴英等与美国《历史与理论》杂志主编伊森·克莱恩伯格和美国弗吉尼亚州立大学教授阿兰·梅吉尔在北京就“挥之不去的历史：过去的可能与可能的过去”和“论比较、现代化与现代性”题目进行学术交流。

(7) 2015 年 5 月 19 日，世界历史研究所所长张顺洪等与德国著名社会史学家、柏林自由大学资深教授、国际历史学会前主席（2000 ~ 2005）于尔根·科卡先生在北京就“国际历史科学大会的历史”题目进行学术交流。

(8) 2015 年 5 月 22 日，世界历史研究所俄罗斯东欧史研究室王晓菊等研究室成员与波兰科学院政治学研究所青年学者、汉学家凯莎在北京就“现代波兰的中国学”题目进行学术交流。

(9) 2015 年 5 月 22 日，世界历史研究所所长张顺洪等与德国著名历史学家汉斯·梅尼克在北京就“作为方法和经验的微观史研究”题目进行学术交流。

(10) 2015 年 5 月 26 日，世界历史研究所所长张顺洪等人与美国特拉华州立大学人文学院马歇尔·F. 史蒂文森教授在北京就“20 世纪下半叶美国黑人民权运动”题目进行学术交流。

(11) 2015 年 5 月 28 日，世界历史研究所古代中世纪史研究室刘健等与美国布朗大学古典学系助理教授丽莎·玛丽·米诺尼博士，上海师范大学上海“千人计划”特聘教授、美国德堡大学古典学系教授刘津瑜博士在北京就“偷来敌人的神灵——罗马的朱诺女神”题目进行学术交流。

(12) 2015 年 6 月 9 日，世界历史研究所西欧北美史研究室高国荣等与美国纽约新校大学历史系副教授茱莉亚·福克斯在北京就“文化都市：20 世纪纽约的崛起”题目进行学术交流。

(13) 2015 年 6 月 9 日，世界历史研究所所长张顺洪等与德国著名历史学家、莱布尼茨奖获得者特里尔大学鲁茨·拉斐尔教授在北京就“现代历史学研究中的实证主义和经验主义”题目进行学术交流。

(14) 2015 年 6 月 16 日，世界历史研究所西欧北美史研究室高国荣等与美国休斯敦大学历史系副教授劳尔·拉莫斯在北京就“19 世纪墨西哥裔美国人研究”题目进行学术交流。

(15) 2015 年 6 月 23 日，世界历史研究所西欧北美史研究室高国荣等与美国萨姆休斯顿州立大学历史系副教授托马斯·考克斯在北京就“茶叶、鸦片和声誉：中国近代早期商贸中的德拉诺和罗斯福家族”题目进行学术交流。

(16) 2015 年 7 月 21 日，世界历史研究所唯物史观与外国史学理论研究室吴英等与美国罗文大学教授、北京大学长江学者王晴佳在北京就“西方马克思主义史学”题目进行学术交流。

(17) 2015 年 8 月 18 日，世界历史研究所唯物史观与外国史学理论研究室吴英等与德国波鸿大学历史系教授、社会运动研究所所长、欧洲史学理论学会主席斯特凡·贝格尔先生在北京就“比较史学的方法与实践”题目进行学术交流。

(18) 2015 年 8 月 31 日，世界历史研究所俄罗斯东欧史研究室王晓菊等与俄罗斯科学院通讯院士罗琳娜·彼得罗芙娜·列宾娜教授在北京就“当前国际史学发展趋势和特点”题目进行学术交流。

(19) 2015 年 9 月 10 日，世界历史研究所所长张顺洪等与波兰前驻华大使科萨维利·布尔斯基、欧盟驻华代表团新闻信息处参赞苏珊娜·布尔斯卡在北京就“波兰的历史、现状及中国历史的传承问题”题目进行学术交流。

(20) 2015年11月6日，世界历史研究所俄罗斯东欧史研究室侯艾君等与乌兹别克斯坦塔什干信息技术大学副校长海罗拉·乌玛罗夫教授在北京就“中亚地缘政治：大国与中亚国家关系”题目进行学术交流。

(21) 2015年11月17日，世界历史研究所所长张顺洪等与比利时劳动党中央政治局委员若·科特尼埃尔在北京就“危机之中的欧洲联盟”题目进行学术交流。

(四) 学术社团、期刊

1. 社团

(1) 中国国际文化书院，院长张顺洪。

2015年9月19～20日，中国国际文化书院主办的“欧洲文艺复兴及其历史启示”学术研讨会在北京举行。会议研讨的主要问题有“今天应如何看待欧洲文艺复兴及其历史启示”“欧洲文艺复兴在文学、艺术、政治、哲学、宗教等方面的巨大成就及其意义”“人的解放和‘以人为本’思想的伟大意义”“如何才能更好地实现”“欧洲文艺复兴与中国”。与会专家学者60余人。

(2) 中国世界古代中世纪史研究会，会长侯建新。

① 2015年9月18～21日，中国世界古代中世纪史研究会古代史专业委员会与上海大学共同主办的“中国世界古代史2015年学术年会”在上海举行。会议的主题是“古代世界的城市、帝国、交通与治理”。与会专家学者90余人。

② 2015年9月18～21日，中国世界古代中世纪史研究会中世纪史专业委员会与江苏师范大学共同主办的“中国世界中世纪史2015年学术年会暨换届大会”在江苏省徐州市举行。会议的主题是“中世纪东西方社会及向现代的转型”。与会专家学者90余人。

(3) 中国非洲史研究会，会长李安山。

2015年10月16～18日，中国非洲史研究会主办的“中国非洲史研究会2015年年会暨‘中国与非洲：发展战略的对接与交融’学术研讨会”在河南省新乡市举行。

(4) 中国世界近代现代史研究会，会长闫照祥。

① 2015年7月25～26日，中国世界近代现代史研究会主办的“世界现代史热点问题学术研讨会”在山西师范大学举行。会议研讨的主要问题有“纪念世界反法西斯战争七十周年”“‘一路一带’沿线国家的历史考察”“世界现代史教学问题研讨”。与会专家学者60余人。

② 2015年10月24～27日，中国世界近代现代史研究会主办的“中国世界近代史学术年会”在安徽师范大学举行。会议研讨的主要问题有“战争与和平”“资本主义发展史”“国际关系史”“世界史理论与教学”。与会专家学者95人。

(5) 中国朝鲜史研究会，会长金成镐。

2015年10月23～25日，中国朝鲜史研究会主办、山东大学承办的“中国朝鲜史学会

2015年学术年会暨历史上朝鲜半岛的对外关系学术讨论会”举行。会议的主题是“历史上朝鲜半岛的对外关系”，研讨的主要问题有“朝鲜半岛与丝绸之路”“历史上的战争与朝鲜半岛”“中朝（韩）联合抗日斗争胜利”。与会专家学者90余人。

(6) 中国中日关系史学会，会长武寅。

2015年9月22日，中国中日关系史学会主办的“战后70年中日关系的回顾与展望——纪念抗日战争胜利70周年学术研讨会”在北京举行。会议研讨的主要问题有“抗日战争在二战中所处的地位以及对世界反法西斯战争所产生的影响”“中国的抗日战争对世界反法西斯战争所作出的贡献和作用”。与会专家学者80余人。

(7) 中国苏联东欧史研究会，会长姚海。

2015年10月23～26日，中国苏联东欧史研究会主办的“中国苏联东欧史研究会成立三十周年暨俄罗斯东欧中亚转型历史与现实研究研讨会”在陕西省西安市举行。会议研讨的主要问题有“中国苏联东欧史研究会30年历程回顾与总结”“俄罗斯东欧中亚转型的历史研究”“俄罗斯东欧中亚的经济政治转型研究”“俄罗斯东欧中亚的社会转型研究”“俄罗斯东欧中亚的民族问题研究”“俄罗斯东欧中亚转型的评价与前瞻”。与会专家学者80余人。

(8) 中国法国史研究会，会长沈坚。

① 2015年4月25～26日，中国法国史研究会主办的“中国法国史研究会第九届年会”在浙江省杭州市举行。中国法国史研究会两届会长任期届满的端木美教授，对近五年研究会工作作了总结。会议选举了新任会长沈坚教授。与会专家学者60余人。

② 2015年8月31日至9月5日，中国法国史研究会主办、上海华东师范大学承办的“第十二届中法历史文化研讨班”在上海举行。研讨班的主题是“和平的思考与构建”。

③ 2015年11月6～8日，中国法国史研究会主办，华南师范大学历史文化学院承办的“欧洲视野下的法兰西文明历程”学术研讨会在广州华南师范大学举行。会议研讨的主要问题有“中法友好交流史”“近代法国人在广东活动的历史痕迹”。与会专家学者50余人。

(9) 中国第二次世界大战史研究会，会长胡德坤。

2015年8月15～16日，中国第二次世界大战史研究会主办的“纪念中国人民抗日战争暨世界反法西斯战争胜利70周年”学术研讨会在北京举行。会议的主题是“勿忘国耻”“欢庆胜利”。与会专家学者80余人。

(10) 中国日本史学会，会长汤重南。

2015年5月30～31日，中国日本史学会与四川师范大学联合主办的“日本现代化进程中的社会、思想与文化”学术研讨会在四川省成都市召开。会议的主题是“日本现代化进程中的社会问题、思想动因和文化传承与交流”。与会专家学者80余人。

(11) 中国拉丁美洲史研究会，会长王晓德。

2015年11月28～30日，中国拉丁美洲史研究会、中国拉丁美洲学会和湖北大学巴西研究中心联合主办的第五届中国拉美研究青年论坛暨“拉美发展与中拉关系”国际学术研讨会在湖北省武汉市召开。会议研讨的主要问题有“拉美整体和国别发展的历史与现实问题”“中拉关系的历史与现实问题”。与会专家学者 60 余人。

（12）中国美国史研究会，会长王旭。

2015 年 10 月 21 ～ 23 日，中国美国史研究会主办、上海师范大学人文与传播学院承办的“区域、国家与国际：多重视野下的美国史研究”学术研讨会在上海举行。会议研讨的主要问题有“美国的区域发展与格局变迁”“美国大都市群的发展模式与经验”“后民权时代的族群关系与社会治理”“全球视野中的美国早期史研究”“跨国史与美国外交史研究的新趋向”“当代世界局势下美国的危机与挑战”。与会专家学者 50 余人。

（13）中国英国史研究会，会长钱乘旦。

2015 年 12 月 19 ～ 22 日，中国英国史研究会主办、湖南科技大学人文学院承办的“中国英国史研究会 2015 年学术年会暨英国史研究与教学研讨会”在湖南省湘潭市举行。会议研讨的主要问题有“英国工业革命研究”“英国政治与法制史研究”“英国史教学与研究生培养课程改革”。与会专家学者 50 余人。

（14）中国德国史研究会，会长邢来顺。

2．期刊

（1）《世界历史》（双月刊），主编张顺洪。

2015 年，《世界历史》共出版 6 期，共计 140 万字。该刊全年刊载的有代表性的文章有：王晓德的《从文化的视角剖析欧洲反美主义》，胡德坤、沈亚楠的《对盟国的抵制与索取：战后初期日本的领土政策（1945 ～ 1951）》，刘健的《赫梯基拉姆节日活动的仪式特征及其功能》，孙小娇的《近代早期英国的土地流转》，李宏图的《欧洲思想史研究的范式转换》，任有权的《英国牛瘟与政府干预（1745 ～ 1758）》，丁见民的《北美早期印第安人社会对外来传染病的反应和调适》），刘永连、谢祥伟的《华夷秩序扩大化与朝鲜、日本之间相互认识的偏差》，刘峰的《近代日本农本主义与亚洲主义的关联性》，王永平的《“五王”与“四天子”说——一种“世界观念”在亚欧大陆的流动》，蔡萌的《自然权利观念与 19 世纪上半叶美国拥奴派的政治话语》，张乃和的《近代英国首部集体编纂的世界史初探》。

（2）《史学理论研究》（季刊），主编张顺洪。

2015 年，《史学理论研究》共出版 4 期，共计 100 多万字。该刊全年刊载的有代表性的文章有：吴浩的《现代化的样板，还是现代的灾难？——对一句马克思经典名言的重新解读》，李根的《浅谈大众文化史研究的微观化策略——以卡罗·金兹堡的微观史研究为参照》，朱春龙的《“旧史家”与“五朵金花”的讨论（1949 ～ 1966）》，张忠祥的《口头传说在非洲史研究中的地位和作用》，董欣洁的《西方全球史的方法论》，刘耀辉的《克里斯托弗·希尔与英国革命研究》，朱政惠的《美国学者的中国人物传记研究——概况、特点、背景及相关诸问题的思考》，牟振宇的《数字历史的兴起：西方史学中的书写新趋势》，王贵仁的《20 世纪上半期唯物史观“阶级观点”中国化论析》，施诚的《方兴未艾的大西洋史》，刘鸿武、王严的《非洲实现复兴必须重建自己的历史——论 B.A. 奥戈特的非洲史学研究与史学理念》。

（五）会议综述

第五届全国社会科学院世界历史研究联席研讨会

2015 年 5 月 7 日，中国社会科学院世界历史研究所与广东省社会科学院联合主办，广东海洋史研究中心承办的“第五届全国社会科学院世界历史研究联席研讨会”在广东省广州市召开。中国社会科学院世界历史研究所所长张顺洪、副所长饶望京，广东省社会科学院党组书记蒋斌、院长王珺、副院长章扬定，河南省社会科学院党委书记魏一明，黑龙江省社会科学院副院长刘爽，山西省社会科学院副院长杨茂林，五邑大学副校长张国雄等出席大会。全国各地方社会科学院、国家文物局、广东省博物馆、中山大学、暨南大学、五邑大学的 50 余位专家学者出席了研讨会。

张顺洪、王珺首先代表会议主办方向参会代表表示欢迎。在大会主题演讲中，刘爽认为，深入开展中国周边与“一带一路”沿线国家历史与现实问题研究，对于当前“一带一路”建设十分必要。他强调研究中应突出智库功能，并为拿出有分量的相关学术成果提出了集中力量申报重大课题、出版刊物、举办研讨会三点对策建议。上海社会科学院世界史研究中心余建华回顾了万隆会议的伟大意义与深远影响，对新形势下继续弘扬万隆精神进行了思考，提出借力“一带一路”建设，深化亚非新型战略伙伴关系，打造相互依存、利益交融的命运共同体，推动合作共赢的世界新秩序发展创新的建议。广西社会科学院古小松对中越关系 65 年进行了回顾和反思，从总体上肯定了两国的合作关系。广东海洋史研究中心李庆新通过对 15 ～ 19 世纪东南亚华人建立的不同类型的“非经典政权”的探讨比较，揭示了近世东南亚地区不同于传统的以大

2015年5月7日，第五届全国社会科学院世界历史研究联席研讨会在广东广州举行。

陆国家为代表的“经典政权”的政治实体的差异性。中国社会科学院世界历史研究所陈伟认为，日本明治时期伊藤政党观的演变及政党实践的变迁，推动了近代日本由藩阀政治向政党政治的转变，为近代日本政党政治的形成和发展奠定了基础。张国雄介绍了目前广东省编写华侨史的工作情况，和“海上丝绸之路”申报世界文化遗产工作中遇到的诸如“海上丝绸之路”文化概念的开创者、“海上丝绸之路”的起止时间等热点问题，并认为研究视角、研究领域应当加强对民众社会史观的重视。会上，学者们围绕会议主题，分别就中国与周边国家关系历史变迁、中国与海疆周边国家的分歧与合作、中国与周边国家共建“一带一路”等问题进行了讨论。

中国社会科学院世界历史研究所副所长饶望京主持闭幕式。河南省社会科学院历史与考古研究所所长张新斌、新疆社会科学院历史所所长贾丛江分别作分组总结发言。张顺洪作了大会总结和点评。

（科研处）

“战争与和平：二战及战后世界的变动”高端论坛

2015年6月13～14日，“战争与和平：二战及战后世界的变动”高端论坛在南开大学召开。此次高端论坛由中国社会科学院世界历史研究所与南开大学世界近现代史研究中心共同主办，是恰值世界人民反法西斯战争胜利70周年而召开的一次高端学术会议。南开大学世界近现代史研究中心主任杨栋梁教授主持了开幕式。开幕式上，南开大学党委书记薛进文教授和中国社会科学院世界历史研究所所长张顺洪研究员分别致辞。来自全国各高等院校与科研机构的60余位专家学者参加了会议。

2015年6月13～14日，“战争与和平：二战及战后世界的变动”高端论坛在南开大学举行。

薛进文教授在致辞中指出，在纪念世界人民反法西斯战争及中国人民抗日战争胜利70周年之际，“战争与和平：二战及战后世界的变动”高端论坛的举办，可谓恰逢其时，意义深远。张顺洪所长在致辞中强调，此次高端论坛的目的就是要分析二战的缘起及二战后世界格局的变动，总结经验教训，更好地认识和理解二战及战后世界格局的演变。

在大会主题报告单元，北

京大学历史系教授钱乘旦以“世界大格局中的二战东方战场”为题，立足世界格局剧烈变化、国际形势风云起伏的百年历史大背景，论述了抗日战争和太平洋战争的起因、进程与历史影响。

首都师范大学历史学院教授徐蓝的报告“二战后的国际秩序与中国”，介绍了二战后国际政治、经济秩序的建立与演变，分析了中国在国际秩序中的地位与作用以及中国主张建立国际政治经济新秩序的努力。中国社会科学院世界历史研究所研究员汤重南分析了“二战对战后世界的深远影响”。北京大学教授王立新以“自由国际主义与美国对二战后国际秩序的构建”为题，考察了自由国际主义思想的起源及其如何主导了美国对二战后国际秩序的构建，并兼及这一秩序在当代的命运。首都师范大学历史学院教授梁占军则就第二次世界大战对20世纪国际战争观产生的影响进行了阐释。

在大会专题报告和讨论单元，各位专家学者的报告时间跨度大、内容涵盖广，既有对法西斯国家战争根源的剖析，又有对战争计划制定等战前准备的认识；既有对东方战场上中国抗击日本侵略战争的描述，也有对欧洲战场上德、意法西斯暴行的揭露；既有关于战争对世界格局演变影响的分析，也有关于战争导致局部地区深刻变化的认识；既有对战争期间大国间紧密结盟的阐述，也有对战后主要大国分道扬镳的洞察；既有为战争中罹难民众的呐喊，也有对战争的政治经济影响的总结。

（科研处）

第四届世界史研究前沿论坛暨《世界历史》编委会扩大会议

2015年9月12日，哈尔滨师范大学历史文化学院与中国社会科学院世界历史研究所《世界历史》编辑部合办的第四届世界史研究前沿论坛暨《世界历史》编委会扩大会议在哈尔滨师范大学举行。来自中国社会科学院世界历史研究所、哈尔滨师范大学、中国人民大学、南开大学、东北师范大学、西北大学、郑州大学、苏州科技学院和杭州师范大学的学者参会。

会议开幕式由哈尔滨师范大学历史文化学院院长王军主持。中国社会科学院世界历史研究所所长兼《世界历史》主编张顺洪首先致辞。哈尔滨师范大学副校长臧淑英致欢迎词。主题报告阶段共有13人发言。中国社会科学院世界历史研究所汤重南详细介绍了中国日本史学会和中国日本史研究的基本情况，尤其是20世纪90年代以来我国日本史研究的新进展，总结了我国日本史研究面临的挑战。南开大学陈志强介绍了20世纪80年代以来我国拜占庭史研究的进展，探讨了在拜占庭史学研究中如何突出中国特色。郑州大学张倩红介绍了国际犹太史研究的新趋向和当前国际犹太史研究存在的问题。中国人民大学孟广林探讨了如何以理性的视阈划定世界史研究的范围，如何选择合理的学术路径和历史现象来研究世界史。苏州科技学院姚海认为，俄国马克思主义产生以前的革命激进主义思想和运动是俄国历史特殊性的重要表现，对19世纪下半叶俄国发展道路的选择产生了实质性作用，深刻影响了俄国革命和社会主义运动乃至俄国

20世纪的历史。西北大学黄民兴以土耳其、以色列和伊拉克为例，总结了中东国家本国史研究与民族国家构建之间的关系所具有的特征。东北师范大学梁茂信研究了全球化时代美国人才吸引政策及其对中国的启示。

在《世界历史》编委会扩大会议上，《世界历史》副主编、编辑部主任徐再荣首先汇报了2014年以来《世界历史》编辑部有关英文期刊所做的工作。中国社会科学院科研局期刊处处长刘普介绍了中国社会科学院期刊的基本情况和期刊管理情况。《世界历史》编委和学者就期刊的发展发表建议和意见。

（科研处）

中国社会科学院首届唯物史观与马克思主义史学理论论坛

2015年9月18日，由中国社会科学院历史学部、马克思主义研究学部联合主办，中国社会科学院世界历史研究所承办，中国社会科学院人文公司协办的中国社会科学院首届唯物史观与马克思主义史学理论论坛在北京举行。

中国社会科学院院长、党组书记、学部主席团主席王伟光作主旨报告。中国社会科学院党组成员、秘书长、中国社会科学杂志社总编辑高翔主持开幕式。中央编译局局长贾高建、天津市社会科学界联合会主席、南开大学党委书记薛进文在开幕式上致辞。中国社会科学院原副院长李慎明，中央党史研究室原副主任、北京大学马克思主义学院教授沙健孙，中国史学会史学理论分会副会长、天津师范大学教授庞卓恒，中国社会科学院学部委员、马克思主义研究学部主任程恩富，中国社会科学院马克思主义研究院研究员龚云，北京师范大学历史学院教授张越，武汉大学马克思主义理论与中国实践协同创新研究中心研究员梅荣政作大会发言。

论坛共收到论文96篇，既有宏观的理论探讨，又有实证性的具体研究，体现了新时期我国马克思主义史学理论研究繁荣发展的基本状况。特别是一批青年史学工作者的论文，遵循唯物史观指导，体现出深厚的理论思维与高超的研究水平，受到与会老专家、老学者的一致肯定。

来自全国各地以及中国社会科学院的百余位学者与会交流。他们就“当今历史虚无主义及其危害性”“阶级和阶级斗争再认识：历史与现实”“唯物史观在中国的传播和发展”“社会形态演进的多样性和统一性”等议题，进行了广泛而深入的研讨。与会学者一致认为，历史研究必须坚持以唯物史观为指导。在当下，特别要深入学习领会习近平总书记系列重要讲话精神，特别是要深入学习领会习近平总书记关于历史问题的系列重要讲话精神。习近平总书记关于历史问题的系列讲话精神博大精深，意义深远，为当前历史研究依照唯物史观的路径繁荣发展提供了基本遵循的方向，是引领当前中国历史学大发展、大进步的重要指导思想。

学者们认为，在当下，历史研究应该批判和摒弃历史虚无主义。特别是在党史、国史研究领域，要对历史虚无主义进行深入的揭露、批判和剖析，弘扬真、善、美，摒弃假、恶、丑，以科学的历史研究成果，为弘扬社会主义核心价值观，实现中华民族伟大复兴的中国梦，作出当代中国史学工作者的贡献。中国社会科学院研究生院马克思主义学院及相关专业的上百名研究生与会旁听。

（科研处）

中国边疆研究所

（一）人员、机构等基本情况

1. 人员

截至2015年底，中国边疆研究所共有在职人员34人。其中，正高级职称人员8人，副高级职称人员10人，中级职称人员13人；高、中级职称人员占全体在职人员总数的91%。

2. 机构

中国边疆研究所设有：东北与北部边疆研究室、新疆研究室、海疆研究室、西南边疆研究室、马克思主义边疆与疆域理论研究室、《中国边疆史地研究》编辑部、办公室。

3. 科研中心

中国边疆研究所设有中国边疆历史与社会研究云南工作站、东北工作站、新疆工作站、广西工作站和内蒙古工作站；该所还在西藏自治区日喀则和海南省三沙市分别建立了所级国情调研基地。

（二）科研工作

1. 科研成果统计

2015年，中国边疆研究所共完成专著7种，222万字，合著2部，149.6万字；论文51篇（其中，核心期刊15篇，权威期刊1篇），52.9万字；古籍整理3种，133.5万字。

2. 科研课题

(1) 新立项课题。2015年，中国边疆研究所共有新立项课题7项。其中，国家社会科学基金课题1项："150年来中国边疆研究学术思想史"（冯建勇主持）；国情调研课题3项："三沙市海上执法体系体制机制创新研究"（李国强主持），"新形势下西藏边境地区稳定与发展调研——以日喀则为中心"（孙宏年主持），"西藏经济社会历史文化发展专项课题"（孙宏年主持）；院及有关部门委托课题3项："黑龙江省抚远县发展战略研究"（邢广程主持），"西藏创新寺庙管理引导宗教与社会主义社会相适应"（孙宏年主持），"高句丽地方统治制度研究"（范恩实主持）。

（2）结项课题。2015 年，中国边疆研究所共有结项课题 3 项。其中，院国情调研重大课题 1 项："边疆民族地区经济社会文化发展、反对民族分裂的形势与对策调研"（邢广程、李国强主持）；国情调研课题 2 项："三沙市海上执法体系建设"（李国强主持），"'治国必治边，治边先稳藏'重要战略思想在西藏贯彻落实情况调研——以日喀则为例"（孙宏年主持）。

（3）延续在研课题。2015 年，边疆所共有延续在研课题 16 项。其中，国家社会科学基金重大课题 1 项："丝绸之路经济带建设与中国边疆稳定和发展研究"（邢广程主持）；国家社会科学基金期刊资助课题 1 项："《中国边疆史地研究》"（李大龙主持）；国家社会科学基金青年课题 2 项："清初辽金元三史满蒙翻译研究"（乌兰巴根主持），"清末新政时期中央政府对边疆地区的治理与统合研究"（高月主持）；国情调研课题 2 项："三沙市——国情调研基地"（李国强主持），"日喀则——国情调研基地"（孙宏年主持）；院及有关部门委托课题 10 项："新疆分裂与反分裂斗争的历史经验与现实问题及对策"（邢广程主持），"我们党治疆方略的经验总结及新形势下面临的新情况新问题"（李国强主持），"如何做好涉疆外宣工作"（许建英主持），"区域政治与经济对南中国海环境合作影响与对策研究"（李国强主持），"辽代以前蒙古草原与东北地区族群关系史"（范恩实主持），"内蒙古在俄罗斯远东开发战略中的区位合作优势"（初冬梅主持），"内蒙古对苏俄贸易史（1949 ~ 2013）"（邢广程主持），"土尔扈特部落史"（阿拉腾奥其尔主持），"民国时期治疆大吏研究"（许建英主持），"英、美新疆政治史研究"（许建英主持）。

3．获奖优秀科研成果

2015 年，中国边疆研究所共评出 2015 年研究所优秀科研成果一等奖 2 项：李国强的论文《从地名演变看南海疆域的形成历史》，高月的专著《清末东北新政研究》；评出 2015 年研究所优秀科研成果二等奖 3 项：李大龙的论文《试论中国疆域形成和发展的分期与特点》，范恩实的论文《论西岔沟古墓群的族属——兼及乌桓、鲜卑考古文化的探索问题》，冯建勇的专著《辛亥革命与近代中国边疆政治变迁研究》；获 2015 年研究所优秀科研成果三等奖 3 项：许建英的论文《20 世纪 40 年代美国对中国新疆政策研究》，孙宏年的论文《辛亥革命前后治边理念及其演变》，吕文利的论文《乾隆前期（1736 ~ 1750）的清准贸易》。

（三）学术交流活动

1．学术活动

2015 年，中国边疆研究所主办和承办的学术会议有：

（1）2015 年 5 月 25 日，中国边疆研究所承办的亚信非政府论坛首次年会第二场圆桌会议在北京举行。会议的主题是"'一带一路'与地区共同发展"。

（2）2015 年 5 月 29 日，中国边疆研究所主办的中国边疆智库合作发展座谈会在北京举行。会议的主题是"边疆智库建设"。

（3）2015 年 7 月 5 ~ 7 日，中国边疆研究所与云南民族大学共同主办的第三届中国边疆研究青年学者论坛在云南省昆明市举行。会议研讨的主要问题有“中国边疆治理的理论思考”“海疆的历史与现实”“西南边疆史地研究”“西北史地研究”“多学科视角下的边疆研究”等。

(4) 2015 年 8 月 21 日，中国边疆研究所主办的“中国社会科学论坛（2015）：‘一带一路’与中国周边区域合作”在北京召开。会议研讨的主要问题有“‘一带一路’与中国边疆发展”“‘一带一路’与中国周边国际环境”。

(5) 2015 年 10 月 12 ~ 13 日，中国边疆研究所与云南大学、新加坡国立大学东亚研究所、云南迪庆州政府联合主办的“第六届西南论坛”在云南省迪庆州举行。论坛研讨的主要问题有“‘一带一路’与西南边疆的开放与发展”“‘一带一路’与西南边疆的稳定与治理”。

(6) 2015 年 11 月 14 ~ 15 日，中国边疆研究所与陕西师范大学中国西部边疆研究院联合主办的“第三届中国边疆学论坛”在陕西省西安市举行。论坛研讨的主要问题有“‘一带一路’与边疆学”“边疆概念理论与问题”“边疆安全与对外活动”等。

2015 年，中国边疆研究所举办“中国边疆学讲坛”2 期：

(1) 2015 年 1 月 30 日，中国边疆研究所举办第 1 期（总第 14 期）“中国边疆学讲坛”，邀请求是杂志社社长李捷作题为“国家治理与边疆治理”的学术报告。

(2) 2015 年 4 月 29 日，中国边疆研究所举办第 2 期（总第 15 期）“中国边疆学讲坛”，邀请院学部委员、考古研究所所长王巍研究员作题为“从考古发现看中华文明的起源”的学术报告。

2. 国际学术交流与合作

2015 年，中国边疆研究所共派遣出访 14 批，接待来访 7 批。与中国边疆研究所开展学术交流的国家有韩国、日本、俄罗斯、哈萨克斯坦、英国、德国、芬兰、波兰、伊朗、沙特等。

(1) 2015 年 1 月 19 日，中国边疆研究所所长邢广程与乌兹别克斯坦驻华大使库尔班诺夫就“中亚局势和地区安全问题”进行座谈。

(2) 2015 年 4 月 8 日，中国边疆研究所党委书记李国强与日本国驻华使馆政务参赞南慎二就“南海问题、中越关系等议题”进行交流。

(3) 2015 年 5 月 4 ~ 8 日，中国边疆研究所所长邢广程随外交部代表团前往德国执行访问交流任务。

(4) 2015 年 5 月 11 日，美国东西方中心研究员杰弗逊一行 17 人访问中国边疆研究所，与该所李国强等人就南海问题交流座谈。

(5) 2015 年 9 月 23 ~ 27 日，中国边疆研究所东北与北部边疆研究室主任阿拉腾奥其尔赴芬兰赫尔辛基大学参加“中国新丝绸之路倡议与芬兰”学术会议，并作题为“新疆在中西关系中的作用：过去与未来”的演讲。

(6) 2015 年 10 月 19 ~ 24 日，中国边疆研究所所长邢广程赴俄罗斯索契参加瓦尔代辩论俱乐部，讨论战争与和平问题。

(7) 2015年11月6日，美国海军战争学院教授吉原恒淑来访中国边疆研究所，与该所李国强等人就“中美海洋战略、海洋安全问题”进行学术交流。

(8) 2015年12月4～11日，中国边疆研究所所长邢广程随中宣部组织的“中国新疆文化交流团”赴沙特阿拉伯王国、伊朗伊斯兰共和国进行学术交流。

(9) 2015年12月24日，以色列外交部代表团访问中国边疆研究所，与该所所长邢广程、新疆研究室主任许建英等人就反恐问题进行交流。

3. 与中国香港、澳门特别行政区和中国台湾开展的学术交流

(1) 2015年4月30日至5月3日，中国边疆研究所李国强应台湾海洋大学与政治大学的邀请，赴台湾宜兰参加“南海现状之挑战与因应策略研讨会”，并发表专题报告。

(2) 2015年6月23～25日，中国边疆研究所李国强应澳门特别行政区政府的邀请，赴澳门作题为“战略、风险与澳门的选择——建设21世纪海上丝绸之路的观察与思考”的专题报告。

(3) 2015年8月28日至9月1日，应当代日本研究学会的邀请，中国边疆研究所李国强赴台湾参加第一届“两岸日本研究论坛”，并作题为“论中日关系中的钓鱼岛问题”的发言。

（四）学术期刊

《中国边疆史地研究》（季刊），主编李大龙。

2015年，《中国边疆史地研究》共出版4期，共计113.6万字。该刊全年刊载的有代表性的文章有：王伟光的《建设国内领先、国际知名的边疆研究新型高端智库——在中国边疆研究所更名座谈会上的讲话》，王胜、华涛的《1908年菲律宾群岛地图研究——黄岩岛主权归属研究之一》，陈尚胜的《朝贡制度与东亚地区传统国际秩序——以16～19世纪的明清王朝为中心》，张云的《20世纪50年代中央治理西藏的伟大实践——从执行“十七条协议”到实行民主改革》，古永继、李和的《清末滇南猛乌、乌得割归法属越南事件探析》，王文光的《“大一统”中国发展史与中国边疆民族发展的“多元一统”》，刁书仁的《16、17世纪之际东亚全辽地区的满蒙关系——以努尔哈赤对东部蒙古的策略为中心》，彭贺超的《清末边疆新政的另类视角——以外籍人士眼中的新疆新政为中心》，段金生的《政党演进与边疆政治：同盟会在云南的组织与发展》等。

（五）会议综述

中国社会科学论坛（2015）：“一带一路”与周边国际区域合作

2015年8月21日，中国边疆研究所主办的“中国社会科学论坛（2015）：‘一带一路’与周边国际区域合作”在北京召开。中国社会科学院副院长蔡昉在致辞中指出，在“一带一路”

2015年8月21日，中国社会科学论坛（2015）：“一带一路”与周边国际区域合作在北京召开。

沿线国家中，中国周边国家占据重要位置，建立和谐的周边关系是“一带一路”建设顺利推进的基础。在“一带一路”建设中，中国边疆作为连接中国与众多邻国的门户和纽带，其稳定与发展是推进“一带一路”建设不可或缺的前提。此次论坛从不同视角探讨在“一带一路”建设背景下中国周边区域合作与中国边疆发展的理论和实践问题可谓正当其时，具有重要的学术价值和现实意义。中国社会科学院国际合作局局长王镭、中国边疆研究所所长邢广程分别在会上致辞。中国边疆研究所党委书记李国强作主题发言。来自中国、加拿大、德国、俄罗斯、哈萨克斯坦、蒙古国、日本、新加坡、南非等国的30多位专家学者参加会议。会议共收到论文19篇。与会者围绕“‘一带一路’与中国边疆发展”“‘一带一路’与中国周边国际环境”这两个主题进行了交流，提出很多有益的建议。

（科研处）

“一带一路”与中国边疆
——第三届中国边疆学论坛

2015年11月14～15日，中国边疆研究所与陕西师范大学中国西部边疆研究院联合举办的“‘一带一路’与中国边疆——第三届中国边疆学论坛”在陕西省西安市召开。

来自全国科研机构和高校的近70名专家学者围绕“‘一带一路’与中国边疆”展开讨论交流。会议共收到论文50余篇。会议议题包括“‘一带一路’与边疆学”“边疆的概念、理论和问题”“边疆安全与对外活动”“汉唐边疆治理”“元明清边疆治理”“民族关系与民族文化”。会议中，与会专家从微观到宏观、从理论到现实，围绕主题展开了讨论，有关“‘丝绸之路’的文化内涵”“大一统思想的形成与实践”“海上丝绸之路的形成与发展”“‘一带一路’背景下对外开放地缘布局”“西部边疆安全与发展”的相关问题等均成为此次论坛讨论的焦点问题。

（科研处）

台湾研究所

（一）人员、机构等基本情况

1. 人员

截至 2015 年底，台湾研究所共有在职人员 63 人。其中，正高级职称人员 14 人，副高级职称人员 15 人，中级职称人员 18 人；高、中级职称人员占全体在职人员总数的 74.6%。

2. 机构

台湾研究所设有：综合研究室、台湾政治研究室、台湾经济研究室、台湾选举研究室、台湾社会文化与人物研究室、台美关系研究室、科研合作处、《台湾研究》编辑部、资料室、办公室、人事处。

（二）科研工作

1. 科研成果统计

2015 年，台湾研究所共完成专著 2 种，75 万字；论文 58 篇，48 万字；研究报告 155 篇，80 万字。

2. 科研课题

（1）新立项课题。2015 年，台湾研究所共有新立项课题 12 项，为国家社会科学基金和外交部、国务院台办、国务院侨办、商务部、国家旅游局、统战部等中央有关部门委托课题。

（2）结项课题。2015 年，台湾研究所共有结项课题 12 项，均为外交部、国务院台办、国务院侨办、商务部、国家旅游局、统战部等中央有关部门委托课题。

（三）学术交流活动

1. 学术活动

2015 年，台湾研究所举办的学术会议有：

（1）2015 年 1 月 25 日，台湾研究所与两岸关系和平发展协同创新中心在云南省举办“台湾政局与两岸关系发展趋势研讨会”。会议研讨的主要问题有“2008 年以来的两岸关系和平发展总检讨”“对国民党改革与重整的评估”“民进党及其大陆政策的可能走向”“2016 年‘大选’前台湾政局演变的主要特点”等。

（2）2015 年 3 月 18 日，台湾研究所与两岸关系和平发展协同创新中心政策研究中心联合举办首届“两岸政策观察论坛”。论坛研讨的主要问题有“日台关系回顾与展望”“2014 年台湾地方选举分析与 2016 年‘总统’选举预测”“马英九当局文化政策”等。

（3）2015 年 4 月 12 ~ 16 日，由全国台湾研究会举办的“第七届两岸青年学者论坛”在海南省三亚市举行。来自海峡两岸的数十名青年学者参加论坛。论坛的主题是“青年 · 发展 · 融合”。

(4) 2015年4月21日，由台湾研究所、两岸关系和平发展协同创新中心和台北市青年联合会共同举办的首届“两岸新锐论坛”在北京召开。论坛研讨的主要问题有“‘九二共识’的地位与作用”“两岸青年交流与合作”“推动两岸永续和平与发展”等。

(5) 2015年6月24日，台湾研究所与两岸关系和平发展协同创新中心共同举办“两岸关系发展前瞻”学术研讨会。会议研讨的主要问题有“当前大陆与台湾的政策互动”“岛内局势及经济、社会状况”等。

(6) 2015年7月7日，台湾研究所与两岸关系和平发展协同创新中心联合举办“两岸政策观察”第二次论坛。论坛研讨的主要问题有“2016年台湾‘大选’形势”“影响‘大选’的美国因素”等。

(7) 2015年7月14～15日，由台湾研究所、全国台湾研究会、中华全国台湾同胞联谊会共同主办的第24届海峡两岸关系学术研讨会在宁夏回族自治区银川市举行。会议研讨的主要问题有“两岸关系发展面临的新形势与新问题”“两岸关系和平发展的经验与启示”“深化两岸经贸合作的建议”“加强两岸文化教育交流的机制与路径”等。

(8) 2015年7月21日，由台湾研究所与两岸关系和平发展协同创新中心政策研究中心联合举办的“两岸政策观察”第三次论坛在北京举行。论坛的主题是“台湾2016年‘大选’前的两岸政策互动”。

(9) 2015年8月25～29日，由台湾研究所与两岸关系和平发展协同创新中心联合主办的“台湾政局发展与两岸经济合作”研讨会在安徽省合肥市举行。会议研讨的主要问题有“岛内政局变化与两岸经济合作”“‘一带一路’建设与台湾经济发展”“大陆惠台政策检讨”等。

(10) 2015年9月8日，由台湾研究所与两岸关系和平发展协同创新中心政策研究中心联合举办的“两岸政策观察”第四次论坛在北京举行。论坛研讨的主要问题有“当前岛内局势”“2016年‘大选’前的两岸政策互动”“台湾涉外关系”等。

(11) 2015年10月12日，由台湾研究所、两岸关系和平发展协同创新中心、厦门大学台湾研究院、全国台湾研究会、台湾亚太和平研究基金会和台湾二十一世纪基金会共同举办的第二届两岸智库学术论坛在重庆开幕。论坛的主题是“两岸关系的挑战与政策选择”。

(12) 2015年11月7日，台湾研究所在甘肃省兰州市举办“2016年‘大选’后岛内政局演变和两岸关系趋势”座谈会。会议研讨的主要问题有“2016年‘大选’后岛内政治格局的演变趋势”“选后国民党内的权力生态变化”等。

(13) 2015年11月25日，台湾研究所举办第六次“两岸政策观察论坛”。论坛研讨的主要问题有“两岸领导人会面”“民进党两岸政策走向”“台湾参加区域经济整合”等。

(14) 2015年12月28日，由台湾研究所与两岸关系和平发展协同创新中心联合举办的“两岸政策观察”第七次论坛在北京举行。论坛研讨的主要问题有“当前岛内局势”“2016年‘大选’及‘立委’选举态势”“选后两岸关系展望”“两岸经济关系前瞻与对策”等。

（15）2015年12月29日，台湾研究所与两岸关系和平发展协同创新中心在天津举办“新形势下两岸经济关系前景展望”研讨会。会议研讨的主要问题有“2016年选举态势”“选后两岸经济合作形势及两岸经贸政策走向”等。

2．国际学术交流与合作

2015年，台湾研究所共派遣出访63批158人次，接待来访102批353人次。与台湾研究所开展学术交流的国家有美国、英国、日本、德国、比利时、瑞典、菲律宾、韩国、新加坡、加拿大等。

来访

（1）2015年1月12日，美国“哈佛台湾研究小组”一行来台湾研究所访问，随团成员有波士顿大学政治系教授傅士卓、史汀生研究中心研究员容安澜、波士顿学院政治系教授陆伯彬、哈佛大学费正清中心教授戈迪温、普林斯顿大学政治系教授柯庆生。台湾研究所所长周志怀主持座谈会。双方就“九合一”选举后的岛内政局与两岸关系、民进党大陆政策未来走向等议题交换了看法。

（2）2015年1月20日，英国驻台北贸易文化处处长薛达巍等人来台湾研究所访问。台湾涉外事务研究中心主任修春萍主持座谈会。双方就台湾政局及社会、经济、文化等议题交换了看法。

（3）2015年1月29日，台湾研究所所长周志怀会见了日本驻华使馆政务公使远藤和也一行，双方就“九合一”选后台湾政局情况进行了交流。

（4）2015年2月2日，瑞典驻华使馆政务处二等秘书叶霭明、政务官员米林来台湾研究所访问。双方就当前两岸关系情况进行了交流。

（5）2015年3月16～20日，应台湾研究所邀请，日本“两岸关系研究小组”访问团来台湾研究所访问。

（6）2015年3月25日，日本瑞穗综合研究所亚洲调查部中国室长伊藤信悟来台湾研究所访问。双方就“台商在大陆市场竞争力变迁”“两岸产业合作现况及展望”等议题交换了看法。

（7）2015年4月10日，全美和统会联合会“中华文化之旅”访问团一行13人来台湾研究所访问。该团团长为全美和统会联合会执行会长兼大芝加哥中国和平统一促进会会长李红卫。台湾研究所所长周志怀主持座谈会，阐释了“九合一”选举后的岛内形势及我对台政策，并就民进党大陆政策的调整与两岸关系未来走向等议题发表了看法。

（8）2015年4月16日，菲律宾中国和平统一促进会访问团一行32人来台湾研究所访问。该团团长为菲律宾中国和平统一促进会副会长、菲律宾中华总商会理事长卢祖荫，团员包括菲律宾中国和平统一促进会名誉会长曾福应、吴仲振，菲律宾中国和平统一促进会决策委员林玉燕、施文界，菲律宾中国和平统一促进会副会长戴宏达，菲律宾中国和平统一促进会宿务分会会长何安顿，菲律宾中国和平统一促进会秘书长吴建省等。台湾研究所所长周志怀主持座谈会，并就民进党大陆政策、岛内第三势力、两岸关系未来走向等议题与来访成员交换了看法。

(9) 2015 年 5 月 6 日，德国驻华使馆文化参赞寇文刚来台湾研究所访问。台湾研究所副所长朱卫东主持座谈会。双方就当前岛内局势及两岸关系发展交换了看法。

(10) 2015 年 5 月 13 日，韩国驻华使馆经济部参赞李渼妍等来台湾研究所访问。台湾研究所副所长张冠华主持座谈会。双方就两岸经贸关系交换了看法。

(11) 2015 年 5 月 26 ~ 31 日，应台湾研究所与两岸关系和平发展协同创新中心邀请，美国智库华裔学者访问团来华访问。台湾研究所所长助理彭维学主持座谈会。双方就近期中美台关系及基金会的筹备工作等问题交换了看法。

(12) 2015 年 6 月 9 日，美国华盛顿中国和平统一促进会访问团来台湾研究所访问。台湾研究所副所长、两岸关系和平发展协同创新中心副主任朱卫东研究员主持座谈会。双方就当前岛内局势、中央对台方针政策、两岸关系和平发展等议题交换了看法。

(13) 2015 年 7 月 23 日，英国驻华大使馆政务处一等秘书柯春娜来台湾研究所访问。两岸关系和平发展协同创新中心团队成员、台湾研究所台美关系研究室主任曾润梅主持座谈会。双方就 2016 年台湾“大选”及当前岛内局势及两岸关系交换了看法。

(14) 2015 年 7 月 28 日，台湾研究所所长周志怀在北京会见了新加坡驻华大使罗家良。双方就当前两岸关系发展态势与台湾 2016 年“大选”等问题交换了意见。台湾研究所副所长朱卫东、张冠华，所长助理彭维学等参加座谈会。

(15) 2015 年 11 月 3 日，应台湾研究所邀请，前美国国务院副发言人、史汀生研究中心资深研究员容安澜来台湾研究所访问，并就台湾 2016 年“大选”以及选后台海局势可能走向进行演讲。台湾研究所副所长、两岸关系和平发展协同创新中心学术委员会副主任张冠华研究员主持座谈会。

(16) 2015 年 11 月 12 日，新加坡驻华使馆副馆长洪伟强、一等秘书吴金娘来台湾研究所访问。台湾研究所副所长、两岸关系和平发展协同创新中心副主任朱卫东研究员主持座谈会。双方就当前两岸关系深入交换了看法。

(17) 2015 年 11 月 17 日，日本经济新闻中国总局长山田周平等来台湾研究所访问。台湾研究所所长助理、两岸关系和平发展协同创新中心专家委员彭维学研究员等参加会谈。双方就当前岛内局势及“习马会”的意义与影响等议题交换了看法。

(18) 2015 年 11 月 30 日，日本早稻田大学教授平川幸子来台湾研究所访问。台湾研究所台湾涉外事务研究中心主任、两岸关系和平发展协同创新中心专家委员研究员修春萍等参加座谈会。双方就当前岛内局势及日台关系问题交换了看法。

(19) 2015 年 12 月 7 日，韩国统一部参访团来台湾研究所访问。台湾研究所所长、两岸关系和平发展协同创新中心副理事长兼重大理论创新平台主任周志怀研究员主持座谈会。双方就当前台海局势及两岸关系发展问题交换了看法。

（20）2015年12月17日，加拿大驻华使馆外交官Mr.Stephen Green来台湾研究所访问。台湾研究所选举研究室研究员、两岸关系和平发展协同创新中心专家委员王建民等参加座谈会。双方就当前岛内局势及两岸关系与其交换了看法。

（21）2015年10月21日，美国外交政策全国委员会主席格蕾丝·瓦耐克、前美国驻华大使芮效俭等来台湾研究所访问。台湾研究所副所长、两岸关系和平发展协同创新中心副主任朱卫东研究员主持座谈会。双方就2016年“选举”态势、国民党前途与未来发展、蔡英文当选后两岸政策的可能走向及台美关系等议题进行了深入交流。所长助理、两岸关系和平发展协同创新中心专家委员彭维学研究员等参加座谈会。

出访

（1）2015年3月19～28日，应纽约中国和平统一促进会邀请，台湾研究所副所长张冠华及综合研究室主任金奕、选举研究室副主任张华等赴美国访问。在美期间，该团访问了纽约中国和平统一促进会、华盛顿中国和平统一促进会、洛杉矶华夏政略研究会等单位，并就中国大陆、美国、中国台湾关系等问题进行了座谈。

（2）2015年6月2～8日，台湾研究所台湾涉外事务研究中心主任、两岸关系和平发展协同创新中心专家委员修春萍研究员赴日本东京、大阪进行学术交流，先后拜访了日中关系研究所、早稻田大学国际研究部、华人教授协会、日本华侨总会、全日本中国和平统一促进会等单位，与研究台湾问题与两岸关系的日本学者、在日华人教授、媒体人士、旅日侨界领袖、新老华侨等进行了座谈，就当前台湾政局及两岸关系中的日本因素、安倍内阁的对台政策与中国台湾与日本关系走向等议题交换了看法。

（3）2015年6月11～15日，应英国牛津大学圣安东尼学院邀请，两岸关系和平发展协同创新中心首次联合组团访问英国。参访团由两岸协创中心主任、厦门大学副校长李建发教授带队，成员包括两岸协创中心副理事长、中国社会科学院台湾研究所所长周志怀研究员，两岸协创中心执行主任、厦门大学台湾研究院院长刘国深教授，两岸协创中心首席专家、复旦大学台湾研究中心主任信强教授，两岸协创中心秘书长、厦门大学台湾研究院副院长李鹏教授等。在英期间，访问团先后赴牛津大学圣安东尼学院亚洲研究中心、牛津大学中国研究中心、剑桥大学、伦敦政经学院和皇家国际问题研究所进行访问，就台海形势、两岸关系和大陆对台政策等问题与英国研究中国大陆和台湾问题的专家学者交换意见。

（4）2015年7月20～26日，应日本外务省邀请，台湾研究所副所长、两岸关系和平发展协同创新中心副主任朱卫东研究员，政治研究室副主任、两岸关系和平发展协同创新中心团队成员冷波副研究员等赴日本进行学术交流。在日期间，朱卫东一行先后访问了日本外务省、参议院、众议院、日本放送协会（NHK）等机构，并与东京外国语大学、早稻田大学、庆应大学、立命馆大学、亚洲经济研究所等有关专家学者，就当前台湾政局发展、2016年“大选”选情及其影响、日台关系现状及未来走向等议题进行了深入交流。

(5) 2015年8月10～14日，由欧洲中国和平统一促进会、德国华侨华人中国和平统一促进会主办的“纪念中国人民抗日战争暨世界反法西斯战争胜利70周年及全球华侨华人推动中国和平统一（柏林）大会15周年”大会在德国柏林举行。台湾研究所副所长、两岸关系和平发展协同创新中心学术委员会副主任张冠华研究员及台湾研究所社会文化与人物研究室主任、两岸关系和平发展协同创新中心专家委员许钟萍研究员等应邀参加大会。会议研讨的主要问题有“一国两制”“两岸关系和平与发展”“反独促统”等。

(6) 2015年9月19～29日，应美国华夏政略研究会邀请，台湾研究所所长助理、两岸关系和平发展协同创新中心专家委员彭维学研究员，《台湾研究》副主编、两岸关系和平发展协同创新中心专家委员刘国奋研究员等赴美国进行学术交流。在美期间，彭维学一行分别访问了华夏政略研究会、纽约华盛顿中国和平统一促进会、美国国际战略研究中心等单位，就中美台关系、台湾2016年“大选”评估等议题进行了深入访谈。

(7) 2015年12月8～18日，由台湾研究所与厦门大学台湾研究院、复旦大学台湾研究中心、上海国际问题研究院专家学者联合组成的两岸关系和平发展协同创新中心美国访问团赴美国华盛顿、波士顿、圣地亚哥、旧金山等地进行访问。参访团由台湾研究所所长、两岸关系和平发展协同创新中心副理事长兼重大理论创新平台主任周志怀研究员带队，成员包括上海国际问题研究院副院长、两岸关系和平发展协同创新中心专家委员严安林，复旦大学台湾研究中心主任、两岸关系和平发展协同创新中心专家委员信强，厦门大学台湾研究院副院长、两岸关系和平发展协同创新中心首席专家邓丽娟等。在美期间，访问团先后访问了中国驻美大使馆、美国战略与国际研究中心、约翰霍普金斯大学中国研究中心、美国国务院、2049计划研究所、哈佛大学费正清研究中心、加州大学圣地亚哥分校全球冲突与合作研究所、加州大学伯克利分校等单位，与美国涉台问题专家就台湾局势、两岸关系、中美关系中的台湾问题等议题进行了深入交流。中国驻美公使李克新、美国国务院负责东亚事务的副助理国务卿董云裳等会见了周志怀所长一行，并希望中美两国智库进一步加强交流沟通。

3. 与中国香港、澳门特别行政区和中国台湾开展的学术交流

(1) 2015年1月18日，台湾研究所所长周志怀会见了来访的台湾亚太和平研究基金会董事长赵春山、淡江大学中国大陆研究所所长张五岳、亚太和平研究基金会研究交流组主任陈逸品。双方就“九合一”选举后岛内政局及两岸关系发展趋势进行了深入交谈。台湾研究所副所长朱卫东、科研合作处处长程红参加座谈会。

(2) 2015年1月22日，台湾大学国家发展研究所所长陈明通率领的“国家发展研究所2015寒假大陆访问团”来台湾研究所访问。台湾研究所副所长朱卫东主持座谈会。双方就两岸青少年交流及两岸关系未来发展等议题进行了交流。台湾研究所所长助理彭维学等参加座谈会。

(3) 2015年2月3日，以戚嘉林教授为团长的台湾祖国文摘杂志社学术交流团来台湾研究所访问。随团来访的有《中国时报》执行副主笔陈琴富、佛光大学历史所教授卓克华、台湾战略学会理事长王崑义等。台湾研究所副所长朱卫东主持座谈会。双方就大陆对台政策、“九合一选举”后的台湾政局及两岸关系发展、民进党大陆政策走向等议题交换了意见。台湾研究所所长助理彭维学等参加座谈会。

（4）2015年2月27日，台湾佛光大学学务长柳金财等来台湾研究所访问。台湾研究所所长助理彭维学主持座谈会。双方就岛内政治生态及民进党大陆政策未来走向等议题进行了深入交流。台湾研究所网站总编辑党朝胜等参加座谈会。

（5）2015年3月3日，台湾方外智库执行长詹满容、顾问王珍一和专案主任许峻宾一行来台湾研究所访问。台湾研究所副所长张冠华主持座谈会。双方就台湾的政治经济发展现状与两岸关系发展趋势、第三势力发展、民进党两岸政策未来走向等议题进行了深入交流。台湾研究所台美关系研究室主任曾润梅等参加座谈会。

（6）2015年3月22～25日，应两岸与澳台关系学会邀请，台湾研究所所长周志怀、科研合作处处长程红、网站总编辑党朝胜等赴澳门访问。在澳门期间，周志怀一行与两岸与澳台关系协会会长刘家裕和理事长朱显龙进行了座谈交流，并先后访问了澳门中联办台务部与澳台商会。

（7）2015年4月14～20日，台湾研究所台美关系研究室主任曾润梅一行赴台湾调研。曾润梅等人先后访问了台湾政治大学国家发展研究所、中国大陆研究中心、国际关系研究中心，台湾大学国家发展研究所，淡江大学美洲研究所、国际事务及战略研究所，亚太和平研究基金会等单位，并围绕蔡英文两岸与对外政策走向、台湾国际参与及两岸共同参与亚太区域经济整合、两岸在国际NGO领域的互动等问题进行了交流。

（8）2015年4月18日，国民党主席特别顾问兼大陆事务部主任高孔廉、国民党智库国家政策研究基金会执行长尹启铭等人来台湾研究所访问。台湾研究所所长周志怀主持座谈会。双方就近期国共两党互动、国民党大陆政策走向以及岛内政局与两岸关系发展趋势等议题交换了意见。

（9）2015年4月21日，台湾研究所所长周志怀会见了来访的台湾海基会副董事长兼副秘书长周继祥。双方就当前岛内局势及两岸关系交换了意见。

（10）2015年5月6～10日，应台湾研究所和两岸关系和平发展协同创新中心邀请，台湾政治大学外交系教授、国民党国政基金会顾问朱新民来北京访问。朱新民教授在台湾研究所发表题为“两岸关系中若干关键性概念的反思”的演讲。台湾研究所副所长朱卫东主持学术演讲会。

（11）2015年5月8日，应台湾研究所和两岸关系和平发展协同创新中心邀请，台湾淡江大学美洲研究所教授陈一新来台湾研究所访问，并发表题为“台湾大选的美国因素及蔡英文的策略”的演讲。台湾研究所副所长张冠华主持学术演讲会。在北京期间，台湾研究所所长周志怀会见了陈一新教授。

（12）2015年5月22日，台湾研究所所长周志怀会见了来访的两岸与澳台关系学会朱显龙理事长，双方就合作事宜与当前两岸关系等议题交换了看法。

(13) 2015 年 6 月 4 ~ 6 日，应台湾研究所和两岸关系和平发展协同创新中心邀请，台湾淡江大学教授何思因来北京访问。何思因教授在台湾研究所发表题为"'太阳花学运'后的台湾内部发展"的演讲。台湾研究所所长、两岸关系和平发展协同创新中心副理事长兼重大理论创新平台主任周志怀研究员主持学术演讲会，相关处室 30 余人听取演讲。

(14) 2015 年 6 月 10 日，台湾工业技术研究院产业经济与趋势研究中心副主任张超群一行来台湾研究所访问。台湾研究所副所长、两岸关系和平发展协同创新中心学术委员会副主任张冠华研究员主持座谈会。双方就岛内经济及两岸经贸关系进行了深入交流。

(15) 2015 年 6 月 24 日，应台湾研究所和两岸关系和平发展协同创新中心邀请，台湾中山大学中山与中国大陆研究所所长赵建民来台湾研究所访问，并发表题为"台湾 2016 年'大选'及蔡英文的两岸政策"的演讲。台湾研究所副所长、两岸关系和平发展协同创新中心副主任朱卫东研究员主持演讲会。在北京期间，台湾研究所所长、两岸关系和平发展协同创新中心副理事长兼重大理论创新平台主任周志怀研究员会见了赵建民教授，并就当前岛内局势及两岸关系交换了看法。

(16) 2015 年 6 月 24 日，亚太和平研究基金会执行长高长一行来台湾研究所访问。台湾研究所所长、两岸关系和平发展协同创新中心副理事长兼重大理论创新平台主任周志怀研究员会见了高长执行长一行，并就两岸关系现状深入交换了意见。

(17) 2015 年 7 月 6 日，台湾陆委会企划处副处长杨千惠一行来台湾研究所访问。台湾研究所副所长、两岸关系和平发展协同创新中心副主任朱卫东研究员主持座谈会。双方就当前两岸关系深入交换了看法。两岸关系和平发展协同创新中心重大理论创新平台专家委员、首席专家、台湾研究所所长助理彭维学研究员等参加座谈会。台湾研究所所长、两岸关系和平发展协同创新中心副理事长周志怀会见了杨千惠副处长一行。

(18) 2015 年 7 月 15 ~ 17 日，应台湾研究所与两岸关系协同创新中心邀请，台湾亚太和平研究基金会董事长赵春山、台湾大学政治学系教授高朗一行来台湾研究所访问，并与台湾研究所研究人员就台湾 2016 年"大选"、民进党两岸政策以及大陆对台政策等议题进行深入交流。两岸关系协同创新中心副理事长、台湾研究所所长周志怀主持座谈会。台湾研究所副所长朱卫东等参加了座谈会。

(19) 2015 年 7 月 29 日，在北京参加 2015 年"中流知识菁英研访营"的台湾大学政治学系教授张佑宗率团员一行 23 人来台湾研究所参观访问。台湾研究所副所长、两岸关系和平发展协同创新中心副主任朱卫东研究员主持座谈会。访问团就明年台湾"大选"及两岸关系发展趋势等有关问题与台湾研究所学者交换了意见。两岸关系和平发展协同创新中心团队成员、综合研究室主任金奕研究员，两岸关系和平发展协同创新中心团队成员、社会文化与人物研究室主任许钟萍研究员等参加座谈会。

(20) 2015 年 8 月 2 ~ 8 日，台湾研究所所长助理、两岸关系和平发展协同创新中心专家委员彭维学研究员，台湾研究所综合研究室主任、两岸关系和平发展协同创新中心成员金奕等赴台湾调研访问。彭维学一行先后访问了台湾大学国家发展研究所、“国策研究院”文教基金会、两岸政经研究学会、亚太和平研究基金会、淡江大学大陆研究所等单位，就蔡英文的两岸政策与2016年台湾“大选”等议题进行了深入交流。

（21）2015年8月27日，台湾政治大学两岸政经研究中心主任魏艾等来台湾研究所访问。台湾研究所台湾涉外事务研究中心主任、两岸关系和平发展协同创新中心专家委员修春萍研究员主持座谈会。双方就当前岛内政局及两岸关系发展形势进行了交流。台湾研究所综合研究室主任、两岸关系和平发展协同创新中心成员金奕研究员，台湾选举研究室研究员、两岸关系和平发展协同创新中心专家委员王建民参加座谈会。

（22）2015年8月30日至9月2日，应两岸与澳台关系协会理事长朱显龙邀请，台湾研究所副所长、两岸关系和平发展协同创新中心学术委员会副主任张冠华研究员及《台湾研究》主编、两岸关系和平发展协同创新中心专家委员刘佳雁研究员等赴澳门参加“第二届两岸和谐关系论坛”，并分别就岛内局势、“两岸和谐基础与和谐机制”等议题发表了看法。

（23）2015年9月22日，台湾新民党主席乐可铭来台湾研究所访问。台湾研究所副所长、两岸关系和平发展协同创新中心副主任朱卫东研究员主持座谈会。双方就台湾2016年“大选”形势等议题进行了深入交谈。

（24）2015年9月23～26日，由中华全国台湾同胞联谊会、澳门中华文化交流协会及台湾两岸和平发展论坛共同举办的纪念台湾光复70周年研讨会在澳门举行。台湾研究所政治研究室副主任、两岸关系和平发展协同创新中心团队成员冷波副研究员等受邀参加会议，并就两岸同胞共同抗战的历史启示、建设两岸共同家园与青年发展道路等议题发表演讲。

（25）2015年10月18～21日，应台湾研究所与两岸关系和平发展协同创新中心邀请，台湾港湾城市交流基金会访问团来台湾研究所访问。该团团长为港湾城市交流基金会董事长杨文全。台湾研究所副所长、两岸关系和平发展协同创新中心副主任朱卫东研究员主持座谈会。双方就当前台湾政局、2016年“大选”态势、民进党两岸政策等议题进行了讨论。台湾研究所所长、两岸关系和平发展协同创新中心副理事长兼重大理论创新平台主任周志怀研究员会见了该访问团。

（26）2015年10月25～28日，应澳门“两岸与澳台关系协会”邀请，台湾研究所所长、两岸关系和平发展协同创新中心副理事长兼重大理论创新平台主任周志怀研究员，选举研究室研究员、两岸关系和平发展协同创新中心专家委员王建民，科研合作处处长、两岸关系和平发展协同创新中心成员程红等人赴澳门参加“台湾政党政治与两岸关系”研讨会，并就“台湾政局与政党政治”、两岸共识与两岸关系等议题发表演讲。

（27）2015年11月2～8日，应台湾亚太和平研究基金会邀请，台湾研究所副所长、两岸关系和平发展协同创新中心副主任朱卫东研究员，台湾研究所专职副书记肖磊，社会文化与人物研究室主任、两岸关系和平发展协同创新中心成员许钟萍一行赴台湾进行学术交流。朱卫东一行先后访问了亚太和平研究基金会、海基会、21 世纪基金会等单位，就近期岛内局势、台湾 2016 年“大选”等议题进行了深入访谈。

(28) 2015 年 11 月 6 日，国民党中评会主席、前海基会副董事长兼秘书长邱进益率领的台北中美文化经济协会北京参访团一行 8 人来台湾研究所访问。台湾研究所所长、两岸协创中心副理事长兼重大理论创新平台主任周志怀研究员主持座谈会。双方就“习马会”影响、台湾 2016 年“选举”态势、岛内民意走向等议题进行了深入交流。

(29) 2015 年 11 月 12 ~ 18 日，应台湾工业研究院邀请，台湾研究所副所长、两岸关系和平发展协同创新中心学术委员会副主任张冠华研究员等人赴台湾参加由工研院及两岸产业研究咨询小组主办的“‘一带一路’与两岸产业发展合作”研讨会，并围绕“中国制造 2025 与两岸产业发展合作机会”的会议主题发表演讲。

(30) 2015 年 11 月 19 日，台湾民主基金会副执行长、政治大学外交系副教授卢业中来台湾研究所访问。台湾研究所所长、两岸关系和平发展协同创新中心副理事长兼重大理论创新平台主任周志怀研究员会见了卢业中教授。台湾研究所副所长、两岸关系和平发展协同创新中心副主任朱卫东研究员主持座谈会。双方就当前岛内局势及两岸关系进行了深入交流。

(31) 2015 年 11 月 24 日，应台湾研究所邀请，台湾亚太和平研究基金会顾问陈忠信来台湾研究所演讲，就 2016 年台湾“大选”尤其是“立委”选情等问题进行了分析和预测。台湾研究所所长、两岸关系和平发展协同创新中心副理事长兼重大理论创新平台主任周志怀研究员主持演讲会。台湾研究所副所长、两岸关系和平发展协同创新中心副主任朱卫东，所长助理、两岸关系和平发展协同创新中心专家委员彭维学研究员等 30 余人听取演讲。

(32) 2015 年 12 月 7 ~ 10 日，应澳门“两岸与澳台关系协会”邀请，台湾研究所所长助理、两岸关系和平发展协同创新中心专家委员彭维学研究员，《台湾研究》副主编、两岸关系和平发展协同创新中心成员刘国奋研究员等赴澳门参加研讨会，并就台湾 2016 年“大选”及选后两岸关系走向等议题发表演讲。

(33) 2015 年 12 月 13 日，台湾海峡评论杂志社参访团来台湾研究所访问。台湾研究所所长助理、两岸关系和平发展协同创新中心专家委员彭维学研究员主持座谈会。双方就选后两岸关系形势等问题进行了探讨。台美关系研究室主任、两岸关系和平发展协同创新中心成员曾润梅研究员，台湾选举研究室研究员、两岸关系和平发展协同创新中心专家委员王建民等参加座谈会。

(34) 2015 年 12 月 27 ~ 30 日，应澳门“两岸与澳台关系协会”邀请，台湾研究所副所长、两岸关系和平发展协同创新中心副主任朱卫东研究员，综合研究室主任、两岸关系和平发展协同创新中心成员金奕研究员一行赴澳门，参加在澳门理工学院举办的“第六届两岸关系澳门论坛”，并就台湾“选举”与岛内政局、政党轮替与两岸关系、台海和平与东亚稳定、经济一体化与文化合作、澳台关系与四地融合等议题发表演讲。

（四）学术期刊

（1）《台湾研究》（双月刊），主编刘佳雁。

2015年，《台湾研究》共出版6期，共计69万字。该刊全年刊载的有代表性的文章有：周志怀的《两岸关系的挑战与政策选择》，朱卫东的《民进党“台独”路线转型的轨迹与规律之探讨》，张冠华的《推进两岸经济融合发展的形势与思路》，刘国奋的《两岸关系发展二十年之省思》，吴宜的《近年来台湾青年参与社会运动深层原因探析》，王鸿志的《台湾移动新媒体发展现状及其政治影响评析》，张华的《近20年台湾“总统”选举中的美国因素分析》，钟厚涛的《浅析美国对于台湾加入TPP的政策走向及其影响》，尹茂祥的《两岸和平协议问题之演变与趋势》，陈桂清的《浅析民进党社会基础的变迁与新特点》，徐青的《浅析蔡英文“参与式民主”的策略意图》。

（2）《台湾周刊》（周刊），主编金奕。

2015年，《台湾周刊》共出版50期，共计181万字。该刊全年刊载的有代表性的文章有：刘世洋的《2014年台湾政局回顾》，钟厚涛的《2014年两岸军事关系盘点》，胡本良的《蔡英文将代表民进党参加2016年“大选”》，王治国的《2008年以来两岸关系和平发展的省思》，朱卫东的《习近平对台重要讲话展现三个自信》，党朝胜的《对当前两岸关系和平发展的观察思考》，王鸿志的《台湾第三势力再趋活跃及其原因分析》，谢楠的《简析当前台湾社会转型的影响因素与发展趋势》，陈咏江的《蔡英文“维持现状说受”质疑》，任冬梅的《网络新媒体对台湾青年政治倾向和行为的影响》，刘世洋的《“习朱会”为国共及两岸关系注入新动力》，金奕的《浅析洪秀柱的两岸政策主张》，朱卫东的《台胞免签政策惠及全岛、影响深远》，冷波的《民进党短期内难以放弃“台独”立场的主要原因》，王治国的《蔡英文两岸政策的基本主张》，金奕的《警惕岛内修改“公投法”的动向》，王敏的《两岸关系和平发展的最佳见证者与推动者》，柳英的《大陆居民赴台个人游评析》，徐亦鹏的《“英伦大战”持续升温》，徐文的《“习马会”引岛内外各界震撼》，曾润梅的《蔡英文对外政策走向初探》。

（五）会议综述

第七届两岸青年学者论坛

2015年4月12～16日，由全国台湾研究会举办的“第七届两岸青年学者论坛”在海南省三亚市举行。中国社会科学院台湾研究所所长、全国台湾研究会执行副会长兼秘书长周志怀在论坛开幕式上致辞。

周志怀认为，当前两岸关系呈现三个特点。一是海峡两岸均处在剧变的关键年代。二是当下海峡两岸的发展已经出现了两种新常态。一种是大陆不断深化改革的新常态；另一新常态是台湾“逢中必反”“逢马必反”。三是两岸关系的发展进入挑战大于机遇的持续调整阶段。

周志怀最后说，推动两岸关系和平发展，促进两岸融合任重道远。当前，青年已成为影响两岸关系和平发展的重要力量，两岸青年学者应共同逐梦，为中华民族伟大复兴贡献力量。

来自海峡两岸的数十名青年学者参加会议。学者们就论坛的主题“青年·发展·融合”等议题进行了深入的探讨和交流，并就新形势下如何加强两岸交流工作提出了具体建议。

（科研处）

第24届海峡两岸关系学术研讨会

2015年7月14～15日，由全国台湾研究会、中华全国台湾同胞联谊会和中国社会科学院台湾研究所共同主办的第24届海峡两岸关系学术研讨会在宁夏回族自治区银川市举行。会议围绕“坚持共同基础，维护和平成果”等议题进行深入探讨。

全国政协常委、全国台联党组书记梁国扬在致开幕词时表示，2014年以来，在两岸同胞共同努力下，两岸关系克难前行，继续保持了和平发展势头，取得了新的进展与成果。一是国共两党进一步夯实坚持“九二共识”、反对“台独”的共同政治基础；二是两岸双方在这一共同政治基础上保持良性互动；三是两岸经贸合作稳步发展；四是两岸人民往来与基层交流更趋热络。

梁国扬表示，当前两岸关系处于新的重要节点。两岸关系和平发展成果来之不易，弥足珍贵，应倍加珍惜。他就此提出四点看法：第一，增进两岸政治互信，确保两岸关系和平发展正确方向。第二，“两岸同属一中”“九二共识”是两岸现状的核心组成部分，舍此就是打破两岸现状。第三，“台独”没有和平，分裂没有稳定。第四，两岸关系和平发展成果由两岸同胞共享，也要由两岸同胞共同维护。

宁夏回族自治区党委常委、统战部部长马廷礼在开幕式上对与会专家学者表示欢迎，并介绍了宁夏与台湾近年来的交流情况。

近百位来自两岸及港澳的专家学者，围绕两岸关系发展面临的新形势与新问题、两岸关系和平发展的经验与启示、深化两岸经贸合作的建议、加强两岸文化教育交流的机制与路径等议题进行了深入探讨。

中国社会科学院台湾研究所所长、全国台湾研究会执行副会长兼秘书长周志怀参加并主持了开幕式。

（科研处）

“台湾政局发展与两岸经济合作”研讨会

2015 年 8 月 25 ~ 29 日，由中国社会科学院台湾研究所与两岸关系和平发展协同创新中心联合主办的“台湾政局发展与两岸经济合作”研讨会在安徽省合肥市举行。中国社会科学院台湾研究所所长、两岸关系和平发展协同创新中心副理事长兼重大理论创新平台主任周志怀研究员主持研讨会。会议围绕“岛内政局变化与两岸经济合作”“‘一带一路’建设与台湾经济发展”“大陆惠台政策检讨”等议题进行了深入探讨。

台湾世新大学讲座教授、前台湾证券交易所董事长薛琦，台湾经济研究院院长、台湾大学经济系教授林建甫，以及台湾大学经济系教授许振明、台湾大学国际企业学系教授卢信昌、财团法人国家政策研究基金会研究员林定芃、中山大学公共事务管理研究所教授汪铭生、台湾大学政治学系教授彭锦鹏、台湾成功大学政治学系教授黄清贤等人参加研讨会。

台湾研究所副所长、两岸关系和平发展协同创新中心学术委员会副主任张冠华研究员，经济研究室副主任、两岸关系和平发展协同创新中心团队成员吴宜，《台湾研究》杂志副主编、两岸关系和平发展协同创新中心团队成员胡石青等参加会议。

8 月 26 日，合肥市委常委、副市长江洪在市政务中心会见了应台湾研究所邀请来访的台湾世新大学讲座教授、前台湾证券交易所董事长薛琦一行。他说，近年来，合肥市积极实施“工业强市”战略，实现了经济社会快速发展，主要经济指标都进入了全国省会城市前十位。这些成就的取得，得益于改革开放、得益于科技创新、得益于环境建设。希望各位专家在肥多走走、多看看，为合肥的建设与发展多提宝贵意见。陪同江洪副市长会见的还有合肥市政府副秘书长徐昌、市台办副主任胡卫平等。

（科研处）

第二届两岸智库学术论坛：两岸关系的挑战与政策选择

2015 年 10 月 12 日，由中国社会科学院台湾研究所、两岸关系和平发展协同创新中心、厦门大学台湾研究院、全国台湾研究会、台湾亚太和平研究基金会和台湾二十一世纪基金会共同举办的第二届两岸智库学术论坛在重庆举行。论坛的主题是“两岸关系的挑战与政策选择”。

中国社会科学院台湾研究所所长周志怀致辞时说，两岸政策的选择正由机遇管理转向危机管理，两岸和平依然脆弱，未来几年台湾政局的发展变化，势将对两岸关系造成不可估量的影响，冲突与挑战看来难以避免，未来不能完全排除失控风险，不能对蔡英文处理好“最后一公里”抱有期待。

周志怀指出，未来大陆对台会坚持底线，坚持和平发展的多元化路径，重构两岸交流与合作模式。

周志怀预测，如果民进党重新执政，大陆内部，无论是精英阶层抑或是普通老百姓的反

“独”、反民进党情绪会明显增加并持续升温。他建议，民进党应该与各方一起，建立可持续的、和平与稳定发展的两岸关系新模式，应该积极考量，而且应该从现在做起。

2015年10月，第二届两岸智库学术论坛：两岸关系的挑战与政策选择在重庆举行。

亚太和平研究基金会董事长赵春山建议未来两岸发展，就政策制定而言，需考量客观环境的配合，要务虚也要务实；就政策执行而言，要充分沟通协调，产生事半功倍的效果，多一点同理心，消除不必要的误解。

孙明贤代表财团法人二十一世纪基金会董事长高育仁致辞时表示，二十多年来两岸政治疏离似乎有加剧的趋势，说明“九二共识”有不足之处，无法有效促进两岸未来走向，除了巩固“九二共识”之外，还应该延伸甚至超越“九二共识”，建构两岸人民可接受的共同价值观与共同史观，最终达成“两岸同属一中”。

厦门大学台湾研究院院长刘国深表示，大陆方面一定会着手准备应对民进党上台后的两岸困局，以理性包容的精神面对台湾内部的政党轮替，但两岸关系降温是势在必行的事情。

来自两岸的专家学者围绕两岸关系发展的新形势与新挑战、两岸关系和平发展的经验与启示、维护两岸和平发展的政策选择等议题展开深入研讨。

（科研处）

经济学部

经济研究所

（一）人员、机构等基本情况

1. 人员

截至 2015 年底，经济研究所共有在职人员 119 人。其中，正高级职称人员 32 人，副高级职称人员 36 人，中级职称人员 27 人；高、中级职称人员占全体在职人员总数的 79.8%。

2. 机构

经济研究所设有：政治经济学研究室、《资本论》研究室、宏观经济学研究室、微观经济学（公共经济学）研究室、经济增长理论研究室、中国经济史研究室、中国现代经济史研究室、经济思想史（发展经济学）研究室、当代西方经济理论研究室、《经济研究》编辑部、《经济学动态》编辑部、《中国经济史研究》编辑部、《中国城市年鉴》编辑部、图书馆、办公室、科研处和人事处。

3. 科研中心

经济研究所院属科研中心有：中国社会科学院上市公司研究中心、中国社会科学院欠发达经济研究中心、中国社会科学院全球契约研究中心、中国现代经济史研究中心、中国社会科学院民营经济研究中心、中国社会科学院公共政策研究中心；所属科研中心有：决策科学研究中心、经济转型与发展研究中心。

（二）科研工作

1. 科研成果统计

2015 年，经济研究所共完成专著 19 种，776.7 万字；论文 96 篇，181.74 万字；研究报告 6 篇，37.86 万字；译著 3 种，120 万字；古籍整理 1 种，600 万字；一般文章 13 篇，5.94 万字；论文集 1 种，42.5 万字。

2. 科研课题

（1）新立项课题。2015 年，经济研究所共有新立项课题 35 项。其中，国家社会科学基金课题 4 项："中国经济史学发展的基础理论研究"（叶坦主持），"中国城市规模、空间聚集与管理模式研究"（张自然主持），"大国战略与新中国交通业发展研究（1949 ~ 2014）"（彤新春主持），"人民公社时期农户收入研究"（黄英伟主持）；国家自然科学基金课题 1 项："人口政策、人口结构变迁机会不等"（孙三百主持）；院国情调研重大课题 1 项："东中西部城乡社会综合养老体系建设研究”（姚宇主持）；研究所国情调研基地 2 项：“无锡‘农民转居民’家庭经济情况典型调查数据库”（赵学军主持），“保定农村农业现代化情况典型调查数据”（隋福民主持）；院新疆智库课题 1 项：“新疆治理体系，治理能力现代化研究”（裴长洪主持）；院学部委员创新岗位 1 项：“中国宏观经济波动跟踪研究与机理分析”（刘树成主持）；所创新课题 1 项：“中国宏观经济形势分析与风险预警”（常欣主持）；学科建设和研究室建设课题 8 项：“政治经济学的经济危机理论研究”（裴小革主持），“发展新阶段的宏观经济运行与政策调控”（常欣主持），“发展新阶段的宏观经济运行与政策调控”（朱恒鹏主持），“收入分配制度的再思考”（魏众主持），“西方经济研究前沿追踪”（谢志刚主持），“减速治理与经济转型”（刘霞辉主持），“中国经济史研究系列之四”（徐建生主持），“2015 年中国现代经济史学科前沿研究动态跟踪”（赵学军主持）；所重点课题 10 项：“《资本论》当代价值研究”（胡家勇主持），“社会主义基本经济制度研究”（杨春学主持），“中国宏观调控理论研究”（常欣主持），“收入分配制度与公共政策研究”（魏众主持），“中国经济发展道路的历史探索”（魏明孔主持），“资本主义经济危机理论研究”（裴小革主持），“经济走势跟踪”（王砚峰主持），“中国改革开放初期农村生产效率研究——以口述历史调查为中心（1978 ~ 1992）”（王大任主持），“当前宏观经济热点问题研究”（裴长洪主持），“政治经济学研究报告”（胡家勇主持）；院交办课题 6 项：“‘十三五’时期坚持和完善社会主义经济制度及对策研究”（杨春学主持），“‘十三五’”时期提高对外开放水平研究”（裴长洪主持），“‘十三五’时期收入分配问题及对策研究”（张平主持），“‘十三五’时期实现全面建成小康社会目标存在的‘短板’问题及对策”（张平主持），“经济信息”（张晓晶主持），“‘十三五’时期我国经济社会发展的主要趋势和重大思路”（张晓晶主持）。

（2）结项课题。2015 年，经济研究所共有结项课题 35 项。其中，国家社会科学基金课题 3 项：“十九世纪上半期的中国经济总量估值研究”（史志宏主持），“农村非农就业问题调查研究”（隋福民主持），“阶梯定价理论及其应用研究”（方燕主持）；院创新工程重大研究项目 2 项：“加强社会建设完善社会治理和健全社会保障体系研究——基于激励机制的视角”（朱恒鹏主持），“促进经济发展方式转变的创新和改革研究”（汪红驹主持）；所创新工程项目 2 项：“经济制度比较研究”（杨春学主持），“公共经济学研究室学科建设”（朱恒鹏主持）；院国情调研重大课题 1 项：“张掖绿洲与丝绸之路经济带研究”（魏明孔主持）；院马克思主义理论学科建设与理论研究 1 项：“加快转变政府职能完善社会主义市场经济体制研究”（胡家勇主持）；所国情调研基地课题 2 项：“无锡‘农民转居民’家庭经济情况典型调查数据库”（赵学军主持），“保定农村农业现代化情况典型调查数据”（隋福民主持）；院交办委托项目 6 项：“‘十三五’时期坚持和完善社会主义经济制度及对策研究”（杨春学主持），“‘十三五’时期提高对外开放水平研究”（裴长洪主持），“‘十三五’时期收入分配问题及对策研究”（张平主持），“‘十三五’时期实现全面建成小康社会目标存在的短板问题及对策”（张平主持），“经济信息”（张晓晶主持），“‘十三五’时期我国经济社会发展的主要趋势和重大思路”（张晓晶主持）；学科建设和研究室建设课题 8 项：“政治经济学的经济危机理论研究”（裴小革主持），“发展新阶段的宏观经济运行与政策调控”（常欣主持），“医保体系如何引导分级诊疗”（朱恒鹏主持），“收入分配制度的再思考”（魏众主持），“西方经济研究前沿追踪”（谢志刚主持），“减速治理与经济转型”（刘霞辉主持），“中国经济史研究系列之四”（徐建生主持），“2015 年中国现代经济史学科前沿研究动态跟踪”（赵学军主持）；所重点课题 10 项：“《资本论》当代价值研究”（胡家勇主持），“社会主义基本经济制度研究”（杨春学主持），“中国宏观调控理论研究”（常欣主持），“收入分配制度与公共政策研究”（魏众主持），“中国经济发展道路的历史探索”（魏明孔主持），“资本主义经济危机理论研究”（裴小革主持），“经济走势跟踪”（王砚峰主持），“中国改革开放初期农村生产效率研究——以口述历史调查为中心（1978 ~ 1992）”（王大任主持），“当前宏观经济热点问题研究”（裴长洪主持），“政治经济学研究报告”（胡家勇主持）。

（3）延续在研课题。2015 年，经济研究所共有延续在研课题 40 项。其中，国家社会科学基金课题 21 项：“经济思想史的知识社会学研究”（杨春学主持），“中国近代工厂制度与劳资关系研究”（高超群主持），“以政府职能转变促进经济发展方式转换研究”（胡家勇主持），“中国经济增长的结构性减速、转型风险与国家生产系统效率提升路径”（袁富华主持），“医保付费机制创新与公立医院改革研究”（朱恒鹏主持），“经济转型期技术创新的制度影响因素研究”（吴延兵主持），“中国（上海）自由贸易实验区服务业负面清单管理模式研究”（谢谦主持），“人口年龄结构、人力资本与中国创新增长的关系研究”（张鹏主持），“清代的‘小差’税关研究”（丰若非主持），“社会制度转型背景下的清代华北地区粮价研究”（马国英主持），“加快经济结构调整与促进经济自主协调发展研究”（张平主持），“中国近代史（1937 ~ 1949）”（刘克祥主持），“中华人民共化国经济史（1958 ~ 1965）”（董志凯主持），“推动我国经济持续健康发展的基本要求、根本途径和政策研究”（张晓晶主持），“隋代经济史研究”（魏明孔主持），“中国城乡居民收入代际传递机制比较研究”（杨新铭主持），“快速增长过程中的风险累积与防范：转变发展方式研究的存量视角”（张晓晶主持），“推进社会主义民主政治建设的经济学分析”（刘剑雄主持），“商业账簿整理与清代至民国时期社会经济史研究”（袁为鹏主持），“非合理性行业收入差距的成因与测度研究”（武鹏主持），“中国区域经济差距和区域开发政策的研究”（于文浩主持）；国家自然科学基金课题 3 项：“微观视角下我国公共养老金制度的性别影响研究”（金成武主持），“寻找企业边界均衡点：规模与效率”（刘小玄主持），“人口结构变迁视角下的中国房产需求与房价走势”（刘学良主持）；国家软科学研究计划项目 1 项：“中国区域协调发展战略经济效应评价”（于文浩主持）；院长城学者资助项目课题 2 项：“中国经济改革和发展的政治经济学分析”（胡家勇主持），“中国经济思想史学科创新研究”（叶坦主持）；院基础学者资助项目 2 项：“中国中央与地方财政分权研究（1949 ~ 1994）”（姜长青主持），

“公司治理理论与实践”（剧锦文主持）；所创新工程项目11项：“公有企业收益共享机制的国际比较”（朱玲主持），“我国初期工业化模式形成与路径探索：观念和实践”（徐建生主持），“再分配与公共福利的政治经济学”（赵志君主持），“经济危机相关理论及其历史作用研究”（裴小革主持），“中国传统经济再研究：以制度转型为视角”（魏明孔主持），“工业化、城镇化进程中农户经济的转型研究——以近百年来无锡、保定22村农户为案例”（赵学军主持），“中国收入分配政策与制度研究设计”（魏众主持），“企业创新和市场结构：经济结构的最优化路径”（仲继银主持），“中国经济增长数据库与应用研究”（刘霞辉主持），“中国经济新增长阶段的主要特征与结构调整研究”（张平主持），“中国宏观经济形势分析与风险预警”（常欣主持）。

3. 获奖优秀科研成果

2015年，经济研究所获孙冶方经济科学著作奖1项：朱玲等主编的《包容性发展与社会公平政策的选择》；获孙冶方经济科学论文奖1项：经济研究所经济增长前沿课题组的论文《高投资、宏观成本与经济增长的持续性》；获孙冶方金融创新奖1项：李扬等的论文《中国主权资产负债表及其风险评估》。

（三）学术交流活动

1. 学术活动

2015年，经济研究所主办和承办的学术会议主要有：

（1）2015年5月9～10日，由经济研究所主办，浙江财经大学经济与国际贸易学院承办的“中国政治经济学论坛第十七届年会”在浙江财经大学召开。会议的主题是“中国经济新常态”。

（2）2015年7月4日，由经济研究所、首都经济贸易大学、经济研究杂志社、经济学动态杂志社、中国经济实验研究院、香港经济导报社等单位联合主办的“第九届中国经济增长与周期论坛（2015）”在北京举行。会议的主题是“新常态、新转型——‘十三五’规划展望”。

（3）2015年7月18～19日，由《经济研究》编辑部、北京大学光华管理学院、武汉大学高级研究中心、厦门大学王亚南经济研究院和经济学院共同主办的“第十五届中国青年经济学者论坛”在厦门大学召开。论坛的主题是“中国经济学研究的现代化与国际化探讨”。

（4）2015年10月30～31日，由《中国经济史研究》编辑部和上海财经大学经济学院共同举办的“第三届‘上财史学论坛’暨《中国经济史研究》创刊30周年研讨会”在上海财经大学召开。会议的主题是“中国经济转型的历史与思想”。

（5）2015年10月31日，由经济研究所、《经济研究》编辑部和河南大学经济学院共同举办的“全国第九届马克思主义经济学发展与创新论坛”在河南大学召开。会议的主题是“马克思主义经济学和中国新常态下的改革和发展”。

2. 国际学术交流与合作

2015 年，经济研究所共派遣出访 29 批 47 人次，接待来访 13 批 26 人次（其中，中国社会科学院邀请来访 5 批 13 人次）。与经济研究所开展学术交流的国家和地区有韩国、越南、日本、美国、白俄罗斯、古巴等。

（1）2015 年 1 月 27 日，经济研究所所长裴长洪研究员、经济增长理论研究室袁富华副研究员会见韩国半岛未来研究院院长，就中国经济与资本市场的发展、中韩两国在金融产业、贸易等领域合作的可能等问题进行了交流。

（2）2015 年 2 月 5 日，经济研究所副所长杨春学研究员等会见越南社会科学院副院长一行，双方就中国发展战略和发展方式转变的经验等问题进行了交流。

（3）2015 年 5 月 21 日，经济研究所发展经济学研究室魏众研究员等会见古巴世界经济研究中心两位研究员，双方就两国的经济发展情况等问题进行了交流。

（四）期刊

（1）《经济研究》（月刊），主编裴长洪。

2015 年，《经济研究》共出版 12 期，共计 400 万字。该刊继入选 2013 年百强社科期刊之后再次入选 2015 年百强社科期刊。该刊全年刊载的有代表性的文章有：李扬、蔡昉、厉以宁、卫兴华、陈雨露、刘伟、贾康、李稻葵、郑之杰的《依法治国与社会主义市场经济建设——学习贯彻中共十八届四中全会精神笔谈》，孟捷、冯金华的《部门内企业的代谢竞争与价值规律的实现形式——一个演化马克思主义的解释》，高培勇的《论完善税收制度的新阶段》，裴长洪的《经济新常态下中国扩大开放的绩效评价》，李扬、张晓晶的《“新常态”：经济发展的逻辑与前景》，蔡昉的《二元经济作为一个发展阶段的形成过程》，袁志刚、高虹的《中国城市制造业就业对服务业就业的乘数效应》，中国经济增长前沿课题组的《突破经济增长减速的新要素供给理论、体制与政策选择》。

（2）《经济学动态》（月刊），主编杨春学。

2015 年，《经济学动态》共出版 12 期，共计 360 万字。该刊全年刊载的有代表性的文章有：裴长洪的《法治经济：习近平社会主义市场经济理论新亮点》，刘树成的《防止经济增速一路下行——2015 ~ 2020 年中国经济走势分析》，张平的《通缩机制对中国经济的挑战与稳定化政策》，蔡昉的《理解“李约瑟之谜”的一个经济增长视角》，吕炜、陈海宇的《“减税”还需“减费”：非税负担对企业纳税遵从的影响》，华生、汲铮的《中等收入陷阱还是中等收入阶段》，谢康等的《社会震慑信号与价值重构——食品安全社会共治的制度分析》，张川川、李涛的《文化经济学研究的国际动态》。

（3）《中国经济史研究》（季刊），主编魏明孔。

2015 年，《中国经济史研究》共出版 4 期，共计 120 万字。该刊全年刊载的有代表性文章有：赵留彦、隋福民的《从汇率与国际银价关系看清末民国外汇市场整合》，高宇、燕红忠的《日本占领青岛时期的鸦片专卖与占领财政》，董志凯的《2015 年中国发展道路的经济史思索》，李根蟠的《中国封建地主阶级形成若干问题探讨》，程霖、张申、何业嘉的《中国现代经济思想史研究：1978 ~ 2014》，刘巍的《资本品短缺、货币紧缩与中国总产出下降（1914 ~ 1918）——基于"供给约束型经济"前提的研究》，江伟涛的《基于地形图资料与 GIS 的民国江南城市人口估算》，史志宏的《清代农业生产指标的估计》，丰若非的《清代的小差税关与皇室特供》，赵学军的《经济体制转型与国有企业商业信用融资的变迁》。

（五）会议综述

第九届中国经济增长与周期论坛（2015）

2015 年 7 月 4 日，由中国社会科学院经济研究所、中国经济增长与周期研究中心、首都经济贸易大学、经济研究杂志社、经济学动态杂志社、中国经济实验研究院、香港经济导报社等单位联合主办的"第九届中国经济增长与周期论坛（2015）"在北京举行。来自国内外各高校、研究机构的 200 多位专家学者参加了论坛。论坛的主题是"新常态、新转型——'十三五'规划展望"。

大会发言的学者包括：中国社会科学院学部委员、论坛主席刘树成研究员，中国社会科学院学部委员张卓元研究员，国家统计局许宪春副局长，中国社会科学院经济研究所所长裴长洪研究员，中国社会科学院经济研究所袁富华副研究员，中国经济实验研究院院长张连城教授，西南财经大学经济与管理研究院院长甘犁教授，上海财经大学经济学院院长田国强教授，中国社会科学院学部委员杨圣明研究员，中国人民大学胡乃武教授，中国人民大学学术期刊社社长杨瑞龙教授，南京大学商学院院长沈坤荣教授，国务院发展研究中心社会发展研究部副部长李建伟研究员，云南财经大学金融研究院院长龚刚教授，北京大学国民经济核算与经济增长研究中心副主任蔡志洲教授，北京师范大学经济与工商管理学院沈越教授，浙江工业大学经贸管理学院高级研究中心主任陈昆亭教授，河北省社会科学院副院长彭建强研究员，湖南大学经贸学院陈乐一教授等。

与会专家围绕"新常态、新转型——'十三五'规划展望"这一主题进行了深入探讨，专家学者普遍认为，2015 年中共中央关于"十三五"规划编制的建议，以及 2016 年"十三五"规划纲要的实施，是在中国经济发展进入新常态的情况下，对未来中国经济发展作出的重大战略部署，对中国中长期经济增长形成持久的推动力量。新常态并不能片面地理解为经济增速一路下行。新常态坚持以提高经济发展质量和效益为中心，坚持把转方式、调结构放到更加重要的位置。遵循经济波动规律，使经济运行在合理区间的上下限之间正常波动，这种可能性政策含义以合理区间的中线为基础，该回升的时候要回升，该回落就要回落，但要把握好幅度。在

大会发言的同时，会议还围绕“新常态下的开放与改革”“经济增长与‘十三五’展望”等主题举办了三个分论坛，针对“十三五”时期的宏观环境、经济增长态势、宏观调控、“一带一路”建设、经济结构调整、产业升级，以及改革与政府职能转变等问题展开了讨论。

（科研处）

第十五届中国青年经济学者论坛

2015年7月，第十五届中国青年经济学者论坛在福建厦门召开。

2015 年 7 月 18 ～ 19 日，由《经济研究》编辑部、北京大学光华管理学院、武汉大学高级研究中心、厦门大学王亚南经济研究院和经济学院联合主办的“第十五届中国青年经济学者论坛”在厦门大学召开。来自国内外各大高校和科研机构的 200 多名青年经济学者参加会议。会议就现代经济学和我国当前的经济问题进行了研讨和交流。

（1）宏观经济理论与政策。

谢贞发等利用“双重差分”的方法通过比较 1994 年分税制改革前后营业税与增值税对应产业的比重变化，识别不同经济发展水平地区税收分成激励差异的效应，研究结果显示差别税收分成激励的确对相应的产业结构产生影响，且这种影响与经济发展水平密切相关。

童健等构建了环境规制、要素投入结构与工业行业产业转型的理论模型，采用 2002 ～ 2012 年中国工业行业面板数据实证检验了这一影响机理。他们研究发现，东部地区环境规制的技术效应大于资源配置扭曲效应，环境规制强度的提升能够促进工业行业产业结构转型，而全国、中部和西部地区资源配置扭曲效应与技术效应大小会随着环境规制强度的提升而变化，环境规制强度对工业行业产业结构的影响则呈现“U”型关系。

（2）微观经济理论与政策。

谢慧华等采用断点回归的方法分析青少年逆境与长期健康之间的因果关系，发现在逆境中成长起来的青少年更容易受到慢性疾病和心理问题的困扰，这一结论与青少年的性别没有关系，且拥有兄弟姐妹越少，影响程度更深。梁超等基于 CFPS 的 2010 数据，研究计划生育对家庭子女数量和子女质量（教育水平）的影响，认为计划生育有效减少了生育子女的数量，提高了他们的教育水平。

(3) 金融理论与应用。

倪骁然等分析了控制型少数股东冲突与公司库存现金之间的非线性因果关系，利用中国2000～2013年的金融数据，使用两阶段静态模型的实证分析发现，控制性股东资金占用和公司库存现金存在着显著的“U”型关系，这一关系随着投资者保护的加强更为明显。

(4) 国际经济学与世界经济。

孙莹等以拓展后的Melitz模型为理论基础，利用浙江省企业微观数据，测算以ISO9000为代表的国际标准实施的出口效应。杨小海等基于两国DSGE模型框架，同时根据经济的基本面对当下中国对外股权投资逐渐开放的过程进行了政策模拟，并评估了其潜在风险。模拟结果显示，当下若完全开放对外股权投资，中国可能面临资本外流的压力，而且外汇储备将面临枯竭的风险。

(5) 政治经济学和经济思想史。

黄凯南等探讨了演化制度经济学的方法论问题，论证了“个体主义方法论”和“整体主义方法论”存在的局限，在学理上阐释“个体与制度互动主义方法论”对准确理解个体与制度关系的必要性和重要性。在经济史的研究中，林友宏等人分析了多民族国家如何实现对边疆文化异质性地区有效管理问题，认为“改土归流”所导致的统治方式转变，通过移民、公共物品提供的途径，提高了改流地区的人口密度和进士数量，促进了改流地区的经济发展；“改土归流”对于经济发展的促进作用持续到了当代。

（科研处）

全国第九届马克思主义经济学发展与创新论坛

2015年10月31日，由中国社会科学院经济研究所、《经济研究》编辑部和河南大学经济学院共同举办的“全国第九届马克思主义经济学发展与创新论坛”在河南大学召开。来自全国高等院校、科研单位和政府部门的80多位专家学者出席了会议。论坛的主题是“马克思主义经济学和中国新常态下的改革与发展”。

与会学者结合党的十八届五中全会精神，深入探讨了马克思主义经济学的中国化、时代化、创新、发展态势及其当代价值等重大理论问题，系统阐述了马克思主义经济理论在中国金融体制改革、财税体制改革、国企改革、收入分配制度改革、三大区域战略构建、中国新型城镇化建设、农村现代转型以及社会主义市场经济条件下政府与市场关系构建等实践中的指导作用，创新和发展了马克思经济增长与发展理论、经济危机理论、生态理论、城市化理论和国家学说，并对新常态下中国经济增长与经济发展中的诸多现实问题进行了研究。

(1) 发展、创新马克思主义经济学，寻求经济新常态下改革与发展的理论支撑。

经济新常态为发展、创新马克思主义经济学既提出了新的要求，又提供了广阔的空间。河南大学教授许兴亚认为，在中国进入经济新常态背景下召开的党的十八届五中全会提出的一系列治国理政的新理念新思想新战略，为推进中国马克思主义经济学的发展与创新提供了新的契机。清华大学教授蔡继明梳理和反思了古典价值理论的形成脉络，透视了广义价值论的内在逻辑，为中国收入分配改革提供了理论依据。

（2）发展、创新马克思主义经济学，深入认识经济新常态的内涵和特征。

怎么用马克思主义经济理论认识新常态引起很多学者的讨论。华南师范大学教授赵学增从马克思的经济周期理论入手，分析了世界性经济周期性危机的特点和表现，结合中国经济周期性波动的现实，发现中国的经济周期与世界性危机的同步性。南开大学教授逄锦聚提出，在经济新常态下，中国社会主要矛盾是人民日益增长的物质文化需要同落后的社会生产之间的矛盾，需求不足不是中国经济社会发展的主要问题。

（3）发展、创新马克思主义经济理论，解决在适应新常态和引领新常态中出现的问题。

新常态下经济增长速度的调整会带来一些问题，其中去工业化是需要防范的问题之一。南开大学教授何自力认为，去工业化是指一个国家业已形成的制造业优势走向萎缩和衰落的态势，表现为制造业产值在三次产业中的比重迅速下降。经济新常态是经济发展规律的体现，也是中国生态文明建设的必然要求。复旦大学教授严法善系统阐述了马克思主义经济学对于人与自然关系理论的发展脉络，认为生态文明建设是中国现代化建设中相对薄弱的领域，分步骤、有计划地推进生态文明建设十分必要。

（4）发展、创新马克思主义经济理论，寻找经济新常态下“三农”问题的破解之道。

来自农业大省的学者更多关注经济新常态下“三农”问题的解决之道。江西财经大学教授康静萍认为，新型职业农民是农业由传统走向现代的关键。河南大学教授李恒研究了中国农村家庭社会资本的结构与绩效，发现社会资本作为农村社会体系中的重要组成部分，对农村发展和社会转型起到了重要的作用，越高水平社会资本的家庭其收入水平也越高。

（科研处）

工业经济研究所

（一）人员、机构等基本情况

1. 人员

截至 2015 年底，工业经济研究所共有在职人员 93 人。其中，正高级职称人员 22 人，副高级职称人员 25 人，中级职称人员 30 人；高、中级职称人员占全体在职人员总数的 83%。

2. 机构

工业经济研究所设有：工业发展研究室、工业运行研究室、产业组织研究室、投资与市场研究室、能源经济研究室、资源与环境研究室、区域经济研究室、产业布局研究室、企业管理研究室、企业制度研究室、中小企业研究室、财务与会计研究室、《中国工业经济》编辑部、《经济管理》编辑部、*China Economist* 编辑部、办公室、科研处、集团联络处、信息网络室。

3. 科研中心

工业经济研究所院属科研中心有：中国社会科学院管理科学与创新发展研究中心、中国社会科学院中国产业与企业竞争力研究中心、中国社会科学院中小企业研究中心、中国社会科学院西部发展研究中心、中国社会科学院食品药品产业发展与监管研究中心；所属科研中心有：中国社会科学院能源经济研究中心、中国社会科学院国家经济发展与经济风险研究中心、中国社会科学院澳门产业发展研究中心。

（二）科研工作

1. 科研成果统计

2015 年，工业经济研究所共完成专著 25 种，850 万字；中文论文 163 篇，195.6 万字；外文论文 19 篇，20.9 万字；研究报告 14 种，295 万字；理论文章 20 篇，8 万字；皮书 2 种，70 万字；译著 1 种，30 万字；教材 1 种，25 万字；普及读物 2 种，60 万字；论文集 1 种，100 万字。

2. 科研课题

(1) 新立项课题。2015 年，工业经济研究所共有新立项课题 9 项。其中，国家自然科学基金青年课题 1 项："双重约束下地方政府土地出让行为对中国双重转型的影响研究"（黄阳华主持）；国家社会科学基金重大课题 3 项："国有企业改革和制度创新研究"（黄速建主持），"稀有矿产资源开发利用的国家战略研究 —— 基于工业化中后期产业转型升级的视角"（杨丹辉主持），"'中国制造 2025'的技术路径、产业选择与战略规划研究"（黄群慧主持）；国家社会科学基金青年课题 1 项："自然资源资产负债表编制研究"（胡文龙主持）；院国情调研重大课题 1 项："关于民间资本进入新媒体问题调研"（黄速建主持）；院国情调研基地课题 1 项："宁波基地：新常态下沿海地区新的经济增长点调研"（原磊主持）；所级国情调研基地课题 2 项："浙江省开化县绿色发展经验考察"（黄速建主持），"营口市老边区汽保工业园区发展调研"（刘戒骄主持）。

(2) 结项课题。2015 年，工业经济研究所共有结项课题 8 项。其中，国家社会科学基金重大课题 3 项："中西部地区承接产业转移的条件、模式与政策支持体系研究 —— 兼示范区建设规划方案设计"（陈耀主持），"重点产业结构调整和振兴规划研究 —— 基于中国产业政策反思和重构的视角"（李平主持），"深入推进国有经济战略性调整研究"（黄群慧主持）；国家社会科学基金重点课题 1 项："产能过剩治理与投融资体制改革研究"（曹建海主持）；国家社会科学基金一般课题 1 项："转型期中国企业人力资源管理变革 —— 以知识型员工为例的研究"（周文斌主持）；国家社会科学基金青年课题 1 项："商务模式与企业创新研究"（原磊主持）；所级国情调研基地课题2项："浙江省开化县调研基地考察"（黄速建主持），"营口市老边区汽保工业园区发展调研"（刘戒骄主持）。

（3）延续在研课题。2015年，工业经济研究所共有延续在研课题26项。其中，国家自然科学基金面上课题2项："中国产业政策理论反思、微观机制解析与实施效果评估：基于中国钢铁行业的研究"（江飞涛主持），"竞争性国有企业的混合所有制改革研究"（黄速建主持）；国家自然科学基金应急课题3项："'十三五'时期我国经济社会发展若干重大问题的政策研究"（黄群慧主持），"建设国内统一市场的重点领域、体制障碍与政府治理研究"（刘戒骄主持），"全球价值链背景下我国制造业转型升级策略研究"（李晓华主持）；国家自然科学资金青年课题2项："能源和水资源消耗总量约束下的中国重化工业转型升级动态CGE模型与政策研究"（李鹏飞主持），"中国能源消费周期波动研究：基于多部门动态随机一般均衡模型"（吴利学主持）；国家社会科学基金重点课题2项："推进中国工业创新驱动发展研究"（吕铁主持），"产业升级与环境管制提升路径互动研究"（李钢主持）；国家社会科学基金一般课题2项："物流成本及其对产业发展、价格水平影响研究"（刘勇主持），"中国对外贸易中的隐含资源环境要素流动问题研究"（郭朝先主持）；国家社会科学基金青年课题4项："国有企业跨国投资与政府监管问题研究"（刘建丽主持），"中国企业社会责任评价与推进机制研究"（肖红军主持），"生产要素成本上涨对我国产业转型升级影响研究"（叶振宇主持），"新兴产业自主技术标准的导入与培育"（邓洲主持）；国家软科学课题5项："产业技术创新生态系统研究"（王钦主持），"制造业典型产业国际比较研究"（金碚主持），"颠覆性技术创新机制对产业发展影响研究"（李钢主持），"地区间潜在比较优势产业的甄别与突破式产业创新研究"（张其仔主持），"科技创新支撑引领新型城镇化的对策研究"（徐希燕主持）；创新工程重大招标项目1项："加快经济结构调整和经济发展方式转变的若干重大问题研究"（刘戒骄主持）；马工程项目1项："马克思主义价值创造理论在中国的新发展"（王欣主持）；院级国情调研基地项目2项："企业职工个人持股情况调研（宁波基地）"（黄速建主持），"'两型综改区'对全国两型社会建设引领示范作用调研（湖南基地）"（沈志渔主持）；所级国情调研基地项目2项："浙江省开化县可持续发展路径考察"（黄速建主持），"营口市老边区汽保工业园区发展调研"（刘戒骄主持）。

3. 获奖优秀科研成果

2015年，工业经济研究所共评出研究所优秀科研成果奖15项。其中，史丹的《中国能源利用效率问题研究》，黄速建、王钦、贺俊等的《中国民营企业治理演进问题研究》，周民良等的《工业化、污染治理与中国区域可持续发展》等3部专著和黄群慧的《中国的工业大国国情与工业强国战略》，江飞涛、耿强、李大国、李晓萍的《地区竞争、体制扭曲与产能过剩的形成机理》，渠慎宁、杨丹辉的《中国废弃温室气体排放及其峰值测算》，吕铁等的《第三次工业革命与中国制造业的应对战略》，李钢、廖建辉、向奕霓的《中国产业升级的方向和路径——

中国第二产业占 GDP 的比例过高了吗》，李海舰、王松的《文化与经济的融合发展研究》等 6 篇论文获得研究所优秀科研成果奖一等奖；张其仔的《模块化、产业内分工与经济增长方式转变》，曹建海、江飞涛的《中国工业投资中的重复建设与产能过剩问题研究》等 2 部专著和叶振宇、叶素云的《要素价格与工业制造业技术效率》，李晓华的《模块化、模块再整合与产业格局的重构——以“山寨”手机的崛起为例》，周文斌、张烨、夏梦的《中国企业知识型员工职业生涯的自我管理》，郭朝先的《中国二氧化碳排放增长因素分析——基于 SDA 分解技术》等 4 篇论文获得研究所优秀科研成果奖二等奖。

（三）学术交流活动

1. 学术活动

2015 年，工业经济研究所主办和承办的学术会议有：

（1）2015 年 6 月 11 日，由工业经济研究所、韩国产业研究院主办的“第八届中韩产业论坛”在北京举行。论坛的主题为“中韩制造业的未来产业比较”。

（2）2015 年 6 月 30 日，由工业经济研究所、台湾财团法人工业技术研究院知识经济与竞争力中心主办，吉首大学承办的“第一届两岸产业智库论坛”在湖南省张家界市召开。论坛的主题是“‘十三五’时期两岸产业合作和发展”。

（3）2015 年 11 月 7 日，由中国社会科学院和中国三星主办，中国社会科学院国际合作局和工业经济研究所共同承办的“中韩产业发展高端论坛（2015）”在北京举行。论坛的主题是“‘十三五’全球经济以及产业发展新趋势、中国的‘一带一路’与《中国制造 2025》战略”。

（4）2015 年 12 月 1 日，由韩国经济人文社会研究会和中国社会科学院主办，韩国产业研究院和工业经济研究所、亚太与全球战略研究院共同承办的“探索中韩新合作时代”国际研讨会在北京召开。会议研讨的主要问题有“促进东北亚共同繁荣的中韩作用”“中韩 FTA 与东北亚经济合作”“东北基础设施合作”“中韩文化合作”。

2. 国际学术交流与合作

2015 年，工业经济研究所共出访 16 批 26 人次，来访 2 批 7 人次。

3. 与中国香港、澳门特别行政区和中国台湾开展的学术交流

2015 年 11 月 12 ~ 20 日，工业经济研究所研究员吕铁一行赴台湾参加研讨会。研讨会的主题是“‘一带一路’与两岸产业发展合作机会”“《中国制造 2025》与两岸产业发展合作机会”。

（四）学术社团、期刊

1. 社团

（1）中国工业经济学会，会长郑新立。

2015 年 11 月 6 ~ 7 日，由中国工业经济学会主办，厦门国家会计学院承办的“中国工业

经济学会2015年年会暨经济新常态下的中国产业发展”研讨会在厦门国家会计学院召开。会议研讨的主要问题有“新常态下产业发展面临的机遇与挑战”“新常态下产业的转型升级”“新常态下政府职能与企业行为”“创新驱动与新兴产业发展”等。来自全国各高校的代表300余人参加论坛。

（2）中国企业管理研究会，会长黄速建。

2015年9月24日，由中国企业管理研究会、蒋一苇企业改革与发展学术基金会、中国社会科学院管理科学与创新发展研究中心和东北财经大学工商管理学院联合举办的“互联网与管理创新”学术研讨会暨中国企业管理研究会2015年年会在辽宁省大连市召开。来自中国人民大学、北京大学、东北财经大学等高等院校以及中国社会科学院的专家学者共300余人参加了会议。

（3）中国区域经济学会，会长金碚。

2015年9月19日，由中国区域经济学会和中央民族大学共同主办，中央民族大学发展规划处、北京产业经济学会、北京区域经济学会共同承办的2015年中国区域经济学年会暨“一带一路”战略与中国区域经济发展学术研讨会在中央民族大学召开。

2. 期刊

（1）《中国工业经济》（月刊），主编金碚。

2015年，《中国工业经济》共出版12期，共计318万字。该刊全年刊载的有代表性的文章有：金碚的《中国经济发展新常态研究》，范林凯、李晓萍、应珊珊的《渐进式改革背景下产能过剩的现实基础与形成机理》，罗珉、李亮宇的《互联网时代的商业模式创新：价值创造视角》，辛超、张平的《袁富华资本与劳动力配置结构效应》，王伟光、马胜利、姜博的《高技术产业创新驱动中低技术产业增长的影响因素研究》，汪旭晖、张其林的《平台型网络市场“平台—政府”双元管理范式研究》，郝云宏、汪茜的《混合所有制企业股权制衡机制研究》，岳希明、蔡萌的《垄断行业高收入不合理程度研究》，蔡宁、王节祥、杨大鹏的《产业融合背景下平台包络战略选择与竞争优势构建》，黄群慧、贺俊的《中国制造业的核心能力、功能定位与发展战略》，余壮雄、张明慧的《中国城镇化进程中的城市序贯增长机制》，高良谋、卢建词的《内部薪酬差距的非对称激励效应研究——基于制造业企业数据的门限面板模型》，史丹、冯永晟的《中国电力需求的动态局部调整模型分析》，郭克莎、汪红驹的《经济新常态下宏观调控的若干重大转变》，陈建林的《家族所有权与非控股国有股权对企业绩效的交互效应研究——互补效应还是替代效应》。

（2）《经济管理》（月刊），主编金碚。

2015年，《经济管理》共出版12期，共计312万字。该刊全年刊载的有代表性的文章有：罗进辉、黄震、谢达熙的《危机管理中企业应该第一时间进行信息披露吗？——基于中国上市公司116起危机事件的实证研究》，王鹏程、李建标的《谁回报了民营企业的捐赠？——从融资约束看民营企业“穷济天下”的行为》，魏丽坤、陈维政的《中国企业裁员实践的关键管理要素——分析与反思》，周萍、蔺楠的《创业导向企业的成长性：激励型与监督型公司治理的作用——基于中国创业板上市公司的实证研究》，黄速建、余菁的《企业员工持股的制度性质及其中国实践》，周建、许为宾的《产权、董事会领导权分离模式与企业战略变革》，吴先明、胡翠平的《国际化动因、制度环境与区位选择：后发企业视角》，彭正龙、何培旭、李泽的《战略导向、双元营销活动与服务企业绩效：市场竞争强度的调节作用》，韵江、王玲、张金莲的《团队创造力如何促进组织绩效？——基于组织创新的中介效应检验》，黎文飞、唐清泉的《政府行为的不确定抑制了企业创新吗？——基于地方财政行为波动的视角》，谭维佳、徐莉萍的《代理成本、治理机制与企业捐赠》，方先明、吴越洋的《中小企业在新三板市场融资效率研究》，周文斌、马学忠的《员工职业成长的组织公平影响研究——以组织支持感为中介变量》，白景坤、杨智、董晓慧的《双元性创新能否兼得？——公司创业导向的作用与知识刚性的调节效应》，胡海波、黄涛的《企业持续成长导向的组织变革中多层次协同行为策略——基于富兴科技的案例研究》，章添香、张春海的《我国银行业公司治理、经营效率与企业内部控制》。

（3）*China Economist*（《中国经济学人》）（英文、双月刊），主编金碚。

2015 年，*China Economist* 共出版 6 期，共计 72 万字。该刊全年刊载的有代表性的文章有：金碚的“The Mission and Value of Industry—Theoretical Logic of Industrial Transformation and Upgrading in China”，李鹏飞、杨丹辉、渠慎宁、张艳芳的“Significance of Rare Mineral Resources to Strategic Emerging Industries”，罗仲伟、焦豪、许扬帆的“Tencent WeChat’s Micro-Innovation of Integration and Iteration under Technical Paradigm ransformation”，华民的“Root Causes of China’s Trade Surplus and How to Balance It”，陈雨露、马勇、徐律的“Population Ageing, Financial Leverage and Systemic Risk”，魏后凯、陈雪原的“Costs and Strategies on Urbanization of Chinese Megacities’ Rural Areas Based on a Case Study of Beijing”，刘维林、李兰冰、刘玉海的“The Dual Effects of Global Value Chain Embeddedness on Chinese Exports’ Technological Sophistication”，杨继东、章逸然的“Happiness and Air Pollution”，刘戒骄、王德华的“Spread of Commercial Bribery and Private Sector Responsibilities in China”，戴翔的“International Competitiveness of China’s Manufacturing Sectors: Estimation Based on Trade in Value-added”，卫瑞、庄宗明的“Effects of Trade Liberalization and Outsourcing on Employment in China during 1995 ~ 2009”，张平的“Addressing Economic Efficiency Deceleration: Inventory Reform and Policy Incentives”。

（五）会议综述

2015 年中国区域经济学会年会暨“一带一路”战略与中国区域经济发展学术研讨会

2015 年 9 月 19 日，2015 年中国区域经济学会年会暨“一带一路”战略与中国区域经济发展学术研讨会在中央民族大学召开。年会由中国区域经济学会和中央民族大学共同主办，中央民族大学发展规划处、北京产业经济学会、北京区域经济学会共同承办。大会共收到论文100多篇。150余位专家学者参加了会议。大会采取主题发言和专题讨论的方式，专门设立了“一带一路”战略高峰论坛，以及区域战略与对外开放、区域经济理论与政策两分论坛六个专题，就“一带一路”与中国区域经济发展问题进行了交流和探讨。

国务院发展研究中心副主任张军扩研究员发表了题为“坚持互利共赢，务实推进‘一带一路’”的主题演讲。他指出，“一带一路”、长江经济带和京津冀协同发展作为新一届党中央领导集体提出的三大战略，是改革开放以来区域发展战略的拓展、深化和加强。其中，“一带一路”倡议正是将新时期进一步深化对外开放、加强对外合作的要求，与国内各区域板块的发展战略相对接，从而既能够更好的实现各区域板块的发展，也能够使国家总体的开放合作战略落到实处，实际上是对区域发展总体战略从开放角度进一步地深化、扩展。在“一带一路”倡议的推进中，他提出坚持互利共赢是“一带一路”持续有效推进的根本。作为国际性发展战略，“一带一路”的推进会受到各种因素的制约，因此需要始终坚持互利共赢的原则，通过打造利益共同体、发展共同体实现命运共同体。

国家发展和改革委员会副秘书长范恒山作了题为“新环境下区域发展战略制定和实施应该处理好的几个重要关系”的主题演讲。他指出，未来中国经济要保持优质高效和可持续发展，区域发展战略制定和政策实施过程中必须处理好三个重大关系：一是要处理好维护市场公平性和加大支持重点地区发展的关系。既要打破各种形式的垄断，保证市场经济公平性，也要加大对贫困、欠发达地区和试验区、示范区这两类重点地区优惠政策的支持。二是要处理好国家跨区域发展战略规划与缩小区域政策单元的关系。国家要重点把精力放在编制跨区域、次区域的战略规划上，同时还要缩小区域政策单元，进一步细化战略和政策的区域板块。三是要正确处理统筹区域空间布局和建立合理的区域利益平衡机制的关系。既要维护国家统筹的空间布局尤其是产业布局，也要建立包括稀缺资源、重要农产品等价格形成和补偿机制，以及市场化的生态补偿机制等利益平衡机制。

中国区域经济学会会长、中国社会科学院学部委员金碚研究员发表了题为“全球化新时代的中国区域发展战略”的主题演讲。他指出，当前世界已进入了全球化的3.0时代，从第二次全球化即改革开放以来的以民族国家为利益单元的结构和边界，变成如今利益边界越来越不明确，中国的战略边界也在不断扩大，需要用全球思维看待国家发展。中国的区域战略正发生重大变化：一是中国的区域梯度发展向陆地扩展，原来的经济腹地、老少边穷地区成为向欧亚大陆腹地扩展的开放前沿，“一带一路”倡议实际上是适应了新时代全球化的必然要求，就是要拓展市场经济发展的空间；二是要有更加适应经济开放的体制，建立起全球利益共同体，包括国家与国家之间、地区与地区之间，用全球化思维为区域发展注入新的创新因素。

国家发展和改革委员会国土开发与地区经济研究所肖金成研究员作了题为“中国区域发展新棋局与‘一带一路’战略”的主题演讲。他介绍了四大战略作为中国区域发展的新棋局：第一个战略是目标导向战略或问题导向战略，以现代化建设、全面建成小康社会、区域协调发展、可持续发展等目标为导向，提出西部大开放、东北振兴、中部崛起、东部率先发展的区域发展战略。第二个战略是轴带引领战略，沿着轴线、经济产业链、经济人口发展，形成八条经济带，八条经济带构成未来中国经济的主支架，实现统筹中东西，协调南北方的目标。第三个战略是开放合作战略，注重与相邻国家开展贸易化和便利化的合作，“一带一路”战略体现的就是展现和平合作、开放包容、互学互鉴精神的贸易之路。第四个战略是群区组合战略，群是城市群，区是经济区，规划建设城市群是为了使每个城市个体竞争力转变为整体竞争力，扩大它的影响力和辐射带动力，进而带动经济区的发展，推动经济区发展为合作区。

南通大学党委书记成长春教授、贵州省委党校副校长汤正仁、江西省教育厅巡视员周金堂教授、福建省政府发展研究中心副主任黄端研究员、苏州大学东吴商学院教授夏永祥、西北大学教授郭俊华、青海省社会科学院副研究员顾延生、黑龙江省社会科学院副研究员孙浩进等围绕“‘一带一路’倡议下中国各地区的行动与发展构想”的主题进行了深入探讨。

安徽大学经济学院教授胡艳、江南大学商学院教授谢守红等围绕“长江经济带建设”的主题进行了研究和探讨。

深圳大学经济学院教授罗清和、上海开放大学课程资源中心副教授王冠凤、中央民族大学教授李曦辉、中国社会科学院工业经济研究所副研究员叶振宇等围绕“自贸区与开放型经济发展”的主题进行了研究和探讨。

北京工业大学循环经济研究院教授穆献中、上海理工大学管理学院教授罗芳、浙江理工大学教授陆根尧、湖南科技大学商学院教授刘友金等围绕“区域经济的实证分析”的主题进行了深入探讨。

（马胜春　黄基鑫）

“互联网与管理创新”学术研讨会暨中国企业管理研究会2015年年会

2015年9月24日，“互联网与管理创新”学术研讨会暨中国企业管理研究会2015年年会在辽宁省大连市举行。会议由中国企业管理研究会、蒋一苇企业改革与发展学术基金会、中国社会科学院管理科学与创新发展研究中心和东北财经大学工商管理学院联合举办。来自中国人民大学、北京大学、东北财经大学等高等院校以及中国社会科学院的专家学者共300余人参加了会议。会议共收到学术论文51篇，其中5篇获得年会优秀论文奖。

大会开幕式上，中国企业管理研究会会长、中国社会科学院工业经济研究所副所长黄速建研究员发表讲话。他总结了在“互联网+”的背景下，企业面临的新要求、新任务、新课题：首先是超竞争成为常态化管理的情景，高度发达和普遍应用的互联网技术不仅重塑了生产者和消费者之间的复杂关系，改变了生产者的价值选择空间和在相互博弈中的话语权，而且推动更多的行业和市场呈现出多边效应和网络效应；二是价值共享成为主流的管理目标，通信互联网与逐渐成熟的能源互联网、物流互联网相互融合，正在催生物联网革命，并且形成改变人类生活方式的新经济模式，也就是所谓的协同共有的共享经济模式；三是生态圈化成为新型的管理战略，互联网广泛渗透和深入应用推动企业推广，企业与众多实体以一种复杂的方式，构成互惠、互益、共生的生态系统形成不同层面和形式多样的商业生态圈；四是社会资源成为重要的管理对象，“互联网 +”使得企业的战略性资源边界发生了动态性的变化，战略性资源的构成要素出现重新组合，不同类型战略性资源在企业发展中的地位也随之调整，企业管理对象的重点由内部的人、财、物拓展到外部的社会资源；五是双元能力成为关键管理能力，成功的企业必须具有双元能力，形成结构式的双元组织、情境式的双元性组织和领导式的双元性组织，以有效实现同时并存在彼此相异甚至相互矛盾的目标；六是价值观管理成为新型的管理范式，“互联网 +”的发展推动企业管理范式中传统的指令性的管理和目标管理转向新型的价值观管理，这种管理本质上是一种人本管理，弹性管理，软性管理，它要求企业管理的核心由对物的管理转变到对人的管理，由对人的身体的管理转变到对人的心灵的管理，最大限度地发挥人的主观能动性和自我创造性。在这一背景下，他提出“互联网 +”对企业转型发展管理变革提出了许多新的要求，带来了许多新的机遇，出现了新的规律，要求我们立足于互联网思维和数字化商业情景，对传统的管理理论、管理范式、管理框架、管理假设、管理规章、管理目标、管理对象、管理机制、管理工具等都做出重新审视。

会议采取主题演讲、大会发言和分组研讨 3 种形式，与会代表围绕会议主题展开交流讨论。

中国社会科学院工业经济研究所所长、中国企业管理研究会理事长黄群慧研究员、中国人民大学教授徐二明、河南社会科学院中州学刊杂志社张富禄和高璇、上海外国语大学范徽、武钢经济管理研究院张和平等围绕“‘互联网 +’与传统企业战略转型”的主题进行了研究和探讨。

安徽财经大学教授陈忠卫、江苏大学教授梅强、湖北经济学院经济学系付宏、中央财经大学金融学院张丹俊和李建军、湖南工程学院常耀中、东北财经大学工商管理学院白景坤和丁军霞、北京第二外国语学院国际商学院李凡和李娜等围绕“互联网与创新、创业管理”的主题进行了深入探讨。

天津财经大学副校长于立教授、江西理工大学经济管理学院宋丹丹和彭频，新疆财经大学工商管理学院张璟龙和王海芳、辽宁大学商学院王季和李倩等围绕“互联网与组织、营销管理创新”的主题进行了深入研究和探讨。

东北财经大学教授杨光、首都经济贸易大学工商管理学院吴冬梅、.天津财经大学商学院张建宇和邓然、江西财经大学肖唐辉等围绕“互联网与人力资源管理”的主题进行了探讨。

（谭玥宁）

"中国工业经济学会2015年年会暨经济新常态下的中国产业发展"研讨会

2015年11月6～7日，由中国工业经济学会主办，厦门国家会计学院承办的"中国工业经济学会2015年年会暨经济新常态下的中国产业发展"研讨会在厦门国家会计学院召开。来自中国社会科学院、复旦大学、南京大学、南开大学、东南大学、山东大学、北京交通大学、西安交通大学、上海社会科学院、河南省社会科学院、四川省社会科学院、广西社会科学院、上海海关学院、上海国家会计学院、厦门国家会计学院、北京科学技术研究院、河南省发展和改革委员会经济研究所等政府部门、高等院校、研究机构的专家学者共300余人参加论坛。首都经济贸易大学校长王稼琼教授主持开幕式，厦门国家会计学院党委书记、中国工业经济学会副会长张军博士致辞。会议由主题报告会和分组报告会两个板块构成。主题报告会由首都经济贸易大学校长王稼琼教授和江西财经大学党委书记廖进球教授主持。中国国际经济交流中心副理事长、中国工业经济学会会长郑新立教授，海协会原副会长、厦门大学新闻传播学院院长张铭清教授，中国社会科学院学部委员、中国工业经济学会理事长吕政研究员，天津财经大学副校长、中国工业经济学会副会长于立教授分别就"落实'十三五'规划建议需要重点研究的问题""两岸关系与台海局势""怎样认识中国经济发展面临的矛盾"和"产业组织、企业组织与产品属性"作了主题报告。年会共收到100余篇学术论文。与会代表分组就"新常态下产业发展面临的机遇与挑战""新常态下产业的转型升级""新常态下政府职能与企业行为""创新驱动与新兴产业发展"等专题进行深入讨论。

中国国际经济交流中心副理事长、中国工业经济学会会长郑新立教授作了题为"落实'十三五'规划建议需要重点研究的问题"的主题报告。他指出，在中国经济进入了新常态的形势下，为落实"十三五"规划建议，中国产业经济领域应着重探讨六个问题：（1）如何避免由经济持续下行所引发的系统性风险，保持中国经济在"十三五"期间的中高速增长？（2）如何围绕处理好稳增长与调结构的关系来创新宏观调控？（3）如何鼓励自主创新，以具有自主知识产权的科技成果支持产业结构迈向中高端水平？（4）如何加快城乡一体化进程，释放新型城镇化和新农村建设的巨大潜力？（5）如何改变公共服务供给不足和城乡区域之间供给严重不协调的问题，特别是教育、医疗和社会保障方面的问题？（6）如何建立生态文明体制，通过壮大环保产业，实现绿色发展？

中国社会科学院学部委员、中国工业经济学会理事长吕政研究员作了题为"怎样认识中国经济发展中的矛盾"的主题报告，他重点给出六个方面的论述：（1）中国经济运行的矛盾从总体上判断是供给不足的矛盾与有效需求不足的矛盾共存，且有效需求不足的矛盾更为凸显。（2）中国目前在制造业方面仍具有比较优势。当前中国出现工业企业招工难的问题，主要原因在于教育结构不适应劳动力市场的需求，以及现行教育政策、就业政策和分配政策事实上引导劳动者脱离实体经济、脱离工农业体力劳动。实际上，从劳动力供给总量考察，并不存在劳动力供给不足的问题，中国劳动力成本和工业用电价格等生产要素价格低于发达国家，中国制造依然存在明显的比较优势。(3) 当前的科技进步并非处于突飞猛进的阶段，而是处于一种循序渐进的阶段。因此，不应该把经济增长寄托在因科学技术的革命性突破而产生的新的经济增长点上，而应当重视对现有产品及其生产技术的改进和革新。(4) 中国制造业与发达国家之间的差距明显，主要体现在工业物化劳动消耗占比高、劳动生产率低、工业创新能力不高、国际知名品牌企业很少等诸多方面。因此，可把缩小与发达国家的差距作为中国经济新的增长点。(5) 中国社会再生产的流通费用过高，抬高了产品的终端价格。可以通过优化生产力的空间布局、建立高效协同的物流管理体制、用社会化大生产方式改造生产运输组织、加强物流企业信息化建设、引导综合型电商与专业型电商协调发展等多种手段降低商品的流通成本。(6) 以工业化与城镇化促进农业的发展。通过提高农业的经营规模、提高农业的有机构成、促进农业生产经营的社会化分工和培训农民等工业化的方式发展农业；通过创新产业发展方向、完善基础设施和公共服务体系、促进“三条线、一大片”的发展模式等方式推进农民不进城的城镇化。

沈阳大学生产力研究所教授王明友、东北财经大学产业组织与企业组织研究中心副研究员郭晓丹等围绕“新常态下产业发展面临的机遇与挑战”的主题进行了探讨。

上海财经大学国际工商管理学院教授余典范、大连理工大学管理与经济学部教授任曙明、暨南大学产业经济研究院副研究员陶锋、西北大学经济管理学院教授白永秀等围绕“新常态下产业转型与升级”的主题进行了深入研究和讨论。

大连理工大学经济学院教授原毅军、暨南大学产业经济研究院研究员顾乃华、浙江财经大学中国政府管制研究院助理研究员徐骏、大连理工大学管理与经济学部教授陈艳莹等围绕“新常态下政府职能与企业行为”的主题进行了讨论。

大连理工大学经济学院教授原毅军、暨南大学产业经济研究院张耀辉教授、山东大学经济学院教授余东华、南京财经大学工商管理学院副教授万兴等围绕“创新驱动与新兴产业发展”进行了探讨。

（方志斌）

农村发展研究所

（一）人员、机构等基本情况

1. 人员

截至 2015 年底，农村发展研究所共有在职人员 79 人。其中，正高级职称人员 21 人，副高级职称人员 22 人，中级职称人员 22 人；高、中级职称人员占全体在职人员总数的 82%。

2. 机构

农村发展研究所设有：乡村治理研究室、农村组织与制度研究室、农村环境与生态经济研究室、农村产业经济研究室、贫困与福祉研究室、城乡关系与发展规划研究室、农村金融研究室、土地经济与人力资源研究室、农产品市场与贸易研究室、《中国农村经济》编辑部、《中国农村观察》编辑部、信息网络室、办公室、科研处。

3. 科研中心

农村发展研究所的院属研究中心有：中国社会科学院贫困问题研究中心、中国社会科学院生态环境经济研究中心；所属研究中心有：农村发展研究所社会问题研究中心、农村发展研究所合作经济研究中心、农村发展研究所畜牧业经济研究中心。

（二）科研工作

1. 科研成果统计

2015年，农村发展研究所共完成专著16种，480万字；核心期刊文章70余篇，70万字；一般期刊文章120余篇，96万字。

2. 科研课题

（1）新立项课题。2015年，农村发展研究所共有新立项课题21项。其中，国家社会科学基金重大课题1项："构建一体化的新型城乡关系研究"（朱钢主持）；国家社会科学基金重点课题1项："我国城乡就业人员收入流动性比较研究"（杨穗主持）；国家社会科学基金青年课题1项："中国农村环境管理中的政府责任和公众参与机制研究"（陈秋红主持）；国家自然科学基金课题1项："中国耕地复种指数的时空变化及其社会经济影响因素研究——基于县级面板数据的实证分析"（张海鹏主持）；北京市自然科学基金课题1项："北京城市湿地生态承载力研究"（王昌海主持）；北京市社会科学基金课题2项："城镇化背景下北京湿地补偿机制研究"（王昌海主持），"苏州一体化发展模式研究"（任常青主持）；研究所国情调研基地课题2项："城市化过程中基层治理结构转型问题调查（2015）"（党国英主持），"浙江省湖州市家庭农场发展考察（2015）"（张军主持）；其他部门与地方委托课题12项："农业转移人口市民化指数构建研究"（吴国宝主持），"陕西省外资中心GEF评估项目"（吴国宝主持），"互联网+农业机制研究"（胡冰川主持），"敦煌市'十三五'规划"（魏后凯主持），"土地还山现状及改革途径研究"（刘同山主持），"农民专业合作社发展现状及完善机制研究"（刘同山主持），"城乡统筹理论研究"（郜亮亮主持），"科技成果价值评估国内外文献检索及数据分析"（郜亮亮主持），"晋江市农村宅基地制度改革试点实施方案研究"（杜志雄主持），"京津冀城市群土地储备发展研究"（王小映主持），"北京市大兴区三农政策调研"（崔红志主持），"南水北调中线移民工程管理机制研究"（李周主持）。

（2）结项课题。2015年，农村发展研究所共有结项课题27项。其中，研究所国情调研基地课题2项："城市化过程中基层治理结构转型问题调查（2014）"（党国英主持），"浙江省湖州市家庭农场发展考察（2014）"（张军主持）；研究所创新工程项目8项："中国城乡关系研究（2014）"（朱钢主持），"农业资源与农村生态保护研究（2014）"（孙若梅主持），"农产品市场和农村要素市场研究（2014）"（李国祥主持），"中国农村组织研究（2014）"（苑鹏主持），"中国农产品安全战略研究（2014）"（张元红主持），"中国农民福祉研究（2014）"（吴国宝主持），"社会转型背景下农村公共服务研究（2014）"（党国英主持），"中国农村经济形势分析实验室（2014）"（于法稳主持）；其他部门与地方委托课题17项："农村改革试验区试验项目评估研究"（张晓山主持），"国家级经济技术开发区土地节约集约利用研究"（谭秋成主持），"中国新型职业农民教育培养现状"（张晓山主持），"城市应对气候变化管理体系与减排机制研究"（谭秋成主持），"水库移民后期扶持生产开发项目管理研究"（吴国宝主持），"中国扶贫基金会利用彩票公益金支持小额信贷扶贫试点项目扶贫效果评估"（谭清香主持），"农民工市民化进程监测调查制度研究"（吴国宝主持），"2013年度扶贫开发工作考核"（吴国宝主持），"农业部十三五农业农村经济发展规划编制前期研究"（李国祥主持），"青岛市城阳区农村社区发展对策研究"（崔红志主持），"贫困农村地区可持续发展项目独立外部监测研究"（吴国宝主持），"基于SD-MOP整合模型的北京城市湿地生态承载力研究"（王昌海主持），"'母亲创业循环金'外部监测机构执行情况研究"（杜晓山主持），"土地综合整治促进城乡统筹发展作用研究"（崔红志主持），"国家生态系统观测评估技术系统集成研究与示范（重点生态功能区生态补偿关键技术研究）"（谭秋成主持），"城镇化进程中的林地保护管理调研"（李周主持），"新时期农民阶级生活价值观研究"（廖永松主持）。

（3）延续在研课题。2015年，农村发展研究所共有延续在研课题9项。其中，国家社会科学基金青年课题2项："中国粮食价格波动与政府调控政策研究"（韩磊主持），"我国非营利组织治理与规制问题研究"（卢宪英主持）；国家自然科学基金课题2项："城镇化背景下食品消费的演进路径研究"（胡冰川主持），"农地确权对农地流转市场影响的实证研究——兼论农地流转市场的交易成本及其变化"（郜亮亮主持）；院国情调研重大课题1项："陕西洋县生态保护与农村经济协调发展模式调研"（王昌海主持）；院重大课题2项："农地产权与村级组织：城市化的视角"（陆雷主持），"中国粮食流通体制改革研究"（李成贵主持）；院国情调研重大课题1项："中国农村（村庄）国情调研"（张晓山、蔡昉主持）；院国情调研重点课题1项："我国粮食生产状况调研"（李周主持）。

3. 获奖优秀科研成果

2015年，农村发展研究所共有7项成果获得研究所优秀科研成果奖。其中，专著类一等奖3项：魏后凯等的《中国区域协调发展研究》，张元红、张军、李静、李勤的《中国农村民间金融研究——信用、利率与市场均衡》，崔红志的《新型农村社会养老保险制度适应性的实证研究》；论文类一等奖4项：郜亮亮、黄季焜、罗斯高的"Rentai Markets for Cultivated Land and

Agricultural Investments in China”，党国英、胡冰川的《农村政治参与的行为逻辑》，杜志雄、肖卫东的《国际金融危机背景下农村中小企业经营绩效及其影响因素分析——基于对三个县农村中小企业的文件调查数据》，吴国宝、谭清香、关冰的《“多予少取”政策对贫困地区农民增收和减贫的直接影响》。

（三）学术交流活动

1. 学术活动

2015 年，农村发展研究所主办和承办的学术会议主要有：

(1) 2015 年 4 月 22 日，由农村发展研究所和社会科学文献出版社共同举办的“《农村绿皮书：中国农村经济形势分析与预测（2014 ~ 2015）》发布会暨中国农村经济形势分析与预测研讨会”在北京举行。

(2) 2015 年 5 月 27 日，由农村发展研究所与波兰科学院农村与农业发展研究所合作主办的“农业政策与农村发展：中国与波兰”双边会议在北京召开。会议围绕中波农业政策、制度与服务、农业技术、人口行为、农业组织、农业与农村发展比较等议题展开了讨论。

(3) 2015 年 12 月 21 ~ 23 日，由农村发展研究所、河北省社会科学院联合主办的“深化农村改革智库建设论坛暨第十一届全国社科农经协作网络大会”在河北省石家庄市召开。来自全国社科院系统以及部分高校的农经界专家、学者共 100 余人参加了会议。会议研讨的主要问题有“城乡一体化”“农业转型发展”“生态补偿与产业脱贫”“乡村治理”“新型城镇化”“TPP 与农产品贸易”等。

2. 国际学术交流与合作

2015 年，农村发展研究所共派遣出访 17 批 21 人次，接待来访 22 批 43 人次（其中，中国社会科学院邀请来访 5 批 10 人次）。与农村发展研究所开展学术交流的国家有日本、美国、波兰等。

(1) 2015 年 1 月 28 日，农村发展研究所李国祥研究员会见美国驻华使馆经济处官员戴文博（Francis Davenport）一行，双方就中国粮食安全形势和政策走向、转基因技术的发展环境等问题进行了交流。

(2) 2015 年 2 月 8 ~ 12 日，农村发展研究所所长李周等应邀赴韩国参加“2015 韩国农业展望大会”，并就韩国中央和地方农业政策、地方生态保护、农业生产及新村建设情况进行学术访问。

(3) 2015 年 3 月 18 日，农村发展研究所研究员王小映会见美国驻华使馆经济处官员戴文博一行，双方就中国土地政策制度改革等问题进行了交流。

(4) 2015 年 5 月 6 ~ 10 日，农村发展研究所研究员冯兴元应邀赴瑞典参加“中国与瑞典经济发展与企业部门活力”研讨会，并以“中国的区域经济发展与民营部门活力”为题作报告。

（5）2015 年 5 月 9 ～ 14 日，农村发展研究所研究员吴国宝应邀赴意大利参加“扶贫：技术和基础设施的作用”研讨会，并以“中国扶贫的成就及 ICT 在扶贫中的作用”为题发言。

（6）2015 年 5 月 20 日，农村发展研究所研究员吴国宝会见应邀来访的泰国玛希隆大学研发官员谢淑贞，双方就中国扶贫问题进行了交流。

（7）2015 年 5 月 25 日至 6 月 3 日，根据中国社会科学院与波兰科学院合作协议，波兰科学院农村与农业发展研究所所长米洛斯瓦夫一行来农村发展研究所做学术访问，参加了该所主办的“农业政策与农村发展：中国与波兰”双边会议。

（8）2015 年 6 月 1 ～ 14 日，根据中国社会科学院与泰国国家研究理事会合作协议，泰国清迈大学农业经济学系讲师王杰、泰国那黎宣大学助理教授拉切尼来农村发展研究所进行学术访问，就中国农业合作社情况、大米生产及进出口情况与该所研究员翁鸣、副研究员曹斌等座谈。

（9）2015 年 6 月 21 日至 7 月 5 日，农村发展研究所副研究员刘长全参加“e-Social Science 的研究模式与信息技术应用”培训项目赴英国进行学术访问。

（10）2015 年 6 月 23 ～ 28 日，农村发展研究所副研究员胡冰川赴俄罗斯参加“中俄青年友好年”活动，并以“中国农产品市场”为题发言。

（11）2015 年 8 月 13 ～ 20 日，国际生态经济学会前主席、澳大利亚国立大学公共政策学院教授罗伯特应邀来农村发展研究所就生态经济研究前沿问题进行学术访问。

（12）2015 年 8 月 21 日，农村发展研究所研究员李国祥会见美国驻华大使馆经济处官员戴文博一行，双方就“中国玉米生产及收储政策”等问题进行了交流。

（13）2015 年 8 月 31 日至 9 月 15 日，农村发展研究所研究员包晓斌赴瑞典进行主题为“生态保护与环境管理”的学术访问。

（14）2015 年 10 月 5 ～ 9 日，农村发展研究所副所长杜志雄赴澳大利亚参加“健康的未来城市”双边研讨会，并就“中国新型城镇化进程与展望”问题作报告。

（15）2015 年 10 月 19 ～ 23 日，农村发展研究所“农业资源与农村环境保护研究”创新工程项目团队赴日本进行题为“生态农业发展和农业环境管理”的学术访问。

（16）2015 年 11 月 21 ～ 24 日，农村发展研究所研究员于法稳应邀赴日本参加“亚洲的社会经济发展与政府作用”国际学术研讨会，并以“水土资源：中国农业可持续发展的生态基础”为题发言。

（17）2015 年 11 月 24 ～ 27 日，农村发展研究所研究员吴国宝应邀赴韩国参加“主观福祉：测量与政策应用”亚太研讨会，并以“中国居民福祉测量与应用”为题发言。

（18）2015 年，农村发展研究所新签订的国际合作研究项目有 1 项，为“中韩食品消费的比较研究”；结项的国际合作研究项目有 4 项，分别是“中韩食品消费的比较研究”“中国社会转型的文化背景和过程”“关于市场环境变化对中日香菇菌包贸易影响”“非政府组织在发展援助中的参与”。

3．与中国香港、澳门特别行政区和中国台湾开展的学术交流

(1) 2015 年 3 月 16 ~ 20 日，农村发展研究所研究员李国祥应邀赴中国台湾进行题为“农村土地改革和粮食安全”的学术访问。

(2) 2015 年 9 月 17 ~ 22 日，农村发展研究所所长魏后凯、学部委员张晓山赴中国台湾参加两岸经济发展研讨会。

(3) 2015 年 11 月 12 日，农村发展研究所副研究员胡冰川会见中国台湾大学农业经济系教授徐世勋，双方就“两岸农产及服务贸易（包括跨境电商）对两岸就业及农民收入等方面的影响”等问题进行了交流。

（四）学术社团、期刊

1. 社团

(1) 中国国外农业经济研究会，会长杜志雄。

① 2015 年 5 月 9 ~ 10 日，由中国国外农业经济研究会、河南科技大学主办，河南科技大学经济学院、高等教育与区域经济发展研究中心承办的“中国粮食安全专题研讨会”在河南省洛阳市举行。来自国内多所高校和科研单位的 70 余位专家学者参加会议。

② 2015 年 5 月 15 日，由中国人民大学农业与农村发展学院、中国国外农业经济研究会和北京农业经济学会共同主办的“TPP 与农业问题”学术研讨会在北京举行。

③ 2015 年 10 月 24 日，由教育部高等学校农业经济管理类专业教学指导委员会和中国国外农业经济研究会共同主办，中国人民大学农业与农村发展学院承办的“高等学校《外国农业经济》课程建设研讨会”在北京举行。

④ 2015 年 11 月 7 ~ 8 日，由中国国外农业经济研究会主办，江南大学商学院承办的 2015 年“中国国外农业经济研究会年会暨学术研讨会”在江南大学举行。年会的主题是“‘一带一路’战略与国际农业合作”。

(2) 中国城郊经济研究会，会长徐小青。

① 2015 年 3 月 30 ~ 31 日，中国城郊经济研究会与海南省农业厅、澄迈县人民政府、海南省农村信用社联合社等在海南省澄迈县共同主办了“生态农业 · 福山论坛”。

② 2015 年 7 月 15 ~ 18 日，中国城郊经济研究会名誉会长包永江、副会长谢扬、山西省政府有关领导组成联合调研组，对山西晋中市生态庄园经济发展情况开展专题调研。

③ 2015 年 8 月 1 日，“中国城郊经济研究会养殖产业文安试点基地揭牌仪式”在河北省文安县举行。

④ 2015 年 10 月 20 日，中国城郊经济研究会在河北省阜平县举行了“阜平脱贫致富暨阜平农林生态产业试点基地的揭牌仪式”。

⑤ 2015 年 10 月 31 日至 11 月 1 日，中国城郊经济研究会六届五次年会在山西省晋中市举行。

⑥ 2015 年 11 月 27 日至 12 月 1 日，中国城郊经济研究会与中国经济改革研究基金会联合主办的“生态循环农业专题研讨会”在海南省召开。

（3）中国西部开发促进会，会长陈元。

① 2015 年 1 月 15 日，中国西部开发促进会领导带队赴云南省大理州海东开发区进行实地调研。

② 2015 年 1 月 23 日，中国西部开发促进会领导带队赴陕西省西咸新区沣西新城进行实地调研。

③ 2015 年 5 月 22 日，中国西部开发促进会领导受邀参加“第十九届西洽会暨丝绸之路博览会”。

④ 2015 年 6 月 17 日，中国西部开发促进会领导应邀参加“生态文明贵阳国际论坛 2015 年年会”，此后，出席了由贵州省毕节市威宁彝族回族苗族自治县举办的“全国马铃薯区域试验培训暨产销衔接会”。

⑤ 2015 年 7 月 7 日，中国西部开发促进会领导受邀参加“第二十一届中国兰州投资贸易洽谈会”。

⑥ 2015 年 9 月 10 日，中国西部开发促进会领导参加在宁夏回族自治区银川市举办的“2015 中国—阿拉伯国家博览会”。

⑦ 2015 年 10 月 13 日，中国西部开发促进会领导应邀参加甘肃省庆阳市举办的“2015 中国（庆阳）农耕文化节”。

⑧ 2015 年 11 月 6 日，应内蒙古自治区人民政府邀请，中国西部开发促进会领导出席了“内蒙古发展基金战略合作协议签约暨内蒙古发展投资管理有限公司揭牌仪式”。

⑨ 2015 年 12 月 6 日，中国西部开发促进会领导前往内蒙古自治区阿拉善盟左旗对当地的白绒山羊产业进行实地考察调研。

（4）中国县镇经济交流促进会，会长杜晓山。

① 2015 年，中国县镇经济交流促进会新成立了二级分会“县镇金融机构发展促进委员会”。

② 2015 年 10 月 23 ~ 24 日，由中国县镇经济交流促进会与中国村镇银行发展论坛组委会、中国金融杂志社、中国农村财经研究会和亚太金融学会联合主办的“第八届中国村镇银行发展论坛暨 2015 年互联网 + 商业银行论坛”在北京举行。论坛的主题是“新常态、新思维、新发展”，研讨的主要问题有“互联网 + 商业银行”“村镇银行管理模式探讨”“村镇银行典型经验交流”。

③ 2015 年 12 月 1 ~ 3 日，中国县镇经济交流促进会与中国小额信贷联盟主办的“2015 年中国小额信贷峰会暨中国小额信贷联盟十周年年会”在北京召开。

（5）中国生态经济学学会，会长黄浩涛。

① 2015 年 4 月 25 日，由中国生态经济学学会主办，浙江省生态文明研究中心、浙江理工

大学经济管理学院、浙江省生态经济促进会承办的“2015 年中国生态文明制度建设·杭州论坛”在浙江理工大学举行。

② 2015 年 7 月 29 ~ 31 日，由中国生态经济学学会生态经济教育专业委员会主办，南京师范大学中国经济研究中心承办的“2015 中国生态经济建设·南京论坛”在江苏省南京市举行。

③ 2015 年 8 月 15 日，由中国生态经济学学会主办，山东省社会科学院高效生态经济研究泰山学者岗位、山东省经济形势分析与预测软科学研究基地承办，《生态经济》编辑部、山东省滨州北海经济开发区协办“高效生态经济研究前沿国际高层论坛”在山东省滨州市召开。论坛的主题是“全球生态治理与生态经济研究”。

④ 2015 年 10 月 16 ~ 17 日，由中国生态经济学学会主办，九江学院鄱阳湖生态经济研究中心、中国生态经济学学会区域生态经济专业委员会承办的“区域产业与生态文明”学术研讨会在江西省九江学院召开。研讨会同时举行了“中国生态经济学学会·九江研究基地”成立大会。

⑤ 2015 年 11 月 14 ~ 15 日，由中国工程院环境与轻纺工程学部和中国生态经济学学会联合主办，宁波大学商学院、宁波大学海洋学院、浙江省海洋文化与经济研究中心、浙江省生态文明研究中心及国家海洋局第一海洋研究所共同承办的“2015 中国海洋生态经济发展·宁波论坛”在浙江省宁波市举行。

⑥ 2015 年 11 月 15 日，中国生态经济学学会海洋生态经济专业委员会成立大会在浙江省宁波市举行。

⑦ 2015 年 12 月 19 ~ 20 日，由中国生态经济学学会、光明日报社理论部、中国社会科学院生态环境经济研究中心、江西省社会科学院联合主办的“生态文明、绿色发展”学术研讨会在江西省南昌市举行。

(6) 中国林牧渔业经济学会，会长李周。

① 2015 年 4 月 11 日，由中国林牧渔业经济学会林业经济专业委员会和北京林业大学经济管理学院共同举办的“退耕还林学术研讨会”在北京召开。

② 2015 年 8 月 9 日，由中国林牧渔业经济学会林业经济专业委员会、中国林业经济学会技术经济专业委员会和中国技术经济学会林业技术经济专业委员会联合主办的“第九届中国林业技术经济理论与实践论坛”在呼和浩特市召开。论坛的主题是“绿色化与林业改革发展”。

③ 2015 年 10 月 30 日，由韩国水产经营学会主办，中国林牧渔业经济学会渔业经济专业委员会和日本水产经营学会协办的“《韩中日三国关于国际化时代东北亚水产合作》国际学术研讨会”在韩国釜山召开。

④ 2015 年 11 月 6 ~ 8 日，由中国林牧渔业经济学会主办，畜牧业经济专业委员会和饲料经济专业委员会承办的“中国林牧渔业经济学会学术年会（2015）暨畜牧饲料经济与科技研讨会”在北京召开。

⑤ 2015 年 11 月 8 日，由中国林牧渔业经济学会畜牧业经济专业委员会主办的“全国畜牧

产业经济理论研讨会”在北京召开。

⑥ 2015年12月23日，由中国林牧渔业经济学会林业经济专业委员会和北京林业大学经济管理学院联合主办的中国林牧渔业经济学会林业经济专业委员会在京理事会议暨“绿水青山就是金山银山”理论探讨会在北京召开。

2. 期刊

（1）《中国农村经济》（月刊），主编李周（第1～8期）、魏后凯（第9～12期）。

2015年，《中国农村经济》共出版12期，共计192万字。该刊全年刊载的有代表性的文章有：张红宇、张海阳、李伟毅、李冠佑的《中国特色农业现代化：目标定位与改革创新》，李谷成的《资本深化、人地比例与中国农业生产率增长——一个生产函数分析框架》，中国社会科学院农村发展研究所“农村集体产权制度改革研究”课题组的《关于农村集体产权制度改革的几个理论与政策问题》，张龙耀、王梦珺、刘俊杰的《农地产权制度改革对农村金融市场的影响——机制与微观证据》，尚旭东、朱守银的《家庭农场和专业农户大规模农地的“非家庭经营”：行为逻辑、经营成效与政策偏离》，李文明、罗丹、陈洁、谢颜的《农业适度规模经营：规模效益、产出水平与生产成本》，胡冰川的《中国农产品市场分析与政策评价》，潘方卉、李翠霞的《生猪产销价格传导机制：门限效应与市场势力》，张军的《农业发展的第三次浪潮》，赵殷钰、郑志浩的《中国大豆和大豆油需求——基于SDAIDS模型的实证分析》，陈帅的《气候变化对中国小麦生产力的影响——基于黄淮海平原的实证分析》，汪阳洁、仇焕广、陈晓红的《气候变化对农业影响的经济学方法研究进展》，吴国宝、檀学文的《用多少时间为自己而活？——作为福祉的农民个人生活时间影响因素分析》，周应恒、胡凌啸、严斌剑的《农业经营主体和经营规模演化的国际经验分析》，于晓华、郭沛的《农业经济学科危机及未来发展之路》。

（2）《中国农村观察》（双月刊），主编李周（第1～5期）、魏后凯（第6期）。

2015年，《中国农村观察》共出版6期，共计96万字。该刊全年刊载的有代表性的文章有：张元红、刘长全、国鲁来的《中国粮食安全状况评价与战略思考》，阮荣平、郑风田、刘力的《宗教信仰对农村社会养老保险参与行为的影响分析》，赵晓峰、付少平的《多元主体、庇护关系与合作社制度变迁——以府城县农民专业合作社的实践为例》，魏万青的《中等职业教育对农民工收入的影响——基于珠三角和长三角农民工的调查》，易福金、顾熀乾的《歧视性新农合报销比例对农村劳动力流动的影响》，孙淑云的《顶层设计城乡医保制度：自上而下有效实施整合》，文龙娇、李录堂的《农地流转公积金制度设想初探——基于农户农地流转意愿视角》，董晓霞的《中国生猪价格与猪肉价格非对称传导效应及其原因分析——基于近20年的时间序列数据》，苑鹏的《对马克思恩格斯有关合作制与集体所有制关系的再认识》，杨一介的《我们需要什么样的农村集体经济组织？》，胡冰川、周竹君的《城镇化背景下食品消费的演进路径：中国经验》，程名望、黄甜甜、刘雅娟的《农村劳动力外流对粮食生产的影响：来自中国的证据》。

（五）会议综述

2015 年《农村绿皮书》发布会暨中国农村经济形势分析与预测研讨会

2015 年 4 月 22 日，由中国社会科学院农村发展研究所、社会科学文献出版社共同举办的“2015 年《农村绿皮书》发布会暨中国农村经济形势分析与预测研讨会”在北京举行。中国社会科学院副院长、党组成员李培林，中共中央政策研究室副主任潘盛洲出席会议并致辞。中国社会科学院农村发展研究所所长李周主持会议。

中国社会科学院农村发展研究所副所长杜志雄作主旨发言，他代表《农村绿皮书》课题组对 2014 年农业农村经济运行的主要特征进行总结，并对 2015 年中国农村经济形势进行了分析和预测。

中共中央政策研究室副主任潘盛洲在分析当前我国“三农”发展面临的各方面压力后指出，要通过积极培育农业经营主体，培养新型农民，提高农业综合生产能力，确保国家粮食安全。要提高农民农村农业增加收入的机会，在农村大力发展六次产业，促进一、二、三产业融合发展，调整农业结构，提高农产品附加值，增加农民收入。要积极推进新型城镇化发展，加快户籍制度改革，给农民工更多在城镇落户的机会，增加农民工资性收入。

国家发展改革委农经司副司长方言在回顾 2015 年初全国农业发展情况的基础上，强调要加大涉农资金整合力度和利用效率，维护好土地流转后农民的合法权益，充分发挥农民专业合作社的积极作用。同时，他建议制定更加明晰的土地利用政策，细化土地利用方式，完善土地流转政策，保护主产区产能。要转变农业生产方式，发挥技术和干部考核在促进资源节约和可持续利用方面的重要作用。

2015年4月22日，2015年《农村绿皮书》发布会暨中国农村经济形势分析与预测研讨会在北京举行。

农业部经管司司长张红宇首先审视了新常态下农业和农村经济的深刻变化，并提出，适应新常态最主要是调结构、转方式、促改革。一是更加注重科学技术的作用；二是更加注重专业化、规模化、节约化生产方式发展；三是更加注重生产经营方式转变；四是更加注重市场竞争力的提升；五是更加注重职业化农民的培养；六是更加注重可持续发展。为此，要尊重新常态下现代农业的发展规律，充分运用市场机制，合理政府调控。要优化资源配置，深化土地制度改革，深化经营制度改革，包括深化产权制度改革；要有利于保护农民利益，特别是在土地流转和产权制度改革过程中，确保农民利益不受损。

国务院发展研究中心农村部部长叶兴庆提出，对中长期农业发展应该有一个顶层考虑，中国农业真正要强，要善于做减法。第一道减法是减劳动力，第二道减法是减边际产能，第三道减法是减目前没有优势的土地密集型农产品的生产，第四道减法是减我国的黄箱支持政策力度，第五道减法是要减不合时宜的观念。

国务院研究室农村司副司长张顺喜认为，农民增收问题很可能成为“三农”问题短板中的短板，因此，在分析形势、研究问题时，要对农民增收问题给予更多的关注。

中国农业科学院农业经济与发展研究所所长王东阳以及农业部农村经济研究中心主任宋洪远提出，对我国家庭农场、农业机械化的发展状况及对农业生产的影响等问题，需要有进一步更为细分的认识。

（卢宪英）

深化农村改革　智库建设论坛
暨第十一届全国社科农经协作网络大会

2015年12月22～23日，由中国社会科学院农村发展研究所和河北省社会科学院共同主办的“深化农村改革　智库建设论坛暨第十一届全国社科农经协作网络大会”在河北省石家庄市召开。全国社科院与高校的领导与专家共100余人参加了会议。与会专家围绕农村改革的重点、热点和难点问题进行了深入探讨。

在农业结构调整方面，与会专家剖析了河南省“三山一滩”改革案例。洛阳市在农业结构调整中，根据市场需求变化调整农业生产，通过适度规模集中的方式避免农产品同质化问题，这说明农业结构调整对于促进产业融合、提高资源利用效率、提升农业效益有着积极作用。

在农业规模化经营方面，与会专家认为，适度规模经营对于解决中国农业“内卷化”问题是一条重要途径，但也带来了农业生产的“去家庭化”倾向，其动因在于农业机械化的推广与农业生产中商业利益的最大化，而农业经营规模化并未促进农作物单产与农业全要素生产率水平的相应提升，使得部分规模经营主体的主观激励在于套取政策补贴。

在培育发展新型农业经营主体方面，与会专家提供了当前甘肃、新疆等地发展现代农业经营体系、培育新型农业经营主体的案例。此外，还有学者利用美国农业合作社的历史数据，通过VAR模型回归对合作社的效率进行了分析。

在加快推进农村产权交易方面，与会专家提供了近年来重庆市、河北省等地推进农村建设用地交易平台的案例和做法。专家认为，“地票交易”模式在设计上不仅保护了农民利益，实现了土地利用效率的提升，而且为农村产权交易提供了经验。但是，当前重庆土地流转在实践中也存在着制度与技术层面的问题。

在乡村治理方面，专家们探讨了当前乡村治理中存在的逆向选择问题。当前的乡村治理形态，体现着政府意志的垂直控制与自治民主意志这两种力量的交织。当前新农村社区治理的发展日趋多元化，居民参与、互动程度不断提高。但是，由于制度规范、自治管理水平、公共服务供给等方面仍存在较大缺陷，新农村社区治理面临很大挑战，为此有必要完善治理制度，加强组织建设，加大公共服务的有效供给。

在城乡发展一体化方面，与会专家认为，新常态下推进城乡发展一体化的战略部署应当包括建立城乡统一的公共服务体系与社会治理体系，在制度层面包括统一的户籍登记制度、土地管理制度、就业管理制度、社会保障制度等。与会专家还探讨了云南省开远市、湖南省资兴市的城乡发展一体化发展模式。

与会专家还讨论了精准扶贫、完善利益补偿机制等问题。江西革命老区的产业扶贫通过增强赣南地区产业发展的“造血”机能，起到了增收减贫的重要作用，但仍然存在重大现实矛盾，例如，家庭分散经营与集约化生产的矛盾，融资渠道单一依靠政府与资金缺口的矛盾，农业生产与生态保护的矛盾，等等。江苏的片区扶贫的方式增收效果也很明显，但也存在资金来源单一、多头管理、“造血”能力不足等问题。此外，部分专家还指出，当前中国的贫困问题，在一定程度上显现出城乡分化与地区分化的特点，其部分原因在于整体上缺乏相关的利益补偿机制。

（卢宪英）

财经战略研究院

（一）人员、机构等基本情况

1. 人员

截至 2015 年底，财经战略研究院共有在职人员 77 人。其中，正高级职称人员 18 人，副高级职称人员 17 人，中级职称人员 29 人；高、中级职称人员占全体在职人员总数的 83%。

2. 机构

财经战略研究院设有：财政研究室、税收研究室、财政审计研究室、成本与价格研究室、国际贸易与投资研究室、服务贸易与 WTO 研究室、流通产业研究室、互联网经济研究室、服务经济研究室、城市与房地产经济研究室、旅游与休闲研究室、综合经济战略研究部、《财贸经济》编辑部、*China Finance and Economic Review* 编辑部、《财经智库》编辑部、学术档案馆、院长办公室、行政办公室、科研组织处、学术交流办公室。

3. 科研中心

财经战略研究院有中国社会科学院院属科研中心有：旅游研究中心、城市与竞争力研究中心、对外经贸国际金融研究中心、税收研究中心；财经战略研究院院（财经战略研究院）属科研中心有：信用研究中心、服务经济与餐饮产业研究中心。

（二）科研工作

1. 科研成果统计

2015 年，财经战略研究院共完成专著 9 种，301 万字；论文 124 篇，236 万字；译著 3 种，43 万字；皮书 4 种，72 万字；研究报告 15 种（篇），48 万字。

2. 科研课题

（1）新立项课题。2015 年，财经战略研究院共有新立项课题 23 项。其中，国家社会科学基金课题 6 项："外部冲击和结构性转换下的中高速增长和中高端发展研究"（汪红驹主持），"旅游需求结构与旅游产品创新的动态关系研究"（宋瑞主持），"货币政策，资本结构与促进产业向中高端升级研究"（王朝阳主持），"人口结构变迁对中国房地产市场的综合影响及应对措施研究"（李超主持），"精准扶贫战略下贫困地区农村信息化减贫能力提升研究"（郭君平主持），"国家资产负债表与提高国家治理能力研究"（杨志宏主持）；国家自然科学基金课题 2 项："债务处置周期对通货紧缩预期的影响机制研究"（高培勇主持），"国际大宗商品价格走势与输入性通货紧缩影响研究"（汪红驹主持）；所级课题 2 项，即所级国情调研基地项目："新形势下农村流通模式的变化"（依绍华主持），"新型城镇化与县域经济发展研究"（田侃主持）。

（2）结项课题。2015 年，财经战略研究院共有结项课题 19 项，其中，所级国情调研基地项目 2 项："新形势下农村流通模式的变化"（依绍华主持），"新型城镇化与县域经济发展研究"（田侃主持）；所重点课题 9 项："马克思国际贸易理论研究"（冯雷主持），"战后西方税收理论发展及其对政策的影响 ——特殊流转税的理论演变与实践发展"（蒋震主持），"产业空间布局优化的要素重置效应研究 ——基于大国雁阵模式的视角"（李超主持），"中国旅游业国际地位评估与提升"（宋瑞主持），"国内外现代物流理论研究进展"（李蕊主持），"现代服务经济思想史研究"（李勇坚主持），"以服务业推动包容性城镇化：实证分析与政策建议"（刘奕主持），"我国通货膨胀的动态特征研究"（汪川主持），"国家财政安全的理论基础研究"（于树一主持）；青年课题 8 项："公共部门权责发生制的应用：动因、趋势及难点"（冯静主持），"转移支付制度的国际比较"（付敏杰主持），"国债规模自然负债空间理论研究"（何代欣主持），"城镇化与住房市场研究"（姜雪梅主持），"'十三五'推进能源消费革命和节能减排的主要目标及对策措施研究"（刘佳骏主持），"零售业深度调整与扩大内需协同机制研究"（张昊主持），"中国企业在美国直接投资的特征与规律研究"（张宁主持），"健康服务是必需品还是奢侈品？"（张颖熙主持）。

(3) 延续在研课题。2015 年，财经战略研究院共有延续在研课题 8 项。其中，国家社会科学基金课题 7 项："扩大我国服务也对外开放的路径与战略研究"（夏杰长主持），"现代国家治理体系下我国税制体系重构研究"（高培勇主持），"公共经济学理论体系创新研究"（杨志勇主持），"政府行为对服务业生产率的影响研究"（李勇坚主持），"全球分工新体系下的中国旅游业国际地位评估与提升研究"（金准主持），"基于全球生产网络构建的我国民营跨国公司成长机制及实证研究"（张海波主持），"新型城镇化与房地产市场协调发展及政策研究"（杨慧主持）；院国情调研重大课题 1 项："增强我国服务业出口能力调研——以北京、上海、深圳等十大服务业出口基地为核心"（赵瑾主持）；国家自然科学基金课题 1 项："内生汇率传递下国际冲击对中国通货膨胀的动态影响"（汪川主持）。

（三）学术交流活动

1. 学术活动

2015 年，财经战略研究院主办和承办的学术会议有：

(1) 2015 年 1 月 21 日，财经战略研究院副院长夏杰长研究员主持"双周财经论坛"，邀请中国社会科学院学部委员、世界经济与政治研究所原所长余永定研究员作题为"中国利率市场化改革"的讲座。

(2) 2015 年 2 月 4 日，财经战略研究院举行 2014 年度工作报告会颁布"年度院长奖"和"年度青年优秀学术论文奖"以及"年度三报一刊集体成果发表奖"获奖者名单。

(3) 2015 年 4 月 17 日，财经战略研究院党委书记、院长高培勇应邀为《求是》杂志社全体职工作题为"财税体制改革与国家治理现代化"的报告，李捷社长主持。

(4) 2015 年 5 月 7 日，由财经战略研究院和香港特别行政区政府中央政策组主办，冯氏集团利丰集团研究中心协办的"中国经济运行与政策国际论坛 2015"在香港举行。

(5) 2015 年 6 月 24 日，由中国社会科学院和日本学术振兴会主办，中国社会科学院财经战略研究院和国际合作局承办的"变革时代的协同发展战略"中日学术研讨会在北京举行。

(6) 2015 年 7 月 3 日，由财经战略研究院和审计署办公厅、审计署财政审计司联合主办的"稳增长政策跟踪审计专家论坛"在财经战略研究院举行。

(7) 2015 年 7 月 24 日，由财经战略研究院主办的"财贸经济笔会 2015 暨创刊 35 周年座谈会"在北京召开。

(8) 2015 年 8 月 19 日，财经战略研究院副院长夏杰长研究员主持"双周财经论坛"，邀请财政部财政科学研究所公共收入研究中心主任张学诞研究员作题为"消费税改革：基本思路及政策建议"的讲座。

(9) 2015 年 9 月 28 日，由财经战略研究院和新华社《经济观察报》共同举办的"NAES 宏观经济形势季度分析会（2015 年第 3 季度）"在北京举行。

2015年12月，"财经战略年会2015：迈向'十三五'的中国"在天津召开。

（10）2015年10月23日，旅游与休闲研究室副主任宋瑞为中央组织部、国家旅游局和国家行政学院主办的省部级领导干部促进旅游业改革发展专题研讨班授课。国务院副总理汪洋出席了此次研讨班的结业仪式并发表重要讲话。

（11）2015年10月24日，由财经战略研究院主办的"互联网时代平台经济崛起"学术研讨会在北京举行。

（12）2015年10月28日，财经战略研究院副院长夏杰长研究员主持"双周财经论坛"，邀请中国人民大学国家发展与战略研究院执行院长刘元春教授作题为"货币政策理论革命与中国货币政策若干问题"的讲座。

（13）2015年11月7日，财经战略研究院与北京第二外国语大学联合主办的"中美休闲研究研讨会"在北京召开。

（14）2015年12月29日，由财经战略研究院和天津财经大学共同主办的"财经战略年会2015：迈向'十三五'的中国"在天津召开。来自政府部门、研究机构和高校的200余位代表参加会议。

2. 国际学术交流与合作

2015年，财经战略院共派遣出访23批40人次，接待来访10批22人次。与财经战略院开展学术交流的国家有美国、日本、韩国、澳大利亚等。

出访

（1）2015年5月10日，财经战略研究院研究员高培勇应邀赴葡萄牙里斯本参加"中国将如何与世界互动"国际会议，并发表题为"经济全球化背景下的中国经济改革"的演讲。

（2）2015年6月21日，财经战略研究院研究员钟春平赴英国参加"E-Social Science的研究模式与信息技术应用"培训班。

（3）2015年6月29日，财经战略研究院研究员高培勇应邀赴俄罗斯参加第七届"税制改革理论与实践"国际专题研讨会。

（4）2015年6月29日，财经战略研究院研究员马珺应邀赴俄罗斯伊尔库茨克市参加第七届"税制改革理论与实践"国际专题研讨会。

(5) 2015年7月5日，财经战略研究院博士邹琳华应邀美国参加在华盛顿举办的世界华人不动产学会2015年会。

(6) 2015年8月23日，财经战略研究院副研究员冯静执行院与美国福特基金会协议——个人长期进修资助项目，赴美国马里兰大学帕克分校公共政策学院进行为期1年的进修。

(7) 2015年9月1日，为配合习近平主席9月对美国进行国事访问，财经战略研究院研究员高培勇受外交部美大司委托，赴美国纽约、华盛顿就中美经贸关系问题开展调研及公共外交。

(8) 2015年9月1日，财经战略研究院副研究员赵早早赴韩国参加“转变治理范式、提高政府公信力”亚洲公共行政网络2015年年会。

(9) 2015年9月14日，财经战略研究院研究员高培勇一行赴日本进行学术访问，并具体访问日本亚洲成长研究所、日本经济团体联合会、札幌大学等机构，与国外研究者和企业家共同探讨“中日经济形势”等相关的经济政策和商业策略。

(10) 2015年10月4日，财经战略研究院研究员夏杰长等受邀赴美国访问，探讨在服务经济和旅游管理方面开展合作研究等事宜。

(11) 2015年10月13日，财经战略研究院副研究员王朝阳、张德勇应邀赴德国、荷兰、法国参加法兰克福书展、学术研讨会等活动，并商谈相关合作事宜。

(12) 2015年10月31日，财经战略研究院研究员夏杰长等应邀赴日本参加“流通科学学术交流会”和“稳定经济增长的宏观政策：基于中日比较的视角”研讨会，并实地调研。

3. 与中国香港、澳门特别行政区和中国台湾开展的学术交流

(1) 2015年3月17日，财经战略研究院研究员倪鹏飞应邀赴香港中文大学进行学术交流，并作题为“开放背景、大国特征与中国城市化模式”的报告。

(2) 2015年4月26日，财经战略研究院副研究员滕祥志应邀赴中国台湾进行学术访问。

(3) 2015年5月6日，财经战略研究院研究员高培勇、研究员汪红驹应邀出席由香港特别行政区政府中央政策组、中国社会科学院财经战略研究院以及冯氏集团利丰研究中心在香港联合举办的“中国经济运行与政策”国际论坛（2015）。

(4) 2015年9月17日，应台湾“中华经济研究院”邀请，财经战略研究院研究员夏杰长随中国社会科学院代表团赴中国台湾进行学术访问，出席“中国大陆‘十三五’期间开展两岸经贸合作策略研讨会”。

（四）学术社团、期刊

1. 社团

(1) 中国成本研究会，会长张弘力、高培勇。

2015年12月2日，由中国成本研究会主办，北京工商大学商学院、国有资产管理协同创新中心和投资者保护中心承办的中国成本研究会 2015 年常务理事会及年会在北京召开。常务理事会表决同意张弘力辞去会长一职，由高培勇接任会长。年会的主题是“新常态与国企改革背景下的成本管理”。来自国家研究机构、高等学校、中央企业和民营企业的100 余人参加了研讨会。

（2）中国市场学会，会长卢中原。

① 2015 年 5 月 22 ～ 23 日，由中国管理科学研究院信用评价研究中心、商务部研究院信用评级与认证中心、中国市场学会信工委联合主办的“第十二届中国诚信企业家大会暨全国诚信体系建设经验交流会”在北京召开。

② 2015 年 4 月 18 日，由中国市场学会流通专业委员会、浙江省人民政府、宁波市人民政府、象山县人民政府联合举办的《2015 新常态背景下电子商务跨境融合与流通渠道创新高峰论坛》在浙江省宁波市召开。

③ 2015 年 4 月 15 日，由中国市场学会、中国商报社、国际商报社、中国市场杂志社联合主办的“第十六届中国商品交易市场发展论坛”在北京召开。

④ 2015 年 11 月 7 日，由中国市场学会、中国企业权益保护协会主办的“第九届中国企业权益保护与创新发展高峰论坛”在北京召开。

⑤ 2015 年 11 月 21 日，“中国市场学会沉香行业专业委员会、北京国香医学研究发展中心成立大会暨新闻发布会”在北京召开。

2. 期刊

（1）《财贸经济》（月刊），主编高培勇。

2015 年，《财贸经济》共出版 12 期，共 312 万字。该刊全年刊载的有代表性的文章有：闫坤、刘陈杰的《我国“新常态”时期合理经济增速测算》，吴晓求的《互联网金融：成长的逻辑》，何德旭、苗文龙的《金融排斥、金融包容与中国普惠金融制度的构建》，杨青龙、张为付的《国际贸易的成本分析：视角与方法》，李华民、吴非的《谁在为小企业融资：一个经济解释》，杨斌、林信达、胡文骏的《中国金融业“营改增”路径的现实选择》，马珺的《财政学研究的不同范式及其方法论基础》，张成思、党超的《异质性通胀预期的信息粘性与信息更新频率》，张定胜、刘洪愧、杨志远的《中国出口在全球价值链中的位置演变——基于增加值核算的分析》，高培勇等的《学习十八届五中全会精神笔谈》等。

（2）*China Finance and Economic Review*《中国财政与经济研究》（英文，季刊），主编高培勇。

（五）会议综述

财贸经济笔会 2015 暨创刊 35 周年座谈会

2015 年 7 月 24 日，由中国社会科学院财经战略研究院主办，《财贸经济》编辑部、*China Finance and Economic Review* 编辑部和《财经智库》（筹）编辑部共同承办的“财贸经济笔会

2015暨创刊35周年座谈会”在北京召开。

座谈会由中国社会科学院学部委员、财经战略研究院院长高培勇教授主持，中国社会科学院党组成员、秘书长高翔，福建省邓子基教育基金会顾问、中国出口信用保险公司监事长周立群分别致辞，他们在致辞中对《财贸经济》创刊35年来的成绩给予充分肯定，对创刊35周年表达了热烈的祝贺。

2015年7月，财贸经济笔会2015暨创刊35周年座谈会在北京召开。

座谈会后，举行了“财贸经济——邓子基财经学术论文奖”颁奖仪式。颁奖仪式由《财贸经济》编辑部主任王迎新研究员主持，邓子基教育基金会副理事长林英钊介绍了评奖过程并宣布评奖结果。张卓元、杨圣明、高培勇、周立群、王乔分别为获奖论文作者颁奖。

“财贸经济笔会2015”由分组讨论和专题发言组成。分组讨论中，来自上海对外经贸大学、南开大学等单位的几位专家报告了自己的最新研究成果，与会专家们进行了点评和讨论。在分组讨论期间，中国社会科学院学部委员、金融研究所所长王国刚研究员进行了专题发言。

“财贸经济笔会2015暨创刊35周年座谈会”闭幕式由财经战略研究院副院长夏杰长研究员主持，院长高培勇教授对会议进行了总结，再次重申了“财贸经济笔会”的办会理念，并对中青年学者的学术成长与进步提出了建议和殷切期望。

（科研处）

财经战略年会2015

2015年12月29日，由中国社会科学院财经战略研究院和天津财经大学共同主办的“财经战略年会2015”在天津召开。年会的主题是“迈向‘十三五’的中国”。财经战略研究院院长高培勇教授主持开幕式。中国社会科学院副院长蔡昉研究员和天津财经大学校长李维安教授分别致辞。财经战略研究院院长高培勇教授主持开幕式。

在总论坛上，中国社会科学院副院长蔡昉、中国财富经济研究员名誉院长陈宗胜、中国海事仲裁委员会副主任丁俊发、国家发改委学术委员会秘书长张燕生、北京大学国家发展研究院院长姚洋、南开大学原副校长逄锦聚以及央行货币政策委员会委员、清华大学经管学院副院长白重恩等著名学者先后作主旨演讲，议题包括：当前中国经济的重要问题、供给侧问题表现与解决途径、“十三五”构建高层次开放性经济的前景、新二元经济与财政政策调整、用“互联网+”与“供应链+驱动产业升级、短期经济增长问题等。

年会还围绕“国家战略与新型智库建设”“财税运行‘新常态’”“创新创业与经济新引擎”“金融体制改革与风险监管”等热点话题展开深入研讨，邀请学科前沿的权威专家学者开展深度研判，分享他们在各自领域内的思考、创新和实践，共同探究新形势下我国财经领域面临的机遇、挑战和改革发展路径。

财经战略年会集全局性、权威性、前瞻性和影响力于一身，深入分析财经改革与发展的重大理论与现实问题，解读国策趋势。作为高端年度盛会，财经战略年会至2015年已成功举办四届，以精心选择的议题和精湛的学术演讲，吸引了大量政经高级官员和经济领域专家学者积极参与，产出诸多高端学术成果，国家智库作用日益凸显。

（科研处）

金融研究所

（一）人员、机构等基本情况

1. 人员

截至2015年底，金融研究所共有在职人员48人。其中，正高级职称人员13人，副高级职称人员14人，中级职称人员18人；高、中级职称人员占全体在职人员总数的94%。

2. 机构

金融研究所设有：货币理论与货币政策研究室、金融市场研究室、结构金融研究室、国际金融与国际经济研究室、保险与社会保障研究室、法与金融研究室、银行研究室、公司金融研究室、金融实验研究室、《金融评论》编辑部、综合办公室。

3. 科研中心

金融研究所院属科研中心有：投融资研究中心、保险与经济发展研究中心、金融政策研究中心；所属科研中心有：房地产金融研究中心、财富管理研究中心、支付清算研究中心；金融研究所院属科研基地有：中小银行研究基地、金融法律与金融监管研究基地、融资租赁研究基地、产业金融研究基地。

（二）科研工作

1. 科研成果统计

2015年，金融研究所共完成专著2种，50万字；论文136篇，56万字；研究报告25种

（含皮书 9 种），540 万字；译著 4 种，121 万字；一般文章 310 篇，93 万字。

2. 科研课题

（1）新立项课题。2015 年，金融研究所共有新立项课题 27 项。其中，国家社会科学基金课题 2 项："'十三五'时期我国的金融安全战略研究"（何德旭主持），"中国农村普惠金融的绩效评估与内生发展路径研究"（星焱主持）；院国情调研重大课题 1 项："建设国家级'昌九新区'问题调研：金融配套措施与方案设计的考察"（陈经伟主持）；院国情调研基地项目 2 项："山东乳山金融生态环境状况考察"（杨涛主持），"构建解决融资难、融资贵的政策体系：小微贷款实践调查"（曾刚主持）；院青年中心项目 1 项："中国经济发展新常态研究"（尹振涛主持）；人社部留学人员择优资助项目 1 项："政府债务风险与危机视角"（董裕平主持）；所重点课题 4 项："促进产业结构转型升级的金融支持政策研究"（董昀主持），"人民币跨境业务发展与人民币国际化问题研究"（林楠主持），"金融危机处置机制研究"（郑联盛主持），"地方政府性债务研究"（蔡真主持）；其他部门与地方委托课题 16 项：国家发改委课题"中国农村扶贫金融体系建设研究"（王国刚主持），国家林业局经济发展研究中心课题"'生态文明建设'国家战略的配套机制设计"（陈经伟主持），新疆维吾尔自治区发改委课题"丝绸之路经济带核心区金融中心建设规划"（殷剑峰主持），中国保险行业协会课题"转型与发展：从保险大国到保险强国"（殷剑峰主持），重庆市政府金融工作办公室课题"重庆市金融中心建设'十三五'规划平行研究"（何海峰主持），四川省资阳市政府金融工作办公室课题"资阳市'十三五'时期金融支持经济社会发展规划研究"（董裕平主持），北京市西城区政府金融工作办公室课题"'十三五'时期西城区金融业发展思路与措施意见"（何海峰主持），中国保监会上海保监局课题"上海国际保险中心建设研究"（阎建军主持），国家开发银行课题"开发银行可持续协调发展研究"（杨涛主持），中国民生银行课题"民生银行'十三五'战略规划外部环境研究"（王国刚主持），兴业银行课题"'十三五'时期经济、金融环境研究"（王国刚主持），中国电力财务公司课题"国家电网公司互联网金融研究"（何德旭主持），中国银联课题"区块链技术在金融支付领域的应用前景"（杨涛主持），国开金融公司课题"国开金融改革发展战略规划研究"（胡滨主持），江西省赣州市社科联课题"经济新常态下创新老区财税运行机制研究"（杨涛主持），阿里巴巴课题"国际视角下的新经济与新金融"（程炼主持）。

（2）结项课题。2015 年，金融研究所共有结项课题 27 项。其中，国家自然科学基金课题 3 项："社会网络：中国区域发展不平衡的政治经济学视角"（程炼主持），"企业集团视角下的上市公司多元化行为研究"（李广子主持），"人民币国际化'三元相平衡'下汇率动态与货币能值测控研究"（林楠主持）；院亚洲研究中心课题 1 项："政策性金融机构的改革与发展：日韩经验与启示"（尹振涛主持）；所国情调研基地项目 2 项："山东乳山金融生态环境状况考察"（杨涛主持），"构建解决融资难、融资贵的政策体系：小微贷款实践调查"（曾刚主持）；所重点课题 4 项："促进产业结构转型升级的金融支持政策研究"（董昀主持），"人民币跨境业务发展与人民币国际化问题研究”（林楠主持），“金融危机处置机制研究”（郑联盛主持），“地方政府性债务研究”（蔡真主持）；其他部门与地方委托课题16项：北京市科委课题“国内外科技型企业上市制度的比较及实践研究”（张跃文主持），北京市住房贷款担保中心课题“对北京市住房贷款担保中心运行情况评估”（尹中立主持），陕西省西咸新区金贸中心课题“西咸新区丝路经济带能源发展战略研究”（殷剑峰主持），新疆能源研究院课题“组建新疆能源开发政策性银行研究”（殷剑峰主持），浙江新昌农商行课题“农村金融与普惠金融研究”（曾刚主持），国家林业局课题“碳金融研究：基于碳权的森林生态效益价值市场化研究”（陈经伟主持），中国电力财务公司课题“电力金融发展国际借鉴”（黄国平主持），昆仑银行课题“产融结合背景下的昆仑银行发展战略研究”（杨涛主持），宁波市政府金融办课题“宁波发展互联网金融的风险防控问题研究”（杨涛主持），宁波市政府金融办课题“中国互联网金融理论与实践发展报告”（杨涛主持），哈尔滨银行课题“银行小额贷款行业标准研究”（曾刚主持），山东潍坊农商行课题“普惠金融发展问题研究”（胡滨主持），中国金融期货交易所课题“商业银行开展衍生品创新业务及其监管研究”（陈经伟主持），中国金融期货交易所课题“推出利率期货的宏观意义研究”（殷剑峰主持），中国银联课题“关于银行卡产业中平台型经济及定价机制的研究”（杨涛主持），中国银联课题“互联网对银行卡清算模式的冲击”（杨涛主持）；国际合作课题1项：日本野村综合研究所课题“供应链金融研究”（王国刚主持）。

（3）延续在研课题。2015年，金融研究所共有延续在研课题6项。其中，国家社会科学基金课题4项：“我国金融体系的系统性风险与金融监管改革研究”（胡滨主持），“量化宽松政策研究：理论、效应与中国选择”（何海峰主持），“金融危机后新兴经济体金融体系宏观审慎监管研究”（耿楠主持），“异质信念、卖空机制与企业定向增发行为研究”（徐枫主持）；国家自然科学基金课题1项：“影子银行体系的宏观经济效应研究：基于货币视角”（周莉萍主持）；其他部门与地方委托课题1项：国家开发银行课题“新型城镇化重大政策研究”（王国刚主持）。

3. 获奖优秀科研成果

2015年，金融研究所获得“第九届湖北省社会科学院优秀成果奖”一等奖1项：何德旭等的论文《货币政策立场与银行风险承担：基于中国银行业的实证研究（2000～2010）》。获得“中国人民银行、中国金融学会第十届全国优秀金融论文评选”二等奖1项：殷剑峰的论文《人口拐点、刘易斯拐点和储蓄/投资拐点：关于中国经济前景的讨论》。评出“中国社会科学院金融研究所2015年度优秀科研成果奖”一等奖4项：王国刚的论文《中国货币政策调控工具的操作机理：2001～2010》，费兆奇的论文《股票市场的国际一体化进程》，殷剑峰的论文《21世纪中国经济周期平稳化现象研究》，尹振涛的专著《历史演进、制度变迁与效率考量——中国证券市场的近代化之路》；二等奖6项：何德旭等的论文《资产价格波动与实体经济稳定研究》，杨涛的论文《中国政府储蓄研究：实践考察与政策应对》，王增武的论文“Irreversible

Investment of the Risk- and Uncertainty-averse DM under k-Ignorance The Role of BSDE”，李广子等的论文《民营化与国有股权退出行为》，周莉萍的论文《影子银行体系的信用创造：机制、效应和应对思路》，石俊志的专著《中国货币法制史概论》。

（三）学术交流活动

1．学术活动

2015 年，金融研究所主办和承办的较为重要的学术研讨会、论坛、讲座有：

(1) 2015 年 1 月 9 日，金融研究所主办的第 327 期“金融论坛”在北京举办。论坛的主题是“中国预算改革未竟之路”。

(2) 2015 年 1 月 16 日，金融研究所主办的第 328 期“金融论坛”在北京举办。论坛的主题是“巴塞尔 III 协议框架下，资本充足率与杠杆率之间的冲突”。

(3) 2015 年 3 月 6 日，金融研究所主办的第 329 期“金融论坛”在北京举办。论坛的主题是“金融周期”。

(4) 2015 年 3 月 13 日，金融研究所主办的第 330 期“金融论坛”在北京举办。论坛的主题是“上海离建成国际金融中心还有多远”。

(5) 2015 年 3 月 19 日，金融研究所主办的“中国财富管理论坛（2015 年）”在北京举办。论坛的主题是“私人银行——机构、产品与监管”。

(6) 2015 年 3 月 27 日，金融研究所主办的第 331 期“金融论坛”在北京举办。论坛的主题是“互联网金融创新与监管”。

(7) 2015 年 4 月 10 日，金融研究所主办的第 332 期“金融论坛”在北京举办。论坛的主题是“谈谈当代中国政治学方法论问题”。

(8) 2015 年 4 月 17 日，金融研究所主办的第 333 期“金融论坛”在北京举办。论坛的主题是“中国养老保险制度改革与基金投资体制改革前景——从机关事业单位改革和降低费率谈起”。

(9) 2015 年 4 月 22 日，由金融研究所主办的《中国支付清算发展报告（2015）》发布暨支付清算理论与政策高层论坛在北京举行，论坛的主题是“支付清算的理论、政策和实践”。

(10) 2015 年 4 月 24 日，由金融研究所主办的“2015 年互联网金融‘跨界与创新’高峰论坛在北京举行。论坛的主题是“互联网金融的发展趋势”。

(11) 2015 年 5 月 8 日，金融研究所主办的第 334 期“金融论坛”在北京举办。论坛的主题是“当前宏观经济面临的挑战与应对”。

(12) 2015 年 5 月 29 日，金融研究所主办的第 335 期“金融论坛”在北京举办。论坛的主题是“改革的突破口：金融改革”。

(13) 2015 年 6 月 5 日，金融研究所主办的第 336 期“金融论坛”在北京举办。论坛的主题是“中国金融改革协调推进——利率、汇率改革与资本市场开放”。

（14）2015 年 6 月 19 日，金融研究所主办的第 337 期“金融论坛”在北京举办。论坛的主题是“金融危机与中等收入陷阱”。

（15）2015 年 7 月 10 日，金融研究所主办的第 338 期“金融论坛”在北京举办。论坛的主题是“中国经济增长动力：工业还是服务业”。

（16）2015 年 7 月 23 日，金融研究所与日本株式会社野村综合研究所共同主办的“供应链金融比较研究”国际研讨会在北京举行。会议的主题是“供应链金融的发展和现状”。

（17）2015 年 9 月 11 日，金融研究所主办的第 339 期“金融论坛”在北京举办。论坛的主题是“国家资产负债表研究”。

（18）2015 年 10 月 16 日，金融研究所主办的第 340 期“金融论坛”在北京举办。论坛的主题是“金融创新、发展与监管——新加坡经验”。

（19）2015 年 10 月 30 日，金融研究所主办的第 341 期“金融论坛”在北京举办。论坛的主题是“真实的银行与真正的挑战”。

（20）2015 年 11 月 6 日，金融研究所主办的第 342 期“金融论坛”在北京举办。论坛的主题是“全球流动性紧缩周期及其宏观影响”。

（21）2015 年 11 月 13 日，金融研究所主办的第 343 期“金融论坛”在北京举办。论坛的主题是“区块链的创新及其应用”。

（22）2015 年 11 月 29 日，金融研究所和首都经济贸易大学共同主办的“第三届金融风险高层论坛”在北京召开。论坛的主题是“聚焦我国金融风险热点问题、深度剖析金融风险的核心难点问题”。

（23）2015 年 12 月 30 日，金融研究所主办的“社科论坛：人民币离岸市场发展与人民币国际化”在北京举办。论坛的主题是“人民币离岸市场建设的相关理论与政策问题”。

2. 国际学术交流与合作

2015 年，金融研究所共派遣出访 15 批 18 人次，接待来访 18 批 42 人次（其中，中国社会科学院邀请来访 1 批 1 人次）。与金融研究所开展学术交流的国家有美国、英国、德国、俄罗斯、日本、韩国、新加坡等。

（1）2015 年 1 月 12 日，金融研究所副所长胡滨研究员在北京会见了日本大和综研株式会社副理事长川村雄介一行。双方就中日政策性银行改革、政策性金融业务运作等内容进行了探讨。

（2）2015 年 1 月 24 ~ 27 日，金融研究所副所长胡滨研究员等应邀赴日本东京参加学术研讨会。

（3）2015 年 3 月 17 日，金融研究所结构金融研究室主任何海峰副研究员等在北京会见了日本三菱东京日联银行客人，双方就中国货币政策现状问题进行了交流。

（4）2015 年 5 月 23 日，金融研究所金融市场研究室副主任尹中立副研究员在北京会见了新加坡驻华使馆一秘萧淑安，双方就中国资本市场改革和人民币汇率等问题进行了讨论。

（5）2015年5月27～29日，金融研究所副所长胡滨研究员应邀赴韩国首尔参加由韩国MTN电视台主办的“Global Issue 2015”论坛，并作题为“以金融改革引领中国经济新常态”的演讲。

（6）2015年6月21日至7月5日，金融研究所国际金融与国际经济研究室副主任蔡真副研究员赴英国参加E-Social Science研究模式与信息技术应用培训。

（7）2015年6月23～30日，金融研究所法与金融研究室副主任尹振涛副研究员赴俄罗斯进行学术访问。

（8）2015年7月8～12日，金融研究所副所长胡滨研究员等赴新加坡进行学术访问。

（9）2015年7月30日，金融研究所银行研究室主任曾刚研究员在北京会见了美国纽约联邦储备银行法律顾问及法律组银行监管和市场部Shawei Wang助理副行长，双方就中美两国的存款保险制度和银行处置程序问题进行了交流。

（10）2015年10月22日，金融研究所法与金融研究室主任董裕平研究员在北京会见了韩国现代经济研究院研究员韩载振等，双方就中国经济增长和资本市场发展等问题进行了讨论。

（11）2015年10月22～23日，金融研究所副所长胡滨研究员等应邀赴韩国访问，并与韩国资本市场研究院签署了学术交流合作备忘录。同时，胡滨研究员还参加了金融研究所与韩国资本市场研究院共同举办的“人民币国际化及韩国的应对”国际研讨会。

（12）2015年12月11日，金融研究所副所长胡滨研究员在北京会见了韩国企划财政部未来经济战略局一行，双方就中韩金融合作和人民币国际化等问题进行了讨论。

（13）2015年12月21日，金融研究所银行研究室主任曾刚研究员在北京会见了日本银行北京代表处首席代表夏目晃裕等，双方就利率市场化的情况和将来的发展进行了讨论。

3. 与中国香港、澳门特别行政区和中国台湾开展的学术交流

（1）2015年4月9日，金融研究所银行研究室主任曾刚研究员与台湾“立法院”法制局研究员谢碧珠等在北京就台资中小企业在大陆发展与回台上市契机、大陆中小企业租税及融资策略、大陆中小企业创新创业政策与发展经验等问题进行交流。

（2）2015年4月12～15日，金融研究所副所长殷剑峰研究员等赴台湾“中华经济研究院”参加学术会议，并作题为“当前大陆宏观形势分析——通货紧缩的机理和局势判断”的演讲。

（3）2015年4月15日，金融研究所所长王国刚研究员等与台湾“中华经济研究院”第一研究所吴明泽等在北京就中国大陆宏观调控等问题进行交流。

（4）2015年5月31日至6月1日，金融研究所副所长胡滨研究员赴香港参加南海控股有限公司召开的“经济新常态下的金融业转型”研讨会，并作题为“新常态下的金融服务转型”的发言。

（5）2015年9月17～22日，金融研究所副所长胡滨研究员赴台湾“中华经济研究院”参加“中国大陆‘十三五’期间开展两岸经贸合作策略”研讨会，并作题为“自贸区建设与两岸经贸合作：机遇与路径选择”的发言。

（四）学术期刊

《金融评论》（双月刊），主编王国刚。

2015 年，《金融评论》共出版 6 期，共计 90 万字。该刊全年刊载的有代表性文章有：何德旭、周宇的《中国证券投资者保护机制的创新方向与实现路径》，张成思、陈紫琳的《中央银行公告与资产价格反应》，郭峰的《地方政府财政自主度与地区金融扩张》，郑立东、程小可的《经济周期、产业空间集聚与现金持有策略的价值效应》，张明的《中国面临的短期资本外流：现状、原因、风险与对策》，王国刚、董裕平等的《完善中国金融市场体系的改革方案研究》，李良松、傅勇的《金融市场结构、融资成本和货币政策传导》，林楠的《人民币汇率动态的价值基底：理论与测算》，蔡真的《国际金融中心评价方法论研究：以 IFCD 和 GFCI 指数为例》，张自然的《中国最优与最大城市规模探讨》，张杰的《国有银行不良资产为什么特殊》，吴海英、余永定的《中国经济转型中的投资率问题》等。

（五）会议综述

“中国财富管理论坛（2015 年）”暨《私人银行——机构、产品与监管》新书发布会

2015年3月19日，《中国财富管理论坛（2015年）》暨《私人银行——机构、产品与监管》新书发布会在北京举行。

2015 年 3 月 19 日，由中国社会科学院金融研究所主办，兴业银行私人银行部和金融研究所财富管理研究中心承办的“中国财富管理论坛（2015 年）暨《私人银行——机构、产品与监管》新书发布会”在北京举行。

论坛汇聚了理论学术界和金融实务界的著名专家学者，阐释私人银行内涵与功能，俯瞰私人银行市场全貌，剖析私人银行

市场存在问题，构建私人银行市场监管体系，勾勒全球私人银行市场发展蓝图。

论坛由中国社会科学院学部委员、金融研究所所长王国刚主持。中国社会科学院副院长李扬、兴业银行行长李仁杰、社会科学文献出版社社长谢寿光等人出席会议并致辞。中国社会科学院金融研究所副所长、财富管理研究中心主任殷剑峰作主题发言。中国人民银行研究局局长陆磊、中国银监会创新监管部主任王岩岫、中国民生银行研究院院长黄剑辉、中央财经大学银行业研究中心主任郭田勇教授作嘉宾发言。来自金融监管部门、金融机构和学术研究机构的80余人出席了论坛及新书发布仪式。

（科研处）

《中国支付清算发展报告（2015）》发布暨支付清算理论与政策高层论坛

2015年4月22日，由中国社会科学院金融研究所主办的“《中国支付清算发展报告（2015）》发布暨支付清算理论与政策高层论坛”在北京举行。

论坛由中国社会科学院金融研究所所长王国刚主持。中国社会科学院副院长李扬、中国人民银行支付结算司副司长樊爽文、中国支付清算协会副秘书长亢林、中国银联副总裁柴洪峰、中国社会科学院金融研究所支付清算研究中心主任杨涛等嘉宾参加会议并演讲。与会代表就当前支付清算领域的热点问题进行了讨论。

中国社会科学院金融研究所支付清算研究中心发布了《中国支付清算发展报告（2015）》。该报告继续从中国和全球两个维度，从理论、实践与政策多个视角，对于支付清算领域相关问题，进行“点”“面”结合的研究。报告分为总报告、分报告和专题报告三个组成部分。该报告旨在系统分析国内外支付清算行业与市场的发展状况，充分把握国内外支付清算领域的制度、规则和政策演进，并且深入发掘支付清算相关变量与宏观经济、金融及政策变量之间的内在关联，动态跟踪国内外支付清算研究的理论前沿与文献脉络。该报告致力于为支付清算行业监管部门、自律组织及其他经济主管部门提供重要的决策参考，为支付清算组织、机构和金融机构的相关决策提供基础材料，为支付清算领域的研究者提供文献素材。

（科研处）

社科论坛：人民币离岸市场发展与人民币国际化

2015年12月30日，由中国社会科学院金融研究所主办的“社科论坛：人民币离岸市场发展与人民币国际化”在北京举办。中国社会科学院金融研究所副所长胡滨主持论坛。中国社会科学院金融研究所党委书记兼副所长何德旭致辞。来自“金融四十人论坛”的研究员管涛、中央财经大学金融学院教授谭小芬、三菱东京日联银行的石洪室长、清华大学经济管理学院副教授何平、中国社会科学院世界经济与政治研究所副研究员肖立晟和金融研究所副研究员郑联盛等分别就人民币离岸市场的发展与建设历程、人民币离岸市场的现状与经济特征、人民币离岸市场与在岸市场的联系以及我国推动人民币离岸市场的相关政策进行了发言和讨论。

与会代表认为，人民币离岸市场对于人民币国际化、人民币资本项目开放和我国的经济体制转型具有积极的作用，并且正在形成与国内资本市场的良性互动，如果能够通过有效的政策破解人民币离岸市场发展中存在的一些障碍，将会为我国的经济发展与开放起到有力的推动作用。

（科研处）

数量经济与技术经济研究所

（一）人员、机构等基本情况

1. 人员

截至 2015 年底，数量经济与技术经济研究所共有在职人员 67 人。其中，正高级职称人员 20 人，副高级职称人员 20 人，中级职称人员 15 人；高、中级职称人员占全体在职人员总数的 82%。

2. 机构

数量经济与技术经济研究所设有：经济系统分析研究室、经济模型研究室、环境技术经济研究室、资源技术经济研究室、技术经济理论与方法研究室、数量经济理论与方法研究室、信息化与网络经济研究室、数量金融研究室、综合研究室、产业技术经济研究室、《数量经济技术经济研究》编辑部、网络信息中心、办公室、科研处。

3. 科研中心

数量经济与技术经济研究所院属科研中心有：中国社会科学院综合集成与预测研究中心、中国社会科学院信息化中心、中国社会科学院技术创新与战略管理研究中心、中国社会科学院项目评估与战略规划研究咨询中心、中国社会科学院环境与发展研究中心。

（二）科研工作

1. 科研成果统计

2015 年，数量经济与技术经济研究所共完成专著 15 种，386.4 万字；论文 109 篇，101 万字；研究报告 4 篇，118.1 万字；译著 1 种，40 万字；论文集 3 种，127.2 万字；皮书 3 本，84.4 万字。

2. 科研课题

（1）新立项课题。2015 年，数量经济与技术经济研究所共有新立项课题 7 项。其中，国家社会科学基金课题2项：“人类为什么合作——基于行为实验的机理研究”（王国成主持），“经济新常态下国内外产业关联对我国产业结构调整的影响及对策研究”（李新中主持）；国家自然科学基金课题2项：“2035我国经济社会发展预测研究”（李平主持），“互联网基础设施对中国经济发展及公民政治参与的影响”（郑世林主持）；国家软科学课题1项：“研发投入对我国经济作用机理及动态效应分析研究”（李富强主持）；中国社会科学院所级国情调研基地项目2项：“城市基层社区治理调研（全福街道基地）”（李群主持），“‘鄂温克民族生活方式传承与新牧区建设示范区调研’（嘎鲁图基地）”（李青主持）。

（2）结项课题。2015年，数量经济与技术经济研究所共有结项课题3项。其中，国家社会科学基金青年课题2项：“跨区域碳减排的技术经济优化路径及政策研究”（张友国主持），“2013～2020年我国潜在经济增长率研究”（娄峰主持）；学部委员资助课题1项：“改革开放以来宏观调控的经验与教训、经济模型、经济预测有关理论方法论”（汪同三主持）。

（3）延续在研课题。2015年，数量经济与技术经济研究所共有延续在研课题9项。其中，国家社会科学基金课题4项：“中国潜在经济增长率计算及结构转换路径研究”（李京文主持），“垄断认定过程中的相关市场界定的方法比较与应用研究”（张昕竹主持），“宏观经济组合预测方法研究及其应用平台开发”（张涛主持），“国家安全视野下水资源管理制度体系研究”（王喜峰主持）；国家自然科学基金课题2项：“利用非线性定价促进能源节约的基础理论和实证研究”（张昕竹主持），“中国战略性新兴产业的空间布局与发展路径”（李金华主持）；院长城学者资助计划1项：“投入产出经济学理论与矩阵论之关系的新进展”（曾力生主持）；院基础研究学者资助计划2项：“能源效率、竞争力和低碳发展”（蒋金荷主持），“经济评价的理论、方法与实证分析”（李群主持）。

（三）学术交流活动

1．学术活动

2015年，数量经济与技术经济研究所主办和承办的学术会议有：

（1）2015年4月28日，中国社会科学院经济学部、数量经济与技术经济研究所、社会科学文献出版社联合举办的“中国经济形势分析与预测2015年春季座谈会”在北京召开。会上发布了中国社会科学院《中国经济形势分析与预测2015年春季报告》。

（2）2015年5月28日，中国社会科学院、韩国国际经济政策研究所和日本财政部综合研究所联合举办，数量经济与技术经济研究所承办的“第九届中日韩研讨会”在北京举行。会议的主题是“经济新常态”。

（3）2015年6月15～16日，数量经济与技术经济研究所承办的中国社会科学论坛第四届全球能源安全智库论坛暨《世界能源发展报告2015》发布会在北京召开。论坛由中国社会科学院数量经济与技术经济研究所、中国社会科学院研究生院国际能源安全研究中心、中华能源基金会、

2015年10月31日至11月1日，中国技术经济论坛2015·南京在江苏南京召开。

美国能源安全理事会、全球安全研究所（美国）、中国社会科学院中国循环经济与环境评估预测研究中心共同主办，国际清洁能源论坛（澳门）协办。论坛的主议题是"'一带一路'战略与全球能源合作"。

（4）2015年10月9日，中国社会科学院经济学部主办，数量经济与技术经济研究所承办的"中国经济形势分析与预测2015年秋季座谈会"在北京召开。会上发布了中国社会科学院《中国经济形势分析与预测2015年秋季预测报告》。

（5）2015年10月31日至11月1日，数量经济与技术经济研究所、中国技术经济学会、清华大学经济管理学院、重庆大学经济与工商管理学院、南京财经大学国际经贸学院共同主办的"中国技术经济论坛2015·南京"在江苏省南京市召开。会议研讨的主要问题有"创新驱动与经济转型""政府治理与技术创新""创业与创新""中国制造2025与产业升级""能源与环境""公共经济学""互联网与技术创新""新常态与经济发展"。

2. 国际学术交流与合作

2015年，数量经济与技术经济研究所共派遣出访36批46人次，接待来访30余批130余人次（其中，中国社会科学院邀请来访2批7人次）。与数量经济与技术经济研究所开展学术交流的国家有美国、加拿大、英国、德国、澳大利亚、日本、韩国、印度等。

（1）2015年3月，数量经济与技术经济研究所能源技术经济室主任刘强赴卡塔尔参加布鲁金斯学会多哈能源论坛。

（2）2015年4月、5月，数量经济与技术经济研究所彭旭庶、姜奇平等分别赴意大利参加中国社会科学院与意大利环境国土与海洋部联合组织的生态保护培训班。

（3）2015年5月31日至6月7日，数量经济与技术研究所所长李平率院代表团赴德国访问。

（4）2015年8月，数量经济与技术经济研究所经济模型室主任张涛参加佳能战略研究院中美日三边会议。

（5）2015年8月29日至9月7日，数量经济与技术研究所所长李平等访问法国、比利时和英国，了解能源及其安全方面的最新信息、政策、研究进展等。

(6) 2015年9月，数量经济与技术经济研究所环境室主任张友国赴俄罗斯参加中俄青年学者论坛。

(7) 2015年9月，数量经济与技术经济研究所产业技术经济研究室主任李文军研究员率团访问日本。访问的主题是“循环经济与生产者责任延伸”。

3. 与中国香港、澳门特别行政区和中国台湾开展的学术交流

2015年6月18～24日，数量经济与技术经济研究所所长李平率团参加在台湾举办的可计算经济与金融国际学术会议，与台湾政治大学教授陈树衡等就实验经济学等问题展开交流。

（四）学术社团、期刊

1. 社团

中国数量经济学会，理事长李平。

2015年11月7～8日，中国数量经济学会和福建师范大学共同主办，福建师范大学经济学院和福建师范大学福建自贸区综合研究院承办，深圳国泰安教育技术股份有限公司协办的“中国数量经济学会2015年年会”在福建省福州市召开。会议研讨的主要议题有“数量经济理论与方法”“宏观经济运行”“货币、银行”“资本市场、保险”“财政、税收”“投资、贸易”“区域经济、产业经济”“竞争力评价理论与方法”“实验经济学及其他学科”。

2. 期刊

《数量经济技术经济研究》(月刊)，主编李平。

2015年，《数量经济技术经济研究》共出版12期，共计380万字。该刊全年刊载的有代表性的文章有：徐敏、姜勇的《中国产业结构升级能缩小城乡消费差距吗?》，熊湘辉、徐璋勇的《中国新型城镇化进程中的金融支持影响研究》，刘思明、侯鹏、赵彦云的《知识产权保护与中国工业创新能力——来自省级大中型工业企业面板数据的实证研

2015年11月7～8日，中国数量经济学会2015年年会在福建福州召开。

究》，罗来军、朱善利、邹宗宪的《我国新能源战略的重大技术挑战及化解对策》，郑世林、周黎安的《政府专项项目体制与中国企业自主创新》，朱子云的《中国经济发展省际差距成因的双层挖掘分析》，罗素梅、张逸佳的《中国高额外汇储备的决定机制及可持续性研究》，石中和、娄峰的《“营改增”及其扩围的社会经济动态效应研究》，高帆的《我国区域农业全要素生产率的演变趋势与影响因素——基于省际面板数据的实证分析》，陈林、伍海军的《国内双重差分法的研究现状与潜在问题》，杨骞、刘华军的《污染排放约束下中国农业水资源效率的区域差异与影响因素》，陈启斐、王晶晶、岳中刚的《研发外包是否会抑制我国制造业自主创新能力?》，孙晓华、李明珊、王昀的《市场化进程与地区经济发展差距》，王晓军、赵明的《寿命延长与延迟退休：国际比较与我国实证》，孙晓雷、何溪的《新常态下高效生态经济发展方式的实证研究》，李苍舒的《中国现代金融体系的结构、影响及前景》。

（五）会议综述

第四届全球能源安全智库论坛暨《世界能源发展报告（2015）》发布会

2015 年 6 月 15 ~ 16 日，由中国社会科学院数量经济与技术经济研究所、中国社会科学院研究生院、国际能源安全研究中心、中华能源基金会、美国能源安全理事会、全球安全研究所（美国）主办，国际清洁能源论坛（澳门）协办的第四届全球能源安全智库论坛 2015 年会暨《世界能源发展报告（2015）》发布会在北京召开。论坛以“‘一带一路’战略与全球能源合作”为主议题，围绕丝绸之路经济带与 21 世纪海上丝绸之路的能源合作、国际能源形势与中国能源发展、中国能源战略行动计划与“十三五”规划、低油价背景下的地缘政治变化的雾霾治理与清洁燃气等热门话题展开探讨。

2015年6月15 ~ 16日，第四届全球能源安全智库论坛暨《世界能源发展报告（2015）》发布会在北京召开。

此次论坛还发布了《世界能源发展报告（2015）》。该蓝皮书基于世界权威机构发布的相关数据，对世界各国能源政策及市场走势进行了系统深入分析。

来自中国、美国、欧盟、俄罗斯、日本、以色列、印度、中亚国家、东南亚国家等重要智库的专家学者参加了此次论坛，就全球能源安全与市场治理、低油价背景下的地缘政治变化、“一带一路”建设与投资等重要方面进行深入研讨。一年一度的全球能源安全智库论坛，已成为国际能源问题研究专家、国家有关部门负责人、能源企业人士交流真知灼见、探讨理论创新、让学术研究走入实践的高效平台。

（科研处）

中国技术经济论坛 2015 · 南京

2015 年 10 月 31 日 至 11 月 1 日，由数量经济与技术经济研究所、中国技术经济学会、清华大学经济管理学院、重庆大学经济与工商管理学院、南京财经大学国际经贸学院主办，南京财经大学国际经贸学院、南京财经大学产业发展研究院承办的“中国技术经济论坛 2015 · 南京”在南京财经大学召开。论坛的主题是“创新驱动与中国制造 2025”，来自全国各地高校、科研院所和企事业单位的 100 多位专家学者出席论坛。

数量经济与技术经济研究所李平所长在发表了题为“‘互联网 + ’技术革命与技术—经济范式转换”的主题演讲，指出以移动互联网、云计算、大数据、物联网等为标志的新一代信息技术对经济社会生活的渗透日趋深入，人类社会发展在技术革命的前提下正经历一场洗礼和变革，世界经济已经进入以信息经济为主导发展的新时期。清华大学经济管理学院雷家骕教授介绍了“互联网 + ”背景下的创新创业模式与领域。

学者们一致认为，“新常态”下技术经济学的研究热点具有时代意义和突出特点，国内技术经济学向“双创”研究（即“大众创业，万众创新”）、创新驱动、“互联网 + ”、大数据、中国制造 2025、产业升级、经济转型、能源环境、政府治理、公共经济学等领域深化发展。

人口与劳动经济研究所

（一）人员、机构等基本情况

1. 人员

截至 2015 年底，人口与劳动经济研究所共有在职人员 44 人。其中，正高级职称人员 8 人，副高级职称人员 14 人，中级职称人员 14 人；高、中级职称人员占全体在职人员总数的 82%。

2. 机构

人口与劳动经济研究所设有：人口统计与分析研究室、人口与社会发展研究室、劳动与就业研究室、社会保障研究室、人口资源环境经济研究室、劳动关系研究室、人力资源研究室、《中国人口科学》杂志社、《中国人口年鉴》编辑部、办公室。

3. 科研中心

人口与劳动经济研究所院属科研中心有：中国社会科学院人力资源研究中心，中国社会科学院劳动与社会保障研究中心，中国社会科学院老年与家庭科学研究中心；所属科研中心有：中国社会科学院人口与劳动经济研究所迁移研究中心。

（二）科研工作

1. 科研成果统计

2015 年，人口与劳动经济研究所共完成专著 5 种，约 200 万字；论文 85 篇，约 98.6 万字；工具书 1 种，约 100 万字；教材 1 种，约 20 万字。

2. 科研课题

（1）新立项课题。2015 年，人口与劳动经济研究所共有新立项课题 7 项。其中，国家社会科学基金课题 2 项："人口结构变化对中国经济减速的影响和对策研究"（陆旸主持），"我国人口城镇化与土地城镇化协调发展研究"（熊柴主持）；国家自然科学基金应急课题 1 项："中国刘易斯转折期间的劳资关系治理"（王美艳主持）；国情调研基地项目 2 项："海宁制造业企业微观调查"（都阳主持），"四川省成都市养老服务体系与政策"（王桥主持）；所重点课题 2 项："最低工资与就业再配置"（贾朋主持），"人口转变与中国城乡劳动力流动趋势研究"（向晶主持）。

（2）结项课题。2015 年，人口与劳动经济研究所共有结项课题 4 项。其中，国家社会科学基金课题 3 项："社会性别视角下人口流动对我国人力资本发展的影响"（牛建林主持），"劳动报酬与劳动生产率增长的关系研究"（曲玥主持），"贫困地区通婚圈变动与男性婚配困难问题研究"（王磊主持）；国家自然科学基金课题 1 项："养老医疗保障对农村中老年人的劳动供给效应"（程杰主持）。

（3）延续在研课题。2015 年，人口与劳动经济研究所共有延续在研课题 12 项。其中，国家社会科学基金课题 10 项："农村劳动力流动与中国城乡居民收入差距"（高文书主持），"老龄化和城市化背景下的中国社会养老服务体系研究"（林宝主持），"社会性别视角下人口流动对我国人力资本发展的影响"（牛建林主持），"社会转型初期家庭结构和代际关系变动研究"（王跃生主持），"中国人口—经济分布匹配性与区域均衡发展的路径选择"（蔡翼飞主持），"非正规劳动力市场中最低工资的实施效果研究"（贾朋主持），"流动人口'家庭化'至'稳定化'的发展历程与影响因素研究"（杨舸主持），"户籍制度改革的成本与收益研究"（屈小博主持），"城市第一代独生子女家庭亲子财富流转研究"（伍海霞主持），"未来劳动力供求总量及结构变化趋势研究"（向晶主持）；人口与劳动经济研究所所创新工程项目 2 项："社会转型时期中国家庭人口变动、问题和对策"（王跃生主持），"'单独二孩'生育政策及其影响研究"（王广州主持）。

（三）学术交流活动

1. 学术活动

2015 年，人口与劳动经济研究所主办和承办的学术会议有：

(1) 2015 年 5 月 23 日，由中国社会科学院、全国博士后管理委员会、中国博士后科学基金会主办，人口与劳动经济研究所、中国社会科学院博士后管理委员会、湖北经济学院与《劳动经济研究》编辑部承办的“第十届中国博士后经济学论坛”在湖北省武汉市召开。会议研讨的主要问题有“人口变化与宏观经济”“劳动力市场”“人力资本积累”“制度建设”。

(2) 2015 年 5 月 23 日，人口与劳动经济研究所和湖北经济学院主办的“第十届人口与劳动经济学青年论坛”在湖北省武汉市召开。会议研讨的主要问题有“人口转变与城市化”“人力资本与劳动力市场”。

(3) 2015 年 10 月 30 日，国际货币基金组织、人口与劳动经济研究所、中国社会科学院人力资源研究中心主办的“人口老龄化及其财政影响”研讨会在北京召开。

(4) 2015 年 11 月 24 日，人口与劳动经济研究所和社会科学文献出版社共同主办的《人口与劳动绿皮书：中国人口与劳动问题报告 No.16》发布会在北京举行。

(5) 2015 年 12 月 5 ~ 6 日，全国妇联妇女研究所和人口与劳动经济研究所联合举办的“2015 年中国妇女社会地位调查研讨会”在北京召开。会议的主题是“95 世妇会以来中国经济社会发展与妇女地位变迁”。

(6) 2015 年 12 月 14 ~ 15 日，由中国社会科学院主办，人口与劳动经济研究所承办的“中国社会科学论坛（2015 年经济学）——‘十三五’中国经济转型、就业与社会保障”国际研讨会在北京召开。会议研讨的主要问题有“‘十三五’中国经济发展形势与挑战”“国际经济形势与问题”“‘十三五’中国的就业与社会保障”“贫困治理与全面建成小康社会”。

2. 国际学术交流与合作

2015 年，人口与劳动经济研究所共派遣出访 21 批 28 人次，接待来访 7 批 10 人次（其中，中国社会科学院邀请来访 3 批 4 人次）。同人口与劳动经济研究所开展学术交流的国家有德国、日本、英国等。

(1) 2015 年 5 月 10 ~ 21 日，人口与劳动经济研究所副所长汪正鸣赴意大利参加由中国社会科学院主办，意大利环境、领土与海洋部资助的“生态管理：战略与政策”高级培训班。

(2) 2015 年 5 月 26 ~ 30 日，人口与劳动经济研究所副研究员牛建林参加由中国社会科学院与加拿大约克大学共同举办的“多元文化大都市中的青年、多样性与社会发展”学术研讨会。

(3) 2015 年 9 月 15 日至 10 月 15 日，人口与劳动经济研究所副研究员陆旸赴加拿大蒙特利尔大学做访问学者。

(4) 2015 年 9 月 16 ~ 20 日，人口与劳动经济研究所副研究员王桥参加在韩国举办的“第

20届中韩未来论坛”。

(5) 2015年9月23～30日，人口与劳动经济研究所副研究员程杰赴澳大利亚进行学术交流。

(6) 2015年10月2～6日，人口与劳动经济研究所所长张车伟一行赴比利时参加由中国社会科学院与欧盟就业总司联合举办的“第九届中国—欧盟双边研讨会”。

(7) 2015年10月5～6日，人口与劳动经济研究所研究员都阳、助理研究员贾朋受邀出席在法国里昂举办的“第六届SEBA-GATE研讨会”。

(8) 2015年10月15～19日，人口与劳动经济研究所所长张车伟一行应邀参加在久留米大学召开的“第20届日中韩社会经济”国际研讨会。

（四）期刊

(1)《中国人口科学》(双月刊)，主编蔡昉。

2015年，《中国人口科学》共出版6期，共计108万字。该刊全年刊载的有代表性的文章有：王广州的《生育政策调整研究中存在的问题与反思》，郑秉文的《机关事业单位养老金并轨改革：从“碎片化”到“大一统”》，乔晓春的《从“单独二孩”执行效果看未来生育政策选择》，彭希哲等的《上海市“单独两孩”生育政策实施的初步评估及展望》，郭志刚的《中国2010年总和生育率再估计》，李连友等的《城镇移民生活福利水平研究》，张桂文等的《人力资本与产业结构研究耦合关系的实证研究》。

(2)《中国人口年鉴》(年刊)，主编张车伟。

(3)《劳动经济研究》(双月刊)，主编蔡昉。

2015年，《劳动经济研究》共出版6期，共计108万字。该刊全年刊载的有代表性的文章有：夏庆杰等的《中国城镇工资结构的变化：1988～2008》，蔡昉的《宏观经济政策如何促进更多更好就业？》，靳永爱、谢宇的《中国城市家庭财富水平的影响因素研究》，李实、万海远的《中国居民财产差距研究的回顾与展望》。

（五）会议综述

第十届中国博士后经济学论坛：新常态下的人口、就业和社会保障挑战

2015年5月23日，由中国社会科学院、全国博士后管理委员会、中国博士后科学基金会主办，中国社会科学院博士后管理委员会、中国社会科学院人口与劳动经济研究所、湖北经济学院与《劳动经济研究》编辑部承办的“第十届中国博士后经济学论坛：新常态下的人口、就业和社会保障挑战”在湖北省武汉市召开。湖北省政协副主席、湖北经济学院校长吕忠梅教授，中国社会科学院人口与劳动经济研究所所长张车伟研究员分别致开幕词。来自全国的博士

后合作导师及博士后代表共100余人参加论坛。论坛主要围绕着“收入与增长”“就业与效率”“城市与环境”“教育与健康”进行了深入讨论。

2015年5月23日，第十届中国博士后经济学论坛：新常态下的人口、就业和社会保障挑战在湖北武汉召开。

“收入与增长”分论坛的观点有：当前以金融改革引领经济新常态（胡滨），人口数量、素质、结构红利会对经济增长产生不同机理（田艳平）；对地级市全市域而言，人口集聚与经济增长之间呈现倒“U”形曲线关系（王智勇）；推进市民化会增加所有劳动者的收入（王同益）；2011年以来我国劳动收入份额上升是劳动偏向型技术进步和市场扭曲缓和的结果（章上峰）；增进社会流动性，是一种促进经济增长的方法（任媛）；深化公共部门工资改革必须遵循人力资本市场化定价原则，实现劳动力市场一体化等（姚先国）。

“就业与效率”分论坛的观点有：劳动经济学研究方法未来仍然需要加强实证分析（杨伟国）；对于劳动和资本两种生产要素的效率而言，劳动的分布更为均衡，与企业规模的正相关性也更强（曲玥）；制造业行业内的就业流动是就业再配置的主要部分，主要由技术进步引致的生产效率提高所致（屈小博）；高等教育扩招显著降低了缺乏工作经验的新毕业生的失业概率（蔡海静、马汴京）；未来我国劳动力市场并不会出现严重的短缺供需矛盾，主要存在结构性问题（蔡翼飞）。

“城市与环境”分论坛的观点有：新型城镇化要走“人”的城镇化和“物”的城镇化相协调、相匹配的道路（张车伟）；经济发展水平与城市首位程度之间存在倒“U”形关系（陆旸）；城市化、城市偏向性政策通过作用于城乡收入差距，从而对居民消费倾向存在影响（方臻旻）；外资进入也会变相地对环境规制和劳动生产率产生影响（王舒鸿、李小林）。

“教育与健康”分论坛的观点有：同胞数量对教育获得的影响存在性别差异，对女性影响较大，对男性没有统计上的影响（黎煦）；农村贫困老年人患病是否看病并不受收入的影响，但看病的花费则会显著受收入影响（胡静）；区域农村融资环境对农民资金互助社影响非常显著（刘明轩）。

（熊　柴　任　媛）

第十届人口与劳动经济学青年论坛“新常态下的人口与劳动问题”研讨会

2015年5月23日，“第十届人口与劳动经济学青年论坛‘新常态下的人口与劳动问题’研讨会”在湖北经济学院举行。会议由中国社会科学院人口与劳动经济研究所主办，湖北经济学院具体承办。中国社会科学院人口与劳动经济研究所党委书记钱伟、湖北经济学院副院长陈向军致开幕词。

中国社会科学院人口与劳动经济研究所副研究员王磊的发言题目是“原生家庭维系与裂变的实证分析”。湖北经济学院博士刘望辉分析了教育投入、人力资本与地区经济增长差距之间的关系。中国社会科学院人口与劳动经济研究所博士蔡翼飞分析了中国劳动供求与缺口，指出中国未来十几年内劳动力市场并不会出现严重短缺，主要矛盾仍然是结构性的。中国社会科学院人口与劳动经济研究所博士熊柴研究了人口与经济分布匹配视角下的中国区域均衡发展。湖北经济学院金融学院副教授张世晓就金融结构的就业效应进行了实证研究。中国社会科学院人口与劳动经济研究所博士赵文研究了劳动报酬变化与工资调整，提出未来面对工资上涨的压力，要建立工资正常增长机制，依靠市场调节工资水平。湖北经济学院博士王琼研究了退休类型、退休收入对幸福感的影响。中国社会科学院人口与劳动经济研究所副研究员程杰发现在中国经济体制转轨过程中催生的养老保险制度，对于城镇劳动力市场造成了严重的扭曲，未来需要建立与劳动力市场和市场经济相适应的制度体系。中国社会科学院人口与劳动经济研究所博士向晶研究了女性在劳动力市场的发展，发现我国劳动力市场性别不平等正在恶化。

（周晓光）

中国社会科学论坛（2015年·经济学）——“十三五”中国经济转型、就业与社会保障国际研讨会

2015年12月14～15日，由中国社会科学院主办，中国社会科学院人口与劳动经济研究所承办的“中国社会科学论坛（2015年·经济学）——‘十三五’中国经济转型、就业与社会保障国际研讨会”在北京召开。中国社会科学院人口与劳动经济研究所党委书记钱伟主持开幕式。中国社会科学院副院长、学部委员蔡昉，原副院长、学部委员李扬，美国加州大学戴维斯分校教授胡永泰在开幕式上作主旨发言。中国社会科学院人口与劳动经济研究所所长张车伟研究员在闭幕式上致辞。来自中国社会科学院、清华大学、中国人民大学、北京师范大学、南开大学、人力资源和社会保障部、全国总工会、美国加州大学、日本一桥大学、日本东亚发展国际研究中心、澳大利亚麦考瑞大学等单位的近20位学者作主题演讲。国内外近百位专家学者参加了会议。

会议就“十三五”时期中国的经济转型、劳动就业、社会保障等问题及相关国际经验进行

2015年12月14～15日，中国社会科学论坛（2015年·经济学）——“十三五”中国经济转型、就业与社会保障国际研讨会在北京召开。

了深入研讨，并给出了“十三五”时期的经济、人口与就业发展战略以及完善劳动力市场及社会保障制度的相关建议。

与会专家学者多角度分析了“十三五”时期中国的经济转型将出现的新变化和新特点，提出新策略以应对新时期的新挑战。首先，“十三五”时期中国经济将进入新常态，经济运转特征不同。中国应向更高层次开放型经济迈进，这要求我们完善开放型经济体系和构建开放型经济新体制。其次，在中国经济转型期，人口发展、劳动供求关系及劳动报酬都将出现新变化与新发展。再次，“十三五”时期，中国服务业吸纳就业能力进一步增强，为扩大我国服务业就业能力，应放松管制推动服务业产业化、市场化；推动包容分享经济等新型业态发展；优化人力资本投资结构等。

“十三五”时期，伴随着经济进入新常态，劳动力市场也进入新的发展阶段，未来劳动力市场变化趋势如下：第一，随着经济发展形势的变化，新常态下中国的劳动关系将继续保持总体稳定，与市场经济体制相适应的协调劳动关系机制逐步形成，呈现出“整体向好、局部亦忧，制度渐备、运行欠佳”的特征。第二，中国劳动力市场的发展必须与创新结合起来，提高创新水平，既需要大力发展教育和培养，继续增加人力资本积累，也需要使人力资本得到合理配置，激发人力资本的创新效力。

“十三五”时期社会保障体系建设新的发展机遇及面临的新挑战。首先，“十三五”时期，我国社会保障领域改革需要全面推进，要按照中央关于社保改革发展的指导思想和目标要求，坚持“全覆盖、保基本、多层次、可持续”的基本方针，统筹规划，协调推进，稳步发展。其次，中国银色经济指数下降，中国社会保障面临劳动年龄人口就业参与率不足与社保体系自身存在风险的双重挑战，需要从供给侧和制度端着手建立中国社会保障体系。再次，全面考量家庭在福利生产中的作用，重新评估、应对和建立家庭政策，以达到“十三五”规划的经济增长目标和福利增长目标。同时应关注新型农村合作医疗保险制度对中国农村居民幸福感的影响。

来自国外的专家学者总结分析了市场经济先行国家的相关经验，给中国在“十三五”期间完善各项社会制度实现经济持续健康发展提供有价值的借鉴。

（谢倩芸）

城市发展与环境研究所

（一）人员、机构等基本情况

1. 人员

截至 2015 年底，城市发展与环境研究所共有在职人员 43 人。其中，正高级职称人员 10 人，副高级职称人员 13 人，中级职称人员 15 人；高、中级职称人员占全体在职人员总数的 88%。

2. 机构

城市发展与环境研究所设有：城市经济研究室、城市规划研究室、城市与区域管理研究室、环境经济与管理研究室、土地经济与不动产研究室、可持续发展经济研究室、气候变化经济学研究室、《城市与环境研究》中英文期刊编辑部、办公室、科研处、人事处。

3. 科研中心

城市发展与环境研究所院属研究中心有 1 个：中国社会科学院可持续发展研究中心；所属研究中心有 2 个：城市政策与城市文化研究中心、人居环境研究中心；2 个院重点实验室：气候变化经济系统模拟重点实验室、城市信息集成与动态模拟重点实验室；2 个所级国情调研基地：北京市东城区东四街道基地（以社区治理为主要调研主题）、河南济源基地（以节能减排政策及效果为主要调研主题）；1 个智库：中国社会科学院生态文明研究智库。城市发展与环境研究所还是中国社会科学院——中国气象局气候变化经济学模拟联合实验室和中国城市经济学会的挂靠管理单位。

（二）科研工作

1. 科研成果统计

2015 年，城市发展与环境研究所共完成专著 7 种，190.1 万字；论文 62 篇，70 万字；研究报告或编著 6 种，194.2 万字；教材 1 种，30 万字；译著 1 种，20 万字；论文集 1 种，25 万字；理论文章和对策报告 46 篇，13.8 万字。

2. 科研课题

（1）新立项课题。2015 年，城市发展与环境研究所共有新立项课题 18 项。其中，国家社会科学基金课题 3 项：“我国低碳城市建设评价指标体系研究”（庄贵阳主持），“可再生能源城市理论分析”（娄伟主持），“北极航道的发展前景、经济影响与中国的参与机制研究”（丛晓男主持）；院交办课题1项：“集体经营性建设用地入市研究”（潘家华主持）；院国情调研重大课题1项：“关于京津冀协同治理雾霾问题调研”（潘家华主持）；所级国情调研基地项目2项：“社区安全共治：特大城市安全社区建设研究”（李红玉主持），“典型城市碳排放总量控制政策案例调研”（朱守先主持）；所重点课题3项：“应对气候变化报告2015”（潘家华主持），“中国城市发展报告No.8”（潘家华主持），“中国房地产发展报告No.12”（李景国主持）；其他部门与地方委托课题重要的有8项：国家科学技术部973课题“地球工程的综合影响评价和国际治理研究”（潘家华主持），环境保护部课题“地球工程相关研究进展及其环境影响分析研究”（陈迎主持），国家发展和改革委员会课题“‘十三五’区域发展格局研究”（刘治彦主持），工业和信息化部课题“国家低碳工业园区试点工作管理研究”（禹湘主持），“北京市西城区国际化研究”（单菁菁主持），“北京市东城区‘十三五’规划研究”（刘治彦主持），“北京CBD功能区‘十三五’发展规划研究”（单菁菁主持），“威海市产城融合发展方案研究”（陈迎主持）。

（2）结项课题。2015年，城市发展与环境研究所共有结项课题10项。其中，国家社会科学基金课题1项：“2020年后国际气候制度谈判政治博弈及我国谈判战略与主要问题立场研究”（王谋主持）；院创新工程重大课题1项：“中国特色社会主义城镇化研究”（梁本凡主持）；院交办课题3项：“长江中游城市群发展战略研究”（潘家华主持），“中国梦与浙江实践（生态卷）”（潘家华主持），“集体经营性建设用地入市研究”（潘家华主持）；所级国情调研基地课题2项：“社区安全共治：特大城市安全社区建设研究”（李红玉主持），“典型城市碳排放总量控制政策案例调研”（朱守先主持）；所重点课题3项：“应对气候变化报告2015”（潘家华主持），“中国城市发展报告No.8”（潘家华主持），“中国房地产发展报告No.12”（李景国主持）。

（3）延续在研课题。2015年，城市发展与环境研究所共有延续在研课题11项。其中，国家社会科学基金课题8项：“城市生态文明的科学内涵与实践路径研究”（潘家华主持），“中国新能源产业化发展的影响因素及其作用机理研究”（李萌主持），“建立多元化保障性住房供应体系研究”（李恩平主持），“我国北方荒漠化态势与治理成效研究”（黄顺江主持），“中国西部农村电气化及分布式可再生能源发展的政策分析”（张莹主持），“农民工市民化的成本与收益研究”（单菁菁主持），“气候容量对城镇化发展影响实证研究”（朱守先主持），“空间分工、专业化与集聚经济”（苏红键主持）；国家自然科学基金课题3项：“转移排放、碳关税对中美经济的影响及策略研究——基于CGE模型的实证分析”（潘家华主持），“气候变化适应治理机制：中国东西部地区案例比较研究”（郑艳主持），“基于技术异质性与非期望产出的中国城市生产效率提升路径研究”（王业强主持）。

3. 获奖优秀科研成果

2015年，城市发展与环境研究所获“第六届优秀皮书奖”二等奖1项：魏后凯、李景国主编的《房地产蓝皮书：中国房地产发展报告No.11（2014）》。

（三）学术交流活动

1. 学术活动

2015 年，城市发展与环境研究所主办和承办的学术会议有：

（1）2015 年 3 月 20 日，由城市发展与环境研究所、中国商务区联盟和社会科学文献出版社联合主办的“中国商务中心区发展高峰论坛暨《商务中心区蓝皮书 No.1》发布会”在北京举行。会议研讨的主要问题有“商务中心区发展”“城市经济转型”。

（2）2015 年 5 月 7 日，由城市发展与环境研究所和社会科学文献出版社联合主办的“2015 年中国房地产高峰论坛暨《房地产蓝皮书》发布会”在北京举行。会议研讨的主要问题有“房地产去库存”“房地产政策调整”“进城农民工住房保障”。

（3）2015 年 6 月 26 日，中国社会科学院可持续发展研究中心内蒙古气候政策研究院主办的“第三届理事会暨内蒙古绿色发展研讨会”在内蒙古自治区阿拉善盟举行。会议研讨的主要问题有“生态文明建设”“绿色发展”。

（4）2015 年 7 月 24 日，由城市发展与环境研究所、中国社会科学出版社和光明日报智库研究与发布中心联合举办的“中国社会科学院生态文明研究智库系列成果发布暨学术研讨会”在北京召开。会议研讨的主要问题有“环境治理”“生态文明建设”。

（5）2015 年 9 月 15 ~ 16 日，中国社会科学院、湖北省人民政府、经济合作与发展组织、中国城镇化促进会联合主办，城市发展与环境研究所、宜昌市人民政府、中国社会科学院国际合作局、湖北省社会科学院共同承办的“中国社会科学论坛：三峡城市群·长江经济带”国际研讨会在湖北省宜昌市举行。会议研讨的主要问题有“流域开发与三峡城市群建设”“区域一体化与三峡城市群建设”“生态文明与三峡城市群建设”。

（6）2015 年 9 月 29 日，由城市发展与环境研究所和社会科学文献出版社联合主办的“2015 年中国城市发展高峰论坛暨《城市蓝皮书 No.8》发布会”在北京举行。会议研讨的主要问题有“新型城镇化”“智慧城市建设”“城市经济转型升级”“公共服务均等化”。

（7）2015 年 11 月 20 日，由城市发展与环境研究所、中国气象局国家气候中心和社会科学文献出版社联合主办的“气候变化绿皮书（2015 年）发布会暨巴黎的新起点和新希望高峰论坛”在北京举行。会议研讨的主要问题有“应对气候变化”“国际气候治理”。

（8）2015 年 12 月 12 日，由城市发展与环境研究所与江西社会科学院联合主办的“2015：智慧城市论坛”在江西省南昌市举行。会议研讨的主要问题有“智慧城市建设”“新型城镇化”。

（9）2015 年 12 月 21 日，由城市发展与环境研究所主办的“中国社会科学院生态文明研究智库第一届理事会成立大会暨生态文明研究智库高峰论坛”在北京召开。会议的主题是“专业化智库建设”“生态文明建设”。

2. 国际学术交流与合作

2015 年，城市发展与环境研究所共派遣出访 31 批 39 人次，接待来访 4 批 18 人次（其中，中国社会科学院邀请来访 4 批 18 人次）。与城市发展与环境研究所开展学术交流的国家和地区有美国、澳大利亚、德国、法国、意大利、沙特阿拉伯、阿联酋、英国、瑞典、荷兰、日本、柬埔寨、韩国等。

（1）2015 年 5 月 11 日，城市发展与环境研究所庄贵阳研究员等会见泰国 Mahidol 大学环境资源研究中心的 Sukanya Sereenonchai，双方就可持续发展、气候变化适应等问题进行了交流。

（2）2015 年 5 月 17 ~ 21 日，城市发展与环境研究所陈迎研究员等赴荷兰瓦赫宁根大学参加中荷《城市建筑的智慧改造项目》启动会，就城市建筑智慧改造问题开展学术交流。

（3）2015 年 8 月 1 日，城市发展与环境研究所廖茂林赴英国皇家国际事务研究所进行学术交流。

（4）2015 年 8 月 27 日，城市发展与环境研究所张莹赴美国杜克大学杜克国际发展研究中心开展为期 1 年的学术访问。访问的主要内容为美国气候变化政策、国际环境治理等问题。

（5）2015 年 9 月 12 日，城市发展与环境研究所潘家华研究员等会见 OECD 副秘书长 Stefan Kapferer、法国经济部长 Edmond Alphandéry 等，并就区域协调、城市群发展等问题进行交流。

（6）2015 年 9 月 15 ~ 20 日，城市发展与环境研究所潘家华研究员参加国务院新闻办公室团组赴美执行“中国智库美国行”任务，就全球气候变化、可持续治理等问题开展学术交流。

（7）2015 年 10 月 11 日，城市发展与环境研究所陈迎研究员等会见荷兰瓦赫宁根大学的 Bas Van Vliet 等人，双方就城市智慧改造等问题进行了交流。

（8）2015 年 11 月 26 日至 12 月 13 日，城市发展与环境研究所王谋随国家发展和改革委员会团组，赴法国巴黎参加联合国气候变化巴黎会议，主要负责“应对措施议题以及减排的科学、技术和社会经济影响力分析等方面的议题”的谈判工作。

（9）2015 年 11 月 29 日至 12 月 11 日，城市发展与环境研究所单菁菁等人参加艺术人文研究理事会中英研究中心伙伴项目中的“城市转型发展中的迁移、隔离和不平等”课题启动会，就移民市民化、城市转型等问题开展学术交流。

3. 国际合作研究项目

2015 年，城市发展与环境研究所新签订的国际合作研究项目有 4 项，分别是“城市碳排放清单方法能力建设”“欧盟能源效率项目下的中国能源效率案例分析”“城市转型发展中的人口迁移与社会融合”“城市建筑的智慧改造”；结项的国际合作研究项目有 3 项，分别是“2015 年后发展议程研究”“城镇化与碳排放峰值研究”“中国煤炭消费总量控制方案和政策研究”。

（四）学术社团、期刊

1. 社团

中国城市经济学会，会长晋保平。

2015 年 11 月 7 日，中国城市经济学会在北京市举行“2015 年年会暨中国城市群发展的战略选择研讨会”。会议的主题是“中国城市群发展的战略选择”，研讨的主要问题有“新型城镇化”“城市群发展”“区域协同发展”。与会专家学者 90 人。

2. 期刊

（1）《城市与环境研究》（季刊），主编潘家华。

2015 年，《城市与环境研究》共出版 4 期，共计 63 万字。该刊全年刊载的有代表性的文章有：倪鹏飞、杨慧、张安全的《中国房价预警指标体系构建与变动趋势预测》，张贵、梁莹、郭婷婷的《京津冀协同发展研究现状与展望》，渠慎宁、李鹏飞、李伟红的《国外绿色经济增长理论研究进展述评》，李扬的《对中国房地产市场发展进入新时期的思考——李扬研究员访谈录》，李培林的《城市治理专题笔谈》，魏后凯的《中国特大城市的过度扩张及其治理策略》，李恩平的《中国地级及以上城市城镇化固定投入成本比较研究》，潘家华的《特大城市的环境治理：技术张力与边界刚性》，顾朝林的《中国城镇化中的“放权”和“地方化”——兼论县辖镇级市的政府组织架构和公共服务设施配置》，许德友的《当前中国区际产业转移及其特征——基于三个维度的分析》，丁成日、牛毅的《地价、房价和城市空间结构——以北京市为例》，赵勇、齐讴歌的《空间功能分工能有助于缩小地区差距吗？——基于 2003 年～2011 年中国城市群面板数据的实证分析》，徐匡迪的《在新常态下崛起的长江中游城市群——徐匡迪院士访谈录》。

（2）*Chinese Journal of Urban and Environmental Studies*（《中国城市与环境研究》）（季刊），主编潘家华。

2015 年，*Chinese Journal of Urban and Environmental Studies* 共出版 4 期，共计约 28 万字。该刊全年刊载的有代表性的文章有：魏后凯的“The Administrative Hierarchy and Growth of Urban Scale in China”（《中国城市行政等级与规模增长》），潘家华、梁本凡等的“The Macro Path of China’s Low-Carbon Urbanization”（《中国低碳城镇化的宏观路径》），陈迎、刘利勇、张莹的“China’s Urbanization and Carbon Emissions Peak”（《中国城镇化和碳排放峰值》），王谋的“Strategic and Economic Significances of the Construction of South Silk Road”（《建设南丝绸之路的战略经济意义》），杨发庭的“Contemporary Construction of Ecological Civilization: From Ecological Crisis to Ecological Governance”（《当代生态文明建设：从生态危机到生态治理》）等。

（五）会议综述

长江论坛

2015 年 4 月 8 日，由中国社会科学院、湖北省人民政府主办，中国城市经济学会、中国社会科学院城市发展与环境研究所、湖北省社会科学院承办的“长江论坛”在湖北省武汉市举行。

十届全国政协副主席、中国工程院主席团名誉主席、院士徐匡迪，湖北省委书记、省人大常委会主任李鸿忠（时任），湖北省委副书记、省长王国生，中国社会科学院副院长、党组成员李培林，第十二届全国人民代表大会财政经济委员会副主任、中国民主建国会副主席辜胜阻，国家环保部总工程师万本太、湖南省人大常委会副主任陈君文等领导出席了论坛。受邀出席论坛的还有国家发展和改革委员会等有关国家部委和部门专家领导、湘鄂赣三省省直部门及相关市县领导、湖北省社会科学院、湖南省社会科学院、江西省社会科学院、上海社会科学院、四川省社会科学院等国内城市群研究相关专家学者。

李培林在开幕致辞时指出，改革开放 30 多年来，国内经济格局深刻调整，中部板块效应日益凸显。顺应这一态势加速中部崛起，需要核心板块和支点发挥支撑、引领和带动作用，形成新的经济增长极。“长江论坛”将在继续贯彻落实国家关于依托黄金水道推动长江经济带发展的战略部署的同时，深入探讨长江中游城市群区域协同发展的新模式、新机制、新途径，对于解读和落实国务院 4 月 6 日批复同意的《长江中游城市群发展规划》具有重要意义。

长江中游城市群作为贯彻落实国家促进中部地区崛起战略的具体化措施，为中部地区特别是湘鄂赣三省加强合作，推进工业化、城镇化和农业现代化“三化”协调发展提供操作平台，将显现出巨大的聚合带动效应。湘鄂赣三省联手推进长江中游城市群发展正是因时顺势之举，对于促进中部地区加快崛起，形成东、中、西区域经济协调发展的局面具有重大战略意义。

李鸿忠认为，长江中游城市群是长江经济带的重要支撑，是加快长江经济带开放开发的重要载体，是支撑中国经济发展的重要增长极。近年来，牢记习近平总书记视察时要求湖北“建成支点、走在前列”的重要指示，大力推动经济发展“竞进提质、升级增效”，同时携手湘赣两省共建中三角、打造第四极。下一步，我们将借国务院正式批复同意《长江中游城市群发展规划》的东风，按照建设“文化长江、生态长江、经济长江”的思路，深入推进长江经济带湖北段新一轮开放开发和长江中游城市群发展。恳请国家有关部委领导、各界专家一如既往给予关注支持与帮助指导，同时也希望与湘赣两省、长江沿线省市、全国各兄弟省市和海内外广大企业、投资者，进一步加强交流、深化合作，为共建中三角、打造第四极，促进全国区域协调发展做出新的更大贡献。

中国工程院主席团名誉主席徐匡迪院士在《在新常态下崛起的长江中游城市群》主题报告中指出，经过 30 年的高速增长，中国经济已进入深化改革、创新驱动的新常态。它不仅是经济增长速度的减速换挡期，更是依靠创新驱动、转变粗放式增长的关键期。是不是能迈过转型升级这道“坎”，关系到中国经济的可持续发展，这也是通过两个百年奋斗实现伟大中国梦的重要保证。而城市群是近50年来大国城镇化的主要趋势。美、英、日、法等发达国家中单个巨型城市逐渐被各具特色的专业化、网络状城市群所取代。城市群之间用高效、便捷、绿色的交通相联结。

徐匡迪主席在报告中明确提出，2030年前中国城镇化的三大重点是：京津冀协同发展、丝绸之路经济带建设和通江达海、联结东、中、西的长江经济带。长江中游城市群发展规划首先应明确其在国家总体发展中的功能定位是：经济新常态下创新驱动的增长极；城乡统筹、四化同步发展的示范区；长江黄金水道承东启西的重要纽带和以水资源保护为核心的生态文明建设引领区。

论坛期间，与会专家学者还针对长江中游城市群发展战略定位及对策、长江中游城市群发展独特优势与巨大潜力、长江中游城市群宜居城市与生态文明建设、长江中游城市群产业协同发展与升级转型、长江中游城市群区域协调发展与对外开放等多方面内容展开了深入探讨。

为更深入地探讨长江经济带城市群产业经济与生态环境协同发展问题，“长江论坛”还专门设立了中国碳市场创新与城市群发展分论坛。与会专家学者呼吁，尽快建立全国统一碳市场，用市场化的手段引导社会节能减排，控制污染排放总量；建议将湖北武汉建设成为全国碳金融市场中心，形成与上海、深圳等传统金融中心并行的新兴绿色金融体系，从政策和金融层面支撑实体经济低碳转型发展，助力长江经济带城市群生态环境保护一体化建设，走出一条低碳发展的“绿色崛起”之路。

中国社会科学院副院长李培林在总结时建议，从六个方面加快推进长江中游城市群建设：一是促进城市群产业对接合作，打造几个世界级产业集群；二是要在产业合作的同时，加快推进城市群商品市场、要素市场、金融市场等一体化，最终实现城市群经济一体化；三是要优化城市群城镇体系、促进就近城镇化，支撑国家新型城镇化战略；四是要加快推进基础设施网络化建设，优化区域合作载体；五是要加快建立完善城市群公共服务和社会治理协调机制，促进社会事业繁荣发展；六是要加快生态补偿机制创新，合作推进城市群生态文明建设。

湖北省常务副省长王晓东在论坛总结时认为，专家们在全面分析国家宏观经济社会环境的基础上，准确判断了长江中游城市群建设所面临的发展机遇：一是国家深入实施区域发展总体战略、大力促进中部地区崛起，为长江中游城市群提升综合实力提供了强大动力；二是国家大力推进新型城镇化，注重发挥城市群引领带动作用，有利于长江中游城市群全面提高城镇化质量；三是国家依托长江黄金水道推动长江经济带发展，有利于长江中游城市群挖掘优势与潜力，打造中国经济核心增长极；四是国家积极推进生态文明建设，加快转变经济发展方式，有利于长江中游城市群“两型”社会建设。

（王凌燕）

“中国社会科学论坛：三峡城市群·长江经济带”国际研讨会

2015年9月15日，“中国社会科学论坛：三峡城市群·长江经济带”国际研讨会在湖北省宜昌市举行。会议由中国社会科学院、湖北省人民政府、经济合作与发展组织（OECD）、中国城镇化促进会联合主办，中国社会科学院城市发展与环境研究所、宜昌市人民政府、中国社会科学院国际合作局、湖北省社会科学院、三峡大学共同承办。

中国社会科学院院长、党组书记、学部主席团主席王伟光率团参加大会，并作大会致辞和主旨报告。中共湖北省委书记李鸿忠出席开幕式并发表讲话。中共湖北省委常委、宜昌市委书记黄楚平，欧元50集团主席、法国前财政部长埃德蒙·阿尔方戴利分别作开幕式致辞。中国社会科学院学部委员汪同三、吕政，中国社会科学院农村发展研究所所长魏后凯等知名专家作了主题发言。来自国内外的专家学者围绕“协作、发展、共赢”这一主旨，分别就流域开发、区域一体化、生态文明与三峡城市群建设等多项议题进行了交流探讨，以期为统筹三峡区域发展、打造长江经济带新的重要增长极建言献策。

国务院发展研究中心副主任王一鸣，全国人大财经委副主任委员、民建中央副主席辜胜祖，经济合作与发展组织（OECD）副秘书长斯特凡·开普斐勒，著名经济学家、中央政策研究室原副主任、中国国际经济交流中心常务副理事长郑新立，加拿大可持续发展国际研究所所长斯科特·沃恩，中国社会科学院学部委员吕政，经济合作与发展组织（OECD）区域发展政策部部长乔奎穆·奥利维拉·马丁斯，中国社会科学院学部委员汪同三，国家发展和改革委员会国土开发与地区经济研究所所长肖金成，美国纽约州立大学水牛城分校教授山姆·科尔，中国社会科学院农村发展研究所所长魏后凯，国家发展和改革委员会综合运输研究所所长汪鸣，经济合作与发展组织（OECD）区域发展政策部高级顾问威廉·汤普森，湖北省社会科学院副院长秦尊文，经济合作与发展组织（OECD）公共管理和土地开发理事会城市计划部主任鲁迪格·阿伦德，中交水运规划设计院总工程师吴澎，联合国气候变化框架公约秘书处原秘书长穆库尔·圣瓦尔，中国科学院地理科学与资源研究所研究员方创琳，三峡大学校长何伟军，法国波尔多政治学院教授丹尼尔·孔帕尼温，中国城市规划设计研究院城乡规划研究所原所长蔡立力，中国区域经济研究中心副主任沈体雁，德国发展研究院专家克莱拉·布兰迪等30多位国际国内专家分别针对相关专题作重要发言，来自国内外相关领域的200余位专家学者、政府官员、嘉宾及三峡区域联盟活动代表参与会议讨论和交流。中国社会科学院国际合作局局长王镭主持了首场专家讨论。

（董　昕　王业强）

生态文明研究智库
第一届理事会成立大会暨生态文明研究智库高峰论坛

2015 年 12 月 21 日，由中国社会科学院生态文明研究智库、中国社会科学院城市发展与环境研究所共同主办的“中国社会科学院生态文明研究智库第一届理事会成立大会暨生态文明研究智库高峰论坛”在北京召开。

第十二届全国人民代表大会常委、中国社会科学院副院长蔡昉出席论坛并致辞。蔡昉指出，我国的新型智库建设道路已经开启，生态文明研究智库成立以来，围绕公共定位，在高端媒体，支持国家气候谈判和国际合作等方面已经取得了一系列的优秀成绩，希望生态文明研究智库更上一个新的台阶，进一步发挥好生态文明理论支撑和对策支持作用。

论坛第二个环节“生态文明研究智库高峰论坛”由中国社会科学院城市发展与环境研究所所长潘家华主持。在高峰论坛上，来自不同领域的领导、专家从全方位、高层次、多角度阐述了生态文明建设的成就与设想。国务院参事、国家住房和城乡建设部原副部长仇保兴认为，在当前城市转型的条件成熟、转型基本思路清晰的背景下，应更加关注城市微循环建设，并从微净化、微能源、微更新、微绿地、微医疗等多个方面对城市微循环建设进行了深入探讨。国务院参事、国家科学技术部原副部长刘燕华从智库建设的角度对智库运行和智库产品的评价要点进行了深入剖析，指出了智库运行应具备的五个基本要素，从选题、问题分析、信息分析、风险评估等几个方面阐述了智库产品的评价要点，并提出了智库建设的许多有益设想。中国工程院院士、中国工程院原副院长杜祥琬重点阐述了人类命运共同体与生态文明建设问题，指出中国生态文明建设可以为人类命运共同体做出重要贡献。内蒙古自治区政协副主席董恒宇阐述了对于生态文明、绿色发展的哲学理解，认为“绿水青山”是自然性的形象表达，绿色发展在哲学的意义上就是回归于自然性，生态文明建设应遵循、尊重自然规律。中国城市规划设计研究院副院长、中国城市科学研究会秘书长李迅从生态文明建设与城镇化的关系出发，指出中国生态文明建

2015年12月21日，中国社会科学院生态文明研究智库第一届理事会成立大会暨生态文明研究智库高峰论坛在北京召开。

设需要更加重视绿色城镇化的支撑，认为城市转型发展是生态文明建设的一个实践基础，而且生态文明建设也需要城市相关的智库进行科学的支撑。湖北社会科学院副院长秦尊文围绕中央对生态文明的总体部署、长江中游城市群生态文明建设现状、培育节约文化和环保意识、重视法规制定与实施、强化约束机制等多个方面进行了演讲。

论坛的第三个环节为生态文明研究智库理事会会议，由中国社会科学院生态文明研究智库常务副理事长、城市发展与环境研究所所长潘家华就生态文明智库建设的背景、基础和现状向理事会做了详细的介绍，并从智库组建构架、组织学术活动、组织实地调研、打造智库精品等几个方面阐述了智库建设的工作设想。与会专家们纷纷围绕智库的机制创新、发展方向、研究重点、成果形式等方面提出了许多有益的建议。

（薛苏鹏）

社会政法学部

法学研究所

（一）人员、机构等基本情况

1. 人员

截至 2015 年底，法学研究所共有在职人员 103 人。其中，正高级职称人员 29 人，副高级职称人员 31 人，中级职称人员 26 人；高、中级职称人员占全体在职人员总数的 83%。

2. 机构

法学研究所设有：法理学研究室、法制史研究室、宪法与行政法学研究室、刑法学研究室、诉讼法学研究室、民法学研究室、商法学研究室、经济法学研究室、知识产权法学研究室、传媒与信息法学研究室、社会法学研究室、法治国情调查研究室、《法学研究》编辑部、《环球法律评论》编辑部、院图书馆法学分馆、办公室、科研组织处、人事处（党委办公室）。

3. 科研中心

法学研究所院属科研中心有：民主问题研究中心、人权研究中心、知识产权中心、台港澳法研究中心、文化法制研究中心；所属科研中心有：马克思主义法学研究中心、法治宣传教育与公法研究中心、私法研究中心、性别与法律研究中心、国家法治指数研究中心、欧洲联盟法研究中心。

（二）科研工作

1. 科研成果统计

2015 年，法学研究所共完成专著 20 种，700.7 万字；英文专著 1 种，150 页；期刊论文 133 篇，164.6 万字（其中，权威期刊论文 3 篇，5.9 万字；核心期刊论文 75 篇，107.8 万字；一般期刊论文 55 篇，50.9 万字，另外在各类论文集发表论文 30 多篇）；研究报告 8 种，148.9 万字；古籍整理 1 种，130.5 万字；译著 3 种，77.1 万字；学术普及读物 2 种，33.7 万字；论文集 9 种，453.6 万字。

2. 科研课题

（1）新立项课题。2015 年，法学研究所共有新立项课题 49 项。其中，国家社会科学基金特别委托课题 3 项：“把社会主义核心价值观融入法律法规研究”（冯军主持），“以法治保障和促进社会主义核心价值观建设”（支振锋主持），“《意识形态阵地管理规定》可行性研究和草案初拟”（莫纪宏主持）；院国情调研重大课题 1 项：“关于司法体制改革与司法公信力调研”（田禾主持）；院级基地课题1项："宁夏回族自治区宗教事务依法管理的状况研究"（莫纪宏主持）；所级基地课题2项："用法治思维和法治方法化解纠纷"（陈甦主持），"浙江法院阳光司法指数"（田禾主持）；院青年人文社会科学研究中心社会调研课题1项："新农村建设中农民专业合作社真实情况调研及建议"（冉昊主持）；中国法学会部级法学研究重点委托课题1项："《领导干部法治读本》编写"（莫纪宏主持）；自选课题1项："专利权效力判断上的行政介入与司法裁量"（张鹏主持）；司法部国家法治与法学理论研究重点课题1项："历次刑法修正案评估"（刘仁文主持）；中青年课题1项："网络共同犯罪的司法认定疑难问题研究"（杨学文主持）；其他部门与地方委托课题37项：中央网络安全和信息化领导小组办公室重大调研课题"网络主权的法理基础研究"（支振锋主持），国务院办公厅课题"2015年政府信息公开评估"（田禾主持），民政部课题"行业协会商会立法研究"（谢鸿飞主持），民政部课题"行业协会商会异常名录与黑名单制度研究"（谢鸿飞主持），民政部课题"行业协会商会年度报告制度研究"（谢鸿飞主持），民政部课题"行业协会商会信息公开制度研究"（李洪雷主持），民政部课题"募捐资格许可和管理研究"（栗燕杰主持），农业部课题"实质性派生品种制度国际实践及借鉴研究"（李菊丹主持），农业部课题"农业技术引进中的知识产权保护问题研究"（李菊丹主持），农业部课题"法经济学角度下的中外转基因法律规制比较研究"（金善明主持），国家互联网信息办公室课题"我国网络空间法治体系建设研究"（周汉华主持），司法部课题"《健全统一司法鉴定管理体制试点方案（专家建议稿）》"（王敏远主持），国家食品药品监督管理总局课题"职业打假人问题研究"（周汉华主持），国家工商总局课题"消费者个人信息保护国别研究"（周汉华主持），国家新闻出版广电总局课题"将社会主义核心价值融入广播影视法律制度建设研究"（吴峻主持），国家知识产权局课题"'一带一路'有关国家或地区知识产权环境研究"（管育鹰主持），国家知识产权局课题"科技革命视野下的专利制度演进研究"（李顺德主持），国家知识产权局课题"传统知识标准体系研究"（管育鹰主持），北京市人民政府课题"北京市政府信息公开评估"（田禾主持），广东省机构编制委员会办公室课题"地方政府组织机构法定化问题研究"（李洪雷主持），四川省依法治省领导小组办公室课题"编写出版四川法治蓝皮书"（田禾主持），另有其他地方政府或机构委托课题16项。

（2）结项课题。2015年，法学研究所共有结项课题35项。其中，国家社会科学基金青年课题1项："中国宪法实施的协调机制研究"（翟国强主持）；特别委托课题2项："把社会主义核心价值观融入法律法规研究"（冯军主持），"以法治保障和促进社会主义核心价值观建设"（支振锋主持）；院国情调研所级基地课题2项："用法治思维和法治方法化解纠纷"（陈甦主持），"浙江法院阳光司法指数"（田禾主持）；中国法学会部级法学研究重大课题1项："刑事诉讼法修正案后司法解释研究"（王敏远主持）；重点委托课题1项："《领导干部法治读本》编写"（莫纪宏主持）；司法部国家法治与法学理论研究项目1项："劳教废止后的制度衔接研究"（刘仁文主持）；其他部门与地方委托课题27项：国务院办公厅课题"2014年政府信息公开工作有关情况第三方评估”（田禾、吕艳滨主持），国务院法制办公室课题“农村集体产权制度改革的法律问题研究”（陈甦主持），司法部课题“《健全统一司法鉴定管理体制试点方案（专家建议稿）》”（王敏远主持），民政部课题“行业协会商会立法研究”（谢鸿飞主持），农业部课题“法经济学角度下的中外转基因法律规制比较研究”（金善明主持），国家新闻出版广电总局课题“将社会主义核心价值融入广播影视法律制度建设研究”（吴峻主持），国家知识产权局课题“‘一带一路’有关国家或地区知识产权环境研究”（管育鹰主持），国家食品药品监督管理总局课题“政府信息公开范围界定及相关制度建设研究”（李洪雷主持），“职业打假人问题研究”（周汉华主持），北京市人民政府课题“北京市政府信息公开评估”（田禾主持），广东省机构编制委员会办公室课题“地方政府组织机构法定化问题研究”（李洪雷主持），广东省依法治省工作领导小组办公室课题“近年来广东省人大常委会科学立法、民主立法的成果与经验”（李林、田禾主持），“广东按法治框架解决基层矛盾的现状及其发展对策”（李林、田禾主持），四川省人大法制委员会、常委会法制工作委员会课题“四川立法的探索与创新”（李林、田禾主持），“藏区少数民族法治问题”（李林、田禾主持），浙江省宁波市人民政府课题“宁波市政府信息公开实施状况调研”（田禾主持），北京市法学会课题“首都‘反恐’对策与法律问题研究”（张绍彦主持），另有其他地方政府或机构委托课题 10 项。

（3）延续在研课题。2015 年，法学研究所共有延续在研课题 48 项。其中，国家社科基金课题 17 项：“我国医药卫生体制改革法律问题研究”（董文勇主持），“明清则例研究”（徐立志主持），“立体刑法学”（刘仁文主持），“中国现代法学与法学教育的创建与发展研究”（金英主持），“债权总则的建构：历史、功能与体系研究”（谢鸿飞主持），“斯拉夫法的历史发展及对社会主义法系形成的影响”（刘洪岩主持），“反垄断法法益立体保护研究”（金善明主持），“西法东渐的思想史逻辑研究”（支振锋主持），“世界刑事诉讼的四次革命”（冀祥德主持），“可持续发展与中国民法典立法的价值取向”（渠涛主持），“版权资本运营法律问题研究”（杨延超主持），“秦汉刑事证据文明研究”（张琮军主持），“社会法总论重大理论问题研究”（余少祥主持），“人权的普遍性与主体性问题研究”（黄金荣主持），“光绪三十二年《刑律草案》整理与研究”（孙家红主持），“‘公平、合理和无歧视’专利许可规则的构建与适用研究”（赵启杉主持），“《意识形态阵地管理规定》可行性研究和草案初拟”（莫纪宏主持）；院国情调研重大课题 1 项：“关于司法体制改革与司法公信力调研”（田禾主持）；院级基地课题 1 项：“宁夏回族自治区宗教事务依法管理的状况研究”（莫纪宏主持）；中国法学会部级法学研究课题 5 项：“叛逃罪的犯罪构成要件和量刑规范研究”（樊文主持），“法官在案件事实认定中的地位和作用”（季桥龙主持），“沈家本法律思想与清末法律改革成因得失研究”（孙家红主持），“数字产业中的版权保护制度选择”（刘洁主持），“专利权效力判断上的行政介入与司法裁量”（张鹏主持）；司法部国家法治与法学理论研究课题 2 项：“历次刑法修正案评估”（刘仁文主持），“网络共同犯罪的司法认定疑难问题研究”（杨学文主持）；其他部门与地方委托课题 22 项：中央网络安全和信息化领导小组办公室重大调研课题“网络主权的法理基础研究”（支振锋主持），国务院办公厅课题“2015 年政府信息公开评估”（田禾主持），国家科学技术名词审定委员会课题“法学名词规范化研究与发布”（李林主持），民政部课题“行业协会商会异常名录与黑名单制度研究”（谢鸿飞主持），民政部课题“行业协会商会年度报告制度研究”（谢鸿飞主持），民政部课题“行业协会商会信息公开制度研究”（李洪雷主持），民政部课题“募捐资格许可和管理研究”（栗燕杰主持），农业部课题“实质性派生品种制度国际实践及借鉴研究”（李菊丹主持），农业部课题“农业技术引进中的知识产权保护问题研究”（李菊丹主持），国家互联网信息办公室课题“我国网络空间法治体系建设研究”（周汉华主持），国家工商总局课题“消费者个人信息保护国别研究”（周汉华主持），国家知识产权局课题“科技革命视野下的专利制度演进研究”（李顺德主持），国家知识产权局课题“传统知识标准体系研究”（管育鹰主持），四川省依法治省领导小组办公室课题“编写出版四川法治蓝皮书”（田禾主持），浙江省高级人民法院课题“浙江法院阳光司法指数测评”（田禾主持），浙江省高级人民法院课题“浙江法院裁判文书质量、庭审规范化专项测评”（田禾主持），另有其他地方政府或机构委托课题 6 项。

3. 获奖优秀科研成果

2015 年，法学研究所共获奖 52 项。其中，获全国妇联第三届中国妇女研究优秀成果奖论文类二等奖 1 项：薛宁兰的《防治职场性骚扰法律的性别分析》（《中华女子学院学报》2012 年期第 6 期）；2015 年，法学研究所获 2014 年度全院优秀对策信息组织奖；获 2014 年度全国优秀古籍图书一等奖 1 项：杨一凡编的《清代成案选编》（甲编）；获第六届全国优秀皮书一等奖 1 项：李林、田禾主编的《法治蓝皮书：中国法治发展报告 No.12（2014）》；获中国法学会第十届中国法学青年论坛主题征文三等奖 1 项：贺海仁的《党的领导法治化：通过法治方式保障党的执政权》；获中国法学会第三届“董必武青年法学成果奖”提名奖 1 项：焦旭鹏的《自反性现代化的刑法意义 —— 风险刑法研究的宏观知识路径探索》；获中国刑事诉讼法学研究会第四届中青年优秀科研成果奖论文类三等奖 1 项：祁建建的《美国无辜者被定罪及其纠正的程序研究》；著作类三等奖 1 项：马可的《刑事诉讼法律关系客体研究》；评出 2015 年度法学研究所优秀科研成果奖一等奖 7 项：邓子滨的《中国实质刑法观批判》，陈甦的《体系前研究到体系后研究的范式转型》，李林、莫纪宏主编的《中国宪法三十年》（上中下三册），杨一凡等整理的《历代珍稀司法文献》（15 册，整理标点本），王敏远的《刑事诉讼法学研究的转型 —— 以刑事再审问题为例的分析》，支振锋的《变法、法治与国家能力 —— 对中国近代法制变革的再思考》，谢增毅的《劳动法与小企业的优惠待遇》；评出 2015 年度法学研究所优秀科研成果奖优秀奖 7 项：翟国强的《宪法判断的正当化功能》，李明德、管育鹰、唐广良的《〈著作权法〉专家建议稿说明》，董文勇的《医疗费用控制法律与政策》，刘翠霄的《社会保障制度是经济社会协调的法治基础》，贺海仁的《自救还是他救：受害人的权利救济问题研究》，马骧聪的《〈中华人民共和国环境保护法〉修订建议稿》，刘海年的《新中国人权保障发展六十年》；获第七届“胡绳青年学术奖”1项：谢鸿飞的《法律与历史：体系化法史学与法律历史社会学》；提名奖1项：孙家红的《关于“子孙违犯教令”的历史考察——一个微观法史学的尝试》。

（三）学术交流活动

1.学术活动

2015年，法学研究所主办和承办的学术会议有：

（1）2015年1月13日，由中国社会科学院主办，中国社会科学院科研局、中国社会科学院法学研究所和社会科学文献出版社共同承办的“中国社会科学院2014年创新工程重大科研成果系列之‘依法治国系列研究成果’发布会”在北京召开。会上，《中国民法典草案建议稿附理由》（9册）作为中国社会科学院2014年创新工程重大科研成果发布。

（2）2015年4月17～18日，由法学研究所《环球法律评论》编辑部与苏州大学东吴公法与比较法研究所、《苏州大学学报（法学版）》编辑部联合主办的“国家所有权性质与行使机制完善”专题学术研讨会在苏州大学举行。会议研讨的主要问题有“国家所有权的一般理论”“自然资源国家所有权的性质与行使机制”“土地国家所有的问题与出路”。

（3）2015年4月24～25日，法学研究所与韩国成均馆大学、国立济州大学联合主办的“东亚信息、通信和技术法制：框架与机制”研讨会在韩国济州举行。会议的主题是“中国和韩国的信息化法治理论与实践”。

（4）2015年6月6～7日，由中国社会科学院和芬兰科学院主办，中国社会科学院法学研究所和芬兰赫尔辛基大学法学院、芬兰中国法与中国法律文化中心承办的第七届中芬比较法国际研讨会在北京举行。会议的主题是“法治发展与权利保障”，研讨的主要问题有“中芬法治的新发展”“法治与劳动权保障”“法治与司法改革”和“法治与妇女权利保障”。

（5）2015年6月16～17日，由法学研究所性别与法律研究中心主办的“中国司法体制改革中的社会性别主流化”研讨会在北京举行。会议研讨的主要问题有“中国司法体制改革的现状与发展趋势”“中国司法体制改革中的社会性别主流化问题”和“法学教育与司法体制改革”。

（6）2015年6月21日，由法学研究所举办的“习近平关于全面依法治国思想研讨会”在北京召开。

（7）2015年6月28日，由中国社会科学院知识产权中心主办的“植物新品种与生物技术知识产权保护相关问题研讨会”在北京举行。会议研讨的主要问题有“植物新品种保护法律修订进程介绍”“植物新品种保护法律修订进程介绍”“生物技术知识产权保护”。

（8）2015年8月15日，由中国社会科学院法学研究所主办的“全面推进依法治国与稳妥促进司法改革理论研讨会”在北京举行。会议研讨的主要问题有“当前司法改革的基础问题”“以审判为中心的诉讼制度改革”“司法改革多维视角的探讨”和“完善司法职能及保障体系”。

(9) 2015年8月15日，法学研究所与中国法学会婚姻家庭法学研究会共同主办、辽宁师范大学法学院承办的“中国反家庭暴力立法研讨会”在辽宁省大连市召开。会议研讨的主要问题有“反家庭暴力法草案”“如何进一步修改和完善相关法律条款”。

(10) 2015年9月19～20日，由中国民事诉讼法学研究会、《法学研究》编辑部联合主办，《法商研究》编辑部和中南财经政法大学法学院共同承办的“新民诉法解释研讨会”在中南财经政法大学召开。会议从“小额与公益程序”“管辖与当事人”“审理程序”“执行程序”四个方面就新民事诉讼法进行了研讨。

(11) 2015年9月23～25日，由法学研究所主办、法学研究所法治宣传教育与公法研究中心承办的全国“互联网+法治宣传教育”学术研讨会暨“法宣在线”千万人学法考试平台上线仪式在北京举行。

(12) 2015年10月9日，法学研究所、中共中央党校政法部等联合主办的“马克思主义法学与全面依法治国学术研讨会”在北京举行。

(13) 2015年10月17～18日，《法学研究》2015年秋季论坛“民法典编纂的前瞻性、本土性与体系性”在北京召开。会议的主题是“民法典编纂涉及的诸多宏观和微观问题”。

(14) 2015年10月24日，法学研究所主办的“‘互联网+’时代的市场创新与商法规制”学术研讨会在北京举行。会议研讨的主要问题有“金融监管”“第三方支付的基础法律关系”“互联网经济对商法规制的挑战”“电子商务立法”“P2P平台债权让与的行为性质界定”“商事创新的合法性困境”。

(15) 2015年10月26日，由法学研究所和贵州民族大学共同主办的全国首届“互联网+宪法学教育”研讨会在贵州省贵阳市召开。会议的主题是“宪法学教学方式的创新与发展”。

(16) 2015年10月31日至11月1日，由中国社会科学院知识产权中心主办的“信息、网络与知识产权相关问题”学术研讨会在北京举行。会议研讨的主要问题有“互联网发展与应用”“电子商务”“网络环境下著作权保护”“商标”“专利保护”“反不正当竞争”等。

(17) 2015年11月14～15日，由中国社会科学院法学研究所主办，苏州大学王健法学院协办的“司法改革与独立审判研讨会”在江苏苏州召开。会议研讨的主要问题有“独立审判中的‘依法’”“独立平判中的‘独立’”“审判权与检察权”。

(18) 2015年12月11～12日，由中国社会科学院主办，中国社会科学院法学研究所承办的“中国社会科学论坛（2015年·法治）”在北京举行。会议的主题是“依法治国与司法改革”。

(19) 2015年12月19日，法学研究所和《环球法律评论》编辑部共同主办的《环球法律评论》200期纪念暨“法治中国下的规范体系及结构”学术研讨会在北京举行。会议研讨的主要问题有“法治中国下的规范体系及结构”“规范体系的价值基础和标准”“党规与国法”“规范类型研究”。

2. 国际学术交流与合作

2015 年，法学研究所共派遣出访 78 人次，接待来访 115 人次，全年正式的外事活动 30 余场。与法学研究所开展学术交流的国家有英国、德国、奥地利、瑞士、法国、俄罗斯、芬兰、南非、美国、巴西、澳大利亚、印度、挪威、丹麦、波兰、意大利、加拿大、秘鲁、新加坡、荷兰、日本、韩国等。

（1）2015 年 1 月 18 ~ 21 日，法学研究所诉讼法学研究室副研究员祁建建赴英国参加刑事法律援助国际会议。

（2）2015 年 1 月 31 日至 2 月 9 日，法学研究所所长李林研究员、副所长莫纪宏研究员一行访问加拿大蒙特利尔大学和美国哥伦比亚大学、纽约大学，向国外机构和专家介绍《中共中央关于全面推进依法治国若干重大问题的决定》的主要内容，并就十八届四中全会相关政策走向问题听取国外专家的意见。

（3）2015 年 2 月 15 日至 3 月 15 日，法学研究所研究员谢鸿飞赴奥地利科学院欧洲侵权法研究所访学。

（4）2015 年 2 月 24 ~ 28 日，中国社会科学院知识产权中心主任李明德研究员赴瑞士日内瓦参加世界贸易组织召开的“TRIPS 协议研讨会”。

（5）2015 年 4 月 12 ~ 16 日，法学研究所研究员周汉华赴德国参加中、德、巴西三国合作专家会议，讨论“中国消费者个人信息保护制度”相关问题。

（6）2015 年 4 月 22 ~ 26 日，法学研究所副所长莫纪宏研究员率法学研究所、国际法研究所代表团赴俄罗斯参加第四届欧亚反腐败论坛。

（7）2015 年 4 月 22 ~ 27 日，法学研究所、国际法研究所联合党委书记陈甦研究员应韩国成均馆大学和国立济州大学的邀请，率法学研究所、国际法研究所代表团赴韩国进行学术交流与访问。

（8）2015 年 5 月 1 ~ 30 日，法学所社会法研究室主任薛宁兰研究员赴芬兰赫尔辛基大学法学院就“性别与法律”问题开展学术访问。

（9）2015 年 5 月 6 ~ 10 日，法学研究所科研处处长谢增毅副研究员等赴芬兰赫尔辛基大学参加“谁是利益相关方？——比较法视野下的公司治理与雇员角色”国际会议。

（10）2015 年 5 月 26 ~ 31 日，法学研究所副所长莫纪宏研究员、图书馆馆长邓子滨研究员等赴南非参加“国际宪法学协会圆桌会议”。

（11）2015 年 6 月 5 ~ 10 日，法学研究所副所长莫纪宏研究员等赴巴西参加中国—巴西资本市场规制会议。

（12）2015 年 6 月 24 ~ 30 日，法学研究所宪法与行政法研究室主任李洪雷研究员赴意大利参加“新人文主义文化”学术会议。

（13）2015 年 7 月 1 ~ 24 日，法学研究所周汉华研究员赴英国，参加“网络：安全、隐私和治理”国际研讨会。

(14) 2015年8月15日，法学研究所副研究员邓丽赴美国哥伦比亚大学访学。

(15) 2015年8月16～20日，法学研究所刑法研究室主任刘仁文研究员、诉讼法研究室主任熊秋红研究员等赴新加坡，对新加坡在保障依法独立行使审判权和保障司法公正等相关经验和问题进行考察。

(16) 2015年8月19～22日，法学研究所研究员李明德、管育鹰等赴日本参加“2015年度中日知识产权合作研究第二次全体研究者会议”。

(17) 2015年8月20日至11月10日，法学研究所宪法与行政法研究室副研究员李霞赴美国美利坚大学进行访学。

(18) 2015年8月23～30日，法学研究所所长李林研究员等赴加拿大和美国，对加拿大蒙特利尔大学和美国哥伦比亚大学、纽约大学进行学术访问。

(19) 2015年9月20～24日，法学研究所研究员周汉华赴美国参加第八届中美论坛。

(20) 2015年10月5～9日，法学研究所研究员刘仁文、副研究员黄金荣赴澳大利亚参加墨尔本大学举办的双边研讨会。

(21) 2015年10月10日，法学研究所法制史研究室副研究员孙家红赴法国里昂大学进行访学。

(22) 2015年10月18～22日，法学研究所研究员刘仁文赴德国参加德国Osnabruck大学法学院中国法与经济研究中心成立研讨会。

(23) 2015年11月5～10日，法学研究所研究员熊秋红赴英国，就“羁押必要性审查制度”有关问题开展学术访问。

(24) 2015年11月9～13日，法学研究所研究员刘仁文、副研究员马可赴韩国参加中国刑事法改革趋势研讨会。

(25) 2015年12月2～6日，法学研究所研究员李明德、管育鹰赴芬兰参加中芬知识产权比较研讨会。

(26) 2015年12月2～9日，法学研究所知识产权法研究室副研究员周林赴芬兰和德国参加中芬知识产权研讨会和中德信息法研讨会。

(27) 2015年12月3～7日，法学研究所研究员刘海年赴法国参加“儿童权利保障”中欧人权圆桌对话活动。

(28) 2015年12月7～11日，法学研究所社会法研究室副研究员余少祥赴美国哥伦比亚大学就社会法基础理论研究开展访问并收集资料。

3. 与中国香港、澳门特别行政区和中国台湾开展的学术交流

(1) 2015年3月16～23日，法学研究所法制史研究室研究员张生赴台湾政治大学参加“亚欧法律史论坛第三届年会——家庭、社会与国家：欧洲与亚洲的比较与交流”和“两岸法学教育与法制史教学研讨会”。

（2）2015年3月30～31日，中国社会科学院台港澳法研究中心主任陈欣新研究员应澳门基本法推广协会及澳门特区政府邀请，赴澳门参加“开拓一国两制实践新征程”研讨会。

（3）2015年4月11～12日，法学研究所副所长莫纪宏研究员应香港基本法教育协会邀请赴香港参加“基本法25周年法律研讨会”。

（4）2015年6月4～10日，法学研究所民法研究室研究员孙宪忠随同中国法学会海峡两岸关系法学研究会会长张福森赴台湾参加“两岸民商财经法制发展学术研讨会”。

（5）2015年6月26～28日，法学研究所研究员陈欣新受澳门濠江法律学社邀请赴澳门参加“国家认同和制度建设——一国两制实践问题”研讨会。

（6）2015年10月10～29日，法学研究所宪法与行政法研究室主任李洪雷研究员应香港浸会大学邀请，赴该校讲授“法律与公共事务”课程。

（7）2015年10月11～13日，法学研究所研究员陈欣新应澳门地区中国和平统一促进会邀请赴澳门参加第四届“一国两制”理论与实践研讨会。

（8）2015年11月5～10日，中国社会科学院知识产权中心主任李明德研究员赴香港出席“第五届两岸四地法律研讨会”。

（9）2015年12月4～7日，法学研究所研究员周汉华赴台湾参加由台湾行政法学会举办的“第17届海峡两岸行政法学学术研讨会”。

（10）2015年12月15～17日，法学研究所副编审姚佳应澳门大学邀请赴澳门参加“中国的消费者政策：新趋势与挑战”国际研讨会。

（四）学术社团、期刊

1. 社团

中国法律史学会，会长吴玉章。

2015年8月15～16日，由中国法律史学会主办、沈阳师范大学法学院承办、清华大学法学院廖凯原中国法治与义理研究中心协办的中国法律史学会2015年年会暨“传统法律文化与现代法治文化”研讨会在辽宁省沈阳市召开。来自全国110多所高校与研究机构的201位代表参加了会议。会议研讨的主要问题有“礼法传统与现代中国法治”“‘侨易中华法制史’研究刍议”“中国传统法律文化的合理性因素及其现代价值”“轩辕召唤：有关《轩辕4712中华共识》的建议”。

2. 期刊

（1）《法学研究》（双月刊），主编陈甦。

2015年，《法学研究》共出版6期，共计180万字。该刊全年刊载的有代表性的文章有：张卫平的《既判力相对性原则：根据、例外与制度化》，劳东燕的《死刑适用标准的体系化构造》，王贵松的《依法律行政原理的移植与嬗变》，陈卫东的《公民参与司法：理论、实践及改革——以刑事司法为中心的考察》，陈林林、王云清的《司法判决中的词典释义》，蔡立东、姜楠的《承包权与经营权分置的法构造》，程雪阳的《中国宪法上国家所有的规范含义》，郑春燕的《基本权利的功能体系与行政法治的进路》，陈醇的《非法集资刑事案件涉案财产处置程序的商法之维》，龙宗智的《庭审实质化的路径和方法》。

(2)《环球法律评论》(双月刊)，主编刘作翔。

2015 年，《环球法律评论》共出版 6 期，共计 170 万字。该刊全年刊载的有代表性的文章有：陈甦的《资本信用与资产信用的学说分析及规范分野》，周建达的《“以刑定罪”的实践样态及其分析——以 Y 市法院的实证考察为基础》，江溯的《国际刑法中的行为控制理论》，王锴的《德国宪法变迁理论的演进》，吴亮的《网络中立管制的法律困境及其出路——以美国实践为视角》，王华伟的《误读与纠偏：“以刑制罪”的合理存在空间》，陈锐的《从“类”字的应用看中国古代法律及律学的发展》，黄世席的《欧盟投资协定中的投资者—国家争端解决机制——兼论中欧双边投资协定中的相关问题》，汪洋的《土地物权规范体系的历史基础》。

（五）会议综述

中国社会科学院 2014 年创新工程重大科研成果系列之“依法治国系列研究成果”发布会

2015 年 1 月 13 日，中国社会科学院 2014 年创新工程重大科研成果系列之“依法治国系列研究成果”发布会在北京举行。会上发布了中国社会科学院法学研究所完成的《全面推进依法治国系列研究报告》和《中国民法典草案建议稿附理由》。发布会由中国社会科学院科研局局长马援主持。中国社会科学院法学研究所所长李林发布总报告。中国社会科学院法学研究所、国际法研究所联合党委书记陈甦作总结发言。

《全面推进依法治国系列研究报告》由 50 多篇综合或者单个专题内部研究报告组成，内容涉及全面推进依法治国、加快建设法治中国的价值理念、基本原则、基本思路、战略目标、重点任务、改革措施等诸多问题。发布会上选取其中几篇作了重点介绍。比如，李林在《用法治思维保障和推进全面深化改革顺利进行》研究报告中对“改革与法治”之间的关系进行了科学阐释，指出“用政治大局意识和法治思维阐释法治与改革的辩证统一关系，积极正面地引导舆论，为全面深化改革创造良好的舆论环境和法治氛围”。李林、陈甦和法学所研究员莫纪宏在《依宪治国是贯彻落实“三者有机统一”原则的具体行动纲领》研究报告中突出强调了“依宪治国”对于“依法治国”的重要意义，指出“‘依宪治国’集中体现了‘依法治国’的法治要求，抓住了依法治国各项工作的核心，是具体贯彻落实依法治国基本方略的具体路径和制度通道”，提出“坚持依法治国首先要坚持依宪治国”。中国社会科学院法学研究所研究员周汉华在《全面推进法治建设的几点建议》研究报告中指出，“宜尽快出台关于全面建设社会主义法治国家若干问题的决定，制定市场经济、法治社会、民主政治三步走的国家现代化战略，确立权利保护原则在法治建设中的核心地位，规划法治建设的长远目标、阶段目标、指导原则、实现顺序及具体的推进机制”。

《中国民法典草案建议稿附理由》丛书是由中国社会科学院学部委员、法学研究所研究员梁慧星主持的中国民法典立法研究课题组历时近二十年完成的重要学术成果。课题组由中国社会科学院法学研究所、北京大学法学院、清华大学法学院、中国人民大学法学院等十多家科研机构和高校的二十余人组成。在基本结构上，《中国民法典草案建议稿附理由》丛书以“潘德克吞式”五编制为基础，但为顺应现代民法的发展又有所创新。首先，将规范民事生活关系的规则，以法律关系为标准，划分为“物权”“债权”“亲属”“继承”四编；其次，采用“提取公因式”方法从四编内容中抽出共同规则，作为民法典的“总则”编，形成民法典的“总则—分则”结构；再次，因为现代市场经济和科学技术的发展，产生各种新合同类型和新侵权行为类型，“债权编”的内容膨胀而与其他各编不成比例，故将“债权编”分解为“债权总则”“合同”和“侵权行为”三编，由“债权总则编”统率“合同编”和“侵权行为编”。丛书充分结合理论与实践、尽量兼顾国内经验与国际惯例，关注中国建设与发展社会主义市场经济的经验，认真总结改革开放以来的立法经验、司法实践经验和理论研究成果。鉴于市场交易规则的中立性与普遍性，丛书广泛参考、借鉴了发达国家和地区的立法经验和判例学说，并注意与国际公约和国际惯例协调一致。

发布会由中国社会科学院主办，中国社会科学院科研局、法学研究所、社会科学文献出版社共同承办。

（科研处）

习近平关于全面依法治国思想研讨会

2015 年 6 月 21 日，由中国社会科学院法学研究所举办的“习近平关于全面依法治国思想研讨会”在北京召开。来自最高人民法院、中共中央党校、国家行政学院、中国人民大学、浙江大学、中国政法大学、西南政法大学等单位以及中国社会科学院法学研究所、国际法研究所的 60 余位专家学者参加了研讨会。

研讨会开幕式上，江苏省人大常委会副主任、党组成员，南京师范大学法制现代化研究中心主任公丕祥教授指出，党的十八大以来，习近平总书记发表了一系列重要讲话，对全面依法治国做出了非常深入的思考和论述，提出了一系列重要的思想、观点、论断和命题，既丰富了中国特色社会主义法治理论，又对马克思主义法学中国化做出了突出理论贡献。此次研讨会对我们深入研究习近平关于全面依法治国思想、进一步明确未来中国法治的发展方向，具有非常重要的意义。最高人民法院审判委员会副部级专职委员、第二巡回法庭庭长、研究室主任胡云腾大法官在发言中指出，习近平关于全面依法治国的重要论述涉及治国理政的各个方面，非常值得法学理论界和法律实务界认真学习研究并积极付诸实践。他认为，习近平关于全面依法治国的有关论述，是中国共产党人集体智慧的结晶，也可以说是处于法治中国建设时代的中国人民的思想精华，其内涵十分丰富和深刻。这些论述既是法学世界观也是法学方法论，是马克思主义法学的中国化，具有鲜明的中国特色。中国社会科学院学部委员、法学研究所所长李林研究员在发言中指出，中国的依法治国和法治建设已经步入了新的春天。作为党和国家法治智库的中国社会科学院法学研究所，以及法学界、法律界的各位同人有义务和责任站在一个战略的高度来思考：党的十八届四中全会之后法学界、法律界最重要的任务和使命是什么？他认为，第一，如何贯彻落实党的十八大和十八届三中、四中全会做出的各项法治改革措施；第二，如何总结和提炼现在的实践和理论；第三，到 2020 年、到“十三五”时期以至于到实现第二个“一百年”奋斗目标的时候，中国法治建设的时间表、路线图、任务书是什么。他提出，要通过理论的提炼和思想的总结，积极促使学界和实务界的有益成果转化为执政党和国家的路线、方针、政策并自上而下地推行。

研讨会分为四个单元，主题分别是“习近平全面依法治国思想的重大意义”“习近平全面依法治国思想与国家治理现代化”“习近平全面依法治国思想的重要内容”“习近平全面依法治国思想的主要特征”。与会专家学者围绕这些主题进行了发言和研讨。

（科研处）

《法学研究》2015 年秋季论坛
“民法典编纂的前瞻性、本土性与体系性”研讨会

2015 年 10 月 17 ~ 18 日，《法学研究》2015 年秋季论坛在北京召开。论坛以“民法典编纂的前瞻性、本土性与体系性”为主题，围绕民法典编纂涉及的诸多宏观和微观问题，从不同学科、以不同视角进行研讨。来自北京大学、清华大学、中国人民大学、吉林大学、武汉大学、中国政法大学等十多家知名高校以及中国社会科学院法学研究所和北京市仲裁委的 50 余位专家学者参加了论坛。

《法学研究》杂志社社长、《法学研究》副主编张广兴研究员主持论坛开幕式。中国社会科学院法学研究所党委书记、《法学研究》主编陈甦研究员为论坛致辞。陈甦指出，编纂一部与法国民法典、德国民法典相媲美的民法典并不容易，需要集思广益，充分利用法学界的资源，通过开会进行交流是一种必要的形式。法学各界以及实务界的专家学者广泛地参与讨论和交流，尤其是不同学科的专家学者就同一问题、从不同视角进行交流和融通的交流方法更为重要。目前各界关于民法典的讨论虽然很多，但仍有许多问题尚未涉及或者尚未展开充分的讨论，应当

对民法典各方面进行均衡、充分的讨论。学术上的坚持和立法上的接纳是不同的，学界通过全面讨论形成的共识越多，立法上的接纳也就更容易，这是全面讨论民法典编纂各层面问题的必要性。

论坛共分八个单元进行主题研讨。第一单元讨论了民法典总则制定中的现实问题、民法总则与商法通则的关系、仲裁机构在民法典中的主体定位、属地主义思维与民法典制定等问题。第二单元围绕人格权是否独立成编、民法典编纂应坚持的四个面向以及价值取向等进行了发言。第三单元围绕民商合一立法模式、民法典中的主体制度设计、商事主体的立法定位以及海商法在民法典中的地位和安排等作了交流。第四单元讨论了婚姻家庭法在民法典体系中的定位问题，雇佣劳动与劳动合同在民法典中的定位问题。第五单元涉及民法典编纂的社会化、体系化、环境法与民法典的关系等宏观问题，以及强行规定与禁止规定、民法上的违法处置、所有权返还与诉讼时效的关系等具体问题。第六单元探讨了民法典编纂中的他国经验、价值与技术、基本价值共识、个体主义方法论以及民法调整对象等问题。第七单元集中于民法典中的主体和客体制度，发言人分别就法人性质的定位、非法人团体的定位、行为能力制度以及客体制度等做了精彩的报告。第八单元围绕法律行为制度、意思表示错误制度以及代理制度的体系化等问题做了发言。

（科研处）

中国社会科学论坛（2015年·法治）“依法治国与司法改革”

2015年12月11～12日，由中国社会科学院主办、中国社会科学院法学研究所承办的“中国社会科学论坛（2015年·法治）”在北京举行。论坛的主题是“依法治国与司法改革”。来自美国、英国、日本、俄罗斯、意大利、澳大利亚、荷兰、芬兰、丹麦、波兰、韩国、巴西等国家的知名法学家以及来自全国人大法律委员会、最高人民法院、中国社会科学院、中国法学会、中国人民大学、北京大学、中国政法大学、上海市社会科学界联合会等研究机构和实务部门的70余位专家学者参加了论坛。

论坛开幕式上，全国人大法律委员会副主任委员、中国法学会党组成员兼副会长张鸣起，美国哥伦比亚大学法学院中国法研究中心主任李本教授，中国社会科学院法学研究所国际法研究所联合党委书记陈甦研究员先后致辞。张鸣起指出，依法治国是党领导人民治理国家的基本方略，深化司法体制改革是推进国家治理体系和治理能力现代化的重要举措，论坛以“依法治国与司法改革”为主题，这对当下中国法治建设乃至于经济社会发展都具有重要意义。李本表示，最近两年中国法院启动了许多改革，此届论坛对于直接讨论这些改革并将其放在比较法的视野下交流探讨都是一次非常难得的机会。陈甦简要回顾了30多年来我国法治建设与司法改革的历程和成效，介绍了当前法治建设与司法改革的主要任务以及所面临的问题，指出法学研究对中国法治建设发挥作用的传导路径与社会影响力，期待中外学者为我国的法治建设与司法改革建言献策。

在主旨发言阶段，中国刑事诉讼法学研究会名誉会长、中国政法大学终身教授陈光中将中共十八届四中全会开启的本轮司法改革的主要内容概括为八个方面，分别是更加重视司法公正、创新提出严格司法、优化司法职权配置、确保审判独立和检察独立、进一步实行司法民主、进一步加强人权司法保障、加强司法公开以及刑罚执行体制一体化。英国剑桥大学教授西蒙·迪克从实证的视角阐述了法治建设与市场经济在中国和其他一些发展中国家中的相互关系。中国法理学研究会副会长、上海市社会科学界联合会党组书记沈国明研究员着重介绍了上海司法改革试点工作的一些做法和经验，探讨了推进司法改革对于促进社会公平正义的重要积极意义。澳大利亚墨尔本大学副校长西蒙·埃文斯教授介绍了澳大利亚司法机构的作用和功能以及法治在澳大利亚所面临的当代挑战。中国宪法学研究会常务副会长、法学研究所副所长莫纪宏研究员在发言中认为，“司法权去地方化”在逻辑上要以四审终审制、违宪违法审查、司法官员由中央任命这三项制度作为保障，只有用宪法思维从长远和整体角度设计司法体制改革方案，才能切实有效地推进司法体制改革。

在论坛其他单元，来自韩国、日本、意大利、丹麦、俄罗斯等国的学者围绕“不同国家法治的新发展”的议题，介绍了各自国家法治建设领域中的前沿问题。与会专家还就“法治与司法改革”“比较法视野下的司法制度”“法治与经济社会发展”等主题进行了发言和交流。

（科研处）

国际法研究所

（一）人员、机构等基本情况

1. 人员

截至2015年底，国际法研究所共有在职人员32人。其中，正高级职称人员8人，副高级职称人员10人，中级职称人员11人；高、中级职称人员占全体在职人员总数的91%。

2. 机构

国际法研究所设有：国际公法研究室、国际私法研究室、国际经济法研究室、国际人权法研究室、科研与外事管理处、《国际法研究》编辑部、人事处、办公室和图书馆与法学研究所合署办公。

3. 科研中心

国际法研究所所属科研中心有：国际刑法研究中心、海洋法与海洋事务研究中心、竞争法研究中心。

（二）科研工作

1. 科研成果统计

2015年，国际法研究所共完成专著4种，共104.4万字；教材2种，共52万字；论文36篇，共58万字；译文4篇，共8.2万字；研究报告4篇，共7万字；立法意见14份，共5.6万字。

2. 科研课题

（1）新立项课题。2015年，国际法研究所共有新立项课题5项。其中，所级国情调研课题1项："泸水县工业园区发展的法律问题"（黄晋主持）；外单位委托课题4项："网信行业外资准入的法律问题"（黄晋主持），"京津冀协同发展背景下的地方立法问题研究"（莫纪宏主持），"科学生态观视域下杭州产业优化发展的思考"（王翰灵主持），"气候变化政策国别研究"（何晶晶主持）。

（2）结项课题。2015年，国际法研究所共有结项课题11项。其中，所级国情调研课题1项："泸水县工业园区发展的法律问题"（黄晋主持）；外单位委托课题10项："我国妇女就业权利保护制度的构建"（郝鲁怡主持），"香港与澳门出入境管理法律制度研究"（郝鲁怡主持），"国际视野下的残疾人人权保障研究"（曲相霏主持），"《公民及政治权利国际公约》批约研究"（孙世彦主持），"人权公共外交研究"（柳华文主持），"人权问题对外话语体系建设研究"（柳华文主持），"国外法律顾问制度的比较研究"（廖凡主持），"网信行业外资准入的法律问题"（黄晋主持），"外商投资安全审查制度研究"（黄晋主持），"气候变化政策国别研究"（何晶晶主持）。

（3）延续在研课题。2015年，国际法研究所共有延续在研课题9项。其中，国家社会科学基金课题5项："社区公民参与机制及其法治保障研究"（刘小妹主持），"中国接受国际人权条约个人申诉机制的挑战与机遇"（赵建文主持），"国际人权民事诉讼中的国家豁免"（李庆明主持），"海外利益法律保护的中国模式研究"（刘敬东主持），"国际条约在中国法律体系中的地位分析与制度设计研究"（戴瑞君主持）；长城学者资助项目1项："中国《涉外民事关系法律适用法》及其实施"（沈涓主持）；基础研究学者资助项目1项："《公民及政治权利公约》研究"（孙世彦主持）；青年学者资助项目1项："联合国人权保护机制与中国（戴瑞君主持）"；院国情调研重大项目1项："关于中国（上海）自由贸易试验区推进情况调研"（廖凡主持）。

3. 获奖优秀科研成果

2015年，国际法研究所获2015年全国妇联、中国妇女研究会第三届中国妇女研究优秀成果三等奖2项：柳华文的论文《性别平等：联合国人权条约机构的实践及其启示》，郝鲁怡的专著《欧盟妇女劳动权利保护的法律制度研究》。

（三）学术交流活动

1. 学术活动

（1）2015年9月1日，由红十字国际委员会东亚地区代表处、瑞士联邦驻华大使馆与中国社会科学院国际法研究所共同举办的“探索加强并确保有效遵守国际人道法的方法”研讨会在北京召开。

(2) 2015年10月31日至11月1日，由中国社会科学院主办、国际法研究所承办的中国社会科学论坛暨第十二届国际法论坛“国际法治与全球治理”国际学术研讨会在北京举行。

2015年9月1日，探索加强并确保有效遵守国际人道法的方法研讨会在北京召开。

2. 国际学术交流与合作

2015年，国际法研究所共有16人次先后赴美国、法国、加拿大、澳大利亚、意大利、瑞士、瑞典、芬兰、南非、日本、韩国等24个国家和地区进行学术访问和交流。

(1) 2015年3月12日，国际法研究所所长助理柳华文研究员等会见意大利欧洲战略研究中心主任兼发起人Ernani Contipelli先生以及该中心研究员、项目助理Simona Picciau女士。

(2) 2015年4月23日，国际法研究所所长陈泽宪会见丹麦人权研究所资深专家Bjarne Andreasen、Fergus Kerrigan和人权顾问Tota Tiziana一行，双方就中国司法体制改革的相关议题和合作的项目进行了讨论。

(3) 2015年5月17～21日，国际法研究所研究员廖凡应邀赴瑞典参加“后金融与财政危机时期的中欧关系”学术研讨会，并作了关于中国地方政府融资平台法律规制最新发展的专题发言。

(4) 2015年8月16～20日，国际法研究所所长陈泽宪一行应邀出访新加坡，对新加坡在保障依法独立行使审判权和保障司法公正等方面的相关经验和问题进行考察。

(5) 2015年10月12～14日，国际法研究所所长陈泽宪一行赴意大利访问，并出席“人权保护：中国和意大利的视角”研讨会。陈泽宪在会上作了题为“司法改革与人权保护”的主旨发言。

（四）学术期刊

《国际法研究》(双月刊)，主编陈泽宪。

2015年，《国际法研究》共出版6期，共计129万字。该刊全年刊载的有代表性的文章有：曾令良的《与克里米亚“脱乌入俄事件”有关的国际法问题》，孙昂的《联合国安理会制裁机制的正当程序——以“1267 制裁机制”的改革为例》，刘衡的《〈联合国海洋法公约〉附件七仲裁：定位、表现与问题——兼谈对“南海仲裁案”的启示》，黄瑶、黄靖的《对美国国务院报告质疑中国南海断续线的评析与辩驳》，马新民的《外层空间法的发展：框架、目标与方向》，左海聪的《世界贸易组织的现状与未来》，刘敬东的《多边体制 VS 区域性体制：国际贸易法治的困境与出路——写在 WTO 成立 20 周年之际》，吴峻的《网络中立理论及其对世界贸易组织架构下互联网政策的影响》，陈卫佐的《欧盟国际私法的最新发展——关于遗产继承的〈罗马 IV 规则〉评析》，李庆明的《美国联邦法院确认外国仲裁裁决的管辖权问题以涉及——中国政府的两个案件为例》等。

（五）会议综述

“纽伦堡、东京审判与战争犯罪”学术研讨会

2015 年 8 月 29 日，由中国社会科学院国际法研究所国际刑法研究中心主办的“纽伦堡、东京审判与战争犯罪”学术研讨会在北京举行。来自中国社会科学院、北京大学、中国人民大学、北京师范大学、中国政法大学、中国青年政治学院等高等院校和学术研究机构的学者专家出席研讨会。

研讨会分为“主旨发言”“战争犯罪的实体法问题”“战争犯罪的程序法问题”“总结致辞”等四个单元。首先，中国社会科学院国际法研究所所长、中国刑法学研究会常务副会长陈泽宪研究员作会议主旨发言。他认为，在世界反法西斯战争胜利 70 周年之际，通过对纽伦堡审判和东京审判涉及的战争犯罪及相关问题进行研讨，对学者来说是一种很好的纪念方式。

第二单元和第三单元的主题研讨均围绕“战争犯罪的实体法问题”展开。

第二单元的研讨由北京师范大学刑事法律科学研究院王秀梅教授主持。北京师范大学刑事法律科学研究院教授黄风、北京大学法学院教授王世洲、中国社会科学院国际法研究所国际人权法研究室主任赵建文研究员、中国人民大学法学院教授朱文奇分别以“日本侵略战争中的国家责任：被掠夺的中国文物的返还问题”“论我国当前国际刑法研究的国内意义与国外意义”“东京审判的正义性、公正性和合法性”“东京审判，彰显正义”为题作了会议发言。中国政法大学国际法学院教授凌岩和中国社会科学院国际法研究所研究员朱晓青进行了点评。

第三单元的研讨由中国人民大学法学院教授朱文奇主持。北京大学法学院教授王新、中国政法大学教授凌岩分别以“东京审判与战争罪的国际刑事惩治”“论对日本战犯的审判”为题作了会议发言。北京师范大学刑事科学法律研究院教授黄风和中国社会科学院法学研究所研究员黄芳进行了点评。黄风认为，大家的发言都体现了一个精神，即对战争犯罪的审判只是寻求正义过程的开始，并强调现代审判越来越精准，不能简单套用罪刑法定原则，对战争罪要有一种穷追不舍的精神，更多地树立通过审判追求正义的观念。

第四单元的研讨主题为“战争犯罪的程序法问题”，由中国社会科学院国际法研究所国际人权法研究室主任赵建文研究员主持。中国社会科学院法学研究所诉讼法研究室主任熊秋红、中国社会科学院法学研究所副研究员孙家红、中国政法大学博士后杨超分别以“东京审判的诉讼程序”“从‘拒绝遗忘’到‘正视历史’——1949年前苏联伯力城战犯审判摭论”“远东国际军事法庭的证据规则”为题作了会议发言。北京大学法学院教授王新和中国青年政治学院法律系副教授秦一禾进行了点评。王新认为，强调对国际刑法和相关审判规则的理解要超越一般的国内法眼光，要用动态、发展的视野进行研究。秦一禾肯定了从刑事程序先切入进行研究的可行性，提出东京审判和纽伦堡审判在程序、结论、规则上的差异与意识形态有很大关系，应该牢牢抓住我们的国际政治话语权。

国际刑法中心研究员黄芳在总结致辞中高度肯定了在纪念世界反法西斯战争胜利70周年之际举办这一主题研讨会的时代意义和学术价值。

（廖　凡）

“探索加强并确保有效遵守国际人道法的方法”研讨会

2015年9月1日，由红十字国际委员会东亚地区代表处、瑞士联邦驻华大使馆与中国社会科学院国际法研究所共同举办的“探索加强并确保有效遵守国际人道法的方法”研讨会在北京召开。来自全国人大、中央军委、外交部、红十字国际委员会东亚地区代表处、瑞士联邦、英国、菲律宾驻华大使馆的近40位专家学者参加了研讨会。

中国社会科学院国际法研究所所长助理柳华文研究员主持会议。中国社会科学院国际法研究所所长陈泽宪研究员、瑞士联邦驻华大使馆副馆长高晟安、红十字国际委员会东亚地区代表处主任皮埃尔·里特分别在开幕式上致辞。

陈泽宪在致辞中通过回顾中国人民抗日战争暨世界反法西斯战争的历史，强调要以史为鉴、珍爱和平。他指出，国际人道法的产生与发展是国际社会对战争或武装冲突带来的灾难进行反思的结果。红十字国际委员会是国际人道法坚定的实施者，为维护世界和平做出了巨大贡献。他表示，中国社会科学院国际法研究所始终致力于在国际人道法领域开展深入研究，为国际人道法的传播与普及做出贡献。

高晟安在致辞中重申了中国与瑞士联邦建交65年过程中两国之间建立的友好关系以及在经济、投资领域开展的广泛合作。他谈及当前国际法人道法面临的严峻挑战时指出，瑞士政府将与红十字国际委员会以及各国政府一道努力，共同应对挑战与困难。

皮埃尔·里特介绍了自2012年以来红十字国际委员会和瑞士政府在呼吁建立更有效机制遵守国际人道法方面所做的工作，特别是2015年6月，红十字国际委员会与瑞士联邦政府联合发布的《加强遵守国际人道法的总结报告》，旨在全球范围内共同促进各国遵守国际人道法，为国际人道行动创造有利的环境。

研讨会上，瑞士联邦外交部国际法司司长瓦伦丁·策尔维格大使、中国外交部条法司副司长孙昂、红十字国际委员会东亚地区法律顾问理查德·德加涅、中国社会科学院国际法研究所研究员孙世彦分别作了主旨发言。在主旨发言之后，与会专家、学者就如何加强对国际人道法的遵守以及红十字国际委员会与瑞士联邦政府联合发布的《加强遵守国际人道法的总结报告》设想的各种机制进行了探讨。

（廖　凡）

中国社会科学论坛暨第十二届国际法论坛“国际法治与全球治理”国际学术研讨会

2015年10月31日至11月1日，由中国社会科学院主办，国际法研究所承办的中国社会科学论坛暨第十二届国际法论坛“国际法治与全球治理”国际学术研讨会在北京举行。来自中国、荷兰、意大利、德国、瑞典等国的80余位代表参加了论坛。

中国社会科学院国际法研究所所长陈泽宪教授主持论坛开幕式并致辞。陈泽宪指出，一年一度的国际法论坛至今已经成功举办了12届，2015年是联合国成立70周年，也是世界反法西斯战争和中国人民抗日战争胜利70周年，第十二届国际法论坛的举行因此具有了特殊的意义。在过去的一年里，国内外发生了一系列意义重大、影响深远的事件，“一带一路”建设、亚投行、TPP、气候变化谈判、南海纠纷、欧洲难民危机等都向中外国际法学者提出了新的研究课题和挑战。在与会专家学者的积极参与和共同努力下，本届论坛一定会取得丰硕的成果。

2015年10月31日至11月1日，中国社会科学论坛暨第十二届国际法论坛“国际法治与全球治理”国际学术研讨会在北京举行。

围绕“国际法治与全球治理”的主题，与会专家针对国际法领域的重大基础理论和实践问题进行了深入探讨和交流，并就中国如何运用法治话语参与全球治理、联合国与国际人权保护制度的发展、反腐败中的国际合作、“一带一路”建设的国际法制保障、亚投行对国际金融秩序改革的影响、区域性贸易体制的法律应对、我国外资法中针对外国投资主体与控制的国家安全审查制度、国际海洋法的发展与南海问题、气候变化的国际环境法律规制、国际空间法律制度、欧洲难民危机与欧盟移民法律制度等国际法学界面临的新议题和新挑战展开了热烈讨论，提出了诸多建设性意见和建议。

闭幕式上，德国马普比较私法与国际私法研究所伦纳·库尔姆斯教授和国际法研究所所长陈泽宪教授先后致辞。

（廖　凡）

政治学研究所

（一）人员、机构等基本情况

1. 人员

截至2015年底，政治学研究所共有在职人员40人。其中，正高级职称人员10人，副高级职称人员11人，中级职称人员13人；高、中级职称人员占全体在职人员总数的85%。

2. 机构

政治学研究所设有马克思主义政治学研究室、政治学理论研究室、政治制度研究室、行政学研究室、比较政治研究室、政治文化研究室、信息资料室、《政治学研究》编辑部、综合办公室。

3. 科研中心

政治学研究所所属科研中心有：马克思主义政治学研究中心、公共管理研究中心。

（二）科研工作

1. 科研成果统计

2015年，政治学研究所共完成专著7种，166万字；论文63篇，75万字；研究报告4种，152.2万字；论文集2种，74.2万字；皮书1种，45.3万字；外文专著2种，50万字；理论文章8篇，1万字。

2. 科研课题

（1）新立项课题。2015年，政治学研究所共有新立项课题，即院所级国情调研基地课题2项：“强化监督功能 完善人民代表大会制度”（韩旭主持），“2015年云南省开远市城乡统筹发展状况与政府职能研究”（贠杰主持）。

（2）结项课题。2015年，政治学研究所共有结项课题3项。其中，院重大课题1项：“马克思主义政治学理论研究”（王一程主持）；院所级国情调研基地课题2项：“强化监督功能 完善人民代表大会制度”（韩旭主持），“2015年云南省开远市城乡统筹发展状况与政府职能研究”

（负杰主持）。

（3）延续在研课题。2015 年，政治学研究所共有延续在研课题 8 项。其中，国家社会科学基金课题 4 项：“加强社会主义民主政治建设”（房宁主持），“马克思主义政治理论中国化”（杨海蛟主持），“我国县级政府公共产品供给体制机制研究”（周庆智主持），“新世纪以来我国政治思潮的演进及社会影响”（王炳权主持）；院重大课题 1 项：“12 卷中国政治思想史 Ⅱ”（白钢、史卫民主持）；交办委托课题 1 项：国家名词委交办课题“政治学名词审定”（杨海蛟主持）；马克思主义理论学科建设与理论研究项目课题 2 项：中国干部治理体系研究（田改伟主持），马克思主义政治学基本范畴研究（王炳权主持）。

（三）学术交流活动

1. 学术活动

2015 年，政治学研究所主办和承办的学术会议有：

（1）2015 年 1 月 31 日至 2 月 1 日，由政治学研究所主办的“中日社区治理的现状和面临的问题”双边学术研讨会在北京召开。会议研讨的主要问题有“中国社区治理的发展和现状”“社区治理中社会组织的作用”“社区治理中政府部门的作用”“社会治理对社会资本的利用”“社区资金的来源和使用”等。

（2）2015 年 5 月 9 日，中国政治学会主办，云南大学公共管理学院、云南大学民族政治与边疆治理研究院共同承办中国政治学会各省市秘书长联席会暨“国家治理现代化进程中的地方政府治理”学术研讨会在云南省召开。会议的主题是“国家治理现代化进程中的地方政府治理”。

（3）2015 年 9 月 19 ~ 20 日，由政治学研究所主办的“2015 年国家治理与中国民主发展论坛”在北京召开。会议研讨的主要问题有“国家治理与民主的关系”“中国民主政治发展与深化政治体制改革”“推进国家治理体系与治理能力现代化与贯彻落实四个全面战略布局”“推进国家治理体系与治理能力现代化和民主发展的国际经验”等。

（4）2015 年 9 月 22 ~ 23 日，由中国社会科学院与泛美开发银行联合主办，中国社会科学院政治学研究所、中国社会科学院国际合作局、泛美开发银行发展机制部承办的第二届“中国与拉丁美洲和加勒比海地区政策与知识高端研讨会”在北京举行。会议的主题是“公共部门高级管理者领导力与能力建设”，研讨的主要问题有“中国发展道路和治国理政的重要经验”“公共部门高级管理者领导力与能力建设”“地方公务员制度运行及改革经验”“城市高级管理者的领导力建设”。来自中国与拉丁美洲和加勒比海地区的政、商、学各界人士约 120 人参会。

（5）2015 年 10 月 31 日至 11 月 1 日，由政治学研究所主办的第二届“中国地方政府治理与社会治理学术研讨会”在北京召开。会议研讨的主要问题有“基层治理”“城镇化建设”“选举与治理”“社会自治与社会组织发展”“乡村研究理论与方法”“政府治理与社会治理创新”等。

（6）2015 年 11 月 7 ~ 8 日，由政治学研究所主办的“2015 年马克思主义政治学论坛”在北京召开。论坛的主题是“马克思主义政治学的基本范畴”，研讨的主要问题有“马克思主义的国家理论”“马克思主义的阶级理论”“马克思主义的革命和改革理论”“马克思主义的民主理论”“马克思主义的政党理论”“马克思主义的政策与策略理论”“马克思主义的领袖与群众理论”“马克思主义政治学的其他范畴”等。

(7) 2015 年 11 月 25 ～ 27 日，由政治学研究所、西华师范大学共同主办的“简政放权与地方治理创新”学术研讨会在四川省南充市召开。会议的主题是“简政放权与地方治理创新”，研讨的主要问题有“简政放权与地方治理过程中存在的问题”“现实的对策与建议以及未来的探索与创新”等。

(8) 2015 年 12 月 4 ～ 6 日，中国政治学会主办，中共上海市委党校、上海市政治学会承办的中国政治学会 2015 年年会暨“四个全面”战略布局与中国政治发展学术研讨会在上海召开。会议的主题是“‘四个全面’战略布局与中国政治发展”，研讨的主要问题有“‘四个全面’战略布局的定位与认识”“中国政治发展中的民主法治建设和国家治理”“全面从严治党与政治生态建设”“中国政治发展研究的前沿问题与理论创新”等。

(9) 2015 年 12 月 12 ～ 13 日，由政治学研究所主办的“民主的亚洲经验”学术研讨会在北京召开。会议的主题是“推动和加强亚洲国家发展路径和民主政治建设实践经验、特点与理论的认识与研讨”，研讨的主要问题有“亚洲各国与地区民主发展的历史进程”“亚洲各国与地区工业化与民主化的关系”“亚洲政治发展与民主建设的规律和经验”“亚洲民主发展的经验与中国民主建设”等。

此外，政治学研究所还举办了 6 次青年论坛，主题包括“社会治理体制创新研究”“党员队伍的规模和结构状况”“马克思主义经典解读：法兰西内战”“马克思主义政治学研究中的几个重要问题”“中国社会科学院智库建设的形势与形式”“境外一流政治学期刊发展现状及其启示”等。

2. 国际学术交流与合作

2015 年，政治学研究所共派遣出访 6 批 12 人次，接待来访 20 批 52 人次（其中，中国社会科学院邀请来访 1 批 4 人次）。与政治学研究所开展学术交流的国家有美国、俄罗斯、英国、加拿大、以色列、日本、柬埔寨、哥斯达黎加、新加坡、印度、越南、匈牙利、秘鲁、哈萨克斯坦、津巴布韦。

(1) 2015 年 1 月 17 ～ 24 日，政治学研究所所长房宁、政治制度研究室主任周少来、比较政治研究室徐海燕一行赴印度调研，与印度中国研究所、发展中社会研究所的专家学者以及印度国家发展储备银行、孟买证券交易所等金融机构官员进行了座谈交流，参加了印度中国研究所主办的“中印民主发展：共享与经验”研讨会并发言。

(2) 2015 年 3 月 15 日至 6 月 30 日，哥斯达黎加著名对华友好学者、哥斯达黎加原驻华公使、哥斯达黎加大学政治学院副院长 Patricia Rodreiguez Holkemeyer 教授来政治学研究所访学，政治学研究所所长房宁、博士付宇程担任接待教授。访学期间，Patricia Rodreiguez Holkemeyer

教授参加了政治学研究所主办的“地方人大建设与社会治理创新”研讨会。

（3）2015 年 7 月 9 ~ 17 日，文化部与中国社会科学院联合主办“2015 年青年汉学家研修计划”，政治学研究所承担来自秘鲁、美国、哈萨克斯坦、俄罗斯、哥斯达黎加、津巴布韦 6 位学者的学术访问工作。

（4）2015 年 11 月 17 日，印度驻华大使康特博士在政治学研究所发表了题为“印度近年来经济发展与印中关系”的演讲。来自中国社会科学院财经战略研究院、亚太与全球战略研究院和政治学研究所的专家学者 35 人参加会议。

（5）2015 年 11 月 30 日至 12 月 13 日，政治学研究所政治文化研究室主任张明澍执行中国社会科学院与墨西哥国立自治大学学术交流协议赴墨西哥进行访问。

3. 与中国香港、澳门特别行政区和中国台湾开展的学术交流

2015 年，政治学研究所共派遣出访 2 批 2 人次，接待来访 3 批 13 人次。

（1）2015 年 5 月 25 日，政治学研究所政治学理论研究室主任周少来等与台湾大学政治学系参访团一行 11 人在政治学所内就大陆政治发展状况等议题开展学术交流。

（2）2015 年 6 月 28 日至 7 月 3 日，政治学研究所政治文化研究室郑建君、政治制度研究室涂锋赴香港就“香港政党发展”议题赴港调研。

（3）2015 年 7 月 3 日，政治学研究所所长房宁等与台湾铭传大学教授杨开煌开展交流，就双方进一步加强合作议题进行沟通。

（4）2015 年 8 月 13 日，政治学理论研究室主任周少来就新加坡模式对中国的借鉴接受了香港凤凰卫视记者采访。

（四）学术社团、期刊

1. 社团

（1）中国政治学会，会长李慎明。

2015 年 5 月 9 日，中国政治学会主办，云南大学公共管理学院、云南大学民族政治与边疆治理研究院共同承办的中国政治学会各省市秘书长联席会暨“国家治理现代化进程中的地方政府治理”学术研讨会在云南省召开。会议的主题是“国家治理现代化进程中的地方政府治理”。

2015 年 12 月 4 ~ 6 日，中国政治学会主办，中共上海市委党校、上海市政治学会承办的中国政治学会 2015 年年会暨“四个全面”战略布局与中国政治发展学术研讨会在上海召开。会议的主题是“‘四个全面’战略布局与中国政治发展”，研讨的主要问题有“‘四个全面’战略布局的定位与认识”“中国政治发展中的民主法治建设和国家治理”“全面从严治党与政治生态建设”“中国政治发展研究的前沿问题与理论创新”等。

（2）中国政策科学研究会，会长滕文生。

（3）中国红色文化研究会，会长刘润为。

2. 期刊

(1)《政治学研究》(双月刊)，主编房宁。

2015 年，《政治学研究》全年共出版 6 期，共计 120 万字。该刊全年刊载的有代表性的文章有：徐湘林的《社会转型与国家治理 ——中国政治体制改革取向及其政策选择》，李海洋的《关于建构当代中国马克思主义政治哲学的几个问题》，周平的《中华民族：中华现代国家的基石》，黄卫平、刘世伟的《"四个全面"治国理政战略辨析》，杨光斌、乔哲青的《论作为"中国模式"的民主集中制政体》等。

(2)《今日中国论坛》(月刊)。

(五) 会议综述

第二届"中国与拉丁美洲和加勒比海地区政策与知识高端研讨会"

2015 年 9 月 22 ~ 23 日，中国社会科学院与泛美开发银行（以下简称泛美行）联合举办的第二届"中国与拉丁美洲和加勒比海地区政策与知识高端研讨会"在北京举行。来自中国与拉丁美洲和加勒比海地区的政、商、学各界人士约 120 人参加了研讨会。会议以"公共部门高级管理者领导力与能力建设"为主题，研讨了"中国发展道路和治国理政的重要经验""公共部门高级管理者领导力与能力建设""地方公务员制度运行及改革经验""城市高级管理者的领导力建设"四个方面的议题。

(1) 中国发展道路和治国理政的重要经验

中国改革开放的探索历程、中国的发展模式以及中国治国理政的重要经验，成为此次研讨会的一大焦点。中国人民在中国共产党的领导下，使国家面貌发生了翻天覆地的变化，经济社会建设出现了跨越性大发展，一条具有中国特色的发展道路已经初步形成。根据国内外社会发展的新情况、新问题，总结中国发展的经验，习近平主席提出了全面建成小康社会、全面深化改革、全面推进依法治国、全面从严治党的"四个全面"战略部署。"四个全面"集中体现了现阶段中国国家治理体系的丰富内涵，是未来很长一个时期中国共产党和中国政府治国理政的基本思路和框架。中国治国理政的重要经验之一就是重视人的作用，具体来说就是重视对广大党员干部的教育培养，将之作为建设高素质执政队伍的先导性、基础性、战略性工程。

(2) 公共部门高级管理者领导力与能力建设

高级管理者的领导力与能力建设，是此次高端研讨会的一项核心议题，是中国与拉丁美洲和加勒比海地区的共同需求。中拉在过去 15 年都经历了巨变，经济快速增长，中产阶级规模大幅提高，这种结构变化需要政府提供更广泛、更优质的公共服务，而政府实际能力与社会需求之间，还存在较大差距，需要通过加强领导力和能力建设来填补。中国公共部门的高级管理者在改革中发挥了重大作用，他们是全面建成小康社会的重要参与者，是全面深化改革的重要推动者，是全面依法治国的重要践行者，是建设廉洁政府与服务型政府的积极促进者。中国政府的高级管理者能否因应时势发展，掌握科学的领导方法，驾驭复杂的形势，对于中国全面深化改革的进程至关重要。过去30年在OECD国家内部发生了两个显著的变化：第一，公众普遍支持政治中立性，希望公共部门改革可以有助于落实政治中立性，降低选举政治和政党政治的影响；第二，政府从私营部门管理者那里学到越来越多的组织管理技巧，公众也更加关切对公共部门领导人的科学评价与绩效评估。

（3）地方公务员制度运行及改革经验

无论是在中国还是拉丁美洲和加勒比海地区，地方公务员在经济发展和社会治理中都充当着重要角色，他们是公共资源的分配者、社会发展的规划者。如何遴选、管理这支庞大的队伍，激励他们积极施政、廉洁从政，成为一项热点议题。2008年，秘鲁进行了国家公务员制度改革，试点实施职业化“公共经理人”制度。这项制度由三部分组成：一是建立“公共经理人”人才储备库及遴选系统。二是建立针对“公共经理人”的履职跟踪和支持系统。三是建立针对“公共经理人”的绩效评估系统。在拉丁美洲和加勒比海地区，通过薪酬制度的调整、创新提升政府绩效，在过去数年的改革中占据显要议程。中国针对地方干部的经济发展、民生工作的问责体制，是世界范围内最严格、制度化水平最高的问责体制。深圳在过去几年逐步扩大了聘任制范围，吸纳了社会人才，拓宽了公务员晋升通道，激发了队伍活力，提升了专业化管理水准，产生了大量意想不到的难题。

（4）城市高级管理者的领导力建设

与会者普遍认为，城市高级管理者与国家层面的管理者比较，有着显著区别，面临着独特挑战。前者所承受的管理压力通常是逐步渐进的过程，各城市之间往往要进行资源的竞争，管理任务不断变化，随时还可能面临各种政治性管制的难题。在此次论坛上，来自北京和深圳的地方党政干部与来自巴西和牙买加的地方官员，畅谈了他们的改革经验。

会议加深了来自拉丁美洲和加勘比海地区参会人员对中国发展道路、发展模式的了解，丰富了他们对“四个全面”战略布局的认识。中国参会代表同样收获良多，拉丁美洲和加勒比海地区国家经历过漫长的工业化历史，发展道路更加曲折、复杂，它们在发展道路上形成的正反两方面经验，对于中国而言，其借鉴价值不言而喻。双方约定进一步加强合作、交流，为中国与拉丁美洲和加勒比海地区建设各自完善的国家治理体系，提供更广阔的平台。

（科研处）

2015年中国政治学年会暨“四个全面”战略布局与中国政治发展学术研讨会

2015年12月4～6日，由中国政治学会主办，中共上海市委党校、上海市政治学会承办的中国政治学会2015年年会暨“四个全面”战略布局与中国政治发展学术研讨会在上海市委党校召开。中国政治学会会长、全国人大常委会内务司法委员会副主任委员李慎明出席会议。大会分五个分论坛对“四个全面”战略布局、推进国家治理体系与治理能力现代化、“一带一路”等重大理论和现实问题结合政治学的专业进行了深入学习、探讨和研究。

(1)“四个全面”战略布局的定位与认识

“四个全面”战略布局，包括一个战略主题即坚持和发展中国特色社会主义，一个战略目标即全面建成小康社会，三大战略举措即全面深化改革、全面依法治国、全面从严治党，它们相互依托、相互支撑、相辅相成，构建了指导我国现代化建设新实践的战略性“总纲”，是基于战略谋划的顶层设计、战略形态。

(2) 中国政治发展中的民主法治建设和国家治理

与会者普遍认为，民主和法治是中国国家治理现代化的重要内容，两者在本质上是相辅相成、辩证统一的关系，脱离民主的法治不是善法自治，脱离法治的民主不能形成 善政。有学者总结了民主与法治发展组合的四种模式，即“有民主有法治”“有民主无法治”“无民主有法治”“无民主无法治”，其中“有民主有法治”是主流模式，并批评了目前中国比较流行的“先法治，后民主”观点，提出推进中国国家治理现代化虽然要重视其特殊性，但是也要吸取人类政治文明成果，大力发展民主政治。也有学者专门分析了推进社会主义民主政治法治化的问题，认为这要把握好三方面，即坚持党的领导、人民民主和依法治国统一的原则，不能脱离社会主义初级阶段这个历史坐标，要坚守社会主义宪法精神。

(3) 全面从严治党与政治生态建设

与会者普遍认为，办好中国的事情关键在党，党的领导是中国特色社会主义最本质特征，围绕如何全面从严管党治党，重构良好社会政治生态，党和法的关系等开展重点讨论。

党风廉政建设无疑是全面从严治党的重要内容。有学者认为，严格的组织纪律性是无产阶级使命型政党建设的要求，与西方社会反腐败作为一种国家行为、法律行为不同，党纪反腐是中国特色的反腐形式。国法高于党纪，党纪严于国法，党纪为党员划清行为边界，为领导干部划清权力边界，具有强大的反腐功能。

就净化政治生态的问题，学者们一致认为，党的十八大以来，一系列全面从严治党改革举措的出台及严格落实，已经在一定程度上改善了政治生态，但仍然还存在不少问题。有学者认为，不良政治生态集中体现为权力滥用，改善政治生态的核心也在于治政治权、治官治吏，这需要建立领导干部能上能下的制度化机制，让能上能下成为常态，也需要把权力关进制度的笼子里，让权力在阳光下运行。

(4) 中国政治发展研究的前沿问题与理论创新

十八届五中全会提出全面建成小康社会在政治方面的目标，就是国家治理体系和治理能力现代化取得重大进展。这对政治建设与政治学研究提出的前沿问题包括：一是研究政治价值选择，把握国家治理现代化的正确方向；二是研究政治体制改革，探讨党的领导、人民当家作主、依法治国三者的有机统一；三是研究政治治理体系，推进国家政治治理体系现代化；四是研究政治治理能力，推进国家治理能力现代化；五是研究政府定位，推进政府治理现代化。

（科研处）

民族学与人类学研究所

（一）人员、机构等基本情况

1．人员

截至 2015 年底，民族学与人类学研究所共有在职人员 150 人。其中，正高级职称人员 33 人，副高级职称人员 42 人，中级职称人员 46 人；高、中级职称人员占全体在职人员总数的 81%。

2．机构

2015 年，民族学与人类学研究所设有：民族理论研究室、民族历史研究室、民族经济研究室、民族社会研究室、民族文化研究室、资源环境与生态人类学研究室、影视人类学研究室、民族古文献研究室、南方民族语言研究室、北方民族语言研究室、语音学与计算语言学研究室（院重点实验室）、新疆历史与发展研究室、藏学研究室、世界民族研究室。另设图书馆、网络信息中心、《民族研究》编辑部、《民族语文》编辑部、《世界民族》编辑部，以及办公室、科研处、人事处（含离退休干部办公室）。

3．科研中心

民族学与人类学研究所院属科研中心有：中国少数民族语言研究中心、西夏文化研究中心、海外华人研究中心、中国蒙古学研究中心和藏族历史文化研究中心；所属研究中心有：羌学研究中心、加拿大研究中心。

（二）学术交流活动

1. 学术活动

2015 年，民族学与人类学研究所主办或承办的学术活动有：

（1）2015 年 10 月 18 ～ 19 日，由中国社会科学院主办，中国社会科学院民族学与人类学研究所、国际合作局承办的“中国社会科学论坛：民族学人类学理论方法创新发展国际论坛暨纪念费孝通先生大瑶山调查 80 周年学术研讨会”在北京召开。

（2）2015 年民族发展论坛（11 讲）：

①“中国和平发展的周边环境及出路”（中国社会科学院亚太与全球战略研究院院长李向

阳）；②“近年来哈萨克史学界对清朝历史文献的研究利用情况”（哈萨克斯坦突厥学研究院历史与语言研究所所长巴哈提）；③“深入学习民族工作会议精神”（国家民委副主任陈改户）；④“坚持依法治国首先要坚持依宪治国”（中国社会科学院法学研究所副所长莫纪宏）；⑤“伊斯兰原教旨主义者在中亚和新疆的活动及其思想对当地文化极端思潮的影响：手抄本、出版物及田野工作”（哈萨克斯坦国立欧亚大学社会科学系教授穆敏诺夫）；⑥“对世界社会的人类学认知”（北京大学社会学系教授高丙中）；⑦“中国经济新常态与经济增长”（中央民族大学经济学院副院长李克强教授）；⑧“中华民族共有精神家园建设若干问题”（北京大学教授赵杰）；⑨“从地域社会向移民社会的转变”（中山大学社会学与人类学学院党委书记、教育部长江学者周大鸣）；⑩“中国企业以互联网进行工作招聘中的歧视现象”（美国 Bates College 应用经济学教授、经济学博士玛格丽特·毛瑞尔 - 法其奥）；⑪“中国收入分配的几个问题”（北京师范大学中国收入分配研究院执行院长，教授、博士生导师、长江学者李实）。

2．国际学术交流与合作

2015 年，民族学与人类学研究所共有出访 29 批 34 人次，来访 7 批 13 人次。

（三）学术社团、期刊

1．社团

(1) 中国民族研究团体联合会，会长王延中。

(2) 中国民族理论学会，会长陈改户。

① 2015 年 2 月 5 日，中国民族理论学会举办了主题为“中央民族工作会议精神宣讲及在京理事会议学术报告会”。除了听取陈改户会长关于中央民族工作会议精神宣讲外，在京理事会则总结了 2014 年度学会工作和不足，并讨论了安排了新年度相关活动的具体工作任务分配。

② 2015 年 7 月 24 ~ 25 日，由中国民族理论学会主办，齐齐哈尔大学、黑龙江省民族研究所承办的“2015 年中国民族理论学术年会”在齐齐哈尔大学召开。此次会议的主题是“中央民族工作会议与民族理论研究的新课题”。

③ 2015 年 10 月 24 ~ 25 日，中国民族理论学会与浙江丽水学院联合主办了“新形势下我国中东部地区的民族工作和民族团结”学术研讨会。会议研讨的主要问题有“城市民族工作及相关问题”“依法治国与民族团结”“文化交流与传统文化保护”。

(3) 中国民族史学会，会长罗贤佑。

① 2015 年 8 月 17 ~ 18 日，由中国民族史学会辽金暨契丹女真史分会与中国民族古文字学会、辽宁省辽金史学会联合举办的首届“康平·中国辽金契丹女真史学术研讨会”在辽宁省康平县举行。

② 2015 年 10 月 31 日至 11 月 1 日，由中国民族史学会和中南民族大学主办的中国民族史学会第 18 次学术研讨会“交融与认同：中华民族共同体的历史演进”学术研讨会在湖北省武汉市召开。

（4）中国民族学学会，会长杨圣敏。

2015 年 9 月 18 ~ 20 日，由中国民族学学会和中央民族大学联合主办，中央民族大学民族学与社会学学院协办的中国民族学学会 2015 年学术年会暨“民族与国家”学术研讨会在北京召开。年会的主题为“经济社会发展与民族文化变迁”。

（5）中国突厥语研究会，会长黄行。

2015 年 10 月 29 ~ 31 日，由中国突厥语研究会主办、青海民族大学民族学与社会学学院承办的“中国突厥语研究会第十一届学术研讨会暨第七届换届会”在青海省西宁市召开。

（6）中国世界民族学会，会长郝时远。

① 2015 年 1 月 20 日，中国世界民族学会与世界民族研究室、《世界民族》编辑部联合召开了学会部分在京常务理事会，回顾学会近几年的工作，讨论学会新一年的工作计划和学会理事会换届事宜。

② 2015 年 5 月，中国世界民族学会进行了常务理事通讯会，商讨了与学会换届有关的学会领导人候选人产生办法，并就学会换届会议及学术研讨会主题征求了常务理事们的意见。

③ 2015 年 7 月 31 日至 8 月 2 日，由中国世界民族学会主办，由贵州民族大学承办，由贵州民族大学民族学与社会学学院协办的“中国世界民族学会第十次全体代表大会暨学术研讨会”在贵州省贵阳市举行。

（7）中国民族古文字研究会，会长揣振宇。

① 2015 年 8 月 17 ~ 18 日，由中国民族史学会辽金暨契丹女真史分会与中国民族古文字学会、辽宁省辽金史学会联合举办的首届“康平·中国辽金契丹女真史学术研讨会”在辽宁省康平县举行。

② 2015 年 9 月 11 ~ 14 日，由中国民族古文字研究会与中央民族大学联合组织的“中国少数民族古籍文献国际学术研讨会”在宁夏回族自治区银川市召开。

（8）中国民族语言学会，会长尹虎彬。

① 2015 年 3 月 13 ~ 16 日，由中国民族语言学会主办、暨南大学承办的“第 11 届全国学术研讨会暨第 10 届理事会换届会议”在广东省广州市召开。

② 2015 年 6 月 30 日，中国民族语言学会与中国社会科学院中国少数民族语言研究中心联合举办了“中国少数民族语言研究论坛”第 36 讲，邀请香港中文大学中文系教授冯胜利作“上古音研究的韵律视角”的主题报告。

③ 2015 年 12 月 4 ~ 6 日，由中国民族语言学会、《民族语文》编辑部和上海师范大学语言研究所主办，上海师范大学语言研究所承办的“第二届民族语文描写与比较学术研讨会——语言接触与语言比较国际论坛”在上海师范大学召开。会议的主题是“语言接触和语言比较”。

（9）中国西南民族研究学会，会长何耀华。

2015 年 10 月 12 ~ 13 日，由中国西南民族研究学会主办，四川省民族研究所承办的中国西南民族研究学会第九届理事会会长会议暨“西南民族与南方丝绸之路”学术研讨会在四川省成都市召开。

2．期刊

(1)《民族研究》(双月刊)，主编王延中。

2015 年，《民族研究》共出版 6 期，共计 120 万字。

(2)《世界民族》，主编方勇。

2015 年，《世界民族》共出版 6 期，共计 85 万字。该刊全年刊载的有代表性的文章有：周少青的《论马克思主义的各民族一律平等的价值理念》，陈建樾的《国家的建构过程与国族的整合历程》，任国英、石腾飞的《后种族隔离时代的历史记忆与转型正义》，卡门斯基赫·米哈伊尔·谢尔盖耶维奇、臧颖的《中苏友好时期卡马河地区的中国工人：生活与适应问题》，张丽梅的《对“马凌诺斯基革命”的重新思考》，马强的《离散族群与文化杂糅：中亚回族文化反思》，肖建飞的《伊斯兰国四国宗教教育模式的比较分析》等。

(3)《民族语文》，主编尹虎彬。

2015 年，《民族语文》共出版 6 期，共计 70 万字。

（四）会议综述

“丝绸之路与海外华人”国际学术研讨会

2015 年 5 月 19 日，由中国社会科学院民族学与人类学研究所主办，中国社会科学院民族学与人类学研究所民族文化研究室、中国人类学民族学研究会丝绸之路文化产业专业委员会联合承办的“丝绸之路与海外华人”国际学术研讨会在北京召开。来自海内外科研机构、高校的 50 余位专家学者与会，20 多位专家学者做了精彩的学术报告。

中国社会科学院民族学与人类学研究所尹虎彬副所长在致辞中讲道：这次国际学术研讨会，是一次非常重要的会议，丝绸之路研究、丝绸之路与海外华人、海外民族志与海外文化这些议题很有吸引力，意义重大。2013 年 9 月和 10 月由中国国家主席习近平分别提出建设“新丝绸之路经济带”和“21 世纪海上丝绸之路”（简称“一带一路”）的构想。“一带一路”的建设，致力于亚欧非大陆及附近海洋的互联互通，即政策沟通、设施联通、贸易畅通、资金融通、民心相通。“一路一带”沿线众多的民族和国家，他们拥有深厚而多样的人文历史传统，因此需要跨文化和多学科综合研究的介入。这需要一种开放型的学术研究。

新加坡宗乡会馆联合总会理事兼学术委员会主任柯木林先生作了题为“侨史何人秉笔书——新加坡华人史研究的经验分享”的主题演讲。北京大学社会学系人类学专业主任高丙中教授、中国驻蒙古国前大使黄家骙先生、日本关西学院大学丝绸之路研究中心主任山泰幸教授、全球总裁联合会卞洪登秘书长、蒙古国蒙中经贸文化教育促进会赵勒城会长分别作了主题报告。

中国社会科学院民族学与人类学研究所民族文化研究室主任、中国民族学学会秘书长色音研究员在总结发言中指出，这是一次积极探索和真诚沟通的会议，是民族学、人类学以及其他人文社会科学界对“一带一路”倡议的很好的响应，研讨会上达成的共识必将推动人文社会科学界进一步深入研究丝绸之路与海外华人研究的进程。

（科研处）

第三届都市人类学会议暨“城市社会转型与民族文化”研讨会

2015年11月21~22日，第三届都市人类学会议暨“城市社会转型与民族文化”研讨会在北京召开。

2015 年 11 月 21 ～ 22 日，由中国社会科学院民族学与人类学研究所、中国人类学民族学研究会联合主办，由中国社会科学院民族学与人类学研究所社会研究室、研究会都市人类学委员会联合承办的第三届都市人类学会议暨“城市社会转型与民族文化”研讨会在北京召开。会议的主题是“城市社会转型与民族文化”。来自国家民委、中国社会科学院、中国国家博物馆、中国人民大学等单位的约 50 位专家学者参加了会议。

中国社会科学院民族学与人类学研究所副所长尹虎彬研究员，国家民委政研室原巡视员、中国人类学民族学研究会副会长黄忠彩，中央民族大学民族学与社会学学院院长、都市人类学委员会主席麻国庆教授，国家民委国际司副司长、都市人类学委员会副主席吴金光分别在开幕式上致辞。

都市人类学委员会联合主席、中国社会科学院民族学与人类学研究所张继焦研究员作了主旨发言。与会专家就“城市转型与流动人口（移民）”“城市化与老字号文化的现代转型”“城镇化与社会建设”“城市转型与民族文化”“城市转型与旅游”“城市转型与宗教文化”“城镇化与价值观变迁”“城镇化与教育、非遗、记忆”八个专题展开了讨论。

会上还进行了“中国都市人类学 2015 年度优秀论文评选”工作。

（科研处）

“西藏及四省藏区稳定与发展”学术研讨会

2015 年 12 月 12 日，由中国社会科学院民族学与人类学研究所、中国社会科学院“西藏研究智库”、中国社会科学院“涉藏问题研究中心”联合举办的“西藏及四省藏区稳定与发展”学术研讨会在北京召开。

开幕式由中国社会科学院民族学与人类学研究所所长王延中主持。中国藏学研究中心原党组书记朱晓明、中央统战部七局副局长金志国、中国社会科学院民族学与人类学研究所党委书记方勇先后致辞并发言。来自中国社会科学院、中国藏学研究中心、中央统战部、中共中央党校、中央民族大学、青海社会科学院、云南民族大学、浙江大学等单位的专家学者及《中国社会科学报》《中国西藏》杂志社等媒体记者 40 多人与会。

与会学者围绕西藏及四省藏区的稳定与发展这一主题，就西藏社会创新治理、依法治藏、南亚大通道建设、藏传佛教管理、反贫困与可持续发展、反分裂斗争等问题进行了深入探讨。中国社会科学院民族学与人类学研究所副所长尹虎彬作会议总结，并主持了闭幕式。

会议是刚刚批准成立的中国社会科学院“西藏研究智库”、中国社会科学院“涉藏问题研究中心”召开的首届学术研讨会，它将对推动我国藏学研究的进一步深入、促进新型涉藏智库建设起到积极作用。

（科研处）

社会学研究所

（一）人员、机构等基本情况

1. 人员

截至 2015 年底，社会学研究所共有在职人员 81 人。其中，正高级职称人员 18 人，副高级职称人员 26 人，中级职称人员 24 人；高、中级职称人员占全体在职人员总数的 84%。

2. 机构

社会学研究所设有：社会理论研究室、社会调查与方法研究室、家庭与性别研究室、组织与社区研究室、农村与产业社会学研究室、青少年与社会问题研究室、社会发展研究室、社会政策研究室、社会心理学研究室、社会人类学研究室、廉政建设与社会评价研究室、《社会学研究》编辑部、《青年研究》编辑部、办公室、科研处。

3. 科研中心

社会学研究所院属科研中心有：社会政策研究中心、私营企业主群体研究中心、国情调查与大数据研究中心、中国廉政研究中心；所属科研中心有：社会调查与数据处理研究中心、社区信息化研究中心、社会文化人类学研究中心、社会心理学研究中心、农村环境与社会研究中心。

（二）科研工作

1. 科研成果统计

2015 年，社会学研究所共完成专著 11 种，249 万字；论文 166 篇，193 万字；论文集 6 种，250 万字；译文 4 篇，2 万字；译著 2 种，63 万字。

2. 科研课题

（1）新立项课题。2015 年，社会学研究所共有新立项课题 9 项。其中，国家社会科学基金课题 6 项："日常生活研究的方法论"（赵锋主持），"社会转型中公益与民情关系的人类学研究"（李荣荣主持），"以社区服务为切入点的城市新熟人社区建构研究"（史云桐主持），"中国城镇化进程中西部底层孩子们阶层再生产发生的日常机制及策略干预研究"（李涛主持），"社会理论传统的重构及其对当代中国的现实意义研究"（陈涛主持），"同居问题成因、特征和趋势研究"（於嘉主持）；研究所国情调研基地项目 2 项："老年人日常照料的居家模式和市场机制"（夏传玲主持），"江苏太仓市常丰社区创新社会治理调研"（王春光主持）；马克思主义理论研究和建设工程重大项目 1 项："社会结构与阶层变化研究"（李培林、陈光金主持）。

（2）结项课题。2015 年，社会学研究所共有结项课题 7 项。其中，国家社会科学基金课题 2 项："构建社会主义和谐社会若干重大问题的理论和实证研究"（陈光金主持），"中国私营企业主阶层的现状与发展趋势研究"（陈光金主持）；中国社会科学院创新工程重大研究项目 1 项："加强社会建设若干重大理论和实践问题研究"（陈光金主持）；国情调研课题 4 项："江苏太仓市常丰社区创新社会治理调研"（王春光主持），"老年人日常照料的居家模式和市场机制"（夏传玲主持），"汽南社区网络化养老模式研究"（赵克斌主持），"内蒙古城镇化进程中的社会调适与文化重建"（罗红光主持）。

（3）延续在研课题。2015 年，社会学研究所共有延续在研课题 20 项。其中，国家社会科学基金课题 18 项："个人与社会关系视角下的公共风险规避与应对"（王俊秀主持），"中国社会中间阶层发展状况与趋势研究"（李春玲主持），"草原生态退化的社会机制与治理模式研究"（荀丽丽主持），"农村社会资本影响老年健康的机制研究"（王晶主持），"群体情绪、群体认同与行动倾向的关系研究"（陈满琪主持），"网络时代的社区参与和社区治理研究"（肖林主持），"人口变动对队列人口福利的影响及政策回应研究"（马妍主持），"社会转型期家庭变迁理论研究"（吴小英主持），"社会转型期的职业分类研究"（田丰主持），"梁漱溟与费孝通乡土重建思想比较研究"（张浩主持），"70 后、80 后、90 后文化代际文化差异与网络参与的关系研究"（赵联飞主持），"寻找和建构转型期中国的家庭政策体系"（马春华主持），"中等收入群体的发展趋势和消费模式研究"（朱迪主持），"我国社会心态测量指标研究"（杨宜音主持），"新工人的社区生活形态与劳资关系的地方性差异研究"（汪建华主持），"民国时期劳工社会学的学科建构与当代意义研究"（闻翔主持），"社会共识形成和作用机制研究"（高文珺主持），"文化符号消费和生产视角下的转型时期阶层分化的文化建构研究"（孟蕾主持）；创新工程院重大项目

1 项："全面建成小康社会过程中的社会转型问题研究"（张翼主持）；国情调研重大项目 1 项"关于社会管理和社会保障体系建设调研"（王春光、房莉杰主持）。

（三）学术交流活动

1. 学术活动

2015 年，社会学研究所主办和承办的学术会议有：

（1）2015 年 6 月 29 日，由社会学研究所主办，社会学研究所青少年与社会问题研究室筹办的"社会变迁与当代青年：两岸三地的青年研究"会议在北京举行。

（2）2015 年 8 月 15 日，由中国社会科学院、全国博士后管理委员会和中国博士后科学基金共同主办，中国社会科学院博士后管理委员会、社会学研究所和云南大学联合承办的"第十届中国社会学博士后论坛暨第二届社会学青年论坛"在云南大学召开。会议的主题是"新常态下的社会发展"。

（3）2015 年 9 月 10 日，由中国社会科学院中国廉政研究中心、国际合作局、社会学研究所共同主办的"中欧廉政智库高端论坛"在北京市举行。

（4）2015 年 11 月 28 日，由社会学研究所主办，福建省社会科学院承办的"2015 年中国社会治理现代化与法治社会研讨会暨全国社会科学院系统社会学所所长会议"在福建省福州市召开。

2. 国际学术交流与合作

2015 年，社会学研究所共派遣出访 52 批 97 人次，接待来访 13 批 50 人次（其中，接待院协议来访 5 批 15 人次）。与社会学研究所开展学术交流的国家和地区有：英国、加拿大、法国、波兰、德国、保加利亚、捷克、匈牙利、瑞士、瑞典、芬兰、奥地利、荷兰、阿联酋、俄罗斯、吉尔吉斯斯坦、塞尔维亚、南非、巴西、日本、韩国等。

2015年11月28日，"2015年中国社会治理现代化与法治社会研讨会暨全国社会科学院系统社会学所所长会议"在福建福州召开。

（1）2015 年 1 月 6 日，社会学研究所副研究员吕鹏应邀赴匈牙利科学院进行学术访问。

（2）2015 年 4 月 15 日，社会学研究所副所长孙壮志研究员应邀出席俄罗斯国防部举办的例行国际安全大会。

（3）2015 年 4 月 20 日，

社会学所副所长赵克斌等赴波兰、保加利亚进行学术访问。

(4) 2015 年 4 月 20 日，社会学研究所副所长孙壮志研究员参加中国社会科学院代表团出访波兰、保加利亚、塞尔维亚，并参加在三国举行的双边学术研讨会。

(5) 2015 年 5 月 10 日，社会学所研究员王晓毅应邀赴瑞典斯德哥尔摩大学进行学术交流。

(6) 2015 年 6 月 19 日，社会学研究所副所长孙壮志研究员一行赴俄罗斯进行学术访问。

(7) 2015 年 6 月 23 日，社会学研究所所长陈光金研究员一行应邀赴法国里昂高等师范学校参加“后西方社会学”学术研讨会。

(8) 2015 年 7 月 6 日，社会学研究所研究员景天魁一行执行中国社会科学院与匈牙利科学院学术交流协议的合作研究项目出访匈牙利，就社会变迁与文化认同主题与匈牙利学者进行学术交流。

(9) 2015 年 7 月 19 日，为建立金砖国家治国理政交流机制，社会学研究所副所长赵克斌应巴西社会学会邀请出访巴西，与中国驻巴西大使馆、巴西总统府战略事务部、巴西社会学会以及瓦加斯基金会开展交流活动。

(10) 2015 年 8 月 5 日，社会学研究所研究员王春光一行应韩国卫生健康与社会事务研究所邀请，赴韩国首尔参加主题为“中日韩的贫困与社会政策”的第二届亚洲社会政策研究论坛。

(11) 2015 年 8 月 18 日，社会学研究所研究员罗红光一行应日本亚洲协会亚洲之友会的邀请，执行中国社会科学院日本小型团组赴日本大阪和奈良进行学术访问。

(12) 2015 年 9 月 7 日，社会学研究所研究员李春玲一行执行中国社会科学院与芬兰科学院交流协议，赴芬兰赫尔辛基大学访问。

(13) 2015 年 9 月 19 日，社会学研究所副研究员田丰应邀赴东京早稻田大学参加第 88 届日本社会学会议。

(14) 2015 年 10 月 2 日，社会学研究所助理研究员梅笑应红十字会和红新月会国际联合会的邀请赴奥地利维也纳参加该联合会理事会会议和维也纳纪念红十字和红新月运动基本原则通过 50 周年活动。

(15) 2015 年 10 月 23 日，社会学研究所研究员王晓毅一行应邀赴加拿大参加原住民保护与发展替代研究中心 2015 年年会。

(16) 2015 年 11 月 1 日，社会学研究所研究员夏传玲应邀赴奥地利参加萨尔茨堡全球论坛研讨会。

3. 与中国香港、澳门特别行政区和中国台湾开展的学术交流

(1) 2015 年 1 月 18 日，社会学研究所副研究员陈昕、赵联飞应邀赴澳门开展学术交流活动。

(2) 2015 年 4 月 30 日，社会学研究所研究员杨宜音应邀赴台湾参加“第六届社会思想暨首届华人应用心理学术研讨会”。

(3) 2015 年 6 月 5 日，社会学研究所研究员王俊秀、杨宜音应香港中文大学社会学系和珠三角社会研究中心主任钟华教授邀请，赴香港中文大学参加“劳工、流动与发展：珠三角及其他区域”国际研讨会。

（四）学术社团、期刊

1. 社团

(1) 中国社会学会，会长李强。

2015 年 7 月 11 日，由中国社会学会主办，中南大学承办，长沙民政职业技术学院、湖南女子学院等单位协办的中国社会学会 2015 年学术年会在湖南省长沙市召开。年会的主题是“经济新常态下的社会改革与社会治理”。

(2) 中国社会心理学会，会长周晓虹。

2015 年 10 月 31 日，由中国社会心理学会主办，第三军医大学心理学院、西南大学心理学部、重庆市社会心理学会联合承办的“中国社会心理学会 2015 年学术年会”在重庆市举行。年会的主题是“新常态下的中国社会心理学——嬗变与挑战”。

2. 期刊

(1)《社会学研究》(双月刊)，主编李培林。

2015 年，《社会学研究》共出版 6 期，共计 147 万字。2015 年该刊被国家新闻出版广电总局推荐为“百强报刊”。该刊全年刊载的有代表性的文章有：李英飞的《资金短缺下市场如何运作——浦镇轻纺产业资金链中的社会时间机制研究》，陈家建、张琼文的《政策执行波动与基层治理问题》，张一力、张敏的《海外移民创业如何持续——来自意大利温州移民的案例研究》，朱涛的《纠纷格式化：立案过程中的纠纷转化研究》，应星的《学校、地缘与中国共产党早期组织网络的形成——以北伐前的江西为例》，陈云松的《大数据中的百年社会学——基于百万书籍的文化影响力研究》，刘子曦的《法治中国历程——组织生态学视角下的法学教育(1949 ~ 2012)》，朱斌的《自私的慈善家——家族涉入与企业社会责任行为》，付伟、焦长权的《“协调型”政权：项目制运作下的乡镇政府》，冯仕政的《社会冲突、国家治理与“群体性事件”概念的演生》，庄玉乙、张光的《资源丰裕、租金依赖与公共物品提供——对山西省分县数据的经验研究》，耿曙、陈玮的《政企关系、双向寻租与中国的外资奇迹》，陈映芳的《社会生活正常化：历史转折中的“家庭化”》，石智雷的《多子未必多福——生育决策、家庭养老与农村老年人生活质量》，许琪、邱泽奇、李建新的《真的有“七年之痒”吗？——中国夫妻的离婚模式及其变迁趋势研究》，谭海波、孟庆国、张楠的《信息技术应用中的政府运作机制研究——以J市政府网上行政服务系统建设为例》，刘德寰、李雪莲的《“七八月”的孩子们——小学入学年龄限制与青少年教育获得及发展》，罗玮、罗教讲的《新计算社会学：大数据时代的社会学研究》，练宏的《注意力分配——基于跨学科视角的理论述评》，钱力成、张翮翾的《社会记忆研究：西方脉络、中国图景与方法实践》等。

（2）《青年研究》（双月刊），主编张翼。

2015 年，《青年研究》共出版 6 期，共计 102 万字。该刊全年刊载的有代表性的文章有：徐鹏、周长城的《性别、学术职业与高校青年教师收入不平等》，高修娟的《高校男厕文化中性与性别的表达》，程诚的《大学生消费的同群效应》，翁定军、范雅娜的《集体行为参与意向的心理基础探讨》，崔岩、尹木子的《我国公众环保组织参与的动机研究》，金晓彤、杨潇的《差异化就业的新生代农民工收入影响因素分析——基于全国 31 省（市）4268 个样本的实证研究》，张龙、孟玲的《“混”：一个本土概念的社会学探索》，张梦圆、杨莹、寇彧的《青少年的亲社会行为及其发展》，刘爽、蔡圣晗的《谁被“剩”下了？——对我国“大龄未婚”问题的再思考》，黄敬宝的《寒门能否出贵子？——基于人力资本对大学生就业质量作用的分析》，杜丹的《网络涂鸦中的身体重塑与“怪诞”狂欢》，许琪的《男女教育的平等化趋势及其在家庭间的异质性》，杨江华的《网络集体行动的舆论生成及其演化机制》，王晴锋的《从校园涂鸦看当代印度的学生政治与社会矛盾》，刘兴花的《性别视角下已婚女性赴日打工家庭策略研究》等。

（五）会议综述

中国社会学会 2015 年学术年会

2015 年 7 月 11 ~ 12 日，由中国社会学会主办，中南大学承办，长沙民政职业技术学院、湖南女子学院等单位协办的中国社会学会 2015 年学术年会在湖南省长沙市举行。年会的主题是“经济新常态下的社会改革与社会治理”。中国社会科学院副院长、学部委员李培林，湖南省委常委、省委宣传部部长许又声，中国工程院院士、中南大学校长张尧学等人出席开幕式并致辞。开幕式由中南大学党委副书记高山主持。

2015年7月，中国社会学会2015年学术年会在湖南长沙举行。

李培林代表中国社会科学院对年会的召开表示热烈祝贺。他指出，2015 年既是全面深化改革的关键一年，也是全面依法治国的开局之年，还是“十二五”规划的收官之年和“十三五”规划的谋划之年，此次学术年会以“经济新常态下的社会改革与社会治理”为主题，意义重大。经济新常态下面临着诸多新挑战，但也同样孕育着一些必须把握的新机遇。如果说过去 30 年是中国社会学发展的“黄金 30 年”的话，经济新常态下社会各界对社会建设和社会治理的空前重视及中国社会学工作者的不懈努力将开启中国社会学发展的另一段新的更高水平的“黄金时代”！

开幕式上，湖南省委常委、省委宣传部部长许又声，中国工程院院士、中南大学校长张尧学，韩国社会学会会长金武庆，日本社会学会代表西原和久也分别致辞。北京师范大学教授李实、清华大学教授景军、南京大学教授吴愈晓等 3 位专家分别以“如何看待我国当前的收入分配问题”“人类健康的社会文化构成”“近年来社会分层研究的进展和未来的研究议题”为题作了大会主题演讲。

年会会期两天，与会学者围绕会议主题“经济新常态下的社会改革与社会治理”展开广泛探讨。

除大会主题学术演讲外，年会还设立了“青年博士论坛”“社会建设的理论与实践：社会体制改革与小康社会建设”“人口流动与城市治理”“城乡社区治理论坛”“社会资本与基层社会治理”“文化社会学：中国传统文化观念的当代价值”“发展社会学论坛：新时期中国的城乡发展与基层社会治理”“城镇化与城乡统筹”等 59 个分论坛。闭幕式上，还举行了北京市陆学艺社会学发展基金会第四届“社会学优秀成果奖”颁奖活动和“中国社会学年度好书推荐 · 2015”入选名单发布活动。

（年会秘书组）

第十届中国社会学博士后论坛暨第二届社会学青年论坛

2015 年 8 月 14 ~ 16 日，“第十届中国社会学博士后论坛暨第二届社会学青年论坛”在云南省昆明市举行。论坛的主题是“新常态下的社会发展”。论坛由中国社会科学院、全国博士后管理委员会和中国博士后科学基金共同主办，中国社会科学院博士后管理委员会、社会学研究所和云南大学联合承办。中国社会科学院副院长李培林、大理大学校长张桥贵、云南大学副校长杨泽宇等领导及来自社会科学领域的专家学者、博士后研究员、部分高校的社会学研究生等约 80 余人参加了会议。

论坛开幕式由中国社会科学院人事教育局局长张冠梓主持。云南大学副校长杨泽宇和中国社会科学院副院长李培林分别致辞。杨泽宇指出，中国社会科学院对第十届中国社会学博士后论坛和社会学青年论坛高度重视，此论坛的召开将会对云南大学社会学学科的发展起到促进作用。

李培林表示，第十届社会学博士后论坛暨青年论坛由云南大学承办也代表着博士后论坛迈向新阶段。李培林强调了三个问题，首先要密切关注我国社会变迁和发展的新阶段，认真研究社会发展的大逻辑。其次，发挥我国社会学研究的优良传统，继续坚持问题导向的研究。最后，要使社会学博士后制度真正成为出成果出人才的平台。

开幕式之后，云南大学公共管理学院院长崔运武教授主持了论坛专家主题演讲。中国社会科学院数量经济与技术经济研究所所长李雪松、南京大学社会学院副院长成伯清、云南大学社会学与社会工作系主任钱宁分别以“新常态下的经济形势与宏观政策安排”“时间、叙述与想象——将历史维度带回社会学”“创新社会治理背景下政府与社会组织合作伙伴关系的思考”为题发表了主题演讲。多位博士后围绕“城市社区与公共治理”“乡土社会与农村政策”“民族文化与慈善项目”“制度变迁与经济改革”等主题作了发言。

第二届青年社会学者论坛于 8 月 16 日召开，论坛先后讨论了“中国精英地位代际再生产的双轨路径”“小微学校”“重庆红色文化运动中老年人参与的情况以及反腐败”等议题。

中国社会科学院社会学研究所副所长孙壮志在总结发言中提出，此次论坛具有“四高”，即“高层次”“高水平”“高效率”“高期望”的特点，为博士后和青年学者提供了一个难得的交流平台，也为以后的论坛举办提供了宝贵的经验。

（刘怡然）

2015 年中国社会治理现代化与法治社会研讨会暨全国社会科学院系统社会学所所长会议

2015 年 11 月 28 ~ 30 日，“2015 年中国社会治理现代化与法治社会研讨会暨全国社会科学院系统社会学所所长会议”在福建省福州市召开。中国社会科学院副院长李培林出席会议并作大会主旨发言。福建政协副主席、福建社会科学院院长张帆出席会议并致辞。会议由中国社会科学院社会学研究所主办，福建省社会科学院承办。来自全国社科院系统的分管院领导、社会学所所长 60 余位代表参加了会议。

李培林副院长首先作了题为“全面建成小康社会的民生目标——学习十八届五中全会的建议”的主旨发言，介绍了“十三五”规划中社会学应该特别关注的研究领域和课题。第一，在经济速度下行压力大，城乡居民收入持续快速增长任务艰巨的情况下，如何实现 2020 年 GDP 翻一番和城乡收入翻一番的目标？如何跨越中等收入陷阱？第二，如何在未来 5 年消灭 6000 万贫困人口？第三，如何加快户籍人口城镇化，并解决中国的产业结构、就业结构和城乡结构严重不匹配的现象？是否会出现“逆城市化”的问题？第四，如何促进就业创业？第五，如何扩大中等收入者比重？如何实现居民收入增长和经济发展同步，劳动报酬增长和劳动生产率提高同步？第六，如何扩大居民消费？第七，如何进行社会保障改革？同时，李培林副院长还介绍了中国社会科学院实施哲学社会科学创新工程的重要性、取得的成绩以及存在的一些问题，提出要抓住现代智库的发展机遇，进一步深化对智库建设本身的理解和研究，包括智库发展的新机制，运作规律，智库产品的种类和智库的评价体系等。

会上，中国社会科学院民族学与人类学研究所所长王延中，社会科学文献出版社社长、中国社会学会秘书长谢寿光和中国社会科学院法学研究所副所长莫纪宏研究员分别以“如何看待当前的民族关系和民族政策”“全面建成小康社会：社会治理现代化的关键点和议题”“法治思维和法治方式——法治社会”为题作了大会主题报告。与会代表围绕“社会治理”“法治社会”“智库建设”等主题展开深入研讨。

中国社会科学院社会学研究所所长、中国社会学会副会长陈光金研究员作总结发言。

（梅　笑）

社会发展战略研究院

（一）人员、机构等基本情况

1. 人员

截至 2015 年底，社会发展战略研究院共有在职人员 14 人。其中，正高级职称人员 4 人，副高级职称人员 4 人，中级职称人员 3 人；高、中级职称人员占全体在职人员总数的 79%。

2. 机构

社会发展战略研究院设有：发展战略与政策研究室、社会建设与管理研究室、组织与制度变迁研究室、社会责任与公共服务研究室、综合办公室。

3. 科研中心

社会发展战略研究院管理的院属科研中心有：中国社会科学院社会景气研究中心。

（二）科研工作

1. 科研成果统计

2015 年，社会发展战略研究院共完成专著 8 种，约 260 万字；论文 17 篇，35 万字；研究报告 17 篇，48 万字；译著 1 种，10 万字；工具书 3 种，40 万字。

2. 科研课题

（1）新立项课题。2015 年，社会发展战略研究院共有新立项课题 5 项。其中，国家社会科学基金课题 1 项：“企业工作环境研究——概念、量表与指数构建”（张彦主持）；院重大社会调查课题 1 项：“中国社会发展状况调查（2015）”（李汉林主持）；中国社会科学院亚洲研究中心的研究课题 1 项：“城镇化模式的中国经验：基于土地产权制度改革的实证研究”（艾云主持）；所级国情调研课题 1 项：“贫困波动与发展风险防御的调查”（沈红主持）；博士后基金资助课题 1 项：“所有制及行业维度下员工工作—生活平衡的差异”（张帆主持）。

（2）结项课题。2015 年，社会发展战略研究院共有结项课题 8 项。其中，国家社会科学基金课题 1 项：“城市化进程中农村社区的秩序重建与组织再造研究”（吴莹主持）；院重大社会调查课题1项："中国社会发展状况调查（2015）"（李汉林主持）；院重大国情调研课题1项："我国（城乡）基层社会治理创新调研"（王苏粤主持）；院亚洲研究中心研究课题1项："城镇化模式的中国经验：基于土地产权制度改革的实证研究"（艾云主持）；所级国情调研课题1项："贫困波动与发展风险防御的调查"（沈红主持）；博士后面上资助课题3项："当前环境群体性事件的内在机理及其应对模式的比较研究"（程启军主持），"制度与文化相关联的社会信用体系研究"（沈毅主持），"基于因子结构模型和MCMC算法的教育收入分布效应研究"（张巍巍主持）。

（3）延续在研课题。2015年，社会发展战略研究院共有延续在研课题8项。其中，国家社会科学基金课题3项："中国社会景气研究"（李汉林主持），"社会空间视域下的政府信任研究"（邹艳辉主持），"涂尔干的道德教育思想与职业伦理及公民道德的社会建设"（渠敬东主持）；所级创新工程项目1项："中国社会景气研究"（葛道顺主持）；交办委托课题3项："马克思主义发展观与中国社会发展经验研究"（葛道顺主持），"城乡一体化进程中我国县域治理机制研究"（艾云主持），"城乡一体化进程中的县域治理机制研究"（艾云主持）；博士后基金资助课题1项："城市居民信任政府吗？——基于SASD三年数据的分析"（邹艳辉主持）。

3. 获奖优秀科研成果

2015年，社会发展战略研究院获"第二届社会发展战略研究院优秀科研成果奖"一等奖1项：李汉林、魏钦恭、张彦的论文《社会变迁过程中的结构紧张》；二等奖1项：高勇的论文《代际收入关系中的社会公平：测量与解释》。

（三）学术交流活动

1. 学术活动

2015年，社会发展战略研究院组织召开的学术活动主要有：2015年1月5日，社会发展战略研究院国情阅研威宁基地正式揭牌成立。

2. 国际学术交流与合作

2015年，社会发展战略研究院共派遣出访4批7人次；接待来访5批10人次；与社会发展战略研究院开展学术交流的国家和地区有法国、德国、韩国、日本、比利时布鲁塞尔、印度尼西亚、英国、肯尼亚、赞比亚等。

（1）2015年2月12日，社会发展战略研究院院长李汉林、社会发展战略研究院组织与制度变迁研究室副研究员陈华珊会见弗里德里希-艾伯特基金会北京办公室信任代表仁凯，双方就社会发展问题进行学术交流。

（2）2015年2月27日，社会发展战略研究院社会责任与公共服务研究室副研究员钟宏武、副研究员张蒽会见韩国驻华大使馆柳昌秀参赞，双方就企业社会责任问题进行学术交流。

（3）2015年3月26日，社会发展战略研究院院长李汉林会见布鲁塞尔自由大学分管学生事务副校长 Jean-Michel De Waele 一行，双方就社会学研究生培养问题进行交流讨论。

(4) 2015 年 5 月 5 ~ 12 日，社会发展战略研究院党委书记王苏粤一行赴韩国、日本调研，与三星、现代、松下等世界知名企业开展社会责任调研活动。

(5) 2015 年 5 月 14 日，社会发展战略研究院院长李汉林等人会见印度尼西亚知识部 KSI 访问团，双方就社会责任与发展领域问题进行学术交流。

(6) 2015 年 6 月 14 ~ 29 日，社会发展战略研究院组织与制度变迁研究室副研究员陈华珊赴英国参加“e-Social Science 的研究模式与信息技术应用”培训项目。

(7) 2015 年 6 月 15 日至 7 月 15 日，社会发展战略研究院社会责任与公共服务研究室副研究员钟宏武赴肯尼亚、赞比亚开展“海外中资企业社会责任研究”实地调研。

(8) 2015 年 7 月 6 ~ 7 日，社会发展战略研究院院长李汉林作为国际社会科学理事会执委会执委赴法国巴黎参加国际社会科学理事会会议。

(9) 2015 年 11 月 27 日，社会发展战略研究院院长李汉林会见英国卡迪夫大学社会科学学院国际参与部门主管 Sin Yi Cheung 副教授，双方就未来的学术合作展开交流。

(10) 2015 年，社会发展战略研究院新签订的国际合作研究项目有 1 项：与德国波格勒基金会合作研究“企业组织中的工作环境”。

3. 与中国香港、澳门特别行政区和中国台湾开展的学术交流

(1) 2015 年 3 月 4 日，社会发展战略研究院党委书记王苏粤、院长李汉林、发展战略与政策研究室主任葛道顺等会见香港特别行政区立法会主席曾钰成一行，双方就促进两地智库机构的交流合作、共同推进两地公共政策问题进行了交流讨论。

(2) 2015 年 11 月 10 日，香港大学全球创意产业课程主任、香港亚洲研究学会主席及中华可持续发展研究所主席王向华教授顺访社会发展战略研究院，就“社会发展与人类学”问题作了讲座，并与社会发展战略研究院的专家学者进行了讨论和交流。

（四）学术期刊

《社会发展研究》，主编李汉林。

2015 年，《社会发展研究》共出版 4 期，共计 120 余万字。该刊全年刊载的有代表性的文章有：葛道顺的《社会工作转向：结构需求与国家策略》，高勇的《教育获得、户籍差异与户籍的意蕴》，姜海燕的《理解社会工作服务递送过程 ——福利意识形态对社会工作本土化的启示》，田丰的《高等教育体系与精英阶层再生产 ——基于 12 所高校调查数据》，卿石松的《职业机会、收入增长与就业质量主观评价》，王晶的《乡村医疗实践的社会基础》，张忆纯、张豪的《社会工作介入与企业员工发展的理论、过程与反思 ——以某台商工厂员工协助计划为例》，李可的《集体重构中的成员权》，敖杏林的《影响妇女阶层认同的诸因素分析》，魏霁的《人力资本还是职业流动？——农民工工资增长机制的一个实证研究》，刘晗的《社会比较与主观地位认同：以广州市为例》，郭建如、邓峰的《高职院校培养模式变革与毕业生起薪差异的实证研究》，梁萌的《知识劳动中的文化资本重塑——以E互联网公司为例》。

新闻与传播研究所

（一）人员、机构等基本情况

1. 人员

截至2015年底，新闻与传播研究所共有在职人员43人。其中，正高级职称人员8人，副高级职称人员12人（含资格2人），中级职称人员16人；高、中级职称人员占全体在职人员总数的84%。

2. 机构

新闻与传播研究所设有：马克思主义新闻学研究室、传播学研究室、媒介研究室、网络学研究室、信息室、编辑室（含《中国新闻年鉴》编辑部和《新闻与传播研究》编辑部）、综合办公室。

3. 科研中心

新闻与传播研究所院属科研中心有：新媒体研究中心；所属非实体研究中心有：媒介传播与青少年发展研究中心、传媒发展研究中心、世界传媒研究中心、传媒调查中心、广播影视研究中心。

（二）科研工作

1. 科研成果统计

2015年，新闻与传播研究所共完成专著3种，57.9万字；论文77篇，54.4万字；学术资料1种，38万字；译文5篇，5.4万字；理论文章2篇，0.5万字；论文集6种，171.7万字；研究报告集1种，26万字；编辑出版学术期刊12期，150万字；编辑出版年鉴1部，230万字；编辑出版学术年鉴1部，140万字。

2. 科研课题

（1）新立项课题。2015年，新闻与传播研究所共有新立项课题4项。其中，国家社会科学基金课题2项："移动终端谣言传播与社会认同影响及对策研究"（雷霞主持），"中国网络广告发展史（1997～2016）"（王凤翔主持）；院重大社会调查项目1项："中国舆情指数调查"（唐绪军主持）；所级国情调研基地项目1项："中国社会转型期农村传播生态和地方文化建设研究"（赵天晓、卜卫主持）。

（2）结项课题。2015年，新闻与传播研究所共有结项课题12项。其中，国家社会科学基金课题1项："普世价值的传播与中国话语权研究"（张丹主持）；院重大社会调查项目1项："中国舆情指数调查"（唐绪军主持）；院马克思主义理论学科建设与理论研究项目1项："新形势下媒介国际传播与话语权竞争"（冷凇主持）；院与澳大利亚社会科学院合作研究项目1项："传媒与社区发展：中澳比较研究"（姜飞主持）；所级创新工程项目7项："转型期新闻传播发展趋势研究"（宋小卫主持），"中国特色传播与社会发展研究"（卜卫主持），"全球化时代跨文化传播的理论研究与实践应用"（姜飞主持），"国内外新闻与传播前沿问题跟踪研究"（殷乐主持），"我国新媒体发展现状与对策研究"（孟威主持），"新闻学与传播学学科基础建设"（王怡红主持），"我国新闻学与传播学一流核心期刊建设"（钱莲生主持）；所级国情调研基地项目1项："中国社会转型期农村传播生态和地方文化建设研究"（赵天晓、卜卫主持）。

（3）延续在研课题。2015年，新闻与传播研究所共有延续在研课题7项。其中，国家社会科学基金课题2项："媒体社会责任报告制度研究"（宋小卫主持），"我国社交媒体著作权保护研究"（朱鸿军主持）；院青年学者资助项目1项："三网融合趋势下的版权管理体系研究"（朱鸿军主持）；院青年科研启动基金课题1项："中国新闻评价标准研究"（钱莲生主持）；院亚洲研究项目1项："新媒介环境下印度传媒业的发展态势与媒介政策"（张放主持）；所重大课题1项："理论新闻传播学基础研究"（宋小卫主持）；全国科学技术名词审定委员会委托课题1项："新闻学与传播学名词审定"（唐绪军主持）。

3. 获奖优秀科研成果

2015年，新闻与传播研究所共获奖8项。其中，获"第六届优秀皮书类"一等奖1项：唐绪军主编的《中国新媒体发展报告（2014）》；获"中国社会科学院新闻与传播研究所2015年度优秀科研成果奖"专著类一等奖1项：王怡红、胡翼青主编的《中国传播学30年》；论文类一等奖1项：殷乐的《"八卦新闻"之流变及传播解析》；专著类二等奖1项：向芬的《国民党新闻传播制度研究》；论文类二等奖1项：刘晓红、孙五三的《在线调查方法综述》；专著类三等奖1项：姜飞的《传播与文化》；论文类三等奖1项：王凤翔的《西方广告自由法制原则的被解构——以美国为例》。

（三）学术交流活动

1. 学术活动

2015年，新闻与传播研究所主办和承办的学术会议有：

（1）2015年3月19日，中国新闻年鉴第34届全国工作会议在江苏省无锡市举行。会议的主题是"总结《中国新闻年鉴》2014年卷工作，部署《中国新闻年鉴》2015年卷工作"。来自中国社会科学院新闻与传播研究所和中央多家新闻媒体、部分省（直辖市、自治区）新闻媒体的40余位代表参加会议。

（2）2015年6月12～13日，由新闻与传播研究所与首都师范大学科德学院共同举办的

“新起点、新方向：《中国跨文化传播研究年刊》创刊暨首届跨文化传播圆桌论坛”在北京召开。

（3）2015 年 6 月 24 日，由新闻与传播研究所、社会科学文献出版社联合主办的以“国家新战略媒体新机遇”为主题的《中国新媒体发展报告》（2015）发布暨新媒体发展研讨会在北京举行。

（4）2015 年 11 月 25 日，由中国社会科学院新媒体研究中心和新闻与传播研究所共同举办的“中国社会科学院新媒体研究中心成立仪式”发布会在北京召开。

（5）2015 年 12 月 15 ~ 16 日，由瑞士卢加诺大学中国媒体研究中心和新闻与传播研究所共同主办的“重塑或并入：中国媒体与世界”学术研讨会在瑞士举办。会议的主题是“网络治理”。

（6）2015 年，新闻与传播研究所共举办 6 次“品道午餐学术沙龙”。这 6 次沙龙的主题分别为“跨文化传播研究：历史、现状及当前直面的问题”“中国梦的前世今生”“战争的教训：我的战地生涯”“财新数据新闻实战经验分享”“政治传播学理论及实践的新发展”“关于 2016 美国总统竞选的案例分析；文化 & 技术作为软实力？”。

2. 国际学术交流与合作

2015 年，新闻与传播研究所共派遣出访 14 批 17 人次，接待来访 2 批 6 人次。与新闻与传播研究所开展学术交流的国家和地区有英国、丹麦、美国、加拿大、法国、瑞典等。

（1）2015 年 1 月 11 日至 3 月 31 日，新闻与传播研究所助理研究员张化冰赴日本北海道大学进行学术交流。

（2）2015 年 1 月 1 日至 12 月 31 日，新闻与传播研究所助理研究员谢明赴美国内布拉斯加大学奥马哈分校进修外语并进行学术交流。

（3）2015 年 2 月 11 ~ 16 日，新闻与传播研究所研究员卜卫应邀参加由联合国儿童基金会研究办公室和伦敦政治经济学院在英国联合主办的“数字时代全球儿童权利研究”专家研讨会。

（4）2105 年 3 月 8 ~ 15 日，丹麦哥本哈根大学媒介、认知与传播系系主任 Maja Horst 教授一行 5 人来新闻与传播研究所访问，在进行跨学科研究和国际前沿学科领域交流的同时，与新闻与传播研究所签订为期五年的学术交流协议。

（5）2015 年 4 月 10 日，新闻与传播研究所研究员卜卫应邀赴丹麦进行学术访问。

（6）2015 年 5 月 6 ~ 10 日，新闻与传播研究所所长唐绪军研究员随国务院新闻办公室组织的媒体代表团赴美参加“首届中美媒体圆桌会议”。

（7）2015 年 5 月 25 ~ 31 日，新闻与传播研究所研究员姜飞应邀赴瑞士卢迦诺大学参加以“了解中国的文化版图”为主题的学术讲座。

（8）2015 年 6 月 9 ~ 15 日，新闻与传播研究所研究员卜卫应邀赴加拿大维多利亚大学参加“人口流动与晚期资本主义”研讨会。

（9）2015 年 6 月 15 ~ 19 日，新闻与传播研究所研究员孟威应邀赴巴黎参加由联合国教科文组织举办的“青年与互联网：反对激进化和极端主义”国际会议。

(10) 2015 年 6 月 16 ～ 20 日，新闻与传播研究所助理研究员季芳芳赴瑞典参加“文化遗产在中国”研讨会。

(11) 2015 年 7 月 10 ～ 18 日，新闻与传播研究所研究员殷乐赴加拿大魁北克大学蒙特利尔分校参加“第十一届伦理与传播法制国际会议和国际媒介与传播研究学会 2015 年年会”。

(12) 2015 年 7 月 11 ～ 18 日，新闻与传播研究所助理研究员季芳芳赴加拿大魁北克大学蒙特利尔分校参加国际媒介与传播研究学会 2015 年年会。

(13) 2015 年 8 月 2 ～ 15 日，芬兰坦佩雷大学传播、媒体与戏剧学院教授 Heikki Luostarinen 来新闻与传播研究所访问，就“中国媒体软实力”主题与该所研究人员进行交流。

(14) 2015 年 8 月 5 日至 9 月 8 日，新闻与传播研究所研究员卜卫赴瑞典、丹麦、捷克、英国访问。

(15) 2015 年 10 月 4 ～ 15 日，新闻与传播研究所研究员卜卫赴丹麦哥本哈根大学北欧亚洲研究所进行学术访问。

(16) 2015 年 12 月 14 ～ 18 日，新闻与传播研究所党办主任黄双润等应邀赴瑞士卢加诺大学参加“重塑或并入：中国媒体与世界”学术研讨会。

（四）学术期刊

(1)《新闻与传播研究》(月刊)，主编唐绪军。

2015 年，《新闻与传播研究》共出版 12 期，共计 150 万字。该刊坚持正确的政治方向和学术导向，办刊水平得到进一步提高，首次入选国家新闻出版广电总局“全国百强报刊”。该刊加强选题策划和栏目建设，注重学术研究范式的突破，继续开展优秀论文评选活动。该刊全年刊载的有代表性的文章有：潘祥辉的《传播史上的青铜时代：殷周青铜器的文化与政治传播功能考》，徐晖明的《论媒介公信力指标研究中构成式测量与反映式测量的误用》，复旦大学信息与传播研究中心课题组的《可沟通城市指标体系建构：基于上海的研究》(上、下)，钟智锦的《社交媒体中的公益众筹：微公益的筹款能力和信息透明研究》，刘丛、谢耘耕、万旋傲的《微博情绪与微博传播力的关系研究 ——基于 24 起公共事件相关微博的实证分析》，刘晓红、朱巧燕的《中国传播学问卷调查研究的现状与发展》，黄旦的《新报刊（媒介）史书写：范式的变更》，詹佳如的《十八世纪中国的新闻与民间传播网络 ——作为媒介的孙嘉淦伪奏稿》，孙藜的《再造“中心”：电报网络与晚清政治的空间重构》。

(2)《中国新闻年鉴》(年刊)，主编钱莲生。

《中国新闻年鉴》(2015) 是该刊连续出版的第 34 卷，约 230 万字，2015 年 12 月出版，全面系统地记录了 2014 年中国新闻传播事业的发展变化情况。

2015 年，该刊从形式到内容都做了一定程度的革新。形式上，封面装帧更为精美，页眉按照“中国社会科学年鉴”品牌系列统一设计。内容上，正文内含四大板块，涵盖 20 编。“重要文献板块”包括“要文”“典章”2编。“事业发展板块”包括“综述”“中央主要新闻媒体、社团概况”“各地新闻事业概况”“港澳台暨海外华文新闻传播业概况”“新媒体”和“中国传媒集团”6编。“学术成果板块”包括“高峰论坛”“新论”“经验与思考”“史海钩沉”“新书”和“调查”6编。“综合资料板块”包括“评奖与表彰”“人物”“机构”“统计”“纪事”和“附录”6编。

2015年，该刊在四个方面进行了改革调整：第一，凸显年鉴信息检索功能。在2014年卷部分栏目增加“篇目辑览”内容的基础上，在“中央主要媒体、社团概况”和“各地新闻事业概况”两编后面增设了“篇目辑览”内容，以便读者掌握对相关媒体的研究成果。第二，凸显年度新闻实务研究热点。根据2014年新闻学研究热点，选取了“习近平新闻传播思想”“媒体融合”“大数据”“微传播”“众筹新闻”“中国互联网二十年”“深度报道”等关键概念，集纳了相关研究的优秀成果。第三，凸显年度新闻界热点。“经验与思考”编特设“好记者讲故事”专题，记录了10位优秀记者讲述的精彩故事。“综述”选摘了《2014年宣传思想文化工作综述》《2014年中国传媒创新报告》。“纪事”选发了传媒业年度关键词。第四，凸显年鉴记史功能。为了增加年鉴的历史厚度，该卷特设“史海钩沉”编。

（3）《中国新闻传播学年鉴》（年刊），主编唐绪军。

该书是《中国新闻传播学年鉴》创刊号，约140万字，2015年12月由中国社会科学出版社出版发行。该书在回溯百年中国新闻传播学术发展历程的基础上，全面记录、真实反映了2014年中国新闻传播学研究和新闻传播教育事业取得的成果，深度呈现了中国新闻传播研究的学术全景。

该书在空间和时间两个维度上展开卷轴。空间上，该书以16篇连缀成卷，内含历史篇、成果篇、概况篇和综合篇四个板块。

历史篇以图文并茂的形式回顾了百年来中国新闻学和传播学的发展历程。

成果篇涵盖“研究综述”“论文选萃”“论文辑览”“国际交流”“论著撷英”五个栏目。“研究综述”对2014年我国新闻学、传播学、广播影视、新媒体、媒介经济、广告等领域的成果进行了梳理和述评。“论文选粹”栏目摘编了52篇论文及其中的观点。“论文辑览”刊发了2014年《新华文摘》《中国社会科学文摘》《高等学校文科学术文摘》《新闻与传播》转载的新闻传播学论文篇目。“国际交流”展现了中国学者2014年国际期刊（SSCI期刊）发表论文的现状，回顾了20世纪80年代以来中国新闻传播学研究的国际期刊发表现状与格局。“论著撷英”较为全面地反映了2014年我国新闻传播学论著出版情况。

概况篇涵盖“教育事业概况”“研究机构概况”“组织与社团概况”三个栏目。“教育事业概况”栏目特别刊发了《中国新闻教育事业2014年度发展报告》和26家新闻传播院系的概况。“研究机构概况”栏目组织了社科院系统7家研究所和2家中央级媒体（《人民日报》、新华社）研究机构的概况。“组织与社团概况”选取了8家群团组织。

综合篇涵盖“学术评奖”“科研项目”“学人自述”“学术动态”“研究生文苑”“港澳台专辑”“海外特辑”七个栏目。“学术评奖”涉及论著、论文、教学成果、人物等评奖。“科研项目”栏目刊载了国家社科基金、教育部、国家新闻出版广电总局三个国家级课题的立项、结项情况。“学人自述”栏目收录了老中青三代、55位学人的治学思考。“学术动态”栏目包括“会议综述”“学术纪事”“期刊动态”三个子栏目。“会议综述”特别选取了2014年度9个有重要影响的会议。“学术纪事”对2014年我国新闻传播学术和新闻传播教育大事做了整理。“期刊动态”对2014年我国出版的新闻传播专业期刊进行了系统梳理。“研究生文苑”栏目特别收录了一篇关于1988～2011年我国新闻传播学500多篇博士学位论文的内容分析文章；收录了全国优秀博士学位论文的内容提要和写作体会文章；收录了部分博士学位论文篇目及部分新闻传播学院（系）的博士入学试卷。“港澳台地区专辑”栏目收录了港澳台地区新闻教育概况和相关成果。“海外特辑”栏目对国外学术研究进行扫描，收录了SSCI期刊目录、主要国际会议的资料。

时间上，该书相关条目按事件、人物发生、发展的时间先后顺序编排。“成果选粹”栏目按论文发表时间先后顺序排列；“教育事业概况”“研究机构概况”等栏目按照机构成立时间先后顺序排列；“学人自述”栏目按人物出生时间先后顺序排列。“学人自述”栏目以第一人称“我”写自己的学术思考和治学感悟，让资料性的人物传记化为灿烂生动的人生哲思。“出版撷英”栏目粹选年度优秀书评、序文和跋文，集名著、名篇、名家、名文于一栏，让学人思想的光芒在鉴书中跃动。“篇目辑览”栏目把国内主要文摘2014年摘发的论文篇目集纳在一起，为研究者了解年度新成果提供窗口。“国际交流”栏目把中国学人在国际期刊发表论文的现状搞清楚了，还刊出这些论文的内容提要，可供有志于国际期刊发表的学人参考。“研究生文苑”栏目列出了博士论文篇目，为新闻学子了解我国博士学位论文选题的走向提供资料。

（五）会议综述

中国新闻年鉴第34届全国工作会议

2015年3月19日，中国新闻年鉴第34届全国工作会议在江苏省无锡市举行。会议的主题是“总结《中国新闻年鉴》2014年卷工作，部署《中国新闻年鉴》2015年卷工作”。来自中国社会科学院新闻与传播研究所和中央多家新闻媒体、部分省（直辖市、自治区）新闻媒体的40余位代表参加会议。《中国新闻年鉴》编委会常务副主任、中国社会科学院新闻与传播研究所所长唐绪军出席会议并讲话。

唐绪军说，在中国社会科学院正在轰轰烈烈地开展创新工程工作的大背景下，作为《中国新闻年鉴》主办方的新闻与传播研究所，也在积极推动《中国新闻年鉴》的创新和事业的发展。2014年卷《中国新闻年鉴》列入了“中国社会科学年鉴”系列。因应我国新闻传播学术研究和新闻传播教育事业快速发展的需要，我们决定从2015年起，编辑出版《中国新闻传播学年

2015年3月19日，中国新闻年鉴第34届全国工作会议在江苏无锡举行。

鉴》。《中国新闻年鉴》和《中国新闻传播学年鉴》两本年鉴，前者关注新闻传播业界，后者关注新闻传播学界，成为一个系列，相互补充、延伸。2014年，我们召集了全国新闻传播学专业院校的院长、地方社科院新闻研究所的负责人在北京召开了论证会，得到了大学的支持。

唐绪军强调，三十多年来，《中国新闻年鉴》得到了中央主要新闻媒体和全国各省资料中心朋友的关心、支持和帮助，希望各资料中心负责同志一如既往地支持《中国新闻年鉴》的编辑出版工作。如果把年鉴比作一个生产车间的话，编辑部是总装车间，各资料中心都是分工厂，各资料中心只有提供合格的零部件，编辑部才能把它组装成一件高质量的产品。因此，在供稿方面希望大家做好两件事情：一是提供的各种资料要合规，所谓合规就是提供的稿件既要符合年鉴的要求，又能真实准确地反映各地新闻事业概貌；二是按时供稿。大家共同努力，把《中国新闻年鉴》办成中国新闻人不可或缺的工具书。

《中国新闻年鉴》编委、主编、中国社会科学院新闻与传播研究所编辑室主任钱莲生就《中国新闻年鉴》创新编辑工作的思考，概况、图片、大事记等重点条目的撰写，2015年卷《中国新闻年鉴》的编辑设想和新的要求等方面工作作了充分的阐述，并听取了部分参会代表的意见。

中国新闻年鉴杜副社长孙京华主持会议，新闻与传播研究所党委办公室主任黄双润等出席了会议。

（科研处）

《中国新媒体发展报告》(2015) 发布暨新媒体研讨会

2015年6月24日，由新闻与传播研究所、社会科学文献出版社联合主办的以“国家新战略　媒体新机遇”为主题的《中国新媒体发展报告》(2015) 发布暨新媒体发展研讨会在北京举行。中国社会科学院副院长李培林、中央网信办网络新闻信息传播局局长姜军出席会议并致辞。中国社会科学院新闻与传播研究所党委书记、副所长赵天晓主持发布会。

李培林指出，经过多年的努力，这部新媒体蓝皮书日益受到政府有关部门和社会各界的广泛关注。在社会科学文献出版社出版的近300种皮书中，新媒体蓝皮书连续两年获得“优秀皮书奖”一等奖，2014年还被列为中国社会科学院创新工程39项重大科研成果之一。

李培林认为，此次发布会和研讨会的主题“国家新战略　媒体新机遇”较为准确地概括了当前新媒体在我国发展的基本态势。促进新媒体的发展已经成为党中央和国务院治国理政的新的国家战略。因此，我们要站在国家战略的高度来研究新媒体，促进新媒体的健康发展。

姜军代表中央网信办鲁炜主任对2015年度新媒体蓝皮书的出版表示祝贺。他指出，中国社会科学院新媒体蓝皮书的出版具有重要意义，记录了新媒体发展历程，凝聚了专家学者的理性思考和良言对策。希望该蓝皮书继续成为输送新媒体发展成果的智力平台。

《中国新媒体发展报告》主编、中国社会科学院新闻与传播研究所所长唐绪军研究员介绍了该书的主要内容。2015年度新媒体蓝皮书分为总报告、热点篇、调查篇、传播篇和产业篇五个部分，深入探讨了中国网络空间安全、微信微博发展、社交媒体舆情、传统媒体转型、网络谣言治理、产业融合发展、数字媒体版权、政务微博观察、传播效果研究、移动终端分析、数据新闻现状等重要问题。同时，还总结了中外数字报纸、手机视频、智能可穿戴设备、IPTV等新媒体产业的发展状况。

《中国新媒体发展报告》副主编、中国社会科学院新闻与传播研究所新闻学研究室主任黄楚新主持了新媒体研讨会。中央网信办、新华社、《解放军报》、人民网、中广网、中国人民大学、清华大学、中国政法大学、中国青年政治学院等单位的专家学者百余人出席了会议。

（黄楚新）

中国社会科学院新媒体研究中心成立仪式发布会

2015年11月25日，由中国社会科学院新媒体研究中心和新闻与传播研究所共同举办的“中国社会科学院新媒体研究中心成立仪式”发布会在北京召开。中国社会科学院秘书长、党组成员高翔，中央网信办网络新闻信息传播局局长姜军出席成立大会并致辞祝贺。成立大会由中国社会科学院新闻与传播研究所党委书记、副所长、中国社会科学院新媒体研究中心副主任赵天晓主持。

中国社会科学院新媒体研究中心是由中国社会科学院批准成立的院级非实体研究中心，由中国社会科学院新闻与传播研究所主持，旨在联合院内相关研究（院）所以及全国学界、业界、政界相关研究机构，致力于新媒体传播规律的研究，推进新媒体在我国有序发展，提高国家治理和应用新媒体的能力。

高翔在致辞中指出，这个中心有三大优势：第一是专业，有一流的研究团队和品牌学术成果；第二是融合，有学界、业界、政界研究者的广泛参与，可以整合资源，对新媒体创新研究进行攻坚；第三是高端，立足国内，面向世界，致力于打造一流的新媒体研究基地。同时，高翔对该中心的未来发展提出了三点期望：一是要努力把中心办成国内新媒体研究领域的领头羊，二是要努力发挥好新媒体研究领域新型智库的作用，三是要努力把中心建设成为新媒体研究领域中外学术交流的平台。

中国社会科学院新闻与传播研究所所长、中心主任唐绪军研究员介绍了中心的基本情况。该中心有两个目标，八大任务。两个目标是：建设一流的新媒体研究基地、打造出色的新媒体专业智库；八大任务是：理论研究、业务研究、人才培养、咨政建言、研发指数、举办论坛、出版著作和国际交流。

中心副主任刘志明介绍了《NM 国家传播指数系列研发方案》。“NM 国家传播指数系列”是对新媒体时代各传播主体开展传播活动的能力与效果进行综合评价的指数体系。这一指数体系由中心主导设计，联合国内学界业界主要新媒体研究机构以及相关政府部门等共同研发，是一个开放的、不断完善的、由一系列相对独立又互相关联的指数构成。

最后，中心副主任兼秘书长黄楚新发布了《中国媒体融合发展现状（2014 ~ 2015）》，对当前中国媒体融合发展状况进行了介绍。

（黄楚新）

国际研究学部

世界经济与政治研究所

（一）人员、机构等基本情况

1. 人员

截至2015年底，世界经济与政治研究所共有在职人员111人。其中，正高级职称人员25人，副高级职称人员32人，中级职称人员33人；高、中级职称人员占全体在职人员总数的81%。

2. 机构

世界经济与政治研究所设有：全球宏观经济研究室、国际金融研究室、国际贸易研究室、国际投资研究室、经济发展研究室、国际政治理论研究室、国际战略研究室、国际政治经济学研究室、马克思主义世界政治经济理论研究室、全球治理研究室、世界能源研究室、《世界经济》编辑部、《世界经济与政治》编辑部、《国际经济评论》编辑部、《中国与世界经济》（英文）编辑部、《世界经济调研》编辑部（内刊）、《世界经济年鉴》编辑部以及办公室、科研处、党委办公室（人事处）、杂志社、资料信息室。

3. 科研中心

世界经济与政治研究所所属非实体研究中心有：国际金融研究中心、全球并购研究中心、世界经济史研究中心、公司治理研究中心、发展研究中心、国际经济与战略研究中心。

（二）科研工作

1. 科研成果统计

2015年，世界经济与政治研究所共完成专著8种，398.9万字；工具书1种，166万字；论文集1种，20万字；论文281篇，306.5万字；研究报告166篇，165.2万字；一般文章39篇，10.5万字。

2. 科研课题

（1）新立项课题。2015年，世界经济与政治研究所共有新立项课题9项。其中，国家社会科学基金课题5项："经济史与国际比较视角下以中国为代表的新兴大国经济转型中的产业发展选择研究"（李毅主持），"跨境制度匹配、对外直接投资与中国价值链升级研究"（李国学主持），"未来十年金砖国家合作的发展趋势及影响因素研究"（徐秀军主持），"我国预防腐败体制机制的国际借鉴研究"（彭成义主持），"联盟政治与中美新型大国关系的冲突管控研究"（杨原主持）；国家自然科学基金课题2项："企业动态视角下中国内需变动影响出口增长的机制及政策应对研究"（高凌云主持），"人民币有效汇率重估及中国对外竞争力再考察——基于GVC

视角的分析”（杨盼盼主持）；院国情调研重大项目（子课题）1 项：“海上丝绸之路沿线国家与省份调研”（张明主持）；所重点课题 1 项：“全球价值链背景下中国国际分工地位现状及提升对策研究”（苏庆义主持）。

（2）结项课题。2015 年，世界经济与政治研究所共有结项课题 14 项。其中，国家社会科学基金课题 8 项：“冷战后大国的核战略、防扩散战略的调整与核不扩散体制危机的解决思路”（邵峰主持），“未来十年世界经济格局演变趋势及我国发展战略调整研究”（张宇燕主持），“我国对外金融资产负债失衡与金融调整研究”（肖立晟主持），“二十国集团面临的全球治理重点问题研究”（高海红主持），“美国主权债务可持续性与中国外汇储备管理研究”（王永中主持），“苏联共产党基层党组织建设研究”（李燕主持），“老龄化背景下的人力资本投资对中国长期经济增长的影响研究”（梁润主持），“亚太区域一体化美国路线图与亚洲路线图的竞争性和相容性及中国对策研究”（东艳主持）；国家自然科学基金课题 4 项：“G20 主要经济体短期 GDP 和 CPI 走势预测”（何新华主持），“APEC 地区贸易、投资和产业分工研究——基于全球价值链视角的分析”（宋泓主持），“贸易增加值核算体系的演进及影响：国际比较”（马涛主持），“全球价值链下 APEC 地区贸易投资与生产网络发展趋势”（东艳主持）；软科学课题 1 项：“国际投资规则新趋势及其对中国经济的影响”（田丰主持）；“马克思主义理论研究和建设”工程课题 1 项：“马克思主义世界政治经济基础理论研究”（欧阳向英主持）。

（3）延续在研课题。2015 年，世界经济与政治研究所共有延续在研课题 17 项。其中，国家社会科学基金课题 5 项：“全球经济治理结构变化与我国应对战略研究”（张宇燕主持），“新安全观视野下新兴国家参与全球治理的制度性权力建构及其路径选择”（任琳主持），“低碳经济下金砖国家产业发展与经济增长模式研究”（马涛主持），“低碳城市建设的非技术创新系统研究”（蒋尉主持），“国际组织分析的社会学路径研究”（袁正清主持）；“马克思主义理论研究和建设”工程课题 1 项：“习近平文献（1989 ~ 2014 年）的引文研究”（石新香主持）；所重点课题 11 项：“中国的印度洋战略区安全构想”（主父笑飞主持），“泛太平洋战略经济伙伴关系协定与中国的对策”（张琳主持），“中国出口的专业化之路及其影响因素”（高凌云主持），“中国对外金融资产负债失衡与金融调整”（肖立晟主持），“后起国家走向制造强国的产业路径研究：中国产业可持续发展的一项国际比较”（李毅主持），“BIT、制度非中性与‘走出去’战略”（贾中正主持），“基于大宗商品计价的人民币国际化研究”（陆婷主持），“全球公域治理研究”（任琳主持），“中国对外直接投资与经济转型升级”（王碧珺主持），“美国对外援助的国内政治影响”（肖河主持），“基于全球价值链视角的人民币有效汇率”（杨盼盼主持）。

3. 获奖优秀科研成果

2015 年，世界经济与政治研究所获得第七届“胡绳青年学术奖”1 项：徐进的专著《暴力的限度：战争法的国际政治分析》。

获得中国社会科学院第六届“优秀皮书奖”一等奖 1 项：王洛林、张宇燕主编的《2015 年世界经济形势分析与预测》；获得中国社会科学院第六届“优秀皮书奖”三等奖 1 项：李慎明、张宇燕主编的《2015 年全球政治与安全报告》。

2015 年，世界经济与政治研究所评出研究所优秀科研成果一等奖 7 项：黄薇、郑海涛、任若恩的专著《国际经济研究中的多边分析方法与应用》，徐进的专著《暴力的限度：战争法的国际政治分析》，张明的论文《中国投资者是否是美国国债市场上的价格稳定者》，冯维江的论文《试论“天下体系”的秩序特征、存亡原理及制度遗产》，姚枝仲、田丰、苏庆义的论文《中国出口的收入和价格弹性》，东艳、约翰·沃利的论文“How Large are the Impacts of Carbon Motivated Border Tax Adjustments?”（《碳边界调节措施的影响分析》），王永中的论文“Effectiveness of Capital Controls and Sterilizations in China”（《中国资本管制和外汇冲销的有效性》）；评出研究所优秀科研成果提名奖 6 项：刘仕国的专著《外商直接投资对中国收入分配的影响——基于 1998 ~ 2006 年工业企业面板数据的动态计量分析》，李少军的专著《国际体系——理论解释、经验事实与战略启示》，田丰的论文《中国与世界贸易组织争端解决机制：评估和展望》，孙杰的论文《主权债务危机与欧元区的不对称性》，郎平的论文《特惠贸易安排的和平效应源于制度层面吗？以西非国家经济共同体为例》，徐秀军的论文《新兴经济体与全球经济治理结构转型》。

（三）学术交流活动

1. 学术活动

2015 年，世界经济与政治研究所主办和承办的重要学术会议有：

(1) 2015 年 3 月 28 日，由世界经济与政治研究所与中国海外交流协会、华侨大学海上丝绸之路研究院共同主办的博鳌亚洲论坛分会——“华商领袖与华人智库圆桌会”在海南省举行。会议的主题是“中国—东盟自贸区升级版与海上丝绸之路建设”。

(2) 2015 年 5 月 25 日，由中国作为亚信主席国举办的“亚信非政府论坛首次年会”在北京召开，世界经济与政治研究所承办第三场圆桌会议。会议的主题是“构建亚洲能源安全框架：从共识到行动”。

(3) 2015 年 6 月 11 日，由中国社会科学院亚洲研究中心、韩国高等教育财团主办，世界经济与政治研究所承办的第五届“亚洲研究论坛”在北京召开。论坛的主题是“一带一路倡议与亚洲共赢”。

(4) 2015 年 6 月 19 日，由世界经济与政治研究所、中国国际文化交流中心主办的“第三届金砖国家智库圆桌会议”在北京召开。

(5) 2015 年 7 月 29 日，由世界经济与政治研究所与英国皇家国际事务研究所联合举办的“人民币国际化与国际货币体系研讨会”在北京召开。

(6) 2015 年 8 月 24 日，由世界经济与政治研究所主办的“资本账户开放：国际经验与中国启示”国际研讨会在北京召开。

(7) 2015 年 8 月 25 日，由中国社会科学院学部主席团主办、世界经济与政治研究所承办的“中国社会科学论坛（2015 国际问题）：‘一带一路’与孟中印缅区域互联互通”国际研讨会在北京举行。

2015年5月25日，由中国作为亚信主席国举办的亚信非政府论坛首次年会在北京召开，世界经济与政治研究所承办第三场圆桌会议。

(8) 2015 年 8 月 26 日，由世界经济与政治研究所与孟加拉国政策建议与治理研究所联合举办的“中孟建交 40 周年国际研讨会”在北京召开。

(9) 2015 年 9 月 5 日，由郑州大学、世界经济与政治研究所、国际关系学院主办，中国国际文化交流中心协办的第六届国际政治经济学论坛暨“一带一路：国际政治经济学视角”学术研讨会在郑州大学召开。

(10) 2015 年 10 月 23 日，由中国社会科学院、澳大利亚昆士兰大学联合主办，中国社会科学院国际合作局、世界经济与政治研究所联合承办的“第二届中—昆亚太论坛”在北京召开。

(11) 2015 年 12 月 4 ~ 6 日，由世界经济与政治研究所、中国人民大学重阳研究院和上海国际问题研究院联合举办的“2016 年 T20 活动启动会”在北京举行。

(12) 2015 年 12 月 23 日，由世界经济与政治研究所和社会科学文献出版社共同主办的“2016 年《世界经济黄皮书》报告会”在北京举行。

2. 国际学术交流与合作

2015 年，世界经济与政治研究所共派遣出访 110 批 176 人次，接待来访 238 批 600 多人次（含中国社会科学院邀请来访 11 批 50 人次）。其中，执行 2015 年度院级对外学术交流协议出访 8 批 9 人次；接待来访的外国学者 10 人，执行院级对外学术交流协议的来访学者 3 批 3 人次。与世界经济与政治研究所开展学术交流的国家有：美国、加拿大、俄罗斯、墨西哥、澳大利亚、比利时、英国、法国、德国、瑞士、希腊、荷兰、阿根廷、日本、韩国、越南、新加坡、土耳其、马来西亚、印度尼西亚、孟加拉国、印度、斯里兰卡、缅甸、沙特、巴林等。

(1) 2015 年 1 月 11 ~ 16 日，世界经济与政治研究所所长张宇燕率外交部第 47 批专家学者小组访问美国，就“中美经贸投资合作”专题开展工作。

(2) 2015 年 1 月 12 日，世界经济与政治研究所副所长王德迅等会见中国人民对外友好协会邀请的日本老大使代表团一行，双方就中日关系、中国近年来经济社会发展情况及相关政策问题进行交流。

（3）2015 年 3 月 1 ~ 10 日，世界经济与政治研究所所长张宇燕一行赴孟加拉国、缅甸、斯里兰卡访问，双方就“一带一路”及孟中印缅经济走廊等问题进行交流。

（4）2015 年 3 月 19 日，世界经济与政治研究所所长张宇燕等会见白俄罗斯科学院副院长 A. 苏卡洛一行，商谈未来双方的合作事宜。

（5）2015 年 4 月 7 日，世界经济与政治研究所所长张宇燕等会见美国纽约联邦储备银行主管研究及统计事务的高级副行长保罗一行，双方就全球宏观经济、货币政策、汇率以及其他双方感兴趣的相关话题交换意见。

（6）2015 年 4 月 12 ~ 14 日，应东盟与东亚经济研究所的邀请，世界经济与政治研究所所长张宇燕作为该机构的学术顾问委员会委员，赴印度尼西亚首都雅加达参加第七届学术咨询会议，并对该机构 2014 年度的研究活动和 2015 年度的研究展望提出意见和建议。

（7）2015 年 6 月 22 ~ 24 日，应东盟与中日韩宏观经济研究办公室的邀请，世界经济与政治研究所所长张宇燕作为咨询专家委员会委员，赴新加坡参加东盟与中日韩宏观经济办公室咨询小组会议，讨论地区经济等问题。

（8）2015 年 6 月 28 日至 7 月 2 日，世界经济与政治研究所所长助理宋泓研究员一行赴俄罗斯参加市民金砖国际会议。

（9）2015 年 6 月 29 日，世界经济与政治研究所副所长姚枝仲研究员等会见美亚学会第 99 批美国国会助手团一行，双方就中美关系、中美双边贸易与投资等问题进行交流。

（10）2015 年 7 月 3 日，世界经济与政治研究所所长张宇燕等会见新加坡东盟与中日韩宏观经济办公室代表团一行，就国别经济磋商等问题进行交流。

（11）2015 年 7 月 21 日，中国社会科学院学部委员余永定等会见英国财政部负责国际和欧洲事务的副部长马克 · 鲍曼一行，就中国经济、国际经济治理参与等问题进行交流。

（12）2015 年 8 月 27 日，世界经济与政治研究所所长张宇燕等与美国财政部负责发展中国家发展和债务事务的副助理部长亚历克西亚 · 拉托尔蒂座谈，就中美发展、多边金融机构等议题进行交流。

（13）2015 年 9 月 8 日，世界经济与政治研究所所长张宇燕、副所长邹治波等会见中国社会科学院研究生院周边国家青年学者研修班学员一行，就中国经济等问题进行交流。

（14）2015 年 9 月 13 ~ 17 日，世界经济与政治研究所所长张宇燕一行赴印度访问，为第一届中印智库论坛进行学术准备。

（15）2015 年 9 月 16 ~ 20 日，世界经济与政治研究所副所长姚枝仲应邀随外交学会代表团赴韩国出席由外交学会和韩国国际交流财团共同举办的“第 20 届中韩未来论坛”。

（16）2015 年 10 月 27 日，世界经济与政治研究所举办第三届钱俊瑞—浦山讲座，加拿大前总理保罗·马丁应邀来该所，并发表题为“G20与全球治理”的演讲。

（17）2015年11月9日，世界经济与政治研究所所长张宇燕等会见美国州议会会议主席柯蒂斯·布兰布率领的美国全国州议会会议代表团一行，双方就未来的合作进行交流。

（18）2015年11月12～16日，世界经济与政治研究所所长张宇燕一行赴土耳其安塔利亚参加T20峰会及多场交流活动。世界经济与政治研究所是2016年T20的首席牵头单位，此次会议完成了T20牵头方的交接仪式。

（19）2015年11月30日，世界经济与政治研究所所长张宇燕等会见比利时外交部亚洲司司长梵蒂莎·雷吉内一行，双方就全球经济中中国在地区和多边机构中的角色方面的预期等议题进行交流。

（20）2015年12月4日，世界经济与政治研究所副所长邹治波等会见美亚学会第101批美国国会议员助手团一行，双方就中美关系、中美经贸合作等问题进行交流。

（21）2015年，世界经济与政治研究所开展的国际合作研究项目有：该所经济发展研究室副主任毛日昇副研究员与其荷兰合作方共同申请的“在中国组织小规模高附加值的食品生产者：合作、信任与农村发展”联合科学专题研究项目；该所国际投资研究室副研究员韩冰与欧盟合作研究项目“促进全球责任研究与社会和科学创新”；该所经济发展研究室主任徐奇渊副研究员与英国学术院合作研究项目“资本项目管制背景下的人民币离岸市场的发展”。此外，2015年，世界经济与政治研究所赴境外长期进修2人，举办12次国际会议，接待与会外宾106人。

3. 与中国香港、澳门特别行政区和中国台湾开展的学术交流

（1）2015年1月23～26日，应中华能源基金委员会邀请，世界经济与政治研究所研究员徐小杰参加在香港国际会议中心举办的“第七次中美对话研讨会——亚洲能源安全：挑战与机遇”，并发表题为“亚洲能源安全体系”的演讲。

（2）2015年1月26～29日，世界经济与政治研究所研究员余永定应邀参加在香港举行的第六届年度旗舰宏观会议（高盛全球宏观会议——亚太2015）并发表题为“中国宏观经济政策”的演讲。

（3）2015年3月31日，世界经济与政治研究所副研究员薛力会见台湾《天下杂志》总主笔萧富元，双方就中国大陆“一带一路”倡议规划等问题进行交流。

（4）2015年4月2日，世界经济与政治研究所副所长姚枝仲等会见台湾工业技术研究院知识经济与竞争力研究中心主任杜紫宸一行，双方就中国未来的国际经济发展战略等问题进行交流。

（5）2015年4月23日，香港科技大学康思勤博士在世界经济与政治研究所发表了题为“中国的人才回流：限制到成功”的演讲。

（6）2015年6月8日，世界经济与政治研究所研究员倪月菊会见三菱东京日联银行香港分行业务开发室研究员小泉一行。

（7）2015年6月22～26日，世界经济与政治研究所副所长姚枝仲研究员一行赴香港贸易发展局调研。

(8) 2015 年 6 月 15 ~ 19 日，应台湾工业技术研究院邀请，世界经济与政治研究所副研究员徐奇渊赴台湾参加该院与德国基尔研究所主办的题为“包容性发展”的学术研讨会。

(9) 2015 年 7 月 6 日，世界经济与政治研究所《世界经济与政治》编辑部主任袁正清等会见台湾成功大学政治系教授王宏仁，双方就“中国崛起与中国的全球治理观”等主题进行交流。

(10) 2015 年 9 月 10 日，世界经济与政治研究所所长张宇燕研究员、《世界经济》编辑部主任孙杰研究员会见台湾工业技术研究院知识经济与竞争力研究中心主任杜紫宸一行，双方就学术合作等问题进行交流。

(11) 2015 年 9 月 11 日，世界经济与政治研究所副研究员薛力会见台湾工业技术研究院知识经济与竞争力研究中心研究员黄莜雯，双方就“从中国大陆‘一带一路’的战略版图当中找到台湾的创新机会”问题进行交流。

(12) 2015 年 10 月 8 日，世界经济与政治研究所研究员东艳等会见香港冯氏集团利丰发展有限公司副总裁洪雯博士一行，双方就香港参与自由贸易的策略建议等问题进行交流。

(13) 2015 年 11 月 12 ~ 18 日，应台湾工业技术研究院知识经济与竞争力研究中心的邀请，世界经济与政治研究所副研究员徐奇渊赴台湾参加“一带一路与两岸产业发展合作机会”研讨会，并发表题为“新常态下的经济形势和发展机遇”的演讲。随后应邀赴台东参加 11 月 16 日召开的“中国制造 2025 与两岸产业发展合作机会”研讨会，发表题为“新时期开放政策的国内外背景”的演讲。

(14) 2015 年 12 月 9 ~ 13 日，应澳门城市大学的邀请，世界经济与政治研究所经济发展研究室主任徐奇渊等赴澳门进行学术访问，就澳门经济多元化状况等问题进行交流。

（四）学术社团、期刊

1. 社团

(1) 中国世界经济学会，会长张宇燕。

① 2015 年 1 月 14 日，由中国世界经济学会、《国际经济评论》编辑部共同主办的“2015 中国经济”专题研讨会在北京召开。

② 2015 年 1 月 22 日，由《国际经济评论》编辑部、中国世界经济学会共同主办的国际重大问题深度关注系列讲座“机关事业单位工资和社会保险制度改革 —— 从工资、养老、医疗三方面谈起”（朱恒鹏主讲）在北京举办。

③ 2015 年 4 月 9 日，由《国际经济评论》编辑部、中国世界经济学会共同主办的国际重大问题深度关注系列讲座“中东地区和‘一带一路’战略的实施”（王洛林主讲）在北京举办。

④ 2015 年 6 月 12 日，由中国世界经济学会、《国际经济评论》编辑部共同主办的“后危机时期全球金融体系重构与中国金融对外开放”学术研讨会在上海召开。

⑤ 2015 年 6 月 13 日，由中国世界经济学会、《国际经济评论》编辑部共同主办的“转型国家经济新常态：机遇与挑战”研讨会在河南省郑州市召开。

⑥ 2015 年 6 月 24 日，由中国世界经济学会、《国际经济评论》编辑部共同主办的“‘一带一路’下的金融创新”专题研讨会在青海省西宁市召开。

⑦ 2015 年 7 月 14 日，由《国际经济评论》编辑部、中国世界经济学会共同主办的国际重大问题深度关注系列讲座“贸易、移民和生产力：中国定量分析”（朱晓冬主讲）在北京举办。

⑧ 2015 年 9 月 25 日，由中国世界经济学会、欧亚经济论坛秘书处、西安交通大学欧亚经济（论坛）研究院、《国际经济评论》编辑部共同主办的 2015“欧亚经济论坛”智库会议暨“一带一路”学术研讨会在陕西省西安市召开。

⑨ 2015 年 9 月 28 日，由《国际经济评论》编辑部、中国世界经济学会共同主办的国际重大问题深度关注系列“‘中等收入陷阱’及其制度和思想成因”研讨会在北京召开。

⑩ 2015 年 10 月 9 ~ 11 日，由中国世界经济学会中青年委员会和辽宁大学国际关系学院共同主办的中国世界经济学会中青年委员会 / 辽宁大学 2015 年博士生论坛在辽宁省沈阳市召开。

⑪ 2015 年 11 月 20 ~ 22 日，由中国世界经济学会主办，云南师范大学经济与管理学院承办的“中国世界经济学会十届第五次常务理事会扩大会议暨 2015 年中国世界经济学会年会、中国世界经济学会中青年论坛——世界经济格局变化与中国角色”在云南省昆明市召开。

⑫ 2015 年 11 月 30 日，由《国际经济评论》编辑部、中国世界经济学会共同主办的国际重大问题深度关注系列“TPP 热议下的中国定位”研讨会在北京召开。

2015年11月，中国世界经济学会十届第五次常务理事会扩大会议暨2015年中国世界经济学会年会、中国世界经济学会中青年论坛——世界经济格局变化与中国角色在云南昆明召开。

（2）新兴经济体研究会，会长张宇燕。

① 2015 年 3 月 17 日，新兴经济体研究会参与主办博鳌亚洲论坛 2015 年度报告新闻发布会。

② 2015 年 3 月 29 日，新兴经济体研究会参与主办博鳌亚洲论坛 2015 年年会“华商领袖与华人智库圆桌会”。

③ 2015 年 6 月 18 ~ 19 日，由中国新兴经济体研究会举办的“金砖国家智库圆桌会”在北京召开。

2015 年 12 月 4 ~ 6 日，

由中国新兴经济体研究会、中国国际文化交流中心和广东工业大学主办，广东省新兴经济体研究会、广东工业大学经济与贸易学院、广东工业大学金砖国家研究中心、广东外语外贸大学国际经济贸易研究中心和广东财经大学国民经济研究中心等单位承办的“中国新兴经济体研究会2015年年会暨2015新兴经济体论坛”在广东省广州市举行。会议的主题是“新兴经济体创新发展与中国自由贸易试验区建设”。

2. 期刊

(1)《世界经济》(月刊)，主编张宇燕。

2015年，《世界经济》共出版12期，共计264万字。该刊全年刊载的有代表性的文章有：陆婷、余永定的《中国企业债队GDP比的动态路径》，白重恩、张琼的《中国生产率古迹及其波动分解》，刘维林的《中国式出口的价值创造之谜：基于全球价值链的解析》，李春顶的《中国企业“出口—生产率悖论”研究综述》，张璟、刘晓辉的《金融结构与固定汇率制度：来自新兴市场的假说和证据》，陈彦斌、马啸、刘哲希的《要素价格扭曲、企业投资与产出水平》，谢建国、赵锦春、林小娟的《不对称劳动参与、收入不平等与全球贸易失衡》，毛其淋、许家云的《中间品贸易自由化、制度环境与生产率演化》，戴觅、茅锐的《外需冲击、企业出口与内销：金融危机时期的经验证据》，王孝松、翟光宇、林发勤的《反倾销对中国出口的抑制效应探究》，杨盼盼、马光荣、徐建炜的《理解中国2002～2008年的经常账户顺差扩大之谜》，祝树金、张鹏辉的《出口企业是否有更高的价格加成：来自中国制造业的证据》，吴意云、朱希伟的《中国为何过早进入再分散：产业政策与经济地理》，王曦、陈中飞的《中国城镇化水平的决定因素：基于国际经验》，樊海潮、郭光远的《出口价格、出口质量与生产率间的关系：中国的证据》。

(2)《世界经济与政治》(月刊)，主编张宇燕。

2015年，《世界经济与政治》共出版12期，共计216万字。该刊全年刊载的有代表性的文章有：张蕴岭的《中国的周边区域观回归与新秩序构建》，苏长和的《世界秩序之争中的“一”与“和”》，秦亚青的《国际政治理论的新探索》，门洪华、刘笑阳的《中国伙伴关系战略评估与展望》，吴志成、陈一一的《国家间领土争端缘何易于复发》，高海红的《布雷顿森林遗产与国际金融体系重建》，张亚斌、范子杰的《国际贸易格局分化与国际贸易秩序演变》，李东燕的《联合国与国际和平与安全的维护》，柳华文的《联合国与人权的国际保护》，徐奇渊、孙靓莹的《联合国发展议程演进与中国的参与》，王存刚的《论中国外交核心价值观》，刘丰、董柞壮的《联盟网络与军事冲突：基于社会网络分析的考察》，李滨的《马克思主义的国际政治经济学研究逻辑》，孙德刚的《大国海外军事基地部署的条件分析》，杨原、曹玮的《大国无战争、功能分异与两极体系下的大国共治》，庞珣、何枻焜的《霸权与制度：美国如何操控地区开发银行》，左希迎的《亚太联盟转型与美国的双重再保证战略》，李晓、李俊久的《“一带一路”与中国地缘政治经济战略的重构》，冯维江、张斌、沈仲凯的

《大国崛起失败的国际政治经济学分析》，李捷、杨恕的《“伊斯兰国”的意识形态：叙事解构及其影响》。

（3）*China & World Economy*（《中国与世界经济》）（英文双月刊），主编余永定。

2015 年，《中国与世界经济》（*China & World Economy*）共出版 6 期，共计约 6 万字（英文）。该刊全年刊载的有代表性的文章有：“Haste Makes Waste: Policy Options Facing China after Reaching the Lewis Turning Point/Fang Cai”（蔡昉的《欲速则不达：到达路易斯拐点之后中国面临的政策选择》），“The Future is in the Past: Projecting and Plotting the Potential Rate of Growth and Trajectory of the Structural Change of the Chinese Economy for the Next 20 Years/Jun Zhang, Liheng Xu, Fang Liu ”（张军、徐力恒、刘芳的《从过去看未来：预测与描绘未来二十年中国经济结构变化的轨迹与潜在的增长率》），“Industrial Structural Change and Economic Growth in China, 1987-2008/Jingfeng Zhao, Jianmin Tang”（赵景峰、汤建民的《中国的工业结构的变化与经济增长 1987 ~ 2008》），“Business Life Cycle and Capital Structure: Evidence from Chinese Manufacturing Firms/Lin Tian, Liang Han, Song Zhang”（田林、韩亮、张松的《商业生命周期与资本结构：来自中国生产企业的证据》），“Renminbi in Ordinary Economies: A Demand-side Study of Currency Globalization/Hyoung-kyu Chey”（崔永空的《人民币在普通经济体的使用：货币全球化的需求研究》），“Do Inland Provinces Benefit from Coastal Foreign Direct Investment in China? /Chunlai Chen”（陈春来的《中国的内陆省份是否获益于沿海的外国直接投资？》），“Transforming Central Bank Liabilities into Government Debt: The Case of China/Robert McCauley, Guonan Ma”（罗伯特·麦克卡里、马国南的《将中央银行债务转化为政府债务：中国案例》），“How does Bank Capital Affect Bank Profitability and Risk? Evidence from China's WTO Accession/Chien-Chiang Lee, Shao-Lin Ning, Chi-Chuan Lee”（李建江、宁少林、李起铨的《银行资本如何影响银行的利润率与风险？来自于中国加入 WTO 的证据》），“Assessing Local Government Debt Risks in China: A Case Study of Local Government Financial Vehicles/ Kunyu Tao”（陶坤玉的《对中国的地方政府债务风险的评估：地方政府金融工具的案例分析》），“How Can China Avoid the Middle Income Trap? /Zhizhong Yao”（中国如何能够避免中等收入陷阱？姚枝仲），“Measuring Multinationals' R&D Activities in China on the Basis of a Patent Database: Comparing European, Japanese and US Firms/Kazuyuki Motohashi”（元桥一之的《以专利数据库为基础来衡量评估跨国企业在中国的研发行为：欧洲、日本与美国企业的比较》），“Transatlantic Trade and Investment Partnership and Trans-Pacific Partnership: Policy Options of China/Buhara Aslan, Merve Mavus Kutuk, Arif Oduncu”（布哈拉·阿斯兰、梅尔韦·马卫·库图、阿里夫·欧都初的《跨大西洋贸易与投资伙伴关系协定与跨太平洋伙伴关系协议：中国的政策选择》）。

（4）《国际经济评论》（双月刊），主编张宇燕。

2015 年，《国际经济评论》共出版 6 期，共计 114 万字。该刊全年刊载的有代表性的文章有：张蕴岭、[美] 傅高义的《理解变化中的亚洲与中国》，李培林的《中产阶层成长和橄榄型社会》，黄益平的《中国经济外交新战略下的"一带一路"》，李向阳的《构建"一带一路"需要优先处理的关系》，朱恒鹏、高秋明、陈晓荣的《与国际趋势一致的改革思路 —— 中国机关事业单位养老金制度改革述评》，黄海洲、汪超、王慧的《中国城镇化中住房制度的理论分析框架和相关政策建议》，张明的《人民币国际化与亚洲货币合作：殊途同归？》，薛力的《中国"一带一路"战略面对的外交风险》，都阳的《低生育率时代的经济发展：结构、效率与人力资本投资》，潘庆中、李稻葵、冯明的《"新开发银行"新在何处 —— 金砖国家开发银行成立的背景、意义与挑战》，卢锋、李昕、李双双、姜志霄、张杰平、杨业伟的《为什么是中国？——"一带一路"的经济逻辑》，吴白乙、史沛然的《社会安全与贸易投资环境：现有研究与新可能性》，徐奇渊、孙靓莹的《新兴经济体：三大外部冲击挑战国内政策空间》，宋泓的《中国是否到了全面推进开放型经济的新阶段？》，管涛的《国际货币体系改革有无终极最优解？—— 从 N-1 问题看超主权储备货币的发展前景》，王信的《希腊退出欧元区的前景及政策应对》，叶荷、岳星的《货币合作还是货币战争？—— 中美在国际货币体系改革中的利益导向和合作前景》，张晓晶的《跨越中等收入陷阱：国际经验与中国出路》，姚枝仲的《金融危机与中等收入陷阱》，丁一凡的《中国会不会重蹈拉美和东亚经济体的覆辙？》，张平的《中等收入陷阱的经验特征、理论解释和政策选择》。

(5)《世界经济年鉴 2014》(年刊)，主编张宇燕。

《世界经济年鉴》2014 年卷于 2015 年 10 月出版，全书共 170 万字。该刊设有以下 11 个栏目：世界经济政策综述、全球宏观经济学、国际贸易学、国际金融学、国际投资学、国际发展经济学、世界能源、全球治理、世界经济统计学、附录和索引。该刊全年刊载的有代表性的文献有：刘仕国、曹滔的《中国的对外经济交往：理念、政策和机制 ——基于习近平主席和李克强总理相关论断的综述》，刘仕国、徐奇渊的《全球宏观经济学综述：基于政策和增长关系的视角》，高凌云、马涛的《国际贸易学科综述》，陆婷的《国际金融学：理论、观点、方法、热点》，王碧珺、李国学、王永中、潘圆圆、张金杰、韩冰的《国际投资学年度进展综述》，毛日昇、蒋尉、宋锦的《国际发展经济学综述》，魏蔚、徐小杰的《世界能源研究综述》，任琳、熊爱宗、田慧芳的《全球治理研究综述》，刘仕国的《世界经济统计学综述》，贾中正的《发展经济体经济与区域一体化研究综述》，吴国鼎的《公司治理研究综述》。

（五）会议综述

第五届亚洲研究论坛"'一带一路'倡议与亚洲共赢"国际研讨会

2015 年 6 月 11 日，由中国社会科学院亚洲研究中心、韩国高等教育财团主办，世界经济与政治研究所承办的第五届"亚洲研究论坛"在北京召开。论坛的主题是"'一带一路'倡议与亚洲共赢”。来自俄罗斯、哈萨克斯坦、乌兹别克斯坦、土耳其、伊朗、印度尼西亚、韩国、泰国、越南、日本、缅甸、巴基斯坦、印度等国的外方学者和来自中国社会科学院、北京大学、中联部、中共中央党校、中国国际问题研究院等机构的专家学者参加了论坛。中国社会科学院亚洲研究中心理事长李扬、韩国高等教育财团事务总长朴仁国、中共中央对外联络部部长助理丁孝文出席会议并发表讲话。

论坛分为四个小节。在“‘一带一路’与中国外交”环节，张蕴岭、陶坚、阎学通三位教授从战略、经济、安全角度分析了“一带一路”倡议。在接下来的三个小节以地区划分，从俄罗斯、中亚与西亚视角、东南亚视角、东北亚与南亚的视角，分别安排外方学者与中方学者各一名来分析中国与某一特定国家如何看待“一带一路”。中外学者重点分析了“一带一路”倡议实施中存在的问题与挑战，以及为了克服这些挑战应该采取哪些措施。韩国学者尹锡俊表示，韩国对于“一带一路”倡议的地缘政治效果存在疑虑，又因为美国的反对而难以积极呼应。泰国学者提出，应该关注民心相通，为此应该尝试融入当地公民社会。越南学者关注到中国国内东西部省份对于参加“一带一路”的积极性不同，建议中国与沿线国家积极沟通交流，听取多方意见后再确定针对某个国家的规划与项目。兰州大学教授曾向红还分析了中国与中亚在丝绸之路经济带合作中存在的五大挑战：中国国内相应的智力支持不足、中亚国家部分专家与民众对这一倡议心存疑虑、中亚国家彼此之间矛盾重重、中国西部与中亚落后的经济与人口稀疏。这些问题的提出对于“一带一路”下一步的实施具有重要的参考价值。

（郗艳菊）

“中国社会科学论坛（2015·国际问题）：‘一带一路’与孟中印缅区域互联互通”国际研讨会

2015年8月25日，由中国社会科学院学部主席团主办，世界经济与政治研究所承办的“中国社会科学论坛（2015·国际问题）：‘一带一路’与孟中印缅区域互联互通”国际研讨会在北京举行。来自中国社会科学院、北京大学、云南大学、缅甸战略与国际关系研究所、印度观察家研究基金会、孟加拉政策建议与治理研究所、斯里兰卡政策研究所、印度发展中国家研究与信息系统研究所等机构的专家学者约90人出席了论坛。

中国社会科学院国际合作局局长王镭介绍了会议召开的历史背景和历史意义。他指出，孟中印缅经济走廊是加强区域合作，推进“一带一路”建设的一项非常重要的工程。建设孟中印缅经济走廊与“一带一路”倡议对接，将有助于加强区域互联互通，从中激发新的经济增长点，符合区域内各个国家的根本利益。

与会专家首先对智库合作、推动区域联通达成了共识。缅甸专家毛温坚信和平共处五项原则是区域内各国外交政策的基石，也应该是“一带一路”安排的最基本原则，即使政治情况或许会发生变化，缅甸的对华政策尤其是对华经济合作方面不会有大的政策调整。印度专家库卡尼认为，孟中印缅的宏伟构想需要各国之间的深入沟通。区域合作不断扩大和加深才能真正推动亚洲的崛起。任何两国国家之间合作，特别是中国和印度，需要的不仅仅是政府之间的交流，人文之间尤其是智库之间的交流也非常重要。

与会专家一致认为，塑造包容性区域合作，推动区域发展，大国责任重大。孟加拉国专家卡苏建议中国将巴基斯坦纳入孟中印缅合作当中。巴印应当将历史遗留问题放在一边，抛掉历史的包袱，将孟中印缅经济走廊打造成吸引更多人目光的区域合作计划。印度专家莫汉蒂认为价值链的融合对于孟中印缅的未来合作非常重要。借助孟中印缅框架，通过一些具体的贸易自由化或者自贸区的安排，进一步推进价值链的一体化。

中国社会科学院世界经济与政治研究所所长张宇燕认为，中印两国作为区域内的大国承担着重任，不仅自己要发展，还要促进区域内的共同发展。张宇燕指出，此次会议特别邀请来自斯里兰卡政策研究所的研究员，也是呼应了这种包容性合作的思想。中国和巴基斯坦已经正在致力于建立中巴经济走廊，如果能把巴基斯坦囊括在智库研究里，这也是非常有建设性的倡议。通过智库之间的交流，推动中国和南亚地区的经济合作与发展。

（郗艳菊）

第六届国际政治经济学论坛暨“一带一路：国际政治经济学视角”研讨会

2015 年 9 月 5 日，由郑州大学、中国社会科学院世界经济与政治研究所、国际关系学院主办，中国国际文化交流中心协办的第六届国际政治经济学论坛暨“一带一路：国际政治经济学视角”学术研讨会在郑州大学召开。来自全国 30 余所高校、科研机构的专家学者 100 余人参加了会议。郑州大学公共管理学院院长高卫星教授主持开幕式。郑州大学党委书记郑永扣、中国社会科学院世界经济与政治研究所所长张宇燕研究员、国际关系学院党委书记刘慧教授、中国国际文化交流中心常务副秘书长佟晓滨、中共中央宣传部出版局副局长刘建生为论坛致开幕词。

论坛分设四项议题，分别是：“‘一带一路’与国际政治经济学理论建构”“‘一带一路’与中国外交”“‘一带一路’与跨区域治理”“‘一带一路’与经济一体化”。北京大学教授王正毅、郑州大学教授余丽、国际关系学院教授郭惠民、吉林大学教授李晓、中国人民大学教授关雪凌、中国社会科学院研究员李建民、吉林大学教授李晓、广东国际战略研究院教授周方银、中国社会科学院研究员高程分别为论坛作主题演讲。

与会专家学者深入探讨了“一带一路”倡议提出后给国际政治经济学理论创新和学科发展带来的机遇，从学科新视角考察了当今中国、区域和世界经济政治领域的新情况、新问题和新挑战，并为“一带一路”的持续推进提出了富有建设性的政策建议。

（郗艳菊）

中国新兴经济体研究会2015年年会暨2015新兴经济体论坛

2015年12月4～6日，由中国新兴经济体研究会、中国国际文化交流中心和广东工业大学主办，广东中星控股集团投资有限公司、广东盛林融资担保有限公司、广东工业大学金砖国家研究中心、对外经济贸易大学广东校友会、致公党广东省委经济委员会协办，广东省新兴经济体研究会、广东工业大学经济与贸易学院、广东外语外贸大学国际经济贸易研究中心和广东财经大学国民经济研究中心等机构承办的“中国新兴经济体研究会2015年年会暨2015新兴经济体论坛”在广东省广州市举行。会议得到了博鳌亚洲论坛研究院的战略支持。来自巴西、俄罗斯、美国、印度、智利、墨西哥等11个国家的官员、学者以及来自中国社会科学院、博鳌亚洲论坛、国务院发展研究中心、北京大学等60多个研究机构和高校的代表约300人参加了会议。

会议聚焦“新兴经济体创新发展与中国自由贸易试验区建设”，举办了主题演讲和会议专题论坛。来自俄罗斯科学院、广东省海上丝绸之路商会、云南大学、印度阿里格尔穆斯林大学、复旦大学、湖南师范大学、墨西哥驻广州总领事、中国社会科学院、孟加拉政策宣传与治理研究所的16位官员和学者发表了主题演讲，内容包括“‘十三五’：迈向更高层次开放型经济”“2016全球经济影响因素”“多变世界中的金砖国家现状与展望”“‘一带一路’战略中的金融和实业”等。会议专题论坛分为五个部分，一是新兴经济体结构改革与合作机制创新；二是新兴经济体服务业开放与金融合作；三是新兴经济体贸易与投资合作；四是新兴经济体与“一带一路”建设；五是中国（广东、福建、上海、天津）自贸区建设。与会专家学者的关注点主要集中在新兴经济体结构改革与合作机制创新、服务业开放与金融合作、贸易与投资合作、新兴经济体与“一带一路”建设、中国（广东、福建、上海、天津）自贸区建设等方面。

会议认为，当前，国际金融危机深层次影响依然存在，世界经济在深度调整中曲折复苏，新兴经济体经济增速出现分化，经济增长面临较大压力。与此同时，新一轮科技革命和产业变革蓄势待发，新的增长动力正在孕育，新的经济增长点、新的消费方式、生产方式正在形成。在此背景下，新兴经济体需要抓住机遇创新发展，强化政策协调和经济合作，以合作助推增长，加快增长动力转换，更加有效地应对各种风险和挑战，实现可持续发展，开拓新兴经济体合作与发展的新境界。

（郗艳菊）

俄罗斯东欧中亚研究所

（一）人员、机构等基本情况

1. 人员

截至 2015 年底，俄罗斯东欧中亚研究所共有在职人员 88 人。其中，正高级职称人员 23 人，副高级职称人员 24 人，中级职称人员 26 人；高、中级职称人员占全体在职人员总数的 83%。

2. 机构

俄罗斯东欧中亚研究所设有：俄罗斯政治社会文化研究室、俄罗斯经济研究室、俄罗斯外交研究室、中亚研究室、战略研究室、乌克兰研究室、中东欧研究室、苏联研究室、《俄罗斯东欧中亚研究》编辑部、院图书馆国际研究分馆、科研处、办公室。

（二）科研工作

1. 科研成果统计

2015 年，俄罗斯东欧中亚研究所共完成了专著 11 种，405.8 万字；论文 159 篇，131 万字；研究报告 98 篇，31.2 万字；一般文章 134 篇，81.3 万字。

2. 科研课题

（1）新立项课题。2015 年，俄罗斯东欧中亚研究所共有新立项课题 4 项。其中，国家社会科学基金一般课题 1 项：“中亚国家的宗教事务管理与上海合作组织反宗教极端合作研究”（张宁主持）；院重点课题 3 项：“俄罗斯发展报告（2015 年）”（李永全主持），“中亚国家发展报告（2015 年）”（孙力主持），“上海合作组织发展报告（2015 年）”（李进峰主持）。

（2）结项课题。2015 年，俄罗斯东欧中亚研究所共有结项课题 12 种，其中：所级创新项目 9 项：“苏联执政党最后十年”（李永全），“多极化背景下的中俄关系（2012 ~ 2015）”（郑羽），“中亚国家政治与社会稳定及其发展趋势”（吴宏伟），“转型前俄罗斯：改革与剧变”（张盛发），“俄罗斯主导下的独联体区域一体化”（薛福岐），“欧洲的分与合 —— 中东欧与欧洲一体化”（朱晓中），“普京新时期俄罗斯政治稳定与国家治理”（庞大鹏），“俄罗斯经济现代化：进程、问题、前景”（程亦军），“中乌战略伙伴关系研究”（柳丰华），院重点课题 3 项：“俄罗斯发展报告（2015 年）”（李永全主持），“中亚国家发展报告（2015）”（孙力、吴宏伟主持），“上海合作组织发展报告（2015 年）”（李进峰、吴宏伟主持）。

（3）延续在研课题。2015 年，俄罗斯东欧中亚研究所有在研课题共计 7 项。其中，国家社会科学基金课题 3 项：“中俄关系通史（六卷本）”（李静杰主持），“低碳经济时代中美发展清洁能源的合作与冲突及我国对策研究”（徐洪峰主持），“战后苏美对战败国日本的条约安排、执行及历史影响：1945 ~ 1956”（赵玉明主持）；国家专项课题 1 项：“20 世纪俄罗斯历史档案文集”（李静杰主持）；所重点课题3项：“当代俄罗斯黑海战略研究”（刘丹主持），“外高加索三国对外政策与实践”（吕萍主持），“隔阂与偏见：俄罗斯犹太民族问题研究”（于卓超主持）。

（三）学术交流活动

1. 学术活动

2015年，俄罗斯东欧中亚研究所举行的大型会议有：

（1）2015年4月1日，俄罗斯东欧中亚研究所与俄罗斯驻华大使馆在北京举办“第二次世界大战对现代国际关系的影响”国际研讨会。

（2）2015年4月5日，中国俄罗斯东欧中亚学会、南开大学经济学院和中国特色社会主义协同创新中心共同举办的“俄罗斯经济形势现状、发展前景与治理”学术研讨会在天津举行。

（3）2015年4月21日，俄罗斯东欧中亚研究所举办的“乌克兰危机走向及对大国关系的影响”学术研讨会在北京举行。

（4）2015年5月14日，俄罗斯东欧中亚研究所主办的“中东欧、俄罗斯、中亚向何处去？”学术研讨会在北京召开。

（5）2015年5月19日，俄罗斯东欧中亚研究所与俄罗斯独联体研究所在北京举办“新时期中俄战略协作暨上合组织发展前景”国际学术研讨会。

（6）2015年7月9日，俄罗斯东欧中亚研究所与乌兹别克斯坦驻华大使馆在北京举办了“中乌社会治理经验比较”国际研讨会。

（7）2015年7月23日，俄罗斯东欧中亚研究所与塔吉克斯坦驻华大使馆在北京举办“塔吉克斯坦外交部长来华演讲”交流活动。

（8）2015年9月4日，中国社会科学院与白俄罗斯科学院主办，俄罗斯东欧中亚研究所承办的首届“中国—白俄罗斯学术论坛”在北京举行。

（9）2015年9月29日，俄罗斯东欧中亚研究所成立五十周年学科建设报告会在北京举行。

（10）2015年10月24～25日，中国社会科学院主办，俄罗斯东欧中亚研究所、中国社会科学院—上海市人民政府上海研究院、上海大学上海合作组织公共外交研究院共同承办的“中国社会科学论坛——第四届中亚论坛”在上海举行。

（11）2015年11月7日，俄罗斯东欧中亚研究所和东北财经大学共同举办的“俄罗斯东欧中亚国家体制的进展与问题”学术研讨会在辽宁省大连市召开。

2. 国际学术交流与合作

2015年，俄罗斯东欧中亚研究所共派遣出访48批40余人次，接待来访10批次20余人。

（四）学术社团、期刊

1. 社团

中国俄罗斯东欧中亚学会，会长李静杰。

2015年4月5日，中国俄罗斯东欧中亚学会、南开大学经济学院和中国特色社会主义协同创新中心在天津联合举办了“俄罗斯经济形势现状、发展前景与治理”学术研讨会。国内20余家科研机构的近50名专家参加了会议。会议研讨的主要问题有“俄罗斯经济形势的定位及成因”“俄罗斯经济困境的深层次影响”“俄罗斯经济发展前景预期”等。

2. 期刊

(1)《俄罗斯东欧中亚研究》(双月刊)，主编李永全。

2015年，《俄罗斯东欧中亚研究》共出版6期，共计113.4万字。该刊全年刊载的有代表性的文章有：许华的《俄罗斯的软实力与国家复兴》，王晓泉的《中俄对外战略中的软实力因素比较》，肖斌的《中俄地区政策中的软实力比较》，陈新明、刘在波的《欧洲政治中的俄罗斯与乌克兰》，梁强的《美国在乌克兰危机中的战略目标——基于美乌关系的分析(1992～2014)》，张盛发的《胜利历史不容篡改和玷污——俄罗斯为维护俄版二战史而斗争》，沈志华的《苏联与北朝鲜政权的建构（1945～1949)》，李永全的《和而不同：丝绸之路经济带与欧亚经济联盟》，李新的《中俄蒙经济走廊助推东北亚区域经济合作》，姜振军的《中俄共同建设“一带一路”与双边经贸合作研究》，赵会荣的《中俄共建丝绸之路经济带问题探析》，高歌的《波黑政治转型初探》，朱晓中的《世界银行与波黑重建》，邢媛媛的《波兰政治思想中的俄罗斯——毕苏茨基与德莫夫思想的比较》，王志远的《产权与绩效：俄罗斯农地私有化与农业发展的逻辑》，郭晓琼的《上海合作组织金融合作及中国的利益诉求》，唐朱昌的《俄罗斯经济结构调整趋向分析》，徐洪峰的《中俄对外能源政策及两国能源合作互利分析》，赵鸣文的《新形势下的中俄全面战略协作伙伴关系》，郑羽的《世界多极化趋势的加强与中俄关系》，王宪举的《乌克兰危机发生前后的俄日关系》，王松亭、王亮的《2014年〈俄罗斯联邦军事学说〉评析》，张盛发的《关于第一次世界大战的若干思考——写在一战爆发100周年之际》，孔田平的《维谢格拉德集团的地位与中欧的未来》，苏畅的《试析中亚伊斯兰极端主义的历史文化根源》，杨恕、郭旭刚的《美国对哈萨克斯坦公共外交述评》，马强的《俄罗斯社会自组织：历史与现实》。

(2)《欧亚经济》(双月刊)，主编高晓慧。

2015年，《欧亚经济》共出版6期，共计94.8万字。该刊全年刊载的有代表性的文章有：冯玉军等的《俄罗斯经济“向东看”与中俄经贸合作》，李建民的《中俄农业合作新论》，高际香的《制裁背景下的俄罗斯经济：困境与应对》，王志远的《乌克兰经济：从“辗转腾挪”到“内忧外患”》，张宁的《哈萨克斯坦跨界水资源合作基本立场分析》，高欣的《中国企业对俄直接投资的现状调查与战略对策》，周亚静的《俄罗斯基础设施投资最优规模的实证分析——兼论俄罗斯走出经济增长困境的对策》，田浩的《俄罗斯国家创新体系研究》，张冬杨的《俄罗斯信息技术产业现状及发展趋势》，郭晓琼的《解析卢布暴跌的深层原因及其应对之策》，李洋的《“新危机”下的俄罗斯企业发展路在何方》，欧阳向英的《俄罗斯国有企业改革的法律分析》，阳军的《中国对中亚五国农产品出口潜力的数理解析》，田川的《中国对哈萨克斯坦贸易与直接投资关系研究》，曲岩的《中东欧国家吸收欧盟基金及绩效——以罗马尼亚为例》，于慧玲、徐梅的《黑河对俄进出口贸易影响因素实证分析》，徐国庆的《试论俄罗斯与非洲能源合作》，孙铭的《欧亚经济联盟为人民币走出区域化困境带来转机》。

（五）会议综述

"第二次世界大战对现代国际关系的影响"研讨会

2015年4月1日，由中国社会科学院俄罗斯东欧中亚研究所和俄罗斯联邦驻华大使馆共同主办的"第二次世界大战对现代国际关系的影响"研讨会在北京举行。中俄学者和外交官就"二战带来的世界格局变化及其对国际关系的影响""战后秩序的规划和领土争端""二战期间的苏联与中国""苏联出兵东北及对华援助"等问题进行了交流和探讨。

北京大学历史系教授徐天新认为，人类的历史就是一个走向全球化的历史，第二次世界大战搅动了世界，推动了全球化的发展，全球化在第二次世界大战之后进入了一个新阶段，但是这种全球化并不是一体化而是多元化，是多样化共存。各国根据自己的历史、传统文化走不同的道路，只有在承认这一点的基础上，人类社会才能真正发展。

中国社会科学院俄罗斯东欧中亚研究所博士梁强指出，苏联对战后世界秩序的规划概括为以下三点，即地缘追求、强权政治、势力范围。苏联在战时规划中提出的以收复失地、严惩战败国、确立三巨头为核心的国际秩序，实际上是以上三点的体现，对苏联外交部门对战后秩序的规划有着深刻影响。

中国社会科学院俄罗斯东欧中亚研究所副研究员李勇慧主要就中日间的钓鱼岛问题、俄日间的南千岛群岛问题做了探讨。

中共中央党校教授左凤荣认为，苏联出兵东北确实支持了中国共产党的胜利，苏联在朝鲜扶植金日成政权，最后发展的结果是战后美苏对峙的冷战格局从欧洲扩展到了远东，标志就是朝鲜战争的爆发。

中俄两国专家都高度认可中苏两国并肩抗击德国法西斯和日本军国主义，缔结了深厚友谊。俄罗斯驻华大使杰尼索夫认为，正是在第二次世界大战以及战后时期，俄中的团结程度比任何时候都高，俄中要肩并肩地以应有的水平庆祝抗日战争胜利70周年。这是对先烈的责任，也是对子孙的责任。

中国社会科学院学部委员李静杰指出，整个抗日战争期间，中国得到了苏联的巨大援助，苏联红军到东北以后，不光赶走了日本人，更重要的是使东北成为共产党人的根据地，苏军撤退时把大量的武器交给了共产党，对国内战争的胜利产生重大影响。

俄罗斯东欧中亚研究所研究员刘显忠介绍了中国学者对抗战期间苏联对华援助问题。

专家学者建议，大国、强国在推行自己的外交政策时不能只是考虑自己的利益，同时要遵循正义、道德原则。在国际合作时各国都有自己的利益，怎么样尊重、协调对方利益，还需要研究处理，需要大智慧。

与会学者强调研究历史首先要尊重历史事实，反对篡改历史的行为。杰尼索夫指出，过去的有些事件遭到了某些西方和东方邻居的“随意解释”和“蓄意歪曲”。苏联人民和中国人民为了争取胜利付出了巨大的代价。

俄罗斯联邦驻华大使馆公使陶米恒认为，俄中学者有能力认识历史真相，年轻学者在利用西方的研究成果时要善于甄别，警惕西方思想的入侵。刘显忠认为，中国改革开放后，学者对抗日战争期间苏联对中国援助问题的研究进一步深化。随着中苏档案的解密，中苏关系史专家不仅揭示了很多新材料，而且纠正了以前研究中的一些错误。

（张文莲）

“俄罗斯经济形势现状、发展前景与治理”学术研讨会

2015 年 4 月 5 日，中国俄罗斯东欧中亚学会、南开大学经济学院和中国特色社会主义协同创新中心在天津共同举办了“俄罗斯经济形势现状、发展前景与治理”学术研讨会。国内 20 余家科研机构的近 50 名专家参加了会议。会议就“俄罗斯经济形势的定位及成因”“俄罗斯经济困境的深层次影响”“俄罗斯经济发展前景预期”等议题展开深入探讨。

与会学者探讨了俄罗斯经济形势的定位及成因问题。辽宁大学教授程伟认为，俄罗斯当前的危机源于“输入型增长”。其隐患是，挤压自主性增长，扩大的内需依赖于国外进口；没有带来效率及国际竞争力的提高；国家调控被锁定在需求管理上。可以说，普京上台后着力解决经济增长问题，投资拉动需求的管理模式被长期锁定。

中国社会科学院荣誉学部委员陆南泉提出，从浅层次看，俄罗斯经济衰退的主要因素有：乌克兰危机后以美国为首的西方国家的经济制裁；国家油价大幅下跌。从深层次看，主要有以下原因：经济结构严重失衡；落后、低效的经济增长方式没有改变；创新型发展战略短期内难以实现。

中国社会科学院俄罗斯东欧中亚研究所研究员李建民认为，俄罗斯卢布危机是内外因相互作用的结果，但危机触发点是外部因素，即西方制裁和国际油价下跌；卢布贬值同其自身属性有着密切联系。可以说，即使没有乌克兰危机这种非常规性因素的影响，俄罗斯以原材料出口拉动经济增长的发展模式已经走到尽头。

东北财经大学教授郭连成指出，俄罗斯经济增长下滑与普京治理能力关系不大。俄罗斯经济增长同国际油价呈正相关关系，俄经济结构调整也严重依赖国际油价的变动，而这种依赖性使得俄罗斯经济结构调整裹足不前。

复旦大学教授唐朱昌认为，俄罗斯经济结构一直未能得到有效调整的原因是长期陷入比较优势陷阱，其原因有五个：一是资源红利的“迷失”，二是发展战略的路径依赖，三是市场垄断及利益集团主导市场经济，四是“伪市场调节机制”的拖累，五是“有限开放”战略的约束。

在中国社会科学院俄罗斯东欧中亚研究所研究员庞大鹏看来，俄经济问题背后是政治体制问题。俄政治体制有两个特点：控制性和低度的政治参与。展开说，就是俄政治体制与发展道路相匹配；俄政治体制与经济模式相匹配；俄政治体制与对外战略相匹配。以上四种匹配导致俄罗斯缺乏现代化动力，缺乏政治体制改革动力，从而导致经济问题。

关于俄罗斯经济的深层次影响，辽宁大学教授徐坡岭指出，俄罗斯经济发展过程中，较好实现了经济的金融化，但是未能很好地配置资源，仅是把资源的可配置性增强了。一方面，为了维护卢布稳定，俄罗斯不得不把大量的石油美元收入作为储备来使用；另一方面，俄新增国民收入没有充分资本化，投资增长率大多数时段处于较低水平。

中国国际战略协会高级顾问王海运认为，俄油气产业面临以下挑战：一是西方制裁；二是油价暴跌；三是与欧洲关系恶化；四是美国页岩气开采技术突破，冲击俄罗斯在国际油气市场中的地位；五是俄政府对油气产业的支持能力下降。

针对以上观点，部分学者认为，俄经济衰退的影响具有自限性，在某些方面甚至是自主选择的结果。复旦大学副教授刘军梅提出，西方制裁、油价问题、外债问题、进口替代战略是影响俄罗斯经济发展的四大因素。辽宁大学副教授韩爽也关注到了进口替代战略。他指出，俄进口替代战略既是权宜之计，也是长久之计。

围绕俄罗斯经济的前景，唐朱昌表示，俄罗斯经济结构调整面临多重“两难”。第一，“保增长”和“调结构”的两难；第二，利用“比较优势”还是“后发优势”的两难；第三，确保眼前的资源出口收入还是追求创新收入的两难。但是，俄近期的目标是保证增长、保证财政收入的稳定和保证社会基本稳定，许多资源不得不用于实现近期目标。

华东师范大学副教授杨成认为，俄罗斯处于“三期叠加”状态，即一是西方对俄制裁，二是国际油价低位，三是俄罗斯自身经济发展低速增长。“三期叠加”使得俄经济隐含的许多内生性问题被显现和强化。

中国社会科学院俄罗斯东欧中亚研究所副研究员高际香、中央财经大学教授童伟通过数据分析对俄罗斯经济发展前景进行了预判。他们认为，在短期内俄罗斯经济不容乐观。俄罗斯东欧中亚研究所研究员薛福岐提出，俄罗斯面临的经济困难不仅是经济问题，也是政治问题，具体而言，俄罗斯经济遇到“弱国家”的表征，即国家能力低下，自主性不足，其根源在于俄罗斯政治结构的特点：权钱一体。

研讨会形成了三方面共识：第一，俄罗斯当前的经济形势是多因素交织叠加的结果；第二，增长与稳定问题并存；第三，该形势的出现可能会激发俄罗斯经济结构、经济体制等方面改革的矛盾。

唐朱昌提出，俄罗斯未来经济转型大致有三种方案：一是继续实施资源依赖型的投资导向和出口导向，二是实行增量调整相结合的模式，三是实行创新导向型发展模式。俄罗斯东欧中亚研究所博士许文鸿指出，俄罗斯应该与中国加强金融合作，通过各种融资手段为俄罗斯企业输血。王海运将军关注油气领域。他认为，俄油气领域为中俄油气合作提供新机遇。

（王永兴　倪　莎）

“乌克兰危机走向及对大国关系的影响”学术研讨会

2015 年 4 月 21 日，中国社会科学院俄罗斯东欧中亚研究所举办了“乌克兰危机走向及对大国关系的影响”学术研讨会，邀请国务院发展研究中心、外交部中国国际问题研究院、中国现代国际关系研究院、中国社会科学院俄罗斯东欧中亚研究所等京内学者以及外交部、中联部、商务部等职能部门专家，共 30 多位学者和专家共同就以下问题展开研讨：乌克兰危机的前景、乌克兰危机的影响和俄美欧的策略、中国在乌克兰危机中的应对。

中国社会科学院俄罗斯东欧中亚研究所所长李永全指出，乌克兰危机的根源首先是乌克兰自身的问题，是资本支配权力，寡头控制政权。危机的外部根源是俄罗斯与西方的地缘政治博弈。

原中国驻俄罗斯大使、国务院发展研究中心欧亚社会发展研究所所长李凤林认为，历史上乌克兰的民族主义就非常强烈，但缺乏整合民族力量的精英，始终没能建立起一个现代意义上的独立民族国家。他对乌克兰的前景持悲观态度，认为危机已经成为一场持久战、拉锯战。

外交部欧亚司参赞朴扬帆提出，乌克兰危机已经成为一场慢性病，冲突不可能处于冻结状态，但争斗将长期化，已经回不到原来的乌克兰。目前，各方围绕乌克兰危机的争论主要围绕以下五点展开：一是乌国家体制问题，二是乌东部地区选举问题，三是乌中央政府与地方政府对话问题，四是俄罗斯是否同意欧盟、美国为首的国际维和力量进入乌东地区问题，五是如何恢复乌东部地区与其他地区经济社会联系问题。

外交部国际问题研究院欧洲所所长崔洪建认为，明斯克协议未解决停火问题，更谈不上实现和解。现在的和平是不得已为之的假和平，明斯克协议Ⅱ是技术性的停火协议，未涉及政治问题。危机的唯一出路是乌克兰政治的去极端化，停火只是这条道路上的一小步。

中国现代国际关系研究院俄罗斯研究所副所长丁晓星赞同以上观点并认为，影响乌克兰危机前景有三大基本问题：一是乌东部地位问题，二是乌国家走向问题，三是欧洲安全问题。

外交部国际问题研究院欧亚所所长陈玉荣指出，乌克兰危机已经成为欧洲政治的分水岭。尽管乌克兰危机不会给大国格局造成严重影响，但对欧洲安全格局影响很大。乌克兰国内政治及经济走势、俄乌关系走向都值得持续关注。

中国社会科学院俄罗斯东欧中亚研究所乌克兰室主任赵会荣认为，乌克兰是俄罗斯与西方在独联体地区地缘政治较量的首要对象。俄罗斯与西方在这场较量中都不会轻易甘拜下风。未来值得关注以下问题：基辅政权的走向、乌克兰寡头的走向、俄罗斯的政策变化、欧俄关系走势等。

中国社会科学院俄罗斯东欧中亚研究所副研究员张弘认为，未来乌克兰政局能够保持稳定。理由有三：一是美国支持治理寡头，二是经济紧缩政策打压主战派支持率，三是极端民族主义组织逐渐政治边缘化。

中国社会科学院俄罗斯东欧中亚研究所乌克兰室副主任梁强分析了俄美欧三方在乌克兰危机中的目标与策略。他提出，俄罗斯具有最高和最低两个目标，最高目标是改变乌克兰国体，使之成为联邦制国家，最低目标是乌克兰东西方分裂，或陷入持久内战。美国的目标与策略是乌克兰无核化，在此基础上保持乌克兰的独立主权和领土完整以实现对俄罗斯的遏制。欧盟的主要利益是尽快化解危机，恢复与俄经济关系。崔洪建赞同梁强观点并认为，乌克兰问题是俄美战术上控制更多资源的博弈，不影响双方在全球的战略平衡。

李凤林对俄美欧在乌克兰危机中的目标有自己的看法。他认为，美国的政策是“不断火上浇油以保持冲突的温度，但绝不扩大以免引火烧身”。俄罗斯则是走一步看一步，两手准备。丁晓星直截了当地指出，俄美已经在乌克兰问题上斗破，两国关系像2010年那样重启的可能性很小。俄欧之间有合作意愿，但空间很小，信任感也严重缺失。总体来看，大国围绕乌克兰危机的对抗短期内不会出现缓和。

朴扬帆认为，中国在乌克兰危机中的应对可以概括为十六字方针：总体超脱、劝和促谈、以我为主、趋利避害。危机后各方都有求于我，发展与中国关系的愿望强烈，这为中国的外交提供了新的机遇。李凤林认为，中国对乌克兰危机的应对非常聪明，采取了不干涉内政、不选边、不卷入的中立立场。王宪举还认为，乌克兰危机后，西方集团对抗非西方集团的倾向越来越明显，中国的应对还是要保持灵活性和原则性的高度结合，同时坚决以我为主，体现独立、自主性。

赵会荣和崔洪建都认为，在乌克兰危机背景下，中国要保持外交的独立性和平衡性，树立正确的义利观绝非空言，这对中国国家形象和威信极其重要，也是国家软实力的重要组成部分。

（梁　强）

“中东欧、俄罗斯、中亚向何处去？”学术研讨会

2015年5月14日，由中国社会科学院俄罗斯东欧中亚研究所中东欧研究室主办的“中东欧、俄罗斯、中亚向何处去？”学术研讨会在北京召开。来自在北京的科研院所、职能部门的共计40余位专家参加会议。会议主要就“中东欧转型与欧洲一体化”“俄罗斯、中亚、乌克兰转型”“中国与中东欧国家关系”等议题进行了研讨。

中东欧转型与欧洲一体化是会议的核心问题。中国社会科学院俄罗斯东欧中亚研究所研究员朱晓中以转型十问开启了对该议题的讨论。国务院发展研究中心欧亚社会发展研究所研究员

马细谱认为，欧盟遇到的问题是需要改变，中东欧国家遇到的问题则是需要发展。目前，中东欧国家发展中遇到的最主要问题是：乌克兰危机、伊斯兰宗教势力扩张和难民潮。

中国国际问题研究院研究员崔洪建认为，欧洲一体化存在悖论，一方面，欧洲发展不平衡的状态和存在的差异性对西欧有利，欧盟再分配体系是一体化前进的动力；另一方面，欧盟内部因不平衡和差异而产生矛盾，尤其是涉及利益分配的时候。

国务院发展研究中心欧亚社会发展研究所研究员周东耀指出，匈牙利总理欧尔班有法律专业背景，善于利用法律手段进行政治斗争，通过修改宪法和其他法律逐渐掌握大权。就中东欧转型的问题而言，他提出三大问题：一是中东欧国家政治体制不成熟；二是中东欧国家贫富差距大；三是欧洲一体化受阻，中东欧国家对欧盟的热情有所下降。

中国社会科学院世界历史研究所研究员黄立茀比较俄罗斯与匈牙利对待历史态度的异同后认为，两国转型的起点和方向一致，两国都出现了强人和强党现象，都对社会主义历史进行了重新评价，都动用了行政手段重写历史，都与西方关系紧张。区别在于，普京侧重全民统一，欧尔班只为一党之利；普京尊重历史，欧尔班歪曲历史；普京采取国家与社会互动、全民讨论的方式评价历史，欧尔班则是一味压制。

中国社会科学院世界历史研究所副研究员李锐主要探讨了波兰问题。他认为，波兰转型的目标很明确，即自由民主和市场经济。从当时的国际形势判断，波兰应向北约寻求安全保障，不应与俄罗斯为敌。

中国现代国际关系研究院俄罗斯研究所所长冯玉军认为，俄罗斯的思维方式与治理模式依旧停留在 19 世纪，没有跟上全球化的浪潮，俄罗斯在加速衰落，无法与美国抗衡，目前看不到能有效制止俄罗斯加速衰落的政治力量和根本机制。中国社会科学院俄罗斯东欧中亚研究所副研究员杨进在梳理中亚国家转型的轨迹基础上得出结论：中亚国家转型进入了新阶段。一方面，“威权主义”政治特征加强；另一方面，各国普遍启动了权力重新分配的政治改革，总统的部分权力被分配给议会和政府，三权分立的特征加强。中国社会科学院俄罗斯东欧中亚研究所研究员刘显忠从历史文化角度来看待乌克兰危机。他认为，现在乌克兰存在几大地区，不仅有地理或经济上的差别，而且有不同的历史、文化和民族特点。

我国前驻罗马尼亚康斯坦察总领事王铁山认为，“16+1 合作”和“一带一路”建设都需要中东欧国家的支持，然而很多项目却还未启动，就以罗马尼亚为例，一是由于中国政府对企业支持力度不够，二是中国企业仍习惯过去的合作模式。外交部参赞严宇清认为，中东欧国家政党在对转型进行重新反思，它们原来是纵向对比，与自己的过去相比较，现在更多的是横向对比，特别是与中国相比较，因而对中国的认识正在不断深入。崔洪建也谈到，因中东欧国家的差异性，“16+1 合作”基本上是双边合作。在发展与中东欧国家关系的同时，应该注意处理好与欧盟的关系。

（曲　岩　李丽娜）

俄罗斯东欧中亚研究所成立五十周年学科建设报告会

2015年9月29日，中国社会科学院俄罗斯东欧中亚研究所成立五十周年学科建设报告会在中国社会科学院学术报告厅举行。中国社会科学院院长、党组书记王伟光出席会议并发表讲话。

王伟光指出，俄罗斯东欧中亚研究所紧紧围绕党和国家外交大局及中国社会科学院的工作部署，全面推进以科研工作为中心的各项工作，深入开展俄欧亚领域问题研究，在学术研究、学科建设、人才培养、对外学术交流、行政管理和党的建设方面取得新成绩和新进展。从政治、经济、国家周边安全角度和苏联解体后重构世界格局、整合世界新秩序等角度来看，俄罗斯东欧中亚领域问题研究的重要性和现实性越来越突出，俄罗斯、中东欧和中亚研究不仅不能削弱，而且应该进一步加强，要有一个大的发展。一是加大关于深刻吸取苏联解体、苏共亡党及东欧剧变教训、坚定不移地走中国特色社会主义发展道路的研究力度；二是加大关于俄欧亚地区与世界格局变化研究的力度；三是加大关于东欧剧变和苏联解体后，中东欧、俄罗斯及中亚国家转型的研究力度。

王伟光强调，根据中央对中国社会科学院“三个定位”的要求和中国社会科学院总体发展规划，俄罗斯东欧中亚研究所的研究与发展应该上一个新台阶。一要认真学习马克思主义，用马克思主义的世界观和方法论观察和分析问题；二要牢固树立为人民做学问，为党和国家发展大局服务的意识；三要为国家的发展和应对复杂国际局势提供智力支持；四要进一步加强管理，落实党委集体领导下的所长负责制；五要根据我国面临的新的国际环境、国内形势和学科发展的需要，进一步明确科研主攻方向，多出成果，多出人才。

2015年，俄罗斯东欧中亚研究所迎来了建所50周年。历经五十年的发展，该所正处在新的历史起点。举办这次学术报告会，旨在全面回顾俄罗斯东欧中亚领域学术研究的发展历程，研讨面向未来的科研规划，扎实推进创新工程和特色智库建设，努力建设国际知名、国内一流研究所。教育部副部长、俄罗斯东欧中亚学会副会长刘利民，中联部前副部长于洪君和国务院发展研究中心欧亚社会发展研究所所长、中国驻俄罗斯前大使李凤林等出席会议并致辞。中国社会科学院副院长张江、中纪委驻中国社会科学院纪检组组长张英伟、中国社会科学院前副院长朱佳木和武寅等出席会议。俄罗斯东欧中亚研究所所长李永全、前所长徐葵和李静杰分别致辞。会议开幕式由中国社会科学院党委书记李进峰主持。会议分开幕式、嘉宾代表发言和俄罗斯东欧中亚学科建设报告等三个阶段举行。

李永全在开幕式致辞中指出，国际局势复杂多变，世界社会主义事业发展跌宕起伏，俄欧亚所在国际风云变化中诞生并成长，尽管几易其名，但不变的是广大学者对党和国家的忠诚，对社会主义道路的信心，对科学精神的追求。在新的时代条件下，要坚持基础研究与应用对策研究相结合，继承老一代学者的优良传统，注重科研的系统性、战略性和前瞻性，避免停留在跟踪情况和碎片化分析状况，坚持理论联系实际，强化问题意识，积极建言献策，求真务实，不辱使命，为实现中国梦做出学者应有贡献。

中国现代国际关系研究院院长季志业、中国国际问题研究院副院长郭宪纲等学界同行，应邀参加会议并作为嘉宾代表发言。外交部、中共中央编译局、国务院发展研究中心等有关部委同志，北京大学、清华大学、北京外国语大学等部分在京高校专家学者参加了报告会。

俄罗斯东欧中亚研究所各研究室的负责同志分别对本学科的历史沿革、现状、前沿等情况，进行了全面分析；并围绕本学科建设与研究室建设交流了自己的设想。编辑部和国际研究分馆的负责同志，分别就《俄罗斯东欧中亚研究》与《欧亚经济》等期刊和国际研究分馆的建设与发展，发表了意见和建议。

李进峰在大会总结中全面总结了俄罗斯东欧中亚研究所成立50年取得的五个方面宝贵经验，重点回顾2011年以来现任所领导班子主要推动的四项重要工作，并从五个方面对近期工作作了重点安排。

（冯育民）

"俄罗斯东欧中亚国家体制的进展与问题"学术研讨会

2015年11月7日，中国社会科学院俄罗斯东欧中亚研究所和东北财经大学在辽宁省大连市举办"俄罗斯东欧中亚国家体制的进展与问题"学术研讨会。来自中国社会科学院、东北财经大学、北京大学、辽宁大学等科研单位和高校的30余位专家学者参加了研讨会。会议围绕"俄罗斯政治经济转型""中东欧国家转型""中亚国家转型"等议题展开研讨。

关于俄罗斯政治转型，中国社会科学院俄罗斯东欧中亚研究所研究员李雅君分析了俄罗斯威权主义政体产生的原因：第一，与俄罗斯宪政体制的内容有关；第二，满足了社会转型时期俄罗斯民众渴望社会稳定的诉求；第三，俄罗斯社会转型是一种自上而下的变革；第四，俄罗斯国家体制中仍具有"人治化"特点；第五，与目前俄罗斯政治精英对民主政治的认识有关。

中国社会科学院俄罗斯东欧中亚研究所研究员庞大鹏从政治转型与国家现代化的角度提出，赶超西方，实现国家现代化，这是贯穿俄罗斯历史的一条红线。俄罗斯的政治转型具有独特性，其体现在以下方面：一是俄罗斯以国家而不是以社会为中心的转型路径及影响，二是垄断型经济结构与政府主导的集中管理模式互为联系，三是对内集权、对外扩张的国家特性及影响。

关于俄罗斯经济转型，中国社会科学院俄罗斯东欧中亚研究所研究员李建民对经济转型的理论体系进行了分析和梳理。她认为经济转型有三个无法避免的重要问题：第一，如何认识和理解经济转系；第二，如何评价转型的绩效；第三，如何确定转型的发展方向及转型国家的战略选择。目前尚未形成转型经济的理论体系。制度变迁理论是解释俄罗斯经济转型契合度较高的理论。从该理论角度出发，考察俄罗斯东欧中亚经济转型进程可以得出以下结论：第一，经济转型是指由一种经济运行状态转向另一种经济运行状态；第二，研究经济转型大多采用经济增长率作为测度；第三，经济转型是一个不断创新的过程；第四，应对改革、转轨、转型等概念的内涵及外延进程更精确的界定。

辽宁大学教授程伟对美国在中俄两国转型中的作用进行了分析。他认为，中俄转型的目的之一是在国际社会获得更大的话语权和决策权，从这个意义上讲中俄转型都与美国存在竞争关系。对俄罗斯而言，由于其拥有强大的军事实力，美国的策略一直是挤压其战略空间。相比之下，与中国不同。中国的崛起是挑战美国主导的国际秩序，美国的策略则是防止中国挑战现行国际秩序。

东北财经大学教授郭连成提出，衡量转型是否结束的标准，一是市场经济体制是否真正建立起来，二是这种市场经济体制是否有效运行。中央编译局研究员徐向梅认为，尽管俄罗斯在2000年市场经济体制就已基本确立，但普京前两个任期的经济增长与“梅普组合”时期及普京第三任期的经济下滑与市场经济体制的建立关联性并不强。

中国社会科学院俄罗斯东欧中亚研究所研究员程亦军就“二次转型”概念提出了自己的看法。他认为，“二次转型”的提法概念模糊。在他看来，转型具有特定的内涵，转型是指国家政治、经济体制的变革，这种变革是根本的，是一种国家性质的变化。

关于中东欧国家转型，中国社会科学院俄罗斯东欧中亚研究所研究员朱晓中提出了中东欧国家转型的几个问题：第一，中东欧国家在转型中建立了何种资本主义制度；第二，关于转型满意度；第三，关于转型何时结束；第四，关于转型是否不可逆转；第五，关于私有化是否推动了经济发展的问题；第六，如何看待转型的成本。

中国社会科学院俄罗斯东欧中亚研究所研究员高歌阐述了对中东欧国家政治转型中的威权主义的看法。她认为，中东欧的威权主义并非普遍现象，多数也很难长期存在。中东欧的事例表明，在从集权国家转向民主国家过程中不必然经过威权主义的过渡时期。

关于中亚国家转型，中国社会科学院俄罗斯东欧中亚研究所研究员李中海提出，中亚国家转型有四个特点：一是中亚政治经济转型尚未结束，二是中亚各国转型动力和模式存在差异，三是中亚多数国家的转型具有表面性特点，四是中亚国家转型存在断续性特点。

（郭晓琼）

欧洲研究所

（一）人员、机构等基本情况

1. 人员

截至2015年底，欧洲研究所共有在职人员50人，其中，正高级职称人员12人，副高级职称人员12人，中级职称人员14人；高、中级职称人员占全体在职人员总数的76%。

2. 机构

欧洲研究所设有：经济研究室、欧盟法研究室、社会文化研究室、欧洲政治研究室、科技研究室、中东欧研究室、国际关系研究室、《欧洲研究》编辑部、图资信息室、办公室。中国欧洲学会秘书处挂靠在欧洲研究所。

3. 科研中心

欧洲研究所院属科研中心有：国际发展合作与福利促进研究中心、西班牙研究中心、中德合作研究中心；所属科研中心有：马克思主义与欧洲文明研究中心。

（二）科研工作

1. 科研成果统计

2015 年，欧洲研究所共完成专著 12 种，360 万字；译著 6 种，361 万字；论文 103 篇，92.4 万字。

2. 科研课题

（1）新立项课题。2015 年，欧洲研究所共有新立项课题 5 项。其中，国家社会科学基金课题 1 项："新产业革命背景下欧盟工业"（孙彦红主持）；国情调研课题 1 项："社区综合养老服务体系建设调研"（田德文主持）；国情调研基地项目 2 项："城镇化进程中农业人口的市民化调研"（黄平主持），"'一带一路'战略下的中欧科技创新合作"（张敏主持）；所重点课题 1 项："欧洲发展蓝皮书（2015 ～ 2016）"（周弘主持）。

（2）结项课题。2015 年，欧洲研究所共有结项课题 3 项。其中，国情调研课题 1 项："中国西部地区'丝绸之路经济带'建设情况调研"（罗京辉主持）；国情调研基地项目 1 项："从郑州国际物流园区的建设看中欧关系的务实发展"（周弘主持）；所重点课题 1 项："欧洲发展蓝皮书（2014 ～ 2015）"（周弘主持）。

（3）延续在研课题。2015 年，欧洲研究所共有延续在研课题即国家社会科学基金课题 4 项："海洋争端国际仲裁的新发展与中国对策研究"（刘衡主持），"城市化进程中欧洲国家的社会住房政策研究"（李罡主持），"中东欧国家在丝绸之路经济带战略构想中的地位与风险评估"（刘作奎主持），"新产业革命背景下欧盟工业智能化绿色化发展及其启示研究"（孙彦红主持）。

3. 获奖优秀科研成果

2015 年，欧洲研究所评出 2015 年度欧洲研究所优秀成果奖一等奖 6 项：张金岭的《公民与社会：法国地方社会的田野民族志》，周弘的《现代社会保障制度的国际比较研究》，张磊的《国家利益和意识形态在欧洲议会中的博弈——欧洲议会党团凝聚力研究》，陈新的《欧债危机：治理困境与应对举措》，田德文的《国家转型视角下的欧洲民族国家研究》，曹慧的《欧盟气候变化政策：内部决策与国际谈判》；二等奖 6 项：程卫东、李靖堃的《欧洲联盟基础条约——经〈里斯本条约修订〉》，周弘的《中欧关系中的认知错位》，赵晨的《中美欧全球治理观比较研究初探》，张敏、薛彦平的《欧洲资本主义的未来》，杨解朴的《从文化共同体到后古典民族国家：德国民族国家演进浅析》，张敏、薛彦平的《国际金融危机下的欧盟金融监管体制改革》。

（三）学术交流活动

1. 学术活动

2015 年，欧洲研究所主办的学术活动和大型国际研讨会有：

（1）2015 年 2 月 3 日，由中国社会科学院主办，欧洲研究所承办的“斯洛伐克共和国副总理兼外交与欧洲事务部长米罗斯拉夫·莱恰克阁下演讲会”在北京举行。

（2）2015 年 3 月 18 日，由中国社会科学院主办，欧洲研究所承办的欧洲议会议长马丁·舒尔茨“庆祝中欧建交 40 周年：展望未来”的主题演讲会在北京举行。

（3）2015 年 9 月 11 日，由欧洲研究所、中国欧洲学会和社会科学文献出版社共同举办的“中欧大使论坛暨欧洲蓝皮书（2014 ~ 2015）”发布会在北京举行。

（4）2015 年 10 月 19 日，中国社会科学院和欧洲对外关系委员会联合举办的“中国社会科学论坛：中国与英国 / 欧洲面临的共同挑战与携手应对”在英国伦敦举行。

（5）2015 年 11 月 26 日，由欧洲研究所和社会科学文献出版社共同主办的《东西德统一的历史经验研究丛书》成果发布会在北京举行。

（6）2015 年 12 月 16 日，由中国社会科学院、中国—中东欧国家合作秘书处和中国国际问题研究基金会联合主办的“第三届中国—中东欧国家高级别智库研讨会暨‘中国—中东欧国家智库交流与合作网络’揭牌仪式”在北京举行。

2. 国际学术交流与合作

2015 年，欧洲研究所共派遣出访 50 人次，接待来访 55 人次。与欧洲研究所开展学术交流的国家有英国、德国、美国、法国等。

（1）2015 年 1 月 21 日，欧盟使团欧盟对外行动署中国处处长 Ellis Mathews、政务处处长 Mattias Lentz 等来欧洲研究所访问，与该所科研人员就中欧关系问题进行座谈。

（2）2015 年 1 月 26 日，外交部欧洲司副司长陈国友来欧洲研究所讲座并与该所科研人员互动交流。

（3）2015 年 2 月 6 日，法国波尔多政治学院院长马文森与欧洲研究所科研人员进行座谈。

（4）2015 年 2 月 12 日，欧盟经济与金融处处长梅兰德与欧洲研究所科研人员就共同举办研讨会事宜进行沟通。

（5）2015 年 3 月 24 日，欧盟委员会经济与金融总司司长马可·布提在欧洲研究所举办报告会。报告的主题是“中国和欧盟实现均衡和可持续的增长”。

（6）2015 年 3 月 31 日，英国兰开斯特大学政治哲学系教授罗伯特·盖耶尔来欧洲研究所讲座，讲座的主题是“复杂性理论对欧盟治理与政策的启示”。

（7）2015 年 4 月 7 日，英国艾塞克斯大学教授 Dario Castiglione 来欧洲研究所讲座，讲座的主题是“欧洲政治认同”。

（8）2015 年 5 月 6 日，意大利财政部前首席经济学家 Lorenzo Codogno 来欧洲研究所讲座，讲座的主题是“超越危机：欧元区经济前景展望”。

（9）2015 年 5 月 12 日，欧盟交通运输总司长马查德一行来欧洲研究所访问，并与该所科研人员进行座谈。

（10）2015 年 5 月 21 日，哥本哈根大学教授 Niels Thygesen 来欧洲研究所讲座，讲座的主题是“欧元区危机”。

（11）2015 年 5 月 29 日，匈牙利经济研究股份公司董事长 Vertes Andras 来欧洲研究所座谈，座谈的主题是“匈牙利经济经济以及中匈关系”。

（12）2015 年 6 月 23 日，比利时布鲁塞尔自由大学欧洲研究中心主任 Anne Weyembergh 教授来欧洲研究所讲座，讲座的主题是“欧盟在打击犯罪方面的合作进展——以反腐败为例”。

（13）2015 年 7 月 6 日，英国阿伯丁大学教授 Christian W Haerpfer 等来欧洲研究所座谈，座谈的主题是“了解其主持大型系列社会调查的方法”。

（14）2015 年 7 月 14 日，欧盟驻华使团科技参赞 Laurent Bochereau 来欧洲研究所讲座，讲座的主题是“欧盟 2020 地平线计划的最新进展与中国的合作”。

（15）2015 年 7 月 14 日，匈牙利使馆一秘任明志来欧洲研究所座谈，座谈的主题是“希腊危机的情况及其产生的影响”。

（16）2015 年 7 月 14 日，罗马尼亚国务秘书拉杜·波德哥瑞安来欧洲研究所与科研人员座谈。

（17）2015 年 7 月 21 日，奥地利萨尔茨堡海尼诗教授来欧洲研究所讲座，讲座的主题是“中美欧关系评估：含义、选择与机遇”。

（18）2015 年 7 月 31 日，比利时来访学者 Sven Biscop 来欧洲研究所讲座，讲座的主题是“欧盟的‘新全球战略’”。

（19）2015 年 10 月 13 日，捷克国际关系研究所资深研究员 Rudolf Furst 来欧洲研究所讲座，讲座的主题是“捷克视角下的中国中东欧国家合作”。

（20）2015 年 11 月 3 日， 波兰学者 Bogdan Góralczyk 来欧洲研究所座谈，讲座的主题是“欧洲联盟在全球——联合或分离”。

（21）2015 年 11 月 24 日，爱尔兰国际与欧洲事务研究所经济学家 Dan O’ Brien 来欧洲研究所讲座，讲座的主题是“爱尔兰与欧洲：经济政策所面临的挑战”。

（22）2015 年 12 月 2 日，欧盟使团公使衔参赞彭博来欧洲研究所座谈，座谈的主题是“中欧经贸关系”。

（23）2015 年 12 月 2 日，欧盟使团对外行动署亚太事务总司长雅仕图来欧洲研究所座谈，座谈的主题是“中欧关系”。

（24）2015 年 12 月 4 日，西班牙皇家国际问题研究所高级研究员 Miguel Otero-Iglesias 来欧洲研究所座谈，座谈的主题是“中欧关系及‘一带一路’”。

3. 与中国台湾开展的学术交流

2015 年 3 月 30 日，台湾南华大学学者郭武平等来欧洲研究所访问，与该所科研人员就“欧亚区域整合：大陆的应对及台湾的机遇”专题进行座谈。

（四）学术社团、期刊

1. 社团

中国欧洲学会，会长周弘。

① 2015 年 9 月 11 ～ 13 日，中国欧洲学会在北京召开了 2015 年年会。会议的主题是“建设中欧四大伙伴关系”，会议由中国社会科学院欧洲研究所承办。来自全国各地研究机构和高校的代表 100 余人参加了年会。

② 2015 年 10 月 26 ～ 30 日，中国欧洲学会与台湾欧盟中心在台湾举办了第五届海峡两岸欧洲研究学术论坛。来自海峡两岸的欧洲学界的 45 名研究人员就共同关心的欧洲问题进行了交流。

（1）中国欧洲学会欧盟法律研究分会：

2015 年 11 月 28 日，由中南大学法学院承办的中国欧洲学会欧洲法律研究分会第九届年会在湖南省长沙市举行。会议的主题是“‘一带一路’与中欧合作相关法律问题”。

（2）中国欧洲学会欧洲政治研究分会：

2015 年 4 月 25 ～ 26 日，中国欧洲学会欧洲政治研究分会、上海社会科学院与中国社会科学院欧洲研究所创新工程“欧盟社会治理转型及其创新”和“安全视角下的欧洲气候政治”课题组在江苏省海门市联合召开“欧洲社会转型与政治变革”学术研讨会及中国欧洲学会欧洲政治研究分会年会。

（3）中国欧洲学会欧洲经济研究分会：

2015 年 7 月，中国社会科学院欧洲研究所经济室创新工程“欧洲经济竞争力研究”课题组与中国欧洲学会欧洲经济研究分会联合在北京召开年会。年会的主题是“‘一带一路’与中欧经贸合作”。

（4）中国欧洲学会英国研究分会：

2015 年 5 月，中国欧洲学会英国研究分会与《欧洲研究》编辑部共同在北京召开“英国大选及其影响”学术研讨会。

（5）中国欧洲学会德国研究分会：

① 2015 年 5 月 29 日，中国欧洲学会德国研究分会在北京举办了“中欧伙伴关系下的中德创新合作”学术研讨会。

② 2015 年 9 月 14 日，中国欧洲学会德国研究分会邀请德国汉堡国防军大学教授施塔克在北京外国语大学作题为“德国当前内政外交形势”的报告。

③ 2015 年 11 月 23 日，中国欧洲学会德国研究分会邀请德国柏林自由大学教授席斯勒作题为“难民危机是否会演变为欧盟危机”的报告。

④ 2015 年 12 月 18 日，中国欧洲学会德国研究分会在北京举行“德国年终形势讨论会”。

（6）中国欧洲学会法国研究分会：

① 2015 年 6 月 13 ~ 14 日，为纪念中国欧洲学会法国研究分会成立 30 周年，中国欧洲学会法国研究分会联合复旦大学法国研究中心在上海复旦大学举办“法国研究 30 年：中国学界的关注与思考”学术研讨会。共有来自国内外研究机构、高校的专家学者 50 余人参加会议。

② 2015 年 4 月 16 日，由中国欧洲学会法国研究分会与北京外国语大学法语系、法语国家与地区研究中心联合举办的“省议会选举后的法国时局研讨会”在北京外国语大学举行。

（7）中国欧洲学会意大利分会：

2015 年 10 月 30 日至 11 月 1 日，中国欧洲学会意大利研究分会 2015 年年会暨“新形势下中意关系发展机遇”研讨会在浙江越秀外国语学院举行。

2. 期刊

《欧洲研究》（双月刊），主编黄平。

2015 年，《欧洲研究》共出版 6 期，共约 140 万字。

该刊全年刊载的有代表性的文章有：储殷、唐恬波、高远的《欧洲穆斯林问题的三个维度：阶级、身份与宗教》，郑春荣的《德国在中欧关系中的角色》，冯绍雷的《欧盟与俄罗斯：缘何从合作走向对立？》，胡琨的《金融与货币一体化背景下欧洲中央银行的转型与创新》，张亚宁的《欧盟的非正式治理模式刍议——以欧盟难民政策的发展为例》。

（五）会议综述

欧洲议会议长马丁·舒尔茨“庆祝中欧建交40周年：展望未来”主题演讲会

2015 年 3 月 18 日，由中国社会科学院主办，中国社会科学院欧洲研究所承办的“欧洲议会议长马丁·舒尔茨‘庆祝中欧建交 40 周年：展望未来’主题演讲会”在北京举行。

中国社会科学院副院长李扬主持演讲会。欧盟驻华大使史伟等出席演讲会。全国人大、外交部和商务部的代表，中国国际问题研究院、中国现代国际关系研究院、中央编译局、中国人民大学、对外经济贸易大学和中国社会科学院欧洲研究所、世界经济与政治研究所、美国研究所、亚太与全球战略研究院、西亚非洲研究所、世界历史研究所、政治学研究所、数量经济与技术经济研究所等机构的学者，以及欧洲国家驻华使节170余人参加了演讲会。

舒尔茨议长在演讲会上指出，欧洲议会是一个非常独特的机构，跨越了国家、语言和宗教的边界，是5亿欧洲人的代表。欧洲的历史和实践表明，只有合作与妥协才能克服障碍，找到解决问题的办法。选举产生的新一届欧洲议会和欧盟委员会已经做好准备开辟未来。新的投资计划将重新启动欧洲经济、创造更多的就业机会，还将建立欧洲能源联盟和单一数字市场。

2015年是中欧建交40周年。舒尔茨议长表示，40年来中欧关系发展势头良好，未来进一步合作的潜力巨大。难以想象，没有中国的欧洲或者没有欧洲的中国。《中欧投资协定》如果成功签署，将为中欧双方创造良好的贸易和投资环境，为双方的发展带来良好的机遇和前景。中欧在全球事务方面的共同利益让彼此关系更为紧密，共同致力于多边主义，以和平方式解决冲突，建立更宏伟的全球经济与金融治理机制，加强G20和国际金融机构建设。中国和欧盟需要加强交往与合作，共同应对诸如恐怖主义、气候变化等全球挑战，维护世界和平与稳定。中欧未来的成功取决于双方的合作与努力。

演讲结束后，与会嘉宾就“欧洲议会的权能和变化”“欧洲议会选举”“希腊债务谈判”“欧洲议会与中欧关系的未来发展”等问题与舒尔茨议长进行了互动。

（科研处）

中国社会科学论坛：“中国与英国/欧洲面临的共同挑战与携手应对”

2015年10月19日，中国社会科学院和欧洲对外关系委员会在英国伦敦联合举办了“中国社会科学论坛：‘中国与英国/欧洲面临的共同挑战与携手应对’”。

会议由中国社会科学院欧洲研究所具体承办。中欧专家学者汇聚一堂，讨论当前中国、英国和欧洲的经济、政治、环境与外交趋势以及欧洲的邻国政策、中国在稳定与世界和平领域的角色、全球热点问题和中欧动议等重要议题。

来自中英欧的学者们从国家、地区和全球层面探讨了当前的中国和欧洲各自面临的挑战与发展趋势，认为中国当前面临经济转型，欧洲正试图从危机（经济危机、难民危机、乌克兰危机等）中恢复，欧盟面临中东北非问题的三重困局。面对共同挑战，未来中国与英国、欧洲应积极合作、携手应对，其领域将涉及从经济、金融、能源、气候变化到社会、政治和国家治理等。与此同时，中欧关系正迎来新的发展机遇，中国力图在不断深化中欧经贸合作的同时，推动双方合作更加全面以及更具有全球意义。英国在对外关系中勇于创新、积极推动中欧关系的发展，不仅为中英关系也为中欧关系的深化和拓展发挥了积极作用。

（科研处）

第三届中国—中东欧国家高级别智库研讨会暨“中国—中东欧国家智库交流与合作网络”揭牌仪式

2015 年 12 月 16 日，由中国社会科学院、中国—中东欧国家合作秘书处和中国国际问题研究基金会在北京联合主办了“第三届中国—中东欧国家高级别智库研讨会暨‘中国—中东欧国家智库交流与合作网络’揭牌仪式”。

中国社会科学院院长王伟光、中国外交部部长助理刘海星、中国国际问题研究基金会理事长刘古昌、罗马尼亚前总理蓬塔、克罗地亚前副总理西莫尼奇、波兰前副总理科沃德科等出席开幕式并致辞。中国和中东欧国家数十家有关智库、学术研究机构代表、多个部委的学者官员、中东欧国家前政要和驻华使馆人员、前资深外交官等 200 余人参加会议。研讨会开幕式由中国社会科学院欧洲研究所所长、“中国—中东欧国家智库交流与合作网络”秘书长黄平主持。

第三届中国—中东欧国家高级别智库研讨会和组建“中国—中东欧国家智库交流与合作网络”，是落实《中国—中东欧国家合作苏州纲要》和《中国—中东欧国家合作中期规划》的重要举措，也是中国—中东欧国家合作框架下的重要智库学术交流活动，对推动中国与中东欧国家间智库交流与合作具有积极促进作用。

王伟光在开幕式演讲中表示，期待通过智库对话和交流平台进一步加强同中东欧国家智库的合作，把“中国—中东欧国家智库交流和合作网络”建设成开放、公平的平台，办成中国—中东欧国家之间 365 天不间断的智库交流平台，努力打造“16 + 1 合作”的“黄金名片”。黄平宣布启动“中国—中东欧国家智库交流与合作网络”揭牌仪式，在王伟光和蓬塔前总理的见证下，外交部部长助理刘海星和中国社会科学院副院长蔡昉共同为网络揭牌。这意味着《苏州纲要》提及的中国社会科学院牵头组建“16+1 智库交流与合作网络”的任务得以落实。研讨会的主题是“以苏州会晤为新起点：智库交流为‘16+1 合作’提供支撑”。中国—中东欧国家合作事务特别代表霍玉珍大使主持会议主论坛。中国社会科学院副院长、全国人大常委蔡昉做了中国经济形势的演讲。

研讨会同时设有三个分论坛，议题分别是：“‘一带一路’：中国—中东欧国家如何推进互联互通”“中欧合作：‘16+1 合作’如何发挥积极作用”“智库合作：‘中国—中东欧国家智库交流与合作网络’——新平台、新目标”。与会人员围绕上述议题进行深入阐释，为促进中国—中东欧国家合作提出有建设性的意见和建议。

（科研处）

西亚非洲研究所

（一）人员、机构等基本情况

1. 人员

截至2015年底，西亚非洲研究所共有在职人员56人。其中，正高级职称人员12人，副高级职称人员19人，中级职称人员15人；高、中级职称人员占全体在职人员总数的82%。

2. 机构

西亚非洲研究所设有：中东研究室、非洲研究室、国际关系研究室、社会文化研究室、《西亚非洲》编辑室、信息室、办公室、科研处、人事处。

3. 科研中心

西亚非洲研究所院属科研中心有：海湾研究中心；所属科研中心有：南非研究中心。

（二）科研工作

1. 科研成果统计

2015年，西亚非洲研究所共完成专著4种，120万字；论文42篇，36万字；研究报告20篇，22万字；一般文章57篇，143万字。

2. 科研课题

（1）新立项课题。2015年，西亚非洲研究所共有新立项课题3项。其中，马克思主义理论学科建设与理论研究工程课题1项："马克思主义与西亚非洲问题研究"（杨光、王正、张宏明主持）；国家社会科学基金重点课题1项："中国对非洲关系的国际战略研究"（张宏明主持）；院国情调研重大课题1项："'一带一路'在西亚面临的国际风险与合作空间"（王林聪、唐志超主持）。

（2）结项课题。2015年，西亚非洲研究所共有结项课题5项。其中，所国情调研基地课题1项："连云港与'一带一路'战略构想研究"（唐志超主持）；新疆智库委托课题1项："伊斯兰世界联盟情况"（魏亮主持）；外交部委托课题3项：外交部中非联合研究交流计划课题"实施中非合作六大工程路径与方略"（李智彪主持），外交部亚非司委托研究课题"中国与阿拉伯国家的产能合作研究"（魏敏主持），外交部中非联合研究交流计划课题"非洲人眼中的非洲发展道路"（杨光主持）。

（三）学术交流活动

2015年，西亚非洲研究所共派遣出访28批33人次。出访国家包括：英国、意大利、坦桑尼亚、印度、荷兰、南非、韩国、泰国、乌干达、津巴布韦、埃塞俄比亚、塞内加尔、埃及、突尼斯、加纳、阿联酋、俄罗斯、安哥拉、摩洛哥、塞内加尔、卡塔尔、肯尼亚、日本等。

(1) 2015 年 1 月，西亚非洲研究所所长杨光率团赴英国牛津大学中东中心、埃克塞特大学阿拉伯伊斯兰研究所和杜伦大学国际事务学院访问。访问的主题是“变动中的中东局势”。

(2) 2015 年 2 月，西亚非洲研究所研究员王林聪赴土耳其参加第二届“中国与伊斯兰世界”研讨会，并作题为“丝绸之路的当代价值与中土‘一带一路’共建”的报告。

(3) 2015 年 3 月，西亚非洲研究所博士刘中伟参加中国青年代表团赴坦桑尼亚出席第三届中非青年领导人论坛，并作题为“中非关系——青年的参与和发展”的大会发言。

(4) 2015 年 5 月，西亚非洲研究所研究员贺文萍赴南非出席由南非斯泰伦博斯大学中国研究中心和南非罗德斯大学孔子学院共同举办的“从对非教育和培训看中国在非洲的软实力”国际学术研讨会，并作题为“中国在非洲软实力”的发言。

(5) 2015 年 6 月，西亚非洲研究所研究员李智彪赴乌干达、津巴布韦进行学术访问。访问的主题是“乌干达、津巴布韦的经济社会发展现状及中津、中乌关系”。

(6) 2015 年 8 月，研究员唐志超赴英国出席英国剑桥大学海湾研究中心年会，并作题为“海湾安全秩序的构建与中国的作用”的演讲。

(7) 2015 年 11 月，西亚非洲研究所副研究员仝菲赴卡塔尔出席第六届中阿关系暨中阿文明对话研讨会，并作题为“一带一路框架下中国埃及合作面临的机遇和挑战”的发言。

(8) 2015 年 10 月，西亚非洲研究所副研究员陈沫赴阿联酋参加“第二届阿布扎比战略辩论会”，并作题为“伊核协议对国际石油市场的影响”的发言。

(9) 2015 年 11 月，西亚非洲研究所所长杨光参加由中联部组织的“中国民间组织国际交流促进会”代表团，赴南非进行访问，在南非金山大学、斯坦陵博什大学参加“民意沟通、民间友好、民生合作”主题研讨会。

2015 年，西亚非洲研究所共接待驻华使馆官员、国外媒体及国外学术来访 22 批 87 人次。

(1) 2015 年 10 月 20 日，土耳其汉学家、安卡拉大学中文系主任兼土耳其国际学术和文化研究会主席欧凯教授来西亚非洲研究所进行访问和交流，与该所学者围绕“土耳其社会如何看待‘一带一路’”“中土共建‘一带一路’面临的机遇和挑战”等议题进行交流。

(2) 2015 年 11 月 3 日，阿富汗智库代表团到西亚非洲研究所访问，就“阿富汗当前形势和地区局势”等议题与该所学者进行座谈。

(3) 2015 年 11 月 12 日，叙利亚人民党主席、叙利亚全国对话联盟部落代表纳瓦夫·阿卜杜阿齐兹·塔拉德·艾尔马尔哈穆谢赫来西亚非洲研究所访问，就“叙利亚局势及其走向、中叙关系”等议题与该所专家学者进行交流。

（四）学术社团、期刊

1. 社团

中国中东学会，会长杨光。

（1）2015 年 3 月 28 日，山西师范大学与中国中东学会联合召开了“中东国家治理问题国际学术研讨会”。

（2）2015 年 5 月 16 日，由上海外国语大学中东研究所和中国中东学会共同主办，上海社会科学院国际关系研究所“国际安全”创新团队、上海社会科学院西亚北非研究中心、中国社会科学院西亚非洲研究所“中国对中东战略和大国与中东关系”创新项目联合承办的“‘一带一路’与中国中东外交”学术研讨会在上海外国语大学举行。会议研讨的主要问题有“中东形势与中国中东政策”“‘一带一路’在中东面临的机遇与挑战”“中东地区转型与中国中东外交”“‘一带一路’与也门和伊朗局势”“‘一带一路’与大国中东治理”“‘一带一路’与中国在中东的利益”“‘一带一路’与中国对中东人文外交”等。

（3）2015 年 8 月 2 日，“埃及历史与埃及问题”高层论坛在内蒙古民族大学举办。中国外交部以及国内高校、研究机构、媒体的约 40 名专家学者参加了论坛。会议研讨的主要问题有“中世纪埃及等级政治制度”“埃军政关系”“部落政治文化”“民族主义政治思潮”“政治变革”“外交政策”等。

（4）2015 年 11 月 16 ~ 17 日，“中阿智库对话——贺兰山论坛暨中国中东学会年会国际研讨会”在宁夏回族自治区银川市举行。会议由宁夏大学、中国中东学会主办，宁夏大学中国阿拉伯研究院承办。来自国内外的近百名中东问题的专家学者出席了研讨会。会议研讨的主要问题有“当前中东地区及阿拉伯国家形势”“中国‘一带一路’战略构想”“‘一带一路’战略构想下的中阿合作”等。

2. 期刊

《西亚非洲》（双月刊），主编杨光。

2015 年，《西亚非洲》全年共出版 6 期，共计 160 万字。该刊全年刊载的有代表性的文章有：刘贵今的《理性认识对中非关系的若干质疑》，杨光的《埃及的人口、失业与工业化》，李绍先的《伊核全面协议的影响评估》，邹志强的《土耳其与二十国集团：角色、认知与政策特点》，李伟建的《中东安全局势演变特征及其发展趋势》，张宏明的《中国非洲问题的“智库研究”：历程、成效和问题》，李安山的《中非合作的基础：民间交往的历史、成就与特点》，马丽蓉的《“一带一路”与亚非战略合作中的“宗教因素”》，唐志超的《中东新秩序下库尔德问题走向与中国的角色》，贺文萍的《中东变局后北非国家民主转型的困境——基于马克思主义民主理论的分析视角》，杨立华的《南非的民主转型与国家治理》，陆瑾的《历史与现实视阈下的中伊合作：基于伊朗人对“一带一路”认知的解读》，杨宝荣的《涉农跨国公司在非投资特点及启示》，王建的《从巴以冲突透析中东政治动荡的根源》，刘中伟的《试析美非关系中的

“中国因素”》等。

（五）会议综述

“‘一带一路’与中国中东外交”学术研讨会

2015 年 5 月 16 日，由上海外国语大学中东研究所和中国中东学会共同主办，上海社会科学院国际关系研究所“国际安全”创新团队、上海社会科学院西亚北非研究中心、中国社会科学院西亚非洲研究所“中国对中东战略和大国与中东关系”创新项目联合承办的“‘一带一路’与中国中东外交”学术研讨会在上海外国语大学举行。

来自上海外国语大学中东研究所、中国社会科学院西亚非洲研究所、外交部、南京大学犹太人和以色列研究所、北京外国语大学阿拉伯语系、上海社会科学院西亚非洲研究中心、对外经贸大学外语学院、上海国际问题研究院西亚非洲研究中心等全国多地高校、研究机构的近 60 位中东问题的专家学者出席了研讨会。

研讨会力图为从事中东研究的国内学者探讨“‘一带一路’和中国中东外交”问题提供学术交流平台，推动中国对中东外交研究向纵深发展，发挥学术界以智力贡献参与国际问题治理的积极作用。与会专家学者围绕“中东形势与中国中东政策”“‘一带一路’在中东面临的机遇与挑战”“中东地区转型与中国中东外交”“‘一带一路’与也门和伊朗局势”“‘一带一路’与大国中东治理”“‘一带一路’与中国在中东的利益”“‘一带一路’与中国对中东人文外交”等主题展开深入探讨。

（科研处）

“埃及历史与埃及问题”高层论坛

2015 年 8 月 2 日，“埃及历史与埃及问题”高层论坛在内蒙古民族大学举办。中国外交部以及国内高校、研究机构、媒体的约 40 名专家学者参加了论坛。

该论坛开幕式由内蒙古民族大学政法与历史学院院长贾宝维教授主持。内蒙古民族大学校长陈永胜教授和中国中东学会会长、中国社会科学院西亚非洲研究所所长杨光研究员分别致欢迎词。内蒙古民族大学教授姚大学主持了专题报告时段。外交部中东问题特使宫小生大使结合其出使中东的亲身经历，强调了中国对当前中东形势的总体看法与立场观点、中国在解决中东热点问题上的作用（如伊核谈判）、“一带一路”与中东的关联等。杨光以“埃及的人口、就业与工业化问题”为主线，指出埃及动乱失业问题致因表象的背后折射出该国去工业化的深层原因。

与会专家学者聚焦于埃及一国的政治、经济、法律、文化等方面，探讨了埃及的历史与现实多层面问题。在政治领域，与会者的议题涉及中世纪埃及等级政治制度、埃军政关系、部落政治文化、民族主义政治思潮、政治变革、外交政策等。在经济领域，古埃及的土地制度、石油与战争、经济发展问题等成为与会者热议的话题。在社会文化方面，与会者论及埃及近期立法权的争夺、埃及文学的社会镜像等。对于中埃关系，与会者则结合中国的“一带一路”谈了埃及的独特作用、埃及汉语教学的发展史及其如何加强中埃文化交流的建议。

论坛主办方为中国中东学会和内蒙古民族大学，承办方为内蒙古民族大学政法与历史学院和内蒙古民族大学世界史重点学科。

（科研处）

中阿智库对话——贺兰山论坛暨中国中东学会年会国际研讨会

2015 年 11 月 16 ~ 17 日，“中阿智库对话——贺兰山论坛暨中国中东学会年会国际研讨会”在宁夏回族自治区银川市举行。会议由宁夏大学、中国中东学会主办，宁夏大学中国阿拉伯研究院承办。来自国内外的近百名中东问题的专家学者出席了研讨会。

会议的主要议题有“当前中东地区及阿拉伯国家形势”“中国‘一带一路’战略构想”“‘一带一路’战略构想下的中阿合作”“宁夏回族自治区及中阿博览会在中阿合作中的地位和作用”等。

研讨会上，来自外交部、中国社会科学院西亚非洲研究所、宁夏大学中国阿拉伯研究院、西北大学中东研究所、西北政法大学反恐研究院、宁夏社会科学院回族伊斯兰所、新华社世界问题研究中心、上海外国语大学中东研究所、云南大学国际关系研究院、北京外国语大学阿拉伯学院、对外经济贸易大学、中国人民大学国际关系研究院、上海大学土耳其研究中心、厦门大学、西南大学伊朗研究中心等高校和研究机构的中东问题专家学者就上述议题进行了深入的研讨。大家一致认为，当前中东地区、尤其是阿拉伯国家正面临稳定与发展的双重挑战，压力巨大；而“一带一路”倡议体现了新时期中国的全球治理理念，是中国新一轮对外开放的重要举措。中东地区尤其是 22 个阿拉伯国家处于陆上丝绸之路与海上丝绸之路的交汇地带，中阿在能源、产业、经贸、人文等领域合作潜力巨大，双方在共商、共建、共享基础上落实“一带一路”构想符合“合作共赢、协同发展”的历史大势与彼此的现实需求，意义重大。

（科研处）

拉丁美洲研究所

（一）人员、机构等基本情况

1. 人员

截至 2015 年底，拉丁美洲研究所共有在职人员 51 人。其中，正高级职称人员 9 人，副高级职称人员 12 人，中级职称人员 13 人；高、中级职称人员占全体在职人员总数的 67%。

2. 机构

拉丁美洲研究所设有：经济研究室、政治研究室、国际关系研究室、社会和文化研究室、马克思主义理论与拉美问题研究室、《拉丁美洲研究》编辑部、综合行政办公室。

3. 科研中心

拉丁美洲研究所所属科研中心有：墨西哥研究中心、中美洲和加勒比研究中心、古巴研究中心、巴西研究中心、阿根廷研究中心。

（二）科研工作

1. 科研成果统计

2015 年，拉丁美洲研究所共完成专著 5 种，158.8 万字；论文 81 篇，81.58 万字；研究报告 59 篇，33.91 万字；译著 3 种，72 万字；论文集 1 种，32 万字。

2. 科研课题

（1）新立项课题。2015 年，拉丁美洲研究所共有新立项课题 10 项。其中，国家社会科学基金重大课题 1 项："中拉关系及对拉战略研究"（吴白乙主持）；国家社会科学基金一般课题 2 项："拉美 21 世纪社会主义研究"（袁东振主持），"中国与拉丁美洲国家经贸关系研究"（谢文泽主持）；国家社会科学基金后期资助课题 1 项："中国与拉丁美洲和加勒比国家关系史"（贺双荣主持）；皮书课题 1 项："《拉丁美洲和加勒比发展报告 2014 ~ 2015》"（吴白乙主持）；国情调研广州基地建设及基地项目 1 项："广东与拉美经贸合作状况调查与分析"（柴瑜主持）；横向课题 4 项：国家开发银行委托"格林纳达国家发展战略及总体设计 ——格林纳达经济发展战略及中格合作研究"（柴瑜支持），科技部委托"拉美三国国别环境研究"（柴瑜主持），北京大学法学院委托"网络空间的软法治理"（谭道明主持），中共中央对外联络部委托"拉美 21 世纪社会主义探索和前景"（袁东振主持）。

（2）结项课题。2015 年，拉丁美洲研究所结项课题 5 项。其中，皮书课题 1 项："《拉丁美洲和加勒比发展报告 2014 ~ 2015》"（吴白乙主持）；国情调研广州基地建设及基地项目 1 项："广东与拉美经贸合作状况调查与分析"（柴瑜主持）；国家社会科学基金后期资助项目 1 项："中国与拉丁美洲和加勒比国家关系史"（贺双荣主持）；横向课题 2 项，其中，北京大学法学院委托课题"网络空间的软法治理"（谭道明主持），中共中央对外联络部委托课题"拉美 21 世纪社会主义探索和前景"（袁东振主持）。

（3）延续在研课题。2015 年，拉丁美洲研究所共有延续在研课题 11 项。其中，国家社会科学基金重大课题 1 项："中拉关系及对拉战略研究"（吴白乙主持）；国家社会科学基金一般课题 2 项："拉美 21 世纪社会主义研究"（袁东振主持），"中国与拉丁美洲国家经贸关系研究"（谢文泽主持）；横向课题 8 项：商务部委托课题"中国—哥伦比亚自由贸易区联合可行性研究”（柴瑜主持），国家开发银行规划局委托课题“拉美竞争政策研究”（柴瑜主持），农业部委托课题“农业法制建设与政策调研”（柴瑜主持），国家开发银行委托课题“乌拉圭国家经济社会综合领域规划合作咨询研究”（吴白乙主持），科技部委托课题“气候变化与国家安全战略的关键技术研究：巴西、墨西哥等拉美国家应对气候变化的国内政策和立法、决策及国际策略深度分析”（贺双荣主持），国家开发银行委托课题“哥斯达黎加经济特区研究”（柴瑜主持），国家开发银行委托课题“格林纳达国家发展战略及总体设计——格林纳达经济发展战略及中格合作研究”（柴瑜主持），科技部委托课题“拉美三国国别环境研究”（柴瑜主持）。

（三）学术交流活动

1. 学术活动

2015年，拉丁美洲研究所主办和承办的主要学术会议有：

（1）2015年5月15日，由拉丁美洲研究所和社会科学文献出版社共同举办的《拉美黄皮书：拉丁美洲和加勒比发展报告（2014～2015）》发布会在北京举行。

（2）2015年11月4日，拉丁美洲研究所综合研究室和墨西哥研究中心在北京联合召开“中拉产能合作及拉美发展政策的新变化”研讨会。

（3）2015年11月18日，拉丁美洲研究所《拉丁美洲研究》编辑部和美国研究所《美国研究》编辑部在北京联合召开“美古关系研讨会”。

（4）2015年11月24日，拉丁美洲研究所和（阿根廷）拉丁美洲中国政治经济研究中心共同在北京举办“阿根廷研究中心成立仪式暨‘中国—阿根廷关系’学术研讨会”。

（5）2015年11月26～27日，中国社会科学杂志社、拉丁美洲研究所、巴西圣保罗州立大学、智利安德烈斯·贝略大学、阿根廷国立科尔多瓦大学联合主办，上海财经大学承办，中国自由贸易试验区协同创新中心、中国—拉美法律研究中心协办的“第四届中拉学术高层论坛”在上海召开。论坛的主题是“建构命运共同体：中拉整体合作的新进程”。

（6）2015年11月28～30日，由中国拉丁美洲史研究会、拉丁美洲学会和湖北大学巴西研究中心联合主办的第五届中国拉美研究青年论坛暨“拉美发展与中拉关系”国际学术研讨会在湖北省武汉市召开。

（7）2015年12月2日，拉丁美洲研究所国际关系研究室、综合理论研究室和拉美区域合作与一体化创新项目组共同在北京召开“TPP协议对中国及中拉合作的影响”学术研讨会。

（8）2015年12月30日，拉丁美洲研究所学术委员会在北京召开“2015年形势论坛”。论坛的主题是“挑战、变革与展望”。

2. 国际学术交流与合作

2015年，拉丁美洲研究所共派遣出访9批17人次，接待来访61批次227人次；其中自主组织出访团组3个；组织国际学术研讨会2个，涉外学术座谈会25个；签署所级对外交流框架协议2个。

(1) 2015年1月6日，拉丁美洲研究所参与中国社会科学院接待厄瓜多尔总统拉斐尔·科雷亚·德尔加多并参加其著作《厄瓜多尔：香蕉共和国的迷失》中文版首发式活动。

(2) 2015年1月7日，联合国拉美经委会、拉丁美洲研究所、国务院发展研究中心发展世界研究所和北京师范大学新兴市场研究院共同举行“南南合作框架下中拉关系的新跨越”国际研讨会。

(3) 2015年1月8日，拉丁美洲研究所所长吴白乙出席中拉合作论坛首届部长级会议开幕式。

(4) 2015年2月4日，拉丁美洲研究所所长吴白乙会见哥斯达黎加新任驻华大使理卡多·莱昂·佩雷斯，双方就保持和加强中哥学术交流关系进行交流。

(5) 2015年3月18日，巴西弗卢米嫩塞联邦大学法学院教授里卡多·佩林杰罗访问拉丁美洲研究所巴西研究中心，并作题为“巴西联邦制”的讲座。

(6) 2015年3月29日至4月1日，国际货币基金组织西半球局副局长克里希纳·斯尼万撒访问拉丁美洲研究所。

(7) 2015年5月15日，拉丁美洲研究所和CAF-拉丁美洲开发银行联合召开“公共安全与社会治理：中国和拉丁美洲面临的挑战”国际研讨会。

(8) 2015年6月6～14日，拉丁美洲研究所党委书记兼副所长王立峰率所学术代表团出访哥伦比亚和厄瓜多尔。代表团访问了哥伦比亚国立大学、安第斯大学、拉美社会科学院厄瓜多尔分院，并与中国驻哥伦比亚和厄瓜多尔使馆工作人员和中资企业代表进行了专题座谈。

(9) 2015年9月7～10日，应俄罗斯科学院拉美所邀请，拉丁美洲研究所所长吴白乙率团对俄罗斯进行学术访问。代表团与俄罗斯科学院拉美所、国立罗蒙诺索夫莫斯科大学和俄罗斯人民友谊大学、俄罗斯外交部拉美局、俄罗斯战略研究所进行了学术活动和工作会谈。

(10) 2015年9月25日，拉丁美洲研究所所长吴白乙会见古巴驻华大使白诗德并就落实《劳尔·卡斯特罗》传记翻译等事宜进行商谈。

(11) 2015年10月13日，拉丁美洲社会科学院秘书长亚德里安·博尼亚博士访问了拉丁美洲研究所，就拉美地区主义和拉美地区多边机制问题与该所学者进行座谈交流。

(12) 2015年10月31日至11月7日，拉丁美洲研究所学者林华随团出访古巴，为“古巴共产党执政经验及干部管理机制研究培训团”担任翻译工作。

(13) 2015年11月26日，阿根廷副总统兼参议长阿马多·布杜访问中国社会科学院。拉丁美洲研究所所长吴白乙，拉丁美洲研究所阿根廷中心执行主任郭存海、秘书长林华等参加会见活动。

(14) 2015年11月29日至12月7日，由拉丁美洲研究所所长助理柴瑜研究员等组成的调研组出访巴西和秘鲁。调研的主题是“‘一带一路’面临的国际风险与合作空间拓展”。

（四）学术社团、期刊

1. 社团

中国拉丁美洲学会，会长李捷。

（1）2015年5月20日，中国拉丁美洲学会古巴分会和拉丁美洲研究所政治室联合举办“世界经济背景下的古巴经济趋势”研讨会。

（2）2015年6月10日，中国拉美学会巴西分会在北京召开了“巴西政治经济形势及中巴合作”研讨会。

（3）2015年9月21～22日，中国拉丁美洲学会、西南科技大学共同主办的“展望中拉合作的新阶段”学术研讨会在四川省绵阳市西南科技大学召开。

（4）2015年11月11日，中国拉丁美洲学会墨西哥分会在北京主办“中拉及中墨关系研讨会”。

（5）2015年11月25日，中国拉丁美洲学会中美洲和加勒比分会举办“中美洲和加勒比地区形势及该地区国家对华关系”研讨会。

2. 期刊

《拉丁美洲研究》（双月刊），主编吴白乙。

2015年，《拉丁美洲研究》共出版6期，共计96万字。该刊全年刊载的有代表性的文章有：袁东振的《拉美国家治理的经验与困境：政治发展的视角》，吴国平、王飞的《浅析巴西崛起及其国际战略选择》，高洪的《略论21世纪日本对拉美外交战略变迁》，贺钦的《危机、共识与行动——执政风险考验下的委内瑞拉统一社会主义党》，杨建民的《拉美国家的司法改革与治理能力建设》，柴瑜的《外国直接投资对拉美和东亚工业化国家（地区）资源配置效率的影响》，苏振兴的《论拉美国家产业结构调整的必要性和紧迫性》，张琨、郭长刚的《智利基督教民主党与“第三条道路”》，贺双荣的《文化产业与国际形象：中拉合作的可能性——以影视合作为例》，张凡的《地缘与结构：巴西外交的“地区维度”解析》，刘青建的《当前中拉合作的成效与深化合作的战略意义》，唐俊的《新常态下中国与拉美经贸关系的新发展》，牛海彬的《当前巴西经济困境的政治经济学视角》，姜涵的《玻利维亚社群社会主义发展模式评析》，刘学东的《从贫困指数变化评估墨西哥土地制度改革效果》，崔守军的《中国与巴西能源合作：现状、挑战与对策》。

（五）会议综述

“南南合作框架下的中拉关系新跨越”国际研讨会

2015年1月7日，由联合国拉美经委会、中国社会科学院拉丁美洲研究所、国务院发展研究中心发展研究所和北京师范大学新兴市场研究院共同举办的“南南合作框架下的中拉关系新跨越”国际研讨会在北京召开。

会议开幕式由中国社会科学院拉丁美洲研究所副所长王立峰主持。中国社会科学院副院长李培林、拉美经委会秘书长阿丽西亚·巴尔塞纳、拉丁美洲研究所所长吴白乙、联合国开发计划署驻华代表处国别主任白桦在开幕式上致辞。

会议第一单元的主题是“中拉合作新局面及其对南南关系的新贡献”，由前中国驻拉美国家大使殷恒民主持。发言人包括巴尔塞纳秘书长、联合国开发计划署驻华代表处副国别主任芮婉洁、中国人民大学国际关系学院全球治理研究中心主任庞中英、中国社会科学院拉丁美洲研究所国际关系研究室研究员贺双荣。巴尔塞纳秘书长分析了拉美国家目前的经济社会形势以及中拉合作的机遇。芮婉洁主要介绍了中国在南南合作中的作用以及联合国开发计划署与中国的合作。庞中英围绕着“全球治理”提出了自己的观点。贺双荣的发言主题是中拉合作对南南合作的贡献以及如何取得跨越性的发展。

研讨会第二单元以“中拉贸易、投资、产业对接的前景”为主题，由北京师范大学新兴市场研究院院长胡必亮主持。发言人包括联合国拉美经委会国际贸易和一体化部主任奥斯瓦尔多·罗萨莱斯、国务院发展研究中心世界发展研究所副所长丁一凡、国家发展和改革委员会对外经济研究所国际合作室主任张建平、中国社会科学院拉丁美洲研究所所长助理柴瑜。罗萨莱斯从现实需求和双方合作互补性的视角，集中探讨了中拉贸易和投资的合作机遇问题。丁一凡针对在中拉关系快速发展的环境下拉美舆论界的担忧提出了自己的看法。张建平认为，中国和拉美应相互借鉴、取长补短，共同推动平等社会的建设。柴瑜认为，中拉产业合作是解决拉美经济复杂性问题和中国产业升级问题的有效途径。

研讨单元结束后，会议还进行了两项成果发布，其一是中国社会科学院拉丁美洲研究所与联合国拉美经委会共同出版的《中拉住房政策和城市化：视角和案例》（西文版）；其二是北京师范大学新兴市场研究院组织撰写的《互利务实、共同发展：中拉经济合作新框架》。

（林　华）

“公共安全与社会治理：中国和拉丁美洲面临的挑战”国际研讨会

2015 年 5 月 15 日，由中国社会科学院拉丁美洲研究所和 CAF- 拉丁美洲开发银行主办的“公共安全与社会治理：中国和拉丁美洲面临的挑战”国际研讨会在北京举行。这是自 2011 年以来，中国社会科学院拉丁美洲研究所和 CAF- 拉丁美洲开发银行合作举行的第五次拉美问题国际学术论坛。来自拉美和加勒比地区有关国家的驻华使节或代表、国内外专家学者、企业家和新闻媒体记者等近 200 人出席了论坛。

论坛开幕式由中国社会科学院拉丁美洲研究所所长吴白乙主持。中国社会科学院副院长李培林，CAF- 拉丁美洲开发银行执行主席恩里克·加西亚，中国工程院院士、清华大学公共安全研究院院长范维澄，经济合作与发展组织发展中心主任马里奥·佩西尼分别在开幕式上致辞。

论坛研讨的重点问题有“中拉社会与安全治理面临的新挑战”“社会治理与国家现代化的拉美经验”“从预防和控制犯罪的新视角下的拉美安全”“教育、技术和创新与拉美的经济转型”等。通过研讨，与会者一致认为，如何在经济增长基础上实现经济社会平衡发展，不断推进改革创新，加强国家能力建设和完善社会治理，是包括中国和拉美在内的广大发展中国家面临的重要任务。近年来许多拉美国家努力构建科学合理的政府决策机制，增强依法治国意识，推进制度健全与完善，提高法律制度的效率和执行力。这些国家还通过实施积极的社会政策，推进社会领域改革，完善社会治理机制，积极化解社会矛盾和冲突。同时也须注意到，尽管社会治理成效明显，目前拉美国家仍面临诸多治理难题。中国正处于经济和社会转型的关键时期，改革的复杂程度和实施难度前所未有，维护社会稳定和社会安全的压力不断加大。拉美国家在社会治理和缓解社会矛盾方面进行了有益探讨和创新，其中一些做法值得中方研究和借鉴。

（杨志敏）

中国拉丁美洲学会“展望中拉合作的新阶段”学术研讨会

2015年9月21～22日，中国拉丁美洲学会“展望中拉合作的新阶段”学术研讨会在四川省绵阳市西南科技大学召开。会议由中国拉丁美洲学会、西南科技大学主办。中国拉丁美洲学会副会长、中国社会科学院拉丁美洲研究所所长吴白乙主持了开幕式。中国拉丁美洲学会会长、求是杂志社社长李捷，西南科技大学党委书记王俊波，外交部拉美司副司长虞越，中共中央对外联络部拉美局局长魏强（书面）和国家留学基金委副秘书长曹士海分别致开幕词。来自外交部、中联部、中国社会科学院、北京大学、中国人民大学、南开大学、四川大学、西南科技大学等近20家单位的100余位专家学者参加了会议。会议共收到论文80余篇。

大会的重点和焦点问题包括“当前拉美国家产业调整”“拉美21世纪社会主义”“古美关系正常化”“中拉合作的新阶段”“中拉合作升级的路径与挑战”“中拉关系中的美国因素”等。在讨论关于拉美国家的产业调整专题时，苏振兴研究员认为，拉美国家经济当前面临的主要问题集中表现为净出口、投资和内需“三驾马车”对经济增长贡献的失衡。拉美国家需要从结构上摆脱对自然资源产品出口的依赖，制定符合国情的长期产业发展规划。

此次大会既对“美古关系正常化”“经济增速放缓”等拉美当前的重大现实和理论问题进行了研究，又对中拉整体合作的新阶段面临的机遇、挑战和战略策略有了深刻的认识。

与会专家学者们还就拉美研究的中国视角、学风问题、美拉关系与中拉关系等问题进行了热烈讨论。

（杨建民）

“TPP 协议对中国及中拉合作的影响”研讨会

2015 年 12 月 2 日，拉美区域合作与一体化创新项目在北京召开了“TPP 协议对中国及中拉合作的影响”学术研讨会。会议由中国社会科学院拉丁美洲研究所国际关系研究室和综合理论研究室共同主办。来自智利、墨西哥和秘鲁的外交官员、专家和来自中国国家发改委对外经济研究所、对外经贸大学、中国社会科学院世界经济与政治研究所和拉丁美洲研究所的近 50 名学者参加了研讨会。

中国社会科学院拉丁美洲研究所所长吴白乙研究员和秘鲁驻华大使胡安·卡洛斯·卡普纳伊分别致开幕词。研讨会分两个议程。第一个议程是“TPP（跨太平洋伙伴关系协定）与中国”，由中国社会科学院拉丁美洲研究所国关室主任张凡研究员主持，国家发改委对外经济研究所国际合作室主任张建平研究员、对外经贸大学世界贸易组织研究院院长屠新泉研究员、中国社会科学院世界经济与政治研究所苏庆义副研究员分别做了发言。中国社会科学院拉丁美洲研究所经济研究室副主任岳云霞研究员做评论。第二个议程是“TPP 与拉美”，由中国社会科学院拉丁美洲研究所综合研究室主任杨志敏研究员主持。智利经济参赞贝安之、墨西哥使馆经济合作和发展办公室主任阿尔玛达和秘鲁经济参赞柏碧澜分别做了发言。中国社会科学院拉丁美洲研究所国关室副主任谌园庭副研究员和首席研究员贺双荣分别做评论。

发言者和评论员围绕“TPP 成立的背景和过程”“TPP 对中国的影响”“中国是否应该加入 TPP”“TPP 对世界经济秩序”“标准和规则的影响”“TPP 和 WTO 的关系”“TPP 对拉美国家的影响”等核心问题展开了讨论和交流。学者们从政治、经济、贸易、投资、文化、战略等各个角度对 TPP 带来的或可能带来的冲击进行了探讨与分析。大部分与会学者认为，作为一个自由贸易协定的 TPP，本质上涉及新规则和新标准的制定，涉及相关国家对新规则的接受和适应程度。加入 TPP 的智利、墨西哥和秘鲁三国代表普遍认为，加入 TPP 对拉美三国来说主要是扩大对外贸易、获得更多市场准入、改善国内生产状况、生产更多高附加值产品、促进中小企业自由贸易、推动电子商务发展、提高经济多样性从而促进本国经济增长和社会发展的又一次机遇，并不会影响拉美三国与中国的经贸关系，因为 TPP

2015年12月，“TPP协议对中国及中拉合作的影响”学术研讨会在北京召开。

不会改变中国与拉美三国的贸易结构和互补性。对于其他拉美国家而言，TPP 产生的压力反而可能会进一步深化拉美一体化的进程。

（宋　霞）

亚太与全球战略研究院

（一）人员、机构等基本情况

1. 人员

截至 2015 年底，亚太与全球战略研究院共有在职人员 59 人。其中，正高级职称人员 10 人，副高级职称人员 15 人，中级职称人员 26 人；高、中级职称人员占全体在职人员总数的 86%。

2. 机构

亚太与全球战略研究院设有：亚太政治研究室、国际经济关系研究室、亚太安全与外交研究室、亚太社会文化研究室、区域合作研究室、中国周边与全球战略研究室、大国关系研究室、新兴经济体研究室、全球治理研究室、周边环境监测实验室、《当代亚太》编辑部、《南亚研究》编辑部、英文期刊编辑部（筹建中）、网络与资料室、科研处、行政办公室。

3. 科研中心

亚太与全球战略研究院牵头成立或挂靠的全国性社团组织有：中国亚洲太平洋学会、中国南亚学会；由亚太与全球战略研究院管理或代管的研究中心有：南亚文化研究中心、澳大利亚新西兰南太平洋研究中心、亚太经济合作组织与东亚研究中心、地区安全研究中心；东北亚研究中心、东南亚研究中心。

（二）科研工作

1. 科研成果统计

2015 年，亚太与全球战略研究院共完成专著 27 种，618.4 万字；论文 92 篇，110.9 万字；研究报告 108 篇，35.4 万字；译著 1 种，12.6 万字；译文 2 篇，3.2 万字；学术普及读物 75 篇，14.1 万字。

2. 科研课题

（1）新立项课题。2015 年，亚太与全球战略研究院共有新立项课题 1 项，即国家社会科学基金一般课题："后全球金融危机时期新兴经济体国家风险形成机制研究"（李天国主持）。

（2）结项课题。2015 年，亚太与全球战略研究院共有结项课题 1 项，即院马克思主义理论学科建设与理论研究课题："马克思主义关于工业化理论及其在亚洲的实践"（赵江林主持）。

（3）延续在研课题。2015 年，亚太与全球战略研究院共有延续在研课题 1 项，即国家社会科学基金一般课题："21 世纪海上丝绸之路建设的周边政治环境研究"（周方冶主持）。

（三）学术交流活动

1. 学术活动

2015 年，亚太与全球战略研究院主办和承办的学术会议有：

(1) 2015 年 4 月 15 ~ 17 日，由亚太与全球战略研究院、中国社会科学院蓝迪国际智库项目、中国（海南）改革发展研究院联合举办的"'一带一路'中巴经济走廊研讨会"在海南省海口市举行。

(2) 2015 年 5 月 18 ~ 19 日，由亚太与全球战略研究院、中国社会科学院蓝迪国际智库项目、红十字会与红新月会国际联合会主办，中国井冈山干部学院承办的"亚太地区人道与发展智库会议"在江西省井冈山市召开。

(3) 2015 年 6 月 25 日，由亚太与全球战略研究院"一带一路"项目组承办的"孟中印缅电力投资环境国际研讨会"在中国社会科学院召开。

(4) 2015 年 8 月 11 日，由亚太与全球战略研究院、韩国庆南大学极东问题研究所、延边大学朝鲜半岛研究院共同举办的"朝鲜半岛局势与中韩战略合作"国际研讨会在中国社会科学院举行。会议研讨的主要问题有"朝鲜内政与外交走向""朝鲜经济现状与中朝韩经济合作前景""南北关系的困境与出路""中朝关系的新动向""中韩安全合作的可能与障碍""半岛停战机制转向和平机制的可能与路径""朝韩领导人访华的可能与形式"等。

(5) 2015 年 8 月 11 ~ 12 日，新疆维吾尔自治区人民政府与中国社会科学院共同主办，新疆克拉玛依市人民政府、中国社会科学院蓝迪国际智库项目、亚太与全球战略研究院共同承办的中巴经济走廊（克拉玛依）论坛，在新疆克拉玛依举办。

(6) 2015 年 12 月 19 ~ 20 日，由中国社会科学院亚太与全球战略研究院主办的"一带一路与东北亚能源安全环境"国际会议在京举行。

(7) 2015 年 12 月 22 ~ 24 日，"一带一路"中国—伊朗合作发展国际研讨会在海口举行。

2. 国际学术交流与合作

2015 年，亚太与全球战略研究院共派遣出访 81 批 132 人次，接待来访 75 批 211 人次。与亚太与全球战略研究院开展学术交流的国家有美国、韩国、日本、新加坡、俄罗斯、瑞典、澳大利亚等。

(1) 2015 年 1 月 20 日，蒙古国科学院院长到访中国社会科学院，并访问亚太与全球战略研究院，与该院学者进行学术交流。

(2) 2015 年 3 月 8 日，中国社会科学院副院长李捷会见到访的新加坡驻华大使，亚太与全球战略研究院部分学者参加会见活动。

(3) 2015 年 4 月 21 日，中国社会科学院副院长李培林会见到访的韩国首尔大学亚洲中心主任，亚太与全球战略研究院学者参加会见活动。

（4）2015 年 8 月 1 ～ 14 日，院级交流协议外宾泰国宋卡王子大学普吉校区国际研究系诗缇帕讲师来亚太与全球战略研究院访问。

（5）2015 年 8 月 19 日，中国社会科学院院长王伟光会见来访的巴基斯坦驻华大使，亚太与全球战略研究院学者出席活动。

（四）学术社团、期刊

1. 社团

（1）中国亚洲太平洋学会，会长张蕴岭。

2015 年 11 月 2 ～ 3 日，2015 年中国亚洲太平洋学会年会暨“中美战略博弈下的亚太地区”学术研讨会在武汉大学经济与管理学院召开。来自中国社会科学院亚太与全球战略研究院、中联部、中共中央党校、清华大学、南开大学、同济大学等 40 多家科研机构和高校的共计 80 余名代表参加了会议。

（2）中国南亚学会，会长孙士海。

2015 年 10 月 15 ～ 16 日，中国南亚学会年会在云南省昆明市召开。年会由中国南亚学会和云南财经大学印度洋地区研究中心联合主办。来自全国南亚研究学界的 140 多名专家学者参加了会议。会议研讨的主要问题有“南亚政治与外交”“一带一路与区域合作”“南亚文化与民族宗教”等。

2. 期刊

（1）《当代亚太》（双月刊），主编李向阳。

2015 年，《当代亚太》共出版 6 期，共计 96 万字。该刊全年刊载的有代表性的文章有：张蕴岭的《如何认识和理解东盟——包容性原则与东盟成功的经验》，金灿荣、王浩的《衰落—变革—更生：美国霸权的内在韧性与未来走向——基于二战后两轮战略调整的比较研究》，张文木的《从整体上把握中国海洋安全——“海上丝绸之路”西太平洋航线的安全保障、关键环节与力量配置》，朴光姬的《“一带一路”与东亚“西扩”——从亚洲区域经济增长机制构建的视角分析》，刘丰、陈志瑞的《东亚国家应对中国崛起的战略选择：一种新古典现实主义的解释》，漆海霞的《战国的终结与制衡的失效——对战国时期合纵连横的反思》，周建仁的《同盟理论与美国“重返亚太”同盟战略应对》，左希迎的《承诺难题与美国亚太联盟转型》，刘若楠的《美国权威如何塑造亚太盟国的对外战略》，聂文娟的《东盟对华的身份定位与战略分析》，凌胜利的《中美亚太海权竞争的战略分析》，王浩的《过度扩张的美国亚太再平衡战略及其前景论析》。

（2）《南亚研究》（季刊），主编李向阳。

2015 年，《南亚研究》共出版 4 期，共计 60 万字。该刊全年刊载的有代表性的文章有：李艳芳的《次区域合作视角下的孟中印缅经贸关系发展》，葛红亮的《莫迪政府“东向行动政策”

析论》，董亮的《试析南亚区域环境合作机制及其有效性》，杨思灵的《“一带一路”倡议下中国与沿线国家关系治理及挑战》，朱翠萍的《印度莫迪政府对华政策的困境与战略选择》，姚芸的《中巴经济走廊面临的风险分析》，刘红良的《冷战后印度“摇摆国家”的身份建构》，郭海龙、孙晶的《次大国：概念、二重性与国际体系》，王静的《21世纪南亚毛主义运动：现实图景、理论焦点及未来挑战》。

（五）会议综述

“一带一路与东北亚能源安全环境”国际研讨会

2015年12月19～20日，由中国社会科学院亚太与全球战略研究院主办的“一带一路与东北亚能源安全环境”国际研讨会在北京举行。来自中国、俄罗斯、日本、韩国、蒙古国的研究能源以及地区安全的30余位学者参加了会议。会议研讨的主要问题有“‘一带一路’与中国的能源安全”“‘一带一路’与东北亚能源安全”“‘一带一路’与企业‘走出去’”“未来东北亚能源安全架构”等。

2015年12月，“一带一路与东北亚能源安全环境”国际研讨会在北京举行。

（1）“一带一路”与中国的能源安全

与会专家认为，能源合作是“一带一路”建设的核心内容之一，而“一带一路”建设的推进必将对中国的能源安全环境产生重大而深远的影响。东北亚地区的国家，在能源消费和供应上有其特色，比如中国、日本、韩国是亚洲前三大消费国，特别是日本与韩国基本上依靠海外能源进口。在推进“一带一路”能源合作方面，应着眼于环绕中国一圈的能源合作点，推动中蒙俄朝能源合作，重视日本和韩国的发展经验。中国应该将东北亚作为能源革命和能源国际合作的战略性依托。

（2）能源安全观的转变：从国别安全转向地区安全

与会专家认为，中国和地区内国家应改变传统的将能源安全视作一个国家的安全的观念，从地区角度、相互依赖角度看待能源安全。北京大学教授查道炯认为，地缘政治是思考能源安全的重要视角，中国油企在海外开采的石油大部分并不运回国内，而是充分利用国际石油市场，转化为现金等再度进入市场购买来保障能源安全。中国社会科学院世界经济与政治研究所徐小杰研究员认为，各国应学会管理能源安全的外部性与风险，中国应通过“一带一路”增强国内地区间和国外的联系，特别是打破传统的国家的能源安全，注重地区能源安全。

(3)“一带一路”提升政治互信，有力推动东北亚能源合作

徐小杰认为，从未来发展态势看，地区内国家迫切需要构建地区合作框架，转变能源安全的观念。中国的“一带一路”倡议，很大程度上将改变地区内的互联互通现状，为地区合作创造了条件。在“一带一路”框架下的能源合作，应该多部门联合，国内和国外对接，并增加若干能源供应和转化的支点，增强多边的保护能力。

国家发展和改革委能源所研究员姜鑫民认为，互联互通有赖于政治互信，需要政策和运作层面的大范围协调。东北亚地区的能源合作提了多年，包括油气管网、超级电网等。未来随着“一带一路”的推进，东北亚天然气交易中心建设可以先行起步。

华东师范大学副研究员孙溯源认为，俄罗斯将能源视做战略工具和经济收益，并不愿意耗费成本运输至远东。在东北亚地区，俄罗斯是能源的供给者，日本则是能源使用效率上的技术供给者，但两者并无合作的共同收益。目前，中国与俄罗斯的合作也无法扩大到地区范围内。但在俄罗斯远东联邦大学 Artyon Lukin 教授看来，2013 年以前俄罗斯并不允许中国进入俄罗斯能源的上游产业，现在则是持鼓励态度。尽管中国从陆上接纳俄罗斯的能源成本较高，但在当前政治态势下，却是比较安全的。

延边大学教授朴东勋认为，正是由于政治问题，1992 年就开始探讨的俄罗斯、朝鲜、韩国天然气管道建设停滞不前。因此，“一带一路”建设的一个目标或者方向是，加强国家之间的政治互信，与互联互通一起推进风险与安全的相互依赖。而韩国国际安保交流学会教授 Sangsoon Kim 认为，以能源为切入点推进东北亚合作也能得到朝鲜的支持，东北亚国家应提倡“共同现代化”，加强战略对接。

日本早稻田大学教授 Yu Shibutani 认为，有四种趋势影响着东北亚的能源安全合作。第一，俄罗斯能源向东看将极大增强东北亚地区的能源供应。第二，北极航线通行之后，来自欧洲的能源不必通过印度洋、西太平洋航线进入东北亚。第三，日本的创新技术将提高能源使用效率。第四，欧亚大陆间的能源互联互通建设。内蒙古社会科学院研究员范丽君认为，未来还可以考虑清洁能源的地区合作。日中经济协会北京代表处首席代表 Shinoda Kunihiko 建议，结合“一带一路”的新形势，充分考察现有的东亚峰会能源部长会议机制和中日能源储备论坛等。

（钟飞腾）

美国研究所

（一）人员、机构等基本情况

1. 人员

截至2015年底，美国研究所共有在职人员59人。其中，正高级职称人员12人，副高级职称人员15人，中级职称人员23人；高、中级职称人员占全体在职人员总数的85%。

2. 机构

美国研究所设有：美国外交研究室、美国政治研究室、美国经济研究室、美国社会文化研究室、美国战略研究室、办公室、《美国研究》编辑部、图书资料室。

3. 科研中心

美国研究所院属科研中心有：中国社会科学院世界政治研究中心、中国社会科学院世界社保研究中心；所属学会和科研中心有：中华美国学会、中国社会科学院军备控制与防扩散研究中心、中国社会科学院台港澳研究中心。

（二）科研工作

1. 科研成果统计

2015年，美国研究所共完成专著9种，211.1万字；核心期刊论文32篇，34.48万字；其他论文35篇，55.74万字；一般文章48篇，15.32万字。

2. 科研课题

（1）结项课题。2015年，美国研究所共有结项课题1项，即国家社会科学基金一般课题："美国亚太政策的基本目标及可能采取的政策手段研究"（周琪主持）。

（2）延续在研课题。2015年，美国研究所共有延续在研课题1项，即国家社会科学基金青年课题："美国国会涉华关键议员行为研究"（刁大明主持）。

（三）学术交流活动

1. 学术活动

2015年，美国研究所主办的主要学术活动有：

（1）2015年5月26日，美国研究所"美国全球战略的基本逻辑"创新项目组举行了"美国与全球战略环境评估"研讨会。会议研讨的主要问题为"美国全球战略的历史逻辑、影响因素和当前状况"。

（2）2015年6月4日，美国研究所、中华美国学会和社会科学文献出版社联合主办的《美国研究报告（2015）》发布式暨"美国亚太再平衡战略新挑战"研讨会在北京举行。

2015年6月，《美国研究报告（2015）》发布式暨"美国亚太再平衡战略新挑战"研讨会在北京举行。

（3）2015 年 6 月 25 日，美国研究所举行题为"亚太地区的安全结构与中美关系"学术研讨会。会议研讨的主要问题有"亚太地区安全结构的特点""美国与亚太国际秩序的历史演变""中美在亚太地区安全结构下的互动""地区结构与全球格局的交互影响""奥巴马政府与东南亚国家的军事合作"等。

（4）2015 年 7 月 15 日，美国研究所举行了"习近平主席访美与当前中美关系走向"研讨会。会议研讨的主要问题有"当前中美关系态势""中美关系中的热点问题"等。

（5）2015 年 7 月 21 日，中国人民大学重阳金融研究院执行院长王文应邀在美国研究所作题为"G20 的筹备风险与中国应对"的专题报告。

（6）2015 年 7 月 30 日，美国研究所"美国全球战略及走向"创新组举行"伊核协议后的美国和中东"研讨会。会议研讨的主要问题有"伊核谈判""美伊关系""未来中东局势"等。

（7）2015 年 9 月 8 日，美国兰德公司资深研究员施道安和霍华德 · J. 沙茨应邀来美国研究所访问，并同该所科研人员就"习主席访美前后的中美关系""美国经济"等问题进行了交流。

（8）2015 年 10 月 30 ~ 31 日，中华美国学会 2015 年年会暨"21 世纪的美国与世界"学术研讨会由中华美国学会、复旦大学美国研究中心、中国社会科学院美国研究所和《美国研究》杂志在上海市联合举办。

（9）2015 年 11 月 17 日，由美国研究所承办的中国社会科学论坛（2015 · 国际关系）"习主席访美后的中美关系"在北京举行。论坛的主题是"回顾 2015 年习主席访美后的中美关系发展，分析 2016 年中美关系前景"。

2. 国际学术交流与合作

2015 年，美国研究所共派遣出访 24 批次 31 人次，接待来访 54 批次 91 人次。其中，使馆来访 20 次，学术交流 13 次，媒体采访 5 次，国际组织及团体访问 4 次，邀请美国智库机构人员来访 12 次。与美国研究所开展学术交流的国家有美国、加拿大、法国、比利时、瑞士、日本和韩国。

(1) 2015 年 2 月 1 ~ 5 日，美国研究所所长郑秉文研究员应比利时联邦公共服务社会保障部的邀请，赴布鲁塞尔参加“中国—欧盟公职人员养老保障改革国际研讨会”。

(2) 2015 年 3 月 21 日至 4 月 5 日，美国研究所政治室副主任刘卫东副研究员赴美国天普大学日本校区当代亚洲研究所进行学术交流。

(3) 2015 年 3 月 22 ~ 25 日，美国研究所所长郑秉文研究员应美国凯特琳基金会邀请赴美国参加“社区和经济改革”国际研讨会。

(4) 2015 年 4 月 28 日至 5 月 3 日，美国研究所战略室主任樊吉社研究员应中共中央对外联络部邀请，参加中联部赴美澳新学术交流和友好访问团，前往美国交流和访问。

(5) 2015 年 7 月 12 ~ 18 日，美国研究所社会文化室译审潘小松等应美国凯特琳基金会邀请赴美国参加国际研讨会。

(6) 2015 年 7 月 20 日至 8 月 4 日，美国研究所政治室室主任王欢副研究员应美国斯坦福大学邀请，赴美国就加利福尼亚州圣克拉拉县地方治理问题进行调研。

(7) 2015 年 7 月 23 日至 8 月 25 日，美国研究所外交室刘得手研究员赴美国亚太安全研究中心参加“综合危机管理”课程培训项目。

(8) 2015 年 8 月 10 ~ 15 日，美国研究所经济室主任王荣军研究员赴美国华盛顿和波士顿进行调研，调研的主题是“美国对‘一带一路’的战略判断、政策建议和前景分析”。

(9) 2015 年 8 月 23 日至 9 月 5 日，美国研究所研究员赵梅赴美国进行调研，调研的主题是“奥巴马时期的种族关系”。

(10) 2015 年 9 月 13 ~ 20 日，美国研究所所长郑秉文研究员应彼得森国际经济研究所和加拿大国际治理创新中心邀请，先后赴华盛顿和渥太华参加“G20 与中美经济关系研讨会”和“中国主办 G20 峰会研讨会”。

(11) 2015 年 9 月 15 ~ 20 日，美国研究所前副所长陶文钊研究员应国务院新闻办邀请，参加其组织的“中国智库美国行”活动，与美国学者讨论反法西斯战争的东方战场问题。

(12) 2015 年 9 月 24 日至 10 月 31 日，美国研究所战略室副研究员李　应韩国首尔大学中美关系研究中心邀请进行访学。

(13) 2015 年 12 月 10 ~ 14 日，美国研究所政治室副主任王欢副研究员率团赴美国就“一带一路”专题进行调研。

（四）学术社团、期刊

1. 社团

（1）中华美国学会，会长黄平。

（2）中国社会科学院世界政治研究中心，主任黄平。

（3）中国社会科学院台港澳研究中心，主任黄平。

（4）中国社会科学院世界社保研究中心，主任郑秉文。

（5）军备控制与防扩散研究中心，主任刘尊。

2. 期刊

《美国研究》，总编辑赵梅。

2015年，《美国研究》共出版6期，共计132万字。该刊全年刊载的有代表性的文章有：傅莹的《探索中美之间的相处之道：在中国社会科学院〈美国研究报告〉发布会上的讲话》，章百家的《调整观察和分析国际问题的视角和思维模式》，王立新的《踌躇的霸权：美国获得世界领导地位的曲折历程》，陈绍锋的《亚投行：中美亚太权势更替的分水岭？》，夏立平的《地缘政治与地缘经济双重视角下的美国“印太战略”》，赵可金的《民主的困惑：全球化时代的美国政治逻辑》，沈鹏、周琪的《美国对以色列和埃及的援助：动因、现状与比较》，刘建华的《美国国家安全体制改革：历程、动力与特征》，王传兴的《论人口迁移对美国政党体系演变的影响》，张业亮的《2014年中期选举及其对美国政治的影响》，高奇琦的《美国的云计算战略及其对军事和国际关系的影响》等。

（五）会议综述

《美国研究报告（2015）》发布式暨“美国亚太再平衡战略新挑战”研讨会

2015年6月4日，由中国社会科学院美国研究所、中华美国学会、社会科学文献出版社共同举办的“《美国研究报告（2015）》发布式暨“美国亚太再平衡战略新挑战”研讨会发布会在北京举行。全国人大常委会委员、外事委员会主任委员傅莹，中国社会科学院副院长蔡昉应邀出席会议并发言。发布会由中国社会科学院美国研究所郑秉文研究员主持。来自中国现代国际关系研究院、中国军事科学院、中国人民大学、复旦大学以及中国社会科学院亚太与全球战略研究院、美国研究所等单位的学者参加会议，并就相关问题进行了研讨。

《美国蓝皮书：美国研究报告（2015）》荣誉主编傅莹就当前美国战略界对华的多元看法以及中美稳定相处之道进行了主题阐述。中国社会科学院副院长蔡昉提出了对国际问题研究的要求。

为了更为有效地积极推进中美关系稳步发展，与会者就“美国国内政治、经济、社会发展态势”“美国的‘再平衡战略’”“中美新型大国关系”等相关议题进行了讨论，对美国近期发展态势进行了全景式的剖析。

（李　墨　刁大明）

“21世纪的美国与世界”学术研讨会暨中华美国学会2015年年会

2015年10月30～31日，由中华美国学会、中国社会科学院美国研究所、复旦大学美国研究中心、中国社会科学院—上海市人民政府上海研究院、《美国研究》编辑部联合主办的“21世纪的美国与世界”学术研讨会暨中华美国学会2015年年会在上海召开。

来自中国社会科学院、中国现代国际关系研究院、上海社会科学院、复旦大学、中共中央党校、中国人民大学、四川大学等20多家单位的百余位学者参加会议。

与会者围绕“21世纪的中美战略关系”“中美关系与国际秩序”“习主席访美与中美关系”“美国外交战略的转型”“美国研究与中美关系”等议题进行了研讨。

学术研讨结束后，中国社会科学院美国研究所副所长倪峰向与会者汇报了中华美国学会开展活动的情况。

（罗伟清　李恒阳）

中国社会科学论坛（2015·国际关系）：“习主席访美之后的中美关系”学术研讨会

2015年11月17日，由中国社会科学院美国研究所主办的中国社会科学论坛（2015·国际关系）：“习主席访美之后的中美关系 ”研讨会在北京举行。

会议由中美两国学者参加，与会者来自中国社会科学院、国防大学、中国现代国际关系研究院、美国布鲁金斯学会、凯特林基金会、约翰·霍普金斯大学及清华-卡内基全球政策中心等。与会者就“习主席访美后的中美关系”“新型大国关系”“当前中美关系面临的机遇与挑战”等问题进行了研讨。

中国社会科学院院长王伟光在开幕式上致辞。博鳌亚洲论坛秘书长周文重大使、美国布鲁金斯学会高级研究员李侃如博士、中国社会科学院国际学部主任张蕴岭研究员、美国约翰·霍普金斯大学教授兰普顿、外交部美大司副司长徐学渊在会上作主旨发言。

与会专家一致认为，习主席对美国的成功国事访问为两国关系注入了新动力。当前中美关系处于重大历史过渡期，竞争面和不确定性增加，今后两国应努力增进互信、拓展合作、妥处分歧并厚植民意，使中美关系沿着新型大国关系的方向发展。

（科研处）

日本研究所

（一）人员、机构等基本情况

1. 人员

截至2015年底，日本研究所共有在职人员48人。其中，正高级职称人员12人，副高级职称人员12人，中级职称人员15人；高、中级职称人员占全体在职人员总数的81%。

2. 机构

日本研究所设有：日本政治研究室、日本外交研究室、日本经济研究室、日本社会研究室、日本文化研究室、《日本学刊》编辑部、网资室、办公室。

3. 科研中心

日本研究所所属科研中心有：日本政治研究中心、中日经济研究中心、日本社会文化研究中心、中日关系研究中心。

（二）科研工作

1. 科研成果统计

2015年，日本研究所共完成专著2种，50万字；论文集4种，190.4万字；译著2种，43.6万字；核心期刊文章32篇，30万字。

2. 科研课题

（1）新立项课题。2015年，日本研究所共有新立项课题即所重点课题6项："所学科建设"（李薇主持），"政治研究室学科建设"（吴怀中主持），"外交研究室学科建设"（吕耀东主持），"经济研究室学科建设"（徐梅主持），"社会研究室学科建设"（胡澎主持），"文化研究室学科建设"（张建立主持）。

（2）结项课题。2015年，日本研究所共有结项课题7项。其中，院国情调研重大（推荐）课题1项："转变经济发展方式的试验田——中日曹妃甸生态工业园区跟踪调研"（李薇、张季风主持）；所重点课题6项："所学科建设"（李薇主持），"政治研究室学科建设"（吴怀中主持），"外交研究室学科建设"（吕耀东主持），"经济研究室学科建设"（徐梅主持），"社会研究室学科建设"（胡澎主持），"文化研究室学科建设"（张建立主持）。

（三）学术交流活动

1. 学术活动

2015年，日本研究所主办和承办的学术会议有：

（1）2015年5月24日，日本研究所主办的"第六届全国日本研究杂志研讨会暨《日本学刊》创刊 30 周年”纪念会在北京举行。

(2) 2015 年 7 月 4 日，日本研究所主办的“历史节点：战后日本外交 70 年”学术研讨会在北京召开。

(3) 2015 年 7 月 13 日，日本研究所主办的“国际问题研究与智库建设”学术报告会在北京召开。

(4) 2015 年 7 月 26 日，日本研究所主办的“战后 70 年的日本政治”学术报告会在北京召开。

(5) 2015 年 12 月 8 日，日本研究所主办的“《日本战后 70 年》《中日热点问题研究》发布会暨研讨会”在北京召开。

(6) 2015 年 12 月 12 日，日本研究所主办的“融化的雪国 ——叶渭渠先生追思会暨纪念文集首发式”在北京召开。

(7) 2015 年 12 月 27 日，日本研究所主办的“平成日本学”与 2015 日本社会问题研讨会在北京召开。

2. 国际学术交流与合作

2015 年，日本研究所共派遣出访 24 批 50 人次；接待来访 88 批 185 人次。与日本研究所开展学术交流的国家有日本、韩国、美国等。

(1) 2015 年 5 月 23 日，日本研究所在北京主办了“战后 70 年日本经济回顾与展望”国际会议。

(2) 2015 年 8 月 16 日，日本研究所在北京主办了中国社会科学论坛“战后日本 70 年：轨迹与走向”国际学术研讨会。

(3) 2015 年 12 月 9 日，日本研究所在北京主办了“日本经产省木原晋一演讲会”。

(4) 2015 年 12 月 13 日，日本研究所在北京主办了“国际视域下的中日关系”国际学术研讨会。

(四) 学术社团、期刊

1. 社团

(1) 中华日本学会，会长李薇。

① 2015 年 12 月 15 日，由中国社会科学院日本研究所、中华日本学会主办、《日本学刊》编辑部承办的第七届《日本学刊》优秀论文隅谷奖揭晓。

② 2015 年 8 月 15 日，中华日本学会在中国社会科学院学术报告厅举行了第六届换届大会。会议的主要议题是领导班子换届和团体会员单位汇报交流。

③ 2015 年 8 月 16 日，中华日本学会与日本研究所共同主办了“中国社会科学论坛 ——战后日本 70 年：轨迹与走向”学术研讨会。来自国内外的日本研究专家学者 150 余人参加会议。

④ 2015 年 10 月 13 日，日本研究所与中华日本学会联合举办“日本研究论坛 ——战后日

本70年的轨迹和走向”学术研讨会。会议的主题是“前沿问题与学科建设”。

（2）全国日本经济学会，会长李培林。

① 2015年3月17日，全国日本经济学会与日本研究所、日本驻华大使馆联合举办“伊藤元重教授学术报告会”。有关部委代表、在京的大学、科研机构学者等150余人参加报告会。

② 2015年5月19日，全国日本经济学会与日本研究所联合举办《日本经济蓝皮书2015》新闻发布会暨学术研讨会。50余位代表参加会议。会议研讨的主要问题有“安倍经济学对日本经济的影响”“日本能源战略演变、战略转型、能源前景”“中日经贸关系”等。

③ 2015年8月21～22日，由全国日本经济学会主办、吉林大学东北亚研究院和中国社会科学院日本研究所承办的“全国日本经济学会2015年年会暨学术研讨会”在吉林省长春市召开。会议的主题是“‘一带一路’战略构想与日本因素”，研讨的主要问题有“一带一路”战略构想下中日经济、贸易投资格局演变以及亚洲区域合作新趋势。

④ 2015年12月9日，全国日本经济学会与中国社会科学院日本研究所联合举办“2015年日本能源形势报告会”。会议旨在准确把握日本在能源战略、能源利用及国际合作等领域的最新动向，促进中日双方在能源领域的学术交流和务实合作。

2. 期刊

《日本学刊》（双月刊），主编李薇。

2015年，《日本学刊》共出版6期，共102万字。该刊全年刊载的有代表性的文章有：赵启正的《日本研究的“战略传播”使命》，武寅的《日本的三个70年》，冯昭奎的《中日关系的辩证解析》，时殷弘的《当前中美日关系的战略形势和任务——一种宏观视野的讨论》，刘晓峰的《“平成日本学”论》，杨伯江的《论战后70年日本国家战略的发展演变》，吕耀东的《试论日本“总体保守化”的选举制度要因》等。

（五）会议综述

“战后七十年日本的思想轨迹”国际学术研讨会

2015年4月25～26日，由中国社会科学院日本研究所主办，日本国际交流基金协办的“战后七十年日本的思想轨迹”国际学术研讨会在北京召开。来自日本上智大学、大阪大学、三重大学和北京大学、北京外国语大学、中国社会科学院文学研究所、中国社会科学院世界历史研究所、中国中日关系史学会、外交学院、南开大学、厦门大学、上海财经大学、国际关系学院、中国人民大学、四川外国语大学、北华大学、中国社会科学院日本研究所等国内外多家学术机构的50余位专家学者出席了会议。会议开幕式由中国社会科学院日本研究所教授崔世广主持。中国社会科学院日本研究所所长李薇教授、国际交流基金北京日本文化中心副主任久保田淳一先后致辞。会议主要围绕战后“日本社会思潮的发展轨迹”和“日本人对自我和国家的认知”两大主题展开了深入研讨。

在政治思想的变迁方面，东北师范大学副校长韩东育教授、南开大学日本研究院副院长刘岳兵教授、中国社会科学院日本研究所教授张建立、北华大学小西丰治、四川外国语大学博士舒方鸿、中国社会科学院日本研究所副教授唐永亮、代红光博士分别从想象与现实、战后民主主义的发展及其局限、日本的大国意识、战后宪法与近代自由民权思想的联系、日本“九条会”和平运动的现状与展望、丸山真男的“近代超克论”批判、日本战争责任论等不同角度，深入地分析了战后70年日本政治思想的变迁。

在外交思想的变迁方面，日本大阪大学教授米原谦以高坂正尧和永井阳之助两位国际政治学者的研究为中心，从思想史的角度梳理了“吉田路线”在日本战后的发展变迁。中国社会科学院文学研究所教授赵京华以冷战体制为大背景，阐述了战后日本的亚洲外交发展历程，并检讨了国家软实力与硬实力等的辩证关系。

在教育思想的变迁方面，日本上智大学副校长杉村美纪教授梳理了战后日本教育体制伴随着经济社会发展从重视经验的全课程教育体制，到重视知识型教育体制、素质教育体制再到重视能力的“新学历模式”的变迁过程。中国社会科学院文学研究所教授董炳月以历史教科书和《教育基本法》为中心阐述了战后日本教育思想的内在逻辑和发展轨迹。

围绕着“日本人对自我和国家的认知”主题，中国社会科学院日本研究所教授崔世广以“文化认同”为切入点，分析指出战后日本文化认同受国际形势、日本国内状况的影响，大体经过了四个阶段两个周期的变化。厦门大学教授吴光辉从“文化互镜”的立场，对战后日本的中国形象的演绎与变迁做了深入分析。

（唐永亮）

“战后70年的日本经济与中日经贸合作”学术研讨会

2015年5月22～23日，由中国社会科学院日本研究所、全国日本经济学会、中日经济研究中心主办的“战后70年的日本经济与中日经贸合作”学术研讨会在北京召开。来自日本经济研究中心、日本国际协力机构、国务院发展研究中心、商务部研究院、中国国际问题研究所、中国社会科学院世界经济与政治研究所、北京大学、中国政法大学、对外经济贸易大学、中国地质大学、南开大学、天津社会科学院、河北大学、辽宁大学、中国社会科学院日本研究所等国内外学术机构的50余名专家学者出席了会议。

会议开幕式由中国社会科学院日本研究所研究员徐梅主持。中国社会科学院日本研究所所长李薇研究员致辞。日本经济研究中心研究顾问、著名经济学家小峰隆夫就战后70年日本经济的发展变化发表基调报告，总结了日本经济的发展历程与经验教训，并对未来前景进行了展望。中国社会科学院日本研究所所长助理张季风研究员从中国日本经济问题专家的视角，回顾了战

2015年5月23日，“战后70年的日本经济与中日经贸合作”学术研讨会在北京召开。

后70年中日经济交流的发展轨迹，分析了中日经济合作的现状与存在的问题，并指出“一带一路”构想将给中日经贸合作带来新机遇。

与会专家学者围绕战后以来日本经济形势及各个领域的发展变化，对中国的影响、启示等展开了深入讨论。南开大学副教授郑蔚和天津社会科学院研究员平力群以金融业为研究核心，分析了战后日本金融体系和风险投资产业的变迁。河北大学教授裴桂芬联系我国税制调整等问题对日本固定资产税制改革进行了总结，天津社会科学院副研究员田香兰从日本社会保障与税收一体化改革的角度，为中国的社会保障制度改革提供了经验借鉴。

此外，河北大学教授张玉棉、中国地质大学副教授任景波、国务院发展研究中心研究员马淑萍、辽宁大学副教授李彬分别从日本首都圈扩张、企业社会责任、盐业体制改革、旅游产业新态等多个角度，对日本战后这些领域的发展变迁进行了回顾和总结。商务部研究院研究员金柏松、南开大学副教授张玉来则着眼于当前的日本经济，分析了“安倍经济学”的效果、面临的问题及前景等。

（李清如）

中国社会科学论坛——“战后日本70年：轨迹与走向”国际学术研讨会

2015年8月16日，由中国社会科学院主办、中国社会科学院日本研究所与中华日本学会承办的中国社会科学论坛——“战后日本70年：轨迹与走向”国际学术研讨会在北京召开。来自中日两国的近位名专家学者参加会议。学者们共同对战后日本的发展轨迹进行系统回顾，找出其规律和特质，并对今后日本的走向进行前瞻和研判。

中国社会科学院副院长蔡昉、中日友好协会会长唐家璇和日本驻华大使木寺昌人分别为大会致辞。来自中国的8位专家和来自日本的8位专家分别就战后70年来的“日本国家战略与发展路线”“日本政治”“日本经济”“日本外交”“日本安全防卫”“日本社会”“日本文化思想”以及“中日关系”等八个议题作主题发言，并与参会的专家学者就相关问题进行了充分的交流和研讨。

2015年8月，“中国社会科学论坛——战后日本70年：轨迹与走向”国际学术研讨会在北京召开。

会上，中国社会科学院日本研究所副所长杨伯江表示，日本国家战略经历了三大阶段的演变过程，分别是“经济立国”导向型战略、新战略目标确立以及“大国化”目标导向型战略。日本神户大学名誉教授、前防卫大学校长五百旗头真日则表示，日本民众反对安保法案的意愿非常强烈，不希望改变和平的做法成为战争国家。解放军外国语学院教授徐万胜就选举改革与自民党支配体系变迁之间的互动关系进行了系统分析，他表示，战后70年，日本政治发展的最大结构性特征是自民党长期执掌政权，并认为日本政治改革具有浓厚的保守倾向。日本学者上神贵佳则围绕自民党在过去的70年的变化及其原因展开分析，他认为，国际形势的变化给日本国内政治思潮带来了很大影响。

中国社会科学院日本研究所所长李薇作总结发言。

（常思纯）

和平发展研究所

（一）人员、机构等基本情况

1. 人员

2015年，和平发展研究所共有在职人员5人。

2. 机构

和平发展研究所设有：发展政治室、经济室、安全室、人物室、信息资料室、综合办公室。

（二）科研工作

1. 科研成果统计

2015 年，和平发展研究所完成专题报告 30 篇，18 万字；一般文章 10 篇，4 万字。

2. 科研课题

（1）新立项课题。2015 年，和平发展研究所共有新立项课题 1 项："'一带一路'系列课题研究"（廖峥嵘主持）。

（2）结项课题。2015 年，和平发展研究所共有结项课题 1 项："奥巴马政府内外政策调整与中美关系"（廖峥嵘主持）。

3. 科研组织管理新举措

2015 年，和平发展研究所进一步建立健全内部财务、人事、课题、行政后勤等管理体系，完善相关规章制度。

（三）学术交流活动

（1）2015 年 4 月 21 日，和平发展研究所研究人员应邀参加清华—布鲁金斯公共政策研究中心举办的"中美智库高层峰会"。会议就有关中国智库建设和国际合作、中美智库间交流等问题进行讨论。

（2）2015 年 5 月 21 日，由和平发展研究所主办的"'一带一路'课题研讨会"在北京召开。会议的主题是"'一带一路'研究的意义"。

（3）2015 年 6 月 18 ~ 19 日，和平发展研究所研究人员应邀赴浙江省义乌市参加由中国人民大学重阳金融研究院、《环球时报》主办的"丝绸之路经济带国际城市论坛"。会议的主题是"国际陆港建设与未来"。

（4）2015 年 10 月 19 ~ 20 日，由和平发展研究所、清华大学国际战略与发展研究院、美国外交政策全国委员会共同举办的"中美日三边对话"会议在北京召开。会议研讨的主要问题有"中美日三边关系""亚太局势""'一带一路'构想"等。

（5）2015 年 10 月 27 日，由和平发展研究所主办的"TPP：中美经贸规则竞争与全球治理的未来"研讨会在北京召开。会议研讨的主要问题有"TPP 对中国的影响""中国在区域经济一体化中的道路选择"。

（四）期刊

《和平发展观察》（不定期刊），执行主编廖峥嵘。

2015 年，《和平发展观察》共出版 7 期，共计 3 万余字。该刊全年刊载的有代表性的文章有：廖峥嵘的《对筹建亚投行的思考》，陶文钊的《对当前中美关系的一些观察与判断》，傅小强的《对当前中美反恐合作的几点看法与建议》，张云的《对日本走向"正常国家"的几点认识》，林民旺的《“一带一路”推进中需要处理的若干问题》等。

（五）会议综述

中美日三边对话会议

2015年10月19日，中国社会科学院和平发展研究所与美国外交政策全国委员会在清华大学公共管理学院联合举办“中国、美国、日本三边会议”。美国前驻华大使芮效敛、美国外交政策全国委员会主席格雷斯·凯南·瓦内姬，日本陆上自卫队退役中将山口升、日本东京大学现代中国政治教授高原明生，中国现代国际关系研究院美国所所长达巍、清华大学公共管理学院教授楚树龙等来自中国、美国、日本的约20位有关国际问题的官员、专家出席会议。会议由瓦内姬和廖峥嵘主持。

芮效敛认为，当前中美关系气氛越来越差，中日关系也处于低潮。在南海等问题上出现的分歧令人不安。他认为，对于区域局势稳定而言，中日关系缓和的重要性要大过中美关系。日本《朝日新闻》美国局局长加藤阳一表示，中美关系始终让日本关注，但也让日本困惑。中国提出新型大国关系建设，美国总统奥巴马和国家安全顾问赖斯曾表示接受或者部分接受，当时日本十分担心。日本东京大学中国政治教授高原明生表示，现在中日关系存在问题，主要是双方存在认识差。美国外交关系协会日本问题高级研究员希拉·史密斯认为，美国在亚太地区有着广泛利益，有经济上的也有安全上的。美国认为威胁主要来自朝鲜。美国布鲁金斯学会东亚政策研究中心高级研究员伊文斯·李维亚表示，朝鲜才是区域最大威胁。美国本届政府对朝政策消极。相信下一届政府上台对朝政策会更强硬。

（综合室）

马克思主义研究学部

马克思主义研究院

（一）人员、机构等基本情况

1. 人员

截至2015年底，马克思主义研究院共有在职人员128人。其中，正高级职称人员24人，副高级职称人员33人，中级职称人员56人；高、中级职称人员占全体在职人员总数的88%。

2. 机构

马克思主义研究院设有：马克思主义原理研究部（下设马克思主义基本原理研究室、马克思恩格斯思想研究室、列宁斯大林思想研究室、思想政治教育研究室）、马克思主义中国化研究部（下设毛泽东思想研究室、中国特色社会主义理论体系研究室、党建党史研究室、马克思主义无神论研究室）、马克思主义发展研究部（下设马克思主义发展史研究室、经济与社会建设研究室、政治与国际战略研究室、文化与意识形态建设研究室）、国际共产主义运动研究部（下设国际共产主义运动史研究室、当代世界社会主义研究室、当代世界资本主义研究室）、国外马克思主义研究部（下设国外左翼思想研究室、国外共产党理论研究室、西方马克思主义研究室）、期刊网络中心（下设《马克思主义研究》编辑部、《国际思想评论》编辑部、《马克思主义文摘》编辑部、《马克思主义理论研究与学科建设年鉴》编辑部、网络室）、办公室、科研处、人事处。

3. 科研中心

马克思主义研究院院属科研中心有：中国社会科学院马克思主义经济社会发展研究中心、中国社会科学院科学与无神论研究中心、中国社会科学院国家文化安全与意识形态建设研究中心。

（二）科研工作

1. 科研成果统计

2015年，马克思主义研究院共完成专著24种，757.5万字；论文191篇，175.7万字；译文4篇，5.7万字；译著1种，40万字；普及读物1种，15.8万字；学术资料1种，40.6万字；论文集6种，259万字；年鉴1种，121.8万字；理论文章10篇，3万字；研究报告70篇，21万字。

2. 科研课题

（1）新立项课题。2015年，马克思主义研究院共有新立项课题7项。其中，国家社会科学基金课题5项："古巴社会主义经济模式更新研究"（贺钦主持），"建立健全文化安全审查制度研究"（邓纯东主持），"防范'政治反对派'研究"（朱继东主持），"有机马克思主义研究"（冯颜利主持），"中国共产党干部任用中的五湖四海原则研究"（刘海飞主持）；国情调研课题2项："新型社会组织健康发展状况调研系列之二——新型社会组织统一战线工作的情况调研"（余斌主持），"基层公共文化服务体系建设的数量与质量调研"（张小平主持）。

（2）结项课题。2015年，马克思主义研究院共有结项课题26项。其中，国家社会科学基金课题2项："当代西方左翼学者论中国特色社会主义"（范春燕主持），"中国国民幸福质量研究"（王艺主持）；院青年科研启动基金课题10项："国外马克思主义重要公正思想研究"（冯颜利主持），"劳动者权益保护的政治经济学分析"（胡乐明主持），"美国金融危机下中国投资转移与产业转移研究"（余斌主持），"土地流转新形势下土地对农业的约束研究"（崔云主持），"从历史渊源上看社会民主主义的本质"（沈阳主持），"马克思主义文化范畴与中国传统文化观的比较研究"（任丽梅主持），"城市基层民主发展研究——对湖北省、北京市的调查与分析"（刘志昌主持），"马克思主义无神论与大学教育"（黄艳红主持），"媒体政治经济学研究"（刘子旭主持），"西方自由主义政治经济学货币学说的历史反思"（刘道一主持）；国情调研课题2项："新型社会组织健康发展状况调研系列之二——新型社会组织统一战线工作的情况调研"（余斌主持），"基层公共文化服务体系建设的数量与质量调研"（张小平主持）；院创新重大研究项目1项："资本主义经济金融化与世界金融危机研究"（栾文莲主持）；所创新研究项目11项："社会主义国家主流意识形态建设与我国意识形态安全研究"（侯惠勤主持），"马克思主义中国化思想通史研究"（金民卿主持），"社会主义核心价值体系引领社会思潮研究"（赵智奎主持），"马克思主义历史发展与社会主义文明建设研究"（杨斌主持），"国外马克思主义研究的若干前沿问题"（冯颜利主持），"国外对中国特色社会主义的研究及其启示"（郑一明主持），"金融危机背景下资本主义的变化与马克思主义时代化"（吕薇洲主持），"马克思主义本土化的国际经验与启示"（潘金娥主持），"中国特色社会主义基本理论、基本路线、基本纲领、基本经验、基本要求研究"（辛向阳主持），"坚持改革的社会主义方向研究"（龚云主持），"贯彻落实习近平总书记'8·19'重要讲话精神的对策研究"（李春华主持）。

（3）延续在研课题。2015年，马克思主义研究院共有延续在研课题17项，即青年科研启动基金课题17项："近年来国外马克思主义若干重大前沿问题研究"（郑一明主持），"全球化背景下民族国家的定位及其走向"（张晓敏主持），"马克思主义服务思想研究"（汪世锦主持），"当代国外剩余价值理论和剥削问题研究"（韩冬筠主持），"中俄学者关于斯大林模式的评析"（杨朴伟主持），"第三批判中的先天综合判断"（王晓红主持），"马克思早期作品中共产主义思想研究"（朱亦一主持），"当代资本主义职工持股制度的发展研究"（牛政科主持），"论美国的对华战略对台海关系的影响"（汪海鹰主持），"马克思、列宁的方法论与经验主义比较研究"（唐芳芳主持），"分享制的国际比较"（王珍主持），"金融危机爆发以来法国共产党的新动态"

（遇荟主持），“环境政治中的政府职能与民众意识教育”（梁海峰主持），“改革开放条件下国民素质现代化研究”（于晓雷主持），“建国初期人民法庭研究”（孟庆友主持），“后危机时代浙商经济再发展的探析——政治经济学视角的观察与思考”（王艳阳主持），“科学无神论与当代文化建设”（杨俊峰主持）。

（三）学术交流活动

1．学术活动

（1）2015年1月26日，由马克思主义研究院主办的“第三届马克思主义基本原理学科学术年会”在北京召开。会议研讨的主要问题有“马克思主义整体性研究”“马克思主义基础理论及具体原理研究”“马克思主义基本原理应用研究”。

（2）2015年3月26日、5月15日、9月8日，由马克思主义研究院主办的“社会透视——马克思主义视角”青年学术沙龙在北京分别召开第7次、第8次论坛和第9次论坛暨中国社科院经济发展问题国际青年学者研修班交流会。会议的主题分别是“在全面依法治国框架下全面深化改革”“中国崛起及对世界的影响——纪念中国抗日战争胜利70周年”“学术与政治、经济问题”。

（3）2015年4月11日，由中国社会科学院马克思主义理论学科建设与理论研究工程领导小组主办，马克思主义研究院承办的“第二届中国社会科学院毛泽东思想论坛”在北京举行。论坛的主题是“毛泽东与中国特色社会主义道路”。

（4）2015年4月25日，由马克思主义研究院和华中师范大学主办的“第三届国际共产主义运动论坛”在湖北省武汉市召开。会议的主题是“金融危机以来的世界社会主义”。

（5）2015年5月19日，由中国社会科学院和古巴科技环境部主办，国际合作局和马克思主义研究院承办的“第六届中古社会科学研讨会”在北京召开。会议的主题有：“中古两国在拉美区域一体化中的作用”“中古两国的思想文化建设与意识形态安全”。

（6）2015年5月21日，由马克思主义研究院和浙江出版联合集团、浙江海洋学院主办的“学习习近平系列重要讲话学术论坛（2015）——首届习近平海洋思想学术研讨会”在浙江省舟山市召开。会议的主题是“推动海洋强国建设”。

（7）2015年5月22日，由马克思主义研究院和浙江大学宁波理工学院、宁波市社会科学院（社会科学界联合会）主办的“学习习近平系列重要讲话学术论坛”在浙江省宁波市召开。会议的主题是“培育和弘扬社会主义核心价值观——理论研究与实践探索”。

（8）2015年5月30日，由马克思主义研究院、马克思主义研究学部和福州大学主办的“全国马克思主义青年学者论坛（2015）”在福建省福州市召开。会议的主题是“依法治国与党的领导”。

（9）2015年6月26日，由马克思主义研究院和山东省社会科学院、山东省马克思主义研究中心主办的“全国第二届中国特色社会主义发展论坛（2015）”在山东省济南市召开。会议的主题是“‘四个全面’与发展中国特色社会主义”。

(10) 2015 年 6 月 27 日，由马克思主义研究院和中共中央党校中共党史教研部、中国中共文献研究会毛泽东思想生平研究会、中共赣州市委主办的“纪念毛泽东寻乌调查 85 周年”理论研讨会在江西省寻乌县召开。

(11) 2015 年 7 月 3 日，由马克思主义研究院和深圳大学主办的“中华优秀传统文化与国家认同”学术研讨会在广东省深圳市召开。

(12) 2015 年 7 月 11 日，由马克思主义研究院和湖南省社会科学院、湖南科技大学、湖南省毛泽东研究中心主办的“第二届中国特色社会主义道路、理论体系、制度论坛”在湖南省湘潭市召开。会议的主题是“毛泽东与中国特色社会主义道路”。

(13) 2015 年 7 月 19 ~ 20 日，由马克思主义研究院和辽宁师范大学主办的“马克思主义国家学说与国家治理体系和治理能力现代化”学术研讨会在辽宁省大连市召开。会议的主题是“马克思主义国家学说与国家治理体系和治理能力现代化”。

(14) 2015 年 9 月 20 日，由马克思主义研究院和浙江省社会科学院主办的“第二届执政党建设理论与实践论坛”在浙江省杭州市召开。会议的主题是“全面从严治党视域下执政党建设理论与实践”。

(15) 2015 年 10 月 19 日，由马克思主义研究院和宁波大学主办的“第二届全国国外马克思主义研究年会（2015）”在浙江省宁波市召开。会议的主题是“国外马克思主义若干前沿问题研究”。

(16) 2015 年 10 月 23 ~ 25 日，由马克思主义研究院和扬州大学主办的“2015 年全国思想政治教育学术研讨会”在江苏省扬州市召开。会议的主题是“立德树人与高校思想政治教育”。

(17) 2015 年 10 月 25 日，由马克思主义研究院和曲阜师范大学主办的“第六届马克思主义中国化学术论坛”在山东省日照市召开。会议的主题是“马克思主义与中国优秀传统文化”。

(18) 2015 年 10 月 31 日至 11 月 1 日，由马克思主义研究院、马克思主义研究学部和厦门大学主办的“第八届全国马克思主义院长论坛”在福建省厦门市召开。会议的主题是“中国发展道路和中国梦的理论与实践”。

(19) 2015 年 10 月，由中国社会科学院马克思主义理论学科建设与理论研究工程领导小组主办，中国社会科学院经济社会发展研究中心、马克思主义研究院原理部与天津财经大学经济学院、人文学院承办的“第四届全国马克思主义经济学论坛暨全国马克思主义经济学青年论坛第五次研讨会”在天津召开。此次论坛有三个主题：“马克思和恩格斯思想及文本研究”“国外马克思主义经济理论”“中国及国际现实问题”。

(20) 2015 年 11 月 1 日，由中国社会科学院马克思主义理论学科建设与理论研究工程领导小组主办，中国社会科学院科学与无神论研究中心、中国无神论学会承办的“第三届科学无神论论坛”在北京召开。论坛的主题是“‘四个全面’战略布局与科学无神论”。

(21) 2015 年 11 月 27 日，由中国社会科学院马克思主义理论学科建设与理论研究工程领导小组主办，马克思主义研究院、山东师范大学承办的“第三届中国社会科学院科学社会主义论坛”在山东省济南市举行，会议的主题是“科学社会主义视野下的‘四个全面’战略布局”。

2. 国际学术交流与合作

2015年，马克思主义研究院完成对外合作交流活动13批次，出访13批次33人次。组织国外学者报告会4次，主办国际论坛4次。

(1) 2015年6月8～13日，马克思主义研究院与俄罗斯科学院经济研究所、莫斯科经济学院、俄罗斯制度创新中心、白俄罗斯国立大学联合主办了第二届“中国、俄罗斯、白俄罗斯国际学术论坛”。论坛的主题是“合作与发展：中国、俄罗斯、白俄罗斯”。

(2) 2015年6月19～25日，马克思主义研究学部主任、世界政治经济学学会会长程恩富应邀赴南非、肯尼亚参加“资本主义的不均衡发展与危机——世界政治经济学学会第10届论坛”和“新丝绸之路与中非经济国际研讨会”。

(3) 2015年7月12～16日，由越南社会科学翰林院、老挝国家社会科学院和马克思主义研究院联合主办的第三届“社会主义国际论坛”在越南古城顺化召开。论坛由越南社会科学翰林院哲学所承办。论坛的主题是“当前条件下如何加强党的执政能力和提高国家的管理能力”。

(4) 2015年9月25日至10月3日，马克思主义研究院与德国左翼党、意大利共产党人党、法国共产党共同主办的第二届中国道路欧洲论坛在德国柏林、法国巴黎、意大利罗马召开。论坛由三次大会、三次座谈会组成。论坛的主题是：“中国道路：成就、原因、问题、对策”。来自国内的30余位学者和来自德、法、意20多个高校、机构和组织的数百位德、法、意学者参加论坛。

(5) 2015年10月15～19日，由马克思主义研究院和日本社会主义协会联合主办的第四届“中日社会主义学者论坛”在日本东京举行。论坛的主题是“中国道路及其世界意义”。

(6) 2015年12月16～20日，应新西兰奥克兰大学亚洲研究所邀请，马克思主义研究院助理研究员张晓敏参加由新西兰奥克兰大学亚洲研究所和印度尼西亚大学人文学院联合主办的“理解‘亚洲世纪’的青年一代：民族主义、国际主义与唯物主义”国际学术研讨会。

(7) 2015年12月27～30日，应日本亚洲现代经济研究所邀请，马克思主义研究院张莉赴日本参加“欧债危机与欧洲政党政治”国际学术研讨会。

（四）学术社团、期刊

1. 社团

(1) 中国历史唯物主义学会，会长侯惠勤。

2015年8月22～23日，中国历史唯物主义学会、东北师范大学、中国社会科学院国家文化安全与意识形态建设研究中心在东北师范大学共同举办“2015年中国历史唯物主义学会年会”。会议的主题是“唯物史观与21世纪中国的马克思主义新发展”，研讨的主要问题有“习近平总书记系列重要讲话精神与21世纪中国的马克思主义”“如何以唯物史观为指导推动21世纪中国的马克思主义新发展”“中国特色社会主义与21世纪中国的马克思主义新发展”“新形势下意识形态的斗争、挑战与21世纪中国的马克思主义新发展”“世界社会主义运动与21世纪中国的马克思主义新发展”“21世纪中国的马克思主义新发展的突破点、着力点和创新点”。与会专家学者100余人。

(2) 中华外国经济学说研究会，会长程恩富。

2015年11月14～15日，中华外国经济学说研究会在四川省成都市举行了“中华外国经济学说研究会第23次学术研讨会”。会议的主题是“外国经济学说与当代中国经济”，研讨的主要问题有“2015年诺贝尔经济学奖得主理论评析”“2015年世界马克思经济学奖得主思想评析”“中国建置经济模式与‘一带一路’战略”“信息不对称交易与公民财产权侵害”“价值量的决定”“新李斯特学派与推进中国经济学新流派的崛起”“经济增长的本质及其涵义”“超越新古典的均衡陷阱”。与会专家学者150人。

(3) 中国经济规律研究会，会长程恩富。

2015年6月6～7日，中国经济规律研究会和吉林财经大学在吉林省长春市联合举行了“中国经济规律研究会第25届年会”。会议的主题是“中国经济新常态：特征与趋势”，研讨的主要问题有“中国经济新常态的不同解读”“中国经济新常态的主要特征及其国际比较”“中国经济新常态：公有制为主体与混合所有制”“中国经济新常态：市场作用与政府作用”“中国经济新常态：财富和收入分配体制改革”“中国经济新常态：创新开放模式”“新常态下中国经济增长的新机制和新动力探讨”“中国经济未来发展趋势的不同判断及其理论剖析”。与会专家学者120人。

(4) 中国无神论学会，理事长朱晓明。

2015年12月5～6日，中国无神论学会、中国社会科学院科学与无神论研究中心和北京科技大学在北京联合主办了“中国无神论学会2015年学术年会”。会议的主题是“科学无神论与新形势下的宗教问题”以及“习近平总书记在2015年中央统战工作会议上提出的做好宗教工作、积极引导宗教与社会主义社会相适应的‘四个必须’”，研讨的主要问题有“马克思主义无神论中国化研究”“科学无神论、宗教与道德的关系”“宗教信仰自由”“境外宗教渗透”“高校思政课教学中的马克思主义宗教观教育”。与会专家学者70人。

2．期刊

(1)《马克思主义研究》(月刊)，主编程恩富。

2015年，《马克思主义研究》共出版12期，共计约320万字。该刊全年刊载的有代表性的文章有：李崇富的《坚持人民民主专政，完全合理合情合法》，冯虞章的《邓小平对我国现阶段阶级斗争认识的深化及其重要意义》，李慎明的《关于“依法治国”十个理论问题的思考》，梁柱的《正确认识和对待社会主义社会的阶级斗争问题》，杨承训的《坚持和创新科学社会主义理论》，卫兴华的《中国特色社会主义经济理论的坚持、发展与创新问题》，侯惠勤的《论中国特色社会主义民主制度建设》，周新城的《阶级斗争理论与依法治国》，龚云的《中国特色社会主义是科学社会主义而不是其他主义》。

(2)《国际思想评论》(英文季刊),主编程恩富、[美国] 大卫・斯维卡特、[法国] 托尼・安德列阿尼。

2015 年,《国际思想评论》共出版 4 期,共计 48 万字。该刊全年刊载的有代表性的文章有:邓纯东、陈志刚的《中国梦、美国梦与世界梦:采访邓纯东研究员》,陈平的《资本主义战胜社会主义了吗?——科尔奈自由主义的逆转和东欧转型神话的破灭》,孙应帅的《"重现"与"重构":"新工人"的崛起与中国社会结构的嬗变——马克思主义阶级理论与当代工人阶级新变化》,关丽洁、纪玉山的《从"北京共识"到"中国模式":对中国未来经济改革战略的建议》,贺钦的《拉美"21 世纪社会主义"的历史渊源与实质述评》,[美国] 大卫・佩纳的《中国梦与美国梦的比较》,[加拿大] 亨利・费尔特迈尔、[美国] 詹姆斯・佩特拉斯的《帝国主义与资本主义:其密切关系的再思考》,[美国] 汉斯・德斯潘的《斯威齐的金融不稳定假设——垄断资本、通胀、金融化、不平等和无尽的停滞》,[斯洛伐克] 伊戈尔・汉泽尔的《马克思的理论构建方法:确定理想状态下的范畴、量度及量度标准的变化》,[瑞典] 大流士・多斯特的《历史之任务与批判之运动:马克思批判的独特之处》,[塞内加尔] 萨缪尔・阿明的《万隆会议六十年——亚非拉的政府、国家和人民面对的旧问题与新挑战》,[德国] 汉斯 - 克里斯托夫・施密特的《个人自由需要私有产权吗?——黑格尔、马克思与法兰克福学派》,[葡萄牙] 曼纽尔・库莱特・布兰科的《市场能够确保人们获得经济和社会权力吗?》,[英国] 罗伊・格里夫的《对经济学纷争的一些思考——为什么?怎么办?》,[俄罗斯] 亚历山大・布兹加林的《解析乌克兰内战》,[意大利] 弗朗西丝卡・伊左的《阿尔杜塞与意大利:对葛兰西和德拉・沃普的双重挑战》,[西班牙] 伦佐・洛伦特的《重读"古巴的社会主义与人"》,[澳大利亚] 罗纳德・波耶尔的《在粗俗和断裂的辩证法之间:重评列宁论黑格尔》,[法国] 托尼・安德列阿尼、雷米・埃雷拉的《中国是哪种经济模式?——评米歇尔・阿格列塔和白果著〈中国道路〉》。

(3)《马克思主义文摘》(双月刊),主编程恩富。

2015 年,《马克思主义文摘》共出版 6 期,共计约 120 万字。该刊全年刊载的有代表性的文章有:刘国光的《关于当前马克思主义理论的一些问题》,张江的《中国精神是社会主义文艺的灵魂》,李慎明的《苏联放弃政治安全防线的悲剧》,李殿仁的《不能任由历史虚无主义虚无我们的历史根基》,陈先达的《马克思主义和中国传统文化》,程恩富的《新常态的核心是提质增效》,邓纯东的《中国特色社会主义的鲜明特质和世界意义》,侯惠勤的《论马克思主义学术话语的方法论基础》,周新城的《警惕所谓"泛社会主义"》,何秉孟的《美欧重拾"第三条道路"?》,陈学明的《中国道路对马克思主义的"证实"》,张宇的《为什么西方经济学不能解释中国经济》,马学轲的《2014 年意识形态领域的十个热点问题》,姜辉的《西方左翼何去何从?》。

(4)《科学与无神论》(双月刊),主编杜继文。

2015 年,《科学与无神论》共出版 6 期,共计约 80 万字。该刊全年刊载的有代表性的文章有：朱维群的《"党员不能信教"原则不可动摇》，朱晓明的《培育和践行社会主义核心价值观，拓展科学无神论研究和宣传教育的新局面》，杜继文的《科学无神论是实践社会主义核心价值体系的理论基石》，黄艳红的《列宁有关无神论宣传教育的思想及其现实意义》，若水、世平的《科学无神论是反邪教工作的重要思想资源》，加润国的《政治信仰和宗教信仰关系研究》，戴继诚的《达赖"终结转世"祸教祸国》，习五一的《科学无神论是社会主义核心价值观的应有之义》，习五一、张俭松的《"四个全面"战略布局科学与无神论》，王珍的《中国特色社会主义宗教理论对马克思主义宗教理论的继承和发展》，陈文庆的《大学生原理课程中的"无神论"教育》，李春秋、高娟的《贪腐官员"风水"迷信情节剖析》，湖北大学反邪教课题组的《建立心理救助系统，防范抵御邪教滋生传播》，杜娟的《宗教渗透的类型与高校思想工作的防范重点》，王祥的《论马克思科学无神论生成的逻辑起点与革命性变革》，曾传辉的《马克思主义政党必须要辩证看待宗教社会作用的原由》，黄超的《马克思主义无神论是当代中国的软实力》，朱巧燕的《以马克思主义视角解析当代中国反科学思潮》，蔡亚志、高圣洁的《坚持马克思主义指导地位，加强科学无神论宣传教育》。

（五）会议综述

依法治国与党的领导——
全国马克思主义青年学者论坛（2015）

2015年5月30日，由中国社会科学院马克思主义研究院和马克思主义研究学部、福州大学共同主办，福州大学马克思主义学院承办、《马克思主义研究》编辑部协办的"依法治国与党的领导——全国马克思主义青年学者论坛（2015）"在福州大学举行。马克思主义研究院副院长樊建新出席会议并作主题报告。福州大学党委副书记陈少平、福建省委宣传部理论处处长游炎灿出席论坛并致辞。中国社会科学院研究员翟胜明和副研究员支振锋、清华大学教授刘书林、福州大学教授庄穆、黑龙江社会科学院研究员张磊分别作学术报告和专题讲座。来自中国社会科学院、中国人民大学、复旦大学、浙江

2015年5月30日，依法治国与党的领导——全国马克思主义青年学者论坛（2015）在福州大学举行。

大学、武汉大学、中山大学等高校和科研机构的近70位青年学者以及《马克思主义研究》《思想理论教育导刊》《学习与探索》《人民日报》《光明日报》等媒体的代表参加了此次论坛。与会代表围绕“依法治国与党的领导”主题展开了深入的研讨。

（1）依法治国与党的领导

深刻把握依法治国与党的领导的关系，对于建设社会主义法治国家具有重大作用。与会学者一致认为，党的领导是中国特色社会主义法治的本质特征和根本要求，是全面推进依法治国的题中应有之义；党的领导和社会主义法治是一致的，社会主义法治必须坚持党的领导，党的领导必须依靠社会主义法治。

樊建新在主题报告中指出，这次论坛之所以将主题定为依法治国与党的领导，是因为在全国上下热烈讨论全面依法治国的形势下，社会上有不同的声音，有很大的争论，甚至激烈的交锋，这些争论和交锋涉及重大原则是非问题。比如，把依法治国与党的领导对立起来，提出所谓“党大还是法大”“党治还是法治”“《党章》大还是《宪法》大”这样一些伪命题。

刘书林强调，坚持党的领导，必须拒斥西方宪政思潮。我们不能忘记在苏联和东欧国家曾经发生的取消宪法中党的领导规定的惨痛教训。必须正本清源批评西方宪政思潮，理直气壮、大张旗鼓地讲清党的领导地位的历史必然性。

武汉大学王会民认为，党的领导与依法治国的关系是社会主义法治建设的根本问题，党的十八届四中全会更加明确了两者的一致性。这种一致性以党与法的统一性为根基，呈现为目的上、关系上与外在功能上的一致性。南京航空航天大学查正权提出，“党大还是法大”论争的实质涉及依法治国和党的领导的关系，党和法处于不同的范畴，因而“党大还是法大”是一个伪命题。党和法的关系是统一的关系，在当下中国，这种统一关系便表现为依法治国和党的领导的统一，这种统一在理论上符合历史唯物主义基本原理，在实践上适合中国国情。中国社会科学院孙应帅认为，党的十八届四中全会对全面推进依法治国进行了顶层设计和战略部署，清晰勾画了建设法治中国、推进国家治理体系现代化的宏伟蓝图。在建设法治中国的进程中，党的领导是根本保证。为此，要在依法治国的旗帜下推进依规治党。

（2）依法治国与国家治理

“四个全面”是指全面建成小康社会，全面深化改革，全面推进依法治国，全面从严治党。针对“四个方面”的关系，刘书林在报告中指出，全面深化改革的成果需要法治固化，全面依法治国为全面深化改革提供稳定性和规范性。制度和大政方针政策的稳定是人心所向，国家制度的定型需要全面依法治国来保障。制度定型与改革精神并行不悖，正是针对基本制度定型的进程，敌对势力加剧了政治斗争的频率。我们要树立宪法权威，为改革划定法治的边界。河北省社会科学院郭强认为，在马克思看来，现代国家是建立在市民社会基础之上、以人民主权为价值取向的代议制国家。“社会主义”与“市场经济”有机结合，从根本上颠覆了资本支配劳动的逻辑，真正落实了自由、平等、所有权的市场经济准则，成为社会主义法治国家建设的经济引擎。同济大学陈安杰认为，国家治理现代化诠释了一种全新的治国理念以及在此理念指导下要达到的善治目标，体现了国家治理理论的创新和超越。推进国家治理现代化离不开依法治国和协商民主。中国人民大学包大为、孙海洋，重庆工商大学曾晓强，上海大学储德锋，浙江大学卢宁，复旦大学彭德林等都对此问题作了阐述。

(3) 依法治国的实践探索

与会专家学者还对依法治国的具体实践涉及的一般理论问题和具体现实问题，展开了多维度、全方位的交流和探讨。

庄穆在报告中指出，依法治国，建设社会主义法治国家，是我国成为社会主义现代化国家的重要表征。提出依法治国时间较长但法治实践效果不显，实质法治与形式法治不统一是其重要原因。实质法治强调"法律至上""法律主治""制约权力""保障权利"的价值、原则和精神。形式法治强调"以法治国""依法办事"的治国方式、制度及其运行机制。形式法治应当体现法治的价值、原则和精神，实质法治也必须通过法律的形式化制度和运行机制予以实现，两者均不可或缺。

支振锋认为，中国作为大一统国家，其宪法在本质上与英美等典型西方国家的宪法有很大不同，在大一统的中国，宪法是国家之子，而在美国等契约建国的国家，宪法是国家之父。认识到宪法在本质上的不同，才能理解各国不同的宪制实践。

福建省司法厅黄丽云认为，思想观念的变革在于价值思维向度的转变。法治思维要坚持作为起点的确定性思维、过程的边界思维和结果的底线思维，并通过分层次的尊法、学法、守法、用法来得以实现。

关于全面依法治国思想的双重理论内核与逻辑结构，西南财经大学鲁长安认为，习近平全面依法治国思想是马克思主义中国化的最新理论成果，其双重理论内核是：建设中国特色社会主义法治体系，建设社会主义法治国家。而中国特色社会主义法治体系的具体内容和建设社会主义法治国家的工作布局构成了其双重逻辑结构，进一步回答了"法治中国往何处去"这一时代课题，深化了引领中国梦的"四个全面"战略布局，实现了中国共产党治国理政思想的重大创新。

关于马克思意识形态理论中的法治观，福州大学张劲松认为，在马克思的社会结构理论中，法治是上层建筑中的一种意识形态，它源自经济生活并且反映着社会的生产方式和生产关系。法治一方面维护着不同的生产资料所有制，在资本主义社会里巩固生产资料私有制并且强化资本对劳动的剥削；另一方面，法治是统治阶级意志的集中体现，它通过宣扬"自由""平等"等观念并且借助于国家权力来维持阶级统治。

兰州大学朱大鹏认为，依法治国是现代政治文明的核心和基本标志，而实现法治教育的社会化，使每一个公民都成为法治国家建设的最终实践者则成为国家法治现代化的重要前提。

（蔡晓良）

第二届中国、俄罗斯、白俄罗斯国际学术论坛

2015年6月8～13日，第二届"中国、俄罗斯、白俄罗斯国际学术论坛"分别在圣彼得堡、莫斯科、明斯克举行。会议围绕"合作与发展：中国与俄罗斯、白俄罗斯"等主题展开。会议由中国社会科学院马克思主义研究院联合俄罗斯制度创新中心、俄罗斯社会现实哲学协会、俄罗斯科学院经济研究所、白俄罗斯国立大学等主办，俄罗斯"民族社会"国际出版中心、中国广西师范大学出版集团协办。来自中国社会科学院、重庆社会科学院、广西社会科学院、南开大学、厦门大学、郑州大学、新疆财经大学、西南科技大学、东北师范大学、广西师范大学等科研机构及高校的50余位专家学者，《人民日报》、广西出版集团等媒体记者，以及俄罗斯、白俄罗斯的科研机构及高校的专家学者出席了会议。

在开幕式致辞中，中国社会科学院马克思主义研究院院长邓纯东研究员强调，不久前习近平主席访问俄罗斯并出席俄纪念卫国战争胜利70周年庆典时指出，中俄是好邻居、好伙伴、好朋友，希望两国通过更加紧密的经济合作、政治沟通和文化交流，牢固建立起全面战略协作伙伴关系，成为国际社会和平共处、合作共赢的典范。习主席在随后对白俄罗斯进行的国事访问中指出，中国与白俄罗斯之间友谊源远流长，未来双方应当继续支持对方根据本国国情自主选择的发展理念和发展道路，在"共建丝绸之路经济带"等各方面进行合作，使中白合作成为国家间互利合作的典范。

俄罗斯制度创新中心主任谢尔盖·弗拉基米洛维奇·波利卡尔波夫，俄罗斯科学院经济研究所所长、俄罗斯科学院通讯院士鲁斯兰·谢苗诺维奇·格林贝格，白俄罗斯国立大学国际关系系主任维克多·根纳季耶维奇·沙杜尔斯基在开幕式致辞中分别表示，俄中双方继续深化两国全面战略协作伙伴关系，有利于促进欧亚地区及全世界平衡和谐发展，有利于推动俄中全面战略协作伙伴关系保持高水平发展。白中应继续本着互利共赢原则，扎实推进同中方在工业、交通、房地产、通信等领域务实交流合作，同时扩大人文和地方交流合作，夯实两国友好的社会和民间基础。

（1）共同展望中俄、中白合作与发展前景

在展望中俄、中白合作与发展前景时，重庆社会科学院副院长张波研究员认为，中俄、中白之间经济互补性很强，相互间的贸易合作是双方经济发展的内在而迫切的需求，前景广阔。俄罗斯科学院经济研究所副所长斯韦特兰娜·格林金娜认为，俄中需要进一步改变"政热经冷"的关系，打造"命运和利益共同体"。俄罗斯科学院经济研究所研究员、前少将亚历山大·伊万诺维奇·弗拉基米洛夫提出，俄中应当向着建立战略联盟的方向前进，双方至少可以先在思想和文化上达成战略联盟，以建设有别于西方"竞争型"伙伴关系的发展道路。

对于中俄如何在金砖国家框架下合作的问题，莫斯科国际关系学院、金砖国家委员会委员B. B. 巴诺娃认为，有必要在官方政治交往之外，进一步加强第二层次的金砖国家委员会的建设，

委员会要在全球政治经济问题、经济结构调整、经济安全措施、社会相互作用、创新和新知识等五个方面深入研究并提出对策建议。山东师范大学马克思主义学院副院长杨素群教授提出，金砖国家要进一步提高合作质量，加强政治互信，加强智库合作，提升国际事务议题设置能力等。

对于中国“一带一路”战略与中、俄、白三国合作前景，京鲁师范学院马克思主义研究中心主任陈海燕教授认为，“一带一路”沿线国家大多数是新兴经济体与发展中国家，通过实现政策沟通、道路联通、贸易畅通、货币流通、民心相通的“五通”，以“以点带面、从线到片”的方式促进欧亚区域大合作。白俄罗斯国立大学国际关系系主任维克多·根纳季耶维奇·沙杜尔斯基认为，白俄罗斯处在中国主导的“一带一路”发展轴线的一个关键点上，伴随两国“全面战略伙伴关系”的建立，未来两国在政治、经济、文化和社会等各个方面都将有广阔的合作空间。

(2）吸取、借鉴苏联建设社会主义的历史经验教训

反思苏联解体和东欧剧变的历史原因及教训，对于中国继续探索中国特色社会主义的道路和俄罗斯在新时期建设国家，都具有重要意义。广西财经学院广西区域政治发展高等教育研究中心党委副书记杨勇教授认为，苏联联邦制这种耗散结构的突变与裂变的成因在于，一是民族自决的双刃之效，二是双轨运营的机理障碍，三是趋向僵化的决策体制，四是激进改革的权力角逐，等等。俄罗斯意识形态中心名誉主席亚历山大·阿尔卡季耶维奇·沙巴洛夫从商品一货币关系的优先地位是导致所有战争的首因入手，分析了苏联解体的原因。白俄罗斯国立大学国际关系系主任维克多·根纳季耶维奇·沙杜尔斯基认为，苏联解体从内因看，是以戈尔巴乔夫为首的苏共中央领导在苏联经济发展模式陷入危机的情况下，不能为国家和社会提供有效的发展模式导致的；从外因看，是与西方进行的经济和军事竞赛导致的。郑州大学党委副书记吴宏亮教授则认为，苏共党内的“特权”现象对苏共的败亡起了直接的推动作用，需要从中吸取经验教训，更要警惕脱离群众和权力只对上负责两种危险。俄罗斯中国问题专家柳德米拉·伊万诺夫娜·康德拉索娃指出，中国今天建设社会主义已经不是马克思时代所设想的经典的社会主义，中国正在探索市场与社会主义如何更好结合的问题。如果中国要避免“中国特色资本主义”的误解，就要建设既有别于过去的社会主义，又有别于当代资本主义的国家，即要在发挥市场作用的同时，应对好市场的负面作用。

(3）交流对于“中国道路”“中国梦”与“中国特色社会主义”的认识

近年来，中国特色社会主义建设道路的成功开辟和探索，引起人们探究“中国道路”的成功因素和可资借鉴经验的热情。对此，中国社会科学院马克思主义研究院中国化部主任金民卿研究员解读到，中国道路成功的根本原因，在于有中国共产党的正确领导，而中国共产党能够成功领导中国道路的关键在于有三个方面的力量支撑：一是始终坚持马克思主义的指导，找到了解决主要矛盾的方法和路径，这是来自科学理论的真理力量；二是始终能够体现和引导民意，得到了广大民众的全力支持，这是来自人民群众的物质力量；三是始终重视党的建设，保持党

自身不变质、不变色，这是来自中国共产党自身的主体力量。中国社会科学院马克思主义研究院发展部主任辛向阳研究员则为大家提供了“中国道路”探索成功的“三个密码”：一是井冈山的政治基因，二是天安门的历史哲学，三是中南海的战略智慧。

对于外国人不容易厘清的“中国梦”与“中国特色社会主义”的关系，广西社会科学院院长吕余生研究员、哲学所所长曾家华研究员认为“中国梦”与“中国特色社会主义”在本质上是高度统一的，二者统一于共同的理论基础、奋斗目标、发展道路。而厦门大学马克思主义学院院长白锡能教授认为，“中国梦”的内涵就是国家富强、民族振兴、人民幸福，而实现“中国梦”的途径就是走中国特色社会主义道路。

对于如何实现“中国梦”与“中国特色社会主义”，广西师范大学政治与行政学院院长汤志华教授认为，要构建马克思主义话语体系，大力推进马克思主义的中国化、时代化、大众化，以进一步增强中国特色社会主义道路自信、理论自信、制度自信。重庆社会科学院哲学与政治学研究所副所长吴大兵研究员认为，“中国梦”是关乎人的发展的人本梦，是高扬世界价值的文明梦，是根植中国实践的发展梦。重庆社会科学院产业经济研究所王小明研究员看到了“中国梦”的世界价值，认为“中国梦”与世界人民追求美好未来的“世界梦”是一致的，是人类共同的价值。

（孙应帅　杨　静　陈爱茹）

第三届社会主义国际论坛

2015 年 7 月 12 ~ 16 日，由越南社会科学翰林院、老挝国家社会科学院和中国社会科学院马克思主义研究院联合主办的第三届“社会主义国际论坛”在越南古城顺化召开。论坛由越南社会科学翰林院哲学所承办。来自中、越、老三国 60 余位专家学者参加会议。代表们围绕“当前条件下如何加强党的执政能力和提高国家的管理能力”的主题进行了讨论。中国社会科学院马克思主义研究院副院长樊建新、越南社会科学翰林院副院长范文德、老挝国家社会科学院副院长坎蓬·本纳迪分别在开幕式上致辞并在闭幕式上作了总结。论坛上讨论的主要问题和观点如下：

（1）社会主义国家执政党能力建设：目标一致，路径有别

中、越、老三国都是由共产党（老挝称人民革命党）一党执政的社会主义国家，党在国家政治生活中处于最高的领导地位，因而执政党建设具有至关重要的意义。

中国社会科学院马克思主义研究院副院长樊建新研究员以“共产党如何防范蜕化变质”为主题作了发言。他提出，在当前国际共产主义运动处于低潮、“资强我弱”的历史时期，共产党如何防范自身蜕变和政权变色，是社会主义国家执政党面临的共同考验。中国社会科学院马克思主义研究院陈志刚研究员介绍了十八大以来中国共产党领导方式和执政方式的变革。中共中央编译局、复旦大学、武汉大学和中国社会科学院马克思主义研究院的其他学者还介绍了中国

共产党从严治党的历史经验、中国共产党处理非主流意识形态的基本原则以及改革开放以来党内民主建设等情况。越南社会科学翰林院哲学所所长阮才东副教授提出，社会主义国家执政党的权力来自人民，为了人民是其唯一的宗旨，而党对政治的领导最重要的是保证国家的稳定和发展。越共中央理论委员会委员黎德胜教授作了题为“革新干部工作、建设骨干干部战略是提高党的领导能力和执政能力的紧迫要求”的报告。

老挝国家社会科学院历史研究所副所长丰沙旺·翁成在题为“建设和发扬党内民主”的报告中提出，民主集中制、集体领导、个人负责是人民革命党的基本原则。老挝国家社会科学院政治研究所副所长优尼科·思帕索认为，革新党的领导方式有，一是路线的正确性与战术的灵活性；二是重视党内团结，保证民主集中制原则；三是密切党与各族群人民群众的关系，绝对地相信和依靠群众；四是注重各级干部的政治、思想、专业知识、领导能力和解决问题能力的教育和培养；五是不断提高各级党员干部的道德品质，发挥模范带头作用；六是必须加强干部下到基层去锻炼和了解情况。老挝国家政治行政学院赛克汉·蒙·马尼旺博士在题为“党和国家的关系问题”的发言中提出：党与国家的关系体现在二者的职能中。其中，党的任务是领导国家，而国家则要按照党的路线和方针来运行；国家的任务是把党的路线和主张落实到实践中去。

(2) 社会主义经济体制：如何处理政府和市场的关系仍需探讨

中、越、老三国都把建设和完善社会主义市场经济体制作为经济改革的目标，如何处理政府与市场的关系问题在本次研讨会上引起学者们的关注。

中国社会科学院马克思主义研究院研究员潘金娥在题为“社会主义市场经济：政府与市场的结合抑或较量？”的报告中阐述了中国社会主义市场经济的发展历程，并介绍了当前中国学者的不同观点。

越南社会科学院哲学所博士阮氏兰香在报告中提出，自越共九大确立社会主义定向的市场经济体制以来，越南经济发展成绩显著，越南已成功地从最不发达国家上升为中等收入国家。

老挝国家社会科学院政治研究所所长冯旺斯·老冯博士在题为“国家在管理和发展现代经济中的作用”的报告中介绍了老挝的国家管理体系、自1986年实行革新以来所取得成就、当前老挝实行社会主义定向的市场经济的一些具体措施和问题。

(3) 社会主义改革目标一致，发展道路呈现差异性

樊建新研究员在闭幕式上对此次论坛作了总结。他认为，这次社会主义国际论坛办得很成功，三国学者对如何加强党的执政能力和国家的管理能力进行了广泛而深入的讨论。他就讨论中的不同观点进行了总结，并阐明了中国学者的观点。

（潘金娥）

第八届全国马克思主义院长论坛

2015年10月30日至11月1日，由中国社会科学院马克思主义研究学部、中国社会科学院马克思主义研究院、厦门大学、广西师范大学出版集团有限公司共同主办，中国社会科学院马克思主义研究院国外马克思主义研究部、厦门大学马克思主义学院承办的“第八届全国马克思主义院长论坛”在厦门大学举行。厦门大学马克思主义学院院长白锡能教授主持开幕式，厦门大学党委书记张彦、福建省委宣传部副部长张萍致开幕词。中国社会科学院马克思主义研究学部主任程恩富研究员、中国社会科学院马克思主义研究院党委书记、院长邓纯东研究员作大会发言。来自全国80多所高校和科研机构的马克思主义学院院长、专家学者150余人参加了会议。会议围绕论坛主题“中国发展道路和中国梦的理论与实践”展开研讨。

邓纯东在发言中指出，全国马克思主义院长论坛属于马克思主义中国化系列论坛之一，是促进马克思主义理论学科教学和研究工作、扩大马克思主义理论研究专业的影响以及宣传马克思主义中国化成果的载体。此论坛将进一步发挥推进马克思主义的学习、研究和宣传的功能。在马克思主义理论学科队伍中也有少数人缺乏学科自信，认为马克思主义已被边缘化，自轻、自贱，套用西方学术语言和学术规范来装扮自己，随意裁剪马克思主义。这种错误倾向要坚决摈弃。马克思主义是指导哲学社会科学构建自己的学术话语体系的重要指导思想。

程恩富指出，历史不能假设，历史研究可以有假设。通过假设能推进历史和现实的比较研究，有利于学术争鸣，这样才能真正驳倒历史虚无主义。以苏联解体东欧剧变的直接原因为例，俄罗斯莫斯科大学经济系教授弗加林认为，苏联传统模式的体制必然崩溃。而现存的五个社会主义国家都是斯大林体制，都是苏联模式的变种，但这五个社会主义国家没有必然崩溃。

（1）中国发展道路的理论和实践研究

学习、贯彻落实习近平总书记关于道路问题是党的事业兴衰成败第一位的重要讲话精神，探索中国道路在各个领域的具体实践形式，成为该届论坛的热点论题之一。

厦门大学马克思主义学院副院长张有奎教授认为，坚持中国特色社会主义道路所取得的巨大成就有助于中国人自信心的增强，有助于其马克思主义信仰的养成，有助于摆脱西方价值观的束缚，有助于反对资本逻辑对情感领域和道德领域的侵蚀。湖南大学马克思主义学院院长陈宇翔教授指出，中国化马克思主义是从整体性上不断解决中国革命、建设和改革问题的科学理论，是中国文化软实力的精髓和核心。我们必须充分发挥中国化马克思主义的吸引力和感召力，使中国化马克思主义文化软实力的作用充分彰显出来。

（2）“中国梦”的理论和实践研究

为了深入学习领会习近平总书记关于中国梦的内容和实质、实现途径、依靠力量、外部环境等一系列新思想、新论断，论坛将“中国梦”的理论与实践作为重要议题展开讨论。

程恩富认为，价值观有阶级性、政治性。学术理论界不仅要加强对中国特色社会主义理论的正面阐释，也要加强在意识形态层面同各种错误思潮的斗争。对于当前国内阶级阶层和阶级斗争的理论与实践问题，我们运用毛泽东关于正确处理人民内部矛盾的理论，就能够比较容易地认识中国当前社会阶级阶层的分化问题，以及正确判断和处理敌我矛盾与人民内部矛盾。安徽大学马克思主义研究院副院长教授吴学琴认为，习近平总书记在国内外多次阐述“中国梦”以后，引起了广泛关注。为了增强“中国梦”在国际上的说服力，国内学者需要加强研究力度，积极构建关于“中国梦”的话语体系；组织专家学者专门研究“中国梦”的对外宣传策略；提升“中国梦”的国际影响力，我们不仅要大力发展经济、军事和科技实力，还要增强我国的文化软实力。

(3)“四个全面”战略思想研究

“四个全面”战略思想为推动改革开放和社会主义现代化建设迈上新台阶、开创新局面，提供了顶层设计和战略指导。论坛对“四个全面”战略思想进行了深入研讨。中央编译局马克思主义研究部部长季正聚研究员指出，全面从严治党要做到坚持思想建党与制度建党的辩证统一，坚持党委主体责任和纪委监督责任的辩证统一，坚持从严管理干部与发挥人民监督作用的辩证统一，坚持治标与治本的辩证统一，坚持和发扬党内民主与严明党的纪律的辩证统一，坚持攻坚战与持久战的辩证统一。华东师范大学马克思主义学院院长宋进教授认为，“四个全面”的历史生成、理论架构和思维模式蕴含着严密的逻辑，作为战略布局，以合目的性为起始点，以合规律性为中心点，以人民主体性为落脚点是“四个全面”生成的历史逻辑；作为系统思想，理论内部的结构逻辑与中国特色社会主义理论体系的关系逻辑构成了“四个全面”的理论逻辑；作为实践纲领，以解决问题为中心、以问题意识为思维方式彰显了“四个全面”的实践逻辑。河南大学马克思主义学院院长张兴茂教授认为，“四个全面”针对的都是一些涉及面广、耦合性强、影响力大的深层次的矛盾与问题，我们只有树立大局思维、辩证思维与战略意识，才能提高驾驭复杂局面、处理复杂问题的本领。

与会学者还围绕“四个全面”战略布局的形成脉络、内在逻辑与现实价值、“四个全面”视阈下全面建成小康社会面临的问题与对策等问题进行了讨论。

（吴　茜）

当代中国研究所

（一）人员、机构等基本情况

1. 人员

截至2015年底，当代中国研究所共有在职人员83人。其中，正高级职称人员15人，副高级职称人员19人，中级职称人员16人；高、中级职称人员占全体在职人员总数的60%。

2. 机构

当代中国研究所设有：办公室、科研办公室、政治史研究室、经济史研究室、文化史研究室、社会史研究室、外交史与港澳台研究室、理论研究室。其中，办公室下辖秘书档案处、人事保卫处、财务处、行政管理处和老干部工作处等5个处级单位。科研办公室下辖学术处、宣传教育处、图书资料室、信息中心和《当代中国史研究》编辑部等5个处级单位。

3. 科研中心

当代中国研究所所属科研中心有：当代中国政治与行政制度史研究中心、当代中国文化建设与发展史研究中心、“一国两制”史研究中心、新中国历史经验研究中心。

（二）科研工作

1. 科研成果统计

2015年，当代中国研究所共完成专著11种，534.3万字；论文95篇，80.7万字；研究报告1篇，1.3万字；译著1种，12万字；论文集2种，94万字；影视2种，800分钟。

2. 科研课题

（1）立项课题。2015年，当代中国研究所共有新立项课题3项，即国家社会科学基金课题“当代中国社会治理史研究”（吴超主持），“国外当代中国社会史研究评析”（王爱云主持），“改革开放历史经验研究”（荆惠民、武力主持）。

（2）结项课题。2015年，当代中国研究所共有结项课题1项：国家社会科学基金课题“中国产业结构演变中的大国因素（1949～2010）”（武力主持）。

（3）延续在研课题。2015年，当代中国研究所共有延续在研课题6项。其中，国家社会科学基金课题4项：“‘大跃进’时期的农田水利建设”（王瑞芳主持），“中国当代社会史的理论与方法研究”（李文主持），“中国社会主义道路的探索和毛泽东思想的发展”（田居俭主持）；“新中国治水史”（王瑞芳主持）；院重大课题1项：“无产阶级专政的历史经验研究”（朱佳木主持）；其他部门与地方委托课题1项：北京市课题“新中国成立以来北京的科技发展”（张蒙主持）。

（三）学术交流活动

1. 学术活动

2015年，当代中国研究所主办和承办的学术会议有：

（1）2015年6月1～2日，当代中国研究所、陈云纪念馆、中华人民共和国史学会联合主办的“第九届陈云与当代中国学术年会”在上海举行。会议的主题是“陈云在历史关键时期”。

（2）2015年9月23～24日，当代中国研究所、中华人民共和国国史学会联合主办的“第十五届国史学术年会”在北京举行。会议的主题是“改革开放与中国特色社会主义”。

2015年，当代中国研究所主办和承办的其他学术活动有：

(1) 2015 年 6 月 14 日，当代中国研究所、中华人民共和国国史学会、中国社会科学院陈云与当代中国研究中心在北京联合举办“学习习近平总书记 6·12 重要讲话暨纪念陈云同志诞辰 110 周年座谈会”。

(2) 2015 年 6 月 18 日，当代中国研究所主办的当代中国研究所学术讲座第 95 讲在北京举行。中国社会科学院考古研究所所长王巍作题为《从考古发现看中华文明的起源》的报告。

(3) 2015 年 7 月 15 日，当代中国研究所主办的当代中国研究所学术讲座第 96 讲在北京举行。中国社会科学院历史研究所所长卜宪群作题为《谈我国历史上的国家治理》的报告。

2．国际学术交流与合作

2015 年，当代中国研究所共派遣出访 7 批 7 人次，接待来访 1 批 3 人次。与该所开展学术交流的国家有俄罗斯、澳大利亚、日本、韩国、印度尼西亚。

出访：

(1) 2015 年 1 月 8 ~ 11 日，当代中国研究所副所长张星星赴澳大利亚墨尔本参加“全球核秩序再评估——过去、现在与未来”国际学术研讨会。

(2) 2015 年 6 月 24 ~ 29 日，当代中国研究所副所长武力赴俄罗斯圣彼得堡参加由中央编译局和俄罗斯圣彼得堡国立大学共同举办的“中俄两国在世界反法西斯战争中的地位和贡献”国际学术研讨会。

(3) 2015 年 6 月 22 ~ 26 日，当代中国研究所研究员李文赴日本参加长崎中国学会举办的“现代中国社会变迁与外交政策”国际学术研讨会并作题为《以社会史的视角观察当代中国》的讲演。

(4) 2015 年 10 月 23 ~ 25 日，当代中国研究所副研究员任晶晶赴韩国参加“峨山青海论坛 2015”。

(5) 2015 年 12 月 16 ~ 19 日，当代中国研究所副研究员任晶晶赴印度尼西亚雅加达参加“理解‘亚洲世纪’的青年一代：民族主义、国际主义与唯物主义”国际学术研讨会。

来访：

2015 年，受院国际合作局委托，负责组织由文化部和中国社会科学院联合主办的“青年汉学家研修计划”第二届培训班中来自澳大利亚、匈牙利和尼日利亚的 3 位学者的对口接待工作。

受院国际合作局委托，完成了该所 1 名同志参加中宣部组织的“讲好中国故事”专家学者研修班的组织推荐工作。

（四）学术社团、期刊

1．社团

中华人民共和国国史学会，会长朱佳木。

(1) 2015 年 5 月 15 日，中华人民共和国国史学会举行“第七届当代狼牙山镇教育奖助资金捐助”活动。

（2）2015 年 6 月 1 日，当代中国研究所、陈云纪念馆和中华人民共和国国史学会在上海陈云纪念馆召开主题为“陈云在历史关键时期”的第九届陈云与当代中国学术研讨会。

（3）2015 年 6 月 14 日，中国社会科学院和中华人民共和国国史学会的陈云与当代中国研究中心在京联合召开“学习习近平总书记 6 · 12 重要讲话暨纪念陈云同志诞辰 110 周年座谈会”。

（4）2015 年 9 月 23 日，当代中国研究所和中华人民共和国国史学会联合召开主题为“改革开放与中国特色社会主义”的第十五届国史学术年会。

（5）2015 年 9 月 23 日，中华人民共和国国史学会召开第五届会员代表大会。朱佳木代表学会第四届理事会作工作报告。来自中央有关部门、高等院校和科研院所的 100 余位会员代表出席了大会，并选举产生了由 99 人组成的中华人民共和国国史学会第五届理事会。

（6）2015 年 9 月 23 日，中华人民共和国国史学会第五届理事会召开全体会议。会议一致通过了 27 名常务理事人选名单，一致选举中国社会科学院原副院长、当代中国研究所原所长朱佳木担任第五届理事会会长。

（7）2015 年 11 月 13 日，中华人民共和国国史学会在北京召开“学习习近平总书记关于党史国史重要论述座谈会”。中华人民共和国国史学会会长、中国社会科学院原副院长朱佳木出席会议并讲话。教育部、中国社会科学院、中国延安精神研究会、中国藏学研究中心和北京市委党史研究室等单位的专家学者近 50 人参加会议。

2. 期刊

《当代中国史研究》（双月刊），主编张星星。

2015 年，《当代中国史研究》共出版 6 期，150 余万字。该刊全年刊载的有代表性的文章有：李琦的《中国梦理念对中国特色国家统一理论的贡献》，张星星的《坚定不移走中国特色社会主义法治道路》，邸乘光的《“四个全面”形成与确立的历史考察》，武力的《略论“全面建设小康社会”的十年》，朱佳木的《陈云的改革开放思想》和《国史研究要重视同历史虚无主义思潮的斗争》，李勇坚的《中国第三产业体制改革的动力与路径（1978 ~ 2000 年）》，潘宏的《中国百万大裁军及其历史地位》，黄瑶的《1965 年中央军委作战会议风波的来龙去脉》，程早霞等的《西藏和平解放前后〈纽约时报〉对中国西藏的报道探析》，郭永虎的《美国国会干涉中国香港事务的历史考察》，张扬的《亚洲基金会：香港中文大学创建背后的美国推手》等。

（五）会议综述

陈云在历史关键时期——第九届陈云与当代中国学术研讨会

2015 年 6 月 1 ~ 2 日，中国社会科学院当代中国研究所、陈云纪念馆和中华人民共和国国史学会在上海陈云纪念馆联合举办“陈云在历史关键时期——第九届陈云与当代中国学术研讨会”。

开幕式上，陈云同志长女陈伟力宣读了全国政协副主席、陈云同志长子陈元的讲话。中国社会科学院原副院长、当代中国研究所原所长、国史学会常务副会长朱佳木致开幕词，中共上海市委宣传部副部长、市文明办主任潘敏致欢迎词。中共中央组织部原部长、国史学会顾问张全景，中央纪委驻中国科学院纪检组原组长、国史学会顾问王庭大，中央纪委驻文化部纪检组原组长、国史学会顾问李洪峰分别发表了讲话。陈云同志二女儿陈伟华及入选论文作者、有关部门负责人、媒体记者百余人出席会议。

2015年6月，“陈云在历史关键时期——第九届陈云与当代中国学术研讨会”在上海举行。

陈元的致辞深情回顾了其父亲在中国革命、建设、改革的若干关键时刻所做出的重要贡献，同时指出，陈云同志的伟大业绩与他崇高的品格和精神风范密不可分，其中包括：坚贞不渝的理想信念，实事求是的工作作风和勤政为民的崇高风范。这些正是陈云同志留给我们的宝贵精神财富。

朱佳木在开幕词中指出，陈云同志在长达70年的革命生涯中，始终忠于党、忠于人民、忠于社会主义和共产主义的信念，始终坚持真理、坚持原则、坚持实事求是的思想路线，始终崇尚真抓实干、埋头苦干、脚踏实地的工作作风，始终摆正个人和党的关系、顾全大局、维护团结、谦虚谨慎、淡泊名利。

此次研讨会共有76篇论文入选。与会学者着重围绕深入学习陈云同志在历史关键时期的杰出贡献，及其党建思想和实践，经济思想和实践，民生思想和统筹兼顾思想等方面进行了研讨。

（国　实）

学习习近平总书记6·12重要讲话暨纪念陈云同志诞辰110周年座谈会

2015年6月14日，中国社会科学院和中华人民共和国国史学会的陈云与当代中国研究中心在京联合举办“学习习近平总书记6·12重要讲话暨纪念陈云同志诞辰110周年座谈会”。全国政协副主席陈元出席会议并致辞。中央军委原副主席迟浩田上将、解放军总后勤部政委刘源上将，以及多位老一辈党和国家领导人的后代出席会议。国史学会顾问、中共中央组织部原部长张全景和国防大学原副政委李殿仁在会上讲话。出席会议的还有原轻工业部部长杨波，国史学会顾问、国家安全部原部长许永跃和求是杂志社原总编辑有林，中共中央文献研究室原常务副主任杨胜群，陈云与当代中国研究中心副理事长、中央党史研究室原副主任张启华和中央纪委驻中国科学院纪检组原组长王庭大，中央纪委驻文化部纪检组原组长李洪峰，以及中国曲艺家协会名誉主席罗扬。会议由国史学会常务副会长、中国社会科学院原副院长、当代中国研究所原所长朱佳木主持。

陈元在致辞中强调，当前我们党正在进行具有许多新的历史特点的伟大斗争，正在推进"四个全面"的战略布局，中华民族伟大复兴展现出前所未有的光明前景。站在新的历史起点上，我们党担负着历史的重任和人民的重托，同时也面对着新的历史条件和考验。我们要响应习近平总书记在6·12重要讲话发出的号召，纪念陈云，就要学习他坚守信仰的精神，学习他党性坚强的精神，学习他一心为民的精神，学习他实事求是的精神，学习他刻苦学习的精神，坚定不移地把老一辈革命家开创的伟大事业继续推向前进。这是我们的历史责任，也是对老一辈革命家最好的纪念。

朱佳木在会议结束时说，习近平总书记的6·12重要讲话高度评价了陈云的丰功伟绩和崇高品德，对我们认识陈云的思想和作风具有十分重要的意义；他指出，自党的十八大至今，习近平总书记先后在纪念毛泽东诞辰120周年、邓小平和陈云诞辰110周年座谈会上发表重要讲话。这些讲话无不贯穿一条红线，那就是对中华民族和中国共产党、社会主义事业、老一辈革命家的无限深情；对中国近代历史、中国共产党历史、中华人民共和国历史的主流、本质及其不同历史时期相互关系的准确把握；对毛泽东思想、中国特色社会主义理论和老一辈革命家伟大精神、崇高风范的深刻理解。

出席座谈会的有中共中央文献研究室、陈云纪念馆、当代中国研究所、国史学会的专家学者，以及陈云同志亲属、媒体记者和有关工作人员共60余人。

（国　实）

改革开放与中国特色社会主义——第十五届国史学术年会

2015年9月23～24日，中国社会科学院当代中国研究所和中华人民共和国国史学会共同主办的"改革开放与中国特色社会主义——第十五届国史学术年会"在北京举行。中国社会科学院原副院长、当代中国研究所原所长、国史学会会长朱佳木在会上作题为《国史研究工作要重视同历史虚无主义思潮的斗争》的讲话。当代中国研究所副所长、国史学会秘书长张星星主持开幕式并作题为《深化改革开放史研究，增强中国特色社会主义信念》的讲话。来自中央有关机关、全国高等院校和科研院所的60余位入选论文作者和出席国史学会第五次会员代表大会的代表参加了会议研讨。

与会学者认为，“改革开放与中国特色社会主义”是两个紧密联系在一起的重大时代主题。改革开放是党在新的历史条件下带领人民进行的一场新的伟大革命，是中国特色社会主义创立、发展的实践源泉和不竭动力；中国特色社会主义是改革开放伟大实践的最主要成果，同时也指导和引领着改革开放的正确方向。与会学者围绕深入学习贯彻习近平总书记系列重要讲话精神，增强坚持和发展中国特色社会主义的战略定力；推进国家治理体系和治理能力现代化，不断完善和发展中国特色社会主义制度；发挥市场决定性作用与更好发挥政府作用相结合，积极拓展中国特色社会主义经济发展道路；坚持中国特色社会主义文化发展道路，创造中华文化新的辉煌；创新和谐社会与生态文明建设，切实提高和增进人民福祉；坚持和平发展道路，为维护世界和平、促进共同发展做出更加积极的贡献等方面展开研讨。

2015年9月，“改革开放与中国特色社会主义——第十五届国史学术年会”在北京召开。

（国　实）

“学习习近平总书记关于党史国史重要论述”座谈会

2015年11月13日，中华人民共和国国史学会在北京召开主题为“学习习近平总书记关于党史国史重要论述”座谈会。国史学会会长、中国社会科学院原副院长朱佳木出席会议并讲话。国史学会顾问、中央党史研究室原副主任沙健孙，国史学会副会长、中央文献研究室原常务副主任杨胜群，国防大学原副政委李殿仁，国史学会学术顾问、北京大学原副校长梁柱和中国社会科学院世界历史研究所原所长于沛等分别作了发言。来自教育部、中国社会科学院、中国延安精神研究会、中国藏学研究中心和北京市委党史研究室等单位的专家学者近50人参加会议。

朱佳木在题为《学习习近平总书记关于党史国史工作的重要论述精神，掌握同历史虚无主义思潮斗争的思想武器》的讲话中指出，习近平总书记高度重视全党对党史国史的学习和对党史国史的正确认识，以及对历史经验的正确总结，为此作出过一系列重要论述。尤其他面对当

2015年11月13日，“学习习近平总书记关于党史国史重要论述座谈会”在北京召开。

前复杂严峻的意识形态斗争形势，还就如何认识历史虚无主义的实质、清除其影响等问题，进行了许多精辟分析和阐述，为我们提供了同这股思潮进行斗争的锐利思想武器。我们要认真学习这些重要论述，把同历史虚无主义斗争的思想武器掌握好、运用好，并旗帜鲜明地对这股思潮进行揭露、批判。这是党史国史工作者为实现“两个一百年”宏伟目标和中华民族伟大复兴而奋斗的具体任务，也是我们的神圣使命所在。

与会专家学者认为，习近平总书记关于党史国史工作的重要论述精神，对于端正党史国史工作的研究方向具有现实和深远指导意义，对于破除历史虚无主义思潮的影响也具有极强的针对性。当前，我国正处在实现全面建成小康社会和中华民族伟大复兴奋斗目标的历史关键时期，特别需要维护好国家的意识形态安全。我们要认真学习、努力掌握、深入贯彻习近平总书记的这些重要论述精神，进一步做好党史国史工作，为实现“两个一百年”奋斗目标和中华民族伟大复兴贡献自己的力量。

（国　实）

信息情报研究院

（一）人员、机构等基本情况

1. 人员

截至2015年底，信息情报院共有在职人员41人，其中，正高级职称人员7人，副高级职称人员10人，中级职称人员16人；高、中级职称人员占全体在职人员总数的80%。

2. 机构

信息情报研究院设有：国内编研部、国际编研部、综合研究部、期刊编辑部、综合事务部。

3. 科研中心

信息情报研究院院属非实体研究中心有：国际中国学研究中心、当代理论思潮研究中心。

（二）科研工作

1．科研成果统计

2015 年，信息情报研究院共完成专著 3 种，121.2 万字；论文 6 篇，11.9 万字；译文 16 篇，23.12 万字。

2．科研课题

（1）新立项课题。2015 年，信息情报研究院共有新立项课题 2 项。其中，院青年中心国情调研项目 1 项："中国民间智库发展的现实与困境"（唐磊主持）；院亚洲研究中心课题项目 1 项："韩国的当代中国研究 ——基于知识社会学的考察"（唐磊主持）。

（2）结项课题。2015 年信息情报研究院共有结项课题 3 项。其中，国家社科基金课题 1 项："新科技革命和全球化条件下西方工人阶级新变化与社会主义运动"（姜辉主持）；国家社科基金后期资助课题 1 项："冷战迷局与发展悖论 ——冷战后国际'民主化'的经验与教训"（2012 ~ 2014，张树华主持）；外文局委托课题 1 项："2015 年境外智库的中国研究"（唐磊主持）。

（3）延续在研课题。2015 年信息情报研究院共有延续在研课题 2 项。其中，院创新工程重大研究课题 1 项："世界社会主义运动的历史经验和新发展 "（姜辉主持）；国家社科基金重大课题 1 项："国际智库当代中国研究数据库与重要专题研究"（张树华主持）。

（三）学术交流活动

2015 年，信息情报研究院主办的学术会议有：

（1）2015 年 3 月 2 日，《2015 ~ 2016 世界社会主义黄皮书》发布暨坚持和发展中国特色社会主义 ——习近平治国理政思想与"四个全面"战略布局学术研讨会在北京举行。

（2）2015 年 5 月 29 ~ 30 日，由信息情报研究院和杭州电子科技大学共同主办，《国外社会科学》编辑部和杭州电子科技大学马克思主义学院共同承办的"国外生态与社会治理的理论与实践"学术研讨会在浙江省杭州市召开。来自全国各高校和科研机构的 40 余位相关领域的专家学者参加会议。

（3）2015 年 6 月 30 日，由中国社会科学院和韩国经济 · 人文社会研究会共同主办，中国社会科学院信息情报院承办的"中韩人文交流政策论坛"在中国社会科学院召开。论坛的主题是"中韩人文学的传承与创新"。来自中国社会科学院与韩国首尔大学、延世大学等高校和科研机构的 40 余位专家学者参加了论坛。

（4）2015 年 10 月 16 ~ 17 日，由中国社会科学院世界社会主义研究中心、中联部当代世界研究中心和中国文化软实力研究中心联合主办的"第六届世界社会主义论坛：领导权与话语权 ——'颜色革命'与文化霸权国际学术研讨会"在北京举行。

（5）2015 年 10 月 30 日，由信息情报研究院主办的"庆祝《第欧根尼》中文版创刊 30 周年座谈会”在北京举行。

（四）学术期刊

1.《国外社会科学》（双月刊），主编张树华。

2015年，《国外社会科学》共出版6期，共计156万字。该刊全年刊载的有代表性的文章有：刘顺等译的《监控式资本主义：垄断金融资本、军工复合体和数字时代》，许华的《从“冷眼”到“热盼”——俄罗斯政治精英眼中的中国形象与俄中关系》，梅俊杰的《后发展学说与中国道路——以迪特·森哈斯的研究为视角》，武海宝等的《西方政治科学研究的新唯物主义转向》，张莉、刘清江的《欧盟在中东北非地区民主促进的效果分析》，熊炎的《辟谣信息构成要素：一种整合框架——二战以后西方辟谣实证研究回顾》，张美莲、余廉的《国外突发事件应急响应研究综述》，周穗明的《当代西方政治哲学：定义、概况与意义》，李金华的《联合国环境经济核算体系的发展脉络与历史贡献》，姜辉的《西方左翼何去何从？——21世纪西方左翼的状况与前景》，李天健、侯景新的《城市经济学发展五十年》，宋建丽译的《马克思隐秘之地的背后》，刘霓编译的《亚洲比较政治学的现状与方向》，肖珺、李加莉的《跨文化适应研究的解读、进展与趋势》，陈承新的《2013～2014年国外政治文化研究前沿与借鉴》，田华、王桂艳的《格伦德曼生态社会主义思想述评》，陈伟的《从科学主义到合法性——国外“风险与组织”研究综述》，谷志军的《西方问责领域的定量研究及理论发展》，王连伟的《国外政府信任研究：理论述评及其启示》，孙景宇、鲁文霞的《俄罗斯与东欧国家法律移植的教训与启示》，夏涛的《西方学者对工会组织的观察与思考》，张国良摘译的《生活的意义与好生活》，祁毓等的《生态治理与全球环境可持续性指标评述》，张昕的《大规模私有化的阴影：来自转型经济的证据》，[美]杰弗里·亚历山大著、阙天舒译的《融合模式的抗争：对欧洲多元文化主义的强烈抵制》，[比利时]阿克塞尔·马克斯、[比利时]贝努瓦·里候科斯、[美]查尔斯·拉金著、臧雷振译的《社会科学研究中的定性比较分析法》，邵东珂等的《应急管理领域的大数据研究：西方研究进展与启示》，楚成亚的《西方“民主价值观”测量的方法与启示》。

2.《第欧根尼》（半年刊），主编肖俊明。

2015年，《第欧根尼》共刊发论文17篇，共计32万字。该刊全年刊载的有代表性的文章有：[意]沃尔夫冈·卡尔腾巴凯尔著、杜鹃译的《思想者的启程》，[意]乌戈·E.M.法别蒂著、萧俊明译的《列维-斯特劳斯：现代的、超现代的、反现代的》，[意]弗朗切斯科·雷莫蒂著、萧俊明译的《从列维-斯特劳斯到维特根斯坦：人类学中的“不完美性”观念》，[法]J. M. G. 勒克莱齐奥著、贺慧玲译的《一扇开启的门》，[法]德博拉·普乔-德恩著、陆象淦译的《审判黑手党——意大利的司法归类与道德经济学（1980～2010）》，[芬兰]亚科·欣蒂卡著、萧俊明译的《哲学研究：问题与前景》，[美]哈罗德·I.布朗著、李红霞译的《1950～2000年间的科学哲学：我们（本该）了解的一些事》，[美]莱斯利·E.施蓬泽尔著、陆象淦译的《和平与非暴力人类学》。

（五）会议综述

《2015～2016世界社会主义黄皮书》发布暨坚持和发展中国特色社会主义学术研讨会

2015年3月2日，《2015～2016世界社会主义黄皮书》发布暨坚持和发展中国特色社会主义——习近平治国理政思想与“四个全面”战略布局学术研讨会在北京举行。

中国社会科学院院长、党组书记王伟光出席会议并讲话。中国社会科学院原副院长、世界社会主义研究中心主任、《2015～2016世界社会主义黄皮书》主编李慎明作题为《习近平总书记系列重要讲话的核心是坚持和发展中国特色社会主义》的报告。中组部原部长张全景发来书面讲话。中国社会科学院原副院长汝信、朱佳木应邀出席会议并讲话。

王伟光指出，党的十八大以来，以习近平总书记为核心的新一届中央领导集体形成了一系列治国理政新理念、新思想、新战略，提出了指导改革开放和中国特色社会主义建设的系列治国理政思想。《习近平谈治国理政》集中展示了以习近平总书记为核心的新一届中央领导集体的治国理念和执政方略，为我们开启了一扇学习习近平治国理政思想的重要窗口，提供了一把学习习近平治国理政思想的重要钥匙。通过学习《习近平谈治国理政》，联系十八大以来习近平总书记系列重要讲话精神，我们可以清晰地看出：习近平治国理政思想具有鲜明的针对性、综合性和指导性，具有极强的思想性、理论性和政治性，贯穿习近平治国理政思想的灵魂是坚持和发展马克思主义，主线是坚持和发展中国特色社会主义，目标是实现中华民族伟大复兴中国梦，核心是“四个全面”战略布局。“四个全面”战略布局，是新的历史条件下我们治国理政的总体方略，是我们在经济发展起来以后更加注重发展和治理的系统性、整体性、协同性的战略选择。我们要深刻认识四个“全面”相互之间的逻辑关系，努力做到“四个全面”相辅相成、相互促进、相得益彰，协调推进“四个全面”。在“四个全面”战略布局中，全面建成小康社会是处于引领地位的战略目标，也是实现中华民族伟大复兴中国梦的关键一步；在“四个全面”战略布局中，全面深化改革这一战略举措，为其他三个“全面”提供基本动力；在“四个全面”战略布局中，全面依法治国这一战略举措，为其他“三个全面”提供基本保障；在“四个全面”战略布局中，全面从严治党这一战略举措，为其他“三个全面”提供基本支撑。

李慎明指出，对于习近平总书记在思想理论方面的新发展，中央先后有以下五大重要提法，一是习近平总书记系列重要讲话；二是习近平总书记关于改革发展稳定、内政外交国防、治党治国治军的重要思想；三是以习近平同志为总书记的党中央治国理政新理念、新思想、新战略；四是“全面建成小康社会、全面深化改革、全面依法治国、全面从严治党”战略布局；五是“创新、协调、绿色、开放、共享”五大发展理念。从一定意义上讲，我们还可以做出如下判断，习近平总书记系列重要讲话等五大重要提法是五个同心圆。

张全景指出，坚持和发展中国特色社会主义，不仅是贯穿党的十八大报告的一条鲜明主线，更是习近平总书记治国理政思想的重要内容，是确保中国沿着正确道路前进的重要保障。我们应该更加自觉地深入研究马克思列宁主义、毛泽东思想和中国特色社会主义理论之间的关系，研究习近平总书记治国理政思想和中国特色社会主义之间的关系，认真梳理好、研究好在习近平总书记系列重要讲话基础上逐步形成的习近平的思想理论，并在其指导下不断发展完善中国特色社会主义，不仅为实现中华民族伟大复兴做出新的理论贡献，而且也应为世界社会主义运动贡献出中国智慧。

朱佳木强调，重视党史国史军史的学习、研究、宣传和对历史虚无主义思潮的抵制、批判，同样是习近平总书记治国理政思想的重要内容，也是“四个全面”战略布局中的重要组成部分。我们要认真学习习近平总书记关于党史国史军史工作的一系列重要论述精神，把同历史虚无主义斗争的思想武器掌握好、运用好，绝不能让国内外敌对势力利用这股思潮搞乱人心、搞乱中国的阴谋得逞，让苏联发生的悲剧在中国重演，为“两个一百年”奋斗目标的如期实现和中华民族伟大复兴事业的顺利进行保驾护航。

汝信表示，“四个全面”是一个完整的战略布局，贯穿着系统的辩证思维，可以说是相互联系、相辅相成、相互促进、相得益彰。其中居首的是全面建成小康社会，这是我们党建设中国特色社会主义的总体计划的阶段性目标，是实现中华民族伟大复兴中国梦的第一步；全面深化改革为完成全面建成小康社会这一任务提供了动力；全面依法治国是制度保障，与全面深化改革互为条件、密切相连；全面从严治党则事关加强党对整个社会主义建设的领导，是我们一切事业成败的关键，是当前工作的重中之重。

会议期间，来自中国社会科学院、中联部、中央编译局、中共中央党校、北京大学、清华大学、中国人民大学、辽宁大学等单位的专家学者围绕坚持和发展中国特色社会主义、习近平治国理政、“四个全面”战略布局进行了深入探讨。

（综合处）

“国外生态与社会治理的理论与实践”学术研讨会

2015 年 5 月 30 日，由中国社会科学院信息情报研究院和杭州电子科技大学主办，国家社科基金资助期刊《国外社会科学》和杭州电子科技大学马克思主义学院共同承办的“国外生态与社会治理的理论与实践”学术研讨会在杭州电子科技大学召开。来自中国社会科学院、北京大学、中央财经大学、北京师范大学、苏州大学、华中科技大学等多所知名高校的 20 余位学者参加了研讨会。

中国社会科学院信息情报研究院院长张树华在开幕式中表示，生态问题由来已久，早在工业革命时期西方发达国家就相继遭受了严重的环境污染，例如英国伦敦的雾霾、德国鲁尔工业区的酸雨等。在投入大量的社会资源进行治理后，这些国家重新实现了空气清新、青山绿水的自然环境。西方发达国家先污染后治理的发展模式不仅为学术界反思资本主义生产方式提供了素材，这些成功的治理经验也颇具参考价值。张树华指出，与西方崇尚的人“控制”“统治”或“驾驭”自然的观点不同，我国历来崇尚“天人合一”，期待各界学者能否秉承我国的传统思想，探索出一条新时期下中国特色的和谐发展之路。

北京大学马克思主义学院教授郇庆治指出，20 世纪 60 年代欧美国家调动了大众媒体、行政监管、立法、区域一体化等民主国家和市场机制下能够调动的一切方法，将剩余资本向包括中国在内的新兴经济体转移，从而在 80 年代末实现了环境治理的华丽转身。这种转型并未从根本上改变主流经济发展与生态生活方式，而只是将突出的环境耗费环节转移到了发展中国家，通过这种转移，欧美国家处于全球经济链的顶端，但也无法脱离甚至依赖于低端的产业与实体经济。以整个地球作为观察点，欧美国家的人均资源和环境耗费水平依然居高不下。

中央财经大学马克思主义学院王春玺教授提出，要构建中国社会治理的战略指针。浙江大学马克思主义学院黄铭教授对有机马克思主义的思维路径与治理模式进行了总结。中国社会科学院城市发展与环境研究所研究员李国庆和北京师范大学哲学与社会学学院教授田松分别介绍了日本和美国的环境治理理论和实践。苏州大学政治与公共管理学院教授张劲松提出了生态商业的概念。

（祝伟伟）

中韩人文交流政策论坛：中韩人文学的传承与创新

2015 年 6 月 30 日，由中国社会科学院和韩国经济·人文社会研究会共同主办，中国社会科学院信息情报研究院承办的“中韩人文交流政策论坛”在中国社会科学院召开。论坛的主题是“中韩人文学的传承与创新”。中国社会科学院副院长、党组成员张江出席论坛并致欢迎词。韩国经济·人文社会研究会未来战略研究所所长高日东致开幕词。中国外交部亚洲司副司长邢海明、韩国驻华使馆政务公使朴俊勇致祝词。来自中国社会科学院、韩国首尔大学、延世大学等高校和科研机构的 40 余位专家学者参加了论坛。

张江在致辞中指出，中韩两国地缘相近，人缘相亲，文化交流源远流长。在数千年的文化交流过程中，两国人民结下了深厚的友谊，都受到了儒家文化的深刻影响，形成了很多相似的文化传统。在新的历史时期，中韩两国应该通过人文交流，建立互信机制；通过人文纽带，凝聚精神，共同谱写“人文共同体”的辉煌篇章。

高日东表示，当今时代，为了更好地理解现代社会各种危机的本质，人们有必要创造洞察世界的新智慧和新思维。在世界史层面对中韩两国共享的人文学遗产和传统进行重新诠释，充

2015年6月，“中韩人文交流政策论坛：中韩人文学的传承与创新”在北京召开。

分探讨日常生活必需的精神支柱或价值判断，将有助于我们汇聚智慧，向更好的社会迈进。

韩国驻华使馆政务公使朴俊勇在祝词中说，韩中两国人民如果能通过深化人文交流，共享东方的精神与智慧，那么会极大地促进韩中国民之间的相互理解与信任。这种理解与信任也会成为韩中两国在亚洲乃至世界舞台强化战略合作的重要资产。

在基调演说环节，中国社会科学院原副院长汝信深刻阐述了加强中韩人文交流的重要意义，以及需要解决的几个基本认识问题。他指出，从历史上看，中韩文化交流比较成功的一个原因在于，外来文化能适应本国需要，与当地实际相结合而实现本土化。例如，中国儒学从秦汉时期开始传入朝鲜，经过长期酝酿，形成具有民族特色的朝鲜儒学，特别是 13 世纪末朱熹理学传入后，经过 200 余年的传播和研究，至 16 世纪朝鲜朱子学趋于成熟，建立了退溪学派和栗谷学派，对儒学发展做出了独特贡献。佛教自印度传入中国并向朝鲜传播过程中，也充当了中朝文化交流的重要纽带。

韩国国史编纂委员会前委员长李泰镇的基调演说，通过大量珍贵的史料揭示出近代史上韩国义士安重根与中国著名知识分子梁启超的人生交汇和思想交集。李泰镇认为，“他们都秉承东方传统儒家的人本主义思想，对康德有关国家主权不被侵犯的立论都产生过共鸣。安重根弹毙夺取韩国主权的伊藤博文，梁启超坚持民族国民国家的共存体系信念，一个付诸行动、一个诉诸理论，二者背后的思想体系归根结底是一致的”。

在第一单元“东方精神与传统智慧”中，中国社会科学院文学研究所党委书记刘跃进就“探索传统智慧与东方精神的现代性”发表演说。

韩国赵性泽在题为“和诤：‘圆融无碍’的实践原理”的演说中，将佛教原理与当代韩国社会相联系，提出多元性日益成为现代韩国社会的重要特征。

在第二单元“西方现代思潮与中韩人文学的应对”中，中国社会科学院民族文学研究所所长朝戈金就“中国人文学术对西方思潮的消化和改造”发表演说，以史诗研究领域的工作为例，展示了西方人文思潮对我国学术的影响。

韩国西江大学中国文化专业教授李旭渊在题为“东亚近代和鲁迅社会进化论的传统”的演

说中指出，研究鲁迅的社会进化论是为了重新反省中韩近代发展，并通过反省不仅使中韩两国更希望使东亚可以摆脱社会进化论的范例并寻求新的道路。

第三单元的发言主题是“中韩人文交流政策建议”。中国社会科学院哲学所研究员张晓明就“中韩文化产业市场合作与东亚文化圈之复兴”发表演说，指出中韩之间总体的文化交流态势正在从日益健康和常态化的文化贸易、文化投资向更高形态的文化资源共同开发的方向发展，而这正与东亚文化圈复兴的目标一致。

韩国广播通信大学中文系教授张豪峻在题为“加强中韩地方城市间人文交流的必要性”的演说中指出，中韩人文交流项目以人文资产为媒介，作为一种创造性的产业在中韩两国文化外交方面显得尤为重要。除了两国中央政府的努力外，作为中韩人文纽带项目的“轴心”之一，地方城市交流具有非常重要的作用。中国社会科学院历史研究所研究员毕健康、信息情报研究院副研究员李红霞、哲学研究所研究员李河以及韩国忠北大学哲学系教授郑世根、韩国延世大学历史文化系名誉教授池培善、韩国檀国大学教育研究生院教授尹胜俊针对以上的主题演讲发表了评议。韩国西江大学教学副校长尹炳男与韩国东国大学教授尹明喆在综合讨论阶段发言。与会专家一致认为，在全球化的当今世界，要开展深度的人文交流，就既要应充分肯定传统文化的历史价值和当代意义，也要对传统文化实现创造性转化和创新性发展，赋予其新的时代内涵和现代表达形式，使之获得新的生命力。如何让优秀的传统文化成为涵养新时代价值理念的源泉，是每一位人文工作者的使命。

论坛还就中韩人文交流、中韩人文学的传承与创新等问题提出建设性意见和政策建议，并达成多项重要共识。与会者认为，该论坛长效机制的建立，为中韩两国人文学者展开更为广泛的学术合作提供了新平台和新契机，对于促进两国人文领域的深入交流、推动两国友好合作关系具有重要意义。

（综合处）

“第六届世界社会主义论坛：领导权与话语权——‘颜色革命’与文化霸权”国际学术研讨会

2015 年 10 月 16 ~ 17 日，由中国社会科学院世界社会主义研究中心、中联部当代世界研究中心和中国文化软实力研究中心联合主办的“第六届世界社会主义论坛：领导权与话语权 ——‘颜色革命’与文化霸权国际学术研讨会”在北京举行。中国社会科学院院长王伟光在开幕式上致辞并作题为“唱响马克思主义、共产主义的理论话语”的主旨报告。中国社会科学院原副院长、世界社会主义研究中心主任李慎明作题为“领导权与话语权和“颜色革命”与文化霸权相关思考”的报告。

来自越南、老挝、古巴、埃及、俄罗斯、美国、英国、德国、法国、日本、意大利、加拿大、印度、巴西、乌克兰、吉尔吉斯斯坦、立陶宛、突尼斯、澳大利亚、土耳其等20个国家的47位国外学者以及来自中组部、中宣部、中联部、中共中央政策研究室、中共中央文献研究室、中共中央党史研究室、中共中央党校、中国社会科学院、中央编译局、国防大学、新华社、清华大学、北京大学、中国人民大学、复旦大学、南开大学、武汉大学、中共北京市委党校、中国社会科学院马克思主义学院理论骨干班等单位的250余位代表和《人民日报》《光明日报》、中新社、《红旗文稿》《北京日报》、中央人民广播电台等媒体的记者参加了会议。会议研讨的主要问题有"如何看待领导权与话语权""西方文化霸权的实质及危害""发展中国家怎样防范'颜色革命'"等。

中国社会科学院院长王伟光在大会主旨报告中指出，党的十八大之后，在以习近平同志为总书记的党中央的正确领导下，各项工作其中包括意识形态工作都取得举世瞩目的新成就，得到全党全国人民的衷心拥护。一方面我们与世界各国开展全方位的外交，同时也高度警惕国际敌对势力的不良企图。当今世界，文化霸权成为西方资本主义强国推行新型霸权主义、颠覆社会主义国家的基本手段。在现代世界格局中，西方社会科学和文化产业仍然处在话语霸权地位，这与世界经济格局、政治格局密切相关，与资本主义经济霸权、政治霸权密切相关，与资本主义仍处于强势、社会主义处于弱势的力量对比密切相关。需要认清的是，不同于马克思恩格斯所处的自由竞争资本主义和工人运动、社会主义运动兴起阶段，也不同于列宁所处的垄断资本主义阶段，即帝国主义战争与无产阶级革命阶段，20世纪七八十年代以来，随着"冷战"结束，资本主义的发展和世界社会主义的进程都进入了一个新的阶段。

中央政策研究室原副主任郑科扬认为，西方发达资本主义国家追求世界霸权的政治势力看不到或者不愿看到，甚至不能容忍发展中国家独立并发展的世界格局，加快了其实施文化霸权主义战略的步伐。

中国社会科学院信息情报院院长张树华研究员用西方"排行榜外交"例证了其实质是企图垄断世界政治的话语权。他说，当今世界，思想政治领域的较量与斗争日趋白热化。在西方各类政治排行所谓"客观""中立"的表象背后，折射出的是日益激烈的国际话语权较量以及更深层次的政治斗争。目前，国际政治领域的排行至少呈现出以下三大特征：一是有着强烈的意识形态属性和战略意图；二是多以西方政治模式为样本，借用选举、多党竞争等民主、自由、人权为指标来评判；三是西方世界掌握了评价标准制定权和话语权，多由非政府组织、媒体和大学、研究机构一起发布。

中国社会科学院原副院长、学部委员汝信指出，为应对"颜色革命"和西方的文化霸权，一刻也不能放松意识形态工作。当前，西方国家的文化和意识形态在世界上占有优势，社会主义文化和意识形态处于劣势并面临被同化和弱化的风险与危机。双方之间意识形态的斗争不可避免，将长期存在。我们应特别警惕西方资本主义对我们的思想渗透。

白俄罗斯学者艾琳娜·索科洛娃提出：在中国推进"颜色革命"不仅是徒劳的，而且证实了中国国内稳定的局势。中国传奇的发展历史并非源于对西方经济社会发展模式的模仿，而是得益于适应中国传统的经验。邓小平提出的主要论述也并非基于对西方基本架构的复制，而是利用中国社会的基本传统来解决社会经济问题。开放性是邓小平改革开放政策的主要特征之一，中国的后续发展仍体现了邓小平“不惧西方”的特点。历史已经证明，中国的改革之路是正确且明智的，“颜色革命”在中国必然走向失败。

李慎明指出，“颜色革命”、新自由主义和文化霸权是国际垄断资产阶级企图殖民世界各国人民的政治、经济和文化的新手段，颇带一定的欺骗性。但是生产力与生产关系的矛盾运动不以人的意志为转移。随着经济全球化深入发展带来的世界上各种各类矛盾尤其是全球范围内的贫富两极分化的蕴聚、激化，必然导致金融帝国的“乐极生悲”和世界人民的“悲极生乐”。贫穷绝不是社会主义，贫富两极分化也绝不是社会主义。物极必反，贫穷和贫富两极分化最终必然产生社会主义。现有的资本主义私人占有的所有制及分配关系将越来越容纳不下以“互联网+”为代表的社会生产力的极大发展，必然在全球呼唤着新的生产关系和社会制度的诞生。这正是以习近平同志为总书记的党中央强调全党同志要坚定共产主义远大理想和全国人民要坚定中国特色社会主义共同理想的依据所在。

（秦益成　李　强　单　超）

二　院职能部门及党务部门工作

办 公 厅

2015 年，按照院党组统一部署，办公厅紧密围绕院中心工作，履职尽责，充分发挥枢纽作用，不断提高管理和服务水平，圆满完成了各项任务。

（一）围绕中心，服务大局，顺利完成全院性重大工作

认真贯彻落实中央八项规定，认真贯彻落实院党组决策部署，进一步规范工作流程，创新方式方法，工作水平和质量有新提高。

1. 圆满完成重大会议筹备工作。2015 年，圆满完成院年度工作会议暨党风廉政建设工作会议、北戴河暑期专题工作会议、名优工程建设工作会议、全院维稳工作会议、学习党的十八届五中全会精神培训班、保密形势报告会、保密档案工作会议的文稿起草和会务工作。成功组织筹办了中宣部领导同志视察中国社会科学院座谈会、纪念邓力群同志诞辰 100 周年座谈会、中国社会科学院新型智库启动仪式、全国推进简政放权放管结合职能转变工作电视电话会议。协助院属单位做好全国性会议活动服务工作。

2. 积极做好中央巡视组进驻中国社会科学院相关工作。承担院党组巡视工作协调领导小组办公室职责，调动全厅力量，确保专项巡视工作顺利进行。安排有关人员参加中央巡视组对院巡视工作的联络协调组、核查组、材料组、宣传舆情组、信访组、文件汇总组、后勤和安全保障组工作。组织召开了院党组成员和院属各单位主要负责同志出席的院党组会议扩大会、巡视工作动员会议、党风廉政建设警示教育大会。起草院领导在巡视工作动员会议上的讲话、起草了《十七大以来我院违反政治纪律人员的情况报告》，根据巡视组要求提供《近年我院违反政治纪律人员情况备忘录》及相关原始材料。起草《我院政治纪律执行情况报告》《中国社会科学院意识形态工作报告》《中国社会科学院坚持正确政治方向和学术导向情况报告》《院党组贯彻落实〈党委（党组）意识形态责任制实施办法〉情况报告》。完成向中央巡视组提供《中国社会科学院历史沿革、工作（业务）领域、组织架构、党组织和纪检监察组织设置、班子成员分工等情况》的供稿任务。制定了中央巡视组驻院期间《院部安全管理及治安突发事件处置预案》《中央巡视组驻地临时勤务安全警卫方案》，并组织培训及演练。

3. 积极配合审计工作。作为配合审计工作小组成员单位，筹办两次审计进驻动员会，沟通协调有关工作，起草审计报告修改意见。汇总提交了关于习总书记讲话、十八大、意识形态、国家安全、群众路线、深化改革、国安、智库、要报等文件的领导批示和落实结果，以及其他需要提供说明的有关材料，及时有效地完成了该项工作。

4. 出色完成"9·3"阅兵期间院部安全警卫任务。为做好"9·3"阅兵期间院部安保工作，制定了周密的安全管控方案，与院部各单位签订了《中国人民抗日战争暨世界反法西斯战争胜利 70 周年纪念活动院部安全管控工作责任书》。自 2015 年 6 月起，加强院部安全管理，加大人力物力投入，对院部所有单位进行全面安全检查，持续督促清理管控物品，彻底清除了办公区域内的易燃物品及管制刀具等。由于准备工作充分，武警部队及公安部门开展场地安检及防爆检查工作时均顺利通过，未发现任何安全隐患问题，确保了院部大院戒严期间的绝对安全，得到有关部门的高度肯定。

5. 高水平完成重要文稿起草工作。进一步改进文风，提高文稿起草水平，完成了各类文稿起草任务。2015 年主要起草了《中国社会科学院〈政府工作报告〉重点工作完成情况》《中国社会科学院落实文化体制改革方案情况》等上报党和国家有关部门的报告、汇报、意见和建议等重要材料数十篇。起草了 2015 年度工作会议主报告、《中国社会科学院关于加强中国特色新型智库建设的若干意见》等院内重要文件十几篇。起草了中央领导同志在第 22 届国际历史科学大会上的致辞、中央领导同志视察中国社会科学院汇报材料、院领导在纪念邓力群同志诞辰 100 周年座谈会上的发言等领导讲话、致辞、理论文章数十篇。完成了中宣部舆情局交办的《中国社会科学院 2014 年概况》的供稿任务。起草综合性和一般性公文数十篇。

6. 认真做好纪念抗战胜利 70 周年新闻宣传工作。根据中宣部抗战胜利 70 周年纪念活动新闻发布活动安排，办公厅多次参加中宣部组织的纪念抗战胜利 70 周年宣传报道工作协调会，根据会议精神，协调院领导和专家学者出席国新办吹风会和记者会。随着抗战纪念活动宣传报道工作的开展，根据中宣部工作部署，牵头院有关单位，收集整理并向上级单位报送了《中国社科院关于涉日舆论工作情况的报告》以及正面宣传中缅关系的理论文章。

7. 积极推进中国特色新型智库建设。按照《中国社会科学院关于加强中国特色新型智库建设的若干意见》，承担了新型智库建设的总协调和督办检查责任。起草印发了《中国社会科学院建设中国特色新型智库 2015 年先行试点方案》。筹办院 11 家专业智库挂牌启动仪式，起草报送了《国家高端智库建设试点工作方案》。

8. 搬家协调工作取得满意结果。协调财务基建计划局、基建工作办公室，及时有效解决院领导在新楼办公用房的调整问题。协调家具公司做好办公家具的组装工作。及时做好消防安全、电话迁移、网络连接等各项服务保障工作，确保新楼的正常运转。组织保安人员维持院部搬家车辆装卸及运输秩序。做好科研大楼西段装修改造施工的安全管理工作，督促并配合施工主管部门落实安全责任和安全检查。

（二）建章立制，细化管理强院各项措施

1. 督办工作机制基本构建完成。制定了《中国社会科学院关于领导同志批办急件办理运转和督查落实工作的补充规定》《关于职能部门和部分直属单位绩效考核“加分”项目审核标准》，与《中国社会科学院督查工作管理办法实施细则》《督办联络员制度》共同构建形成院督查工作体系。设计《督查工作专报》作为对院领导重要交办事项进行专项督查的有力抓手。制定《督查工作流程规范和改进措施》，起草《〈督查工作简报〉常规公示和通报内容时间表》，规范《督查工作简报》编发制度。

2. 新闻宣传、联络接待制度化管理。制定《中国社会科学院网上不良行为处理办法》的补充规定，规范全院人员的网上行为，营造良好的政治生态和舆论环境。制定《中国社会科学院公务接待管理办法》，规范全院各单位公务接待工作，推动联络接待工作向规范化和制度化方向发展。

3. 建立档案库房保管和查询借阅制度。在院档案馆新楼启用后，全面推进规范化管理。完善了《档案材料移交（接收）登记表》《档案查询借阅和库房保管情况登记表》，制定了《档案库房保管和查询借阅制度》。加强对院属单位档案工作的监管。

4. 建立应急事件及时处理机制。协调院内舆情信息监测部门，与中国社会科学杂志社舆情监测部和信息情报研究院舆情监测室配合，对网上突发敏感事件的舆情进行收集、整理、汇报，对媒体追访谨慎回应。保障舆情监测灵活高效、反应迅速，做到突发事件及时应对、及时报告、及时处理。全力做好院应急预案工作，在全院组织《火灾事故应急处置预案》和《治安事件应急处置预案》的演练，确保了紧急情况时工作有序开展。

5. 安全、信访工作制度建设取得成效。根据院科研大楼和新楼办公机构调整情况，完善保卫干部、保安人员值班和每日巡查制度，加强防火安全管理，严密防范危险违禁品流入院内。整合院部保安勤务，细化岗位职责，强化岗位责任，配合相关部门，完善落实消防、治安等技防设施。

（三）行政管理工作高效有序运转，工作水平有较大提升

1. 文件流转有效有序，会议筹办高效规范。以注重细节为抓手，努力提高文稿质量。对文件办理的各个环节从严要求，认真审核各单位上报的文件和以院名义向外报送的文件，努力推动各单位公文办理的规范化建设。在办理文件过程中，主动与中办、国办、中宣部等有关部门保持密切联系，及时掌握文件办理、流转的过程。机要文件管理工作安全有序。

按照“准确、负责、高效、规范”的要求，完成了院党组会议、院长办公会议、院务会议、督办工作例会、改革创新协调例会以及其他会议的组织筹办工作。

2. 督办任务及时完成，保密力度进一步加强。按照督办督查、审核汇总、报告反馈的形式，完成了院属各单位传达贯彻落实“2015 年度院工作会议暨党风廉政建设工作会议精神”和

“2015 年度暑期工作会议精神”“2015 年院工作要点”“‘院三会’决定事项”“相关单位改革创新工作要点”“相关单位主要工作计划”“督办工作例会决定事项”“院内外收文系统中院领导重要批示件”中的各项督办任务。

保密力度进一步加强。组织召开保密形势报告会和全院保密工作会议，提高全院职工对保密形势的认识和保密意识。组织开展院属单位开展保密党课活动，为全院购置保密设备，增配保密技术装备，提高全院保密物防、技防能力，消除失、泄密隐患和漏洞。

3. 联络接待、新闻宣传水平不断提高。完成《中国社会科学院》画册、宣传片等集成宣传品的制作任务，作为全院各级领导出访和接待来访客人的礼品资料使用。科学利用院史展，提升公务接待工作档次。完成了院有关领导和专家出席地方社科院重要活动的联系、落实工作；完成了与地方党政机关及地方社科院签署合作协议的有关工作。

充分利用和发挥新闻媒体作用，对院重大工作部署、重要活动、重要科研成果及时予以报道。发挥哲学社会科学工作者服务社会、资政育人的作用。加强与主流新闻媒体、网站联系，建立良好的沟通机制。进一步推进中国社会科学院与新华社“特约观察员”合作机制。

4. 全力做好安全保卫、信访维稳、值班工作。签订《2015 年度社会管理综合治理责任书》，督促院属单位切实落实平安单位建设责任和安全管理规章制度。认真做好院工作会议、暑期专题会议、中央领导同志来院考察、重要外宾来院访问以及重要学术会议、重大活动的安全警卫工作。加强院部车辆出入及停放管理工作。狠抓防火安全，强化落实火灾防控措施。

认真贯彻落实《信访条例》，积极与国家有关部委联系沟通，为开展网上信访做技术上的准备。开展实行院所（局）领导定期接待群众来访的可行性调研工作。

完成了中办网络、中宣部宣传信息网、国办政府专网网络维护工作，完成了三套保密网络在值班室终端整合工作。完成了 2015 年度《院领导内部电话簿》制作、《双周要报》的编辑工作。

5. 院年鉴与院史工作处克服任务重、时间紧、人手少等困难，高质量圆满完成各项工作。

（1）圆满完成《中国社会科学院年鉴》2014 年卷编辑工作和 2015 年卷征稿工作。

一方面，《中国社会科学院年鉴》编辑部始终坚持正确的政治方向和学术导向，圆满完成《中国社会科学院年鉴》2014 年卷的编辑工作。

一年来，院年鉴处认真学习、深刻领会党的十八大、十八届五中全会精神和习近平总书记系列重要讲话精神，始终把党的方针政策和院党组有关创新工程的指示精神融入编辑工作实际之中，坚持正确的政治方向和学术导向，时刻用政治家办刊的理念要求自己，在稿件编审过程中，讲政治、讲大局、讲导向，认真审核、严格把关，努力确保《中国社会科学院年鉴》编辑工作正确的政治方向和学术导向。

为突出记录和反映全院和院属各单位在创新工程方面取得的新成果，在《中国社会科学院年鉴》的院属各单位概况中，特辟专节反映院属各单位在开展创新工程方面实施的新机制、新举措及取得的新成果。

由于各单位稿件质量参差不齐，在缺乏专业编辑人员、时间紧、任务重的情况下，《中国社会科学院年鉴》编辑部人员尤其是主要负责同志加班加点，埋头苦干，认真负责，始终坚持“质量第一”“内容为王”的原则，一丝不苟，精益求精，从而确保了《中国社会科学院年鉴》的编辑质量。

另一方面，积极到院有关部门调研，认真拟定《〈中国社会科学院年鉴〉2015年卷征稿大纲》《〈中国社会科学院年鉴〉条目撰写要求》及《〈中国社会科学院年鉴〉语言文字体例规范》等系列文件，向院属各单位发放。通过下所调研、反复打电话、发电子邮件、发送信函等多种方式，完成了《中国社会科学院年鉴》2015年卷的征稿工作。

（2）圆满完成了中宣部交办的《中国社会科学院2014年概况》的供稿任务，受到中宣部有关领导和部门的肯定。

（3）圆满完成厅里随时交办的各种类文稿、报表材料及双周要报等的供稿工作。

（4）为院内外有关部门提供院年鉴及院史资料审稿、写作指导及查询服务数十次。

6. 认真完成院、厅其他工作。编辑完成2007年至2015年习近平总书记系列讲话目录。积极完成了政协提案答复、人大建议回复工作。完成所局级领导外出登记备案工作，院领导一周重要活动预告，院重要会议、活动情况备案工作。完成全院综合科技统计工作。开展全院无偿献血工作，超额完成献血任务。

实施创新工程，顺利完成80%人员进入创新工程。修订《办公厅会议制度》《办公厅督办工作制度》《办公厅资产购置暂行规定》《办公厅经费支出审批管理办法》《办公厅请休假暂行规定》，初步构建了办公制度化体系框架。规范厅网站运行，网站管理模式逐步形成，办公厅外网网站建设进入新阶段。

（四）严格执行人事管理制度规定，进一步做好干部选拔任用工作

1. 办公厅2015年干部选拔任用工作总体情况。2015年，办公厅干部调整累计达9人次。按照《中国社会科学院管理岗位人员交流办法》（试行）文件精神，并结合办公厅工作实际，对厅内四个处室领导岗位进行交流调整：寇伟同志调秘书处任处长；张大伟同志调综合处任处长；陈海力同志调联络处并负责日常工作；刘玉杰同志负责年鉴处日常工作。

积极落实院党组对干部实践锻炼的新要求，选派张鼐同志到甘肃省敦煌市进行挂职锻炼1年，挂职期间任敦煌市政府副市长、挂职干部团副团长。

目前，全厅在职干部共计51人，其中厅主任1人，厅副主任2人，副局级干部1人，正处级16人，副处级17人，正科级6人，副科级6人，科员1人，专业职务人员1人。

2. 落实干部工作要求，积极推进干部选拔任用工作。2015年，厅主任办公会先后4次按照民主集中制原则，讨论厅内人事安排。包括厅内干部交流、院内交流人员任职、科级干部定职等，均由集体讨论决定，并对任职资格进行严格把关，严格履行选人用人工作程序。

通过岗位交流，造就了综合素质好、适应能力强的管理队伍，为更好地完成哲学社会科学创新工程的各项任务打下了良好的基础。

（五）各处室积极配合，圆满完成全厅性工作

1. 绩效量化考核工作进展顺利。按照《中国社会科学院创新工程管理岗位绩效考评办法》《办公厅绩效评价量化考核办法实施细则》《办公厅创新工程管理岗位绩效考评指标体系》，在厅内开展绩效量化考核工作。经过审核小组反复审核及个人反复修改，绩效考评分值基本上客观体现了个人工作量，为继续改善管理岗位绩效量化考核工作积累了宝贵经验。

2. 集体活动取得可喜成绩。在厅领导的高度重视下，经过全厅人员的不懈努力，在广播体操比赛中获得全院二等奖的好成绩。组织全厅人员积极参加院运动会中的各个比赛项目及走方阵活动。通过集体活动，展示了办公厅良好的精神风貌。

3. 厅内“9・3”安检工作获得肯定。为配合“9・3”阅兵安检工作，确保万无一失，办公厅多次召开专题会议，研究部署办公厅办公用房的安检工作。对院领导名下及办公厅名下房间进行多次检查，发现问题，即时整改。在全厅人员的极力配合下，顺利完成了“9.3”阅兵的安检工作。

（六）开展“三严三实”专题教育，落实党建责任

1. 健全完善党建工作与学习制度。厅领导班子和党总支在工作中始终将党建作为工作重点，列入厅领导班子的重要议事日程。为加强党建工作，按现在处室人员构成，对个别党支部进行了重新整合，基层党支部由 8 个增加到 9 个。根据基层党支部成员不全问题，进行支部换届改选，并在工作中继续着重强调了支部书记由处室主要负责人担任的要求，为下一步进行办公厅总支换届改选工作奠定了良好基础。

加强和完善了办公厅中心组学习制度，坚持每季度组织召开厅领导班子成员、处室主要负责人参加的学习会，按照院党组、直属机关党委部署，进行重点和有针对性的学习，通过学习，使各部门主要负责人加深了对全面推进依法治国和深入推进反腐败斗争的重要性的认识，加深了对开展“三严三实”专题教育必要性的认识，对搞好办公厅党员政治理论学习起到了表率作用。

2. 夯实党建基础。组织全厅干部职工到红歌《没有共产党就没有新中国》的诞生地参观学习，重温了入党誓词，锤炼了党性。组织全厅干部职工观看抗日题材电影《百团大战》，学习抗战精神，增强凝聚力。

3. 认真落实党风廉政建设责任制。办公厅对党风廉政建设工作进行全面安排部署，做到任务明确，责任到人，形成了主要领导亲自抓，上下合力共同抓，进一步健全和完善了党风廉政建设工作责任机制。深化首问负责制、限时办结制、服务承诺制、责任追究制，建立作风建设长效机制。强化教育监督管理，从源头上预防、杜绝不廉洁行为的发生。强化厉行节约，严格

执行财务制度和财经纪律，杜绝了工作中出现违纪审批、把关失控现象的发生。

4. 搞好“三严三实”专题教育活动。自开展“三严三实”专题教育活动以来，多次召开专题会议，研究贯彻落实具体措施与方案，及时召开全体人员大会，传达上级有关开展“三严三实”专题教育的文件精神，对有关工作进行了布置安排。

科研局／学部工作局／创新办

2015 年，科研局 / 学部工作局 / 创新办认真学习贯彻院党组和院年度工作会议、北戴河暑期会议精神，积极进取，开拓创新，深入推进实施创新工程，着力加强新型智库建设，不断完善科研管理体制机制，较好完成了院党组部署的各项工作，取得了新成绩，呈现出新气象。

（一）认真学习贯彻中央精神和院党组指示，在创新工程综合协调和科研管理工作中始终坚持正确的政治方向和学术导向

围绕学习贯彻党的十八大及三中、四中、五中全会和习近平总书记系列重要讲话精神，加大科研组织、规划、管理工作力度，发挥全院多学科综合研究的优势，立项若干创新工程重大研究项目，加强对国家经济社会发展中具有前瞻性、战略性、综合性的重大理论和现实问题研究。围绕落实“四个全面”战略、反击历史虚无主义、纪念中国人民抗日战争暨世界反法西斯战争胜利七十周年等重大理论和现实问题，完成了一大批政治立场坚定、学术水准较高、社会普遍认可的优秀科研成果。

加强马克思主义理论学科建设，继续实施院马克思主义理论学科建设和理论研究工程，深入研究马克思主义、毛泽东思想、中国特色社会主义理论体系和习近平总书记重要讲话精神，努力把中国社会科学院建设成为马克思主义坚强阵地。积极参与思想理论领域的斗争，对各种错误理论和社会思潮敢于“亮剑”，深入揭批西方错误思潮，抵制西方意识形态和价值观的渗透和侵蚀。全面开展培养和践行社会主义核心价值观活动，树立严谨治学、理论联系实际的优良学风，自觉抵制抄袭剽窃、浮躁虚夸等不良风气。

落实中央关于加强意识形态工作的重要部署，在科研管理、创新工程管理、传播阵地管理等工作中严把意识形态关，将意识形态工作责任制落到实处。在课题立项工作中，对政治性较强或涉及敏感问题的项目，从立项、管理、结项等环节严格把关，确保项目研究符合党和国家的方针政策。在成果和出版管理方面，严格审核涉及重大历史事件和人物的出版物，按规定报送国家新闻出版广电总局审核或备案。把意识形态工作与创新工程管理紧密结合起来，落实到创新单位和创新岗位准入、创新报偿发放等工作中，严格执行政治问题一票否决制，明确规定“政治立场坚定，旗帜鲜明，与中央保持高度一致”，违反政治纪律的不得参与创新岗位竞聘。加强报刊媒体等传播阵地管理，认真落实学术期刊审读制度，严把院属学术期刊的政治方向关

和学术质量关。在学术社团管理方面，始终把政治方向和学术导向放在首位，通过健全制度和规范管理，引导社团和中心围绕党和国家事业发展大局开展学术活动。在全院合作主办的学术论坛、会议等学术交流活动中，加强审批流程和过程监管，捍卫了马克思主义阵地的纯洁性。

（二）积极落实中央和院党组的部署，圆满完成了中央和院党组交办的系列任务

起草《中国社会科学院贯彻实施党的十八届四中全会〈决定〉重要举措分工方案》，落实中办、国办关于四中全会法治选题的相关内容；根据《关于组织研究宣传习近平主席访欧期间宣示重要外交理念的工作计划》的要求，组织6个方面24项课题研究，完成科研成果29项；对"中国社会科学词条库建设""'一带一路'文化遗产保护与传承科技专项""《中华人民共和国职业分类大典（修订版）》（征求意见稿）"等中央委托交办项目提出调整和增补意见；协调推动完成"习近平总书记系列重要讲话精神研究""中国特色社会主义制度、道路、理论研究""中国话语体系建设研究"等一大批重大理论研究；协调推动完成"中国特色社会主义法治道路和建设社会主义法治国家、实施依法治国研究""'十三五'时期中国发展目标、任务与政策思路研究""经济增长新常态与全面深化改革研究""新形势下党风廉政建设和反腐败斗争体制机制创新研究"等改革发展前沿问题研究；协调推动完成我国现阶段意识形态形势及其对策研究""中国经济中长期发展的资源条件和地缘关系研究""世界格局新变化与我国国际战略研究""新疆问题研究"等国家安全战略研究；协调推动完成《中华思想通史》（18卷本），《中华人民共和国史稿》第五至七卷（1984～2012年）等思想文化建设研究系列重大项目。报送"十三五"时期经济社会发展研究稿件200余篇，推荐各类专家300余人。

组织协调第二十二届国际历史科学大会，习近平总书记发来贺信，刘延东副总理在开幕式上宣读了习近平的贺信并致辞；组织主办第二届"世界考古论坛·上海"，评选发布"全球十大考古发现"；组织全院"纪念抗日战争胜利70周年"系列重要学术活动；协调中俄联合纪念世界反法西斯战争胜利70周年相关纪念活动；组织协调编辑印制《纪念邓小平同志诞辰110周年论文集》；组织协调全院"纪念陈云同志诞辰110周年"系列学术活动，加强陈云生平与思想学术研究；申报创新工程（2016～2020）作为国家"十三五"期间的重大工程，召开关于国家"十三五"发展规划编制专题工作座谈会；全年共协助举办相关论坛、座谈会130余次。

（三）全面总结试点经验、编制创新工程"十三五"规划，描绘创新工程发展蓝图

在院所调研、数据分析、重点访谈的基础上，形成了《改革推动发展创新引领未来——"十二五"时期中国社科院哲学社会科学创新工程评估报告》；积极协调院属各创新单位进行总结，编撰了院36家创新单位总结；大力宣传实施创新工程以来的杰出成绩，在《光明日报》《中国社会科学报》等主流媒体上连载发文，在哲学社会科学界引起了强烈反响。在深入总结创

新工程发展经验的基础上，积极谋划布局创新工程“十三五”规划，从发展背景、总体要求、主要任务、支撑与保障和规划实施等多个方面谋划未来五年院创新工程的发展路线图，科学编制《中国社会科学院哲学社会科学创新工程“十三五”发展规划纲要》。

进一步完善巩固创新工程六大制度体系。制定《科研、采编、管理岗位序列后期资助目标报偿管理办法》《关于创新工程科研岗位准入条件的补充规定》《离退休人员绩效考核和后期资助目标报偿实施细则》《挂职干部绩效考核和后期资助目标报偿实施细则》。严格执行院相关规定，切实推进创新工程绩效考核和落实后期资助目标报偿，组织实施创新岗位绩效考核工作，印发《关于开展2015年度创新工程绩效考核计分分档工作的通知》和《关于开展2015年度考核评价和做好2016年度创新工程有关工作的通知》，保障全院绩效考核后期资助目标报偿顺利发放。不断优化调整创新工程综合管理系统，组织院属各研究单位填报2015年度科研成果，完成2015年创新工程成果后期资助的审核工作。

（四）按照中央和院党组关于中国特色新型智库建设战略部署，开创我院新型智库建设新局面

根据中央《关于加强中国特色新型智库建设的意见》和院党组《关于加强中国特色新型智库建设的若干意见》《院中国特色新型智库建设2015年先行试点方案》文件精神，先后出台了《院中国特色新型智库的若干管理规定（暂行）》《院创新工程科研成果后期资助实施办法（试行）》等制度文件，下发《关于拨付2015年院专业化新型智库建设专项经费的通知》《关于做好院专业化新型智库建设保密工作的通知》。2015年5月26日，院启动11个专业化新型智库，率先在中国特色新型智库建设上迈出重要步伐，初步形成了院、所、专业实体智库三级智库建设体系。2015年6月5日，中国社会科学院与上海市人民政府共建的新型合作智库——上海研究院签约启动。2015年11月，中宣部公布除了中国社会科学院整体作为一家综合性智库外，国家金融与发展实验室和国家全球战略智库入选首批国家高端智库建设试点单位。

组织院智库工作协调会议，研究解决智库建设情况和存在问题，为院党组决策提供建议。成立智库建设协调办公室，形成领导主抓、部门协调、专人落实的工作机制。全院智库建设开局良好，各项工作进展顺利，为建成具有国际影响力的世界知名智库奠定良好基础。2015年，全院加强智库成果发布，重点发布了《2020：走向全面小康社会——“十三五”规划研究报告》《中国国家资产负债表2015：杠杆调整与风险管理》《健全城乡发展一体化体制机制——新型城镇化研究报告》《2016年中国经济形势分析与预测》《中国梦与浙江实践》《全球智库评价指标体系》等重大成果，并通过内部信息渠道，报送了一批关于经济发展新常态、地方债务治理、自贸区金融改革、京津冀地区协同发展、“一带一路”战略实施、上海合作组织扩大与发展、中亚安全与新疆稳定、中巴经济走廊建设等重大问题研究成果，得到了党中央、国务院的肯定与采纳。

（五）基础理论研究与应用对策研究并举并重，用制度建设和人才建设推进学科建设

为完善学科布局，加强科研队伍建设，在全院范围内开展了学科发展状况调研，对“十二五”时期“重点学科建设计划”和“特殊学科建设计划”项目进行了结项评估，完成《中国社会科学院学科建设调研报告》，了解全院优势学科、特色学科、科研队伍及学科带头人相关状况等，梳理了存在的相关问题，提出了优化学科布局、加强学科建设等建议。开展全院科研处现状调研，以“科研处现状问卷调查”和“所领导问卷调查”数据为基础，研究撰写《中国社会科学院研究所科研处现状调研报告》。

完善优秀学者资助体系，鼓励潜心研究，营造有利于出精品成果、出优秀人才的良好科研环境，全面实施、整体推进学部委员（荣誉学部委员）、长城学者、基础研究学者和青年学者等四类学者资助计划，注重学术积累，培养学术大家。印发《关于“学部委员（荣誉学部委员）资助计划”结项考核、年度考核及2016年申报工作的通知》，组织完成2015年院“学者资助计划”申报立项工作，2015年度共有18位学部委员（荣誉学部委员）入选学者资助计划；印发《关于做好院创新工程长城学者、基础研究学者、青年学者资助计划2015年度考核工作的通知》，完成18位学部委员（荣誉学部委员）、15位长城学者、23位基础研究学者和11位青年学者资助计划受资助人年度考核工作。进一步调查研究“学部委员（荣誉学部委员）资助计划”制度改进办法。

密切关注哲学社会科学研究领域新变化，跟踪学科发展新动向，组织研究所编撰《学科年度新进展综述》，评估各学科发展状况，及时跟踪国内外学科最新发展动态，准确把握学科前沿，引领学科发展方向。按照基础学科和应用学科“并举并重、平衡发展”的原则，研究制定成果后期资助管理相关办法，激励多出高水平研究成果，推出了《世界佛教通史》（14卷15册）《中国抗日战争史》（8卷）《中美关系史（1784～2013）》（英文）《马克思主义史学思想史》（6卷）《论语还原》等一系列体现学科发展水平的标志性成果。进一步协调落实社科名词审定、《国家历史地图集》编撰、《中国大百科全书》第三版编撰出版工作。

认真组织落实研究所开展学术委员会换届工作，完成43个院属单位学术委员会的换届工作，共产生新一届所学术委员会委员504人。

（六）深入基层开展调研，把握科研管理规律，推动科研管理水平跨上新台阶

立足科研实际，启动了若干项重大调研工作，系统全面地了解了院科研管理、智库建设、学科建设等方面的现状，同时，积极与国内知名研究机构开展学习交流，形成了一系列操作性强的调研报告，为进一步做好科研管理提供支撑。就横向课题管理中热点问题进行调研，分别派出工作小组，到北京、上海、广东等地调研，深入高校和研究机构，实地探寻横向课题管理

好办法、新思路。结合国家审计署的要求，赴研究所开展横向课题调研，了解全院研究所在横向课题管理中存在的问题，形成了《2015 年横向课题调研报告》和《横向课题管理办法》两个报告。

开展“智库建设与学科建设调研”，走访四川省社科院、成都市社科联、重庆市社科院及西南大学、重庆大学等一系列社科研究机构和重点大学，详细了解地方社科院和高校在地方智库建设和学科建设上的特色举措；开展“学术评价问题调研”，走访上海市委宣传部、社科联、社科院，与复旦大学等 7 所高校科研管理负责人就有关问题进行深入交流；组织以“经贸合作与边疆稳定”为主题的院科研管理系统国情考察项目，赴东北开展调研工作，在黑龙江省开展实地调研，立足科研管理实际，组织撰写考察总报告，并有 3 篇调研报告在《要报》发表；深入走访院相关研究单位，就 2015 年我院研究所创新工程项目管理、社科基金课题管理、横向课题管理等方面开展调研；陪同院领导入所现场办公，了解研究所在智库建设、项目管理、经费管理、学术社团和中心管理、期刊管理等多个方面的发展优势和存在问题；组织召开全院科研管理培训班，培训全院科研管理干部队伍 110 余人。

（七）加强创新工程、国情调研、社科基金项目管理，着力提升项目管理的科学性和规范性

一年来，组织协调以院党组交办的方式落实“研究领域指南”中的 16 项“指令性计划”。重点组织并跟踪协调完成了“‘十三五’时期中国发展目标、任务与政策思路研究”课题，为国家“十三五”规划建言献策；完成 2013 年度立项的院创新工程重大项目结项评价工作和 2014 年度 11 个创新工程重大项目中期检查工作；加强研究所项目检查工作，完成对 9 个研究所 150 项研究所项目的抽查工作。

积极配合国家社科基金项目管理工作要求，共立项 112 项，获得资助总额 3251 万元，通讯初评入围率 44. 9%，继续位居全国第一；首次举办国家社会科学基金项目管理培训会议，邀请专家培训院科研管理人员 110 余人；完成 10 项重大项目、76 项年度和青年项目的中期检查及评估工作，并根据项目研究进展情况为 50 个项目办理了延期或变更审批 / 备案手续；共受理国家社科基金项目结项申请 80 项，优良率 85. 5%；协调全院 374 位专家参加社科基金年度项目通讯评审；联系 30 余位专家参加国家社科基金年度项目会议评审工作；向规划办推荐国家社科基金重大招标项目选题 69 项。

国情调研工作是发挥科研优势，提升研究实力的重要阵地，2015 年科研局深入总结国情调研 10 年工作经验，撰写《关于院级国情调研基地建设情况的总结报告》，深入分析了实施国情调研以来的发展成绩和存在问题，形成了《关于加强和改进国情调研工作的意见》。同时，调整“国情调研成果编选委员会”，完善成果评审制度，促进国情调研工作在项目体系、基地建设、成果质量和组织纪律等各个方面迈上新台阶。2015 年共立项 79 项，结项 60 余项；审核列

入“国情调研丛书”成果出版申请 8 项，出版图书 2 种。

（八）改革成果奖励机制，完善学术出版制度，加强创新工程重大成果发布工作

精心组织第九届研究所优秀科研成果评奖工作，修订《中国社会科学院研究所优秀科研成果评奖办法》和《中国社会科学院优秀科研成果奖励办法》；建立研究所优秀科研成果奖外部评审专家库，对评委实行更加严格的回避制度，完善离退休人员参加院评奖的规定，提高院级优秀科研成果的奖励标准。全院共有 38 个单位完成评奖工作，200 余项成果获研究所一等奖。联合机关党委举办第七届“胡绳青年学术奖”评奖活动，经过初评、终评和通讯评审等多个环节，共评出 6 项成果奖、7 项提名奖。

组织召开 3 次院科研成果发布会，推介 2015 年度完成的“山西陶寺遗址发掘”成果、“一带一路”研究成果与专题数据库及《中国民族地区经济社会调查报告》首批图书。支持研究所召开新书发布会，发布《东西德统一的历史经验研究丛书》《应对气候变化报告》等成果。组织召开“中国社会科学院创新工程 2015 年度重大成果系列发布会”（5 场），包括基础研究重大成果、智库研究重大成果、学术年鉴系列、2016 年中国经济形势分析与预测、2016 年中国社会形势分析与预测、2016 年世界经济形势分析与预测专题发布会。完善创新工程学术出版资助管理机制，加强图书出版质量监督检查。完成学术出版资助文库项目（158 项）、出版社大型学术出版后期资助项目（21 项）、皮书项目（41 项）、中国社会科学博士后文库项目（39 项）、博士论文文库项目（6 项）、“走出去”项目（40 项）的评审资助工作，累计资助 5400 余万元。

组织 2015 年图书出版编校质量检查，抽查院创新工程资助图书以及少儿文艺类图书 66 种，合格率超过 90%。按照《中国社会科学院图书质量管理办法》，对不合格图书的出版单位进行处罚。审核发放各出版社书号 4600 余个，调阅三审档案 4000 余种，审核出存在问题的图书 100 余部，有效地把好图书出版政治方向关、学术导向关。组织召开 2015 年图书出版业务培训班，副院长蔡昉出席培训会并讲话，国家新闻出版广电总局、商务印书馆、中华书局等单位的领导和专家，就全国的图书出版工作形势、出版管理改革、出版选题策划、编校质量管理作专题报告，院属 5 家出版单位的社领导和各社出版编辑近百人参加培训。

（九）狠抓学术质量，推进规范化建设，院属期刊地位和影响力进一步巩固

做好全院报刊日常行政管理工作，协助院属单位创办 3 种新刊，为院属报刊办理重要事项变更、开设微信公众号等各类行政审批备案手续 100 余项。组织院属期刊参加国家新广总局组织的“百强报刊”评选活动，《中国社会科学》等 10 种期刊获评 2015 年中国“百强社科期刊”。组织全院报刊年检，顺利通过北京市新闻出版广电总局 2014 年报刊核验。召开专题会议，解决院属期刊拖期问题。加强期刊经费管理，与财务基建计划局一起编制 2015 年度全院期刊预算，

多方筹措办刊经费，全院期刊预算比上年增长 63%；积极协调中央财政期刊专项经费绩效考核，接待财政部专家组并做主题汇报，以优异成绩通过考核。

加强期刊管理制度建设，印制《关于加强学术期刊“名优”建设的若干办法》，优化创新工程期刊管理，改善办刊条件。严格执行期刊审读制度，全院组织召开 4 次期刊审读会议，整理并向编辑部反馈专家审读意见 400 余条、80 余万字；起草印发 4 期《期刊审读意见通报》；启动期刊审读专家换届工作。推进学术期刊规范化建设，在全院编辑部推广“三审三校”“双向匿名”评审、编辑部集体定稿等编审制度，制定《中国社会科学院学术期刊采编指南》。坚持正确的办刊导向，反对学术不端行为，落实院内期刊发表本单位人员文章不得超过 20% 的比例限制。做好院名优建设工程协调会议相关工作，全年参加 17 次名优建设工程协调会议，落实会议布置的督办任务 15 项。

重视期刊编辑人员培训和工作经验交流活动。举办中国社会科学院 2015 年学术期刊主编论坛，院秘书长高翔及国家新闻出版广电总局、全国社科规划办有关领导出席论坛开幕式并讲话，围绕学术期刊管理及前沿问题举办 5 个主题论坛，院属 80 余家学术期刊及期刊管理单位的有关负责人近百人与会。与社会科学文献出版社合作组织编辑工作交流沙龙，加强院内期刊工作经验交流和编辑人员思想交流。首次组织部分院属优秀学术期刊编辑人员赴欧洲国家知名学术出版机构交流，开阔了视野。

加强学术年鉴和学科集刊管理，资助出版 2014 年编写的 12 部中国社会科学年鉴，资助出版 5 种（16 期）学科集刊；开展学术年鉴编纂工作调研和学科期刊调研，提出改进年鉴和集刊管理的对策建议。加强外文期刊管理，开展院学术期刊对外合作状况调研，和国际合作局共同启动外文期刊审读工作。推进学术期刊的刊网融合发展，支持院属期刊网站建设和新媒体应用，协助社会科学文献出版社在全院期刊编辑部推广统一采编平台。

（十）加大学术社团资助力度，开展非实体研究中心优化整顿工作，提升社团中心学术影响力

加强社团中心管理，加大社团资助力度，扶持优秀社团中心发展壮大，严查社团中心违规行为，保证学术社团和中心健康发展。首次启动实施社团专项经费资助，对学术社团年会、学术研讨会等学术活动给予专项资助，扩大学术社团和非实体中心的影响力，增强学术社团在学术界的话语权。2015 年度共资助 87 个社团开展相关活动，部分活动在社会上引起较好的反响。加强学术社团监管，引导学术社团朝着正确的方向发展。组织全院 107 个学术社团参加民政部有关社会组织乱摊派专项整治工作，推选 3 个社会组织参加全国先进社会组织评选活动。

开展中心调整优化工作，撤销 9 个问题突出的研究中心，成立 7 个新的研究中心，变更 2 个所属研究中心为院属研究中心；组织院属各单位开展研究中心专项整顿工作，重点就研究中心长期不换届、丧失学科带动力和影响力、违规开展经营活动等情况进行重点检查。召开非实

体中心负责人座谈会，围绕非实体研究中心发展现状和未来发展趋势进行深入分析讨论，提出《关于我院非实体研究中心管理的有关问题及工作建议》；编印《中国社会科学院主管全国性学术社团简介》《中国社会科学院非实体研究中心简介》计 80 余万字。

（十一）协调推进院际合作，规范合作机制，项目合作和研究机构共建取得显著成效

推进与上海、浙江、贵州、宁夏、厦门等省、直辖市、自治区开展大型项目合作研究，完成“厦门自贸区政策研究和评估”等重大课题，出版“中国梦与浙江实践”七卷本系列丛书。协调合作主办第一届“长江论坛”、第三届“后发赶超”论坛、第三届“中国—南亚智库论坛”、第八届“中国—东盟智库战略对话论坛”、第二届“中俄经济合作高层智库研讨会”等学术会议。

加大合作共建机构、合作研究项目执行力度，推动成立中国社会科学院—上海市政府上海研究院，启动中国社会科学院学部委员厦门工作站，向新华社推荐第三届“新华社特约观察员”。与厦门签署《2015 年度重大课题研究合作备忘录》《自贸区政策研究与评估》等三项课题协议书，推进实施与宁夏回族自治区战略合作，协调合作双方立项中国社会科学院院级国情调研基地项目等。

开拓创新合作渠道、扩大合作空间。策划与中央电视台开展合作，制定框架合作协议，洽谈合作意向。与国务院侨办协商合作举办论坛，与华侨大学等共同谋划举办 2016 年首届“中华人文高峰论坛”。推进与宋庆龄基金会、海南省人民政府、求是杂志社开展战略合作的工作，商讨与黑龙江省社会科学院成立中国社会科学院黑龙江学部工作站。

制定《中国社会科学院合作协议书》，规范院际合作协议签订及落实程序，完善有关院际合作协议签署、执行等机制化程序，提高科研合作成效。

（十二）发挥学部的学术指导、咨询、协调作用，积极提升我院学部和学部委员影响力

协助召开学术会议，以习近平总书记系列讲话精神为指导，围绕国际国内两个大局，开展一系列重大理论现实问题研究，把脉中国发展现状，阐述中国发展思路。会议发布了《论新常态》等一系列研究成果。举办“唯物史观与马克思主义史学理论论坛”，会议围绕“当今历史虚无主义及其危害性”“阶级和阶级斗争再认识：历史与现实”“唯物史观在中国的传播和发展”“社会形态演进的多样性和统一性”等主题，批判和摒弃历史虚无主义。落实习近平总书记在中央政治局第二十二次集体学习时的讲话精神，组织召开“健全城乡发展一体化体制机制专家座谈会”；召开院第十四届史学理论研讨会、“抗战文化与文学研究”、海峡两岸“中华民族共有精神家园”“东亚和平与发展暨‘一带一路’下的中韩关系”等一系列重要学术论坛。

鼓励学部委员发挥学术影响力，成立了学部委员厦门工作站，加强了与地方政府及研究机

构的学术交流；支持学部委员参加国际学术会议、在国际学术组织开展活动，提升中国哲学社会科学的国际话语权。以"'一带一路'面临的国际风险与合作空间拓展"为主题，组织学部委员赴"一带一路"沿线国家开展学术调研活动，形成一系列有影响力的重要成果，为党中央国务院提供前瞻性决策建议服务；配合习近平总书记出访英国，发表网评文章，准确解读此访的重要意义和丰硕成果；围绕国际战略格局及演化、恐怖主义及对我国的影响、颜色革命理论及其手段方法等 13 个领域，落实了 16 项课题研究。组织编辑出版学部论文集、学部集刊、年鉴等学术出版物，进一步扩大学部和学部委员影响力。

（十三）加强话语体系建设联系协调机制，推进全国哲学社会科学话语体系建设研究取得新成绩

组织召开话语体系建设协调会议成员单位 2015 年工作会议，总结 2014 年工作，制订 2015 年工作计划，推动各成员单位落实年度研究选题与学术会议计划，协调并筹措经费支持开展相关活动。主办"第二届全国哲学社会科学话语体系建设理论研讨会"，院长王伟光、教育部部长袁贵仁出席会议并讲话，4 位专家作大会主题发言，120 余位学者出席会议。建立话语体系建设与研究信息研讨会制度，分别在北京和上海举办会议，协调会议成员单位共同交流研究动态，落实工作任务。联合上海研究院举办"话语体系和大学生教育暨'大国方略'项目研讨会"。围绕中央外宣要求和现实需求，编辑刊发《哲学社会科学话语体系建设研究动态》稿件 32 篇，9.3 万字。在分析习近平总书记讲话风格、中国抗战胜利 70 周年外宣等一系列热点问题上主动发声，在国际学术话语权上占据有利位置。组织编辑出版第一本《中国哲学社会科学话语体系研究辑刊》，出版第一辑《中国学术与话语体系建构》（2 卷），遴选出具有代表性的学术论文 55 篇，68.9 万字。

（十四）加强局内建设，建立业务学习制度，局风建设和工作效率呈现新局面

建立健全局长办公会议、局务工作例会、专题会议等内部会议制度和议事规则，规范各项科研管理工作流程。建立健全局总支双周学习制度和青年学习制度，加强理论学习和业务工作培训，全年双周学习安排学部委员、相关专家等讲授 20 次，邀请院内外知名专家学者，就国家安全、"一带一路"等问题进行专题报告。邀请院内老同志讲述院史局史和科研管理心得，提升业务能力，激发工作热情。开展青年午餐学习 15 次，鼓励青年同志开展各项专题研究，全面提升各方面素质。

优化整合处室人员结构，调整部分处长岗位，鼓励多岗位锻炼，形成了优势互补的良性工作局面；配合院干部挂职工作需要，积极接收和培养锻炼挂职干部；鼓励干部交流学习，打破处室划分，培养工作多面手；关注青年同志成长，鼓励青年同志参加全局、全院性活动，为科研管理工作培养后备人才。

加强局内信息化建设，推进创新工程综合管理平台相关模块建设工作。严格按照院有关规定和要求，完成相关干部职务调整、干部交流、学术出访工作。

人事教育局

（一）学习贯彻中央关于人事人才工作的新部署新要求

1. 深入开展习近平总书记关于人才工作重要论述专题学习研究。根据中组部学习贯彻习近平总书记人才工作重要批示精神的通知要求，组织专家学者和院直机关部分干部，围绕习近平总书记关于人才工作的重要论述开展专题研究。该研究在院长、党组书记王伟光同志的推荐支持下，获得国家社科基金特别委托项目批准立项。经过多次研讨会反复讨论，已形成《择天下英才而用之——学习习近平总书记人才问题重要论述的体会》书稿。该书以“实现中华民族伟大复兴的中国梦归根结底靠人才”开篇，分 10 个专题对总书记人才工作重要思想进行了系统阐述。

2. 抓好中央重要会议和文件精神的学习贯彻。一是学习贯彻十八届五中全会精神。举办“才思讲坛”活动，邀请财经战略研究院党委书记、院长高培勇讲解十八届五中全会精神，人事教育局各部门人员及院直属单位人事干部近百人参加了学习。二是学习贯彻中央人事人才工作的最新文件精神。组织学习《事业单位领导人员管理暂行办法》《推进领导干部能上能下若干规定（试行）》《干部教育培训工作条例》等重要文件，并就相关问题展开研讨。

3. 参与国家有关人事人才政策的咨询与实施。一是受中宣部干部局委托，承担《宣传思想文化系统事业单位领导人员管理暂行办法（代拟稿）》的研究起草工作。二是开展人事人才工作相关课题研究。受人社部委托，组织开展“职称制度历史沿革、功能作用和基本定位”“科学研究人员职称制度改革研究”“国外人才评价制度”三项课题研究。目前，“国外人才评价制度”课题已经完成初稿并提交人社部专技司；“职称制度历史沿革、功能作用和基本定位”“科学研究人员职称制度改革研究”两项课题正按照研究计划，开展调研工作，起草调研报告。组织编写《国际人才蓝皮书》，已形成近 20 万字的书稿。三是推动中央人才工作协调小组各项工作任务的落实。组织起草《中国社会科学院贯彻落实〈中央人才工作协调小组 2015 年工作要点〉任务分工的实施方案》。对《中央人才工作协调小组 2015 年工作要点》《博士服务团工作管理办法》《关于深化人才发展体制机制改革的意见》《〈关于深化人才发展体制机制改革的意见〉任务分工方案》等重要文件提出修改意见。

（二）大力加强领导班子和干部队伍建设

1. 选优配强所局级领导干部。一是加强所局级干部考察和调整。对院部分单位所局领导干部进行了考察和调整，共调整24个单位31名所局级干部，其中，提拔任职13人，平级交流3人，免职15人，外调干部1人。二是加强所局级领导班子和领导干部考核测评。对全院57个单位领导班子和200余名领导干部进行了民主测评；对12名所局级干部进行试用期考核。三是加强所局级领导干部日常管理监督。每季度对院直机关落实《关于加强院属单位领导班子建设的若干规定》的情况进行汇总，向院务会议汇报。每月汇总统计院属研究单位党委书记、行政副所长坐班情况，并在改革协调会上通报相关情况。到考古研究所开展干部经常性考察。继续按照中组部要求做好处级及以上干部在企业兼职的清理规范工作，完成退（离）休领导干部在社团兼职清理规范工作，研究制定《中国社会科学院处室及以上干部在企业兼职管理办法（暂行）》，审批领导干部到社会团体兼职的请示16件，涉及19人次。

2. 规范处室干部审批备案。研究制定《中国社会科学院关于加强所（局）长助理、五六级及以下管理岗位人员聘任的若干规定》，对相关人员岗位聘任做出进一步细化和规定。审批备案所（局）长助理、处级干部、研究室正副主任及科级以下干部共117人。其中：聘任所（局）长助理2人；聘任处级干部26人、免职15人；聘任研究室主任副主任37人、解聘5人；聘任科级以下干部32人。院属单位间处级及以下干部轮岗交流20人，其中1人为提拔交流，19人为平级交流。

3. 协助做好中管干部管理。一是做好中管干部个人事项报告工作。办理我院中管干部2014年度个人有关事项报告表填报情况的相关事宜，并向中组部上报我院中管干部个人事项报告表。二是做好中管干部兼职管理工作。在严格执行中央文件精神的同时，积极与中组部、中宣部、民政部等相关部委负责部门进行沟通协调，2015年共办理8名中管干部兼职相关事宜。三是做好中管干部用车住房清理工作。制定《中国社会科学院省部级干部住房和用车集中清理工作方案》，并分别成立了省部级干部用车、用房清理领导小组，对省部级干部用车配备情况及住房情况进行调查和清理。目前，省部级干部用车清理工作得到了全面落实，中管干部住房清理工作正在收尾中。四是做好中管干部秘书管理工作。对此前未报中央组织部审批、备案的省部级领导干部机要秘书、秘书工作人员，严格执行任免备案程序。

4. 大力推进干部挂职锻炼。一是做好挂职干部选派工作。选派干部到甘肃省酒泉市、嘉峪关市等地党政机关、基层乡镇挂职。第一批赴甘肃挂职的21名干部已圆满完成任务返回；第二批选派到甘肃酒泉市、嘉峪关市、张掖市、酒泉钢铁集团挂职的26名干部学者已出发赴甘肃工作。选派3名干部到安徽省亳州市挂职，1名干部为第七批援藏干部，3名干部到江西、陕西、云南服务锻炼，1名干部到国家信访局挂职锻炼，1名干部到我院定点扶贫地担任村第一书记，2名干部到最高人民法院挂职，2名干部到中办、中央网信办帮助工作。选派16名人员到我院职能部门挂职或实践锻炼，4名人员到我院研究生院帮助工作，3名人员到上海研究院帮助工作。二是做好挂职干部接收。接收甘肃省宣传思想文化系统挂职干部，第一批8名干部已完成考核返回甘肃，第二批6名干部将到任。接收来自四川、西藏的2名地方干部到宗教研究所等单位挂职。三是规范挂职干部待遇。制定细化的援藏（青）人员生活补贴标准和欠发达、边远、困难地区挂职人员生活补贴标准，对院挂职干部有关待遇和补贴进行调整。四是加强挂职干部绩效考核。制定《中国社会科学院挂职干部绩效考核和后期资助目标报偿实施细则》，就挂职干部考核方式、考核标准、确定考核档次的主体、考核档次的类别及各档次人员的比例等做出规范。

5. 加强对干部的从严管理监督。一是做好领导干部个人有关事项报告工作。组织符合报告范围要求的局（处）级（或相当于局处级）领导干部共 648 人，报告了个人有关事项，并按照随机抽查了 67 名干部的个人有关事项报中组部进行核实。二是组织全院 57 个单位完成考核，参加考核人员共 3602 人。三是严格领导干部出国（境）审批。累计对 239 人次因公出国备案材料进行审查，办理 105 人次因私出国（境）审批手续。汇总全院因公出国审查情况，并向中组部报送《中国社会科学院 2014 年度因公出国（境）审查工作情况报告》。做好因私出国（境）数据库维护的基础性工作，配合中组部、公安厅，开展违规办理和持有因私出国（境）证件专项治理。四是规范干部档案、文书档案管理。对院属 56 个单位人事干部分 9 批次，每批次 5 天，就“三龄两历一身份”等重点审核内容进行实践操作培训。

（三）积极推动人事人才管理体制机制改革

1. 完善事业单位人员聘用管理制度体系。一是根据《事业单位人事管理条例》和国家聘用制有关文件精神，为进一步规范全院事业单位人事管理，保障单位和工作人员的合法权益，研究制定《中国社会科学院事业单位人员聘用办法》，进一步强调事业单位工作人员必须实行岗位管理，要求坚持按需设岗，因岗聘用，公开招聘，竞聘上岗，以岗定薪，岗变薪变，合同聘用，聘期管理，特别是设置了政治纪律和科研任务量两条红线，对于违反政治纪律造成严重后果以及聘期不能完成相应科研任务量的，予以解聘或不予续聘。二是对《中国社会科学院人员聘用合同》进行修订，进一步明确了聘用人员的聘期目标任务以及聘用单位和工作人员的责任和义务。三是研究制定《关于上海研究院人员聘用的若干意见》，明确了上海研究院聘用人员的范围、程序、待遇和管理等事项。

2. 完善人才引进制度体系。一是完善人才引进制度。修订《中国社会科学院人才引进办法》和《中国社会科学院人才引进院级专家评审办法》，对人才引进的评审方式、专家库范围等方面做了进一步完善，同时更新维护了人才引进院级评审专家库。研究制定《关于进一步规范人才引进工作的若干补充规定》，将过去一个时期院党组会议、院务会议研究确定的有关原则意见等改革性成果，以及中央最新的精神和要求，以文件形式巩固下来。二是完善领军人才引进制度。研究制定《中国社会科学院领军人才引进评审办法》，进一步明确领军人才的引进范围，专家库组建、评审程序以及组织纪律等内容，向海内外发布领军人才招聘公告，接收专家报名和推荐。落实中央“千人计划”工作部署，向国家外专局申报“千人计划”外专项目人选 1 名。

三是完善人员借调制度。研究制定《中国社会科学院借调工作人员暂行规定》，从借调工作人员的条件、程序、人数、时限及日常管理等多个方面加以规范。

3. 推进专业技术职务评聘制度改革。一是深化职称评聘制度改革。出台《关于深化我院专业技术职务评聘制度改革的方案》，对专业技术职务资格评审、职务聘任和岗位分级聘用统筹考虑、优化组合，推行一年一次、评聘分开、衔接有序、内在关系明晰的专业技术职务评聘制度。二是规范职称评审工作。研究制定《中国社会科学院专业技术职务任职资格评审工作管理办法》，对院 30 多年的职称评审工作文件、现行政策进行梳理和归类。《管理办法》以评价模式、评审组织架构、资格名额、基本条件、评审程序、优先与罚责等内容为主体文件，并由分系列申报条件、评委会组建、评审投票规则、委托评审等 8 个附件组成，成为今后一段时期院职称评审工作的制度遵循。三是完成 2015 年职称评审工作。新评定 314 人的专业技术职务任职资格，其中，正高级 77 人，副高级 149 人，中初级 88 人；完成 115 人的专业技术职务备案，其中，正高级 1 人，副高级 7 人，中级 107 人。受院外单位委托，评审 65 人专业技术职务任职资格，其中，正高级 10 人，副高级以下 55 人。四是推进专业技术岗位分级工作。对《中国社会科学院研究、编辑出版、图书资料系列岗位任职条件（试行）》进行了增补、调整，并印发《专业技术职务评聘制度改革工作有关问题解释》，对分级工作开展方式、起算时间、回避制度，以及退休人员和未分级人员如何进行岗位分级等关键问题，做出制度性规定。

4. 建立健全专家联系服务制度。一是加强联系服务制度化建设。出台《关于进一步加强专家联系服务工作的意见》，将专家休假制度作为院党组关心、联系和服务专家的一项重要制度性安排。通过密切联系、适时表彰、注重吸纳、发挥作用、做好服务等五项重点工作，实行专家休假、宣传表彰、退休谈话等制度建设，推动专家联系服务工作科学化、制度化、品牌化，为专家发挥作用提供坚强的制度保证。二是组织专家休假疗养。在各单位党委推荐的基础上，组织 24 位优秀专家到山东休假疗养，并首次采取专家携带家属一同休假的做法，在全院特别是广大专家学者中产生强烈反响。三是推动专家宣传表彰工作制度化。逐步建立“一次通报表扬、一次新闻报道、一个专栏宣传、一次会议表彰、一次合影留念”的宣传表彰制度。编纂了《中国社会科学院国家荣誉获得者名录（1984 ~ 2013）》。四是配合有关部委做好慰问休假等活动。落实中共中央政治局委员、中央书记处书记、中央宣传部部长刘奇葆和院长王伟光看望我院原党组副书记、副院长王忍之同志；落实中宣部领导看望我院老专家杨绛先生。推荐 1 位专家参加人社部组织的海南休假活动，5 位专家参加中办、国办春节团拜会，2 位专家参加抗战胜利 70 周年大会观礼活动。

5. 推动薪酬与社会保障制度改革。一是完成事业单位在职人员基本工资标准调整。研究制定《中国社会科学院关于调整事业单位工作人员基本工资标准的实施办法》，印发院属各单位并就相关政策和具体操作程序组织培训。成立专项审核小组，对院属各单位调资情况进行集中审核。2015 年 7 月底前已完成基本工资标准的调整和补发工作，共涉及 44 个单位的 3682 名在职职工，补发工资 2400 余万元。二是做好事业单位在职人员养老保险工作。组织召开多次覆盖院属各单位主要领导和人事负责同志的座谈会，共同学习《关于机关事业单位工作人员养老保险制度改革的决定》等文件，按照人社部提供的相关标准，做好事业单位各类人员养老保险预缴费工作。三是积极做好院属企业负责人薪酬制度改革工作。研究起草《中国社会科学院管理企业负责人薪酬制度改革实施方案》《中国社会科学院管理企业负责人考核评价办法》，报国务院深化国有企业负责人薪酬制度改革领导小组进行初审、会审和终审，并最终经院务会审议通过印发院属相关企业执行。四是规范所局领导干部和高级专家享受医疗照顾条件和办理医疗证的相关程序。

6. 落实国家离退休政策。一是完成增加离退休人员离退休费工作。印发《中国社会科学院关于增加离退休人员离退休费的实施办法》，对 2014 年 10 月 1 日前离退休的人员增加和补发相应的离退休费，共涉及 43 个单位的 437 名离休干部和 2947 名退休干部，补发金额 1700 余万元。二是完成调整离退休人员补贴标准工作。会同财务基建计划局、离退休干部工作局对我院离退休人员补贴标准调整和补发工作进行统一部署和落实，共涉及 43 个单位的 462 名离休干部和 3017 名退休干部，补发金额总计 6000 余万元。三是完成首批学部委员退休工作。通过召开专题部署会议、领导谈话和召开座谈会的形式圆满完成我院首批 17 名学部委员的退休工作。四是印发处级女干部及具有高级职称的女性专业技术人员退休政策。五是完成提高抗战时期参加工作的部分离休干部医疗待遇工作。

7. 加大对院属单位人事人才政策执行情况的检查力度。一是开展人事工作专项检查。结合中共中央组织部关于选人用人工作检查的部署，按照院党组要求，对党的十七大以来特别是 2011 年以来院属各单位人事工作特别是选人、用人、进人工作进行专项检查和集中整治。在各单位自查自纠的基础上，抽调相关人员组织 8 个专项检查组，采取听取情况介绍、查阅有关材料、个别谈话了解等方式，对全院 50 多个单位开展专项检查，并将专项检查和治理情况报院党组。二是开展全院“吃空饷”问题集中治理。组织院属各单位开展“吃空饷”问题自查自纠工作，在各单位自查的基础上会同财务基建计划局、监察局对院属各单位“吃空饷”问题进行核查。三是开展津补贴及报偿发放情况检查。按照院“四项纪律”建设工作协调小组的统一安排，会同监察局和财务基建计划局组成“四项经费”检查组，对院属各单位经费使用情况进行检查。目前已全部完成对 43 个院属单位津补贴及报偿发放情况的检查工作。四是开展事业单位编制内人员在岗情况清查工作。为严肃工作纪律，规范人员聘用，组织院属单位对事业单位编制内人员进行清查，共查处非正常不在岗人员 12 人，其中长期旷工、不上班的有 8 人，出国进修借调陪读逾期的有 4 人。根据院务会议精神，对于长期旷工、不上班的 8 人，要求相关单位严肃处理，春节前形成书面材料向院报告。五是开展机构编制岗位人员核查统计工作。根据中央编办机构编制核查有关要求，为深入推进全院事业单位编制实名制管理，同时配合推进全院人事信息系统建设，组织全院机关及所属事业单位开展了机构编制岗位人员清查统计工作，形成了全院事业编制在编人员基础信息数据。

（四）着力打造高素质人才队伍

1. 加大人才引进工作力度。一是做好各类进人指标的申报及落实情况。申报接收毕业生计划117名，人社部下达71名，实际接收41名。申报因工作需要从京外调配人员指标9名，人社部批复计划3名，目前拟落实1名。申报引进留学人员34名，教育部留学服务中心批复13名，已办理落户手续8名，拟办理5名。二是开展人才引进专家评审。对各单位申报的计划进行汇总整理，并根据各单位需求及实际招聘情况，分4批（次）对35个单位的人才引进计划进行了微调。第10届人才引进专家评审工作，累计36个单位共申报111名候选人，100人通过评审，最终96人办理入院报到手续。三是接收安置军队转业干部。根据国务院军转办要求，对申报院岗位的军转干部进行了笔试、面试和心理测试，将5名军转干部统一接收至人事教育局进行锻炼，之后根据院属单位需要及军转干部个人特长及表现分别安排至日本研究所、民族学与人类学研究所、哲学研究所等单位。四是创新人才引进工作方式。与国内一线招聘网站“中华英才网”合作，启动了中国社会科学院公开招聘平台。参加教育部留学中心举办的海外人才专场招聘，面向海外招贤纳才并进行现场推介。

2. 做好机构编制管理和人员调配。一是做好院属单位机构改革及编制调整工作。组织院属单位填报机构编制岗位人员信息，完善机构编制台帐制度。配合开展纪检监察机构改革工作，做好中国地方志指导小组办公室等11个部门的机构改革和岗位调整工作。二是开展第二个聘期续聘工作。向院属各单位印发《关于做好续聘工作有关事项的通知》，组织院属各单位结合聘期考核开展人员续聘工作，续签聘用合同，不断规范各单位人员聘用和管理。三是做好管理岗位人员调配工作。贯彻落实院务会关于2015年度院属事业单位管理人员暂停从院外引进，主要考虑院内单位调剂解决的决定，印发《关于调查中青年科研人员转至管理岗位工作意向的通知》，对各单位中青年科研人员转岗意向进行了调查，协调院属有关单位开展人员交流工作。四是办理院内交流以及调出、辞职手续10余人。五是协助院属有关单位做好历史遗留工作。根据领导指示，与最高人民法院、北京市第二中级法院沟通，协助工业经济研究所做好因历史遗留问题引起的案件应诉工作。

3. 组织实施国家重大人才工程评选和推荐工作。以文化名家暨“四个一批”人才工程、“万人计划”哲学社会科学领军人才、国家百千万人才工程等重大人才工程为依托，坚持两级评议和两级把关，向中宣部、中组部等部委推荐了33名优秀专家。其中，文化名家暨“四个一批”人才、“万人计划”哲学社会科学领军人才人选16人，国家百千万人才工程人选15人。向环保部推荐“第九届中华宝钢环境奖”人选1人，向国家海洋局推荐“2014年度海洋人物”人选1人。

4. 不断巩固人才高地优势。2015年经中组部、中宣部、人社部批准，全院有52名专家入选国家专家选拔体系和重大人才工程，其中，39名专家享受政府特殊津贴，5名专家入选国家级百千万人才工程，在哲学社会科学五路大军中入选率位居第一；5名青年学者入选第二批“万人计划”哲学社会科学领域青年拔尖人才；3名专家入选新闻出版广电总局2014年新闻出版行业领军人才；6名科研人员获得留学人员科技活动项目择优资助。

5. 推荐专家参与建言献策参政咨询活动。推荐9名专家参加中组部组织的主题为“助力‘一路一带’建设、破解发展难题”的高层次专家咨询服务活动，2位专家参加国家职业分类大典修订工作委员会、专家委员会，1位专家为万人计划专家评审巡查组组长，8位专家为文化部图书资料系列职称评审委员会人选，5位专家为国家质检总局政府质量工作考核专家，1位专家为中华全国供销合作总社第六届监事会监事人选，1位专家参加国家重要文件起草，1位专家为最高人民法院法律研修学者人选，2位专家参加新闻出版广电总局组织的出国研修。

6. 加强人才培训工作力度。一是组织各类人才参加国家级干部教育培训。二是组织所局级领导参加自主选学和中国干部网络学院学习。三是完成干部统一培训工作。四是实施专业技术人才知识更新工程高级研修项目。五是强化公派出国留学管理。

7. 做好博士后培养。一是组织全院各博士后流动站参加人社部开展的“全国博士后综合评估工作”。法学、理论经济学等9个一级学科博士后流动站被评为“优秀”，成为全国参评学科获优率最高的单位。二是为国家主管部门建言献策。就完善我国博士后制度提出的相关建议被国家主管部门采纳，并纳入2015年国办印发的《关于改革完善博士后制度的意见》中。三是做好博士后进站、出站、设站工作。2015年度共招收进站博士后183人，办理博士后出站134人。组织中国社会科学杂志社、方志出版社开展设站申请工作，目前方志出版社设立博士后科研工作站的申请已获批准。在上海研究院设立“中国社会科学院博士后科研流动站上海研究院创新实践基地”。四是组织开展中国博士后科学基金申报工作。组织全院博士后申报“第57批中国博士后科学基金面上资助”“第58批中国博士后科学基金面上资助”“第八批中国博士后科学基

2015年8月，“第十届中国社会学博士后论坛”在云南昆明举行。

金特别资助”，共132人次获得资助，资助总金额达到1117万元。五是举办博士后学术论坛。2015年度举办第十届中国博士后经济学论坛、首届两岸青年学者论坛、第三届全国民族学人类学博士后论坛、第十届中国社会学博士后论坛、首届全国产业经济学博士后论坛、首届全国宗教学博士后论坛、第三届中国文学博士后论坛、第四届中国博士后文化发展论坛、第二届全国经济史学博士后论坛等9个博士后学术论坛。六是做好博士后文库评审和出版工作。完成第四批《中国社会科学博士后文库》评审和出版工作，共收到稿件245部，经评选，39部书稿进入文库出版，并分配到中国社会科学出版社、社会科学文献出版社、经济管理出版社和方志出版社出版。

（五）加强人事教育局自身建设

1. 加强党的基层建设。一是加强思想政治学习。组织全局党员干部深入学习党的十八大，十八届三中、四中、五中全会精神和习近平总书记系列重要讲话精神、十八届中央纪委五次全会精神；学习《中国共产党廉洁自律准则》和《中国共产党纪律处分条例》，学习党中央、国务院关于人事人才工作的新精神，学习王伟光等院领导的讲话精神。二是深入开展“三严三实”专题教育。研究制定了《人事教育局关于在处级以上领导干部中开展“三严三实”专题教育的实施方案》，教育引导全局干部、特别是处以上领导干部深入把握“三严三实”的基本内涵和实践要求，自觉把“三严三实”作为修身做人用权律己的基本遵循。着力解决“不严不实”问题，努力在深化“四风”整治、巩固和拓展群众路线教育实践活动成果上见实效。三是加强组织建设。按照党组织选举工作程序，完成人事教育局党总支部换届工作，选举了新一届党总支部委员和纪检小组成员。四是积极开展党内活动。“三八”妇女节，组织局领导与全局女同志座谈；利用全局年度工作总结机会，与党员集体过生日；在两次与局工会共同组织的全院广播体操比赛中均获得一等奖；开展春节老党员慰问等活动，得到了全局党员包括退休老同志的充分肯定。

2. 提高制度化水平。研究制定《人事教育局会议管理办法》《人事教育局财务管理办法》《人事教育局督办联系员工作条例》《人事教育局考勤管理规定》等相关文件，规范局内各项工作流程。

3. 改进工作作风。将2015年定为“作风建设年”。组织各处认真查找在工作作风方面的差距，研究提出了改进作风的具体意见和落实措施。将各处整改措施汇编形成《2015年人事教育局各处室加强作风建设落实措施》，以便在实际工作中对照既定目标，进一步推进局机关作风建设规范化、常态化。

4. 增强办公电子化水平。对人事人才文件选编进行数据加工电子化处理，并在内网开辟了“政策法规”栏目进行内容的上传发布，方便了人事工作政策的使用，提高政策的推广和普及。

国际合作局

2015年，国际合作局认真学习贯彻党的十八大和十八届三中、四中、五中全会精神，在院党组领导下，坚持服务科研、服务大局的工作方针，发挥全院学术资源和对外交流网络优势，打造国际合作高端平台，提升中国学术国际影响力，推进外事管理体制机制改革，实施“走出去”战略取得新突破。

国际合作局全年共审批出访项目1143批，1959人次；邀请来访项目193批，1764人次；横向来访103批，241人次；使馆约见258批，511人次。办理护照448份，签证1288份，港澳通行证102本。派遣长期出访研修项目44人次。新签、续签16个对外交流合作协议和备忘录。

2015年，国际合作局主要开展了如下几方面工作。

（一）配合国家对外工作大局，组织实施高端对外学术和智库交流

2015年，国际合作局工作的突出亮点是在院党组领导下，从全局高度筹划和组织对外交流，紧密配合国家重大外交活动及“软实力”建设，服务国家对外工作大局的水平显著提升。

1．习近平主席见证我院与白俄罗斯科学院、白俄罗斯共和国基础科学基金会签署合作协议。2015年5月，院长王伟光率代表团出访白俄罗斯。在习近平主席和卢卡申科总统见证下，王伟光与古萨科夫院长共同签署了中国社会科学院与白俄罗斯科学院、白俄罗斯共和国基础科学基金会合作协议。此项合作协议的签署，列入习近平主席访白成果，为中白两国开展社科人文交流开辟了重要渠道。

2．习近平主席为中国社会科学院牵头承办的国际历史科学大会亲自发来贺信。2015年8月，由中国社会科学院主管的中国史学会与山东大学在山东省济南市共同承办第22届国际历史科学大会。国家主席习近平向大会发来贺电，国务院副总理刘延东出席开幕式并致辞。大会以“历史：我们共同的过去和未来”为主题，700余位海外代表与会，会议规模逾2000人。这次大会是国际历史科学大会首次在中国也是首次在亚洲国家举办，向世人充分展现了中国文化的“软实力”，是提高中国在世界人文社科领域话语权和影响力的一次重大而成功的实践。

3．李克强总理见证中国社会科学院与印度外交部签订《关于设立中印智库论坛的谅解备忘录》。2015年5月，在印度总理莫迪访华期间，在中印两国总理的见证下，院长王伟光代表中国社会科学院与印度外交秘书贾伊尚卡尔（S. Jaishankar）共同签署了双方关于共同设立中印智库论坛的谅解备忘录，为中印智库交流搭建了国家层面的交流平台，使中国社会科学院在对印智库交流中发挥重要引领作用。

4．李克强总理见证中国社会科学院与马来西亚战略与国际问题研究所签署合作交流谅解备忘录。2015年11月，在李克强总理访问马来西亚期间，在两国总理的见证下，副院长蔡昉与马来西亚战略与国际问题研究所所长拉斯塔姆签署双方合作交流谅解备忘录。该备案录的签署

是李克强总理访马期间两国签署的八项协议中唯一一项研究领域的合作协议。

5．由中国社会科学院牵头设立的中国—中东欧国家智库交流合作网络正式启动运行。2015 年 12 月 16 日，由中国社会科学院、中国—中东欧国家合作秘书处、中国国际问题基金会联合主办的“第三届中国—中东欧国家高级别智库研讨会暨中国—中东欧国家智库交流合作网络揭牌仪式”在京召开。院长王伟光、罗马尼亚前总理蓬塔以及外交部领导出席。该网络是中国政府委托中国社会科学院牵头设立的中国与中东欧国家间国际性智库协调机制与高端交流平台，由院欧洲研究所和国际合作局承办，将为中国与中东欧 16 国的全面合作提供智力支撑。

（二）精心组织安排院重大对外交流活动

1．重要代表团成功出访，推动对外交流合作迈上新台阶。院长王伟光率代表团出访波兰、保加利亚、塞尔维亚三国，出席中国社会科学院与波兰科学院共同举办的“社会治理与社会政策”学术研讨会，与保加利亚科学院共同举办的“社会发展比较研究”学术研讨会，与塞尔维亚国际政治与经济研究所共同举办的“国际格局背景下的中国中东欧关系”学术研讨会，与上述三国科学院院长及政府和智库领导人进行会谈。为中国社会科学院牵头组织开展中国—中东欧国家智库交流合作网络工作打下坚实基础。副院长张江、李培林、蔡昉，秘书长高翔率团出访俄罗斯、法国、德国、匈牙利、罗马尼亚、马来西亚、南非、西班牙、葡萄牙等国家，推动了中国社会科学院与各国高端科研机构、高教组织及知名智库等的交流合作。

2．外国领导人及重要人士来访，中国社会科学院国际知名度和影响力进一步提升。1 月 6 日，厄瓜多尔总统科雷亚来院访问，出席其著作《厄瓜多尔：香蕉共和国的迷失》中文版首发式并发表演讲。2015 年，还接待了阿根廷副总统兼参议长布杜、巴拿马前总统马丁·托里霍斯·埃斯皮诺、联合国人居署署长华安·克洛斯、斯洛伐克副总理米罗斯拉夫·莱恰克、欧洲议会议长舒尔茨、芬兰议会议长玛丽亚·洛赫拉、国际能源署署长法提赫·比罗尔博士、欧盟委员会经济与金融总司总司长马

2015年9月，首届“中国—白俄罗斯学术论坛”在北京举行。

克·布提、罗马尼亚国务秘书拉杜·波德哥瑞安、芬兰教育文化部常务秘书安妮塔·赖赫考宁等来院访问和交流。

3．接待国外重要合作伙伴机构代表团来访，进一步夯实合作基础。2015 年，越南社科院、泰国研究理事会、印度观察家基金会代表团、韩国研究财团、韩国高教财团、韩国经济人文社会研究会、白俄罗斯科学院、阿塞拜疆科学院、葡萄牙托玛尔理工学院、法国波尔多政治学院、意大利威尼斯大学、英国学术院、西班牙马德里自治大学、英国经济社会研究理事会、芬兰科学院等机构领导人率领的代表团访问中国社会科学院，表达了拓展交流的意愿，形成了一系列新的合作意向。

4．拓展高层次、多渠道交流网络。2015 年，新签、续签协议、备忘录 16 个，其中包括：中国社会科学院与比利时布鲁塞尔自由大学合作协议，与保加利亚科学院合作协议，与瑞士苏黎世大学合作协议，与捷克科学院合作执行计划，与斯洛伐克科学院合作执行计划，与匈牙利科学院合作执行计划，与澳大利亚墨尔本大学合作谅解备忘录，与南澳大利亚富林德斯大学学术合作备忘录及研讨会和学术访问实施协议，与澳大利亚社会科学院 2016 年合作研究项目谅解备忘录，与白俄罗斯科学院、白俄罗斯共和国基础科学基金会合作协议，与南非人文科学研究理事会合作交流谅解备忘录，与韩国研究财团《举办共同中韩人文学论坛的协议》，与印度外交部《关于设立中印智库论坛的谅解备忘录》，与马来西亚战略与国际问题研究所交流谅解备忘录，与亚洲开发银行研究所合作备忘录。截至目前，全院已与国外科学院、智库、国际组织、高教机构等签署 160 余个交流协议、合作备忘录，为院研究所和科研人员提供了与国外开展学术交流的畅通渠道和高层平台。

（三）创新工程重点对外交流项目“走出去”呈现可喜态势

1．“中国社会科学论坛”（以下简称“论坛”）及系列国际研讨会向世界传播中国学术、发出中国声音。2015 年，院研究所及所属单位踊跃申报和承办“论坛”，全年在“论坛”平台下，共举办国际研讨会 25 个，涉及经济、社会、法律、历史、文学、国际关系等各个领域。其中，欧洲研究所、社会学研究所、马克思主义研究院、中国社会科学杂志社分别在英国、芬兰、德国、法国、意大利和新加坡等国家成功举办了“论坛”研讨会。“论坛”紧扣时代发展脉搏，聚焦国内外关注热点，为开展高层次学术对话交流提供了重要平台，国际知名度和品牌效应进一步增强。

2015 年，全院立项举办国际会议 107 个。国际合作局在院级对外合作机制下重点支持举办了一系列专题国际研讨会，包括“中欧经济调整与就业结构变化”研讨会、“第六届中古社会科学研讨会——中古两国社会主义建设历史经验与现实挑战”“第二届中拉政策与知识高端研讨会——公共部门高级管理者领导力与能力建设”“2015 中国社科院与昆士兰大学亚太论坛——中澳在推动亚太合作中的作用”“中俄战略协作新阶段与上合组织发展前景”研讨会、“中俄纪念抗日战争与世界反法西斯战争胜利70周年”国际学术研讨会、“西方与东方的文学批评：今天与明天”、第二届“中国与伊斯兰文明”国际学术研讨会、“中韩产业发展高端研讨会”“探索中韩新合作时代”研讨会等。这些专题国际会议层次高、研讨深入，增进了中外相互沟通与理解。

2．周边及发展中国家青年学者培训项目收效显著。2015年8月，国际合作局与研究生院合作，成功举办周边及发展中国家青年学者培训暨第四届“经济发展问题国际青年学者研修班”项目。研修班继续以经济发展为主题，来自越南、老挝、印尼、乌兹别克斯坦、阿根廷等23个国家的30名青年学者参加了培训班。由院知名学者为研修班授课，授课内容以中国发展道路、“一带一路”战略等议题为重点，并组织赴贵州实地考察。经济发展问题国际青年学者研修班已成为中国社会科学院对外交流合作的一个重要品牌，受到了国外学术机构和青年学者的广泛欢迎，对培养新一代知华、友华学者产生显著成效。

3．智库交流进一步密切和深化。2015年，全院继续推进创新工程“与国际知名智库交流平台项目”，选派6位学者赴英国、德国、瑞士、波兰、巴西以及欧盟高端智库开展调研访问。派出人员在出访期间认真开展调研、交流和外宣工作，成果较往年有较大幅度增加，部分成果报送有关部门为决策提供参考，圆满完成了项目设定的各项任务。

4．加强与重要国际组织的合作关系。全院先后派团出席世界经济论坛冬季年会、第21届亚洲社科联大会、第88届国际科学院联盟大会、联合国教科文组织社会转型管理项目第12届理事会、第三届世界社会科学论坛、第38届联合国教科文大会等国际组织重要会议。与经合组织、湖北省政府联合举办“三峡城市群·长江经济带”国际学术研讨会，取得圆满成功。在京成功召开国际哲学与人文科学理事会32届大会。接待联合国教科文组织助理总干事诺达女士来访，就加强与联合国教科文组织合作进行了富有成果的探讨。

5．国际合作研究项目扎实推进。2015年，在院级对外交流平台上，与俄罗斯、白俄罗斯、荷兰、芬兰、瑞士、英国、意大利、匈牙利、保加利亚、澳大利亚等国家，启动或继续实施国际合作研究项目。研究内容进一步深化，研究领域进一步拓展，中选课题数量进一步增多。2015年启动了“中英研究中心伙伴项目”，支持开展《中国快速变迁背景下的医疗与福利体系改革》(社会学研究所承担)、《挖掘和弘扬民族文化的意义：城市转型中的创意设计与产品》(民族学与人类学研究所承担)、《个体选择与集体行动的相容性及公共经济学应用》(数量经济与技术经济研究所承担）等合作研究。由院社会学研究所与俄罗斯科学院社会学研究所共同开展的“中国梦、俄国梦”合作研究结项，并在北京成功举办了成果发布与研讨会。

6．开展国外专项调研项目。2015年2月，中国社会科学院派团赴哈萨克斯坦调研，以“丝绸之路经济带建设与独联体地缘政治环境”为主题，深入了解哈学术界和智库机构对“丝绸之路经济带”构想的认识和理解，更好地把握独联体地区地缘政治环境发展变化的新趋势，为切实推进丝绸之路经济带建设提供对策性建议。9月，以院蓝迪国际智库项目专家委员会主席、全国人大外事委员会副主任委员赵白鸽为首的专家学者代表团赴俄罗斯和哈萨克斯坦就丝绸之路经济带与欧亚联盟建设对接、国际人道合作与应急管理体系等议题进行调研与交流。此外，推出修订《列国志》国际调研与交流项目。优先支持对重点国别、重要国际组织以及“一带一路”沿线国家的列国志修订。经招标评审，首批资助15项修订《列国志》专项国际调研项目，促进国别研究，打造列国志精品力作。

7．对外学术翻译出版资助形式多样、力度加大。2015年，开展了两轮对外学术翻译出版资助工作。《中国与世界经济》《中国经济学人》《中国考古学》《国际思想评论》《第欧根尼》《中国财政与经济研究》《城市与环境研究》《欧亚学刊》《世界政治经济学研究》《中国经济学精粹》《文学评论选刊》等14种外文期刊得到资助，总额360余万元。学术著作翻译出版资助40部，总额420余万元。

8．出国（境）培训项目取得圆满成功。根据国家外专局批准的中国社会科学院2015年度出国（境）培训计划，于6月组织赴英国以“电子社会科学研究模式与信息技术应用”为主题开展为期15天的培训，全院24位专家、学者参加培训。项目培训效果得到相关单位和参训人员高度评价，对服务全院科研创新发挥积极作用。

9．多渠道派遣科研人员长期出访研修。利用中国社会科学院与韩国高等教育财团等国外合作伙伴机构交流渠道，派遣学者长期出访开展学术专题研究。继续组织开展中青年骨干出国进修专业外语项目，筛选派出13名中青年学者出国进修专业外语，提高从事国际学术交流的能力。

（四）与国家有关部门密切配合，承担“学术外交”“学术外宣”重大任务

1．开展对外人文和智库交流项目。2015年6月，院信息情报研究院与韩国经济人文社会研究会共同主办的第二届“中韩人文交流政策论坛”在北京召开，主题为“中韩人文学的传承与创新”。10月，中国社会科学院与韩国研究财团、教育部共同主办的首届“中韩人文学论坛”在韩国首尔召开，主题为“中韩两国的人文交流和文化认同性”。这是中韩首次在人文领域共同举办的综合性、大规模、高水平的学术论坛，成为两国间重要的高端人文学术沟通桥梁。6月，为促进中日人文交流、青年交流，承担政府间中日青年交流项目，重启青年社会科学学者访日团。全院派出以法学研究所所长李林为团长的24位青年学者访问日本，就建设法制社会与日本学界交流，以人文交流配合开展对日工作。9月，在习近平主席对美国进行国事访问并出席纪念联合国成立70周年系列峰会之际，先后组织经济研究所、美国研究所2批8位学者赴美，就中国经济社会发展、中美新型大国关系，与美国知名智库和专家学者进行对话交流，为习近平主席访美营造良好氛围。

2．组织外宣专题交流项目。9月，中国社会科学院派出城市发展与环境研究所、近代史研究所学者访问美国，参加“中国智库美国行”活动，分别出席了“全球气候变化”“第二次世界

大战东方主战场”研讨会。配合国务院新闻办承办“21世纪海上丝绸之路”国际研讨会、“中俄创新发展与合作”青年学者研讨会、“中国和俄罗斯在世界反法西斯战争中的历史作用与伟大贡献”国际研讨会等一系列专题国际研讨会，发挥全院学术和国际交往资源优势服务国家外宣工作大局。

3. 开展海外汉学家交流项目。2015年7月，中国社会科学院与文化部联合在京主办青年汉学家研修班，来自美国、俄罗斯、法国、德国、日本、韩国、哈萨克斯坦、印度、巴西、埃塞俄比亚、加纳、新西兰等31个国家的38人参加培训，其中22人分赴院5个对口研究所进行专题研修。10月25～31日，与文化部共同主办的2015“汉学与当代中国”座谈会在北京和浙江两地举行，共邀请22个国家的26位知名汉学家和14位著名中方专家代表与会。研修班和座谈会项目，增进了中外思想文化交流，对培养、壮大国际知华、友华力量起到推动作用。

4. 与中央党史研究室合作，举办“纪念中国人民抗日战争暨世界反法西斯战争胜利70周年国际学术研讨会”。此次会议是在纪念抗战胜利70周年期间举办的最高规格的国际研讨会。院国际合作局负责研讨会全部国外代表邀请工作，会议取得圆满成功。

5. 做好外党干部考察团授课工作。2015年，全院先后派出14位学者为外党干部考察团授课。

（五）积极开展与台、港、澳交流，发挥学术纽带作用，服务国家和平统一大业

1. 对台、港、澳地区学术交流活跃。出来访交流总量170批，421人次。其中出访台湾72批，164人次；出访香港41批，69人次；出访澳门29批，51人次。台湾来访22批，102人次；港、澳来访6批，35人次。

2. 以学术为抓手，扩展和深化对台交流。发挥全院学术优势，与台研究、高教机构联合召开7场高水准学术研讨会，交流内容涉及经济、社会、民族、历史、文化等多个领域。成功举办“纪念抗战胜利与台湾光复70周年学术研讨会”。副院长李培林率团赴台，就台湾大陆同乡会文献项目开展调研。副院长蔡昉率团赴台，出席由中国社会科学院和台湾中华经济研究院共同主办的“中国大陆‘十三五’期间开展两岸经贸合作策略”学术研讨会。

3. 贯彻“一国两制”方针，积极开拓渠道，加强与港澳学术交流。院长王伟光应香港特别行政区政府中央政策组的邀请率团赴港访问，参加由香港特别行政区政府中央政策组、院财经战略研究院和香港冯氏集团利丰研究中心联合举办的“中国经济运行与政策国际论坛（2015）”，并在开幕式上致辞。访港期间，王伟光会见了香港特别行政区行政长官梁振英。秘书长高翔率团赴澳门访问，参加由澳门大学、澳门基金会、中国社会科学杂志社联合主办的“第四届澳门学国际学术研讨会”并致辞；参加了澳门特别行政区政府行政长官办公室举办的“战略、风险与澳门的选择——‘建设21世纪海上丝绸之路’的观察与思考”专题讲座，并会

见澳门特别行政区行政长官何厚铧。

（六）推进体制机制改革，提高国际交流合作管理水平

1．制定《中国社会科学院对外交流合作信息台账登录考核办法（试行）》。根据《中国社会科学院对外交流合作信息台账登录管理办法（试行）》，为做好对外交流合作信息台账的登录和考核工作，制定《中国社会科学院对外交流合作信息台账登录考核办法（试行）》。于2015年9月印发院属各单位执行。考核办法进一步明确了院属各单位和人员做好信息台账的登录和考核工作应遵循的原则和管理要求，促进了全院外事管理信息化水平的提升。

2．制定《中国社会科学院关于进一步规范因公临时赴港澳管理的规定》。结合中国社会科学院实际，制定《中国社会科学院关于进一步规范因公临时赴港澳管理的规定》，于6月印发院属各单位执行，使因公临时赴港澳交流活动的管理进一步规范化。

3．编写和印发《对外学术交流规定汇编》（2015年版）和《院级国际合作交流项目指南》（2015年版）。梳理和汇编外事管理各项规章制度，为全院外事干部开展管理工作提供参考，提高管理工作的规范性和效率。印发《院级国际交流合作项目指南》，为研究所和广大研究人员提供更为全面、翔实的对外交流项目信息，促进全院的国际合作资源得到更加充分的利用。

4．认真审核创新工程经费用于对外学术交流的项目计划。2015年，34个研究所提出了创新工程经费用于对外学术交流的专项申请。国际合作局依据《关于创新工程经费用于对外学术交流的管理规定》，认真审核，经科研局、财务基建计划局会签后，回复各申请单位，确保全院2015年创新工程人均总额拨付经费用于出访交流工作规范、有序进行。转发财政部关于印发《在华举办国际会议经费管理办法》。

5．如期完成院创新工程2015年度科研成果审核工作。根据院创新工程工作部署，国际合作局成立外文科研成果审核小组，按照相关规定要求，对各研究单位报送的2015年度外文科研成果进行审核认定。

（七）加强党的建设，打造有凝聚力、战斗力的工作团队

1．加强党风廉政建设。认真贯彻党的十八届三中、四中、五中全会精神，学习习近平总书记系列讲话，深入开展“三严三实”专题教育和“三项纪律”建设工作。落实院党组部署，制定《国际合作局2015年党风廉政建设和反腐败工作职责及主要任务分解》，进一步明确党风廉政建设两个主体责任，把握好对外学术交流的政治方向和学术导向。制定《国际合作局关于在处（室）级以上领导干部中开展“三严三实”专题教育的方案》《国际合作局推进“三项纪律”建设实施方案》，并认真组织实施。组织18名处（室）级以上干部参加在院密云培训基地举办的学习习近平总书记系列重要讲话暨“三严三实”专题教育培训班。

2．发挥党支部战斗堡垒和党员先锋模范作用。认真制订党总支和党支部年度工作计划，并定期进行汇报检查。组织党员干部认真学习十八届五中全会精神、《中国共产党廉洁自律准则》

《中国共产党纪律处分条例》，提高全局党员干部对全面从严治党的重要性的认识，增强了严守党的纪律的自觉性。2015 年完成两个党支部的换届工作。

3．深化人事制度改革，加强干部队伍建设。2015 年，完成了处室级领导干部轮岗交流工作，起到调动工作积极性和激发干部队伍活力的良好效果。完成事业单位第二个聘期的人员续聘工作。重点审核全局干部人事档案“三龄两历一身份”等重要信息。圆满完成了院人事专项工作检查任务。

4．组织全院外事干部培训班。按照 2015 年干部统一培训计划，为进一步提高全院外事管理干部综合素质和外事管理工作水平，于 8 月 18 ～ 20 日举办了推进对外智库交流与加强外事管理工作培训班。副院长蔡昉出席并作报告。培训班内容充实，针对性强，取得明显成效。

5．制定国际合作局保密工作要点，落实保密工作责任制。按照《国际合作局保密阶段性检查工作方案》，对各处室保密工作进行阶段性检查，并在全局范围内开展保密党课教育活动。严格按照《中国社会科学院保密工作考核标准》进行自查自评，提交《国际合作局保密工作年度考核自评报告》。

财务基建计划局

2015 年，财务基建计划局在院党组的带领下，深入学习贯彻党的十八大和十八届五中全会以及习近平总书记系列重要讲话精神，认真贯彻落实“三严三实”专题教育活动，进一步改进工作作风，按照“管理强院”的要求，较好地保障了全院经费、资产、办公用房等方面的需求，圆满完成了院领导交办的各项任务。

（一）财务管理

1. 积极争取财政资金支持，保障创新工程顺利实施

2015 年，财政部核定全院科学事业费和住房改革支出经费。全院经费预算连续几年继续保持快速增长，有利地保障了全院科研事业发展的需要，保证了创新工程的稳步推进。

2. 认真做好预决算编制申报，研究落实创新工程经费

（1）根据财政部关于预决算管理科学化、精细化的要求，在编制预算时注意总结经验，不断提高编制质量。为细化落实经费预算，反复测算创新工程支出项目、标准和经费需求，包括智力报偿和创新报偿，特别是测算创新工程绩效目标报偿的需求，在与试点单位正式签约之前，提前安排了部分启动经费，签约之后迅速安排全部预算，及时保障了创新工程全部专项经费的落实。

（2）继续在编制项目预算绩效目标上下功夫，与院属相关单位进行反复沟通，了解项目状况，力求准确地描述项目内容，设定合理的指标项和指标值，编制了项目的基本模板，为院属

各单位编制细化目标创造了条件。在财政部组织的预算绩效管理评比中又一次受到表彰。

(3) 在编制决算中，注意各环节的工作，审核工作力度和分析方法不断改进，从全院总体到单位直至个人，从历年对比、本年现状到下年趋势，分别用结构法、对比法、趋势法等对各种指标进行分析，整体反映会计核算、财务管理、经费使用效益和科研发展成果，决算质量不断提高，中国社会科学院部门决算连续十一年获得财政部的表彰。

3. 积极配合审计、巡视工作，狠抓整改落实

(1) 2015 年，审计署对中国社会科学院进行了预算执行审计和经济责任审计，在审计过程中，全局积极配合，提供财务资料，提出沟通意见，开展整改落实等各项工作，协调有关单位和人员配合审计工作。在整改阶段，调整了预算批复方式，将过去只批复财政拨款支出改为批复全部收入支出的全口径，按实际安排及时编制预算调整并报财政部审批，及时清理结转结余资金，按规定上缴和申请使用。

(2) 组织指导院属相关单位总结分析存在的问题，有针对性地开展整改和规范管理，及时向审计署报告全院各阶段整改进展情况，特别是针对审计署提出的语言所版税收入分配问题，局领导带队，多次与语言所沟通情况，全面反映版税收支情况，共同研究加强管理的措施，配合语言所制定了分配改革方案，听取审计署意见，最终经院长办公会通过执行。

(3) 配合中央巡视组提供有关财务资料，安排人员参与核查工作，并与院相关部门配合，为中央巡视组和核查组提供后勤保障。

4. 深入推进财务体制机制改革，强化财务监管力度

(1) 继续实行会计委派和会计代理举措。2015 年，共有 24 个单位实行了会计委派或会计代理制试点，起到了坚持制度、服务科研、规范核算的作用。为保证会计委派和代理的顺利实施，2015 年公开招聘了两批会计人员，调整了部分会计人员岗位，有效地保证了会计委派和单位会计核算的顺利开展。

(2) 结算中心归集资金，取得了较好的经济效益。2015 年共完成 3 个账户纳入网银系统的工作。

5. 规范预算申报，提高预算执行管理能力

(1) 2015 年全部创新工程项目预算都通过项目预算编制审核系统申报，有效地规范了创新工程预算编制、调整和执行工作。

(2) 根据财政部关于加强预算执行管理的有关规定，经过全面测算，编制全院预算执行计划。按照预算执行计划，定期检查、分析院属各单位预算执行情况。制定了预算执行管理责任制，跟踪重大项目进展情况，共同研究情况，采取有效措施，确保预算执行进度达到预定目标。

6. 加强“三项纪律”建设，积极开展经费检查

(1) 根据院财务管理体制机制改革和管理强院的要求，修订了《期刊发行收入返还办法》，草拟了《中国社会科学院加强财经纪律建设指导意见》和《遴选和聘用中介机构管理办法》等。

（2）根据“三项纪律”检查工作方案，对全院43个创新单位的经费使用情况进行了专项检查，对检查中发现的问题，督促相关单位进行整改，汇总检查及整改情况报告。组织对横向课题转拨经费、全院41个单位3年的横向课题经费和65个刊物经费使用情况进行了审计。对部分单位医药费支出情况进行了检查，并与相关单位领导就加强管理进行了沟通。

7. 加强业务培训，提高财务管理水平

按照国管局的统一安排，举办2015年会计人员继续教育培训班，110余人参加了学习。为加强会计人员管理，对全院会计人员档案进行了更新。利用预算编制和决算会审，组织主管会计学习业务和制度办法。

8. 严格审核院机关各项收支，牢固树立服务至上意识

（1）积极配合中央、地方各级部门，开展各种审计检查和自查工作。严格贯彻落实中央八项规定和财政部的会议费、差旅费、因公临时出国经费、国内公务接待、培训、公务机票购买等文件精神，以及院创新工程文件制度有关规定，完成了院机关全年资金核算工作。

（2）按照国管局要求，完成了对部分在职职工住房公积金的重新核定工作；为机关的部分在职职工办理了住房公积金支取、销户、调入调出等手续。

（3）在院机关范围内实行公务卡制度，积极宣传使用政策，全面、大力度地推行使用公务卡结算，以减少现金支出。

（二）房地产管理

1. 加强办公用房管理，全力保障科研用房

（1）完成了人事局、科研局、离退休干部局、基建办等单位办公用房调整搬迁。完成了机关纪委和监察局谈话室办公用房配备工作；在梓峰大厦租用办公用房，帮助边疆研究所新疆智库解决办公用房。

（2）为配合科研大楼西段装修，与两家搬家公司签订搬家合同，合理调配周转用房，与相关单位进行沟通，积极做好搬家各项协调工作，按时完成了科研大楼西段和中段回迁工作。

（3）根据国管局《关于进一步做好中央国家机关办公用房清理整改工作的通知》精神，组织对全院办公用房使用情况进行清理工作，并对全院所局级以上干部办公用房情况进行了普查统计，对超标使用办公用房提出了整改建议。

（4）配合院办公厅做好“9·3”阅兵办公用房安全检查，并协调院物业提供供电保障。

（5）对史学片各研究所办公用房使用情况进行调查摸底。与环保检测单位联系，对新建档案楼室内空气质量进行检测。对院属各单位办公用房使用提出安全建议，加强与租房单位协调，办理租金结算及水电等费用结算手续，完成办公用房维修工作。

2. 提高职工住房保障能力，加强单身宿舍管理

（1）向北京市建委申请，完成第二批配售职工住房档案审核，完成了第一、二批配售住宅人员再次公示，并已向国管局报送一、二批职工住宅配售方案。对第三批配售住宅人员进行资格初步审核和选房工作。完成了全院职工住宅小区采暖费、物业费管理改革工作。完成院属单位2014年度职工申请住房补贴审核及预发放工作。完成了援藏干部通过拆迁补偿住房各项协调工作，为援藏干部解决了住房困难。

(2) 为配合东坝职工住宅建设及配售工作，升级完善了全院职工住宅信息管理系统，建设完成了职工房改资金信息系统，并对原系统进行了升级。完成央产房上市、遗产过户手续等工作。

(3) 积极做好研究生院新校区新建单身宿舍接收前的准备工作，制定院单身公寓管理办法，协调物业制定管理制度。安排访问学者入住，办理单身宿舍入住手续等。

3. 强化物业管理，提高住宅小区服务质量水平。申请职工住宅维修资金更换东总布和劲松住宅电梯

做好日常服务工作，为办公区和职工住宅区审核物业管理费；为职工办理供暖报销手续，报销职工住宅供暖费和办公用房供暖费。签订太阳宫等住宅小区凤凰卫视接收设备维护保养协议书。

4. 加大节能力度，进一步提升节能意识

完成了国管局下达的用能指标，已安装使用的节能设备设施效果明显，用能数据完成情况在国管系统排名靠前。按照国管局节能司部署，启动院部节能监控系统建设，现已完成建设方案制定工作。

（三）国有资产管理

1. 履行资产管理职能，提高资产使用效益

(1) 为院直机关办理资产入账审核手续；为院属单位进行资产处置手续审批，完成资产调拨工作。

(2) 2015年各单位的办公用房调整较多，造成固定资产信息变动，督促院属各单位及时通过院资产管理平台进行资产信息的变更，确保资产账与实物的相符。为进一步完善资产动态管理，对院资产管理平台个别选项进行多次升级，优化了资产增加界面，增加了折旧模块。完成2015年度资产决算及2016年度国有资产配置计划，并汇总上报财政部、国管局。

(3) 对全院各单位的主要办公设备存量情况进行统计，并以此统计数据作为各单位资产购置的依据，避免资产闲置浪费。为做好公务用车改革的前期准备工作，对院属各单位公务用车使用等情况及运行费用进了摸底调查，并完成向国管局移交院退休副部级领导公务用车工作。完成了研究生院等单位办公软件的安装工作。

2. 提高政府采购人员管理水平，规范政府采购行为

为贯彻落实《中华人民共和国政府采购法实施条例》，提升全院政府采购管理水平，举办了政府集中采购业务培训班，院属各单位的政府集中采购工作人员参加了培训。

组织院属有关单位参加采购中心的培训。完成院太阳宫小区施工、监理、电梯更新、项目管理公司的招标及劲松九区等小区综合治理项目设计的招标工作。审核并向财政部报送全院政府采购执行情况、非审批项目采购计划等。完成院领导办公家具和中央巡视组办公设备购置。

（四）企业管理

1. 依法维护资产权益，实现国有资产保值增值

对院房产租赁合同项目的日常运转进行监管，完成全年收缴任务。完成院部机关理发室（东侧平房）出租用房的清退和善后工作。

2. 严格履行企业管理职责，充分发挥监管作用

向财政部、国资委、国管局汇总报送院属国有企业各类财务资产报表及企业经济运行状况的分析报告。按照《关于开展中央级事业单位及事业单位所办企业国有资产产权登记与发证工作的通知》要求，做好院属企业的初审、汇总、申报等工作。完成《中国社会科学院关于加强对外培训工作实施方案》的调研和制定工作。

（五）人防管理

1. 落实人防工作责任制，强化人防安全意识

（1）与中央国家机关人防办签订《2014 年中央国家机关人民防空工作责任书》，并与院地下空间管理和使用单位续签《中国社会科学院地下空间使用管理委托书》以及责任书，督促其履行监管责任，确保地下空间的使用安全。完成院地下空间综合整治实施方案的制定工作。

（2）“9·3”阅兵期间，还组织人员进行联合检查、专项检查和抽查，对不合格单位督促其限期整改，保证了院地下空间的使用安全。

（3）做好地下空间日常安全巡视检查计划，坚持定期检查，对存在的安全隐患进行及时处置。根据中央国家机关人防办关于做好防汛工作的通知精神，对《中国社会科学院地下空间防汛应急预案》进行完善和补充，督促地下空间使用单位制定 2015 年度防汛应急预案，准备防汛物资，落实防汛队伍，保证地下空间安全度过汛期。

2. 认真履行人防管理职能，提高人防工程完好率

（1）人防办是中央国家机关人防第五协作组组长单位，院人防办积极组织协作组活动，认真传达中央国家机关人防办工作精神和指示，布置协调相关工作，与中央国家机关人防办的同志共同完成协作组 2015 年度人防工作目标管理及责任制考核工作。

（2）为提高人防工程完好率，经过几年的资金投入，院人防工程完好率正在逐步上升。对院地下空间有关资料、普通地下室的相关数据进行实地核对，整理中央国家机关人防办对院人防工程的普查资料。做好地下空间资料的保密工作。

（六）内部管理

1. 巩固扩大党的群众路线教育实践活动成果，强化党风廉政建设

（1）为贯彻落实全面从严治党的要求，巩固和拓展党的群众路线教育实践活动成果，全局党员领导干部分三个专题认真开展“三严三实”专题教育活动，使党员干部提高抵御各种风险和经受住各种考验的能力。

（2）各党支部结合工作实际，认真开展党建述职评议考核，对照“三严三实”查找工作中的不足，不断转变工作作风，把守纪律讲规矩摆在更加重要位置，按照党规党纪严于国家法律的要求，切实履行党员义务，真正把“三严三实”融入工作之中。

（3）以落实八项规定为抓手，强化党风廉政建设。深入贯彻落实中央八项规定，严格遵守“三项纪律”，根据院年度工作会议确定的反腐倡廉建设工作职责，抓好反腐倡廉建设主要任务的落实。

2. 努力提高工作效率，强化协调保障职能

充分发挥协调督办作用，全年完成219项工作任务办理情况月、季度报送工作，为领导科学决策提供依据。按时完成《2015年贯彻落实“中央八项规定”》季度情况报告、《创新工程2013年下半年—2015年上半年工作总结》《督查工作实施细则》《2015年度工作总结》《2016年工作要点》等的草拟、编报工作。规范公文流转程序，对来文和局内工作文件做到及时登记、扫描、传阅及归档，保证整体工作务实高效运转。做好局文秘档案、计算机、网络等保密管理工作。

离退休干部工作局

2015年，离退休干部工作局在院党组的领导下，认真贯彻落实党的十八大，十八届三中、四中、五中全会精神以及全国离退休干部“双先”表彰大会精神和全国老干部局长会议精神，按照王伟光院长“五个一样”“四个一流”的工作要求，进一步加强离退休干部思想政治建设和党支部建设，落实离退休干部政治待遇和生活待遇，深入开展“弘扬社会主义核心价值观，为党和人民事业增添正能量”系列活动，坚持“三用四能”标准，加强离退休干部工作人员队伍建设，扎实做好离退休人员服务管理工作，不断提高离退休干部工作满意度。

（一）开展“展示阳光心态，体验美好生活，畅谈发展变化”系列教育活动，进一步加强离退休干部思想政治建设和党支部建设

1. 举办离退休干部形势报告会。结合热点时事政治，邀请原副院长李扬、荣誉学部委员陈之骅、学部委员张海鹏，分别作《认识中国经济“新常态”》《苏联的最后一年》导读、《中国共产党是抗战中的中流砥柱》的学习辅导报告。组织部分离退休党支部书记参加中央国家机关工

委举办的报告会。

2. 组织开展“读一本好书、开一次心得交流会”活动。组织全院老同志阅读王伟光院长推荐的［俄］麦德维杰夫著的《苏联的最后一年》一书，举办导读报告会，召开全院离退休干部庆祝建党 94 周年暨《苏联的最后一年》读书座谈会。组织老同志在《中国社会科学报》发表读书体会文章，引导老同志分析总结苏联解体、苏共亡党的历史教训，不断增强道路自信、理论自信和制度自信，自觉同党中央保持高度一致。

2015年9月9日，中国社会科学院离退休干部纪念中国人民抗日战争暨世界反法西斯战争胜利70周年座谈会在北京召开。

2015年7月20日，中国社会科学院离退休干部党支部书记培训班在北京举行。

3. 开展纪念中国人民抗日战争暨世界反法西斯战争胜利 70 周年系列活动。组织离退休干部收看纪念中国人民抗日战争暨世界反法西斯战争胜利 70 周年大会现场直播，组织老院领导、老战士分别出席“9·3”阅兵观礼、招待会和文艺晚会，举办抗战主题报告会，召开离退休干部纪念抗战胜利 70 周年座谈会；举办“共忆烽烟岁月，传承抗战精神”图片橱窗展览。

4. 开展弘扬社会主义核心价值观活动。举办离退休干部“弘扬社会主义核心价值观”书画摄影作品展览和诗词征集活动，编印《书画作品集》《摄影作品集》和《德耀中华——诗词集》。

5. 组织院直机关老同志开展学习教育活动。组织院直机关老同志到北戴河培训基地学习考察，传达院领导关于离退休干部工作的重要指示，通报院、局工作情况和与老同志有关的改革精神，播放《较量无声》专题教育片。组织参观中国人民抗日战争纪念馆。

6. 加强离退休干部党支部建设。举办离退休干部党支部书记培训班。学习习近平等中央领导同志系列重要讲话精神，听取刘红局长的培训动员报告，观看专题教育片，交流开展“展示阳光心态，体验美好生活，畅谈发展变化”活动情况，征求做好支部工作的意见建议；组织部分离退休支部书记参加中组部老干部局召开的“我看十八大以来的变化”调研座谈会；召开离退休干部党支部书记工作座谈会，交流工作情况和经验做法；总结离退休干部党支部工作经验，俄罗斯东欧中亚研究所党支部的《微信平台工作法》和新闻研究所党支部的《阳光心态工作法》分别获得中央国家机关工委老龄办举办的征文活动三等奖和优秀奖。协助院直机关13个离退休干部党支部进行换届改选；举办卸任离退休干部党支部书记座谈会。

（二）注重精神关怀和生活帮扶，使离退休老同志生活得安心、舒心、暖心

1. 普遍看望慰问。在元旦、春节、“9·3”阅兵前夕和重阳节期间，走访慰问抗战老战士老同志、离退休学部委员、离退休党支部书记、部分新退休干部、老年协会及老干部活动站负责人、生活医疗困难老同志；院属各单位通过组织新春团拜会（茶话会）集体慰问老同志；离退休干部工作局领导参加宿舍区离退休干部活动站迎新春活动，集体慰问老同志。

2. 落实生活待遇。按月发放有关生活补贴。发放高龄补贴、离退休干部护理费、长征基金、老红军补助等。进一步完善老同志生活困难和医疗困难帮扶机制。院属各单位普遍建立空巢、独居、失能、高龄老同志电话问候制度，加大对特困老同志的帮扶力度，适度提高困难补助标准，做好部分老同志历史遗留问题的解释工作。

3. 提供养老服务。考察京郊养老机构，编制《养老机构手册》，为老同志提供养老咨询服务。组织部分老干部工作人员分赴重庆、厦门考察社区养老服务体系建设情况，汲取地方先进经验，结合院实际情况，探索利用社会资源、社区力量做好养老服务管理工作，使老同志能够享受到更多、更优质、更便利的服务。

（三）组织引导老同志践行社会主义核心价值观，为党的事业增添正能量

1. 改进老年科研管理工作。坚持向后期倾斜的原则，改革项目经费管理使用办法，科研项目直接成本据实报销，最后根据项目成果结项鉴定等级，给予后期奖励。

2. 做好科研项目评审资助工作。完成2015年度老年科研基金资助项目评审工作，通过科研立项18项，学术出版资助35项，评选出第六届离退休人员优秀科研成果奖36项。完成年度老年科研申请结项项目评审工作。完成2016年度老年科研基金科研项目和出版资助项目评审工作。

3. 发挥传帮带作用。举办“弘扬社会主义核心价值观，为党的事业增添正能量”离退休干部先进个人与青年学者座谈会；举办纪念哲学社会科学学部成立60周年座谈会，回顾学部成立历程，感悟学术大师风范，传承学术精神；做好夏森助学基金资助管理工作，资助院困难职工子女和丹凤县贫困大学生。

4. 继续举办"社科讲堂"。与首都图书馆联合举办"社科讲堂"，先后邀请文学、考古、历史、国际关系等学科资深离退休专家学者进行讲座。邀请老学者到北京理工大学为大学生作讲座。

5. 宣传离退休干部先进事迹。与《中国社会科学报》联合开办"皓首丹心"专题栏目，连续宣传报道全国和院离退休干部先进个人的典型事迹。同时，在紫光阁、全国老干部之家网和局网站上同步进行宣传报道。

（四）建好老有所乐服务平台，丰富老同志精神文化生活

1. 组织健康休养。组织离退休老同志到黑龙江、重庆等地健康休养，参观历史人文景观，进行爱国主义教育，增强理想信念。还组织老同志到山东乳山进行一地休闲式健康休养，让老同志"安全、高兴、满意"。

2. 开展丰富多彩的文体活动。举办第 27 届老年运动会，召开离退休人员迎新年茶话会，组织老年太极拳协会老同志参加第四届中央国家机关职工运动会开幕式，组织老同志方队参加院第五届职工运动会开幕式表演。重阳节前夕组织 6 对金婚夫妇参加《光明日报》主办的"今世有缘，相伴永远"2015 文化老人金婚庆典公益活动。举办离退休人员书法绘画培训班。各老年协会定期开展形式多样的活动。

3. 加强和改进老年协会和活动站建设。为各老年协会增添活动设备，为离退休干部活动站维修更新设施，为老同志"四就近"开展活动、为文化养老提供了必要的保障。

（五）切实加强对离退休干部工作的领导，强化自身建设，不断提高服务管理水平

1. 召开 2015 年度离退休干部工作会议。院长、党组书记王伟光，副院长、党组成员蔡昉出席会议，发表了重要讲话，秘书长、党组成员高翔主持会议，对 2014 年度离退休干部工作目标管理考核达标单位、第六届离退休人员优秀科研成果奖、第八届"健康老人"、老年文体活动先进集体、先进个人和积极分子进行表彰颁奖。离退休干部工作局局长刘红作工作报告。考古研究所、农村发展研究所、拉丁美洲研究所等单位党委书记作了离退休干部工作经验交流发言。

2. 充分发挥院离退休干部工作领导小组的作用。领导小组组长、分管副院长蔡昉主持召开院离退休干部工作领导小组会议，审议通过 2014 年度离退休干部工作目标管理达标考核结果，审议 2015 年度老年科研基金科研项目立项、出版资助项目和第六届离退休人员优秀科研成果奖评审结果，优秀科研成果奖报院务会批准。

3. 举办离退休干部工作人员培训班。创新培训形式，针对工作人员任职时间的长短，以"三用""四能"为标准，分层次、分专题进行业务培训学习，提高培训的针对性和有效性。吸收部分单位工作人员参与局国情考察活动，拓宽视野。

4. 加强局自身建设。成立局党总支，下设 2 个党支部。开展"三严三实"专题学习，参观中国人民抗日战争纪念馆和海关博物馆，加强党性修养；局领导班子坚持民主集中制，在选任

干部、创新工程岗位竞聘等重大事项中，严格按程序办事，集体研究决策；编制离退休干部工作文件制度汇编，修订完善离退休干部工作目标管理考核、安全保密等方面的规章制度；与中国海关总署老干部工作部门交流工作经验；重视团队文化建设。获第六届职工运动会精神文明奖、广播操比赛一等奖、第十五届门球团体比赛三等奖。

直属机关党委

2015 年，在中央国家机关工委和院党组的领导下，直属机关党委贯彻落实党的十八大和十八届三中、四中、五中全会精神，贯彻落实习近平总书记系列重要讲话精神，坚持全面从严治党，扎实开展“三严三实”专题教育，坚持围绕中心、服务大局，以改革创新精神全面推进全院党的建设工作。

（一）加强理论武装工作，推动学习贯彻习近平总书记系列重要讲话精神向纵深发展

1．深入学习贯彻习近平总书记系列重要讲话精神。把学习贯彻习近平总书记系列重要讲话精神作为首要政治任务，坚持用马克思主义中国化最新成果武装头脑、指导实践、推动工作。举办了 3 期所局级、6 期处室干部学习习近平总书记系列重要讲话精神暨“三严三实”专题教育培训班，对全院 200 余名所局级、1000 余名处室级领导干部进行培训。抽调院内专家组成宣讲团，深入全院开展宣讲。坚持把学习讲话精神与学习贯彻党的十八大和十八届三中四中五中全会精神结合起来，同学习中国特色社会主义理论体系结合起来，同学习马克思主义哲学和马克思主义基本原理结合起来，切实做到学而信、学而用、学而行。

2015年7月，“三严三实”专题教育党课报告会暨“三项纪律”建设学习教育月活动动员在中国社会科学院召开。

2．深入学习马克思主义基本理论和中国特色社会主义理论体系。为党员干部购买《习近平关于全面依法治国论述摘编》等学习用书。通过读书班、报告会、辅导班等方式，深入开展理想信念教育、国情教育、革命传统教育，不断坚定全院干部职工的道路自信、理论自信和

制度自信，不断增强为人民做学问的自觉性和坚定性。

3．发挥党委中心组示范带动作用。做好院党组中心组学习的总结、宣传工作。坚持党委中心组学习制度，编发《党委中心组学习参考》，抓好各研究所党委中心组的督促检查工作。

4．加强院党校工作。根据中央有关精神和院党组要求，起草并印发《中国社会科学院党组关于加强和改进新形势下党校工作的实施意见》。举办全院处室级干部进修班。

（二）扎实开展“三严三实”专题教育，努力营造良好政治生态环境

按照中央部署和院党组要求，在全院组织开展“三严三实”专题教育。制定详细方案，做出周密部署。党组主要领导讲党课、作动员报告。组织召开院“三项纪律”专题教育课报告会暨“三项纪律”建设学习教育月活动会议。全院各级党组织围绕三个专题开展学习研讨，推动形成良好的政治生态。召开“三严三实”专题民主生活会，深刻查找“不严不实”问题，积极开展批评与自我批评。建立问题清单、责任清单、整改清单，提出整改方案和具体措施，坚持立行立改，强化立规执纪，推动践行“三严三实”要求制度化、常态化、长效化。

（三）不断加强思想道德建设，大力践行和培育社会主义核心价值观

1. 深入推进社会主义核心价值观建设。围绕“哲学社会科学为什么人”的问题，在全院有重点、分层次地开展社会主义核心价值观活动。召开协调小组会议，督促院属单位把社会主义核心价值观融入到各项工作中。

2．举办道德建设论坛。举办“义与利：科研工作者的道德坚守”为主题的第三届道德建设论坛，引导全院干部职工坚定理想信念、提升思想道德素质，勇攀道德和学术双高峰。

3．加强典型引路。开展机关作风评议，并将评议结果在全院进行通报。广泛开展“2015北京榜样”“学习推荐第五届全国道德模范”主题活动，大力宣传先进，弘扬正气。

（四）大力加强党委领导班子和基层党支部建设，进一步增强党组织的战斗力和凝聚力

1. 顺利完成中国社会科学院第三届直属机关党委和直属机关纪委换届工作。召开中国共产党中国社会科学院直属机关第三次代表大会，大会审议通过《中共中国社会科学院直属机关第二届委员会工作报告的决议》和《中共中国社会科学院直属机关第二届纪律检查委员会工作报告的决议》，审议通过党费收缴、使用和管理情况的报告。大会选举产生了中共中国社会科学院直属机关第三届委员会委员 21 名和中共中国社会科学院直属机关第三届纪律检查委员会委员 13 名。

2. 加强各单位党委领导班子建设。修订完成《中国共产党中国社会科学院研究所委员会工作条例》和《中国社会科学院研究所所长工作条例》。做好研究所（直属单位）党委和纪委换届工作，加强对党委会记录、会议纪要、党委中心组学习情况的检查，切实加强各单位党委领导班子建设。

3．加强基层党支部建设、做好党员发展工作。做好党内统计、党费管理等日常工作。开展慰问党员活动。修订并印发《中国社会科学院党支部建设经费管理办法》，将离退休职工党支部建设经费人均标准由每人每年 260 元提高为每人每年 400 元。举办第 30 期入党积极分子培训班。

4．组织开展党建述职考核评议工作。按照中央全面从严治党要求，印发《关于开展我院 2015 年党建述职评议考核工作的通知》，要求全院各级党组织负责人开展党建述职考核，并明确考核结果的运用。组织院属 20 个单位开展现场述职。

（五）坚持围绕中心、服务大局，大力加强统战、工会、青年和妇女工作

1．首次召开全院统战暨党的群团工作会议。认真贯彻落实中央统战工作会议和中央党的群团工作会议精神，按照党组要求，组织召开建院以来首次统战暨党的群团工作会议，制定印发《中国社会科学院党组关于加强统一战线工作的意见》和《中国社会科学院党组关于加强和改进党的群团工作的实施意见》，为做好新形势下统战及党的群团工作提供制度依据。

2．扎实做好统战工作。举办党外干部“参政议政与智库建设”研讨班，增进思想共识。召开中国社会科学院全国人大代表和全国政协委员座谈会，编印议案、建议和提案集。围绕“一带一路”和生态文明建设，组织院全国人大代表、政协委员和党外专家学者分别赴海南、青海开展国情调研，提高建言献策水平。统战处获得中央统战部“2015 年度党外知识分子建言献策信息工作先进单位”荣誉称号。

3．深入推进工会工作。成功举办全院第六届职工运动会，来自全院 55 个单位、近 2500 名干部职工参与此次群众性运动会。组织职工参加中央国家机关第四届运动会，获得最佳组织奖，广播操比赛获得团体二等奖。开展慰问困难职工活动，发放困难职工慰问金 30 余万元。

4．切实做好青年工作。举办青年马克思主义经典著作读书班，提高青年马克思主义理论水平。举办学习贯彻党的十八届五中全会精神青年座谈会。组织中央国家机关青年赴新疆开展“根在基层”田野考古调研活动。顺利完成第七届胡绳青年学术奖评奖工作。做好职工子女入学工作，中国社会科学院附属实验学校挂牌成立。

5．积极开展适合妇女特点的活动。加强妇女理论研究，重视研究成果的应用和转化。组织全院女学者开展国情考察。完成女职工秋季专项体检工作。

（六）加强直属机关党委自身建设，不断提高党建工作科学化水平

1．坚持学习制度。坚持走在前、作表率，从严加强直属机关党委干部队伍建设，自觉在思想上行动上与党中央保持高度一致。

2．严明组织纪律。严格落实党内生活各项制度，引导直属机关党委干部增强组织观念，自觉遵循组织程序，严格执行请示报告等制度。

3．加强党建研究。组织编写出版党建蓝皮书：《党的建设研究报告 No.1（2016）》。组织参加全国党建研究会和中央国家机关工委党建研究会等交办的研究课题。

4．提高工作水平。认真践行“三严三实”要求，进一步提高直属机关党委干部工作能力，推动党建工作创新发展。

（七）直属机关党委创新工程工作

2015年12月，直属机关党委按照《中国社会科学院职能部门和部分单位创新工程实施方案（试行）》的文件要求，顺利完成了竞聘工作。直属机关党委认真落实本单位创新工程方案的具体目标任务，以改革创新精神加强和改进自身的思想、组织、作风、制度和反腐倡廉建设，努力提高自身党建科学化水平。

直属机关纪委

2015年，直属机关纪委在中央国家机关纪工委、院党组和直属机关党委的领导下，在驻院纪检组的指导下，认真贯彻落实党的十八大及十八届四中、五中全会，中纪委三次、四次全会精神和习近平总书记系列重要讲话精神，履行党章赋予的职责，围绕院党组党风廉政建设和反腐败工作决策部署，加强以政治纪律建设为重点的三项纪律建设，推进党风廉政建设主体责任和监督责任的落实，努力为全院的科研和管理工作提供保障。

（一）认真贯彻中央精神，强化党纪党规教育

2015年，直属机关纪委认真贯彻中央纪委、中央国家机关纪工委和院党组的各项工作部署，及时协助院党组、直属机关党委做好中央和中央纪委文件、中央纪委全会精神、院党组党风廉政建设工作部署及有关情况通报的传达贯彻，向院属单位发出学习通知并提出落实要求。同时，强化党规党纪学习教育，将《中国共产党廉洁自律准则》《中国共产党纪律处分条例》《中国共产党巡视工作条例》作为廉政教育的重点内容，会同直属机关党委制定学习方案，印发学习贯彻通知，要求院属单位把其纳入党委理论学习中心组学习内容，引导全院党员干部加强学习，熟知相关纪律要求，强化纪律和规矩意识。

（二）紧抓党风廉政建设，推动落实两个责任

直属机关纪委与直属机关党委共同协助党风廉政建设领导小组，开展党风廉政建设责任制落实情况的检查。采取单位自查、重点检查、问卷调查的方式检查院属单位落实党风廉政建设主体责任和监督责任的情况。维护政治纪律、组织纪律、廉洁（财经）纪律，强化监督制约。八名党组成员还分别带队，对八个单位进行重点检查。

直属机关纪委还联合院妇工委在全院干部职工家庭（包括离退休干部家庭）中开展“讲家风故事”“创家训格言”“写家书手札”“拍家教短片”等形式的廉政家庭创建活动，组织26幅作品参加中央国家机关妇工委的评选活动，营造廉政教育文化氛围。

（三）落实“两为主”要求，全面提高履职能力

首先，加强院属单位纪检组织和纪检干部队伍的建设，配齐配好纪检干部。落实院党组决定，与驻院纪检组、人事教育局、直属机关党委、院属单位党委建立沟通机制，按照先易后难原则推进院属单位纪检干部配备工作。对7个人数较多的院属单位按要求配备了专职纪委副书记。在此期间，还会同人事教育局对当代中国研究所、中国社会科学出版社和社会科学文献出版社专职机关纪委书记人选进行考察。

其次，为切实做好院属各单位党委、纪委对违纪案件的党纪处分，进一步规范所（院）党委、纪委办理党纪处分的运作流程、处理程序、文书起草、案件报批、决定送达、备案归档等工作，向全院57个单位转发《中央国家机关部门机关纪委办理党纪处分文件汇编》，结合实际制定院《关于处级及以下党员党纪处分程序的规定》和《基层党支部对违纪党员处分工作的办法》，完善基层党组织党纪处分程序办法。

同时，加强与中央纪委、中央国家机关纪工委和驻院纪检组的联系和沟通，及时做好上情下达，保持工作中的密切联系。并专门选派了政治坚定、作风优良的年轻干部到中央国家机关纪工委学习锻炼，参与执纪办案、案件审理等方面的工作，业务素质和能力得到提高。

（四）完善信访举报机制，合规处置问题线索

直属机关纪委开通了信访举报专用电话和邮箱，公开对处级领导干部信访举报渠道，根据管理权限认真接待和受理群众反映问题。严格按照“稳妥处理，尽快查实”的要求，运用合规手段开展调查核实，并指导院属单位纪委按程序受理信访和处置问题线索。在此过程中，逐步探索建立处级领导干部信访和问题线索信息档案，对拟提拔局级干部提出廉政意见。

（五）强化纪律审查工作，依规办理党纪处分

2015年，直属机关纪委共受理驻院纪检组移送的4名局级干部违纪案件材料，及时组织召开直属机关纪委全体委员会议，听取违纪事实和案件审理情况的汇报，归纳汇总委员们的意见建议，最终形成审议意见，履行报中央国家机关纪工委审批的程序，按中央国家机关工委、纪工委的批复下达处分决定。

（六）承担招投标监督工作，杜绝违纪违法行为

根据院党组决定和院党风廉政建设主体责任划转安排，2015年8月以来，直属机关纪委对全院16个项目的招投标工作进行了审核监督，共涉及资金8742万元，及时发现和制止了两起招投标过程中的违规行为。继续聘请第三方审计机构对4个项目进行造价审计，审计金额580万元，审减合计约130万元。为进一步规范院重大基建项目、信息化建设项目和大宗物资采购工作的程序，强化主体责任，落实责任追究，根据国家《招投标法》等有关法律法规，对院招标监督相关规定进行了修订完善。

（七）配合中央巡视工作，完成核查及信访接待

直属机关纪委全体干部积极参与中央巡视组督办问题线索核查及中央巡视组进驻中国社会科学院期间的信访接待工作。在兼顾本职工作同时，全力投入各核查组工作，按期保质完成交办任务。

信息化管理办公室

2015 年，信息化管理办公室继续加强制度建设和日常监管，规范工作程序，加强信息化预算管理、项目管理、经费管理、网络信息安全管理以及人员培训等工作，编制院“十三五”信息化发展规划。通过组织、协调和督办信息化工作及名优工程建设，切实担负起院信息化建设的管理与监督职责，推动全院名优工程建设。

（一）编制信息化发展规划

完成了院信息化发展规划初稿，从加快推进哲学社会科学海量数据库、数字化图书馆、中国社会科学网站集群、综合集成实验室平台、综合管理平台、基于社科云服务的 IT 基础设施、全面安全有效的网络监管体系、信息化标准体系建设八个方面，勾画“十三五”期间院信息化发展新蓝图。

（二）做好 2015 年院信息化建设预算方案，抓好经费划拨，督促经费执行

2015 年纳入信管办管理的信息化经费预算总计 5900 万元（其中信息化专项经费 4600 万元，创新工程经费 1300 万元）。按照预算分配方案，共向院属各单位划拨信息化经费 4939.08 万元，在经费划拨后，协助财计局督促院属单位抓紧经费的执行以及根据对项目执行情况对经费进行调整，剩余经费 960.82 万元已在年底作为尾款划转结余。

2015 年，根据财政部要求，协同财务基建计划局一起组织“院信息化建设项目 2016 ~ 2018 年规划”申报及评审工作。

（三）加强项目管理，严格项目评审，通过推动信息化重大项目建设促进信息化建设健康发展

2015 年，完成“中国社会发展状况调查”等 9 个院重大信息化和重大社会调查项目的立项专家评审，并报院务会议批准立项；完成 13 个信息化项目及创新工程项目的结项。年内对执行期的信息化项目做年度或阶段检查 15 次。此外，还多次参加一些项目的立项前调研会、项目建设协调会以及监标工作。

按照审计署来院审计组的建议，2015 年，在结项验收中增加了项目经费的专项审计。今后院重大信息化项目在结项前都要对经费使用情况进行专项审计。

（四）抓好网络信息安全管理，重视网上意识形态斗争

2015 年完成全院 142 个在用信息系统的定级备案工作，其中一级 121 个，二级 20 个，三级 1 个。同时，制定并颁布实施了《中国社会科学院信息安全等级保护管理办法（试行）》和《中国社会科学院信息系统安全等级保护定级指南》，依次对相关工作进行监督、检查和管理。

2015 年加强了信息安全风险监控工作的沟通协调，及时发布信息安全风险提示，协助完成风险处置和安全事件调查，完成全院年度的网络与信息安全检查，制定《中国社会科学院落实“党政机关、事业单位和国有企业互联网网站安全专项整治行动”方案》，切实加强信息安全管理工作。

（五）加强人员培训与理论研讨，为信息化建设提供理论武装和人才保障

组织召开“2015 年院网络信息安全及信息化规划培训班”；召开“智库建设与信息化”研讨会；组织召开“网络安全与网络舆情”报告会；开展网络信息安全宣传周活动。派人出席在澳门举行的 PNC 会议，组织人文社科信息化专场报告。配合科研局组织全院期刊主编论坛，并向论坛提交《当前影响我国的七种社会思潮》的书面报告。协办中国科学院主办的“第四届中国科研信息化发展研讨会”。

（六）组织好“名优”协调会，做好督办落实工作

协助主管院领导组织召开“名优工程建设协调会”。截至 2015 年底，共召开 17 次协调会议，下发 17 期纪要，研究确定 180 项工作纳入督办内容并印发了 4 期名优建设工程季报。起草并向全院印发《关于规范院名优建设工程协调会议及做好工作督办的意见》。

（七）充分发挥管理职能，协助院领导协调全院信息化建设

向秘书长高翔报送有关信息化及名优工程建设中有关问题的请示、建议及意见，组织名优工程建设单位的专题协调会、断网等专项事件协查，做好院领导助手；印发《关于进一步严格遵守我院与知网学术期刊合作协议的通知》；向创新工程综合协调办公室报送《信管办关于在院年度考核评

2015年12月，“中国社会科学院2015年度报刊出版馆网库志和学术评价名优建设工程工作会议”在中国社会科学院召开。

价中增加考核内容的报告》；协助办公厅做好“八名”会议的组织工作；协助财务基建计划局落实院软件正版化工作，对软件正版化的各项工作进行了进一步的部署与要求，组织人文公司继续为院属各单位安装正版 office 软件；落实领导办公自动化设备的摸底与采购工作。

此外，配合审计署来院审计部门，协调院属各单位填报信息系统情况，提供《中国社会科学院信息化工作简况》《信息系统备案表》《信息系统总体情况表》等有关材料。

（八）承担与中央有关信息化部门的联络协调工作

2015 年，根据中央网信办要求，起草并报送了中国社会科学院网络安全和信息化工作情况及工作设想。同时，组织院内学者就“十三五”时期中国网络安全与信息化发展状况向中网办报送评估报告。配合工信部完成了由秘书长高翔担任编委的《中国信息化年鉴》的征稿任务。参与中国科学院的《科研信息化蓝皮书 2015》编纂的组稿工作。

（九）抓好党风廉政建设工作，提高全体职工的政治理论水平及业务素质

2015 年，全面完成党风廉政建设分解任务，认真抓好领导班子中心组的政治学习，坚持主任办公例会制度，对“三重一大”坚持民主决策；抓好干部队伍建设。组织全体职工深入学习习近平总书记系列重要讲话精神，按照院统一部署，组织“三严三实”专题教育活动。按照纪检组要求，向全体党员传达了中纪委有关会议、文件精神，在党风廉政方面对党员提出严格要求。向院加强党的意识形态工作领导小组报送《2014 年信管办意识形态工作及新兴网络媒体上的意识形态斗争》报告；向办公厅报送《信息化管理办公室落实党风廉政建设和意识形态工作汇报》《信管办 2015 年落实中共中央关于改进工作作风、密切联系群众“八项规定”的情况汇报》；向办公厅、人事局和机关党委分别报送关于遵守各项纪律情况的对照检查材料。形成《信息化管理办公室内部规章制度汇编》发给每个职工，并颁布了《信息化管理办公室工作督查、督办管理办法》。

（十）创新工程的主要措施和工作安排

2015 年有 11 人进入创新工程岗位，信管办主任杨沛超为首席管理。主要举措和工作安排是：站在“建成数字化中国社会科学院”的战略高度，进一步有效落实院信息化建设的中长期发展目标，大力推进信息化建设体制机制改革，抓好制度建设，加强项目监管，积极推进名优工程建设，建立健全有效的信息安全机制，密切跟踪国内外科研信息化发展动向，组织科研信息化前沿课题的交流研讨，抓好信息化人才培训，努力实现“三个定位”要求，为“三大强院战略”提供信息化保障。

基建工作办公室

2015年，基建办公室围绕院党组指示和院“三会”精神，完成了年初制定的创新工程任务目标和院领导临时部署的任务，达到了预期的效果。

（一）基本建设任务推进艰难，成效明显

1. 科研与学术交流大楼项目追加拆迁资金仍在办理过程中，拆迁诉讼案件基本可控。受国家政策影响，国家发改委对科研与学术交流大楼项目追加拆迁安置资金一直未批复，基建办公室多次与发改委相关人员进行沟通，并按其要求补充了翔实的附件资料，目前仍在评审过程中。

对拆迁诉讼案已经聘律师积极应对。经过律师的大量工作，其中一起案件被法院驳回，另一起案件正在审理过程中。

2. 东坝职工住宅项目取得了明显进展。协调北京市有关部门完成东坝职工住宅项目规划方案的批复，正在加快办理该项目施工前的相关准备工作。

3. 史学部科研技术业务用房翻扩建项目进展顺利。该项目初步规划在拆除原有5500平方米破旧低矮建筑基础上，原址扩建30000平方米。项目的难点在于项目建设用地控规要求严格，立项较难。在院领导的大力支持下，经过工作人员的努力，已获得国家发改委立项审批，国管局正在予以评审立项审核中。

4. 协助研究生院扩建研究生宿舍项目前期手续办理工作取得进展。该项目拟在研究生院的75亩后勤用地上建设，按办校规模4000人规划，申报建设规模44608平方米，申请投资25639.99万元，该项目已取得前期立项审批手续。

（二）房修任务按部就班、常态推进、完成良好

1. 已完成项目。全年已完成修缮工程项目8项，分别为“财经院中冶大厦办公用房改造”“科研楼中段施工改造”“中心档案馆一、三层会议室及贵宾接待室改造”“中纪委驻院纪检组标准化谈话室施工建设”“民族所藏品室建设”“院海量数据库网络四号机房建设”“中心档案馆立体车库建设”，以及“4号楼老干部局活动室和职工住房保温”项目。

2. 正在实施的项目。2015年开工，按工期需跨年度的施工项目分别是“院部电力增容项目”“科研楼西段改造施工”“国家方志馆展前综合整治工程”等3个项目。

3. 正在推动前期工作的项目。2015年正在推动立项审批和前期招标手续的项目分别是“院学术报告厅加固改造”“史学部科研业务用房翻扩建项目”，以及经济学片办公楼改造、外环境整治及抗震加固项目前期立项、设计、评审等准备工作。

4. 院领导交办工作。2015年院领导交办任务从项目可行调研论证、预算编制、经费调整以

及组织施工等工作20余项已全部完成，其中包括向发改委、财政部追加协调经费1142万元，完成了所局办公用房三年维修计划可行性论证及预算编制，并报财政部完成现场评估工作。

（三）行政后勤党务人事等工作扎实有效，对业务工作给予良好支持

一是配合审计署完成了科研与学术交流大楼项目拆迁资金和院领导经济责任审计工作，为国家审计署提供了大量的资料，并就相关审计事项进行了说明。

二是完成公文运转、文件起草，会议纪要、讲稿、各种汇报材料、统计报表的编制，以及纪检、党务、人事、财务、政府采购等日常工作。

三是完成了2015年度创新工程管理岗位绩效考核和年度工作人员工作考核，制定了2016年创新工程方案。

（四）加强队伍建设，注重干部培养，提升干部队伍素质

一是鼓励干部尤其是青年干部加强学习，多拿硬资格。二是为工作人员学习创造条件，有1名同志参加公共管理硕士学习，1名同志参加高级会计师评审，并取得高级会计师资格。三是支持干部交流。有1名业务骨干交流到研究所，为研究所输入管理干部。

（五）抓好党风廉政建设，转变工作作风

一是以国家审计署开展审计为契机，加强财经纪律建设，规范支出内容，对数额较大的支出，由主任办公会集体研究决定。二是厉行节俭，反对浪费。严格执行院的要求，降低了工作经费开支。三是细化基建项目环节管理，严控基建腐败滋生地带。四是畅通言论渠道，发挥办内人员自我监管作用。五是落实项目跟踪审计，加强廉政管理。六是提升基建程序意识，严格按规矩办事。

三　院直属单位工作

中国社会科学院研究生院

（一）人员、机构等基本情况

1. 人员

截至2015年底，研究生院共有在职人员127人，其中，正高级职称人员12人，副高级职称人员14人，中级职称人员23人；高、中级职称人员占全体在职人员总数的39%。

2. 机构

研究生院设院办公室（校友会办公室）、党委办公室/人事处、教务处、网络中心、招生与就业处、研究生工作处、财务处、学位办公室、国际交流与合作处、总务处、保卫处、基建处、综合协调办公室、图书馆、学报编辑部、马克思主义理论与基础课教学部、外语教研室、政府政策系与公共管理系、工商管理硕士教育中心、公共管理硕士教育中心、社会工作硕士教育中心、税务硕士教育中心、金融硕士教育中心、文物与博物馆硕士教育中心、法律硕士教育中心、马克思主义学院、继续教育学院、国际文化教育中心、研苑物业服务中心、东盟学院、深圳研究院等32个部门。

截至2015年底，研究生院在校生3207人。其中，中国内地博士研究生1412人，硕士研究生1795人；港澳台学生60人，其中博士研究生56人，硕士研究生4人；外国留学生30人，其中博士研究生24人，硕士研究生6人。

另有继续教育课程班在校生1931人，其中课程班1336人，高级课程班595人。

（二）招生录取及教学管理工作

1. 招生录取工作

2015年，研究生院硕士研究生统考报名1551人，录取748人（含接收推免生46人）。所录取硕士生中学术型硕士生180人，专业学位硕士生568人，其中法律硕士（非法学）110人，法律硕士（法学）36人，工商管理硕士146人，社会工作硕士48人，公共管理硕士75人，金融硕士63人，税务硕士45人，文物与博物馆硕士45人。博士研究生报名2536人，录取445

人，全部为学术型博士研究生。

2. 教学与教学管理工作

2015 年，研究生院共开设课程 63 门，其中公共课 18 门；学部专业基础课 9 门；选修课 36 门。2015 年，研究生院审核各系及专业学位教育中心开设课程 714 门，通过学生问卷调查、院领导听课、学术秘书听课、学生座谈会等方式，对院内开设的公共课、专业基础课和选修课进行了教学质量评估。共评估了 67 门课程、275 位老师，评选出了 2015 ~ 2016 学年教学突出贡献奖和优秀教学奖，共有 2 位教师获得教学突出贡献奖、5 位教师获得优秀教学奖。

2015 年，研究生院开设的 50 门课程评聘了 68 名课程助理，并分别于 3 月和 9 月组织召开了“课程助理培训会”，明确课程助理岗位职责，组织课程助理学习多媒体讲台操作，保证为授课教师做好服务。督促教学研究部学术秘书做好学部专业基础课开设，审核各学部秘书上报学部专业基础课教学计划，督促学术秘书对其负责的学部专业基础课听课 3 次以上，填写学术秘书听课记录表。

2015 年，研究生院整理编印《学术讲座荟萃》第 105 ~ 108 辑，并在校园网上登载。《中国社会科学院研究生重点教材工程》自 2005 年启动以来，一直是研究生院重点工作之一。2005 ~ 2010 年立项的 95 部教材中，已经提交给出版社 63 部，正式出版 53 部，经专家评审鉴定并正式提交待出版的教材 10 部。

2015 级新生入学后，按照科协文件提出的“全覆盖、制度化、重实效”等精神的要求，根据中国社会科学院科研局相关部署，研究生院于 9 月 10 日在开学典礼上举办了新生科学道德和学风建设宣讲大会。

3. 学位授予与学科专业设置工作

经 2015 年 6 月研究生院学位评定委员会第十届二次会议审议决定，授予 300 人博士学位，授予 851 人硕士学位（其中科学学位硕士 233 人，专业学位硕士 618 人）。至 2015 年，研究生院共授予博士学位 4454 人、硕士学位 9115 人。

在学科建设方面，研究生院设置 6 个学科门类，15 个博士学位一级学科、17 个硕士学位一级学科，103 个博士学位二级学科（含 13 个自主设置的博士学位二级学科）、109 个硕士学位二级学科（含 13 个自主设置的硕士学位二级学科），有北京市重点学科建设 5 个。

4. 优秀博士学位论文评选工作

2015 年，研究生院评选表彰了 8 篇“2015 年研究生院优秀博士学位论文”的作者、导师及相关教学系。“研究生院优秀博士学位论文”评选工作始于 2004 年，12 年来共有 79 篇博士学位论文被评为“研究生院优秀博士学位论文”。

2015 年，研究生院有 4 篇博士学位论文获北京市优秀博士学位论文，10 篇获全国优秀博士学位论文。

5. 博士后管理工作

研究生院博士后流动站于 2013 年 10 月建立，同时成立了研究生院博士后工作领导小组和博士后管理办公室，与科研办公室合署办公。根据具体情况制定了《研究生院博士后工作管理办法》《研究生院博士后进站程序》《研究生院博士后出站程序》和《关于“延期在站博士后”相关管理规定的通知》等相关管理制度及细则。2015 年招收博士后研究人员 4 人，其中国家资助博士后 3 人为研究生院博士后流动站招收，项目博士后 1 人为代上海研究院招收。

（三）研究生教育管理工作

1. 日常教育、社团及奖学金管理工作

2015 年，研究生院进一步抓好研究生党、团组织建设，建立健全研究生管理制度，加强对研究生会工作的领导，开展团员评优等丰富多彩的主题活动。2015 年，研究生院有求实学会、国学社、书画协会等 16 个社团，共计举办“马克思主义理论学习”座谈会、迎新年·写春联、首都研究生篮球邀请赛等 31 场形式各异的社团活动。

2015 年，共评定研究生院家庭经济困难毕业生求职补贴 10 人，向北京市人力资源和社会保障局推荐 2015 年度城乡低保家庭毕业生求职补贴 2 人，为研究生院教务处等部门招聘“三助”岗位学生 40 名。完成了 2015 年度研究生院学业奖学金、国家奖学金及陈佳贵经济管理学术菁英奖学金评审及发放工作。完成了 2015 年研究生特困补助申报评审工作，按照等级实行梯度差异困难补助研究生 114 人。为研究生院图书馆等部门招聘三助岗位学生 45 名。

2. 就业指导工作

2015 年，研究生院共有毕业研究生 952 人，其中博士毕业生 283 人，硕士毕业生 669 人。2015 年，总体就业率为 87.7%。2015 年组织的就业指导类活动主要包括：与院外专业培训机构合作，免费为毕业生开办为期一周的“公务员考试辅导培训班”；利用高校毕业生就业指导中心的资源举办了简历制作、面试技巧、求职英语、职业 office 等 7 场就业指导讲座；组织毕业生到社科出版社等单位实习，拓展就业渠道。此外，还开展了人性化、个性化的日常的就业指导与服务，为毕业生提供就业政策、就业知识、就业技巧等方面的指导咨询 2000 多人次，收到了较好的教育效果。

（四）继续教育及专业硕士学位教育工作

1. 继续教育工作

2015 年，研究生院继续教育学院共招生 1032 人，其中课程班 736 人，高级课程班 296 人，结业 876 人，在校生 1931 人，其中课程班 1336 人，高级课程班 595 人。

2015 年，研究生院在保留原有教学特色的基础上，不断创新，开展院校之间、各专业之间、国内国外的特色教师、特色课程的深度合作，丰富学生的知识层面，开拓学生的视野。

2. 专业硕士学位教育

（1）公共管理硕士（MPA）教育工作。2015 年，MPA 中心共录取 150 人，其中全日制共 75 人，毕业 91 人，签约率为 83%。2015 年，中心围绕品牌建设与宣传推广体系、员工成长与团队建设体系、领导力师资与实用课程体系、能力训练与学院参与体系，全面开展多项工作。

（2）工商管理硕士（MBA）教育工作。2015 年，MBA 教育中心获得“中国品牌影响力 MBA 院校”和“2015 年度最具创新力 MBA 院校”两项荣誉。招生工作加大投入和宣传力度，共招收学生 142 名，毕业生 141 人，就业率为 96.45%。教学管理上积极优化课程体系和学位制度，在 2015 级双选时达到 18 组。学位管理工作进一步规范化和制度化，完善了案例中心的组织架构，开展了企业家讲堂活动。成功举办了“新三板 新打法”2015 中国新三板投资年度峰会、第一届 MBA 校内辩论赛、2015 春季创业投资峰会、企业竞争力峰会等。成功组织了第三批 MBA 学生赴美访学活动，接待荷兰蒂尔堡大学 TiasNimbas 商学院代表来访，并与蒂尔堡大学商学院签订合约，向台湾暨南大学和荷兰蒂尔堡大学派遣了多名交换生。

（3）社会工作硕士（MSW）教育工作。2015 年，研究生院招收社会工作硕士 46 人。2013 级 49 名学生全部通过论文答辩，顺利毕业，全部就业。学科建设方面，社工专业实验室建设完工，正式投入使用；专业实习基地数量增加，正式签署协议 27 家；与芬兰社会工作大学联盟签署“中芬社会工作博士生联合培养计划”；举办中芬师生联谊晚会、社工日主题宣传活动、第四届社工文化节等。

（4）金融硕士（MF）教育工作。2015 年，金融硕士教育中心录取学生 63 名。2015 届 52 名金融硕士毕业生全部通过论文答辩，顺利毕业，就业率达到 100%。评选出 4 篇优秀论文，新聘 1 名理论导师，13 名实践导师，所聘导师分别来自中国人民银行、证监会、银监会等金融管理机构及中国银行总行、中国邮储银行总行等知名金融机构。

（5）税务硕士（MT）教育工作。2015 年，研究生院招收税务硕士 45 人，毕业 41 人，就业率 100%。2015 年，税务硕士教育中心各项工作顺利开展，在夯实招生宣传、提高生源层次和专业聚焦度的同时，继续专注打造质量过硬、认真负责的授课、指导教师团队，进一步做好学科建设工作。在 2014 年税务硕士专业学位授权点专项评估工作中取得了良好的成绩。

（6）文物与博物馆硕士（MCHM）教育工作。2015 年，文物与博物馆专业共招生 45 名，毕业 42 名，就业率 95%。2015 年，研究生院与恭王府管理中心、国家非物质文化遗产专家委员会联合成立“中国非物质文化遗产与传统技艺保护”教学指导委员会，开始招收“中国非物质文化遗产与传统技艺保护”专业研究生；与国家图书馆联合招收“古籍鉴定与修复”专业研究生，并开始面向港澳台地区招收文物与博物馆专业硕士学位研究生。

（7）法律硕士教育中心教育工作。2015 年，法硕中心共招收全日制法律硕士研究生 146 人，在职法律硕士研究生 75 人，毕业生 207 人，年底在校生人数为 493 人。法硕中心分别安排全日制、在职法硕研究生法硕课程 60 余门，涉及法学系 16 个导师组 120 余名教师。举办了 8

期“社科法律人”高级学术论坛暨“社科法硕”高级学术沙龙，定向发行了12期《中国法硕》报，组织了14次法律诊所实践教学活动，2次法律诊所教师座谈会和诊所开班仪式。

（五）科研工作

1. 科研成果统计

2015年，完成专著4部，132.7万字；学术论文36篇，26.4万字；研究报告5部，17.1万字；论文集3部，57万字；译著1部，17.5万字；一般学术文章6篇，1.6万字。

2. 科研课题

(1) 新立项课题。2015年，研究生院共有新立项课题4项，其中，国情调研重大课题1项：“我国城市社区综合养老服务体系建设状况调查”（赵一红主持）；所级调研基地课题2项：“四川省雅安市荥经县天凤乡基地项目：乡村治理体系与治理能力建设研究——对四川省雅安市荥经县天凤乡追踪调研”（董礼胜主持），“广西柳州汽车城人力资源调研基地项目：广西柳州市职业教育及其汽车城人力资源培训状况调查”（张菀洺主持）；交办课题1项：“关于当代中国马克思主义廉政教育资源的分析”（张政文主持）。

(2) 结项课题。2015年，研究生院共有结项课题35项。其中，中国社会科学院国情调研课题3项，包括国情重大项目1项：“干部选拔任用机制与党政人才培养研究”（黄晓勇主持）；所级调研基地课题2项：“四川省雅安市荥经县天凤乡基地项目：乡村治理体系与治理能力建设研究——对四川省雅安市荥经县天凤乡追踪调研”（董礼胜主持），“广西柳州汽车城人力资源调研基地项目：广西柳州市职业教育及其汽车城人力资源培训状况调查”（张菀洺主持）；研究生院重点课题1项：“世界能源发展报告（2015）”（黄晓勇主持）”；研究生院专题研究课题与个人自选课题34项：“中国能源的困境与出路”（黄晓勇主持），“新常态下能源革命蓄势待发”（黄晓勇主持），“德意志审美现代性话语研究”（张政文主持），“如何掌握文艺话语权”（张政文主持），“四种视角之下的中国共产党和边区——1944年中外记者西北参观团所见”（王彩霞主持），“方以智的易学观”（周勤勤主持），“方以智与道家经典《庄子》”（周勤勤主持），“中国传统和合思想及其当代价值研究”（周勤勤主持），“西方公共行政学理论评析：工具理性与价值理性的分野与整合”（董礼胜主持），“整体性治理——一种研究智慧城市的新视角”（董礼胜主持），“企业环境绩效影响因素分析”（杨小科主持），“战略理论演绎下的战略框架：直面战略困境的思考”（杨晓科主持），“论山片蟠桃的经济论”（李晓东主持），“中国高等教育的筛选机制和文凭竞争”（何辉主持），“二战前后苏联对巴尔干地区的政策研究”（李提主持），“沙皇俄国对巴尔干政策演变及特点研究”（李提主持），“人文社会科学研究生信息工具使用研究 ”（周军兰主持），“从国家兴衰看前秦民族政策之得失”（袁宝龙主持），“秦汉时期民族观的嬗变”（袁宝龙主持），“新史学研究”（袁宝龙主持），“以诺奖为契机加速中医药产业升级”（周兴君主持），“论依法治国的逻辑”（周兴君主持），“孔子的朋友之道”（栾贵川主持），“孔子的民族文化观”（栾贵川主持），“试论分编业务是图书馆事业生存与发展的重要基础”（蔡曙光主持），“以科技创新能力增强综合国力和实现大国崛起的经验对比与路径”（赵卫星主持），“科技创新与大国兴衰”（赵卫星主持），“Payments for Ecosystem Services: Market Mechanism or Diversified Modes?”（刘艳红主持），“土地供给约束、住房供给与城市房地产价格泡沫”（徐浩庆主持），“汉字教学与中华文化传播”（王铁利主持），“赛珍珠的宗教观与文学表象研究”（延缘主持），“对外逃贪官进行追逃和追赃的若干途径和方法”（王亮主持），“专业学位研究生教育质量保障体系研究”（孙晓主持），“我国高校情商教育模式研究”（葛亮主持）。

（3）延续在研课题。2015 年，研究生院共有延续在研课题 14 项。其中，国家社会科学基金课题 3 项：“抓住和用好本世纪第二个十年我国发展重要战略机遇期的若干重大问题研究——面向未来的我国大国经济发展战略”（重大招标项目，刘迎秋主持），“私募股权基金监管制度研究”（一般项目，文学国主持），“我国民间组织与公共服务供给的实证研究”（青年项目，蔡礼强主持）；研究生院专题研究课题 11 项：“当代俄罗斯国家文艺行为的历史研究”（张政文主持），“湖南湘西苗族傩文化研究——‘还傩愿’仪式调查研究”（翁建敏主持），“网络出版时代图书馆与馆配商的角色重塑及思维转换”（袁宝龙主持），“中国国防的能源安全”（周永瑞主持），“论当前我国博士生教育培养模式的变化及启示”（常淑贞主持），“面向 MOOCs 的高校图书馆实践方法探索”（李楠主持），“高校意识形态工作若干问题研究”（王彩霞主持），“显失公平制度研究”（张初霞主持），“试论山片蟠桃的政治论”（李晓东主持），“中美非传统安全合作研究——以网络与信息安全为例”（邓淑娜主持），“数字环境下文献资源建设问题的思考——数字的还是纸质的”（蔡曙光主持）。

（六）国际学术交流与合作

2015 年，研究生院教职工出访 13 批次，接待来访 18 批次，共涉及 54 人次。国家留学基金委建设国家高水平大学项目中，提名 25 人，获选 21 人，2015 年，中国社会科学院国际青年学者研修班共招收来自 23 个国家的学员 30 名。

2015 年，研究生院共承办了“拉美国家社会保障及社会福利官员研修班”“发展中国家经济发展与金融管理官员研修班”“非洲国家经济与社会发展智库研修班”“非洲国家经济与社会发展总统顾问研讨班”“发展中国家中国人口统计综合经验交流研修班”五项援外培训项目，共邀请亚洲、非洲、欧洲、北美洲、南美洲、大洋洲 47 个国家 138 名官员和学者来华参加研修活动。研究生院与美国杜兰大学合作举办金融管理硕士项目首期 22 名学员已顺利毕业，项目二期 30 名学员均已正式入学并开始上课，并已于 12 月赴美国杜兰大学开展学习实践活动。

（七）图书馆概况

研究生院图书馆建筑面积 10700 平方米，馆藏总量约为 39.3 万册，其中，中文图书 29.7 万册，外文图书约 4.6 万册，中外文期刊近 5 万册，形成了以人文和社会科学文献为主体，兼有自然科学技术文献等多种类型、多种载体的综合性馆藏体系。

2015 年，中外文新书入藏总量为 17152 册，其中，中文图书 16870 册，外文图书 282 册。全年订购中文期刊 1072 种，中文报纸 93 种，外文期刊 84 种。加工入库期刊合订本 1223 册。全年共接待读者 222276 人次，借还书总量为 123501 册次。笃学讲堂共举办各类活动 74 场次，接待人数 3881 人。

2015 年，研究生院推出了专题阅读推荐活动，邀请专家学者根据自己的学科专长和阅读经验为研究生们推荐图书，有针对性地引导研究生进行专题领域的阅读学习，同时作为图书馆文献资源建设的有效补充途径。

（八）学术期刊

《中国社会科学院研究生院学报》（双月刊），主编张政文。

2015 年，《中国社会科学院研究生院学报》共出版 6 期，该刊全年刊载的有代表性的文章有：叶秀山的《试论斯宾诺莎“概念论”与莱布尼兹“单子论”》，陈静的《域中有“四大”——从“四大”的不同排序看〈老子〉文本的演进》，杨庆中的《论传统孝道中的生命本体意识》，任洁的《社会核心价值观在国家治理中的功能》，陈树文、侯菲菲的《以马克思恩格斯社会发展动力观透视全面深化改革》，张秀芬、包庆德的《马克思物质变换范畴的生态维度研究评析》，曹树明的《民国时期张岱年先生的二程研究》，何代欣、李艳芝的《国债规模理论：财政与金融的并行与融合》，何德旭、董捷的《京津冀金融一体化的模式选择与运作机制》，田禾的《法治指数及其研究方法》，刘风景的《核心价值观建设的法治之维》，王广彬的《论社会主义与社会法》，陈俊的《〈立法法〉修改后中国立法体制的发展展望》，张敏的《解读“欧盟 2030 年气候与能源政策框架”》，李文、邓淑娜的《大数据时代中美关系发展的机遇与挑战》，沈铭辉、张中元的《中—韩 FTA 的经济效应——对双边贸易流的经验分析框架》。

（九）会议综述

中国社会科学院首届“马克思主义学院博士生高峰论坛”

2015 年 1 月 9 日，中国社会科学院首届“马克思主义学院博士生高峰论坛”在中国社会科学院研究生院举行。中国社会科学院院长、马克思主义学院院长王伟光出席活动并为马克思主义理论专业博士生作了题为“坚持马克思主义，发展马克思主义，不断推进马克思主义中国化”

2015年1月9日，中国社会科学院首届“马克思主义学院博士生高峰论坛”在中国社会科学院研究生院举行。

的报告。中国社会科学院副院长、马克思主义学院副院长张江在开幕式上致辞。教育部社科司司长张东刚、清华大学马克思主义学院院长艾四林、中国社会科学院研究生院院长黄晓勇等出席论坛开幕式。开幕式由中国社会科学院研究生院党委书记张政文主持。来自中国社会科学院、清华大学、中国人民大学、复旦大学、北京师范大学等全国多所研究机构和高校的近百名博士研究生参加论坛活动。

中国社会科学院研究生院2015春季创业投资峰会

2015年3月28日，由中国社会科学院研究生院主办的“2015春季创业投资峰会”在中国社会科学院隆重举行。中国社会科学院副院长蔡昉，工业经济研究所所长黄群慧，中国投资协会副会长刘慧勇，洪泰基金创始人盛希泰，红杉资本中国基金董事总经理王岑，摩根士丹利华鑫基金副总高见，九鼎投资副总裁荣娜，首创财富董事、总经理杨本军，中国社会科学院研究生院院长黄晓勇以及国内外知名投资机构、金融机构、中介机构及企业家等800余人出席此次峰会。峰会上来自学术、商业及政府各界人士围绕推进创业创新与风险投资相融合、进一步推动创新经济尤其是科技型创新经济的发展这一主题展开讨论。此次峰会还开设了“2015创业新风口”与“新三板、新机遇”两个分论坛。

研究生院召开“中国社会科学院研究生院2015·文学全国博士生学术论坛”

2015年5月23日，“中国社会科学院研究生院2015·文学全国博士生学术论坛”在研究生院召开。中国社会科学院副院长张江教授出席论坛开幕仪式，开幕式由中国社会科学院研究生院党委书记张政文主持。来自中国社会科学院研究生院、复旦大学、中国人民大学、浙江大学、厦门大学、武汉大学、北京师范大学、南京大学、中山大学等全国多所高校和科研机构的89名博士生代表参加了此次论坛活动。张江指出，此次论坛是中国社会科学院贯彻落实习近平总书记在文艺工作座谈会上重要讲话精神的一大举措，他鼓励与会博士生明确责任和使命，坚守和弘扬中国精神，不断谱写出顺应时代主旋律的优秀文学作品。该论坛旨在通过打造文学领域的精品学术论坛，为中国特色社会主义文化的大繁荣、大发展贡献出自己最大的力量。

研究生院举行2015届毕业典礼暨学位授予仪式

2015年6月26日，2015届研究生毕业典礼暨学位授予仪式在国歌声中拉开帷幕。中国社会科学院副院长张江发表讲话，他要求大家要牢记自己“社科人”的身份和使命，树立对马克思主义的坚定信仰，以严谨、勤奋和不忘初心的执着精神不断充实自己，将自己的智慧、理想与追求融入实现中华民族伟大复兴的中国梦当中，并在这个过程中谱写出自己精彩的人生篇章。

2015年非洲国家经济与社会发展总统顾问研讨班

2015年10月15日，由商务部主办，中国社会科学院研究生院承办的“2015年非洲国家经济与社会发展总统顾问研讨班”开班典礼在北京举行。该研讨班是部长级官员培训项目，共邀请到来自非洲7个国家的13位官员。商务部国际商务官员研修学院党委副书记黄登平、中国社会科学院研究生院院长黄晓勇出席仪式并致辞，仪式由研究生院党委副书记、副院长王兵主持。来自坦桑尼亚的利蓬巴代表研讨班官员向中国商务部和中国社会科学院研究生院表示感谢，并表示要通过此次研修班向中国汲取更多关于经济与社会发展的经验，进一步加深对中国的了解及中非之间的友谊。

“新三板 新打法”2015中国新三板投资年度峰会

2015年11月22日，由中国社会科学院研究生院工商管理硕士教育中心主办，融资中国杂志社和筹课网协办的“2015中国新三板投资年度峰会”在中国社会科学院召开。参加峰会的嘉宾有中国社会科学院经济学部主任、原副院长李扬教授，中国社会科学院研究生院院长黄晓勇教授，中国社会科学院工业经济研究所所长黄群慧教授以及国内外知名投资机构、知名企业、金融机构、中介机构、新闻媒体、学术爱好者等共一千余人。

峰会分别设置了“新打法 新未来”“新三板 新经验”和“新三板 新力量”三个圆桌论坛。

峰会当天还举行了MBA特聘导师聘任仪式。

中国社会科学院图书馆（调查与数据信息中心）

（一）人员、机构等基本情况

1. 人员

截至 2015 年底，中国社会科学院图书馆（调查与数据信息中心）共有在职人员 83 人。其中，正高级职称人员 3 人，副高级职称人员 20 人，中级职称人员 38 人；高、中级职称人员占全体在职人员总数的 73%。

2. 机构

院图书馆设有：采编部、典藏流通部、期刊部、古籍特藏部、参考咨询部、国际书刊交流部、文献信息研究室（知识定制部）、数据网络部、内网部、网络安全部、办公室、科研业务处、人事处（党办）。

3. 科研中心

院图书馆下设 1 个研究中心：中国社会科学院互联网发展研究中心。

（二）业务工作

院图书馆紧密围绕全院科研工作、创新工程和智库建设等核心工作，开展全院文献资源建设、信息服务和网络系统运维服务等业务工作，取得一定成绩。

1. 全面强化管理，提高工作水平

（1）扎实推进“三严三实”专项教育。2015 年，在院党组领导下，图书馆党委紧密结合“三严三实”教育活动，继续加强领导班子自身建设，提高领导水平和决策能力。2015 年 6 月和 9 月，开展两次党委书记讲党课活动，在全馆开展意识形态教育，牢牢把握正确政治方向。

（2）启动党委换届和纪委成立工作。2015 年 10 月，院图书馆启动了党委换届和纪委成立的工作。新一届党委在年龄结构、知识结构等各个方面更加适合图书馆改革创新、发展转型的艰巨任务，为在新形势下的“名馆”“名库”建设提供了可靠的组织保障。

（3）加强党委领导班子建设。2015 年 7 月，院党组决定对图书馆领导班子进行调整，任命王岚同志为图书馆馆长、党委委员，从组织上加强了图书馆党委领导班子建设。

新一届图书馆党委领导班子严格遵照院党组的嘱托，加强思想政治教育，在思想上和行动上与党中央、院党组保持高度一致；积极推进改革创新，做好图书馆转型升级；全面贯彻落实民主集中制原则，分工明确，责任到人，不定期召开党委会议、馆务会议，每周召开馆长办公会议，研究馆内重要工作事项，推进各项工作有序开展；团结协作，以诚相待，以班子的团结带动全馆的团结；带头严守政治纪律、组织纪律、财经纪律，按程序和规矩办事；关心爱护干

部职工，切实解决实际问题；落实中央八项规定，增强馆领导班子的向心力和凝聚力，建设一个讲党性、讲奉献、讲团结的领导班子。

(4) 全面强化内部管理。坚持“三公开一加强”。院图书馆各项工作实行“三公开一加强”，即馆务公开，财务公开，考勤公开和全面加强管理。馆内各项工作都本着“先批后办，批了再办，不批不办，办就办好”的原则，“三重一大”事项要经馆内有关会议批准后执行。

落实四个“一”要求。即坚持财务一支笔责任；管好一个章，即图书馆单位公章；开好一个会，即馆长办公会议；经费使用一万元以上必须经馆长办公会议研究批准。

高度重视安全工作。院图书馆要求各辖区的主体责任人和部门责任人做好分管辖区的各项安全检查；及时发现和排查暴雨、电器安全等各类隐患；职能部门做好工作日期间的安全巡检；信息化部门抓好每日的网络、网站、设备、数据库的建设和监管等工作，制定应急预案；纸本图书部门要保证阅览环境干净整洁，闭馆后书库阅览室要进行读者清场后锁门，重点保障古籍书库安全。

启动《图书馆管理规定》制定工作。以院有关文件为依据，结合巡视整改工作新精神，对党风廉政建设类、会议制度类、行政管理类、人事管理类、创新工程类、财务管理类、科研管理类、外宣管理类、外事管理类、业务部门管理类等规章制度，进行梳理、补充和修订。

(5) 营造良好工作氛围。院图书馆形成了团结奋进谋发展和谐互助讲奉献的良好风气，在全馆人员共同努力下，院图书馆资源建设、读者服务、信息化建设、课题研究等各项工作不断取得进展，同时在“9·3”阅兵安全检查、网络安全运行、全院职工运动会等方面也取得了一系列好成绩。

2. 海量数据库建设（一期）项目正式启动，稳步推进实施

2015 年 4 月 14 日，院图书馆代表中国社会科学院与有关单位正式签约，标志着“中国社会科学院海量数据库建设工程（一期）项目”启动实施。该项目以院党组提出的“建设中国第一、世界一流的哲学社会科学海量数据库”为目标，成为进一步推进全院创新工程，革新科研方式和手段、提高科研信息化水平的重大举措，受到院党组的高度重视。项目自启动以来，在各方的协作配合下稳步推进。

(1) 项目准备工作充分扎实。制定了《中国社会科学院海量数据库建设工程（一期）项目实施方案》，该方案依据“统筹组织、合理安排、科学调配、有序推进”的原则，强化项目实施过程管理，对项目实施组织保障、项目计划、项目管理进行了周详规划，明确了项目实施计划阶段、研发阶段、集成阶段、试运行阶段、验收阶段的工作任务、成果内容和验收时间，引入了项目成果专家评审制度和项目监理工作机制。明确职责和分工。院图书馆与合作单位的领导共同成立了项目领导小组。遴选院内外相关工作的专家和技术人员组成了项目实施工作组、督察组、专家组、商务组、集成组、保障组、各分项实施组等工作小组，责任到岗到人，确保项目有序实施。建立了项目监理机制。2015 年 4 月，院图书馆委托人文公司进行监理招投标，选择具有信息工程监理资质、相关行业经验丰富、信誉良好的监理公司合作，对项目实施包括开发、集成、验收等各阶段的工作进行监理做好项目法律咨询工作。于 2015 年 6 月聘请法律顾问，同时要求有关单位提供详细明确的软件知识产权资料和承诺书。规范合同执行。在监理公司和法律顾问参与下，项目各个系统的知识产权相关资料已经按要求收集齐全，便于签订知识产权补充协议。建立协调机制。项目合作单位先后组织召开了 6 次子项目汇报展示会，邀请多家各子项目意向承建单位展示各自成功案例和对承建项目的理解及实施建议。

（2）项目建设基本情况。2015 年，海量数据库整合平台、馆藏文献数据库、科研成果数据库需求已通过评审。同时，三个数据库的概要设计方案已提交，系统界面设计已确定或正在沟通，系统开发、数据样例测试也已展开。社会调查数据库包括面访调查系统、网络调查系统、数据调查网站的需求已通过评审。古籍善本数据库方面，加工场地、古籍专家小组、古籍修复等都已提出初步方案。云平台建设方面，已完成需求调研并制定实施方案，正在制定详细的软硬件部署实施方案。

（3）国家期刊库影响力进一步扩大。国家期刊库在 2015 年继续推进期刊签约与数据上线，着重加强宣传推广与对外合作，开展课题研究与调研，重视用户服务与交流，国家期刊库的影响力与知名度进一步扩大。

进行系统规划设计，提升系统性能。在国家期刊库两次改版基础上，2015 年对已完成的系统功能进一步优化与完善，同时着手对系统的再次改版升级进行规划设计，确定功能扩展建设需求方案，包括网站整体结构调整、新功能开发、移动 APP 的建设等。

采取积极措施，保证数据及时加工上线。2015 年，国家期刊库新增论文 185456 篇，包括 2015 年新刊新增 73822 篇和 2014 年（含）以前过刊回溯 111634 篇。目前，国家期刊库中已有 410 种期刊回溯至创刊号，占全部期刊的 62%，最早回溯至 1921 年，回溯至 1995 年以前的期刊有 470 种。

完成服务器扩容升级及安全设备更新。国家期刊库于 2015 年 9 月完成硬件扩容工作，增强了数据库的系统安全性，同时提升了用户使用体验，数据检索、在线阅读和下载等功能也得到进一步优化。

做好域名抢注和备案工作。院图书馆在调研了“国智网”“国讯网”“国策网”“国刊网”等名称的工商及 ICP 注册备案信息基础上，对国家期刊库部分域名进行抢注和备案。

加强期刊收录，保证数据更新。2015 年，国家期刊库上线期刊 666 种，其中精品核心期刊 533 种，上线论文 2960363 篇。共收到 548 种 2438 册纸质期刊、1433 期电子期刊用于数据加工。收集、整理作者数据 672042 条、学术机构信息 18430 条，不断完善有关信息内容。

用户关注度不断提升，期刊库使用率不断提高。2015 年，国家期刊库个人注册用户数已达到 72366 人。国家期刊库自上线至今，日均点击量约 22 万次，日均检索次数 3 万次，总点击量达 104531702 次，总访客数 1451866 人，累计下载论文 233 万篇。2015 年 9 月 30 日，国家期刊库在专门发布网站的世界排名为第 163479 位，较 2014 年底提升了 31947 个名次；国内排名第 16947 位，较 2014 年底提升了 2350 个名次。

线上线下宣传并举，影响力不断扩大。截至 2015 年底，已经有 320 家国内外机构或添加国家期刊库的友情链接或作为推荐资源，包括 240 余所高校、20 家地方社科院、求是网、光明网、国家图书馆以及美国国会图书馆、俄亥俄州立大学、普林斯顿大学图书馆等。

开拓多种网络宣传渠道，积极与用户互动交流。2015 年，国家期刊库新浪官方微博粉丝数为 153021 人，单条微博最高阅读 87.3 万次。微信关注人数达 10137 人，单篇最高阅读量达 7358 次，转发收藏 1887 次。国家期刊库官方网站更新最新动态 665 篇，论文推荐 1274 篇，作者推荐 40 位，机构推荐 35 所。在中国社会科学网"数据中心"频道、光明网"光明学术"频道更新各类图片动态、专题报道、期刊论文数百篇。

拓宽传播渠道，筹拍国家期刊库宣传片。2015 年，为拓宽国家期刊库的传播渠道，院图书馆与相关公司合作制作《国家哲学社会科学学术期刊数据库宣传片》，已完成了解说词与图文素材准备及第一版的制作。

加大媒体宣传力度，扩大国家期刊库对外影响。2015 年，院图书馆利用一切能够帮助国家期刊库树立自身良好形象的媒介资源，积极对外进行宣传报道，国家期刊库多次活动被中国新闻网、光明网、《光明日报》、凤凰网等媒体报道。

积极开展学术活动，搭建交流互动平台。2015 年，院图书馆举办"大数据时代的学术期刊数字出版——机遇与挑战"学术研讨会；举办了 6 期国家期刊库编读活动，话题阅读量累计 1891.3 万次，累计参与讨论人数达 2025 人；结合纪念抗日战争胜利 70 周年，还组织了国家期刊库抗战纪念日微信专题活动和有奖问答活动。

认真开展调查研究，探索国家期刊库发展战略。2015 年，院图书馆先后完成了系列分析报告。同时，开展 20 个国家的开放获取政策发展现状及趋势研究，为该库在开放获取方面的研究奠定了一定基础，也为我国社会科学学术领域开放获取政策制定提供借鉴和依据。

进行国外重要学术成果的译介。2015 年起，图书馆对国家期刊库重要国外学术成果进行译介，通过国家期刊库官网、光明网学术频道、社科网、百度文库、微博、微信、博客平台发布了多篇国外重要学术文章的摘要翻译及少量部分英文研究报告主要内容的摘编和翻译。

开展公益性合作，提高学术资源的传播力。2015 年 4 月，图书馆与光明网合作创办的"光明学术"频道正式上线，该频道开通学术动态等 11 个栏目，汇聚了社会科学前沿学术研究与精品学术成果。此外，图书馆通过与国外研究机构、数据库商合作方式及聘请咨询专家等方式，促进国家期刊库及我国优秀学术成果的国际传播。

创新编制信息产品。2015 年 10 月，院图书馆制作发布国家期刊库学术专刊《社科智讯》第一期。该刊物主要发布学科分析、重大现实与理论问题探讨、学术视点、专家热点分析、重点文章推荐、学术会议资讯及国家期刊库近期建设进展、重要活动等内容。

完成院内外委托交办任务。2015年，院图书馆应全国社科规划办要求，利用国家期刊库对2015年上半年重大理论与现实问题进行归纳，对28个主要问题的发文情况进行统计分析；完成了有关“城镇化建设”等相关主题文献资料收集与整理；还配合院科研局、院新闻所等单位完成了相关论文的收集、整理分析工作。

（4）科研成果知识门户上线，科研成果数据库初见成效。院图书馆完成了科研成果知识门户网站系统建设及本地化部署。该门户网站收录院图书期刊等各类数据111313条。完成了科研成果数据库建设其他前期相关准备工作。整理了院科研成果相关数据名目、实体机构数据，拟定了科研成果库的《机构知识库内容存缴与传播的权益管理政策》等相关管理文件。

（5）准备工作顺利开展，古籍善本数据库建设提速。经与有关单位多次沟通，确定古籍修复一期工程方案。此外，还开展了古籍数据库发布平台功能设置、图像扫描色彩管理、古籍修复流程、异体文献加工方式、数字化衍生产品开发、生僻字处理、水印处理等调研工作，完善古籍数字化流程及工作规范，完善古籍数据加工有关规章制度。

3. 启动试点实验室建设，有序开展相关工作

一是完成了经济社会发展综合集成实验室启动方案并启动了试点实验室建设，初步完成舆情实验室的建设方案。二是形成了《实验室建设调研方案》，并于2015年9月对全院已建成的实验室进行了问卷调查和实地走访调研。三是形成了《中国社会科学院综合集成实验室管理办法》《中国社会科学院综合集成实验室评估细则》《中国社会科学院综合集成实验室评估指标》等系列文件。四是落实院名优协调会议关于恢复或新建有关综合集成实验室的内部通讯要求，初步拟定《实验室快讯》方案。五是制定完成实验室经费预算。

4. 完成了综合管理平台建设功能需求报告调研、方案建议

2015年8月，综合管理平台项目的调研计划、调研实施阶段工作基本完成，整理分析规划设计阶段已如期开始。2015年6至9月，分别选择院内有代表性的20家局、所单位开展了51次平台功能需求调研，同时也调研了中国科学院，完成了平台功能需求报告，取得了突破性重要成果。2015年9月，经过认真调研，反复论证，《中国社会科学院综合管理平台建设整体方案建议书》终于定稿。

5. 加强信息化基础设施建设，确保系统安全运行

（1）有序开展基础设施平台项目建设。该项目2014年底立项，总投入约1700万元，主要从网络基础环境、网络安全等方面对全院网络进行升级改造。

（2）配合基建工程做好综合布线工作。2015年，图书馆配合科研大楼改造等基础建设工程，完成了科研楼中段的综合布线和网络设备升级改造，行政楼综合布线敷设及网络安装调试工作，密云培训基地综合布线改造工程，法学片、国际片布线改造工程等。布线工程采用六类网线，大幅提升了个人终端接入网络的速率，下载速度可以达到30M/秒。

（3）加强网络、数据库日常运维，确保重要时间节点安全运行。在全国“两会”、庆祝反法西斯战争胜利70周年纪念活动、国庆节、中秋节以及其他重要时期，制定了各类应急预案，加强重要时间节点的安全巡检工作，进行24小时现场值班和远程监控。2015年，院图书馆负责的网络环境，一、二、三平台及院内网、图书馆自动化系统以及各个数据库系统运行稳定，保证了全院科研工作和图书馆各项业务工作的正常进行。

(4) 网站平台的建设与维护工作。配合杂志社，开展信息化项目“子网迁移中转平台搭建”建设，实施了设备采购、系统集成服务、安全扫描服务、数据迁移服务等工作。2015年，完成了5批共计56个子网站的正式环境迁移工作并上线运行，完成了27个子网站的旧站关闭工作。

(5) 社科网平台升级调研论证工作启动。该工作于2015年7月份正式启动，经与社科网、平台运维厂商等进行了多次现场调研，2015年底形成《社科网平台升级扩容可行性研究报告(讨论稿)》。

(6) 信息安全等级保护测评启动。根据公安部等四部委制定的《信息安全等级保护管理办法》，院图书馆与有关等级保护测评机构签订了社科网平台合同，启动了2015年度社科网平台等级保护测评工作，该工作进展顺利。

6. 资源建设成效显著，满足科研工作需要

(1) 积极采购各类资源。2015年，图书馆开通使用92个数据库；与德古意特公司合作，首次将PDA模式（读者驱动采购）引入国内；共开通72个数据库的试用。采购中文图书12597种、港台图书107种、外文图书5425种，采购新方志7306种、7681册；采购古籍79种、240册；收集、加工学位论文27395册。采购院属科研人员推荐的各语种图书446册。协调3家研究所采购高码洋图书4种。完成中文图书编目13335册、港台图书编目444册、外文图书编目4099册；完成中文图书数据校对修改13285册、港台图书数据校对修改444册、外文图书数据校对修改4343册，馆藏图书数据修改865册；记到上架中文期刊15200册、外文期刊5169册，港台期刊579册。

(2) 开展交流交换工作。完成与国（境）外41家机构交流合作单位的期刊交换工作及2016年交换用期刊订购工作。接收韩国庆北大学图书馆等境外7家机构赠送英文及其他外语语种图书600种、700册；接收国内、院内机构单位和个人用户赠送普通中文图书1935册，英文、俄文、日文、德文、蒙古文、阿拉伯文等外文图书1100册。向法国波尔多政治学院、西藏社科院、敦煌市图书馆、遵义市图书馆等，累计赠送中文图书1678种、1888册。配合国务院新闻办“中国之窗”项目，组织国（境）外13家机构圈选图书4100余册。

(3) 优化馆藏资源布局。院图书馆继续加大藏书结构的优化和馆藏布局的调整，改善读者阅览环境。2015年，图书馆剔除旧书14944册，修改数据10463册，上架4145册，倒架515架，顺架234架。2015年7月，落实院里要求，及时接收欧洲研究所移交的相关藏书。

7. 狠抓服务创新，提高服务水平

(1) 数字资源使用服务。院图书馆开通了全院远程访问使用系统，便于科研人员随时随地访问院内数字资源。截至2015年底，该系统共有注册用户11412人。

2015年，院图书馆落实院领导关于“送资源上门”的要求，重点开展数字资源上门特色服务，组织数据库商到院内有需求的院所开展“一对一”“一对多”“多对多”等不同形式的数字资源上门服务工作，还结合研究人员的实际需求，向全院36家研究院所的700余人开展58种数据库资源使用现场培训。同时，开展小型沙龙、培训等服务共23期。图书馆举办3次了“数字资源让学术研究更便利”主题数字资源宣传推广日活动，共有25家国内外著名数据库商在现场展示院馆引进的中外文数字资源，解答读者提问。开通数字资源线上服务。邀请关数据库商加入全院数字资源服务QQ群，解答问题。此外，还开通了EIU国家风险服务数据库在线研讨课程等各类在线培训课程，方便研究人员浏览学习。2015年，图书馆电子阅览室共接待4027人次，扫描253次，刻录8次。

（2）纸本资源使用服务。为全院科研工作和创新工程提供有效文献支撑，图书馆向读者提供了馆藏书目检索、数据库检索、图书借阅、馆际互借、文献传递、文献复制、证件办理等服务。全年图书馆接待到馆读者阅览纸本文献23925人次，提供中外文图书借还53002册；继续做好送书上门服务，2015年为院领导和所局级领导、学部委员、荣誉学部委员、创新项目首席等约300余人提供新书预约、文献荐购、证件代办等工作。启动了在架图书预约外借服务，节省了读者找书的时间，受到读者欢迎；启动馆内读者复印等服务免费试点工作，节省了读者的经费开支。

（3）网络运维服务。积极配合院属各单位做好机房管理、网络使用、网络安全、邮箱系统等运维和管理工作，为各单位提供24小时技术支持。对一、二、三号机房59个机柜、539台设备的用电、空调、消防、环控、空间使用等方面进行巡检、维护工作共计60次。对邮件系统硬件、软件和用户行为进行安全巡检共计360次，新建邮件账户及重置邮箱密码679个，发现并解决登录及行为异常账号66个，提供技术支持810余次。

对网络系统汇聚设备、院部核心设备、片网汇聚设备、内网防火墙、DMZ防火墙、上网认证设备等方面进行巡检、维护230次，数据、策略备份260次，安全策略调整64次，上网账号增、删、改处理工作3002次，提供技术支持200余次。

对全院网络巡检230次，对KVM设备巡检4次，学科片巡检20余次，组织、参加培训及技术交流30余次。以邮件形式向全院邮箱用户发送《病毒预报》及《病毒监测周报》37次。

处理社科网台无法登录、数据库异常、文件空间不足、服务器死机、系统进程假死、服务器群集失效等异常81次，以及下班后到院现场应急解决故障共计6次。每天对网站发布平台应用系统、操作系统、虚拟机、服务器、数据库、存储设备、网络设备、安全设备等进行巡检；每周对网站发布系统、互动社区系统、网站流控系统、数据库系统、存储系统进行巡检；每周对硬件设备进行机房巡检；全年备份及策略调整工作78次；及时进行升级及漏洞修补。

8．期刊出版工作

《程序员》杂志社与新唐智库合作开展《程序员》复刊工作，出版《程序员》(大数据与智能化专题) 2 期杂志；准备期刊更名《智库》所需材料。

《环球市场信息导报》杂志社继续与浙江规划院、北京环报文化传播有限公司开展合作；由中国能源学会、北京君华盛宏文化发展有限公司、陕西学者教育传媒有限公司进行代理发行；与国富研究院合作开发微信城市端及数据共享团，力争 2016 年上线。

（三）科研工作

1．科研成果统计

2015 年，图书馆共完成专著 1 种，29.2 万字；论文 3 篇，1.92 万字；研究报告 7 种，20.4 万字。

2．科研课题

(1) 新立项课题。2015 年，图书馆共有新立项课题 3 项。其中，国情考察课题 1 项："大数据时代的知识订制服务"(李春华主持)；中国社会科学院研究所国情调研基地 1 项："山东武城基地（王玉巧主持)；中国社会科学院研究所国情调研基地项目 1 项："城市历史文化资源管理现状调研 —— 以山东武城为例"(王玉巧主持)。

(2) 结项课题。2015 年，图书馆共有结项课题 5 项。其中，国情考察活动 2 项："构建现代公共文化服务建设的思考 —— 以广西以方志、文博系统和靖西为例"(庄前生主持)，"大数据时代的知识订制服务"(李春华主持)；中国社会科学院研究所国情调研基地 1 项："山东武城基地（王玉巧主持)；中国社会科学院研究所国情调研基地项目 1 项："城市历史文化资源管理现状调研 —— 以山东武城为例"(王玉巧主持)；院青年科研启动基金课题 1 项："中国古代方志舆图研究"(高文娟主持)。

(3) 延续在研课题。2015 年，图书馆共有延续在研课题 6 项。其中，院长委托课题 1 项："汉英新词语词典"(黄长著主持)；院重大课题 1 项："世界语言大辞典"(黄长著主持)；所重点课题 4 项："'走出去'战略与我院学者国际论文统计分析"(刘振喜主持)，"图书馆危机管理研究"(魏进主持)，"院图书馆岗位设置及考核办法研究"(赵慧主持)，"论图书馆行政管理规章制度的建设"(王清君主持)。

3．获奖优秀科研成果

2015 年，获得中国社会科学院图书馆优秀科研成果一等奖 3 项：黄长著等的专著《网络环境中图书情报学科与实践的发展趋势》、任全娥等的论文《基于文献引证关系的人文社会科学论文评价》、包凌等的论文《图书馆统一资源发现系统的比较研究》。获得优秀奖 2 项：孔青青等的工具书《人文社会科学数字资源使用手册》，任全娥的专著《人文社会科学成果评价研究》。

（四）学术交流活动

1. 国内学术活动

2015 年，院图书馆主办和承办的学术会议有：

（1）2015 年 5 月，院图书馆文献信息研究室邀请汤森路透资深培训师来图书馆做题为“人文社会科学信息工作者如何提供检索服务”的讲座。

（2）2015 年 7 月 16 日，图书馆、国家期刊库主办的“大数据时代的学术期刊数字出版——机遇与挑战”学术研讨会在北京召开。会议研讨的主要问题有“社会科学领域学术期刊数字化转型”“新媒体应用”“开放获取及网络化建设”等。

（3）2015 年 9 月 21 日，图书馆·情报与文献学名词审定委员会会议在北京召开。

（4）2015 年 10 月 21 ~ 23 日，“社科云——海量数据库的应用推广”培训班在北京召开。

（5）2015 年 11 月，院图书馆文献信息研究室举办“科研绩效评价指标专家咨询与研讨会”。

2. 国际学术交流与合作

2015 年，院图书馆共派遣出访 5 批（含 2 个院级项目）5 人次；接待来访 3 批 13 人次；接待院属其他单位临时访问外宾 20 批 40 人次。

主要来访活动：

（1）2015 年 5 月 8 日，俄罗斯科学院社会科学信息研究所代所长叶夫列缅科一行访问了院图书馆。

（2）2015 年 6 月 2 日，韩国庆北大学社会科学图书展览开幕式在中国社会科学院图书馆举行。

（3）2015 年 12 月 10 日，韩国国会图书馆馆长李恩徹一行 4 人应邀访问院图书馆。

主要出访活动：

（1）2015 年 4 月 9 ~ 15 日，院图书馆副局级干部赵胄豪随文化部组织的中国政府文化代表团赴美国华盛顿参加了第四届“中美文化论坛”。

（2）2015 年 6 月 21 日至 7 月 5 日，院图书馆馆员王一杰赴英国参加由国际合作局组织的“中国社会科学院 E-Social Science 研究模式与信息技术应用培训”项目。

3. 与中国香港、澳门特别行政区和中国台湾开展的学术交流

2015 年 9 月 26 ~ 30 日，院图书馆副馆长蒋颖应邀赴澳门参加太平洋邻里协会 2015 年年会（PNC coference 2015）暨联合会议全程会议。

（五）学术社团

中国社会科学情报学会，理事长庄前生。

2015 年 7 月 8 ~ 10 日，中国社会科学情报学会在四川省成都市召开了“中国社会科学情报学会第八届全国会员代表大会暨 2015 年学术年会”。

（六）会议综述

中国社会科学情报学会第八届全国会员代表大会暨2015年学术年会

2015年7月9～10日，中国社会科学情报学会第八届全国会员代表大会暨2015年学术年会在四川省成都市召开。会议的主题是“大数据环境下的情报服务与创新”。

7月9日，主题年会召开。会议由中国社会科学情报学会、中国科技情报学会联合主办，四川省科学技术信息研究所协办。来自国内社科院系统、中科院系统、高校系统、科技信息系统等10位图书情报学专家围绕年会主题分别做了学术报告。中国社会科学院学部委员、中国社会科学情报学会理事长黄长著作题为“浅阅读Vs深阅读与全民文化素养的提高”的主题学术报告；中国科学技术信息研究所所长戴国强作题为“众创时代科技情报服务创新的新思考”的主题学术报告；武汉大学信息资源研究中心主任马费成教授作题为“大数据环境下用户需求信息组织”的主题学术报告；中国国防科技信息中心主任刘林山作题为“大数据助推国防科技信息工作创新发展”的主题学术报告；中山大学咨询管理学院院长曹树金作题为“浅谈网络情报学”的主题学术报告；华中师范大学信息管理学院院长夏立新作题为“科技报告中的知识发现”的主题学术报告；中国科学院兰州文献情报中心主任张志强作题为“学科信息学的发展与情报研究”的主题学术报告；中国社会科学院评价中心主任荆林波作题为“信息技术对社会科学研究的挑战”的主题学术报告；北京市科技信息研究所副所长吴晨生作题为“互联网+大数据情报的情报3.0”的主题学术报告；福建社会科学院历史研究所所长刘传标作题为“构建与地方社会科学院相匹配的文献情报服务体系”的主题学术报告等。

2015年7月9～10日，中国社会科学情报学会第八次全国会员代表大会暨2015年“大数据环境下的情报服务与创新”主题学术年会在四川成都召开。

年会期间，中国科学技术情报学会秘书长郑彦宁、中国社会科学情报学会秘书长刘振喜公布了2015年学术年会征文评选结果并宣读了获奖作者名单。

年会期间，中国社会科学情报学会的社科院系统、高校系统、党校系统、军队院校系统和新闻系统的图书情报信息工作者，以及来自中国科技情报学会的中国科技信息研究所、全国各省（自治区、直辖市）科技情报（信息）研究所（院）的 300 余名代表参加了会议。

7 月 10 日，中国社会科学情报学会第八届全国会员代表大会召开。第七届学会理事长黄长著代表第七届理事会发表讲话，学会秘书长刘振喜作了学会工作报告。

大会期间，学会与会代表审议通过了中国社会科学情报学会第七届理事会工作报告和关于修订学会章程的几点意见，选举产生了中国社会科学情报学会第八届理事会领导机构，中国社会科学院学部委员黄长著当选为名誉理事长，中国社会科学院图书馆党委书记、副馆长庄前生当选为理事长，副馆长蒋颖当选为常务副理事长兼秘书长。会议还通过了常务理事、理事及学会专家咨询委员会等各委员会组成人员名单。

大会期间，中国社会科学情报学会的社科院系统、高校系统、党校系统、军队院校系统和新闻系统等学会五大系统的图书情报信息工作者 100 余人参加了会议。

（魏　进）

“大数据时代的学术期刊数字出版——机遇与挑战”学术研讨会

2015 年 7 月 16 日，图书馆、国家期刊库主办的“大数据时代的学术期刊数字出版——机遇与挑战”学术研讨会在北京召开。来自全国各大学术期刊编辑部代表约 40 人探讨交流了社会科学领域学术期刊数字化转型、新媒体应用、开放获取及网络化建设等方面的问题。

中国社会科学院调查与数据信息中心副主任赵胄豪致欢迎词。中国社会科学院图书馆（调查与数据信息中心）数据网络部主任杨齐作了题为“推动学术期刊数字化变革 开创学术资源共享新局面”的演讲。部分期刊专家作了主题发言，围绕会议主题提出自己的看法和建议，介绍转型探索的过程和经验。

与会期刊编辑部代表还就“大数据时代学术期刊编辑部将会面临哪些挑战”“如何做好学科的集群出版”“如何解决纸质期刊和数字出版之间的矛盾”以及“国内数字出版的发展趋势”等重点、难点、热点问题展开了深入交流与讨论，为学术期刊未来的发展献言献策。

（数据网络部）

图书馆·情报与文献学名词审定委员会会议

2015 年 9 月 21 日，图书馆·情报与文献学名词审定委员会会议在中国社会科学院召开。中国社会科学院秘书长、党组成员高翔，全国科技名词审定委员会专职副主任裴亚军出席会议并讲话。中国社会科学院图书馆馆长王岚、副馆长蒋颖和学部委员黄长著等出席会议。

2015年9月21日，图书馆·情报与文献学名词审定委员会会议在中国社会科学院召开。

高翔表示，受全国科技名词审定委员会委托，中国社会科学院承担了社会科学领域名词审定工作。中国社会科学院对此项工作高度重视，为顺利开展名词审定工作提供全方位保障。部分研究所已经组织本领域的全国知名学者成立了分学科名词审定委员会，启动了名词审定工作。目前《语言学名词》《世界历史名词》已经公布并出版，《经济学名词》《社会学名词》《中国古代史名词》《宗教学名词》已完成初稿。《图书馆情报与文献学名词》也进入最后审定阶段。

高翔强调，科技名词审定是一项国家工程。与科技领域名词相比，社会科学的交叉学科、跨学科特点尤为突出，其名词审定工作遇到的情况更复杂，任务更艰巨。他指出，社会科学研究存在三个较为突出的问题，分别是概念界定不规范、写作不规范、常识性错误多见，需要引起注意，予以纠正，这是走向严谨、走向规范、走向科学的必由之路。

高翔就名词审定工作提出三点建议：第一，紧密围绕学科创新、学术创新、方法创新开展学科名词审定工作。要坚持把学科名词审定和规范放到国家经济社会发展大局、文化事业繁荣发展的大局和哲学社会科学创新工程大局中进行战略定位，充分认识名词审定工作的重要性。在学科创新、学术创新、科研方法创新的过程中，新名词、新术语大量涌现。将它们引入社会科学时，一开始就应尽量规范，否则后面的研究工作很可能陷入误区。

第二，要发挥团队精神，发挥群体智慧，保证名词审定工作的科学性和权威性。学科名词审定是一项严肃、认真、细致的工作，涉及社会科学各个学科，审定结果要经得起实践的检验，要得到学界的认可。要完成这样一项艰巨的任务，单靠一个研究所的力量远远不够，需要集中本学科领域权威专家的集体智慧和才干，认真研究论证，力争做到表达科学、准确，绝不能把个人的局限变成社会科学的局限。在这方面，图情学科的做法值得肯定。

第三，名词审定和规范是一项长期任务，应当成为研究所学科建设的日常工作，保证学科名词审定工作的可持续性。我国哲学社会科学这几十年浮躁风气较盛，基础性建设跟不上。名词术语工具书的编写，应该起用学养深厚的一流学者。研究所应该将其作为学科建设的基础性工作常抓不懈，使科研工作在规范严谨的轨道上进行。

中国社会科学院学部委员，图书馆·情报与文献学名词审定委员会主任黄长著在讲话中回顾了本学科名词审定委员会成立五年来所开展的工作。

图书馆副馆长、学科名词审定课题组副组长蒋颖汇报了《图书馆学情报学名词》（初稿）选词过程和审定中遇到的问题及处理方法。

在听取审定委员会和课题组工作汇报后，裴亚军指出，自2000年全国名词委开展第一个社科名词审定项目——语言学名词审定项目以来，社会科学名词成为科学技术名词大家庭的重要组成部分。到目前为止，依托社科院各研究所，成立了近20个名词审定委员会，正式公布了语言学名词、世界历史名词，今年马上还要预公布宗教学名词。

裴亚军指出，本学科名词审定委员会在组织工作中做了很多创新，有些工作已经走到了全国名词委的前面，值得学习和借鉴。今后全国名词委将努力建立起名词工作新常态，凝练成一句话就是"常态化工作，常态性存在，实现名词工作长期可持续发展"。他希望参加会议的审定专家做好本学科名词审定的后续工作并长期关心和支持名词审定工作。

与会专家对《图书馆学情报学名词》（初稿）进行了认真审议，提出了许多建设性的意见和建议。

出席会议的还有院科研局、全国科技名词委事务中心有关部门负责同志以及课题组全体成员。

（魏　进　郭哲敏）

中国社会科学评价中心

（一）人员、机构等基本情况

1. 人员

截至2015年底，中国社会科学评价中心有工作人员33人，其中编制内人员19人，聘用制人员15人。在编人员中，正高级职称人员4人，副高级职称人员3人，中级职称人员6人；高、中级职称人员占全体在编人员总数的68%。

2. 机构

中国社会科学评价中心设有：综合服务部（含人才交流培训中心）、机构评价项目部（含全球核心智库评价项目部）、期刊及成果评价项目部、评价数据项目部和中国社会科学评价报告编辑部。

（二）中国社会科学评价中心的职责、任务

中国社会科学评价中心的主要职责是：构建中国社会科学权威评价体系，引领我国学术研究朝着正确的方向发展；搭建国际化学术交流平台，参与全球学术评价标准的制定，掌握学术评价话语权；根据中国社会科学院创新工程与科研管理的需要，在院创新办的指导下参与科研绩效评价体系的设计与实施。

中国社会科学评价中心主要任务是：对中国社会科学院创新工程科研成果、人文社会科学期刊进行分析评价，提供相关报告；举办“全国社会科学评价论坛”，发布“中国社会科学综合评价年度报告”系列评价报告；发布《全球智库评价排行榜》等。

（三）主要学术活动及工作业绩

1. 始终把握正确的评价导向，将政治导向寓于评价工作

评价中心多次召开主题会议，传达并学习中央以及院相关会议精神，深入学习习近平总书记系列重要讲话精神、中央关于意识形态领域的重要讲话精神、院领导的有关讲话精神，将最新精神贯彻到评价中心的科研工作中，将政治导向寓于评价工作中，把握正确的学术方向，引领评价导向。

2. 发布全球核心智库评价报告

中国社会科学评价中心耗时近两年时间成功制定全球智库评价指标体系，完成全球智库评价报告。2015 年 11 月 10 日《全球智库评价报告》正式发布。从智库的界定、智库评价方法的对比分析、全球智库综合评价 AMI 指标体系、全球智库评价的过程与排行榜、基于全球视角构建中国新型特色智库等五个方面做了阐释和说明，并着重介绍了全球智库综合评价指标体系的设置、评价方法和理论依据。与其他智库评价标准和方法相比，全球智库综合评价 AMI 指标体系注重了评价指标注重定性与定量相结合，这是与以往智库评价方法的一个显著的不同之处。《全球智库评价报告》发布以来，受到国内外媒体的高度关注，仅发布的一周内有 166 家国内媒体直接或者间接进行了报道，同行给予了较为积极的肯定。

3. 开展英文期刊评价项目

2015 年初，评价中心研究制定了英文期刊调研方案，并向院内 37 个研究单位以及国内英文期刊编辑部发送“英文期刊基本信息调查问卷”，并走访中宣部、教育部、国家图书馆相关部门，了解英文期刊发展现状以及评价相关信息，并初步形成了英文刊 AMI 评价指标体系。

4. 完善中国人文社会科学综合评价 AMI 指标体系，召开《马克思主义学科报告》新闻发布会，撰写法学等分学科报告

2015 年初，评价中心走访院内外研究机构，听取对 AMI 指标体系的反馈意见，完善 AMI 评价指标体系。筹备出版《中国人文社会科学期刊评价报告》，在《中国社会科学评价》2015 年创刊号上全文发布了评价报告。

评价中心推进期刊评价马克思主义、法学等分学科报告项目，基于“中国人文社会科学综合评价 AMI”指标体系，2015 年 7 月，评价中心完成《马克思主义学科报告》。2015 年 9 月，评价中心在北京召开《马克思主义理论学科期刊报告》发布会，报告秉持鲜明的问题意识，坚持强烈的问题导向，高度关注人文社会科学期刊的发展特点和存在的现实问题。

5. 推进数据采购工作

2014 年评价中心向院提交方案，拟对现有数据库进行补充完善，建立国内规模最大的华文期刊引文数据库。2015 年 8 月和 9 月“中国人文社会科学引文数据库数据采购项目第一包”与“中国人文社会科学引文数据库规范管理系统项目”分别在中金招标有限责任公司进行了开评标。

6. 加强自身建设，培养高素质人才队伍

（1）加强制度组织建设。加强管理，梳理规章制度，实现分层管理、层层负责、责任到位、责任到人。2015 年 9 月，评价中心出台了《中国社会科学评价中心工作守则》等 15 项规章制度，强化在职称评审工作、岗位分级定级、人员聘用以及薪酬调整等工作的制度约束。

（2）党建工作。评价中心党总支组织开展关于党的路线方针政策，以及马克思主义理论的学习，中心领导先后参与所局主要领导干部马克思主义经典著作读书班以及“三项纪律”建设的专题辅导讲座，在评价中心深入开展“三严三实”、三项纪律学习活动。

（3）打造过硬的科研队伍，多出研究精品，扩大评价中心影响力。评价中心通过人才引进、业务学习等途径，加强科研队伍建设，加强业务学习，了解学科发展、理论动态，吸取先进的理念，在评价中心内部形成良好的科研风气。评价中心科研人员先后在主流媒体以及院要报等，发表近 10 篇学术论文，科研人员积极参加各种研讨会，提升研究水平，扩大评价中心的学术影响。

（4）拓展院内外、国内外 / 境内外学术交流，扩大外宣

携期刊评价研究成果以及智库问卷等走访院内研究所和地方社科院、高校等，征询相关意见，宣传推广评价中心的研究成果。接待各期刊编辑部等调研团组 30 余批次。同时，在国际合作局的指导下，评价中心组织学者赴美国、英国、比利时等进行学术访问，与近 10 家智库建立了学术联系。评价中心还与中宣部探讨开展战略合作。

（四）会议综述

第二届全国人文社会科学评价高峰论坛

2015 年 11 月 10 日，由中国社会科学院中国社会科学评价中心主办的第二届全国人文社会科学评价高峰论坛在北京举行。中国社会科学院秘书长、党组成员、中国社会科学评价中心学术指导委员会副主任高翔，国务院发展研究中心副主任、党组成员隆国强出席论坛开幕式并致

辞。高峰论坛的主题是“全球智库评价报告发布暨智库问题研讨”。来自全国社会科学研究机构、高等院校及美国、德国、韩国、日本、阿斯拜疆等国家的专家学者共100余人参加论坛。

论坛开幕式由中国社会科学评价中心主任荆林波主持。

高翔在致辞中指出，随着世界各国现代化的深入推进，智库在国家治理中的地位与作用越来越突出，日益成为国家治理体系和国家治理能力的重要构成和重要表现、国家软实力的重要组成部分和国际竞争力的重要因素。2015年1月，中共中央办公厅、国务院办公厅印发了《关于加强中国特色新型智库建设的意见》，把中国特色新型智库建设作为一项重大而紧迫的任务提了出来。正确认识和准确把握中国特色新型智库的基本内涵和建设原则，对于建设面向现代化、面向世界、面向未来的中国特色新型智库体系，提升智库在党和政府决策中的地位和用，对于推动党和政府决策科学化、民主化，更好地服务党和国家工作大局，对于推进国家治理体系和治理能力现代化，提升国家综合实力和国际竞争力，都具有十分重大而深远的意义。

就中国特色新型智库建设与智库评价，高翔着重谈了四个方面问题。

努力打造中国特色新型智库。以习近平为总书记的党中央从党和国家事业发展全局的战略高度，将中国特色新型智库建设作为一项重大而紧迫的任务来抓，体现了党中央对学术界、思想界的殷切希望。我们必须清醒地看到，中国智库建设跟不上、不适应形势发展的问题比较突出。我们缺少一批具有较大影响力和国际知名度的高质量智库，我们提出的政策建议离中央的要求还存在较大的差距，智库建设的管理体制和运行机制还有待进一步完善。中国智库建设要积极开展与国际智库的学术交流，借鉴国际知名智库的成熟办法和先进经验，推动中国智库的国际化发展。但是，中国的智库建设，必须立足本国国情，走自己的路，在打造中国特色新型智库上狠下功夫，而不能盲目照搬西方国家的做法。中国特色新型智库建设，必须坚持以马克思主义为指导，以服务党和国家决策为宗旨，以政策研究咨询为主攻方向，毫无动摇地维护中国的国家利益和人民群众的根本利益，为实现中华民族伟大复兴的中国梦提供智力支撑。这是我们推进中国特色新型智库建设的根本出发点和最终落脚点。

加强对策性、战略性和前瞻性研究。服务决策是智库的根本宗旨。离开服务决策这一根本宗旨，智库也就不称其为智库。智库的服务性决定了在智库选题的来源和设置上，应紧紧围绕决策机构关注的重大理论和现实问题，而不能钻进“为学术而学术”的象牙塔。智库要有强烈的现实关怀感，要增强对实践问题的敏感性，提高科研成果的现实相关性和实践可操作性。

当前，我国正处于实现“两个一百年”奋斗目标和中华民族伟大复兴中国梦的关键时期。我们面临着经济社会发展的繁重任务，中国外交面临着新的挑战，内政外交上的一系列突出问题都亟待学术界贡献思想的力量，展开对策性、战略性和前瞻性研究，对问题的实质和发展趋势做出准确的综合研判，并在此基础上提出合理的、可行的政策建议。智库尤其要加强战略性、前瞻性和全局性研究，克服学术研究落后于时代发展和中央理论创新的弊病，不断提升战略思维能力，积极进行事关战略全局或发展趋势的探索和创新，而不能局限在一招一式的应急性对策之中。智库不能被动地应对理论与实践中碰到的难题，更要努力把握时代脉搏，提高发现和解决潜在问题的能力，增强智库研究的前瞻性。

正确处理基础研究和对策研究的关系。智库的基本功能固然在于决策咨询，但是如果一味地强调对策研究，忽视了基础研究之于对策研究的基础性支撑，那么对策研究就成了无源之水、无本之木。中国特色新型智库建设，必须坚持基础研究和对策研究的统一，既不能急功近利、随波逐流，也不能坐而论道、纸上谈兵，而应在理论与实践的互动中不断提升研究成果的质量。

好的对策研究，从来都离不开扎实的基础研究。对策研究，不能局限于一时一地一事的研究，而应将某一问题放在更大的战略框架中加以比较和权衡，善于运用全面的眼光、发展的眼光、长时段的眼光看待问题和分析问题，很好地协调对策研究、战略研究和基础研究三者之间的关系。对某一问题的深刻分析，需要我们站在历史和时代的双重制高点上，厘清问题的来龙去脉，把握历史发展的基本规律，科学预测时代的未来走向。基础研究虽然不能为解决现实问题提供现成的答案，但其价值却在于为对策研究提供了必不可少的理论支撑，为保证对策研究的科学性奠定了必要的学理基础。

不断增强智库评价话语权。建设中国特色新型智库，必须掌握智库评价的话语权。环顾世界，目前尚没有普遍公认的、公正合理的智库评价体系，这为我们构建智库评价体系、增强中国学术话语权提供了重要的历史契机。中国社会科学院作为马克思主义的坚强阵地、中国哲学社会科学研究的最高殿堂、党和国家重要的思想库智囊团，必须在构建公正合理的全球智库评价体系方面发挥引领作用。有鉴于此，中国社会科学院积极发挥作为国家级综合性高端智库的优势，于2013年底成立了中国社会科学评价中心，并于2014年2月起正式启动了全球智库评价项目。我们期望通过开展全球智库评价，一方面，在全球智库评价体系的构建中发出中国声音，抢占制高点，增强智库评价的国际话语权，为构建更为公平、合理的全球智库评价体系做出我们的贡献；另一方面，促进智库评价与智库建设的良性互动，推动中国智库强化全球视野，拓展思维空间，提升自身水平，为中国特色新型智库建设提供有益的参考。

论坛举办期间，中国社会科学评价中心发布了《全球智库评价报告》，《报告》从智库的界定、智库评价方法的对比分析、全球智库综合评价AMI指标体系、全球智库评价的过程与排行榜、基于全球视角构建中国新型特色智库等五个方面做了阐释和说明，并着重介绍了全球智库综合评价指标体系的设置、评价方法和理论依据。

由中国社会科学评价中心完成的全球智库百强排行榜在此次论坛期间发布。全球智库排名前十的分别是：美国卡内基国际和平基金会、比利时布鲁盖尔研究所、美国传统基金会、英国查塔姆社、瑞典斯德哥尔摩国际和平研究所、美国布鲁金斯学会、德国康拉德·阿登纳基金会、美国伍德罗·威尔逊国际学者中心、中国国务院发展研究中心、英国国际战略研究所。由于中国社会科学评价中心隶属于中国社会科学院，为保证评价的客观公正，未将中国社会科学院及所属智库纳入该排行榜。

（办公室）

中国社会科学出版社

2015 年，在院党组的领导下，中国社会科学出版社坚持正确的出版方向，继续坚持稳中求进、开拓创新，埋头苦干，奋发有为，集中精力做专、做精、做强学术出版，始终坚持把出版物的社会效益放在首位，品牌影响力、社会影响力、国际影响力和市场影响力进一步增强，综合竞争力获得新的提升，实现社会效益和经济效益的双效增长。

（一）加强思想政治建设，牢记出版的意识形态属性

1. 深入学习和贯彻党的十八大和十八届五中全会精神，把握正确的出版导向

2015 年，中国社会科学出版社领导班子和机关党委充分重视政治学习，及时组织全社员工深入学习党中央的方针政策，贯彻执行中央精神，把正确的出版方向放在第一位。

社党委坚持每季度召开党委中心组学习扩大会议，2015 年共召开中心组扩大学习会 4 次。及时传达和学习中央、中国社会科学院、国家新闻出版广电总局有关文件精神；布置贯彻落实中纪委监察部电视电话会议精神工作；组织中心组学习习近平总书记在中央政治局第二十六次集体学习时的重要讲话以及院《关于在“三严三实”专题教育中认真学习贯彻习近平总书记重要讲话精神的通知》等。社领导积极参加院所局级领导干部学习贯彻习近平总书记系列重要讲话精神及马克思主义经典著作读书班。组织处级干部 9 人参加院举办的处级干部培训学习班。

还组织召开了全体职工大会和全体编校人员大会 7 次，分别传达全国宣传部长会议精神和院安全工作会议精神；传达党的十八届五中全会等文件精神；赵剑英书记还为全社党员做了专题党课培训，传达院意识形态和党风廉政建设工作责任制会议精神。通过学习，使全社干部职工政治理论水平不断提高，与党中央保持一致的自觉意识不断增强。

2. 认真开展“三严三实”专题教育，扎实深入地推进作风建设

根据院党组工作安排，及时召开“三严三实”专题民主生活会，向各部门征求有关意见，围绕“三严三实”主题，针对出版社业务工作、日常管理等内容提出意见。

以“三严三实”专题教育活动为契机，狠抓作风建设。根据安排，由社长带头为全体干部职工作“三严三实”专题党课报告并进行动员部署；按照习近平总书记“三严三实”和好干部的五条标准，严肃查找领导班子成员“不严不实”的现象和问题，切实把“严”和“实”作风落到实处，体现到具体出版工作中。

3. 担当全面从严治党的主体责任，切实加强党的建设和党风廉政建设

中国社会科学出版社组织党员干部深入学习中纪委第十八届五次全会精神，加强对全社党员干部的党性教育。社党委向党员分发新修订的《中国共产党廉洁自律准则》《中国共产党纪律处分条例》等学习材料，社领导带头认真学习党章党规。制定或完善了《请示报告制度》《会议纪律条例》《考勤工作管理办法》《休假及请假管理办法》《关于贯彻落实〈中央八项规定〉的实施办法》《业务招待费管理办法》《差旅费管理办法》《财政专项资金管理办法》《中国社会科学出版社资产采购管理制度》《中国社会科学出版社车辆使用管理办法》等。

4. 加强党组织建设，认真落实“两个责任”

2015 年，中国社会科学出版社加强党组织建设，启动社机关党委和机关纪委的换届选举工作。在廉政建设方面，社领导班子重视“两个责任”的落实，即落实党委主体责任和纪委监督责任。特别是在出版业务工作中强化纪委监督责任，要求纪检干部参与监督。发挥社纪检工作人员在项目招投标、职称评审、物资采购等事项中的监督职能，确保有关工作合规合法。

（二）出版业绩稳步提升，品牌实力进一步加强

1. 图书出版规模进一步扩大，学术影响力显著增强

2015 年，中国社会科学出版社坚守学术出版这条特色之路，始终把抓社会效益放在首位，用社会效益带动经济效益，实现了经济效益的稳定增长。进一步量化和优化社会效益考核指标体系；明确社会效益考核指标的权重大于 50%；深化管理体制、机制改革，调动编辑策划优秀专业学术选题的积极性；继续在专业化的基础上推进精品化，培育自己的优势学科和特色产品；加大对优秀图书和获奖图书的奖励力度，评选优秀图书和优秀编辑，提高奖励额；狠抓重点重大的优秀出版项目，努力打造学术精品。

2015 年，中国社会科学出版社的各项经济指标均实现较快增长，立项选题 2765 个，同比增长 13%；订立出版合同 2150 种，同比增长 8%；全年使用书号 2014 个，同比增长 25.6%；出版图书 2200 种，同比增长 35.5%；加工制作电子书 3000 种，同比增长 354.5%；全年成书上报 1708 种，上报率为 76.6%。总生产码洋 3.219 亿元，全年累计发货和回款均创历史新高。

2015 年，中国社会科学出版社在品牌影响力方面也捷报频传。南京大学“中文学术图书引文索引”对近 600 家出版社出版的 11 个学科图书学术影响力的统计显示，中国社会科学出版社有 9 个学科位列前三，其中 3 个学科排名第一；获教育部第七届高等学校科学研究优秀成果奖（人文社会科学）45 项，全国排名第二。

2. 主题出版渐成规模，充分发挥主阵地作用

2015 年，社领导班子高度重视、社长亲自挂帅，主动策划出版弘扬主旋律、传播正能量的图书。如积极策划出版研究阐发习近平总书记系列重要讲话精神的成果，出版了以《习近平的国家治理现代化思想》《公平正义之道：习近平反腐倡廉思想研究》为代表的精品力作。策划

和出版马克思主义理论研究成果，继续做好院“马工程”（“中国社会科学院马克思主义理论学科建设与理论研究系列丛书”）重大系列图书的出版工作，出版了《马克思主义经典作家专题摘编》6种，《马克思主义专题研究文丛》6种，《中国社会科学院马克思主义研究文集》《马克思理论学科前沿研究报告》各1辑，基础理论研究1种，专著1种。出版发布《马克思主义史学思想史》（六卷本），该套书对于丰富、完善和推动中国马克思主义史学理论的研究和深入发展，具有重要的学术意义和理论价值，反响很好。

策划出版中国人民抗日战争和世界反法西斯战争胜利70周年的图书。其中《抗日战争时期中国对外关系》《日本侵华细菌战》入选中宣部、国家新闻出版广电总局“百种经典抗战图书”。“侵华日军常德细菌战罪行录丛书”（4种）入选“纪念中国人民抗日战争暨世界反法西斯战争胜利70周年重点选题目录”。

策划弘扬中国优秀传统文化的选题。策划《简明世界史读本》《简明宗教史读本》《简明中国文学史读本》《简明中华文化读本》等“简明书系”。策划研究中国特色社会主义制度的选题。如“中国制度研究”丛书，出版了《中国基本经济制度研究》《中国法制制度》等。为服务国家“一带一路”战略，组织陕西师范大学学者策划了《丝绸之路历史文化研究》丛书。

策划出版批驳错误思想的图书。编辑出版《中国社会科学院历史虚无主义批判文选》《历史虚无主义的破产》，送中央常委领导阅读。另外，《理解中国 》丛书、《包尔汉传》入选国家新闻出版广电总局“2015年主题出版重点出版物选题”。

3. 重大项目顺利推进，专业化精品化战略成效显著

经过三年积累，《理解中国》丛书取得重要进展。截至2015年底共出版中文版11种，英文版5种，英文版翻译步伐加紧。2015年5月，首批《理解中国》丛书出版并成功在纽约书展举办发布会。发布会引起美国学者和读者的关注和热议，很好地宣传了中国形象。《破解中国经济发展之谜》入选“第一财经2014年度图书”和中宣部、国家新闻出版广电总局“第六届优秀通俗理论读物推荐活动”推荐书目。《理解中国》（第二辑）共十部专著，被国务院新闻办列为2015外宣回购产品，作为重点外宣图书推广。

2015年8月，中国社会科学出版社在第22届国际历史科学大会召开之际出版《中国历史学30年》（英文版）。该书发布会吸引了包括国际历史科学大会前主席于尔根·科卡、国际历史学会秘书长罗伯特·弗兰克、美国芝加哥大学教授彭慕兰等20余位国际著名历史学家参加。同时，还推出了此次国际历史科学大会的用书——《国际历史科学大会百年历程（1898～2000）》，引起了国内外史学家广泛关注。

“当代中国哲学社会科学学科发展报告”系列丛书继续出版，《剑桥古代史》《新编剑桥中世纪史》翻译工程基本完成，大部分书稿进入审稿阶段，4卷书稿进入编辑阶段。

2015年，签订学术年鉴出版合同25份，出版15部。拓展了像中国教育学、中国艺术学、中国民俗学等新的年鉴，并参加院创新工程重大科研成果专场发布。

除中国社会科学年鉴系列作为院专场发布成果外，由中国社会科学出版社出版的参加院重大成果发布会的图书还有《历史虚无主义的破产》《马克思主义史学思想史》（6卷）、《世界佛教通史》（14卷15册）、《中国基本经济制度——基于量化分析的视角》《中国国家资产负债表2015：杠杆调整与金融风险管理》《新型城镇化研究报告：健全城乡发展一体化体制机制》《中国民族地区经济社会调查报告》（18册）等。

“21世纪全国少数民族大调查”项目成果《中国民族地区经济社会调查报告》（共50多卷）已出版18部并举行出版发布会。院长王伟光等多位院领导，国家民委、中央党校等部级领导出席会议。

《中国社会科学院学部委员文集》共出版74种。

出版《世界佛教通史》（14卷15册），该书论述佛教从起源到20世纪在世界范围内的兴衰演变主要过程；出版《现代化进程中的外国文学》（上、下册），该书是以现代化为主题意识，对世界各国文学进行系统性研究的学术专著、国家出版基金资助图书；出版《明代〈万历会计录〉整理与研究》（3卷），该书是中国古代唯一存留于世的国家财政会计总册，对理解现代经济有重大启示；出版大型“社会发展译丛”图书《社会主义企业家：匈牙利乡村的资产阶级化》等。

此外，“当代中国学者代表作文库”“博士后文库”“博士文库”“社科学术文库”“学者文选”等项目，以及《苏联通史》等重大出版项目都在顺利推进中。

2015年，在资助项目方面，推荐入选《国家哲学社会科学成果文库》6项，“国家社科基金后期资助项目”37项，这两个项目连续第三年名列第一。入选国家新闻出版广电总局“十二五”规划共35项，国家“十二五”少数民族语言文字出版规划1项，辞书1项。得到国家出版基金资助项目2项，得到国家古籍整理出版资助1项。积极申报院创新工程资助项目，全年共获得院创新工程资助项目100余项。

4．“走出去”取得新进展，国际化发展势头良好

2015年，中国社会科学出版社“走出去”工作重点在于拓展多语种合作。全年与国外出版机构新签约49种，涵盖语种有英语、日语、韩语、德语、意大利语等。

积极申报走出去资助项目。申报院创新翻译项目24项，中20项；申报“经典中国国际出版工程”15项，中2项；申报“中华外译”项目19项，中12项；申请“丝路书香”7项，中1项。

加强与国外出版机构的联系，先后接待国外出版机构、国外学者等到访30余次，积极拓展与美国、北欧等国的出版交流与合作，聘请北欧亚洲研究中心学者等任我社专家委员，担任审稿及评审工作。积极参加美国书展、北京国际图书博览会、法兰克福书展等国际书展，做好图书、品牌宣传和业务谈判。

已签约图书的翻译出版工作稳步推进。与国外出版社合作出版外文图书15种，新签订翻译合同 17 种，获得翻译资助的图书均开始翻译。

对外推广成绩突出。2015 年 6 月，正式加入“中国图书对外推广计划”小组。11 月，与中国进出口（集团）总公司签订战略合作协议，在海外业务拓展方面开展全方位合作。配合国家领导人出访南非主题书展，选购中国社会科学出版社合作英文图书 9 种。版权引进工作也取得喜人成绩。共联系 64 项版权引进，签约 45 项。与剑桥大学出版社、罗德里奇出版社洽谈引进版权图书的电子版权。加强对已签约版权的管理。

5. 加快信息化基础建设，数字出版工作稳步推进

2015 年 9 月，ERP 系统正式上线，实现了以财务为核心的编务、印制、出版、发行、库房、人力资源等业务在线式一体化管理。

组织申报的中央文资办“文化产业发展专项资金”项目《中国哲学社会科学知识服务平台》获批，为数字出版转型升级，提供新的动力支持。

加快数据库建设，中国近代影像资料库项目、马克思主义理论专题知识库等重点数据库建设进展顺利。加强与电子书平台的合作。与 12 家平台开展了电子书合作业务，包括咪咕公司(原中国移动)、亚马逊、掌阅、百度文库、腾讯阅读等平台。

（三）会议综述

告诉世界一个真实的中国——《理解中国》丛书新书发布暨研讨会

2015 年 5 月 28 日，题为“告诉世界一个真实的中国——《理解中国》丛书新书发布暨研讨会”在美国纽约的美国图书博览会上召开。国家新闻出版广电总局副局长吴尚之出席会议并讲话。中国社会科学出版社社长兼总编辑赵剑英在开幕致辞中对丛书进行了介绍，并强调了哲学社会科学图书在建构国家形象中的作用和重要意义。

研讨会围绕“中国经济体制改革的大逻辑与中国经济新常态”和“中国的环境治理与生态建设”展开了深入探讨与交流。《理解中国》丛书的作者潘家华和张晓晶做了研究所发言。中国社会科学院欧洲研究所原所长周弘研究员就中国社会保障体制改革等问题向与会专家阐述自己的研究成果和观点。

参加此次研讨会的嘉宾有国家新闻出版广电总局新闻报刊司司长李军，国家新闻出版广电总局进口管理司司长蒋茂凝，国家新闻出版广电总局反非法和违禁出版物司副司长杨梦东，国家新闻出版广电总局进口管理司对外合作处处长赵海云，斯普林格纽约办公室主任威廉·柯蒂斯，中国社会科学院经济学部研究员张晓晶，福特汉姆法学院教授卡尔·明泽，国际货币基金组织高级经济学家孙涛，国际关系协会资深专家黄严忠，中国社会科学院城市发展与环境研究所所长潘家华，联合国可持续发展司政策研究部主任大卫·奥康纳，特拉华大学能源、气候与环境政策杰出教授约翰·拜因，美利坚大学世界环境与政治系朱迪斯·萨皮诺，萨克拉门托大学访问学者安-凯伦·尼曼-坎特。

“《理解中国》丛书英文版图书发布暨学术研讨会”获得新闻出版广电总局“优秀活动奖”，得到各方高度评价。

青年汉学家研修班（2015）交流座谈会

2015年7月13日，在中国社会科学出版社举行青年汉学家研修班（2015）交流座谈会。20余位来华研修的青年汉学家与中国社会科学出版社的编辑交流座谈。中国社会科学出版社社长兼总编辑赵剑英出席交流座谈会并致辞。

座谈会上，中国社会科学出版社副总编辑王浩向与会的青年汉学家们介绍了中国社会科学出版社的发展历程、精品图书和国际交流合作等情况。青年汉学家与中国社会科学出版社各出版中心的负责人就共同感兴趣的话题进行了深入交流，多位青年汉学家表达了与中国社会科学出版社合作的愿望。

此次交流座谈会是“2015年青年汉学家研修计划”系列活动之一。该研修计划项目由文化部和中国社会科学院联合主办，该期共有来自五大洲19个国家的21名青年汉学家来华研修。他们的研究涵盖中国历史文化和当代经济社会发展的诸多领域。

座谈会由中国社会科学出版社副总编辑郭沂纹主持。

“国家资产负债表2015：杠杆调整与风险管理”国际研讨会

2015年7月24日，由国家金融与发展实验室与中国社会科学院经济学部主办，中国社会科学出版社承办的“国家资产负债表2015：杠杆调整与风险管理”国际研讨会在中国社会科学院举行。会议发布了《中国国家资产负债表2015》。此书是在2013年发布的《中国国家资产负债表2013：理论、方法与风险评估》基础上的继续研究。《中国国家资产负债表2015》重点分析了2012～2014年中国经济增长与结构调整的轨迹，旨在深入揭示稳增长、调结构、转方式与控风险过程中面临的挑战，特别关注杠杆率调整与相应的金融风险管理问题，并对如何化解资产负债表风险提出了政策建议。

《习近平的国家治理现代化思想》出版暨习近平治国理政思想研究新书发布座谈会

2015年10月20日，由中国社会科学出版社、光明日报智库研究与发布中心主办的“《习近平的国家治理现代化思想》出版暨习近平治国理政思想研究新书发布座谈会”在中国社会科学出版社举行。来自中国社会科学院和中国人民大学等单位的10余名专家出席会议。会议围绕习近平的治国理政思想，从国家治理的特征、遏制“一把手”腐败、法治社会、经济转型等角度对习近平的治国理政思想进行了研讨。

中国社会科学出版社社长兼总编辑赵剑英致辞。《国家治理研究》主编、中国人民大学国家发展与战略研究院副院长杨光斌教授作主题报告。中国社会科学院政治学研究所所长房宁、中国人民大学国家发展与战略研究院副院长聂辉华教授及中国社会科学杂志社、新华文摘杂志社、人民日报、光明日报“智库研究中心”等单位的有关代表出席会议。中国社会科学出版社副总编郭沂纹主持座谈会。

《日本战后70年：轨迹与走向》《中日热点问题研究》发布会暨研讨会

2015年12月8日，中国社会科学院日本研究所的两部力作《日本战后70年：轨迹与走向》《中日热点问题研究》在北京发布。此次发布会不仅是为祝贺中国社会科学出版社新书出版，更是一场老中青三代学者厘清日本发展轨迹、把脉中日关系走向的学术研讨会。

中国社会科学院原副院长武寅、中国前驻法大使吴建民、中国社会科学院日本研究所所长李薇、中国社会科学出版社社长兼总编辑赵剑英、东北师范大学副校长韩东育出席并讲话。中国社会科学院日本研究所党委书记高洪主持会议。中国社会科学院荣誉学部委员冯昭奎、日本研究所副所长杨伯江就中日关系及两本书的主要观点进行了介绍。

凌星光、蒋立峰等资深日本研究者，以及部分作者代表也在会上作了发言。来自北京大学、北京外国语大学、南开大学、天津社会科学院等研究机构和高校的专家学者50余人出席会议。

《李铁映社科文集》出版座谈会

2015年12月11日，《李铁映社科文集》出版座谈会在北京举行。中央社会主义学院党组书记、第一副院长叶小文出席座谈会并讲话。中国社会科学院秘书长、党组成员高翔主持座谈会。

出席座谈会的还有中国人民大学党委书记靳诺，国家海关总署原副署长赵光华，中国社会科学院原副院长汝信、江蓝生、朱佳木等。中国社会科学出版社社长兼总编辑赵剑英代表出版方致辞。与会专家学者围绕《李铁映社科文集》的出版展开研讨。

该文集涵盖党的理论、社会科学研究、社科院建设、中国文化、文化交流等诸多方面，真实地反映了李铁映在任中国社会科学院院长期间对马克思主义、政治、历史、哲学等多方面的深刻思考，兼具思想性、理论性、政策性，这部文集的出版具有重要的历史价值和现实意义。

来自中国社会科学院、中国科学院、全国人大财经委、国家行政学院、中国政法大学等单位的专家学者以及李铁映的亲属、身边工作人员等60余人参加座谈会。座谈会由中国社会科学院科研局、中国社会科学出版社、社会科学文献出版社共同主办。

社会科学文献出版社

2015年，社会科学文献出版社全面贯彻落实党的十八大、十八届五中全会精神，特别是习近平总书记一系列重要讲话精神；坚持全面落实社会科学文献梦及行动方案，以饱满的热情和高度的文化担当投身学术出版事业，各项工作都取得积极成效。

（一）工作整体情况

2015年，社会科学文献出版社以三十周年社庆为契机，开拓进取，基本实现了预期发展目标。

1.把社会效益放在首位，自觉服务于党和国家工作大局

2015年，社会科学文献出版社以高度的政治意识、阵地意识、质量意识自觉服从服务于党和国家工作大局，积极在实现社会效益和经济效益相统一方面发挥示范引领作用，将社会效益的重要性提高到新高度。一年来，社会科学文献出版社策划了一系列主题图书，重点推出的《中国抗日战争史》（8卷本）和《日本侵华决策及若干重要问题史料丛编》入选“纪念中国人民抗日战争暨世界反法西斯战争胜利70周年重点选题”，策划的《西藏百年史研究（上、中、下册）》《依法治国系列丛书》《海上丝绸之路与中国海洋强国战略丛书》入选“2015年主题出版重点出版物”，这些主题出版物的策划获得了社会各界的广泛好评。

为深入贯彻落实中共中央《关于加强中国特色新型智库建设的意见》，社会科学文献出版社结合自身发展战略，颁发了《社会科学文献出版社关于加强中国特色新型智库建设的方案》，通过打造以“皮书”为代表的智库产品，以皮书研究院为纽带搭建智库合作平台，在提升智库影响力、培育智库话语权、扩大智库产品传播、加强智库合作平台建设及对智库本身的研究评价等方面做出应有贡献。

2.经营概况

（1）生产经营各项指标稳步前进

2015年，社会科学文献出版社全年共出版图书2043种，其中新书1500种，再版重印543种，分别比2014年增长25.96%、11.11%和99.63%。出版皮书366种；统一印制发行院学术期刊72种。全年新书出版字数5.51亿字，同比下降1.53%，基本实现了年初制定的控制字数的预期目标；造货码洋2.99亿元，增长7.46%，总印数550.27万册，增长11.63%。全年数字化加工图书3651种，文字处理量达10亿字，2015年数据库实现销售收入1138万元，同比增长129.8%。全年现金流入2.8亿，流出2.7亿。全年总收入2.3亿元，增长15%；实现利税4768万元，其中利润2354万元，增长16%。员工收入同步增长，发展成果惠及全社员工。

(2) 资产规模不断扩大

2015年，社会科学文献出版社的办公用房面积达到8305.22平方米，其中新增租用办公用房151.75平方米，新增购买办公用房867.45平方米。全社总资产3.2亿元，实现了国有资产的稳步增值。

3. 主要工作

(1) 立体化布局全社学术出版，着力践行学术出版梦

——学术资源建设各项工作全面展开。2015年，社会科学文献出版社落实《学术出版基地建设方案》《学术资源建设办公室工作职责及流程》《学术资源建设基金管理办法》《学术资源建设基金管理办法实施细则》等规章制度，组织完成11家学术资源建设基地的准入论证，并完成与华侨大学、广州大学、深圳大学、云南大学等4家基地的签约。

——进一步加强与院创新工程的对接力度。2015年，社会科学文献出版社承担大型学术出版项目（含延续性项目）19项，一般资助项目31项，老年学者文库7项，博士后文库7项。目前共完成出版院创新工程项目160余种。

——全方位实施皮书的精细化管理。2015年，社会科学文献出版社正式出版《皮书手册——写作、编辑出版与评价指南》，提高了皮书的学术门槛，从法律、研创、出版等方面引导皮书规范未来发展。对皮书项目的准入立项、结项验收也均按照创新工程项目管理要求，并加强了对皮书项目的评价、评奖工作，提高对皮书项目学术质量、学术规范、决策咨询、媒体引导等各方面的要求。2015年，社会科学文献出版社公布了第三期淘汰皮书名单，共淘汰22种不符合质量要求的皮书，通过优化现有皮书品种结构的方式实现皮书的优胜劣汰，完善了皮书评价指标体系。

——新版《列国志》编撰出版工作进展顺利。在院领导及科研局的关心指导下，新版《列国志》编撰出版工作进展顺利，共签约127种，已出版20种，在制品30种。先后与法国大使馆、澳大利亚大使馆、马尔代夫大使馆、马拉维大使馆合办过新书发布会，在业界产生了较大反响。

——《中国史话》项目有序进行。2015年，《中国史话》项目二期启动后，在编委会的指导下，史话编辑部对选题进一步合理分类，分为政治、经济、文化、社会、生态五大系列，出版工作正有序进行，2015年完成近50个品种的出版。

——“甲骨文系列”取得突破性进展。2015年，甲骨文在出版品种和营销渠道上均取得突破性进展，产值和发货码洋也创造了新高。全年造货码洋首次超过了4000万元。在营销上，除了继续与传统的书店和网店合作之外，积极开展了与微信公众号“罗辑思维”的合作，推出罗辑思维独家定制的《金雀花王朝》《杀戮与文化》《恺撒传》等书，取得了较好的经济和社会效益。甲骨文书系在2015年持续被各大主流媒体和与图书业相关的媒体与新媒体所关注，还被《新京报》评为“2014年年度致敬出版品牌”。

（2）期刊工作稳步推进

2015 年，社会科学文献出版社继续从组织架构、资金保障、技术支持等各方面加大投入力度，以提升质量为本、深化服务至上，促进全院期刊刊物质量不断提高、发行收入稳中有增、信息化水平整体提升、宣传推广不断出新、国际交流日益密切、服务形式不断丰富，中国社会科学院学术期刊的品牌形象不断深化。

——2015 年全年共印制、发行院学术期刊 72 种（中文刊 68 种、英文刊 4 种）。在以往全院期刊形态各异的基础上，逐步统一开本、纸张等，从外部形态上打造中国社会科学院统一品牌形象。

——通过积极推进学术期刊采编系统建设工作，全面提高院学术期刊信息化水平。社会科学文献出版社探索与出版社信息化技术平台实现整合，打造期刊征采编印发宣全流程。该社积极参与“2015 年第三届中国（武汉）期刊交易博览会”，继续打造中国社会科学院学术期刊方阵形象；积极参与国际合作交流，配合科研局组织了期刊访欧考察团，搭建院学术期刊与国际出版集团沟通合作的桥梁。

——不断创新服务形式，深化服务质量。在承印、发行院学术期刊的基础上，为期刊编辑部提供更加多样化的服务。通过组织学术论坛、主办专题沙龙、策划主题培训、提供会务合作等，为期刊编辑部创造丰富的交流平台和合作机会。配合院职能部门管理工作，搭建学术期刊专业服务平台。

（3）集刊工作进一步规范和优化

学术集刊对学术出版工作的推动作用日益凸显，社会科学文献出版社已经出版 120 余种学术集刊，其中已有近 50 种进入中国知网，11 种进入 CSSCI 集刊名录，38 种集刊加入全国邮发系统。在集刊规模不断发展壮大的情况下，社会科学文献出版社于 2015 年 12 月联合深圳大学中国经济特区研究中心在广东省深圳市举办了第四届人文社会科学集刊年会。

（4）博士后科研工作站运行顺利，建设“研究型”出版社

2015 年社会科学文献出版社博士后科研工作站招生及科研工作顺利开展，除继续与中国传媒大学、中国社会科学院社会学所合作外，与中国科学院科技政策与管理科学研究所建立了联合培养机制，同时招收 3 位博士后人员进站；继续开展国家社科基金重点项目“中国学术图书质量分析与学术出版能力建设”的研究并取得了阶段性研究成果，成功申报并承担了国家社科基金重点项目“中国特色新型智库调查、评价与建设方略研究”的研究。

（5）全面启动融合发展战略

根据国家及总局关于融合发展的文件精神，社会科学文献出版社颁布《社科文献出版社融合发展指导意见》，明确融合发展指导思想、目标及路径，全面布局全社融合发展和数字化转型升级。2015 年，全社融合发展全面启动，成效显著。

——数字出版成为行业标杆。2015 年，该社先后成为国家新闻出版广电总局全国第二批

数字出版转型示范单位、国家数字复合出版系统工程应用试点单位、专业数字内容资源知识服务模式试点单位，引领业界数字化转型，全年数字化加工能力突破10亿字，全面实现新书电子与纸书同步。数据库使用机构突破1000家，海外机构用户突破百家，数字出版总收入近2000万元，在国内出版社的专业数据库图书馆市场占有率排在首位。

2015年8月，“中国图书对外推广计划”外国专家座谈会在北京举行。

——数据库产品建设日臻成熟，形成了以核心资源和重点项目为主的社科文献数据库产品群和数字出版体系。皮书数据库和列国志数据库社会影响力及经济效益进一步凸显。皮书数据库已成为当代中国研究“绕不开”的专业数据库。“法治影响生活”专题子库、“纪念中国人民抗日战争暨世界反法西斯战争胜利70周年”等专题子库双双入选总局“2015年全民数字阅读”重点专题活动。“一带一路”数据库作为融合发展的典范，开创了该社快速建库先河，为“一带一路”倡议提供了积极支持，获得了良好的社会影响；联民村数据库和集刊数据库相继上线，运行平稳。《基于数字产品建设的社会科学知识组织体系》项目成功入选国家新闻出版改革发展项目库重点项目并获2015年度中央文化产业发展专项资金支持和北京市互联网出版物奖励资金支持。

——融合出版渐入佳境。按照院服务国家“一带一路”战略指导，社会科学文献出版社发布了“一带一路”系列研究成果与专题数据库，特别是专题数据库系全国首家“一带一路”专业数据库，为学者、研究机构和有关部门推进“一带一路”的有关工作提供较好的支撑和支持。该社与宁夏大学合作共建的阿拉伯问题研究国别基础库及中阿文化交流数据库平台建设结项并正式发布，得到文化部、商务部、中联部等多家部委及领导的重视，开启了向专业知识服务商转型的新篇章。

(6) 市场营销转型升级不断深入

在分类营销市场战略的指导下，市场营销中心针对不同渠道、不同营销和传播方式，以及不同图书类型，继续提升细分市场的占有率，不断推进学术产品营销能力和品牌传播能力建设，全年实现销售收入 7856 万元，同比增长 21%。开展了社庆 30 周年的系列致敬活动，并以此为契机，加强了新媒体的传播力度，进一步提升了我社的品牌形象。2015 年两种图书入选中央国家机关“强素质·作表率”读书活动。销售渠道进一步拓展，《康熙字典》《金融国策轮》等一批优秀图书进入党政及企业系统。

（7）国际出版与海外传播风生水起

2015 年，社会科学文献出版社共有 20 种图书入选 2015 年国家社科基金中华学术外译项目推荐选题目录，3 种图书入选经典中国国际出版工程，21 种图书入选丝路书香工程，15 种图书入选院创新工程，7 种图书入选“中国图书对外推广计划”。

2015 年，受中宣办委托承办了“中国图书对外推广计划”外国专家座谈会。通过版权引进平台，引进国外优秀学术图书 131 种。该社继续致力于中国学术出版走出去，组织优秀青年编辑参加英国伦敦书展、美国亚洲年会、美国 BEA 书展、北京国际图书博览会、德国法兰克福书展，充分利用国际书展及大型国际会议的机会，向世界展示中国学者的学术水平和研究成果，加大国际出版能力的宣传与推广；构建中国与海外专业学术成果交流的平台，助力中国的学术话语与国际社会以及学术界接轨，推动中国学术海外话语权的扩大和增强。

（8）信息化建设全面推进，“智慧型”出版社建设取得实质突破

信息化建设方面，已初步形成了年处理上亿条数据资源的大数据存储、处理和分析能力，形成了数据支持业务、数据支持决策的数据管理体系；修订并发布了《信息管理办法》《网络安全管理办法》以及相关规范，完善了信息化制度建设；启动了内部“统一资源平台”（社内统一工作平台）和外部“学术服务平台”（对外学者服务平台）的建设工作，完成了双平台的需求调研及核心功能开发。基础库建设持续推进，容纳 25000 多个专家的作者库建设取得量与质的双突破；图片库和数字档案馆等系统的上线，实现了历史档案的数字化管理；内部管理建设上，OA 系统的在线流程搭建效率得到极大的提升，有效了提高了社内管理效率；信息化基础环境建设上，确定了基于互联网、移动互联网的基础技术架构和开发平台，全面梳理了全社各项经营活动的业务规则和规范，为探索业务和管理融合发展奠定良好的信息化基础，提升全社管理的效率和质量。

（9）体制机制改革和创新持续发力

2015 年，在条件成熟的业务如文稿编辑加工、定制出版服务、数字技术等多个领域，以资本合作、技术合作、项目合作、商业模式创新等多种手段，积极探索公司化路径，合作建立了济南智泉文化发展有限公司、中安盟（北京）科技发展有限公司，以无形资产入股南京新模式软件集成有限公司，形成“一社两制”“一社三制”的制度设计，推动社会科学文献出版社全面转制。

（10）人力资源建设工程稳步推进

——2015 年，社会科学文献出版社还积极参与中国传媒人才基地建设，携手高校探索传媒领域实用性人才培养路径；与全国 211、985 等 10 余所高校建立实习见习基地，走进高校组织

校园宣讲会和招聘会，每年提供100余个实习岗位等，不断树立有温度、有态度、有气度的雇主品牌形象。

——进一步提升社会科学文献出版社在出版行业人力资源管理领域的影响力。2015年，该社成功举办北京地区出版行业人力资源管理创新论坛。汇集了31家出版社、51位人力资源分管领导和负责人参与。研讨会以融合出版背景下的人力资源管理创新为主题进行了深入而卓有成效的探讨。

——打造社科文献特色的编辑人才培养机制。社会科学文献出版社积极打造社科文献特色的人才培养机制，2015年，编辑分阶段培养体系基本建立。建立了以雏鹰计划、新编辑集训班、轮岗计划为主的新编辑培训体系；以“七色光计划”、项目制参与、内部创业为主的骨干编辑成长体系；以“名编辑工程”、首席编辑为主的高端学者型编辑的激励体系。该社还打造了学术出版规范与融合发展特色培训课程，积极牵头组织开展学术出版社编辑联合培训，近200名骨干编辑参加，为骨干编辑更好的找准融合发展背景下的编辑定位、厘清思路、开拓视野，也进一步彰显了该社品牌及影响力。

(11) 党建工作卓有成效

——以信息化建设为重点持续推进“三项纪律”建设工作。该社以OA协同办公平台建设为核心，整合企业门户、沟通协作及工作流程平台，全方位实现移动办公、无纸化办公和智能化办公，使各项制度流程化、信息化。如财务预算全部进入信息系统，超预算支出无法开支，严控预算外支出。审批流程严格按照规章制度执行，各环节信息透明、可查询，确保各项制度落到实处，责任到人。

——自觉践行“三严三实”，扎实推进作风建设。“三严三实”专题教育已经融入该社领导干部经常性学习教育和实际工作中。该社结合各自编辑工作，编辑部门从如何提高政治水平及业务水平、对学术出版工作常怀敬畏之感、在工作中常有自省之念、编辑是意识形态领域前沿阵地的守卫者等几个方面进行了深入的探讨学习，社长谢寿光还结合“严以用权”，对国家赋予出版企业的“出版权”和“经营权”的内容、来源以及权力的行使进行了深刻的剖析和阐述。通过专题党课和专题研讨会的学习，进一步推进了全社党员干部作风建设和各部门工作的开展。

——落实主体责任，积极推进全社党风廉政建设工作。全社在工作中不断坚持党委统一领导、党政齐抓共管、纪委组织协调、部门各负其责、依靠员工支持和参与的反腐倡廉领导体制和工作机制。不断建立科学的考核评价机制，制定工作方案，分解目标任务，将落实党风廉政建设主体责任和监督责任制度化。

——强化对权力运行的制约和监督，进一步完善出版社法人治理结构。推进规章制度规范化工作的同时，该社不断完善法人治理结构，着力建设督办体系。对社领导业务及职责分工进行完善，细化社领导考核指标，将社领导工作业绩与奖罚挂钩，推动法人治理结构规范运行。

进一步完善薪酬体系和激励制度。制定了薪酬调整方案，全面优化全社薪酬体系和结构，进一步合并和简化同类岗位系列工资，明确各岗位系列间收入比例，形成统一的岗位工资体系。增强薪酬的竞争力和吸引力，提升了员工薪酬满意度，调动了工作积极性。

（12）以社庆为主题加强企业文化推广

2015年是社会科学文献出版社成立三十周年。为庆祝建社三十周年，该社举办了一系列致敬活动，重磅推出了由该社员工自编自导自演的话剧《圆梦之路》，真实再现该社三十周年创业历程；出版了三十年优秀书评精选集、经典图书及装帧设计精选集、汇编图书书目及三十周年纪念册等，回顾了三十年来可圈可点之学术出版成果。还制作了社会科学文献出版社三十周年发展纪录片，回溯该社三十年的发展历程。

（二）会议综述

第五届中国学术出版年会

2015年1月6日，由社会科学文献出版社联合业内媒体及研究机构共同举办的第五届中国学术出版年会在北京举行。与会嘉宾围绕“大数据时代的学术出版与学术评价”这一主题发表了演讲。

社会科学文献出版社社长谢寿光从学术出版机构责任的维度，论述了建立学术评价机制的重要意义和具体做法。他认为，学术评价是学术研究和学术成果交流、传播不可或缺的基本环节，是引导学术规范发展的重要方法，是促进学术繁荣的重要手段，对学术研究的健康发展发挥着重要作用。中国学术出版机构应有担当、有作为，恢复和重建中国学术评价功能。学术出版机构利用学术旋转门机制建立以专业学科编辑为中心，对编辑过程进行重点监测，利用专家系统实施专业的匿名评审和同行评议，兼做其他数据收集和分析的系统的学术评价体系。在进行学术评价时，学术出版机构应加强利益相关者对学术评价的客观性、科学性管理。同时，搭建学术评价平台，挖掘学术评价大数据，通过对这些数据的整合、分析，得到多元化、多维度的评价结果。

第十六次全国皮书年会（2015）：皮书研创与中国话语体系建设

2015年8月7日，“第十六次全国皮书年会（2015）”在湖北省恩施市开幕。会议由中国社会科学院主办，社会科学文献出版社和湖北大学联合承办。来自中国社会科学院、相关高校的学者及全国皮书课题组代表、相关领域研究专家近400人参加会议。年会的主题是“皮书研创与中国话语体系建设”，研讨的主要问题有“智库平台在中国话语体系中的核心功能与建设方略”“智库产品与中国话语体系建设”“皮书在中国话语体系中的角色”等。中国社会科学院副院长李培林、社会科学文献出版社社长谢寿光、湖北大学党委书记刘建凡、湖北省委宣传部副部长喻立平等参加会议并致辞。

2015年8月7日，第十六次全国皮书年会（2015）：皮书研创与中国话语体系建设在湖北恩施召开。

会议指出，经过20多年的探索和发展，我国的皮书研究和皮书出版取得了重要进展。皮书初步形成了较为全面地反映当代中国经济社会发展的出版门类和出版品种，皮书研究和出版工作有了坚实的基础和比较明显的功能定位。皮书的研究工作者、出版工作者相互影响、相互促进的并行机制已经形成，在国内外已经产生了良好的影响。同时也要看到，皮书的研究和发展到了提高层次、质量和水平的阶段，这不仅关乎出版社自身发展，而且关乎皮书研究乃至国家话语体系建设。

社会科学文献出版社建社30周年暨致敬作者典礼

2015年10月31日，社会科学文献出版社建社30周年暨致敬作者典礼在北京举行。来自中国社会科学院、国家新闻出版广电总局、中宣部对外推广局以及全国高校和地方社会科学院的专家及作者代表近百人出席了会议。中国社会科学院副院长、党组成员、学部委员蔡昉，国家新闻出版广电总局副局长、党组成员吴尚之，中国出版协会常务副理事长、中国图书评论学会会长邬书林等出席会议并讲话。

中国社会科学院副院长蔡昉在会上宣读了院长王伟光的讲话。王伟光在讲话中指出："30年来，在历任院党组的正确领导下，在出版社领导班子的不懈努力下，社科文献出版社始终坚持正确的政治方向和学术出版导向，按照中央对我院提出的'三个定位'要求，紧紧围绕党和国家的发展大局和我院的工作部署，用30年兢兢业业的耕耘，践行了学术出版人对发展和繁荣哲学社会科学的使命与担当。"

社会科学文献出版社社长谢寿光在会议上发表了致敬词：社科文献的三十年，也是中国经济社会取得飞速发展的三十年。社科文献人秉持"创社科经典，出传世文献"的出版理念，敬畏学术、尊重作者，以"用心、专业、创新、共享"为准则，打造出皮书、列国志、中国史话、学术集刊与甲骨文等知名品牌，树立起中国学术出版的一面新的旗帜。

中阿文化交流数据库暨“一带一路”上的语言系列丛书发布会

2015年12月3日，由宁夏大学与社会科学文献出版社联合主办的中阿文化交流数据库暨“一带一路”上的语言系列丛书发布会在北京召开。搭建中阿文化交流“网上丝绸之路”平台，促进中阿文化融通。

“‘一带一路’上的文化——中阿文化交流数据库”是宁夏大学“中西部高校综合实力提升工程”建设项目，项目依托宁夏大学国际教育学院，由社会科学文献出版社建设。数据库由四大库全面支撑，下设12个一级子库、53个二级子库，包含“一带一路”上的文化、中阿文化交流、阿拉伯国家孔子学院以及宁夏区域文化海外传播等相关领域的最新资讯、图书、期刊论文以及多媒体资料。

“一带一路”上的语言系列丛书是国内首部研究“一带一路”沿线国家语言政策的系列丛书，它以“一带一路”沿线国家语言状况、语言政策、语言传播、语言服务及语言问题等内容为研究主题，研究65个“一带一路”沿线国家语言政策，为“一带一路”建设提供语言研究支持和决策参考，促进中国和“一带一路”沿线国家语言相通、民心相通。

中国社会科学杂志社

（一）人员、机构基本情况

1. 人员

截至2015年底，中国社会科学杂志社共有编制内在职人员58人。其中，正高级职称人员12人，副高级职称人员11人，中级职称人员23人；高、中级职称人员占全社编制内在职人员总数的79%。另有聘用制人员253人。

2. 机构

中国社会科学杂志社的处级机构有17个。其中采编业务部门11个，分别为研究室、马克思主义部、哲学社会科学部、文学部、史学部、国际一部、国际二部、综合编辑部、《中国社会科学报》编辑中心、《中国社会科学报》新闻中心、中国社会科学网；采编辅助部门4个，分别为总编室、网络舆情部、战略合作部、事业发展中心；行政管理部门3个，分别为办公室、人事处（党委）、财务资产部。

（二）报刊编辑工作

1.《中国社会科学报》(1～6月，周一、三、五出版；7月1日起，周一、二、三、四、五出版)，总编辑高翔

2015年，《中国社会科学报》共出版190期，每周40版，每月96万字。2015年，《中国社会科学报》继续积极稳健地推进报纸各项工作，圆满完成了全年各项编辑出版任务。2015年7月1日，《中国社会科学报》在创办6周年之际，由一周三刊改为一周五刊，丰富了版面内容，阅读效果、报纸风格相得益彰，进一步向着学术大报迈进。

2015年《中国社会科学报》继续坚持正确的政治导向和学术方向，组织系列主题报道，重点策划刊发了“四个全面”托举中国梦系列报道、“一带一路”系列报道。充分发挥国外三地报道中心学术资源，及时跟踪国际时事，对国家领导人出访、亚投行成立、“一带一路”战略、巴黎气候变化大会、中非合作论坛、巴黎恐怖袭击等一系列重大新闻做出了较为及时的解读。驻华大使采访系列报道深入展开，采访了众多国际知名学者。

争鸣版刊发了《“五朵金花”成就不容否定》《中国近代史“重写”之论可以休矣》《“新清史”：“新帝国主义”史学标本》等优秀文章。评论版刊发了贯彻落实习近平总书记系列重要讲话精神，深入阐释“四个全面”战略布局，科学解读“一带一路”战略构想，围绕纪念中国人民抗日战争暨世界反法西斯战争胜利70周年、纪念新文化运动一百周年等重要选题，组织刊发系列重要文章。学科版面刊发的文章基本代表了我国学术的水准，引起高校和科研单位的关注，许多文章被转载，产生了很好的社会影响力。

2015年元旦，中国社会科学杂志社独立创办的，利用新媒体技术、实行全数字化出版的英文数字报在美国正式创刊上线。英文数字报依托“中国社会科学报英文网”(www.csstoday.com）进行发布，海外读者可通过该网站免费阅读。2015年7月，中国社会科学杂志社与国际知名报纸数据库公司NewsBank公司和PressReader公司正式签署协议，通过它们使英文数字报进入并覆盖了欧美各主要大学和科研机构的图书馆，扩大了报纸的国际影响力。

2.《中国社会科学》(月刊)，主编高翔

2015年，《中国社会科学》共出版12期，约330万字，总发稿量128篇。刊物入选由国家新闻出版广电总局组织评选的“2015年百强社科期刊”。该刊全年刊载的有代表性的文章有：周飞舟、王绍琛的《农民上楼与资本下乡：城镇化的社会学研究》，张雄的《政治经济学批判：追求经济的“政治和哲学实现”》，朱晓进、李玮的《语言变革对中国现代文学形式发展的深度影响》，张守文的《税制变迁与税收法治现代化》，赵世举的《全球竞争中的国家语言能力》，王伟光的《马克思主义中国化的当代理论成果——学习习近平总书记系列重要讲话精神》，张文喜的《政治哲学视阈中的国家治理之“道”》，苏治、徐淑丹的《中国技术进步与经济增长收敛性测度——基于创新与效率的视角》，韩东育的《战后七十年日本历史认识问题解析》，王南湜的《当代中国的哲学精神构建的前提反思》，刘建飞的《构建新型大国关系中的合作主义》等。

3.《历史研究》（双月刊），主编李红岩

2015年，《历史研究》共出版6期，刊发稿件78篇，约180万字。该刊全年刊载的有代表性的文章有：李慎明、张顺洪的《抗日战争胜利的关键是中国共产党思想上政治上的路线正确》，卜宪群的《历史唯物主义与历史虚无主义琐谈》，金冲及的《抗日战争与中华民族的新觉醒》，韩东育的《丸山真男"原型论"考辨》，张荣强的《从"岁尽增年"到"岁初增年"——中国中古官方计龄方式的演变》，王长命的《"关公战蚩尤"神话及其早期传播》，李华瑞的《宋、明对"巨室"的防闲与曲从》，程平山的《两周之际"二王并立"历史再解读》，梁晨、董浩、李中清的《量化数据库与历史研究》，晏绍祥的《新形象的刻画：重构公元前四世纪的古典世界》等。

4.《中国社会科学评价》（季刊），主编张江

2015年，《中国社会科学评价》创刊，共出版4期，约79万字，总发稿量40篇。该刊全年刊载的有代表性的文章有：杨光斌的《丰裕中的思想贫困——兼论中国教育—科学管理体制的问题与出路》，马骏的《公共行政学的想象力》，景天魁的《中国社会学源流辨》，翟振明的《"诉诸传统"何以毁坏学术传统——兼评刘小枫、秋风等的学术伦理》，徐勇的《实践创设并转换范式：村民自治研究回顾与反思——写在第一个村委会诞生35周年之际》，李潇潇的《公共管理的自主性与开放性——张康之、周志忍、竺乾威、孔繁斌、何艳玲五人谈》，王浩斌的《学术共同体、学术期刊与学术评价之内在逻辑解读》，韩经太的《"五千年"和"一百年"的阐释学统——中国学术评价与文学阐释的批评探询》，宋小川的《西方经济学家的傲慢与偏狭》，包伟民的《走出"汉学心态"：中国古代历史研究方法论刍议》。

5.《中国文学批评》（季刊），主编张江

2015年，《中国文学批评》创刊，共出版4期，约79万字，总发稿量55篇。该刊全年刊载的有代表性的文章有：高建平的《论学院批评的价值和存在问题》，高楠的《文学理论构入实践的问题属性》，陈晓明的《我们为什么恐惧形式——传统、创新与现代小说经验》，张江、周宪、王宁、朱立元的《关于批评伦理的通信》，李春青的《现代以来中国文学评价标准的建立与演变》，周宪、让尼夫·盖兰、劳伦·迪布勒伊的《关于"强制阐释论"的讨论》，罗振亚的《"要与别人不同"——西川诗歌论》，洪治纲的《论新世纪文学的"同质化"倾向》，胡亚敏的《马克思主义文学批评"中国形态"探讨》，王宁的《"后理论时代"西方文论的有效性和出路》等。

6.《中国社会科学文摘》（月刊），主编余新华

2015年，《中国社会科学文摘》共出版12期，共计280万字，总发稿1342篇。该刊全年刊载的有代表性的文摘有：张文显的《法治与国家治理现代化》，韩庆祥、王海滨的《时代问题转换与马克思主义哲学发展》，李强、王昊的《中国社会分层结构的四个世界》，陈泽环的

《学者非必为仕而仕者必为学》，张江的《强制阐释论》，封进、余央央、楼平易的《医疗需求与中国医疗费用增长》，孙正聿的《辩证唯物主义的哲学智慧和实践智慧》，孙洪敏的《国家治理现代化的理论框架及其构建》，李艳的《当前国际互联网治理改革新动向》，岳希明、蔡萌的《垄断行业高收入不合理程度研究》，于沛的《后现代主义历史观和历史虚无主义》，高翔的《用学术书写时代进步的华章——为〈中国社会科学〉创刊35周年而作》。

7.《中国社会科学内部文稿》（双月刊），主编孙麾

2015年，《中国社会科学内部文稿》共出版6期，总发稿95篇。该刊全年刊载的有代表性的文章有：张飞岸的《无效民主与民主化研究背后的美国国家利益》，张小明、高小平的《当代中国公共政策议程设置：一个分析框架》，李林的《我国宪法视角下的选举民主与协商民主》，安德烈·奥林的《法国"异端"学派挑战主流经济学经济学家同样需要竞争》，沈斐的《"资本内在否定性"方法论视域中的跨国资本和全球治理》，冯颜利、孟献丽的《有机马克思主义：问题、理论与辨正》，卜祥记、周巧的《对"有机马克思主义"哲学理念的质疑》，陈学明、马拥军、罗骞、姜国敏的《马克思主义哲学的"真精神"——基于对马克思主义哲学解读路向的分析》，李瑞琴的《面临被解散：俄罗斯"去斯大林化"组织败落史透视》，靳继东的《政府事权划分：理论逻辑、现实进路和改革方向》。

8.《国际社会科学杂志》（中文版），季刊，主编王利民

2015年，《国际社会科学杂志》（中文版）共出版4期，共计54.8万字。该刊全年刊载的有代表性的文章有：托马斯·福特的《数学转向》，桑德·科恩的《当代艺术和历史编纂学中的理论及对理论的抵制》，克里斯·拉维托-比亚焦利的《以另一种手段呈现的理论：帕索里尼关于否思的电影》，谢少波的《翻译与改造：理论在中国和理论中的中国》，拉菲尔·利奥吉耶的《信仰和主张的地球化：宗教在全球资本主义当中的作用与重要性》，托马斯·乔尔达什的《全球灵性地理：天主教灵恩派社团的实例》，莱昂内尔·欧巴迪亚的《本土化的去疆域化？藏传佛教在法国和世界各地的全球本土化案例》，亚当·波萨马伊和布莱恩·特纳的《网络空间里的权威和流动性宗教：宗教传播的新疆域》，罗宾·阿特菲尔德的《减排的道德紧迫性》，唐纳德·布朗的《加大伦理考量牵引力，引导气候变化政策走向》，约翰·莱蒙斯的《气候变化时代生物多样性保护面临的科学、伦理和政策挑战》，卡门·贝莱奥斯-卡斯泰罗的《气候伦理的非个体性特征：支持共同或累积的责任》，露丝·埃尔文的《气候变化背景下的生态伦理：女权主义和本土观点对现代性的批判》，凯瑟琳·拉莱尔的《生物多样性：是共同利益还是共同世界》等。

9.中国社会科学网，总编辑李红岩

2015年，中国社会科学网牢牢把握习近平总书记治国理政新实践新成就新思想新举措的主线，突出重点亮点，深入宣传国家发展的新局面，展示全国哲学社会科学界的最新学术成果。2015年最高日浏览量达575万（PV）；最高日独立访客创历史新高，超100万；手机版最高日浏览量达 442 万（PV）。2015 年，中国社会科学网与阿里巴巴 UC、人民网、光明网、紫光阁网、中国搜索、百度、360 搜索、搜狗搜索、今日头条，以及中共中央党校等理论网站均建立了合作关系。

获得中央网信办颁发的“抗战胜利 70 周年重要纪念活动网络工作先进个人奖”“习主席访美并出席联合国系列峰会网络工作全国网信系统先进个人奖”。

截至 2015 年 12 月 10 日，院一、二号平台上覆盖 27 个所局的 54 个站点已经迁移完毕，另外新建 4 个站点。

（三）科研工作

1. 科研成果统计

2015 年，中国社会科学杂志社共完成学术论文 21 篇，22.08 万字；专著节选 10.4 万字。

2. 科研课题

（1）新立项课题。2015 年，中国社会科学杂志社共有新立项课题 2 项。其中，院国情考察课题 1 项：“学术报刊数字化产品深度开发调查”（李新烽主持）；院马克思主义理论学科建设与理论研究课题 1 项：“马克思主义话语权研究”（王广主持）。

（2）结项课题。2015 年，中国社会科学杂志社共完成课题结项 7 项。其中，国家社会科学基金青年课题 1 项：“历史唯物主义世界观的当代阐释”（王海锋主持）；中国社会科学院国情考察课题 1 项：“学术报刊数字化产品深度开发调查”（李新烽主持）；社重点集体课题 4 项：“当代学术界思想状况与理论倾向——中国社会科学杂志社万名学者大调查”（王广主持），“中国利用外资问题学术史梳理”（梁华主持），“社会科学的传播方式和影响力研究”（张彦主持），“民国以来中国社会学的思想传统”（刘亚秋主持）；交办委托课题 1 项：“如何巩固壮大主流思想舆论，增强主流媒体的传播力公信力影响力”（高翔主持）。

（3）延续在研课题。2015 年，中国社会科学杂志社共有延续在研课题 5 项。其中，国家社会科学基金课题 1 项：“近代外国在华直接投资与中外竞争研究”（梁华主持）；中国社会科学院青年科研启动基金课题 1 项：“建构主义哲学与德国当代哲学思潮”（莫斌主持）；社重点集体课题 2 项：“1949 年以来我国启蒙问题研究专题论文集”（柯锦华主持），“新兴大国合作及其对全球治理结构变革的影响”（林跃勤主持）；交办委托课题 1 项：“上山下乡运动与知青共同体研究”（高翔主持）。

（四）学术交流活动

1. 学术会议

2015 年中国社会科学杂志社主办的学术会议有：

（1）2015 年 1 月 10 日，由中国社会科学杂志社与上海市法学会法社会学研究会共同主办的法治中国建设研讨会暨国际期刊发展论坛在上海召开。

(2) 2015 年 1 月 23 日，由中国社会科学杂志社与中国人民大学共同主办的“首届法学前沿论坛”在北京召开。

(3) 2015 年 4 月 25 ~ 26 日，由《中国社会科学》编辑部主办，安徽师范大学承办的“在历史与现实语境中理解中国哲学”学术研讨会在安徽省芜湖市召开。

(4) 2015 年 5 月 9 ~ 11 日，由中国社会科学杂志社和美国维思里安大学共同主办，广西师范大学承办的第三届中美学术高层论坛“现代化——中西比较的视野”在广西壮族自治区桂林市召开。

(5) 2015 年 5 月 23 日，由《中国社会科学》编辑部与上海外国语大学语言研究院共同主办的“第四届中国语言学研究方法与方法论问题学术讨论会”在上海召开。

(6) 2015 年 5 月 30 日，由中国社会科学杂志社与同济大学共同主办的第一届中国战略论坛高层学术研讨会在上海召开。

(7) 2015 年 6 月 6 ~ 7 日，由中国社会科学杂志社《历史研究》编辑部与南开大学历史学院共同主办的“第二届青年史学家论坛”在天津召开。

(8) 2015 年 6 月 23 ~ 26 日，由中国社会科学杂志社与澳门大学、澳门基金会共同主办的第四届澳门学国际学术研讨会在澳门召开。

(9) 2015 年 7 月 21 日，由中国社会科学杂志社主办的“当代中国文学批评的现状与发展趋势”学术研讨会在北京召开。

(10) 2015 年 7 月 24 ~ 25 日，由中国社会科学杂志社和新加坡南洋理工大学中华语言文化中心共同主办的“中国社会科学论坛（2015）——第四届世界华文学术名刊高层论坛”在新加坡召开。

(11) 2015 年 7 月 24 ~ 28 日，由中国社会科学杂志社《历史研究》编辑部与东北师范大学历史文化学院共同主办的“清代多民族统一国家的历史建构”学术研讨会在吉林省长春市召开。

(12) 2015 年 7 月 31 日至 8 月 2 日，由中国社会科学杂志社《历史研究》编辑部和长治学院共同主办的“抗日战争与近代中国”学术研讨会在山西省长治市召开。

(13) 2015 年 9 月 9 日，由中国社会科学杂志社主办的“当代中国文学的现状与思潮”学术研讨会在北京召开。

(14) 2015 年 9 月 12 日，由中国社会科学杂志社和四川大学共同主办的“第九届中国社会科学前沿论坛”在四川省成都市召开。

(15) 2015 年 9 月 18 ~ 20 日，由中国社会科学杂志社主办，山西大学哲学与现代性协同创新中心、哲学社会学院、科学技术哲学研究中心、马克思主义哲学研究所共同承办的第十五届“马克思哲学论坛”在山西省太原市召开。

(16) 2015 年 9 月 26 ~ 27 日，由中国社会科学杂志社和辽宁大学共同主办的第三届中国社会科学跨学科论坛在辽宁省沈阳市召开。

（17）2015 年 10 月 13 ～ 14 日，由中国社会科学杂志社和文学批评研究会共同主办的第二届“当代中国文论：反思与重建”高级学术研讨会在江苏省扬州市召开。

（18）2015 年 11 月 5 ～ 6 日，由中国社会科学杂志社和德国波恩应用政治研究院共同主办的第三届中德学术高层论坛在上海召开。

（19）2015 年 11 月 13 ～ 15 日，由中国社会科学杂志社《历史研究》编辑部、江西师范大学中国社会转型研究省级协同创新中心、江西师范大学历史文化与旅游学院共同主办的第九届历史学前沿论坛在江西省南昌市召开。

（20）2015 年 11 月 25 ～ 28 日，由中国社会科学杂志社、中国社会科学院拉丁美洲研究所、巴西圣保罗州立大学孔子学院、智利安德烈斯·贝略大学中国研究中心、阿根廷科尔多瓦国立大学社会与文化研究中心共同主办的第四届中拉学术高层论坛在上海召开。

（21）2015 年 12 月 10 ～ 12 日，由中国社会科学杂志社和广东省委党校联合主办的第四届全国人文社会科学期刊高层论坛在广东省广州市召开。

（22）2015 年 12 月 26 日，第二届中青年马克思主义政治经济学研讨会在北京召开。会议的主题是“开拓当代中国马克思主义政治经济学新境界”。

2. 国际学术交流与合作

2015 年，中国社会科学杂志社共进行国际学术交流活动 15 次。与中国社会科学杂志社开展学术交流的国家有俄罗斯、加拿大、美国、西班牙、葡萄牙、南非、法国、意大利等。

（1）2015 年 3 月 20 ～ 29 日，中国社会科学杂志社副总编辑李新烽陪同中国社会科学院秘书长高翔出访西班牙、葡萄牙、南非三国，就“中西文化交流”“汉学研究”等议题与相关机构进行交流。

（2）2015 年 4 月 9 ～ 17 日，中国社会科学杂志社副总编辑李新烽赴美参加由文化部和美国国家人文基金会联合主办的第四届“中美文化论坛”及美方组织的其他学术交流活动。论坛的主题是“培育合作：通过互译、数字研究和在线教育促进文化沟通”。会后访问了斯坦福大学亚太研究中心、加州大学洛杉矶分校、南加州大学，了解美国学界研究近现代中国的代表性刊物及其他海外人文社会科学类刊物的办刊情况、运行状况，调研国外办刊审批程序等情况。

（3）2015 年 5 月 9 ～ 11 日，中国社会科学杂志社与美国维思里安大学联合主办的“第三届中美学术高层论坛”在广西壮族自治区桂林市召开。论坛由广西师范大学、广西人文社会科学发展研究中心承办。论坛的主题是“现代化：中西比较的视野”。

（4）2015 年 5 月 15 日，美国维思里安大学人文中心教授、《历史与理论》杂志主编伊桑·克莱恩伯格教授来社做学术讲座，讲座的主题是“History and Theory in a Global Frame: Theory of History in the 21st Century（《全球框架下的〈历史与理论〉：21 世纪的历史理论》。

（5）2015 年 5 月 31 日至 6 月 9 日，中国社会科学杂志社副总编辑余新华随副院长张江赴俄罗斯参加国际学术研讨会“西方与东方的文学批评：今天与明天”，并赴法国、德国进行工作访问。

(6) 2015 年 6 月 7 ～ 15 日，中国社会科学杂志社副总编辑李新烽受非洲社会科学研究发展理事会邀请，参加在塞内加尔首都达喀尔举行的“第 14 届非洲社会科学研究发展理事会全体大会暨科学会议”。会议的主题是“全球转型期创造非洲未来：挑战与前景”。

(7) 2015 年 7 月 23 ～ 27 日，中国社会科学杂志社副总编辑余新华一行 5 人赴新加坡组织并参加由中国社会科学杂志社与新加坡南洋理工大学中华语言文化中心联合举办的“中国社会科学论坛（2015）——第四届世界华文学术名刊高层论坛”。会议的主题是“当代世界的华文学术期刊与学术共同体建构”。

(8) 2015 年 8 月 30 日，中国社会科学杂志社常务副总编辑王利民、副总编辑李红岩等与美国历史学会主席 Grossman 会面，进一步商讨中国社会科学杂志社与美国历史学会签署的战略合作协议具体实施事宜。

(9) 2015 年 8 月 31 日，中国社会科学杂志社副总编辑余新华等与加拿大历史学会执行主任 Michel 会面，进一步加强双方了解并商讨合作事宜。

(10) 2015 年 10 月 8 ～ 13 日，中国社会科学杂志社副总编辑孙辉一行 6 人赴法国、意大利进行学术访问。先后访问法国“埃斯佩斯·马克思”、加布里埃尔·佩里基金会，了解这些组织的运行模式，并调研法国人文社会科学学术刊物发展现状及其新媒体发展态势，就法国左翼组织的观点和理论、工人运动史、社会主义在法国的发展等话题进行学术交流。

(11) 2015 年 10 月 15 日，中国社会科学杂志社副总编辑余新华与来访的加拿大《文化中国》杂志执行编辑张志业举行会谈。

(12) 2015 年 10 月 18 日至 11 月 1 日，中国社会科学杂志社副总编辑李红岩赴澳大利亚参加国家新闻出版广电总局在悉尼科技大学举办的报业新媒体培训班。

(13) 2015 年 11 月 5 ～ 6 日，由中国社会科学杂志社、德国波恩应用政治研究院主办，上海交通大学承办的第三届中德学术高层论坛在上海市举行。论坛的主题是“经济发展、法治与社会变迁”。

(14) 2015 年 11 月 26 ～ 27 日，第四届中拉学术高层论坛在上海举行。论坛的主题是“建构命运共同体：中拉整体合作的新进程”。论坛研讨的主要问题有“建构命运共同体的中拉合作”“中拉经济与贸易往来”“中拉关系的历史与未来”“比较视野下的中拉发展”等。

3. 与中国香港、澳门特别行政区和中国台湾开展的学术交流

(1) 2015 年 4 月 19 ～ 23 日，中国社会科学杂志社常务副总编辑王利民赴澳门参加澳门理工学院召开的《澳门理工学报》编委会全体会议暨“华文学术期刊发展趋势国际研讨会”。

(2) 2015 年 5 月 5 ～ 8 日，中国社会科学杂志社林跃勤赴澳门参加“2015 年金砖国家机制化与澳门平台角色”国际研讨会，并就“金砖机制化：国家视角”议题进行发言。

(3) 2015 年 6 月 23 ～ 26 日，中国社会科学院秘书长、党组成员、中国社会科学杂志社总编辑高翔研究员一行赴澳门参加由澳门大学、澳门基金会、中国社会科学杂志社等共同主办的“第四届澳门学国际学术研讨会”。会议的主题是“文献基础与学科建设”。

（4）2015 年 6 月 23 ～ 29 日，中国社会科学杂志社李放等赴台湾参加“第五届两岸期刊研讨会暨优秀期刊展”。

（5）2015 年 6 月 26 日至 7 月 1 日，中国社会科学杂志社赵磊受中国文化大学法学院与成功大学法律学系之邀赴台湾参加“第五届两岸商法论坛”，并作题为“民商合一还是民商分立——民法典立法中的‘商法’”的发言。

（五）会议综述

第三届中美学术高层论坛“现代化——中西比较的视野”

2015 年 5 月 9 ～ 11 日，“第三届中美学术高层论坛：现代化——中西比较的视野”在广西师范大学举行。开幕式上，中国社会科学院秘书长、党组成员、中国社会科学杂志社总编辑高翔，美国维思里安大学校长迈克尔·罗斯，广西师范大学党委书记王枬等分别致辞。30 余位中外学者就现代化道路的多样性、现代化与儒学等论题进行研讨。

（1）新自由主义并非现代化的正确路径。在肯定西方的现代化进程创造了人类历史奇迹的同时，高翔指出，西方在现代化进程中的领先地位，是否意味着只有西方国家才拥有从概念上界定“现代化”的话语权利？是否只有西方式的现代化才能称之为“现代化”？非西方世界是否只能在西方规定的“现代化”概念框架中邯郸学步、削足适履？答案显然是否定的。西方式现代化模式，遭到包括西方学者在内的众多学者的反思与质疑。学者表示，现代化不等于西方化；回顾人类现代

2015年5月9～11日，“第三届中美学术高层论坛”在广西桂林召开。

化的历程，总结各国在现代化过程中的成败经验，特别是俄罗斯和拉美国家在现代化过程中所遭遇的教训，启示之一是需要在理论和实践上超越新自由主义模式，以避免由其导致的危机与陷阱。当前，美国是西方发达国家的代表。在一些人心目中，“美国化”俨然是现代化的样板。对此，迈克尔·罗斯表示，现代化并不意味着更加“美国化”。举办此次中美学术高层论坛，目的在于促进学者共同反思追求现代化究竟有多少种不同的路径。

(2) 世界现代化离不开“中国故事”。纽约大学中国历史学、中东和伊斯兰研究学教授，中东与伊斯兰研究学系主任兹维·本-多·贝尼特讲述自己的体会：今天谈论世界的现代化，不能不讲述“中国故事”。回顾近代以来中国所走过的不平凡的现代化道路，高翔指出，中国特色社会主义，是一条不同于西方的、具有鲜明中国特色的现代化道路。这条道路坚持科学社会主义基本原则，同时又植根于中国的历史、国情，引领中国走向未来。如何准确认识中国的现代化道路，如何抛弃偏见、狭隘，清晰地判断其世界历史价值，值得我们认真思考。

华中师范大学校务委员会主任马敏认为，在世界各国现代化进程中，中国的现代化走了一条独特的历史道路。1949 年至今的社会主义现代化所取得的巨大成功，其背后的原因要在“国家与社会”“传统与现代”“历史因素与现实因素”等关系中去寻找。研究中国的现代化道路，总结中国现代化的经验，对于丰富和发展世界现代化理论有着特殊意义。

(3) 建构更具包容性的多元现代化范式。高翔认为，既然现代化不等于西方化，那么现代化历史的书写就必须打破西方中心论，更多地关注非西方世界现代化道路的多样性和独特性。打破西方中心论，不是要建立另一个中心论，而是要“去中心论”，对不同国家的现代化历史以平等的态度相对待。这就要求我们更新现代化的研究范式，建构一种更具包容性的多元现代化范式，书写一部真正具有全球史眼光的世界现代化历史。

中国科学院中国现代化研究中心主任何传启阐释，综合现代化理论适用于尚未完成第一次现代化的发展中国家。其中，如果完成两个转变，即从农业文明向工业文明、从工业文明向知识文明的转变，最终达到知识文明，它们将实现提高国家现代化水平、追赶和达到世界先进水平的目标。

（张春海）

第九届中国社会科学前沿论坛

2015 年 9 月 12 日，由中国社会科学杂志社和四川大学共同主办的第九届中国社会科学前沿论坛在四川省成都市召开。论坛秉承关注重大理论和实践问题的宗旨，聚焦“新型智库建设与哲学社会科学研究”。

中国社会科学院院长、党组书记王伟光出席论坛并作主旨讲话。四川大学党委书记杨泉明致欢迎词。中国社会科学院秘书长、党组成员、中国社会科学杂志社总编辑高翔主持开幕式并致闭幕词。

（1）智库建设赋予新的时代任务。王伟光指出，加强中国特色新型智库建设，凝聚着党和人民的殷切期望，赋予了全国哲学社会科学界新的时代任务，哲学社会科学工作者必须以高度的使命感、责任感、紧迫感积极投身新型智库建设。

王伟光强调，建设中国特色新型智库，必须始终坚持中央关于智库建设的指导思想、总体目标、基本原则和总体要求，把握正确导向，加快建设步伐，深化哲学社会科学研究，更好地服务党和国家工作大局。一要坚持党的领导，把握正确的政治方向和学术导向；二要坚持服务大局，以重大理论和现实问题为着力点；三要坚持以人为本，坚定不移地站在人民立场上做学问；四要坚持创新精神，建构当代中国学术话语体系；五要坚持人才为重，壮大中国特色新型智库型人才队伍；六要坚持弘扬正能量，围绕智库功能加快传播平台建设；七要坚持正确学风，凸显求真务实严谨厚德的治学品格；八要坚持改革创新、统筹协调，逐步完善新型智库体系。

王伟光强调，加强中国特色新型智库建设，要始终坚持马克思主义的辩证思维方式，正确认识处理好智库建设和哲学社会科学研究中的一系列辩证关系。一是处理好基础理论研究与应用对策研究的关系；二是处理好战略性问题研究与战术性问题研究的关系；三是处理好深化理论研究与深入实际调研的关系；四是处理好坚持中国特色与扩大国际视野的关系。

杨泉明表示，哲学社会科学担负着认识世界、传承文明、创新理论、咨政育人、服务社会的重要职责，还肩负着引领发展的重要使命，是我们正确认识世界、改造世界，推动理论创新和先进文化建设，促进决策的科学化、民主化，推进经济社会发展的重要力量。杨泉明认为，通过此次论坛，一定会促进提升哲学社会科学研究对国家经济社会发展的参与度和咨政服务水平，进一步推动我国哲学社会科学的繁荣发展和新型智库建设的水平提升。

（2）智库建设需要协同合作。在此次论坛上，来自全国著名高校、科研机构的学者们群策群力，共同为加快中国特色新型智库建设出谋划策。怎样建立科学合理的智库成果评价体系，如何更好地开展前瞻性、针对性、储备性政策研究，不同类型智库的发展路径有何差异等，智库建设中的诸多重大议题得到了深入讨论。

江苏省社科联党组书记刘德海认为，面对我国当前所处发展阶段的新形势和新任务，仅有热情和干劲是不够的，而且单靠哪一家智库都无法完成，必须有一个强大的智库群体或联盟支撑。

有学者将我国不同类型的智库形象地比喻为“中央军”“地方军”“游击队”，这几路“大军”缺乏沟通交流的状况不利于我国智库建设水平的整体提高。“新型智库建设需要系统协作、集思广益。不同层次的研究机构需要协作，接地气的研究和高层次的研究也要打通。”在华南师范大学副校长郭杰看来，中国社会科学前沿论坛就为社科界提供了一个有效的协同机制。

事实上，当前需大力加强的不仅是智库之间的协同合作，智库与各相关方之间的互动也亟待加强。理论与实践结合不够，学术单位与实际部门联系不紧，是长期制约社会科学服务功能发挥的根本问题。南开大学副校长朱光磊呼吁，要进一步克服原有体制机制的弊端，通过智库这个平台，推动高校、企业和政府的深度合作。

湖南省社会科学院院长刘建武进一步谈到了如何完善智库成果进决策进实践的推送机制。他建议，智库要主动、精准把握决策需求，提供即时性、多元化、多样式服务，满足党政部门多层次、多方面的智力需求。可通过实施部门对接研究、参与重要决策论证、加强社情深度调研、开拓智库第三方评估等途径推送智库成果进决策。

（3）智库建设要服务现实世界。与会学者普遍认为，要更好发挥智库作用，首先要提高智库产品水平，增强智库发展的内生动力。

北京外国语大学副校长孙有中认为，推进智库建设的本质在于改善当下中国学术生态，要抓住真问题、展开真研究、发现真知识、做出真贡献。西北政法大学校长贾宇也认为，新型智库建设必须以“中国问题”为导向，建立与需求对接的新模式，突出研究的应用价值和服务意识，做实对策，“接地气才能有底气”。

朱光磊谈到了以高度的理论自觉来面对现实问题的重要性。他说，智库要急国家和人民之所急，大力开展应用对策研究，并在这个过程中概括、提炼出自己的理论和方法。现代化国家走向文化强国的道路，无一不历经了对自身现实问题的理论阐释过程。

高翔在闭幕致辞中号召学界要抓住智库建设的契机，力争有所作为。高翔指出，智库建设的好坏、成败，不仅关系到我们党和国家事业发展的全局，也关系到当代中国学术发展的前途和命运。学术发展的生命力归根结底要从服务现实世界中来。人民群众的实践永远是学术不断进步的源泉和动力。中国学术如果不为现实服务，不善于从人民群众的实践中汲取理论创新的智慧，无论其建构得多么精致、多么宏大，实质上都是“纸老虎”。

高翔强调，中国学术界要做有思想的学问。没有思想，就没有灵魂。中国的学术研究，包括智库建设，必须呼唤思想的创新。高翔指出，我们所处的时代是一个需要思想巨人，也是能够产生思想巨人的时代。我们要打破对西方理论的盲目崇拜和迷信，立足当代中国国情、立足当代中国实践、立足时代的需要，独立思考、有所作为，努力打造哲学社会科学研究的中国学派。唯其如此，中国学术才能真正为党和国家的事业服务，真正走向世界。

来自中国社会科学院、四川大学、吉林大学、中山大学、中国人民大学、南开大学、南京大学、同济大学、湖南省社会科学院、湖北省社会科学院、广东省社科联、江苏省社科联等 50 余所高校和科研机构的 120 余位代表出席会议。

第二届“当代中国文论：反思与重构”

2015 年 10 月 13 ~ 14 日，第二届“当代中国文论：反思与重构”高级学术研讨会在江苏省扬州市举行。来自全国文论界和批评界的代表们参加会议。会议深入探讨关涉中国文学理论和批评往何处去的诸多重大问题。中国社会科学院副院长、党组成员、中国文学批评研究会会长、《中国文学批评》主编张江出席会议并作主题发言。中国社会科学院秘书长、党组成员、中国社会科学杂志社总编辑高翔，扬州大学校长焦新安出席会议并致辞。

（1）从中国实践出发构建中国文学理论体系。只有以刮骨疗伤的勇气直面弊病，文学理论批评事业才能健康发展。张江在主旨发言中指出了当前文学研究的一大弊端——文学理论与文学批评严重脱节。从文学理论角度看有两种不良倾向：理论脱离文学实践、背离文本，理论变成自说自话的独白；用现成的理论模式篡改、瓦解、重置文本以证明理论。从文学批评角度看也存在两种令人忧虑的倾向：批评家没有自己的文本实践和经验，简单用理论裁定文本；批评缺乏形而上的理论支撑，沦为印象式的感受。

"理论应该是批评的理论，批评应该是理论的批评。"张江强调，中国文学理论体系的建构必须走理论与批评融合的道路，以批评见证理论，以理论支撑批评。文本是理论和批评的核心，不敢面对当下的、现实的、活生生的文本，理论和批评就没有前途。张江呼吁文学研究界努力把文学理论建设从当前以理论为中心的局面转变到以文本为中心、以当下文本为中心的轨道上来，要根据中国文学的实践、特别是改革开放30多年来的文学实践构建中国文学理论体系。

高翔在致辞中强调，中国学界要做有思想的学问，没有思想的学术成果，在学术历史上就是昙花一现。没有对历史进步、人类探索有开拓性价值的理论原创性成果，中国学术就没有尊严，也没有资格和能力与国际主流学界展开平等、有尊严的对话。高翔指出，中国学术必须说中国话，要打破对西方理论的盲目崇拜和迷信，大胆探索、大胆创新，勇于提出具有鲜明中国特色的话语体系。中国社会科学杂志社多年来倡导打造哲学社会科学的中国学派，也将努力推动文学界打造文艺理论和评论的中国学派。

张江与高翔的讲话引起了与会学者的共鸣。清华大学外文系教授王宁表示，文学和文化理论在西方处于式微状态时，西方学界的一些有识之士希望从西方以外的地方找到出路。张江与美国理论家米勒的对话树立了一个典范：中国文学批评开始在国际文论界发出自己的声音，它不满足于仅仅在实践中印证西方现有的文学批评理论是否有效，而更是旨在通过对之的质疑和讨论提出中国批评家的理论建构。

（2）文学理论与批评要面向时代。在当今中国的学术语境下，文学理论与批评究竟何为？这是在思考文学理论与批评关系时首先要回答的问题。

复旦大学中文系教授朱立元表示，今天的中国文艺理论批评建设肩负重大的时代使命，它不仅在于理论本身的发展、建设与创新，更要以促进社会主义文艺的大发展大繁荣为己任。

江苏师范大学党委书记徐放鸣认为，为中国特色社会主义文艺的健康发展积极发挥作用，应当成为当今中国文学理论和批评的最高价值追求。

"文学理论与批评不能成为象牙塔中的学问。"扬州大学文学院教授姚文放提出，文学研究要突出实践性、当下性与现场感。他特别强调了文学批评的社会潜能和现实价值，认为其"顺应当今文学创新、文化实践乃至社会发展的潮流，在今天大有可为"。

辽宁大学文学院教授高楠建议，为更好促进文学理论与文学关系的协调，当前以认识论为主体的文学理论应向以实践论为主体的文学理论做适当调整。经过如此建构，理论能够走出观念理论的自洽性，敞开面向广阔的实践。他进而提出，我们的文学批评和文学理论如果离开了如火如荼的社会主义建设实践就会失去意义。

“没有对社会的参与和贡献，理论就是苍白的。”南京大学艺术研究院教授周宪表示，文艺理论工作者不能仅把研究工作当作个人的兴趣、爱好，而应意识到这个伟大时代所赋予的历史使命——作为文艺理论工作者，应不断引领社会审美和社会文化发展的风向，为民众文化素养的进一步提升做出贡献。

中国社会科学院文学研究所研究员高建平注意到习近平总书记讲话中提出要“运用历史的、人民的、艺术的、美学的观点评判和鉴赏作品”，“对美学的强调具有重要意义”。高建平说，这反映了时代的需求。当前更迫切呼唤文学艺术的精品，而美学在其中会起到非常重要的作用。

(3) 打磨好批评这把“利器”。文艺批评褒贬甄别功能弱化，缺乏战斗力、说服力，不利于文艺的健康发展。南京大学文学院教授丁帆对当前文艺评论中的种种弊病提出了尖锐的批评。丁帆认为，一个没有多元批评的文坛是一个行将没落的文化界面，重拾马克思主义的批判精神才是文化与文学批评的首要任务。

中国社会科学院外国文学研究所所长陈众议认为，当前的文艺批评存在有“高原”缺“高峰”的现象。在他看来，好的文学批评应该是尖锐有锋芒的，但它必须对文学负责、对家国道义负责。

“文学批评的责任是对优秀作品说话。”北京大学中文系教授陈晓明说，如果文学批评不能发现优秀的作品，不能阐释当代中国文学的价值，不能将优秀的作品经典化，文学批评就丧失了最重要的功能。

福建社会科学院院长南帆重审了审美对文学批评的意义。他认为，审美重视感性、形象、细节、日常生活、底层人物，拥有独特的视野和价值观念，在文学批评中应恢复文化研究出现以来消失的审美的作用。

在谈到加强批评中伦理要素的必要性时，中国社会科学院文学研究所所长陆建德提出，伦理维度关注的是弱势群体的感情、利益如何得到照顾，最终关涉的是社会公正问题。

中国社会科学院外国文学研究所党委书记党圣元以中国传统诗文评为切入口探讨了文学批评建设的路径。“如何在密切接触文学实践的基础上，不丢弃传统诗文评的当局者态度，又保持一定旁观者的距离，是值得思考的。”

弘扬中国精神、传播中国价值、凝聚中国力量，是文艺工作者的神圣职责。与会学者一致认为，中国学界应立足当代中国国情，立足当代中国文学实践，积极打造彰显民族精神、散发民族气息的中国文艺理论和批评体系。唯其如此，中国文艺理论和批评才能更好指导中国文学的发展。

会议由中国社会科学杂志社与中国文学批评研究会主办，扬州大学文学院、江苏高校优势学科“文化传承与区域社会发展”承办。

（毛　莉）

第二届中青年马克思主义政治经济学研讨会

2015 年 12 月 26 日，第二届中青年马克思主义政治经济学研讨会在北京召开。会议围绕“开拓当代中国马克思主义政治经济学新境界”主题进行了研讨。来自中国社会科学院、中共中央党校、清华大学、北京大学、中国人民大学、南开大学、复旦大学、武汉大学、南京大学、广州大学等多所高校和科研机构的 50 余位马克思主义政治经济学者参加了会议。中国社会科学院秘书长、党组成员、中国社会科学杂志社总编辑高翔出席开幕式并讲话。

（1）一座“理论灯塔”。高翔指出，改革开放以来，中国哲学社会科学发展成绩卓然。这期间，中国学术解放思想，学术空前活跃，大量新的领域被开辟、新的学科生长点产生，和西方学术展开了全方位的互动与交流。在此期间，马克思主义政治经济学基本原理在中国经济建设的实践中发挥了巨大作用，马克思主义中国化成为指引中华民族伟大复兴的理论灯塔。

高翔强调，马克思主义基本原理、基本立场、基本观点、基本方法没有过时，仍是照耀哲学社会科学前进的指路明灯。学者在研究中，必须完整、准确地掌握马克思主义基本原理、立场、观点、方法及其科学结论。与此同时，我们还要坚持解放思想、实事求是，继承和发扬马克思主义与时俱进的理论品格，立足中国国情，立足当代实践，不断开辟马克思主义新境界。

全国人大教科文卫委员会委员顾海良认为，发展当代马克思主义政治经济学的系统化学说需要做到以下三点：第一，将马克思主义政治经济学作为必修课；第二，用政治经济学为人类命运共同体提供智力支持和理论解释；第三，在当前的中国实践、中国制度、中国力量中发掘中国智慧。

（2）继承发展创新。学者认为，当代中国马克思主义政治经济学理论的创新，是在对马克思主义的继承和发展中实现的。例如：对关于人的全面发展的原理的继承和发展，对关于提高劳动生产率、发展生产力基本原理的继承和创新，对关于生产关系一定要适应生产力性质、上层建筑一定要适应经济基础的原理的继承和创新，对关于社会再生产和社会主义按比例分配社会劳动原理的继承和创新……正是在这些理论的指导下，我国经济发展取得巨大成就，综合国力获得了巨大提升。

在新形势下，如何加强马克思主义政治经济学研究？中国社会科学院学部委员、马克思主义研究学部主任程恩富提出了两点建议。第一，要加强新的方法、理论，加强对当代资本主义的规范研究、实证分析；加强对微观、宏观经济学体系的再研究；建立以《资本论》为基础的政治经济学体系，系统地科学阐明当代资本主义发展变化的经济规律。第二，对社会主义研究的核心，要放在对社会主义与市场经济结合的研究上。在社会主义基本制度下，两者的结合能够更好地发挥市场作用，同时实现公平、正义。

(3) 唯物史观推动中国贡献。学者们认为，中国特色社会主义经济学的核心，就是要把社会主义初级阶段基本经济制度和市场经济结合起来。对此命题在学理上做出充分阐述，是中国学者应该做出的贡献。

中国人民大学经济学院院长张宇分析，社会主义与市场经济的结合有两条主要线索：一是资源配置中政府与市场的结合，二是生产关系中公有制与市场经济的结合。“值得注意的是，中国政府对市场的调节作用，与西方宏观调控有所不同：不仅仅是为市场提供一个稳定的外部环境，而且还要长期地、发展地、动态地、供给地进行调节，体现社会主义的制度要求。”这一点在当前的深化经济体制改革中也得到了很好的实践。张宇说：“这是中国特色社会主义政治经济学对马克思主义政治经济学的贡献。”

(4) 以中国智慧推进中国学派。学者注意到，对西方学术的盲目“迷信”和“崇拜”，正妨碍着中国学术的独立思考和理论创新能力：或研究碎片化，忽略对历史规律、本质、全局的思考；或过度追逐繁琐的数学模型，忽略对经济本质的把握；或一味用西方的范式，强行解释中国问题。

对此，高翔强调，中国学界应努力构建以马克思主义为指导的、立足中国国情与当代中国实践的学科基础理论体系，形成具有鲜明中国特色、中国风格、中国气派的哲学社会科学话语体系，打造哲学社会科学研究的中国学派，同以美国为代表的西方国际主流学术展开平等的、有尊严的对话。推动这一学术实践的实现，正是《中国社会科学》的使命所在。

会议由《中国社会科学》编辑部主办，中国人民大学经济学院、广州大学经济与统计学院承办。

（张君荣　牛冬杰）

服务中心

2015年，服务中心紧紧围绕院中心工作，以管理为基础、以服务为核心、以保障为目标，强化服务意识、巩固改革成果、完善管理机制、建立健全规章制度，积极探索后勤服务工作的新思路、新举措，改进服务方式、方法，取得了显著成绩。为全院科研和创新工程提供了良好的后勤服务保障。

（一）人员、机构等基本情况

1. 人员

截至2015年底，服务中心共有在职人员100人，其中，专业技术人员3人、管理人员52

人、工勤岗位人员 45 人。

2. 机构

服务中心设有：办公室、党务人事处、业务管理处、综合管理处、行政管理处、服务监管处、物业管理中心、交通服务中心、服务保障中心（机关食堂、会议服务部、社科文印部、医务室）。

（二）服务保障工作

1. 紧紧抓住“服务”这个工作主线，集中精力做好各项服务保障工作

（1）物业管理中心紧密围绕中心工作，积极发挥“管理、保障、服务”职能作用，科学谋划，统筹安排，突出物业管理重点，加大物业保障力度，提升物业服务质效，较好地完成了各项工作任务。在小区管理方面：统筹各部门工作职责，分级分层细化各部门工作内容和工作制度，对各物业站卫生、绿化、值班等项工作统一要求，统一标准，统一管理。完成了花园破旧座椅更新、花坛修建、公用楼道破损纱窗更换、破损景观照明灯维修、天花脱落板修复、烟感器清理、草坪打药、树枝修剪、建立出入车辆及人员登记台账等工作；配合社区街道和有关部门完成了小区群租房、商户违规经营餐饮的整治工作；为给全院和各宿舍提供更好的物业服务，太阳宫工作站定期探望空巢老人，帮助他们解决实际困难；皂君庙工作站在自行车棚内安装电动车充电插座，方便住户充电；昌运宫工作站将公共走廊照明灯更换为 LED 节能灯，更换破损车位地锁等。细心、贴心的服务赢得了用户的普遍好评。在设备设施维修管理方面：加大设施设备排查检查力度，及时发现存在问题，确保各项设施设备安全良好运行。在工程维修工作方面：配合研究生院完成给排水设施安全保障工作；配合院基建处完成科研楼、档案楼的施工改造工作；配合联通公司做好机房设备改造工作；完成了档案楼电话配线改造移机及搬家工作。

（2）交通服务中心始终坚持“安全驾驶、优质服务”原则，进一步强化“内强素质、外树形象”意识，定期对驾驶员进行消防、安全行车教育。利用板报、展板、电子栏等媒体宣传行车注意事项，与司勤人员签订了安全责任书；圆满完成了全国“两会”期间、密云干部学习培训班、北戴河署期工作会议、纪念抗战胜利 70 周年离退休院领导参加阅兵活动、中央巡视组进驻我院和院核查组等重大活动的交通服务保障任务。

（3）服务保障中心下属四个服务部门，围绕中心工作，秉承“以人为本、服务为先”的后勤保障理念，按照“精细化服务、责任式服务”的要求，把全心全意为科研、为职工、为机关服务作为各项工作的最高准则，积极为广大干部职工解决实际问题和困难。

机关食堂认真落实院领导关于“办好院部机关食堂”的指示，强化服务意识，严格规范管理，加强成本核算，积极拓展服务范围和服务项目。一是调整了早餐品种结构，新增了早餐品种。二是积极倡导科学膳食。三是贴心服务，在中秋节尝试推出自制月饼小礼盒、熟食礼盒。

四是新增小型会议服务自助餐厅。机关食堂还获得北京市示范食堂称号和“中国团餐业先进单位”荣誉证书。会议服务部牢固树立为科研、为全院服务的意识，力求不断提高会议服务质量。医务室坚持科研第一、病人第一、质量第一、服务第一的服务理念，努力搞好门诊就医和规范化管理工作。一是制定了药品采购制度。二是开通医务室微信公众号。三是具备了医务室处方微机化管理所需的基本条件。四是完成了院直机关干部和离退休老干部的体检工作。五是为职工免费接种流脑疫苗和流感疫苗。六是邀请医学专家作义诊和健康知识讲座。七是举办全院急救培训班。八是顺利完成全院暑期工作会议、专家疗养、中央巡视组和院核查组等医疗保障服务。九是较好地完成了各项医疗保健和疾病防控工作。社科文印部紧紧抓住文件印刷质量和安全保密工作这两个关键环节，强化服务意识，规范生产标准，改进服务方式，服务质量和保障能力明显提升。

(4) 综合管理处严格落实各项规章制度，落实安全责任制，努力提高综合管理水平。完成了消防监控、植树、绿化美化、爱国卫生、院领导办公室保洁，以及城乡共建工作；举办以安全责任意识为主题的培训班；完成了纪念抗战胜利70周年庆典活动期间消防安全保障等项工作。

行政管理处以抓消防、保安全为中心，以提高服务质量为重点，以协调沟通各单位日常事务为基础，紧紧围绕服务科研工作这个核心，完成了国际片“卫星电视接收系统”安装工作；保证了“9·3阅兵”期间消防安全无事故；开展了“消防安全宣传周”活动；更换各研究所灭火器共360个，多次进行隐患排查整治行动，有效地保证了安全无事故。

2. 完善改革方案，巩固改革成果，努力完成改革工作任务

(1) 物业管理中心顺利完成了第三批老旧小区改造入户调查和意见征求工作。(2) 完成了医务室二层改造升级工作。(3) 根据中央国家机关公务用车制度改革领导小组的工作要求，先后制定了《公务用车使用管理办法》《离退休院领导用车保障方案》《社科院本级机关司勤人员安置方案》《社科院公务用车使用范围、程序及结算办法》等规章制度；顺利地完成了搬迁任务；完成公车制度改革前相关工作，对院省部级干部用车情况进行了清理，基本形成符合我院实情的新型公务用车制度。(4) 机关食堂，更新厨房硬件设备，完成了食堂厨房改造工作；对老干部和职工活动中心重新做了装修与布置；接收了地方志食堂管理和服务工作。(5) 按照院统一部署，完成创新工程创新岗位绩效考核工作。

3. 完成了各项管理工作

一是抓了机关建设工作。(1) 认真抓好指纹考勤工作，按照院《关于院职能部门及有关直属单位严格考勤制度的规定》，指定专人负责。(2) 落实中央“八项规定”，切实改进会风，精简文件材料。全局提倡开短会、说短话，简办事。建立了服务中心微信公众号。(3) 按照院办公厅的统一要求，加强公文管理和档案管理。(4) 认真落实督办工作制度。制定了《服务中心督查工作管理实施细则》，较好地完成了中央巡视组驻地服务保障工作。

二是抓了安全管理工作。召开了安全工作会议，组织了保密常识、消防、交通安全培训班；

中心安全工作领导小组到所属单位检查达 20 余次，把安全工作落到实处，确保安全无事故；较好地保障了重大节日和纪念抗日战争胜利 70 周年阅兵活动期间的安全工作。

三是抓了财务和资产管理工作。在财务管理方面，与局属有经费收支单位签订《服务中心“三项经费”规范管理使用承诺书》；严格执行“一支笔”审批制度。在资产管理方面，完成了资产报废处置和购置工作。

四是抓了服务监管工作。为配合创新岗位绩效考核工作，完善了服务监管考核内容；开展以了满意度调查和服务质量检查；召开了全院后勤服务满意度座谈会；在院网和机关食堂公告了投诉受理电话。

五是抓了干部和职工队伍建设和人事管理工作。认真执行聘用制政策，组织做好干部竞聘晋级工作；完成了 2015 年创新岗位竞聘组织实施工作；制定了《服务中心创新工程绩效考核和后期资助目标报偿实施方案》《服务中心 2015 年创新工程后期资助绩效考核计分分档工作办法》；对服务中心在编在岗职工岗位使用情况、“吃空饷”等问题进行全面核查；完成了外聘人员合同管理工作。

4. 加强了党务及工、青、妇工作

（1）制订了《服务中心机关党委 2015 年工作计划》和《服务中心机关党委中心组理论学习计划》；完成了 2015 年党风廉政建设及反腐败任务分解等工作。

（2）组织党员干部学习、领会、贯彻习近平总书记系列重要讲话和十八届三中、四中、五中全会精神，用十八大精神指导实践、谋划思路、推动工作。

（3）“三严三实”专题教育扎实开展。一是深刻领会“三严三实”的科学内涵；二是充分认识开展“三严三实”专题教育的重大意义；三是深刻把握“三严三实”的实践要求；四是从严从实开展我局“三严三实”专题教育。

（4）开展了主题党日活动。组织全体党员前往北京市爱国主义教育基地房山区堂上村开展以“忆党史、唱红歌，扎实推进‘三严三实’专题教育和‘三项纪律’建设”为主题的党日活动。

（5）推进“三项纪律”建设工作在全局深入开展。按照“思想上抓认识、组织上抓落实、措施上抓重点、方法上抓结合”的工作思路，成立“三项纪律”工作领导小组；学习了院领导在所局领导干部马克思主义经典著作读书班和暑期工作会议上的讲话；开展多项警示教育、廉政参观等学习教育活动；制定《服务中心 2015 年度“三项纪律”建设工作和任务时间安排》，有效地促进了全局党风廉政建设和反腐败工作。

（6）积极做好群众工作，组织开展文化体育活动。积极参加院里组织的体育比赛，并取得较好成绩。男子乒乓球一队获得了团体赛一等奖、二队获得三等奖、集体跳绳比赛获得三等奖、个人跳绳比赛获得三等奖、广播体操获得三等奖、被院工会授予“精神文明奖”。局工会关心职工生活，安排女职工专项体检；努力帮助困难职工，慰问病困职工。

郭沫若纪念馆

（一）人员、机构等基本情况

1. 人员

截至 2015 年底，郭沫若纪念馆共有在编人员 17 人。其中，副高级职称人员 2 人，中级职称人员 2 人；高、中级职称人员占全体在职人员总数的 24%。

2. 机构

郭沫若纪念馆设有：研究室、文物与陈列工作室、公众教育与资讯中心、办公室。

（二）科研工作

2015 年，郭沫若纪念馆共完成年鉴 1 种，71.6 万字；专著 1 种，26.2 万字；论文集 1 种，15 万字；论文 13 篇，10.7 万字。

（三）2015 年度专题：创新工程工作和新型智库建设工作

1.2015 年 1 月 1 日，郭沫若纪念馆进入创新工程。该馆参加创新工程的人数为 9 人，创新工程项目为“郭沫若文献研究与文化传播的创新”，首席管理为崔民选，6 月，首席管理更换为冯林。

2. 郭沫若纪念馆创新工程以郭沫若文献研究与文化传播的创新为目标，努力为各类文化名人纪念馆建立示范中心，使其成为中国社会科学院对外宣传和国际学术文化交流的重要窗口，研究与传播文化名人的示范工程，以及全面可靠的学术文献资源中心。

3. 2015 年，该馆继续编辑整理《郭沫若全集·翻译编》，编辑出版《郭沫若研究年鉴·2014 年卷》，全面收集和整理《郭沫若全集》集外的文章和书信，开展全国可移动文物普查郭沫若纪念馆馆藏文物信息采集工作，进行郭沫若生平思想及阶段性创新成果展览展示等研究、文物、展览展示和公众教育等方面工作的创新工程建设。

（四）学术交流、展览宣传活动

1. 专题展览、公众教育及宣传活动

2015 年，郭沫若纪念馆举办展览及文化活动有：

（1）2015 年 2 月 23 日至 4 月 5 日，郭沫若纪念馆与北京启喑实验学校共同开展艺术季第一展“心灵的对话 ——启喑艺术展”。

（2）2015 年清明节期间，郭沫若纪念馆组织第八届“清明时节缅怀名人走进故居”系列活动。

（3）2015 年 4 月 9 ~ 17 日，郭沫若纪念馆开展艺术季第二展“曲伟观念油画展”。

（4）2015 年 4 月 25 日至 5 月 24 日，郭沫若纪念馆开展艺术季第三展“鄂力书法篆刻展”。

（5）2015 年 5 月 18 日，为纪念中国人民抗日战争胜利 70 周年，北京八家名人故居纪念馆的“文化名人与民族精神”展览在“5·18 国际博物馆日”主会场首都博物馆展出。展览陆续在密云、平谷、房山、通州等区县博物馆、图书馆展出，并在新疆霍城、泰州、重庆、广州等地巡展。

（6）2015 年 7 月 7 日至 8 月 7 日，郭沫若纪念馆与中国社会科学院考古研究所共同推出题为“抗日战争时期的中国考古”的抗战季第一展。

（7）2015 年 8 月 17 日至 9 月 14 日，郭沫若纪念馆与北京茅盾纪念馆、乌镇茅盾纪念馆共同推出题为“笔剑无分同敌忾，胆肝相对共筹量——郭沫若与茅盾”抗战季第二展。

（8）2015 年 9 月 18 日至 11 月 18 日，郭沫若纪念馆主办题为“抗战中的郭沫若历史剧”抗战季第三展。

2．学术讲座

2015 年 7 月 15 日，郭沫若纪念馆与中国社会科学院考古所联合举办考古公益讲座 1 场。主讲人为考古研究所研究员王世民，讲座的题目是“风尘仆仆 勇攀高峰——抗战烽火中的考古活动”。

3．国际学术交流和合作

2015 年，郭沫若纪念馆共派遣出访 2 批 5 人次，接待来访 5 批次 60 余人次。与郭沫若纪念馆开展学术交流、展览合作的国家有韩国、新西兰、日本、肯尼亚等国家。

（1）2015 年 4 月 9 ~ 18 日，应新西兰路易艾黎文教中心的邀请，郭沫若纪念馆副研究员张勇、助理研究员胡淼赴新西兰举办“郭沫若与路易艾黎”主题展览。在此次展览中，共展出历史图片 50 余张，书法作品 4 幅，手迹复制品和版本书共 20 余件，自开幕式以来共有 500 多名观众参观了展览。

（2）2015 年 10 月 25 ~ 29 日，应肯尼亚国家博物馆、内罗毕大学邀请，郭沫若纪念馆副馆长赵笑洁和馆员张宇、梁雪松等赴肯尼亚首都内罗毕执行“中华名人展——郭沫若”展览任务和博物馆交流活动。

4．学术社团

中国郭沫若研究会，会长高翔。

（1）2015 年 6 月 13 ~ 14 日，由中国郭沫若研究会和成都大学、乐山师范学院、四川省郭沫若研究会联合主办的“民族复兴视野中的郭沫若”学术研讨会在成都大学举行。

（2）2015 年 11 月 27 ~ 28 日，由中国郭沫若研究会和《历史研究》编辑部共同主办的“郭沫若与新文化运动——中国郭沫若研究会首届青年论坛”在北京举行。

（五）会议综述

“抗战中的郭沫若与茅盾”学术研讨会

2015年5月14～15日，中国社会科学院郭沫若纪念馆、茅盾故居（北京）与桐乡市文化广电新闻出版局共同主办，桐乡市茅盾纪念馆等承办的“抗战中的郭沫若与茅盾”学术研讨会在浙江省桐乡市乌镇举行。来自中国作家协会、中国社会科学院、南京师范大学等10余家科研院所、高等院校以及文化名人博物馆的20余位郭沫若和茅盾研究的学者参加了展览和学术研讨活动。

研讨会主要从“郭沫若和茅盾在抗战中的史料研究”“郭沫若和茅盾研究中有关争议的话题”以及“郭沫若和茅盾抗战时期作品解读”等三个方面展开。山东师范大学教授魏建从演讲的视角来切入抗战时期郭沫若的研究，他利用具体的数据和统计资料对抗战时期郭沫若的演讲情况进行了详尽的梳理，对抗战时期郭沫若演讲内容及其阶段性变化进行了细致的分析，从而阐释了郭沫若抗战时期演讲的重要价值。中国社会科学院郭沫若纪念馆研究员蔡震在收集和整理茅盾与郭沫若在“两个口号”论争中前人未曾发现的几封通信的基础上，披露了在“两个口号”论争过程中一些尚不为人知的历史细节，更进一步揭示了郭沫若与茅盾在抗战中独特关系的史实。绵阳师范学院副教授杨华丽在详尽收集和分析资料的基础上对茅盾抗战时期文学活动受文网迫害的表现进行了总结和归纳。

此次学术研讨会与“笔剑无分同敌忾，胆肝相对共筹量——郭沫若与茅盾展”同时举办。通过展览活动和学术研讨会议，使人们更加全面和深刻认识了郭沫若和茅盾之间的关系，以及他们对中国现代社会发展、文化建设等方面的深刻影响，同时也呈现了他们“笔剑无分同敌忾，胆肝相对共筹量”的革命友谊。

（李　斌）

“民族复兴视野中的郭沫若”学术研讨会

2015年6月13～14日，“民族复兴视野中的郭沫若”学术研讨会在成都大学举行。中国社会科学院秘书长、党组成员，中国郭沫若研究会会长高翔研究员在开幕式上向学界呼吁，一百年前的新文化运动，虽然已经离我们远去，但新文化运动所开辟的道路、新文化运动的思想启蒙价值，仍然有着重大的现实价值。我们有责任将新文化运动和郭沫若研究好，继承和弘扬新文化运动的提倡者包括郭沫若留给我们的丰厚精神遗产，为中华民族的伟大复兴贡献自己的智慧和力量。高翔认为，站在中华民族伟大复兴的视角审视新文化运动，有两点要引起我们的重视。一是新文化运动从根本上来说，主要是资本主义现代文明反对封建主义旧文明的运动；二是新文化运动的发展方向，是走向马克思主义，代表了20世纪中国先进文化的前进方向。历史实践证明，新文化运动呼唤的科学，在中国只能是马克思主义；新文化运动精英们所崇尚的民主和理想社会，只有中国共产党才能将其实现。正是基于这两点认识，我们有理由认为，新文化运动是中华民族走向伟大复兴的重要文化节点。

北京师范大学教授李怡认为，郭沫若的“民族复兴”思想不能望文生义地解读为对中国文化传统的无原则肯定和推崇，其中包含着他独特的对历史和现实的深刻思考。“复兴”的根本目的不是一般意义的“复古”或者弘扬传统文化，而是指向一个“文化创造”的宏阔目标。四川省郭沫若研究会会长杨胜宽认为，郭沫若 8 年文化抗战，为我们留下了丰富的精神遗产、文学遗产和学术遗产，郭沫若在抗战时期取得的成功，是他将自己一贯的坚定革命信念与特殊形势下开展好文化抗战工作二者有机结合的结果。中国郭沫若研究会执行会长蔡震介绍了他对郭沫若文化抗战期间与孩子剧团相关史料的爬梳整理。他认为，郭沫若与孩子剧团结缘，以侧面反映了戏剧对于抗战文化的重要作用。在蔡震看来，抗战文化的一个突出特点或时代特征，是对文学艺术宣教作用的强烈需求，也将这一作用发挥到极致，抗战文化直接面对的是最广泛的社会民众，戏剧在这样的社会责任担当中有力地激励着士兵和平民大众坚持抗战的信念与意志。

与会学者围绕会议主题，还研讨了抗战时期郭沫若演讲、郭沫若与抗战时期“学术中国化”运动、郭沫若训诂实践、郭沫若诗歌用韵等学术问题。此次研讨会由成都大学、中国郭沫若研究会、乐山师范学院和四川省郭沫若研究会主办，四川省中华文化与城市传承科普基地和乐山师范学院四川郭沫若研究中心承办。来自中国社会科学院、北京师范大学、四川大学等高校和科研机构的 80 余位专家学者参加了会议。

（李　斌）

郭沫若与新文化运动——中国郭沫若研究会首届青年论坛

2015 年 11 月 27 ~ 28 日，由中国郭沫若研究会和《历史研究》编辑部共同主办的“郭沫若与新文化运动——中国郭沫若研究会首届青年论坛”在北京举行。中国郭沫若研究会名誉会长郭平英、郭沫若纪念馆馆长冯林、中国郭沫若研究会执行会长蔡震、《历史研究》常务副主编周群等出席论坛。

与会学者认为，郭沫若是一位对时代、国家、民族充满深情，有着深厚传统文化修养的学者，他很早就自觉地将马克思主义运用到研究当中，并致力于马克思主义的中国化。今天的青年学者只有像郭沫若一样，对国家、民族、时代饱含深情，不断提高自身传统文化修养，在研究中始终坚持马克思主义的指导地位，才能逐步构建起属于中国自己的学术话语体系，与西方学界在国际上展开平等、有尊严的对话。从五四新文化运动至今，马克思主义与中国传统文化土壤的关系始终是一个重要的时代命题，郭沫若“以儒家思想来完成对马克思主义的认同，又以马克思主义对儒学加以调整”“为实现儒家文化的现代转化与马克思主义的中国化提供了坚实的思想基础和重要的价值支撑”。郭沫若对于中国传统文化与西方文化关系的探索，对当前的社会主义文化建设具有重要的借鉴意义。

会议认为，要站在历史和时代的制高点看待郭沫若，既不神化郭沫若，但也绝不允许矮化郭沫若。对历史虚无主义者抹黑、丑化郭沫若的行为和言论，任何有良知的当代中国学者，特别是研究郭沫若的青年学者，都应该勇敢地站出来，自觉地用学理的方式进行批驳、斗争。在反对历史虚无主义这股政治思潮的斗争中，青年学者要敢挑重担，勇于担当，有所作为。

与会者还就郭沫若的历史研究、文学创作、思想轨迹、学术论争等郭沫若与新文化运动相关的议题，进行了广泛而深入的研讨。

中国郭沫若研究会副会长张越、魏建，常务理事李晓虹、廖久明、贾振勇等出席论坛。中国郭沫若研究会秘书长李斌主持论坛。来自中国社会科学院、北京师范大学、山东师范大学等研究机构和高校的40余位专家和青年学者参加了论坛。

（李　斌）

四　院直属公司工作

中国人文科学发展公司

（一）人员、机构等基本情况

1. 人员

截至2015年底，中国人文科学发展公司（简称人文公司）及所属企业共有职工166人，其中正式职工17人，市场化聘用人员149人。正式职工中，局级干部2人，处级干部8人，科级以下干部5人，工人2人。

2. 机构

人文公司现有办公室、财务部、进口图书部、中文图书部、电子资源部等5个部门。所属密云绿化基地、北戴河培训中心、社科博源宾馆、双业科兴物业管理中心、社科光大、玉泉营建材市场、安信捷、北京人文科工、社会科学成果开发中心、中咨公司、哲社企业信息咨询有限公司等11个企事业单位。设总经理1人，副总经理3人，党总支书记1人，纪检组长1人，总经理助理1人。

3. 主要任务

人文公司按照院里提出的“着眼于打造中国社科院统一的管理服务、经营创收平台”要求，不断拓展业务范围。主要完成三项任务：一是全院图书采购总代理、信息化建设任务；二是院所属有关固定资产的经营任务；三是社会科学成果的转化、开发等任务。此外，还承担了院党组会议、院务会议和院长办公会议及后勤督办等会议部署的相关任务。

4. 财务收支

随着院里陆续向人文公司配置经营资产、资源，人文公司经济效益逐年提升。五年来，累计向院里上交经营任务9700万元。其中，2015年上交2500万元。同时承担了部分相关税费，为国家和院里做出了应有的贡献。

（二）2015年度完成的工作情况

2015年，人文公司深入学习贯彻党的十八大和十八届三中、四中、五中全会精神，积极落实院工作会议精神和反腐倡廉会议要求，突出“管理服务、经营创收”定位，扎实工作，完成了改革创新目标任务和院里安排的其他任务。

1. 扎实做好图书采购代理制和信息化项目工作

(1) 有效实施图书采购代理制，顺畅便利。2015 年，基本完成了年度图书采购代理业务。重点完成了全院中外文图书采购、期刊征订、付款等事宜，对有关数据资源和外文资源把好意识形态关，确保了中外文图书和数据资源采购政治和意识形态的安全。

(2) 积极承担信息化项目服务工作，靠前保障。完成了“院海量数据库建设项目（一期）工程”中网络带宽和安全设备等安装实施、院部档案楼和密云绿化基地旧楼综合布线工程的竣工验收、院创新工程综合管理系统项目二期结项验收和项目三期建设需求及开发方案的制定等项目。同时承接了求是杂志社“一卡通”综合管理平台建设项目。

(3) 认真负责信息化项目招投标，做到合规合法。较好地完成了信息化 10 余个项目招标工作，确保了每个招标项目公开透明、公平公正、合规合法。

2. 加强对所属企业管理，提高经营效益、社会效益

(1) 双业科兴物业管理中心物业管理、经济效益双丰收。人文公司下属企业——双业科兴物业管理公司在望京研究生院老校区的物业管理实现了规范化和科学化，既保障了入住企业等单位的需求，又满足了院创新工程有关单位的需求，现已成为经济效益和上缴目标任务的主力军。

(2) 社科博源宾馆经营效益和管理水平进一步提高，主要改善了宾馆外部经营环境和内部经营设施设备等条件；强化内部管理进一步降低了管理成本，服务质量有较大提升。

(3) 密云绿化基地经济效益和社会效益迈上新台阶。全年共承接院里 50 多个培训班次，共计 3000 多人次；完成了保密设施设备的配置工作；依靠自有资金完成了基地电力增容工程和翻改建工程后续工作。

(4) 北京社科光大公司（玉泉营建材市场）等走向规范化管理。安信捷办公用品销售中心服务工作进一步规范。

(5) 北戴河培训中心创造条件，提升服务保障能力和水平。2015 年第一次实现了盈利。接待院内会议 7 批次，政治接待任务 1 批次，地方会议 13 批次。

(6) 燕郊公司积极配合国家审计署检查，认真做好相关工作。

3. 党建、纪检等机关工作有序开展，取得成效

(1) 党总支、纪检小组发挥了保障、监督作用。公司党总支和领导班子坚持“标本兼治、综合治理、惩罚并举、注重预防”的方针，把履行党风廉政建设的主体责任纳入党总支和领导班子的年度工作计划之中。认真开展“三严三实”专题教育活动，公司班子成员等带头讲党课，开展了七次中心组学习和党课活动。纪检小组牵头继续开展了反对“四风”，严格执行“八项规定”的教育活动。列席总经理办公会，参与公司“三重一大”决策等。

（2）办公室和财务部工作逐步走向制度化、规范化和科学化，保障了公司和所属企业经营工作正常运行。

（三）创新工程的实施和公司管理新举措

1. 创新工程年度规划

（1）扎实推进图书采购代理制和承担全院信息化建设项目相关工作和建设任务。

（2）加强对所属企业经营管理，使经营创收稳定增长。

（3）发挥社科博源宾馆、密云绿化基地和北戴河培训中心等三个培训基地的作用，积极承担全院各类学习、培训活动。

（4）转变经营理念和方式，发挥社会科学成果开发中心的职能，在充分利用院内资源的基础上，加大院外资源利用，加强社科成果转化、对外培训等业务，寻找新的经济增长点。

（5）积极落实院“三会”和后勤督办会等交办的任务，加强协调，完成燕郊有关院地合作项目的阶段性工作目标。

（6）加强公司领导班子建设，提高公司治理水平，发挥党总支和党支部的保障作用，确保完成人文公司进入院改革创新工作 20 项重点和院里安排的上缴任务。

2. 改革工作创新要点

（1）完善图书采购总代理制改革。与院图书馆、评价中心等单位密切配合，依法管理，制定工作新流程；完善、稳定图书采购代理制，在中外文图书采购、数据库资源采购以及仪器设备进口中引入市场规则、竞争机制和招标程序等；降低成本，提高服务水平和效益。

（2）积极推进信息化建设项目经费使用改革。重点做好海量数据库等重点信息化项目招投标工作。

（3）提高社科博源宾馆的经营效益和水平。按照建立现代企业制度的要求，转变企业经营机制，完善各种资质，合法经营，确保安全。

（4）把密云绿化基地打造成全院重要的学习培训场所。对基地经营尤其是饮食管理等进行改革，提高餐饮服务水平；完善基础设施，重点做好新建 1 号综合楼的各种配置、会场保密设施配置、配电招标、绿化整治等工作。

（5）提高玉泉营建材市场有限公司（社科光大、安信捷办公用品中心）等经营管理水平。按照现代企业制度的要求，完善企业绩效考核办法和经营措施，重点做好稳定老客户等工作。

（6）发挥双业科兴物业管理中心在经营创收中的主力军作用。稳定研究生院老校区承租老客户，做好各种服务，提高经营管理水平，加强安全工作。

（7）提高北戴河培训中心经营效益。全力做好院暑期工作会议保障工作；转变经营理念，加大外部资源利用，做到自负盈亏、实现上缴。

（8）发挥“社会科学成果开发中心”对外拓展业务新平台的优势。与中国经济技术研究咨询有限公司业务有机结合，提高利用院外资源获取效益的比重。

(9) 加强理论学习和业务学习，发挥好党组织经营保障作用。坚持理论学习和业务学习相结合，把习近平总书记一系列重要讲话精神和院党组的要求落实到公司各项业务中，认真开展“三会一课”、各种理论学习和实践活动，积极培养和发展新党员。

(10) 加强财经纪律、财务监管和审计等制度。对重大项目立项和重要支出进行监督；实施各企业财务会计代理制，对公司所属企业出纳进行统一管理。

(11) 提高公司领导班子驾驭和治理能力。抓班子，带队伍，加强公司领导班子思想建设、作风建设和治理能力建设，推进人事制度和绩效管理改革，制定企业人员管理办法，发挥好所属企业法人和中层骨干人员作用。

中国经营出版传媒集团

2009 年，中国经营出版传媒集团由中国社会科学院批准中国社会科学院工业经济研究所组建成立，下辖由中国社会科学院主管、中国社会科学院工业经济研究所主办的经济管理出版社和《中国经营报》社及中国经营报社主办的《精品购物指南》报社等三个独立法人实体。并批准中国社会科学院工业经济研究所设立“集团联络处”，负责处理中国经营出版传媒集团的日常办公事务。

2013 年 9 月，中国社会科学院党组决定中国经营出版传媒集团划归中国社会科学院直接管理。中国社会科学院成立中国经营出版传媒集团管理委员会，由院领导（副院长）、院各相关职能厅局主要领导、工业经济研究所主要领导及经济管理出版社、《中国经营报》社和《精品购物指南》报社的主要领导组成，院领导（副院长）任主任。并成立了中国共产党中国社会科学院中国经营出版传媒集团机关党委，由院党组成员（副院长）任党委书记，办公室设在中国共产党中国社会科学院机关党委。

中国经营出版传媒集团为法人联合体，由经济管理出版社、《中国经营报》社和《精品购物指南》报社等法人实体单位组成。

附：

经济管理出版社

2015 年，经济管理出版社按照院党组的统一部署，坚持落实“八名”工程的具体要求，以加强阵地建设为根本，坚持正确的政治方向和学术导向；以质量建设为中心，推进各项工作科学化、规范化和制度化；以改革创新为动力，提高各类资源配置效率和企业的信息化水平；以增强学术引领为目标，占领经济管理学科研究和传播的制高点，走出了一条名优出版社创建的独特路径。

（一）经营指导思想和社会效益放在首位的落实情况

2015年，经济管理出版社坚持正确的出版导向，在政治上严格把关，紧紧围绕“四个全面”战略布局，坚持党的领导，坚持中国特色社会主义文化发展道路，以社会主义核心价值观为引领，在国有企业改革大框架下，充分发挥现代企业制度的优势，把社会效益放在首位、实现社会效益和经济效益相统一，策划出版一批具有社会影响力的精神文化产品，努力打造优秀学术著作的出版平台。

1. 强化选题申报制度，坚持主流意识

经济管理出版社在经营中始终围绕大局，坚持主流意识，把握经济发展的主旋律，把选题重点集中在经济体制改革、经济结构调整、产业转型升级、促进社会民生改善等方面，每年策划出版2～3个体现中国改革开放伟大成就的大型重点项目，充分发挥专业出版社的学术优势。目前已经策划了“一带一路”“经济管理学科前沿研究报告”“中国企业志”“创业创新致用型学术丛书”四个立足经济管理专业、体现中国经济面貌的优秀学术著作。

在选题审批制度方面，坚持社长、总编辑负责制，认真履行重大选题备案制度和书号实名制管理制度。

2. 强化图书质量管理制度，坚持质量立社，努力打造精品

经济管理出版社坚持贯彻“质量立社”的原则，努力完善以质量为中心的出版流程管理，进一步严格执行三审三校制度，修订相关的审读规范和绩效奖惩措施，从制度上强化图书质量保障体系，打造在内容、装帧、印刷多方面的精品图书。

3. 强化组织和团队建设，构建一支政治成熟、业务过硬的人才梯队

在组织建设上，经济管理出版社着力加强和改进新形势下国有文化企业党建工作，充分发挥党组织的政治核心作用，着力扩大党员在关键岗位的比例。在人才队伍建设上，在着力培养成熟业务骨干的基础上引进一批具有专业知识和工作经验的高素质人员充当后备力量。

4. 强化内部管理制度，完善企业内部运行机制

继续强化社长、总编辑负责制，明确把社会效益第一、社会价值优先的经营理念体现到企业章程和各项规章制度中，形成党组织领导与法人治理结构相结合、内部激励和约束相结合，体现文化企业特点、符合现代企业制度要求的经营管理模式。

（二）深化出版体制改革情况

在体制改革完成后，经济管理出版社积极响应中央关于文化产业发展的要求，不断提高自身经营管理水平，进一步加强制度建设，专注打造专业学术品牌，增强了自身的竞争实力。2015

年，经济管理出版社圆满完成“十二五”规划的各项任务，在名优出版社创建方面加大投入，为“十三五”规划打下坚实基础，确保了专业性图书的出版质量和数量实现逐年递增的目标。

（三）出版经营和发展情况

2015 年，共出版图书 749 种，新书品种 669 种，总印数 304 万册，总码洋 16495 万元，全年发行图书 93 万册，实现销售收入 2578 万元，税后净利润 1735 万元。

在组织和人力资源方面，陆续引进和培养了 20 多名具有经济和管理专业知识、热爱出版事业、具有创新能力的博士和硕士担任图书编辑，使之能够直接与国内外权威学者对话并确保书稿质量。在图书质量方面，专门成立由资深编辑组成的编审室，主要负责书稿内容质量的审读和把关。在市场营销方面，主要抓好高端图书的馆配工作和网站图书销售工作，并深入拓展图书销售渠道，探索新的图书营销方式，做好大众图书的推广工作，不断扩大发行量和社会影响力。在创新能力方面，主要在电子商务上进行了探索性的开拓，进一步完善经济管理图书网的功能，力争与各大科研机构和大专院校进行网站的对接，实现信息共享。

（四）重点出版物的出版情况及获奖情况

2015 年，经济管理出版社 57 个图书项目获得国家和省部级奖项，《包容性发展与社会公平政策的选择》一书获得孙冶方经济科学奖第 16 届著作奖；经济管理出版社承担的国家“十二五”重点出版项目按前期计划如期完成；《产业技术创新研究系列丛书》入选国家“十三五”重点出版项目主题出版规划，《中国经济地理》入选重大出版工程规划；在中国社会科学院创新工程出版工作中，该社有 50 个出版项目（累计 197 卷）名列其中。

五　院代管单位工作

中国地方志指导小组办公室

（一）人员、机构等基本情况

截至 2015 年底，中国地方志指导小组办公室共有在职人员 39 人。其中，30 人为参照公务员法管理人员，9 人为事业编制人员（含院管局级干部 1 人）。

中国地方志指导小组办公室为参照国家公务员法管理的事业单位，加挂国家方志馆牌子。2015 年 5 月，中国地方志指导小组办公室（国家方志馆）内设机构调整，调整后共设有方志处、年鉴处、规划处、信息处、期刊处、科研处、秘书处、人事处（机关党委办公室）、国家方志馆馆藏部、国家方志馆综合部。

（二）组织开展"三严三实"专题教育活动，贯彻落实中央重要文件会议精神

1. 组织开展"三严三实"专题教育活动。制定了开展"三严三实"专题教育活动实施方案，组织各党支部、党员干部认真开展各个环节的活动，党组书记赵芮讲"三严三实"专题党课。

2. 推进机关党委、机关纪委换届工作。开展了机关党委、机关纪委换届工作。同时，启动了方志出版社支部改设党总支工作。

3. 组织召开全体人员会议，及时传达中央纪检工作会议精神，学习有关文件，使中央精神得到及时贯彻落实。

4. 落实中央巡视组和中国社会科学院党组关于落实巡视和审计整改任务的工作部署，认真组织完成巡视和审计整改任务。

5. 组织编纂《中华家训精编 100 则》《中国古代为官箴言》。为服务当前反腐倡廉、党风廉政建设和文化软实力建设，助推中华复兴梦实现，启动中华家训文化工程项目。

（三）组织召开工作会议，总结和部署年度重要工作

1. 中国地方志指导小组五届二次会议。2015 年 3 月 27 日，中国地方志指导小组五届二次会议在北京召开，第五届中国地方志指导小组组长、副组长、成员近 30 人参加会议。中共中央

委员、中国社会科学院院长、中国地方志指导小组组长王伟光出席会议并作题为《深入学习贯彻落实习近平总书记系列重要讲话精神，全力推动地方志事业繁荣发展》的重要讲话。中共中央候补委员、中国社会科学院副院长、中国地方志指导小组常务副组长李培林主持会议。会上，李培林就第五届中国地方志指导小组成立以来部分组成人员变动及调整情况进行通报说明；传达学习了习近平总书记、李克强总理、刘延东副总理一年多来关于地方志工作的重要讲话和重要批示精神。赵芮汇报了中国地方志指导小组五届一次会议以来全国地方志工作进展情况和取得的主要成绩，并提出下一步工作设想。与会人员对中国地方志指导小组及全国地方志工作进行讨论，提出意见和建议。

2015年4月，全国地方志机构主任工作会议在安徽合肥召开。

2.2015 年度全国地方志机构主任工作会议。2015 年 4 月 16 ～ 18 日，2015 年度全国地方志机构主任工作会议在安徽省合肥市召开。王伟光作题为“认真落实“一纳入、八到位”，大力推动地方志事业发展再上新台阶”的报告，李培林作题为“开拓创新，乘势前进，努力开创地方志事业发展新局面”的总结讲话。会议总结了 2014 年全国地方志工作，对下一阶段工作做出部署。来自全国 31 个省（自治区、直辖市）地方志编委会（办公室），新疆生产建设兵团志办公室，全军军事志指导小组办公室，武警部队政治部编研部，15 个副省级城市地方志工作机构的主要负责人、代表 120 余人参加会议。

3.2016 年度全国地方志机构主任工作会议。2015 年 12 月 30 日，2016 年度全国地方志机构主任工作会议在北京召开。王伟光作题为“全面落实《全国地方志事业发展规划纲要（2015 ～ 2020 年）》，大力推进地方志事业科学发展”的报告，李培林作总结讲话。会议总结交流了 2015 年全国地方志工作，部署了 2016 年工作。与会代表围绕王伟光的报告和如何做好 2016 年的地方志工作进行交流。来自全国 31 个省（自治区、直辖市）地方志编委会（办公室），新疆生产建设兵团志办公室，15 个副省级城市地方志办公室主要负责人、代表 120 余人参加会议。

（四）推动《规划纲要》的制定、颁布与学习宣传、贯彻落实工作

2015年2月2日，中国地方志指导小组办公室在北京组织召开《规划纲要（送审稿）》专家论证会，对《规划纲要（送审稿）》进行审议和论证。2015年6月11日，经国家发展改革委会签，中国社会科学院正式向国务院报送《关于以国务院名义印发〈全国地方志事业发展规划纲要（2015～2020年）〉的请示》。国务院办公厅就请示稿征求了中组部、中宣部、中央编办、国家发展改革委等19个部门的意见。2015年8月25日，国务院办公厅印发《规划纲要》，2015年9月3日在中国政府网公开发布。

（五）开展工作调研，研究解决地方志工作中遇到的问题和困难

为深入了解全国地方志工作机构在开展工作中遇到的问题和困难，王伟光、李培林于2015年先后到福建、四川、安徽、湖北、广东、上海、天津、内蒙古、湖南、云南、贵州、吉林、广西、西藏等地进行调研，指导工作，召开座谈会，了解当地情况，提出了一系列新思想、新观点、新举措，有力地推动了全国地方志事业科学发展。

中国地方志指导小组办公室的领导除陪同参加上述调研外，还到河南、江苏、山东、浙江、黑龙江、重庆、海南等地进行调研与工作指导。

（六）开展专题理论研讨活动，推动方志理论研究和学科建设

1. 全国第二轮省级志书编纂工作座谈会及全国第二轮省级志书编纂工作推进会。2015年7月7～8日，全国第二轮省级志书编纂工作座谈会暨精品志书编纂研讨会在山东省济南市召开，来自全国31个省（自治区、直辖市）地方志编纂委员会（办公室），新疆生产建设兵团志办公室，武警部队政治部编研部的代表120余人参加会议。会议总结交流了首轮、第二轮省级志书编纂经验，研讨第二轮省级志书如何进一步提升编纂质量和编纂的重点、热点、难点问题。2015年7月20～21日，在山西省太原市召开全国第二轮省级志书编纂工作推进会，研讨制定全国第二轮省级志书编纂工作推进方案。经过两次会议，初步形成关于如何推进省级志书编纂工作的思路和计划。

2. 中华一统志编修可行性论证会议暨方志学学科建设规划专题研讨会。根据第五次全国地方志工作会议、中国地方志指导小组五届二次会议精神，2015年8月27～28日在江西省南昌市召开中华一统志编修可行性论证会议，研讨中华一统志编修的必要性、面临的主要问题、解决问题的方法等。会议就一些重要问题达成共识。

在随后召开的方志学学科建设规划专题研讨会议上，对《方志学学科建设规划（2015～2020年）》文本作进一步研讨和修改。

3.2015年新方志论坛。2015年10月19～22日，2015年新方志论坛在上海举办，主题是修志问道、依法治志、修志之道。来自全国地方志系统修志工作者和科研院所专家学者100余

人与会。论坛采取主题发言、提问发言人、专题发言和大会讨论相结合的形式，是历届论坛提交论文数最多的一次。

（七）开展全国地方志系统表彰先进活动

1.2015 年 4 月 18 日，全国地方志系统先进集体和先进工作者评选会在安徽省合肥市召开，评选产生 32 个全国地方志系统先进集体、10 名先进工作者作为推荐对象。之后，有序开展向人社部报送审批、组织开展全国公示等工作，全面完成表彰先进活动。

2.2015 年 12 月 29 日，由人社部、中国地方志指导小组联合主办的全国地方志系统先进模范座谈会在北京人民大会堂召开。李克强总理做出重要批示，希望地方志工作者继续直笔著信史，彰善引风气，为当代提供资政辅治之参考，为后世留下堪存堪鉴之记述。会前，刘延东副总理代表党中央、国务院接见与会代表并发表重要讲话。刘延东要求，地方志工作一要找准时代定位，忠实记录伟大历史进程；二要坚持正确历史观和科学方法论，提升地方志编修质量；三要创新服务手段，开发利用好地方志资源；四要加强队伍建设，把地方志队伍建成一支政治素质高、专业能力强的文化建设生力军。各级党委政府要按照习近平总书记、李克强总理的指示批示精神，认清地方志事业的重要意义，关心支持地方志事业发展；要通过建立有效的体制机制，积极开展督察工作，大力推进依法治志，保证《地方志工作条例》和《规划纲要》各项规定要求和目标任务落到实处，保证“一纳入、八到位”落到实处。王伟光出席座谈会并作题为《公心直笔著信史，阐善瘅恶引风气》的讲话，就如何继续弘扬方志人精神提出要树立“志德”、提高“志才”、丰富“志学”、增强“志识”。

座谈会由李培林主持，国家公务员局副局长卢雍政在会上宣读了人社部、中指组联合印发的《关于表彰全国地方志系统先进集体、先进工作者的决定》。全国地方志系统 32 个先进集体代表和 10 名先进工作者以及各省（自治区、直辖市）地方志编委会（办公室），新疆生产建设兵团志办公室，全军军事志指导小组办公室、武警部队政治部编研部，15 个副省级城市的地方志工作机构负责人 150 余人参加座谈会。

（八）继续加强人才队伍建设，办好“培训年”

1. 举办 2015 年全国地方综合年鉴资源开发利用高级研修班。2015 年 6 月 24 ～ 28 日，受人社部委托，由中国社会科学院人事教育局主办、中国地方志指导小组办公室承办的“专业技术人才知识更新工程 2015 年全国地方综合年鉴资源开发利用高级研修班”在北京举办。研修班邀请专家围绕年鉴信息资源开发利用、志书年鉴编纂出版中的法律问题、口述史料与方志资料的收集整理、大数据年鉴的互联网等内容授课，部分省市介绍年鉴资源开发利用工作经验并进行研讨交流。来自全国各省（自治区、直辖市）地方志编委会（办公室），新疆生产建设兵团志办公室，国务院有关部委局史志机构等单位具有高级专业技术职称的地方综合年鉴编纂业务人员和中高层管理人员 80 余人参加了培训。

2. 举办中国名镇志丛书编纂业务培训班。2015 年 7 月 1 ～ 3 日，中国名镇志丛书编纂业务培训班在北京举办。培训班对启动中国名镇志文化工程的实施方案、组织管理工作以及中国名镇志丛书的凡例、基本篇目、行文通则等进行解读。李培林作动员讲话，来自各省（自治区、直辖市）、新疆生产建设兵团地方志工作机构的联络员和名镇志主编、方志出版社编辑人员等 140 余人参加。此次会议标志着中国名镇志文化工程各项工作正式进入全面推进阶段。

3．举办全国地方综合年鉴编纂高级研修班。2015 年 9 月 15 ～ 19 日，全国地方综合年鉴编纂高级研修班在宁夏回族自治区银川市举办。研修班旨在提升年鉴队伍创新意识，打造年鉴编纂骨干队伍，进一步提高地方综合年鉴编纂质量。研修班邀请国家统计局、中国社会科学院、中国知网以及方志界、年鉴界的专家学者授课，并对《广州年鉴》《厦门年鉴》稿进行评议。来自全国各省（自治区、直辖市）地方志编委会（办公室），新疆生产建设兵团志办公室，全军军事志指导小组办公室，以及副省级城市和部分市县地方志机构的 150 余人参加培训。

4. 举办援藏志鉴编纂业务培训班。2015 年 9 月 19 ～ 26 日，中国地方志指导小组办公室援藏志鉴编纂业务培训班在西藏自治区林芝市举办，王伟光出席开班仪式并讲话。培训班课程围绕志鉴编纂业务的核心内容，解读全国地方志事业发展的新形势、新任务、新局面、新举措，解读国家关于地方志工作的法规政策，解读地方志基础理论、体例体裁、篇目设计以及编纂中需要注意的问题，解读年鉴的特点和编纂方法，解读历代中央政府治藏方略和西藏文化脉络、特点。来自西藏各级地方志工作机构的学员近 130 人参加培训。

5. 举办全国地方志工作机构新任负责人培训班。2015 年 10 月 19 ～ 24 日，全国地方志工作机构新任负责人培训班在福建省泉州市举办。培训内容包括学习贯彻习近平总书记系列重要讲话精神、地方志政策解读、事业发展形势分析，以及志鉴编纂基础知识讲解、地方志工作经验介绍等。来自全国省、市、县三级地方志工作机构的 150 余位新任负责人参加培训。

6. 与暨南大学文学院合作举办历史文献学专业（方志学方向）研究生课程进修班。此为中国地方志指导小组办公室与高等院校首次合作举办的研究生课程进修班。从 2013 年开始，进修班共招收全国各地从事地方志工作的具有本科以上学历的人员 24 人，非脱产在职学习 2 年，每学期集中面授一个月。该班学生学业期满，拟于 2016 年 1 月中旬举行结业仪式，并组织召开方志学理论与实践学术研讨会。

7. 与中国社会科学院研究生院联合举办在职公共管理硕士（MPA）学位班。为加强干部队伍建设，培养优秀的地方志管理人才，与研究生院联合举办 2015 级在职公共管理硕士（MPA）学位班（地方志管理）。2015 年 10 月组织全国联考，2015 年 12 月底确定复试名单，定于 2016 年 1 月 5 ～ 7 日进行复试。

（九）启动中国名镇志文化工程、中国志书精品工程和民族地区与贫困地区志书出版资助工程

1. 中国名镇志文化工程。2015 年 5 月，印发《关于印发〈中国名镇志文化工程实施方案〉的通知》，明确了指导思想、目的意义、总体设计、编纂要求、报送和审查验收、组织领导，并确定了中国名镇志丛书的凡例、基本篇目和行文规范。截至 2015 年 12 月底，全国已有近 20 余个省（自治区、直辖市）的 120 多部镇志申报，第一批 10 本名镇志即将出版。

2. 中国志书精品工程。2015 年 10 月，印发《关于实施“中国志书精品工程”的通知》，在各省（自治区、直辖市）、新疆生产建设兵团、解放军、武警部队规划编修并通过终审的第二轮修志志稿中培育精品志书。截至 2015 年底，已有 3 部志稿报送，进入评审环节。

3. 民族地区与贫困地区志书出版资助工程。2015 年 8 月，印发《关于启动经济欠发达地区志书出版资助工程的通知》，对经国务院扶贫开发领导小组办公室认定的国家级贫困县（区、旗、县级市）的第二轮志书优先进行资助，中西部地区、少数民族边疆地区存在经费困难的地级市和未列入国家级贫困县（区、旗、县级市）的第二轮志书酌情进行资助。截至 2015 年底，已有 20 余部志稿申报，10 部图书进入第一批资助工程范围。

（十）总结第二轮修志试点工作，启动中国年鉴精品工程

1. 总结全国第二轮修志试点工作。截至 2015 年底共设立 23 个试点单位，部分试点单位志书已经出版，部分志稿已经送交出版社，部分志稿处在评审阶段。同时，对第二轮修志试点单位工作开展情况进行了阶段性总结。

2. 启动中国年鉴精品工程。经综合研究，确定山西省地方志办公室等 10 家单位为 2016 年至 2020 年首批全国年鉴工作试点单位，并要求各试点单位在年鉴工作管理体制机制、年鉴编纂、年鉴资源开发利用等方面敢于尝试、勇于创新，做到出领军人才、出先进经验、出精品佳作，充分发挥在全国年鉴工作中的引领示范作用。

（十一）把信息化建设提上重要位置，有效推动“名志”入“名优”

1.2015 年 5 月，中国地方志指导小组办公室成立了信息处。推出全国信息方志与数字方志建设工程。6 月，中国方志网（中国国情网、中国地情网）项目被列入中国社会科学院重大信息化项目。7 月 1 日，开通方志中国微信公众号，当年累计发布微信 100 余期，并带动多个省、市地方志工作机构开通微信公众号，方志微信矩阵初具规模。9 月 1 日，开通方志中国手机报。当年累计发布 15 期，发送范围已覆盖全国地方志系统 4000 多人，为宣传地方志工作、普及地方志知识、传播地方志文化、扩大地方志影响等发挥了积极作用。12 月 1 日，中国地情网、中国方志网正式开通，李培林出席开通仪式并讲话。中国地情网的开通，实现了国家、省、市、县四级地情网站全覆盖。中国方志网是全国地方志系统门户网站，将努力打造成全国地方志系

统的信息发布平台、在线服务平台和互动交流平台。

2.2015年3月19日，经中国社会科学院党组会议研究决定，把名志工程加入名优工程，“名志”成为中国社会科学院名优建设工程新成员。12月22日，中国社会科学院“八名”工程会议在国家方志馆举行，中国地方志指导小组办公室在会上作“名志”经验做法典型发言。

（十二）启动方志馆研究建设工程

1. 加强方志馆基础建设。完成改变国家方志馆地下二层使用性质报批、地下二层消防改造工程合同的签订和改造方案的设计等工作。

2. 积极推进“方志中国”展览和中国国情展大纲撰写。在对江苏、江西、广西、云南等地方志馆建设和展览展示进行调研的基础上，形成“方志中国”展览大纲，并于2015年11月正式开始施工。

3. 推进国家方志馆分馆建设。2015年6月，《国家方志馆分馆准入标准及管理规定》拟订完成；2015年7月16日，中国地方志指导小组办公室正式批复东营市方志馆设立国家方志馆黄河分馆，并对黄河分馆建设提供业务指导。

4. 继续做好图书馆藏工作。一是将原暂存于通州书库的图书顺利回迁。二是组织各地捐赠图书，共接收各地捐赠图书290余种，1220余册，另有其他单位及个人捐赠图书110种约150余册。三是进行图书购买。与方志出版社商洽购买志书和年鉴计1590种4758册；通过院人文公司购买旧志25种。四是馆藏图书编目上架前期工作已准备就绪。

（十三）期刊“名优工程”建设

2015年，《中国地方志》期刊继续围绕“名优工程建设”，认真组稿、审稿、用稿、编稿，努力提高期刊编辑和出版质量，办刊宗旨实现从工作指导、理论研究并重转移到以理论研究为主。一是研究和优化期刊全年方志理论研究选题，有针对性地拟订2015年选题策划37个，重点关注方志基础理论和重大编纂实践问题，并在期刊显著位置刊发；二是调整优化期刊栏目，规范栏目名称，加强重点栏目建设；三是编辑贯彻落实《规划纲要》专刊；四是设置“纪念陈桥驿先生专辑”，刊发陈桥驿先生生前文章及有关纪念文章；五是加强人物访谈和口述历史等采编工作；六是适应信息化建设的要求，使用了具备投稿、审稿、组稿、统计、查询等功能的新采编系统，提高了工作效率。全年编辑出版《中国地方志》期刊12期，每期发行5000份。

（十四）做好2014年度、2015年度全国地方志系统统计工作

1.2014年度统计。2015年3月底，完成数据统计，为2015年度全国地方志机构主任工作会议提供数据资料，并在以往统计基础上汇总整理《全国第二轮修志工作进展情况统计表》，统计全国地方志法规规章制定情况，整理全国年鉴近五年来出版情况。2015年4月，统计全国第二轮志书出版情况，撰写《关于全国第二轮三级志书情况报告》。

2.2015 年度统计。2015 年 11 月 13 日，印发《关于开展 2015 年度全国地方志系统统计工作的通知》，初步统计范围为当年 1 月 1 日至 10 月 31 日出版的各类志鉴成果及方志馆建设、网站建设、修志机构、修志队伍情况。2015 年 12 月 8 日，完成统计材料的收集和统计数据的汇总工作。

（十五）组织地方志理论成果的编写和出版

1. 组织年鉴界专家学者编写《地方综合年鉴编纂教程》，深化年鉴理论研究。目前书稿已经修改完成，并送交出版社；编纂出版《中国地方志年鉴》2015 年卷。

2. 编写完成《汶川特大地震抗震救灾志》《方志百科全书》《中国方志发展报告》《2014 年新方志论坛论文集》，进入出版流程。

3. 开展《方志理论学习通典》项目，2015 年 11 月 22 ～ 24 日召开了首次条目论证会。

（十六）开展学会工作，搭建学术交流平台

1. 举办第五届中国地方志学术年会。2015 年 11 月 9 ～ 10 日，第五届中国地方志学术年会在福建省厦门市召开。会议主题是“精品志书与第二轮市县志编纂创新——以三部二轮市县志为例”。会议通过点评福建厦门、石狮与四川北川三部第二轮市县志稿，总结首轮、第二轮修志经验，加强第二轮市县志编纂理论研究，以更好地指导第二轮市县两级志书编修工作，确保志书质量，为到 2020 年全面完成第二轮修志规划任务提供支撑和保障。年会共收到学术论文 112 篇，来自全国各地的方志专家学者及福建省各地市地方志工作机构负责人参加会议。

2. 召开中国地方志学会换届会议。2015 年 12 月 29 日，中国地方志学会第六届会员代表大会暨第六届理事会第一次会议在北京召开。会议总结了学会第五届理事会的工作，完善了学会章程，选举产生了新的学会领导机构，并研究了新一届学会的工作任务，指明了新一届学会的发展方向。李培林作题为《发挥学会优势，把握发展机遇，齐心协力开创地方志事业发展新局面》的讲话。来自各省（自治区、直辖市）、新疆生产建设兵团、副省级城市地方志工作机构以及国务院有关部委局史志机构的代表 100 余人参加会议。

3. 筹备 2015 年城市区志专业委员会学术年会。年底前，做好前期筹备工作。

（十七）开展科研管理工作

为了更好推动全国地方志系统的理论研究工作，加强地方志学科建设，夯实地方志理论研究基础，中国地方志指导小组办公室于 2015 年 5 月成立了科研处，负责中国地方志指导小组办公室以及地方志系统的科研管理、外事管理、海内外学术交流、方志理论研究和学科建设、地方志人才培养等工作。2015 年，在科研管理方面，一是起草中国地方志指导小组办公室以及全国地方志系统科研工作规划（草案）；二是起草中国地方志指导小组办公室优秀科研成果评奖办法（草案）；三是筹备第一次全国地方志科研工作会议。

（十八）完成与哈佛燕京图书馆藏善本中国地方志数字化项目

从 2014 年 2 月份开始，中国地方志指导小组办公室委托美国哈佛大学哈佛文理学院燕京图书馆将其馆藏的全部善本中国地方志转化成数字化图像，共包括 763 种、7522 卷、将近 100 万幅，主要为明代和清乾隆中期以前的地方志。

（十九）编辑《中国方志通讯》

《中国方志通讯》作为全国地方志系统内部工作简报，及时报道全国地方志事业的新进展、新成绩，是全国地方志系统的工作交流平台。2015 年共编辑《中国方志通讯》32 期，共约 70 万字，其中第 26 期为《规划纲要》颁布以及学习贯彻材料的汇编。

（二十）推动地方史编写和抗日战争研究工作

1.2015 年 5 月 6 日，召开地方史编写出版工作座谈会，就中宣部、国家新闻出版广电总局拟印发的《关于进一步做好地方史编写出版工作的通知》有关内容进行研讨。

2. 响应中央号召，参加抗战研究。完成对全国哲学社会科学规划办《中国人民抗日战争研究中长期规划及分工落实方案》的意见建议的反馈，制定了《抗日战争研究中长期规划实施方案（建议稿）》。

（二十一）做好宣传工作

1. 召开 2015 年宣传工作新闻通气会。2015 年 3 月 20 日，在北京举行宣传工作新闻通气会。向院新闻办、新华社以及《人民日报》《光明日报》《中国青年报》《中国社会科学报》等多家新闻机构及媒体记者，通报了 2015 年中国地方志指导小组办公室宣传工作重点。

2. 做好重大会议和活动的宣传。及时与《人民日报》《光明日报》《中国青年报》《中国社会科学报》、新华网、人民网、光明网、中国新闻网、中国社会科学网等媒体联系，做好重大会议和活动的宣传，并及时对新闻报道材料进行统计和报送。

3. 通过自有媒体进行宣传。一是通过中国方志网、方志中国微信公众号、方志中国手机报进行宣传；二是在充分调研的基础上，研究制定《中国方志》报可行性报告，并广泛征求意见，形成创办《中国方志》报实施方案。

（二十二）做好机关内部建设和行政工作

1. 机关内部建设。2015 年，调整内设处室，参公编制由原来的 6 个处室增设为 8 个处室，国家方志馆 10 名编制设置为综合部和馆藏部两个处室。同时，向国家公务员局上报了 2016 年 3 名公务员的招录计划。

2. 制度建设。在广泛征求意见的基础上，拟定《中国地方志指导小组办公室工作管理制度汇编目录》，并组织编写该目录。

3. 财务工作。顺利执行年度工作预算，在院 2014 年度决算评比中，获得二等奖。

4. 做好工会、青年工作组、妇工委和老干部的有关工作，组织开展有关活动。

5. 完成领导交办任务的落实工作、与其他部门的联络工作、对来访人员的接待工作等。

（二十三）方志出版社开拓创新，团结聚力，发生根本性变化，提前一年多完成三年任务目标

2015 年，方志出版社紧密围绕“方圆天下、志书古今”的宗旨，继续坚持“志书精品、社科奇葩”的定位，积极贯彻“团结立社、制度治社、质量强社、效益兴社”的方针，着力落实《方志出版社发展规划纲要（2014 ~ 2020 年）》，通过出版社全体职工的共同努力与拼搏，对外推动实现“名志”入“名优”，“七名”变“八名”，12 月 22 日，中国社会科学院名优建设工程工作会议在国家方志馆召开，王伟光院长在工作报告中充分肯定“方志出版社继续开拓创新，团结聚力，发生了根本性变化”，冀祥德作“名志”经验介绍；出版社对内“三步并作两步走”，提前一年零一个月实现了“一年一小步、三年一大步”职工工资收入翻番目标。

出版社 2015 年主要工作有：一是抓政治，保证出版社发展方向正确；二是抓机遇，推动出版社快速发展；三是抓队伍建设，保障出版社持续发展；四是抓制度，继续推进出版社人治向法治转变；五是抓经营，着力推进出版社经营模式转型；六是抓改革，对内深挖出版社潜力；七是抓谋划，对外拓展壮大发展；八是抓待遇，让职工得到实实在在实惠；九是抓机会，扩大出版社的影响力；十是抓协作，营造出版社发展的优良环境。

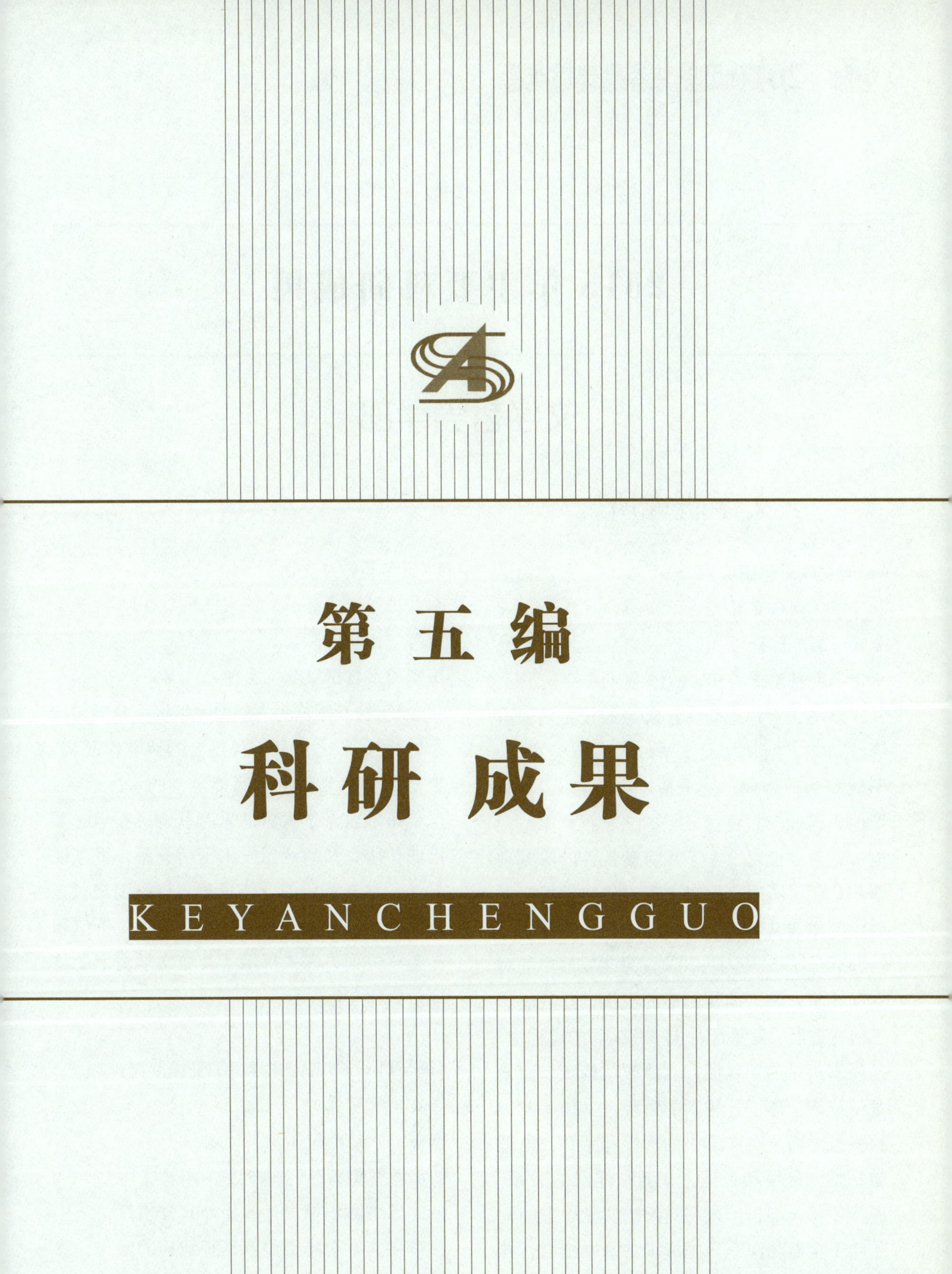

第五编

科研 成果

KEYANCHENGGUO

2015年主要科研成果

文学哲学学部

文学研究所

《纪昀文学思想研究》

杨子彦（副研究员）

专著　370千字

中国社会科学出版社　2015年4月

该书认为，纪昀文学思想的核心是注重传统诗教，但又精通文学的艺术审美特性。不能因为他强调“发乎情，止乎礼义”，就把他当作一个封建保守派的文学批评家，应更多地看到他对文学艺术审美特性的深刻理解和认识。同时，他对中国古代文学思想发展中的主线又有十分清醒的认识，特别是在《云林诗钞序》中对古代文学思想发展中的对立和斗争，作了非常精确的概括，并且展示了他在提倡“发乎情，止乎礼义”的过程中，已经不再是简单地回归“诗教”传统，而是对传统诗学作了一种新的解释，发扬了其中的积极方面，对文学中的理性和感性、说理和抒情、艳情和色情、华丽和淫靡的关系，进行了深入剖析。该书对纪昀文学思想的阐述趋于全面和深刻，把握了其基本核心，并展开和发挥了纪昀文学思想的精粹内核，肯定了纪昀在文学批评史上的重要地位和积极贡献。

《〈玉台新咏〉史话》

刘跃进（研究员）

专著　120千字

国家图书馆出版社　2015年3月

《玉台新咏》为六朝徐陵编撰，是继《诗经》《楚辞》之后又一部重要的诗歌作品集，也是魏晋南北朝唯一流传至今的诗歌总集。这部诗歌收录了大量的乐府歌诗，在当时要谱曲传唱，又与音乐发生密切关系，可以说是一部独具特色的歌诗总集。该书围绕《玉台新咏》的成书、主要内容、版本、价值和影响诸方面，深入揭示了其在文学史上的重要价值和文化内涵。

《镜与灯——古代文学与华夏民族精神》

蒋寅（研究员）

专著　404千字

河北教育出版社　2015年3月

该书除“导言”部分外共分六章，从中国古典文学对华夏民族精神建构的参与、渗透与互动的视角，深入探讨了“宗族与个人”“时间与生命”“自我与社会”“心灵与自然”“男性与女性”“故国与新朝”六个专题，着力对“文学的精神史意义”进行了深度开掘。

《〈红楼梦〉一百二十回抄本初探》

夏薇（副研究员）

专著　330千字

社会科学文献出版社　2015年2月

该书认为，《红楼梦》存在一个被忽略的版本系统：一百二十回抄本系统，并对此作了系统、翔实的研究和介绍，认为这个系统与《红楼梦》后四十回作者问题密切相关。该书对提出、坚持和固化“高鹗续书说”的新红学代表人物胡适、俞平伯以及后来产生的探佚派的主要论点和论据进行了全面、深入的辩驳，从根本上解决了“高续说”问题。

《通俗小说与大众文化精神》

刘倩（副研究员）

专著　273千字

河北教育出版社　2015年3月

该书将通俗小说置于大众文化和华夏民族精神的深厚土壤，阐述了以下几方面内容：首先，从民族文化和民族精神的高度分析小说的内容和精神世界，有助于读者跳出感性的阅读视角，更客观、深刻地理解小说所体现的文化精神；其次，小说源于客观世界人们的现实生活，又能引导和丰富大众的精神世界，由此可见当时人民生活的图景和精神风貌；最后，在唐诗的浪漫飘逸、宋词的婉转柔美之后，明清时期的通俗小说是文学史上又一座高峰。该书从小说入手，深入分析了哲学、民间信仰、大众情爱观、民间命定论等大众文化精神层面。

《论语还原》

杨义（研究员）

专著　1050千字

中华书局　2015年3月

该书对《论语》的发生过程进行了实证的古典学的研究。全书分为三部分：“内编”采用以史解经、以礼解经、以生命解经的方法，论证了《论语》在公元前5世纪中期前后的50年间的三次编纂，以及每次编纂在文本上留下的生命痕迹。“外编”贯通《论语》和儒家“五经”以及传世文献、出土简帛材料，对孔子和门徒传经的特点和脉络进行知识考古，考察典籍材料上的“历史文化地层叠压”的形态。“年谱编”则缀合大量散落的材料碎片，以历史编年学的方法，并且采用古代天文历法的知识，对公元前552年至公元190年孔子的生平及《论语》的编纂、传播、形成定本的历史脉络和历史事件现场进行逐年和逐时段的排比和考证，形成一幅包罗万象的孔子和《论语》的文化地图。

《大文学与中国格调》

李建军（研究员）

专著　424千字

作家出版社　2015年1月

该书涉及写实文学、小说创作、诗歌和散文作品、“诺奖”的“西方中心主义”、古代文学经验的现代转换等问题。“中国文学的自觉”是该书特别关注并着力探讨的主要问题。

该书试图通过对具体文本和具体现象

的细致解读，建构“大文学”的价值图景和“中国文学”的主体性，揭示“中国格调”的魅力和价值，进而为当下的文学写作和文学阅读，寻求积极的“支援意识”。

《说史记》

杨早（副研究员）

专著　191 千字

生活·读书·新知三联书店　2015 年 3 月

该书使用小小说或小说片段的方式，采取不同的视角，从迥异于客观叙事的角度，来重新讲述近代故事，并在叙述过程中更多地引入生活的细节；另一方面，从小说或新闻中撷取生活细节，来展示近代社会的日常生活。这些“重述与改写”，旨在让历史与传奇，借由新的写法，活泼灵动起来，转化为当代人的叙事与阅读资源。

《思想背后的利益》

陆建德（研究员）

专著　280 千字

中信出版社　2015 年 10 月

该书围绕“思想背后的利益”这一主题，不仅分析了伏尔泰、卢梭、亚当·斯密三位 18 世纪著名英法哲人的普世思想，对中国近代知识分子的激进主义思想进行了溯源，而且重点剖析了西方的“自由”观和以伯林为代表的西方思想家。该书提出了在当今世界，思想背后可能隐藏着利益驱动等一系列发人深省的问题。

《〈孔丛子〉与秦汉子书传统》

孙少华（副研究员）

专著　336 千字

中国社会科学出版社　2015 年 10 月

《孔丛子》初步成书于秦汉之际，在汉代又有续编。书中体现的文献性质与编纂思想，大致反映出先秦两汉子书的学术传统。以此为基础，可以从撰述、叙事、家学、文体、文学思想等方面，对秦汉子书的“学术传统”略窥一貌。

汉代诸子想努力创建属于自身的学术与文化“传统”，试图在继承先秦学术“旧传统”的基础上，创造属于汉代社会的学术精品，从而构建一种文化精神与学术“新传统”。可以说，秦汉诸子提出的“言古”与“合今”“述远”与“考近”，体现了他们对新与旧、继承与创新的认识与做法，可以为今天的文化创新、学术创新提供有益的借鉴。

《宋前文献引〈春秋〉研究》

郜同麟（助理研究员）

专著　448 千字

中国社会科学出版社　2015 年 4 月

该书对宋前文献引《春秋》材料做了全面普查，总结了各书引《春秋》经传注的体例。在此基础上，系统揭示了宋前文献中的《春秋》引文在思想史、语言文字学和文献学方面的价值，并借助宋前文献中的《春秋》引文，在先秦两汉学术思想史、《春秋》学史、先秦两汉词汇语法演变和文献整理等方面做出了新的探索。

《图说中华文明发生史》

叶舒宪（研究员）

专著　200 千字

南方日报出版社　2015 年 3 月

该书从根脉上揭示文明古国的精神遗产和文化奥秘。该书以“大传统”与“小传统”为理论支撑，将比较神话学视角引入文明探源研究，发挥多学科的多角度整合优势，结合考古发掘实物—现场—先民生活与信仰的遗址之研究，提供比较文化的理论分析模型，在理论和方法上获得创新契机，或将成为解决古史传说时代若干重要疑点和难点的突破口。

该书共分十章，运用四重证据法，对早期的圣物崇拜、女神文明、神玉信仰、熊图腾崇拜、尧舜禹禅让故事及商周兴起传说进行了全新解读，让读者对中华文明发生时期的原初性及多元性有更全面的理解。

《玉石之路踏查记》

叶舒宪（研究员）

专著　200 千字

甘肃人民出版社　2015 年 10 月

玉石之路是中国学界近二十年来提出的考古学新概念。随着大量史前期和文明期古玉器的不断出土，一条从新疆昆仑山下途经甘肃通往中原的和田玉资源输送线路，已经呼之欲出。该书通过田野调查，探究玉石之路与华夏文明起源发展的关系，并试图证明玉石之路甘肃段是华夏文明生命孕育之路的重要组成部分，对于甘肃华夏文明传承创新区建设具有重要的理论意义和现实意义。

《文学透视学 —— 文学理论体系新探》

张炯（研究员）

专著　355 千字

中国社会科学出版社　2015 年 7 月

该书提出“文学创作思维”的概念，以区别于美术、音乐、舞蹈、雕塑、书法、杂技等的创作思维，阐明文学创作思维包含形象思维与抽象思维及其互渗，并将操作方法纳入创作思维的范畴。该书将文学传播作为文学生产与消费的中介；将文学接受分为一般接受与研究性接受，后者包括文学批评、文学史、比较文学和文学理论研究。该书还认为，文学除起源于劳动、游戏、祭祀外，还应重视男女性爱和古代战争对文学起源的作用。

《胡适故实》

桑逢康（研究员）

专著　610 千字

社会科学文献出版社　2015 年 7 月

胡适是现代文化史上的一位重量级人物，在文学、哲学、历史、教育、外交、政治诸领域都留下了深深的足迹，产生过很大影响。该书将胡适主要从事或参与的 17 项重大史实以及 130 则逸闻趣事，分为“要事”与“逸闻”两篇，以此呈现给读者一个完整而多面的胡适总体形象。

《美学十日谈 —— 以“审美与价值”为中心》

杜书瀛（研究员）

专著　241 千字

中国社会科学出版社　2015 年 10 月

该书是作者的对话体新著。该书以“审美是一种价值活动”“美是一种价值形态”为中心，分为十个论题对当前美学界所关注的基本理论问题进行学理性阐发。作者还对艺术哲学、文艺美学、蔡仪美学、美学大讨论等，进行了不同以往的论说。

《古典的回响》

杨匡汉（研究员）

专著　236千字

中国社会科学出版社　2015年10月

该书在重读历史、重读文本、重审问题、重究意义的基础上，从中国文学传统资源和当代创作本土化策略的对接中探索了中国当代文学的发展路径和审美经验，从学理内涵的古今融汇中诠释了诸多重要命题，以对中国当代文学命运共同体的关注研究了台湾地区脉继前贤的文学现象。

《潮起潮落——新中国文坛沉思录》

严平（研究员）

专著　310千字

人民文学出版社　2015年11月

该书选取了曾在新中国文坛叱咤风云的八位人物周扬、夏衍、沙汀、何其芳、荒煤、许觉民、冯牧、巴金作为讲述的对象，“他们不断地卷入政治和艺术的矛盾旋涡，每一步充满艰辛的跋涉都代表着共和国文艺发展的曲折历程。他们个人的痛苦，也体现着中国知识分子灵魂的分裂、蜕变和升华”。该书以珍贵、翔实的第一手材料勾勒出一幅幅鲜活的场景，让读者倾听这些新中国文坛亲历者的内心独白。

《陈骏涛口述历史》

陈骏涛（研究员）

专著　491千字

人民文学出版社　2015年8月

该书作者多年从事文学研究工作，经历了新中国文学的成长、曲折和发展，与中国当代许多作家建立了紧密联系。作为当代文学发展的亲历者和见证者，作者为研究中国当代文学提供了第一手亲历资料，书中叙述了作者与钱锺书、刘再复等人的交往，揭秘作者亲历的干校生活和干校家书。在娓娓叙谈中，反映了中国社会的剧烈变革和知识分子的心路历程，特别是勾画了新时期文学的风云变幻，是一部别样的新时期文学叙事史和知识分子的心灵史。

《世纪话题——楼兰》

杨镰（研究员）

文集　250千字

新疆人民出版社　2015年5月

100多年前，瑞典探险家斯文·赫定闯入罗布荒漠，打破了楼兰城的沉寂，这座消失了上千年的历史名城一举成为世界考古圣地之一。该书是杨镰西域探险考察文集，内含《斯文·赫定及其探险生涯》《“小河”之谜与新疆考古探险》《外交官夫人的喀什噶尔情结》《斯坦因与新疆探险史》《探索天山与昆仑山的奥秘》《王山之麓的观察与思考》等26篇文章。

《寻找大国学术风范》

杨义（研究员）

文集　400千字

首都师范大学出版社　2015年1月

该书积极倡导并实践一种宏观、融通、开放的研究范式，注意从人文地理学、文学图志学、文学发生学等不同角度开展中国文学研究，先后提出“大文学观”和“重绘中国文学地图”的学术主张，开创了“以图出史、图文互动”的文学史写作模式，显示出在文学史观念和方法上的开拓性。

该书汇集了作者改革开放后几十年来最具代表性的学术论文十余篇，内容涉及先秦诸子学、古典文学与文化、中国现代文学与文化、少数民族文学与文化、文学研究方法论的探讨与建构，充分展现了作者广博的科研领域，很多观点颇具新见。

《自我的风景》

陆建德（研究员）

文集 225 千字

花城出版社 2015 年 3 月

该书为作者的文学评论集，辑录文章论及莎士比亚、狄更斯、萨义德、奥威尔等。以他者的视角回观自身所根植的文化，直击自我美化却怨天尤人的人性沉疴，探寻文字背后复杂的人情世故，警醒读者需注意文本对自我的美化。该书认为，只有越过“自己”这道障碍，才能展示自我这道风景。

《中西文论思想识略》

吴子林（编审）

文集 260 千字

福建人民出版社 2015 年 9 月

该书为作者近年来研究成果的精选集，主要收录其学术研究不同阶段切合时代问题的、学问与思想兼备的代表性文章，在展示学术思想发展踪迹的同时，凸显其一以贯之的“一家之言”。该书共分“小说评点探魅”“当代文论撷英”“前沿问题透析”“重返文化原典”四辑。

《小说家拿破仑》

刘倩（副研究员）译（［英］安迪·马丁著）

译著 164 千字

生活·读书·新知三联书店 2015 年 2 月

拿破仑之为拿破仑，不在于他后半生的军事征服与帝国梦想，而源于他青年时代的理想，成为卢梭那样的思想家和歌德那样的文人。在汗牛充栋的拿破仑研究中，该书独辟蹊径，揭示了为传记作家们所忽视的拿破仑的另一面：一心梦想成为有抱负的小说家、有思想的文人。研究表明，拿破仑被忽略的这一面是我们理解其非凡人生的关键所在。

《中国美学史》

刘方喜（研究员）

教材 360 千字

高等教育出版社 2015 年

该书在讲述中国美学史的发展历程时，按从古至今的顺序展开，上溯至远古美学、春秋战国美学、秦汉美学，中及魏晋南北朝美学、隋唐五代美学、宋辽金元美学，近及明代美学、清代美学。该书还介绍了各个时期出现的重要流派、人物及其代表思想，并力图挖掘前后的继承关系，论述范围涉及文学、美术、音乐、园林、建筑等领域。

《〈文学评论〉编年史稿（1957 ~ 2010）》

王保生（研究员）

编年史 340 千字

社会科学文献出版社 2015 年 11 月

《文学评论》是由中国社会科学院文学研究所主办的全国文学领域一份重要的学术理论刊物。该书以编年史的形式对该刊进行研究，较为完整地呈现了该刊的总体风貌，展示了学术研究在不同时代语境下的变化发展。

民族文学研究所

《“多长算是长”：论史诗的长度问题》

朝戈金（研究员）

论文　10 千字

《中央民族大学学报（哲学社会科学版）》2015 年第 5 期

史诗是文学中最重要的文类之一。在如何界定史诗的问题上，国际学界一直众说纷纭。虽然主流工具书都指明史诗是长篇叙事诗，但多长算长篇，没有形成一致意见。20 世纪最有影响的史诗研究家劳里·杭柯认为，所谓长篇的标准应该至少达到 1000 诗行。该文结合口头诗学理论和中外田野研究材料，论述了设定这一标准的不合理之处，进而认为，形式上诗行的多寡，并非认定史诗的核心尺度，史诗内容诸要素才是鉴别的关键。

《从语词层面理解非物质文化遗产——基于〈公约〉“两个中文本”的分析》

巴莫曲布嫫（研究员）

论文　15 千字

《民族艺术》2015 年第 6 期

21 世纪以来，在文化遗产领域最具影响力的国际法律文书堪称 2003 年通过的《保护非物质文化遗产公约》。但该《公约》目前存在两个中文本：在联合国秘书处登记、经其秘书长确认并纳入《联合国条约集》的“前在本”并非交存于教科文组织秘书处并由其总干事保管的“订正本”。全国人大常委会通过其《公报》或是网站正式发布的中文本既没有留下“订正本”的明确标记，也没有披露过与“前在本”之间存在怎样的关联。基于这样一种“文本间关系”，该文通过档案查证和抽样比对，以期从《公约》本身厘清核心术语之间的关联、错位与对接，揭示二者之间的不一致处；结合两个中文本在中国的使用情况，说明理解“非物质文化遗产”的“所指”和“能指”必须回到《公约》的概念框架中，并以文本为原点，从语词层面观察《公约》创制的一系列关键词对地方、国家和国际层面的非遗保护所施加的潜在影响。

《中国各民族创世神话基本母题索引》

王宪昭（研究员）

专著　952 千字

民族出版社　2015 年 10 月

该书从中国各民族 2 万余篇神话中提取了创世神话典型母题 4633 个，涉及日月星辰、山川河流、生命现象起源与特征等众多神话类型，以索引的形式将“母题编码”“母题实例”及母题文本信息有机呈现出来。作为一部全面展示中国各民族创世神话母题体系的研究成果，该书不仅是一部具有神话资料集成性质的工具书，而且设置了数字平台环境下的检索编码，借此可以对中国少数民族神话做出宏观分析和系统比较研究。

《涿鹿之战：一个晒盐的故事》

吴晓东（研究员）

论文　11千字

《民族艺术》2015年第2期

该文从涿鹿之战故事人物、地名的音训入手，结合故事结构的分析，认为蚩尤、炎帝等名称都来源于山西运城的“池盐”。涿鹿之战并没有真实发生过，它来源于太阳（黄帝）照晒盐池里浑浊的卤水（浊卤、涿鹿）使之结晶成池盐（蚩尤）的自然现象之故事化。涿鹿之战即阪泉之战。这一故事被历史化后之所以产生较大影响，是因为晋南历来是华夏文明的中心。该文还原被历史化的神话，厘清历史真相，有利于中国食盐考古方面的研究。

《作为交流的口头艺术实践：剑川白族石宝山歌会研究》

朱刚（副研究员）

专著　348千字

中国社会科学出版社　2015年3月

该书兼顾了民俗学理论反思与民族志个案研究，一方面在多学科的“边界作业”中交互检视，对“语言转向”这一关联域进行了细致梳理，重新构建“以演述为中心”的民俗学方法自20世纪下半叶以迄当今的学术史脉络，进而从“交流民族志”的理论模型找到进入口头诗学的创造性张力；另一方面，通过分析石宝山歌会的文化空间和文化表达形式之间的互为抱合，以扎实的田野作业和细腻的文化解读，深入描写了这一民俗生活世界的观念表征与文化意涵。由此，作者在民族志叙事阐释的基础上，力图创建一种新的民俗学解析框架——“交流的诗学”，为观察和研究“歌会”这一特定的文化空间，提炼出一种或可适用于诸多民族口头传统艺术的理论阐释模型。

《民族国家与文化遗产的共构——1949～1966年中国少数民族神话研究》

毛巧晖（副研究员）

论文　8.9千字

《中南民族大学学报（人文社会科学版）》2015年第1期

新中国成立后承继和延续了20世纪30年代中国共产党在解放区的民间文学研究理念，注重民间文学的思想性与社会历史价值，将其视为新的民族国家文学建构的重要部分。1949年至1966年的中国少数民族神话研究除了继续20世纪初至40年代关注的各民族文化的认同外，其焦点转向新的人民文学的实践以及从文学上呈现新的社会主义的多民族国家制度，而在这一建构过程中，少数民族神话又作为重要的民族文化遗产和珍贵的社会文化史资料被搜集和保护。

《宏大抒情表层下的隐喻仪式现场》

乌·纳钦（研究员）

论文　6千字

《民族文学研究》2015年第5期

该文以蒙古族诗人纳·赛音朝克图抒情长诗《狂欢之歌》为研究对象，认为该诗抒情表层下暗藏着那达慕仪式的隐喻，即那达慕仪式与国庆主题叠合，构成多层隐喻关系，隐喻人们今非昔比的社会关系，隐喻从游牧社区走向共和国多民族社会舞台的蒙古族，使读者产生了审美认同、民族认同和国家认同。

《叙事与话语建构：〈格萨尔〉史诗的文本化路径阐释》

诺布旺丹（俄日航旦）（研究员）

论文　12千字

《西藏研究》2015年第4期

该文对藏族史诗《格萨尔》文本化的过程、形态和类型等诸多问题进行了探讨。文本化是一切叙事作品变异、演进的重要途径。叙事文学的文本化是由叙事文本的基本要素，即故事和话语在语境化的网络中根据叙述者的观念不断解构、转换和重新建构而形成的。《格萨尔》史诗从一个传奇性的、只鳞片爪的民间故事发展成为一个宏大的叙事传统也与"本文化"有着密切关系，曾先后经历了历史神话化、神话艺术化的过程。这种变迁既是表层性的，也是深层性的，既有故事层的转换，也有话语层的更迭。该文使人们了解到格萨尔史诗由原叙事阶段的数部，到后来滋芽引蔓，拓章为部，甚至从单一语言叙事走向文本叙事、图像叙事、音声文本叙事等跨媒体叙事演进的历程。

《国家话语与代表性传承人的认定：以满族说部为例》

高荷红（副研究员）

论文　12千字

《民族文学研究》2015年第4期

该文以富育光成为满族说部国家级传承人的经历，来解读非物质文化遗产保护过程中国家话语与传承人之间的博弈。获得这一称号须得到文化部、专家学者的认同，而国家级传承人这一称号对该民族的民族认同、民族感情的凝聚有积极的意义，传承人对其代表名录的辐射影响会日渐显著。大多数传承人成为国家级传承人是被动的，而作为传承人兼民俗学者，富育光却是主动谙熟非遗政策且成为非遗保护对象，其实也反映了民俗学、民间文艺学的理论反思、推进及博弈。这一个案对非物质文化研究有一定的理论价值。

《族群艺术的身份建构与表述——以丽江洞经音乐为研究个案》

杨杰宏（副研究员）

专著　320千字

民族出版社　2015年1月

丽江洞经音乐的身份在不同历史时期不断地建构、表述，其背后是国家、文化精英、族群民众、西方等不同社会力量的权力实践的结果。这些不同社会话语力量在不同历史时期不断地互动、互构、互审，成为丽江洞经音乐身份不断建构的内在动力，也构成了其身份表述的文本语境。对这一过程的探讨、反思，有利于"还原"不同权力话语所遮蔽的族群艺术的真实性与完整性，从而更好地理解族群艺术的文化世界与生活世界。该书对于科学合理地对待不同族群艺术中普遍存在的地域文化共性，为解决当下"非遗"语境中的地域、族群之争提供了有效的理论支撑及方法论指导。

《论史诗的核心信息与附加信息》

斯钦巴图（研究员）

论文　8 千字

《语言与翻译》(蒙古文)2015 年第 3 期

该文通过对一部史诗多个异文的比较，提出了史诗学的两个新概念，即史诗的核心信息和附加信息，并论述其特性。核心信息和附加信息的提出，清晰地区分了史诗的稳定传承和易变性部分，有助于进一步认识史诗创编、传播、变异规律，对史诗的史学研究以及英雄史诗与英雄故事两种体裁的关系研究具有现实与理论参考意义。

《“长坂坡赵云救主”中的赵云形象在达斡尔族、锡伯族说唱中的变化——兼论人物形象民族化》

吴刚(副研究员)

论文　19 千字

《明清小说研究》2015 年第 4 期

该文主要研究《三国演义》“赵云救阿斗”中的赵云形象，通过满族译本，在达斡尔族乌钦《赵云赞》、锡伯族乌春《救阿斗的故事》中发生的变化。文中选取反映赵云形象的七个细节，对比分析人物形象塑造的变化。赵云形象经过达斡尔、锡伯等民族说唱艺术的接受与再塑造，实现了民族化，成为中华多民族共同认同的精神财富。该文抓住了“人物形象民族化”这一重要观点，探讨了中华多民族共同认同的精神。通过翔实的材料论证，把“人物形象民族化”的讨论落到实处。

《儒家人性论的现代转化——康有为〈爱恶篇〉的启示》

贺方婴(副研究员)

论文　11.8 千字

《甘肃社会科学》2015 年第 6 期

该文从晚近大陆和台湾的新儒家论争中的儒家传统思想的现代转化问题切入，通过析读康有为《爱恶篇》中对儒家人性论的批判，从而试图理解当代儒家与自由主义论争的本质，进而理解儒家传统法理与现代自由民主法理是否兼容的问题。该文认为，如果要让儒家传统成为民主政治的思想资源，就必须用现代式的普遍人性论彻底修改儒家传统的人性论。这反过来证明，儒家传统法理不可能与现代民主政治法理兼容，若要接纳后者就得像康有为那样抛弃前者。

《比较诗学语境中的北宋理学与喀喇汗智学》

热依汗·卡德尔(研究员)

论文　7 千字

《民族文学研究》2015 年第 5 期

不同地域与不同民族之间的文化对话，是比较诗学的灵魂，在比较诗学语境中比对喀喇汗智学与北宋儒学，将会使我们更深切地体会到不同民族的文化趋向。11 世纪兴起的北宋理学与喀喇汗智学，在时间轴上惊人地吻合，在学术旨趣上也惊人地相似，但是在表达观念的象征形式上，却存在着巨大的差异。因此，用“比较”的眼光观察不同文化的演进轨迹，会令我们对异质文化保持一颗尊敬心态，并使对话能够平和地展开。汉族文化的凝重与维吾尔族文化的灵动，是建立在两个民族不同的经济结构、社会形态和哲学旨趣上的，认识其中的同与不同，能够让彼此更加深切地认识对方，理解对方，尊重对方，并相互借鉴以共谋发展。

《摘下“自我”的眼镜——对藏族〈格萨尔〉神授艺人斯塔多吉采访个案的反思》

姚慧（助理研究员）

论文　8.1千字

《中国音乐学》2015年第3期

该文以藏族年轻的神授艺人斯塔多吉采访个案为开始，在一系列追问与思考中揭示神授艺人《格萨尔》史诗音乐的口头“创编”过程与方法。与一般意义上的“局内”与“局外”研究视角差异相比，在关涉思想、精神信仰或根本问题时，实现“内”“外”视角之间的彼此认同则更为不易。当“他者”的思维迥异于“我们”的日常生活观念时，尤其是面对“科学”与“神圣”相互对立冲撞的两极世界与价值认知时，需要反思的是，我们的研究思维是否建立在一个平等对话、相互尊重的心理基础之上。

外国文学研究所

《想象的边际》

陈众议（研究员）

专著　219千字

花城出版社　2015年3月

该书分为两部分：上编“远近杂谭”围绕着莫言、贾平凹、格非、萨拉马戈、亚马多、科埃略、博尔赫斯、马尔克斯、略萨、阿连德等中外作家作品及传教士文学、骑士文学展开评述；下编“古今因缘”围绕着文学的理论、文学的功用、悲喜剧之争、情节与主题、传统与时流、经典背反、民族性与世界性、文学的国际化等议题提出了独到的见解。

《梅崖居士全集》

党圣元（研究员）等

古籍整理　500千字

辽海出版社　2015年10月

该书是一部古籍整理校勘、点校的著作。该书的《前言》从文学史的角度对清代著名文人朱梅崖及其《梅崖居士全集》进行了全面深入的介绍，并且评价了其文学史地位和意义。书尾附录是该书整理、校勘者撰写的《朱梅崖年谱简编》。

《巴汉对勘〈法句经〉》

黄宝生（研究员）

专著　200千字

中西书局出版社　2015年4月

《法句经》是一部佛教偈颂集，为佛教道德格言，较为集中地体现了佛教的道德观，是南传佛教的基本文献之一。该书以巴利语《法句经》与古今两种汉译《法句经》作对勘，较大程度地还原了《法句经》的原貌，厘清其传播理路，进而找出佛教史乃至中外文化交流史上一系列问题的答案。在文献学、佛学与佛教史研究上，都具有一定意义。

《威廉·卡洛斯·威廉斯诗选》

傅浩（研究员）译（［美］威廉·卡洛斯·威廉斯著）

译著　156千字

上海译文出版社　2015年3月

该选集收录了译者从“新方向”版《威廉斯全集》中选译的500余首能够代表诗人整个创作生涯的重要诗作，涵盖了从1909年到1962年各个阶段的创作，是近年来国内首部威廉斯译著。

是很适宜轻松阅读的小品文。

《〈山海经〉神话研究》

李川（助理研究员）

专著　127 千字

当代中国出版社　2015 年 4 月

该书重新考证《山海经》成书时地及作者诸问题，分析其所载内容成形的大致时间，并将《山海经》放入华夏文化奠基的大视野中重新审视。该书利用《山海经》与史前文物的关联性，推测《山海经》不是某个人或某些人臆造的产物，而是来自集体或群落的远古传承。该书通过考订《山海经》的成书时地及作者，认为其为殷周王室之书，其书所记当正是“王官之学”（或祀官巫师之学），代表了东周理性化思潮之前文化之主流。轴心时期的精神革命是《山海经》逐渐沦没的原因，但这只是表象，《山海经》并未消歇，而是进入一种潜育的发展状态。这种潜育状态体现为神话表面的零散而实质上却自成体系。该书还提出了判断神话系统的三要素说（从神话生成方式、神话叙事形态以及神话谱录编次三方面考论）。

《中国人的生活风景：内山完造漫语》

吕莉（研究员）译（［日］内山完造著）

译著　185 千字

现代出版社　2015 年 4 月

鲁迅的密友内山完造在中国生活多年，对两国生活文化等诸多方面有着细致而敏锐的观察。该书即“二战”结束后内山完造被国民政府驱逐回日本后对往昔的中国生活的回忆录，其回忆细致入微，语言自成风格，

《伯吉斯家的男孩们》

严蓓雯（副编审）译（［美］伊丽萨白·斯特劳特著）

译著　200 千字

湖南文艺出版社　2015 年 1 月

该书是伊丽莎白·斯特劳特获得普利策小说奖的最新作品。该书用一个家庭的故事，精妙地刻画了文化之间、人性之间的冲突和矛盾。故事的每次着力点都填塞在每一个人物与人物之间的细微空隙，将他们的矛盾与悲哀推向极致，紧绷着强大的内心张力，带人造访美国大陆孤立、偏僻的缅因州的“疯狂、无稽、不可理喻的世界”。

《雾里看花：契诃夫文本世界的多重意义探析》

徐乐（副研究员）

专著　300 千字

中国社会科学出版社　2015 年 9 月

该书把俄国作家契诃夫的艺术世界分为物、人、境、思四个部分，分别阐释它们的多重意义和产生这些意义的文本结构。文学世界中的器物一方面具有直观意义，赋予作品鲜活质感；更重要的是，器物吸收人从直接的生活中收获的生命体验，其意义在于反射人自身的精神价值。契诃夫在塑造人物时，拒绝以身份符号为参照划分人物类型，人物“非典型”社会特征摆脱了外部附加给主人公的意义模式，把读者的注意力转移到人物灵魂的内在冲突，还原生活本身的悲剧性意义。契诃夫文本构造中的冲突、转折和结局都打

破了常规的意义期待模式，反映人在寻找生活意义时遭遇的困境和挣扎。

《当前外国文学研究的若干问题评议》

陈众议（研究员）

论文　10 千字

《中国社会科学评价》2015 年第 2 期

该文认为，近年来，经过学界的共同努力，我国的学术生态有所好转。在外国文学领域，对西方文论的反思正日益受到关注和重视。这既是我国话语体系建构的需要，也是学术理性和思想成熟的表现。但惯性使然，长期形成的“西化”倾向和某些问学方式的改观当非一日之工，碎片化、虚无化的现象依然存在。至于西方文论本身，其在“大破”之后也远未找到“大立”之方。所谓的世界主义，则大抵是眉毛胡子一把抓，有待好好分析。而多数西方学者、教授仍潜心于文学经典和“本体阐释”。他们并非不了解形形色色的当代文论，却大都采取有用取之、无用弃之的新老实用主义态度。

《全媒体时代文艺传播的功能与责任》

党圣元（研究员）

论文　14.5 千字

《中国文学批评》2015 年第 1 期

该文认为，文艺传播的功能和责任，是人们对于文艺存在合理性的当然诉求。它随着时势的推移而不断地进行调适和校正，但始终不会脱离文艺传播“为什么人”和“如何为”这些核心问题。“为什么人”和“如何为”决定着文艺传播的价值导向和思想理念。在全媒体时代，文艺传播在分享传播方式多样化、市场化红利的同时，其各个环节所承担的社会责任亦遭到了不同程度的削弱。由此，重建全媒体时代文艺传播的功能与责任，需从文艺传播的三大环节入手，即文艺创作、文艺传递和文艺接受。

《苏联卫国战争经典抒情诗三题》

吴晓都（研究员）

论文　8.6 千字

《文艺理论与批评》2015 年第 4 期

苏联卫国战争文学是世界反法西斯文学的重要构成之一。卫国战争伊始，以俄罗斯作家为主体的苏联作家们就表现出了对苏维埃祖国高度的责任感，他们与苏联军民一道挺身而出，用诗作投入抗战，把自己对社会主义祖国、民族、土地和亲人之爱凝结在深情而优美的诗篇之中，这些诗篇或成为唤起军民战斗决心的征战檄文，或成为安慰受难心灵的诗意家书，或变成预言终将胜利的坚定信念。在战时涌现的那些抒情诗和歌词，至今仍是俄罗斯诗歌文化的杰出代表。而列别杰夫 - 库玛奇的《神圣的战争》、伊萨科夫斯基所作的在战前即出名而战时更广为传颂的《喀秋莎》和西蒙诺夫的《等着我吧》这三首抒情诗歌已然化为苏联卫国战争的三座诗歌文化纪念碑，成为俄罗斯和苏联爱国主义传统和战时抒情诗的经典象征。这三首经典诗作集中体现了卫国战争时期苏联战时歌诗的宏大的抒情—檄文性、抒情诗与民族文化元素的紧密关系和传统主题及体裁的积极演进三个方面的重要特征。

《从“万里长城”到“十万里铁路”》

程巍（研究员）

论文　10千字

《中国图书评论》2015年第7期

“长城建造工程”到底完成了什么？该文认为，它在辽阔的中国土地上留下了一个庞大的象征，一个有形的隐喻。但在两千多年的漫长岁月里，它却几乎一直是一个沉默的象征，一个空洞的隐喻，顶多被看作那些劳民伤财的古代帝王们疯狂意志的见证，是一个“悲剧的巨大纪念碑”。只有当它进入“现代国家”意识，它的寓意才会被唤醒，在人迹罕至的荒凉地带绵延上万里的这一长条破砖乱石的城墙才获得了灵性。实际上，历经千百年而渐渐颓塌的长城第一次被构建为“国家认同”的想象，是在它的第一块刻着工匠的名字的砖石被砌进中国北方荒凉的山脊上之后大约两千两百年后，是当它早已从当初的“边境线”退后到“腹地”而失去边境防御的军事功能之后。“十万里铁路”正是“万里长城”的转喻：它喻示着一个统一的现代国家，当这样一个象征反复呈现在国民的意识中时，这个统一的现代国家就在国民的内心渐渐形成了。

《巴比伦塔下的沟通与和解》

侯伟红（研究员）

论文　7千字

《俄罗斯文艺》2015年第1期

俄罗斯电影《布谷鸟》表面看来是一部反战影片，其实它所隐含的深层意义远远不止于此。它引导我们思考的不只是战争的正义性与非正义性、战争给人民带来的苦难以及和平的可贵，而且是全人类的沟通问题、文化的融合问题。可以说，这是一部以战争为背景、其实意在别处的寓言性影片。创作者着意表现的不是交战双方的冲突、战争与和平的对立等问题，他真正要探索的是消除了国家与国家之间界限、种族与种族之间不平等之后，纯粹从“同是为人”的角度出发的人类和谐相处之道。

《新亚种蛾：罗伊对印度现代性的探索》

黄怡婷（助理研究员）

论文　11.7千字

《外国文学评论》2015年第3期

该文认为，“新亚种蛾”是印度作家阿兰达蒂·罗伊《微物之神》中的一个重要意象，它是伊培家的祖父帕帕奇在印度独立后发现的一个蛾类新亚种。“新亚种蛾”的消失，蕴藏了罗伊对印度本土文化与殖民异质文化正常融合的理想期待，体现了罗伊本人对印度现代性的探索。

《〈一千零一夜〉主线故事探源》

穆宏燕（研究员）

论文　10千字

《国外文学》2015年第1期

该文认为，《一千零一夜》的主线故事，即开篇“山鲁亚尔与山鲁佐德”的故事，可概括为一句话的核心内容，即妃子给国王讲故事以拯救他人。一般认为，这一主线故事是一个地道的波斯故事，可以在伊朗神话传说和历史传说中找到若干原型或影子。然而，若仔细考察，我们还可以发现其中蕴含着很深的印度故事文学的因子，源自印度的可能性很大，当然也明显经过了波斯文人的加工处理，附会上了波斯自己的民间传说或历史传说，再加上阿拉伯民间说书人的加工改造，整个主线故事由此显得丰腴饱满、扣人心弦。

《无边界的征用与有深度的开采——新世纪以来国际“巴赫金学”新状态》

周启超（研究员）

论文　13千字

《文艺理论研究》2015年第5期

该文认为，对21世纪以来国际“巴赫金学”重要成果的跟踪与检阅发现，巴赫金理论作为“学术时尚”其风光已然不再，巴赫金理论的跨文化辐射已进入其“理论旅行”的常态。这种常态，体现为“巴赫金学”在学术交流上一如既往。国际巴赫金学术年会以其已自成传统的节奏，定期举行。由这一盛会所引领的巴赫金理论的跨文化之旅，在不断拓展其在时空上与学科上的覆盖面与影响力；这种常态也体现为“巴赫金学”在文本建设上不断拓展。21世纪以来，以俄罗斯科学院为主流的巴赫金研究集群，对巴赫金的理论遗产的精细注疏、深度开采，成果丰硕；巴赫金著作之多个语种的译文以单行本、文集甚至全集的形式不断面世；“巴赫金学”在文献整理上已进入收获季节。

《想象乌托邦：第一部现代希伯来小说〈锡安之恋〉》

钟志清（研究员）

论文　10千字

《国外文学》2015年第3期

该文认为，作为第一部现代希伯来小说，亚伯拉罕·玛普的《锡安之恋》使用圣经希伯来语描写了圣经时代锡安犹太人的生活方式与浪漫爱情。从希伯来语的使用、人物与风景、流亡与回归三个维度对古代犹太民族家园进行了乌托邦想象。在犹太民族复兴的语境中，《锡安之恋》中的乌托邦想象实际上是把流散地犹太人的家园想象做了具体呈现，凸显了犹太启蒙运动对以锡安为象征的民族古典历史的兴趣；在很大程度上激发起流散地犹太人对巴勒斯坦的向往和回归锡安的渴望。

《读加藤周一〈日本文学史序说〉——兼谈日本文学史叙述传统》

庄焰（助理研究员）

论文　11千字

《外国文学》2015年第4期

该文将加藤周一的《日本文学史序说》置于明治以来日本文学史写作的脉络中加以考察评价。该文梳理了明治以来日本文学史的写作类型和写作传统，并将加藤周一的文学史框架与传统的日本文学史叙述框架进行了比较，分析了二者的不同之处。该文还总结了加藤的治史方法及其主要观点，并通过推敲该书题名中“序说”二字的含义，对加藤周一如何定位其《日本文学史序说》提出了自己的观点。

语言研究所

Encoding and Decoding of Emotional Speech: A Cross-Cultural and Multimodal Study between Chinese and Japanese（*Prosody, Phonology*

***and Phonetics*（《情感语音的编解码研究：中日跨文化的多模态研究（韵律、音系和语音系列）》）**

李爱军（研究员）

专著 150 千字

Springer（德国斯普林格出版社）2015 年 9 月

该书首次从中日跨文化的角度，利用心理语言学和语音学方法，探讨多模态情感语音的编码、解码机制以及编解码之间的关系。人在交际过程中无时无刻不对各种模态的信息进行编码、解码和综合理解，语音交互对各种情感表达和感知就是其中一例。面部表情和情感语音的编码和解码过程，一直是心理学和认知科学关注的课题。同时，对这个问题的探索，有助于提高人机语音通信的性能。该书基于改进的 Brunswikian 透镜模型，探索跨文化多模态情感语音的编码、解码以及编解码之间的关系，特别是交际双方的不同语言文化背景及情感传递模态对情感编码和解码的影响。

《汉语动词同义度分析方法与等级划分》

付娜（助理研究员）

专著 239 千字

北京大学出版社 2015 年 1 月

该书借鉴框架语义学的词语分析方法，以《现代汉语词典》（第 6 版）被释词与其单一释词构成的同义动词为研究对象，对同义等级进行了系统研究，提出适用于分析同义动词同义关系远近度的方法与程序，按照一定原则将同义关系的远近度划分为三个等级，为汉语同义动词同义关系远近度的研究提供了新模式。

《北京话儿化词语阴平变调的语法意义》

方梅（研究员）

论文 12 千字

《语言学论丛（第 51 辑）》2015 年 5 月

北京话单音节重叠式“AA 儿”的重叠部分变阴平即构成副词（朱德熙，1982）。这种阴平变调只出现在状语位置上，且不以本调的调类为变调条件。北京话阴平变调的实质是高调化，高调化是汉语方言中普遍存在的一种小称形式。在当代北京话里，阴平变调不仅用于构成“AA 儿”重叠式副词，“儿化”加“阴平变调”作为一种生成副词的语法手段，也扩散至双音节重叠式以及其他词类的词语，用以构成副词。这种阴平变调叠加在小称后缀之上，是带有小称意义的副词标记。这种小称变调属于构形音变。

《多模态感官系统与语言研究》

顾曰国（研究员）

论文 12 千字

《当代语言学》2015 年第 4 期

该文旨在梳理多模态感官系统与语言跨学科研究的部分成果，讨论了多模态研究的三个理论问题：多模态转换、多模态搭配与多模态过滤器。该文首先澄清术语的用法。汉语“多模态”对应于英文的 multi + modality，即神经医学里定义的多模态感官系统。文献梳理按两条主线进行。一是基于单模态感官的语言学理论，包括乔姆斯基的语言器官论和福德的言语模块论。二是基于多模态感官的语言学理论，包括皮亚杰的经验建构主义、卡米洛夫 - 史密斯的发展理论、琼森的造义理论，以及该文作者的多模态充盈论。该文同时介绍胚胎学对听觉模态、视觉模态的研究，以及触觉与情感依附的研究等。

《“致使—被动”结构的句法》

胡建华（研究员）等

论文　24 千字

《当代语言学》2015 年第 4 期

致使和被动在很多语言中可由同一动词或语素承担。汉语的“给、让、教（交/叫）”就可以既表致使又表被动。该文首先提出“致使—被动”变换解读的分析方案，然后指出演变分析的问题所在。该文的变换分析方案认为，“给、让、教”之所以既可以表致使又可以表被动，是因其词汇句法结构为双 VP 结构，而只有这样的双 VP 结构才能产生致使和被动两种语义的变换。“给、让、教”本身的词汇语义并不含致使义和被动义，致使义和被动义源自对“给、让、教”所投射的双 VP 结构所做的句式解读。许多学者认为这种“致使—被动”解读是从致使到被动演变的结果，然而，演变分析并没有给出明确的条件说明该演变适用于哪些动词，不适用于哪些动词。另外，传世文献也并没有显示出清晰的线索证明这类动词先有致使用法后有被动用法。实际上，即便有证据证明是这样，也并不意味着被动用法是从致使用法演化而来的。

《广西阳朔城关土话音韵研究》

李蓝（研究员）

论文　27 千字

《方言》2015 年第 3 期

该文从四个方面讨论广西阳朔城关土话的音韵问题。该文首先介绍了阳朔城关土话的历史文化背景及调查经过；其次给出了阳朔城关土话音系；再次讨论了阳朔城关土话的一些音韵特点；最后给出了阳朔城关土话的同音字汇。

《汉语及亲邻语言连动式的句法地位和显赫度》

刘丹青（研究员）

论文　24 千字

《民族语文》2015 年第 3 期

该文以库藏类型学视角分析汉语连动式的句法地位和显赫度，并概览其亲邻语言中的相关情况。连动式是一种只存在于部分语言且带有类型特异性的句法结构，不同于主从、并列、主谓、动宾或复句等更普遍的结构库藏。连动式中各 VP 按时序象似性连用而不依靠形态、虚词等形态标记，其原型语义是相继发生的微事件合成一个宏事件，其语义域位于并列和主从的邻接处。在汉语这种连动式显赫的语言中，连动式会向并列和主从两个方向扩展，形成更接近并列或更接近主从的语义关系，但句法上仍然属于连动式而非改属并列或主从结构，除非发生可验证的库藏裂变，形成不同于连动式的动结式、动趋式等。连动式在东亚、东南亚地区常见而并非普遍，主要存在于形态不丰富的语言如壮侗语、苗瑶语、藏缅语中的彝语支及景颇语支、南亚语系，而少见或不见于形态丰富的语言如羌、藏语支和阿尔泰语言。

《白语 no33 的多功能模式及演化路径》

吴福祥（研究员）

论文 25 千字

《民族语文》2015 年第 1 期

白语剑川话的语法语素 no33 有很多语法功能。该文讨论了这些功能的来历，认为 no33 的诸项功能中，多数是从白语内部演变而来的，但也有少数功能是语言接触的产物。

《法律法规语言应成为语言规范的示范》

张伯江（研究员）

论文 8 千字

《当代修辞学》2015 年第 5 期

该文以几个典型事例讨论立法语言的语法问题，讨论了并列结构的用法、代词“其”的误用、表示情况的“的”字的使用以及几种常见语病和用词不当的问题。该文认为，这些问题在当今法律法规中普遍存在，一些习非成是的用法对社会的语言规范起着不好的作用，希望语言工作者和法律工作者一同维护好汉语书面正式语体的规范性和严肃性。

《语汇学的研究对象与新语的类型特点》

程荣（研究员）

论文 15 千字

《世界汉语教学》2015 年第 4 期

该文认为，近几年新词语平均长度为 3.28 字，从音节韵律的视角可以看到新语在当代汉语中的强劲发展势头。语汇学的研究对象应当包括各类固定短语和半固定短语，并涵盖广泛应用于对外汉语教学的语块，需防止在语汇学分立时把“语”的范围限定过窄。新媒体时代产生的新语丰富多彩，汉外融合式、语模式、修辞式等新语类型，既体现传统构语方式的继承和发扬，更是传统与创新构语方式的结合，这些新语现象应当在语汇研究中受到充分重视。

《副词“颇”的来源及其发展》

孟蓬生（研究员）

论文 15 千字

《中国语文》2015 年第 4 期

该文以出土文献和传世文献相结合，借鉴当代的“语法化”理论和“主观化”理论，对副词“颇”的意义和用法进行了全面的梳理，得出以下结论：(1) 范围副词来源于形容词“颇”大约产生于战国时期。曾经有过“部分（一些）”“大多（大部分）”和“约略”等用法。(2) 程度副词“颇”是范围副词“颇”主观化并向两极发展的结果，大约产生于西汉。先后有过表示“低度”“高度”“甚度”等用法。(3) 频率副词“颇”由范围副词“颇”发展而来，大约产生于西汉。最早表示“低频”，后来表示“高频”。(4) 否定副词来源于表示频率极低因而含有否定意义的频率副词，通行时间约为西汉到南北朝时期。(5) 疑问副词“颇”产生于东汉晚期，是否跟上述用法相关，现在还不能确定。

《走出“都”的量化迷途：向右不向左》

沈家煊（研究员）

论文 23 千字

《中国语文》2015 年第 1 期

把“都”的全称量化分为左向和右向使我们陷入“都”的量化迷途，规则有冗余，理论不自洽。该文论证，采用统一的“右向管辖规则”，管辖域和量化域一致，可以使我们走出迷途，简洁合理地处理各类都字句。该文还分析了陷入迷途的原因是受一些主流教条的负面影响，也就是语法/语用分立、名词/动词分立、主语/话题分立。

哲学研究所

《治理中国要“以道莅天下”》

李景源（研究员）

论文　7 千字

《江淮论坛》2015 年第 5 期

该文认为，道家思想中的优秀传统对于社会主义中国的治理具有重要意义。老子在中国思想史上首先提出了“道”的概念，并建立了具有本体论意义的哲学体系，此后，“道”就成为中国思想中最崇高的概念和最基本的原动力。《老子》一书集中阐释了道与人这两种超越者的关系及其意义。在历史观上，人的价值选择在道的必然性范围内，因此，治理国家需要“以道莅天下”。在传统中国，君主无法真正做到自然无为，而在社会主义中国，由民本到民主、由参与式民主到群众路线的转变才真正实现了把为人民服务建立在尊重人民、信仰人民的历史观上，才能摆脱历史周期律困扰。

《“否定”的意义——研读黑格尔精神现象学的一点体会》

叶秀山（研究员）

论文　11 千字

《世界哲学》2015 年第 3 期

该文首先讨论了德国古典哲学中“否定”概念作为逻辑范畴从康德、费希特到黑格尔的演进史，肯定了黑格尔通过将“否定”引入“存在论—本体论”从而完成德国古典哲学对传统形式逻辑的改造工作。在重审黑格尔“精神”能动性理论的基础上，论文指出“精神”促使“理性”达到自我认识，最终使“理性”成为有序、合理的“意义世界”的创造者。因此，“否定”的“精神”在哲学上就是“存在主义—实在主义”，因为“精神”通过“理性”开创了一个新世界。同时，“精神”的持续“否定”意味着我们可以确信一个更好的“未来”世界必将到来。在这个意义上，“否定”的“精神”又是一种“未来主义”。

《概念论与概率论：从笛卡尔说起》

叶秀山（研究员）

论文　13 千字

《清华西方哲学研究》（第 1 辑）2015 年 6 月

该文认为，笛卡尔通过“我思故我在”展开了对经验命题的怀疑，由此开创了理性主义传统，其中体现了“概念论”与“概率论/可能性论”的关系。“概念论”利用概念和逻辑推理对事物的“质”进行认识和思辨，而“概率论”关乎现实世界的可能性，对事物的“量”和“几率”进行计算。笛卡尔通过掌控着世界可能性的“神”来保证经验概念的可靠性，并通过广延等几何学—数学观念建构其概念体系，表明他的“概念论”中蕴含着“概率论”，“概率论”支撑着“概念论”。“概念论”和“概率论”作为哲学超越的两种方式在欧洲哲学史上影响深远，通过“概念论”建构了思辨的哲学体系，通过“概率论”发展了经验科学，它们共同拓宽了对生活世界的认识。

《求真·至善·唯美：谢地坤自选集》

谢地坤（研究员）

论文集 340千字

首都师范大学出版社 2015年2月

该书共收录了作者自20世纪80年代末以来发表的21篇哲学论文，分为“哲学总论”“德国古典哲学”和“现代西方哲学”三个部分。第一部分的7篇文章主要反映了作者的哲学观念和对一些专业问题的跨学科探讨；第二部分收集了作者在德国古典哲学研究方面的6篇代表性论文；第三部分收集的是作者研究现代西方哲学的8篇论文。

《新三字经与社会主义核心价值观》

李存山（研究员）

专著 70千字

广东人民出版社 2015年8月

习近平总书记提出“深入挖掘和阐发中华优秀传统文化讲仁爱、重民本、守诚信、崇正义、尚和合、求大同的时代价值，使中华优秀传统文化成为涵养社会主义核心价值观的重要渊源”。该书认为，“讲仁爱、重民本、守诚信、崇正义、尚和合、求大同”这六个方面是对中华文化之精华的高度概括，可以说就是中国传统文化的“常道”或核心价值观，是需要我们传承和弘扬的。该书以“三字经”的形式对这六条逐一展开进行阐发，以成为“新三字经”。其中的绝大部分语句都是本于经典，尤其是出自《四书》较多。该书包含语句的“译文”，并在“注释”中标明了出处及其主要的思想内涵。该书认为，社会主义核心价值观不仅传承和弘扬了优秀传统文化，而且含括了“民主、自由、平等、法治”等更具有新时代精神的内容。

《以天下重新定义政治概念：问题、条件和方法》

赵汀阳（研究员）

论文 20千字

《世界经济与政治》2015年第6期

该文认为，天下理论不仅是一个世界政治理论，同时也是对政治概念的重新定义。天下概念意味着一个使世界成为政治主体的世界体系，一个以世界为整体政治单位的共在秩序。从天下去理解世界，就是以整个世界作为思考单位去分析问题，从而超越现代的民族国家思维方式。经济和技术的全球化必须有一个与之同步的政治全球化过程，才能够协调完成“世界内部化”，只有一个消除了外部性而只有内部性的世界才可能真正解决冲突，从而建立世界的安全和合作体系。只有引入天下无外原则，才能获得充分延伸的政治完全语境，也因此能够清楚理解政治的概念和问题，才能够一般地定义政治的普遍性和合法性。

《〈法礼篇〉的道德诗学》

王柯平（研究员）

专著 463千字

北京大学出版社 2015年4月

该书从道德理想主义和政治工具主义视角出发，侧重探讨柏拉图《法礼篇》中涉及的道德诗学和公民德行问题。该书的主要特点体现在五个方面：其一，国内外迄今尚无系统研究《法礼篇》的诗学专著，该书填补了此项空白；其二，比较集中而深入地论述和分析了国际学界长期忽视的一个问题，即柏拉图的城邦净化说；其三，结合相关历史背景资料与文本语境分析，从柏拉图的家国情怀及其反对“过分自由”的立场出发，比较集中而深入地揭示了柏拉图在《法礼篇》中所提出的“剧场政体”问题实质；其四，将《法礼篇》第十卷中的“劝诫神话”也归结为“心灵教育神话”，借此解析了柏拉图在反驳异教哲学时所采用的弱化式与强化式三步论策略；其五，比较深入地探讨了柏拉图的“至真悲剧”喻说。

《伦理学的当代建构》

甘绍平（研究员）

专著　330千字

中国发展出版社　2015年1月

该书是一部对基础伦理学的探究成果。全书从伦理学中人的镜像的描绘出发，对伦理学的基本样态做了一个概览式的阐述，并提出三大最重要的伦理规范：不伤害、公正、仁爱。该书阐释了四大最重要的规范伦理体系：德性论、功利主义、义务论、契约主义的历史与现代流变，并且将这些伦理资源构建成一种融贯的道德规范应用系统，从而试图为有效应对现实的道德冲突与难题提供伦理导向和指南。此外，该书还研究了道德现象的客观性等涉及道德本质的元伦理学问题。

《哲学中的波西米亚人——谈谈德勒兹的“重复”概念刍议》

李河（研究员）

论文　17千字

《哲学动态》2015年第6期

该文旨在探讨法国当代思想家德勒兹的“差异/重复”理论，并对所谓“德勒兹现象”进行解读。该文认为，一向思路歧出、不按思想史常规提问的德勒兹代表着哲学领域的波西米亚人群体，他们站在现在与未来、知识与无知的分界线上，以进入哲学史的方式逃离哲学史，以概念来解构概念，以反对时代的方式来影响时代。凭借这种姿态，德勒兹颠覆了传统的柏拉图式的重复观，创制了对差异、重复、时间、强度、力量、生成等概念的全新叙事，这一叙事对于我们理解今天的图像时代，具有重要的启示意义。

《当代艺术理论：分析美学导引》

刘悦笛（副研究员）

专著　395千字

中国社会科学出版社　2015年5月

该书从共时性的角度对分析美学进行了深入研究。该书深描了当代艺术理论的十个基本问题：艺术本质、非西方定义、艺术本体、艺术形态、艺术经验、审美经验、艺术再现、艺术表现、艺术批评和艺术价值，从而试图呈现当代分析美学的基本理论体系。

《汉代“秘经”：纬书思想分论》

任蜜林（副研究员）

专著　339千字

中国社会科学出版社　2015年6月

该书对《易纬》《春秋纬》《尚书纬》等诸纬的形成与思想分别作了系统而深入的研究。在纬书形成方面，主要侧重从西汉经学传承的情况方面来分析各个纬书的形成。在纬书思想方面，着重分析各个纬书的独特内容，尤其注重其中的经学思想。在现存纬书中，《易纬》保存的相对完整，因此，该书对《易纬》思想分析占的篇幅较大。从思想性质上看，《易纬》与孟喜、京房一系的易学相近，但由于各篇在形成时间上并非同时，所以该书主要以篇章为单位来对《易纬》思想进行分析。其他诸纬散佚较多，难以窥其思想体系，因此，只能以问题为中心对各个纬书进行分析，尤其注重各个纬书相对应的经学思想。

《无敌大卫及其古亚美尼亚文〈亚里士多德《前分析篇》评注〉研究》

何博超（助理研究员）

专著　450 千字

华东师范大学出版社　2015 年 1 月

该书以中世纪古亚美尼亚著名学者无敌大卫及其代表作《亚里士多德〈前分析篇〉评注》为研究对象，试图揭示这部作品对亚里士多德逻辑学的继承和创新，并结合众多古希腊学者对亚里士多德的阐释来探明古典逻辑哲学的发展脉络以及古亚美尼亚和古希腊的思想交汇。该书分为两部分，第一部分综述大卫的生平和著作，详述其《亚里士多德〈前分析篇〉评注》，并将大卫放在更为宏观的文化语境中，来揭示他的文化意义及其对亚里士多德在古代世界的传承；第二部分是对大卫《亚里士多德〈前分析篇〉评注》做评注式和问题式研究，试图以古代评注的方式进行现代的再阐释，其中还收录了古亚美尼亚文《〈前分析篇〉评注》及其中译文。

世界宗教研究所

《马克思主义宗教观（2013）》

曾传辉（研究员）主编

论文集　280 千字

社会科学文献出版社　2015 年 1 月

该书主要围绕中国宗教研究范式与话语反思，中国特色社会主义宗教理论阐发、思想概念辨析和演进，高校宗教观教育，以及该学科重要问题研究综述和前沿报告等方面展开，既有高度的理论思辨和严谨的史实考证，又密切联系实际，反映了该领域的最新成果。

《宗教智慧 II：让沉睡的佛醒来》

戈国龙（研究员）

专著　227 千字

华夏出版社　2015 年 1 月

该书在理论上将作者对宗教智慧的理解和体验进行了整体的诠释和表达，帮助读者对宗教智慧有一个整体的、贯通的把握。该书认为，我们每一个人都有内在的良知良能，通过自觉的学习与实践，就能唤醒我们沉睡已久的内心潜能，成为一个有智慧、有担当，既能充分地享受生活又有利于社会和谐的人。

《宗教与哲学第四辑》

金泽（研究员）赵广明（研究员）

编著　350 千字

社会科学文献出版社　2015 年 2 月

该书汇集了国内有代表性的一批宗教哲学与宗教学研究方面的专家学者的最新力作，以“宗教与哲学关键词”为主题，内容涵盖西方宗教哲学、宗教与哲学的关系、对中国哲学思想的宗教信仰考察、犹太思想、伊斯兰哲学、宗教学理论等诸多领域，充分展现了国内宗教哲学与宗教学研究的最新成果，具有很高的学术价值。

《基督教与和谐社会建设》

卓新平（研究员） 蔡葵（研究员）主编

论文集 360千字

中国社会科学出版社 2015年3月

该书系2013年中国社会科学院基督教研究中心与北京燕京神学院联合举办的国际合作论坛的会议论文集，包含“和谐社会与基督教的理解”“基督教与中国文化”“宗教对话与经典研究”“基督教对和谐社会的可能贡献”“基督教的‘中国化’：实现和谐的努力”“共在：生态与社会和谐”“对和谐的神学理解”七个主题。该书集中探讨了基督教在构建和谐社会中可能的贡献、应有的努力、已有的资源等问题。

《中国人的宗教信仰》

卓新平（研究员）

专著 225千字

中国社会科学出版社 2015年5月

该书以文化哲学的意蕴和文化历史的视域来体悟和诠释中国人的信仰及宗教理解，探究宗教的社会、政治、文化及精神意义，追溯中国人宗教信仰的历史发展和范式转变，分析中国本土宗教的特色和世界宗教在华本土化的历程，描述多种宗教在中国社会及中国人的精神生活中的多元共存、多元通和，展示中国宗教文化的绚丽多姿、异彩纷呈，反映当代中国社会宗教的真实存在，进而说明中国宗教的现实社会文化作用。

《信仰探索 —— 卓新平自选集》

卓新平（研究员）

专著 390千字

首都师范大学出版社 2015年5月

该书是作者治学的学术自选集。该书共分为经典之探、世界视域和中国意识三部分，分别讨论了在当今时代的中国怎样研究宗教问题，用什么指导思想研究宗教问题，用什么态度看待宗教问题，我们国家应该拥有怎么样的宗教政策等。

《中国传统文化基本精神解读》

聂清（副研究员）

专著 60千字

学苑出版社 2015年5月

该书是北京中华文化学院邀请与中华传统文化领域相关的专家撰写的有关传统文化的文章的结集。该书认为，在发展社会主义市场经济条件下，建设现代社会文明的今天，优秀传统文化的现实意义仍不可忽视，更需要在吸收世界各国优秀文化成果的基础之上，充分认识和发掘中国传统文化中的瑰宝，丰富现代德育理论，弘扬优秀传统，不断推陈出新，实现中国的持续昌盛。在日益兴旺发达的当代中国，传统文化无疑是为实现和平崛起、发达文明提供支撑的基本条件。

《试析艾香德的耶佛对话观 —— 基督教和佛教的相遇和互动》

王鹰（副研究员）

专著 300千字

宗教文化出版社 2015年5月

该书以艾香德通过本色化传教进路开展的耶佛对话为研究对象，在全面、系统地描述、分析、总结艾香德宗教对话的实践和理论后，该书认为，从艾香德与近代中国佛教僧侣的对话，到其创立的融合佛教和基督教元素的传教中心，从他采纳的基督教东方文化披戴方式，到其结合“联系点”进路和“普遍启示”理论的传教实践，从他寻找各教相似性的宗教对话理论，到其撰写的宗教比较学著作，艾香德一直试图以基督徒和宗教对话者的双重视角，在基督信仰和宗教理解、神学定位和传教实践、情感体认和理智思辨的斡旋中展开独特的宗教对话。

《齐云山志（附二种）》

汪桂平（研究员） 点校

古籍整理 290千字

社会科学文献出版社 2015年4月

该书以明万历二十七年刻本《齐云山志》为底本，以明末重印本、清康熙五年本、清道光十年本为补校本。补录内容原则上以首次著录的版本为底本，以其后版本为参校本。另外，附录一之嘉靖版《齐云山志》，录自天一阁博物馆藏本。附录二之《齐云山桃源洞天志》，以清道光十三年刻本为底本，参校以各版本之《齐云山志》。《齐云山志》的整理出版，不仅有利于该山志的利用和传播，更有利于深入研究齐云山的地方文化。

《道教分典》

王卡（研究员）

专著 3516千字

河北人民出版社 2015年3月

该书共设神仙、教史人物、经籍、教义、科戒、符咒法术、医药养生、金丹、宫观仙境九个总部，是对《道藏》及藏外资料进行重新分类整理而形成的一部大型道教文献集成，不仅为道教学研究提供了基本资料，亦为从事医药学、地理学、科技史等学术研究者提供了文献参考。

《跨界与融合：佛教与民族文化的云南叙事》

郑筱筠（研究员）

专著 353千字

中国社会科学出版社 2015年8月

云南是一个民族文化资源丰富的大省，也是一个活态的宗教文化博物馆。对之进行研究，无疑具有重要的理论价值和现实意义。该书认为，在长期的历史发展过程中，佛教与民族文化都以不同方式参与了云南民族文化体系的建构。佛教经由不同路线和地点传入了不同的佛教流派，它们与云南固有的民族文化冲突、斗争、融合，最终沉淀下来，与民族文化融为一体。正是民族文化、宗教文化的多元、多层次融合，全方位浇灌了红土高原，成就了立体多样性完美融合的七彩云南。其中民族文化形成了云南文化结构体系的一个特殊底色，而宗教文化则在不同时段系统的网格点与民族文化相互交织，相互影响，最终形成以跨界与融合这样的内生性关系特点，完成佛教与民族文化在云南的实践经验和历史叙事。

《东南亚宗教研究报告——全球化时代的东南亚宗教》

郑筱筠（研究员）

专著　448千字

中国社会科学出版社　2015年10月

该书是以东南亚宗教为主要研究对象的专题性前沿理论研究著作，以全球化时代的东南亚宗教研究为主线，力图对东南亚地区的宗教进行全方位的思考，研究东南亚佛教、伊斯兰教、跨境民族宗教、东南亚华侨华人宗教实践的特点及其发展规律，进而指出在未来的世界全球化格局中，东南亚宗教的发展趋势。该书在结构上分为前沿研究报告、理论研究、动态研究三个部分。

《澳门宗教报告》

邱永辉（研究员）　陈进国（副研究员）

专著　184千字

社会科学文献出版社　2015年11月

该书是中国社会科学院世界宗教研究所当代宗教研究室的创新工程项目——"当代宗教发展态势"的子课题的成果。该书上编是该项目组与巴哈伊教澳门总会合作举办的"宗教团体的治理"学术研讨会（2012年10月）的论文选集，聚焦澳门各大宗教团体的治理。下编是对澳门的巴哈伊社团、一贯道社团等新宗教及本土的道教、民间信仰的考察报告，聚焦澳门宗教多元的生态与意义。

《宗教学研究论著与文本解读：当代宗教研究、基督教研究专辑》

王潇楠（助理研究员）

专著　350千字

中国社会科学出版社　2015年9月

该书是对近700部当代宗教研究和基督教研究的相关专著、论文集和译著进行汇集、分类和整理后形成的文本解读成果，试图将当代宗教学研究和基督教研究的发展历程和研究脉络清晰展现出来，便于学者们在研究相关问题时参考。

《基督宗教研究（第18辑）》

唐晓峰（研究员）主编

辑刊　350千字

宗教文化出版社　2015年10月

该书收集了19篇近年来研究基督教的论文，分为经典研究、历史研究、理论研究、人物研究等版块，对于基督教经典、基督教历史、基督教人物等方面的研究具有参考价值。

《基督宗教研究（第19辑）》

刘国鹏（副研究员）主编

辑刊　350千字

宗教文化出版社　2015年12月

该书收集了23篇近年来研究基督教的论文，分为神学辨析、历史视野、当代聚焦、思想述评等版块，对于学者们对基督教发展中的历史细节、近现代基督教发展中的重要问题、当代基督教专著评述等问题进行深入研究具有参考价值。

《世界佛教通史》（14卷15册）

魏道儒（研究员）

专著　8000千字

中国社会科学出版社　2015年12月

该书是中国社会科学院创新工程重大科

研成果，论述了佛教从起源到20世纪在世界范围内的兴衰演变的主要过程。

该书由14卷15册构成。第一卷和第二卷叙述佛教在印度的起源、发展、兴盛、衰亡乃至在近现代复兴的全过程。第三卷到第八卷是对中国汉传、藏传和南传佛教的全面论述，其中，作为中国佛教主体部分的汉传佛教分为四卷，藏传佛教为一卷两册，南传佛教独立成卷。第九卷到第十一卷依次是日本、韩国和越南的佛教通史。第十二卷分章阐述斯里兰卡和东南亚佛教的历史。第十三卷是对亚洲之外佛教，包括欧洲、北美洲、南美洲、大洋洲、非洲等五大洲主要国家佛教的全景式描述。第十四卷是世界佛教大事年表。该书以辩证唯物主义和历史唯物主义为指导，坚持历史与逻辑相统一的原则，以史学和哲学方法为主，并且借鉴考古学、文献学、宗教社会学、宗教人类学、宗教心理学、宗教比较学、文化传播学等相关学科的理论和方法，全方位、多角度对世界范围内的佛教进行深入研究。

历史学部

考古研究所

《20世纪中国知名科学家学术成就概览：考古学卷》

王巍（研究员）主编

学术资料　1608千字

科学出版社　2015年1月

国家重点图书出版规划项目《20世纪中国知名科学家学术成就概览》，以纪传文体记述中国20世纪在各学术专业领域取得突出成就的数千位海内外科学技术和人文社会科学专家学者，展示他们的求学经历、学术成就、治学方略和价值观念，彰显他们为促进中国和世界科技发展、经济和社会进步所做出的贡献。该书按各位考古专家生年先后结集卷册，共记述了118位考古学家的研究路径和学术生涯。卷首简要回顾20世纪中国考古学的发展概况，卷尾附20世纪中国考古学大事记。

《中国动物考古学》

袁靖（研究员）

专著　780千字

文物出版社　2015年1月

该书论述了中国动物考古学研究的目标，对迄今为止的研究成果进行了系统的归纳，阐述了与动物考古学研究相关的学科、理论及动物考古学研究的方法，讨论了主要家畜的起源、古代人类获取肉食资源的方式、古代人类利用动物进行祭祀和随葬的特征及其他相关问题。

《怎探古人何所思——精神文化考古理论与实践探索》

何努（研究员）

专著　812千字

科学出版社　2015年6月

该书是一部利用中国考古资料，从研究

实践出发，构建精神文化考古理论的系统专著。该书根据文献研究主题的相近性归纳出自然观、宗教观、社会观、符号和文字、原始艺术、总论六大类，对中外精神文化考古研究既有成果和理论建设进行比较全面的梳理与分析，提出了具有内在逻辑的精神文化考古理论框架，利用作者自己的研究个案，展示精神文化考古理论的实际应用，目的在于比较清晰地分析各阶段中国古代精神文化考古研究内容的变化，反映出整个学术界对于精神文化考古研究理论认识的发展和变化以及存在的问题，以此作为建立中国古代精神文化考古综合研究理论框架的一个前提认识和研究基础。

《襄汾陶寺——1978～1985年发掘报告》

中国社会科学院考古研究所、山西省临汾市文物局编

田野考古报告　2120千字

文物出版社　2015年12月

陶寺遗址系全国重点文物保护单位，该报告为陶寺遗址1978～1985年发掘报告。该报告确定了陶寺遗址的范围，明确了陶寺文化的早、中、晚三期的分期及文化性质，判定了陶寺文化主体来源于庙底沟二期文化，提出了陶寺文化大致年代为公元前2450年至公元前1900年。该报告全面系统、图文并茂地展示了房址、墓葬、窑址和灰坑等遗迹，玉器、石器、陶器和铜器等大量遗物，收录了陶寺古水文、古地貌、古地磁、碳十四年代学、体质人类学、动物学、植物学、陶器、玉石器、铜器、乐器研究等相关论文。该报告首次全面系统地公布了陶寺遗址第一阶段发掘工作的资料，具有重要的研究价值。

《扬州城遗址考古发掘报告（1999～2013）》

中国社会科学院考古研究所、江苏扬州唐城考古队、南京博物院、扬州市文物考古研究所编

田野考古报告　640千字

科学出版社　2015年9月

该书报告了扬州唐城考古工作队1999～2013年的主要工作，包括扬州蜀岗古代城址的城圈、城壕和城内部分遗迹，蜀岗下城址的扬州城南门、唐宋城东门、宋大城北门和北水门等门址以及唐罗城西南角城墙和马道基址等发掘成果。在研究发掘资料的基础上，探讨了扬州蜀岗古代城址的范围、唐罗城的修建及其沿革、宋至明清时期的扬州城、蜀岗下城址的城门特点、扬州城遗址出土城砖等相关问题。

《冥界的秩序——中国古代墓葬制度概论》

刘振东（研究员）

专著　420千字

文物出版社　2015年11月

该书以坟丘墓的发展演变为线索，从墓葬的地上设施和地下设施两大部分入手，重点探讨中国东周至南北朝这一较长历史时段的墓葬制度，尤其是墓葬等级制度，并触及中国古人的冥界观问题；另外从东亚文化交流的视角，对中日两国古代坟丘墓制进行了比较研究。

《青龙寺与西明寺》

中国社会科学院考古研究所

田野考古报告　436 千字

文物出版社　2015 年 11 月

该报告全面报道了隋唐长安城青龙寺、西明寺遗址调查和发掘工作的成果，为研究中国古代佛寺历史提供了重要的第一手资料。隋唐长安城青龙寺、西明寺为国内外著名的寺院，青龙寺为唐代密宗名寺，也是日本真言宗的祖庭，而西明寺则为唐代皇家所立寺院，仿印度寺院而建，而日本大安寺则模仿西明寺而建。其规模宏大，建制规整别致，形制布局均有所依据，可作为当时佛寺的典型代表来研究。两处佛寺遗址经过了大规模的正式考古调查和发掘，位置准确，与文献记载完全相符，揭露的平面布局虽非全部，但院落组合清楚，塔殿廊庑建筑对称有致，出土的佛教遗物特性分明，反映了时代和佛教宗派的特色，生活器具有时代特点，显现出唐代饮茶时尚及其陶瓷业的兴旺，也凸显出作为都城佛寺和有影响的名寺的气派和特点，其考古发掘资料对于中国古代佛教寺院考古研究具有重要的学术价值。

《红山文化研究》

刘国祥（研究员）

专著　1447 千字

科学出版社　2015 年 12 月

该书系统梳理红山文化田野考古调查和发掘材料，对红山文化发现与研究历程、类型与分期、聚落布局特征、埋葬习俗、祭祀遗存、经济形态、原始宗教信仰、手工业生产的专业化与社会分工、社会分化与等级制度确立、与本地区及相关地区考古学文化关系等问题进行了深入探讨，最终确认红山文化晚期晚段距今 5300 ~ 5000 年。以牛河梁遗址上层积石冢阶段的埋葬和祭祀遗存，兴隆沟、那斯台、哈民忙哈等不同规模的聚落遗存为代表，辽西地区进入初级文明社会，并最终形成红山文明，成为中华五千年文明的重要组成部分，对中原地区古代文明的形成和发展产生了深远影响。

《扬州城国家考古遗址公园——唐子城、宋宝城城垣及护城河保护展示总则》

王学荣（研究员）等

专著　350 千字

中国建筑工业出版社　2015 年 12 月

2012 年以来，该书作者采用资源空间分析和认知的理论与方法，先后对江苏扬州城遗址等“国家重要文化遗产保护项目”开展了保护和展示研究，形成了一批重要成果，同时其研究方法具有一定的示范和推广意义。该丛书侧重于方法论的探索与研究，筛选部分大遗址保护成果案例，使之成为当前及今后一定时期我国大遗址保护展示研究与方法的示范。该书所收录的是蜀岗古城址城垣及护城河保护与展示整体设计的内容。其主要目标系根据对蜀岗古城址考古资源的分布、留存、年代、压力、结构完整程度等多方面的分析，在把握整体城域格局的前提下，对蜀岗城址中具有线性分布特征的城垣及城壕部分进行保护与展示设计，明确保护及展示的对象、范围、保护及展示原则、节点意象、交通缔结等基本问题，是城垣（2014）及护城河（2013）具体保护与展示方案的指导性文本。

《山西高平大佛山摩崖造像考——“云冈模式”南传的重要例证》

李裕群（研究员）等

论文　15千字

《文物》2015年第3期

大佛山摩崖造像位于山西省高平市张壁村西北大佛山山腰间一处依山而建的古代佛寺的大殿遗址中。造像所在巨石顶部距现地面4.8米，正面（南面）为北魏龛像，背面（北面）为明代龛像。其正面龛像为当地张姓家族组成的民间邑社出资开凿，年代约当北魏孝文帝太和年间前期（477～489）。正面龛像的造像样式和题材明显承袭了北魏平城时期云冈石窟的特点，对于研究云冈工匠的南迁有重要价值。该文详细讨论了摩崖造像的题材和内容，并且与北魏云冈石窟进行比较，指出大佛山摩崖造像所展现的题材、布局和造像样式明显与云冈石窟一致，这种一致性表明：在北魏平城时期，“云冈模式”已经南传，这对于研究北魏云冈石窟造像的传播提供了重要的例证。

《〈保训〉故事与地中之变迁》

冯时（研究员）

论文　35千字

《考古学报》2015年第2期

该文通过对竹书中的关键文字“埶”应正读为槷表之“槷”以及“测阴阳”意即立表测影的天文传统的考证，揭示了早晚地中变迁的历史，并结合文献史料和考古资料，印证了这一湮灭无闻的重要史实。清华大学所藏战国竹书《保训》是一篇久已失传的儒家文献，由于竹书所载文王讲述的故事涉及地中变迁的珍贵史料，不仅与考古学所反映的早期圭表的发现地点以及晚期地中的地理传承极为吻合，而且可以获得文献史料及天文学传统的多方面佐证。这无论对于中国古代天文与人文关系的研究，抑或上古文化与夏商都邑的探索，都具有十分重要的意义。

《从韩国上林里铜剑和日本平原村铜镜论中国古代青铜工匠的两次东渡》

白云翔（研究员）

论文　18千字

《文物》2015年第8期

该文通过对韩国完州郡上林里发现的铜剑和日本福冈县平原1号墓出土铜镜及相关问题的考察，分别探讨了中国古代青铜工匠东渡朝鲜半岛和日本列岛的时间及路线问题。通过考古发现探究古代东亚各地之间人群的移动和交流，尤其是环黄海地区之间的文化联系及环黄海之路的历史地位和作用等，是值得关注的一种研究思路。

《山东日照市尧王城遗址2012年的调查与发掘》

中国社会科学院考古研究所山东工作队、山东省文物考古研究所、日照市文物局

田野考古报告　13千字

《考古》2015年第9期

2012年，中国社会科学院考古研究所山东队等对山东省日照市尧王城遗址进行了调查和发掘，确定了城墙的存在及其范围、结构等，发现的遗迹有器物坑、灰坑、灰沟、房址和墓葬，出土的大汶口文化和龙山文化遗物均主要为陶器。城墙的始建年代为

大汶口文化晚期，主要使用年代为龙山文化早、中期。该报告如实客观地记述了上述相关内容。

历史研究所

《归义军政权与中央关系研究》

杨宝玉（研究员）　吴丽娱（研究员）

专著　499千字

中国社会科学出版社　2015年1月

归义军政权是晚唐五代宋初活跃于中国西北地区的地方政权，统辖中心为河西敦煌地区。由于地处边陲，如何正确处理与各时期不同中央政权之间的关系，始终是主宰归义军政治路线和统治方略的大问题，在很大程度上决定了该政权的兴衰，对周边政权乃至中原王朝也有一定影响。该书以不同时期归义军面向中原王朝的入奏活动为切入点，探讨地方政权与中央政权的往来情形及归义军政治史等问题，提出并论证了一些与学界成说不同的新观点。

《殷墟甲骨拾遗》

宋镇豪（研究员）　焦智勤（研究馆员）

孙亚冰（副研究员）

专著　106千字

中国社会科学出版社　2015年1月

该书搜集散藏于河南安阳民间的殷墟出土甲骨文647片，辨其伪真，别其组类，分期断代，残片缀合，考释文字，诠解史实，整理著录，按甲骨照片、拓本、摹本、释文四位一体的著录范式进行编著，采用“先分期，次按字体分类，再按内容排序”的编次原则，在甲骨组类及分期断代方面，妥善处理学术界存在的争议，既保持了与《合集》《合补》、“五期说”之间的衔接传承关系，又尽可能体现甲骨学界对甲骨字体组类区别的研究成果。该书中的甲骨文内容涉及殷商政治制度、王室结构、社会生活、经济生产、方国地理、军事战争、宗教祭祀、卜法制度、文化礼制等方面，具有极高的文物价值和史料价值。其中有不少珍品，如涂朱鹿头骨刻辞、牛距骨绿松石镶嵌刻辞、第五期黄组完整牛胛骨卜辞等。还有一批新见甲骨辞例和新见甲骨文字，有的为新见殷商方国名，有的是新见祭名，有的为建筑称名，特别是可能出自一坑的第二期出组卜辞群，片大字多，骨版文例齐整，契刻犁然有序，前所未见，弥足珍贵，为甲骨文与殷商史研究增添了一大批新的重要资料。

《辽史百官志考订》

林鹄（助理研究员）

专著　250千字

中华书局　2015年2月

官制是理解国家机构运作及变迁之基石，向来是中国古代史研究中的一个重要领域。在历朝官制的研究中，正史的《百（职）官志》是核心史料之一。而对于现存史料相对匮乏的辽朝，《辽史·百官志》的意义不言而喻。遗憾的是，由于元修《辽史》成书极速，《百官志》疏漏、抵牾、错误、重复的情况比比皆是，给辽朝职官制度研究乃至辽史、中国古代职官制度史研究带来诸多不便。该书在总结前人成果的基础上，首次对《辽史·百官志》作了全面系统的整理研究，同时还在整体结构上对南面官、北面官分别作了考订，并对《辽史·百官志》之史源、成书及史料价值作了系统探讨。

《走马楼吴简采集簿书整理与研究》

凌文超（助理研究员）

专著　450千字

广西师范大学出版社　2015年4月

该书综合利用考古学整理信息和简牍遗存信息，首次大规模、系统地复原、整理长沙走马楼三国吴简采集簿书，并在此基础上构建“吴简文书学”，从而奠定了古井简牍文书学的形成和发展基础。该书还运用“二重证据分合法”的研究模式，以确认的簿书为依据，对孙吴临湘侯国文书行政的基本情况进行研究，勾勒出一些官民互动的社会景象，进而探讨了孙吴在汉晋社会变迁过程中所发挥的承续和革新作用。

《出土墓志所见中古谱牒研究》

陈爽（研究员）

专著　680千字

学林出版社　2015年7月

家谱问题是中古社会史研究的主要关注点之一，由于六朝古谱亡佚殆尽，相关的实证性研究一直难以深入。该书通过文本辨析和图版对照，判定大量魏晋南北朝墓志直接抄录了墓主家族谱牒，对其进行了内容辑录与格式复原，并在此基础上，对中古时期谱谍的形成、滥觞与中衰的历史过程进行了全面系统的考察，对中古谱谍中所见家庭、婚姻等中古社会史问题进行了全方位考察。该研究可视为中古社会史资料的一次重新发现，进一步拓展了中古社会史研究的学术视野。

《重建中国上古史的探索》

王震中（研究员）

论文集　430千字

云南人民出版社　2015年8月

该书分上、中、下三编。上编为史前聚落社会、古史传说与原始宗教文化；中编为早期国家——邦国文明的诞生；下编为夏商王朝与华夏民族的形成。该书围绕作者近年提出的学术体系——“文明和国家起源路径的聚落三形态演进”说、“邦国—王国—帝国”说、“夏商周三代复合制国家结构”说以及“早期华夏民族因复合制国家结构而形成于夏代”说的顺序进行编辑，前后连贯而自成体系。作者将历史学与考古学和民族学相结合，以文明和国家起源及其早期发展为主线，对中国上古史进行了重构与探索。

《桑干河流域历史城市地理研究》

孙靖国（助理研究员）

专著　452千字

中国社会科学出版社　2015年9月

该书对桑干河流域农牧交错地带近两千年间的城市地理进行研究，通过对比秦汉、北魏、唐辽、明代、清代五个不同历史阶段的城市分布规律，复原区域内人地关系演变的历程，进而展示城市格局变迁背后所折射的宏大历史背景。该书认为，秦汉时期实行徙民实边的政策，城市多处于桑干河两岸与主要支流交汇处；北魏时期由于桑干河两岸经济形态的差异，城市多处于桑干河以南；盛唐由于将桑干河流域作为安置内附游牧部落的区域，所以城市稀少；唐末与辽代城市多处于桑干河支流的上游；明代在桑干河流域进行了大规模移民，沿内蒙古高原南缘的冲洪积扇带修建了众多卫所城市，之后又陆续修建众多屯堡和长城边堡，因其职能的差异而选址机制迥异；清代由于长城内外归属同一政权管辖，桑干河流域作为沟通汉蒙两地的商路而使其功能抬升；清末铁路乃至20世纪80年代公路的修建，最终奠定了桑干河流域如今以大同、张家口为中心的城市格局。该书认为由于居统治地位的民族、经济、文化、军事制度等差异，导致同一区域内部，不同历史时期城市体系呈现迥然不同的面貌。

《出土简牍与秦汉社会（续编）》

杨振红（研究员）

专著　300千字

广西师范大学出版社　2015年12月

该书利用最新出土的简牍材料，深入探讨战国至魏晋时期官僚政治社会构造和赋役制度、货币经济等问题，其内容包括：秦“邦”“内史”的演变与战国秦汉时期郡县制的发展；公卿大夫士爵位系统在秦汉官僚体系中的地位和意义；长沙走马楼吴简中“吏”“吏民”的阶层属性和汉魏时期官、吏的分野；秦汉时期的“尉”与“吏”的任命、管理；秦汉时期田租、刍稿税、市租的征收；出土“算”“事”简与汉魏时期的赋役结构；徭、戍与秦汉正卒、更卒的关系；“冗”“更”与秦汉时期的供役方式；松柏西汉墓簿籍牍辨析；汉代算车、船、缗钱制度新考；“帛”在汉代货币体系中的特殊地位。

《马克思主义史学思想史（第3卷）》

彭　卫（研究员）　杨艳秋（研究员）

专著　300千字

中国社会科学出版社　2015年12月

该书系统、全面而深入地探讨了20世纪初至1949年以前中国马克思主义史学思想的发展，其主要内容包括：近代化进程中的中国传统史学的转型和新史学思潮；马克思主义学说的早期译介与唯物史观在中国的早期传播；李大钊对中国马克思主义史学理论的奠基以及瞿秋白、蔡和森、李达对中国马克思主义史学理论建设的贡献；郭沫若对中国古代社会的研究和早期史学观念；“亚细亚生产方式”的讨论；早期马克思主义史学思想的背景和脉络；马克思主义中国通史的编纂；侯外庐对中国历史发展道路的探索及其史学观念；翦伯赞对马克思主义历史理论的研究；毛泽东的历史观等。

《中国古代青铜器整理与研究·青铜豆卷》

张翀（助理研究员）

专著　300千字

科学出版社　2015年12月

该书以一个新的视角对商周时代的器物和礼仪做了更深入的阐释，对传世和出土的青铜豆进行了全面、深入的分析，对青铜豆的时间演变、空间分布、日常作用、礼仪意义以及类似器物及相互关系等方面进行了讨论。该书对青铜豆的多角度、多领域的综合性研究有助于人们增强对商周时代青铜豆的作用和意义的认识。

《历史唯物主义与历史虚无主义琐谈》

卜宪群（研究员）

论文　6千字

《历史研究》2015年第3期

该文认为，中国崛起和中国道路业已展现出的世界意义，给当前中国史学研究带来了新的视野。我们走中国特色的社会主义道路所面临的许多重大现实问题，离不开从历史的角度加以审视，离不开对许多重大历史问题的认识。因此，如果不能正确地阐释历史，就不能科学而合理地认识现在、引领未来。但是，在实现中华民族伟大复兴中国梦的进程中，在中国史学发展欣逢前所未有的良机之际，却有某些人不断秉持历史虚无主义的立场、观点和方法，从历史领域入手，以“反思”“解放思想”“重新评价”“理性思考”“范式转换”“还原真相”等为名头，肢解、曲解中国传统文化，否定、歪曲近现代以来的中国历史发展道路。一段时间以来，这股思潮不仅在史学领域弥漫，向文学、影视、网络传媒流传，而且打着反历史虚无主义的旗号，以“理论化”“学术化”的新姿态出现，指向也更加明确。正确的历史认识是现实的起点，是否能够正确看待历史特别是本民族历史，更是一个民族成熟与否的重要标志。因此，辨析历史虚无主义思潮的实质，还原其本来面目，既是关系到中国史学健康发展的问题，也是关系到如何正确认识中华传统文化、中国近现代以来历史发展道路的问题，更是关系到国家和民族未来发展方向的大问题。

《陶寺与尧都：中国早期国家的典型》

王震中（研究员）

论文　6.5千字

《南方文物》2015年第3期

尧时代是早期国家开始从血缘政治走向跨血缘政治的转折阶段，是中国早期国家形成的重要时期。其所处时代的特殊性，决定了尧时代的许多思想、制度对后来历史发展产生重要影响。但是由于时代久远，文献缺乏，我们关于尧及其时代的了解还十分有限。尤其是随着考古学的发展，众多考古发现如何与文献记载的历史时代相对应，也是一个极难解决的问题。该文从文献出发确定尧时代的主要成就与特征，即与夏商周接替、政治盟主身份、天文历法成就、龙图腾崇拜等，然后与陶寺遗址的时空定位、文明水平、天文遗址、龙图腾器物等进行对比验证，推论陶寺为尧都。该文的方法、论证过程和结论都严谨可信，是将考古学与历史学相结合的范例。

《杨起隆起事再探》

杨珍（研究员）

论文　7千字

《清史研究》2015年第2期

康熙十二年（1673）的杨起隆起事，是清朝入关后首次发生在京城的八旗汉人奴仆起义。顺治至康熙前期，清廷实施圈地、投充、逃人法、剃发易服等暴政，加剧了满汉矛盾以及八旗旗员与汉人奴仆之间的利益冲突。此次起事是积蕴三十年的上述矛盾和利益冲突的一次总爆发。促成其发生的直接因素，则是平西王吴三桂反清的消息传至京师。

这次很快遭到清廷镇压的起事，以其形式独特而为人们所关注。该文对杨起隆起事与“红帽子贼”的关系、杨起隆起事参与者的分布、起事之谋划与告发者以及史源等问题再次进行了探讨。

近代史研究所

《中国近代思想家文库：胡适卷》

耿云志（研究员）编

资料集　835千字

中国人民大学出版社　2015年1月

该书精选了胡适在思想、学术、教育与文化，以及政治方面的著述，分作文学革命、启蒙思想、哲学与方法、历史与文化、教育与人生、政论与时评等六个部分加以编排，较为全面地反映了胡适的思想。

《中国近代思想脉络中的文化保守主义》

郑大华（研究员）

专著　450千字

湖南人民出版社　2015年1月

文化保守主义是中国近代最主要的文化思潮之一，与反传统的西化思潮、马克思主义思潮并称为中国近代三大文化思潮，对中国近代社会和文化的发展与走向产生过重要影响。该书依据现代中国思想史的演进脉络对文化保守主义的理论、文化保守主义与反传统的西化思潮和马克思主义思潮的互动关系、文化保守主义的发展历程、文化保守主义群体等问题进行了研究。

《中国近代思想家文库：师复卷》

唐仕春（副研究员）编

资料集　208千字

中国人民大学出版社　2015年2月

该书收录了师复在清末和民初所发表的文章。清末，师复以各种笔名发表在《香山旬报》的数篇文章，基本内容为要求女性解放，宣传平等观念，批驳儒学，鼓吹反对清廷和立宪派等。民初，师复讨论心社社约的文字，有不吸烟、不饮酒与卫生、不用仆役与平等主义、废婚姻主义、废家族主义等数篇。此外，该书还收有1913～1915年师复发表在《晦鸣录》和《民声》杂志上的近50篇讨论政府主义问题的文章。

《近代中国的不吸纸烟运动研究》

刘文楠（编辑）

专著　263千字

社会科学文献出版社　2015年3月

该书从一个独特的视角考察近代中国国家与民众关系的塑造和转变。作者从报纸、档案、回忆录等材料中辑录出史料，重构了晚清到民国时期三次不吸纸烟运动的来龙去脉，详述了这三次运动的言论、组织和开展过程，并以此为线索将政治动员、国民教育、日常生活规训、卫生观念的演进、烟草业经济发展、政府税收管理、中央地方关系、民族主义思潮等方面有机地结合在一起，最后着眼于近代中国精英和政府对民众日常生活的定义和塑造。

《晚清人物与史事》

马忠文（副研究员）

专著　350 千字

北京师范大学出版社　2015 年 3 月

晚清一脉，上承秦汉以降王朝政治的余绪，下开数千年未有之大变局，可谓国史之关键转折。该书从爬梳档案、日记、函札、报刊入手，从关注张荫桓而介入戊戌变法史事考订，涉及康有为周围错综复杂的人事纠葛，以及王照、高燮曾、李盛铎、汪康年、“军机四章京”在戊戌年的活动，进而对李鸿章、张荫桓在旅大交涉中是否受贿和康有为在政治谋划中的行贿策略等最为隐秘的部分进行了细致的剖析，兼及慈禧与光绪之死，袁世凯、于右任诸人辛亥前后的行迹。

《近代开滦煤矿研究》

云妍（助理研究员）

专著　250 千字

人民出版社　2015 年 3 月

该书以中国近代史上的著名企业——开滦煤矿为研究对象，择取 1876 年至 1936 年为时间段，对其跨越晚清洋务运动、清末外资侵入、北洋军阀和国民政府时期的经营历史进行了多面向的梳理。该书共七章，内容主要涉及五个方面：(1) 开滦矿史；(2) 制度变迁；(3) 技术进步；(4) 环境约束；(5) 外溢性影响。开滦煤矿的开发促进了周边地区的经济近代化，为天津、上海等城市的工业部门提供着能源支持，直接促成了唐山和秦皇岛两个近代城市的产生；矿权丧失的教训又催生了民族矿业的“现代型”成长，并促进了矿业法律的建设和政府保护政策的形成；在其长期经营的过程中还“外送”了一批管理、技术人才。尽管是以微观经济个体为对象，这项研究却并非开滦煤矿企业全史，而是重点选择与现代化事业相关者为研究内容，意在从开滦煤矿的历史中汲取现代化发展经验。

《中国近代思想家文库：丁文江卷》

宋广波（副研究员）编

资料集　512 千字

中国人民大学出版社　2015 年 3 月

该书收录了丁文江科学方面的文章、政论以及游记。为便于读者从整体上把握丁文江的思想与学术成就，该书未将科学文章、政论分类编排。丁文江有文学天才，他的古文、白话文俱佳。读其《漫游散记》《苏俄旅行记》，不仅能被其优美的文笔打动，还能得到多种知识滋养：里面既有地质旅行的记载，又有地理、人种、各地民族语言以及风土人情的描绘。

《中国国民党与越南独立运动》

罗敏（研究员）

专著　293 千字

社会科学文献出版社　2015 年 4 月

为了应对复杂多变的国际形势和扑朔迷离的越南政情，中国对越工作主要在两个层面展开：一为正面公开进行的对越外交工作，二为侧面秘密进行的对越党派工作。外交层面和党际层面的对越工作既相互平行，又交叉重叠，既有相得益彰的一面，有时也互相颉颃，构成战后中国对越工作的“一体两面”。该书分为上、下两篇。上篇主要从党际交往层面，叙述中国国民党与越南独立运动的历史经纬。下篇侧重从外交层面，将中越关系置于“二战”后期及战后远东国际关系的背景下，通过中国关于战后越南问题政策的演变，来透视作为战时大国的中国在战后亚洲秩序重建过程中的真实处境与地位。

《中国近代思想家文库：杨度卷》

左玉河（研究员）编

资料集　474 千字

中国人民大学出版社　2015 年 4 月

杨度是清末民初著名的宪政专家、政论家和社会活动家，他提出了金铁主义和君宪救国论，阐发了系统的君主立宪思想。该书主要收录 1902 年至 1931 年间杨度发表的有关政治、社会、教育、文化等方面的文章。这些文章对清末的铁路国有、立宪运动、国会请愿、五族共和等问题进行了严肃思考，对民国初年的政体与国体进行了认真反思，具有较高的思想价值。

《中国近代思想家文库：费孝通卷》

吕文浩（副研究员）编

资料集　319 千字

中国人民大学出版社　2015 年 4 月

该书从社会思想家的角度汇集费孝通 1936 年至 1948 年的有关代表性论述，特别注重呈现其基于社会人类学视角分析中国社会问题的独到性。主要内容包括费孝通对农村社会经济、中国社会结构以及民主社会主义等问题的思考。该书有助于读者了解费孝通在社会思想领域的贡献及其所产生的广泛影响，也有助于读者感知费孝通积极参与社会改革、推动中国社会进步的爱国情怀，以及在比较不同文化基础上形成“文化自觉”意识等。

《近代史资料专刊·侵华日军 731 部队细菌战资料选编》

中国社会科学院近代史研究所近代史资料编译室主编

专著　386 千字

社会科学文献出版社　2015 年 5 月

该书编译者历经十余年时间，收集整理日本、美国、苏联有关第二次世界大战期间日军 731 部队的建立过程、组织结构及其在中国实施细菌战的情况资料，是目前为止关于日军 731 部队在侵华战争期间实施细菌战情况记录最为全面的资料选集，不仅有助于中国学术界进一步开展关于日军 731 部队细菌战问题的研究，也有助于普通民众了解日军侵华战争期间对中国人民犯下的罪行。

《侵华日军反人道罪行研究》

卞修跃（编审）

专著　215 千字

团结出版社　2015 年 6 月

该书是著者 20 多年来对有关侵华日军罪行问题研究成果的重新整合。该书启用了“侵华日军反人道罪行”这一概念，本意在于，在研究与评价侵华日军对中国民众所犯下的诸如大屠杀、大焚掠、大轰炸、大奸污、细菌战、毒气战、强征“慰安妇”等一系列罪恶行为及其产生的严重后果时，将尽量不再以作为受害国民众的主观感受与情感认知作为判断依据，而是以侵华日军的行为是否违反国际法和战争法则，是否违犯人类共同的道德伦理与价值共识，亦即是否与全人类有关对生命的尊重、对和平的珍视、对妇女权益的保护、对少年儿童的呵护、对正义的追求等，共同的价值取向相背逆，作为评价依据。该书强调，基于理性的对战争罪恶暨一切反人道罪行、反人类罪行予以研究与批判，恰恰是对人类正义的呵护，是对人权尊严的捍卫！

《中国近代社会生活史》

李长莉（研究员） 闵杰（研究员） 罗检秋（研究员） 左玉河（研究员） 马勇（研究员）

专著 860千字

中国社会科学出版社 2015年7月

自鸦片战争后开口通商至新中国成立一百余年间，中国社会发生了剧烈变动。社会生活作为人们一切活动的基础，与政治、经济、文化各方面变动互动交织，共同构成了中国社会近代转型的历史洪流。伴随着各个时期社会的变动，以城市为主导、居于社会生活变动前沿地带的广大民众，在衣食住行等物质生活，社会交往及风俗习尚、休闲娱乐等文化生活都发生了巨大变化，中国民众的生活由城乡一体的传统农业生活方式，转向以城市为主导、城乡二元化的近代城市化及商业化生活方式。社会生活既是社会制度变革的基础和土壤，又与社会制度变革互相促进，同时社会生活变动又成为人们思想观念变革的社会基础。该书是第一部中国近代社会生活通史著作，从社会文化史视角，较全面、系统地描述了1840年至1949年中国社会生活变迁的历史过程及全景画面。

《杨天石评说近代史》

杨天石（研究员）

专著 2200千字

中国发展出版社 2015年9月

《杨天石评说近代史》丛书共七卷。第一卷《晚清风云》讲述从鸦片战争到清朝覆亡的风云变幻。第二卷《民初政局》讲述了民国初年维新党、革命派同存救国之志，却有着不同的政治主张。第三卷《崛起与北伐》讲述蒋介石早年为何热衷于读马克思主义的著作，后来又改变的原因、过程；毛泽东、瞿秋白成为“跨党党员”后，在国民党中的表现；中山舰事件前后，“四一二”政变前后等重要事件的分析。第四卷《外患内忧》揭秘国民大革命席卷全国、国民党登上中国政治舞台前后对内对外的历史真相，为风雨飘摇中的中国作注解。第五卷《奋起》讲述了抗日战争时期国民党高层态度及政策变化的情况，以事析人，揭开国共两党进入二次合作“甜蜜时期”蒋介石对外、对共复杂心理变化及国民党高层内部纷争的真实情况。第六卷《抗战与战后》阐述抗战时期国民党的对内、对外政策和战后中国的政治、军事局势。第七卷《数风流》集中了民国时期的哲人与名士的趣闻轶事，揭秘了民初哲人与名士的性格、思想与生活。

《国家记忆：海外稀见抗战影像集》（套装1～6册）

中国社会科学院近代史研究所编

影像集 180千字

山西人民出版社 2015年9月

该丛书搜集了1800余张海外稀见抗战影

像。该丛书共分六卷，分别为《从九一八事变到全面抗战》《日本社会与侵华战争》《中缅印战场》《战时中美合作》《大后方的社会生活》及《从反攻到受降》，涵盖了抗日战争的若干重要方面。丛书图片主要为史迪威家族、顾维钧家族复制、捐赠的照片，美国国家档案馆馆藏战时美军随军摄影记者拍摄的照片，还有从东京神保町旧书街购置的老照片和部分日本战时出版的各类画册、写真集，如《大东亚战争写真集》《满洲事变从军纪念写真帖》《从军：满洲事变关东军纪念写真帖》《从军：上海派遣军》等。

世界历史研究所

《当代西方新社会运动研究》

张顺洪（研究员）等

专著　450千字

中国社会科学出版社　2015年10月

西方新社会运动是当今西方资本主义国家重要的社会现象，也是当前国内外学术界比较关注的研究问题。该书从世界历史发展的角度，考察西方国家新社会运动。该书除导言外，共有八章。第一章考察北美的新社会运动与工人运动；第二章考察当代西方和平运动；第三章考察新社会运动范畴下的黑人争取平等权利运动；第四章考察欧美环保运动；第五章考察西方新女权运动；第六章考察西方国家民族分离主义运动；第七章考察当代西方“反全球化”运动；第八章考察英美共产党与新社会运动的关系。该书是国内近年研究西方新社会运动有特色的著作之一，更加注重从历史的角度考察西方新社会运动的发展变化。

《西欧婚姻、家庭与人口史研究》

俞金尧（研究员）

专著　500千字

现代出版社　2015年4月

该书是围绕西欧历史上的婚姻、家庭、人口主题而展开的社会史研究。作者把研究的重点放在西欧从中世纪晚期到近代早期的社会转型时期，力图通过观察那个时期欧洲人的日常私生活和最基本的社会关系及其变迁，来理解它们与西欧社会发生转变的关系。该书认为，历史上欧洲人独特的婚姻形成途径、个人成长经历、家庭财产的分配和继承方式、老年人的赡养习惯等婚姻和家庭生活，与欧洲更广泛的社会经济生活紧密相关，它们是现实社会的重要组成部分，在受制于客观的社会经济条件的同时，也对宏观的欧洲社会及其变迁产生直接的影响。该书认为，在人们的日常生活中养成的个人权利观念、独立和自主的意识、积累财产的愿望、生儿育女的策略、人口流动的习惯等，与欧洲近代社会的起源和形成相适应。该书的主题虽然集中于欧洲的历史，但作者在论述过程中时常采用中国历史的视角，甚至做一些简要的比较，这将有助于读者对中西方历史社会及其不同发展路径的理解和认识。

《古埃及托勒密王朝专制王权研究》

郭子林（副研究员）

专著　355千字

中国社会科学出版社　2015年4月

该书以世界古代史为大背景，对托勒密

王朝专制王权的研究史、专制王权形成的背景和演变过程、国王人格的神化、国王的权力、中央集权的官僚统治、专制王权运行的保障措施、专制王权的影响和特点等进行了全面探讨，并对某些需要深入探讨的问题做了详细考察。该书不仅弥补了国内埃及学研究的不足，还丰富了王权和专制主义等理论，尤其为国内学界关于这些理论的研究提供了一个外族统治者实施专制王权统治的案例。

《纪念德国著名社会史学家汉斯－乌里希·韦乐（1931～2014）》

景德祥（研究员）

论文　10 千字

《武汉大学学报》2015 年第 2 期

汉斯-乌里希·韦乐（Hans-Ulrich Wehler）是德国批判社会史学派（或称“历史社会科学学派”“比勒费尔德 Bielefelder 学派”）的领军人物。这位运动员出身、把历史研究与写作当作体育生涯之继续的历史学家不仅在德国史研究领域留下了汗牛充栋的著述，而且通过对德国历史科学与政治文化传统的尖锐批判为德国历史科学的现代化以及战后德国政治文化的民主化做出了卓越的贡献。该文回顾了韦乐的学术与人生历程，在赞叹其非凡的政治勇气与辉煌学术成就的同时，也指出韦乐的晚年在政治上与学术上出现了令人费解的保守化倾向。

《钱与权：制度史视角下法国旧制度时代的职位买卖》

黄艳红（副研究员）

论文　18 千字

《史林》2015 年第 5 期

该文认为，职位买卖是旧制度时代法国的一个重要现象。职位具有不可撤销、可买卖、可世袭继承等特征，由此造成一系列的经济、社会和政治后果。对于购买者而言，职位的吸引力在于其特权具有社会声望；对王权而言，这一制度是一种不可或缺的财政手段。但在政治上，它使王权付出了沉重的代价。国王设立更易操纵的特派员以平衡职位持有人带来的负面效应，但两种官员之间的冲突却是旧制度衰亡进而终结官职买卖制度的重要诱因。

《美国的济贫原则及其在南北战争前的政策实践》

金海（副研究员）

论文　10 千字

《史学集刊》2015 年第 6 期

该文认为，贫困是人类社会面临的重大问题，资本主义制度诞生之后，贫困问题在深度、广度和烈度上急剧激化。济贫政策的地位也日益重要。以往对美国社会保障体系的研究重点主要集中在 19 世纪末美国进入垄断资本主义之后的政策上，对殖民地时期与南北战争前的济贫原则及政策实践涉及不多，而且大多强调工作伦理观念的影响。该文将维持社会秩序与工作伦理观念作为美国济贫原则的两根支柱，将美国的济贫原则与南北战争前的济贫政策作为一个有机整体来加以研究。

“In and out of the West: on the Past, Present, and Future of Chinese Historical Writing”（**《出入**

于西方内外：论中国史学理论的过去、现在和未来》

张旭鹏（研究员）

论文　13千字

History and Theory（《历史与理论》）2015年10月

该文回顾了中国传统史学理论的特点，并对中国古代历史撰述的真实性与客观性、修辞与真实的关系、历史学家主观性的价值等问题进行了深入思考。该文认为，对中国的历史学家来说，既不必将中国当前的理论状况看作是西方理论的延伸，也不必因为强调中国历史的特殊经验而将西方理论搁置一旁。理论的混杂性，为中国历史学家提供了一种进入和离开西方理论的策略，进而为中国历史学家提出自己的理论创建提供了可能。该文坚持唯物史观的指导，并借助西方后殖民史学的理论，对中国历史学家如何应对西方史学理论的挑战，进而对创建有中国特色的史学理论提出了自己的看法。

《中亚的学术论战：意识形态与国家冲突》

侯艾君（副研究员）

论文　13千字

《史学理论研究》2015年第3期

1991年后，中亚新独立国家的学者围绕历史和现实问题展开了持久论战。这既是相关各国在国家构建进程中的后果，曲折地反映了相关国家之间复杂的关系，同时也进一步对国家关系产生了消极影响。该文试图对该现象的根源、实质及其后果做出梳理和分析。该文认为，中亚国家在独立后开始民族国家构建和国家竞争，伴随着排他性的意识形态建设进程，因此在历史和现实问题上爆发对立和冲突；此外，诸如大国对中亚的争夺等因素也成为爆发尖锐论战的根源。这些意识形态对立和冲突已经严重阻碍了中亚一体化进程。对该问题的考察，可以对民族国家的意识形态构建得出规律性认识；有助于认识中亚新独立国家的政治、外交和意识形态趋势，掌握中亚地区的困境和时代主题。

《“继承神秘剧”的展演：古埃及王权继承仪式探析》

郭子林（副研究员）

论文　20千字

《历史研究》2015年第2期

西方学者以往主要在仪式理论框架内，从宗教学角度研究古埃及王权继承仪式。该文认为要准确理解古埃及王权继承仪式的实践意义，还需要将人类学与历史学分析方法结合起来考察登基仪式和加冕仪式。一般情况下，登基仪式和加冕仪式分别在特定的时间举行，具有各自的仪式程序。登基仪式的根本意义在于王位继承者获得王位，掌握王权。加冕仪式则是对登基和王权继承的认可。它们的产生和发展是由王权统治、社会文化观念及其实践以及农业生产活动等多种因素促成的。它们成功地将宗教与世俗两个方面糅合起来，通过仪式场面、象征物、浮雕和铭文，在国王与神祇之间建立起神圣关系，使国王的身份和统治神圣化。它们还在全国范围内确认了国王的各种权力，强化民族认同、凝聚社会力量，对于维护和延续古埃及王权统治发挥了重要作用。古埃及近3000年的王权统治与这种仪式的举行和宣传有着密切关系。

《英格兰都铎王朝前期的国王加冕礼与王权》

张炜（助理研究员）

论文　13千字

《首都师范大学学报》2015年第4期

该文依据记录英国加冕礼的第一手资料，并结合英美学术界最新研究成果，从亨利七世、亨利八世及爱德华六世国王加冕礼举行的时机、列队行进、涂油加冕等方面展开论述，重点探讨了仪式行为中的政治意蕴，指出加冕礼不仅在展示王权方面具有重要作用，而且也在很大程度上成为王权的来源。

《“墨西哥奇迹”与美国因素》

王文仙（副研究员）

论文　12千字

《拉丁美洲研究》2015年第3期

该文认为，“墨西哥奇迹”的出现不仅与国内因素有关，美国因素也很重要。由于地缘政治利益及国际环境的变化，墨、美两国形成“特殊关系”。冷战格局下，美国需要墨西哥支持反共外交政策，而墨西哥需要美国的政治认同及经济援助。墨西哥以不触动美国的根本利益为底线，坚持相对独立的外交原则。墨西哥革命制度党的执政迎合了美国的反共意识形态，所以美国没有干预墨西哥的总统换届选举，这有利于墨西哥的政治稳定。同时，美国在经济方面做出让步，给予邻国经济支持，这有助于墨西哥实施进口替代工业化战略，从而实现了经济增长。“墨西哥奇迹”让墨西哥与当时政局动荡的其他拉美国家形成鲜明对比。该文从外部这一新角度解读“墨西哥奇迹”，对其认识更加深入，补充和丰富了史学界在该领域的研究。

中国边疆研究所

《清朝图里琛使团与〈异域录〉研究》

阿拉腾奥其尔（研究员）

专著　390千字

广西师范大学出版社　2015年3月

该书对图理琛一生的政绩做了详尽和全面的综述；对图理琛使团出使土尔扈特汗国的始末做了进一步研究，为全面、客观认识图理琛使团的历史地位提供了新史料和新思维。该书还对满文本《异域录》重新进行了拉丁转写，并附汉文对照；对《异域录》所记俄国人名、地名加以考释，复原了俄文原文。

《中国西南边疆的治理》

孙宏年（研究员）

专著　330千字

湖南人民出版社　2015年7月

该书按历史发展脉络阐述了古代至当代中国西南边疆的治理思想、政策、模式以及产生的影响与作用，总结了西南边疆治理的经验和教训。

《中国的西藏治理》

许建英（研究员）

专著　340千字

湖南人民出版社　2015年10月

该书按历史发展脉络阐述了古代至当代（重点是清朝）中国西藏地区的治理思想、政策和模式，所产生的影响与作用，总结了西藏治理的经验和教训。

《捍卫二战胜利成果 维护国际公平正义》

邢广程（研究员）

论文　3.6千字

《求是》2015年第16期

该文对近几年国际上不断贬低世界反法西斯战争胜利成果、恶意歪曲和篡改世界反法西斯战争历史的言行进行了归纳和分析。该文认为，这些言行是对世界和平和国际公正的威胁和挑战，对此，中俄等国需要协同合作，共同捍卫"二战"胜利成果，维护国际公平正义。

《中国海疆史话语体系构建的思考》

李国强（研究员）

论文　6千字

《中国边疆史地研究》2015年第4期

该文在回顾近年来中国海疆史研究近况的基础上，从中国海疆史研究的目标、方法和面临的问题等方面提出建构中国海疆史话语体系的必要性，论述了中国海疆史话语体系的基本内涵和建构中国海疆史话语体系的着力点，并就建构中国海疆史研究话语体系提出了初步设想。

《从"天下"到"中国"：多民族国家疆域理论解构》

李大龙（编审）

专著　300千字

人民出版社　2015年11月

该书是中国边疆研究丛书之一。该书对多民族国家疆域形成与发展进行了多层面的理论探讨，有助于深化疆域理论研究和中国边疆学的理论研究。

台湾研究所

《台湾研究论文集》（第27辑）

周志怀（研究员）　张华（助理研究员）编

论文集　500千字

九州出版社　2015年6月

该书收集了2013年度台湾研究所研究人员的部分代表性学术成果，共计46篇。该书围绕构建两岸关系和平发展框架等重大现实问题展开综合性研究，同时包含对台湾局势演变、台湾政党政治、台湾经济形势与两岸经贸整合、台湾对外关系、岛内社情民意等问题的深入分析和探讨。

《两岸关系的挑战与政策选择——在第二届两岸智库学术论坛上的致辞》

周志怀（研究员）

论文　3千字

《台湾研究》2015年第6期

该文认为，随着台湾2016年"大选"的临近，台海局势正酝酿着新的深刻变化，两岸关系也面临新的挑战和政策选择。第一，两岸的政策选择正在由机遇管理转向危机管理。主张"台独"的民进党重新执政的危险性正在增加，未来几年台湾政局的发展变化，势将对两岸关系造成不可估量的影响。我们面临的最大挑战是，两岸和平依然脆弱。我们必须要未雨绸缪，及早对冲突要素进行有效管理，建立防止危机发生的管理机制。第二，大陆考虑政策选择时不能忽视三个因素，包括国家利益与国家发展战略、大陆内部因素、岛内蓝营因素。大陆需要警惕的是，在民进党的两岸政策并未做出任何实质性调整时，如果像蔡英文所说的那样，大陆自动向民进党靠过去，蓝营力量会否东施效颦，会否与大陆背道而驰，并开始与民进党竞赛“本土”、竞赛“主体意识”，甚至是“台独”？这是我们不得不严肃思考的问题。第三，2016 年后大陆对台政策的四个基本目标。一是始终坚持以国家统一为对台工作总目标。二是团结、联合所有主张“两岸一家亲”的力量，在坚持“九二共识”、反对“台独”的共同政治基础上，继续坚持走两岸关系和平发展道路。三是努力推动民进党做出维护和促进两岸共同利益的政策调整。四是与时俱进，积极促进红蓝绿在变局中共同寻求更多体现“一个中国”原则的新的平衡点。第四，民进党应审慎处理好两个“一公里”。一是重返执政之路的最后“一公里”。二是如果民进党重返执政，蔡英文在第“一公里”时，会向大陆、向国际社会发出什么样的信号。

《民进党“台独”路线转型的轨迹与规律之探讨》

朱卫东（研究员）

论文　9 千字

《台湾研究》2015 年第 1 期

该文认为，民进党路线转型是“台湾化”与“中国化”两股力量和趋势较量的产物和缩影，伴随着岛内社会和两岸关系两大变革工程的演进而发展，是多种因素综合作用的结果。转型是必然的、自然的，也是渐进的、有限的，不同的阶段会呈现相同的反复。在大的环境结构没有质变的背景下，民进党仍然摆脱不了“台独”神主牌，但从发展趋势和应对 2016 年“大选”的需要考虑，民进党路线转型势在必行，其调整的时机、内容和幅度，将取决于党内“大选”参选人的意愿与意志。蔡英文一旦拿到“大选”入场券，在转型问题上不能不迈步也不可能迈大步，会探索一条“新型台独”之路，更加注重策略和包装技巧。届时外界将会看到一个“姿态百变、本质不变”的蔡氏“笑脸台独”。

《推进两岸经济融合发展的形势与思路》

张冠华（研究员）

论文　9 千字

《台湾研究》2015 年第 6 期

该文认为，推动两岸经济融合发展，是两岸关系和平发展时期经济交流与合作的重要目标与特色。当前，全球经济变革深化尤其是新一轮产业技术革新势头加快，使两岸经济均面临空前转型升级压力，两岸经济关系也面临发展动力换档、产业竞合转换、制度化合作出现瓶颈等新问题，步入所谓“深水区”。两岸只有在政经良性互动条件和基础上，通过深化经济合作特别是加强制度化合作与创新合作，推动和实现融合发展，才能克服和解决深层次问题，共同应对世界经济挑战。反之，两岸经济融合进程将出现停滞甚至倒退。

《2008 年以来两岸经济合作回顾与经验总结》

张冠华（研究员）

论文　12 千字

《台湾研究》2015 年第 4 期

该文认为，2008 年以来，海峡两岸在坚持“九二共识”、反对“台独”共同政治基础上实现和平发展，两岸经济交流与合作取得一系列重大历史性突破，初步实现了两岸经济关系的正常化、制度化、机制化，对促进两岸经济转型升级、提升两岸福祉发挥积极影响。两岸经济合作进程及成就，既是两岸关系和平发展的重要成果，又是国际金融危机后全球经济发生深刻变革、区域经济合作进程加快和两岸经济转型的迫切需求，体现了双方政治互信和市场动力的双轮驱动与良性互动。但近年来随着两岸经济合作进程的深化，两岸政经互动和经济转型过程中一些深层次问题逐步浮现，使两岸经济合作步入“深水区”。当前无论两岸政治关系还是两岸经济转型，都面临诸多新的不确定因素，两岸经济合作正处在又一个历史性十字路口，面临方向性选择。

《两岸关系发展二十年之省思》

刘国奋（研究员）

论文　8 千字

《台湾研究》2015 年第 1 期

该文从两岸政治、经济、文化和社会四个方面来观察思考 1995 年以来 20 年的两岸关系史，探讨了两岸关系在曲折前行中的种种问题与矛盾，认为目前两岸关系结构性矛盾是由多重因素造成的，它与历史和现实的内外因素交织在一起，既有客观原因，更由主观因素促成。为使两岸能够真正摆脱结构性困境，两岸双方需要有更大的勇气、更多的历史担当和更为灵活多样的方式，以进一步深化两岸关系和平发展进程。对此，该文提出了两岸双方必须建立一些新的观念和采取一些新的做法，以及目前两岸必须重视和解决几个主要问题。

《略论两岸城乡统筹发展政策》

李奇（助理研究员）　尹茂祥（助理研究员）

论文　8 千字

《台湾研究》2015 年第 1 期

该文认为，两岸城乡统筹发展的政策既包括整体性及综合性的，也包括区域性及专门性的。从两岸整个城乡统筹发展的历史进程和现状看，这些法规政策在不同的历史阶段对两岸各自的城乡统筹发展所起的作用不尽相同，但无疑对两岸各自的城乡统筹发展起到了有力的推动作用。由于海峡两岸具有高度相同的历史、人文等背景，通过对两岸城乡统筹发展政策的分析比较，可以为大陆地区未来制定城乡统筹发展政策提供一个参考 。

《近年来台湾青年参与社会运动深层原因探析》

吴宜（副研究员）

论文　9 千字

《台湾研究》2015 年第 2 期

该文认为，2008 年以来，台湾岛内陆续发生许多社会运动。值得注意的是，青年人不但成为无役不往的新行动主体，且“反政府”“反中”的色彩日益浓厚，以致在 2014 年爆发了对岛内政局和两岸关系均产生较大影响的“反服贸运动”。该文通过全面系统研究台湾青年人所处的岛内外环境结构，揭示出近年台湾青年热衷于参与社会运动，与岛内整体社会发展所面临的矛盾和困境、全球化浪潮的冲击以及两岸关系政经发展不协调等长期性、深层次和结构性的因素密切相关。把握这些深层因素，将有助于更准确地把握台湾青年人的心理、需求和未来动向，有助于深化推动两岸关系长期和平稳定发展。

《台湾移动新媒体发展现状及其政治影响评析》

王鸿志（副研究员）

论文　8千字

《台湾研究》2015年第2期

该文认为，随着智能手机和无线网络的发展与普及，移动新媒体已不仅是获取资讯、人际交往的重要渠道，而且深度融入并且对社会生活与政治活动产生重要影响。新媒体已由之前的中间因素，发展为一个很重要的关键因素。使用新媒体（主要是社交媒体）的人士明显支持“占中”，而不使用的人士多不支持“占中”。新媒体角色的变化并非仅发生在香港，台湾2014年以来发生的一系列社会运动，其背后成因亦与新媒体尤其是移动新媒体有紧密联系。本次“九合一”选举中，移动新媒体所发挥的政治传播效果也得到了充分展现。台湾地区的移动新媒体已深度融入社会生活与政治活动之中，并对选举、社会运动和政党形象塑造产生重要影响。在两岸关系领域，也必须正视移动新媒体带来的挑战。

《台湾青年世代政治参与的动向与影响》

张顺（助理研究员）

论文　8千字

《台湾研究》2015年第2期

该文认为，自台湾由威权体制向民主体制完成转型以来，台湾青年世代长期被视为政治冷感的群体。但从2013年台湾“白衫军运动”开始，台湾青年世代政治态度的变化及其带来的巨大政治效应，引起各界的广泛关注。此后，岛内又接连爆发“反服贸”“反核四”“巢运”等以青年群体为主的社会运动，在2014年底的“九合一”选举中，青年群体的选票成为左右选举结果的重要力量。台湾青年世代政治参与的大幅跃升，已经成为一种政治现象。该文以政治学的政治参与理论为模型，系统论述台湾青年世代政治参与的以往特点与近几年表现出的新动向，探究其背后的社会变迁因素和结构性因素，并评估其新动向将对台湾政治生活的各个方面以及两岸关系产生哪些重大影响。

《近20年台湾“总统”选举中的美国因素分析》

张华（副研究员）

论文　10千字

《台湾研究》2015年第3期

该文认为，寻求在亚太地区战略利益最大化、台美特殊关系以及台湾社会浓厚的“亲美情结”，是美国介入台湾“总统选举”（“大选”）的重要因素。自1996年以来，美国通过多种渠道和方式积极插手台湾“大选”，展现了强大影响力，甚至影响其最终选举结果。2014年底“九合一”选举后，顽固坚持“台独”立场的民进党重返执政的可能性上升，引起美国高度重视。曾对2012年台湾“大选”“马胜蔡败”发挥关键作用的美国，在2016年台湾“大选”中又将扮演何种角色，值得密切关注。目前看，美国介入台湾“大选”的力度不断加大，手法更为多元，渠道更加广泛。岛内蓝、绿阵营，尤其是民进党正在积极争取美国对其2016年夺取政权的支持，但能否取得成效，取决于美国对台湾在其“亚太再平衡”战略中的定位、民进党两岸政策能否符合美国在台海地区的战略利益等多种因素。

《浅析美国对于台湾加入TPP的政策走向及其影响》

钟厚涛（助理研究员）

论文　10千字

《台湾研究》2015年第3期

该文认为，为在经济层面落实“亚太再平衡”战略，同时防范两岸经贸往来过于紧密，美国声称支持台湾参与TPP新一轮会谈。但由于美国担忧自己实际利益受损，同时美国对台湾加入TPP的条件和能力也存在质疑，因而美国不会支持台湾实质上加入TPP。美国这种“似迎实拒”的矛盾态度对台湾政局、台美关系等都产生了复杂影响。

《两岸和平协议问题之演变与趋势》

尹茂祥（副研究员）

论文　14千字

《台湾研究》2015年第4期

该文认为，两岸分离几十年，其间经历了对峙、接触、交流发展的曲折历程，两岸敌对状态尚未正式结束，并以政治对立的形式延续至今。两岸执政当局在不同时期均宣称“正式结束两岸敌对状态，达成和平协议（协定）”，但双方对和平协议的性质、内涵、路径等存在较大分歧。受制于岛内外诸多因素，马英九当局上台以来对此议题转趋消极，两岸欲开启政治商谈并达成和平协议短期内难以实现。在此过程中，两岸应预做准备、共同探讨，分阶段、分步骤、分重点，渐进确立包括和平协议在内的两岸关系和平稳定发展架构。

《浅析民进党社会基础的变迁与新特点》

陈桂清（助理研究员）

论文　10千字

《台湾研究》2015年第5期

该文认为，探究台湾政党的社会基础对于了解台湾政治发展演变及民情动向具有重要意义。随着台湾经济结构的变迁以及政治民主化、本土化进程的推进，民进党的社会基础较之成立初期发生了相应结构性变化。目前，统“独”、族群认同维度中的统“独”因素虽仍是构成民进党社会基础的主要因素，但经过政治民主化发展及族群融合，族群认同因素在民进党社会基础中的地位及影响逐渐下降。而随着台湾经济结构的变化，民进党社会基础中经济、阶级维度的影响日益增大，其社会基础以“三中”（中下阶层、中南部、中小企业主）群体以及全球化、两岸经贸交流过程中利益受损的弱势阶层为主的特性越来越明显。

《浅析蔡英文“参与式民主”的策略意图》

徐青（研究员）

论文　11千字

《台湾研究》2015年第5期

该文认为，蔡英文的政治路线可定性为

"和平的民主台独路线"，这里"台独"是底蕴，是最终目标；"和平""民主"则是达成"台独"目标的两大保障。该文围绕蔡英文"民主台独"的新动向——提出"参与式民主"的策略意图及其选择"参与式民主"模式的背景因素展开分析与论述，揭示其"和平民主台独"路线本质。

经济学部

经济研究所

《中国基本经济制度：基于量化分析的视角》

裴长洪（研究员） 杨春学（研究员）
杨新铭（副研究员）
专著 288 千字
中国社会科学出版社 2015 年 11 月

该书在充分吸收和借鉴前人研究的基础上，探索了一套测算公有制与非公有制经济结构的方法，并根据该方法对我国所有制结构进行了测算。该书认为，所有制结构调整使公有制经济效率有了较大幅度的提升，进一步巩固了我国社会主义性质。当前，我国所有制结构已经处于一个较为适度的状态，进一步深化改革应该在优化公有制经济布局上发力，在保证公有制经济主体地位的同时，发挥公有制经济的主导作用，最大限度地体现公有制经济的包容性，并以此昭示社会主义相对于资本主义制度的优越性。

《中国梦与浙江实践（经济卷）》

裴长洪（研究员）
专著 227 千字
社会科学文献出版社 2015 年 8 月

该书以近十几年来浙江在经济建设实践中的路径与经验为主要研究内容，总结提炼了浙江在经济发展方面的诸多发展成就与亮点，对于全国推进社会发展和实现中国梦来说都有重要的参考意义和价值。

改革开放以来，浙江经济持续高速发展，尤其是进入 21 世纪以来，浙江省委、省政府全面系统地总结了浙江省发展的八个优势，提出并深入实施了面向未来发展的八项举措——"八八战略"。其后，浙江政府根据经济发展环境的变化，不断深化体制改革，提高开放水平，加快推进浙江经济转型升级，使浙江经济在原有较高的基础上，突破资源要素的环境制约，较快摆脱了全球金融危机等外部环境的不利影响，保证了浙江经济发展持续走在全国前列。

《论创新劳动——转变经济发展方式的驱动理论研究》

裴小革（研究员）
专著 369 千字
社会科学文献出版社 2015 年 9 月

该书在分析转变经济方式对创新劳动的时代需求和追溯创新劳动理论渊源的基础上，将马克思主义政治经济学理论与我国转变经济发展方式的实践紧密结合，对创新劳动理论做出了探索；研究了各种与转变经济发展方式相联系的创新劳动的作用；从科技、服务、经营、管理、文化、制度、创业、就业等几个方面，探讨了如何更好地运用和发展创新劳动驱动转变经济发展方式的有关问题。该书认为，在转变经济发展方式的过程中，不同的阶段决定一个国家竞争力的最重要因素是不同的。为了加快我国的经济发展，全面建成小康社会，我国的国家竞争力必须从现在的生产要素导向型和投资导向型向创新导向型转化。

《中国国家资产负债表 2015：杠杆调整与风险管理》

李扬（研究员）　张晓晶（研究员）　常欣（副研究员）等

专著　219 千字

中国社会科学出版社　2015 年 7 月

该书延续过去的分析框架，编制完成了 2012 ~ 2014 年国家整体、主权部门（或广义政府部门）以及若干分部门（包括居民、非金融企业、金融机构，以及中央银行、中央政府、地方政府、对外部门等）的资产负债表，并估算了国家总债务水平与全社会杠杆率。

该书认为，改革并以此保持一定水平的增长速度，依然是解决一切问题的关键所在。就解决资产负债表风险而言，根本上还要依靠调整经济和金融结构，转变经济发展方式。具体来说：(1) 建立稳定的城市基础设施投融资机制，大力发展长期信用金融机构和政策性金融机构，积极根据收入和支出责任匹配原则来调整中央与地方间财政关系等，以化解地方资产负债表中的期限错配风险。(2) 健全多层次资本市场体系，推进股票发行注册制改革，多渠道推动股权融资，提高直接融资比重，以化解非金融企业资产负债表中的资本结构错配风险。(3) 增加人民币在中国对外负债中的比重，逐步降低中国的对外负债成本；并实施“藏汇于民”战略，提高对外直接投资和证券投资（特别是股权投资）等权益类资产比重，以化解对外资产负债表中的货币和资产错配风险。

《经济新常态下中国扩大开放的绩效评价》

裴长洪（研究员）

论文　26 千字

《经济研究》2015 年第 4 期

以贸易投资的数量增长作为“开放红利”的主要标准是过去高速增长阶段以规模速度、扩能增量为特征的发展方式在对外开放领域的折射。在新一轮的对外开放中，如果我们继续沿袭以往对外开放型经济发展的评价思路，即主要以贸易投资增长的幅度和规模作为评价的主要依据，从未来若干年世界分工和贸易投资发展的趋势来看，可能并不能得到满意的结果。相反，如果没有以往那种令人眩目的数据，是否就意味着我国开放型经济的发展不成功呢？因此要讨论评价的思路转换问题。该文认为，党的十八大以来，我国对外开放已经形成了一套完整的新思路，从而为如何评价新一轮对外开放的绩效提供了基本依据，目前国家着力实施的对外开放战略蕴含了对外开放的新的价值取向，因此有必要对未来，包括“十三五”期间开放型经济的发展指标做出新的研究。

《通缩机制对中国经济的挑战与稳定化政策》

张平（研究员）

论文　14 千字

《经济学动态》2015 年第 4 期

该文通过分析当前我国经济面临通缩风险分析，如导致实际利率高企、信用收缩、导致净资产收益率（ROE）低于实际贷款利率、直接冲击资产负债表等，从而提出应对通缩的稳定化政策和制度安排。如要下大力气降低融资成本。从欧美应对经济危机的逆周期举措看，一是迅速大幅度降低利率是必要的。二是提出推进债务置换和“资产购买”计划。当前我国也有一些有利条件，比如国债到期收益率长期低、短期高。建议进一步扩大用长期低利率国债或地方债对地方政府平台债务进行替换的规模，配合降低利率，迅速改善地方政府负债、降低金融机构风险。三是加快金融体制转型，抑制监管套利。四是加快“软预算”部门改革。

《回到马克思：政治经济学核心命题的重新解读（上）——以〈马克思恩格斯全集〉历史考证版第二版（MEGA2）为基础》

郭冠清（副研究员）

论文　21 千字

《经济学动态》2015 年第 5 期

该文以 MEGA2 提供的文本文献为基础，结合 MEGA2 重要手稿的文献学研究，对恩格斯称之为唯物主义历史观的新历史观、劳动价值论和政治经济学研究对象进行了重新解读。

该文的主要内容包括以下几个方面：(1) 针对我国经济学界对 MEGA2 关注的不足，对 MEGA2 的艰辛历程进行了回顾，并对 MEGA2 当前的状况进行了介绍；(2) 从经济思想史的视角，对苏联版教科书中唯物主义历史观进行了剖析，对《德意志意识形态》的背景和版本状况进行了文献学的研究；(3) 以 MEGA2 试行版《德意志意识形态》为基础，对新历史观如何以“物质资料生产”为出发点，如何突破“德意志意识形态”旧历史观的束缚，实现从“哲学批判”转向“政治经济学批判”的伟大变革进行了文本解读，并对苏联版传统教科书在一些核心范畴和原理方面的误读进行了批判。

《经济体制转型与国有企业商业信用融资的变迁》

赵学军（研究员）

论文　15 千字

《中国经济史研究》2015 年第 11 期

该文从资源配置中政府与市场关系的视角，讨论国有企业利用商业信用融资的原因、政府对商业信用的规制、商业信用在政府政策与市场力量博弈中的扭曲与变异，企业商业信用创新与发展障碍等问题。

《突破经济增长减速的新要素供给理论、体制与政策选择》

中国经济增长前沿课题组：袁富华（副研究员）张平（研究员）　陈昌兵（副研究员）刘霞辉（研究员）

论文　21 千字

《经济研究》2015 年第 11 期

该文通过引入知识部门，在结构上重新定义生产函数，以此为基础分析中国经济转型的新要素供给的作用。该文认为，为了突破结构性减速的阻碍、实现可持续增长，以知识部门为代表的新生产要素供给，成为能否跨越发展阶段的主导力量。因应城市居民收入提高之后发生的需求升级，知识部门围绕科教文卫体等提升“广义人力资本”消费支出的现代服务业建立起来，知识部门的生产消费过程，也是人力资本提升和创新内生化过程。知识部门自身不仅具有内生性，而且以其外溢性促进传统工业、服务业部门的发展，有利于促进结构升级，以此打通消费和生产一体化，在不断扩大消费需求的同时推进未来中国创新增长。在物质资本驱运增长动力减弱的困境下，重视消费对广大人力资本的贡献作用，促进消费、生产结构互动升级，是实现发展突破的关键。

农村发展研究所

《用多少时间为自己而活？——作为福祉的农民个人生活时间影响因素分析》

吴国宝（研究员）　檀学文（副研究员）

论文　12 千字

《中国农村经济》2015 年第 9 期

该文在多维福祉框架下分析了作为居民福祉的客观维度的时间利用的决定。以工作与生活平衡原理为基础，该文借鉴 OECD 做法，以由个人活动时间及休闲娱乐和社会交往时间组成的个人生活时间作为分析对象，利用农户调查数据，对其影响因素进行了实证分析。结果显示，个人生活时间的选择具有经济理性，家庭收入的提高会使得人们享用更多的个人生活时间；个人生活时间也深受社会身份、家庭结构等因素的影响；村庄文化娱乐设施和组织的存在使得人们有更多的个人生活时间。该文认为，个人生活时间可以成为时间利用维度一个适用的表征福祉的指标。

《作为一种生产方式的绿色农业》

谭秋成（研究员）

论文　9 千字

《中国人口·资源与环境》2015 年第 9 期

自 20 世纪 80 年代以来，中国农业增长和粮食产量提高主要依靠化肥、能源、机械动力等外部投入的增加，农业目前已处于常规石化农业时代。常规石化农业虽然短期内提高了农业产量，但破坏了土壤结构，污染了水源，并对生态系统和生物多样性造成威胁。该文研究了中国农业如何从常规石化农业向绿色农业转变。第一部分说明中国目前处于常规石化农业时代；第二部分解释精耕细作的传统农业为什么会解体；第三部分研究阻碍中国农业绿色转型的因素，最后是简单的总结。

《健康与农民主观福祉的关系分析——基于全国 5 省（区）1000 个农户的调查》

李静（研究员）等

论文　12 千字

《中国农村经济》2015 年第 10 期

该文运用中国社会科学院农村发展研究所“中国农民福祉研究”项目组于 2013 年所做的江苏、辽宁、江西、宁夏、贵州 5 省（区）1000 个农户的调查数据，利用有序 Probit 模型，系统分析了农民健康满意度、身体健康、心理健康等对其主观福祉的影响。

该文认为，农民健康状况与其主观福祉高度相关，健康满意度越高的农民，其主观福祉水平也越高。相比身体健康状况，心理健康对农民主观福祉影响更大。

《关于农村集体产权制度改革的几个理论与政策问题》

中国社会科学院农村发展研究所“农村集体产权制度改革研究”课题组

论文　11千字

《中国农村经济》2015年第2期

首先，该文对集体所有制的历史渊源与演进进行了梳理，认为农村集体所有制是中国特色社会主义初级阶段的一种特殊所有制形态；其次，该文剖析了农村集体产权制度改革中的若干现实问题，包括如何体现农村土地集体所有权权能，如何解决农民成员权与用益物权之间的矛盾，确权、确股与确地之间的关系，如何处理农地承包权与经营权之间的关系，如何保障农户宅基地用益物权及重构农村社区集体组织等；最后，该文从顶层设计与基层探索相结合的角度，提出了农村集体产权制度改革的路径方向。

《农村发展的第三次浪潮》

张军（研究员）

论文　7千字

《中国农村经济》2015年第5期

该文认为，分子生物技术、物联网和电商平台对农产品育种和品质优化、提高农产品产量、减少农业生产污染、增强农业可持续发展能力，实现农业精准化投入、标准化生产、拟人化培育和智能化监管、建立农业生产者进入市场通道、搭建市场交易平台、创建农产品交易和农业生产性服务征信体系等方面，发挥了越来越重要的作用，是继前工业化社会传统农耕技术、工业化时期以机械和化学为主的劳动节约型、土地节约型技术之后，农业发展出现的又一次技术浪潮。因此，加强相关产品和基础设施建设，持之以恒进行转基因技术研究，以确保在转基因技术领域的中国话语权，建立包容性的创新环境，鼓励电商不断创新，是增强农业可持续发展能力，提高农业生产科学化程度，形成农业综合服务能力的前提和保障。顺应农业发展第三次浪潮给农业带来的革命性变化，对中国农业未来发展至关重要。

《农村老年人主观幸福感影响因素分析——基于全国8省（区）农户问卷调查数据》

崔红志（副研究员）

论文　10千字

《中国农村经济》2015年第4期

该文基于2012年和2013年山东、河南、陕西等8个省（区）农户调查数据，将主观幸福感作为定序变量，采用有序Logit模型，探讨了农村老年人主观幸福感的影响因素。该文认为，除了健康条件和婚姻状况等个人基本特征，经济条件、社会保障、与过往生活条件的比较和对未来生活的预期、有无儿子等因素，对农村老年人主观幸福感有重要影响。

《城镇化背景下食品消费的演进路径：中国经验》

胡冰川（副研究员）等

论文　10千字

《中国农村观察》2015 年第 6 期

改革开放以来，中国开启了史无前例的城镇化进程。在此过程中，食品消费总量快速增长，食品消费结构不断升级。该文通过对中国 1995 ~ 2012 年度省级城乡消费数据的观察发现，居民消费除了具有典型的区域特征之外，还呈现出空间上的渐次递进的特点，这为研究中国食品消费演进提供了样本。以此为基础，该文采用 QUAEDS 模型估计了不同时点的食品消费特征，从而分离出食品消费演进路径中的“收入效应”与“迁移效应”。该文根据 2030 年的外生设定条件，模拟了中国食品消费顶峰的具体情景。该文认为，中国食品消费顶峰所带来的生产与进口压力均在可接受范围之内。中国有必要适度调整现行的农业支持政策，以适应未来食品消费的新变化。

《中国奶牛不同养殖模式效率的随机前沿分析——来自 7 省 50 县监测数据的证据》

郜亮亮（副研究员）　李栋（研究员）

刘玉满（研究员）　刘宇（副研究员）

论文　9 千字

《中国农村观察》2015 年第 3 期

奶牛养殖模式的选择是奶业走向现代化的重要步骤，为此，有必要对不同养殖模式的效率进行实证研究。该文基于 7 省 50 县 615 户奶农的监测面板数据，利用随机前沿分析方法，对散养、小规模、中规模三种养殖模式的效率进行了衡量和比较分析。该文认为，在保持其他因素不变的情况下，中规模、小规模养殖模式的技术效率明显高于散养模式的技术效率；相比散养户来说，中规模、小规模养殖模式的产出效率更稳定。因此，现阶段适度规模养殖是中国奶牛产业发展的目标。

《自然资源资产负债表的编制框架研究》

操建华（副研究员）　孙若梅（研究员）

论文　8 千字

《生态经济》2015 年第 10 期

自然资源资产负债表是党的十八届三中全会提出的新的资源管理手段，目前还处于探索阶段。成熟的资产负债表管理、遥感科学和信息技术的深入发展、绿色国民经济账户与生态系统服务理论的不断创新，为设计自然资源资产负债表提供了坚实的理论和方法基础。在详述自然资源资产负债表的概念、理论和方法的基础之后，该文从资产、负债和所有者权益三个角度提出了自然资源资产负债表的构架、具体的构成科目以及每个科目的核算方法，并从会计核算、监测制度、数据管理、统计制度和评价考核等五个方面对相关的制度创新问题进行了探讨。

《效率、公平、信任与满意度：乡村旅游合作社发展的路径选择》

王昌海（副研究员）

论文　13 千字

《中国农村经济》2015 年第 4 期

该文以 7 个省（市）30 个乡村旅游合作社的 302 个社员为研究对象，尝试性地应用结构方程模型将乡村旅游合作社效率、公平、信任以及社员对合作社的满意度四个方面的内在作用机制进行了分析。该文认为，(1) 效率和公平能显著地影响社员对合作社的满意度，合作社内部信任并不能直接影响社员对合作社的满意度，但通过三条路径可以间接影响社员对合作社的满意度；(2) 纯收益、介绍客源的公平性和对合作社理事长的信任分别是效率、公平和信任中路径系数最大的；(3) 效率、公平和信任两两之间存在显著影响。基于上述研究结论，得到两点启示：(1) 完善乡村旅游合作社内部运行机制；(2) 提升社员自身经营素质。

《农村居民住房满意度及其影响因素分析
——基于全国5省（区）1000个农户的调查》

谭清香（助理研究员）等

论文　12千字

《中国农村经济》2015年第2期

该文利用2013年辽宁、宁夏、江苏、江西和贵州5省（区）农户调查数据，全面分析了农村居民住房条件、住房满意度情况及其影响因素。该文认为，农村居民住房满意度明显受到住房质量的影响，即使在控制了人口学特征、家庭特征、周边环境因素以及区域特征之后，住房质量仍然对农村居民住房满意度产生了正向影响，说明不同背景的农村居民对住房满意度具有相似的理解，各地区之间农村居民住房满意度具有可比性。同时，改善农村整体生活环境是提高农村居民住房满意度的重要因素。因此，在推进农村社区环境改善时，政府部门需要特别关注落后地区和经济困难群众的住房及其周围环境状况。

《经济状况、社会阶层与居民幸福感——基于CGSS2010的实证分析》

刘同山（助理研究员）　孔祥智（教授）

论文　10千字

《中国农业大学学报》2015年第5期

该文结合当前我国社会阶层急剧分化的现实，利用2010年的CGSS2010调查数据，采用有序概率模型分析家庭绝对收入水平、家庭相对经济等级、社会阶层及其变化等变量对居民幸福感的影响。该文认为：家庭人均收入与幸福感呈显著的倒“U”形关系；自评的家庭经济等级对幸福感有较强的正向作用；社会阶层及其变化感知也有显著的幸福效应，处于上升社会阶层或较高社会阶层的人群更幸福。比较而言，家庭人均收入、家庭经济等级和社会阶层的幸福边际效应依次减弱，而且有明显的城乡差异。

《家庭农场发展的荷兰样本：经营特征与制度实践》

肖卫东（副教授）　杜志雄（研究员）

论文　13千字

《中国农村经济》2015年第2期

该文对荷兰家庭农场的经营特征和制度实践进行了梳理与分析。该文认为，荷兰家庭农场具有农产品生产高度专业化、经营规模日益扩大化、经营土地自有化、劳动力家庭成员化、经营组织合作社一体化、生产方式集约化和生态化、农场收入来源多元化等特征。健全的农地制度、因势利导的农业补贴政策、严格的生态环境保护制度与严密的农产品质量安全体系、协调运行的农业知识创新和传播体系、普惠的农村金融体系、高效的农业社会化服务体系是荷兰家庭农场健康成长、快速发展的制度支撑。从中得到的启示是：发展家庭农场的一个充分条件是要准确把握家庭农场的基本经营特征，一个必要条件是要有系统的制度支撑。

金融研究所

《中国金融监管报告 2015》

胡滨（研究员）主编

研究报告　333 千字

社会科学文献出版社　2015 年 4 月

该书为中国社会科学院金融法律与金融监管研究基地系列年度报告。该书系统、全面、集中、持续地反映了中国金融监管体系的现状、发展和改革历程，为金融机构经营决策提供参考，为金融理论工作者提供素材，为金融监管当局制定政策提供依据。

该书由三部分组成："总报告"由"互联网金融：模式、风险与监管"和"中国金融监管：2014 年重大事件述评"组成；"分报告"由银行业监管、证券业监管、保险业监管、信托业监管和外汇管理等年度报告组成；"专题研究"由 8 篇研究报告组成。

《中国支付清算发展报告 2015》

杨涛（研究员）主编

研究报告　336 千字

社会科学文献出版社　2015 年 6 月

该书是中国社会科学院金融研究所支付清算研究中心系列年度报告。报告旨在系统分析国内外支付清算行业与市场的发展状况，充分把握国内外支付清算领域的制度、规则和政策演进，深入发掘支付清算相关变量与宏观经济、金融及政策变量之间的内在关联，动态跟踪国内外支付清算研究的理论前沿。

该书由三部分组成："总报告"对中国支付清算系统的现状、问题和未来发展进行了全面的回顾与展望；"分报告"运用数量分析工具考察了支付清算体系与宏观经济变量、区域发展、金融风险和货币政策的联系；"专题报告"介绍了全球支付清算体系的理论与实践进展，并讨论了当年支付清算领域的热点问题。

《互联网金融之辨析》

王国刚（研究员）　张扬（副研究员）

论文　20 千字

《财贸经济》2015 年第 1 期

该文认为，互联网金融在概念上有着明显的局限性，在功能上并无颠覆金融的可能，在机制上更多的是利用了中国金融体制机制的缺陷所进行的监管套利，在发展上具有拾遗补缺的作用但难以成为金融的主流运作方式。该文认为，在互联网金融热潮中，应防止新一轮的金融泡沫产生。

《创业企业投资者关系管理：一个嵌入投资者保护机制的博弈模型》

张跃文（研究员）等

论文　9 千字

《中国社会科学院研究生院学报》2015 年第 1 期

该文认为，在投资者保护法律法规尚不完善的情况下，新兴市场国家的创业企业改善融资条件的重要措施是优化投资者关系管理。该文通过建立一个嵌入投资者保护机制的博弈模型，展示了中国创业企业自设的投资者保护机制对于投资者关系管理的重要性及其作用机理。投资者保护机制通过增加企业管理者粉饰信息的成本和违约处罚，保护了外部投资者利益，进而增加了投资者对创业企业的信心。这种以投资者保护为核心的投资者关系管理策略，可以在一定程度上弥补法制的不足，但其自身的运营成本也需要控制在一个合理水平。

《中国证券投资者保护机制的创新方向与实现路径》

何德旭（研究员）等

论文　15 千字

《金融评论》2015 年第 1 期

该文从证券投资者权益保护的内涵入手，在梳理国内外证券投资者权益保护研究状况的基础上，借鉴国际投资者权益保护经验，描述了中国证券投资者权益保护的基本格局，并从宏观环境、企业治理、市场建设、效果表现等方面，对中国证券投资者保护的有效性进行了量化分析。该文从投资者保护流程、六大投资者保护手段以及政府、法律、市场三者间的关系等角度，对投资者权益保护制度做出了原创性设计，提出了构建以政府监督、市场自律、法律制度为基础，法律保护、行政保护、行业自律保护、社会监督与自我保护、保护基金制度、信息披露制度“六位一体”的投资者保护体系及保护机制总体思路。

《中国金融体系改革的系统构想》

王国刚（研究员）　董裕平（研究员）

论文　22 千字

《经济学动态》2015 年第 3 期

该文认为，金融体系改革是指直接涉及金融体系内各个方面体制机制转变和金融发展方式转变的具有总体性质的改革。中国金融体系改革主要表现在货币政策调控机制从运用行政机制直接调控向尊重市场机制间接调控转变，商业银行的发展方式、业务模式和管理机制转型，构建多层次债券市场体系和完善多层次股票市场体系，加快发展现代保险服务业，深化政策性金融体系改革和探索基于负面清单的金融监管模式等方面，需要全面系统地予以考虑安排。

《金融支持城镇化：韩国的经验及对中国的启示》

胡滨（研究员）等

论文　18 千字

《国际金融研究》2015 年第 3 期

该文认为，确保资金来源和高效使用，是韩国城镇化取得成功的首要经验。该文首先分析了韩国政府部门融资、私人部门融资和资本市场创新的演变历程，及其在城镇化不同阶段的作用；其次，该文对比分析了中韩金融支持城镇化的主要方式。该文还提出，中国即将进入金融支持城镇化的过渡阶段，需要在完善立法、投资主体多元化、创新金融工具、加强财政与金融政策协调等方面借鉴韩国的经验；对于韩国出现的部分项目投资过度、PPP 利益分配不合理等问题，中国要未雨绸缪，早做准备。

《金融排斥、金融包容与中国普惠金融制度的构建》

何德旭（研究员）等

论文 18 千字

《财贸经济》2015 年第 3 期

该文认为，普惠金融提出的原因是金融排斥下经济稳定发展受阻，因此设计有效的普惠金融制度必须解决金融排斥问题，而不是所谓的持久性金融救助和政策补贴。该文认为，中国金融排斥的主要类型是经济发展战略、金融制度安排、金融市场结构、社交关系支配、风险评估约束。解决金融排斥和提高金融包容，本质上要针对性地解决这些排斥，使金融体系具备这样的功能——突破现有的金融风险管理瓶颈，为对社会发展有价值、有贡献的资金需求项目提供一种公平的融资机会。该文强调，真正实现普惠金融的发展，需要调整现有的金融制度、提升风险管理水平、推进金融市场分层和提高竞争程度，而这些方法有效实施的基础仍然是公平、高效的法律体系和信用体系。

《国际金融市场基础设施监管改革及其对我国的启示》

杨涛（研究员）等

论文 20 千字

《金融监管研究》2015 年第 8 期

该文认为，金融市场基础设施是“金融的管道”，良好的金融市场基础设施对于巩固服务市场、增强金融稳定具有重要作用，但如果缺乏适当的管理，则会成为系统性风险的源头及主要扩散渠道。该文认为，金融危机后，支付结算体系委员会和国际证监会组织联合发布了《金融市场基础设施原则》(PFMI)，旨在全面加强各国对金融市场基础设施的管理。该文通过介绍金融市场基础设施、PFMI 的形成与发展、核心内容以及各国的实践情况等，探讨了我国推进《金融市场基础设施原则》的现状和问题，发现我国在《金融市场基础设施原则》的落实方面仍有提升空间，尤其是在证券清算结算领域。最后，结合“新国九条”的相关要求，针对相关问题提出改进建议。

《国际金融中心评价方法论研究：以 IFCD 和 GFCI 指数为例》

蔡真（副研究员）

论文 15 千字

《金融评论》2015 年第 5 期

该文首先对两个著名的国际金融中心评价指数即 IFCD 指数和 GFCI 指数进行对比，然后分别从指标体系、方法论以及受访者样本三个方面进行评述。在此基础上，该文结合两种方法的共性和优点，提出一套新的国际金融中心评价框架，其核心要素包括金融中心的市场性和国际性，环境因素考虑基础设施、人力资本以及其他一般因素，评价过程完全采用客观数据或相对权威的第三方评价。该文最后指出，考虑社会网络分析的国际金融中心评价是未来的研究方向。

数量经济与技术经济研究所

《产能过剩、重复建设形成机理与治理政策研究》

李平（研究员） 江飞涛（副研究员） 曹建海（研究员）等

专著　230千字

社会科学文献出版社　2015年8月

该书在深入调查研究的基础上，揭示了导致中国工业领域产能过剩、重复建设的深层次原因，详细解析了产能过剩的形成机理，并运用产业组织理论、政治经济学、转轨经济学的前沿研究，建立严谨的数理模型并将其理论化。这对于大力深化关于产能过剩与重复建设形成机理的理论研究，对于深入理解转轨经济的特殊现象、丰富转轨经济学的相关理论具有重要理论价值。该成果在正确认识产能过剩及其形成机理的基础上，对于当前产能过剩治理政策进行全面反思，揭示了当前政策存在的主要缺陷及导致的不良效应，并提出了针对性强、具有较强操作性从根本上治理产能过剩的政策体系，这对于产业和经济发展的大起大落，维护产业健康发展和宏观经济的稳定，具有现实意义。

《中国现代制造业体系论》

李金华（研究员）

专著　338千字

中国社会科学出版社　2015年1月

该书主要论述了中国制造业的规模、结构、集聚状况，构成了中国现代制造业发展的现实基础。

该书运用经济计量学的理论与方法，定性分析与定量分析相结合，比较系统地研究了中国现代制造业的现实基础、发展背景、依托环境、框架体系、空间布局、生产效率、生态效益以及竞争实力等。

《中国经济—能源—环境—税收动态可计算一般均衡模型理论及应用》

娄峰（副研究员）

专著　326千字

中国社会科学出版社　2015年10月

该书根据经济系统理论，详细阐述了经济—能源—环境—税收系统的相互机理机制，并讨论若干CGE模型特征、CGE模型中部分核心方程推导、贸易弹性系统、动态CGE模型动态机制等理论问题，然后结合中国经济特征构建了一个中国经济—能源—环境—税收动态可计算一般均衡模型，并根据该模型模拟分析了我国的“营改增”税制改革政策、人口老龄化政策、碳税征收政策、节能减排政策以及中国经济总量及其结构预测和分析。该书是我国第一部关于经济—能源—环境—税收动态可计算一般均衡模型的专著。

《房价上涨、多套房决策与中国城镇居民储蓄率》

李雪松（研究员）　黄彦彦（博士生）

论文　20千字

《经济研究》2015年第9期

该文使用中国家庭金融调查（CHFS）数据，基于内生转换回归模型，校正了样本选择偏差，实证研究了房价上涨对家庭多套房决策和城镇居民储蓄率的影响，估计了一套房和多套房家庭的反事实储蓄率以及多套房决策对储蓄率影响的平均处理效应。该文认为，房价上涨对多套房决策具有显著的正向影响，具有较高收入、家庭人口较多、有过拆迁经历、首套房面积较小的家庭更倾向于多套房决策；在房地产市场上行阶段，房价上涨成为推高储蓄率的重要因素之一，房价持续上涨时，人们为购房而储蓄，为偿还住房借贷而储蓄，推高了储蓄率。多套房决策对城镇居民储蓄率有显著的正向影响。对于每一个随机的城镇居民家庭，多套房决策对家庭储蓄率影响的平均处理效应为9.9%。该文的研究为21世纪前10年我国城镇居民储蓄率的显著上升提供了一个新的分析视角。

《碳排放视角下的区域间贸易模式：污染避难所与要素禀赋》

张友国（研究员）

论文　22千字

《中国工业经济》2015年第8期

该文基于投入产出模型，实证分析了碳排放视角下中国省际和四大地区层面的区域间贸易模式。该文认为，在典型年份中，绝大多数省份的国内贸易都表现为污染避难所模式或要素禀赋模式，甚至个别省份的国内贸易既是污染避难所模式又是要素禀赋模式；四大地区的国内贸易在整个研究期内主要表现为污染避难所模式，也有一些表现为要素禀赋模式。而一些省份或地区的国内贸易还可能在某一年份表现为污染避难所模式，但在另一年份表现为要素禀赋模式。由此可见，污染避难所假说和要素禀赋理论各自只能部分地解释中国的区域间贸易，但把两者结合起来就能够很好地解释中国的区域间贸易。当然。也有少数省份或地区的贸易在某些年份表现为其他模式。该文同时发现，当前中国的区域间贸易整体上不利于中国的碳减排。这意味着通过强化环境规制、加强区域间环境治理合作以及深化区域经济一体化，可以优化区域间贸易模式并促进中国的碳减排。

《中国国家资产负债表谱系及编制的方法论》

李金华（研究员）

论文　18千字

《管理世界》2015年第9期

该文认为，编制国家资产负债表已被提升至政府管理职能转变的高度，故而其理论意义和实践意义重大。中国国家资产负债表编制的理论基础是联合国向世界各国推荐的国民账户体系，特别是新近公布的SNA 2008；其核心分类是核算主体分类、核算项目分类。中国国家资产负债表可分为两大类：资产负债静态表、资产负债动态表。前者反映资产负债的存量，后者反映资产负债的转移和变化；由资产负债表的标准表式可演化出中国国家资产负债表谱系。要设计建立支撑中国国家资产负债表的账户体系；建立与大数据时代相匹配的国家资产负债数据库和统计台账；应拓展中国国家资产负债表的应用领域，注重国家资产负债表的国际对比；注重国家层面的资产负债表与地方政府层面资产负债表的对接，建立起完善的中国国家资产负债表编制理论体系。

《中国城镇住宅碳排放强度分析和用能政策反思》

蒋金荷（副研究员）

论文　22千字

《数量经济技术经济研究》2015年第6期

该文基于最新可利用的统计数据，对中国城镇住宅使用过程中分品种能源消耗引起的碳排放等指标进行估算，并对城镇住宅碳排放量、碳排放强度的变化指数模型进行分解。该文认为，研究期内城镇住宅能耗结构趋于“清洁化”，住宅直接 CO_2 排放比例趋于下降；住宅能源强度、人均住房面积、家庭总户数、能源碳密度等是影响住宅碳排放和排放强度变化的主要社会经济和能源驱动因子。该文最后提出了住宅用能的几点政策启示。

《中国净等价收入规模的测算方法与应用》

万相昱（副研究员）

论文　21 千字

《数量经济技术经济研究》2015 年第 11 期

该文综述了估计等价规模和计算等价收入的经济理论、方法体系和量化指标，并基于我国国情及相关调查数据的现实情况建立了一套有效的模型测算工具，以此为基础对我国居民收入的等价规模进行了测算。结果表明，我国的等价规模指标与国际已有研究结果存在较大差异，特别是表现在“我国抚养子女的规模经济效益并不显著”以及“老龄人口必须纳入我国家庭规模经济测算框架”两个方面。该文提供的研究框架、建模方法和测算结果有助于为我国精确刻画以家庭福利为基准的收入分配状态，基于家庭消费支出结构的计算方式能够帮助管理者有效地设计和实施家庭收入扶植计划，另外，研究结果对于收入差距的测算以及贫困线的划定等问题有着理论界定和实际测算的指导意义。

《深化科技体制改革与创新驱动发展》

王宏伟（研究员）　李平（研究员）

论文　12 千字

《求是学刊》2015 年第 5 期

该文主要论述经过 30 多年坚持不懈的努力，我国科技体制改革取得了重大进展和明显成效，科技创新相应也取得了辉煌的成就。但目前科技创新对经济发展的支撑作用仍然不足，而制约科技创新作用发挥的根本原因在于现行的科技体制不完善，难以有效支撑创新驱动发展战略，因此，深化科技体制改革势在必行，特别是影响科技创新作用全面发挥的重点领域亟待改革。该文在回顾和分析我国科技体制改革的成就和问题的基础上，深入剖析目前科技体制和机制存在的障碍，为深化科技体制改革，实施创新驱动发展战略提出政策建议。

《科技成果转化的内涵边界与统计测度》

蔡跃洲（研究员）

论文　12 千字

《科学学研究》2015 年第 1 期

该文主要论述社会各界对科技成果转化存在的认识偏差源于统计测度等基础性工作的缺失。在对科技成果内涵边界、影响因素进行辨析和梳理的基础上，就科技成果转化的统计调查、测度评价进行了全面探讨。推动科技成果转化的核心是解决好高校院所应用性科技成果的商业性转化问题。发达国家在科技成果转化测度评价指标选取方面已形成很多共识，并组织了不少大规模综合性统计调查，但尚未形成国际可比的统计调查体系；国内在科技成果转化测度评价方面有较为深入探索，但在指标体系设定、统计调查等方面与发达国家有较大差距。提高我国科技成果转化能力，应做好指标体系设定、统计调查、测度评价等基础性工作，着力优化科技成果转化相关的法律和政策环境。

《信息通信技术对中国经济增长的替代效应与渗透效应》

蔡跃洲（研究员）等

论文　22 千字

《经济研究》2015 年第 12 期

信息通信技术（ICT）对经济增长的影响可分为替代效应和渗透效应。前者是由技术进步带来 ICT 产品价格下降，从而实现 ICT 资本对其他资本的替代，支撑经济增长；后者则是 ICT 作为通用目的技术能渗透和应用于各产业部门，提高其全要素生产率（TFP），进而间接促进经济增长。该文依托 Jorgenson 及 OECD 的增长核算框架，对 1977 ~ 2012 年中国经济增长的来源进行细致分解，据以分析 ICT 的两种效应。实证结果表明：（1）ICT 的替代效应体现为 ICT 资本对增长的贡献率，平均仅为 3.4%，但 1990 年以后呈非常明显的上升趋势，2010 ~ 2012 年期间更是高达 9.8%，接近同期 TFP 的贡献；（2）在 ICT 资本和 TFP 增长测算基础上进行的格兰杰因果检验印证了渗透效应的存在。经济新常态下，充分发掘 ICT 的替代效应和渗透效应，有望为转变发展方式、保持中高速增长提供新的动力源泉。

《我国住房市场的民生定位亟待强化》

郑玉歆（研究员）

论文　8 千字

《理论探讨》2015 年第 5 期

该文认为，我国房地产业存在着房价过高、结构失调、保障性住房严重供给不足等突出问题；我国城镇住房总量存在明显高估，导致各级政府对增加住房供给、全面满足不同住房需求的紧迫感不够。这些问题的存在，与我国存在着的过度注重房地产业的经济功能，对房地产市场的公共性认识不足有关。当前保障性住房建设落后总是被归结为资金问题，实际上并非如此，从根本上来说还是对维护公民居住权的认识没到位，没有真正把民生保障放到优先位置，因而表现为责任感和迫切感不足。为改变城镇住房发展相对落后的状况，必须强化政府的民生责任，抓住机遇，实施大规模的公（廉）租房工程，使我国房地产业的发展更好地为全面满足不同收入居民住房需求服务。

《政府专项项目体制与中国企业自主创新》

郑世林（副研究员）　周黎安（教授）

论文　25 千字

《数量经济技术经济研究》2015 年第 12 期

该文主要讲述了分税制改革后，中央政府广泛采用专项项目体制的模式促进中国科技实力提升。该文根据中央政府“十五”时期高技术重大产业化专项在不同企业逐步实施的自然实验特征，应用双重差分模型估计了中央政府实施的高技术产业化重大专项项目对企业自主创新的影响。该文认为，高技术产业化专项项目资助不仅显著提高了企业自主创新产出，也促进了企业自主创新产出目标的实现，并且反事实研究支持了研究结论的稳健性。该文还认为，政府专项项目资助显著提升中小民营企业的自主创新水平，但对大型国有企业的自主创新并未发挥积极作用。因此，作为后发国家的中国政府专项项目资助对企业自主创新能力培育具有积极意义，但更应该投向存在融资约束的中小型民营企业。

人口与劳动经济研究所

《制度与人口——以中国历史和现实为基础的分析》（上下册）

王跃生（研究员）

专著　1230千字

中国社会科学出版社　2015年9月

该书是一本系统分析制度与人口关系的著作。该书内容概括起来有五个方面：一是与人口数量变动有关的制度，包括婚姻制度、生育制度和人口压力应对制度；二是与人口承载单位有关的制度，有家系传承制度、家庭形态制度；三是与人口空间分布有关的制度，主要是人口迁移制度；四是与人口结构有关的制度，包括性别制度、老年人口制度；五是与人口管理有关的制度，有户籍制度和人口统计制度。在对每类制度分析时，努力将不同制度形式在历史时期的状态、演变梳理清楚，同时对该制度的现代表现加以探究。重点分析制度的形成、内容和制度的落实效果。

《老年人口研究：数据与方法》

郑真真（研究员）主编

专著　188千字

社会科学文献出版社　2015年10月

该书内容聚焦于老年人口研究中定量研究的数据来源和统计分析方法，集中展示了统计分析方法的应用案例。书中的数据综述介绍了在人口老龄化研究中可公开获得的数据及其质量评估；研究论文均为在老龄研究中应用统计分析方法的典型案例，以具体研究问题为切入点，不仅展示研究成果，也用较大篇幅介绍所用分析方法以及选择该方法的理由。

《中国人口合理分布研究：人口空间分布与区域协调发展》

张车伟（研究员）　王智勇（研究员）

专著　398千字

中国社会科学出版社　2015年10月

人口合理分布是区域协调发展和国土开发格局优化的重要内容，是关系到国家长远发展的战略性问题。人口的流动与区域的协调发展是有机联系的整体。该书探讨了人口流动与分布格局的变动对地区发展的影响，探索人口合理分布的评判标准，指出促进区域协调发展和实现人口合理分布的路径选择与政策导向。

《尊严与梦想——农民工就业弱势研究》

杨舸（助理研究员）

专著　188千字

中国社会科学出版社　2015年5月

该书全面梳理了农民工就业过程中遇到的不平等待遇，构建模型分析户籍身份对于农民工就业待遇的影响，并进一步分析了我国城乡二元体制的形成、发展和现状，自上而下地解释了农民工的就业困境的制度根源，以期对制度变迁的方向和路径选择提供实证依据。

《大数据时代中国人口科学研究与创新》

王广州（研究员）

论文　15 千字

《人口研究》2015 年第 5 期

在对中国人口大数据现状和存在问题分析的基础上，该文认为，中国人口大数据有丰富的历史积累，但各人口大数据系统之间最基本信息还没有实现同步更新和共享，信息的实时开发利用还面临很多实际困难和现实挑战。在大数据系统建设和信息开发利用过程中，需要解决基础数据的标准化、动态管理、实时更新、共享、安全机制以及历史数据的保存与归档问题。而人口大数据结构与人口分析模型密不可分，面对新的人口大数据形态，许多统计指标将面临重构。人口大数据的连续、追踪属性将改变传统人口分析长周期及与空间信息分离的技术瓶颈，进而提出构建实时人口监测、预警模型和快速挖掘核心人口大数据的结构框架、需要迫切解决的问题和主要研究领域。

《世界各地区人口长寿水平的测量和比较分析》

林宝（副研究员）

论文　19 千字

《人口研究》2015 年第 1 期

人口长寿水平的测量和比较是区域人口长寿研究中的核心问题，而选择合适的代表性指标和方法则是进行测量和比较的关键。该文从年龄结构、死亡人口、生命表三个角度梳理了测量人口长寿水平的指标，并对区域人口长寿水平比较思路和方法进行了探讨，进而比较了世界各地区的人口长寿水平。该文通过分析发现，人口年龄结构角度的代表性指标是百岁人口比例、80+/60+、100+/90+，死亡人口角度的代表性指标是 90+ 死亡人口比例和平均死亡年龄，生命表角度的代表性指标可以选择 0 岁平均预期寿命和 80 岁平均预期余寿。利用这些指标可以构建不同角度的综合指数和多角度综合指数，实现对不同国家人口长寿水平的比较。综合比较发现，日本、法国、瑞士等是世界上人口最长寿的国家。

《成本冲击与价格粘性的非对称性——来自中国微观制造业企业的证据》

陆旸（副研究员）

论文　34 千字

《经济学》（季刊）2015 年第 1 期

该文在状态依存模型框架内，估计了中国制造业企业价格粘性的非对称性和异质性。结果显示，制造业产品的价格粘性具有非对称的特征，同时企业的“异质性”也影响了产品的价格粘性。根据价格粘性理论，存在价格粘性时，货币是“非中性”的，通过调整货币数量能够影响短期内的产出。然而，由于价格粘性的非对称性，在通货膨胀时期，央行为了抑制通胀而采取的紧缩性货币政策将更多地表现为产出减少，而非价格水平下降；相反，为提高产出而实行的扩张性货币政策将更多地表现为价格水平上升，而非产出水平提高。只有通货紧缩时期，价格粘性的非对称性出现反转，扩张性货币政策在短期内才更有效。

《受教育水平对退休抉择的影响研究》

牛建林（副研究员）

论文　11 千字

《中国人口科学》2015 年第 5 期

该文结合中老年人延迟退出劳动力市场的预期和实际行为，考察了现阶段中国中老年人的受教育程度对退休抉择的影响。结果发现，2011 年全国 45 岁及以上尚未达到法定退休年龄的非农劳动者中，超过半数预期在法定退休年龄暂不退出劳动力市场；受教育程度较高的劳动者预期延长劳动参与时间的可能性平均较低。但是，劳动参与预期随年龄增长呈现出一定的变化，接近法定退休年龄的劳动者，更有可能延长劳动参与的预期。从劳动者的实际退休行为看，受教育程度最高和最低者的实际退休年龄均相对更晚，而且女性尤为突出。在其他条件不变的情况下，较高的受教育水平对实际劳动参与具有正向作用。该文认为，劳动者选择何时退出劳动力市场，往往是根据自身的人力资本特征、资源禀赋及市场环境抉择的；法定退休年龄对劳动参与的影响主要体现在“体制内”的就业领域。随着年轻队列教育水平的提高，劳动者实际退休年龄的推迟，将在一定程度上缓解未来劳动供给规模下降的压力。

《“十三五”时期养老保险制度与劳动力市场的适应性》

程杰（副研究员）　高文书（研究员）

论文　12 千字

《改革》2015 年第 8 期

人口结构变化和经济增长放缓对于现收现付制的养老保险体系构成重大挑战，制度的可持续性、公平性与效率损失问题将在“十三五”期间凸显。养老保险体系暴露出的复杂问题既有体制转型不彻底的原因，也有经济发展不平衡的矛盾，亦有制度设计自身的缺陷。改革的顶层设计不能仅仅局限于制度体系内部调整，而应该置于劳动力市场和整体经济框架之中。制度长期稳定运行始终要依靠持续的生产率提升和经济发展，改革方向是建立与劳动力市场相适应的养老保险体系，实现养老保障与经济增长的双赢。

《中国最低生活保障制度的设计与实施》

王美艳（研究员）

论文　26 千字

《劳动经济研究》2015 年第 3 期

该文利用翔实的宏观数据与微观调查数据，从最低生活保障制度的覆盖面与覆盖率、低保标准与补助水平、资格认定与标准、资金投入、治理与行政管理等方面，对城市与农村低保制度的设计与实施现状以及面临的挑战进行了分析。研究表明，低保制度自建立以来取得了显著进展，但其设计与实施中尚存在诸多问题。该文也针对如何改进与完善低保制度，提出了一些政策建议。

《中国工资水平变化与增长问题——工资应该上涨吗？》

张车伟（研究员）　赵文（助理研究员）

论文　17 千字

《中国经济问题》2015 年第 3 期

通过把名义工资变化与经济增长相联系，该文观察和分析了全部雇员劳动者的平均工资水平变化以及不同部门和行业雇员劳动者的工资变化状况；通过与企业利润、比较劳动生产率和比较全要素生产率变化相联系，探讨了工资增长问题。该文发现，中国总体工资水平存在下降趋势，应该进一步增长；从群体来看，工资最应该增长的是低收入群体和公务员群体，从部门和行业来看则是非国有部门和竞争性行业。该文认为，实现工资增长的关键是健全市场条件下工资合理增长机制。

《老年人养老负担和家庭承载力指数研究》

封婷（助理研究员）　郑真真（研究员）

论文　10 千字

《人口研究》2015 年第 1 期

为考察当前中国家庭养老的可行性和困难群体分布特征，该文从老年人家庭整体出发考察养老能力，从老年人的养老负担和老年家庭整体的承载力相对应的角度出发，采用综合评价的方法，在经济、人力、潜在三个方面分别设置相关指标，并汇总形成分指数和总指数，尝试通过不同群体指数或分指数得分的对比，识别出依靠家庭养老相对困难的群体。该研究应用 CLHLS 调查数据，使用单因素和多因素分析方法研究了养老负担和家庭承载力分布的群体特征。研究结果显示，高龄、女性、东中部的老年人成为家庭养老能力相对于负担最为不足的群体，养老弱势群体表现出养老能力在各方面均相对不足、积贫积弱和随老化负担变重且家庭承载力弱化从而使困难程度进一步加深的特点。

《农村中老年未婚男性的生活境况与养老意愿分析》

王磊（助理研究员）

论文　15 千字

《中国农村观察》2015 年第 1 期

该文使用农村调查数据，描述了中老年未婚男性的生活境况和养老意愿，分析了影响该群体生活境况和养老意愿的因素。结果发现，与同龄已婚男性相比，中老年未婚男性在健康、收入、消费、生活支持、日常交往和社会保障等诸多方面都存在明显劣势。在养老意愿方面，他们对社会保障的刚性依赖更为明显。对此，国家不仅需要完善相关法律规章和制度，还需要改进基层的制度执行效果，以改善农村中老年未婚男性的生活境况，最大限度地减少大龄未婚男性问题对农村社会和谐与公共安全的潜在负面影响。

***Education Expansion and Returns to Schooling in Urban China*（《教育扩张与中国城镇劳动力的教育回报》）**

高文书（研究员）　罗素·史密斯（教授）

论文　18 千字

《亚太经济学刊》2015 年第 3 期

该文利用 2001 年、2005 年和 2010 年三轮“中国城市劳动力调查”数据，对中国城镇劳动者工资方程进行细致的回归分析发现，在中国教育扩张的这 10 多年里，城镇劳动者的教育回报率提高了 2 ~ 3 个百分点。这与中国尽力向全球价值链的高端攀升，对高技能劳动者的需求不断增加是密切相关的。从教育回报率的变化来看，本地劳动者教育回报率比外来劳动者上升得更快，男性劳动者比女性上升得更快。

城市发展与环境研究所

《中国的环境治理与生态建设》

潘家华（研究员）

专著　222 千字

中国社会科学出版社　2015 年 5 月

该书紧扣人类社会可持续发展的理论与实践困境，考察中国生态文明的建设实践，厘清了生态文明与工业文明的关联与区别，揭示了生态文明是相对于工业文明的一种社会文明形态，表明生态文明在中国的实践、改造和提升工业文明，有其必然性，具有普遍适用性，是人类社会经济发展的一个新的阶段，从而揭示生态文明发展范式的科学性和客观性。

《生态引领　绿色赶超——新常态下加快转型与跨越发展的贵州案例研究》

潘家华（研究员）　吴大华（教授）

专著　259 千字

社会科学文献出版社　2015 年 6 月

该书紧扣国家和中央会议精神，把握当前国际国内新形势、新要求，结合贵州省的省情，深入剖析了贵州省当前发展的机遇与挑战，并立足贵州省自身的资源禀赋和中央对贵州省的发展定位，在阐释界定贵州省坚守两条底线发展战略内涵的基础上，探讨了贵州省如何适应新常态，坚守两条底线，推动可持续赶超等内容。

《中国城市低碳发展蓝图：集成、创新与应用》

庄贵阳（研究员）

专著　281 千字

社会科学文献出版社　2015 年 5 月

该书根据城市低碳发展路线图编制实践，从部门管理的现实需求出发，改进了传统的温室气体清单编制的“五部门”方法，建立了温室气体清单“七部门”的编制分析结构，使其与低碳发展重点领域即 IPCC 七大重点减排领域对接，并将部门（行业）低碳适用技术需求评估纳入城市低碳发展路线图编制，能够对即将上马的项目 / 工程进行碳排放或减排潜力评估，因而能够使低碳发展路线图落地。

《100% 新能源与可再生能源城市》

娄伟（副研究员）

专著　497 千字

社会科学文献出版社　2015 年 4 月

该书从研究进展、建设现状、理论基础、规划方法、建设模式、典型案例等多个层面系统研究分析了 100% 新能源与可再生能源城市。

在国际上，100% 新能源与可再生能源城市的研究与实践都具有前沿性，是面向未来城市的一个研究领域，因此，很多理论与实践都具有很大的争议性。该书深入研究了该领域的最新思潮、动态及争论，有助于全面了解与把握该领域的现状与走势。

《生态文明的发展模式》

侯京林（研究员）

专著　355 千字

中国环境出版社　2015 年 5 月

该书从人类社会与自然生态环境的关系

角度，给出了资源利用模型、生态影响与生态损失评价方法、政府及市场在环境保护活动中效率低下的原因，从国家生态立法、设立生态安全基金、生态保险等角度谈了对生态危机问题的解决方法。该书上篇为基础理论部分，概述了生态文明的产生源头，“生物圈”与“智能圈”的关系，工业文明的经济发展模式的特征，及生态局限、经济局限、社会局限性。该书下篇从我国城市化过程中产生的各种生态问题的角度出发，提出我国要走与社会主义相吻合的生态文明发展道路。

《农民工市民化的成本及其分担机制研究》

单菁菁（研究员）

论文　14 千字

《学海》2015 年第 1 期

该文从公共成本、个人成本两个方面对我国农民工市民化的综合成本进行了测算。该文认为，我国东、中、西部农民工市民化的人均公共成本分别为 17.2 万元、10.2 万元和 10.4 万元，全国平均为 12.9 万元。该文认为，应该加快建立政府、企业、个人和市场“四位一体”的农民工市民化成本分担机制，并探讨了中央政府、地方政府、企业、个人和市场在这一过程中应该各自担负的主要责任。

《日本环境社会学的理论与实践》

李国庆（研究员）

论文　11 千字

《国外社会科学》2015 年第 5 期

该文认为，日本环境社会学者立足于对本国工业公害型与生活型环境问题的研究，先后构建了“受害结构论”“受益圈与受害圈断裂论”“生活环境主义论”和“社会两难论”四种本土化环境研究模式，奠定了环境社会学的方法论基础。其中，受害结构论和生活环境主义论适于分析工业公害产生原因与治理困境，受益圈与受害圈断裂论和社会两难论适于分析生活型环境问题的产生机制及治理困境。

《新型城镇化建设中城市经济转型国际经验借鉴与启示》

李萌（副研究员）

论文　12 千字

《经济与管理评论》2015 年第 2 期

该文针对中国新型城镇化建设中急需面对的城市经济转型问题，结合国内外经济转型理论和中国当前的实际，实证分析了国外典型城市经济转型的经验与举措。该文认为，中国应借鉴国外城市转型的成功经验，充分利用政府和市场两种手段，共促城市经济转型；因地制宜培育新兴主导产业，推动产业多元发展；提高自主创新能力，加大科技支撑力度；加大人才引进与培养，为经济转型提供人才保障；加强生态环境保护和治理，促进城市长远可持续发展。立足本国国情，因地制宜，从而有序推进城市经济成功转型。

《中国参与构建 2015 年后发展议程的全球伙伴关系》

廖茂林（助理研究员）

论文　9 千字

《改革与战略》2015 年第 7 期

该文在分析了金融危机之后国际发展总

体格局以及全球主要经济体力量变化后，指出了中国在目前发展阶段所存在的身份矛盾状况。该文认为，在参与2015年后发展议程当中，中国需要重新审视自身的定位，调整参与策略，充分利用2015年后发展议程的关联问题构建自己的话语体系。该文提出了确保发展目标优先和加强自身能力建设、建立完善的谈判参与机制、积极参与构建新的全球伙伴关系的观点。

《西部大开发战略深化的问题探讨与发展思路研究》

盛广耀（副研究员）

论文　10千字

《开发研究》2015年第5期

该文围绕西部大开发战略的深化问题进行探讨，在分析判断西部地区发展的趋势特征，深入剖析困扰西部地区发展若干难题的基础上，提出了"十三五"时期深化西部大开发战略的思路和开发模式。该文认为，西部大开发的战略深化需要直面几个关键性问题，即传统的区域开发路径能否解决东西部发展的差距问题，以大项目为主的开发方式能否解决西部的内生发展问题，以经济增长为核心的开发思路能否如期实现全面小康社会目标，普惠性的政策扶持能否解决西部地区内部的协调发展问题。在"十三五"时期，西部大开发应围绕"内生发展、全面小康"这一发展主线，进一步拓展发展思路，充实开发内涵，强化内生开发、深度开发、反向开发、扶贫开发、合作开发等重点开发模式。

《我国城市群一体化发展测度研究》

宋迎昌（研究员）　倪艳亭（博士研究生）

论文　10千字

《杭州师范大学学报（社会科学版）》2015年第5期

该文运用因子分析法对我国18个城市群一体化发展现状进行了综合评价，构建了城市群一体化发展评价指标体系，运用统计分析软件SPSS 17.0进行度量，得到综合发展水平得分，并对城市群进行聚类分析。该文认为，每一城市群内部五个方面的一体化发展还存在不均衡性，城市群按照一体化总体发展程度大致可分为三类，其一体化发展程度各不相同，一体化发展的侧重点和具体策略应具有差异性。

社会政法学部

法学研究所

《中国法治发展报告No.13（2015）》

李林（研究员）　田禾（研究员）主编

研究报告　372千字

社会科学文献出版社　2015年3月

该书回顾总结了2014年度中国法治取得的成效及存在的问题，并对2015年中国法治发展形势进行预测、展望。该书还从立法、人权保障、行政审批制度改革、反价格垄断执法、教育法治、政府信息公开等方面研讨了中国法治发展的相关问题。特别邀请香港学者撰写了《香港特别行政区基本法》落实状况的报告，对进行中的司法改革问题进行了回顾和展望，对近年商品领域反价格垄断执法工作进行了分析，对新的《环境保护法》的颁布与实施进行了展望。在地方法治领域，对四川省人大立法、广东省依法化解基层矛盾、宁波市政府信息公开、中山市镇级人大监督、杭州市余杭区基层治理等专题进行了调研。

该书推出了7篇法治指数测评报告：《中国政府透明度指数报告（2014）》《中国司法透明度指数报告（2014）》《中国海事司法透明度指数报告（2014）》《中国检务透明度指数报告（2014）》《浙江法院阳光司法指数报告（2014）》《北京法院阳光司法指数报告（2014）》《中国高校透明度指数报告（2014）》，从中可以看到依法治国、依宪治国精神的推进过程，体现了务实和实事求是的作风。

《劳动法的改革与完善》

谢增毅（副研究员）

专著　301千字

社会科学文献出版社　2015年4月

该书是关于劳动法基本理论和制度的一本专著。该书坚持改革方向、问题导向，不求大而全，但求小而精，试图将中外制度进行比较，将理论实务进行对接，并提出劳动法改革的方向以及完善的对策。该书涵盖劳动法的重要问题，旨在找寻劳动法的正确理念和应然制度。

该书立足中国的制度和实践，既分析了劳动法制度的变迁，也考察了劳动法实施的状况；放眼主要发达国家和地区的劳动法，力图通过比较法视角，汲取域外的有益理论和经验。

《国家所有权的行使与保护研究》

孙宪忠（研究员）等

专著　626千字

中国社会科学出版社　2015年4月

该书分总论部分和分论部分。总论部分从民法科学和国际法律实践的角度探讨了公法法人、公法法人财产所有权理论的大体内容，也探讨了公法法人所有权制度建设的主要内容，包括权利的内容、权利变动、权利的保护等细节的制度。分论部分则从法理、比较法的借鉴、制度建言的角度，对我国"国家财产所有权"应用于具体物的法律制度展开了细节的讨论。这一部分内容中，首先是关于"国家投资"或者"政府投资"中的公共财产权利的行使，以及因此而产生的"国有企业"的财产权利制度的探讨。其次，探讨了事业单位的财产权利问题、博物馆的财产权利问题、自然资源权利问题、自然景观所有权问题、公路财产权利问题、文物所有权问题、无线电频谱资源所有权问题等具体的财产权利制度建设。最后，从"国家财产"涉及侵权导致的诉权的角度，探讨了这种权利的侵权法救济问题。

《〈大清新刑律〉与中国近代刑法继受》

高汉成（副研究员）

专著　248千字

社会科学文献出版社　2015年5月

该书以作者之前整理的《〈大清新刑律〉立法资料汇编》为依托，对《大清新刑律》的立法背景、立法基础和立法过程进行了认真梳理和考证，并借此对中国近代刑法改革肇端的问题与缺憾进行了系统而全面的检讨。该书的创新之处在于，运用了当代刑法学分析问题的思路和方法，克服了以往近代刑法史研究中大而化之的历史学描述倾向，将《大清新刑律》研究引向深入。

《中国：在新起点上全面推进依法治国》

李林（研究员）主编

专著　398 千字

中国社会科学出版社　2015 年 6 月

该书紧紧围绕党的十八届四中全会通过的《中共中央关于全面推进依法治国若干重大问题的决定》（以下简称《决定》）所提出的全面推进依法治国的指导思想、基本原则、重要任务和一百多项改革措施，全面和系统地论述中国特色社会主义法治理论和法治道路形成的历史渊源和制度背景、从依法治国到全面推进依法治国的理论贡献、中国特色社会主义法治体系作为全面推进依法治国的“制度总抓手”的基本内涵和重要意义、将党的领导贯彻到全面推进依法治国的全过程和各方面的具体要求以及科学立法、严格执法、公正司法和全民守法的制度保障措施等全面推进依法治国的重大理论和实践问题，是准确和有效地解读《决定》核心精神的权威的理论辅导资料。

《法律的政治分析（增订版）》

胡水君（研究员）

专著　588 千字

中国社会科学出版社　2015 年 10 月

该书以权利政治为主线，对权利政治的基本学理、现代特质、发展流变，及其在现代西方所面临的道德和人文批判、在中国的境遇等，作了多方位分析、研究和反思；也对法律现代性以及法律与社会理论中的诸多见解，作了梳理阐释，内容广涉法理学研究领域的道德与权利、法律与政治、治理与理性、传统与现代等之间的关系论题。

《中国政府信息公开第三方评估报告（2014）》

法学研究所中国国家法治指数创新工程项目组

研究报告　51 千字

中国社会科学出版社　2015 年 3 月

为落实《政府信息公开条例》和《国务院办公厅关于印发 2014 年政府信息公开工作要点的通知》等相关政策文件的要求，推动政府信息公开工作，提升政府信息公开效果，受国务院办公厅政府信息与政务公开办公室委托，法学研究所中国国家法治指数创新工程项目组对国务院部门、省级政府、计划单列市政府 2014 年实施政府信息公开制度的情况进行了第三方评估。评估报告充分肯定了 2014 年度各级政府在信息公开方面取得的成就，也指出了政府信息公开工作中尚需解决的五类问题，提出了完善政府信息公开工作的七条建议。

《健全宪法实施监督机制研究报告》

李林（研究员）　翟国强（副研究员）

研究报告　91 千字

中国社会科学出版社　2015 年 12 月

该报告分析了我国宪法实施的基本情况，梳理了我国宪法实施监督制度的实践发展，提出了全面贯彻实施我国宪法、完善我国宪法监督制度、完善我国法律法规备案审查制度的对策与若干建议。该报告认为，健全和完善我国宪法实施监督制度，既不能照搬照抄西方资本主义国家的宪政民主制度模式，也不能照搬照抄其他社会主义国家的宪政民主体制，而要立足中国国情和实际，借鉴国外宪法实施监督有益经验，在我国宪法框架内进行制度设计。应全面统筹中央有关部门和国家机关，认真研究宪法实施和监督方面的重大理论和现实问题，实行分步走策略，协调推进宪法实施监督机制的完善。

《权利平等的观念、制度与实现》

刘作翔（研究员）

论文　17 千字

《中国社会科学》2015 年第 7 期

该文认为，权利平等问题，是平等问题在权利现象上的具体体现和反映，与权利理论、权利学说相伴产生并成为其重要组成内容。它以启蒙学说为肇端，经历了自由主义、历史主义、社群主义、民族主义、法团主义、多元主义等多种学说和思潮的洗礼，各种不同的学说和思潮对于权利平等问题都有不同的解读。不同的学说和思潮对权利理论包括权利平等理论产生强烈的冲击，丰富着权利理论的研究和发展。对当代中国而言，权利平等是社会主义法治的精髓和要义之一，是法律面前人人平等原则在权利方面的具体体现；权利平等既是一种法治观念，同时也是一种法律制度体系和法制实践体系。理论上，权利平等应包括权利平等的观念、权利平等的制度体系以及权利平等的实现，还包括如何认识“权利位阶”的问题。由此，该文对权利平等的观念、制度体系与实现进行了分析，指出“权利位阶”是一个未能证实的虚幻命题。

《论互联网法》

周汉华（研究员）

论文　26 千字

《中国法学》2015 年第 3 期

该文认为，互联网带来了生产方式、生活方式与信息传播方式的巨大变化。文章基于对各国互联网法的归纳与类型化，总结了互联网法的国际经验，指出了我国互联网法存在的主要问题，提出要确立我国互联网法的基本架构，明确互联网法与其他法律的关系。该文认为，互联网法应根据社会关系的变化和互联网本身的规律，进行整体结构设计。关键信息基础设施、互联网服务提供商与互联网信息构成互联网法的三个主要调整对象。在这三个不同领域，互联网法的立法宗旨、法律原则、治理手段、执法机制等均有差别，应分层处理。只有尊重互联网规律，才能充分发挥互联网法的不同作用，处理好互联网法与其他法律的关系，实现自由、安全、创新、秩序等不同价值。

《探寻依宪治国的中国理论》

支振锋（副研究员）

论文　16 千字

《马克思主义研究》2015 年第 3 期

该文认为，长期以来，基于社会契约论

的美式宪法观对我国的宪法理论有很大影响，并产生诸多误导。通过对当前世界各国在宪法实践中提炼出的三种立国模式与两种立宪模式进行考察，可以发现，强调司法审查的美式宪法理论不仅难以解释中国的宪法实际，也不是西方宪法理论的全部；在司法审查之外，还可能存在其他的公民权利保障机制与理论模式。而实际上，宪法的真实规则正存在于一国宝贵的历史传统之中，在文本的宪法之下，还有深层的宪法原则或者宪德，它们同样是宪制的重要组成部分。

《论民法典形成机制的时代性与科学性》

陈甦（研究员）

论文　14千字

《法学杂志》2015年第6期

党的十八届四中全会《关于全面推进依法治国若干重大问题的决定》明确提出要“编纂民法典”。该文认为，编纂民法典是一项具有重大时代意义的法治建设实践。法治本身是一种机制性的社会存在，编纂民法典的结果与过程之间存在着内在联系，怎样编纂一个民法典与编纂一个怎样的民法典实际上同等重要。新时代的民法典有赖于体现新时代特质的形成机制。在我国民法典编纂中，立法关注在集中于民法典体例与内容的同时，还应当兼顾民法典形成机制的建构与完善。一个能够产生划时代民法典的形成机制，应当能够充分运用时代提供的立法资源、知识能力与技术可能，做到兼顾民法典的技术完善与理念彰扬，有效地整合学界通说并精准地合成社会共识，同时能够处理好立法与改革的关系。

《行政诉讼司法建议制度的功能衍化》

卢超（助理研究员）

论文　15千字

《法学研究》2015年第4期

该文认为，行政诉讼司法建议原本是一项裁判执行措施，但随着最高人民法院司法政策的变化，其发挥的功能事实上被大大扩展。实践中，行政诉讼司法建议在规范性文件修改中发挥着功能性审查的作用。从社会变迁的视角观察不难发现，维稳压力、协调和解政策与地方发展型政府的模式变迁，诱发了对于行政诉讼司法建议的制度性需求，从而迫使司法建议成为行政诉讼工具箱中的重要工具。行政诉讼司法建议制度的功能衍化，为法社会学研究提供了一个极具价值的制度样本，亦为行政诉讼法的未来发展提供了背景材料。

《关于反不正当竞争法的几点思考》

李明德（研究员）

论文　16千字

《知识产权》2015年第10期

该文认为，依据相关的国际公约和世界各国的法律，反不正当竞争法是对于人类智力活动成果提供保护的法律，是知识产权法律体系的一个组成部分。按照《巴黎公约》和《TRIPS协定》，应当予以制止的行为有仿冒、商业诋毁、虚假宣传、窃取他人商业秘密。近年来，无论是在反不正当竞争法与反垄断法的关系上，还是在诚实信用一般条款与具体事例的关系上，我国反不正当竞争法的理论和实践，都在很大程度上受到了德国的影响。作者认为，我们应当站在相关国际公约和美欧日的高度上，重新审视我国究竟需要一部什么样的《反不正当竞争法》。

《美国非法证据排除规则的实践及对我国的启示》

熊秋红（研究员）

论文　26千字

《政法论坛》2015年第3期

我国2012年修改后的刑事诉讼法正式确立了非法证据排除规则。自确立以来，我国各地司法机关为贯彻落实该规则付出了不少努力，但是实践中依旧面临着诸多的困难和问题。2014年9月，由3名刑诉法学者和4名辩护律师组成的中国代表团赴美国就非法证据排除规则的实践运作进行了专题考察。该文作者作为代表团成员之一，认为考察所获信息包括宪法和判例所起的作用、法官的独立性、预防和减少警察违法取证的措施、辩护律师启动非法证据排除程序的动力与方式、法律援助制度的地位、检察官的监督和过滤作用、非法证据排除的类型和重点以及科技发展所带来的挑战等诸多方面。美国的实践经验带给我们的有益启示主要包括：重视宪法规范的引领作用；实现警察、检察官、法官、律师之间的良性互动；明确合法证据与非法证据的界限；充分认识法官行使自由裁量权的重要性；构建完善的非法证据排除程序；健全非法证据排除的证明机制；以发展的眼光看待非法证据排除规则；正确看待非法证据排除率及对诉讼结果的影响。

国际法研究所

《人权离我们有多远——人权的概念及其在近代中国的发展演变》

曲相霏（副研究员）

专著　348千字

清华大学出版社　2015年2月

该书综合人权原理、人权史和人权法等不同视角，分析了一系列人权基本理论问题。主要内容包括对人权主体进行历史、辩证与实证分析，探讨人权的来源和人权文化，并梳理西方人权语词传入中国后在近代中国的发展演变。该书认为，深刻的人权理论必须能够“回到人”，即打通人权主体与人权内容的关联，并以二者的合题为思维背景。人权来源于价值判断，尊重文化的特殊性并不意味着就此承认人权的文化相对性。价值中立论只对普遍人权文化的形成至关重要，但在人权问题上，有着价值上无法中立之处。该书批判了自由主义人权主体的精英特征和文化特征，也批判了人权主体泛化的理论，提出要把对人的经验研究和形而上学结合起来，让人权主体回归真实的人和具体的人，并以真正普遍的人权主体为基础来建构人权的体系与分类。

《菲尼斯自然法理论研究》

田夫（助理研究员）

专著　186千字

方志出版社　2015年4月

该书先后梳理了菲尼斯自然法理论的背景与渊源；铺陈了作为该理论伦理学基础的基本价值理论，解释了实践合理性的基本要求；呈现了共同善的正义与权利之维；详尽地展现了作为菲尼斯自然法理论重要内容的权威理论与法律理论，分析了权威理论与法律理论的相互关联；探讨了作为菲尼斯自然法理论总结的义务问题。在此基础上，该书总体梳理了菲尼斯自然法理论的基本脉络，并借此彰显出菲尼斯的理论贡献。

《追逃追赃与刑事司法协助体系构建》

陈泽宪（研究员）等

论文　15 千字

《北京师范大学学报》2015 年第 5 期

该文认为，追逃追赃工作与国际刑事司法协助密切相关。我国当前追逃追赃的刑事司法协助体系与《联合国反腐败公约》的要求存在一定的差距，相关国际条约在我国法律体系中的定位模糊以及与国内法的衔接不够完善等问题，制约了我国国际追逃追赃工作的成效。我国应当确保国内立法与《联合国反腐败公约》实现有效衔接，尽快批准《公民权利和政治权利国际公约》，加紧完善《引渡法》，尽快出台《刑事司法协助法》，加强执法司法机关人员的能力建设，更多地运用境外追诉，完善刑事司法协助体系。

《联合国与人权的国际保护》

柳华文（研究员）

论文　20 千字

《世界经济与政治》2015 年第 4 期

该文认为，总结两次世界大战的经验与教训，联合国得以创立并以维护和促进安全、发展和人权为己任。《联合国宪章》规定了促进对人权的尊重的宗旨和原则，《世界人权宣言》首次系统化地规定了人权的国际标准，它们是联合国人权工作的基础和总纲。从《经济、社会和文化权利国际公约》《公民权利和政治权利国际公约》到其他各个核心人权条约，《联合国宪章》和《世界人权宣言》的标准获得了具体化和法律化。同时，联合国建立并不断加强其人权机制。人权主流化是联合国改革与发展进程中的大趋势。中国是人权理事会的创始理事国，并在 2013 年再度高票当选理事国。中国对联合国人权机制的参与不断深入。面对机遇和挑战，联合国和包括中国在内的联合国会员国应该秉承《联合国宪章》的精神，根据国际法，建设性地开展人权领域的交流与合作。

《法律选择协议效力的法律适用辩释》

沈娟（研究员）

论文　25 千字

《法学研究》2015 年第 6 期

该文认为，意思自治原则下，当事人选择法律的合意是否有效，直接关系到意思自治的实现，但现有研究较少涉及这一问题。目前国际私法学界存在当事人选法协议效力适用当事人所选之法和适用法院地法两种主张的分歧。适用当事人所选之法确定选法协议效力的主张和规定存在逻辑矛盾等诸多弱点，特别是存在合同之外领域无法采行的重大缺陷。选法协议的内容是法律选择规则，确定选法协议效力是法律选择规则的适用过程。意思自治原则体系既包括赋予当事人选择法律的权利，也包括限制当事人意思自治的条件。合同领域之外的法律关系适用当事人选择的法律确定选法协议效力存在更大不合理性。适用法院地法确定选法协议效力才是更合理、更可行的方法。

《从联合国报告和决议看废除死刑的国际现状和趋势》

孙世彦（研究员）

论文 21千字

《环球法律评论》2015年第5期

该文认为，1975年以来，联合国秘书长向联合国经济及社会理事会提交了9次有关全球死刑状况的五年期报告；1997年后，向联合国人权委员会和人权理事会提交了13次有关死刑问题的报告；自2007年联合国大会首次通过《暂停使用死刑》的决议之后，向联合国大会提交了4次有关全球废除死刑趋势和暂停处决情况的报告。就世界范围来看，已有159个国家和地区完全废除了死刑、废除对普通犯罪的死刑或者事实上废除死刑，只有39个国家和地区保留死刑。尽管死刑的存废从来都是一个受争论的话题，但从整体趋势上看，自19世纪中叶有国家废除死刑开始，这一趋势一直存在并将持续下去。中国在限制、减少和废除死刑的进程中，应认真对待和思考废除死刑的国际趋势。

《公开死刑资料：联合国的要求以及中国的应对》

孙世彦（研究员）

论文 21.5千字

《比较法研究》2015年第6期

该文认为，联合国各有关机构都要求各国向其提供有关本国死刑情况的资料，还要求各国公开有关本国死刑情况的资料。基于公众的知情权、公正和有效的刑事司法的要求以及《公民权利和政治权利国际公约》的缔约国报告制度，国家有义务公开死刑资料。公开死刑资料对于公众有关死刑意见的形成和改变具有重要的作用。中国一直没有公开有关判处和执行死刑人数等情况的关键资料，这可能是出于国家形象的考虑。在中国已经提出全面推进依法治国的目标，致力于限制和减少死刑的情况下，公开死刑资料不仅无损国家形象，而且将有利于保障公众的知情权和对死刑使用情况的监督、正确认识死刑的功能和作用、批准《公民权利和政治权利国际公约》以及公众对死刑问题的认识和讨论。

《多边体制VS区域性体制：国际贸易法治的困境与出路》

刘敬东（研究员）

论文 20千字

《国际法研究》2015年第5期

该文认为，当前，区域性体制的发展势头强劲，与世界贸易多边体制及其多哈回合谈判的停滞不前形成鲜明对比。区域性体制已对多边体制及其法律制度形成冲击，产生了法律规则适用冲突、管辖权竞合等问题，使得国际贸易法治发展面临困境。造成这一局面的原因是多方面的，由历史和现实因素、国际形势的变化以及多边体制法律规则自身的不足等共同作用而成。各国应当正视多边贸易体制法治进程中出现的问题，为摆脱困境寻找出路，从而推动世界贸易多边体制和国际贸易法治顺利前行。

《美国海外金融账户及资产报告规则的演进与发展》

廖凡（研究员）

论文　19 千字

《环球法律评论》2015 年第 5 期

该文认为，海外金融账户及资产报告规则是美国反海外逃税避税制度的重要组成部分。这一规则体系经历了从《银行保密法》确立的海外银行与金融账户报告规则，到美国国税局推行的合格中介计划和离岸自愿披露计划，再到新近实施的《海外账户税收合规法》的发展演变过程。总体而言，在此过程中报告主体逐渐增多，报告范围逐渐扩大，报告义务逐渐加强。这一过程反映出美国税务当局执法态度的日趋强硬、执法手段的日益多样和执法权限的日渐扩张，其中《海外账户税收合规法》所凸显的税收执法单边主义倾向尤其值得关注。如何加强内部协调与整合，妥善处理因相似规则叠加适用而产生的多重义务乃至多重处罚问题，将影响这一规则体系的未来发展方向。

《反跨国逃税避税的法律问题研究》

廖凡（研究员）

论文　14 千字

《政治与法律》2015 年第 11 期

该文认为，各国税收法律制度存在的差异和国家之间税收征管信息的不对称是跨国逃税避税得以盛行的根源所在。各国为了应对跨国逃税避税，从单边、双边和多边三个层面采取相应的措施。美国推行《海外账户税收合规法》，瑞士在双边税收协定中强化税收情报交换义务，经合组织修订《多边税收征管互助公约》、实施《税基侵蚀和利润转移问题行动计划》、制定《涉税金融账户信息自动交换标准》，分别代表了这三个层面上的国际动向和趋势。我国近年来在反跨国逃税避税国内立法和国际合作方面均取得显著进展，目前需要从适应《多边税收征管互助公约》要求完善《税收征管法》及相关制度、提高税收情报交换和利用能力、完善一般反避税措施及其他反避税规则、妥善应对美国推行《海外账户税收合规法》实施等四个方面做出进一步努力。

《中国海商法学发展评价》

张文广（副研究员）

论文　18 千字

《国际法研究》2015 年第 4 期

该文认为，自 2000 年以来，《海商法》的修改一直是各界关注的焦点。理论界和实务部门对海商法一般理论问题、船舶物权、海上货物运输、鹿特丹规则、海上保险等多个领域进行了充分而深入的探讨，取得了丰硕的成果。与此同时，海商法研究也存在着理论深度不够，方向分布不均，法律特色弱化、拿来主义现象严重等现象。未来的中国海商法研究应强化理论研究、重视中国实践、坚持双向交流。

《美国联邦法院确认外国仲裁裁决的管辖权问题——以涉及中国政府的两个案例为例》

李庆明（副研究员）

论文　24 千字

《国际法研究》2015 年第 3 期

该文认为，根据《承认及执行外国仲裁

裁决的纽约公约》（《纽约公约》）第3条，各缔约国应平等对待国内仲裁裁决与外国仲裁裁决，但有权利用具体的程序规则来确定如何对待外国仲裁裁决。根据美国联邦法院的判例，在《纽约公约》第5条之外，美国法院可以援引其国内程序规则来拒绝承认与执行外国仲裁裁决。外国仲裁裁决要得到美国联邦法院的承认与执行，申请人有义务证明该法院对当事人拥有对人管辖权和事项管辖权，被申请人也可以援引“不方便法院”原则来抗辩。中国政府和中国国有企业均是独立主体，在涉及中国政府和中国国有企业的外国仲裁裁决的承认与执行案件中，美国联邦法院不能将中国政府和中国国有企业混为一体而行使管辖权。

《论基本权利制度变迁之国际人权法动因》

戴瑞君（副研究员）

论文　15千字

《广东社会科学》2015年第3期

该文认为，《国际人权宪章》生效后的近40年中，受到国际人权法的启发和影响，各国宪法基本权利制度取得了长足的进展：基本权利的主体从公民逐步扩展至所有人；基本权利的内容从公民及政治权利扩展到经济、社会和文化权利；基本权利的保障从传统的公权力保障扩展到有专门人权机构参与的保障；基本权利的救济途径从普通的司法救济、宪法救济扩展到国际机构的救济。国际人权法日渐增强的监督机制、各国对国际人权法的普遍接受、宪法对国际人权法的高度定位等因素，为国际人权法促成基本权利制度的变迁创造了条件。

《自由贸易协定中劳工标准的发展态势》

李西霞（副研究员）

论文　17千字

《环球法律评论》2015年第1期

该文认为，自由贸易协定是世界贸易组织最惠国待遇原则的一种例外合法机制。随着经济全球化和贸易自由化的深度发展，过去20年内全球范围内纳入劳工标准的自由贸易协定数量在快速增加。更为重要的是，每个自由贸易协定中的劳工标准由各该协定成员国谈判确定，且遵循各不相同的争议解决机制，由此形成各成体系的劳工标准发展态势。这种发展态势一方面对劳工标准的实施效力产生影响，并进而影响到劳工权利的保护水平；另一方面也正在对国际贸易和投资产生重大影响。在此背景下，在推进我国自由贸易区的建设和发展过程中，对此种影响应有战略考量。

《气候变化的人权法维度》

何晶晶（助理研究员）

论文　15.2千字

《人权》2015年第5期

该文认为，气候变化已经成为当代人类社会面临的最大的和最为紧迫的人权危机之一，由于气候变化对于不同群体和发展程度不同的国家影响不同，所以公平问题或者说“气候正义”是人权语境下国际社会在应对气候变化问题时所不能回避的关键问题。当今渐渐出现了把气候变化与人权放在一起考量的潮流，希望能够通过推动这两大体系的互融来实现应对气候变化和保护人权的双赢。如何从国际法角度来保障气候变化的人权正义，以及如何使现有的人权法体系体现对气候变化引发的人权危机的充分关注，是一个亟待解决的难题。该文在深入分析气候变化与人权的辩证关系的基础上，探讨了如何推动新的联合国气候变化协议的“人权化”以及推进现有人权法体系的“绿色化”。

《国际法上的领土权利来源：理论内涵与基本类型》

罗欢欣（助理研究员）

论文　25千字

《环球法律评论》2015年第4期

该文认为，随着国际实践的发展，国际法上传统的“领土取得模式”说已经远远不能满足相关理论分析的需要。领土的权利来源或依据问题是国际司法理论与实务中讨论的重点，但国内学界对此却少有系统分析。在领土争端中，一个国家需证明其在特定领土上建立主权的行为、事实依据、来源、证据或证明，这就是国际法上的领土权利来源问题。先占等五种领土取得模式尽管绝大部分已经过时，但仍属传统的领土权利来源范畴。新发展的一些可以独立构成领土权利来源的主要有条约、新国家的建立、有权机构或国际组织的处置、一国放弃/默认的国家单方行为等。值得注意的是，“有效控制”本身并不能达到建立领土主权的效果，但当其同领土放弃/默认等国家单方行为结合在一起时，可以发挥关键作用，并导致领土主权的变化。

《依法独立行使检察权制度的宪法涵义——兼论重建检察机关垂直领导制》

田夫（助理研究员）

论文　21千字

《法制与社会发展》2015年第2期

该文认为，中国宪法上的依法独立行使检察权制度滥觞于苏联。在苏联，垂直领导制构成了依法独立行使检察权制度的必要前提；而在中国，依法独立行使检察权制度在废除垂直领导制之后实现了本土化。从苏中宪法层面看，存在着依法独立行使检察权制度的内在结构与外在限制，前者指依法独立行使检察权的独立性与排他性，后者指国家权力机关等机关与检察机关的关系；二者之间存在着结构性的共生关系。对依法独立行使检察权制度的教义学反思表明，中国现行检察制度有关地方各级检察机关应向本级国家权力机关负责并报告工作的规定缺乏理论根据。在十八届三中全会提出省以下地方检察院人财物统一管理的背景下，应更加全面地考察现行制度，严肃而认真地思考重建垂直领导制的可能性与必要性。

政治学研究所

《亚洲政治发展研究》（一套两册：《自由　威权　多元——东亚政治发展研究报告》《民主与发展——亚洲工业化时代的民主政治研究》）

房宁（研究员）等

研究报告　401千字

社会科学文献出版社　2015年9月

该研究报告为政治学研究所“政治发展比较研究”课题组“亚洲政治发展研究”的最终成果。中国社会科学院多个研究所和国内多所著名高校的政治学、国际政治学学者参加了课题研究。课题组在亚洲地区选择不同类型的9个国家及我国台湾地区，就其工业化时期政治发展进程展开调查与研究，探索亚洲工业化、现代化进程中政治发展的特性与规律，为中国的现代化及政治建设提供参考与借鉴，同时进行理论探讨，提炼依据亚洲范本与经验的政治发展与民主政治的理论性认识。

《中国梦与浙江实践（政治卷）》

房宁（研究员）主编 陈华兴（研究员）

贠杰（研究员）副主编

研究报告 323千字

社会科学文献出版社 2015年8月

该书紧扣时代主题，系统总结了浙江实施“八八战略”十多年来的实践探索，深入阐述了浙江政治发展和改革的基本经验。该书对浙江政治建设的主要内容进行了深入分析，对浙江省地方治理现代化的基本经验进行了全面总结。该书明确指出，浙江政治发展成就，具有深刻的时代意涵和重要的现实意义，为推进国家治理体系和治理能力现代化提供了有益的启示，是凝聚中国力量，弘扬中国精神，努力实现中华民族伟大复兴中国梦的重要政治实践。其核心经验，就是坚持党的领导，坚持从实际出发，以提升治理有效性作为政治发展的核心和动力，积极推进地方治理体系的优化和自身治理能力的加强，将强化法治建设、推进有序民主、打造有效政府，作为推进地方治理体系和治理能力现代化的重要手段，积极探索中国特色社会主义政治发展的实现路径。

《中国政治参与报告2015》

房宁（研究员）主编 杨海蛟（研究员）副主编

研究报告 453千字

社会科学文献出版社 2015年7月

县、乡两级人民代表大会代表的选举，是中国公民能够直接参与的重要选举。为了解中国公民的人大代表选举参与情况，中国社会科学院政治学研究所于2014年进行了全国性的“中国公民的县（区）级人大代表选举参与问卷调查”和“中国公民的乡镇人大代表选举参与问卷调查”，该书反映的就是基于2014年问卷调查的选举参与情况。该书分为上、下两编，上编介绍县级（包括县、不设区的市、市辖区）人大代表选举的参与情况，下编介绍乡镇人大代表选举的参与情况。

《中国基层治理发展报告2015》

赵秀玲（研究员）主编

研究报告 390千字

广东人民出版社 2015年11月

如果说2012年党的“十八大”为深化体制改革之发端，2014年则为中国基层治理意义重大、稳步推进、成效显著的奠基之年。这表现在全面深化多元互动治理、进一步拓展“微治理”、依法治理提速、将德治落到实处。今后有需要克服的不足是：加大文化治理的力度，建立健全反腐制度机制，进一步实行科学治理，更大程度地进行探索创新。该书既全面、系统、深入梳理和分析了2015年度中国基层治理状况；又分别从城市社区、党建、基层人大、基层政府、社会组织、村民自治和农村社区、基层协商民主等，探讨了基层治理的各方面；还通过调研报告、国情研究、专题报告，展示了国内外基层治理实践经验，具有理论价值和现实意义。

《在政府与社会之间：基层治理诸问题研究》

周庆智（研究员）

专著 246千字

中国社会科学出版社 2015年10月

政府（国家）与社会关系，既是一个历史议题，又是一个现代议题。基层治理的现代转型，亦即从旧体制向新体制的转型，目的是将政府（国家）与社会关系确立在法治原则和公民权利原则上。实现基层治理的现代转型，要在体制与制度方面进行改革，涉及的问题领域，包括政府职能转变，政府与社会的关系、政府与市场以及市场与社会的关系，传统城乡基层治理体制，基层民主建设，城镇化与城乡居民的分配公平与分配正义，基层群众自治组织及社会组织发展等。该书论题主要集中在政府治理法治化、公共性建构、社会治理民主化、国家与社会关系的重塑、社会分层与社会多元化、政治参与、社会自治等有关基层治理的制度建设与社会建设改革议题上。

《党内民主与人民民主》

田改伟（副研究员）

专著 260千字

天津人民出版社 2015年4月

党内民主是党的生命，人民民主是社会主义的生命。这两个民主的发展状况关系着中国的前途和命运。该书结合对我国党内民主实践多年的调研情况，对我国竞争性选拔干部等党内民主重点领域的现状和面临的主要问题进行了分析，提出了有针对性的意见和建议，对于理解我国政治制度和中国道路的内涵、确立中国特色社会主义的道路自信、理论自信、制度自信有一定的帮助。新中国60多年的发展历程表明党内民主发展得好，能够正确认识和处理党内民主与人民民主的关系，我国的社会主义建设事业就会比较顺利，即使有一些错误也可能及时纠正，党内民主状况不好，就容易造成思想封闭、体制机制僵化，不仅会削弱党的力量，人民民主最终也会受到损害。随着对我国民主发展认识的深入，出现了一些党内民主与我国民主政治的理论成果，提出中国民主的发展，不应当是改变中国共产党的领导地位，而是应当改善它的领导方式，推进党内民主，使共产党的领导契合我国民主政治的发展。

《我国反腐倡廉的形势、特点与制度建设》

房宁（研究员）

论文 4.5千字

《科学社会主义》2015年第1期

该文认为，进入21世纪，反腐倡廉地位不断提升，制度化水平日益提高，十八大以来，反腐倡廉更取得明显成效；工业化、城市化快速发展阶段是腐败的高发期，导致腐败高发的原因涉及公务员腐败的动力、机会和成本，现阶段腐败高发的特征是“官商共同体现象”和“行政性腐败问题”；推进我国反腐倡廉制度建设要切实提高公务员待遇，实行“政经分离”，整顿官商关系，积极推进廉洁文化建设。

《中国农村治理考评制度的历史变迁》

赵秀玲（研究员）

论文　10千字

《求索》2015年第5期

该文认为，中国农村治理考评体系至今并未引起研究者高度重视，导致农村治理的片面、狭隘与滞后状态：一是与组织和制度建设相比，考评具有后置性特点。二是缺乏系统性的考评给研究带来难度。三是理论相当薄弱。作为农村治理的重要内容，考评制度在改革开放30年经历了重大转型和历史变迁：从重视和强调经济向服务民生转变，从行政考核到民意测验转化，从一元化到多元化考评方式转换。当前中国农村治理考评制度建设还处于初级阶段，最突出表现在滞后式发展、创新性不足、现代意识缺乏、法制化薄弱、细化程度不够、形式主义严重等。这都需要在历史变迁与转型中，不断进行调整、创新和超越。

《城镇化建设与基层治理体制转型——基于中西部城镇化建设的实证分析》

周庆智（研究员）

论文　18千字

《政治学研究》2015年第5期

该文认为，城镇化是一个涉及制度变革和社会变革的治理体系重建问题。从农民转型为市民，从农业转型为工商业，从农业文明转型为城市文明，涉及制度建设与社会建设，包括破解城乡二元分治体系以及由二元分治体系所造成的教育、医疗、卫生、社会保障等领域的城乡差异。城镇化建设过程中，基层治理体系要从传统城乡基层治理体系向现代城乡基层治理体系转型，涉及建构城乡一体的社会保障体系、城乡公共服务均等化、城乡公民权利的制度保障，最终实现城乡居民之间的分配公平与分配正义。这样，城镇化建设才可能与城乡基层治理体系确立一种结构性的相互促进关系。

民族学与人类学研究所

《苗语动词的句法语义属性研究》

李云兵（研究员）

专著　388千字

中国社会科学出版社　2015年10月

该书基于苗语动词多功能数据库，综合采用词汇语法、语义语法、功能语法、格语法、配价语法的理论，从句法、语义、语用相结合的角度，探索和研究了苗语动词的语义分类、动词的重叠式及其语义特征、动词的体貌及其语义范畴、动词的连动结构及其语义特征、动词的动补结构及其语义特征、动词的句法语义属性；认为苗语的自主动词与非自主动词是动词的语义分类，体貌范畴是动词的客观时间概念和主观感知印象的语义表达，重叠式是动词形态变化的语法手段，连动结构是动词线性序列的体现，动补结构是动词句法结构语义的补充，句法语义属性是动词动核句法结构的说明。该书对探索和研究分析性较强的民族语言的句法语义属性和推动分析性较强的民族语言的研究，具有参考价值。

《云南稻作源流史》

管彦波（研究员）

专著　359千字

中国社会科学出版社　2015年4月

该书基于云南独特的自然与人文背景，尤其是生物多样性的特点，在整个稻作研究的相关理论与成果的基础上，从多维的视角探寻了云南作为稻作起源地之一的有力证据，在一定程度上推进和深化了20余年来停滞不前的云南稻作起源研究。同时，该书还从云南稻作的历史发展、稻作农耕技术体系、稻作农耕仪礼及农耕神观等三个方面，对云南稻作进行了系统的考察论证。

《世界地区性民族问题研究（当代岛屿争端）》

刘泓（研究员）

专著　312千字

中国社会科学出版社　2015年10月

该书试图通过考察地区性民族问题、民族主义与地区化在全球化时代的特征、作用及其与地区主义的互动关系，阐释当代世界岛屿争端的内涵与特性，揭示民族—国家理念的症结所在，总结当代世界族际政治实践，分析人类民族过程的未来发展趋势，构建多族体结构下的族际政治准则，发展多民族国家理论，加强现代多民族国家框架下族际政治的理论基础，丰富族际政治思想；努力为发展马克思主义民族理论、促进多民族国家族际政治关系的和谐演进“贡献智慧”，为建设具有我国特色的民族政治学“积累学术成果”，为人们客观把握族际政治的演进规律及其与地缘政治的互动关系提供理论参考。

《西夏文珍贵典籍史话》

史金波（研究员）

专著　150千字

国家图书馆出版社　2015年9月

该书除介绍国内的西夏文珍贵典籍外，同时也介绍藏于国外的西夏文珍贵典籍。这一方面是因为藏于国内外的西夏文典籍有着天然的时代和内容联系，另一方面也是因为只有了解藏于国内外的主要西夏文典籍，才能对已入选《国家珍贵古籍名录》的西夏文典籍的内容、价值及其在西夏典籍中的地位有全面、深入的理解。西夏文典籍作为中国古代一个重要王朝的知识载体，它们的形成、面世、所产生的社会影响会有不同的故事；它们随着西夏古国神秘地消失，在几个世纪之后又重现世间，又会有新的故事；这些古籍重生后，怎样被当代人破解、认识，包括作者考察、研究时的耳闻目睹，又会产生新的故事。

《创建民族团结先进区　促进民族地区社会稳定的青海模式》

王延中（研究员）

论文　16千字

《青海民族研究》2015年第1期

该文通过对青海省开展创建活动对社会稳定的促进作用的实地调研，分析研究了创建活动的三大亮点，提出了边疆民族地区维护社会稳定的启发与借鉴，并对青海省继续推进创建活动提出了需要注意的问题和建议。

《西夏文〈大白伞盖陀罗尼经〉及发愿文考释》

史金波（研究员）

论文　15千字

《世界宗教研究》2015 年第 5 期

该文翻译新见西夏文残经卷，确定经名为《大白伞盖陀罗尼经》及“大白伞盖总持赞叹祷祝偈”，其刻印时代为蒙古乃马真称制时期。西夏时期已翻译此经，残偈与真智译汉文本比较，内容相同，应为同源。真智应为西夏僧人，而非元朝人。发愿文中的“太子”为窝阔台第二子、镇守西凉的阔端。他印施藏文、西夏文和汉文三种文字的藏传佛教经典，证明他接受并弘扬藏传佛教，为此后不久与藏族宗教领袖举行的凉州会谈做了宗教信仰方面的准备和铺垫。

《中国历史上的民族分类与民族认同》

何星亮（研究员）

论文　10 千字

《云南民族大学学报》2015 年第 4 期

该文认为，中国历史上的民族分类标准主要是文化而不是血缘和种族。历史上的民族认同是自由的，民族身份可以随时改变。古代民族认同的变异性，促使各民族都在不断发展变化之中，没有一个民族是静止不变的。中华民族的形成与历史上的民族分类和认同方式是分不开的。以文化作为分类和认同的标准，使不同文化的族群由淡漠隔阂走向自然融合，促成主体民族不断发展壮大，并促成中华民族文化的形成。古代民族分类和认同方式强化了古代少数民族的国家认同，促成各民族大一统意识的形成，有利于各民族共同价值观的形成。中国之所以能够保持 2000 多年统一和完整，与古代中国的民族分类和认同方式具有密切的关系。

《试论人的三种属性》

何星亮（研究员）

论文　10 千字

《中南民族大学学报》2015 年第 4 期

该文认为，通过分析人的三种属性即基本人性、民族性和个人性格的关系，阐述人的三种属性的基本特征、构成因素及其相互关系，进而指出人的三种属性的关系是辩证统一的关系。基本人性是普遍性，民族性和个人性格相对于基本人性而言，是特殊性；基本人性存在于民族性和个人性格之中。而民族性与个人性格的关系也是共性与个性的关系，民族性是一个民族或国家全体成员共有的，是共同性；而个人性格是个人所独有的，是个性。

《民族地区农村最低生活保障制度的反贫困效应研究》

刘小珉（副研究员）

论文　21 千字

《民族研究》2015 年第 2 期

该文基于“西部民族地区经济社会发展问卷调查”（CHES）2011 年农村数据，探讨了中国部分民族地区农村最低生活保障制度对缩小农村收入分配差距，尤其是反贫困的影响。分析结果表明，以农村最低收入家庭为对象的农村最低生活保障制度的实施基本达到制度设计的初衷，在绝大多数情况下瞄准了需要救助的贫困群体，具有一定的反贫困效应，从而在一定程度上缩小了这些地区农村的收入差距；同时，也还存在诸如保障水平偏低以及所谓“人情保”“腐败保”等问题。适当提高中央财政对民族地区低保资金支持力度，加大对低保制度实施过程的监督力度，将低保救助与就业援助相结合等，应当成为完善民族地区农村低保制度、提高低保制度运行效率、更好地发挥其反贫困效应的重要政策选项。

《西方权利正义理念的发展演变述评》

周少青（副研究员）

论文　19千字

《民族研究》2015年第1期

该文认为，迄今为止，人类追求权利正义的历史大致可以划分为三个阶段：第一个阶段是追求等级式权利正义阶段，这一阶段，权利正义的理念只适用于特定的人或群体。第二个阶段是追求“普遍的个人”的权利正义阶段，这个阶段的权利正义理念在形式上适用于所有个人。第三个阶段是追求实质性权利正义阶段，这个阶段的权利正义理念开始追求“实质性”的权利正义，开始在法理上为民族（族裔）、宗教、文化和语言上的少数族群权利保护提供路径探索，最终发展到社群主义与多元文化主义。自由主义经历这次划时代的转变，其权利正义正式进入少数民族权利保护的理念建构。

《近代中国民族主义对雾社事件的解说》

贾益（副编审）

论文　20千字

《民族研究》2015年第4期

该文认为，在反日民族主义高涨的背景下，1930年的雾社起义引起了中国大陆舆论的强烈反响。大量的媒体报道强调雾社起义与反日民族主义有关的元素，这些元素又在不同语境下生成各有其着重点的民族主义叙述。将“台番”作为榜样，激励民族精神，从而反抗日本和其他帝国主义的侵略，是最为普遍的叙事。以此为前提，在民族革命的历史构建逻辑中，“东方弱小民族反抗西方帝国主义”的话语偏重于叙述中国大陆与台湾的民族联系；以台湾革命为中心的话语，则偏重于说明台湾作为中华民族抗日共同体一部分的作用及汉“番”联合的意义。正是这种与革命话语密切关联的命运共同体意识，成为战后建构中华民族认同中台湾“番人”身份的重要基石。

《回鹘卜古可汗传说新论》

苏航（副研究员）

论文　12千字

《民族研究》2015年第6期

该文结合多种文字材料对著名的回鹘卜古可汗传说进行分析，探讨了树生传说与丘生传说、树瘿生人与树洞生人等不同版本的成因；通过将《晋书》所记载的羯语诗中的王号与其他北方民族王号比较，推测卜古可汗传说的形成可能早于公元4世纪；从语音和文献的角度对“仆固”与boγuγ勘同的结论进行了重新审查。在此基础上，该文还探讨了卜古可汗传说从仆固部传说变为回鹘始祖传说的可能性。

《民族地区城镇少数民族人口的就业分布与特征——基于CHES2011数据的分析》

马骍（副编审）

论文　16.5千字

《民族研究》2015年第6期

族际就业差异一直是政府和学界关注的热点，观察新时期少数民族与汉族的就业分布及其特征，目的是为揭示民族地区经济社会发展现状、制定政策预案提供主要依据。该文利用 2011 年西部民族地区经济社会状况家庭调查数据（CHES2011），考察了少数民族与汉族在就业分布和就业特征方面的异同，发现当前我国民族地区城镇少数民族与汉族人口的就业差异逐渐缩小，但仍然存在一定的分割痕迹；从就业特征看，少数民族在劳动收入、劳动合同和社会保障以及职业流动等方面都呈现出了规律性特征。

社会学研究所

《中国梦与浙江实践 · 社会卷》

陈光金（研究员）主编　杨建华（研究员）副主编

专著　293 千字

社会科学文献出版社　2015 年 8 月

该书全面梳理了 2003 年以来历届浙江省委坚持一张蓝图绘到底、深入实施“八八战略”的历史进程，系统总结中国特色社会主义在浙江生动实践的宝贵经验，详细解读习近平同志在浙江工作期间形成的一系列关于社会结构变迁、城乡一体化、社会事业与公共服务均等化、社会保障与改善民生、基层社会治理、流动人口服务与管理、平安浙江建设的重要思想观点和重大决策部署，深入研究了习近平同志立足浙江实践对中国特色社会主义的理论创新和实践探索。对协调推进“四个全面”战略布局，具有重要的理论价值和实践意义。

《宗教经济诸形态：中国经验与理论探研》

何蓉（研究员）

专著　199 千字

学习出版社　2015 年 6 月

该书通过对中国历史及现代社会中宗教传播的经济基础、生存方式、运行模式和信众供奉等方式的文献梳理和田野调查、社会考察，比较清晰地梳理出了经济社会发展阶段对宗教活动和传播的诸多影响，向人们展示了宗教活动与世俗经济活动之间的互动关系，有助于更好地研究宗教与社会活动之间的规律性内涵。

《奥匈帝国》

何蓉（研究员）

专著　240 千字

中国国际广播出版社　2015 年 1 月

该书以 1867 ~ 1918 年的奥匈帝国为基础，介绍了奥匈帝国丰富多彩的历史面貌和兴衰历史，揭示哈布斯堡家族古老的统治历史、老练的统治技术，如何在民族主义兴起之后步步后退，乃至覆灭。该书对奥匈帝国作了简明系统的全面叙述，力图通过奥匈帝国从崛起到衰亡的历史发展轨迹，反映出奥匈帝国社会史、文化史与民族史的特点，从而揭示出传统的帝国统治与近代欧洲新兴的民族主义、自由主义的冲突。

《法学的故事》

蒋来用（副研究员）

专著　226 千字

中国法制出版社　2015 年 3 月

该书精选了 61 个法学故事，以通俗易

懂的故事的方式介绍了中外法治历史。这些法学故事包含古今中外著名法学人物、重大法学事件、重要的法律典籍、重大变法活动等内容，具有较强的代表性。按照时间顺序，该书分为古代、中世纪和近现代法学故事三章，每章都对中外典型的法学故事进行了深入浅出的描述。

《再造城民：旧城改造与都市运动中的国家与个人》

施芸卿（助理研究员）

专著　291 千字

社会科学文献出版社　2015 年 5 月

该书由“旧城的再造”与“公民的生产”两个前后呼应的部分构成，既记录了平城全面城市化初期的两段重要历史，又展现出社会变迁中国家与个人之间的相互形塑。该书将近年来由快速城市化引发的集体维权行动，从积极意义上理解为由底层发起的，重塑国家与个人关系，在顺应中推动转型的尝试。其间，“城”与“民”的再造，体现出“中国式”的社会行动逻辑，也诠释了中国转型的独特进程。

《独立与依赖：转型期的中国城市家庭代际关系》

石金群（助理研究员）

专著　253 千字

社会科学文献出版社　2015 年 4 月

该书通过家庭走访调查，并结合 2008 年中国社会科学院“五城市家庭调查”所搜集的数据，运用本森特及其同事们所创建的代际团结理论和测量模型对广州成年子女与父母的家庭代际关系现状和变迁进行了全面深入的描绘，充分展示了城市家庭代际关系在外在形式、行动、情感和态度方面发生的具体方式，勾勒出转型期中国家庭代际关系的大致特征。在此基础上，运用家庭代际关系矛盾心境理论从结构和主体能动性两个维度分析了转型期家庭代际关系特点的形成原因。

《斯堪的纳维亚现实主义法学研究》

王田田（助理研究员）

专著　230 千字

中国社会科学出版社　2015 年 10 月

该书对 20 世纪上半叶活跃在北欧地区的斯堪的纳维亚现实主义法学进行了研究，阐述了其产生的历史背景、理论基础、主要观点、学术价值、实践意义及所遭遇的挑战，希望向读者展示斯堪的纳维亚现实主义法学对“法律如何成为科学”“法学理论如何推动社会进步”这两个问题做出的解答。该书提出要正确对待法作为价值、规则和事实的三位一体的性质，要注重维护法律发展的形式化和现实性之间的平衡，对近年来法理学界兴起的社科法学与法教义学之争提出了自己的思考。

《中国城镇居民的社会资本与信任》

邹宇春（副研究员）

专著　250 千字

社会科学文献出版社　2015 年 5 月

该书主要分析信任和社会资本的关系，着重探讨四个方面：第一，从方法上改进不同信任类型的程度差异比较；第二，对信任（尤其是普遍信任）做地区差异分析；第三，探讨社会资本（社会关系及其嵌入资源）是否会影响信任，以及验证它们之间是线性关系还是曲线关系；第四，社会资本与普遍信任的关系是否受到制度性结构资源的调节。该书有助于读者更为清楚地了解中国当前各信任种类的程度差异，更好地把握和了解民众的社会行动，为决策者在改进社会制度方面的政策制定上提供参考。

《生活的政治：世界工厂劳资关系转型的新视角》

汪建华（助理研究员）

专著 271千字

社会科学文献出版社 2015年3月

近年来新工人抗争浪潮的兴起，以及行动方式、诉求的变化，预示着中国劳资关系面临着不可避免的转型趋势。该书基于扎实的田野调查，力图从工人的生活经历与社区生活实践讨论世界工厂的劳资关系，分析社会关系与生产政体如何影响工人的生活与抗争行动，提出了关于当代中国劳工的一些新观点，如“实用主义团结”等，对于分析农民工的日常生活、阶级意识和群体抗争，都具有重要意义。

社会发展战略研究院

《中国社会发展年度报告（2015）》

李汉林（研究员）

专著 350千字

中国社会科学出版社 2015年12月

2015年，中国社会科学院社会发展战略研究院根据社会管理与社会建设重大问题研究的要求，在2012、2013、2014年的基础上继续开展了关于社会态度与社会发展的社会调查。依据科学抽样和统计分析方法，从31个省（自治区、直辖市）中抽出了60个市县区旗和540个社区委员会和居委会。对全国总体的社会经济发展状况进行系统评估，并形成《中国社会发展年度报告（2015）》。该书包括：社会景气、社会包容、公众参与、城市公共服务包容性评估、社会管理绩效评估、城市居民生活质量、城市居民工作环境、民众的环境满意度、政府信任、城市居民社区参与等12个方面的内容。

《非自愿住院的规制：精神卫生法与刑法》

刘白驹（研究员）

专著 919千字

社会科学文献出版社 2015年1月

该书全面梳理了国内外精神卫生与非自愿住院相关实践与理论的发展历史，特别是对中国古代到民国相关资料的挖掘收集整理，填补了学界空白。非自愿住院和精神卫生法的历史复杂而枝蔓丛生，且细节不清，资料难寻。书里大量引用文献，包括20世纪30年代前后北京的档案资料、上海《申报》等的资料等，不仅让有关历史显出踪迹，也让有关结论不言自明。

《社区何以可能：芳雅家园的邻里生活》

吴莹（研究员）

专著 210千字

中国社会科学出版社 2015年4月

该书重点关注社区是如何出现的，若干独立的个体如何结成熟人社会。通过对北京市某商品房小区内社会联结发生和发展的若干阶段，说明了地方社会生成各阶段的主要互动形式、联结类型、关系网络特点和重组方式，进而揭示出城市社会中社会交往的特征和商品房小区走向邻里化的动力机制。

《企业社会责任负面信息披露研究》

张蒽（副研究员）

专著 229千字

经济管理出版社 2015年5月

该书首先对企业社会责任信息披露和企业社会责任负面信息披露的相关研究文献进行了梳理和评述，明确了企业社会责任负面信息的内容，根据已有的信息披露理论对企业社会责任负面信息披露做出探讨和补充，并构建战略管理的分析框架，阐述影响企业社会责任负面信息披露的各种因素。同时，提出企业社会责任负面信息披露的两种战略态势。其次，探讨了中国社会责任负面信息披露的宏观环境因素，并以深交所上市公司、2012年企业社会责任报告为样本，对中国企业社会责任负面信息披露现状进行特征描述。最后，以定量研究和案例研究为方法，对影响中国企业社会责任负面信息披露的因素进行经验研究，提出推进企业社会责任负面信息披露的策略。

《发展过程中的社会景气与社会信心》

张彦（讲师） 魏钦恭（助理研究员） 李汉林（研究员）

论文 40千字

《中国社会科学》2015年第4期

该文认为，通过社会景气与社会信心两项表征民众“总体性情绪”的社会事实，可以观测与分析一个社会发展的总体状况和运行态势，以“晴雨表”的方式反映和把握社会发展的“脉搏”。在制作测量与观测工具的基础上，通过全国性抽样调查数据进行检验的结果表明，研究所设计的量表具有良好的信度和效度。在此基础上，社会景气与社会信心指数可以用一种基于变量正态标准化转换和量纲统一的方法构建。数据统计结果显示，以2012年为基点，2013年和2014年中国的社会景气与社会信心指数呈现稳步上升的态势。

《社会工作转向：结构需求与国家策略》

葛道顺（研究员）

论文 36千字

《社会发展研究》2015年第4期

该文基于国际社会工作的转向，梳理了我国社会工作发展的现状和路径。该文指出，在强制性制度变迁背景下，我国社会工作存在专业性悬空和职业性排斥两大弊端。为快速推动社会工作发展，要采取底层视角，直接面对社会转型过程中的结构需求，特别要关注社会工作所面临的中国特色环境，比如民政工作系统与社会工作系统的相拒和相容，以及行政化管理体制对社会工作职业化的影响。基于国际社会工作转向所强调的本土知识，该文从当前问题和内在机制出发，提出了促进我国本土特色社会工作发展的国家层面策略。

《教育获得、户籍差异与户籍的意蕴》

高勇（研究员）

论文　15 千字

《社会发展研究》2015 年第 4 期

该文认为，不同的教育阶段有着不同的功能，相应的升学决策也有着不同的考量因素。对 CFPS 2010 数据的模型统计分析显示，教育获得的户籍差异在不同教育转换阶段呈现出不同的变动趋势：义务教育阶段户口差异在缩小；初中升高中阶段户口差异一直很大；高中升大学阶段的户口差异从无到有。在义务教育阶段的上学决策中，户籍主要意味着家庭资源和公共教育资源分配的差异；在初中升高中阶段，则意味着不同的自我身份认定与发展期望；在高中升大学阶段，则意味着渗透到学校制度设置与个体日常生活中的社会身份差异。

《中国消费者责任消费指数研究——以中国六个主要城市为样本》

许英杰（博士）　张蒽（助理研究员）刘子飞（博士）

论文　12 千字

《中国经济问题》2015 年第 4 期

该文结合责任消费理论、企业社会责任理论以及中国国情，构建了包括社会责任信息关注度、产品购买倾向影响度和责任产品支付意愿三个维度的中国责任消费指数，并对北京、上海、广州、武汉、成都和沈阳六个主要城市的消费者责任消费意识进行了网络在线调查，计算出中国责任消费指数。该文认为，中国消费者责任消费意识已经觉醒，企业环境责任对消费者的购买行为影响最大，但中国消费者对负责任企业的产品的支付意愿不高。消费者的区域、年龄、家庭规模、个人月消费支出对责任消费意识具有显著影响。

《“燕京学派”的知识社会学思想及其应用——围绕吴文藻、费孝通、李安宅展开的比较研究》

杨清媚（副研究员）

论文　28 千字

《社会》2015 年第 4 期

该文通过比较吴文藻、费孝通和李安宅的知识社会学理论脉络，以及在此指导下的经验研究认为，吴、费、李三人分别开拓了三种知识社会学的经验研究路径。吴氏以曼海姆的知识社会学为主要依据，主张知识与知识人受限于社会本体论，走向实践改造社会的国家主义。费氏一直到 20 世纪 50 年代之前似乎在曼海姆与韦伯之间摇摆；到晚年则尝试从新儒家出发，提出社会科学应借鉴解释学，关注“心”的问题，从而重新接近张东荪的知识社会学。李氏原先引介曼海姆最积极，后来转向吸收张东荪的思想而走向韦伯，认为应该更全面地考察整个知识系统在社会中沉淀的不同层面。他们提出的问题是，中国文明整体是否经由对不同知识体系的安排与组合来实现其内部秩序？该文认为，在社会变化日趋复杂的条件下，社区研究可能需要与知识社会学结合，才能将对国家与社会的理解推至更深处。在这个意义上，“燕京学派”奠定的基础将是良好的起点。

《虚拟社区是否增进社区在线参与？——一个基于日常观测数据的社会网络分析案例》

陈华珊（副研究员）

论文　28 千字

《社会》2015 年第 5 期

对互联网技术的使用是否会增进公民的社区参与一直是一个具有争议性的问题，对于网络社区在其中如何发挥作用的相关研究却寥寥无几。该文利用大数据，采用一个案例，从社会网络分析的视角对此进行研究。通过区分不同性质的讨论网后发现，网络社区对业主的网络公民参与存在正效应，不同议题的讨论网关系可以相互转化，从而促进网络参与。

《知识劳动中的文化资本重塑——以 E 互联网公司为例》

梁萌（博士）

论文　21 千字

《社会发展研究》2015 年第 1 期

该文主要关注知识劳动场域中知识劳动者及其文化资本被重塑的过程和意义。知识工人从教育中获得的原初文化资本在劳动场域中被重塑，以作为支撑知识生产过程的意识形态基础。通过概念认同、案例化机制，企业组织建构了重塑过程中的话语权、合法性，最终通过绩效评估的量化机制直接影响劳动行为本身。文化资本重塑保证了创新性知识生产的进行，同时也因其中所裹挟的个人主义、科层等级等因素导致了生产中部分问题的产生，因而知识工人的文化资本既是知识劳动中的核心要素，也是资方管理控制的主要维度。在理论上，知识劳动场域中意识形态形成机制的复杂化，对劳动过程理论在工业生产中形成的传统判断构成了挑战，将技术变迁、文化两个维度加入相关研究框架中，是进一步理解知识劳动的前提和基础。

新闻与传播研究所

《中国电影的全球化想象与自由流动身份建构》

张建珍（副研究员）　吴海清（教授）

论文　11.2 千字

《电影艺术》2015 年第 1 期

该文认为，中国电影通过全球化与市民生活世界之间关系的想象，表现了中国电影想象全球力量建构全球社会秩序、生活世界和人们身份认同的力量与方式，在一定程度上体现了中国社会进入全球化过程时的生活世界、社会关系、心理结构、价值观念等方面变化，但应该看到中国电影全球化想象还存在着诸多问题，其中对资本权力热情的拥抱、缺乏全球化批判的多元视角、无力认真反思全球化正当秩序等，都显示了这些影片不仅掩盖了全球化和身份认同之间的不一致，更是放弃了包括身份认同在内的各种文化和运动对资本、商品全球化的抵抗与批判的可能性。

《数字阅读的文化价值与人文精神的张扬》

杨瑞明（副研究员）

论文　7 千字

《出版发行研究》2015 年第 2 期

该文从阅读的文化价值出发，探讨了数字阅读与人文精神的关系与作用，以及如何理性认识数字阅读的文化悖论，以共同拓展我们当下在现实与虚拟交织的社会空间的“数字化生存”方式、为调适与提升我们个人和整体社会的精神状态，寻找恰当的路径与方向。该文还认为，阅读是知识传播和社会文化传承的重要方式，数字阅读正在参与数字时代的文化塑造与文化转型，并重新聚集与整合知识的力量，在更高层次创造“数字人文”的特质，为21世纪的人文精神注入新的内涵。

《虚拟的在场：新媒体时代谣言传播的技术动因》

雷霞（副研究员）

论文　8千字

《现代传播》2015年第3期

该文指出，传统媒体时代，谣言主要以口耳相传的方式传播和扩散，信息容易变异和扭曲，因此容易产生带有不确定性的信息，从而形成谣言。新媒体时代，存储、查询、搜索等数字技术避免了信息在流传过程中的失真，信息的不确定性本应减少，但现实中，谣言的产生与传播并未减少，反而更多，其原因是多方面的。该文旨在探寻新媒体时代谣言产生和传播的技术推动因素。其中，技术提供的虚拟“在场”感，是谣言蛊惑大众最重要的杀手锏。

《台湾民主转型中新闻传播的变迁与发展——一项基于对台湾新闻传播界深度访谈的研究》

向芬（副研究员）

论文　17千字

《厦门大学学报（哲学社会科学版）》2015年3月

该文基于以下研究问题展开：台湾媒体在民主转型中是否起到推手的作用？报禁解除是否只是民主转型的必然产物？民主转型前后政府对媒体的控制与管理发生了哪些变化？民主转型过程中裹挟而来的西方自由主义思潮对台湾媒体政策的影响力如何？为了解台湾新闻传播与民主转型的关系问题，该文就12个访谈问题对新闻传播学界和业界核心群体16位相关人士进行了一系列深度访谈。

《抵制“英雄诋毁说”“历史虚无主义”的网络逆袭及其克服》

孟威（研究员）

论文　6千字

《人民论坛》2015年5月

互联网言论已成为中国社会舆论的重要风向标，“反思”与“颠覆”逐渐上升为网络舆论的两大主导性看点，这暴露出的是历史虚无主义的本质。要及时有力地抵制“抵毁论”，摆脱虚无主义干扰，将互联网上的文化反思引向理性、科学的轨道。该文首次对“诋毁说”作“历史虚无主义”定位分析，刊发后掀起舆论热潮。该文被中共中央网络安全和信息化领导小组办公室评为“全网优秀理论文章”。

《新阶段推动中国国际传播能力建设的理性思考》

姜飞（研究员）

论文　10千字

《南京社会科学》2015年第6期

中国国际传播能力建设现在正进入一个转型通道，如何再上台阶，切实致效，实现当下西强我弱格局的破局并在一个新的高台上持续前行？这或许是一个基本的学术判断，或者仅仅是一种研究假设。该文从学理层面分析国际传播致效的路径，以之分析当前中国国际传播新形势和基本特点，进而就中国国际传播形势如何破局提出理性分析和主张。

《略论马克思、恩格斯的广告批评思想》

王凤翔（副研究员）

论文　18千字

《新闻与传播研究》2015年第6期

该文认为，在马克思、恩格斯看来，商业广告是一种精神交往形式与精神生产力，具有付费性、充满活力、产业精神与妙趣横生的传播特征，是受资本影响与控制的一种社会交往形式与传播文明方式。

该文站在马克思强调的“一切历史冲突都根源于生产力和交往形式之间的矛盾”的理论视角上，在异化论、阶级斗争论与媒体批判论的基础上，对商业广告、虚假广告与广告意识形态等方面问题进行了探讨，形成了具有马克思主义意识形态的广告批评思想。

《论“人际传播”的定名与定义问题》

王怡红（研究员）

论文　12.6千字

《新闻与传播研究》2015年第7期

该文重点梳理了人际传播的不同译名及其在不同学科与研究领域使用的基本含义，在此基础上，尝试给出人际传播的一个操作性定义。人际传播是发生在个体之间的，使用言语和非言语讯息进行意义的交流和理解，经过谈话与倾听的行动、互动、互融或共融的协商过程，所建构出来的反映不同文化价值观的，带有交往、沟通、对话行为特征的合作性交往关系。

论文还通过该词的定名与定义研究，对我国人际传播研究所面对的从译本到使用的“跨语际实践”的现实以及不同译名所彰显出来的特殊意义进行了深入思考。

《“互联网+”媒体——融合时代的传媒发展路径》

黄楚新（副研究员）

论文　12.4千字

《新闻与传播研究》2015年第9期

该文认为，“互联网+”为传统媒体的发展带来挑战，也提供了契机，应充分发挥互联网和传统媒体各自优势，从“相加”到“相融”，使“互联网+媒体”成为推动媒体业转型与升级的重要途径。该文重点论述了传统媒体在借助互联网平台开展电商业务中，应充分利用传统媒体内容生产与品牌优势，包括媒体的读者资源、传播力和影响力以及相对完善的发行渠道等，通过系统规划和总体布局，实现互联网与传统媒体的最优化结合，使媒体电商得以持续健康发展。

《治学例话——全国新闻传播学优秀论文品鉴》**（第一辑）**

唐绪军（研究员）主编

论文集　319千字

中国社会科学出版社　2015年11月

该书是第一届（2012年度）全国新闻传播学优秀论文遴选成果的结集。全书收录了《耳目喉舌：旧知识与新交往——基于戊戌变法前后报刊的考察》（作者：黄旦）、《媒介使用、媒介评价、社会交往与中国社会思潮的三种意见趋势》(作者：陆晔)、《中国传媒经济研究的“学术地图”——基于共引分析方法的研究探索》(作者：喻国明、宋美杰)、《网络意见领袖社区的构成、联动及其政策影响：以微博为例》(作者：曾繁旭、黄广生)、《网络人际传播中印象形成机制的实证研究》(作者：张放)、《从“大众门户”到“个人门户”网络传播模式的关键变革》(作者：彭兰)、《“触媒”时代受众自治的“纸媒”社会化媒体特征》(作者：童清艳、钮鸣鸣)、《我们需要什么样的网络意见领袖？》(作者：胡泳)、《公众眼中的广播电视公共服务：现状评价及未来期待》(作者：夏倩芳、王艳)、《对一场关于微博说理功能的论争的分析》(作者：马少华)、《深度报道生产方式的新变化——深度报道记者QQ群初探》(作者：鞠靖)、《节目测评标准的效用与局限》(作者：吴叔平)等12篇优秀论文。这些论文是从当年发表的上万篇新闻传播学论文中筛选出来的，代表了中国新闻传播学研究的最高水平。所选论文或在思想上有所建树，或在方法上有所突破，或对老问题给出了新解释，或对新现象提出了新观点……篇篇有新意。编撰时，除收录论文原作外，还收纳了作者小传、优秀论文遴选意见和作者写作回眸等内容，旨在为新闻传播学科治学立论提供示范。

《新闻学传播学文摘》

唐绪军（研究员）主编

论文集　250千字

中国社会科学出版社　2015年12月

该书梳理、筛选并提炼了2015年度国内外新闻学与传播学及相关交叉学科的研究成果、前沿论著，希望能通过对学术发展脉络的把握，对新闻学与传播学前沿动态的跟踪，为新闻传播学界提供一份本学科高质量的阅读文萃，能让读者在短时间内了解学术研究的新进展、新观点，进而共同探讨新闻传播学科未来的发展态势，促进和引领新闻与传播学术创新和实践突破。

《马克思主义新闻传播史论的研究历程——中国学界文选》（第三卷·2000～2015）

宋小卫（研究员）　向芬（副研究员）主编

学术资料　503千字

中国社会科学出版社　2015年12月

马克思主义新闻观对于我国新闻事业的发展以及新闻传播学科的建设具有长远的指导意义和特殊的重要性，它是辩证唯物主义和历史唯物主义科学世界观在新闻领域的体现。新中国成立以来特别是改革开放至今，我国学界有关马克思主义经典作家新闻活动及相关论述的研究、有关中国共产党新闻实践及其理论表达的研究已积累了较为丰富的治学成果。为便于广大读者对这一研究领域学理文献的了解，该书编者经全面的检视和精心擢选，编成多卷本的《马克思主义新闻传播史论的研究历程——中国学界文选》，其中第一卷收录20世纪80年代的研究成果，第二卷收录20世纪90年代的研究成果，第三卷收录21世纪前15年的研究成果。

国际研究学部

世界经济与政治研究所

《2015年世界经济形势分析与预测》

王洛林（研究员） 张宇燕（研究员）主编

孙杰（研究员）副主编

专著 437千字

社会科学文献出版社 2015年1月

作为年度形势报告，该书分析了2014年的世界经济形势，预测了2015年世界经济的发展趋势。该书认为，2014年，世界经济维持了2013年度的缓慢复苏，同时经济增长格局分化显著。美国经济复苏巩固，欧元区经济低位运行，日本经济与其增长目标相差较远，进而发达经济体货币政策出现分化。巴西和俄罗斯经济出现大幅下滑，中国增速放慢仍维持较高增长速度，印度经济增速则有所提升。全球劳动力市场总体改善，物价稳中有降，部分经济体开始面临通缩风险。大宗商品价格急剧下滑，贸易进入低速增长通道，对外直接投资增长亦缺乏动力，债务水平仍处高位。

展望2015年，世界经济增长仍受诸多因素影响：美国与欧日等发达经济体货币政策、欧洲经济走出低迷的可能性、"安倍经济学"的最终效能、主要新兴经济体改革成效、全球金融系统潜在风险、地缘政治经济走势、突发性疾病与自然灾害等。

《全球政治与安全报告（2015）》

李慎明（研究员） 张宇燕（研究员）主编

李东燕（研究员）副主编

专著 420千字

社会科学文献出版社 2015年1月

作为国际政治领域的年度形势报告，该书以专题的形式阐述2014年一年来国际政治与安全的现状，并提出预测和对策建议。该书全面阐释了国际形势的总体发展，提供了有关大国关系、全球重大冲突与军事形势、全球恐怖主义与反恐斗争、能源政治、网络安全、国际移民问题以及国际组织与国际会议等方面的专题报告。该书还关注核安全峰会、上海亚信会议、北京APEC会议以及联合国70周年纪念活动情况、乌克兰危机、克里米亚问题、苏格兰公投、西非埃博拉疫情以及西亚北非局势等焦点问题。

《美国行为的根源》

张宇燕（研究员） 高程（研究员）

专著 152千字

中国社会科学出版社 2015年12月

该书将美国人格化，分析了美国的行为根源和基本原则。该书认为，"宗教热情—商业理念—集团政治"，三位一体，构成了美国行为的三大支柱，并成为理解美国行为根源的三个基本维度。该书还对美国对外行为的"价值诉求—现实利益"二元目标以及它们相互之间的关系和排序进行了分析，并对美国未来国际行为以及中美关系未来走势进行了评判和预测。

《世界能源中国展望（2014 ~ 2015）》

《世界能源中国展望》课题组

专著　323 千字

社会科学文献出版社　2015 年 2 月

该书以世界能源发展趋势为背景，重点研究了"生态能源新战略"情景下中国能源中长期发展的基本态势和政策选择，对能源安全相关重大问题作出专题分析，展示和评估了中国能源发展与世界能源发展的相互影响。其目的是以中国能源专家的眼光，向国内外能源政策制定者、能源产业、媒体和公众提供观察与分析中国能源发展走势、能源安全局势、中国与世界能源发展互动关系的独立视角和判断，同时推进中国参与国际能源论坛的对话与信息交流。

《中国海外投资国家风险评级报告（2015）》

张明（研究员）　王永中（研究员）等

专著　172 千字

中国社会科学出版社　2015 年 6 月

该书从中国企业海外投资的视角出发，在全面梳理国家风险评估理论以及充分借鉴多家国际知名主权评级机构评级实践的基础上，构建了包括经济基础、偿债能力、社会弹性、政治风险与对话关系 5 个模块、40 个指标在内的指标体系，全面量化评估了 36 个中国海外投资东道国的国家风险。该书试图通过提供风险警示，为中国企业降低海外投资风险、提高海外投资成功率提供参考。

《全球治理：行为体、机制与议题》

李东燕（研究员）等

专著　355 千字

当代中国出版社　2015 年 10 月

该书采纳联合国关于全球治理的核心原则和基本要素，基于全球治理的基本概念、要素和特征，选择了在当今全球治理中具有影响意义的不同行为体（包括联合国、区域组织、七国集团、二十国集团、金砖国家、中等强国、小国集团及民间社会组织、非政府组织和跨国公司等）来进行研究，主要考察不同行为体在全球治理中的地位、角色和影响，以及它们在全球治理中的互动关系。同时，该书也选择了若干当前全球治理中的热点问题领域（包括网络问题、水资源问题、冲突与安全问题、移民问题、太空武器问题、劳工问题、自然灾害问题等）展开进一步的个案分析，试图揭示全球视野下不同领域治理的共同性、差异性和多样性，也揭示各行为体在不同问题领域治理中的角色和作用。

《苏联共产党基层党组织建设研究——兼析基层党组织建设与苏联解体关系》

李燕（副研究员）

专著　455 千字

社会科学文献出版社　2015 年 10 月

该书围绕苏联共产党基层党组织建设史实，运用俄罗斯历史档案材料和已有成果，对苏共基层党组织从组织结构、范围、职能、发挥作用的形式等进行分析论证，总结苏共基层党组织建设的经验教训。第一部分列举苏共基层党组织建设的历程，阐明基层党组织建设的成就与问题，分析其原因；第二部分分析苏共基层党组织建设与苏共垮台、苏联解体的关系，从而总结苏共基层党组织建设的经验与教训，及其对社会主义国家执政党建设的启示。

《中国对外贸易问题的一般均衡建模与模拟》

东艳（研究员） 李春顶（副研究员）John Whalley（教授）

专著 393千字

中国社会科学出版社 2015年4月

应用一般均衡建模与模拟，是一个重要的经济学研究方法与技术，尤其在政策分析和规划领域具有重要的应用价值。该书包含了一般均衡建模与模拟方法在国际贸易中应用的范例，呈现了一般均衡建模的最新发展，以及中国对外贸易的建模方法。该书中所有论文涉及的领域和主题均为中国对外贸易中的现实问题，包含了贸易与气候变化、贸易政策的博弈、贸易摩擦和最优关税、贸易不平衡以及区域经济一体化。

《大国无战争、功能分异与两极体系下的大国共治》

杨原（助理研究员）

论文 34千字

《世界经济与政治》2015年第8期

该文研究的问题是：两极体系下大国权力竞争除了像冷战时期美苏那种各自结盟相互对抗的模式外，是否还可能出现其他更为温和的权力竞争模式？该模式产生的内在机制是什么？该文认为，当两个一级大国的对外功能出现分异，且大国间战争不再是可行的策略选项时，将出现稳定的“大国共治”模式，两个一级大国共享对体系内所有或大部分中小国家的领导权，而不再以地域划分“势力范围”。

《联合国发展议程演进及中国的参与》

徐奇渊（副研究员） 孙靓莹（助理研究员）

论文 20千字

《世界经济与政治》2015年第4期

该文梳理了联合国成立以来发展议程的演进，并将其框架总结为两个层面的三大支柱：20世纪80年代发展的理念向可持续发展拓展，经济、社会、环境成为联合国发展议程的三大支柱。发展本身还与和平、人权一起，在2005年被安南总结为联合国工作内容的三大支柱。同时，中国在发展议程中也发挥着越来越大的作用。不过中国作为发展中大国的地位没有根本性的改变，这是中国定位的基本出发点。该文指出，中国应从发展中国家的立场出发，推动发展议程的更具包容性；同时，对中国参与国际发展议程树立更清晰的指导理念。从务实的角度来看，中国更需要在发展融资的有效性、资金来源的充足性问题上发挥更重要的作用，并谨慎处理好新设多边发展机构与现有机构之间的关系。

《全球价值链分工位置及其演进规律》

苏庆义（副研究员） 高凌云（副研究员）

论文 15千字

《统计研究》2015年第12期

该文认为，出口上游度可以测算全球价值链分工位置。该文首先指出已有文献在测算出口上游度时存在方法上的缺陷，然后运用改进的方法和世界投入产出数据库进行准确测算，并使用半参数估计方法研究了出口上游度和人均国内生产总值之间的关系。半参数估计结果表明，随着人均国内生产总值的提升，一国的出口上游度会越来越低，这一结果非常稳健。对出口上游度的测算表明，中国在加入世界贸易组织之前，出口上游度的变动符合一般规律；但是在加入世界贸易组织之后到全球金融危机爆发的时期，出口上游度的变动违反了一般规律；金融危机之后，中国出口上游度的变动趋势又开始符合一般规律。综合起来看，中国目前的出口上游度依然较高，未来还需继续往下游扩展。

《布雷顿森林遗产与国际金融体系重建》

高海红（研究员）

论文 22千字

《世界经济与政治》2015年第3期

该文主要阐述战后国际金融体系重要的理论发展和政策变化，重点讨论汇率制度选择、储备货币和流动性等理论争论以及国际货币基金组织改革进程。该文认为，世界经济格局变化与全球金融权力之间形成明显的错配，造成国际金融体系的不稳定和不平等。原本以解决收支问题和保证金融稳定为宗旨的国际金融体系，却为全球失衡和全球金融危机爆发深埋隐患。实现储备货币多元化，重组和增设多层级的国际金融机构，建立全球金融安全网，是国际金融体系重建的核心内容。中国参与国际金融体系重建，扩大人民币作为国际货币的功能，提升中国在国际金融机构中的地位，参与创建新的多边金融机构，既符合以中国为代表的新兴经济体和发展中国家的利益，也顺应新的国际经济格局。

《全球治理：一个理论分析框架》

张宇燕（研究员） 任琳（助理研究员）

论文 22千字

《国际政治科学》2015年第3期

该文认为，冷战结束以来，全球化进程以前所未有的速度加快，全球问题日益凸显，由此而引发的全球治理问题业已成为国际政治经济学的重要研究议程。该文在批判性借鉴制度经济学的基础上，为全球治理研究搭建一个分析框架。此框架由基本假定、关键概念、理论（或概念之间的逻辑关联）以及核心问题组成。目标是降低交流成本，提升讨论层次，从而推动全球治理理论的建构。

《大国崛起失败的国际政治经济学分析》

冯维江（副研究员） 张斌（研究员） 沈仲凯（博士）

论文 24千字

《世界经济与政治》2015年第11期

该文提出并利用战略性误导/误判、环境性易感条件、体制性易感条件等理论概念，对崛起中大国的崩溃或失败提出了一种机制性的解释：战略性误判/误导→易感国决策→资源错配→内忧/外患→大国崛起失败。从对德国、苏联和日本等大国崛起失败的案例来看，决策集中、社会动员力高、国内利益集团分化等体制性条件下，更容易诱发战略性误导或误判并造成严重的资源错配，致使崛起国在内忧外患下突然失败。该文认为，科学的试错机制、开放的经济体系、良好的国际关系和中性的权威政府能够避免或至少减轻战略性误导或误判的不利影响。

俄罗斯东欧中亚研究所

《多极化背景下的中俄关系（2012~2015）》

郑羽（研究员）主编

专著　420千字

经济管理出版社　2015年11月

该书在国际战略环境和战略形势最新变化的背景下研究日益具有全球影响力的中俄关系的最新发展状况。主要内容包括国际战略形势与中俄在全球事务中的合作，中俄在“金砖五国”与上海合作组织中的合作与问题，亚太多边合作组织与对话机制中的中俄关系，中俄高层会晤、间合作与军事合作，中俄经贸关系与投资合作，以及中俄能源合作研究。

《从苏联到俄罗斯：民族区域自治问题研究》

左凤荣（教授）　刘显忠（研究员）

专著　534千字

社会科学文献出版社　2015年12月

该书利用最新档案资料，系统地研究了从苏联到俄罗斯民族区域自治问题。书中重点研究了苏联时期民族区域自治政策的形成、发展与存在的问题，把苏联的民族区域自治政策放到当时的历史条件下来考察；以发展的观点来考察从苏联到俄罗斯民族区域自治政策演变的历史逻辑；在论述当今俄罗斯民族区域自治政策时，与苏联时期进行比较，进而把握当今俄罗斯民族理论与民族政策、民族区域自治制度的变化。

《曲折的历程：中东欧卷》

陆南泉（研究员）总编　朱晓中（研究员）主编

专著　583千字

东方出版社　2015年12月

中东欧国家转型是大规模的制度变迁，该书对这一重大现实问题进行了全新的研究。第一，对国内外有关转型的研究进行较为详细的文献梳理，客观介绍了国内外学者在相关问题上的各种观点，并通过这种综述明示国内外相关研究的不同规模和深度；第二，以问题为导向，主要讨论转型中的若干基本问题；第三，系统讨论民族国家重建和转型的关系，外部约束对转型的影响，市场化与民主化之间的互动，以及转型与现代化等问题。这些问题的讨论有助于人们更深入地理解中东欧国家转型的实质性内涵及其特点。

《曲折的历程：中亚卷》

陆南泉（研究员）总编　李中海（研究员）主编

专著　273千字

东方出版社　2015年12月

该书认为，中亚转型独具特色，其历史与现实复杂，影响因素和内外约束繁多，转型进展不一。中亚转型具有不确定性、表面性和断续性特点。该书聚焦上述问题，紧密结合中亚国家的政治经济议程，对其政治经济转型进程及特点进行梳理和分析，力图从转型视角回答“中亚向何处去”的问题，并为转型理论研究及转型问题的国际比较提供参照。

《曲折的历程：俄罗斯经济卷》

陆南泉（研究员）总编　李建民（研究员）

主编

专著 297千字

东方出版社 2015年12月

东欧剧变、苏联解体已经过去25年。俄罗斯作为世界上最大的转型国家之一，对其经济转型的实际效果和动态变化进行研究具有重要的理论价值和现实意义。该书从政治经济学、新古典自由主义经济学、发展经济学、国际竞争等多个理论视角来观察经济转型的进程与绩效，对俄罗斯经济转型的基本要素——产权改革、财税改革、金融改革、对外经济关系、社会保障体制重建、产业结构调整、转型与经济增长、转型与国家现代化等问题进行了深入解析。

《曲折的历程：俄罗斯政治卷》

陆南泉（研究员）总编 李雅君（研究员）主编

专著 328千字

东方出版社 2015年12月

该书通过详细梳理从叶利钦时期到普京时期俄罗斯政治进程与政治制度（宪政制度、司法制度、政党制度、议会制度与联邦制度）的演化过程，概括出俄罗斯政治发展的基本特征和一般规律；从政治转型与社会转型的互动角度，以俄罗斯的宗教、大众传媒、教育、民族政策与公民社会等领域为切入点，分析和探讨政治转型对俄罗斯社会的影响；以俄罗斯政治精英的演化为视角，分析政治精英在俄罗斯政治转型中的作用和影响；通过对俄罗斯执政集团执政理念演化过程及内容的分析，探讨俄罗斯政治集团的政治观念和思维方式对俄罗斯政治制度的确立与政治转型路径选择的影响；通过对俄罗斯转型时期出现的各种社会思潮的背景和内容的分析，从政治文化的角度探讨俄罗斯政治转型的特殊性。

《中亚国家的政治转型》

包毅（副研究员）

专著 316千字

社会科学文献出版社 2015年3月

该书研究了中亚五国的政治转型进程，认为这是一个“创建主权国家与重构政治体制”的双重过程。书中以苏联后期中亚国家的政治改革为起点，以独立后中亚国家的政治制度演进与权力结构变化为线索，概括地叙述了20多年来中亚国家政治发展进程的基本脉络和主要特征，揭示了政党格局、精英博弈、政治文化、宗教传统、地缘环境、外部势力等各种因素对中亚国家政治转型的现实影响。

《俄罗斯发展报告2015》

李永全（研究员）主编

研究报告 336千字

社会科学文献出版社 2015年7月

该书对乌克兰危机背景下俄罗斯及相关情况进行了梳理和考察。乌克兰危机是2014年世界政治的一个重要的主题，它对俄罗斯、欧洲以及后苏联地区的影响尤为深远。乌克兰危机虽然发端于乌克兰对国家道路及其发展模式的选择，但它从一开始就不仅仅是乌克兰国内政治的问题，也不仅仅是一个地区性的问题，而是一个事关俄罗斯与整个西方世界关系的战略性问题。随着乌克兰危机的发展，俄罗斯与西方世界之间出现了类似于“新冷战”式的对抗。从目前看，乌克兰危机还没有结束的迹象，而且在可见的未来不可能得到圆满的解决。

《中亚国家发展报告 2015》

孙力（研究员）主编

研究报告　381 千字

社会科学文献出版社　2015 年 8 月

该书运用定量与定性相结合的研究方法，从宏观和微观的角度对 2014 年以来尤其是在乌克兰危机、俄罗斯与西方关系恶化、国际油价大幅下跌的背景之下，中亚各国的政治形势、外交策略、经济状况、重大事件以及各国的基本国情进行了深入的探讨，并对 2015 年中亚国家政治经济外交的发展趋势进行了展望。

《上海合作组织发展报告 2015》

李进峰（研究员）主编

研究报告　369 千字

社会科学文献出版社　2015 年 7 月

该书分析了当前上海合作组织所面临的国际和地区形势以及复杂的地缘政治经济格局变化，深入解读了地区热点问题和重大事件对上海合作组织发展的影响，梳理了 2014 年至 2015 年初上海合作组织在反恐、军事、经济、教育、文化和农业等领域合作现状及取得的积极进展，对成员国、观察员和对话伙伴国发展现状及其与上海合作组织关系进行了系统客观的描述。

《丝路列国志》

李永全（研究员）主编

专著　537 千字

社会科学文献出版社　2015 年 3 月

该书介绍了欧亚大陆“丝绸之路经济带”上 35 个国家的基本情况。每篇用一万余字的篇幅对各个国家的基本国情，包括政治制度、政党制度、经济和社会发展情况进行了简要的叙述，同时也介绍了各国的地理、人口、国家发展简史和文化特色，还介绍了各国的投资环境，尤其是投资政策方面的情况。

《新丝路与中亚——中亚民族传统社会结构与传统文化》

吴宏伟（研究员）主编

专著　480 千字

社会科学文献出版社　2015 年 12 月

中亚五国地处欧亚大陆腹地，不仅战略位置重要，而且具有丰富的石油和天然气资源，更是实施与拓展丝绸之路经济带战略的核心区域。了解那里不仅有助于中国与中亚人民之间的民心相通，也能更好地促进国家间的政策沟通、道路连通、贸易畅通和货币流通。该书翔实地介绍了中亚国家的民族起源、人口概况、家庭关系、组织结构、宗教信仰、民间文学、语言文字、衣食住行、文艺体育、传统医学等方面情况。

欧洲研究所

《欧洲发展报告（2014 ~ 2015）》

周弘（研究员）　黄平（研究员）

江时学（研究员）主编

研究报告 445 千字

社会科学文献出版社 2015 年 7 月

该书分为“主题报告”“专题篇”“欧洲联盟篇”“国别篇”等部分。“主题报告”主要谈乌克兰危机与欧盟关系。乌克兰危机对欧盟产生了较为深远的影响，东部伙伴关系可能因此不得不做出调整，欧洲安全秩序也由此面临新的变动，欧美关系和欧俄关系均受到不同程度的冲击和影响。“专题篇”分别对中欧关系的新发展、2014 年欧洲议会选举、欧盟 2030 年气候与能源政策框架、欧盟劳动力市场改革开放等方面进行了研究和阐述。“欧洲联盟篇”从政治、经济、外交、社会、法制、科技入手，分析欧盟的内政外交。“国别篇”对欧洲 36 个国家的政治、经济、社会形势进行了介绍，力求反映出它们在 2014 年的新变化。

《梦里家园：社会发展、全球化与中国道路》

黄平（研究员）

专著 402 千字

社会科学文献出版社 2015 年 8 月

该书收录了作者 20 多年来所做的理论和学术探索的文章，其中对社会发展、全球化和中国道路这三个主题的讨论，体现了作者长期以来理论和实地研究的探索历程。

《走向人人享有保障的社会》

周弘（研究员） 张浚（研究员）

专著 238 千字

中国社会科学出版社 2015 年 10 月

该书系统地梳理了新中国成立以来中国社会保障制度从无到有、从少数人享有到人人享有的发展演变历程；揭示了不同经济条件下社会政策的取舍，社会保障制度建设，社会理想实现的逻辑、脉络和步骤；介绍了中国社会制度建设者们的不懈追求和努力；剖析了具有中国特色的社会保障制度的成因。

《外援书札》

周弘（研究员）

专著 311 千字

中国社会科学出版社 2015 年 10 月

该书集中分析了主要的国际援助行为体的动机和方式，分析了相关的地缘政治和经济格局变化，还讨论了发展的主题、技术、方式和方向之间的相互作用。通过对外援助这个渠道可以看出，观念和技术等细节因素对于国际关系的潜在和巨大的影响力。

《当代西班牙经济与政治》

张敏（研究员）

专著 313 千字

社会科学文献出版社 2015 年 11 月

该书主要论述了自 20 世纪以来，西班牙在经济、政治领域发生的重大变化。经济上，表现为长期停滞到创造经济奇迹，20 世纪 80 年代中期加入欧共体后，西班牙与欧洲其他国家的经济一体化发展进程。政治上，阐述了从君主专制主义向现代民主政治体制的重大转型特征。

《国家构建的“欧洲方式”》

刘作奎（副研究员）

专著 260 千字

社会科学文献出版社 2015 年 6 月

该书全面介绍了欧盟对西巴尔干政策的历史演进及具体内容，分析了欧盟对西巴尔干入盟政策的战略考虑、运行机制以及投放的政策工具和政策前景等问题。该书还研究了西巴尔干地区各国的“国家性”特点，考察了欧盟在西巴尔干国家重构中所起的作用，并阐述了西巴尔干国家构建中的“欧洲方式”。

《维谢格拉德集团的嬗变与中国V4合作》

孔田平（研究员）

专著　150千字

中国社会科学出版社　2015年12月

维谢格拉德集团亦称V4，是欧洲重要的次区域组织，其在欧洲的经济和政治地位不可忽视。维谢格拉德集团是中欧精神的承载者、区域合作的舞台以及捍卫成员国利益的平台。该集团不仅在欧盟内部具有影响力，并且与欧洲内部的国家与地区以及亚洲国家进行了卓有成效的合作。维谢格拉德集团在欧盟内部就影响其自身和欧盟的决策发出可信的声音，该集团不再只是欧盟决策的被动接受者。通过“V4”的形式，维谢格拉德集团正在与其他国家或地区构建新的合作方式。维谢格拉德集团在中国与中东欧合作中占有举足轻重的地位。加强中国与V4的全方位合作对于促进“16+1”合作具有独特的价值。

《21世纪债务论》

胡琨（副研究员）译　［德］丹尼尔·施特尔特著

译著　60千字

北京时代华文书局　2015年7月

该书以皮凯蒂的《21世纪资本论》为探讨核心，以三个最简单的问题（资本论的内容是什么？资本论的假设是什么？资本论忽略了什么？）来让大众了解债务与经济危机的重要性。

《中国道路：实现中国梦的伟大历程》

黄平（研究员）

论文　4.8千字

《红旗文稿》2015年9月27日

该文认为，中国梦是党的十八大以后习近平同志提出来的重要思想。中国梦关乎中国的发展道路，是和当前我国的社会发展和人民的生活紧密联系在一起的，也是和我们面临的任务、目标、使命、责任、挑战联系在一起的。

《维谢格拉德集团的地位与中欧的未来》

孔田平（研究员）

论文　17.8千字

《俄罗斯中亚东欧研究》2015年第4期

维谢格拉德集团是欧洲重要的次区域组织，其在欧洲的经济和政治地位不可忽视。维谢格拉德集团是中欧精神的承载者、区域合作的舞台以及捍卫成员国利益的平台。在欧洲的变局中，维谢格拉德集团的何去何从在某种意义上将决定中欧的未来。该文首次对维谢格拉德集团的地位进行了全面的分析，阐明了维谢格拉德集团在传承中欧精神、促进地区合作、捍卫成员国利益中的作用，并对维谢格拉德集团的未来进行了展望。

《欧盟能源供应安全的国际战略及其困境》

程卫东（研究员）

论文　14 千字

《欧洲研究》2015 年第 3 期

该文认为，因能源严重依赖进口，能源供应安全一直是欧盟关注的一个重要战略问题。近年来，由于欧盟周边局势动荡，特别是俄罗斯与中亚独联体国家的关系复杂多变，欧盟能源供应安全面临着严峻的挑战，能源供应多元化成为欧盟追求的一个战略目标。但欧盟目前的对外政策和行动与其能源供应安全的目标之间存在着不匹配现象，欧盟须对其对外政策进行调整，特别是要使其对外政策的其他目标与能源供应多元化目标之间进行协调，并加强与其他能源进口大国之间的协调，同时调整其追随美国的外交政策与实践。

《英国绿色治理创新机制及对中国的启示》

张敏（研究员）

论文　6.5 千字

《当代世界》2015 年第 10 期

该文认为，在近现代世界经济发展中，英国占据独特地位。作为工业革命的发祥地和世界科技发展的先驱，英国在产业创新理念和创新实践上均发挥着世界领头羊的作用。第一次工业革命奠定了英国在世界经济中的强国地位，也由此引发了严重的环境污染问题。为应对这一发展中的新问题，英国创新性地开启了“绿色治理之旅”，逐渐形成了独特的绿色治理体系与机制，成为世界“绿色低碳节能”革命的引领者。

《气候变化的安全意涵：概念、溯源及启示》

傅聪（副研究员）

论文　12 千字

《欧洲研究》2015 年第 5 期

该文首先回顾了气候变化与安全研究由环境安全研究肇始，历经传统安全与非传统安全的不同研究路径，包含了气候安全化研究、安全纽带研究、现代风险社会中的气候安全等研究侧面。而后用概念分析法，从安全主体、安全价值、威胁来源、指涉对象和维护方式五方面界定“气候安全”，并指出气候安全具有的特征。

《近现代欧洲的民族分离主义解析》

田德文（研究员）

论文　12 千字

《人民论坛》2015 年第 8 期

该文认为，“民族国家”起源于欧洲，这种国家形态把“民族”和“国家”联系起来，主要目的是将国家的合法性基础由帝国时代的“君权神授”转化为“主权在民”，为资产阶级建国提供充足的理由。但是，欧洲的民族国家并不是按照“一族一国”原则在一张白纸上建立起来的，决定各个“民族”能否独立建国的其实是权力政治的“现实逻辑”。这种“理想”与“现实”之间的矛盾给欧洲留下无数暴力冲突的隐患，各国都或多或少地面临着民族分离主义的挑战，欧洲国家的“碎片化”日趋严重。战后欧洲积极推进民族国家一体化，但这种变化并未消除欧洲国家的分离主义。当今世界上，各国普遍面临分离主义挑战。

《国家安全视角下的英国气候政策及其影响》

李靖堃（研究员）

论文　14 千字

《欧洲研究》2015 年第 5 期

该文认为，目前，国际社会已经就气候变化及其对人类社会的影响基本达成共识，但很少有国家将气候变化问题提升到国家安全层面，更不用说采取实质性行动应对气候安全问题。英国在这方面走在了绝大多数国家前面，它不仅将气候变化问题纳入《国家安全战略》，而且还在实践中通过对外援助等方式，增强发展中国家特别是相对贫困的国家应对气候变化的能力。尽管其中不乏出于保障本国贸易和能源安全等方面的考虑，但不可否认，英国的行动和努力为推动国际社会重视气候变化与安全的关系问题发挥了重要作用。

《欧盟政治体系中的议会间合作机制：发展及影响》

张磊（副研究员）

论文　11 千字

《国际问题研究》2015 年第 3 期

该文认为，尽管欧洲议会和成员国议会被赋予越来越多的权能，但其在欧盟政治体系中的作用仍然有限。关于“民主赤字”的讨论使议会间合作机制成为热点。欧盟议会间合作机制已经有了长足发展，呈现出一定的发展趋势和特点。议会间合作机制主要发挥信息交流、学习“最佳实践”和协调立场的作用，有助于减少欧盟“民主赤字”，但其发展还面临诸多限制。为了增强欧盟的民主合法性，加强议会间合作机制、提高欧洲议会和成员国议会在欧盟中的地位和影响是未来的发展方向。

《意大利公共债务问题评析》

孙彦红（副研究员）

论文　17 千字

《欧洲研究》2015 年第 2 期

该文对意大利公共债务问题进行了较为系统深入的分析。该文认为，意大利的公共债务问题是长期累积而成的，需要用历史的眼光看待和理解。该国公共财政问题的突出特点可归结为两个悖论，即公共支出膨胀与经济增长乏力长期并存，“庞大政府”与“弱政府”长期并存，而这也是其公共债务问题久拖不决的关键所在。当前及未来一段时期，意大利解决公共债务问题的核心待解难题是进一步压低财政赤字与实现可持续的经济增长，破解难题的关键是推进一系列重要的结构性改革，而“强化”政府与适度的外部压力又是推进改革的必要政治前提。

《全球气候治理中的中国与欧盟：理念、行动、分歧与合作》

曹慧（助理研究员）

论文　16 千字

《欧洲研究》2015 年第 5 期

该文通过比较中国和欧盟在全球气候治理中的理念和行动，分析了双方之间存在的分歧以及合作前景。该文认为，自《京都议定书》生效以来，中欧的全球气候治理理念都处于变化中。中国从之前被动地接受“治理”，发展到积极地参与国际机制，甚至主动提出治理方案。而中国近期提出的“自主国家贡献”目标更是对促成 2015 年的巴黎气候谈判释放出积极的信号。欧盟利用话语权和气候外交的优势，在引领气候治理向着自已意愿方向发展的同时，逐渐成为分化发展中国家阵营的“推手”。中欧尽管在“共同但有区别的责任”原则上存在着严重分歧，但双方的合作空间却在不断扩大。

《国际金融危机后世界社会保障发展趋势》

周弘（研究员） 彭姝祎（副研究员）

论文 11千字

《中国人民大学学报》2015年第3期

该文认为，2008年国际金融危机爆发之后，高收入国家、中等收入国家和低收入国家社会保障的发展呈现如下主要趋势：国际金融危机在有些国家形成推动社会保障制度加速发展的动力，在有些国家则产生削减福利保障的压力，世界各国之间巨大的社会保障鸿沟有缩小的迹象，但是差距仍然巨大。从整体看，目前世界社会保障具有覆盖面扩大、形式多样化和多支柱等特点，这是经济全球化条件下就业形式的多样化和社会责任主体多元化的必然反应。

《法国社会党的执政困境》

彭姝祎（副研究员）

论文 6千字

《当代世界》2015年第9期

该文认为，法国社会党自2012年当政以来，支持率一路下跌，几度跌破历史纪录，最低时不足20%，被媒体形象地喻为“跌无可跌”。2014年以来，社会党在法国的三次选举以及欧洲议会选举中又接连败北，不敌在野的右翼大党人民运动联盟和快速崛起的极右势力“国民阵线”，令人唏嘘。此番执政，是社会党告别政坛17年之久后的首次执政，本欲雄心勃勃地做一番事业，改善民生，扭转近些年法国国力渐衰的局面；民众也对它寄予厚望，希望能改变右翼执政十余年，法国经济社会几无改善的局面，然而事与愿违，不断走低乃至触底的民意却折射出社会党面临的执政困境。

《德国统一25周年：德国是一支怎样的力量？》

杨解朴（副研究员）

论文 6千字

《当代世界》2015年第10期

该文认为，2015年10月3日，德国迎来了两德统一25周年的纪念日。统一之初，德国并未谋求在欧洲事务中承担更多的责任，而彼时德国首先要解决的是统一所带来的沉重的财政负担，以及东部和西部社会制度融合过程中所面临的各方面的困难。20世纪90年代到21世纪初，由于经济增长乏力、失业率不断攀升，德国还曾被称作“欧洲病夫”。但是，在两德统一25年后，德国在欧洲乃至世界政治中的地位和作用已经不可同日而语，有学者将德国称为“不情愿的霸权”，也有学者认为德国实现了“重新崛起”，那么到底是什么原因使德国在四分之一世纪后走到了欧洲政治舞台的中央，担当起了欧洲领导者的角色呢？该文尝试从德国自身及国际环境的发展变化的角度回答这一问题。

《欧元区重债国家的结构改革析论》

陈新（研究员）

论文 16千字

《欧洲研究》2015年第2期

该文认为，在欧债危机背景下，欧元区重债国家结构改革的必要性和迫切性日益凸显。这些国家的结构改革虽有其特性，但也有共性，主要体现在公共管理、税制、产品市场和劳动力市场等领域。接受救助的重债国因受到硬约束的压力，改革力度大，因而取得了初步效果。没有接受救助的重债国的改革则呈现软约束状态，其经济增长也受到影响。总体而言，欧洲的结构改革是一项未竟的事业，还需要持续努力并保持改革的动力。

《保加利亚科技创新探析》

贾瑞霞（副研究员）

论文 6.6 千字

《科学管理研究》2015 年第 5 期

该文认为，20 世纪 80 年代末以来，保加利亚的科技创新在转型背景下曲折发展。步入欧盟一体化轨道后，保加利亚获得欧盟资助，科技创新获得新动力。近年来，保加利亚经济形势好转，部分产业为创新提供动力。“16+1”合作机制以及“一带一路”倡议为中国与保加利亚在内的中东欧国家创新合作提供了更多机遇。

《英国大选中的经济因素》

江时学（研究员）

论文 6 千字

《欧洲研究》2015 年第 4 期

该文分析了近几年英国经济形势的特点，阐述了良好的经济形势对大选产生的积极影响，并得出这一结论：工党在下一次大选中能否击败保守党，在很大程度上依然取决于经济因素。

《欧盟经济增长困境分析与前景展望》

秦爱华（副研究员）

论文 6 千字

《人民论坛》2015 年第 26 期

该文认为，欧盟近几年经济增长速度迟缓，主要是债务危机的冲击影响未消。但是欧盟长期以来保持低速稳定增长，除了自身的经济制约因素以外，在一定程度上也是欧盟经济模式作用的结果。尽管欧盟国家实行的社会市场经济模式强调兼顾经济发展和社会公平，但是持续走低的经济增长也让欧盟倍感压力，并采取措施促进经济增长和就业。该文分析了欧盟经济增长状况、欧盟的社会市场经济模式、欧盟经济增长的困境和应对措施，并对欧盟经济增长的前景进行了预测和展望。

《论英国的结构改革与经济增长——对撒切尔结构改革及其影响的再解读》

李罡（助理研究员）

论文 20 千字

《欧洲研究》2015 年第 2 期

该文运用 OECD 的结构改革指标对英国当前的经济增长环境进行评估与比较，以验证其结构改革的长期经济效应。从对英国结构改革历程的梳理和长期经济效应的评估中可以发现，推进以提升增长能力和经济效率为目标的结构改革才是欧洲国家实现真正复苏和持续增长的根本之策。

《法国就业政策改革及其治理》

张金岭（副研究员）

论文 13 千字

《欧洲研究》2015年第1期

该文认为，高失业率几乎是过去40年来法国劳动力市场的一种常态，其原因是结构性的，比如经济结构转型改变了劳动力的行业分布与职业结构，以及劳动力成本高、诸多社会政策存在负面影响等。法国就业政策的既有变革从三个主要层面展开：调整总体布局，在宏观层面上促进就业；创造就业岗位，重推中小企业就业；创新用工形式，变革劳动力雇佣方式。未来就业政策改革将从以下几个方面寻求出路：调整经济结构，缓解就业问题的结构化束缚；突出国家战略引导的角色，加强宏观治理；改革相关社会政策，引导民众转变观念以减少社会层面的阻力；优化就业政策机制，提高其有效性。

《德国与维谢格拉德国家的经贸、投资关系探究——对中国与中东欧合作的启示》

马骏驰（助理研究员）

论文 10千字

《欧亚研究》2015年第6期

该文认为，德国与维谢格拉德集团各国有着深远且复杂的利益关系。对德国来说，维谢格拉德国家是其在中东欧地区最主要的贸易伙伴；对维谢格拉德国家来说，德国是其经济发展所需资金（直接投资）的主要来源国。与德国相比，中国对这些国家的战略布局和经贸投资均处于劣势，但中国可通过多层次并进的经贸投资方式来进一步加强在这一地区的影响力。

西亚非洲研究所

《中东发展报告（2014～2015）》

杨光（研究员）主编

研究报告 329千字

社会科学文献出版社 2015年11月

该书以“低油价及其对中东的影响”为研究专题，论述了国际油价下跌的原因和前景及其对中东经济和地缘政治可能产生的影响，着重对石油输出国组织的地位和作用、沙特阿拉伯的市场行为、中东金融市场的变化以及伊朗核问题谈判的前景进行了专题分析。该书还回顾和分析了一年多以来中东地区政治局势的新发展，重点解释了中东地区局势乱中有治的特征。

《非洲发展报告（2014～2015）》

张宏明（研究员）主编

研究报告 404千字

社会科学文献出版社 2015年10月

该书是由中国社会科学院西亚非洲研究所组织编撰的非洲形势年度报告，由主报告、专题报告、地区形势、学术前沿、热点问题、市场走向和文献资料七大部分内容构成。该书比较全面、系统地分析了2014年非洲的政治形势和热点问题，探讨了非洲经济形势和市场走势，剖析了大国对非洲关系特别是中非关系的新动向，并对其发展趋势进行了研判。此外，该书还介绍了国内有关非洲问题研究的新成果，编制了非洲地区大事记和非洲国家主要宏观经济指标。

《石油卡特尔的行为逻辑》

刘冬（副研究员）

专著　254 千字

社会科学文献出版社　2015 年 4 月

该书从卡特尔的组织机制入手，结合石油产权转移及其他政治因素对国际油价长周期波动的影响，对当前欧佩克的市场属性和欧佩克的油价影响力给出了清晰的界定。不同于以往许多欧佩克研究成果，该书不再局限于欧佩克产量调整与国际油价短期波动之间的关系，而是将研究视野扩展到欧佩克维持垄断高价的问题上。对于国际油价长周期波动、欧佩克的卡特尔属性、欧佩克油价影响力，该书提出了很多创新性的观点。

《外国直接投资与非洲经济转型》

朴英姬（副研究员）

专著　261 千字

社会科学文献出版社　2015 年 4 月

全球化的国际分工体系是建立在追求效率而非公平的基础之上。对于非洲国家来说，在全球化的经济体系中，由于无法与其他效率更高的社会相竞争，因此始终背负着沉重的发展压力。它们一方面又要放弃从事效率低的经济活动，帮助陷于经济困境的国民摆脱贫困；另一方面要在全球化的经济运行规则和分工体系中寻求新的发展契机，实现经济转型和经济赶超。21 世纪以来，非洲大陆持续高速的增长和充满活力的改革令世人瞩目，然而迄今取得的经济成果并未转化为促进长期生产力提高的经济结构性转变。投资和技术是经济转型的两大关键驱动因素，跨国公司主导下的外国直接投资兼具这两项关键要素，可以作为非洲未来实现经济转型的重要助推力。

《埃及的人口、失业与工业化》

杨光（研究员）

论文　千字

《西亚非洲》2015 年第 6 期

该文认为，埃及的失业问题产生于 20 世纪 70 年代，在 21 世纪的第二个十年伊始爆发，并给埃及造成严重灾难。严重的失业问题，既是导致大批青年人走上街头、推翻穆巴拉克政权的主要原因，也是穆尔西政权没有能够坚持长久的重要原因。在很大程度上，埃及今后的长期稳定和发展将取决于能否找到解决失业问题的有效办法，特别是重视加快工业化发展，而不能仅仅依赖传统的就业渠道。在这方面，中国提倡的国际产能合作是一次历史性的机遇。

《中国非洲问题的“智库研究”：历程、成效和问题》

张宏明（研究员）

论文　39 千字

《西亚非洲》2015 年第 3 期

该文认为，中国对非洲问题的“智库研究”肇始于 20 世纪 50 年代中期，尽管当时在中国尚无智库和“智库研究”的概念，但是中国对非洲问题的动态研究或对策研究自起步之日起就带有明显的“智库研究”的特征，而从事非洲问题动态或对策研究的科研机构实际上也扮演着智库的角色、发挥着智库的功能。中国非洲问题“智库研究”60 年的行进轨迹大致经历了起步、徘徊与勃兴 3 个阶段。鉴于中国非洲问题“智库研究”系由官方需求驱动并且始终受到需求导向之影响，因此其兴衰或起伏不仅反映了中国对非政策的演化轨迹以及中非关系的发展脉络和时代特征，而且也折射出不同时期非洲在中国外交或发展战略中的地位和作用的变化。进入21世纪，中国非洲问题“智库研究”迎来了新的发展机遇，按照“中国特色新型智库”建设的新要求，目前仍处于探索阶段，其前行之路亦非坦途。对中国非洲问题“智库研究”发展脉络的梳理，厘清一些基本问题并对一些工作的实际效果做阶段性评估，以使今后前行的步伐迈得更扎实。

《中国在中东地区推进“一带一路”建设的机遇、挑战及应对》

王林聪（研究员）

论文　5千字

《当代世界》2015年第9期

该文认为，随着中国政府关于《推动共建丝绸之路经济带和21世纪海上丝绸之路的愿景与行动》文件的颁布，“一带一路”建设迈向具体实施阶段。围绕着“一带一路”的实施，国内外各界展开了热烈的讨论。中东地区是古代陆海“丝路”的交汇地带，又是现今“一带一路”实施的关键区域。然而，长期以来，中东地区动荡频仍，冲突迭起，乱象丛生，堪称是世界上最为动荡的地区。因此，究竟如何推动“一带一路”在中东地区的实施，仍需要人们潜心思考，深入探讨。

《中东新秩序下库尔德问题走向与中国的角色》

唐志超（研究员）

论文　14千字

《西亚非洲》2015年第4期

该文认为，中东变局发生至今已有四载，它把阿拉伯世界拖入了漫长的“严冬”。四年来，中东政治生态、地缘政治秩序发生了翻天覆地的变化，而其中库尔德人的异军突起格外引人注目。库尔德人认为当前中东大面积动荡和地缘政治板块大变动可能是其面临的重大历史发展机遇，由此迎来“库尔德之春”。尤其是2014年夏天以来，“伊斯兰国”的突兴以及伊拉克陷入瘫痪，伊拉克库尔德人独立建国似乎在即。虽然未来库尔德人能否独立建国还存很大变数，但他们日益成为与阿拉伯人、土耳其人、伊朗人和犹太人在中东地区并驾齐驱的五大主导力量，这将是难以逆转的趋势。面对“库尔德之春”的到来以及库尔德人在中东开始扮演新的角色，中国对这一地区新兴力量采取何种态度与政策日益引人关注。

《中东变局后北非国家民主转型的困境——基于马克思主义民主理论的分析视角》

贺文萍（研究员）

论文　12千字

《西亚非洲》2015年第4期

该文认为，马克思主义民主理论的经济属性、阶级属性和文化属性告诉我们，民主的产生、建设与巩固，必须要有与之相应的经济基础、社会结构以及政治文化。走向衰败的经济和民生，日益分裂的社会，缺乏宽容、尊重和容忍的政治文化，这些都对北非国家民主制度的建设构成了严重的制约。当下，所谓的“阿拉伯之春”已演变成“阿拉伯之冬”，利比亚的内乱还未有穷期，突尼斯和埃及的社会政治变革仍在艰难的转型过程中，北非国家要走出民主转型困境仍有很长的路要走。

《南非的民主转型与国家治理》

杨立华（研究员）

论文　11千字

《西亚非洲》2015年第4期

该文认为，南非废除白人种族主义统治、建立种族平等的民主制度，已经走过21年的发展历程。南非政治社会变革和民主转型的进程，以和解、共存为原则，避免了种族冲突和社会动荡，在多元一体国家的建设当中，构建了以宪法为核心的一整套法律体系。南非坚持平等、包容的理念和社会经济政策，取得了历史性的社会进步。随着21年来社会经济结构的演变以及国际形势的变化，南非国家发展也面临新的问题和挑战，体制的完善和执政效能的提高尤为重要。和解包容的发展方向仍将是南非绝大多数民众的选择。

《历史与现实视阈下的中伊合作：基于伊朗人对“一带一路”认知的解读》

陆瑾（副研究员）

论文　16千字

《西亚非洲》2015年第6期

该文认为，伊朗在古代丝绸之路上发挥了不可或缺的作用。从地缘政治、经济和文化角度看，伊朗是“一带一路”上的重要节点国家，中国建设“一带一路”需要伊朗的支持和参与。虽然伊朗人对中国提出的“一带一路”倡议仅是初步认知，但从总体看，伊朗官方在态度上始终坚定支持和期望参与“一带一路”建设，而且在达成《伊核问题全面协议》之后，伊朗对于中国积极推进沿线国家发展战略相互对接态度开始转变，从最初的观望和谨言慎行转向积极推动两国合作项目对接。在后制裁时代，发展需求是中伊共建“一带一路”的利益汇合点，民心相通是确保中伊顺利推进“一带一路”建设的社会根基，项目对接是中伊双方落实“一带一路”倡议的重要支撑，应对投资贸易风险是中企拓展伊朗市场的重要课题。

《涉农跨国公司在非投资特点及启示》

杨宝荣（副研究员）

论文　16千字

《西亚非洲》2015年第6期

该文认为，持续改善的投资环境及尚未开发的巨大农业潜力正使非洲成为跨国公司投资关注的热点地区。涉农跨国公司大举进入非洲既是非洲农业投资环境持续改善的反映，也体现了跨国公司对非洲市场潜力和农业资源潜力的认同。尽管种植业特别是生物燃料、经济作物的种植仍是涉农跨国公司投资非洲的重点，但农业上、下游产业的投资受到空前重视，这是发达国家跨国公司对未来全球农业布局的重要举措。由于发展中国家对非农业合作的增加，对非农业投资出现的主体、投资方式正发生明显变化。跨国公司在开拓非洲市场方面面临的问题既有市场因素，也有非市场因素。农业是深化中非合作的重要领域，涉农跨国公司投资非洲的经验对于深化中非合作意义重大。

《从巴以冲突透析中东政治动荡的根源》

王建（副研究员）

论文　18 千字

《西亚非洲》2015 年第 2 期

该文认为，在中东剧变大潮中，埃及政权两度更迭。穆斯林兄弟会在埃及政坛的崛起使以色列对安全环境深感担忧，埃及军方推翻穆尔西政府缓解了以色列的安全之忧。哈马斯试图打破封锁的努力未能取得成功。阿拉伯国家在巴以问题上的分歧公开化，形成支持和打压哈马斯的两个对立阵营。巴以问题是中东政治动荡的突出表现，但中东政治动荡的根源绝非仅仅是巴以问题。我们应更多地从中东历史发展的轨迹中寻找造成今日中东政治动荡的根源，不能一成不变地把中东政治动荡全部归咎于巴以问题。实现中东的稳定必须以实现三个层面的和谐为基础：一是中东国家间的和谐相处，二是伊斯兰教派间的和谐相处，三是不同文明间的和谐相处。否则，即便巴以双方就巴勒斯坦最终地位问题达成协议，中东地区也难以实现稳定。

《试析美非关系中的"中国因素"》

刘中伟（副研究员）

论文　20 千字

《西亚非洲》2015 年第 3 期

该文认为，随着中非关系的快速发展，近年来美国学界和官方加大了对中非关系的关注力度，美非关系中的"中国因素"愈益凸显。从总体上看，一方面，"中国因素"促使美国政府加深了对非事务的危机感与紧迫感，加强了对中非关系的战略打压和舆论"抹黑"，在一定程度上提升了非洲在美国外交战略中的地位并陆续出台了一系列对非政策举措。另一方面，"中国因素"的存在并不意味着中美在非洲必然是"零和"博弈关系，加强对非事务方面的合作符合双方及非洲的利益。中、美两国应加强高层在非洲问题上的沟通和交往，增进战略互信，通过在非洲和平与安全和经济等领域的互动与合作，促进中非关系和美非关系良性发展。

《非洲安全形势特点及中非安全合作新视角》

贺文萍（研究员）

论文　13 千字

《亚非纵横》2015 年第 2 期

该文认为，自北非动荡和利比亚战争结束后，非洲面临的总体安全挑战日益严峻，既有内战和武装冲突等传统安全领域的问题，也有恐怖活动在非洲扩散，"不稳定之弧"暗流涌动的威胁。埃博拉疫情扩散则敲响了非洲公共卫生危机的安全警报。随着中非关系的不断深化和发展，非洲安全与中国的联系日益紧密，必须高度重视与非洲国家开展安全领域的合作。该文从多个角度提供了中国参与非洲和平安全建设的思路。

《中国在非洲投资面临的新挑战及战略筹划》

姚桂梅（研究员）

论文　10 千字

《国际经济合作》2015 年第 5 期

该文认为，2008 年以来，在世界经济发展普遍低迷的情况下，中国对非洲投资逆势而上，稳步扩大。经过多年的发展，中国在非洲面临的投资环境正在发生变化，中国企业在非洲的投资表现亦有诸多亟待调整和改进的地方，理应引起中国政府和投资者高度重视，对面临的多种挑战提出全面的应对战略和解决方案。

《浅析非洲伊斯兰教与欧洲殖民主义的关系》
李文刚（副研究员）
论文　10千字
《亚非纵横》2015年第1期

该文认为，长期以来，非洲伊斯兰教与殖民主义的关系问题一直是学术界研究的热点之一。面对欧洲殖民主义的入侵，非洲伊斯兰教进行了顽强抵抗或非暴力抗争，在武力抵抗失败后一些穆斯林领导人选择同殖民主义者合作以求得生存与发展。殖民主义者的“间接统治”或“同化”政策，对非洲伊斯兰教产生了深远的影响。因此，二者关系十分复杂，不能简化为“对抗”或“合作”，而应具体分析。

《伊核全面协议对国际石油市场及中伊经济合作的影响》
陈沫（副研究员）
论文　7千字
《国际经济合作》2015年第10期

该文认为，伊核全面协议的签署对国际石油市场的短期影响主要基于心理预期，倘若顺利落实，则将加剧国际石油供过于求的局面。对中国与伊朗的经贸关系而言，伊核全面协议带来的机遇远大于挑战，为双方开展能源和产能合作创造了正常的商务环境。

拉丁美洲研究所

《拉美国家的能力建设与社会治理》
吴白乙（研究员）主编
专著　331千字
中国社会科学出版社　2015年5月

该书对拉美各国的司法改革、社会治理等进行近距离、深入的分析，有全局性的研究，也有阿根廷、墨西哥、委内瑞拉等国的个案研究。

《拉美国家的法治与政治——司法改革的视角**》**
杨建民（副研究员）
专著　297千字
社会科学文献出版社　2015年9月

该书从司法改革的视角研究拉美国家立法、行政和司法三种权力的变化关系，研究政治转型的动力、内容和权力结构变化，深化了对拉美国家政治改革的认识，具有一定理论价值和现实意义。

《墨西哥农业改革开放研究》
谢文泽（副研究员）
专著　281千字
中国社会科学出版社　2015年5月

该书从墨西哥“一国两制”的土地分配格局出发，以是否促进了农业增长、是否增加了农民收入为标准，重点分析20世纪90年代以来的墨西哥农业改革开放及其影响。该书认为，农业改革开放的积极影响集中表现在农业增产、农产品出口增加、农民增收等三个方面。消极影响主要表现在农业投资不足，不公平竞争不利于增加农民的收入，农民收入差距扩大等方面。该书还总结了三点经验教训：第一，要处理好农业开放与农业支持的关系；第二，农业支持优越于农业保护；第三，家庭土地产权制度优越于集体土地产权制度。

《智利养老金制度研究》

房连泉（副研究员）

专著　245 千字

中国社会科学出版社　2015 年 5 月

社会保障改革“智利模式”闻名于世，智利是世界上第一个将养老金制度进行私有化改革的国家，引入完全积累制模式，对拉美国家、发展中国家乃至全球的社保改革产生了重要影响。该书对 1981 年以来智利的养老金制度改革历史、该模式的制度安排特征以及 35 年来的改革成效，进行了全面总结分析，对其优缺点做出总体评价。智利模式对中国的社保体制改革和养老基金投资管理也有借鉴意义。

《拉丁美洲和加勒比发展报告（2014 ~ 2015）》

吴白乙（研究员）主编

皮书　434 千字

社会科学文献出版社　2015 年 5 月

该书是有关拉丁美洲和加勒比地区发展状况的年度报告。该书系统阐释了 2014 年拉丁美洲和加勒比地区诸国的政治、经济、社会、外交等方面的发展情况，探究拉美国家在政治经济和社会转型中的新难题、新趋势和新对策，并预测了 2015 年的发展前景。该书还重点回答了中拉整体合作的发展逻辑、现实动力与未来方向这三大基本问题。

《社会安全与贸易投资环境：现有研究与新可能性》

吴白乙（研究员）史沛然（助理研究员）

论文　14 千字

《国际经济评论》2015 年第 3 期

贸易投资便利性的“主观判断”和“客观取舍”之间的冲突已然常见，却未能引起学术上的充分探究和理论修正。目前通行的衡量标准、评估体系和简单化指数均无法充分解释丰富多样且不断变动的国际贸易投资实践。该文从现有的社会安全衡量因素出发，讨论社会安全与贸易投资环境的关系，通过初步分析既有社会安全衡量指标的不足，提出投资对象国的人口年龄结构、投资方的获利模式以及国家间政治互信程度、文化差异等部分新变量，以期引起同行的争论，推动对社会安全与贸易投资二者关系的学术研究更加深入、多维且更具实际解释力。

《自由贸易协定中关税减让和非关税措施承诺水平评价——基于哥伦比亚四个主要自贸协定的研究》

柴瑜（研究员）孔帅（博士）

李圣刚（博士）

论文　15 千字

《世界经济研究》2015 年第 8 期

该文从自由贸易协定中关税减让和非关税措施两方面对哥伦比亚分别与美国、欧盟、韩国和墨西哥签订的四个主要自贸协定进行定量分析。该文认为，哥伦比亚无论在关税减让还是非关税措施上均更倾向于与经济发展水平较高的伙伴国合作，甚至对农业领域中多数敏感商品做出更大让步。这一观点为未来中哥自贸协定谈判提供方向性的借鉴，同时也为区域一体化协定中非关税措施提供一个较为客观的评价体系。

《地缘与结构：巴西外交的"地区维度"解析》

张凡（研究员）

论文　15 千字

《拉丁美洲研究》2015 年 10 月

该文认为，新古典现实主义的多层次权力分析、国际政治经济学的结构性权力分析以及外交政策认知理论关于理念作用的分析，对于认识巴西外交的地区维度具有启发作用，但其分析逻辑各有不同。将巴西在地区层次的外交政策实践纳入一项综合地缘和结构思想、兼及环境变迁影响的外交政策分析框架，可以成为解读这一问题新的重要思路，即巴西的地区外交是地理和自然环境、国际体系的结构位置以及不同历史时期环境和结构条件变迁诸项因素组合互动的产物。

《文化产业与国际形象：中拉合作的可能性——以影视产业合作为例》

贺双荣（研究员）

论文　10 千字

《拉丁美洲研究》2015 年第 4 期

该文认为，文化作为软实力的核心要素，对国家形象的塑造和传播起着重要作用。文化产业既有文化特性，也有经济特性。文化产品通过产业化运作，其多样化的表现形式和多种传播方式在塑造和提升国家形象方面发挥着比政府主导的文化外交更大的作用。中国和拉美都有璀璨的文化及丰富的文化产业资源，双方都有发展文化产业合作的战略需要、巨大的市场潜力以及平等合作的基础。加强中拉文化产业合作不仅有必要性，而且有现实可能性。但由于中拉双方在世界文化产业中的竞争力都不强，加之受语言限制和巨大的文化差异制约，中拉文化产业合作任重道远。

《拉美国家治理的经验与困境：政治发展的视角》

袁东振（研究员）

论文　15 千字

《拉丁美洲研究》2015 年第 1 期

该文从可治理性和治理的基本内涵出发，主要从政治发展的视角，分析拉美国家治理的主要经验，探寻拉美国家所面临的治理难题及其根源。该文认为，进入 21 世纪以来，拉美地区出现民主日益稳固、经济持续增长、社会相对稳定的新局面，国家和社会治理能力明显改善。转变治理理念，强调理性决策并努力构建科学合理的政府决策机制，增强依法治国意识和推进制度健全与完善，提高法律制度的效率和执行力，是拉美国家提高治理能力的具体做法，也是其治理的基本经验。拉美国家仍面临诸多治理难题，为实现有效治理，需要进一步化解体制和制度缺陷，推进决策的合理化与科学化，不断满足民众的新诉求，维护政治和社会稳定。

《对拉美援助分析：国际现状与中国模式》

岳云霞（研究员）

论文　13.8 千字

《战略决策研究》2015 年第 6 期

该文认为，拉美存在发展能力弱和稳

定性差两大突出问题，是西方传统援助方的“重点非核心”地区，也是中国对外援助的主要目的地之一。中国对拉援助，在指导原则、实施力度、操作模式和执行方式上不同于西方传统模式，也不同于中国对亚非传统地区的援助，构成了对现有模式的有益补充，也带来了中拉双赢。现阶段，中国对拉援助有必要在中短期内扩大规模，并进行进一步的“拉美化”的适应性调整，以巩固其在拉现实利益与潜在利益。

《拉美国家的司法改革与治理能力建设》

杨建民（副研究员）

论文　13 千字

《拉丁美洲研究》2015 年第 2 期

司法机构是政治研究困惑中被错过的基本元素，而拉美的司法机构又是拉美民主的“最弱支柱”，是国家治理能力建设的薄弱环节。该文通过研究司法改革的视角研究国家治理能力，具有一定的理论价值和现实意义。该文认为，司法改革是建立健全国家治理体系的过程，其采取的创建司法委员会、改革法官任期和任免程序、设立宪法法院、增加司法机构预算等都是为了保障司法机构的独立性；争端解决替代机制的发展、设立新的法院和派出法庭等措施增加了公民和组织寻求实现正义的途径；改革刑事司法程序和法律一体化既可以保障公民的合法权益、维护社会稳定，又可以促进海外的投资。

《阿根廷的社会安全治理》

林华（副研究员）

论文　13 千字

《拉丁美洲研究》2015 年第 2 期

该文认为，1983 年阿根廷恢复民主体制之后，经济发展的不稳定、贫困加剧、贫富差距扩大和中产阶级的减少、失业、缺乏社会保障等经济和社会环境的变化成为影响社会安全的最主要因素。现阶段阿根廷面临的安全问题主要是社会治安的恶化和各种形式、不同原因导致的社会冲突。虽然阿根廷政府在维护社会安全方面进行了种种努力，但社会安全形势依然十分严峻，其主观原因在于政府对安全问题的认识还没有完全脱离传统的“控制”或“管制”模式，而且对社会冲突造成的安全问题重视不够。客观来讲，缺乏以合作性为基础的多元参与、民主体制和政府的公信力下降、政府危机处理能力和冲突控制能力不足等因素制约了安全治理体系的形成和安全能力的建设。

《中美洲国家治理与社会安全》

王鹏（副研究员）

论文　13 千字

《拉丁美洲研究》2015 年第 2 期

该文认为，中美洲国家的治理体系受到历史传统、社会结构和国际环境的限制而存在诸多缺陷。尽管民主化进程使中美洲国家的治理体系获得形式合法性，但它仍然缺乏实质合法性。国家治理体系的缺陷使中美洲国家的治理能力滞后于社会发展的要求，导致以凶杀犯罪高发为主要特征的恶劣社会安全状况。中美洲国家急需完善国家治理体系、提高其实质合法性，进而增强国家治理能力，推动社会公正的实现，最终消除犯罪行为的滋生土壤和犯罪组织的生存空间。

《庇隆时期的社会政策——兼论阿根廷福利民粹主义传统的影响》

房连泉（研究员）

论文　20千字

《国际经济评论》2015年第3期

该文从“福利民粹主义”角度解读阿根廷的“中等收入陷阱”问题，重点阐述了庇隆时期在养老金、医疗保障、住房、社会救助等方面的社会保障政策，对历史上阿根廷社会政策的演进路径做了分析，指出民粹主义思潮给阿根廷乃至整个拉美带来了长期的负面影响。

《2015年拉丁美洲经济展望——面向发展的教育、技术和创新》

中国社会科学院拉丁美洲研究所译（经济合作与发展组织发展中心、联合国拉美经委会，CAF-拉丁美洲开发银行主编）

译著　260千字

知识产权出版社　2015年4月

该书旨在对拉美地区经济概况进行描述，并对该地区经济社会发展中的突出问题展开分析。该书聚焦于有助于促进该地区包容性发展的关键性投入——教育、技术和创新，深入分析拉美教育体系和该地区旨在提升优质教育入学率的能力，同时关注技能训练的发展以提高经济竞争力和劳务市场的整合。

《为了一个更加安全的拉丁美洲——预防和控制犯罪的新视角》

中国社会科学院拉丁美洲研究所译（CAF-拉丁美洲开发银行主编）

译著　278千字

知识产权出版社　2015年4月

该书对由个人在特定情境下所作决定引发的犯罪后果造成的不安全提出了新的分析视角。该书认为，尽管信仰、观念、自控能力及其他个人特性确实会导致人犯罪，但是，因社会和现实的环境、非法市场（如毒品）的存在所产生的刺激以及司法体系的不可信度及其低效率同样会促使犯罪增加。所有这些因素都提高了犯罪的概率。因此，改善公民安全的行动，涉及广泛层面：家庭、学校、社区、街道、市政基础设施、经济调控、警察、司法、监狱等。然而，要在这些不同领域设计出有效的政策，需要完善已有的统计信息，并建立政策监控和评价机制，以使人们了解政策的质和量的效果及其产生影响的渠道。

亚太与全球战略研究院

《构建“一带一路”需要优先处理的关系》

李向阳（研究员）

论文　12千字

《国际经济评论》2015年第1期

该文认为，随着现代社会的不断发展，世界格局逐渐产生复杂且深刻的变化，我国作为发展中国家逐渐面临严峻的发展问题及发展挑战。“一带一路”作为我国适应国际经济全球化、文化多样化的新型区域合作机制对我国国际舞台发展形势具有重要促进意义，其所存在的所需优先处理的关系也出现新的变化。

《超越地位之争：中美新型大国关系与国际秩序》

钟飞腾（副研究员）

论文　25 千字

《外交评论》2015 年第 6 期

该文主要从中西方对“权力”的不同理解这一角度，探究了中国提出的“新型大国关系”构想在中美双方引发分歧的原因。西方意义上的大国更多时候是“great power”，不同国际关系理论有不同的大国观，但都看重军事实力，而中国长期以来是一个没有“权力”（军事实力）的大国，但美国认为中国要做的是一个“great power”，这会导致“修昔底德陷阱”。尽管中国经济总量正在接近美国，但仍需要很长时间才能追平。中国也在加速推进军事能力建设，使之与经济总量的国际地位相匹配。该文认为，在人均意义上中国是一个收入还较低的大国，并不是西方理论上追求“权力”（军事）的大国，中国的战略目标仍然是追求持续的发展和繁荣，不会陷入“修昔底德陷阱”。

《亚投行与全球经济治理体系的完善》

王金波（助理研究员）

论文　12 千字

《国外理论动态》2015 年第 12 期

该文认为，亚投行是对现有国际金融体系、多边开发金融机构和全球发展议程的有益补充，是中国作为新兴大国对全球基础设施融资缺口的积极响应，更是中国主动参与全球经济治理改革、共同应对全球“治理失灵”的有益尝试。以亚投行为平台，“一带一路”区域基础设施一体化和区域经济一体化将会对全球价值链的完善与提升、地区统一市场的构建、贸易和生产要素的优化配置起到积极的促进作用。以亚投行为契机，中国将由现行国际规则的接受者，变成规则制定的协调者；由全球治理的参与者，变成共同发展的推动者。

《中国崛起背景下“日美澳印民主同盟”的构建》

屈彩云（助理研究员）

论文　9 千字

《国际展望》2015 年第 3 期

该文认为，随着 21 世纪以来中国的迅速和强劲崛起，日美澳印四国拉近距离，打着价值观的旗号，以过时的冷战思维为指导进行“民主同盟”“准同盟”的构建与尝试，企图围堵遏制中国。通过军事威慑、经济阻挠、外交干涉、舆论主导、意识形态攻击等手段，日美澳印四国对中国进行软、硬两手制衡。自 2006 年提出战略合作框架以来的近十年里，日美澳印战略合作持续推进，虽然四方战略对话停滞，但是双边和三边合作呈现强化趋势，并逐渐形成一个“准同盟化的联合体”。日美澳印存在结盟的可能，但在四方战略对话仍未重启的情况下，“日美澳印民主同盟”的实现并不容易。尽管遏制中国是日美澳印四国战略利益的交汇点，但追求本国利益最大化才是各国利益追求的终点。在日美澳印围绕遏制中国的这一战略合作与博弈中，四国尚未找到追求本国利益最大化的平衡点。因此，中国应积极抓住时机，采取不同的策略，瓦解四国战略合作，突破崛起困境，营造良好的周边环境。

《气候变化与中国周边地区水资源安全》

李志斐（副研究员）

论文　27千字

《国际政治研究》2015年10月

该文认为，气候变化已经成为影响中国周边地区水资源安全的重要因素。气候变化将加剧中国周边地区的水资源短缺性危机，加速青藏高原冰川融化，引发大规模的水环境移民，由此推动水资源问题实现“安全化”；同时将导致跨国界河流径流量的年际和季节性变化增大，加剧国家之间的水资源分配和供应的不稳定性，进而诱发种族冲突和引发地区动荡。该文认为，“中国水威胁论”会被推波助澜，破坏中国的国际形象，影响周边国家民众客观认知中国。对此，中国应充分发挥负责任地区大国的作用，以积极姿态携手周边国家在气候合作框架下制定相应的对策，加强对周边国家的资金支持与援助力度，帮助其提升水资源管理和气候变化应对能力，共同推动水资源安全的实现。

《“一带一路”与东亚“西扩”——从亚洲区域经济增长机制构建的视角分析》

朴光姬（研究员）

论文　22千字

《当代亚太》2015年第6期

该文认为，基础设施、产业关联、市场制度等三个基础条件构成区域经济增长机制；依据不同阶段或内外环境，这些基础条件都有可能在区域增长机制的构建与扩展进程中起主导作用，并形成不同的区域增长机制。东亚区域增长机制正处于向亚洲区域增长机制扩容转型的路径选择时期，中国的“一带一路”倡议包含了对这一转型的路径设计和相关资源等公共产品，指导思想是从补齐地区基础设施“短板”入手，将基础设施联通作为构建亚洲增长机制的主导路径。这一思路明显有别于东亚原有以产业关联为主导构建区域增长机制的路径，也不同于世界其他地区多数以市场制度建设为主导构建区域增长机制的路径，为以发展中国家为主的地区经济增长提供了理论突破与实践的可能。

《企业技术研发外包对引入新产品的影响》

张中元（助理研究员）

论文　10千字

《国际贸易问题》2015年第7期

该文采用欧洲复兴开发银行与世界银行集团联合开展的“管理、组织与创新调查”数据，利用多层混合效应Logistic模型检验企业外包行为对企业引入新产品的影响。该文认为，企业研发外包会显著提高该企业引入新产品的概率，企业研发外包可使得该企业引入新产品的概率提高5～6倍；来自市场竞争的压力也会激励企业积极提高自己的竞争能力，使得企业引入新产品的概率提高40%～50%；但随着市场竞争程度的加剧，降低了企业研发外包能够提高该企业引入新产品的促进效应。

《从中国经济外交转型的视角看“一带一路”的战略性》

高程（研究员）

论文　15千字

《国际观察》2015年第4期

该文试图从中国经济外交转型的角度分析“一带一路”战略构想。该文认为，2009年以来，东亚地区力量对比的变化和美国亚太战略调整导致了中美邻互动关系的新逻辑，由此降低了中国传统经济外交的战略效果。"一带一路"作为中国实现崛起和民族复兴的大战略，正是在中国外交转型背景下，经济外交模式调整的产物，其着眼点在于运用市场和经济资源开拓中国与周边及世界的外交新局面，以缓解周边战略压力和构造地区新秩序。"一带一路"需要发挥中国经济外交引擎作用，让地区关注点重新回到"共同发展"议题上，改变粗放的传统经济外交模式，以双边关系为节点有序缔结网状多边合作，通过打造周边战略支点国家，推进差异性经济外交策略。

《大国崛起：对外战略方针上的历史经验及启示》

王俊生（副研究员）

论文　15 千字

《科学社会主义》2015 年第 5 期

该文通过分析近代历史上英国、美国、德国、日本实现崛起时在对外战略上的经验教训，以期服务于中国崛起的对外战略优化。该文认为，战略方针上，中国应坚持周边外交和大国外交双重心，且任何时候应牢记周边外交的重心与基础位置。战略措施上，中国和平崛起不能完全排除军事手段，要着重加强海外利益优化、公共外交、塑造与建立国际体系等措施。

《"竞争中立"视角下的 TPP 国有企业条款分析》

沈铭辉（副研究员）

论文　8 千字

《国际经济合作》2015 年第 7 期

该文对国有企业的定义进行了横向比较，并对潜在的 TPP 国有企业条款的政策目标以及对中国的挑战进行了分析。该文认为，TPP 的国有企业条款旨在消除国有企业获得的非商业性支持，但是美国要求该条款仅约束中央级国有企业，表明美国推动的 TPP 国有企业条款不仅"制度非中性"，而且带有强烈的歧视性。该文认为，在中美双边投资协定谈判中，中国将与美国就该问题进行博弈。该文对 TPP 国有企业条款的政策目标和美国的行为逻辑进行了研究，并提出了相关预判和政策建议，为中国国有企业及时应对"走出去"过程中可能出现的新问题提供了参考。

《大国战略视角下的印度海外印度人政策研究》

毛悦（助理研究员）

论文　18 千字

《世界民族》2015 年第 4 期

该文分析了印度海外印度人政策在经济、政治外交等方面的效果，并论证了这一政策与印度大国梦想的关系。该文认为，由于经济收益最快实现、更易测量，因此从政策效果的评估来看，目前海外印度人为印度实现大国理想在经济方面的助力最为明显。但一方面海外印度人的政治影响力会加强，另一方面印度政府的相关诉求会增多，因此海外印度人未来将会发挥更重要的政治外交作用。近年来，从印度政府对海外印度人的态度转变可见，印度决策层已经意识到海外印度人在印度实现大国诉求过程中的特殊作用。为了获得海外印度人带来的利益、塑造勤勉奋进、有能力维护海外利益的大国形象，印度政府对于海外印度人的关注度以及政策支持会持续并加强，不会受政府更迭的影响。

美国研究所

《美国研究报告（2015）——中美关系中的第三方因素》

黄平（研究员） 郑秉文（研究员）主编

专著 461千字

社会科学文献出版社 2015年6月

该书认为，奥巴马政府的亚太政策与冷战后历届美国政府相比发生了重大变化，各种原因促使奥巴马政府做出把战略重心转到亚太地区的战略“再平衡”决定。美国加强了同传统盟国的关系；积极发展同亚太新兴国家的伙伴关系；增加了在多边机制框架下对东盟的参与。虽然，迄今美国政府对“再平衡”战略的实施给予了充分肯定，并试图继续推进这一战略，但是该战略招致中国对美国意图的猜疑，给美国所期望的在全球重大问题上同中国的合作造成障碍。如果不能有效地应对，“再平衡”战略的实施必然大打折扣。

***A Brief History of China-Us Relations* (1784～2013)（《中美关系史》英文版）**

陶文钊（研究员）

专著（英文） 150千字

外文出版社 2015年9月

该书运用大量中美英日等多国的原始档案材料，清晰勾勒出200多年来特别是20世纪以来中美关系发展的脉络，展示了中美两国外交政策的决策过程及影响双方决策的种种国内和国际因素，揭示了中美关系发展的内在动力，同时反映了中国学界有关中美两国关系史研究的前沿研究成果。

《国际多边机制下的中美互动》

袁征（研究员） 刘得手（研究员） 张帆（研究员）等

专著 274千字

中国社会科学出版社 2015年8月

依据中美两国在主要多边国际机制下的互动，该书力图揭示出双方合作的动力、分歧的根源，以及合作与竞争乃至斗争给两国自身及国际体系带来的深远影响。该书比较翔实地论述了在联合国、国际军控和不扩散机制、世界贸易组织以及亚太地区多边机制下中美两国之间相互博弈的情况，展示了两国错综复杂的关系，并对这种互动关系对于国际多边机制的影响进行了客观评估。

《列国志（新版）·美国》

杨会军（副研究员）

专著 563千字

社会科学文献出版社 2015年4月

美国是西方发达经济的领头羊，是多个区域经济贸易合作组织的重要牵头国，是现当代世界治理规则的主要制定者。美国也是中国最大的贸易伙伴国、最主要的经济竞争对手，是中国和平发展的最大外部变量。在双边和多边领域里，现在和未来相当长的时间里，美国对中国的影响仍将深远而巨大。深入了解美国、对当今中国而言，仍是一项重要的“国际功课”。该书以丰富的资料、全面的论述、通俗的文字，向读者介绍了美国。

《美国新华侨华人与中国发展》

姬虹（研究员）等

专著　232 千字

中国社会科学出版社　2015 年 4 月

该书回顾了华侨华人在美国的历史与现状，着重提出由于新华侨华人的进入使美国华裔经济社会状况发生了很大变化，同时还探讨了美国华侨华人在中美关系中发挥的作用。该书对各历史阶段华侨华人资本在中国国家发展过程中所发挥的作用进行了系统的梳理，通过对留美科技人才状况的分析，论述了影响留美学生滞留和回流的因素。

《当前中美关系的基本态势及其问题》

倪峰（研究员）

论文　7.5 千字

《当代世界》2015 年第 11 期

该文认为，自 2014 年 11 月奥巴马访华以来，中美关系发展总体保持平稳，可控性增强。尽管两国关系中战略竞争性要素丝毫未减，甚至呈现出上升的趋势，尤其是在网络和南海问题上。但两国政府基本都是按照管控分歧、扩大合作的思路来处理这对复杂的双边关系。尤其是 9 月 22 ～ 25 日习近平主席对美国进行的首次国事访问，为中美关系发展注入了巨大的正能量。在双方的共同努力下，中美同意继续努力构建基于相互尊重、合作共赢的新型大国关系，在网络安全和两军关系上实现新突破，在气候变化、经贸、人文和反腐执法等领域扩大合作。与此同时，随着中美之间“崛起大国”与“守成大国”范式的进一步凸显，各种矛盾和风险仍在聚集，构建新型大国关系之路仍任重道远。

《2003 ～ 2014 中美自媒体研究和比较分析——基于数据挖掘的视角》

陈宪奎（编审）

论文　20 千字

《新闻与传播研究》2015 年第 3 期

该文认为，自媒体兴起以来，伴随着互联网技术的飞速发展，各种新的自媒体媒介形式不断涌现，引起了中美两国学术界的高度关注。运用数据挖掘和语料分析技术，研究分析 2003 年至 2014 年中美两国有关自媒体研究的 5226 篇论文可以发现，由于两国研究者知识背景和视角不同，两国互联网科技发展水平各异，以及两国学者对传播学基础理论不同的解读，在应对自媒体冲击的对策、微博与博客的关系、公民参与、教育、商业与经济、政党政治与行政法治、出版等 7 个相同领域的研究中，中美两国学者的研究重点存在着明显的差异。自媒体的功能研究十分重要，但是自媒体所带来的传播模式结构的变化更应引起我国学者足够重视。

《奥巴马主义：美国外交的战略调适》

樊吉社（研究员）

论文　20 千字

《外交评论》2015 年第 1 期

该文认为，过去六年中，奥巴马政府经历并处理了反恐战争、重返亚太、利比亚和叙利亚内战、朝核和伊核、核安全等诸多重大外交安全问题，奥巴马在这些问题上的外交安全政策呈现出清晰的内在逻辑。奥巴马主义所展现出的战略收缩或者战略克制在历史上不乏先例，它也同样引发了美国国内有关美国是否衰落的讨论。究其实质，奥巴马主义可谓美国适应国际政治新常态的战略调适，其对美国和世界的影响都将是深远的。

《可控性解禁：美国在日本解禁集体自卫权问题上的政策评析》

刘卫东（研究员）

论文　14.6千字

《现代国际关系》2015年第4期

该文认为，经过长期的社会动员和舆论准备，安倍政府终于在2014年解禁了日本的集体自卫权。在此过程中，美国发挥了重要作用。奥巴马政府上台初期，出于各种考虑没有在这一议题上对日本公开表达支持。但进入2014年后，随着美国"亚太再平衡"战略对解禁需求的增加，以及出于进一步平衡中国的考虑，美国改变态度，正式对解禁表示欢迎和支持。但鉴于美日之间在解禁的基本目标和实施细则方面尚存在分歧，美国对日本解禁的支持是有条件的，试图使其成为一种"可控性解禁"，即日本解禁的方向和程度必须处于美国可控的状态下，既最大限度提升解禁对美国利益的促进，又努力降低其可能带来的风险。

《美国对以色列和埃及的援助：动因、现状与比较》

沈鹏（助理研究员）　周琪（研究员）

论文　20千字

《美国研究》2015年第2期

该文认为，以色列和埃及是地处中东的国家中接受美国对外援助数额最多的两个国家。美国对以色列与埃及的援助具有密切的关联性。1978年《戴维营协议》的签署是美国对以埃两国的援助从不稳定状态发展到机制化状态的分水岭。美国给予以色列和埃及援助的关键原因之一是希望通过援助政策来消弭阿以冲突。但在数额和内容上，美国对以色列和埃及的援助还是存在重大区别，显示出美国对以色列的偏袒。

《权力变迁、责任协调与中美关系的未来》

王玮（助理研究员）

论文　22千字

《世界经济与政治》2015年第5期

该文认为，权力转移理论认为崛起国与主导国的权力持平会导致相互冲突。根据这一理论主张，不少人认为中美关系在走上大国对抗的老路。权力变迁确实会诱发主导国与崛起国的紧张局面。但是，解决公共问题的需要可以促成新旧权力之间的认可与协调。这是中美关系区别于历史上大国关系的一个显著特征。尽管相互合作的最优局面不易出现，相互对抗的最差局面却是可以避免的。在经验层面，英美在美洲的早期竞争揭示出权力变迁导致关系紧张是一个必须正视的现实。但是，美国政策辩论中肆意放大中美关系对抗性的观点是值得警惕的。时代的发展和两国的利益都要求中美实现协调与合作。

《决策核心圈与奥巴马外交》

刁大明（助理研究员）

论文　14千字

《现代国际关系》2015年第5期

该文认为，总统核心圈在美国外交决策中扮演着重要角色。由国会助理、竞选班底以及部分前民主党政府官员构成的奥巴马核心圈虽然“去希拉里化”、资历与经验有限，兼具封闭性与冲突性，但也代表着新代际的新理念。核心圈成员的平衡战略与价值观倾向等理念深刻地塑造着“奥巴马主义”外交。由于对中国事务了解有限、平衡战略约束以及意识形态偏见，核心圈决策也导致了奥巴马政府在对华政策特别是“中美新型大国关系”上的反复与倒退。

日本研究所

《日本核去核从》

金嬴（副研究员）

专著 150千字

外文出版社 2015年5月

号称“最安全”的美国核电机组加上以精细著称的日本管理，何以在“3.11”面前不堪一击，“核电零事故”神话为什么顷刻间灰飞烟灭？核灾现场每天产生的核污水还在源源不断泄入太平洋吗？为什么2014年美国突然催促日本归还超过300公斤的钚？人类只有一个地球，每个国家每个人都应该对世界的和平和安全负责，而日本该“核”去“核”从？该书分析了日本的核现状及其有关问题。

《日美政治经济摩擦与日本大国化》

何晓松（副研究员）

专著 325千字

社会科学文献出版社 2015年11月

该书将20世纪80年代界定为日美关系以及日本国家发展方向的一个重要转折期。其间，美国转变对日政策，从战后只送“胡萝卜”转为“胡萝卜加大棒”。而日本在实现经济大国化后，愈益倾向于扬弃战后多年的吉田路线，推进政治大国化乃至军事大国化，甚至对日本权势精英集团内的某些要人来说，“脱离美国的独立自主道路”应当是日本要争取的新方向。该书从国家间关系的本质属性出发，对日美关系尤其是日美贸易关系进行考察，并借鉴结构现实主义理论，力图补充和完善关于日美关系的理论构建。

《日本战后70年：轨迹与走向》

《日本战后70年》编委会编

专著 661千字

中国社会科学出版社 2015年12月

该书分别从政治、外交、安全（日美同盟）、经济、社会、文化、思想、中日关系等多个领域，对日本战后70年来的轨迹进行系统梳理和剖析，对日本未来的走向做出预测。该书首先厘清战后70年来日本发展变化的脉络，进而从中发掘出决定、影响发展变化的规律与要素。其次，为分析、预测未来提供理论与史实的依据。

《中日热点问题研究》

《日本学刊》编辑部

论文集 373千字

中国社会科学出版社 2015年12月

该书基于“聚焦中日关系热点，汇集思想产品精华”的宗旨，遴选了近年来中国媒体发表的有关中日关系热点问题的时政评论和中国日本研究权威刊物《日本学刊》刊载的有关中日关系的学术论文31篇。其中，已发表的大多数文章都根据中日关系形势的最新变化进行了修改补充。

《日本蓝皮书：日本研究报告（2015）》

李薇（研究员）主编

研究报告　399千字

社会科学文献出版社　2015年4月

该书由总论、政治安全篇、对外关系篇、经济社会篇和附录构成。该书不仅对2014年日本的国家战略、安保政策、对外关系、行政改革，以及能源、人口、思想意识、新闻媒体等经济社会诸领域的动态做了监测分析，对若干问题做了专题研讨，而且还对2015年日本的政治、外交、安全防务和经济社会发展趋势做出展望。

《日本经济蓝皮书——日本经济与中日经贸关系研究报告（2015）》

王洛林（研究员）　张季风（研究员）主编

皮书　416千字

社会科学文献出版社　2015年5月

该书对当前日本经济、中日双边经济关系以及日本能源的发展动态进行了多角度、全景式的分析。该书回顾了2014年日本宏观经济的运行状况，对2015年的趋势做了展望，并对日本能源战略演进与转型，日本的能源安全与海外能源开发，石油、核电、煤炭、新能源以及节能与能源合作等进行全方位的分析。此外，该书还收录了大量来自日本政府权威机构的数据图表。

《事实与真相——解读日本第二次侵华战争》

唐永亮（副研究员）编　张静等译

译著　300千字

外文出版社　2015年1月

该书全面客观地展示了日本在第二次侵华战争中所犯下的种种耸人听闻的罪行，分析了这些事件背后鲜为人知的历史渊源。通过采访幸存者、受害人以及目击者，该书以写实的手法再现那一段黑暗的历史，并从唯物历史观的角度出发，剖析其背后深层次的原因。

《日本的三个70年》

武寅（研究员）

论文　5.2千字

《日本学刊》2015年第5期

该文认为，1931年开始的侵华战争是日本明治以来构筑的整个战争链条上的最后一个环节，是这个链条上此前已经发生的那些侵略战争的延续和升级。要深刻领悟这场战争带给我们的历史启示，必须把视野放到一个更加广阔的时空范围内。以这个70年为基点，再往前和往后各推70年：第一个70年是“二战”结束前的70年，即日本明治维新后确立国家未来发展目标，并选择和实施具体发展路径的70年；第二个70年是“二战”结束后的70年；第三个70年是展望未来的70年。今天的日本应当做真正有利于国家和民族的根本利益的事情，发自内心地主动选择一个既对本国富强，也对世界和平具有积极贡献的发展模式。

马克思主义研究学部

马克思主义研究院

《42位著名学者纵论全面深化改革与依法治国》

中国社会科学院马克思主义研究学部编

论文集 518千字

中国社会科学出版社 2015年7月

该书汇集了42位著名学者有关全面深化改革和依法治国方面的文章。42位国内著名学者紧紧围绕十八届三中全会、四中全会精神和两个决定的内容，贯彻落实习近平总书记系列重要讲话精神，按照“四个全面”战略布局，为推进国家治理体系和治理能力现代化建设，推进“两个一百年”奋斗目标和中华民族伟大复兴目标的实现，从经济、政治、法治、意识形态、党的建设等多领域多视角，撷取了42个看似不相关却有着紧密内在联系的题目，在学术上进行权威论证与研究，在理论上进行科学阐释。

《党的领导是建设法治国家的根本保证》

邓纯东（研究员）

论文 5.5千字

《前线》2015年第1期

该文认为，十八届四中全会描绘了法治中国建设的宏伟蓝图。全会强调，党的领导是全面推进依法治国、加快建设社会主义法治国家最根本的保证。必须加强和改进党对法治工作的领导，把党的领导贯彻到全面推进依法治国全过程。宪法和法律是国之重器，镇国之纲，能否维护宪法法律权威、能否维护人民权益、能否维护社会公平正义、能否维护国家安全稳定，是国家治理能力现代化的重要表征。而这一切都必须在党的领导下进行，只有坚持党对全局事业的领导，对依法治国的统领，才能立“良法”，行“善治”。

《2014年意识形态领域十个热点问题》

马学轲（研究员）

论文 7.5千字

《马克思主义研究》2015年第2期

2014年，国内意识形态领域总体态势积极向上，主旋律响亮，正能量强劲。同时，也出现了一些涉及重大是非原则且讨论比较集中的热点问题，反映出当前舆论斗争形势尖锐复杂、极具挑战的一面。该文选取了以下十个热点问题加以评析：(1) 关于党的领导与依法治国；(2) 关于阶级斗争理论；(3) 关于香港非法“占中”与颜色革命；(4) 关于混合所有制与国企改革；(5) 关于市场的决定性作用；(6) 关于“辽报事件”与高校意识形态安全；(7) 关于学术评价导向和部分学科教育西化；(8) 关于社会主义核心价值观；(9) 关于如何对待中国传统文化；(10) 关于历史虚无主义思潮新特点。

《推动马克思主义理论学科上新台阶》

靳辉明（教授）

论文 3千字

《人民日报》2015年8月31日第16版

该文对于当前和今后一个时期，如何推动马克思主义理论学科建设迈上新台阶，从以下四个方面进行了论述：(1) 把取得学科授权点与加强学科建设有机统一起来；(2) 进一步稳定壮大高校马克思主义理论研究和教学队伍；(3) 推进马克思主义理论学科规范化、制度化建设；(4) 加强对马克思主义的整体性研究和建设。

《小资产者的哀怨、无知和偏见——评皮凯蒂的〈21世纪资本论〉》

余斌（研究员）

论文　18千字

《政治经济学评论》2015年第1期

该文认为，皮凯蒂的《21世纪资本论》是欧美国家出现了99%的人反对1%的金融寡头的“占领”运动的理论表现。与马克思的《资本论》相比，《21世纪资本论》无论是在对于历史事实的把握上，还是对于经济理论的理解上，都存在重大缺陷。《21世纪资本论》充斥着小资产者对自身处境的哀怨和对大资产阶级的羡慕嫉妒恨，以及作者对于《资本论》的无知和小资产阶级的偏见。但是，《21世纪资本论》也具有一定的积极意义。《21世纪资本论》指出，欧美国家巨大的国民财富的分配是极其不公的。《21世纪资本论》还批评了源自发达国家的极端自由主义浪潮，认为民主和社会公正需要其本身的社会机制，而不是依靠市场机制来实现，甚至不能仅仅通过议会或其他民主机构来实现。这一点是对的，但是它坚持要在资本主义制度下寻找这样的社会机制，则是找错门了。

《〈黑格尔法哲学批判〉中的国家观及其现实逻辑》

辛向阳（研究员）

论文　18千字

《教学与研究》2015年第9期

该文对马克思国家学说创立的起点著作《黑格尔法哲学批判》进行了系统研究。该文认为，国家哲学玄像与国家现实之间的矛盾、工作实践与先验观念冲突等引起了马克思对这一问题的高度关注。马克思通过对黑格尔关于国家观点的扬弃，提出了自己的国家理论。马克思认为，政治国家由市民社会决定，市民社会则由本质上就是资本所有者等级的“产业等级”来决定，市民社会的政治国家归根到底就是维护私有制的制度体系，应当通过一场真正的革命，建立人民主权性质的民主制度。马克思创立的新国家观具有重要的现实意义：要防止政治权力异化于人民和官僚政治形成自己的特殊利益，要坚持人民主权，让人民更多地参与国家事务。

《马克思主义视野下的国家治理丛书》

中国社会科学院马克思主义研究院组织编写

专著　1682千字

浙江出版联合集团、浙江人民出版社　2015年12月

该丛书紧密围绕国家治理主题，把握时代发展脉搏，以“马克思主义视野”作为独特研究视角，从理论和实践的不同层面，对如何推进国家治理体系和治理能力现代化进行了深入的学术探讨，既是对以习近平为总书记的党中央治国理政思想的高度总结，也是对下一步实现国家治理的科学化、决策的

民主化、制度的标准化所进行的理论准备。

《当代中国马克思主义的新发展》

程恩富（教授）主编

专著　221 千字

中国言实出版社　2015 年 3 月

该书认为，党的十八大以来，以习近平为总书记的党中央在经济、政治、文化、社会、生态和党建等领域，运用马克思主义及其中国化理论，在中国特色社会主义道路、制度和理论三方面都具有新的拓展和创新，从而呈现为当代中国马克思主义的新发展。

为了全面梳理和阐释党的十八大以来中国马克思主义的新发展，该书按照经济思想、政治思想、文化思想、社会思想、生态思想和党建思想六个层面进行了分章阐释。

《邓小平理论的马克思主义解读》

李崇富（教授）等

专著　786 千字

中国社会科学出版社　2015 年 1 月

该书立足于当代中国国情，立足于改革开放和现代化建设的伟大实践，力求从理论和实践的结合上，深刻揭示马克思主义中国化“两次飞跃”的历史和逻辑联系，阐明邓小平理论与马克思列宁主义、毛泽东思想在本质上一脉相承的同一性和与时俱进的创新性内在结合的科学品质，以论述邓小平理论的思想渊源、实践主题、哲学基础为底蕴，从社会主义的本质论、初级阶段论、根本任务论、改革开放论、市场经济论、民主法治论、精神文明论等十二个方面的历史和逻辑展开中，阐述了当代中国社会主义的“特色”与科学社会主义“本色”的辩证联结和现实结合。这样就从历史定位和学理定性上，按其原意解读出邓小平开创的中国特色社会主义是科学的、“姓马姓社”和不“姓资”的，是科学社会主义中国化的新形态。

《青年毛泽东的思想转变之路——毛泽东是怎样成为马克思主义者的？》

金民卿（研究员）

专著　377 千字

社会科学文献出版社　2015 年 4 月

该书以大量的资料展现青年毛泽东广泛吸收新知识、亲身参与领导组织工农运动实践，并从当时中国的社会现状、发生的重大历史事件、毛泽东早期的重要论述以及其与师长、同学、朋友之间来往信件等多角度剖析毛泽东思想从改良主义转向社会主义的复杂、艰难的必然过程。表明毛泽东以及中国共产党、中国人民接受马克思主义并与中国实际相结合，作为中国的革命和建设的指导思想，不是自然生成的，也不是外来强加的，而是长期上下求索，在实践过程中反复比较鉴别得来的。因此是弥足珍贵的，是不可动摇的。

《马克思 恩格斯 列宁 斯大林论资本主义》

吕薇洲（研究员）主编

学术资料　406 千字

中国社会科学出版社　2015 年 7 月

资本主义作为人类社会发展进程中一个非常重要的阶段，自萌生迄今已经历了 6 个多世纪的演进。在新科技革命和全球化浪潮的推动下，“二战”后的资本主义发生了全面而深刻的变化，对世界社会主义运动产生了巨大影响。无论是全面认识资本主义的新变化还是积极推进马克思主义的时代化，都需要全面深刻地研究马克思主义经典作家关于资本主义的基本观点。该书汇集了马克思、恩格斯、列宁、斯大林经典著作中对资本主义的形成发展、资本主义的经济、资本主义的政治、资本主义社会的总体论述。

当代中国研究所

《中华人民共和国史稿简明读本》

李捷（研究员）主编

通俗读物　236 千字

学习出版社　2015 年 9 月

该书是在当代中国研究所编写的多卷本《中华人民共和国史稿》基础上，为适应广大干部群众学习中华人民共和国史需要而撰写的简明通俗读物，是马克思主义理论研究和建设工程重点成果。该书简要记述了中华人民共和国自 1949 年 10 月举行开国大典，到 1984 年 10 月中共十二届三中全会通过《关于经济体制改革的决定》这 35 年的历史，展示了新中国在中国共产党领导下完成社会主义革命、确立社会主义基本制度，实现中国历史上最深刻的社会变革；探索中国社会主义建设道路，建立起独立的、比较完整的工业体系和国民经济，积累了社会主义建设、重要经验；推进改革开放新的伟大革命，实现经济快速健康发展，开创中国特色社会主义道路的历史进程。

《中国特色社会主义：道路与制度》

张星星（研究员）主编

论文集　592 千字

当代中国出版社　2015 年 9 月

该书集中围绕“中国特色社会主义：道路与制度”的主题，以中共十八大精神和习近平总书记系列重要讲话精神为指导，着重从中国特色社会主义是新中国 65 年持续探索的根本成就、坚持和完善中国特色社会主义政治发展道路、坚持和拓展中国特色社会主义经济发展道路、坚持和丰富中国特色社会主义文化发展道路、坚定不移走和平发展道路五个方面做了深入探讨。该书认为，新中国成立以来取得的辉煌成就，使中华民族和中国人民的面貌发生了翻天覆地的变化，成功续写了中华民族 5000 年的光荣篇章，创造了人类社会历史的发展奇迹，使马克思主义和社会主义在中华大地上展现出蓬勃的生机与活力。中华人民共和国史研究必须紧紧围绕中国特色社会主义这个主题和主线，总结中国经验，阐释中国道路，宣传中国奇迹，传播中国声音，为坚定道路自信、理论自信、制度自信做出积极的贡献。

《坚定不移走中国特色社会主义法治道路》

张星星（研究员）

论文　5 千字

《当代中国史研究》2015 年第 1 期

该文以中共十八届四中全会《关于全面推进依法治国若干重大问题的决定》为依据，回顾和梳理了新中国法治建设的曲折探索和宝贵经验，阐述了首次提出中国特色社会主义法治道路的重要意义；从坚持党的领导、坚持中国特色社会主义制度、贯彻中国特色社会主义法治理论三个方面，论述了中国特色社会主义法治道路的核心要义；阐述了建设中国特色社会主义法治体系、建设社会主义法治国家，必须坚持的五条基本原则；实事求是地分析了当前中国法治建设实践中存在的问题和不足，强调既要树立道路自信、保持政治定力，也要增强问题意识和忧患意识，以全面深化改革的伟大实践推动中国特色社会主义法治道路的拓展和完善，为推进国家治理体系和治理能力现代化提供更加有力的法治支撑。

《中国道路与中国梦》

武力（研究员）主编

论文集 409千字

当代中国出版社 2015年9月

该书集中讨论了中国道路形成的条件、发展的历程和其本质特征，在此基础上，讨论了中国道路与实现中华民族伟大复兴的中国梦之间的关系。该书分别从工业化、中国精神、和平发展等多方面、多视角重点讨论这个问题，并达成如下共识：只要坚持中国道路，只要按照党的十八大以来制定的全面建成小康社会规划和“两个一百年”的战略目标稳步前进，中国梦就一定能够实现。

《略论“全面建设小康社会”的十年》

武力（研究员）

论文 10千字

《当代中国史研究》2015年第6期

中共十六大至十八大期间的十年，是全面建设小康社会的十年。为实现全面建设小康社会的发展目标，我国在实践和探索中提出了科学发展观；加快了政府职能转变；加大了解决“三农”问题的力度，城乡关系发生了历史性转变；促进了社会主义文化的繁荣发展，改变了中国财政性教育投入落后于经济发展水平的状况；融入了经济全球化，在国际经济和国际组织中发挥着越来越大的作用。这十年，是新中国经济增长最快的十年，为进一步全面建成小康社会提供了坚实的物质基础。

《从中央委员到领导核心——1945～1978年间的邓小平》

张金才（研究员）

专著 195千字

河北人民出版社 2015年5月

该书反映了杰出的无产阶级革命家邓小平从1945年至1978年从中央委员到中央领导核心的革命斗争经历，详细记述了邓小平艰苦奋斗、矢志不渝的革命生涯，显示了他英勇果敢、指挥若定的卓越领导才能和无私无畏、高瞻远瞩、运筹帷幄的政治家风采。该书对广大读者了解邓小平的丰功伟绩，学习老一辈革命家艰苦奋斗的优良传统和作风，进一步了解中国革命史和中华人民共和国史具有重要的参考价值。

《陈云对中国经济飞跃发展路径探索的贡献及其现实价值》

郑有贵（研究员）

论文 11千字

《党的文献》2015年增刊

该文认为，陈云对中国经济飞跃发展路

径探索形成做出的历史性贡献有：积极推进集中力量办大事实践，促进了社会生产力的快速发展；形成和发展"三个主体、三个补充"构想，为经济发展提供了活力和动力；探索形成统筹协调发展观并不断丰富和完善，促进经济持续均衡发展。这些正是对中国作为一个发展中国家在赶超进程中成功快速推进现代化建设的经验总结，回答了发展中国家如何实现赶超发展的许多重大理论和实践问题。

《十八大以来社会主义文化强国建设的理论与实践》

欧阳雪梅（研究员）

论文 12.6 千字

《毛泽东邓小平理论研究》2015 年第 9 期

该文认为，十八大把扎实推进社会主义文化强国建设作为"五位一体"总体布局的重要组成部分，在新一届中央领导集体推动下，明晰社会主义文化强国建设的目标、路径，建设现代公共文化服务体系，推进基本公共文化服务的标准化、均等化；统筹国际国内两个市场、两种资源，推动文化产业快速发展；培养和践行社会主义核心价值观，强基固本，强调中国优秀传统文化在当代文化建设中的基础性作用；积极推动中华文化"走出去"，努力推动世界文化多样性新生态的构建，注重文化"举精神旗帜、立精神支柱、建精神家园""弘扬中国精神、传播中国价值、凝聚中国力量"的作用，文化建设的理论与实践得到全面拓展，表现出新特征、新气象，在中国特色社会主义文化发展道路上迈出了坚实的步伐。

《新中国社会发展的成就、经验和展望》

李文（研究员）

论文 13 千字

《马克思主义研究》2015 年第 10 期

社会的基本矛盾决定着社会发展的主线，新中国 60 余年的社会发展史也就是围绕民生主线开展的社会建设史。总结新中国 60 余年的社会发展历程，成就突出，计划经济时期主要体现在人文指数的大幅提升方面，改革开放以来主要体现在国民经济以及居民收入的快速增长方面；问题也不少，但是除了一个时期的工作失误和指导思想出现偏差以外，存在的问题大多是发展不足、不平衡造成的。新中国 60 余年社会建设和社会发展的主要经验是：一定要以经济建设为中心；一定要以人为本；一定要坚持经济社会的协调发展；一定要正确处理人民内部矛盾。

《毛泽东思想活的灵魂是如何概括出来的》

宋月红（研究员）

论文 4.6 千字

《前线》2015 年第 4 期

《关于建国以来党的若干历史问题的决议》比较完整地阐述了毛泽东思想的科学体系和活的灵魂，指出毛泽东思想以独创性的理论丰富和发展了马克思列宁主义，其基本内容包括：关于新民主主义革命、社会主义革命和社会主义建设、革命军队的建设和军事战略、政策和策略、思想政治工作和文化工作、党的建设等六个部分；毛泽东思想的活的灵魂是贯穿于毛泽东思想各个组成部分的立场、观点和方法，其基本方面是实事求是，群众路线，独立自主。这一关于毛泽东思想活的灵魂的概括，建立在毛泽东的科学著作和中国共产党人的实践活动的基础上，是党在新时期对毛泽东思想的精神实质的科学把握。

信息情报研究院

《当代西方工人阶级研究》

姜辉（研究员）等

专著　346千字

中国社会科学出版社　2015年7月

该书是一部全面系统研究当代西方工人阶级状况的著作。该书把西方工人阶级作为一个整体，置于21世纪初期的时代背景和社会条件下，探求回答西方资本主义国家的工人阶级向何处去、西方社会主义运动向何处去的问题。从理论分析与实际状况的结合中，深入研究当代资本主义社会的阶级与阶级关系、全球资本家阶级与全球工人阶级的形成与特征、西方国家的阶级冲突与阶级斗争、西方国家工人阶级数量与构成的变化、“告别工人阶级”论与“中产阶级化”的实际甄验、工人阶级与左翼政党、工人阶级与工会组织、工人阶级的行动战略、工人阶级与社会主义主体、工人阶级的“自在”与“自为”、工人阶级运动与世界社会主义运动的关系等诸多具体问题。

《马克思　恩格斯　列宁　斯大林论资本主义危机》

姜辉（研究员）

专著　396千字

中国社会科学出版社　2015年3月

该书较系统、完整地编入了马克思、恩格斯、列宁、斯大林对资本主义危机的论述，编选自他们的著作、笔记、书信等内容。该书摘编了他们在不同时期对资本主义危机爆发的原因、影响、过程等方面的基本看法，反映了他们在上述方面的思想和理论贡献。

《民主化悖论：冷战后世界政治的困境与教训》

张树华（研究员）

专著　470千字

中国社会科学出版社　2015年1月

该书秉持中国立场，以国际化的视野，以民主和民主化为线索，通过多语种、跨学科、跨国际的比较研究，宏观展示了冷战后世界政治格局与政治生态的演变。辨析了国际上民主理论的迷思和民主化的成败得失。从历史源流和地缘政治逻辑上厘清了西方输出民主的途径及本质。该书还详细描述了苏联—俄罗斯“民主化”失败的教训，揭示了各类“颜色革命”“广场暴动”的实质与后果。

该书认为，要关注国家的政治主题和发展顺序，注重增强国际间的政治竞争力。该书还提出了国家政治发展力比较评估的框架，推出中国版的“世界政治发展力（PDI）评估报告”。

《西方左翼何去何从？——21世纪西方左翼的状况与前景》

姜辉（研究员）

论文　8千字

《国外社会科学》2015年8月

该论文为，苏东剧变以来，西方左翼经历了退却—右转—回归的“三部曲”发展历程，当前处于“否定之否定”的自我反思与重塑阶段，机遇与挑战并存，建设与批判的双重任务并重。其发展前景取决于当前“否定之否定”的自我革新与重塑的程度和水平，在这个过程中要处理好左翼与社会主义的关系、左翼运动与社会主义运动的关系、议会选举活动与社会群众运动的关系、民族国家范围内活动与全球范围内活动的关系。

《“民主化”悖论与反思》

张树华（研究员）等

论文　10千字

《红旗文稿》2015年8月25日

该文认为，从世界政治格局的演变趋势来看，2008年国际金融危机的爆发无疑是世界步入政治“新生态”的重要标志。危机的爆发使西方国家现有政治、经济和社会制度的种种深刻矛盾与缺陷暴露无遗。危机之后这些年，西方世界出现的政治对抗、金钱政治、决策不畅等政治颓势更使得西方制度的政治能力和民主成色大打折扣。相比之下，30多年来中国以其迅速崛起的经济实力、稳定的政局和高效的治理能力，大大提升了其在世界政治舞台的政治影响力，已经成为全球和地区秩序塑造中的重要一极。在当前东西方权力格局正在酝酿深刻变革的大背景下，我们应基于中国发展的经济和政治经验，树立自主意识，深入挖掘并彰显中国的政治发展力与竞争力，适时推动和引导包括“民主化”研究在内的国际政治议程的转向。

《金砖国家的金融合作：动因、影响及前景》

徐超（助理研究员）

论文　8.5千字

《国外理论动态》2015年第12期

金砖国家新开发银行的设立标志着金砖国家金融合作迈向新时代。它不仅将推动全球金融治理机制向着公平、合理、包容和共赢的态势发展，而且也将促进其贸易、投资、环保等领域的合作，凸显了金砖国家之间金融合作的溢出效应。可以预见，金砖国家之间的金融合作还将持续加强。那么金砖国家在金融等领域持续性合作具有怎样的政治、经济及国际背景呢？该文以金砖国家金融合作为切入点，试图从宏观维度看待金砖国家之间的金融合作前景、具体路径及其对全球金融治理机制等方面的影响。

《当代智库的知识生产》

唐磊（副研究员）

文集　35千字

中国社会科学出版社　2015年7月

近年来，美国、英国、加拿大、澳大利亚、中国、德国等国在智库研究成果的数量上居于前列。该书循此线索，选取了十余篇在英语世界发表的相关学术论文，并组织翻译、编成一集。这些文章既涉及上述国家的智库发展状况，又兼顾了对智库知识生产的要素和过程的考察，对于中国知识界更好地了解智库现象和智库运作机制能够提供一些帮助。

《大断裂：人类本性与社会秩序的重建》

唐磊（副研究员）译　（［美］福山著）

译著　30千字

广西师范大学出版社　2015年5月

20世纪中叶以来，西方主要发达国家相继迈入所谓的后工业时代，在这一时期，以信息技术为核心的技术进步给经济和社会的传统运行模式和组织方式带来了重大的改变，旧有的社会规范和文化价值也遭到严重的冲击，在西方发达资本主义社会普遍表现为犯罪率、离婚率、未婚生育率的大幅下降和社会信任度的明显降低，福山将此种种与“社会资本”有关的指标的恶化现象总结为“大断裂”。究竟何种原因导致了发达资本主义社会大断裂的出现？这是否是资本主义社会转型不可避免的宿命？它们又是如何走出大断裂的？该书对上述问题进行了探索。在福山看来，资本主义社会中，个人主义的不断膨胀尽管造成了传统权威和社会规范不同程度的消解，但基于个体理性和竞争关系自发产生的互惠利他合作仍然是形成各种形式社会联结和社会资本的基石。福山相信，即使面临技术、经济和社会的重大转型，社会秩序始终都会在既有等级制又有自发性的源泉中产生。大断裂不可避免，但社会规范的重建也始终可期。

其他单位

中国社会科学院研究生院

《中国能源的困境与出路》

黄晓勇（教授）

专著　314千字

社会科学文献出版社　2015年12月

该书是在习近平总书记提出中国的“能源革命”和“供给侧结构性改革”的背景下，以能源革命与文明演进为主题，致力于分析人类能源革命和社会进步之间的规律，剖析当今世界能源格局中中国所面对的严峻课题，尝试为中国能源目前的困境寻找突围的方向。能源是支撑现代经济社会运行的物质基础，也是国际竞争和大国角力的核心领域。面对能源供需格局新变化、国际能源发展新趋势，保障国家能源安全，必须推动能源革命。应按照国家制订的能源战略行动计划推进能源生产、消费、技术和体制四大革命，切实解决我国能源资源短缺的问题。加快补充与完善我国的能源环境法规，提高能源环境治理水平。

《德意志审美现代性话语研究》

张政文（教授）　张园（副教授）　王熙恩（副教授）等

专著　342千字

中国社会科学出版社　2015年8月

该书是国家社科基金项目“德意志文化启蒙与现代性的文艺美学话语研究”的最终成果。作者从建构德意志审美现代性的关键人物康德入手，通过宏观理论思辩与微观史料还原的结合，呈现出德意志现代性文艺美学话语的历史图像。德意志审美现代性话语是近代以来德意志历史发展的自我显现，由德意志自然、历史、社会、思想共构的德意志文化生态，统摄着德意志审美现代性话语的历史命运，也现实地决定着德意志审美现代性话语的本质特征。

《中国高等教育的筛选机制和文凭竞争》

何辉（副教授）

专著　275千字

中国社会科学出版社　2015年4月

该书以信息经济学中的筛选理论为基础，结合我国的高等教育筛选机制、教育政策、高等教育入学机会市场和劳动力市场变迁等因素，提出了一个基于信号传递模型的个人高等教育需求的分析框架，建构了包括高考模型、高等教育扩招模型和教育信号寻租的理论模型，对我国个人的高等教育投资行为提出了一个不同于人力资本理论的解释。个人的高等教育投资需求是基于我国特殊的高等教育筛选机制和我国分割的劳动力市场的一种理性选择，其主要目的是通过文凭获得进入主要劳动力市场的身份资格，以及向劳动力市场传递自己的能力信息。这种选择从个人而言是理性的，但从全社会的角度，则可能表现为群体非理性的文凭竞争，并导致“教育过度”的社会结果。

《如何掌握文艺话语权》

张政文（教授）

论文　3.3千字

《人民日报》2015年12月1日

该文针对当前我国文艺事业所面临的形势和挑战，提出加强社会主义文艺话语权建设、繁荣发展中国特色社会主义文艺事业、提升国家文化软实力和国际竞争力须提升四种能力，即践行社会主义核心价值观，弘扬中国精神，提升社会主义文艺的主导能力；突出中国梦的时代主题，凝聚中国力量，提升中国特色社会主义文艺的创新能力；推广中华优秀传统文化和当代文艺精品，讲好中国故事，提升社会主义文艺的传播能力；构建中国特色社会主义文艺理论话语体系，重塑文艺批评精神，提升社会主义文艺理论的阐释能力。

《中国传统和合思想及其当代价值》

周勤勤（编审）

论文　16千字

《江南大学学报（人文社会科学版）》2015年第6期

中国有源远流长的和合文化，“和合”思想是我国古代先哲在对世界各种复杂事物的建构认识的基础上建立的一种哲学理论。“和合”思想在古代有所落实，在近现代也有一定影响。“和合”理想的落实包含两个层面：一是以“和合”理想指导行动；二是取得“和合”的结果。“和合”理想落实于人际关系：“以和为贵”；“和合”思想落实于人与自然关系：“天人合一”；“和合”思想落实于国际关系：“协和万邦”；“和合”思想落实于文化交流：“多元包容”。中国传统和合思想作为一种世界发展观，可以处理相应的国际问题。

《方以智的易学观》

周勤勤（编审）

论文　15千字

《齐鲁学刊》2015年第4期

该文认为，方以智不仅有易学的家学渊源，而且自己在易学方面也有很深的造诣。他在承续三世家传易学的基础上，融贯象数、义理诸家之说，鼎薪炮药，创一家之说，试图集我国古代源远流长的易学思想之大成。方以智的易学观体现在以下几个方面：方以智以先天易学为《周易》之根源，对河洛中五说和先天图说进行阐释；在解易方法上主张义理与象数兼用，他有时用“象数”法解《易》，有时用“义理”法解《易》，甚至同时兼用两法来解《易》；方以智易学思想与“均的哲学”相通，方以智“均的哲学”与易学紧密联系，可以说“均的哲学”直接来源于易学，是对易学的利用和改造。

《北魏孝文帝廉政思想考论》

袁宝龙（馆员）

论文 9千字

《廉政文化研究》2015年第4期

该文比较系统地研究了北魏孝文帝的廉政思想体系，北魏中后期，贪污之风盛行。孝文帝元宏在执政之后，大力实施改革，一方面健全完善了官吏的俸禄制度和监察机制，使廉政工作具备了坚实的制度保障；另一方面，他以身作则，大力倡导清廉之风，注重精神层面的廉政文化建设。北魏官员群体的贪污之风因此大为收敛，只不过孝文帝的廉政思想有着无法超越的时代局限，所以无法从根本上改变北魏以贪亡国的最终结局。

《以诺奖为契机加速中医药产业升级》

周兴君

论文 4千字

《中国中医药报》 2015年11月11日

该文提出，我国中医药产业应以屠呦呦获得诺贝尔生理学或医学奖带来的中医热为契机，加强宣传，舆论引导，政策诱导，重点突破；并应积极谋划，加强各方协作，资源整合，以利于相关产业转型升级，培育龙头企业；加强创新，勇于担当；加强扶持，文化输出，特色外溢。

《世界能源发展报告（2015）》

黄晓勇（教授）主编

研究报告 350千字

社会科学文献出版社 2015年6月

该书以全球视角，对亚非、欧洲及南北美等重要能源板块的动态演化进行动态把握，并对油、气、电力等能源种类的势力增减进行前瞻性分析，在世界范围内，多方位地探讨实现中国能源安全的可能性、路径方向和措施战略。中国的能源战略对外应在全球范围内协调利益共同体，努力建设新的世界能源合作机制并强化在其中的作用；加快构建能源战略布局重点，深化与能源供给方的战略合作关系。同时，应重新审视“能源安全”的实质，摆脱“能源安全等于粗放地供给以满足增长过快的需求”的习惯思维，而转变为“能源安全＝节能＋效率”“以科学供给满足合理需求”的观念，将全面推广清洁能源技术作为解决中国经济发展与能源、环境之间矛盾的关键突破性手段。

中国社会科学院图书馆（调查与数据信息中心）

《人文社会科学数字资源的建设、管理与服务》

蒋颖（研究馆员） 包凌（副研究馆员） 赵

以安（副研究馆员） 孔青青（馆员）
专著 292千字
九州出版社 2015年12月

随着互联网的发展，数字资源快速增长，逐渐成为图书馆馆藏资源中的重要内容。数字资源的建设与管理同图书馆传统纸本资源有很大不同，它不但涉及资源的内容和形式，同时也与技术、经济、法律等多方面因素相关，对其进行深入研究，可以深入了解和探索数字资源建设与服务的规律，推动图书馆数字资源建设工作的发展，提升服务水平。该书针对数字时代图书馆的数字资源建设与服务、电子图书、电子期刊、社会科学数据、开放获取资源、数字资源管理及服务的相关技术、资源服务等内容进行了探讨，并分析了图书馆数字资源建设与服务的未来发展趋势。

《中国学术期刊国际影响力评价研究的新进展》
黄长著（研究员）
论文 6千字
《中国科技期刊研究》2015年第26卷

该文认为，人文社科成果的评价是一个非常复杂的过程，它的某些方面是根本不能量化的。有时，判断一个理论和观点的是与非、优与劣，不仅不能量化，而且还需要经过很长时间及实践的反复验证才能做出正确的判断。如果不能建立一个全面、客观、公正反映我国学术期刊国际影响力的评价体系，就难以对不同期刊进行差异化管理，也难以反映其进步，各种资助的效果也很难得到客观评估。SCI论文对于推动科学研究的积极作用是不容否定的，但有些大学或科研机构在进行科研成果评价时，有把SCI论文作用单一化和绝对化的趋势，这对全面推动我国科学研究事业是不利的。靠单一的指标来解决复杂的学术评价问题，有时必然会造成结论的误差。而对国内中文期刊如果一概不加区分地加以排斥，长此下去，不利于中国学术期刊的健康发展。

《大数据与人的现代化》
任全娥（副研究馆员）
论文 5千字
《程序员》2015总第267期

该文认为，大数据的主要特点之一就是数据的数量巨大、结构复杂、类型众多，通过数据的整合共享与交叉复用形成人的智力资源和知识服务能力。因此，大数据时代为实现人的现代化提供了前所未有的机遇与可能性，正是大数据可以记录、搜集人的个性化信息，提供各种个性化推荐服务，从而实现人的自由全面发展。大数据对人的现代化全面发展的影响是巨大的、全方位的、颠覆性的，包括影响人的健康管理、个性化教育、思维与观念，影响科学研究方式和国家治理与社会和谐。大数据为人的现代化与全面发展提供了前所未有的机遇与挑战。

《大数据在智慧城市建设中的应用》
王秀玲（副研究馆员） 魏进（助理研究员）
研究报告 9千字
《程序员》2015总第267期

在云平台、大数据和物联网等技术的支持下，率先在美国“智慧星球”概念下诞生的“智慧城市”，逐渐成为当今世界各国城市建设的发展趋势和选择。在此背景下，为了宣传推广先进经验，促进大数据技术在智慧城市建设中的应用，该文选取了16个具有典型示范价值的城市，包括美国的迪比克、纽约、芝加哥、西雅图，欧洲的伦敦、格洛斯特、阿姆斯特丹、斯德哥尔摩、哥本哈根、里昂、巴塞罗那、桑坦德，东南亚的新加坡，以及我国的佛山、深圳、贵阳，简要介绍了这些城市在利用大数据技术实施智慧城市建设方面的实践举措，并进一步总结出我国建设智慧城市需要在智能化设施建设、开放政府数据、重视差异性、顶层设计、统一管理、多元合作这六个方面加强努力。

中国社会科学杂志社

《马克思学术身份的危机：纯学者形象对革命家身份的遮蔽》

王广（副编审）

论文　9千字

《马克思主义研究》2015年第11期

该文认为，在当前的一些研究中，马克思正在被塑造成一位纯学者，而遮蔽了马克思的革命家身份。事实上，马克思不仅是思想家，而且是革命家。马克思毕生的真正使命，是以不同方式参加推翻资本主义社会及其国家设施的事业，参加现代无产阶级的解放事业。马克思的学术思考，都是为这一使命服务的。革命家与学者的高度统一，才是完整的马克思的学术形象，也是马克思毕生不渝的理论自觉。这就需要在研究中坚持革命史叙事与思想史叙事相结合的思路，从更广阔的学术视野，完整地描绘马克思的学术形象，准确地把握马克思的思想特质。

《“拒斥形而上学”与历史学的科学化》

晁天义（副编审）

论文　28千字

《求是学刊》2015年第6期

该文认为，16世纪以来科学史的发展进程表明，包括天文学、物理学、地质学等自然科学，以及社会学、文化学等社会科学在内的经验研究要走上科学之路，就必须在认识论方面做出改进。研究者需要通过拒斥形而上学的方式，完成实证思维与哲学思维的切割。作为一门以人类过去为研究对象的学科，历史学具有自身的特殊性，要完成认识论的这一飞跃难度更大，但总体而言仍然符合人类科学发展的一般规律。只有系统总结科学发展史上的一般经验，并在19世纪以来成就的基础上进一步拒斥和清理史学研究中的形而上学思维，21世纪的历史学才能更加逼近科学。

《族群冲突的理性主义逻辑及其对中国的启示》

焦兵（助理研究员）

论文　20千字

《国际展望》2015年第2期

该文在批判族群冲突研究动机论和条件论的基础上，提出了从族群冲突双方的战略互动层面研究族群冲突发生的原因。该文认为，族群冲突双方之间的信息不对称、不可信的承诺以及问题的不可分割性，阻碍了双方达成战前的和平协议，从而使得族群冲突的发生变得不可避免。作为对中国的现实启示，该文认为，中国在介入其他国家族群冲突的解决过程中，要积极在冲突各方之间进行调停斡旋，同时对和平协议的切实执行发挥第三方保证的作用，以促进族群冲突双方在冲突之前或冲突之后达成和平协议，避免族群冲突的发生，或者在冲突发生后推动族群冲突的和平解决。

《“回归”历史唯物主义世界观的原初语境》

王海锋（副编审）

论文　14 千字

《云南大学学报》2015 年第 2 期

该文认为，对历史唯物主义世界观本真精神的开掘，应该在思想史与现实的双重维度中追溯历史唯物主义世界观创立、发展的原初语境。从思想史的维度看，历史唯物主义世界观的创立、发展受到了观念论哲学、启蒙思潮、政治经济学三种主要的思潮的影响。从现实的维度看，历史唯物主义世界观的创立、发展所面对的，是旧社会体制的瓦解之后的市民社会的到来、资本主义社会的兴起与发展、人类走向世界历史。只有在思想史与现实的双重维度中开掘历史唯物主义世界观的本真精神，真实面对当代中国问题，我们才能开辟历史唯物主义当代阐释的新境界。

《新疆土尔扈特蒙古史实考释与订误》

周学军（编辑）

论文　22 千字

《西部蒙古论坛》2015 年第 2 期

该文认为，长期以来，国内学术界对渥巴锡的生年众说纷纭，主要有 1742 年、1743 年、1744 年、1745 年等说。事实上，渥巴锡生于乾隆九年（1744），终年 31 岁。策伯克多尔济、奇哩布、阿克萨哈勒兄弟三人是渥巴锡的堂侄，清代满文奏折表明，阿克萨哈勒生于乾隆三年（1738），奇哩布约生于 18 世纪 30 年代中期，策伯克多尔济应生于 20 年代后期至 30 年代初期。旧土尔扈特东部落右旗扎萨克郡王巴雅斯呼朗乌尔库吉库与巴雅尔究竟是两人还是同一人，国内史学界讫无定论。清代和民国史料证明，他们是同一人而非两人。旧土尔扈特南部落扎萨克卓哩克图汗兼盟长布彦蒙库系渥巴锡第八代孙，近百年来，他被谋害而死的传闻流布甚广。诸多档案证实，1917 年 1 月 26 日，布彦蒙库因病猝然去世，而非被谋杀。

《爱尔兰根学派的建构伦理学与实践哲学》

莫斌（编辑）

论文　13 千字

《现代哲学》2015 年第 1 期

该文认为，当代哲学人类学仍会面对一个批评性问题：为什么在诸多学科中仍然需要一门哲学人类学。伦理学归属于人的哲学的认识，在人当下具体的生存处境中，它涉及对人类行为规范的有效性、人类行为的权衡与选择的解释，并且它需要对人能做什么和人能够怎样生活的问题做出论证和指引；在最高的意义上，它需要说明人在何种程度上能够获得一种可教化的德性和可企及的幸福。针对这两个问题框架，爱尔兰根学派学者卡姆拉、洛伦琛等人的建构伦理学方案在哲学人类学和伦理学两个向度上交汇，成为建构主义的哲学人类学的创立者：一般伦理学原则及其相关的道德论证在哲学人类学中被建立，哲学人类学被理解为伦理学的原理论。

《在退却中渗透：珲春事件善后交涉的深层透视》

刘宇（编辑）

论文 10.3千字

《学习与探索》2015年9月

该文从“珲春事件”发生后的善后交涉切入，直面中日关于撤兵这一核心问题的外交博弈，并透视其背后的战略内因，对“珲春事件”的性质和影响作出新的历史评价，在新史料的运用和研究方法上进行了创新。该文认为，“珲春事件”是由日本策划，并操纵中国境内的土匪实施的暴力事件。日本借机出兵中国延边，以“撤兵”为砝码拖延善后交涉进程，实现了战略渗透的目的。“珲春事件”是日本侵略中国东北过程中的一次实战演习，为日本之后的大规模入侵埋下了伏笔。

郭沫若纪念馆

《郭沫若研究年鉴2013》

崔民选（研究员）主编

工具书 716千字

中国社会科学出版社 2015年4月

该书是郭沫若研究的年度优秀成果汇编，精选2013年度内发表的郭沫若研究论文，辑录郭沫若研究的学术会议、学术动态、文化资讯、研究成果目录索引等各方面的信息，及时反映出郭沫若研究的前沿动态。

《大家风范中国精神》

钱振文（研究员）主编

论文集 150千字

社会科学文献出版社 2015年4月

该书从多个角度全方位展示了北京八家名人故居15年的合作历程。该书分为展览纪实、记忆空间等部分，既是对北京8家名人故居15年合作工作的总结，也是对以后工作的思考。

《新文化运动影响下的中学白话国文教科书编撰》

李斌（副研究员）等

论文 12千字

《重庆理工大学学报》2015年第1期

该文认为，《新青年》有关中学国文教学的观点，分别以刘半农和胡适为代表，分为前后两期。刘半农认为，国文应以白话应用文为教材，旨在培养学生写书信、签合同等能力，中华书局的《国语文类选》在此影响下出版。与刘半农的观点不同，胡适希望中学国文能够承担“白话文学史”的教学任务，受此影响，商务印书馆出版了《白话文范》。最早两套中学白话国文教科书，将问题和主义的讨论定位为主要编写目的，反映了白话文初次出现在中学国文教学中的实际情况。

《〈郭沫若全集补编·翻译编〉编辑札记——以译文版本为中心》

张勇（副研究员）

论文 12千字

《山东师范大学学报》2015年第3期

该文认为，编撰《郭沫若全集补编·翻

译编》，无论是对郭沫若的学术研究还是对资料汇集来讲，都是一件重要而有价值的事情。在编辑过程中，应首先将郭沫若译作版本进行全面的统计整理，去伪存真。在对郭沫若译作版本选择的过程中，通过对各个译作版本出版次数的考察，进一步探究郭沫若与现代出版的问题，进而从另一角度阐释中国现代出版市场与现代文学创作的关系。郭沫若译作版本出版的不均衡性也同样是郭沫若文艺思想以及审美创作标准的集中展现。

《朱自清与郭沫若》

李斌（副研究员）

论文　13 千字

《新文学史料》2015 年第 1 期

该文认为，朱自清与郭沫若都从以新诗创作为主转向以古代中国的研究为主。但他们却有着完全不同的人际圈和生活方式。朱自清是文学研究会的中坚力量，后来长期在清华大学中文系任教，属于典型的学院派知识分子。郭沫若是创造社的发起人之一，后来参加北伐与抗战，又能埋头著述，属于有学问的革命家。创造社与文学研究会曾笔战不休，部分参加实际革命活动的学问家与学院派知识分子又曾相互隔膜。虽然如此，但郭沫若也承认朱自清的文学成就，尊重和赞扬朱自清的品格，而朱自清也一直在研究郭沫若，给予郭沫若高度评价。这从一个侧面说明了民国时期学院派知识分子和有学问的革命家的互动。作为清华大学中文系主任，朱自清对郭沫若的认同有力地表明了郭沫若在学院派知识分子中的巨大影响力，同时也说明了朱自清虚怀若谷、勤奋严谨的治学精神。

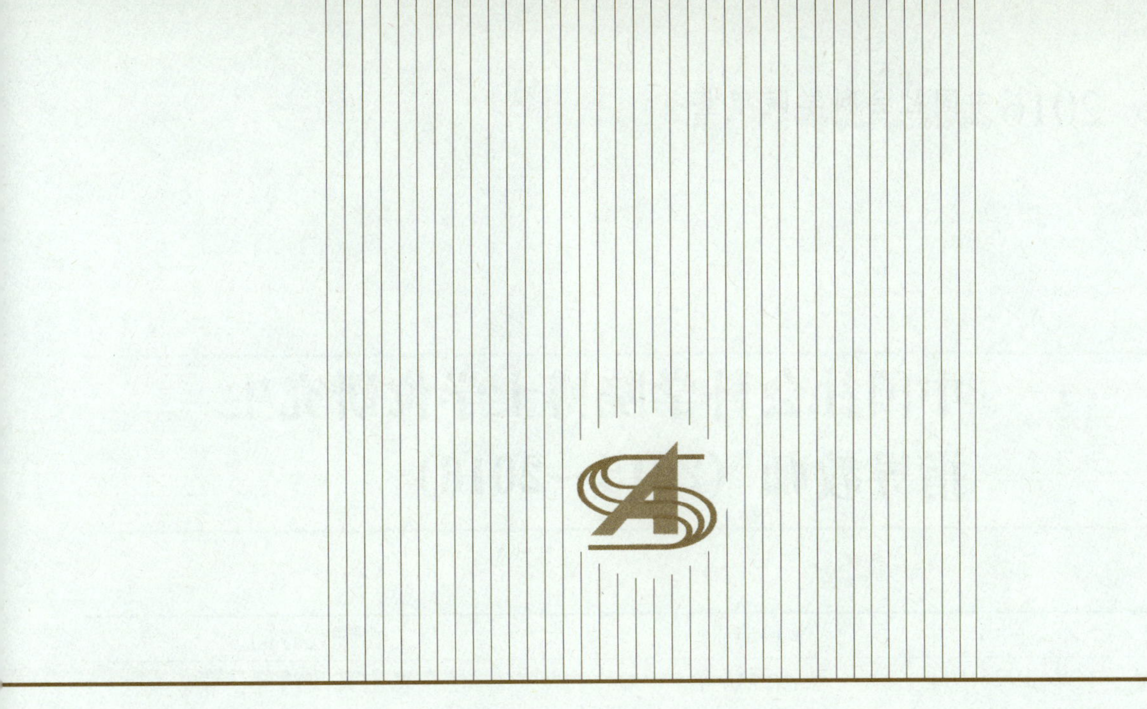

第六编

学术人物

XUESHURENWU

一 中国社会科学院博士学位研究生指导教师（2015～2016）

系别	姓名	出生年月	学科专业	主要研究方向
马克思主义学院	卫兴华	1925.10	政治经济学	马克思主义政治经济学
	王学东	1953.08	马克思主义发展史	马克思主义发展史
	王顺生	1944.12	马克思主义中国化研究	马克思主义中国化
	尹汉宁	1955.01	马克思主义中国化研究	马克思主义中国化
	田克勤	1945.12	思想政治教育	思想政治教育
	邢贲思	1930.01	马克思主义哲学	马克思主义哲学
	闫志民	1936.12	科学社会主义与国际共产主义运动	中国特色社会主义理论体系
	许全兴	1941.07	科学社会主义与国际共产主义运动	毛泽东思想
	许志功	1945.11	科学社会主义与国际共产主义运动	中国特色社会主义理论体系
	严书翰	1950.01	科学社会主义与国际共产主义运动	中国特色社会主义理论体系
	杨春贵	1936.01	马克思主义哲学	马克思主义哲学
	杨信礼	1958.01	马克思主义哲学	马克思主义哲学
	张耀灿	1937.10	思想政治教育	思想政治教育
	金冲及	1930.12	中共党史	中国共产党党史
	周新城	1934.12	科学社会主义与国际共产主义运动	科学社会主义
	庞元正	1947.09	马克思主义哲学	马克思主义哲学
	赵　曜	1932.02	科学社会主义与国际共产主义运动	科学社会主义
	逄锦聚	1947.02	政治经济学	马克思主义政治经济学
	袁贵仁	1950.11	马克思主义哲学	马克思主义哲学
	贾高建	1959.05	马克思主义哲学	马克思主义哲学
	夏兴有	1954.01	马克思主义中国化研究	马克思主义中国化
	顾海良	1954.01	政治经济学	马克思主义政治经济学

续表

系别	姓名	出生年月	学科专业	主要研究方向
	徐显明	1957.04	法学理论	马克思主义法学原理
	董学文	1945.01	文艺学	马克思主义文学理论
	蔡长水	1936.04	中共党史	中国共产党的建设
马克思主义研究系	冯颜利	1963.08	国外马克思主义研究	国外马克思主义研究中的公正思想
	吕薇洲	1970.06	科学社会主义与国际共产主义运动	国外马克思主义与社会思潮研究
	李崇富	1943.09	科学社会主义与国际共产主义运动	科学社会主义、马克思主义哲学
	李慎明	1949.10	马克思主义发展史	民主政治
	余　斌	1969.04	马克思主义基本原理	马克思主义经济学原理
	冷　溶	1953.08	科学社会主义与国际共产主义运动	中国特色社会主义
	辛向阳	1965.03	马克思主义中国化研究	中国特色社会主义理论
	罗文东	1967.12	马克思主义发展史	中国特色社会主义理论、当代资本主义理论与世界社会主义运动
	金民卿	1967.08	马克思主义中国化研究	文化与意识形态理论
	郑一明	1962.10	国外马克思主义研究	西方马克思主义、马克思主义哲学史
	赵智奎	1950.01	马克思主义中国化研究	邓小平理论、马克思主义哲学
	胡乐明	1965.10	马克思主义基本原理	马克思主义经济理论、现代西方经济理论
	侯惠勤	1949.02	马克思主义发展史	马克思主义发展史、当代意识形态研究
	姜　辉	1969.11	科学社会主义与国际共产主义运动	国外马克思主义
	夏春涛	1963.11	马克思主义中国化研究	马克思主义中国化发展历史、当代中国马克思主义理论前沿问题
	程恩富	1950.07	马克思主义基本原理	中外马克思主义经济学、中外社会主义市场经济理论与政策
哲学系	王伟光	1950.02	马克思主义哲学	历史唯物主义
	王延光	1955.09	科学技术哲学	医学哲学与生命伦理学
	王柯平	1955.05	美学	美学与诗学
	甘绍平	1959.08	伦理学	应用伦理学、西方伦理学
	叶秀山	1935.06	外国哲学	欧洲哲学史
	刘培育	1940.04	逻辑学	逻辑因明学
	孙伟平	1966.01	马克思主义哲学	价值论研究、马克思主义哲学中国化
	孙春晨	1963.02	伦理学	伦理学原理、应用伦理学
	孙　晶	1954.01	外国哲学	东方哲学
	杜国平	1965.10	逻辑学	现代逻辑、应用逻辑与逻辑应用
	李　河	1958.08	外国哲学	解释学、文化批判理论
	李俊文	1973.04	马克思主义哲学	马克思主义哲学中国化、国外马克思主义
	李景源	1945.07	马克思主义哲学	认识论与历史观

续表

系别	姓名	出生年月	学科专业	主要研究方向
	杨通进	1964.02	科学技术哲学	环境伦理学、科技伦理学
	杨　深	1952.02	外国哲学	近现代欧洲哲学
	肖显静	1964.05	科学技术哲学	科学哲学与 STS
	余　涌	1961.10	伦理学	应用伦理学
	邹崇理	1953.07	逻辑学	现代逻辑
	张　慎	1954.12	外国哲学	德国近现代哲学
	陈　静	1954.09	中国哲学	汉唐哲学、老庄哲学
	陈　霞	1966.04	中国哲学	道家与道教文化研究
	欧阳英	1964.03	马克思主义哲学	马克思主义政治哲学、毛泽东哲学思想
	尚　杰	1955.09	外国哲学	法国当代哲学
	周贵华	1962.12	外国哲学	东方哲学、佛教哲学
	周晓亮	1949.10	外国哲学	16 ～ 18 世纪西方哲学
	单继刚	1967.11	马克思主义哲学	历史唯物主义、马克思主义哲学中国化
	赵汀阳	1961.06	伦理学	中西伦理学比较
	赵剑英	1964.10	马克思主义哲学	马克思主义哲学、中国特色社会主义理论
	徐碧辉	1963.08	美学	马克思主义美学、中国古代美学、中国现代美学
	章建刚	1952.12	美学	美学原理、艺术史、伦理学
	谢地坤	1956.12	外国哲学	欧洲大陆哲学、德国哲学
	魏小萍	1955.12	马克思主义哲学	马克思主义哲学史、当代国外马克思主义哲学
世界宗教研究系	王　卡	1956.12	宗教学	道教学、中国哲学
	卢国龙	1959.11	中国哲学	中国哲学
	尕藏加	1959.11	宗教学	藏传佛教历史、藏区宗教文化生态
	邱永辉	1961.04	宗教学	当代宗教
	何劲松	1962.08	宗教学	汉传佛教及佛教艺术
	卓新平	1955.03	宗教学	基督宗教、西方宗教学、中西宗教文化比较
	金　泽	1954.05	宗教学	宗教学、宗教人类学
	周伟驰	1969.10	宗教学	中世纪哲学、基督教思想史
	郑筱筠	1969.08	宗教学	南传佛教
	魏道儒	1955.10	宗教学	佛教
经济系	王红领	1952.09	西方经济学	技术创新
	王　诚	1955.10	经济思想史	外国经济思想史、宏观经济理论
	左大培	1952.08	西方经济学	西方经济学理论、经济模型分析
	叶　坦	1956.10	经济思想史	中国经济思想史、东亚经济思想比较研究
	朱　玲	1951.12	发展经济学	收入分配、贫困问题和乡村发展、发展经济学

续表

系别	姓名	出生年月	学科专业	主要研究方向
	朱恒鹏	1969.09	西方经济学	微观经济学
	仲继银	1964.03	西方经济学	公司治理、企业制度的历史演化
	刘小玄	1953.01	西方经济学	微观经济学、产业组织理论
	刘兰兮	1954.06	经济史	中国商业史、中国近代企业史
	刘树成	1945.10	西方经济学	数量经济学、宏观经济学
	刘霞辉	1962.10	西方经济学	经济增长理论、中国经济增长问题
	李铁映	1936.09	政治经济学	社会主义市场经济理论
	杨春学	1962.11	经济思想史	当代西方经济学说、新制度经济学与公共选择理论
	张　平	1964.07	政治经济学	中国经济增长、收入分配、资本市场理论
	张晓晶	1969.09	西方经济学	宏观经济学
	赵志君	1962.02	西方经济学	经济增长理论、宏观经济政策
	赵学军	1968.07	经济史	中华人民共和国经济史
	胡家勇	1962.11	政治经济学	社会主义市场经济理论
	袁为鹏	1972.12	经济史	中国近现代经济史、工业区位研究
	袁钢明	1953.09	西方经济学	宏观经济学、企业理论
	徐建生	1966.05	经济史	中国近代经济史
	剧锦文	1959.10	西方经济学	现代产权与企业理论、资本市场理论
	董志凯	1944.08	经济史	中华人民共和国经济史
	韩朝华	1953.09	西方经济学	微观经济学、企业制度
	裴小革	1956.10	政治经济学	马克思主义经济学基本理论、中国经济改革与发展
	魏　众	1968.03	发展经济学	劳动力市场、收入分配研究
	魏明孔	1956.09	经济史	区域经济史
工业经济系	王　钦	1975.06	企业管理	创新管理、战略变革
	史　丹	1961.04	产业经济学	能源经济
	吕　政	1945.07	产业经济学	工业发展理论与政策
	吕　铁	1962.12	产业经济学	产业成长与产业政策
	刘戒骄	1963.03	产业经济学	产业组织理论与政策
	杜莹芬	1964.09	会计学	公司理财、企业并购
	李海舰	1963.09	企业管理	战略管理、管理创新
	杨丹辉	1969.09	产业经济学	工业资源与环境
	余　菁	1976.11	企业管理	公司治理、国有企业改革
	沈志渔	1954.06	企业管理	企业制度、企业改革
	张世贤	1956.04	产业经济学	工业投资与融资
	张其仔	1965.05	产业经济学	产业竞争力

续表

系别	姓名	出生年月	学科专业	主要研究方向
	陈　耀	1958.05	区域经济学	区域经济与政策
	罗仲伟	1955.10	企业管理	企业战略管理
	金　碚	1950.04	产业经济学	产业组织
	赵　英	1952.09	产业经济学	产业政策与技术创新、国家经济安全
	郭克莎	1955.07	产业经济学	产业经济学、经济增长
	黄速建	1955.11	企业管理	企业管理、公司理财
	黄群慧	1966.08	企业管理	企业理论与战略管理、管理理论与管理学方法论
	曹建海	1967.12	产业经济学	投资与消费的关系
农村发展系	王小映	1966.10	农业经济管理	土地资源管理
	于法稳	1969.07	农业经济管理	生态经济学、水资源管理
	冯兴元	1965.11	农业经济管理	农村金融、农村财政
	朱　钢	1958.11	农业经济管理	农村财政
	任常青	1965.06	农业经济管理	农村金融
	孙若梅	1962.09	农业经济管理	生态经济学、发展经济学
	杜志雄	1963.02	农业经济管理	农村发展融资
	李成贵	1966.09	农业经济管理	农村发展理论与政策
	李国祥	1963.08	农业经济管理	农产品市场与贸易
	李　周	1952.09	农业经济管理	资源与环境经济、农村发展理论与政策
	李　静	1966.03	农业经济管理	农村金融
	吴国宝	1963.12	农业经济管理	贫困与发展
	张元红	1964.02	农业经济管理	农村产业经济
	张晓山	1947.10	农业经济管理	农村组织与制度
	张元红	1964.02	农业经济管理	农村产业经济
	苑　鹏	1962.08	农业经济管理	农村组织与制度
	党国英	1957.06	农业经济管理	农村发展理论与政策
	韩　俊	1963.11	农业经济管理	农村发展理论与政策
	谭秋成	1965.08	农业经济管理	中国农村工业化与城市化
	潘晨光	1954.09	农业经济管理	农村人才与人力资源管理
财政与贸易经济系	马　珺	1972.03	财政学	财政学、税收学
	王诚庆	1958.08	旅游管理	城市发展与旅游经济
	王洛林	1938.06	国际贸易学	国际投资
	申恩威	1957.01	国际贸易学	国际贸易与跨国公司
	冯　雷	1954.06	国际贸易学	国际投资
	江小涓	1957.06	国际贸易学	国际投资

续表

系别	姓名	出生年月	学科专业	主要研究方向
	杨圣明	1939.07	国际贸易学	国际服务贸易
	杨志勇	1973.08	财政学	财税理论与政策
	汪红驹	1970.04	金融学	金融理论与政策、宏观经济学
	宋　则	1951.12	产业经济学	市场理论与流通创新
	张群群	1970.10	产业经济学	市场组织与价格制度
	赵　瑾	1965.03	国际贸易学	WTO 与中国外经贸发展
	荆林波	1966.04	产业经济学	信息服务与供应链
	钟春平	1977.04	金融学	金融经济学、宏观经济学
	姚战琪	1971.05	旅游管理	旅游业投融资、中国旅游业国际竞争力
	夏先良	1963.06	国际贸易学	国际知识产权
	夏杰长	1964.03	旅游管理	旅游与现代服务业
	倪鹏飞	1964.03	金融学	城市房地产金融
	高培勇	1959.01	财政学	财税理论与政策
	裴长洪	1954.05	金融学	国际金融与投资
金融系	王　力	1959.09	金融学	区域金融、资本市场
	王松奇	1952.03	金融学	国际金融理论与政策
	王国刚	1955.11	金融学	金融市场
	李　扬	1951.09	金融学	货币理论与货币政策
	杨　涛	1974.01	金融学	产业金融与政策、互联网金融
	何德旭	1962.09	金融学	金融理论与政策
	周茂清	1954.03	金融学	金融市场
	胡　滨	1971.05	金融学	金融监管与金融法律
	殷剑峰	1969.12	金融学	宏观金融与政策
	郭金龙	1965.04	金融学	现代金融体系和保险、保险与社会保障
	彭兴韵	1972.04	金融学	宏观经济与货币政策
数量经济与技术经济系	王宏伟	1970.11	技术经济及管理	技术创新与经济增长
	王国成	1956.11	数量经济学	博弈论
	齐建国	1957.06	技术经济及管理	技术创新、知识经济
	李文军	1966.10	技术经济与管理	产业技术经济学、循环经济
	李　平	1959.06	技术经济及管理	技术创新、能源经济
	李　军	1963.04	数量经济学	经济数量分析方法及应用
	李　青	1964.09	技术经济及管理	区域经济学
	李金华	1962.11	数量经济学	国民经济核算、经济统计理论与方法
	李京文	1932.10	技术经济及管理	技术经济学理论与方法、宏观经济预测

续表

系别	姓名	出生年月	学科专业	主要研究方向
	李雪松	1970.09	数量经济学	经济模型理论与应用
	李　群	1961.12	数量经济学	人力资源与经济发展
	汪同三	1948.07	数量经济学	经济模型与经济预测
	汪向东	1954.03	技术经济及管理	信息化理论与实践、互联网经济与应用
	张国初	1942.06	会计学	会计、技术经济与管理
	张昕竹	1964.05	数量经济学	管制经济学与管制政策、激励理论与应用
	张　晓	1957.03	技术经济及管理	环境与发展的经济分析
	张　涛	1973.08	数量经济学	经济模型与经济预测
	郑玉歆	1945.11	数量经济学	生产率研究
	赵京兴	1950.01	数量经济学	增长理论及应用
	樊明太	1963.11	数量经济学	数量经济学与政策模拟
投资经济系	马晓河	1955.08	国民经济学	产业经济和宏观经济
	王一鸣	1959.08	国民经济学	宏观经济、区域经济
	王昌林	1967.01	国民经济学	产业经济
	刘立峰	1965.05	国民经济学	公共部门投资
	杨　萍	1965.09	国民经济学	宏观经济、资本市场
	肖金成	1955.09	国民经济学	投资经济、区域经济
	汪文祥	1962.12	国民经济学	投资理论与实践、产业经济
	张长春	1962.11	国民经济学	政府投资、宏观经济政策
	陈东琪	1956.08	国民经济学	政治经济学、宏观经济分析、资本市场与投资
	曹玉书	1948.09	国民经济学	投资理论与实践、产业经济发展
	臧跃茹	1964.11	国民经济学	经济体制改革
政府政策与公共管理系	马建堂	1958.04	国民经济学	国民经济发展与政策
	王延中	1963.04	国民经济学	社会保障
	王金南	1962.05	国民经济学	环境经济评估、环境经济政策
	文学国	1966.04	国民经济学	反垄断与竞争政策、私募股权基金
	刘迎秋	1950.08	国民经济学	国民经济发展与政策
	刘国祥	1963.01	国民经济学	卫生筹资、卫生经济学评价
	刘春成	1968.05	国民经济学	区域经济
	闫　坤	1964.08	国民经济学	宏观经济与财政理论
	李连仲	1949.10	国民经济学	国民经济发展与政策
	李金河	1955.09	政治学理论	协商民主、中国统一战线
	李富强	1957.02	国民经济学	公共政策与公共管理、宏观经济运行与管理
	杨建龙	1969.02	国民经济学	国民经济发展与政策

续表

系别	姓名	出生年月	学科专业	主要研究方向
	吴群红	1962.12	国民经济学	卫生经济学评价、卫生应急管理
	邹东涛	1949.10	国民经济学	国民经济发展与政策
	张承惠	1957.05	国民经济学	国民经济发展与政策
	张　峰	1954.06	政治学理论	哲学、政治学
	陈　文	1969.10	国民经济学	药物经济学与政策
	郑秉文	1955.01	国民经济学	社会保障
	郑新立	1945.04	国民经济学	国民经济发展与政策
	赵　芮	1967.11	国民经济学	人力资本投资、人力资源开发与管理
	姚俭建	1958.09	政治学理论	参政党与人民政协功能研究
	贺　泓	1965.01	国民经济学	环境保护的经济效果评估、污染排放标准确定的经济准则
	黄　伟	1964.06	国民经济学	大数据医疗与经济发展、医疗卫生与决策
	黄晓勇	1956.11	国民经济学	能源经济与政策比较
	崔民选	1960.09	国民经济学	制度经济学、资源与环境
	董礼胜	1955.03	政治学理论	公共政策分析、公共管理
	曾培炎	1938.12	国民经济学	国民经济发展与政策
	谢伏瞻	1954.08	国民经济学	国民经济发展与政策
	谢朝斌	1963.04	国民经济学	国民经济发展与政策
人口与劳动经济系	王广州	1965.10	人口学	人口分析技术与应用
	王美艳	1975.07	劳动经济学	劳动力市场与劳动关系
	王跃生	1959.12	人口学	人口与社会变迁
	田雪原	1938.08	人口学	人口理论
	吴要武	1968.11	劳动经济学	城镇劳动力市场
	张车伟	1964.10	劳动经济学	就业与收入分配
	张展新	1955.07	人口学	社会分层
	郑真真	1954.12	人口学	人口统计
	都　阳	1971.04	劳动经济学	中国劳动力市场
	高文书	1974.06	劳动经济学	人力资本投资、人力资源开发与管理
	蔡　昉	1956.09	人口、资源与环境经济学	人口、资源与环境经济学
城乡建设经济系	仇保兴	1953.11	区域经济学	城市发展
	秦　虹	1963.01	区域经济学	住房保障与房地产监管、城市公用事业投融资
	陈　淮	1952.02	区域经济学	城市化理论、房地产经济
城市发展与环境研究系	庄贵阳	1969.09	可持续发展经济学	低碳经济、气候变化政策
	李景国	1957.01	城市经济学	区域与城镇规划

续表

系别	姓名	出生年月	学科专业	主要研究方向
	宋迎昌	1969.11	城市经济学	城市与区域发展
	潘家华	1957.06	可持续发展经济学	资源与环境经济学
	刘治彦	1967.08	城市经济学	城市经济发展战略、城市问题经济分析
	陈　迎	1969.04	可持续发展经济学	全球环境治理、能源气候变化政策
	魏后凯	1963.12	城市经济学	城市与区域经济、产业集群
法学系	王家福	1931.02	民商法学	民法总论、物权法
	王晓晔	1948.10	经济法学	经济法、竞争法
	王敏远	1959.11	诉讼法学	刑事诉讼法学
	冯　军	1965.12	宪法学与行政法学	行政法、传媒法
	朱晓青	1955.09	国际法学	国际公法
	刘仁文	1967.09	刑法学	中国刑法学、外国刑法学
	刘作翔	1956.09	法学理论	法律文化理论、法理学、法治理论
	孙宪忠	1957.01	民商法学	民法总论、物权法
	李步云	1933.08	法学理论	马克思主义的法律理论
	李　林	1955.11	宪法学与行政法学	宪政民主理论、立法学、人权理论
	李明德	1956.03	知识产权法学	知识产权法
	李顺德	1948.04	经济法学	知识产权法
	吴玉章	1955.09	法学理论	法律学、西方法理学
	吴新平	1951.10	宪法学与行政法学	宪法基本理论
	邹海林	1963.08	民商法学	保险法、破产法、民法债权、担保法
	沈　涓	1962.08	国际法学	国际私法
	张广兴	1954.03	民商法学	债权法
	张　生	1970.10	法律史	中国法制史、比较法制史
	张明杰	1962.03	宪法学与行政法学	信息公开法
	张冠梓	1966.08	法律史	中国传统法律文化、法律人类学与法律社会学
	陈泽宪	1954.07	刑法学	国际刑法、中国刑法
	陈　洁	1970.04	经济法学	证券法、公司法
	陈　甦	1957.12	经济法学	公司法、证券法
	周汉华	1964.10	宪法学与行政法学	行政法学、政府管制
	屈学武	1949.07	刑法学	中国刑法学、国际刑法学
	赵建文	1956.01	国际法学	国际法基本制度
	信春鹰	1956.10	法学理论	法理学、港澳台法学
	莫纪宏	1965.05	国际法学	宪政、国际人权法
	夏　勇	1961.11	法学理论	法理学、人权、大众传媒法

续表

系别	姓名	出生年月	学科专业	主要研究方向
	徐立志	1951.06	法律史	中国近现代法制史
	龚赛红	1966.06	民商法学	侵权责任法、医事法
	崔勤之	1944.02	经济法学	公司法
	梁慧星	1944.01	民商法学	民法总论、民法债权和法学方法论
	谢鸿飞	1973.12	民商法学	民法总论、债权法
	熊秋红	1965.10	诉讼法学	刑事诉讼法学
	冀祥德	1964.02	诉讼法学	刑事诉讼法学、司法制度
政治学系	贠　杰	1972.05	政治学理论	政府管理与改革、公共政策分析与评估
	杨海蛟	1955.03	政治学理论	政治学理论与当代中国政治建设
	张树华	1966.09	政治学理论	比较政治、政治比较与国别政治
	陈红太	1957.10	政治学理论	比较政府体制、政府理论、中国政治
	周少来	1964.11	政治学理论	民主及民主化理论、中国民主发展及其理论
	周庆智	1960.08	政治学理论	政府治理、社会治理
社会学系	王春光	1964.03	社会学	农村社会学
	李春玲	1963.01	社会学	社会分层
	李培林	1955.05	社会学	企业组织与社会发展
	杨宜音	1955.12	社会学	社会心态
	吴小英	1967.09	社会学	家庭社会学、性别与社会
	张　翼	1964.12	社会学	社会保障
	陈光金	1962.05	社会学	社会结构与变迁、农村社会学
	罗红光	1957.01	社会学	社会人类学
	赵一红	1963.09	社会学	发展社会学
	夏传玲	1964.02	社会学	组织社会学
	景天魁	1943.04	社会学	发展社会学
民族学系	尹虎彬	1960.05	民俗学	民俗学
	王希恩	1954.06	民族学	民族理论、民族问题
	乌　兰	1954.04	中国少数民族史	古代蒙古史及蒙古文文献
	史金波	1940.03	专门史	西夏学、中国民族史、中国民族古文字学
	色　音	1963.07	人类学	人类学、民俗学
	刘正寅	1963.06	民族史	民族史、西域史
	江　荻	1954.10	语言学及应用语言学	藏族计算语言学、汉藏语理论
	孙伯君	1966.03	中国少数民族语言文学	梵汉对音、西夏学、契丹文献学、女真文献学
	李云兵	1968.01	语言学及应用语言学	描写语言学
	何星亮	1956.08	人类学	宗教人类学、中国少数民族文化

续表

系别	姓名	出生年月	学科专业	主要研究方向
	呼　和	1962.01	中国少数民族语言文学（侗傣语族、西夏文、苗瑶语族）	语音学、少数民族实验语音学
	周庆生	1952.04	中国少数民族语言文学	社会语言学、语言政策、语言人类学
	孟慧英	1953.03	人类学	宗教人类学
	郝时远	1952.08	民族学	民族理论、民族学、民族史、海外华人
	聂鸿音	1954.11	专门史	西夏学、民族古典文献学
	徐世璇	1954.01	语言学及应用语言学	藏缅语族语言研究
	黄　行	1952.06	语言学及应用语言学	汉藏语研究
	曾少聪	1962.12	民族学	世界民族研究
	管彦波	1967.06	民族学	生态人类学、民族历史地理
社会发展系	李汉林	1953.11	社会学	社会结构与社会组织
	沈　红	1965.05	社会学	发展社会学
	渠敬东	1970.01	社会学	社会理论
	葛道顺	1966.02	社会学	社会发展政策、社会组织发展
文学系	王达敏	1961.11	中国古代文学	明清文学与近代文学
	刘跃进	1958.11	中国古典文献学	中国古典文献（先秦至唐）
	安德明	1968.10	中国民间文学	口头艺术的民族志研究
	李　玫	1957.01	中国古代文学	中国古代戏曲史
	李建军	1963.05	中国现当代文学	中国当代小说创作、中国当代小说理论
	杨　义	1946.08	中国现当代文学	中国现代文学
	吴光兴	1963.09	中国古代文学	魏晋南北朝隋唐五代文学
	陆建德	1954.02	比较文学与世界文学	英国文学
	陈定家	1962.01	文艺学	文学理论与批评、网络文学批评
	范子烨	1964.05	中国古代文学	魏晋南北朝文学
	金惠敏	1961.11	文艺学	文学理论与当代文化思潮
	郑永晓	1963.01	中国古典文献学	唐宋文学、古典文献学
	赵京华	1957.11	中国现当代文学	中国现代文学研究
	赵稀方	1964.01	中国现当代文学	中国现代文学
	党圣元	1955.09	文艺学	中国古代文论
	高建平	1955.03	文艺学	比较美学
	彭亚非	1955.04	文艺学	中国古代美学
	董炳月	1960.09	比较文学与世界文学	近现代中日文学关系、现代日本思想文化
	蒋　寅	1959.06	中国古代文学	中国诗学
	黎湘萍	1958.08	中国现当代文学	中国当代文学（台港文学）

续表

系别	姓名	出生年月	学科专业	主要研究方向
外国文学系	叶　隽	1973.07	比较文学与世界文学	德语文学
	史忠义	1951.06	比较文学与世界文学	中西比较诗学、中西比较文学
	刘文飞	1959.11	俄语语言文学	俄罗斯文学与文化
	李永平	1956.05	比较文学与世界文学	德语文学
	余中先	1954.08	法语语言文学	法国当代文学
	陈中梅	1954.01	比较文学与世界文学	古希腊文学
	陈众议	1957.10	比较文学与世界文学	西班牙语文学
	周启超	1959.04	俄语语言文学	俄罗斯文论、比较诗学
	黄　梅	1950.02	英语语言文学	英国小说
	程　巍	1966.05	英语语言文学	英美文学
	傅　浩	1963.04	英语语言文学	英语诗歌及诗论、文学翻译
少数民族文学系	巴莫曲布嫫	1964.04	民俗学	口头传统
	张春植	1959.02	中国少数民族语言文学	朝鲜族移民文学、朝鲜族现当代文学
	阿地里·居玛吐尔地	1964,02	中国少数民族语言文学	突厥与民族文学、口头史诗理论
	斯钦孟和	1954.07	中国少数民族语言文学	蒙古文学
	斯钦巴图	1963.01	中国少数民族语言文学	蒙古族文学研究
	朝　克	1957.09	中国少数民族语言文学	中国北方语言学
	朝戈金	1958.08	民俗学	民间文艺学、史诗学
新闻学与传播学系	卜　卫	1957.03	新闻学	信息传播的影响
	尹韵公	1956.10	新闻学	新闻史、新闻理论
	宋小卫	1958.03	新闻学	新闻理论、媒介消费保障与受众权益理论
	姜　飞	1971.06	新闻学	新闻学、传播学理论、国际传播、跨文化传播研究
	唐绪军	1959.02	新闻学	媒介经济学
语言学系	方　梅	1961.04	汉语言文字学	语法学
	刘丹青	1958.08	汉语言文字学	语言类型学、汉语语法学、汉语方言学
	许嘉璐	1937.06	汉语言文字学	训诂学
	李爱军	1966.09	语言学及应用语言学	声学语音学
	李　蓝	1957.11	汉语言文字学	方言学
	杨永龙	1962.07	汉语言文字学	汉语历史语法
	吴福祥	1959.10	汉语言文字学	汉语历史语法
	沈　明	1963.12	汉语言文字学	汉语方言学
	沈家煊	1946.03	汉语言文字学	英汉对比语法、现代汉语语法、语义和语用研究
	张伯江	1962.11	汉语言文字学	句法语义学

续表

系别	姓名	出生年月	学科专业	主要研究方向
	孟蓬生	1961.02	汉语言文字学	文字与训诂学
	胡建华	1962.11	语言学及应用语言学	句法学与语义学、儿童语言获得、理论语言学
	顾曰国	1956.10	语言学及应用语言学	语用学、话语分析、修辞学、语料库语言学
	谭景春	1958.04	汉语言文字学	词典学
语言文字应用系	苏金智	1954.02	语言学及应用语言学	社会语言学
	李宇明	1955.06	语言学及应用语言学	应用语言学、语言理论
	姚喜双	1957.01	媒体语言学	广播电视语言
	郭龙生	1964.04	语言学及应用语言学	社会语言学
历史系	卜宪群	1962.11	历史文献学	秦汉史
	王启发	1960.1	专门史	中国思想史、礼学思想史
	王震中	1957.01	中国古代史	先秦史（史前与夏商）
	刘　晓	1970.04	中国古代史	元史 、法制史
	孙　晓	1963.09	中国古代史	秦汉史、经学史
	李锦绣	1965.09	专门史	唐代西域史
	杨　珍	1955.06	中国古代史	清代政治史
	杨振红	1963.12	中国古代史	战国秦汉史、简帛学
	吴玉贵	1957.11	历史文献学	历史文献学、隋唐史
	宋镇豪	1948.01	历史文献学	古文字学、中国上古史、甲骨文献学
	陈祖武	1943.10	中国古代史	清代学术史
	陈高华	1938.03	中国古代史	元史、中亚史、绘画史、海外交通史
	高　翔	1963.10	中国古代史	清代政治史、清代社会文化史
	黄正建	1954.07	中国古代史	唐史
	彭　卫	1959.02	史学理论及史学史	史学理论与中国古代史学史、秦汉史
近代史系	于化民	1958.03	中国近现代史	中国革命史、中国现代政治史
	马　勇	1955.12	中国近现代史	中国现代化史
	王建朗	1956.11	中国近现代史	中国外交史
	左玉河	1964.10	中国近现代史	中国近代思想文化史
	刘小萌	1952.03	中国近现代史	清史
	刘俐娜	1958.12	中国近现代史	中国近代思想史
	李长莉	1958.02	中国近现代史	中国近代社会文化史
	李细珠	1967.06	中国近现代史	中国近代政治史
	邹小站	1971.01	中国近现代史	中国近现代史学史
	汪朝光	1958.10	中国近现代史	中华民国史
	张海鹏	1939.05	中国近现代史	中国近代政治史、台湾史

续表

系别	姓名	出生年月	学科专业	主要研究方向
	罗检秋	1962.07	中国近现代史	中国近代思想文化史
	金以林	1967.12	中国近现代史	中华民国史
	郑大华	1956.08	中国近现代史	中国近代思想史、中国近代文化史
	闻黎明	1950.09	中国近现代史	中国现代政治史
	崔志海	1963.12	中国近现代史	晚清政治史、中国近代思想史
世界历史系	毕健康	1967.06	世界史	中东近现代史
	于　沛	1944.05	史学理论及史学史	西方史学思想史
	吴必康	1954.05	世界史	西欧近现代史
	张顺洪	1955.02	世界史	英帝国史
	易建平	1957.12	世界史	古代政治制度比较研究、文明与国家起源比较研究
	赵文洪	1958.03	世界史	西欧中世纪和近代早期史
考古系	俞金尧	1962.05	世界史	近现代西方经济社会史
	王晓菊	1965.09	世界史	俄罗斯史、西伯利亚史
	徐再荣	1967.04	世界史	欧美环境史、20世纪美国社会经济史
	白云翔	1955.12	考古学及博物馆学	秦汉考古
	冯　时	1958.10	考古学及博物馆学	古文字学
	刘庆柱	1943.08	考古学及博物馆学	秦汉考古
	李裕群	1957.09	考古学及博物馆学	佛教考古
	张雪莲	1957.12	考古学及博物馆学	碳十四考古年代学、古人类食物结构研究
	陈星灿	1964.12	考古学及博物馆学	中国史前考古、考古学的历史、理论与方法
	赵志军	1956.05	考古学及博物馆学	植物考古学
	朱岩石	1962.08	考古学及博物馆学	汉唐考古、日本历史考古学
	许　宏	1963.07	考古学及博物馆学	夏商周考古、中国古代城市考古
	唐际根	1964.01	考古学及博物馆学	夏商周考古、文化遗产保护
	袁　靖	1952.10	考古学及博物馆学	动物考古
中华人民共和国国史系	王瑞芳	1963.04	中国当代史	中国当代经济史、中国当代农业经济史
	朱佳木	1946.06	中国当代史	中华人民共和国史
	刘国新	1950.12	中共党史	中共党史
	李　文	1963.07	中国当代史	中国当代社会史
	李正华	1964.06	中共党史	中国当代史
	张星星	1955.04	中国当代史	中国当代政治史
	张英聘	1967.08	中国当代史	方志学
	宋月红	1965.1	中共党史	中国当代政治史、中华人民共和国研究的理论与方法
	武　力	1956.11	中国当代史	中国当代经济史

续表

系别	姓名	出生年月	学科专业	主要研究方向
中国边疆历史系	于逢春	1960.04	中国边疆史地	中国疆域史
	邢广程	1961.10	中国边疆史地	周边国家政治与中国边疆
	李　方	1955.01	中国边疆史地	中国西北边疆史
	李大龙	1964.05	中国边疆史地	中国边疆史地研究、汉唐边疆及疆域理论
	李国强	1963.01	中国边疆史地	中国海洋疆域、西南边疆历史与现状
世界经济与政治系	孙　杰	1962.10	世界经济	国际金融
	李东燕	1960.09	国际关系	当代全球政治
	何　帆	1971.04	世界经济	中国宏观经济、国际金融
	何新华	1962.03	世界经济	世界经济统计
	宋　泓	1965.07	世界经济	国际贸易
	张宇燕	1960.09	世界经济	国际政治经济学
	张　斌	1975.10	世界经济	宏观经济分析
	姚枝仲	1975.06	世界经济	国际贸易与投资、宏观经济
	袁正清	1966.10	国际关系	国际关系理论、国际组织
	高海红	1964.04	世界经济	国际金融
	鲁　桐	1961.12	世界经济	国际商务
美国研究系	王孜弘	1960.07	世界经济	美国经济
	周　琪	1952.11	国际关系	国际关系
	赵　梅	1962.10	国际关系	美国文化
	倪　峰	1963.08	国际关系	美国政治
	姬　红	1964.03	国际关系	美国社会文化
日本研究系	吕耀东	1965.07	国际关系	日本外交
	李　薇	1954.04	国际政治	日本政法、日本民商法
	高　洪	1955.02	国际政治	日本政治
	张季风	1959.08	世界经济	日本经济、区域经济
	崔世广	1956.06	国际政治	日本政治文化、当代日本文化与社会思潮
欧洲研究系	孔田平	1965.08	国际政治	转轨经济比较研究、中东欧经济
	田德文	1964.12	国际政治	欧洲社会文化
	江时学	1956.09	世界经济	拉美经济
	吴　弦	1952.04	国际关系	欧洲一体化、欧盟成员国关系
	周　弘	1952.10	国际政治	国际政治、国际问题研究
	程卫东	1968.10	国际政治	欧盟宪政、欧洲市场一体化法律制度
	陈　新	1966.09	世界经济	欧洲经济、中欧经贸关系

续表

系别	姓名	出生年月	学科专业	主要研究方向
俄罗斯东欧中亚研究系	朱晓中	1957.03	国际政治	中东欧国家对外关系
	孙壮志	1966.05	国际政治	中亚地区社会政治
	李建民	1953.04	国际政治	俄罗斯、独联体经济
	吴　伟	1957.10	国际政治	国际政治与国家关系
	张盛发	1957.01	国际政治	国际关系史、苏联政治和苏联外交
	郑　羽	1956.08	国际政治	俄罗斯外交与中俄关系
	高　歌	1968.11	国际政治	中东欧政治、中东欧外交
	程亦军	1959.03	国际政治	俄罗斯经济、金融、人口
	吴宏伟	1959.1	国际政治	中亚政治、上海合作组织
	姜　毅	1963.01	国际政治	俄罗斯外交
亚洲太平洋研究系	朴光姬	1963.03	世界经济	亚太经济、能源
	王玉主	1968.06	世界经济	亚太经济、区域合作
	朴键一	1962.01	国际关系	东北亚国际关系
	许利平	1966.05	国际关系	亚太国际关系、非传统安全
	李　文	1957.01	国际政治	亚太政治
	李向阳	1962.12	世界经济	世界经济理论
	张蕴岭	1945.05	世界经济	国际经济关系、区域一体化
	赵江林	1968.08	世界经济	亚太经济
拉丁美洲研究系	刘纪新	1951.02	国际政治	拉美政治
	吴白乙	1959.01	国际政治	拉美政治
	吴国平	1952.09	世界经济	拉美经济
	宋晓平	1952.08	世界经济	拉美经济、区域经济合作
	张　凡	1961.06	国际政治	拉丁美洲政治、拉丁美洲国际关系
	袁东振	1963.10	国际政治	拉丁美洲政治
	柴　瑜	1968.10	世界经济	拉美经济
西亚非洲研究系	王林聪	1965.05	国际政治	中东政治发展、中东社会发展
	李智彪	1961.09	国际关系	非洲国际关系
	李新烽	1960.07	国际政治	非洲政治
	杨　光	1955.03	世界经济	西亚非洲经济发展
	张宏明	1959.02	国际政治	非洲政治
	贺文萍	1966.10	国际关系	非洲政治发展

二　2015年度晋升正高级专业技术职务人员

靳大成（1955年10月～　），山西高平人，研究员。1979年3月至1983年2月在北京大学一分校中文系学习，获得文学学士学位；1984年9月至1987年7月在中国社会科学院研究生院文学系学习，获得文学硕士学位。1972年1月至1979年2月在北京燕山石化公司胜利化工厂工作；1983年3月至1984年8月在北京市宗教局工作；1987年8月至今在中国社会科学院文学研究所工作，历任助理研究员、副研究员。

现从事文艺学研究，主要学术专长是文艺理论、文化史。主要代表作有：《在刺猬与狐狸之间——出自中道观的思考方案之预案》（论文）；《小说界革命与文学现代性（上、下）》（论文）；《对人文精神寻思的寻思》（论文）；《反思学术思想史》（论文）；《弗洛姆的启示》（论文）。

周亚琴（1968年8月～　），笔名周瓒，女，江苏如东人，研究员。1985年9月至1989年7月在扬州大学中文系学习，获得文学学士学位；1993年9月至1999年7月在北京大学中文系学习，先后获得文学硕士、博士学位。1989年8月至1991年12月在江苏如东县中学工作，任教师；1999年9月至今在中国社会科学院文学研究所工作，历任助理研究员、副研究员。兼任北京大学中国新诗研究所特邀研究员；新诗评论杂志社编委。

现从事中国现当代文学研究，主要学术专长是当代新诗和大众文化研究。主要代表作有：《透过诗歌写作的潜望镜》（专著）；《翻译与性别视域中的自白诗》（论文）；《挣脱沉默之后》（论文集）；《女性诗歌：自由的期待和可能的飞翔》（论文）；《走向世界的中国文学研究》（专著）；《新世纪中国女性诗歌发展态势》（论文）。

石　雷（1966年12月～　），女，湖北武汉人，编审。1985年9月至1989年6月在北京大学中文系学习，获得文学学士学位；1997年10月至2001年4月在日本东北大学文学院文学系学习，获得文学硕士学位；2008年9月至2011年4月在中国艺术研究院艺术学系学习，获得文学博士学位。1989年7月至1998年10月在广东新闻台工作，任记者；2001年6月至2003年2月在广州羊城晚报政法部工作，任记者、编辑；2003年2月至2004年3月在日本丸善外国语学校中文部工作，任教师；2005年4月至2006年1月在中华书局语言文学编辑室工作，任编辑；2006年1月至今在中国社会科学院文学研究所工作，历任编辑、副编审。兼任中国近代文学学会理事，中国儒林外史学会副秘书长、理事。

现从事编辑工作，主要业务专长是古代文学编辑。主要代表作为：《方苞古文理论的破与立》（论文）；《〈升平宝筏〉之研究》（论文，责任编辑）；《史为我用：论〈隋史遗文〉创作主旨及与时代之关系》（论文）；《明清诗文研究的观念、方法和格局漫谈》（论文）；《走向古代小说戏曲研究的前沿》（论文）。

纳　钦（1970年1月～　），蒙古族，内蒙古巴林右旗人，研究员。1987年9月至1991年7月在中央民族大学蒙古语言文学系学习，获得文学学士学位；2000年9月至2003年7月在中央民族大学蒙古语言文学系学习，获得文学博士学位。1991年8月至2003年10月在民族出版社工作，历任助理编辑、编辑；2003年10月至今在中国社会科学院民族文学研究所工作，历任助理研究员、副研究员。其间，2006年9月至2007年8月在蒙古国国立大学访学。兼任全国《格萨（斯）尔》工作领导小组办公室副主任、中国蒙古文学学会常务理事。

现从事中国少数民族文学研究，主要学术专长是蒙古族文学研究。主要代表作有：《纳·赛音朝克图研究：人类学民俗学视野中的作家新阐释与研究词典》（蒙古文专著）；《胡仁·乌力格尔及其田野研究途径》（论文）；《"格斯尔之乡"新格斯尔奇艺人》（蒙古文专著）；《色拉西第一次演唱〈格斯尔·博格达传〉蟒古思故事文本整理与注释》（蒙古文学术资料）；《社会变革中坚守文学的人民立场——重读纳·赛音朝克图》（论文）。

吴晓东（1966年9月～　），苗族，湖南凤凰人，研究员。1985年9月至1989年6月在中央民族大学少数民族语言文学院学习，获得语言学学士学位；1989年9月至1992年6月在中央民族大学少数民族语言文学院学习，获得文学硕士学位。1992年7月至今在中国社会科学院民族文学研究所工作，历任研究实习员、助理研究员、副研究员，现任南方民族文学研究室主任。

现从事中国少数民族文学研究，主要学术专长是神话学。主要代表作有：《〈山海经〉语境重建与神话解读》（专著）；《蝴蝶与蚩尤——苗族神话的新建构及反思》（论文）；《一个晒盐的故事：涿鹿之战》（论文）；《苗族杨姓不吃心故事的演变与习俗的起源》（论文）；《中国古代文学中四方想象的成因》（论文）。

徐德林（1968年3月～　），重庆大足人，研究员。1985年9月至1989年7月在四川外语学院英语师范系学习，获得文学学士学位；2002年1月至2003年2月在英国桑德兰大学艺术、设计、媒体与文化研究学院学习，获得文学硕士学位；2004年9月至2008年7月在北京大学比较文学与比较文化研究所学习，获得文学博士学位。1989年7月至1993年8月在渝州大学外语系工作，任助教；1993年9月至2001年12月在四川外语学院英语二系工作，任讲师、室主任、院长助理；2003年2月至2003年6月在英国桑德兰大学工作，任讲师；2003年9月至2004年8月在四川外语学院国际文化交流学院工作，任讲师；2008年7月至今在中国社会科学院外国文学研究所工作，历任助理研究员、副研究员、研究员。兼任北京大学电影研究与文化研究中心研究员。

现从事文学理论研究，主要学术专长是英国文论、英国文化研究。主要代表作有：《重返伯明翰：英国文化研究的系谱学考察》（专著）；《接合：作为实践的理论与方法》（论文）；《文化研究的全球播散与多元性》（论文）；《被屏蔽的澳大利亚文化研究》（论文）；《作为有机知识分子的阿诺德》（论文）。

胡　方（1972年2月～　），浙江宁波人，研究员。1990年9月至1994年7月在复旦大学中国语言文学系学习，1995年7月获得文学学士学位；1994年9月至1999年1月在复旦大学中国语言文学系学习；1999年6月至2005年9月在香港城市大学中文、翻译及语言学系学习，获得哲学博士学位。2003年3月至今在中国社会科学院语言研究所工作，历任助理研究员、副研究员，语音研究室副主任。

现从事语言学及应用语言学研究，主要学术专长是语音学。主要代表作有：《宁波话元音的语音学研究》（英文专著）；《拉萨藏语声调起源的发音运动学解释》（英文论文）；《降峰双元音是一个动态目标而升峰双元音是两个目标：宁波方言双元音的声学与发音运动学特性》（论文）；《徽语黟县方言中的裂化元音》（英文论文，第一作者）；《汉语食道语阻塞音的发音策略》（英文论文，第一作者）。

王志平（1968年6月～　），河北武安人，研究员。1987年9月至1991年7月在兰州大学历史系学习，获得历史学学士学位；1991年9月至1994年7月在北京大学中文系学习，获得文学硕士学位；1994年9月至1997年7月在中国社会科学院研究生院历史系学习，获得历史学博士学位。1997年7月至今在中国社会科学院语言研究所工作，历任助理研究员、副研究员。

现从事汉语言文字学研究，主要学术专长是文字学。主要代表作有：《出土文献与先秦两汉方言地理》（专著，第一作者）；《孔家坡汉简〈日书〉“司岁”篇中的“单（阏）”》（论文）；《简帛拾零——简帛文献语言研究丛稿》（专著）；《简帛文字研究》（论文，第一作者）；《字源》（工具书，参与修订）。

王　楠（1968年5月～　），女，山东蒙阴人，编审。1985年9月至1989年7月在长春师范学院中文系学习，获得文学学士学位；1989年9月至1993年7月在陕西师范大学中文系学习，获得文学硕士学位。1993年7月至1995年3月在陕西师范大学辞书编纂研究所工作，任助教、讲师；1995年3月至今在中国社会科学院语言研究所工作，历任编辑、副编审，词典编辑室副主任。

现从事词典编纂、修订工作，主要业务专长是汉语文字学编辑。主要代表作有：《现代汉语词典》第6版词条修订审读报告（审读报告）；《“无时无刻”与“无时无刻不”》（论文）；《双音节动宾式人体动作词语的语义衍生方式及语义类型》（论文）；《〈现代汉语词典〉中同形多字词目分析》（论文）；《第5版〈现汉〉同音同形的多字词目的分合处理》（论文）。

卢春红（1970年7月～　），女，山西万荣人，研究员。1995年9月至1998年7月在陕西师范大学中文系学习，获得文学硕士学位；1998年9月至2002年7月在复旦大学哲学系学习，获得哲学博士学位。2002年7月至2011年7月在北京第二外国语学院工作，任讲师、副教授；2011年8月至今在中国社会科学院哲学研究所工作，任副研究员。兼任中华美学学会副秘书长。

现从事哲学研究，主要学术专长是德国哲学美学。主要代表作有：《情感与时间——康德共通感问题研究》（专著）；《同时性与“你”——伽达默尔理解问题研究》（专著）；《何以是美与崇高？——论康德美与崇高概念的两层内涵及其意义》（论文）；《由反思到反思性的判断力——论康德反思概念的内涵及其意义》（论文）；《目的论何以与判断力相关联？》（论文）。

唐热风（1965年8月～　），女，辽宁庄河人，研究员。1982年9月至1986年7月在北京大学心理系学习，获得理学学士学位；1986年9月至1989年7月在中国社会科学院研究生院哲学系学习，获得文学硕士学位。2000年9月至2010年8月在伦敦大学哲学系在职学习，获得哲学博士学位。1989年9月至今在中国社会科学院哲学研究所工作，历任研究实习员、助理研究员、副研究员。

现从事外国哲学研究，主要学术专长是心智哲学、知识论和亚里士多德伦理学。主要代表作有：《心身世界》（专著）；《经验、概念与信念——兼答王华平先生》（论文）；《概念论与所予的新神话》（英文论文）；《知道如此、知道如何与知道去做》（英文论文）；《心智具身性与行动的心智特征》（论文）。

蒉益民（1964年9月～　），浙江宁波人，研究员。1981年9月至1985年7月，以及1987年9月至1990年7月，在南京大学数学系学习，先后获得理学学士、硕士学位；1990年8月至1997年5月在美国普渡大学数学系学习，获得理学博士学位；1997年9月至1999年5月在美国路易斯安娜州立大学哲学系学习，获得哲学硕士学位；1999年9月至2005年6月在美国俄亥俄州立大学哲学系学习，获得哲学博士学位。1985年9月至1987年7月在南京化工学院数学研究室任教；2005年9月至2006年6月在美国俄亥俄州立大学哲学系任教；2006年6月至今在中国社会科学院哲学研究所工作，历任助理研究员、副研究员。

现从事西方哲学研究，主要学术专长是英美分析哲学。主要代表作有：《从语言到心灵：一种生活整体主义的研究》（专著）；《物理世界的因果封闭性、心灵因果性以及物理主义》（论文）；《二维语义学与反物理主义》（论文）；《意识感受性与反物理主义》（论文）；《公共疼痛及孪生地球疼——对心灵哲学中渐逝型取消主义的一种阐述》（论文）。

汪桂平（1967 年 4 月～ ），女，安徽桐城人，研究员。1985 年 9 月至 1989 年 7 月在北京大学历史系学习，获得历史学学士学位；1989 年 9 月至 1993 年 7 月在北京大学历史系学习，获得历史学硕士学位。1993 年 8 月至今在中国社会科学院世界宗教研究所工作，历任研究实习员、助理研究员、副研究员，研究室主任。

现从事宗教学研究，主要学术专长是道教研究。主要代表作有：《东北全真道研究》（专著）；《北京天后宫考述》（论文）；《道教科仪研究》（专著，第二作者）；《金代全真道初传东北考》（论文）；《明末道士马真一生平行实考》（论文）。

周广荣（1971 年 11 月～ ），山东平阴人，研究员。1989 年 9 月至 1993 年 7 月在济南大学中文系、曲阜师范大学中文系学习，获得文学学士学位；1993 年 9 月至 1996 年 7 月在湖北大学古籍所学习，获得文学硕士学位；1996 年 9 月至 1999 年 11 月在扬州大学中国文化研究所学习，获得文学博士学位。2000 年 1 月至 2002 年 4 月在北京大学外国语学院东方语言文学系博士后流动站从事研究。2002 年 4 月至今在中国社会科学院世界宗教研究所工作，历任助理研究员、副研究员。

现从事佛教研究，主要学术专长是佛教语文学与印度佛教史研究。主要代表作有：《印度佛教卷》（专著）；《此方真教体，清净在音闻——〈禅门日诵〉中的华严字母考述》（论文）；《悉檀，成就也？遍施也？——天台诸祖的言语文字观及其对梵字的传习》（论文）；《从〈大日经〉看悉昙声字在真言密教修行中的形态与功用》（论文）；《当真言遭遇王权》（论文）。

唐晓峰（1977 年 10 月～ ），蒙古族，内蒙古翁牛特旗人，研究员。1995 年 9 月至 1999 年 7 月在厦门大学哲学系学习，获得哲学学士学位；1999 年 9 月至 2002 年 7 月在厦门大学哲学系学习，获得马克思主义哲学硕士学位；2002 年 9 月至 2005 年 7 月在北京大学哲学与宗教学系学习，获得宗教学博士学位。2005 年 7 月至今在中国社会科学院世界宗教研究所工作，历任助理研究员、副研究员，并任研究室副主任、所长助理等职。兼任中国宗教学会理事、辽宁省宗教应用研究基地特聘研究员。

现从事宗教学研究，主要学术专长是基督教研究。主要代表作有：《改革开放以来的中国基督教及研究》（专著）；《北京房山十字寺的研究及存疑》（论文）；《中国基督教田野考察》（专著）；《元代基督宗教研究》（专著）；《从宗教传播诸要素看东正教在中国的传播》（论文）。

岳洪彬（1968 年 9 月～ ），河南新密人，研究员。1988 年 9 月至 1992 年 7 月在山东大学历史系考古专业学习，获得历史学学士学位；1995 年 9 月至 2001 年 7 月在中国社会科学院研究生院在职学习，先后获得历史学硕士学位和考古学与博物馆学博士学位。1992 年 7 月至今在中国社会科学院考古研究所工作，历任研究实习员、助理研究员、副研究员。兼任中国殷商文化学会副秘书长、中国考古学会夏商考古学专业指导委员会秘书长、中国文物学会青铜专业指导委员会理事和副秘书长。

现从事中国考古学研究，主要学术专长是夏商周考古学和三代青铜器研究。主要代表作有：《殷墟青铜礼器研究》（专著）；《殷墟都邑布局研究的几个问题》（论文，第一作者）；《安阳大司空——2004年发掘报告》（专刊，第一作者）；《殷墟新出土青铜器》（专刊，第一作者）；《殷墟的镞与甲骨金文中的“矢”和“射”字》（论文，第一作者）。

刘　瑞（1973年7月～　），山西晋中人，研究员。1992年9月至1996年6月在西北大学文博学院学习，获得历史学学士学位；1996年9月至1999年6月在西北大学文博学院学习，获得历史学硕士学位；2007年9月至2010年6月在复旦大学历史系学习，获得历史学博士学位。1999年7月至今在中国社会科学院考古研究所工作，历任研究实习员、助理研究员、副研究员，现任阿房宫与上林苑考古队队长。

现从事考古学研究，主要学术专长是中国历史时期考古、秦汉史与历史地理学研究。主要代表作有：《汉长安城的朝向、轴线与南郊礼制建筑》（专著）；《秦封泥分期释例》（论文）；《西汉诸侯王陵墓制度研究》（专著，第一作者）；《南海百咏、南海杂咏、南海百咏续编》（古籍整理）；《禁锢与脱困——汉南海郡诸问题研究》（论文）。

严志斌（1975年8月～　），浙江金华人，研究员。1993年9月至1997年7月在吉林大学考古学系考古专业学习，获得历史学学士学位；1997年9月至2000年7月在吉林大学考古学系考古学与博物馆学专业学习，获得历史学硕士学位；2003年9月至2006年6月在中国社会科学院研究生院考古系学习，获得历史学博士学位。2000年7月至今在中国社会科学院考古研究所工作，历任研究实习员、助理研究员、副研究员。

现从事商周考古研究，主要学术专长是古文字研究。主要代表作有：《商代青铜器铭文研究》（专著）；《楚王探讨》（论文）；《商代青铜器铭文分期断代研究》（专著）；《商金文中所见的诸子共同作器现象》（论文）；《近出殷周金文集录二编》（专著，第二作者）。

巩　文（1967年6月～　），女，河南许昌人，编审。1985年9月至1989年7月在西北大学历史系学习，获得历史学学士学位；1991年9月至1994年7月在西北大学文博学院学习，获得历史学硕士学位。1989年8月至2000年10月在陕西省文物保护技术中心工作，历任研究实习员、助理研究员，文物调查研究室副主任；2000年11月至今在中国社会科学院考古研究所工作，历任助理研究员、编辑、副编审。

现从事图书编辑和科研管理工作，主要业务专长是考古学编辑。主要代表作有：《中国大百科全书（第二版）》（考古文物学科），（辞书，学科秘书、特约编辑、分支学科主编）；《中国大百科全书（第二版简明版）》（考古文物学科），（辞书、学科秘书、特约编辑、分支学科主编）；《中国大百科全书（第二版精粹版）》（考古文物学科），（辞书、学科秘书、特约编辑、分支学科主编）；《仰韶文化坠饰述论》（论文）；《汉代戒指的考古学考察》（论文）。

乌云高娃（1971 年 10 月～ ），女，蒙古族，内蒙古通辽人，研究员。1989 年 9 月至 1993 年 7 月在内蒙古民族大学蒙古学院学习，获得文学学士学位；1993 年 9 月至 1996 年 7 月在中国社会科学院研究生院少数民族语言文学系学习，获得文学硕士学位；1999 年 9 月至 2002 年 6 月在南京大学历史系学习，获得历史学博士学位。1996 年 7 月至今在中国社会科学院历史研究所工作，历任研究实习员、助理研究员、副研究员，研究室副主任。兼任中国中外关系史学会理事。其间，2005 年 8 月至 2006 年 8 月，在日本大阪国际大学做访问学者。

现从事中国古代史研究，主要学术专长是中外关系史研究。主要代表作有：《明四夷馆鞑靼馆及〈华夷译语〉鞑靼“来文”研究》（专著）；《朝鲜司译院都提调、提调及蒙学》（论文）；《元朝与高丽关系研究》（专著）；《17、18 世纪朝鲜重视司译院蒙学的背景》（论文）；《“送晋卿丞相书”年代考——以高丽迁都江华岛之后的蒙丽关系为背景》（论文）。

成一农（1974 年 4 月～ ），河北大名人，研究员。1992 年 4 月至 1997 年 7 月在北京大学历史系学习，获得历史学学士学位；1997 年 9 月至 2003 年 7 月在北京大学历史系学习，先后获得历史学硕士、博士学位。2003 年 7 月至今在中国社会科学院历史研究所工作，历任助理研究员、副研究员。

现从事专门史研究，主要学术专长是历史地理。主要代表作有：《古代城市形态研究方法新探》（专著）；《“科学”还是“非科学”——被误读的中国传统舆图》（论文）；《中国古代地方城市形态研究现状评述》（论文）；《中国古代城市选址研究方法的反思》（论文）；《中国地图学史的解构》（论文）。

江小涛（1965 年 12 月～ ），江苏靖江人，研究员。1982 年 8 月至 1989 年 7 月在北京大学历史系学习，先后获得历史学硕士、博士学位。1989 年 8 月至今在中国社会科学院历史研究所工作，历任研究实习员、助理研究员、副研究员。

现从事中国古代史研究，主要学术专长是宋史、学术思想史。主要代表作有：《王氏新学述论》（论文）；《杨业与宋初河东诸将》（论文）；《士大夫政治传统的重建与宋仁宗时期的“朋党之议”》（论文）；《王安石的“心性之学”》（论文）；《唐御史台考略》（论文）。

宋艳萍（1971 年 1 月～ ），女，山东泗水人，研究员。1989 年 9 月至 1993 年 7 月在曲阜师范大学历史系学习，获得历史学学士学位；1994 年 9 月至 1997 年 7 月在湖北大学古籍研究所学习，获得文学硕士学位；1997 年 9 月至 2000 年 9 月在山东大学历史文化学院学习，获得历史学博士学位。1993 年 7 月至 1994 年 7 月在山东省曲阜市陵城中学任教；2000 年 7 月至 2002 年 7 月在北京师范大学历史文化学院博士后流动站从事研究；2002年7月至今在中国社会科学院历史研究所工作，历任助理研究员、副研究员。

现从事中国古代史研究，主要学术专长是秦汉史。主要代表作有：《公羊学与汉代社会》（专著）；《汉阙与汉代政治史观》（论文）；《孔子“质文说”与汉代文家特质》（论文）；《从〈二年律令〉中的“赀”看秦汉经济处罚形式的转变》（论文）；《张家山汉简〈二年律令〉校读记》（论文）。

陈　爽（1965年12月～　），北京市人，研究员。1983年9月至1990年7月在北京大学历史学系中国史专业学习，先后获得历史学学士、硕士学位；1991年9月至1995年7月在北京大学历史学系中国古代史专业学习，获得博士学位。1990年11月至1991年9月在全国侨联华侨华人历史研究所工作；1995年7月至今在中国社会科学院历史研究所工作，历任研究实习员、助理研究员、副研究员，研究室副主任。

现从事中国古代史研究，主要学术专长是魏晋南北朝史。主要代表作有：《出土墓志所见中古谱牒探迹》（论文）；《出土墓志所见中古谱牒研究》（专著）；《河阴之变考略》（论文）；《〈陈国江夏谢氏谱〉辑补：中古谱牒复原研究》（论文）；《略论北朝的乡村武装》（论文）。

胡振宇（1957年9月～　），北京市人，研究员。1979年9月至1983年7月在北京师范大学历史系学习，获得历史学学士学位。1984年2月至1987年4月在北京市东城区教育局工作；1987年4月至今在中国社会科学院历史研究所工作，历任助理研究员、副研究员。

现从事中国古代史研究，主要学术专长是中国古文字。主要代表作有：《甲骨文与神话传说》（专著）；《〈中国文化史稿〉读后》（论文）；《殷商史》（专著，第二作者）；《甲骨学商史论丛初集（外一种）》（专著，编辑）；《中国三千年气象记录总集（增订本）》（专著，执笔）。

褚静涛（1966年8月～　），江苏淮安人，研究员。1982年9月至1984年7月在南京师范大学历史系专修科学习；1991年9月至1994年7月，以及1998年9月至2001年7月，在南京大学历史系学习，先后获得历史学硕士、博士学位。1984年8月至1991年8月在江苏省淮阴市淮阴师专附中工作，任中学教师；1994年8月至1998年8月在广东省人民政府工作；2001年7月至2003年7月在南京大学商学院博士后流动站从事研究；2003年8月至今在中国社会科学院近代史研究所工作，历任助理研究员、副研究员。

现从事中国近现代史研究，主要学术专长是台湾近现代史。主要代表作有：《国民政府收复台湾研究》（专著）；《〈开罗宣言〉考》（论文）；《二二八事件研究》（专著）；《从台湾自治到回归祖国》（论文）；《中日钓鱼岛争端研究》（专著）。

戴东阳（1968年10月～　），女，浙江岱山人，研究员。1986年10月至1993年7月在杭州大学历史系学习，先后获得历史学学士、硕士学位；1996年9月至2000年7月在北京大学历史系学习，获得历史学博士学位，其间，1998年10月至1999年9月在日本新潟大学留学。1993年8月至1996年8月在杭州大学工作，任助教；2000年8月至今在中国社会科学院近代史研究所工作，历任助理研究员、副研究员。其间，2009年4月至2010年3月在日本早稻田大学做访问学者。

现从事中国近现代史研究，主要学术专长是中外关系史。主要代表作有：《晚清驻日使团与甲午战前的中日关系（1876～1894）》（专著）；《甲午战争爆发后日本驻华使领馆撤使与情报人员的布留》（论文）；《中日甲午战争时期中、日、韩三国的相互政略》（韩文专著，合著）；《中国驻日使团与金玉均——兼论金玉均被刺与中日甲午战争爆发之关系》（论文）；《中塚明教授的中日甲午战争史研究》（论文）。

张跃斌（1969年4月～ ），山西芮城人，研究员。1987年9月至1991年7月在北京大学历史系学习，获得历史学学士学位；1993年9月至1996年7月在北京大学历史系学习，获得历史学硕士学位；2005年9月至2011年1月在北京大学历史系在职学习，获得历史学博士学位。1991年7月至1993年9月在山西省祁县中学工作；1996年8月至今在中国社会科学院世界历史研究所工作，历任研究实习员、助理研究员、副研究员。

现从事日本史研究，主要学术专长是战后日本史。主要代表作有：《田中角荣与战后日本政治》（专著）；《论政治腐败对战后日本政局的影响》（论文）；《战后日本的利益诱导政治研究——以田中角荣为中心》（论文）；《田中角荣金权政治述评》（论文）；《再论田中角荣在中日关系正常化过程中的贡献》（日文论文）。

张旭鹏（1975年11月～ ），河南新野人，研究员。1994年9月至1998年7月在河南师范大学历史系学习，获得历史学学士学位；1998年9月至2001年7月在四川大学历史文化学院学习，获得世界史硕士学位；2001年9月至2004年7月在四川大学历史文化学院学习，获得世界史博士学位。2004年7月至今在中国社会科学院世界历史研究所工作，历任助理研究员、副研究员。其间，2010年1月至2011年1月在美国弗吉尼亚大学做访问学者。

现从事世界史学理论与史学史研究，主要学术专长是当代西方史学理论。主要代表作有：《全球史视野下的世界史研究——以美国为中心的考察》（论文）；《超越全球史与世界史编纂的其他可能》（论文）；《1978年以来中华人民共和国的历史撰述》（英文论文）；《观念史及其邻近学科》（英文论文，第二作者）；《文化研究理论》（专著，第二作者）。

国洪更（1974年3月～ ），山东巨野人，研究员。1991年9月至1995年7月在山东省聊城师范学院历史系学习，获得历史学学士学位；1997年9月至2000年7月在东北师范大学世界古典文明史研究所学习，获得历史学硕士学位；2000年8月至2003年7月在南京晓庄学院工作，其间，在东北师范大学世界古典文明史研究所在职学习，获得历史学博士学位。1995年7月至1997年9月在山东省巨野县实验中学工作；2003年8月至2005年8月在南开大学历史学院博士后流动站从事研究；2005年8月至今在中国社会科学院世界历史研究所工作，任副研究员。其间，2007年11月至2008年11月在意大利帕多瓦大学进行学术交流。

现从事世界古代史研究，主要学术专长是亚述学（古代两河流域史）。主要代表作有：《亚述赋役制度考略》（专著）；《赋役豁免政策的嬗变与亚述帝国的盛衰》（论文）；《古代两河流域的创世神话与历史》（论文）；《亚述行省制度探析》（论文）；《亚述帝国的非亚述士兵》（论文）。

阿拉腾奥其尔（1962年3月～　），蒙古族，新疆博乐人，研究员。1981年9月至1985年7月在四川大学外文系俄语专业学习，获得文学学士学位；1985年9月至1988年7月在中央民族学院（今中央民族大学）少数民族语言文学系蒙古语专业学习，获得文学硕士学位；2004年至2011年在中国人民大学历史学院清史研究所攻读在职博士研究生，结业。1988年7月至今在中国社会科学院中国边疆研究所（原中国边疆史地研究中心）从事研究工作，历任研究实习员、助理研究员、副研究员，图书资料室主任、研究室主任。其间，2002年11月至2003年5月在俄罗斯各民族友谊大学研修。

现从事东北与北部边疆研究，主要学术专长是清代北部边疆、清代中俄关系史研究。主要代表作有：《清朝图理琛使团与〈异域录〉研究》（专著）；《从“罗刹”到“俄罗斯”——清初中俄两国的早期接触》（论文）；《阿玉奇汗长子沙克都尔扎布致阿斯特拉罕军政长官的两封信函研究》（论文）；《瑞典人施尼茨克尔及其有关图理琛使团的记述》（论文）；《康熙帝谕阿玉奇汗满文敕书研究》（论文）。

王宏淼（1972年10月～　），浙江江山人，研究员。1990年9月至1994年7月在北京物资学院会计系学习，获得经济学学士学位；1998年9月至2001年6月在中国人民大学经济学院学习，获得经济学硕士学位；2002年9月至2005年6月在中国人民大学经济学院学习，获得经济学博士学位。1994年7月至1999年5月在中国纺织机械集团工作；2005年7月到2007年6月在中国社会科学院经济研究所博士后流动站从事研究；2007年6月至今在中国社会科学院经济研究所工作，任副研究员，研究室副主任。其间，2012年7月至2013年8月在美国哈佛大学费正清中心做访问学者。

现从事理论经济学研究，主要学术专长是国际宏观经济、经济增长。主要代表作有：《全球失衡下的中国双顺差之谜：基于FDI—贸易—金融关联的一种经济学描述》（专著）；《大调整中孕育生机：2014～2015年中国经济回顾与前瞻》（论文，第一作者）；《城市化、财政扩张与经济增长》（论文，第一作者）；《资本化扩张与赶超型经济的技术进步》（论文，第二作者）；《经济赶超模式与增长理论范式的转向》（论文，第一作者）。

吴延兵（1975 年 12 月～ ），山东嘉祥人，研究员。1995 年 9 月至 1997 年 7 月在上海大学国际商学院学习；2000 年 9 月至 2003 年 7 月在山东经济学院学习，获得管理学硕士学位；2003 年 9 月至 2006 年 7 月在中国社会科学院研究生院学习，获得经济学博士学位。1997 年 7 月至 2000 年 7 月在山东祥酒厂工作；2006 年 7 月至今在中国社会科学院经济研究所工作，历任助理研究员、副研究员。其间，2010 年 10 月至 2011 年 10 月在美国加州大学伯克利分校经济系做访问学者。

现从事西方经济学研究，主要学术专长是创新经济学。主要代表作有：《国有企业双重效率损失研究》（论文）；《创新、模仿与企业效率》（论文）；《研发、直接技术转移和生产率增长：来自中国制造业的证据》（英文论文）；《企业产权结构和隶属层级对生产率的影响》（论文）；《中国哪种所有制类型企业最具创新性》（论文）。

袁富华（1968 年 9 月～ ），山东成武人，研究员。1986 年 9 月至 1990 年 7 月在四川大学数学系学习，获得理学学士学位；1999 年 9 月至 2005 年 7 月在中国人民大学国民经济管理系学习，先后获得经济学硕士、博士学位。1990 年 7 月至 1999 年 9 月在山东省菏泽市技工学校工作，担任讲师；2005 年 7 月至今在中国社会科学院经济研究所工作，历任助理研究员、副研究员。其间，2011 年 7 月至 2012 年 7 月在美国俄亥俄州立托莱多大学经济系和亚洲所做访问学者。

现从事经济增长理论研究，主要学术专长是中国经济结构和潜在增长趋势分析。主要代表作有：《低碳经济约束下的中国潜在经济增长》（论文）；《长期增长过程的“结构性加速”与“结构性减速”：一种解释》（论文）；《中国经济长期增长路径、效率与潜在增长水平》（论文）；《中国经济转型的结构性特征、风险与效率提升路径》（论文）；《中国经济增长的低效率冲击与减速治理》（论文）。

邓曲恒（1979 年 7 月～ ），湖南祁阳人，研究员。1996 年 9 月至 2000 年 7 月在浙江大学经济学院学习，获得管理学学士学位；2000 年 9 月至 2003 年 7 月在中国社会科学院研究生院经济系学习，获得经济学硕士学位；2004 年 9 月至 2007 年 7 月在中国社会科学院研究生院经济系在职学习，获得经济学博士学位。2003 年 7 月至今在中国社会科学院经济研究所工作，历任研究实习员、助理研究员、副研究员、研究室副主任。其间，2011 年 9 月至 2012 年 9 月在加拿大西安大略大学经济系博士后流动站从事研究。

现从事发展经济学研究，主要学术专长是收入分配研究。主要代表作有：《农村居民举家迁移的影响因素：基于混合 Logit 模型的经验分析》（论文）；《中国城镇地区的代际收入持续性》（英文论文）；《中国城镇地区教育支出的多元 Tobit 系统估计》（英文论文）；《中国的民工荒与农村剩余劳动力》（论文）；《农民工的工作条件与工资收入：以补偿性工资差异为视角》（论文）。

隋福民（1972 年 12 月～ ），辽宁阜新人，研究员。1990 年 8 月至 1994 年 6 月在西北工业大学航海工程学院学习，获得工学学士学位；2002 年 8 月至 2007 年 6 月在北京大学经济学院学习，获得经济学博士学位。1994 年 7 月至 1997 年 10 月在中国船舶工业总公司北京长城无线电厂工作；1997 年 11 月至 2002 年 7 月在方正集团等公司工作；2007 年 7 月至今在中国社会科学院经济研究所工作，历任助理研究员、副研究员，研究室副主任。兼任中国经济史学会副秘书长及中国现代经济史专业委员会秘书长、中国社会科学院青年人文社会科学研究中心理事。

现从事经济史研究，主要学术专长是中国经济史。主要代表作有：《干沟子村的发展与变迁——辽西农民生产与生活的历史缩影》（专著）；《20 世纪 30 ～ 40 年代保定 11 个村地权分配的再探讨》（论文）；《保定 11 个村人均纯收入水平与结构的历史变化（1930 ～ 1998）：基于“无锡、保定农村调查”数据的分析》（论文）；《司马台村志：一个长城脚下山村的历史》（专著）；《中华人民共和国经济史 1949 ～ 2010》（教材）。

姚　宇（1974 年 6 月～ ），江苏南京人，研究员。1993 年 9 月至 1996 年 6 月在东南大学仪器科学与工程系学习；2000 年 9 月至 2005 年 6 月在复旦大学人口研究所及社会发展与公共政策学院学习，获得经济学博士学位。1996 年 7 月至 2000 年 9 月在江苏省农业机械研究所工作；2005 年 7 月至今在中国社会科学院经济研究所工作，历任研究实习员、助理研究员、副研究员。其间，2009 年 9 月至 2010 年 10 月在美国哈佛大学肯尼迪政府学院做访问学者。

现从事发展经济学研究，主要学术专长是卫生经济学与人口经济学。主要代表作有：《控费机制与中国公立医院的运行逻辑》（论文）；《流动人口的人口学特征对其参加养老保险的影响》（英文论文）；《收入分配与社会保障对个人公平感影响的测量系统》（软件）；《收入分配与社会保障制度改革的行为经济学实验系统》（软件）；《增长方式转变的理论基础和国际经验》（专著，第二作者）。

张　磊（1971 年 6 月～ ），江苏响水人，研究员。1988 年 9 月至 1992 年 7 月在南京大学国际商学院学习，获得经济学学士学位；1994 年 9 月至 1997 年 6 月在南京大学商学院学习，获得经济学硕士学位；2000 年 9 月至 2003 年 7 月在中国社会科学院研究生院学习，获得经济学博士学位。1992 年 8 月至 1994 年 8 月在江苏省广播电视大学工作，任助教；1997 年 7 月至 2000 年 8 月在南京大学商学院工作，任讲师；2003 年 8 月至 2006 年 9 月在中国社会科学院经济研究所博士后流动站从事研究；2006 年 10 月至今在中国社会科学院经济研究所工作，历任助理研究员、副研究员。

现从事宏观经济学研究，主要学术专长是货币、金融经济学。主要代表作有：《后起经济体为什么选择政府主导型金融体制》（论文）；《中国转轨时期的货币非超中性和通货膨胀——兼论中国货币政策双重目标的体制根源》（论文）；《金融发展与经济增长：从动员性扩张向市场配置的转变》（论文）；《中国金融思想演变与发展》（论文）；《中国经济高增长中的信贷扩张与金融扭曲》（专著）。

崔红志（1964年11月～ ），河南汝州人，研究员。1983年9月至1987年7月在中南财经大学农业经济系学习，获得经济学学士学位；1987年9月至1990年7月在中国农业科学院研究生院农业经济系学习，获得农学硕士学位；1999年9月至2002年7月在中国社会科学院研究生院农业经济系学习，获得管理学博士学位。1990年8月至1995年7月在中国农业科学院办公室工作；1995年8月至1999年8月在农业部优质农产品开发服务中心工作；2002年8月至今在中国社会科学院农村发展研究所工作，历任助理研究员、副研究员、研究室主任。兼任中国国外农业经济学会常务理事。

现从事农业经济管理研究，主要学术专长是农村组织与制度。主要代表作有：《对完善新型农村社会养老保险制度若干问题的探讨》（论文）；《农村老年人主观幸福感影响因素分析》（论文）；《新型农村社会养老保险制度适应性的实证研究》（专著）；《影响农民参加新型农村社会养老保险的因素及解决途径》（论文）；《中国农村社会保障事业的发展》（论文）。

包晓斌（1967年9月～ ），蒙古族，吉林松原人，研究员。1985年8月至1989年7月在内蒙古林学院治沙系学习，获得农学学士学位；1989年8月至1995年7月在北京林业大学水土保持学院学习，先后获得农学硕士、博士学位。1995年7月至今在中国社会科学院农村发展研究所工作，历任助理研究员、副研究员。兼任中国生态经济学学会常务理事。其间，2009年9月至2010年9月在美国哥伦比亚大学做访问学者。

现从事农业经济管理研究，主要学术专长是资源与环境经济。主要代表作有：《西部地区农业用水与节水效率》（论文）；《中国木材市场分析及政策评述》（论文，第一作者）；《防治生态系统退化的对策研究》（论文）；《中国水土保持投入与农村发展》（英文论文，第二作者）；《中国流域环境综合管理》（论文）。

宋　瑞（1972年9月～ ），女，陕西西安人，研究员。1988年9月至1993年7月在西安航空技术高等专科学校学习；1997年9月至2000年7月在西北大学经济管理学院学习，获得旅游管理硕士学位；2000年9月至2003年7月在中国社会科学院研究生院学习，获得产业经济学博士学位。2003年7月至今在中国社会科学院财经战略研究院（原财政与贸易经济研究所）工作，历任助理研究员、副研究员。其间，2004年6月至2008年4月在中国科学院地理科学与资源研究所博士后流动站从事研究；2011年8月至2012年8月在美国宾夕法尼亚州立大学做访问学者。

现从事产业经济研究，主要学术专长是旅游与休闲。主要代表作有：《利益相关者视角下的古村镇旅游发展》（专著）；《时间、收入、休闲与生活满意度：基于结构方程模型的实证研究》（论文）；《寻找中国的休闲：跨越太平洋的对话》（专著，第一作者）；《休闲与生活满意度：基于全国样本的结构方程模型分析》（论文）；《住宿业的可持续发展：运营原则》（译著）。

张德勇（1969年11月～　），山东青岛人，研究员。1989年9月至1991年6月在青岛大学管理工程系财务管理专科学习；1996年9月至1999年4月在东北财经大学财政税务学院学习，获得经济学硕士学位；2000年9月至2003年7月在中国人民大学财政金融学院学习，获得经济学博士学位。1991年7月至1996年9月在青岛电视机厂（海信电器有限公司）工作，任助理会计师；1999年10月至2000年1月，在大通国际运输有限公司青岛公司工作；2003年7月至今在中国社会科学院财经战略研究院（原财政与贸易经济研究所）工作，历任助理研究员、副研究员，研究室副主任、编辑部副主任。其间，2011年7月至2012年8月在美国佐治亚州立大学福特基金会做访问学者。兼任中国财政学会理事。

现从事财政学研究，主要学术专长是财税理论与政策。主要代表作有：《论农产品批发市场的公益性——基于公共财政视角》（论文）；《财政支出政策对扩大内需的效应——基于VAR模型的分析框架》（论文）；《中国政府预算外资金管理：现状、问题与对策》（论文）；《促进低碳经济发展的财政政策》（论文）；《“十二五”时期的财政管理改革》（论文）。

程　炼（1976年9月～　），江西婺源人，研究员。1993年9月至1997年7月在中国人民解放军军事经济学院财务二系学习，获得经济学学士学位；1997年9月至2000年3月在中国人民解放军军事经济学院国防经济系学习，获得经济学硕士学位；2000年9月至2003年7月在中国社会科学院研究生院财贸经济系在职学习，获得经济学博士学位。2000年4月至2004年9月在中国人民解放军军事经济学院工作，担任助教；2004年10月至2007年1月在中国社会科学院数量经济与技术经济研究所从事博士后研究；2007年3月至今在中国社会科学院金融研究所工作，历任助理研究员、副研究员，《金融评论》编辑部主任。

现从事世界经济学研究，主要学术专长是国际金融学。主要代表作有：《中国金融体系中的资金流动及其经济效应——基于支付清算的视角》（论文）；《中国金融战略：在不确定中拓展未来的选择空间》（论文）；《中国经济转轨过程中的要素价格扭曲与财富转移》（论文，第二作者）；《复杂产权论和有效产权论——中国地权变迁的一个分析框架》（论文，第二作者）；《互联网金融：理论与实践》（专著，第二作者）。

谢增毅（1977年10月～　），福建金门人，研究员。1995年8月至1999年7月在大连海事大学法学院学习，获得法学学士学位；1999年8月至2002年7月在中国人民大学法学院学习，获得法学硕士学位；2002年8月至2005年7月在清华大学法学院学习，获得法学博士学位。2005年7月至今在中国社会科学院法学研究所工作，历任助理研究员、副研究员，社会法研究室副主任、科研处副处长、处长。兼任中国社会法学研究会学术委员会委员、副秘书长，中华全国总工会法律顾问委员会委员。

现从事社会法学研究，主要学术专长是劳动法学和社会保障法学。主要代表作有：《劳动法的改革与完善》（专著）；《劳动法与小企业的优惠待遇》（论文）；《中国劳动法的进步与挑战》（英文专著）；《劳动法的比较与反思》（专著）；《劳动法上经济补偿的适用范围及其性质》（论文）。

吕艳滨（1976 年 6 月～ ），山东临清人，研究员。1994 年 9 月至 1998 年 9 月在山东大学外国语学院学习，获得文学学士学位；1998 年 9 月至 2001 年 7 月在中国政法大学研究生院学习，获得法学硕士学位；2003 年 9 月至 2006 年 7 月在中国社会科学院研究生院学习，获得法学博士学位。2001 年 7 月至今在中国社会科学院法学研究所工作，历任研究实习员、助理研究员、副研究员。兼任亚洲法研究中心秘书长、法治指数研究中心副主任、法治蓝皮书工作室主任。

现从事宪法与行政法学研究，主要学术专长是行政法、信息法、实证法学。主要代表作有：《透明政府：理念、方法与路径》（专著）；《论政府采购法律制度的完善》（论文）；《行政诉讼法学的新发展》（专著，第一作者）；《政府信息公开制度实施状况——基于政府透明度测评的实证分析》（论文）；《论信息公开在政府治理中的作用》（论文）。

贺海仁（1966 年 9 月～ ），甘肃庆阳人，研究员。1984 年 7 月至 1991 年 7 月在西北政法大学学习，先后获得法学学士、硕士学位；2001 年 9 月至 2004 年 7 月在中国社会科学院研究生院学习，获得法学博士学位。1991 年 7 月至 1995 年 8 月在广东省珠海市司法局工作；1995 年 8 月至 2004 年 5 月在广东非凡律师事务所工作；2004 年 9 月至 2006 年 9 月在中国社会科学院社会学研究所博士后流动站从事研究；2005 年 4 月至今在中国社会科学院法学研究所工作，历任助理研究员、副研究员，研究室副主任。

现从事法理学研究，主要学术专长是法治理论、权利理论和公益诉讼理论。主要代表作有：《谁是纠纷的最终裁判者：权利救济原理导论》（专著）；《自救还是他救：受害人的权利救济问题》（论文）；《无讼的世界：和解理性与新熟人社会》（专著）；《免于恐惧的权利：不幸的哲学及其他》（论文）；《保卫法律与守法主义》（论文）。

蒋小红（1970 年 1 月～ ），女，江苏东海人，研究员。1988 年 9 月至 1992 年 7 月在中国政法大学法律系学习，获得法学学士学位；1998 年 9 月至 1999 年 9 月在荷兰莱顿大学法学院学习，获得法学硕士学位；2001 年 9 月至 2004 年 7 月在中国社会科学院研究生院法学系学习，获得国际法学博士学位。1992 年 8 至 2004 年 11 月在中国社会科学院法学所工作，历任助理研究员、副研究员；2004 年 11 月至今在中国社会科学院国际法所工作，历任研究室副主任、科研处处长。

现从事国际法学研究，主要学术专长是欧盟法、国际贸易和国际竞争法。主要代表作有：《欧盟对外贸易法与中欧贸易》（专著）；《试析欧盟贸易救济立法的最新发展》（论文）；《论反垄断法的私人实施机制》（论文）；《〈里斯本条约〉对欧盟对外贸易法律制度的影响》（论文）；《通过公益诉讼，推动社会变革》（论文）。

木仕华（1971 年 12 月～　），纳西族，云南丽江人，研究员。1989 年 9 月至 1996 年 6 月在中央民族大学语言文学院语言学系语言学专业学习，先后获得文学学士、硕士学位；2000 年 9 月至 2004 年 6 月在中国社会科学院研究生院民族系在职学习，获得史学博士学位。1996 年 7 月至今在中国社会科学院民族学与人类学研究所工作，历任研究实习员、助理研究员、副研究员。

现从事藏彝走廊诸族群的语言文字文献调查研究，主要学术专长是纳西语言文字文献。主要代表作有：《纳西哥巴文研究》（专著）；《论纳西东巴象形文经典中的曜神与印度——西藏曜神之关系》（论文）；《马学良评传》（专著）；《纳西东巴文涉藏字符字源汇考》（论文）；《东巴文为邛笼考》（论文）。

王剑峰（1967 年 9 月～　），蒙古族，辽宁喀喇沁左翼人，研究员。1986 年 9 月至 1993 年 6 月在中央民族学院民族学系学习，先后获得法学学士、硕士学位；1997 年 9 月至 2000 年 7 月在中央民族大学研究生院民族学专业学习，获得法学博士学位。1993 年 7 月至 1997 年 8 月，以及 2000 年 8 月至 2001 年 7 月在中国出版对外贸易总公司工作，任编辑；2001 年 8 月至今在中国社会科学院民族学与人类学研究所工作，历任助理研究员、副研究员。其间，2001 年 9 月至 2003 年 10 月，在中国人民大学社会学博士后流动站从事研究；2011 年 8 月至 2012 年 8 月，在美国哥伦比亚大学国际与公共事务学院做访问学者。

现从事民族学研究，主要学术专长是民族问题与治理比较研究。主要代表作有：《族群冲突与治理——基于冷战后国际政治的视角》（专著）；《整合与分化：西方族群动员理论研究述评》（论文）；《冷战后时代族群冲突的国际层面》（研究报告）；《西方比较政治视野中的族群动员：理论与局限》（论文）；《全球化、国家能力分化与民族冲突》（论文）。

刘正爱（1965 年 4 月～　），女，朝鲜族，辽宁新宾人，研究员。1982 年 9 月至 1985 年 7 月在武汉大学外语系学习，获得文学学士学位；1990 年 4 月至 1991 年 3 月在东京大学大学院综合文化研究科文化人类学专业进修；1991 年 4 月至 1993 年 3 月在东京大学大学院综合文化研究科文化人类学专业学习，获得文化人类学硕士学位；1993 年 4 月至 1996 年 3 月在东京大学大学院综合文化研究科学习；2000 年 4 月至 2004 年 3 月在东京都立大学社会学研究科社会人类学专业学习，获得社会人类学博士学位。1986 年 10 月至 1988 年 10 月在中国有色金属工业总公司工作；1988 年 10 月至 1990 年 3 月在日本三菱金属大手开发株式会社工作；1996 年 4 月至 2005 年 1 月在武藏大学、明治大学、立正大学、东京女子大学人文学部等校任兼职讲师。2005 年 1 月至 2007 年 6 月在北京大学社会学系博士后流动站从事研究；2007年5月至今在中国社会科学院民族学与人类学研究所工作，历任助理研究员、副研究员，研究室副主任。兼任社会文化人类学研究中心副主任。

现从事人类学研究，主要学术专长是历史人类学、人类学理论与方法。主要代表作有：《孰言吾非满族》（专著）；《谁的文化，谁的认同？——非物质文化遗产保护运动中的认知困境与理性回归》（论文）；《祭祀与民间文化的传承》（论文）；《断裂与整合：灾后社会秩序重整与社会网络动员机制》（论文）；《“民族”的边界与认同》（论文）。

王　锋（1971年8月～　），白族，云南大理人，研究员。1989年9月至1993年6月在中央民族学院少数民族语言文学三系学习，获得文学学士学位；1993年9月至1999年6月在中央民族大学少数民族语言文学学院学习，先后获得文学硕士、博士学位；1999年7月至今在中国社会科学院民族学与人类学研究所工作，历任助理研究员、副研究员。2004年9月至2007年6月在上海师范大学语言研究所博士后流动站从事研究。兼任国家民委民族语文工作专家咨询委员会副秘书长、中国民族研究团体联合会副秘书长、中国民族语言学会秘书长、中国民族古文字研究会常务理事。

现从事民族语言学研究，主要学术专长是汉藏语和民族古文献。主要代表作有：《白语南部方言中来母的读音》（论文）；《昆明西山沙朗白语研究》（专著）；《白语大理方言中汉语关系词的声母系统》（专著）；《中国少数民族语言文字研究史论·白族语言文字研究史论》（专著，第一作者）；《白语简志（修订）》（专著，第三作者）。

鲍　江（1968年11月～　），纳西族，云南丽江人，研究员。1986年9月至1990年7月在云南民族学院外语系学习，获得文学学士学位；1995年9月至1998年7月在云南民族学院云南省民族研究所学习，获得法学硕士学位；1999年3月至2000年1月在云南大学东亚影视人类学研究所学习；1999年9月至2003年7月在中央民族大学民族学学院学习，获得法学博士学位。1990年7月至1995年9月在昆阳磷矿实验中学工作；1998年7月至1999年9月在云南工业大学工作；2003年7月至今在中国社会科学院社会学研究所工作，历任研究实习员、助理研究员、副研究员。兼任国际人类学与民族学联合会影视人类学委员会理事。

现从事社会学研究，主要学术专长是影视人类学。主要代表作有：《娲皇宫志：探索一种人类学写文化体裁》（专著）；《文化多样性及文化遗产实践：西方视角与非西方视角》（论文）；《符记图经：对“娲皇宫”的民族志探索》（一般文章）；《第一印象作为影视人类学研究议题的价值》（一般文章）；《“我们很特别”——文化遗产保护的实质是文化自觉与文化创新》（一般文章）。

何　蓉（1971年7月～　），女，陕西城固人，研究员。1989年9月至1996年7月在陕西师范大学历史系学习，先后获得历史学学士、硕士学位；2000年9月至2003年

7月在北京大学社会学系学习，获得社会学博士学位。1996年9月至2000年9月在西安建筑科技大学社会科学系工作，任讲师；2003年7月至2005年11月在中国社会科学院社会学所博士后流动站从事研究；2005年11月至今在中国社会科学院社会学研究所工作，历任助理研究员、副研究员。

现从事社会学研究，主要学术专长是社会学理论、经济社会学、宗教社会学。主要代表作有：《宗教经济诸形态：中国经验与理论探研》（专著）；《中国历史上的"均"与社会正义观》（论文）；《经济学与社会学：马克斯·韦伯与社会科学基本问题》（专著）；《国家规制与宗教组织的发展：中国佛教的政教关系史的制度分析》（论文）；《马克斯·韦伯：以西方为基准的比较宗教社会学》（论文）。

刘志明（1962年11月～ ），河北丰南人，研究员。1979年10月至1986年6月在中国人民大学新闻系新闻专业学习，先后获得文学学士、硕士学位。1986年7月至1995年3月在中国人民大学新闻学院工作，其间1989年10月至1991年10月在日本一桥大学社会学部进修；1995年4月至1997年3月在日本神户大学大学院国际协力研究科工作；1997年4月至1998年9月在日本国立国语研究所工作；1998年10月至今在中国社会科学院新闻与传播研究所工作，历任助理研究员、副研究员。兼任中国社会科学院研究生院新闻学传播学系副教授。

现从事新闻与传播学研究，主要学术专长是传媒调查和舆情研究。主要代表作有：《舆情与管理：构建中国旅游舆情智库》（专著）；《中国的对日舆论的变化与日本企业的公关策略》（日文论文）；《中国舆情指数报告（2013）》（专著）；《中国社会舆情指数报告（2014）》（专著）；《中日传播研究》（专著）。

东 艳（1974年10月～ ）女，四川成都人，研究员。1993年9月至1997年6月在东北财经大学投资经济系学习，获得经济学学士学位；1998年9月至2001年6月在山东大学经济学院学习，获得经济学硕士学位；2004年9月至2007年6月在中国社会科学院研究生院世界经济专业学习，获得经济学博士学位。1997年7月至1998年8月在济南文教用品厂工作；2001年7月至2004年8月在北京服装学院商学院国际贸易系工作，任助教、讲师；2007年7月至今在中国社会科学院世界经济与政治研究所工作，历任助理研究员、副研究员、研究室主任。其间，2008年2月至2010年1月在加拿大西安大略大学经济系博士后流动站从事研究；2014年1月至2014年12月在美国哥伦比亚大学做访问学者。

现从事世界经济学研究，主要学术专长是国际贸易。主要代表作有：《中美潜在贸易战的损益分析》（英文论文，第一作者）；《全球气候变化博弈中的碳边界调解措施分析》（论文）；《碳、贸易政策和低碳自由贸易区》（英文论文，第一作者）；《碳边界调解措施的经济影响》（英文论文，第一作者）；《全球贸易规则的发展趋势与中国的机遇》（论文）。

张　明（1977年9月～　），四川南部人，研究员。1995年9月至2002年7月在北京师范大学经济学院学习，先后获得经济学学士、硕士学位；2004年9月至2007年7月在中国社会科学院研究生院学习，获得经济学博士学位。2002年8月至2003年9月在毕马威华振会计师事务所工作，任审计师；2007年7月至今在中国社会科学院世界经济与政治研究所工作，历任助理研究员、副研究员。

现从事世界经济研究，主要学术专长是国际金融。主要代表作有：《中国投资者是否是美国国债市场上的价格稳定者》（论文）；《国际资本流动的驱动因素：新兴市场与发达经济体的比较》（论文）；《中国短期资本流动的主要驱动因素：2000～2012》（论文）；《人民币升值究竟对中国出口影响几何》（论文）；《中国面临的短期国际资本流动：不同方法与口径的规模测算》（论文）。

欧阳向英（1972年1月～　），女，瑶族，吉林洮南人，研究员。1989年9月至1993年8月在吉林大学外语系学习，获得文学学士学位；1997年9月至2003年10月在北京师范大学哲学系学习，先后获得哲学硕士、博士学位。1993年9月至2001年10月在中共中央编译局工作，任翻译；2001年11月至2002年11月在世界图书出版公司工作；2002年12月至2008年3月在北京出版社出版集团工作，历任副译审，文津出版社副总编辑、总编辑；2008年4月至2009年7月在高等教育出版社工作；2009年8月至2011年4月在中国外文局对外传播研究中心工作；2011年5月至今，在中国社会科学院世界经济与政治研究所工作，任副研究员、研究室主任。兼任世界社会主义研究中心特邀研究员，新兴经济体学会副秘书长。其间，1998年9月至1999年9月在俄罗斯圣彼得堡大学做访问学者。

现从事马克思主义政治经济学研究，主要学术专长是马克思主义世界政治经济理论研究。主要代表作有：《〈斯大林全集〉俄文版第16卷增补版的基本情况》（论文）；《马克思主义世界政治经济基础理论研究》（专著）；《普列汉诺夫“政治遗嘱”真伪辨》（论文）；《欧亚联盟——后苏联空间俄罗斯发展前景》（论文）；《俄罗斯的全球经济战略》（论文）。

李勇慧（1969年12月～　），女，内蒙古包头人，研究员。1987年9月至1991年6月在北京第二外国语学院俄罗斯语言专业学习，获得俄罗斯语言文学学士学位；1995年9月至1998年6月在中国社会科学院研究生院俄东欧中亚研究系在职学习，获得法学硕士学位；1998年9月至2001年6月在中国社会科学院研究生院俄欧亚所东欧中亚研究系在职学习，获得法学博士学位。1991年7月至今在中国社会科学院俄罗斯东欧中亚研究所工作，历任研究实习员、助理研究员、副研究员，现任俄罗斯外交研究室副主任。其间，2002年2月至2002年8月在美国乔治·华盛顿大学做访问学者；2003年11月至2004年10月在俄罗斯国立师范大学做访问学者；2008年11月至2010年1月在中国驻乌克兰大使馆工作，任二等秘书；2012年

5月至2014年6月在中国驻阿塞拜疆大使馆工作，任政治处主任，一等秘书。

现从事国际政治研究，主要学术专长是俄罗斯对外政策之对亚太外交研究。主要代表作有：《俄日关系》（专著）；《中国和平发展进程中的中俄日关系》（论文）；《梅德韦杰夫和普京：最高权力的组合》（专著，第三作者）；《普京时代：俄罗斯复兴之路（2000～2008）》（专著，第六作者）；《俄罗斯的东北亚政策研究》（专著，第三作者）。

冯育民（1956年9月～　），女，陕西延川人，研究员。1976年3月至1980年7月在北京外国语大学俄语学院学习，获得学士学位；1980年8月至今在中国社会科学院俄罗斯东欧中亚研究所工作，历任研究实习员、助理研究员、副研究员、科研处处长。其间，1990年1月至1996年5月在俄罗斯科学院社会政治研究所进修。

现从事国际政治研究，主要学术专长是俄罗斯经济研究。主要代表作有《政府职能的转换和中央地方经济关系》（论文）；《中俄农业与食品工业的合作》（论文）；《中俄农业合作构想》（论文）；《2050：中俄共同发展战略》（译著）；《改革：总结和教训》（论文）。

姜　琍（1970年5月～　），女，江苏南通人，研究员。1987年9月至1991年7月在北京外语学院东欧语系（现欧洲语言文化学院）学习，获得文学学士学位；2005年9月至2008年7月在中国社会科学院研究生院在职学习，获得法学博士学位。1991年7月至1999年8月在总参二部北京联络局工作；1999年9月至2002年7月在斯洛伐克驻华使馆工作；2002年8月至今，在中国社会科学院俄罗斯东欧中亚研究所工作，历任助理研究员、副研究员、研究室副主任。其间，2010年7月至2013年1月在北京大学国际关系学院博士后流动站从事研究。

现从事国际政治研究，主要学术专长是中东欧研究。主要代表作有：《民族心理与民族联邦制国家的解体——以捷克斯洛伐克联邦为例》（论文）；《捷克与斯洛伐克政治、经济和外交转型比较》（论文）；《试论转型进程对捷克和斯洛伐克联邦解体的影响》（论文）；《中欧政治右倾化趋势及其面临的挑战》（论文）；《捷克与斯洛伐克加入欧元区：战略选择与实际结果》（论文）。

房连泉（1973年7月～　），山东禹城人，研究员。1991年9月至1994年7月在山东农业大学水利学院财务管理专业学习；1996年9月至1999年7月在南开大学马克思主义教育学院学习，获得法学硕士学位；2003年9月至2006年7月在中国社会科学院研究生院政府政策与公共管理系学习，获得经济学博士学位。1999年7月至2003年9月在济南市发展和改革委员会工作；2006年7月至今在中国社会科学院拉丁美洲研究所工作，历任研究实习员、助理研究员、副研究员，研究室主任。其间，2007年9月至2009年12月在北京大学经济学院博士后流动站从事研究；2010年1月至2011年6月，在美国哈佛大学肯尼迪政府学院做访问学者。

现从事拉美社会与文化研究，主要学术

专长是社会保障。主要代表作有：《智利养老金制度研究》（专著）；《增强社会凝聚力：拉美社会保障制度的改革与完善》（论文）；《拉美劳动力资源现状与中拉合作前景分析》（论文）；《中国、美国和智利三国养老金制度的再分配效果比较》（论文）；《阿根廷私有化社保制度“国有化再改革”的过程、内容与动因》（论文）。

谢文泽（1969年3月～ ），山东蒙阴人，研究员。1988年9月至1992年7月在山东曲阜师范大学历史系学习，获得历史学学士学位；1992年9月至1995年7月在南开大学历史系学习，获得历史学硕士学位；2006年9月至2009年7月在中国社会科学院研究生院拉美系在职学习，获得经济学博士学位。1995年7月至今在中国社会科学院拉丁美洲研究所工作，历任研究实习员、助理研究员、副研究员。其间，2004年3月至2005年2月，在国立墨西哥自治大学经济研究所做访问学者；2012年9月至2013年9月，在美国加州大学圣迭哥分校伊比利亚和拉丁美洲研究中心做访问学者。

现从事拉美经济研究，主要学术专长是拉美农业和农村发展、产业经济、城市化。主要代表作有：《城市化率达到50%以后：拉美国家的经济、社会和政治转型》（论文）；《墨西哥农业改革开放研究》（专著）；《拉美城市的社会分层及社会和政治影响》（论文）；《拉美地区产业结构的国际比较》（论文）；《墨西哥制造业的结构调整及其特点》（论文）。

高　程（1977年11月～ ），女，北京人，研究员。1996年9月至2000年9月在北京大学法学院学习，获得法学学士学位；2000年9月至2006年7月在中国社会科学院研究生院学习，先后获得经济学硕士、博士学位。2006年7月至今在中国社会科学院亚太与全球战略研究院（原亚洲与太平洋研究所）工作，历任助理研究员、副研究员、研究室副主任，《当代亚太》编辑部主任。兼任中国世界经济学会理事。

现从事世界经济研究，主要学术专长是国际政治经济学。主要代表作有：《市场扩展与崛起国对外战略》（英文论文）；《区域公共产品供求关系与地区秩序及其变迁——以东亚秩序的演化路径为案例》（论文）；《非中性产权制度与大国兴衰——一个官商互动的视角》（专著）；《从规则视角看美国重构国际秩序的战略调整》（论文）；《历史经验与东亚秩序研究：中国国际关系理论的创新视角》（论文）。

张　洁（1973年8月～ ），女，山西定襄人，研究员。1992年9月至1996年7月在山西大学政治学系思想教育专业学习，获得教育学学士学位；1996年9月至1999年7月在北京大学国际关系学院学习，获得法学硕士学位；1999年9月至2002年7月在北京大学历史学系学习，获得历史学博士学位。2002年7月至今在中国社会科学院亚太与全球战略研究院（原亚洲与太平洋研究所）工作，历任研究实习员、助理研究员、副研究员。兼任中国社会科学院地区安全研究中心秘书长、中国东南亚学会理事、教育部中国南海研究协同创新中心特聘研究员、亚太安全合作理事会中国委员会委员。

现从事亚太国际关系研究，主要学术专长是南海问题、中国周边安全。主要代表作有：《对南海断续线的认知与中国的战略选择》（论文）；《海上通道安全与中国战略支点的构建——兼谈21世纪海上丝绸之路建设的安全考量》（论文）；《民族分离与国家认同——关于印尼亚齐民族问题的个案研究》（专著）；《黄岩岛模式与中国海洋维权政策的转向》（论文）；《印尼亚齐问题政治和解的原因探析》（论文）。

刘卫东（1968年2月～　），安徽砀山人，研究员。1986年9月至1991年7月在南京医科大学预防医学专业学习，获得医学学士学位；2000年9月至2003年2月在国际关系学院国际政治专业学习，获得法学硕士学位。1991年8月至2000年8月，在江苏徐州市劳动局工作；2003年7月至今在中国社会科学院美国研究所工作，历任研究实习员、助理研究员、副研究员、研究室副主任。

现从事国际政治研究，主要学术专长是美国政治与外交。主要代表作有：《美国对中日两国的再平衡战略论析》（论文）；《美国对美日之间历史认识问题的应对》（论文）；《可控性解禁：美国在日本解禁集体自卫权问题上的政策评析》（论文）；《新世纪的中美日三边关系》（专著）；《美国对华政策中的涉疆问题》（专著）。

陈宪奎（1958年1月～　），陕西咸阳人，编审。1979年9月至1983年7月在陕西师范大学中文系学习，获得文学学士学位；1985年9月至1988年7月在中国社会科学院研究生院新闻系学习，获得法学硕士学位。1977年1月至1979年9月在陕西省宝鸡市公安局工作；1983年7月至1984年7月在陕西省杨凌区委工作；1984年8月至1985年8月在陕西省咸阳市委工作；1988年8月至1988年12月在中国社会科学院办公厅工作；1989年1月至今在中国社会科学院美国研究所工作，历任编辑、副编审。

现从事编辑工作，主要业务专长是管理科学期刊编辑和管理，媒介学、新闻业务研究。主要代表作有：吴文华、李美《落不了地的空降兵》（论文，责任编辑）；《付费墙：〈纽约时报〉的数字化转型与美国报业的发展》（论文，第一作者）；《2003～2014年中美自媒体研究和比较分析》（论文，第一作者）；《美国新华侨华人与中国发展》（专著，第二作者）；《华侨华人研究报告2012蓝皮书》BⅡ海外篇（研究报告，第七作者）。

张伯玉（1970年10月～　），女，蒙古族，内蒙古赤峰人，研究员。1990年9月至1994年7月在内蒙古师范大学政治教育系学习，获得哲学学士学位；1994年9月至1997年3月在北京行政学院研究生部学习，获得法学硕士学位；1999年9月至2003年7月在北京大学国际关系学院学习，获得法学博士学位。1997年4月至1999年8月在北京日知出版公司工作，任编辑；2003年7月至今在中国社会科学院日本研究所工作，历任助理研究员、副研究员。

现从事日本政治研究，主要学术专长是

日本政党政治与选举制度。主要代表作有：《日本选举制度与政党政治》（专著）；《制度改革与体制转型——20世纪90年代日本政治行政改革分析》（论文）；《从第44届大选看自民党“一党独大”》（论文）；《日本民主模式及政党制形态转变的可能性与不确定性》（论文）；《浅析民主党政府的政治改革》（论文）。

侯为民（1967年12月～　），江苏南京人，研究员。1993年9月至1996年6月在陕西师范大学政治经济学院学习，获得经济学硕士学位；2005年9月至2008年6月在中国人民大学经济学院学习，获得经济学博士学位。1988年8月至1993年8月在空军第五七二零工厂工作；1996年7月至2001年2月在北京市有色金属工业总公司工作；2001年3月至2005年8月在北京市黄金公司工作；2008年7月至2010年5月在中国科学院科学时报社中国科学传播研究所工作，历任助理研究员、副研究员；2010年5月至今在中国社会科学院马克思主义研究院工作，任副研究员，研究室主任。兼任中国社会主义经济规律系统研究会秘书长、中华外国经济学说研究会理事、中国社会科学院马克思主义经济社会发展研究中心副主任。

现从事政治经济学研究，主要学术专长是社会主义政治经济学。主要代表作有：《生产过剩、信用扩张与资本主义经济危机——马克思的经济危机理论及其现实启示》（论文）；《技术进步、制度变革与经济增长》（专著）；《改革思维、改革方向、改革推进与深化改革——特定时期党的领导人重要论述及其启示》（论文）；《城镇化进程中农民工的劳动报酬与就业保障》（专著）；《评价社会经济制度不能忽视价值标准——兼评对“生产力标准和价值标准内在统一论”的质疑》（论文）。

贺新元（1970年10月～　），江西永新人，研究员。1988年9月至1990年7月在江西省吉安师专英语系学习；1999年9月至2002年7月在江西师范大学思想政治教育部学习，获得法学硕士学位；2002年9月至2005年6月在中国人民大学马克思主义学院学习，获得法学博士学位。1990年7月至1999年7月在江西省永新县象形中学从事教学工作；2005年7月至今在中国社会科学院马克思主义研究院工作，历任研究实习员、助理研究员、副研究员，科研处副处长、研究室主任、研究部副主任。其间，2007年7月至2010年8月，作为援藏干部赴西藏自治区社会科学院科研处工作。

现从事马克思主义中国化研究，主要学术专长是中国特色社会主义理论与实践。主要代表作有：《邓小平改革开放思想中的几个关键问题》（论文）；《中国道——不一样的现代化道路》（专著）；《辩证思维下的“中国道路”解读》（论文）；《西藏跨越式发展与长治久安的前沿问题研究——“3·14”事件反思下的西藏治理》（专著）；《和平解放以来民族政策西藏实践绩效研究》（专著）。

钟　君（1979年11月～　），山东昌乐人，研究员。1997年9月至2001年7月在华侨大学中文系学习，获得文学学士学位；

2001年9月至2006年6月在中国社会科学院研究生院马列系学习，获得法学博士学位（硕博连读）。2006年7月至今在中国社会科学院马克思主义研究院工作，历任助理研究员、副研究员，研究室主任。其间，2010年10月至2011年5月，在重庆市丰都县挂职，任副县长；2011年5月至2012年7月，在中共重庆市委办公厅挂职，任主任助理；2014年10月至今，在内蒙古自治区党委宣传部挂职，任部长助理。

现从事马克思主义中国化研究，主要学术专长是社会建设与公共服务。主要代表作有：《风险社会的历史唯物主义分析》（论文）；《社会之霾——当代中国社会风险的逻辑与现实》（专著）；《实现中国梦的制度保障——诗意理想与先进制度的协奏曲》（专著）；《当前中国的社会风险外壳初探》（论文）；《要警惕对民族复兴中国梦的误导和曲解》（论文）。

王爱云（1971年3月～ ），女，山东无棣人，研究员。1989年9月至1993年7月在曲阜师范大学历史系学习，获得历史学学士学位；1993年9月至1996年7月在南开大学历史系学习，获得历史学硕士学位；2012年9月至2014年6月在武汉大学马克思主义学院在职学习，获得法学博士学位（同等学历）。1996年7月至2011年10月在中共中央党史研究室工作，历任助理研究员、副编审，处长；2011年11月至今在中国社会科学院当代中国研究所工作，任副研究员，理论研究室副主任。

现从事中华人民共和国史研究，主要学术专长是社会史、国史理论和国外党史国史研究评析。主要代表作有：《中国共产党领导的文字改革》（专著）；《从城市到农村：多维度视阈下的就业抉择——试析新中国前三十年间城市劳动力向农村的转移》（论文）；《如何正确运用中国当代史料刍议》（论文）；《中共与少数民族文字的创制和改革》（论文）；《毛泽东与中国共产党领导的文字改革》（论文）。

崔玉军（1966年12月～ ），山东平度人，研究员。1985年9月至1989年7月在山东大学哲学系学习，获得哲学学士学位；2001年9月至2004年7月在中国社会科学院研究生院哲学系学习，获得哲学博士学位。1989年7月至2001年9月在山东省淄博商业学校工作，历任助理讲师、讲师；2004年7月至2011年9月在中国社会科学院文献信息中心工作，历任助理研究员、副研究员；2011年10月至今，在中国社会科学院信息情报研究院工作，任副研究员。其间，2006年9月至2007年8月在韩国首尔大学做访问学者。

现从事国外中国学（汉学）和智库研究，主要学术专长是美国中国学（汉学）和美国智库研究。主要代表作有：《陈荣捷与美国的中国哲学研究》（专著）；《区域研究与美国中国学之兴起》（论文）；《西方关于中国民族主义的研究：范式与主题》（论文）；《海外汉学界对竹林七贤的研究：回顾与概述》（论文）；《中国智库的规模与建设取向》（论文）。

塔西雅娜（1959年10月～　），女，蒙古族，内蒙古乌兰浩特人，编审。1981年3月至1983年3月在内蒙古大学汉语系学习；2007年3月至2009年6月在内蒙古大学新闻学专业学习。1976年12月至1981年3月在内蒙古军区后勤部服役；1983年5月至1992年1月在内蒙古日报社农牧部工作，任编辑；1992年3月至1997年11月在中国人事杂志社工作，任编辑；1998年3月至2002年9月在新华社资料卡片杂志社工作，任编辑；2002年9月至2011年8月在中国社会科学院办公厅调研处、信息处工作，任编辑、副编审；2011年9月至今在中国社会科学院信息情报研究院工作，现任《要报》总编室主任、《要报·领导参阅》副主编。

现从事编辑工作，主要业务专长是社会民族宗教编辑。主要代表作为：《多措并举增加反"占中"的针对性和有效性》（研究报告）；《应高度关注香港"后占中"时代苗头性问题》（研究报告）；《关于支持福建建设全国生态文明先行示范区的建议》（研究报告，执笔人）；《应处理好文化多元化与核心价值观的关系》（研究报告，责任编辑）；《专家学者对十八届三中全会主要关注点的分析与建议》（综述）。

张　静（1965年5月～　），女，北京市人，编审。1983年9月至1987年7月在南开大学中文系学习，获得文学学士学位。1987年7月至2011年10月在中国社会科学院图书馆工作，历任助理编辑、编辑、副研究馆员和研究馆员；2011年10月至今在中国社会科学院信息情报研究院《国外社会科学》编辑部工作，现任期刊编辑部主任、副主编。

现从事编辑工作，主要业务专长是编辑学和文献计量学编辑。主要代表作为：《国外h指数研究概述》（论文）；鄢显俊《"自由软件"运动要追求什么样的"自由"——斯多尔曼思想评述》（论文，责任编辑）；《荷兰国家图书馆对数字资源保存的探索》（论文）；《新世纪人文社科精选论文辑要与综述》（专著）；《引文、引文分析与学术论文评价》（论文）。

谭扬芳（1972年2月～　），女，重庆奉节人，研究员。1996年9月至1998年6月在四川省教育学院中文系学习，获得文学学士学位；1999年9月至2002年6月在西南交通大学人文学院学习，获得法学硕士学位；2003年9月至2006年6月在北京师范大学政治学与国际关系学院学习，获得法学博士学位。1990年7月至1993年7月在重庆市奉节县新治小学工作；1993年8月至1999年8月在重庆市奉节县新治中学工作；2002年6月至2006年9月在中南大学工作，任讲师；2006年10月至2008年6月在北京大学马克思主义学院博士后流动站从事研究；2008年7月至2012年10月在中国社会科学院马克思主义研究院工作，历任助理研究员、副研究员、研究室主任，兼任马克思主义研究网总编辑；2012年11月至今先后在中国社会科学院创新办和科研局工作，历任检查督办组负责人、管理评价处处长。

现从事国外马克思主义研究，主要学术专长是当代世界与马克思主义发展和当代资本主义研究。主要代表作有：《“占领华尔街”点燃美国民众的愤怒》（论文）；《马克思主义视阈下的时代问题研究——资本主义危机论、自由主义衰落论与社会主义信仰论》（专著）；《转轨后德国东部状况及反思——兼谈国际金融危机的影响》（论文）；《哥本哈根峰会的较量——评发展中国家对发达资本主义国家的批评》（论文）；《积极培育对外开放新的增长点》（理论文章）。

张 林（1968年10月～ ），女，浙江黄岩人，编审。1985年9月至1989年7月在北京大学中文系学习，获得文学学士学位；1995年9月至1998年7月在中国社会科学院法学系学习，获得法学硕士学位。1989年8月至1998年5月在中国社会科学院语言研究所工作，历任研究实习员、编辑；1998年6月至2001年9月在旅行家杂志社工作，历任采编部主任、总编助理等职；2001年10月至今在中国社会科学出版社工作，任副编审，编辑室副主任。

现从事编辑工作，主要业务专长为语言学与法学。主要代表作有：《安徽铜陵吴语记略》（专著，第一作者）；秦生《红西路军史》（专著，责任编辑）；《发现你的学习优势，发现我的教育优势》（译著）；谭其骧主编《中华人民共和国国家历史地图集》第一册（合著，责任编辑之一）；马重奇《闽台闽南方言韵书比较研究》（专著，责任编辑）。

陈立旭（1954年7月～ ），满族，黑龙江杜尔伯特人，编审。1983年9月至1986年9月在中共中央党校党的学说与建设专业研究生班学习，获得法学硕士学位。1986年10月至1987年6月在中国社会科学院民族研究所工作，任助理研究员；1987年7月至1988年7月在中央讲师团驻河南省新乡市分团工作，任团长兼党支部书记；1988年8月至1991年12月在中国社会科学院人事教育局工作，任副研究员，副处长；1992年1月至1997年10月在中国社会科学院马列主义毛泽东思想研究所工作，任副研究员；1997年11月至2002年4月在当代中国研究所工作，任副研究员；2002年5月至今在当代中国出版社工作，任副研究员、副编审。

现从事编辑工作，主要业务专长是马克思主义基本原理编辑。主要代表作有：季羡林《季羡林谈人生》（专著，责任编辑）；《创造高于资本主义的社会福利是社会主义的本质特征之一》（论文）；王向明《全球金融危机背景下马克思主义时代化问题》（专著，责任编辑）；《习近平系列重要讲话理论体系初探》（论文）；《斯大林与20世纪社会主义》（论文）。

第七编

规章制度

GUIZHANGZHIDU

一　关于深化我院专业技术职务评聘制度改革的方案

社科人字〔2015〕11号

为进一步完善我院专业技术职务评聘制度，根据国家和院有关政策精神，结合人事制度改革工作中出现的实际情况，提出如下方案。

（一）改革宗旨

近年来，在院党组的领导下，我院在专业技术职务聘任制改革方面进行了积极探索，积累了有益经验，特别是一些研究所的创新性实践为我院的改革提供了借鉴。随着国家人事制度改革不断深入，专业技术岗位聘用和职称工作衔接不够紧密、管理不够配套等问题，已成为制约专业人才队伍建设的重要因素。对此，院党组和各级领导高度重视，广大专业人员也期待建立更加科学、合理、公正、高效的专业技术职务评聘制度。我们本着积极稳妥的原则，在总结经验、调研座谈、充分酝酿的基础上制定了改革方案，形成符合我院实际的专业人员管理制度。

（二）总体思路

坚持顶层设计，以转换评聘机制为核心，全面推行一年一次、评聘分开、先评后聘、衔接有序、内在关系明晰的专业技术职务评聘制度，形成管理规范、运转协调、综合配套、服务全面的专业技术人员管理模式。

（三）主要内容

1. 构建科学合理的评聘机制

对专业技术职务资格评审、职务聘任和岗位分级聘用统筹考虑、优化组合，实行评聘分开两步走。一是将资格评审与职务聘任分离，不再评上即聘上；二是将职务聘任和岗位分级聘用合并，具有专业技术职务资格的人员按照相应的条件、程序竞聘专业技术岗位等级，享受相应的工资待遇。

（1）全面推行专业技术职务资格评审

按照“新人新办法、老人老办法”的原则，对新晋升职称人员实行专业技术职务任职资格评审。专业技术职务任职资格是衡量专业人员学术水平和能力的标志，是专业技术岗位聘用的前提条件，但不与工资和待遇挂钩。正、副高级资格评审名额分别不超过同级岗位数的10%和15%，中、初级不设置资格比例。特殊情况须经院长办公会议审批。

（2）逐步完善专业技术岗位分级聘用

专业技术岗位分级聘用工作一年一次、空岗补缺，在职称评审结束后开展。专业技术岗位分级聘用坚持学术评价和党组（委）决定相结合，坚持学术认定和政治把关相结合。院党组、所党委依据院级专家委员会、所级职称评委会的评价结果和聘用建议，对专业人员进行岗位聘用。

院依托院级职称评审委员会，组建院级专家委员会，负责二级岗位和研究所主要负责人（所长、书记）的学术评价，由30人组成，其中院领导不超过7人，担任院职称评审委员会委员的学部委员、二级研究员不少于20人，人事、纪检等单位负责人不超过3人，主任委员由主管院领导担任。委员任期三年，其间因退休、调出等其他原因不适宜担任委员时自然退出，按需增补委员。研究所职称评审委员会（没有组建职称评审委员会的单位，由学术委员会负责）负责三级及以下岗位学术评审、二级岗位人选和主要负责人岗位聘用推荐。

2. 完善重要岗位的管理方式

（1）主要负责人岗位分级

研究所主要负责人（所长、书记）可按相应的条件、程序参加专业技术岗位分级。主要负责人如未聘至相应专业技术岗位等级，其分级结果可对外进行学术交流，也可作为岗位聘用、申报荣誉称号、担任学术职务的依据。不担任主要负责人时，经本人申请、报院批准，可直接聘用到相应专业技术岗位，岗位任职时间可连续计算。

（2）专业技术二级岗评聘

专业技术二级岗位继续坚持院、所两级学术评价。院属单位在院核定的名额范围内择优推荐人选，院务会议在院级专家委员会学术评价的基础上负责最终聘用。在院级专家委员会议环节，增加述职答辩，以统一评价标准、提高评聘质量、优化岗位资源，实现人岗相匹、才尽其用。

3. 完善评聘制度的主要措施

（1）完善专业技术职务评聘标准

在坚持代表作制度的基础上，根据我院现行的职称评审最低申报标准和岗位任职条件，院属单位研究制定或修改完善体现本单位、本学科特点的最低申报标准和岗位任职条件。已制定最低申报标准和岗位任职条件的单位，要根据发展需要及时修订完善；未制定的单位要尽快制定。

（2）改进专业技术岗位聘用程序

院属单位按照权限，通过岗位设置、审核批准、公布岗位、动员部署、个人申报、资格审查、材料展示、会议评审、党委研究、结果公示等程序开展分级聘用工作，结果报院备案或评审。

（3）统筹专业技术岗位聘用工作

坚持空岗补缺。院属单位进行专业技术岗位聘用的前提是有岗位空缺。在分级聘用工作中，既要重视补充空缺岗位，也要考虑岗位使用的可持续性，预留一定岗位，用于人才引进和专业人员职业发展，实现当前需要与未来发展的统一。

明确人员范围。专业技术岗位分级聘用人员应是院属单位在编在岗的专业技术人员。按照国家有关规定，已办理退休手续的人员不再参加专业技术岗位分级聘用。

坚持优先聘用。作为项目主持人或主要参加者承担创新项目，入选创新工程人才项目，并做出突出成绩的，在援藏、援疆、博士服务团和社会实践锻炼中表现优秀者，同等条件下优先聘用。

强化聘后管理。专业技术岗位实行聘约管理和动态管理，通过年度考核和聘期考核，实现人员能上能下、岗位能高能低。其中，考核合格及以上等次的，可以续聘原岗位或申请晋级。

（四）组织实施

专业技术职务评聘工作在院党组的领导下，成立专业技术岗位评聘工作领导小组，负责指导全院专业技术职务资格评审和岗位分级聘用工作。组长由主管院领导担任，成员由院领导以及人事教育局、科研局等职能部门领导组成。

院属单位党委要高度重视，把专业技术职务评聘工作作为加强人才队伍建设，提升科研水平和学术影响力的战略举措。在全院统一部署下，广泛征求意见，制定符合本单位实际的具体实施方案和相关配套措施；正确处理好改革发展稳定的关系，做好深入细致的思想工作，引导广大专业人员积极支持和参与改革，确保改革的平稳推进和顺利实施。

人事教育局负责制定全院专业技术职务评聘工作改革方案，加强对评聘工作的管理、调控、服务和监督，及时研究解决改革中出现的新问题、新情况，指导院属单位开展专业技术职务评聘工作。

专业技术职务评聘工作分三个阶段进行：研究部署（3 月），高级专业技术职务资格评审、专业技术岗位分级聘用（3 ～ 8 月），专业技术职务评聘工作备案（8 月）。

注：此办法于 2015 年 3 月 10 日印发。

二　中国社会科学院人才引进办法

社科人字〔2015〕12号

为繁荣发展哲学社会科学，推动哲学社会科学创新工程，全面落实科研强院、人才强院和管理强院战略，改革人员进入、退出机制，提高进人质量，根据《中国社会科学院人才强院战略实施方案》和《中国社会科学院创新工程人事管理办法》，结合我院实际，制定本办法。

第一章　总　则

第一条　人才引进是今后我院进入编制人员的主要方式。人才引进要坚持全院统筹管理与院属单位自主用人相结合、统一规范、分级管理的原则，坚持德才兼备、以德为先的用人标准，以引进成熟型人才为首选，严格执行公开招聘的程序，做到公开、公正、竞争、择优。

第二条　除政策性安置、涉密岗位和按干部管理权限调入人员外，引进人员均须通过人才引进院级专家评审程序。

第二章　遴选范围和条件

第三条　引进人才的范围包括：

（一）出站博士后；

（二）国内调入人才；

（三）留学归国人员；

（四）创新单位聘用并被实践证明符合规定的优秀人才；

（五）“绝学”、濒危学科、新兴学科、交叉学科以及紧缺小语种等特殊专业的应届毕业生。

第四条　引进的人才应符合下列基本条件：

（一）遵守宪法和法律；

（二）坚持正确的政治方向和学术方向，具有良好的学风、道德修养和职业操守，廉洁自律；

（三）具备岗位所需管理、专业能力或技能条件；

（四）身心健康，符合岗位要求，保证聘期内全职在院工作；

（五）年龄应在 40 周岁以下；特别优秀或特殊需要的，年龄可放宽至 50 周岁；应届高校毕业生年龄应执行国家及北京市有关规定；

（六）科研人员应具有博士学位，有较强的科研能力和发展潜力；

（七）管理人员应具有国民教育序列全日制大学本科以上学历；具有较强的组织、管理、沟通、协调和公文写作能力；通过国家公务员考试，或在国家机关及大型国有企事业单位管理岗位工作 2 年以上者优先；

（八）科研辅助人员应具有国民教育序列全日制大学本科以上学历；具有相关专业背景、工作经历和实践经验；获得中级及以上专业技术职务资格证书，或从事相关工作 2 年以上者优先。

第三章　遴选程序

第五条　人才引进应按照以下程序进行：

（一）制订人才引进计划；

（二）发布招聘信息；

（三）受理应聘人员申请；

（四）考试、考察；

（五）体检；

（六）单位确定参评人；

（七）资格审查；

（八）院级专家评审；

（九）院务会议审定拟引进人员后，进行公示；

（十）向国家有关部门报批；

（十一）签订聘用合同，办理入院手续。

第六条　用人单位根据编制岗位使用情况，结合学科发展和人才队伍建设需要，每年末向院申报下年度人才引进需求。人事教育局根据各单位需求，制订人才引进计划，经院审定后予以下达。

第七条　根据人才引进计划，面向社会公开发布招聘信息。

第八条　用人单位受理应聘人员申请，对应聘人员资格条件进行审查。

第九条　用人单位对应聘人员进行业务考试考核，可采取笔试、面试、能力测试等方式。

第十条　用人单位对应聘人员进行政治考察，在应聘人员单位一定范围征求意见，并查阅本人档案。

第十一条 用人单位组织应聘人员到指定医院进行体检。体检标准参照《公务员录用体检通用标准（试行）》(国人部发〔2005〕1号）执行。

第十二条 用人单位党委集体研究确定拟引进人选，经本单位公示无异议后，提交院级专家评审。

第十三条 人事教育局对各单位参评人进行资格审查，并提交院务会议审议。

第十四条 人事教育局组织院级专家评审，评审结果提交院务会议审定。

第十五条 人事教育局对院务会议审定的拟引进人员情况进行公示。

第十六条 公示无异议的，人事教育局向国家有关部门报批。

第十七条 用人单位为拟引进人员办理入院手续，签订聘用合同。

第四章 组织管理

第十八条 院人才工作领导小组指导全院人才引进工作。人事教育局负责政策制定和组织实施；财务基建计划局负责人才用房及有关经费的保障和管理工作；院纪检监察部门负责对引进程序各个环节工作进行监督检查；用人单位具体负责本单位及所属部门人才引进的公开招聘、聘后管理和考核工作。

第十九条 人事教育局负责建立和维护人才引进评审专家库。专业人才引进评审专家库由我院学部委员、研究（编辑）系列正高级专业技术职务任职资格评审委员会委员、专业技术二级及以上岗位聘用人员、国家级学术荣誉称号获得者和有关研究单位领导组成；管理人才引进评审专家库由院职能部门副局级以上领导干部组成。

第二十条 人才引进专项经费用于开展人才引进专家评审等相关工作，从创新工程经费渠道列支，按财务规定每年申报经费使用计划。

第二十一条 引进的人才要严格遵守我院的相关规章制度，切实履行岗位职责。有违反学术道德规范、违反院规院纪、侵犯用人单位权益、在申报过程中弄虚作假、聘期内无法履行岗位职责等行为的，经查实后，取消参评资格，已签聘用合同的，解除聘用关系。

第二十二条 对不按规定的资格条件和程序进行招聘，或在招聘过程中徇私舞弊的单位，责令纠正及通报批评；对负有领导责任和直接责任人，视情节轻重，给予批评教育、调离岗位或者给予处分。

第二十三条 对引进的人才实行试用期制度。试用期一般为3～6个月。试用期只约定一次并包括在聘用合同期限内。试用期满考核合格的，继续聘用；不合格的，解除聘用合同。

第二十四条 新进人员首个聘期内不得跨序列转岗。

第五章　附　则

第二十五条　本办法由人事教育局负责解释。

第二十六条　本办法自印发之日起施行，原办法（社科人字〔2013〕62号）同时废止。

注：此办法于2015年3月23日印发。

三 中国社会科学院关于进一步规范人才引进工作的若干补充规定

社科人字〔2015〕49 号

为深入落实“三大强院”战略，积极推动实施创新工程，不断健全人才引进工作机制，切实确保全院进人质量，建设哲学社会科学人才高地，根据《人才引进办法》和《人才引进专家评审办法》，作如下补充规定。

第一条 各单位开展人才引进工作，包括向院申请计划和推荐引进人选，有明确分管院领导的，应先征得分管院领导同意；没有分管院领导的，由人事教育局负责将有关情况统一报主管院领导审核。

第二条 各单位应进一步拓宽选人视野和渠道，从国内外引进本领域的杰出人才。除院统一组织发布招聘信息外，各单位还应充分利用报刊、网络等多种途径，向社会公开发布引才信息。

第三条 对于曾参加人才引进院级专家评审（含资格审查）但未通过的求职人员，院属各单位原则上不得再次推荐其参加院级专家评审。

第四条 各单位应进一步严格公开招聘程序。报名应聘同一岗位未达到 3 人，形不成竞争的，原则上不能启动考试考察程序。对于通过考试考察的人员，应安排一定时间的实习（可坐班，也可参与项目），表现优秀的经单位公示后方可报院评审。

第五条 除按干部管理权限由中央或院党组任命的领导干部外，各单位新进人员须由院组织心理测评，测评情况作为是否引进及引进后使用培养的参考。

第六条 各单位科研岗位引进应届高校毕业生主要集中在本单位需要扶植的“绝学”、濒危学科、新兴学科、交叉学科和小语种等特殊学科和专业。引进的科研人员须具有博士学位，具备较强的科研能力和发展潜力。

第七条 我院研究生院应届毕业生原则上不能直接引进聘到本所科研岗位工作。确需引进的，全院控制比例掌握在当年接收应届毕业生总量的 10%。

第八条 各单位管理岗位人员不得自行引进，须由院统一引进。院机关各职能部门和院属事业单位管理岗位不得引进我院研究生院毕业生。

第九条 各单位财会人员由财计局统一引进、统筹安排，以委派形式管理，实行不定期交流，新进财会人员一般应聘至专业技术岗位。

第十条 对于通过人才引进渠道的新入院人员，院只向领军人才提供周转住房，个人按规定缴纳一定租金。对于其他引进人员，院不负责提供周转住房，可视情况提供单身宿舍。

第十一条 扩大人才引进院级评审专业组专家库遴选范围。各相关单位可在原基础上，再推荐 2 ～ 3 名政治合格、作风正派、业务过硬、大局意识强的专业技术三级岗位人员作为评审专家人选。

第十二条 扩大人才引进院级评审专业组专家范围，在原有随机抽取确认 5 ～ 7 名相关领域评审专家参会基础上，再分别从院办公厅、科研局、人事教育局、直属机关党委（直属机关纪委）各指派 1 名副局级以上领导干部参会，评审会法定人数调整为 9 ～ 11 人。

第十三条 各评审组临时负责人，由人事教育局从随机抽取的专家中提出人选报院审定，负责主持评审会议，组织现场答辩、专家评议和匿名投票等工作。

第十四条 评审专家应认真审核评审材料，全方位考察参评人政治素质、道德品质、业务能力等情况，为全院人才引进工作严格审核把关。

第十五条 评审专家应严格遵守评审程序和评审纪律，正确履行评审把关职责，不得无故缺席评审会，不得擅自离场或中途退场，对现场评审情况及结果进行保密。

第十六条 对于不按要求履责，造成严重不良影响的评审专家，视情况予以全院通报，同时取消其 1 年的人才引进院级评审专家资格。

第十七条 各单位引进人才及开展相关工作，应根据国家有关规定，对存在直旁系三代以内血亲及近姻亲关系的，实行回避。

第十八条 各单位新接收初次就业的应届高校毕业生（含回国留学生），在首个聘期内须参加由院统一组织的干部挂职实践锻炼活动，时间一般不少于 1 年，如无正当理由不参加，应在试用期予以解聘。

第十九条 本规定由人事教育局负责解释。

第二十条 本规定自印发之日起施行。此前与本规定不一致的，以本规定为准。

注，此规定于 2015 年 11 月 10 日印发。

四　中国社会科学院新入院人员实践锻炼若干管理规定

社科人字〔2015〕51号

第一条　为进一步规范干部实践锻炼工作，加强新入院人员实践锻炼的管理，根据《中国社会科学院挂职干部管理办法》《中国社会科学院关于加强干部实践锻炼的工作方案》等文件要求，制定本规定。

第二条　本规定适用于来院前不具有连续3年以上工作经历的新入院人员。有连续2年以上中央国家机关、地方党政部门或基层工作经历的除外。

第三条　新入院人员在首个聘期内须参加由院统一组织的干部实践锻炼活动。无正当理由不参加者，在试用期予以解聘或在首个聘期结束时不再续聘。未参加干部实践锻炼活动，不得参与创新岗位竞聘。

第四条　新入院人员到甘肃等京外艰苦地区实践锻炼的时间至少为1年；到职能部门、直属单位（研究单位除外）实践锻炼的时间至少为2年。到研究所等单位的管理岗位实践锻炼由人事教育局统一安排，不可安排在本单位。

第五条　院属有关单位每年9月20日前，将下一年度参加实践锻炼推荐人选报送人事教育局。特殊情况下人事教育局也可根据工作需要，同相关单位沟通后，直接确定人选。

第六条　实践锻炼期间，新入院人员由原单位和接收单位共同管理，以接收单位管理为主。有特殊情况，由接收单位与原单位直接协商、做出决定，报人事教育局备案。

第七条　新入院人员在参加实践锻炼前期，需参加集中培训，就马克思主义、中国特色社会主义理论体系、中央方针政策、创新工程制度、纪律规矩、办文办会办事等开展集中学习。

第八条　新入院人员要自觉遵守政治纪律、组织纪律、财经纪律，遵守接收单位相关规章制度，服从组织安排，集中精力做好接收单位分派的各项任务。

第九条　新入院人员要严格遵守请示报告制度、请销假制度、定期汇报工作制度，不得擅离职守，不再接受原单位的工作任务，不得无故离开锻炼岗位。实践锻炼期间因特殊原因需要中止或提前结束的，经接收单位同意后，报人事教育局审核。

第十条 新入院人员要认真撰写工作日志，及时记录实践锻炼期间的工作情况及收获体会，并进行季度小结。实践锻炼结束时，日志和小结将作为综合考核的重要依据。

第十一条 到甘肃等京外实践锻炼的，每月要记录在岗天数，每季度汇总一次，作为年度考核和绩效考核的重要内容之一。到实行指纹考勤的部门实践锻炼的，锻炼期间实行指纹考勤管理，按指纹考勤规定适用奖励政策。

第十二条 到甘肃等京外艰苦地区实践锻炼的，按照确定标准给予一定的生活补贴；到职能部门、直属单位（研究单位除外）实践锻炼的，参照职能部门管理岗位人员标准给予班车补贴和坐班费。

第十三条 根据工作需要和本人意愿，需延长实践锻炼时间的，由本人或接收单位提出，征得原单位同意，报人事教育局审核。

第十四条 在院内单位实践锻炼的，按照所在单位的考核标准进行年度考核，占用所在单位年度考核评优基数和优秀名额。在甘肃等京外实践锻炼的，按照《关于赴甘肃挂职干部期满考核工作方案》进行年度考核。实践锻炼人员绩效考核按照《中国社会科学院挂职干部绩效考核和后期资助目标报偿实施细则（试行）》进行。

第十五条 到甘肃等京外艰苦地区实践锻炼人员，年度考核的优秀比例可提高到30%。工作表现突出的，在参加创新岗位竞聘、竞聘研究室副主任或晋升主任科员时，最低年限要求可适当缩短。各档次后期资助目标报偿分别按照院管理岗位各档次上浮30%的标准执行。

第十六条 加强考核结果运用，对表现优秀的，首个聘期结束后优先予以续聘，在参加创新岗位竞聘时同等条件下优先聘任。对实践锻炼任务完成不好、年度考核不合格的，首个聘期结束后不再续聘。

第十七条 本规定由人事教育局负责解释。

第十八条 本规定自发布之日起施行。

注：此规定于2015年12月29日印发。

五　中国社会科学院横向课题管理暂行办法

社科研字〔2015〕10号

（2015年2月13日院务会议审议通过）

为了更好地调动科研人员的积极性、体现创造力，发挥我院思想库、智囊团作用，服务于党和国家决策、服务于经济社会发展，规范横向课题管理，制定本办法。

第一条　本办法所指横向课题是指：中央部门、地方政府、高校、研究单位、社会组织、企事业单位等提供研究经费，委托我院或院属单位通过签署协议书（合同书）开展的研究课题。

第二条　横向课题研究要坚持正确的政治方向和学术导向，为党和国家决策服务、为国家经济社会发展服务，有利于促进学术发展。实施横向课题要维护我院形象，遵守合作协议，提供高质量研究成果。

第三条　院属单位和个人承担横向课题要从自身科研力量出发，数量适宜合度，不得影响本职科研任务和上级交办任务的完成。

第四条　横向课题实行分级管理。以院名义签署的横向课题，由院相关责任单位管理；以院属单位名义签署的横向课题，由院属单位管理，科研局和财务基建计划局备案。个人不得以单位名义签署合作协议。

第五条　设立横向课题需依据合同法正式签署协议或合同，协议或合同应明确规定双方的权利和义务，对经费支出、合作方式、成果要求及知识产权等事项做出明确约定。

第六条　院属单位应切实加强对横向课题经费的管理。凡以院属单位名义签署的横向课题，经费须纳入本单位财务账户统一管理。单位领导对课题经费使用负有领导责任，课题负责人负有直接管理责任。

第七条　课题经费支出必须符合国家和我院财务管理规定，按照合作协议要求执行。凡在合作协议中未对经费管理进行约定的横向课题，按照我院创新工程相关管理规定执行。各管理单位要对经费加强审核、完善审批手续，保证票据真实。横向课题应按时完成研究成果及经费结算，不得长期拖延。

第八条　课题管理单位可按不超过横向课题经费总额的10%提取管理费，用于课题相关管理人员的“09 补贴”及其他间接费用支出。国家社会科学基金、国家自然科学基金和国家软科学研究计划项目等不属横向课题的，管理费提取按其管理办法执行。

第九条 院财务管理部门和监察部门对院属单位横向课题经费进行监督审计。凡弄虚作假、损害单位利益、违反财务管理制度的，依法依纪予以处理。

第十条 与境外合作的研究课题按照国际合作局的相关规定执行。

第十一条 院属各单位要根据本办法精神，结合本单位实际情况制定具体的横向课题管理实施细则，报科研局、财务基建计划局、监察局备案。

第十二条 本办法由科研局、财务基建计划局和监察局负责解释。

六　中国社会科学院关于中国新型智库的若干管理规定（暂行）

社科研字〔2015〕15号

（2015年4月16日院务会议审议通过）

第一章　总　则

第一条　为深入贯彻落实中央《关于加强中国特色新型智库建设的意见》精神，促进我院中国特色新型智库健康发展，根据《中国社会科学院关于加强党和国家重要思想库建设的若干意见》和《中国社会科学院关于加强中国特色新型智库建设的若干意见》，制定本规定。

第二条　我院智库建设应与创新工程在制度上相衔接、在管理上相协调，实现智库建设与创新工程相互促进、有序发展。

第三条　智库应积极争取国家专项经费支持，稳妥开展与院外合作。

第四条　智库应积极创新管理体制机制，探索符合智库运行规律和我院特点的中国特色新型智库建设路子。

第二章　经费管理

第五条　专业化智库建设经费来源渠道分为，国家财政专项经费、院创新工程智库建设专项经费和院外横向课题专项经费。财政专项经费是指中央部门向我院专业化智库拨付的专项经费。

第六条　对国家财政专项经费按中央统一制定的专业化智库经费管理办法管理，统一办法出台前按创新工程经费管理办法管理；对院创新工程智库建设专项经费，按照创新工程经费管理办法管理；对院外横向课题专项经费，按照横向课题管理办法及相关合同中有关经费条款的约定管理。

第七条　对没有得到国家财政专项经费或院外横向课题专项经费的专业化智库，由院按年拨付一定额度的创新工程智库建设专项经费，用于研究项目、成果后期资助、聘用编制外人员等方面支出。因研究工作需要增加经费的，可专项申请。

第八条 智库专项经费由智库责任单位负责管理，经费使用坚持精打细算、厉行节约、实报实销、提高效率。

第九条 对于智库专项经费使用中违法违规违纪的行为，一经发现，依法依规依纪进行严肃处理。

第三章 项目管理

第十条 使用国家财政专项经费或院创新工程智库建设专项经费的智库研究项目，统一按创新工程研究项目管理。

第十一条 使用院外横向课题专项经费的智库研究项目，纳入院年度研究领域指南的，按创新工程研究项目管理；未纳入指南的，参照横向课题管理办法管理。

第四章 人员和报偿管理

第十二条 智库研究人员按照编制和岗位设置分为，院内在编进岗（创新岗位）人员、院内在编未进岗（创新岗位）人员、创新单位编制外聘用人员、只参与智库研究项目的院外人员。

第十三条 智库研究人员中院内在编进岗（创新岗位）人员，计入研究单位创新岗位 80% 的比例，按照创新工程岗位聘用办法、薪酬管理办法、智力报偿管理办法等规定管理；创新单位编制外聘用人员，按照《中国社会科学院哲学社会科学创新工程创新单位编制外人员聘用办法》管理。

第十四条 只参与智库研究项目的院外人员，报偿发放按双方约定办法执行。

第十五条 聘用编制外人员须报院人事教育局批准。人员聘用经费从创新工程总额拨付经费中列支，或智库专项经费中列支。

第五章 成果资助和管理

第十六条 院智库实行科研成果后期资助制度。

第十七条 对于智库科研成果后期资助，按照院科研成果后期资助统一标准执行。

第十八条 对院内学者完成的智库成果，统一按我院科研成果进行评价、资助和奖励，纳入我院数据库。

第十九条 由只参与智库研究项目的院外人员、院内其他单位研究人员完成的智库成果，可按院科研成果后期资助标准的200%予以后期资助，所需经费从智库专项经费中支出。

第二十条　所有类型智库成果的后期资助标准均为税前金额。

第六章　附　则

第二十一条　马克思主义理论和建设工程、马克思主义文学理论和文学批评工程、中华思想通史等中央和院确定的重大工程和项目，可参照本规定执行。

第二十二条　专业化智库可根据本规定制定具体管理办法，报院里批准后组织实施。

第二十三条　本规定由科研局、人事教育局、财务基建计划局负责解释。

第二十四条　本规定自院务会议通过后执行。

七　中国社会科学院优秀科研成果奖励办法

社科研字〔2015〕18号
（2015年6月11日院务会议审议通过）

第一章　总　则

第一条　为奖励优秀科研成果，激发全院科研人员的积极性和创造性，更好地发挥我院作为国家级研究机构的理论阵地功能、决策智库功能和学术殿堂功能，促进我国哲学社会科学事业的繁荣发展，特设立“中国社会科学院优秀科研成果奖”。

第二条　“中国社会科学院优秀科研成果奖”分为一等奖、二等奖、三等奖。必要时可设立特别奖。

第三条　“中国社会科学院优秀科研成果奖”评奖活动每三年进行一次。

第四条　院优秀科研成果奖励经费从院评奖专项经费和创新工程经费中列支。

第二章　评奖范围和标准

第五条　评奖范围：我院人员完成的专著、论文、研究报告、学术普及读物、译著、工具书、古籍整理、学术资料整理、计算机软件、社会科学研究新技术等成果。

上述各类形式成果均须发表（或上报、应用）一年后，方可参加院评奖。

第六条　已经获得“国家科学技术奖”“五个一工程奖”“国家社会科学基金项目优秀成果奖”和“中国出版政府奖”的成果不参加我院优秀科研成果评奖。院对这些成果另行追加奖励。

第七条　评奖基本标准：

1. 专著、论文

在深入研究的基础上，通过严谨的论证，提出创造性的理论观点或学说，具有重要学术价值，对学科建设或者对解决重大现实问题有推动作用，产生较大的社会效益。专著应当内容全面，知识结构系统完整。

2. 研究报告

通过深入、系统的调查研究，发现了我国政治、经济、社会发展中的重大问题，或者对解决我国政治、经济、社会发展中的重大问题提出了符合实际的新思路和对策，具有适用性或可操作性。

3. 学术普及读物

深入浅出地阐释社会科学的理论和知识，产生了广泛和深刻的社会影响，对社会科学的普及、弘扬民族优秀传统文化和社会主义精神文明建设具有积极意义。

4. 译著

原作对学术研究有重要参考价值，翻译难度大；译作可信度高，对原作理解深刻，准确、完整地传达原作的思想内容及特点，译文精当。

5. 工具书

内容完整，释文准确，行文简明，编排合理，检索方便，对相关领域科学研究有显著的辅助作用，或在大范围内对知识的传播具有重要意义。

6. 古籍整理

所选古籍对相关研究具有重要的史料价值，对原书进行了严谨的考证、校勘与辨伪；准确地训释文字、阐述文义、标点分段；补充事实、备录异说。

7. 学术资料整理

绝大部分选择原始资料，对资料进行了系统地整理，资料选择精当，编排合理，对学术研究具有重要参考价值和使用价值。

8. 计算机软件、社会科学研究新技术

技术难度大，具有国内先进水平，有实用价值，对社会科学研究的科学性和手段现代化产生了重要作用。

第八条　丛书和系列成果可以整体形式参评，也可以单本形式参评，但只能以其中一种形式参评。

多卷本专著只能以整体形式参评。若多卷本专著中的大多数分卷已经出版，也可以参评，但该多卷本著作不能在全部出齐后再次参评。

由我院人员主持或组织实施的与院外合作完成的成果，且我院学者为第一作者（或主编）的可以参评。

对原著做出重大修订且原著未获得过院奖的再版成果可以参评。

第九条　已调离我院和出国逾期不归人员的个人著作或由其为主完成的著作不能参评。

第十条　参评的成果应当政治方向和学术导向正确，符合学术规范，不存在知识产权争议。公开出版的成果，其编校质量应当达到国家出版管理部门规定的合格标准。

第三章　评奖程序

第十一条　院优秀科研成果评奖的基本程序是：研究所推荐，院学科评奖委员会评选，院务会议批准。

第十二条　院按大学科设立若干由专家组成的评奖委员会。学科评奖委员会负责评选所属学科的获奖成果。各单位的成果，按其学科性质分别由上述学科评奖委员会评选。

第十三条　学科评奖委员会的组建实行回避制度。有下列情况之一的，不得参加学科评奖委员会：

（1）请奖成果的独立或合作作者；

（2）请奖集体成果的主编、副主编等（含工具书、系列丛书、多卷本著作的总主编、分卷主编、分科主编、编委会主任等）；

（3）以上人员的亲属。

第十四条　院评奖组织工作的具体事务由科研局负责，研究所评奖组织工作的具体事务由科研处负责。

第十五条　院优秀科研成果请奖项目，由研究所学术委员会根据院下达的数额，从获得所级一等奖或相当于所级一等奖且符合本办法规定的成果中遴选推荐。代评请奖项目，不占研究所推荐数额。

研究所学术委员会委员如有参评成果，在遴选推荐时应当全程回避。

第十六条　获得院离退休人员优秀科研成果一等奖的成果，可由老干部工作局推荐为院优秀科研成果奖请奖项目。

第十七条　推荐请奖项目，须填报《中国社会科学院优秀科研成果奖推荐书》。《推荐书》不得由成果作者自行填写。

第十八条　各研究所的请奖推荐由科研局受理。科研局对《推荐书》进行形式审查。对不符合规定的《推荐书》，科研局可以要求推荐单位在规定的时间内补正，逾期不补正或者补正仍不符合要求的，不予受理。

第十九条　对形式审查合格的请奖项目，由科研局公布，并以15天作为异议期，收集不同意见。

提出异议的单位或者个人应当提供书面材料，并提供必要的证明文件。以单位名义提出异议的，应当加盖公章；个人提出异议的，应当签署真实姓名。

对不同意见，科研局应如实向院学科评奖委员会汇报。科研局可以对异议较大的请奖项目组织同行专家评议。评议意见供学科评奖委员会评选时参考。

第二十条　学科评奖委员会评选获奖成果，采取无记名投票表决方式。投票表决分三轮进行：

第一轮投票从请奖项目中遴选三等奖以上项目，得二分之一以上票数者通过；

第二轮投票从三等奖以上项目中遴选二等奖以上项目，达到三分之二票数者通过；

第三轮投票从二等奖以上项目中遴选一等奖项目，达到三分之二票数者通过。一等奖项目可以空缺。

各轮投票如无重大技术性错误，一次有效。

第二十一条　学科评奖委员会如认为必要，可以要求成果作者到会介绍成果情况，并对评奖委员会提出的有关问题进行答辩。

第二十二条　学科评奖委员会评选通过的项目，由科研局公布，并以15天作为异议期，收集不同意见。有关要求和程序按第十九条执行。通过后的项目提交院务会议批准。特别奖由院务会议设立和审定。

第二十三条　请奖项目推荐单位和成果作者对学科评奖委员会的评选结果如有重大异议，可以提出申诉。申诉应以书面形式提出。

第二十四条　科研局组织专家对申诉进行复议。复议结论报院务会议批准。

第四章　奖励办法

第二十五条　对获奖项目实行精神鼓励和物质奖励相结合的原则，由院颁发《中国社会科学院优秀科研成果奖证书》和奖金。

第二十六条　获奖成果的奖励金额为：

1. 专著：一等奖30万元；二等奖20万元；三等奖10万元。

2. 论文、研究报告、工具书、古籍整理、译著、学术资料整理、学术普及读物、计算机软件、社会科学研究新技术等：一等奖15万元；二等奖10万元；三等奖5万元。

第二十七条　获奖项目属于集体的，其证书和奖金授予集体。证书由项目负责人所在单位存放。奖金按照项目参加者的贡献大小，由项目参加者自行分配。与院外合作的项目，在奖金分配上，院外人员与我院人员同等待遇。

第五章　评奖原则和纪律

第二十八条　评奖工作要高举中国特色社会主义伟大旗帜，坚持正确的政治方向和学术导向，坚持“二为”方向和“双百”方针，坚持基础研究和应用研究并重，有力推动学术创新、学科发展和智库建设，推动哲学社会科学事业发展。

第二十九条　坚持公开、公平、公正，秉公评选，不徇私情。严格掌握标准，宁缺毋滥。

评奖人员不得泄露评议情况。

第三十条　如发现获奖项目有弄虚作假或剽窃他人成果者，应撤销奖励，追回证书和奖金，取消责任者以后参加院评奖的资格，并视情节轻重给予其他处分。

第六章　附　则

第三十一条　各研究所每三年进行一次所级优秀科研成果评奖活动。

各研究所应当参照本办法并结合自身实际情况，制定本所优秀科研成果奖励办法。

第三十二条　本办法由科研局负责解释。

第三十三条　本办法自院务会议审议通过之日起施行。2000 年 3 月 2 日院务会议审议通过的《中国社会科学院优秀科研成果奖励办法》同时废止。

八　中国社会科学院研究所优秀科研成果评奖办法

社科研字〔2015〕19 号

（2015 年 6 月 11 日院务会议审议通过）

第一条　为推动和规范研究所的优秀科研成果评奖活动，根据《中国社会科学院优秀科研成果奖励办法》，特制定本办法。

第二条　研究所优秀科研成果评奖活动一般每三年进行一次。

第三条　院向各研究所提供专项经费，用于奖励优秀科研成果和评奖组织工作。各研究所可以通过合法方式自筹经费，用于评奖活动。

第四条　研究所优秀科研成果评奖活动是院优秀科研成果奖励工作的组成部分。只有获得所级一等奖或相当于所级一等奖的成果，才具有被推荐为院优秀科研成果奖请奖项目的资格。

第五条　研究所优秀科研成果的评奖范围是：我院人员在我院工作期间发表（上报）的符合《中国社会科学院优秀科研成果奖励办法》第七条规定之标准的专著、论文、研究报告、学术普及读物、译著、工具书、古籍整理、学术资料整理、计算机软件、社会科学研究新技术等成果。

凡存在政治倾向问题、学风问题以及知识产权争议的成果不得参评。

第六条　我院人员独立完成的和我院人员主持或组织实施的与院外单位合作完成的成果，已经获得“国家科学技术奖”“五个一工程奖”“国家社会科学基金项目优秀成果奖”和“中国出版政府奖”四种（类）奖励并且符合《中国社会科学院关于对获得部委级以上奖励的科研成果的作者和出版单位追加奖励的规定》的，不参加评奖。院将根据《中国社会科学院关于对获得部委级以上奖励的科研成果的作者和出版单位追加奖励的规定》对这些成果另行追加奖励。其他获奖成果仍可参评。

第七条　曾经获得院或研究所优秀科研成果奖的成果，不再参加研究所评奖。对原著内容进行了实质性修订，并且修订部分占著作二分之一以上的再版成果除外。

第八条　离退休人员参加由老干部工作局组织的离退休人员优秀科研成果评奖。只有获得离退休人员优秀科研成果一等奖的成果，方可由老干部工作局推荐为院优秀科研成果奖请奖项目。

第九条 已调离我院或出国逾期不归人员的个人成果或以其为主完成的成果不参评。

第十条 丛书和系列成果可以整体形式参评，也可以单本形式参评，但只能以其中一种形式参评。

多卷本专著只能以整体形式参评。若多卷本专著中的大多数分卷已经出版，也可以参评，但该多卷本专著不能在全部出齐后再次参评。

由我院人员主持或组织实施的与院外单位合作完成的成果，且我院学者为第一作者（或主编）的可以参评。

第十一条 跨研究所合作完成的成果，只能在一个单位参评，一般应在成果第一完成人所在单位参评。

第十二条 参评的成果应当政治方向和学术导向正确，符合学术规范，不存在知识产权争议。公开出版的成果，其编校质量应当不低于国家出版管理部门规定的合格标准。

第十三条 研究所优秀科研成果评奖的基本程序是：科研人员推荐，研究所学术委员会确定候选评奖成果，院外专家评议，公示候选成果征求异议，研究所评奖委员会审议。

（一）科研人员推荐。研究室组织科研人员从本研究所符合评奖条件的他人成果中遴选 1 至 3 项向研究所推荐评奖。在此之前，研究所应根据科研人员本人提供的情况，汇总和公布本单位符合评奖条件的主要科研成果，作为推荐的参考。

（二）研究所学术委员会根据推荐意见和本单位全面情况确定候选评奖成果。研究所学术委员会开会确定候选评奖成果，有三分之二以上（含三分之二）委员出席，始得举行。应采取无记名投票表决方式确定候选评奖成果。赞成票数超过到会人数的半数以上为通过。

（三）对候选评奖成果，由研究所采取单向匿名（成果作者不知情）方式组织三名以上（含三名）具有正高级专业职务的院外同行专家通讯评议和使用院下发的科研成果评估指标体系进行评估。推荐意见应由专家亲笔书写和签名。

（四）对候选评奖成果，研究所应张榜公示，收集异议。异议期不短于 15 天。

（五）研究所评奖委员会审议：

1．各研究所成立临时性的优秀科研成果评奖委员会，负责本年度研究所优秀科研成果的审议。评奖委员会人数不得少于 7 人。评奖委员会召集人由研究所学术委员会决定。

2．研究所评奖委员会由以下人员组成：研究所学术委员会委员，本学科 75 周岁（含 75 周岁）以下的学部委员，本所具有正高级专业技术职务的研究人员，三至五名具有正高级专业技术职务的院外或所外专家（以下简称“外部专家”）。凡是候选评奖成果的作者不得担任评奖委员会委员；所内人员因回避无法组成评奖委员会时，可增加外部专家。

3．外部专家人选由研究所向科研局推荐，经科研局审核后形成“中国社会科学院研究所优秀科研成果奖外部评审专家库”。研究所评奖委员会需要的外部评审专家，由研究所学术委员会从“中国社会科学院研究所优秀科研成果奖外部评审专家库”中随机抽取。

4．研究所评奖委员会评审会议有三分之二以上（含三分之二）委员出席，始得举行。

5．研究所评奖委员会应在充分讨论的基础上，采取无记名投票表决方式确定获奖成果。赞成票数超过到会人数的半数以上为通过。

第十四条　研究所评奖组织工作的具体事务由科研处负责。

第十五条　各研究所获奖项目的数量以及奖励是否分等，由各研究所自行确定，但获奖成果中专著所占比例应控制在二分之一以内。

第十六条　为与院评奖衔接，各研究所在评奖活动中，可以使用《中国社会科学院优秀科研成果奖推荐书》和《中国社会科学院优秀科研成果奖请奖成果专家评议表》。

第十七条　院职能部门、研究生院、出版社、中国社会科学杂志社、中国地方志指导小组办公室等单位不单独进行评奖。有关人员可向所在单位提出申请，经审核同意后，根据成果所属学科，由所在单位及时委托相应的研究所按本规定第十三条所列程序和同一标准评奖，不占研究所评奖指标。申报人只能选择一种成果参评。

院领导个人完成或主持完成的成果评奖，参照上述规定由科研局负责受理，送相关研究所参评。

代评人员候选评奖成果如需要院外专家评议费用，由院提供，但先由有关研究所垫付。代评人员获奖成果的奖金由院支付，奖金标准参考研究所的标准另行确定。

第十八条　院拨付研究所优秀科研成果的奖励金额，专著一般不超过 1 万元，其他形式成果一般不超过 0.5 万元。各单位可利用自筹资金，适当提高奖金标准。

第十九条　　**第二十条**　各研究所应当根据本办法并参照《中国社会科学院优秀科研成果奖励办法》，制定本单位评奖的具体办法。

第二十一条　本办法由科研局负责解释。

第二十二条　本办法自院务会议审议通过之日起施行。2006 年 8 月 1 日院务会议审议通过的《中国社会科学院研究所优秀科研成果评奖办法》同时废止。

第八编

统计资料

TONGJIZILIAO

一　中国社会科学院2015年在职各类人员情况

项目 人数 单位	合计	专业人员						管理人员	工勤人员
		小计	正高级	副高级	中级	初级	未定级		
总计	4111	3050	747	896	1114	142	151	989	72
文学研究所	111	96	34	34	28	0	0	15	0
民族文学研究所	43	38	8	11	18	0	1	5	0
外国文学研究所	79	67	22	23	22	0	0	12	0
语言研究所	78	66	22	26	16	2	0	12	0
哲学研究所	127	109	34	44	28	3	0	18	0
世界宗教研究所	78	68	21	22	25	0	0	10	0
考古研究所	152	131	40	39	51	1	0	20	1
历史研究所	131	124	36	39	46	3	0	7	0
近代史研究所	123	105	31	35	36	3	0	16	2
世界历史研究所	79	66	17	21	26	2	0	13	0
中国边疆研究所	34	31	8	10	13	0	0	3	0
经济研究所	119	100	32	36	27	4	1	16	3
工业经济研究所	93	78	22	25	30	1	0	14	1
农村发展研究所	79	67	21	22	22	1	1	12	0
财经战略研究院	77	66	18	17	29	2	0	11	0
金融研究所	48	45	13	14	18	0	0	3	0
数量经济与技术经济研究所	67	56	20	20	15	1	0	11	0
人口与劳动经济研究所	44	36	8	14	14	0	0	8	0
城市发展与环境研究中心	43	39	10	13	15	0	1	4	0
法学研究所	103	89	29	31	26	3	0	14	0

续表

项目 / 人数 / 单位	合计	专业人员						管理人员	工勤人员
		小计	正高级	副高级	中级	初级	未定级		
国际法研究所	32	30	8	10	11	1	0	2	0
政治学研究所	40	34	10	11	13	0	0	6	0
民族学与人类学研究所	152	139	35	42	58	4	0	13	0
社会学研究所	81	68	18	26	24	0	0	13	0
社会发展战略研究院	14	11	4	4	3	0	0	3	0
新闻与传播研究所	43	37	8	12	16	1	0	6	0
世界经济与政治研究所	111	92	25	32	33	2	0	19	0
俄罗斯东欧中亚研究所	88	77	23	24	26	4	0	11	0
欧洲研究所	50	42	12	12	14	3	1	8	0
西亚非洲研究所	56	48	12	19	15	2	0	8	0
拉丁美洲研究所	51	43	9	12	13	4	5	8	0
亚太与全球战略研究院	59	52	10	15	26	1	0	7	0
美国研究所	59	50	12	15	23	0	0	9	0
日本研究所	48	40	12	12	15	1	0	8	0
马克思主义研究院（含中特中心）	128	113	24	33	56	0	0	15	0
当代中国研究所	83	51	15	19	16	1	0	32	0
信息情报研究院	41	35	7	10	16	2	0	6	0
研究生院	127	63	12	14	23	11	3	64	0
中国社会科学院图书馆	83	70	3	20	38	9	0	12	1
中国社会科学杂志社	58	46	12	11	23	0	0	12	0
服务中心	100	3	0	0	3	0	0	52	45
郭沫若纪念馆	17	11	0	2	2	6	1	6	0
中国人文科学发展公司（文化发展促进中心）	18	3	0	1	2	0	0	12	3
中国社会科学出版社	185	128	19	12	44	53	0	42	15
社会科学文献出版社	328	270	7	28	89	9	137	58	0
中国地方志指导小组办公室	39	0	0	0	0	0	0	39	0

续表

项目/人数/单位	合计	专业人员						管理人员	工勤人员
		小计	正高级	副高级	中级	初级	未定级		
院领导	16	0	0	0	0	0	0	16	0
办公厅	51	1	1	0	0	0	0	50	0
科研局	37	0	0	0	0	0	0	37	0
人事教育局	35	0	0	0	0	0	0	35	0
国际合作局	30	0	0	0	0	0	0	30	0
财务基建计划局	35	2	0	0	0	2	0	32	1
离退休干部工作局	20	0	0	0	0	0	0	20	0
直属机关党委	30	0	0	0	0	0	0	30	0
驻院纪检组	13	0	0	0	0	0	0	13	0
基建工作办公室	13	0	0	0	0	0	0	13	0
信息化管理办公室（含评价中心）	32	14	3	4	7	0	0	18	0
1. 研究单位	2844	2439	690	804	883	52	10	398	7
2. 院直属单位	403	196	27	48	91	26	4	158	49
3. 院直机关	312	17	4	4	7	2	0	294	1
4. 院管企业	513	398	26	40	133	62	137	100	15
5. 代管单位	39	0	0	0	0	0	0	39	0

二 中国社会科学院2015年在职人员年龄结构

单位 \ 人数 \ 项目	合计	年龄结构							
		35岁及以下	36岁至40岁	41岁至45岁	46岁至50岁	51岁至55岁	56岁至60岁	女	60岁以上
总计	4111	1082	669	648	562	565	491	92	94
文学研究所	111	7	16	10	18	21	39	5	0
民族文学研究所	43	11	7	8	4	6	7	2	0
外国文学研究所	79	16	13	16	5	17	9	2	3
语言研究所	78	6	12	17	12	15	13	1	3
哲学研究所	127	28	16	21	23	21	17	6	1
世界宗教研究所	78	12	14	13	11	13	11	3	4
考古研究所	152	25	23	28	25	22	25	4	4
历史研究所	131	23	28	29	16	19	13	3	3
近代史研究所	123	17	22	22	18	21	18	7	5
世界历史研究所	79	17	15	19	13	8	5	0	2
中国边疆研究所	34	10	5	5	4	7	3	0	0
经济研究所	119	32	16	20	14	21	13	3	3
工业经济研究所	93	24	14	12	12	17	11	1	3
农村发展研究所	79	19	7	1	17	17	13	3	5
财经战略研究院	77	25	13	19	5	7	6	1	2
金融研究所	48	12	8	15	8	1	3	0	1
数量经济与技术经济研究所	67	5	7	15	8	16	12	2	4
人口与劳动经济研究所	44	15	7	6	8	5	3	0	0
城市发展与环境研究所	43	7	7	6	12	7	4	1	0
法学研究所	103	20	24	15	16	14	12	1	2

续表

项目 / 人数 / 单位	合计	年龄结构							
		35岁及以下	36岁至40岁	41岁至45岁	46岁至50岁	51岁至55岁	56岁至60岁		60岁以上
								女	
国际法研究所	32	10	6	6	4	3	2	1	1
政治学研究所	40	7	2	14	5	6	6	1	0
民族学与人类学研究所	152	19	14	37	32	34	14	7	2
社会学研究所	81	24	14	9	10	14	6	2	4
社会发展战略研究院	14	5	3	1	2	0	2	0	1
新闻与传播研究所	43	14	5	7	9	2	6	2	0
世界经济与政治研究所	111	32	18	18	15	15	12	4	1
俄罗斯东欧中亚研究所	88	19	8	20	14	13	11	2	3
欧洲研究所	50	8	15	10	6	4	6	0	1
西亚非洲研究所	56	9	11	9	10	11	4	0	2
拉丁美洲研究所	51	14	10	13	4	7	3	1	0
亚太与全球战略研究院	59	16	10	13	11	6	2	0	1
美国研究所	59	10	14	8	15	6	5	1	1
日本研究所	48	8	7	9	12	2	8	2	2
马克思主义研究院（含中特中心）	128	17	43	29	18	8	10	2	3
当代中国研究所	83	9	14	16	17	16	8	2	3
信息情报研究院	41	8	14	5	5	4	4	4	1
研究生院	127	46	18	16	14	14	19	3	0
中国社会科学院图书馆	83	22	10	4	17	15	10	5	5
中国社会科学杂志社	58	12	11	15	6	9	4	0	1
服务中心	100	8	12	6	12	13	49	0	0
郭沫若纪念馆	17	10	3	0	0	1	3	0	0
中国人文科学发展公司（文化发展促进中心）	18	0	0	1	4	7	6	0	0
中国社会科学出版社	185	88	34	17	22	16	8	0	0
社会科学文献出版社	328	221	54	24	12	9	8	0	0
中国地方志指导小组办公室	39	17	4	3	8	5	2	1	0

续表

项目 人数 单位	合计	年龄结构							
		35岁及以下	36岁至40岁	41岁至45岁	46岁至50岁	51岁至55岁	56岁至60岁		60岁以上
								女	
院领导	16	0	0	0	0	1	2	0	13
办公厅	51	10	9	5	4	14	8	1	1
科研局（创新办）	37	15	6	6	1	6	3	2	0
人事教育局	35	21	5	3	3	2	1	1	0
国际合作局	30	7	2	6	6	6	3	0	0
财务基建计划局	35	10	0	8	3	8	5	0	1
离退休干部工作局	20	6	2	3	3	2	4	1	0
直属机关党委	30	11	4	3	5	4	3	0	0
驻院纪检组	13	7	2	2	1	1	0	0	0
基建工作办公室	13	4	2	1	0	5	1	0	0
信息化管理办公室（含评价中心）	32	7	9	4	3	1	6	2	2
1. 研究单位	2844	560	482	521	438	426	346	76	71
2. 院直属单位	403	98	54	42	53	59	91	8	6
3. 院直机关	312	98	41	41	29	50	36	7	17
4. 院属企业	513	309	88	41	34	25	16	0	0
5. 代管单位	39	17	4	3	8	5	2	1	0

三　中国社会科学院 2015 年专业人员年龄、学历结构

单位 \ 人数 \ 项目		合计	正高	副高	中级	初级	未定级
总计		3050	747	896	1114	142	151
年龄结构	35 岁及以下	795	0	51	501	113	130
	36—40 岁	541	13	198	308	7	15
	41—45 岁	535	83	273	171	6	2
	46—50 岁	419	165	184	64	4	2
	46—50 岁	388	219	116	42	10	1
	56—60 岁	303	201	71	28	2	1
	61 岁及以上	69	66	3	0	0	0
学历结构	研究生	2506	667	767	953	53	66
	其中：1. 博士	1827	518	614	669	7	19
	2. 硕士	679	149	153	284	46	47
	大学	442	80	106	124	74	58
	大专	91	0	21	36	11	23
	中专	4	0	0	0	2	2
	高中及以下	7	0	2	1	2	2

四　中国社会科学院 2015 年邀请来访人员统计

表 1　　中国社会科学院 2015 年邀请来访人员按交流学科划分统计

交流学科 \ 国际合作局	总计		亚非处		美大处		欧洲处		欧亚处		国际处		联络处	
	批次	人次	批次	人次	批次	人次	批次	人次	批次	人次	批次	人次	批次	人次
哲学	2	16	2	16	0	0	0	0	0	0	0	0	0	0
文学	3	18	0	0	0	0	0	0	0	0	2	12	1	6
史学	13	49	4	31	1	2	5	6	2	6	1	4	0	0
经济学	13	33	2	2	2	2	5	15	0	0	4	14	0	0
政治学	1	6	1	6	0	0	0	0	0	0	0	0	0	0
社会学	5	22	2	2	1	1	1	14	1	5	0	0	0	0
法学	3	17	0	0	0	0	1	1	0	0	2	16	0	0
民族学	3	9	0	0	0	0	0	0	1	2	2	7	0	0
宗教学	2	2	1	1	1	1	0	0	0	0	0	0	0	0
新闻出版	1	1	0	0	1	1	0	0	0	0	0	0	0	0
国际问题	23	180	9	85	1	2	7	48	1	1	5	44	0	0
综合	5	49	0	0	1	11	1	21	1	6	2	11	0	0
其他	5	25	0	0	2	5	0	0	1	1	2	19	0	0
总计	79	427	21	143	10	25	20	105	7	21	20	127	1	6

表 2　　中国社会科学院 2015 年邀请来访人员按交流方式划分统计

交流学科 \ 国际合作局	总计		亚非处		美大处		欧洲处		欧亚处		国际处		联络处	
	批次	人次	批次	人次	批次	人次	批次	人次	批次	人次	批次	人次	批次	人次
学术访问	45	225	16	88	5	6	11	66	7	21	5	38	1	6
双边讨论会	5	49	1	7	1	11	3	31	0	0	0	0	0	0
工作访问	3	6	0	0	2	5	1	1	0	0	0	0	0	0

续表

国际合作局 / 交流学科	总计		亚非处		美大处		欧洲处		欧亚处		国际处		联络处	
	批次	人次	批次	人次	批次	人次	批次	人次	批次	人次	批次	人次	批次	人次
进修	1	23	1	23	0	0	0	0	0	0	0	0	0	0
国际及多边会议	22	120	3	25	1	2	3	4	0	0	15	89	0	0
讲学	2	3	0	0	0	0	2	3	0	0	0	0	0	0
其他	1	1	0	0	1	1	0	0	0	0	0	0	0	0
总计	79	427	21	143	10	25	20	105	7	21	20	127	1	6

五　中国社会科学院 2015 年派遣出访人员统计

表 1　　中国社会科学院 2015 年派遣出访人员按交流学科划分统计

国际合作局 交流学科	总计		亚非处		美大处		欧洲处		欧亚处		国际处		联络处	
	批次	人次	批次	人次	批次	人次	批次	人次	批次	人次	批次	人次	批次	人次
经济学	275	469	92	171	63	83	54	100	6	6	23	28	37	81
国际问题	269	440	136	229	37	54	42	51	40	72	7	19	7	15
史学	164	275	55	85	22	37	23	38	13	30	1	1	50	84
法学	74	125	14	51	14	22	21	24	2	5	6	6	17	17
文学	78	100	20	31	12	13	15	15	8	17	5	6	18	18
新闻出版	39	65	2	2	11	16	12	19	0	0	4	8	10	20
综合	65	176	15	44	10	25	15	38	11	42	2	5	12	22
社会学	60	112	17	29	7	14	13	28	3	11	7	13	13	17
语言学	32	53	11	21	5	9	8	15	2	2	2	2	4	4
哲学	25	40	7	14	5	10	7	8	1	3	3	3	2	2
马克思主义	19	40	7	18	4	4	0	0	3	7	3	9	2	2
民族学	15	22	5	11	3	4	1	1	1	1	4	4	1	1
政治学	7	9	3	5	1	1	1	1	0	0	1	1	1	1
宗教学	16	29	7	9	1	6	3	3	0	0	2	5	3	6
图书资料	6	6	1	1	1	1	2	2	0	0	0	0	2	2
行政管理	2	2	1	1	0	0	0	0	0	0	1	1	0	0
合计	1146	1963	393	722	196	299	217	343	90	196	71	111	179	292

表 2　　中国社会科学院 2015 年派遣出访人员按交流方式划分统计

国际合作局 交流学科	总计		亚非处		美大处		欧洲处		欧亚处		国际处		联络处	
	批次	人次	批次	人次	批次	人次	批次	人次	批次	人次	批次	人次	批次	人次
学术访问	528	1035	169	376	103	182	115	196	38	111	18	27	85	143

续表

国际合作局 交流学科	总计		亚非处		美大处		欧洲处		欧亚处		国际处		联络处	
	批次	人次	批次	人次	批次	人次	批次	人次	批次	人次	批次	人次	批次	人次
讲学	16	19	5	8	2	2	2	2	0	0	0	0	7	7
双边讨论会	118	220	41	78	14	21	12	31	14	20	2	7	35	63
工作访问	28	59	6	14	5	6	2	6	2	3	2	6	11	24
合作研究	7	19	1	1	2	3	3	3	1	12	0	0	0	0
进修	24	28	2	2	11	11	4	5	0	0	5	5	2	5
国际及多边会议	425	583	169	243	59	74	79	100	35	50	44	66	39	50
合计	1146	1963	393	722	196	299	217	343	90	196	71	111	179	292

六 中国社会科学院图书馆系统 2015 年藏书情况

单位 名称	合计（万册）	新购图书（册）		新购期刊（种）	
		中文	外文	中文	外文
院图书馆	170.59	20010	5425	1388	838
法学分馆	23.99	0	0	108	62
民族分馆	44.42	1570	367	189	48
国际研究分馆	22.703	262	1268	691	458
研究生院分馆	40.5	16870	282	1158	86
经济研究所	70	2751	1419	235	99
考古研究所	31.42	2014	98	144	63
历史研究所	60.7586	1923	8	386	0
近代史研究所	61.9973	2353	802	285	63
世界历史研究所	11.4431	42	354	103	95
中国社会科学杂志社	5.7144	172	0	424	19
边疆研究所	1.8843	359	0	78	0
当代所	9.0599	561	0	186	13
总计	554.4806	48887	10023	5375	1844

七　中国社会科学院2015年期刊年鉴一览表

表1　　中国社会科学院2015年主要报刊一览

序号	刊名	刊期	主办单位	主编	地址	邮编
1	文学评论	双月刊	文学研究所	陆建德	北京市东城区建国门内大街5号	100732
2	文学遗产	双月刊	文学研究所	刘跃进	北京市东城区建国门内大街5号	100732
3	民族文学研究	双月刊	民族文学研究所	汤晓青	北京市东城区建国门内大街5号	100732
4	世界文学	双月刊	外国文学研究所	余中先	北京市东城区建国门内大街5号	100732
5	外国文学动态研究	双月刊	外国文学研究所	苏　玲	北京市东城区建国门内大街5号	100732
6	外国文学评论	季刊	外国文学研究所	陈众议	北京市东城区建国门内大街5号	100732
7	当代语言学	季刊	语言研究所	顾曰国	北京市东城区建国门内大街5号	100732
8	方言	季刊	语言研究所	麦　耘	北京市东城区建国门内大街5号	100732
9	中国语文	双月刊	语言研究所	沈家煊	北京市东城区建国门内大街5号	100732
10	世界哲学	双月刊	哲学研究所	孙伟平	北京市东城区建国门内大街5号	100732
11	哲学动态	月刊	哲学研究所	崔唯航	北京市东城区建国门内大街5号	100732
12	哲学研究	月刊	哲学研究所	谢地坤	北京市东城区建国门内大街5号	100732
13	中国哲学史	季刊	中国哲学史学会	李存山	北京市东城区建国门内大街5号	100732
14	世界宗教文化	双月刊	世界宗教研究所	郑筱筠	北京市东城区建国门内大街5号	100732
15	世界宗教研究	双月刊	世界宗教研究所	卓新平	北京市东城区建国门内大街5号	100732
16	考古	月刊	考古研究所	王　巍	北京市东城区王府井大街27号	100710
17	考古学报	季刊	考古研究所	刘庆柱	北京市东城区王府井大街27号	100710
18	中国史研究	季刊	历史研究所	彭　卫	北京市东城区建国门内大街5号	100732
19	中国史研究动态	双月刊	历史研究所	刘洪波	北京市东城区建国门内大街5号	100732
20	近代史研究	双月刊	近代史研究所	徐秀丽	北京市东城区王府井大街东厂胡同1号	100006
21	抗日战争研究	季刊	近代史研究所	高士华	北京市东城区王府井大街东厂胡同1号	100006

续表

序号	刊名	刊期	主办单位	主编	地址	邮编
22	中国近代史（英文）	半年刊	近代史研究所	王建朗 徐秀丽	北京市东城区王府井大街东厂胡同1号	100006
23	史学理论研究	季刊	世界历史研究所	于 沛	北京市东城区王府井大街东厂胡同1号	100006
24	世界历史	双月刊	世界历史研究所	张顺洪	北京市东城区王府井大街东厂胡同1号	100006
25	世界史研究（英文）	半年刊	世界历史研究所	张顺洪	北京市东城区王府井大街东厂胡同1号	100006
26	中国边疆史地研究	季刊	中国边疆研究所	李大龙	北京市东城区建国门内大街先晓胡同10号	100005
27	台湾研究	双月刊	台湾研究所	刘佳雁	北京市海淀区中关村东路21号	100083
28	经济学动态	月刊	经济研究所	杨春学	北京市西城区阜外月坛北小街2号	100836
29	经济研究	月刊	经济研究所	裴长洪	北京市西城区阜外月坛北小街2号	100836
30	中国经济史研究	双月刊	经济研究所	魏明孔	北京市西城区阜外月坛北小街2号	100836
31	经济管理	月刊	工业经济研究所	黄群慧	北京市西城区阜外月坛北小街2号	100836
32	中国工业经济	月刊	工业经济研究所	金 碚	北京市西城区阜外月坛北小街2号	100836
33	中国经济学人（英文）	双月刊	工业经济研究所	金 碚	北京市西城区阜外月坛北小街2号	100836
34	中国农村观察	双月刊	农村发展研究所	李 周	北京市东城区建国门内大街5号	100732
35	中国农村经济	月刊	农村发展研究所	李 周	北京市东城区建国门内大街5号	100732
36	财贸经济	月刊	财经战略研究院	高培勇	北京市朝阳区曙光西里28号中冶大厦	100028
37	金融评论	双月刊	金融研究所	王国刚	北京市朝阳区曙光西里28号中冶大厦11层	100028
38	数量经济技术经济研究	月刊	数量经济与技术经济研究所	李 平	北京市东城区建国门内大街5号	100732
39	劳动经济研究	双月刊	人口与劳动经济研究所	蔡 昉	北京市朝阳区曙光西里28号中冶大厦	100028
40	中国人口科学	双月刊	人口与劳动经济研究所	蔡 昉	北京市朝阳区曙光西里28号中冶大厦	100028
41	城市与环境研究	季刊	城市发展与环境研究所	潘家华	北京市朝阳区曙光西里28号中冶大厦	100028
42	法学研究	双月刊	法学研究所	陈 甦	北京市东城区沙滩北街15号	100720

续表

序号	刊名	刊期	主办单位	主编	地址	邮编
43	环球法律评论	双月刊	法学研究所	刘作翔	北京市东城区沙滩北街15号	100720
44	国际法研究	双月刊	国际法研究所	陈泽宪	北京市东城区沙滩北街15号	100720
45	政治学研究	双月刊	政治学研究所	房　宁	北京市朝阳区曙光西里28号中冶大厦	100028
46	民族研究	双月刊	民族学与人类学研究所	王延中	北京市海淀区中关村南大街27号6号楼	100081
47	民族语文	双月刊	民族学与人类学研究所	黄　行	北京市海淀区中关村南大街27号	100081
48	世界民族	双月刊	民族学与人类学研究所	王延中	北京市海淀区中关村南大街27号	100081
49	青年研究	双月刊	社会学研究所	单光鼐	北京市东城区建国门内大街5号	100732
50	社会学研究	双月刊	社会学研究所	陈光金	北京市东城区建国门内大街5号	100732
51	社会发展研究	季刊	社会发展战略研究院	李汉林	北京市西城区三里河东路5号中商大厦8层	100045
52	新闻与传播研究	月刊	新闻与传播研究所	唐绪军	北京市朝阳区光华路15号楼1号楼泰达时代中心10层	100026
53	国际经济评论	双月刊	世界经济与政治研究所	张宇燕	北京市东城区建国门内大街5号15层	100732
54	世界经济与政治	月刊	世界经济与政治研究所	张宇燕	北京市东城区建国门内大街5号	100732
55	中国与世界经济（英文）	双月刊	世界经济与政治研究所	余永定	北京市东城区建国门内大街5号	100732
56	世界经济	月刊	中国世界经济学会、世界经济与政治研究所	张宇燕	北京市东城区建国门内大街5号	100732
57	俄罗斯东欧中亚研究	双月刊	俄罗斯东欧中亚研究所	李永全	北京市东城区张自忠路3号东院	100007
58	欧亚经济	双月刊	俄罗斯东欧中亚研究所	高晓慧	北京市东城区张自忠路3号东院	100007
59	欧洲研究	双月刊	欧洲研究所	黄　平	北京市东城区建国门内大街5号	100732
60	西亚非洲	双月刊	西亚非洲研究所	杨　光	北京市东城区张自忠路3号东院	100007
61	拉丁美洲研究	双月刊	拉丁美洲研究所	吴白乙	北京市东城区张自忠路3号东院	100007
62	当代亚太	双月刊	亚太与全球战略研究院	李向阳	北京市东城区张自忠路3号东院	100007
63	南亚研究	季刊	亚太与全球战略研究院	李向阳	北京市东城区张自忠路3号东院	100007
64	美国研究	双月刊	美国研究所、中华美国学会	郑秉文	北京市西城区鼓楼西大街甲158号东楼3层	100720

续表

序号	刊名	刊期	主办单位	主编	地址	邮编
65	日本学刊	双月刊	日本研究所	李　薇	北京市东城区张自忠路 3 号东院	100007
66	马克思主义研究	月刊	马克思主义研究院	程恩富	北京市东城区建国门内大街 5 号	100732
67	科学与无神论	双月刊	中国无神论学会	申振钰	北京市东城区建国门内大街 5 号	100732
68	当代中国史研究	双月刊	当代中国研究所	张星星	北京市地安门西大街旌勇里 8 号	100009
69	第欧根尼	半年刊	信息情报研究院	肖俊明	北京市东城区建国门内大街 5 号	100732
70	国外社会科学	双月刊	信息情报研究院	张树华	北京市东城区建国门内大街 5 号	100732
71	当代韩国	季刊	院韩国研究中心、社会科学文献出版社	汝　信	北京市西城区北三环中路甲 29 号院 3 号楼华龙大厦 B 座 1606 室	100029
72	历史研究	双月刊	中国社会科学院	高　翔	北京朝阳区光华路 15 号院 1 号楼泰达时代中心 11-12 层	100026
73	中国社会科学	月刊	中国社会科学院	高　翔	北京朝阳区光华路 15 号院 1 号楼泰达时代中心 11-12 层	100026
74	国际社会科学杂志	季刊	中国社会科学杂志社	王利民	北京朝阳区光华路 15 号院 1 号楼泰达时代中心 11-12 层	100026
75	中国社会科学（英文版）	季刊	中国社会科学杂志社	高　翔	北京朝阳区光华路 15 号院 1 号楼泰达时代中心 11-12 层	100026
76	中国社会科学评价	季刊	中国社会科学杂志社	张　江	北京朝阳区光华路 15 号院 1 号楼泰达时代中心 11-12 层	100026
77	中国社会科学文摘	月刊	中国社会科学杂志社	余新华	北京朝阳区光华路 15 号院 1 号楼泰达时代中心 11-12 层	100026
78	中国文学批评	季刊	中国社会科学杂志社	张　江	北京朝阳区光华路 15 号院 1 号楼泰达时代中心 11-12 层	100026
79	中国社会科学报	周 5 报	中国社会科学杂志社	高　翔	北京朝阳区光华路 15 号院 1 号楼泰达时代中心 11-12 层	100026
80	中国社会科学院研究生院学报	双月刊	研究生院	文学国	北京市房山区良乡高教园区中国社会会科学院研究生院	102488
81	中国地方志	月刊	中国地方志指导小组办公室	于伟平	北京市朝阳区潘家园东里 9 号	100021
82	财智生活	月刊	经济研究所	裴长洪	北京市西城区阜外月坛北小街 2 号	100836
83	中国经营报	周报	中经传媒集团	李佩钰	北京市海淀区玉泉山路 23 号院北区 7 号楼	100097
84	商学院	月刊	中国经营报社	汪　静	北京市海淀区玉泉山路 23 号院北区 7 号楼	100097

续表

序号	刊名	刊期	主办单位	主编	地址	邮编
85	家族企业	月刊	中国经营报社	王立鹏	北京市海淀区玉泉山路23号院北区7号楼	100097
86	精品购物指南	周2报	中国经营报社	张书新	北京市海淀区中关村大街甲28号海淀文化艺术大厦B座7-8层	100086
87	风尚志	月刊	精品购物指南报社	冯楚轩	北京市海淀区中关村大街甲28号海淀文化艺术大厦B座10层	100086
88	精彩	旬刊	精品购物指南报社	冯楚轩	北京市海淀区中关村大街甲28号海淀文化艺术大厦B座14层	100086
89	商业评论	月刊	美国研究所、社会科学文献出版社	黄　平	北京市西城区鼓楼西大街甲158号东楼3层	100720
90	程序员	休刊	文献信息中心（图书馆）	杨　齐	北京市东城区建国门内大街5号	100732
91	环球市场信息导报	周刊	文献信息中心（图书馆）	刘振喜	北京市东城区建国门内大街5号	100732

表2　　中国社会科学院2015年度学术年鉴一览

序号	名　称	主办单位	主编/总编辑/编委会主任	出版单位
1	《中国社会科学院年鉴》	社科院办公厅	王伟光	中国社会科学出版社
2	《中国经济学年鉴》	社科院经济学部	李　扬	中国社会科学出版社
3	《马克思主义理论研究与学科建设年鉴》	社科院马研院	邓纯东	中国社会科学出版社
4	《中国宗教研究年鉴》	社科院宗教所	曹中建	中国社会科学出版社
5	《中国民俗学年鉴》	社科院民文所	朝戈金	中国社会科学出版社
6	《中国人口年鉴》	社科院人口与劳动经济所	张车伟	中国社会科学出版社
7	《郭沫若研究年鉴》	社科院郭著纪念馆	赵笑洁	中国社会科学出版社
8	《中国辽夏金研究年鉴》	社科院民族所 中国辽金史学学会	史金波 宋德金	中国社会科学出版社
9	《中国文学年鉴》	社科院文学所	陆建德	中国社会科学出版社
10	《中国新闻传播学年鉴》	社科院新闻所	唐绪军	中国社会科学出版社
11	《中国哲学年鉴》	社科院哲学所	谢地坤	中国社会科学出版社
12	《中国地方志年鉴》	社科院地方志指导小组	赵　芮	中国社会科学出版社
13	《中国生态文明建设年鉴》	社科院城环所	潘家华	中国社会科学出版社
14	《中国社会学年鉴》	社科院社会学所	陈光金	中国社会科学出版社

续表

序号	名 称	主办单位	主编/总编辑/编委会主任	出版单位
15	《中国新闻年鉴》	社科院新闻所	钱莲生	中国社会科学出版社
16	《中国政府管理年鉴》	中央财经大学	赵景华	中国社会科学出版社
17	《中国教育学年鉴》	北师大教育学部	石中英	中国社会科学出版社
18	《中国艺术学年鉴》	中国艺术研究院	王文章	中国社会科学出版社

八　中国社会科学院2015年主管学术社团一览表

序号	挂靠单位	社团名称	成立时间	会长／理事长	法定代表人
1	文学所	中国当代文学研究会	1979.08	白　烨	白　烨
2		中国近代文学学会	1988.10	关爱和	王达敏
3		中国鲁迅研究会	1979.11	杨　义	赵京华
4		中国现代文学研究会	1979.10	丁　帆	萨支山
5		中国中外文艺理论学会	1994.04	高建平	高建平
6		中华文学史料学学会	1989.10	刘跃进	陈才智
7		中国文学批评研究会	2014.11	张　江	高建平
8	民文所	中国《江格尔》研究会	1991.09	朝戈金	斯钦巴图
9		中国蒙古文学学会	1989.11	吴团英	刘　成
10		中国少数民族文学学会	1979.09	朝戈金	朝戈金
11		中国维吾尔历史文化研究会	1994.12	吐鲁甫·巴拉提	吐鲁甫·巴拉提
12	外文所	中国外国文学学会	1978.12	陈众议	陈众议
13	语言所	全国汉语方言学会	1981.11	刘丹青	刘丹青
14		中国语言学会	1980.10	沈家煊	沈家煊
15	考古所	中国考古学会	1979.04	王　巍	王　巍
16	历史所	中国明史学会	1989.04	商　传	商　传
17		中国秦汉史研究会	1981.09	卜宪群	周天游
18		中国魏晋南北朝史学会	1984.11	楼　劲	楼　劲
19		中国先秦史学会	1982.05	宋镇豪	宫长为
20		中国殷商文化学会	1989.05	王震中	王震中
21		中国中外关系史学会	1981.05	丘　进	万　明
22		中国郭沫若研究会	1983.05	高　翔	李　斌
23	近代史所	中国抗日战争史学会	1991.01	步　平	李宗远
24		中国史学会	1949.07	张海鹏	张海鹏

续表

序号	挂靠单位	社团名称	成立时间	会长 / 理事长	法定代表人
25	近代史所	中国孙中山研究会	1984.01	张海鹏	汪朝光
26		中国现代文化学会	1989.04	耿云志	金以林
27		中国中俄关系史研究会	1991.08	季志业	陈开科
28	世界史所	中国朝鲜史研究会	1979.09	金成镐	孙　泓
29		中国德国史研究会	1980.07	邢来顺	景德祥
30		中国第二次世界大战史研究会	1980.06	胡德坤	张晓华
31		中国法国史研究会	1978.08	端木美	端木美
32		中国非洲史研究会	1980.01	李安山	毕健康
33		中国国际文化书院	1989.03	张顺洪	张顺洪
34		中国拉丁美洲史研究会	1979.12	王晓德	王文仙
35		中国美国史研究会	1979.11	王　旭	孟庆龙
36		中国日本史学会	1980.07	汤重南	汤重南
37		中国世界古代中世纪史研究会	1991.07	侯建新	徐建新
38		中国世界近代现代史研究会	1984.09	李世安	俞金尧
39		中国苏联东欧史研究会	1985.05	姚　海	黄立茀
40		中国英国史研究会	1980.09	钱乘旦	吴必康
41		中国中日关系史学会	1984.08	武　寅	徐启新
42	台湾所	全国台湾研究会	1988.08	成思危	周志怀
43	哲学所	国际易学联合会	2004.03	董光壁	孙　晶
44		中国辩证唯物主义研究会	1982.06	王伟光	孙伟平
45		中国伦理学会	1980.06	万俊人	孙春晨
46		中国逻辑学会	1979.08	邹崇理	邹崇理
47		中国马克思主义哲学史学会	1979.10	梁树发	魏小萍
48		中国现代外国哲学学会	1979.05	江　怡	江　怡
49		中国哲学史学会	1979.10	陈　来	李存山
50		中华美学学会	1980.06	高建平	徐碧辉
51		中华全国外国哲学史学会	1980.05	谢地坤	谢地坤
52	宗教所	中国宗教学会	1989.03	卓新平	卓新平
53	经济所	中国《资本论》研究会	1981.12	林　岗	裴小革
54		中国比较经济学研究会	1986.11	钱颖一	杨春学
55		中国城市发展研究会	1984.12	程安东	旷建伟
56		中国经济史学会	1986.05	刘兰兮	刘兰兮
57		中国经济思想史学会	1980.06	唐任伍	钱　津

续表

序号	挂靠单位	社团名称	成立时间	会长 / 理事长	法定代表人
58	工经所	中国工业经济学会	1978.10	吕　政	吕　政
59		中国企业管理研究会	1995.07	黄速建	黄速建
60		中国区域经济学会	1990.02	金　碚	金　碚
61	农村所	中国城郊经济研究会	1986.10	徐小青	魏后凯
62		中国国外农业经济研究会	1978.05	杜志雄	杜志雄
63		中国林牧渔业经济学会	1991.07	李　周	刘玉满
64		中国生态经济学学会	1984.08	黄浩涛	李　周
65		中国西部开发促进会	2006.03	陈　元	赵　霖
66		中国县镇经济交流促进会	1992.11	杜晓山	朱　钢
67	财经院	中国成本研究会	1980.09	张弘力	揣振宇
68		中国市场学会	1991.03	卢中原	林　旗
69	数技经所	中国数量经济学会	1991.09	李　平	李　平
70	城环所	中国城市经济学会	1986.05	晋保平	潘家华
71	法学所	中国法律史学会	1979.10	吴玉章	杨一凡
72	政治学所	中国红色文化研究会	1985.09	刘润为	刘润为
73		中国政策科学研究会	1994.05	滕文生	谢和军
74		中国政治学会	1980.12	李慎明	李慎明
75	民族所	中国民族古文字研究会	1980.08	揣振宇	聂鸿音
76		中国民族理论学会	1979.12	陈改户	王希恩
77		中国民族史学会	1983.04	罗贤佑	史金波
78		中国民族学学会	1980.01	杨圣敏	色　音
79		中国民族研究团体联合会	1978.07	王延中	王延中
80		中国民族语言学会	1979.05	尹虎彬	周庆生
81		中国世界民族学会	1979.05	方　勇	郝时远
82		中国突厥语研究会	1980.01	黄　行	黄　行
83		中国西南民族研究学会	1981.11	何耀华	何耀华
84	社会学所	中国社会心理学会	1982.04	周晓虹	杨宜音
85		中国社会学会	1979.03	李　强	陈光金
86	世经政所	新兴经济体研究会	1978.12	张宇燕	姚枝仲
87		中国世界经济学会	1980.04	张宇燕	邵滨鸿
88	俄欧亚所	中国俄罗斯东欧中亚学会	1980.07	李静杰	李静杰
89	欧洲所	中国欧洲学会	1984.11	周　弘	周　弘

续表

序号	挂靠单位	社团名称	成立时间	会长 / 理事长	法定代表人
90	西亚非所	中国亚非学会	1962.04	刘贵今	张宏明
91		中国中东学会	1982.07	杨　光	杨　光
92	拉美所	中国拉丁美洲学会	1984.05	李　捷	王立峰
93	亚太院	中国南亚学会	1979.11	孙士海	李　文
94		中国亚洲太平洋学会	1993.04	张蕴岭	张蕴岭
95	美国所	中国世界政治研究会	2013.04	彭小枫	黄　平
96		中华美国学会	1988.12	黄　平	胡国成
97	日本所	全国日本经济学会	1987.10	李培林	黄晓勇
98		中华日本学会	1990.02	李　薇	李　薇
99	马研院	中国历史唯物主义学会	1981.01	侯惠勤	侯惠勤
100		中国社会主义经济规律系统研究会	1982.05	程恩富	毛立言
101		中国无神论学会	1979.01	朱晓明	习五一
102		中华外国经济学说研究会	1979.07	程恩富	程恩富
103	图书馆	中国社会科学情报学会	1986.12	庄前生	刘振喜
104	当代中国所	中华人民共和国国史学会	1992.10	朱佳木	朱佳木
105	方志办	中国地方志学会	1981.08	朱佳木	邱新立
106		中国企业投资协会	1992.10	陈　元	宋晓鹤
107		中国战略文化促进会	2011.01	郑万通	罗　援

九　中国社会科学院2015年非实体研究中心一览表

序号	主管单位	类别	中心名称	负责人
1	文学所	所属	比较文学研究中心	主任叶舒宪、史忠义
2		所属	马克思主义文艺与文化批评研究中心	主任高建平
3		所属	民俗文化研究中心	理事长祁连休，主任吕微
4		所属	世界华文文学研究中心	主任黎湘萍
5	民文所	院属	少数民族文化与语言文字研究中心	主任朝戈金
6		所属	格萨尔研究中心	主任诺布旺丹
7		所属	口头传统研究中心	主任朝戈金
8	外文所	所属	马克思主义文艺思想研究中心	主任陈众议
9		所属	文学理论研究中心	主任周启超、高建平
10	语言所	所属	语料库与计算语言学研究中心	主任顾曰国
11	哲学所	院属	东方文化研究中心	主任成建华
12		院属	科学技术和社会研究中心	主任殷登祥
13		院属	社会发展研究中心	主任孙伟平
14		院属	世界文明比较研究中心	主任汝信
15		院属	文化研究中心	主任李景源
16		院属	应用伦理研究中心	主任龚颖
17	宗教所	院属	道家与道教文化中心	主任王卡
18		院属	佛教研究中心	主任魏道儒
19		院属	基督教研究中心	主任卓新平
20		院属	邪教问题研究中心	主任高全立
21		所属	巴哈伊教研究中心	主任卓新平
22		所属	儒教研究中心	主任卢国龙
23	考古所	院属	古代文明研究中心	主任王巍
24		院属	蒙古族源研究中心	主任王巍

续表

序号	主管单位	类别	中心名称	负责人
25	考古所	所属	边疆考古研究中心	主任李裕群
26		所属	公共考古中心	主任王巍
27	历史所	院属	敦煌学研究中心	主任黄正建
28		院属	徽学研究中心	主任阿风
29		院属	甲骨学殷商史研究中心	主任宋镇豪
30		院属	简帛研究中心	主任杨振红
31		所属	内陆欧亚学研究中心	主任李锦绣
32	近代史所	院属	台湾史研究中心	理事长朱佳木，主任张海鹏
33		所属	中国近代社会史研究中心	理事长汪朝光，主任李长莉
34		所属	中国近代思想研究中心	主任郑大华
35	世历所	院属	加拿大研究中心	主任刘军
36		院属	史学理论研究中心	理事长朱佳木，主任于沛
37		所属	日本历史与文化研究中心	主任张经纬
38	经济所	院属	民营经济研究中心	主任刘迎秋
39		院属	欠发达经济研究中心	主任袁钢明
40		院属	上市公司研究中心	主任张卓元
41		院属	中国现代经济史研究中心	理事长刘国光，主任董志凯
42		院属	公共政策研究中心	主任朱恒鹏
43		所属	经济转型与发展研究中心	主任魏众
44		所属	决策科学研究中心	主任朱玲
45	工经所	院属	管理科学与创新发展研究中心	主任黄速建
46		院属	食品药品产业发展与监管研究中心	主任张永建
47		院属	西部发展研究中心	理事长王洛林，主任魏后凯
48		院属	中国产业与企业竞争力研究中心	主任金碚
49		院属	中小企业研究中心	理事长黄群慧，主任罗仲伟
50		所属	澳门产业发展研究中心	理事长金碚，主任黄如金
51		所属	国家经济发展与经济风险研究中心	主任吕政
52		所属	能源经济研究中心	理事长吕政，主任史丹
53	农发所	院属	贫困问题研究中心	主任王洛林
54		院属	生态环境经济研究中心	主任李周
55		所属	农村社会问题研究中心	主任于建嵘
56		所属	合作经济研究中心	主任张晓山
57		所属	畜牧业经济研究中心	主任刘玉满

续表

序号	主管单位	类别	中心名称	负责人
58	财经院	院属	财政税收研究中心	主任高培勇
59	财经院	院属	城市与竞争力研究中心	主任倪鹏飞
60		院属	对外经贸国际金融研究中心	主任于立新
61		院属	经济政策研究中心	主任高培勇、郭克莎
62		院属	旅游研究中心	主任宋瑞
63		所属	服务经济与餐饮产业研究中心	主任荆林波
64		所属	信用研究中心	主任裴长洪
65	金融所	院属	保险与经济发展研究中心	理事长王洛林、吴定富，主任李扬
66		院属	金融政策研究中心	理事长李扬，主任何海峰
67		院属	投融资研究中心	理事长李扬，主任董裕平
68		所属	财富管理研究中心	主任殷剑峰
69		所属	房地产金融研究中心	理事长林汉克，主任尹中立
70		所属	支付清算研究中心	理事长王国刚，主任杨涛
71	数技经所	院属	环境与发展研究中心	主任张晓
72		院属	技术创新与战略管理研究中心	理事长汪同三，主任金周英
73		院属	项目评估与战略规划研究咨询中心	理事长李京文，主任李平
74		院属	信息化研究中心	理事长汪同三，主任汪向东
75		院属	中国经济社会综合集成与预测中心	主任李平
76	人口所	院属	健康业发展研究中心	理事长蔡昉，主任张车伟
77		院属	老年与家庭研究中心	主任张跃生
78		院属	人力资源研究中心	理事长王洛林，主任蔡昉
79		所属	迁移研究中心	理事长蔡昉，主任张展新
80	城环所	院属	可持续发展研究中心	主任潘家华
81		所属	城市政策与城市文化研究中心	主任李红玉
82		所属	人居环境研究中心	理事长魏后凯，主任侯京林
83	法学所	院属	人权研究中心	主任王家福、刘海年
84		院属	台湾、香港、澳门法研究中心	主任陈欣新
85		院属	文化法制研究中心	主任冯军
86		院属	知识产权中心	主任李明德
87		所属	法治宣传教育与公法研究中心	主任莫纪宏
88		所属	马克思主义法学研究中心	主任肖贤富
89		所属	欧洲联盟法研究中心	主任孙宪忠
90		所属	私法研究中心	主任梁慧星
91		所属	性别与法律研究中心	主任朱晓青
92		所属	国家法治指数研究中心	主任田禾

续表

序号	主管单位	类别	中心名称	负责人
93	国际法所	所属	国际刑法研究中心	主任樊文
94		院属	海洋法与海洋事务研究中心	主任王翰灵
95		所属	竞争法研究中心	主任王晓晔
96	政治学所	所属	公共管理研究中心	主任房宁
97		所属	马克思主义政治学研究中心	主任王一程
98	民族所	院属	国际移民与海外华人研究中心	主任郝时远
99		院属	蒙古学研究中心	主任郝时远
100		院属	少数民族语言研究中心	主任黄行
101		院属	西夏文化研究中心	主任史金波
102		院属	藏族历史与文化研究中心	主任郝时远
103		所属	羌学研究中心	主任揣振宇
104	社会学所	院属	国情调查与研究中心	主任李培林
105		院属	社会政策研究中心	主任朱锦昌
106		院属	中国私营企业主群体研究中心	主任陈光金
107		院属	廉政研究中心	理事长赵胜轩
108		所属	农村环境与社会研究中心	主任王晓毅
109		所属	社会文化人类学研究中心	主任罗红光
110		所属	社会调查和数据处理研究中心	主任沈崇麟
111		所属	社会心理学研究中心	主任杨宜音
112		所属	社区信息化研究中心	主任王颖
113	新闻所	所属	传媒调查中心	主任刘志明
114		所属	传媒发展研究中心	主任黄楚新
115		所属	广播影视研究中心	主任殷乐
116		所属	媒介传播与青少年发展研究中心	主任卜卫
117		所属	世界传媒研究中心	主任姜飞
118		院属	新媒体研究中心	主任唐绪军
119	社发院	院属	社会景气研究中心	主任李汉林
120	世经政所	所属	发展研究中心	主任余永定
121		所属	公司治理研究中心	主任鲁桐
122		所属	国际金融研究中心	主任高海红
123		所属	国际经济与战略研究中心	主任张宇燕
124		所属	全球并购研究中心	主任张金杰
125		所属	世界经济史研究中心	主任李毅

续表

序号	主管单位	类别	中心名称	负责人
126	俄欧亚所	院属	俄罗斯研究中心	主任庞大鹏
127		院属	“一带一路”研究中心	主任李永全
128		院属	上海合作组织研究中心	主任孙力
129	欧洲所	院属	国际发展合作与福利促进研究中心	主任周弘
130		院属	西班牙研究中心	主任周弘
131		院属	中德合作研究中心	主任周弘
132		所属	马克思主义与欧洲文明研究中心	主任罗京辉
133	西亚非所	院属	海湾研究中心	理事长杨光
134		所属	南非研究中心	主任杨立华
135	拉美所	所属	巴西研究中心	主任陈笃庆
136		所属	古巴研究中心	主任刘玉琴
137		所属	墨西哥研究中心	主任曾钢
138		所属	阿根廷研究中心	主任殷恒民
139		所属	中美洲和加勒比研究中心	主任李长华
140	亚太院	院属	澳大利亚、新西兰、南太平洋研究中心	主任韩锋
141		院属	地区安全研究中心	主任张蕴岭
142		院属	南亚研究中心	主任叶海林
143		院属	亚太经合组织与东亚合作研究中心	主任王玉主
144		所属	东北亚研究中心	主任朴键一
145		所属	东南亚研究中心	主任韩锋
146	美国所	院属	世界社会保障制度与理论研究中心	主任郑秉文
147		院属	世界政治研究中心	理事长张蕴岭，主任黄平
148		所属	军备控制与防扩散研究中心	主任刘尊
149		所属	台港澳研究中心	主任黄平
150	日本所	所属	日本政治研究中心	主任杨伯江
151		所属	中日关系研究中心	主任王晓峰
152		所属	中日经济研究中心	主任李薇
153		所属	中日社会文化研究中心	主任高洪
154	马研院	院属	国家文化安全与意识形态建设研究中心	主任侯惠勤
155		院属	科学与无神论研究中心	主任习五一
156		所属	经济社会发展研究中心	主任程恩富

续表

序号	主管单位	类别	中心名称	负责人
157	当代所	院属	“陈云与当代中国”研究中心	理事长朱佳木，主任陈东林
158		所属	“一国两制”史研究中心	主任王灵桂
159		所属	当代中国文化建设与发展史研究中心	主任刘国新
160	当代所	所属	当代中国政治与行政制度史研究中心	主任李正华
161		所属	新中国历史经验研究中心	主任武力
162	情报院	院属	国际中国学研究中心	理事长汝信，主任黄长著
163		所属	当代理论思潮研究中心	主任何秉孟
164	图书馆	院属	互联网发展研究中心	主任李春华
165	研究生院	所属	国际能源研究中心	理事长黄晓勇
166		院属	当代中国文艺理论研究中心	主任张江
167	科研局	院属	梵文研究中心	主任黄宝生
168		院属	中日历史研究中心	主任王忍之
169	国际合作局	院属	韩国研究中心	理事长汝信
170		所属	亚洲研究中心	理事长李扬，主任周云帆
171	直属机关党委	院属	妇女 / 性别研究中心	主任武寅
172		院属	青年人文社会科学研究中心	理事长崔建民
173	经济学部	所属	企业社会责任研究中心	理事长李扬，主任钟宏武

第九编

大事记

DASHIJI

中国社会科学院 2015 年大事记

一　月

1 月 5 ~ 6 日　中国社会科学院院长王伟光等出席全国宣传部长会议。中国社会科学院领导班子成员李扬、李培林、张英伟、蔡昉、高翔等列席 5 日的会议。

1 月 6 日　中国社会科学院院长王伟光会见厄瓜多尔总统拉斐尔·科雷亚·德尔加多并出席其著作《厄瓜多尔：香蕉共和国的迷失》中文版首发仪式。中国社会科学院副院长李扬出席会议。

1 月 7 日　中国社会科学院院长王伟光出席哲学研究所党员领导干部民主生活会并讲话。

△中国社会科学院副院长李培林出席由拉丁美洲研究所、国务院发展研究中心世界发展研究所、北京师范大学新兴市场研究院和联合国拉丁美洲和加勒比经济委员会共同举办的南南合作框架下的中拉关系新跨越国际研讨会。

1 月 8 日　中国社会科学院党组书记王伟光主持召开第 333 次党组会议。会议传达学习了全国宣传部长会议精神。会议审议了《中国社会科学院精神文明建设 2014 年工作总结和 2015 年工作要点》等事宜。

△院长王伟光主持召开 2015 年度第 1 次院务会议。会议审议了《关于领军人才引进的专家评审情况及下一步工作考虑的请示》《关于 2015 年创新单位首席管理名单的审核意见》《中国社会科学院加强对外培训工作实施方案》《关于相关单位 2015 年度创新岗位科研成果准入补充标准的请示》《关于 2015 年创新工程准入条件审核情况的报告》《关于中国社会科学院离退休人员优秀科研成果奖拟获奖成果的报告》《关于中国社会科学院 2015 年度马克思主义理论学科建设与理论研究工程的工作要点》《中国社会科学院 2015 年度马克思主义理论学科建设与理论研究科研领域指南》等事项。

1 月 9 日　院长王伟光在研究生院出席中国社会科学院首届马克思主义学院博士生高峰论坛并作题为“坚持马克思主义，发展马克思主义，不断推进马克思主义中国化”的报告。副院长张江出席并致辞。

1月9～10日 院长王伟光、秘书长高翔出席《中华思想通史》项目第7次工作会议。

1月11日 第十二届全国政协副主席王钦敏出席中国社会科学院研究生院博士课程班开课仪式并作专题讲座。副院长李扬出席。

1月12日 中国社会科学院领导班子成员王伟光、张江、李扬、李培林、蔡昉等出席院2015年度创新工程首席管理签约仪式。

△中国社会科学院党校举办第40期处室干部进修班毕业典礼。院长王伟光向每位学员赠送了亲自题写学习寄语的《新大众哲学》图书。

△副院长李扬会见日本大和综研川村雄介副理事长一行。

1月12～14日 中央纪委驻院纪检组组长张英伟在北京列席中国共产党第十八届中央纪律检查委员会第五次全体会议。

1月13日 院长王伟光出席中央会议。

1月14日 院长王伟光、副院长李培林分别会见山东省地方志办公室主任刘爱军一行。

1月15日 党组书记王伟光主持召开第334次党组会议。会议传达学习了中国共产党第十八届中央纪律检查委员会第五次全体会议精神。会议审议了《关于同意中共信息情报研究院委员会增补委员候选人预备人选的批复》等事宜。

△院长王伟光主持召开2015年度第2次院务会议。会议审议了《中国社会科学院研究生指导教师管理办法》《关于院领导创新岗位有关问题的请示》《关于〈中国社会科学〉杂志社新增编制外创新岗位有关问题的请示》《关于老年科研基金研究项目经费管理的补充规定》《中国社会科学院中国特色新型智库建设2015年先行试点方案》等事项。

△院长王伟光主持召开2015年度第1次院长办公会议。会议听取了各职能部门关于2014年第4季度主要工作完成情况的汇报。

△副院长李扬在天津市出席中国社会科学院和国家统计局、人民大学、南开大学、南京大学共同主办的协同创新工作座谈会。

1月16日 院长王伟光出席哲学社会科学话语体系建设成员单位2015年工作会议并讲话。副院长李培林主持会议。

△副院长蔡昉在北京出席国家品牌与国家文化软实力研究发布会暨国家品牌与文化论坛并致辞。

1月17日 党组书记王伟光主持召开第335次党组会议暨2014年度专题民主生活会。中央第20督导组组长马馼等3人列席会议。

1月18～27日 副院长李扬率团在瑞士、捷克、日本访问。

1月19日 院长王伟光出席国务院会议。

1月20日 副院长李培林会见广东省地方志办公室主任陈强一行。

1月21日　院长王伟光，副院长张江、李培林、蔡昉，秘书长高翔出席《中国社会科学》第四届编委会第二次全体会议。

1月22日　党组书记王伟光主持召开第336次党组会议。会议审议了《关于同意中共金融研究所委员会增补委员选举结果的批复》《关于同意中共民族学与人类学研究所委员会增补委员候选人预备人选的批复》等事宜。

△院长王伟光主持召开2015年度第3次院务会议。会议审议了《中国社会科学院2014年度所局级干部考核评优工作方案》《中国社会科学院职能部门和有关直属单位2014年度"文明窗口"评选情况报告》《关于老年科研基金研究项目经费管理的补充规定》《中国社会科学院关于进一步加强学术期刊"名优"建设的若干意见》《关于院属各单位学习传达我院2014年度报刊出版馆网库学术评价名优建设工程工作会议情况的报告》等事宜。

△秘书长高翔会见国际哲学与人文科学理事会秘书长路易斯·伍斯特贝克一行。

1月23日　院长王伟光，副院长李培林、蔡昉在京出席2015年度国际研究学部年会暨延续中国战略机遇期与如何有所作为研讨会。

△院长王伟光出席中央政治局集体学习会。

△秘书长高翔在中国人民大学出席首届法学前沿论坛并致辞。

1月24日　副院长李培林出席大百科第三卷第三版各学科启动会和大百科第三卷社会学学科卷第一次编委会会议；出席社会学研究所举办的社会变迁研究会成立大会；出席2015年京津冀社会学界学习贯彻十八届四中全会精神座谈会。

△秘书长高翔在京出席2015理论动态与学术舆情研讨会"网络平台与学术话语"并讲话。

1月26日　副院长蔡昉出席2015年对台工作会议。

1月28～29日　中国社会科学院2015年度工作会议暨党风廉政建设工作会议在社科会堂召开。院长王伟光出席会议并作工作报告。院领导班子成员张江、李扬、李培林、张英伟、蔡昉、高翔等和部分原院领导出席第一次全体大会。应邀出席会议的来宾有中宣部副部长、中央政策研究室副主任王晓晖，国家审计署科学技术审计局局长韩大川，中央国家机关纪工委副书记刘利华，中央纪委一室二处处长李佰平，财政部教科文司科技处调研员李文进。院长助理、副秘书长，学部委员、荣誉学部委员，现职所局领导干部，院全国人大代表和全国政协委员，离退休干部代表和青年代表等近800人在主会场参加第二次全体大会会议。

1月29日　党组书记王伟光主持召开第337次党组会议。会议审议了《关于院属单位领导班子意识形态工作评价方案》。会议研究了近期工作安排。

△院长王伟光主持召开2015年度第4次院务会议。会议审议了《关于上海市领导听取上海研究院筹建工作汇报有关情况的报告和建议》《关于审定2013年学部委员创新岗位结项考核、2014年学部委员（含荣誉学部委员）资助计划年度考核和2015年申报工作结果

的请示》等事项。

1月30日　中国共产党中国社会科学院直属机关第三次代表大会召开。党组书记王伟光出席会议并讲话。党组成员张英伟、高翔出席会议。大会审议了《中共中国社会科学院直属机关第二届委员会工作报告的决议》《中共中国社会科学院直属机关第二届纪律检查委员会工作报告的决议》《党费收缴、使用和管理情况的报告》。大会选举产生了中共中国社会科学院直属机关第三届委员会委员21名，选举产生了中共中国社会科学院直属机关第三届纪律检查委员会委员13名。会议通过了第三届直属机关纪委第一次会议的选举结果。

△党组书记王伟光等出席中央国家机关第二十九次党的工作会议暨第二十七次纪检工作会议。

△副院长张江、秘书长高翔出席《中国社会科学评价》《中国文学批评》专题会议。

1月31日　秘书长高翔陪同原院长陈奎元看望杨绛先生。

二　月

2月2～6日　院长王伟光在中央党校参加省部级主要领导干部“学习贯彻十八届四中全会精神，全面推进依法治国”专题研讨班。

2月3日　副院长李扬出席斯洛伐克副总理兼外交与欧洲事务部长米罗斯拉夫·莱恰克主题演讲会并致辞；会见美国纽约联储主席杜德利一行。

△副院长李培林主持召开《中国社会科学院纪念邓小平诞辰110周年论文集》编委会。

2月5日　副院长李扬主持召开院“一带一路”专题会议。副院长蔡昉出席会议。

2月6日　副院长李扬在山东省济南市出席学习贯彻中办、国办《关于加强中国特色新型智库建设的意见》座谈会暨山东社会科学院“创新工程”启动发布会并讲话。

2月7日　副院长李培林出席中央精神文明委员会第三次会议。

2月9日　院长王伟光出席国务院第三次廉政工作会议；出席中央宣传思想工作领导小组会议。

△新疆智库成立大会在北京举行。中央政治局委员、新疆维吾尔自治区党委书记张春贤向大会发来贺信。院长王伟光，秘书长高翔，全国政协民族和宗教委员会主任朱维群，全国政协文史和学习委员会副主任方立，国家民委副主任李昭，新疆维吾尔自治区党委常委、宣传部长李学军出席成立大会。王伟光、李昭、李学军共同为新疆智库揭牌。

2月10日　院长王伟光、副院长蔡昉、秘书长高翔出席2015年度院离退休干部工作会议。王伟光、蔡昉讲话。高翔主持会议。

2月11～12日　院长王伟光在福建省泉州市出席由国务院新闻办公室主办，中国社会科学院和新华通讯社、中国外文出版发行事业局、福建社会科学院共同承办的21世纪海上丝绸之路国际研讨会并发表演讲。副院长李培林出席会议并主持论坛。

2月13日　党组书记王伟光主持召开第339次党组会议。会议审议了《关于中共中国社会科学院直属机关第三次代表大会和直属机关第三届委员会、纪律检查委员会第一次全体会议情况的报告》《中国社会科学院廉政研究工作改革方案》等。

△院长王伟光主持召开2015年度第5次院务会议。会议审议了《关于中国社会科学院2014年度职能部门和有关单位作风评议结果情况的报告》《关于深化我院专业技术职务评聘制度改革的方案》《关于我院2014年度文化名家暨"四个一批"人才、"万人计划"哲学社会科学领军人才选拔工作情况的报告》《关于我院图书馆有关工作情况的说明》《关于启动2015年度人才引进工作的请示》《关于对口支援西藏社科院建设的几点意见》《关于上海研究院人员聘用若干意见》《中国社会科学院事业单位人员聘用办法》《中国社会科学院人员聘用合同》《新疆智库经费管理办法》《中特中心关于2015年度理论宣传文章发表任务若干工作的请示》《关于〈国际人道研究与合作〉项目实施方案》《亚太与全球战略研究院关于加强中国特色新型智库建设的实施方案》《〈中国社会科学院横向课题管理办法（暂行）〉及说明》《关于我院2015年创新岗位审核问题的请示》《关于〈中国社会科学院志〉编纂工作的请示》等。

△院长王伟光、秘书长高翔出席《中国社会科学报》暨中国社会科学网编委会。

2月14日　院长王伟光、秘书长高翔陪同中央政治局委员、中央书记处书记、中宣部部长刘奇葆看望王忍之同志。

△院长王伟光、秘书长高翔到邓力群同志家中吊唁。

△副院长李扬、蔡昉出席中国经济50人论坛2015年年会。

2月15日　中国社会科学院领导班子成员王伟光、张江、李扬、李培林、张英伟、蔡昉、高翔等和部分老领导在社科会堂出席2015年度院春节团拜会。

△中国社会科学院领导班子成员王伟光、张江、李扬、李培林、张英伟、蔡昉等和老领导王忍之、王洛林、李慎明、江蓝生、高全立、丁伟志、汝信、滕藤、李英唐、武寅、郭永才出席2015年度老领导春节茶话会。

△院长王伟光、秘书长高翔出席《中华思想通史》项目第8次工作会议。

2月16日　中国社会科学院领导班子成员王伟光、李培林等出席2015年度院马克思主义理论学科建设与理论研究工程工作会议。

2月17日　院长王伟光陪同国务院副总理刘延东看望杨绛先生。

△院长王伟光等出席中央春节团拜会。

△中国社会科学院领导班子成员李培林等在八宝山革命公墓参加邓力群同志遗体告别

仪式。

2 月 25 ~ 27 日 副院长蔡昉出席第十二届全国人大常委会第十三次全体会议。

2 月 26 日 党组书记王伟光主持召开第 340 次党组会议。会议讨论了 2015 年主要工作。

△院长王伟光主持召开 2015 年度第 6 次院务会议。会议审议了《关于我院 2015 年度省部级领导因公临时出国计划》等。

2 月 27 日 院长王伟光、副院长李培林、中央纪委驻院纪检组组长张英伟出席经济学部 2015 年经济形势座谈会。

△院长王伟光出席中央会议。

△副院长李培林在中央党史研究室参加二战国际学术研讨会会前工作会议。

2 月 27 ~ 28 日 副院长李扬出席经济学部 2015 年经济形势座谈会并讲话。

2 月 28 日 院长王伟光、副院长李培林出席全国精神文明建设工作表彰暨学雷锋志愿服务大会。

△副院长蔡昉出席经济学部 2015 年经济形势座谈会。

三 月

3 月 2 日 中国社会科学院领导班子成员王伟光、张英伟等出席“三项纪律”专项巡查工作专题汇报会。张英伟主持会议。

3 月 3 ~ 15 日 副院长李扬、蔡昉出席第十二届全国人民代表大会第三次会议。

3 月 4 日 党组书记王伟光主持召开第 341 次党组会议。会议传达学习了习近平总书记在会见第四届全国文明城市、文明村镇、文明单位和未成年人思想道德建设工作先进代表时发表的重要讲话精神。会议听取了直属机关纪委关于第一轮“三项纪律”专项巡查工作的汇报。会议审议了《关于举办所局级主要领导干部学习习近平总书记系列重要讲话精神及马克思主义著作读书班工作方案》。

△院长王伟光主持召开 2015 年度第 7 次院务会议。会议审议了《关于开展第七届“胡绳青年学术奖”评奖等相关事宜的请示》《关于对应急交办研究任务实行后期资助的意见》《2014 年度应急交办研究任务后期资助经费的请示》《关于使用“中国社会科学院蓝迪国际智库项目”名义的请示》等。

△中央纪委驻院纪检组组长张英伟与来院调研的中央国家机关纪工委副书记吴海英、中央国家机关纪工委正局级纪检员王梅等座谈；主持召开驻院纪检组、监察局、直属机关纪委信访案件专题会议。

3月5日　院长王伟光出席第十二届全国人民代表大会第三次会议开幕式。

3月7日　秘书长高翔列席全国政协十二届三次会议社科32、33组联组会议。

3月10日　副院长李培林列席全国政协十二届三次会议。

3月11日　中央纪委驻院纪检组组长张英伟列席全国政协十二届三次会议。

3月12日　党组书记王伟光在研究生院主持召开第342次党组会议。会议审议了《关于民族学与人类学研究所纪委书记任免的请示》。会议听取了研究生院的工作汇报。

△院长王伟光在研究生院主持召开2015年度第8次院务会议。会议审议了《关于对保密委员会成员进行部分调整的方案》《关于我院研究所学术委员会换届工作有关问题的请示》《关于创新工程综合管理系统（二期）建设使用情况及工作建议》《中国社会科学院人才引进办法》《中国社会科学院人才引进院级专家评审办法》《关于规范我院各类挂职干部生活补贴标准的请示》《关于中国社会科学院中国廉政研究中心承接仪式和廉政研究学科化研讨会的方案》《中国社会科学院党支部建设经费管理办法（修订稿）》《关于中国社会科学院与宁波市战略合作委员会调整有关情况的报告》等。

3月13日　副院长张江列席全国政协十二届三次会议闭幕大会。

3月15日　副院长李培林出席北京师范大学社会学院成立暨社会治理智库建设研讨会；会见广东省人大常委会副主任陈小川一行。

3月16日　院长王伟光主持召开党的意识形态工作和马克思主义阵地建设协调会议。秘书长高翔出席会议。

△中央纪委驻院纪检组组长张英伟出席中央纪委、监察部传达十二届全国人大三次会议和全国政协十二届三次会议精神大会。

3月17日　中国社会科学院领导班子成员王伟光、李培林、张英伟出席中国廉政研究中心承接仪式暨廉政研究学科化研讨会。

3月18日　院长王伟光出席国务院常务会议。

△副院长李扬会见白俄罗斯科学院副院长A.苏卡洛、白俄罗斯共和国基础研究基金会主席S.加波年科、白俄罗斯科学院人文与艺术学部主任A.卡瓦列尼亚一行。

△副院长李培林在四川省成都市出席四川省第八次全省地方志工作会议并讲话。

3月19日　党组书记王伟光在国家方志馆主持召开第343次党组会议暨党组中心组理论学习会议。会议学习讨论了习近平同志在省部级主要领导干部学习贯彻十八届四中全会精神全面推进依法治国专题研讨会上的讲话和习近平同志在中国共产党第十八届中央纪律检查委员会第五次全体会议的讲话。会议研究有关干部人事问题。会议审议了《中国社会科学院工作人员兼职管理办法》。会议听取了马克思主义研究院关于2014年度院属单位“意识形态工作研究报告”和中国地方志指导小组办公室工作情况的汇报。

△院长王伟光在国家方志馆主持召开2015年度第9次院务会议。会议审议了《职能部

门和部分直属单位2014年创新工程绩效考核结果的报告》《关于影视人类学专业人员的创新岗位科研准入补充规定（试行）》《关于2014年科研经费预算执行情况及2015年度科研经费预算编制情况的报告》《关于国家方志馆建设情况的汇报》等。

△院长王伟光出席中央宣传文化单位负责人座谈会。

3月20日　副院长李培林在全国人大法工委参加民法典编纂工作协调小组会议。

3月20～29日　秘书长高翔率代表团出访南非、西班牙、葡萄牙。

3月21日　副院长蔡昉在北京出席中国发展高层论坛2015年年会。

3月24日　院长王伟光出席中央政治局学习活动。

3月25日　中国社会科学院领导班子成员王伟光、张江、李培林在研究生院参加植树活动。

3月26日　党组书记王伟光在俄罗斯东欧中亚研究所主持召开第344次党组会议。会议深入学习讨论了刘奇葆同志在中央宣传文化单位负责人座谈会上的重要讲话，研究提出中国社会科学院贯彻落实讲话精神的具体措施。会议听取了国际研究学部各研究单位关于贯彻落实2015年度院工作会议精神情况、贯彻落实党委集体领导下的所长负责制情况、中国特色新型智库建设情况和“三项纪律”建设情况的汇报。

△院长王伟光在俄罗斯东欧中亚研究所主持召开2015年度第10次院务会议。会议审议了《中国社会科学院处室及以上干部在企业兼职管理办法（暂行）》《中国社会科学院2015年干部统一培训计划》《中国社会科学院研究、出版编辑、图书资料系列岗位任职条件》《专业技术职务评聘制度改革工作有关问题的解释》《关于院创新工程重大科研专项资助项目的请示》《中国社会科学院2015年度学术会议计划》《中国社会科学院2015年第一批创新工程学术出版资助项目和2014年学术年鉴、学科集刊资助项目》《中国社会科学院2015年度外文期刊资助项目》《中国社会科学院关于加强专业化智库建设的若干规定（暂行）》等。

△副院长李培林会见广东省社会科学院院长王珺一行。

3月26～27日　副院长李扬在海南省出席博鳌亚洲论坛2015年年会，并主持普惠金融专题论坛。

3月27日　院长王伟光在北京出席中国地方志工作五届二次会议并作《深入学习贯彻落实习近平总书记系列重要讲话精神，全力推动地方志事业繁荣发展》的讲话。副院长李培林主持会议并传达习近平总书记等中央领导同志近一年来关于地方志工作的重要讲话、批示精神。

△副院长李培林会见法国外交和国家发展部分析、预测和战略中心主任Justin Vaisse一行。

3月28日　副院长张江在研究生院马克思主义学院博士生入学考试现场视察。

△副院长李扬在浙江省出席杭州市政府、中国证券业协会共同主办的中国财富管理论坛并作主题演讲。

3月29日　副院长李培林会见日本防卫大学校长国分良成一行。

△副院长蔡昉参加 2015 年共和国部长义务植树活动。

3 月 30 日～4 月 3 日　院党组举办中国社会科学院所局级主要领导干部学习习近平总书记系列重要讲话精神及马克思主义著作读书班。党组书记王伟光，党组成员张江、李扬、李培林、张英伟、高翔出席读书班。王伟光在开班仪式上作开班动员报告。张英伟作《纪律建设永远在路上——学习习近平同志关于纪律建设重要讲话的体会》报告。院长助理、副秘书长以及院属 56 个单位的 91 名所局级主要领导干部参加读书班。

3 月 30 日～4 月 5 日　副院长蔡昉在北京参加中央专项工作。

3 月 31 日　院长王伟光出席中央会议。

四　月

4 月 2 日　党组书记王伟光主持召开第 345 次党组会议。会议审议了《关于向中央国家机关工会联合会推荐全国劳模人选的请示》《关于任命中共研究生院纪委书记的请示》《关于任命中共信息情报研究院纪委书记的请示》。会议听取了经济学部各研究单位关于贯彻落实 2015 年度院工作会议精神情况、贯彻落实党委集体领导下的所长负责制情况、中国特色新型智库建设情况和“三项纪律”建设情况的汇报。

△院长王伟光主持召开 2015 年度第 11 次院务会议。会议审议了《关于 2015 年度国情调研项目立项的请示》《中国社会科学院关于学部委员等杰出高级专家退休年龄问题的通知》《中国社会科学院专业技术职务任职资格评审工作管理办法》《中国社会科学院事业单位人员聘用办法》《中国社会科学院人员聘用合同》《中国社会科学院 2015 年预算和 2014 年结转结余资金执行计划的编制说明》等。

4 月 7 日　中国社会科学院领导班子成员王伟光、张江、高翔出席审计进点会。

△党组书记王伟光主持召开第 346 次党组会议。会议通报了前一阶段预算执行审计的有关情况，研究讨论了下一个阶段的经济责任审计工作。

4 月 7～8 日　副院长李培林在湖北省武汉市出席中国社会科学院与湖北省人民政府联合主办的“长江论坛”和湖北省地方志工作座谈会。

4 月 8 日　副院长蔡昉在北京出席“一带一路”智库合作联盟理事会成立会议暨专题研讨会。

△秘书长高翔主持召开《历史研究》编委会 2014 年全体会议。

4 月 9 日　党组书记王伟光在考古研究所主持召开第 347 次党组会议。会议传达学习了中央有关文件精神。会议听取了历史学部各研究单位和郭沫若纪念馆关于贯彻落实 2015 年度院工作会议精神情况、贯彻落实党委集体领导下的所长负责制情况、中国特色新型智库建设情况和“三项纪律”建设情况的汇报。

△院长王伟光出席中宣部专题会议。

4月10日 中国社会科学院领导班子成员王伟光、高翔、荆惠民出席《中华思想通史》项目第9次工作会议。

△副院长李扬会见人力资源和社会保障部副部长汤涛一行。

4月13日 院长王伟光、副院长李培林会见上海市社会科学院院长王战一行。

△院长王伟光、副院长李培林会见山东省委常委、常务副省长孙伟，山东大学校长张荣一行。

△副院长李扬在台湾台北市出席由台北大学主办的江丙坤先生学术讲座，并作题为《理解中国经济新常态》的主旨演讲。

△秘书长高翔在江苏省连云港市出席“一带一路”战略和新时期亚非合作——纪念万隆会议60周年高端研讨会并致辞。

4月14日 院长王伟光出席国务院会议。

△党组书记王伟光主持召开第348次党组会议。党组成员张江、李培林、蔡昉、高翔等出席会议。会议研究了干部人事工作。

4月15日 院长王伟光出席国务院会议。

△副院长李扬出席全国人大财经委经济形势分析座谈会。

△副院长李培林在京出席第二部连片特困区蓝皮书《中国连片特困区发展报告(2014～2015)——集中连片特困区城镇化进程、路径与趋势》发布会；在中宣部出席中央文明委员会电视电话会议。

4月16日 党组书记王伟光在法学研究所主持召开第349次党组会议。会议听取了社会政法学部各研究单位关于贯彻落实2015年度院工作会议精神情况、贯彻落实党委集体领导下的所长负责制情况、中国特色新型智库建设情况和“三项纪律”建设情况的汇报。

△院长王伟光在法学研究所主持召开2015年度第12次院务会议。会议审议了《中国社会科学院关于加强中国特色新型智库建设若干规定（暂行）》《关于对我院非实体研究中心予以优化调整的请示》《关于人才引进院级专家评审参评人员资格审查意见及部分单位人才引进计划调整情况的报告》《中国社会科学院2015年科学事业费预算指标说明》《新疆智库经费管理办法》等。

4月16～19日 院长王伟光、副院长李培林在安徽省合肥市出席全国方志主任工作会议，并进行安徽省方志工作调研。

4月17～18日 副院长张江出席当代西方文论的有效性国际高层论坛，致开幕词并作总结讲话。

4月20日 副院长李培林在中宣部出席全国哲学社会科学规划领导小组会议。

4月20～24日　副院长蔡昉出席第十二届全国人大常委会第十四次全体会议。副院长李扬列席会议。

4月20～29日　院长王伟光率团在波兰、保加利亚、塞尔维亚进行学术访问。

4月23日　副院长李扬会见印度智库“观察家研究基金会”和“梵门阁研究所”代表团一行。

△中央纪委驻院纪检组组长张英伟在所局级领导干部读书班上作题为《纪律建设永远在路上——学习习近平同志关于纪律建设重要讲话的体会》的专题报告。

4月25日　副院长李扬在北京出席由中央国债登记结算公司主办的中债指数专家指导委员会第11次会议并发言。

△副院长李培林在上海市复旦大学出席中国社会学政治社会学专业委员会成立大会。

4月27日　副院长李扬出席全国人大财经委金融“十三五”规划专题会议。

△副院长蔡昉出席国家卫生计生委调整完善生育政策工作小组第一次会议。

4月28日　副院长李培林、蔡昉在京出席第三届皮书学术评审委员会暨第六届“优秀皮书奖”评审会。

△秘书长高翔会见《紫光阁》杂志社社长闪伟强一行。

五　月

5月4日　党组书记王伟光主持召开第350次党组会议。会议审议了《关于加强中央纪委派驻机构建设工作培训班主要精神及贯彻落实意见的报告》《关于中央纪委监察部强化监督执纪问责深入纠正“四风”电视电话会议主要精神及贯彻落实意见的报告》《中国社会科学院关于在县处级以上领导干部中开展“三严三实”专题教育方案》。会议决定，蔡昉同志临时分管国际合作局、社会科学文献出版社和智库建设工作。

△院长王伟光主持召开2015年度第13次院务会议。会议听取了关于中国社会科学院中国特色新型智库建设11家先行试点单位工作进展情况、向全国哲学社会科学规划办公室报送国家高端智库建设试点工作方案情况的介绍和研究生院关于上海研究院筹建工作情况汇报。会议审议了《关于研究所优秀科研成果评奖活动相关事项的请示》《关于召开优秀对策信息表彰大会暨信息工作培训会议的请示》《关于我院马克思主义理论学科建设与理论研究工程领导小组组成人员名单调整的请示》等。

5月5日　院长王伟光在天津市静海县出席哲学研究所主办的马克思主义哲学创新与地方经济社会发展理论研讨会。

5月5～10日 副院长李培林在台湾访问。

5月7～8日 院长王伟光在香港出席财经战略研究院与香港特区政府中央政策组联合主办的中国经济运行与政策国家论坛2015。

5月8～11日 秘书长高翔在广西师范大学出席第三届中美学术高层论坛。

5月9～12日 院长王伟光在白俄罗斯访问。

5月11日 副院长李培林会见浙江省委宣传部常务副部长胡坚一行，商议《中国梦与浙江实践》出版事宜。

5月11～13日 中国社会科学院处室干部学习习近平总书记系列重要讲话精神暨“三严三实”专题教育培训班（第一期）在院党校开班。院属各单位150余人参加培训。

5月11～14日 副院长张江、李培林在北京出席2015年国家社科基金项目评审工作会。

5月12日 副院长蔡昉接受英国《经济学家》周刊北京分社记者艾远征采访；在北京出席中央专题会议。

5月12～15日 中央纪委驻院纪检组组长张英伟在黑龙江省开展国情调研。

5月13日 副院长蔡昉会见美国国务院首席经济学家罗德尼·鲁德玛一行。

5月15日 院长王伟光与印度外交部外交秘书贾伊尚卡尔共同签署中国社会科学院与印度外交部《关于设立中印智库论坛的谅解备忘录》；会见湖北省宜昌市委副书记、市长马旭明一行。

△党组书记王伟光主持召开第351次党组会议。会议传达学习了习近平总书记在中央有关会议上的重要讲话。会议讨论了党组成员工作变动情况。王伟光同志宣读《中共中央组织部关于同意免去李扬同志中国社会科学院党组成员职务的通知》和《国务院关于免去李扬同志的中国社会科学院副院长职务的通知》。

△院长王伟光主持召开2015年度第14次院务会议。会议听取了人事教育局关于第十届人才引进院级专家评审情况和国际合作局关于“与国际知名智库交流平台项目”2015年度派出人员名单及相关预算情况的汇报。会议审议了《中国社会科学院2015年科学事业费预算安排方案》等。

△副院长李培林出席拉丁美洲研究所公共安全与社会环境治理国际学术研讨会；出席中国社会科学院与厦门合作项目启动会议。

5月16日 副院长李培林在社会学研究所出席《社会蓝皮书》春季形势分析会议。

5月17日 秘书长高翔在北京师范大学出席第五届中国社会治理论坛并致辞。

5月18日 院长王伟光出席中央统战工作会议第一次全体会议。

△副院长李培林会见青海省社会科学院院长陈玮一行。

△副院长蔡昉在河北省廊坊市出席京津冀产业创新协同发展高端会议。

5月19日 副院长张江出席中宣部会议。

△副院长李培林在广东省广州市出席广东省第七次地方志会议并讲话。

△副院长蔡昉出席中国社会科学院国际合作局、俄罗斯东欧中亚研究所、俄罗斯联邦独联体研究所共同主办的中俄战略协作新阶段暨上合组织发展前景国际研讨会并致辞。

△秘书长高翔会见青海省社会科学院院长陈玮一行。

5 月 21 日　党组书记王伟光主持召开第 352 次党组会议。会议传达学习了中央统战工作会议和有关文件精神，研究讨论了党组成员工作分工和干部人事工作并对全院所局级干部 2014 年度工作进行了测评。会议审议了《中国社会科学院“三项纪律”专项巡查 2015 年工作方案》《马克思主义学术网军建设方案》《中国社会科学院思想理论写作组工作方案》。会议听取了文学哲学学部各研究单位关于贯彻落实 2015 年度院工作会议精神情况、贯彻落实党委集体领导下的所长负责制、中国特色新型智库建设和“三项纪律”建设情况的汇报。

△院长王伟光主持召开 2015 年度第 15 次院务会议。会议审议了《第十届人才引进院级专家评审报告》《中国社会科学院 2015 年领导干部经济责任审计工作方案》《社会学研究所、社会发展战略研究院、新闻与传播研究所 2015 年度院重大社会调查项目报告》等。

△院党组在社科会堂举办“三严三实”专题党课报告会暨“三严三实”专题教育动员部署会议。党组书记王伟光作“三严三实”专题党课报告。党组成员张江、李培林、张英伟、蔡昉、高翔等出席会议。院长助理、副秘书长、院副局以上领导干部，职能部门副处以上领导干部，院属各单位党办主任、第三期处室级干部学习习近平总书记系列重要讲话专题培训班学员 500 余人参加会议。

5 月 22 ~ 23 日　秘书长高翔在上海市出席第四届中国语言学研究方法与方法论问题学术讨论会并讲话。

5 月 23 ~ 24 日　副院长蔡昉在湖北省武汉市出席由中国社会科学院、全国博士后管理委员会和中国博士后科学基金会主办，中国社会科学院博士后管理委员会、人口与劳动经济研究所承办的第十届中国博士后经济学论坛（2015）和人口与劳动经济研究所与湖北经济学院联合召开的 2015 年青年学者论坛。

5 月 24 日　副院长李培林出席日本研究所第六届全国日本研究杂志研讨会。

5 月 25 日　院长王伟光会见韩国新任驻华大使金章洙一行。

5 月 26 日　中国社会科学院领导班子成员王伟光、张江、李培林、张英伟、蔡昉、高翔等出席院 11 家智库启动仪式。王伟光、蔡昉讲话并共同启动智库。

△院长王伟光会见伊朗最高领袖阿里·哈梅内伊顾问韦拉亚提一行。

5 月 28 日　党组书记王伟光在当代中国研究所主持召开第 353 次党组会议。会议听取了马克思主义研究学部各研究单位关于贯彻落实 2015 年度院工作会议精神情况、贯彻落实党委集体领导下的所长负责制情况、中国特色新型智库建设情况和“三项纪律”建设情况的汇报。

△院长王伟光在当代中国研究所主持召开 2015 年度第 16 次院务会议。会议审议了《关于成立中国社会科学院当代中国文艺理论研究中心的请示》《关于成立中国先秦两汉文

学学会的请示》《2015 年全院国际交流合作项目经费预算方案》《2015 年度创新工程资助国际交流合作项目经费预算计划》《中国社会科学院优秀科研成果奖励办法》等。

△院长王伟光、秘书长高翔出席《中华思想通史》项目第 10 次工作会议。

5 月 29 日　院长王伟光出席中国边疆研究所更名座谈会。

△院长王伟光出席院第一批离退休学部委员座谈会并讲话。

5 月 31 日～6 月 9 日　副院长张江率团在俄罗斯、法国、德国进行学术访问。

六　月

6 月 1 日　中国社会科学院领导班子成员王伟光、李培林、张英伟、蔡昉、高翔等分别与国家审计署驻院经济责任审计组组长、总审计师李晓钟谈话。

△秘书长高翔在中央网信办出席学习贯彻习近平总书记重要批示精神工作协调会。

6 月 3 日　院长王伟光、秘书长高翔出席中国社会科学院思想理论写作组第一次会议并讲话。

△院长王伟光会见印度驻华大使康特一行。

△秘书长高翔会见西藏自治区社会科学院副院长段胜前一行。

6 月 4 日　党组书记王伟光在中国社会科学出版社主持召开第 354 次党组会议。会议传达学习了中央有关文件。会议审议了《中央纪委驻院纪检组关于进一步规范我院基层党组织活动的建议》。会议听取了院属出版单位关于贯彻落实 2015 年度院工作会议精神情况、贯彻落实党委集体领导下的所长（社长）负责制情况、中国特色新型智库建设情况、出版经营情况和"三项纪律"建设情况的汇报。

△院长王伟光在中国社会科学出版社主持召开 2015 年度第 17 次院务会议。会议审议了《关于进一步加强专家联系服务工作的意见》《关于上海研究院聘用人员津贴标准有关问题的请示》《中国社会科学院 2015 年度信息化经费预算分配意见》等。

△副院长李培林在上海大学主持召开上海研究院院长办公会议。

△副院长蔡昉出席《美国研究报告（2015）》发布会并致辞。

6 月 5 日　院长王伟光、副院长李培林在上海市出席上海研究院挂牌仪式并进行地方志工作调研。

△副院长蔡昉主持召开健全城乡发展一体化体制机制专家座谈会；出席中国社会科学出版社《国家智库报告》新书发布会。

6 月 5～6 日　秘书长高翔在南开大学出席第二届青年史学家论坛并讲话。

6 月 7 日　副院长李培林在江苏省吴江市出席《开弦弓村志》首发暨中共吴江党史陈列展揭幕

仪式。

6月8日　副院长蔡昉出席中央会议。

6月8～11日　中央纪委驻院纪检组组长张英伟率队在湖北省就党风廉政建设和反腐败工作进行专题调研。

6月11日　党组书记王伟光主持召开第355次党组会议。会议听取了人事教育局关于金融研究所落实党组会议决定有关情况的汇报。会议审议了《关于同意中共民族学与人类学研究所委员会和纪律检查委员会选举结果的批复》。会议研究了院暑期专题工作会议事宜。

△党组书记王伟光主持召开第356次党组会议。会议专题传达学习了中央有关文件。

△院长王伟光主持召开2015年度第18次院务会议。会议审议了《关于46种院外皮书使用"中国社会科学院创新工程学术出版项目"标识的请示》《关于院党组交办委托课题〈简明中国近代史读本〉立项的请示》《中国社会科学院科研成果后期资助实施办法（试行）》。会议听取了人事教育局关于中国社会科学院2015年国家百千万人才工程人选选拔工作情况的汇报。

△副院长李培林在北京主持召开上海研究院课题任务布置讨论会。副院长蔡昉出席会议。

6月12日　院长王伟光会见安徽省亳州市委常委、宣传部长杜爱玉，副市长王玉玺一行。

△院长王伟光出席中宣部副部长、中央政策研究室副主任王晓晖来院调研新型智库建设情况座谈会。副院长蔡昉主持会议。

△副院长李培林出席中国文联举办的《中国非物质文化遗产百科全书》首发式暨出版座谈会。

6月12～13日　秘书长高翔在成都大学出席民族复兴视野中的郭沫若学术研讨会并讲话。

6月15日　党组书记王伟光主持召开第357次党组会议。会议研究了中纪委、中组部有关函询事宜。

△副院长蔡昉出席第四届全球能源安全智库论坛暨《世界能源发展报告2015》发布会并致辞。

6月16日　院长王伟光、秘书长高翔陪同李铁映同志看望杨绛先生。

6月16～18日　副院长李培林在上海市出席第11次中越两党理论研讨会。

6月18日　院长王伟光出席院经济政策研究中心第二次学术委员会会议。

△党组书记王伟光主持召开第358次党组会议。此次会议同时也是2015年第2季度党组中心组理论学习会和"三严三实"第一专题学习研讨会。会议首先进行了党组中心组理论学习。会议审议了《关于中共财经战略研究院委员会和纪律检查委员会选举结果的批复》。会议传达了中央纪委一室、三室、四室联系单位纪检组长（纪委书记）会议精神。会议研究讨论了有关干部人事问题和暑期专题工作会议事宜。

△院长王伟光主持召开2015年度第19次院务会议。会议审议了《关于授予俄罗斯科学院院士米哈伊尔·列昂季耶维奇·季塔连科“中国社会科学院荣誉学部委员”称号的请示》《研究生院2015年预算报告》《关于组建“中国中东欧国家智库交流与合作网络”的请示》等。

△院长王伟光在北京出席山西·陶寺遗址考古成果新闻发布会并讲话。

6月19日 院长王伟光等会见中央纪委驻中宣部纪检组组长傅自应一行。中央纪委驻院纪检组组长张英伟主持中宣部纪检组来院调研座谈会。

△副院长张江主持召开院博士后文库评审会并讲话。

△副院长蔡昉出席纪念哲学社会科学学部成立60周年座谈会并讲话。

6月22日 秘书长高翔陪同北京市副市长兼公安局长王小洪视察院安全保卫工作。

6月23日 院长王伟光出席中央会议。

△副院长张江会见参加中国社会科学院与日本学术振兴会共同举办的“变革时代的协调发展战略：中日学术研讨会”的外国学者。

△副院长蔡昉出席第十二届全国人民代表大会农业与农村委员会第十三次全体会议。

6月23～26日 秘书长高翔在澳门大学出席第四届澳门学国际学术研讨会并致辞。

6月24日 院长王伟光、副院长李培林在天津市进行地方志工作调研。

△副院长李培林出席新闻与传播研究所《新媒体蓝皮书》发布会并讲话。

6月24日～7月3日 副院长蔡昉率团访问俄罗斯、匈牙利、罗马尼亚。

6月25日 党组书记王伟光主持召开第359次党组会议。会议学习讨论了《中国共产党党组工作条例（试行）》。会议传达学习了刘云山同志在马克思主义理论研究和建设工程工作座谈会上的讲话精神和中央有关文件精神。会议审议了《关于中共法学研究所、国际法研究所联合委员会和纪律检查委员会换届选举结果的批复》等。

△院长王伟光主持召开2015年度第20次院务会议。会议审议了《中国社会科学院2015年度“三严三实”专题教育暨创新工程制度建设暑期工作会议筹备方案》《关于创新工程2015年度资助国际交流合作新增重点项目的请示》《中国社会科学院关于进一步规范因公临时赴港澳管理的规定》等。

△副院长李培林出席社会科学文献出版社“一带一路”研究系列报告暨“一带一路”专题数据库发布会并讲话。

6月25～27日 院长王伟光在内蒙古自治区阿拉善出席内蒙古绿色发展高层论坛。

6月26日 副院长张江出席2015届研究生毕业典礼暨学位授予仪式并致辞。

6月29日 副院长张江主持召开文哲学部文学专业技术资格评审会。

△副院长李培林出席中央国家机关工委运动会开幕式。

△秘书长高翔主持召开历史学部专业技术资格评审会；出席《中华思想通史》项目第

11 次工作会。

6 月 30 日　副院长张江出席中韩人文交流政策论坛开幕式并致辞。

△副院长李培林主持召开 2015 年度社会政法学部专业技术资格评审会；出席地方志办公室和方志出版社全体人员会议，宣布院党组关于任命赵芮为中国地方志指导小组秘书长兼办公室主任的决定。

七　月

7 月 1 日　中国社会科学院领导班子成员王伟光、李培林、张英伟、高翔、荆惠民出席院加强党的意识形态工作、建设马克思主义坚强阵地经验交流会。

7 月 2 日　党组书记王伟光主持召开第 360 次党组会议。会议研究讨论了干部人事问题。

△院长王伟光主持召开 2015 年度第 21 次院务会议。会议审议了《关于批准中国地方志指导小组办公室“中国方志网”项目立项的请示》。会议听取了考古研究所关于引进学术科研团队计划的汇报。

△院长王伟光主持召开 2015 年度第 2 次院长办公会议。会议听取了职能部门、马研学部、直属单位关于 2015 年上半年相关工作落实情况的汇报和马克思主义理论创新智库、意识形态研究智库、财经战略研究院、国家金融与发展实验室、生态文明研究智库、国家治理研究智库、新疆智库、中国文化研究中心、国家全球战略研究智库、世界经济与政治研究所、中国廉政研究中心等 11 家专业化智库关于 2015 年上半年相关工作落实情况的汇报。

7 月 3 日　中国社会科学院领导班子成员王伟光、李培林、张英伟、高翔出席 2014 年度中国社会科学院优秀对策信息表彰大会暨信息报送工作培训会议。

△副院长张江出席财经战略研究院跟踪审计与政策评估论坛并致辞。

7 月 4 日　秘书长高翔在四川省成都市出席加强领导班子思想政治建设构建良好政治生态研讨会并发言。

7 月 6 日　院长王伟光在京出席中央党的群团工作会议。

△副院长蔡昉出席中国社会科学院和文化部联合举办的 2015“青年汉学家研修计划”开班仪式并致辞。

7 月 6 ~ 7 日　副院长李培林在安徽省亳州市出席中国社会科学院与《光明日报》、安徽省委宣传部联合主办的老庄思想与社会治理研讨会并致辞。

7 月 7 日　院长王伟光出席中央会议。

7月8日　秘书长高翔主持召开院保密形势报告会暨保密、档案工作会议并讲话。

7月9日　院长王伟光主持召开2015年度第22次院务会议。会议审议了《中国社会科学院关于调整事业单位工作人员基本工资标准的实施办法》《关于调整在职人员基本工资标准有关情况的说明》等。

△院长王伟光主持召开2015年度第3次院长办公会议。会议听取了科研局、人事教育局关于2015年上半年贯彻落实《中国社会科学院关于加强科研学风、文风、作风建设的若干要求》《中国社会科学院关于加强院属单位领导班子建设的若干规定》和《中国社会科学院研究所领导干部坐班暂行规定》情况的汇报。

△副院长张江在全国宣传干部学院，为全国文艺评论界学习贯彻落实习近平总书记文艺座谈会重要讲话精神培训班作报告。

△中央纪委驻院纪检组组长张英伟在内蒙古自治区出席第十八届全国社会科学院院长联席会议并讲话。

7月10日　院长王伟光主持召开专题会议，研究有关工作。院领导班子成员张江、蔡昉等出席会议。

△副院长蔡昉出席《中国经济学年鉴2013》出版暨《年鉴》发展战略研讨会。

7月10～11日　副院长李培林在湖南省长沙市出席湖南省社会科学院智库成果发布会并讲话；在长沙、岳阳等市调研湖南省地方志工作；在长沙市分别出席中国社会学会2015年学术年会开幕式和社会学期刊论坛并讲话。

△秘书长高翔在黑龙江省抚远县出席“唯物史观与当代史学”第十四届史学理论研讨会并讲话。

7月10～12日　院长王伟光、副院长张江在山东省威海市出席中国社会科学院第二届马克思主义文艺理论论坛暨“马克思主义文学批评的理论与实践”研讨会。

7月14日　中共中央政治局委员、中央书记处书记、中宣部部长刘奇葆到中国社会科学院调研，考察了近代史研究所，听取了有关情况介绍，并与专家学者进行了座谈。院领导班子成员王伟光、张江等陪同考察并出席座谈会。院领导班子成员李培林、张英伟、蔡昉、高翔等出席座谈会。

△院长王伟光会见国际能源署候任署长法提赫·比罗尔一行。

△副院长蔡昉在京出席新西兰副总理兼财政部长比尔·英格利希举办的“中国知名经济学家早餐会”；会见罗马尼亚国务秘书拉杜·波德哥瑞安一行。

7月15日　院长王伟光出席国务院常务会议。

△秘书长高翔会见中央网信办传播局局长姜军一行。

7月15～18日　中央纪委驻院纪检组组长张英伟带队在云南省调研党风廉政建设和反腐败工作。

7月16日　党组书记王伟光主持召开第361次党组会议。会议传达学习了中央党的群团工作会议精神、习近平总书记在中央党的群团工作会议上重要讲话精神和中共中央政治局常委、中央纪委书记王岐山关于加强和改进纪律审查工作的讲话。会议学习讨论了中共中央政治局委员、中央书记处书记、中宣部部长刘奇葆7月14日在中国社会科学院调研时的重要讲话精神，研究提出了贯彻落实会议精神的工作方案和具体措施。会议审议了《关于2014年度所局级干部考核评优的报告》，会议听取了关于共青团、工会、妇联、统战等相关工作情况的汇报。

△院长王伟光主持召开2015年度第23次院务会议。会议审议了《关于调整学部委员基本工资有关问题的请示》等。

7月17日　院长王伟光在云南省昆明市出席马克思主义哲学中国化时代化大众化理论研讨会，并开展地方志工作调研。中央纪委驻院纪检组组长张英伟出席研讨会。

7月18～19日　秘书长高翔在国家行政学院参加省部级领导干部对外信息发布专题讲座。

7月20日　副院长李培林在八宝山革命公墓参加成思危同志遗体告别仪式；出席华侨华人·中外关系书系暨《风云论道——何亚非谈变化中的世界》新书发布会，并商谈首届“全球华人人文高峰论坛”工作方案。

7月21日　副院长张江在北京出席中国社会科学杂志社当代中国文学批评的现状与发展趋势学术研讨会。

△副院长李培林出席中宣部纪念抗战70周年筹备工作专题会议。

△副院长蔡昉会见澳大利亚驻华大使孙芳安一行。

7月22日　副院长李培林出席胡绳青年学术奖评奖专题会议。

△中央纪委驻院纪检组组长张英伟出席院“三项纪律”专题教育报告会暨“三项纪律”建设学习教育月活动部署会议并讲党课，对开展“三项纪律”建设学习教育月活动进行动员部署。

7月23日　党组书记王伟光主持召开第362次党组会议。会议审议了《党组中心组“三严三实”第二专题学习研讨方案》《中国社会科学院2015年经费检查实施方案》《关于移交党组党风廉政建设主体责任日常工作以及直属机关纪委、审计室有关事项的方案》《关于贯彻落实中共中央政治局委员、中央书记处书记、中宣部部长刘奇葆同志在中国社会科学院调研时重要讲话精神工作方案》。会议听取了直属机关党委关于中国社会科学院贯彻落实中央党的群团工作会议、统战工作会议精神和习近平总书记在中央党的群团工作会议、统战工作会议上的重要讲话精神及中央纪委驻院纪检组有关信访案件的情况汇报。

△院长王伟光主持召开2015年度第24次院务会议。会议审议了《关于院属企业“老人”参加企业养老保险等问题的报告》《关于继续举办“长江论坛”的请示》等。

△副院长蔡昉会见塔吉克斯坦外长阿斯洛夫一行并主持演讲会。

7月24日　中央纪委驻院纪检组组长张英伟在北京出席中华全国青年联合会第十二届委员会全

体会议、中华全国学生联合会第二十六次代表大会开幕式。

△副院长蔡昉出席中国国家资产负债表 2015 发布暨国际研讨会并致辞；出席 2015 年“青年汉学家研修计划”结业仪式并致辞；出席中国社会科学院生态文明建设智库系列成果发布会并致辞。

△秘书长高翔在财经战略研究院出席财贸经济笔会 2015 暨创刊 35 周年座谈会并致辞。

7 月 24 ~ 25 日　副院长李培林在贵州省贵阳市调研地方志工作；出席“中国·贵州第三届后发赶超”论坛并讲话。

7 月 27 ~ 30 日　中国社会科学院召开“三严三实”专题教育暨“创新工程制度建设”暑期专题工作会议。院领导班子全体成员出席会议。院长王伟光作动员讲话和总结讲话。

7 月 31 日　党组书记王伟光主持召开第 363 次党组会议暨 2015 年第二季度党组中心组理论学习会和“三严三实”第二专题学习研讨会。会议审议了《关于成立落实审计意见整改工作领导小组的请示》《关于中共俄罗斯东欧中亚研究所委员会和纪律检查委员会换届选举的报告》。会议研究了近期工作安排。

△院长王伟光主持召开 2015 年度第 25 次院务会议。会议审议了《语言研究所落实国家审计署关于〈现代汉语词典〉等辞书版税问题意见的整改办法》《关于〈中华传统文化扬弃研究〉项目经费预算的报告》等。

八　月

8 月 1 日　副院长蔡昉在河北省出席 2015 年崇礼中国城市发展论坛。

8 月 2 日　副院长蔡昉在北京出席第八届中国管理科学大会。

8 月 3 日　院学部主席团、历史学部、近代史研究所和湖北人民出版社共同主办的“纪念刘大年先生诞辰 100 周年学术座谈会”在北京举行。院长、学部主席团主席王伟光出席会议并讲话。秘书长高翔主持开幕式。中共中央文献研究室原常务副主任金冲及、中共中央党史研究室原副主任章百家出席会议。

△副院长李培林会见黑龙江省社会科学院原党委书记艾书琴一行。

△副院长蔡昉在北京出席中东欧国家高级别官员访华团专题班开班式并致辞。

8 月 6 日　副院长蔡昉接受中央电视台采访。

8 月 6 ~ 7 日　副院长李培林在湖北省恩施市出席第 16 次全国皮书年会（2015）。

8 月 10 日　院长王伟光在新疆维吾尔自治区乌鲁木齐市、克拉玛依市分别出席新疆维吾尔自治区成立60周年理论研讨会和中巴经济走廊（新疆·克拉玛依）论坛。

8月15日　副院长李培林在云南省昆明市出席第十届中国社会学博士后论坛暨第二届青年学术论坛并讲话。

△副院长蔡昉在山东省滨州市出席生态经济研究前沿国际高层论坛并致辞。

8月16日　副院长蔡昉出席“中国社会科学论坛——战后日本70年：轨迹与走向”国际学术研讨会并致辞。

8月17日　党组书记王伟光主持召开第364次党组会议。会议讨论了中央有关文件。会议审议了《中国社会科学院关于加强统一战线工作的意见》等。

△院长王伟光主持召开2015年度第26次院务会议。会议审议了《关于湖北省人民政府与我院联合主办“中国社会科学论坛（2015·经济学）——三峡城市群·长江经济带”的请示》《中国社会科学院——中国中央电视台合作框架协议》《关于贵州省委宣传部邀请我院与人民日报社、贵州省委共同主办理论研讨会的请示》等。

8月18日　副院长李培林在京出席行业协会、商会与行政机关脱钩全国电视电话会议。

△秘书长高翔在北京出席首届全国产业经济学博士后论坛并致辞；主持召开院首届唯物史观与马克思主义史学理论论坛筹备会议。

8月19日　院领导班子成员王伟光、高翔等出席院思想理论写作组第二次会议。

△院长王伟光、副院长李培林分别会见山东省方志办主任刘爱军一行。

8月20日　副院长蔡昉出席中央财经领导小组办公室专题会议。

8月21日　院长王伟光在内蒙古自治区呼和浩特市出席中国第4届蒙古学国际学术研讨会。

△副院长蔡昉出席由中国边疆研究所主办的“中国社会科学论坛（2015）：‘一带一路’与周边国际区域合作”研讨会并致辞。

8月22～23日　院长王伟光、副院长李培林在山东省济南市出席第22届国际历史科学大会。

8月24日　院长王伟光在京出席中央第六次西藏工作座谈会。

△副院长李培林在山东省济南市出席第22届国际历史科学大会。

△副院长蔡昉出席2015年“中国图书对外推广计划”外国专家座谈会并致辞。

8月24～26日　中央纪委驻院纪检组组长张英伟在青海省进行党风廉政建设调研。

8月24～29日　副院长蔡昉出席十二届全国人大常委会第十六次会议。

8月25日　院长王伟光等在北京出席《中华思想通史》项目第12次工作会议。

8月26日　院长王伟光出席国务院常务会议。

△副院长李培林为中央宣传部干部培训班作题为“关于当前社会发展形势与展望”的报告。

8月27日　党组书记王伟光主持召开第365次党组会议。会议传达学习了中央西藏工作会议精神，审议了《中国社会科学院关于加强和改进党的群团工作的实施意见》等。

△院长王伟光主持召开2015年度第27次院务会议。会议审议了《中国社会科学院管理企业负责人考核评价办法》《中国社会科学院管理企业负责人薪酬制度改革实施方案》《关于部分院级非实体研究中心2015年度经费需求预算的报告》《中国社会科学院对外交流合作信息台账登录考核办法（试行）》《中国社会科学杂志社关于创办英文刊物的调研报告》等。

8月28日　院长王伟光、副院长张江、原副院长武寅和求是杂志社社长李捷、中央统战部副部长斯塔、中央党校副校长黄浩涛等出席由科研局、民族学与人类学研究所、中国社会科学出版社共同主办的民族地区经济社会协调发展与全面小康社会建设——《中国民族地区经济社会调查报告》首批图书出版座谈会。王伟光、李捷、斯塔、黄浩涛讲话。张江主持发布会。

△副院长李培林出席抗战胜利70周年纪念活动新闻中心记者会。

8月29日　副院长李培林在贵州省贵阳市出席"守底线、走新路、奔小康——深入学习习近平总书记视察贵州重要讲话精神理论研讨会"。

8月31日　院长王伟光出席中央会议。

九　月

9月3日　院领导班子成员王伟光、张江、李培林、张英伟、蔡昉、高翔等在天安门广场观礼台出席纪念中国人民抗日战争暨世界反法西斯战争胜利70周年大会。

9月4日　院长王伟光主持召开专题会议，研究部署有关工作。

△副院长蔡昉出席首届中白学术论坛"中国和白俄罗斯在世界反法西斯战争中的作用与贡献"。

9月6日　院长王伟光主持召开专题会议，研究部署有关工作。

9月9日　副院长张江出席中国社会科学杂志社当代中国文学的现状与思潮学术研讨会。

△副院长蔡昉出席国际能源署署长法提赫·比罗尔演讲会并致欢迎词。

9月10日　党组书记王伟光主持召开第366次党组会议。会议传达学习了习近平总书记和其他中央领导同志有关重要讲话和中央纪委有关文件精神。会议审议了有关人事问题。

△院长王伟光主持召开2015年度第28次院务会议。会议审议了《中国社会科学院2015年第三批创新工程学术出版资助项目、大型学术出版后期资助项目、皮书资助项目、博士后文库项目评审情况的报告》《关于中国社会科学院加入国际哲学与人文科学理事会的

请示》《关于研究确认上海研究院职能定位和管理方式的请示》《关于中国社会科学院与相关单位共同主办中国徽文化论坛2015——“徽商文化与当代价值”学术研讨会的请示》等。

△中央纪委驻院纪检组组长张英伟出席中欧廉政智库高端论坛。

9月11日　召开院统战暨党的群团工作会议。党组书记王伟光出席并讲话。

△副院长李培林出席学习贯彻《全国地方志事业发展规划纲要（2015～2020年）》动员部署会议并讲话。

△副院长蔡昉出席“新常态与发展质量——从深圳质量看适应和引领新常态”理论研讨会；出席2015年中欧大使论坛暨欧洲蓝皮书发布会并致辞。

9月11～13日　院长王伟光、秘书长高翔在四川大学出席第九届中国社会科学前沿论坛。

9月14～15日　副院长李培林在广西壮族自治区南宁市进行广西地方志工作调研；出席第八届中国—东盟智库论坛并讲话。

9月15日　院长王伟光在湖北省宜昌市出席三峡城市群·长江经济带国际研讨会。

△中央纪委驻院纪检组组长张英伟主持召开“三项纪律”专项巡查阶段性工作汇报会。

△副院长蔡昉会见墨西哥国立自治大学代表团。

9月16日　院长王伟光出席国务院常务会议。

△副院长张江出席研究生院2015～2016学年开学典礼。

△副院长李培林出席第七届胡绳青年学术奖初评结果审议会。

△秘书长高翔在京出席《马克思主义理论学科期刊报告（2015）》发布会并讲话。

9月16～18日　中央纪委驻院纪检组组长张英伟在江西省进行党风廉政建设专题调研。

9月17日　党组书记王伟光主持召开第367次党组会议。会议传达学习了中央有关文件精神。会议审议了关于对《中共中央办公厅关于对〈中国共产党廉洁自律准则〉（修订征求意见稿）和〈中国共产党纪律处分条例〉（修订征求意见稿）征求意见的通知》的反馈和《关于对2014年度考核优秀干部进行奖励的请示》等文件。

△院长王伟光主持召开2015年度第29次院务会议。会议审议了《关于批准中国社会科学评价中心两个信息化项目立项的请示》等。

9月17～22日　副院长蔡昉率团访问台湾，出席中国大陆“十三五”期间开展两岸经贸合作策略研讨会。

9月18日　院长王伟光、秘书长高翔在北京出席院首届唯物史观与马克思主义史学理论论坛。

△副院长张江出席中宣部“中国社会科学词条库”工作领导小组第一次会议。

9月18～19日　副院长李培林在西藏自治区林芝市进行西藏自治区地方志工作调研。

9月19～22日　院长王伟光在西藏自治区林芝市进行西藏自治区地方志工作调研。

9月21～22日　副院长李培林在云南省昆明市出席中国—老挝两党理论研讨会。

9月22～23日　中国社会科学院与泛美开发银行在北京联合召开主题为“公共部门高级管理

者领导力与能力建设”的第二届中拉政策与知识高端研讨会。院长王伟光会见来自拉美和加勒比地区以及泛美开发银行的重要与会嘉宾，并在开幕式上致辞，中央党校副校长黄浩涛致辞，国家行政学院常务副院长马建堂作主旨发言。

9月23日　副院长李培林在浙江省杭州市出席中国社会科学院与浙江省委联合召开的《中国梦与浙江实践》理论研讨会暨新书发布会。

△中央纪委驻院纪检组组长张英伟出席中央纪委纪检监察干部监督工作座谈会。

9月23～27日　秘书长高翔随中央代表团在俄罗斯出席“共同胜利的70周年”纪念活动。

9月24日　党组书记王伟光主持召开第368次党组会议。会议传达学习了中共中央政治局常委、中央纪委书记王岐山同志在纪检监察干部监督工作座谈会上重要讲话精神。会议审议了《关于贯彻落实〈中国共产党党组工作条例〉（试行）的若干意见》《中国社会科学院领导班子议事规则和会议制度》（修订稿）、《中国社会科学院领导班子四项自律要求》（修订稿）、《关于我院首批赴甘肃挂职干部期满考核工作方案》《关于首批到院职能部门、研究生院实践锻炼人员期满考核工作方案》《关于选派年轻干部参加实践锻炼的实施方案（2015～2016）》《中国社会科学院院属单位纪检干部配备方案》《关于移交和加强招标监督工作的报告》《中国共产党中国社会科学院研究所委员会工作条例》（修订稿）、《中国社会科学院研究所所长工作条例》等。

△院长王伟光主持召开2015年度第30次院务会议。会议审议了《关于院属事业单位编制内人员在岗情况清查及有关意见和建议的报告》等。

△副院长蔡昉会见中国国际贸易促进委员会副会长尹宗华一行。

9月25日　中国社会科学院第六届职工运动会在研究生院举行。院领导班子成员王伟光、张江、李培林、张英伟、蔡昉等出席。院属55个单位的2000余名职工参加运动会。

9月29日　院领导班子成员王伟光、张江、张英伟出席俄罗斯东欧中亚研究所成立50周年暨学科建设研讨会。

△副院长蔡昉出席2015年中国城市发展高峰论坛暨《城市蓝皮书No.8》发布会。

9月30日　党组书记王伟光主持召开第369次党组会议。会议研究讨论了有关干部人事问题和有关人才引进事宜。会议审议了《关于中共农村发展研究所委员会增补委员选举结果的批复》等。

△院长王伟光主持召开2015年度第31次院务会议。会议审议了《关于就我院有关人员2014年考核评优相关问题进行责任认定情况的报告》《关于“我国南海维权关键历史证据研究”立项及资助的请示》《关于联合召开“亚洲文明对话国际学术研讨会”的请示》《中国社会科学院思想理论写作组工作办法（试行）》（修订稿）等。

△院领导班子成员王伟光、张江、高翔看望陈奎元同志。

十　月

10月8日　院长王伟光主持召开2015年度第4次院长办公会议。会议听取了办公厅关于2015年第3季度贯彻落实《中共中国社会科学院党组关于贯彻落实〈十八届中央政治局关于改进工作作风、密切联系群众的八项规定〉的意见》《中国社会科学院关于改进机关工作作风的若干规定》的情况，相关责任单位2015年第3季度落实各项督办任务情况，以及领导干部请销假、严格会场纪律等有关情况的汇报；科研局关于2015年第3季度贯彻落实《中国社会科学院关于加强科研学风、文风、作风建设的若干要求》《中国社会科学院关于加强中国特色新型智库建设的若干意见》《中国社会科学院中国特色新型智库建设2015年先行试点方案》情况以及其他相关工作落实情况的汇报；人事教育局关于2015年第3季度贯彻落实《中国社会科学院关于加强院属单位领导班子建设的若干规定》《中国社会科学院研究所领导干部坐班暂行规定》情况的汇报；国际合作局关于2015年第3季度院属各单位所局现职领导干部因公出国（境）情况的汇报；马克思主义研究院关于2015年第3季度贯彻落实《关于加强党的意识形态工作建设马克思主义坚强阵地的意见》情况的汇报；信息情报研究院关于2015年第3季度贯彻落实《关于加强全院信息报送工作的意见》及各项工作落实情况的汇报和财务基建计划局、基建工作办公室、研究生院、图书馆、信息化管理办公室关于2015年第3季度相关工作落实情况的汇报。

10月10日　副院长李培林出席第七届胡绳青年学术奖评审委员会。

10月10～13日　院长王伟光在甘肃省看望院挂职锻炼干部。

10月11日　副院长李培林在黑龙江省哈尔滨市出席“一带一路”与“欧亚经济联盟”对接暨第二届中俄经济合作高层智库研讨会并致辞。

10月12日　副院长李培林在黑龙江省哈尔滨市出席中蒙俄经济走廊龙江陆海丝绸之路经济带建设高层论坛并讲话；考察黑龙江省地方志工作。

△副院长蔡昉在云南省出席第六届西南论坛“‘一带一路’战略与西南边疆的开放、稳定与发展”并致辞。

10月13日　院长王伟光出席国务院经济形势座谈会。

△秘书长高翔在扬州大学出席第二届“当代中国文论：反思与重建”高级学术研讨会开幕式并致辞。

10月13～14日　副院长张江在扬州大学出席第二届“当代中国文论：反思与重建”高级学术研讨会并作主题发言。

10 月 14 日　院长王伟光出席国务院常务会议。

△院长王伟光主持召开 2015 年度第 5 次院长办公会议。会议听取了中国社会科学杂志社、服务中心、中国特色社会主义理论体系研究中心、中国社会科学评价中心、郭沫若纪念馆关于 2015 年第 1 ～ 3 季度各项工作落实情况的汇报。

10 月 15 日　党组书记王伟光主持召开第 370 次党组会议。会议传达学习了中央有关文件和中国社会科学院《党委（党组）意识形态工作责任制实施办法》。会议审议了中国社会科学院关于贯彻执行《党委（党组）意识形态工作责任制实施办法》的意见。

△院长王伟光主持召开 2015 年度第 32 次院务会议。会议审议了《关于“中外哲学典籍大全”项目立项和向有关部门申请经费资助的请示》《关于海洋法与海洋事务研究中心由国际法研究所所属研究中心改为院属研究中心的请示》《关于创新工程科研岗位准入条件有关问题的请示》《关于我院与中国宋庆龄基金会签署战略合作协议的请示》《关于第七届“胡绳青年学术奖”评审委员会会议情况的说明和对获奖成果进行公示的请示》等。

10 月 16 日　副院长李培林出席国务院扶贫办召开的 2015 减贫与发展高层论坛。

△副院长蔡昉主持召开经济学部专家座谈会，研究 2016 年经济工作思路和重点任务、主要政策措施；会见香港中文大学副校长张妙清一行。

10 月 16 ～ 17 日　由中国社会科学院世界社会主义研究中心、中联部当代世界研究中心和中国文化软实力研究中心联合举行的“第六届世界社会主义论坛：话语权与领导权——‘颜色革命’与文化霸权国际学术研讨会”在北京举行。院长王伟光出席大会开幕式致辞并作主旨报告。

10 月 17 日　由中国社会科学院、中国科学院、中国工程院共同主办的中国城市百人论坛 2015 年会在中国工程院召开。院长王伟光出席开幕式并致辞。副院长李培林主持开幕式。副院长蔡昉出席闭幕式并致辞。

△秘书长高翔在北京华文学院出席中外关系史学会 2015 年学术年会开幕式并讲话。

10 月 17 ～ 18 日　由中国社会科学院、北京大学、复旦大学、南京大学、台湾大学、台湾“中央大学”、香港中文大学共同主办，北京大学承办的第八届“两岸三地人文社会科学论坛”在北京大学召开，副院长蔡昉出席开幕式并致辞。

10 月 18 日　副院长李培林在京出席由民族学与人类学研究所承办的中国社会科学论坛之民族学人类学理论方法创新发展国际论坛暨费孝通大瑶山调查 80 周年学术研讨会并致辞。

△秘书长高翔在京出席首届世界文化论坛。

10 月 19 日　院长王伟光在北京出席党委（党组）意识形态工作责任制座谈会。

△副院长蔡昉出席 2015 北京新兴市场论坛。

10 月 19 ～ 20 日　副院长李培林在新疆维吾尔自治区调研地方志工作并参加首届新疆智库论坛。

10 月 20 日　院长王伟光在北京出席繁荣发展社会主义文艺推进会议。

10月21日　院长王伟光、副院长蔡昉、秘书长高翔出席中国社会科学院加强党的意识形态工作和马克思主义阵地建设第三次协调会议。

△副院长蔡昉出席院第27届老年运动会趣味赛暨离退休干部"弘扬社会主义核心价值观"书画摄影作品展开幕式；出席养老服务业发展研讨会。

10月22日　党组书记王伟光主持召开第371次党组会议。会议进行了党组中心组理论学习和"三严三实"第三专题学习。

△院长王伟光主持召开2015年度第33次院务会议。院领导班子成员张江、李培林、张英伟、蔡昉、高翔等出席会议。

△副院长蔡昉会见参加第二届中—昆亚太论坛澳方代表团成员。

10月23日　副院长李培林在北京出席第二届中—昆亚太论坛开幕式并致辞。

△副院长蔡昉在京出席第四届反贫困与儿童发展国际研讨会暨亚太儿童早期发展2015年会议。

10月23～25日　秘书长高翔在云南师范大学出席首届中华思想史高峰论坛。

10月24日　党组书记王伟光主持召开第372次党组会议。党组成员李培林、张英伟、蔡昉等出席会议。

△副院长张江在湖北省武汉市出席中国中外文艺理论学会第十二届年会。

10月26日　院党组巡视工作协调领导小组扩大会议在社科会堂召开。党组成员张英伟、高翔等分别传达中纪委有关会议、中央巡视工作领导小组办公室通知精神和院领导批示精神。张英伟主持会议。

△副院长张江在北京出席中国社会科学院与文化部联合召开的第三届"汉学与当代中国"座谈会开幕式并致辞。

10月26～29日　院长王伟光、副院长李培林出席中国共产党十八届五中全会。副院长蔡昉列席会议。

10月27日　副院长张江、中央纪委驻院纪检组组长张英伟出席党风廉政建设座谈会并讲话。

10月28日　秘书长高翔在京出席中国社会科学院2015年学术期刊主编论坛并讲话。

10月30日　院领导班子成员王伟光、张英伟出席院"三项纪律"专项巡查组工作情况汇报会。张英伟主持会议。

△党组书记王伟光主持召开第373次党组会议。会议分别传达学习了党的十八届五中全会、中央文艺工作推进会、中央意识形态责任制会议精神。会议听取了关于"三项纪律"专项巡查工作的汇报。会议审议了《贯彻落实院长王伟光关于甘肃挂职实践锻炼工作重要批示和要求的工作方案》《中国社会科学院〈党委（党组）意识形态工作责任制实施办法〉实施细则》（草稿）、《关于加强党的意识形态工作，建设马克思主义坚强阵地的意见》（修改建议稿）等。

△院长王伟光主持召开2015年度第34次院务会议。会议审议了《关于院所局主要领导干部学习党的十八届五中全会精神专题培训班方案》《中国社会科学院公务接待管理办法》（送审稿）、《关于调整“国情调研成果编选委员会”成员的请示》《中国社会科学院哲学社会科学创新工程“十二五”时期总结报告和“十三五”时期发展规划》《中国社会科学院横向课题管理办法》（修订稿）、《关于中国社会科学院2015年度专业技术职务任职资格评审工作的报告》《中国社会科学院借调工作人员暂行规定》《关于印发〈中国社会科学院关于进一步规范人才引进工作的若干补充规定〉的通知》《关于向人力资源和社会保障部申报中国社会科学院2016年度高校毕业生接收计划的请示》《关于对个别院属单位2015年度人才引进计划进行微调的请示》《新疆智库2015年预算》等。

△院长王伟光出席中央会议。

△中央纪委驻院纪检组组长张英伟出席中央纪委监察部传达学习党的十八届五中全会精神大会。

10月31日　中央第一巡视组专项巡视中国社会科学院工作动员会在社科会堂召开。党组书记王伟光主持会议。党组成员张江、李培林、张英伟、蔡昉、高翔和巡视组成员、中央巡视工作领导小组办公室有关负责人出席会议。院属各单位所局领导、处长和老领导、部分老同志近800人参加会议。

△中国社会科学院党组向中央第一巡视组汇报履行全面从严治党主体责任工作。巡视组全体同志出席会议。党组书记王伟光作汇报，党组成员张江、李培林、张英伟、蔡昉、高翔等出席会议。

△副院长蔡昉出席社会科学文献出版社建社30周年暨致敬作者典礼；出席社会科学文献出版社第四届学术委员会第一次全体会议。

十一月

11月1日　副院长李培林在上海市出席世界城市日全球论坛并作总结演讲。

11月2～3日　中国社会科学院所局主要领导干部传达学习党的十八届五中全会精神专题培训班在北京举行。院领导班子成员王伟光、张江、李培林、张英伟、蔡昉、高翔等出席。

11月4日　院长王伟光出席国务院常务会议。

△院长王伟光、副院长蔡昉在北京出席学习贯彻党的十八届五中全会精神中央宣讲团动员会议。

△秘书长高翔主持召开史学片和有关部门党风廉政建设暨意识形态工作专题会议。

11月5日　党组书记王伟光主持召开第374次党组会议。会议传达学习了习近平总书记对做好党的十八届五中全会精神宣讲工作重要批示精神和中央纪委领导同志讲话精神。

△院长王伟光主持召开2015年度第35次院务会议。会议审议了《加强和改进国情调研工作的意见》《院级国情调研基地建设情况的报告（2009～2015）》《关于支持“中国社会科学词条库”建设工作的通知》《关于马克思主义研究院拟主办弘扬沂蒙精神座谈会的意见》《关于“世界社会主义论坛”升格为院级会议的请示》《关于成立“中国社会科学院京津冀协同发展智库”的请示》。会议听取了科研局关于创新工程总结和规划报告意见征集情况及修改工作建议的汇报。

△院长王伟光出席中央国家机关工委学习党的十八届五中全会精神宣讲团动员会议。

11月5～6日　中国社会科学院贯彻“中共中央关于繁荣发展社会主义文艺的意见”专题培训班在北京举行。院长王伟光出席培训班并讲话。副院长张江主持并作总结讲话。

11月6日　副院长李培林在浙江省杭州市出席全国体育科学大会并作主题报告。

△副院长蔡昉会见亚洲开发银行研究所代表团并签署合作备忘录。

11月7日　副院长李培林在贵州师范大学出席中国社会学会农村社会学专业委员会年会（2015）暨第五届中国百村调查研讨会并作主题报告；在贵州省贵阳市出席贵州民族大学关于扶贫开发与社会建设分论坛。

11月8日　秘书长高翔在北京出席第二十五届中国新闻奖颁奖报告会。

11月9日　院长王伟光出席国务院经济形势座谈会。

△副院长李培林在福建省厦门市出席第五届中国地方志学术年会并讲话。

△副院长蔡昉在西藏自治区宣讲党的十八届五中全会精神。

11月10日　院长王伟光出席中央财经领导小组第11次会议。

△秘书长高翔在北京出席第二届全国人文社会科学评价高峰论坛并致辞。

11月11日　院长王伟光出席国务院常务会议。

△副院长李培林主持召开创新工程学术出版资助评审会议。

△中央纪委驻院纪检组组长张英伟出席院属部分单位落实党风廉政建设和意识形态工作责任制情况座谈会并讲话。副院长蔡昉主持会议。

11月12日　党组书记王伟光主持召开第375次党组会议。会议听取了党组成员关于各自分管和联系单位贯彻落实党风廉政建设主体责任和监督责任、贯彻落实意识形态工作责任制情况的报告。会议审议了《中国社会科学院关于处级及以下党员党纪处分程序的规定》《中国社会科学院基层党支部对违纪党员处理工作的办法》《中央网信办与中国社会科学院战略合作框架协议》等。

△院长王伟光主持召开2015年度第36次院务会议。会议审议了《中国社会科学院

2015年加强理论学术传播阵地建设工作会议筹备方案》《中国社会科学院2016年度工作会议暨党风廉政建设会议筹备方案》《关于成立中国社会科学院中国思想史研究中心的请示》等。

△院长王伟光、副院长张江、秘书长高翔出席马克思主义学院学位评定委员会会议。

11月13日 院长王伟光出席国务院常务会议。

△院长王伟光出席中央宣传思想工作领导小组第15次会议。

△中央纪委驻院纪检组组长张英伟主持召开“三项纪律”建设工作督办小组第25次会议暨2015年经费检查工作协调小组第3次会议；向中央第一巡视组汇报信访案件情况。

11月14日 院长王伟光、副院长李培林在北京出席第二届全国哲学社会科学话语体系建设理论研讨会。

11月16日 中国社会科学院2015年“一报告两评议”工作会议在社科会堂召开。党组书记王伟光主持会议。党组成员张江、李培林、张英伟、蔡昉、高翔等出席会议。院所局主要领导、职能部门处长200余人参加会议。

11月17日 由中国社会科学院美国研究所主办的中国社会科学论坛（2015 · 国际关系）“习主席访美后的中美关系”在北京举行。院长王伟光出席开幕式并致辞。

△副院长蔡昉会见芬兰教育文化部常务秘书安尼塔 · 莱赫考宁及芬兰科学院院长海克 · 曼尼拉一行。

11月18日 院长王伟光出席国务院常务会议。

△副院长张江、李培林出席院学术出版资助管理委员会会议。

△副院长蔡昉为中央办公厅秘书局作学习党的十八届五中全会精神辅导报告；出席《财经》年会——2016预测与战略。

11月19日 党组书记王伟光主持召开第376次党组会议。会议听取了中国社会科学院首批赴甘肃省挂职干部工作汇报。会议审议了《中共语言研究所委员会和纪律检查委员会换届选举结果的报告》《中共外国文学研究所委员会和纪律检查委员会换届选举结果的报告》等。

△院长王伟光主持召开2015年度第37次院务会议。会议审议了《关于2015年度第四批创新工程学术出版资助项目的请示》《关于科研局建立智库协调机构的请示》《关于开展2015年度考核评价和做好2016年度创新工程有关工作的通知》《关于2015年度学术著作翻译出版（中译外）项目评审意见》《关于批准人口与劳动经济研究所“家庭动态与养老追踪调查”项目立项的请示》。会议听取了信息情报研究院关于中央文献研究室就在俄罗斯翻译出版俄文版《习近平文集》所作回复等有关情况的汇报。

11月20日 副院长张江在北京出席胡耀邦同志诞辰100周年座谈会。

△副院长李培林在北京出席城市发展与环境研究所举办的《应对气候变化报告（2015）》发布会暨“巴黎的新起点和新希望”高峰论坛。

△中央纪委驻院纪检组组长张英伟主持召开座谈会，征求对《关于进一步加强政治纪律建设的意见》《关于党风廉政建设主体责任问责办法》《关于党风廉政建设监督责任问责办法》和《关于落实党风廉政建设监督责任的实施意见》的意见；主持召开中央纪委驻院纪检组、监察局全体干部会议。

11月20～21日 秘书长高翔在北京出席中国社会科学杂志社2015年度青年学者论坛并作学术报告。

11月21日 副院长蔡昉出席中国社会科学论坛（2015·经济学）——中国医疗卫生体制改革并致辞。

11月21～25日 副院长蔡昉率团访问马来西亚。

11月23日 院长王伟光出席中央政治局集体学习。

△副院长李培林出席第七届“胡绳青年学术奖”颁奖仪式并讲话。

11月24日 院长王伟光会见伊朗驻华大使阿里·艾斯卡·哈吉一行。

△副院长李培林在社会学研究所出席社会学所博士论文开题报告会；在社会科学文献出版社出席闽台方志集成数据库建设研讨会。

11月25日 院领导班子成员王伟光、荆惠民在京出席纪念邓力群同志诞辰100周年座谈会。

△秘书长高翔出席中国社会科学院新媒体研究中心成立仪式并致辞；主持召开历史虚无主义专题会议。

11月26日 党组书记王伟光主持召开第377次党组会议。党组成员张江、李培林、张英伟、蔡昉、高翔等和中央第一巡视组副组长赵春光出席会议。会议听取了有关案件审查情况的报告，审议了《关于院属单位党委和纪委换届工作文件报批程序的请示》等。

△院长王伟光主持召开2015年度第38次院务会议。会议审议了《年度绩效考核打分分档应明确的问题及建议》《中国社会科学院所局领导干部和高级专家医疗照顾的管理规定》《关于调整我院职能部门和有关直属单位“文明窗口”评选周期的请示》《关于暂用北京兴中海建筑工程造价咨询有限公司作为我院信息化建设项目第三方审计机构的请示》《关于筹备〈世界社会主义研究〉公开出版刊物的方案》等。

△中国社会科学院2015年度考核评价工作会议暨赴甘肃挂职干部报告会在社科会堂举行。院领导班子成员王伟光、张江、李培林、蔡昉、高翔等出席会议。

△副院长蔡昉会见阿根廷副总统兼参议长阿马多·布杜一行，并主持代表团与中国社会科学院拉美研究专家学者的座谈会。

11月27～28日 中央扶贫开发工作会议在北京召开。院长王伟光出席开幕大会，秘书长高翔全程出席会议。

△副院长李培林在上海市主持召开上海研究院院长办公会议；出席上海研究院与上海大学社会学系主办的中国—法国“后西方社会学”国际研讨会；在上海市嘉定区出席由上

海研究院与嘉定区人民政府主办的基层治理实践与政策研讨会。

11月29日　副院长李培林在福建省福州市出席全国社会科学院系统社会学研究所所长联席会议并调研福建省方志工作。

11月30日　党组书记王伟光主持召开第378次党组会议。会议传达了中央第一巡视组关于近期巡视中国社会科学院工作过程中相关问题的指示和要求，对如何切实加强巡视期间网上舆情管控进行了深入讨论。

△院长王伟光出席中国博士后青年创新人才座谈会。

△副院长李培林会见甘肃省社会科学院院长王福生一行。

△副院长蔡昉接受中国新闻社专访。

十二月

12月1日　院长王伟光、副院长蔡昉在中宣部出席国家高端智库建设试点工作启动会议。

△副院长李培林在中国地方志指导小组办公室出席中国地情网、中国方志网开通仪式并讲话；出席2015年中国小额信贷峰会。

△副院长蔡昉出席“探索中韩新合作时代”国际学术研讨会开幕式并致辞。

12月2日　院长王伟光主持召开专题会议。中央纪委驻院纪检组组长张英伟、秘书长高翔出席会议。

△院长王伟光出席国务院常务会议。

△院长王伟光、秘书长高翔出席《中华思想通史》项目第13次工作会议。

12月3日　党组书记王伟光主持召开第379次党组会议。会议传达学习了中央扶贫开发工作会议精神、习近平总书记在中央扶贫开发工作会议上的重要讲话精神和国家高端智库建设试点工作会议精神、中央纪委派驻机构全覆盖工作动员部署会议精神。会议审议了《中共数量经济与技术经济研究所委员会和纪律检查委员会换届选举结果的报告》《中共服务中心委员会和纪律检查委员会增补委员选举结果的报告》《中共图书馆委员会和纪律检查委员会换届选举结果的报告》《关于院属部分单位纪委书记（纪检组长）、副书记配备情况的报告》《〈中国社会科学院网上不良行为处理办法〉实施细则》等。

△院长王伟光主持召开2015年度第39次院务会议。会议审议了《中国社会科学院贯彻落实中央扶贫开发工作会议精神方案》《2016年度创新工程研究领域指南》《院创新工程2015年度重大科研成果征集、评审及发布工作报告》《中国社会科学院第11届人才引进院

级专家评审参评人员资格审查意见》《关于对人口与劳动经济研究所、中国社会科学杂志社2015年度人才引进计划微调的请示》《通过关于调整维护后的人才引进院级评审专家库的情况报告》《蓝迪国际智库项目经费管理办法》等。

△副院长李培林在社会学研究所出席“中国梦与俄罗斯梦：现实与期待”学术研讨会暨新书发布会。

12月4日　中央纪委驻院纪检组组长张英伟参加中央纪委派驻机构全覆盖工作会议。

12月7日　副院长张江、秘书长高翔出席中央第一巡视组选人用人专项检查工作座谈会。

△副院长蔡昉在北京出席中国新闻文化促进会第六次会员代表大会；出席“十三五”规划编制工作国内外专家座谈会。

12月8日　副院长蔡昉出席国际哲学与人文科学理事会第32届代表大会并致辞；出席中国经济五十人论坛学术委员会工作会议。

12月9日　秘书长高翔在北京会见出席国际哲学与人文科学理事会第32届代表大会外宾。

12月10日　党组书记王伟光主持召开第380次党组会议。会议传达学习了中央纪委有关领导同志讲话精神。会议研究讨论了有关干部人事问题。

△院长王伟光主持召开2015年度第40次院务会议。会议审议了《关于人才进人工作的若干意见》等。

△副院长张江会见澳大利亚墨尔本大学副校长西蒙·伊文斯。

12月11日　院长王伟光在北京出席全国党校工作会议。

△秘书长高翔在北京出席中央单位定点扶贫工作会议。

12月12日　副院长李培林出席考古研究所与山西省文物局、山西省临汾市共同举办的《襄汾陶寺——1978～1985年发掘报告》出版暨陶寺遗址与陶寺文化学术研讨会并讲话。

△副院长蔡昉出席“一带一路”国际智库峰会暨第二届金砖国家经济智库论坛。

12月13～14日　院长王伟光、副院长李培林在上海市出席第二届世界考古论坛。

12月14日　副院长李培林、蔡昉出席国家发改委“十三五”规划专家委员会全体会议。

△副院长蔡昉出席中国社会科学论坛（2015·经济学）——“十三五”中国经济转型、就业与社会保障国际研讨会并发表主旨演讲；出席“构建创新、活力、联动、包容的世界经济”——G20智库峰会中国启动会并致辞。

12月15日　副院长李培林出席中国社会科学院创新工程重大成果专场——学术年鉴发布会。

△副院长蔡昉会见阿塞拜疆科学院代表团一行。

12月16日　第三届中国—中东欧国家高级别智库研讨会暨“中国—中东欧国家智库交流与合作网络”揭牌仪式在北京举行。院长王伟光出席并讲话，副院长蔡昉出席会议。

△中国社会科学院第三届道德建设论坛在北京举行。院长王伟光出席并讲话。

12月17日　党组书记王伟光主持召开第381次党组会议。会议传达学习了中央有关文件，研究讨论了有关干部人事问题。会议审议了《中国社会科学院关于加强干部教育培训工作的实施意见》《关于全面从严治党主体责任的问责办法（暂行）》《关于全面从严治党监督责任的问责办法（暂行）》《关于落实全面从严治党监督责任的实施意见（暂行）》《中国社会科学院党组2015年度“三严三实”专题民主生活会方案》。会议听取了直属机关党委关于贯彻落实全国党校工作会议精神和《关于加强和改进新形势下党校工作的意见》的汇报以及中央纪委驻院纪检组关于院警示教育大会筹备工作情况的汇报。

△院长王伟光主持召开2015年度第41次院务会议。会议审议了《关于院2016年度工作会议暨党风廉政建设会议筹备方案》《中国社会科学院非实体研究中心管理的有关问题及工作建议》《关于中国社会科学院学部委员退休情况报告》《关于专业技术评聘工作有关问题的说明》《关于管理岗位人员情况分析及今后几年引进工作的意见建议》《关于中国地方志指导小组办公室和新闻与传播研究所办公用房使用情况的报告》《关于成立中国社会科学院“西藏智库”的请示》。会议听取了关于2015年第3期期刊审读意见通报。

△中国社会科学院警示教育大会在社科会堂召开。党组书记王伟光，党组成员张江、李培林、张英伟、高翔等和中央第一巡视组副组长赵春光出席会议。王伟光作重要讲话，张江就进一步规范横向课题及其经费管理办法作说明，李培林传达中央纪委《关于十起群众身边的不正之风和腐败问题典型案例的通报》精神，张英伟宣读《关于对齐建国等人违纪问题查处情况及其教训警示的通报》《关于李向阳、韩锋等人违反中央八项规定精神问题查处情况及其教训警示的通报》，高翔宣读《〈中国社会科学院网上不良行为处理办法〉补充规定》。院长助理、副秘书长、院属单位所局级以上干部，学部委员、党委委员、支部书记参加会议。

12月18～21日　院长王伟光在京出席中央经济工作会议和中国城市工作会议。

12月21日　副院长蔡昉出席中国社会科学院生态文明研究智库第一届理事会成立大会暨生态文明研究智库高峰论坛。

12月22日　中国社会科学院2015年度报刊出版馆网库志和学术评价名优建设工程工作会议在北京召开。院长王伟光作主题报告并传达中央经济工作会议精神。中央纪委驻院纪检组组长张英伟主持第一次全体大会。秘书长高翔主持第二次全体大会。中国社会科学院院属各单位主要负责人在主会场出席会议。院内多个分会场同时进行视频直播。

△副院长李培林在河北省石家庄市出席深化农村改革智库建设论坛暨第十一届全国社科农经协作网络大会。

△中央纪委驻院纪检组组长张英伟出席中央纪委驻院纪检组、监察局全体干部会议暨2015年度考核会并讲话。

12月23日　院长王伟光出席“爱智求真的时代探寻”暨哲学研究所建所60周年学术研讨会。

△秘书长高翔出席贯彻落实《中国社会科学院网上不良行为处理办法》和《〈中国社

会科学院网上不良行为处理办法〉补充规定》座谈会并讲话。

12月24日　党组书记王伟光主持召开第382次党组会议。党组成员张江、李培林、张英伟、蔡昉等和中央第一巡视组副组长赵春光出席会议。会议传达学习了中央经济工作会议精神、中央城市工作会议精神和中央纪委有关文件精神。会议审议了《关于做好中央巡视组交办任务有关工作的建议》。会议通报了中央纪委有关部门来函内容。

△院长王伟光主持召开2015年度第42次院务会议。会议审议了《关于创办〈中国廉政建设研究〉刊物的方案》《中国社会科学院新入院人员实践锻炼若干管理规定》《2016年度到职能部门实践锻炼人员培训方案》《关于信息情报研究院〈世界社会主义研究〉编辑部成立方案》《中国社会科学院关于进人工作的补充规定》《中国社会科学院外文学术期刊审读办法》《中国社会科学院马克思主义理论学科建设与理论研究工程后期资助实施细则（试行）》《关于创办〈中国方志报〉的实施方案》等。

12月25日　党组书记王伟光主持召开第383次党组会议。会议研究讨论了中央第一巡视组交办有关事宜。

△副院长李培林出席中国社会科学院创新工程2015年度重大成果系列发布会并讲话。

12月26日　副院长李培林出席中国社会科学院社会保障国际论坛《中国养老金发展报告2015》发布会。

△秘书长高翔在中国社会科学杂志社出席“开拓当代中国马克思主义政治经济学新境界——第二届中青年马克思主义政治经济学研讨会”并讲话。

12月27日　院长王伟光出席中央会议。

12月28日　副院长张江出席研究生院党员领导干部民主生活会。

△副院长蔡昉在北京出席农业部专家咨询委员会第一次全体会议。

12月29日　院长王伟光在哲学研究所检查党风廉政建设责任制工作。

△全国地方志系统先进模范座谈会在北京召开。中共中央政治局常委、国务院总理李克强作出重要批示。中共中央政治局委员、国务院副总理刘延东会前接见与会代表并讲话。院长王伟光出席会议并讲话。副院长李培林主持会议。

△副院长李培林在北京出席中国地方志学会第六届会员代表大会暨第六届理事会第一次会议。

△副院长蔡昉在天津市出席财经战略年会2015并致辞；在北京出席“一带一路”智库合作联盟理事会共同理事长工作会议讨论会。

△秘书长高翔主持召开院网站突发事件现场办公会议；会见北京市公安局文化保卫总队有关同志。

12月30日　2016年度全国地方志机构主任工作会议在北京召开。院长、中国地方志指导小组组长王伟光作《全面落实〈全国地方志事业发展规划纲要（2015～2020年）〉大力推进地方志事业科学发展》的报告。副院长、中国地方志指导小组常务副组长李培林宣读《关于对霍贵兴等21名同志进行通报表扬的决定》《中国地方志指导小组办公室〈关于公布首批全国年鉴工作试点单位的通知〉》，并作总结讲话。

△院长王伟光出席中央会议。

△副院长李培林在北京出席方志出版社成立20周年座谈会。

△秘书长高翔在历史研究所出席2015年度“三严三实”专题民主生活会；会见深圳社会科学院院长张骁儒一行。

12月31日　党组书记王伟光主持召开第384次党组会议。党组成员张江、李培林、张英伟、蔡昉、高翔等和中央第一巡视组副组长赵春光、中央纪委第一纪检监察室副处长李美玉、中央组织部干部三局副局长魏向阳、中央组织部干部三局副调研员薛峰、中央宣传部社科规划办副主任赵川东、中央宣传部干部局副巡视员张蕾、中央国家机关工委办公室副处长王艳龙出席会议。会议审议了《关于做好2015年度院领导班子和班子成员考核工作的方案》《关于做好中央巡视组交办任务有关工作的建议》。会议听取了直属机关纪委关于院属单位纪检干部配备工作情况的汇报。

△院长王伟光主持召开2015年度第43次院务会议。会议审议了《中国社会科学院领军人才引进评审办法》《关于废止〈关于举办中国社会科学院管理干部在职研究生课程进修班文件〉的通知》《关于第11届人才引进院级专家评审情况及有关意见建议》等。